HUAYANSHI HUAXUE FENXI
SHIYONG SHOUCE

化验室化学分析实用手册

第二版

傅景山　傅效臣　编著

U0205664

化学工业出版社

·北京·

图书在版编目（CIP）数据

化验室化学分析实用手册/傅景山，傅效臣编著.—2版.—北京：化学工业出版社，2019.11
ISBN 978-7-122-34857-9

Ⅰ.①化… Ⅱ.①傅…②傅… Ⅲ.①化学分析-手册 Ⅳ.①O65-62

中国版本图书馆 CIP 数据核字（2019）第 143208 号

责任编辑：王湘民　　　　　　　　　　　装帧设计：韩　飞
责任校对：宋　夏

出版发行：化学工业出版社（北京市东城区青年湖南街 13 号　邮政编码 100011）
印　　装：大厂聚鑫印刷有限责任公司
787mm×1092mm　1/16　印张 42¾　字数 1085 千字　2021 年 5 月北京第 2 版第 1 次印刷

购书咨询：010-64518888　　　　　　　　　售后服务：010-64518899
网　　址：http://www.cip.com.cn

凡购买本书，如有缺损质量问题，本社销售中心负责调换。

定　　价：198.00 元　　　　　　　　　　　　　　版权所有　违者必究

前　言

　　本书初版自 2015 年出版以来，得到了广大化学分析界同仁的热情关注和支持；同时也收获了他们对本书提出的不少宝贵意见和建议，在此表示衷心的感谢。

　　本书针对初版存在的问题及错误之处进行了修正，除将其遗漏的部分加以补充完善之外，按分析工作之需，在保持初版原有章节体系的基础上，分别在以下三章之后增加了新的分析项目：第十五章增加了常用无机酸、碱、盐，石灰石、石灰、白云石，锅炉水和自来水（给水）以及电镀溶液的分析；第十六章增加了测定某些金属和矿石及水所采用的比色法应用的试剂；第十七章增加了涂料的测定等。进一步扩大了本书的应用范围。

　　本书的再版是在化学工业出版社编辑部的领导和本书责任编辑的大力支持下完成的，再次深切致谢。

　　承蒙曲涛、王超等同志对本书的再版提供帮助，感激不尽。

　　由于笔者的水平有限，书中不足和遗漏之处在所难免，恳请广大读者批评指正。

编著者

2019 年 6 月于北戴河

第一版前言

为有助于化验分析操作井然有序地进行，进而提高化验分析结果的精确性，我们编写了本书。

本书按化验分析实验工作之需，本着内容系统、较为详细、通俗又实用的原则，围绕着化学分析实验操作每一步展开，介绍了化学分析试样的制备、样品的分解，化学反应过程中所用的各种溶液（酸、碱、盐）、指示剂、试纸、沉淀剂、洗涤剂、发（显）色剂、鉴定离子反应试剂、萃取剂、特殊试剂、配合滴定用离子的掩蔽剂、调节酸碱度（pH值）的缓冲溶液等的配制和制作等。为了确保分析实验结果的准确，介绍了分析实验结果的允许误差及其数据处理；为了让分析实验人员熟练地掌握化学分析操作技能，介绍了定量分析和部分有机工业产品分析操作的基础知识；为了改善和保障化验室的工作环境和人身安康，还介绍了化验室的筹建和安全知识；为了加强化验室方方面面工作的秩序化，叙述了化验室管理的相关内容。在书末还将分析实验室常用数据作为附录（表），供读者参考使用。可以说这是一本化学分析工作方面较为实用的工具书。

本书是依据有关文献、技术资料，并结合笔者于冶金、机械、化工等行业从事化验分析工作五十余载的切身体验和所积累的手记，按分析实验工作的需求，结合最新的技术标准，精选各行业化验室在分析实验中的常用基础知识及基本操作要求，加以整理汇集而成的。

承蒙曲涛、王超等同志为本书出版提供的帮助，谨此表示衷心感谢。

本书可供各类工矿企业化验室工作人员参考，同时，环保、卫生、食品及科研院校从事化验分析的人员也均可参考使用。

由于笔者的水平有限、经验不足，不当之处在所难免，敬请化学分析界同仁严加指正，不吝赐教。

编著者
2015.8

目 录

第九章　指示剂 ………………………………………………………………… **198**

第十章　配位滴定的掩蔽剂 ……………………………………………… **223**

第十六章 定量分析基本操作知识 ·········· 432

第十七章 部分有机工业分析基本操作知识 ‥‥‥‥‥‥‥‥‥‥‥‥‥‥ **479**

第一章 化学分析实验须知

一、器皿的洗涤与洗涤液（剂）的配制

1. 常用洗涤剂

化学分析实验器皿洗涤的洁净与否，直接影响化验分析结果的准确性和精密度。化验分析实验人员最首要的任务，就是严格认真地洗涤好化验分析实验的器皿。忽视了这个重要环节，就会使分析实验测得的结果不准确，不仅造成分析实验前功尽弃，甚至导致产品报废和资源浪费，使得生产过程不能正常运转，还可能造成停工停产。

玻璃仪器应先使用毛刷和适当的去污剂清洗，然后用自来水冲洗。必要时用适当的洗液清洗。当玻璃仪器上附着的水既不凝聚成水滴也不成股下流，或形成均匀水膜时，即已清洗干净，否则需重新清洗。最后用蒸馏水淋洗三次，除去自来水带来的杂质，烘干后即可使用。

应针对仪器的沾污性质，采用不同洗涤方式，通过化学或物理作用，有效洗涤仪器。要注意在使用各种性质不同的洗涤液洗涤时，一定要先将上一种洗涤液除掉，再用另一种洗涤液洗涤，以免相互作用，使得生成的产物更难洗净。

2. 常用洗涤液的配制及应用

常用洗涤液的配制及应用详见表 1-1。

表 1-1　常用洗涤液的配制及应用

洗涤液	配制方法或含量	用途、使用方法及注意事项
铬酸洗液	取研细的工业品重铬酸钾（$K_2Cr_2O_7$）20g 于烧杯（或不锈钢桶）内，加水 40mL，加热使其溶解。待其溶解后冷却，再徐徐注入 360mL 浓硫酸（工业品），边加入边搅拌，待其冷却后贮存于细口瓶中（新配制好的铬酸洗液应为深褐色）	①主要用于洗涤被有机物和油污染的玻璃器皿 ②不适用于对铅盐、钡盐、水玻璃、高锰酸钾、氧化铁等物质的清除 ③具有强腐蚀性，应防止烧伤皮肤、衣物 ④用过后的洗液，不要倒回原瓶，应放入另一瓶中，还可多次使用。多次使用后失去氧化能力的洗液变成黑绿色，可加入高锰酸钾使其再生
工业盐酸	浓的或(1+1)盐酸	用于洗去碱性物质及大多数无机物残渣
纯酸洗液❶	(1+1)、(1+2)或(1+9)的盐酸或硝酸	用于除去微量的离子。将洗净的仪器浸泡于纯酸洗液中 24h，能除去 Hg、Pb 等重金属杂质
工业硝酸	HNO_3 质量分数为 5%～10%	洗涤铝和搪瓷器皿中的沉垢。使用时要分次加入，每次都要在气体停止析出后再加
酸性草酸或盐酸羟胺洗液	取 10g 草酸或 1g 盐酸羟胺，溶于 100mL(1+4) 的盐酸溶液中	洗涤高锰酸钾洗涤液后产生的二氧化锰，必要时加热使用

---

❶ 化学纯(C. P)配制。

续表

洗涤液	配制方法或含量	用途、使用方法及注意事项
酸性硫酸亚铁溶液	含少量硫酸亚铁的稀硫酸、盐酸、草酸溶液	洗涤滴定管和其他玻璃器皿上残留的棕色二氧化锰,浸泡后刷洗
盐酸-乙醇洗液	盐酸与乙醇按2:1体积比混合	用于清洗用乙醇配制的指示剂溶液的干渣
硝酸-过氧化氢洗液	质量分数为15%～20%的HNO_3溶液与质量分数为5%的H_2O_2溶液等体积混合	清洗特殊难洗化学污物。久存易分解,贮存于棕色瓶中
硝酸-氢氟酸洗液	取50mL氢氟酸和100mL浓硝酸与350mL水相混合。贮存于塑料瓶中	除去玻璃、石英器皿表面的金属离子,不可洗涤量器、玻璃砂芯滤器、吸收池及光学玻璃零件
硝酸-乙醇洗液	于滴定管中先加2mL乙醇,然后顺滴定管壁徐徐地加入40mL浓硝酸	静置片刻,即发生激烈反应,并释放出大量红棕色二氧化氮气体(此洗液操作应在通风条件下进行,且不得堵住滴定管的上口,待反应停止后,以水冲洗)
碱性洗液	质量分数为10%～15%的NaOH溶液	水溶液加热使用,去油效果好,还可清洗炭质污染物。加热时间不能过长,否则会腐蚀玻璃
碱性乙醇洗液	取120g NaOH溶于150mL水中,用95%的乙醇稀释至1L	用铬酸洗液无效时可用此洗液洗涤。此洗液对玻璃有腐蚀性,不能与磨口玻璃器皿长期接触或存放。贮存于胶塞瓶中,防止挥发
碱性高锰酸钾洗液	取4g $KMnO_4$溶于少量水中,向该溶液中徐徐注入100mL质量分数为10%的NaOH溶液	洗涤玻璃器皿内的油污或其他有机物质,浸泡后器壁上会析出一层二氧化锰沉淀物,可用盐酸或盐酸-过氧化氢除去
硫代硫酸钠洗液	质量分数为10%的$Na_2S_2O_3$溶液	清洗衣物上的碘斑,浸泡后刷洗
碘-碘化钾洗液	取1g碘与2g碘化钾溶于水中,并用水稀释至100mL	洗涤用过硝酸银溶液后留下的黑色沾污物,用于擦洗硝酸银沾污过的白瓷水槽
肥皂-合成洗涤剂液及纯碱洗液	将肥皂削成小片,用热水配成10%的溶液,混合于市售合成洗涤剂粉末用热水冲成的浓溶液中。纯碱洗液通常为35%～40%碳酸钠溶液	洗涤油脂沾污的器皿,肥皂-合成洗涤剂液要趁热使用,现用现配
涂料刷子清洗液	①油酸与煤油按4:8体积比混合 ②浓氨水(相对密度0.90)与中性乙醇按1+1 将②加入①中,并混匀	清洗涂料刷子,刷子浸入洗液中过夜,再用温水充分洗涤
磷酸钠-硫酸钠洗液	取2g磷酸钠与1g硫酸钠溶于20mL水中	在温热状态下使用,可以除去轻度油污
有机溶剂(三氯乙烯、二氯乙烯、苯、二甲苯、丙酮、乙醇、乙醚、三氯甲烷、四氯化碳、汽油等)	—	除去玻璃器皿中的油脂类、单体原液、聚合体等有机物。根据油污性质选择使用,注意毒性、可燃性。用过后的废液溶剂应回收,蒸馏后仍可继续使用。可单独使用,也可混合使用
磷酸钠-油酸钠洗液	取57g磷酸钠与28g油酸钠溶于470mL水中	清洗玻璃器皿上的残留物。浸泡数分钟后,用刷子刷洗

使用洗涤液操作须知:

① 使用洗涤液前,应先用自来水和毛刷洗刷仪器,尽量控干水,以免浪费洗液。

② 洗液用过后,应倒入回收洗液瓶内(以备下次再用),绝不能随便乱倒;当洗液失效时,也绝不能倒入下水道,以免腐蚀管道和造成污染,应倒入废液缸(桶)中,统一进行处理。

③ 用洗涤液洗过的仪器,应先用自来水冲净,再用纯水润洗仪器内壁2～3次。

④ 有多种洗涤液具有强氧化剂、强腐蚀性，用时应特别注意防护，防止溅在皮肤和衣服上。

必须指出：一些污垢需用特定的试剂除去。如氧化剂高锰酸钾溶液残存的有色斑痕，用一般洗液不能洗去，可用粗盐酸或其他还原剂洗去。

3. 砂芯玻璃滤器的洗涤

新购置的滤器使用前应以热的盐酸或铬酸洗液，边抽滤边清洗，再用蒸馏水（纯水）洗净。可正置或倒置用水反复抽洗，再用纯水淋洗。然后烘干待用。

对使用过的滤器，可针对不同的沉淀物采用适当的洗涤剂先溶解沉淀，或反置用水冲洗沉淀物，再用纯水淋洗干净。洗净后的滤器应置于110℃烘箱中烘干，升温和冷却过程都要缓慢进行，以防裂损，然后保存在无尘的柜或有盖的容器（干燥器）中。使用过的滤器如不及时清洗，积存的灰尘和沉淀堵塞滤孔后很难洗净。砂芯玻璃滤器常用洗涤液见表1-2。

表 1-2　砂芯玻璃滤器常用洗涤液

沉淀物	洗涤液
氯化银	(1+1)氨水溶液或质量分数为10%的$Na_2S_2O_3$溶液
硫酸钡	100℃浓硫酸或用EDTA-NH_3水溶液 （质量分数为3%的Na_2-EDTA溶液500mL与浓氨水100mL混合）加热近沸
氯化亚铜、铁斑	混有氯酸钾的热浓盐酸溶液
汞渣	热的浓硝酸
硫化汞	热的王水
铝及硅质残渣	用质量分数为2%的HF溶液、浓硝酸、纯水、丙酮等依次漂洗
水垢	稀盐酸
有机物质	铬酸洗液浸泡或其温热洗液抽洗
脂肪、脂膏	四氯化碳或其他适当的有机溶剂
细菌	5.7mL的化学纯浓硫酸、2g的化学纯硝酸钠及94mL的纯水充分混匀，抽气并浸泡48h后以热的纯水洗净

4. 吸收池（比色皿）的洗涤

吸收池是光度分析最常用的器件，要注意保护好透光面，拿取时手指应捏住毛玻璃面，不要接触透光面。

玻璃或石英吸收池在使用前要充分洗净。根据污染情况，可以用冷的或温热的（40～50℃）阴离子表面活性剂的碳酸钠溶液（2%）浸泡，可加热10min左右；也可用硝酸、重铬酸钾洗液（测Cr和紫外区测定时不用）、磷酸三钠、有机溶剂等洗涤。对于有色物质的污染可用盐酸乙醇溶液［3mol/L盐酸-(1+1)乙醇］洗涤。先用自来水，再用实验室用纯水充分洗净后倒立在纱布或滤纸上控去水分。如急用，可用乙醇、乙醚润洗后用吹风机吹干。

光度测定前可用柔软的棉织物或滤纸吸去光学窗面的液珠，用擦镜纸叠为四层轻轻擦拭至透明。

5. 特殊的洗涤方法

① 水蒸气洗涤法：有的玻璃仪器，主要是成套的组合仪器，可安装起来，用水蒸气蒸

馏法洗涤一定时间。如凯氏微量定氮仪，使用前用装置本身发生的蒸气处理 5min。

② 测定微量元素用的玻璃器皿，应用 10% 的硝酸溶液浸泡 8h 以上，然后用纯水洗净。

③ 测定分析水中微量有机物的仪器，可用铬酸洗液浸泡 15min 以上，然后用自来水、纯水洗净。

④ 用于环境样品中痕量物质提取的索氏提取器，在分析样品前，先用己烷和乙醚分别回流 3~4h。

⑤ 有细菌的器皿，可在 170℃ 用热空气灭菌 2h。

⑥ 严重污染的器皿，可置于高温炉中于 400℃ 加热 15~30min。

注意事项：

① 测定磷的仪器，不可用含有磷酸盐的试剂（药品）洗液来洗涤。

② 测定铬、锰的仪器，不可用铬酸洗液、高锰酸钾洗液来洗涤。

③ 测定铁用的玻璃器皿，不能用铁丝柄毛刷刷洗。

④ 测定锌、铁用的玻璃仪器，酸洗后不能用自来水冲洗，必须直接用纯水洗涤。

二、过滤用滤纸浆的制备

方法 1：取破碎的滤纸片，将其放入带有磨口塞的广口瓶内，把水加入瓶中（不要过多，能浸泡纸片即可），用盖子（磨口塞盖）将广口瓶盖好，剧烈摇动广口瓶。待滤纸被击碎而形成糊状，再将这种糊状物倒在平板漏斗（即布氏漏斗）中，吸去水分形成紧密滤层。在吸滤的时候必须将已经形成的纸浆压紧（用玻璃棒压），并应当注意使其边缘高于中间而具有凹形。之所以需形成凹形，是因为滤纸边缘与漏斗壁相接触的地方易于产生缝隙，而使溶液经缝隙通过将会产生损失。把纸浆移到漏斗上后再用水洗至纸浆的纤维不抽到吸滤瓶中时为止。

方法 2：用浓盐酸处理无灰滤纸的碎片，时间不超过 2~3min，然后用水稀释，仔细搅拌，使滤纸的碎片成纤维状物。过滤并充分洗涤到不显酸性，然后将其制成水悬浮液保存。

方法 3：将无灰滤纸的碎片，在不断摇动下加热（40~50℃）1h，然后换水重新加热，重复进行到水呈无色为止。将水倒出，把滤纸在大的瓷研钵里研碎，此后注入水使之呈悬浮状态保存。

用纸浆过滤的优点在于过滤速度能加快几倍，并且可以立刻得到透明的滤液（甚至在胶体的情况下）。当过滤被阻时（如含有黏性物质），只需用玻璃棒把纤维的上层取下，就能很容易地清除阻碍物并整理至原有状态。

三、过滤用石棉层的制备

取少量石棉浆和水一起搅拌，使石棉纤维分散于水中。将混合物倒入小烧杯里放置片刻，当较粗的石棉块下沉而较细的尚未下沉时，把上层分散液倒入另一个烧杯中，使细纤维与粗纤维分开。在用古氏坩埚过滤时，粗纤维垫在坩埚底部，细纤维则垫在上部。

四、碱石棉的制备

将 1 份质量的氢氧化钠溶解在 1 份质量的水中，然后在所获得的氢氧化钠溶液中按前量加入粉状氢氧化钠，在搅拌下加入纤维状石棉直到新加进的石棉不再润湿，将混合物移入烘箱中，于 160~180℃ 下干燥 4h。在开始加热时，混合物会稍稍熔化，此时，再加入少量石棉直至混合物不再熔化并恢复加热前的形状为止。烘干冷却后，将硬化了的物质磨成通过 10 目筛的颗粒，保存在带磨口塞的广口瓶中。

碱石棉的活泼性几乎超过碱石灰活泼性的三倍，能吸收约等于其本身质量 20% 的二氧化碳。碱石棉随二氧化碳饱和的程度而改变自己的颜色，颜色的改变能指示出是否要更换新的吸收剂。

五、碱石灰的制备

将生石灰（CaO）块在研钵中研成细的粉末，把它移入铁器皿中（如铁盘），然后注入浓的氢氧化钠（微热）溶液。每 2 份质量的 CaO 加 1 份质量的 NaOH，不时搅拌，然后将其加热至沸腾，继续加热蒸干，所得固体物质保存于带磨口塞的玻璃瓶中。此混合物经膨胀后又逐渐凝结，形成多孔性的物质。

六、淀粉浆糊的制备

以少量的冷水和淀粉调和，形成流质糊状物，在搅拌下呈细流状倒入沸水中（每 100mL 水加 15g 左右的淀粉），沸腾 5～10min，冷却澄清，倒掉（或滤掉）上层溶液，得到淀粉浆糊。为了使浆糊不易变质，可以在制成的溶液内加入少许水杨酸或氢氧化钾。

七、在器皿上标刻记号

在进行几个平行分析测定的实验操作时，为了不使器皿混乱，必须在器皿上标刻号码（记号）。

对于玻璃称量瓶和盖子，可以在其磨砂表面上用普通铅笔做上记号。通常在称量瓶和盖子上，常有氢氟酸刻蚀的号码，这时就不必再做记号了。

在玻璃器皿上腐蚀刻记号的方法如下：

将固体石蜡熔化后，在玻璃器皿外表面涂上薄薄一层。待蜡层冷却后用小刀或钝一点的锥子在蜡层上刻上所需记号，再在其上滴入几滴氢氟酸。放置片刻后用水冲洗遗留的氢氟酸，然后再将蜡层除掉即成。

如分析操作温度不高，亦可用玻璃铅笔（金属铅笔）在玻璃器皿表面涂写记号。但温度高于 70℃ 后涂写的记号会熔化，不宜采用。

对于瓷质的坩埚和盖子及蒸发皿等，可用磨尖的火柴梗（或牙签）蘸取氯化铁溶液（$FeCl_3 \cdot 6H_2O$ 质量分数为 0.5%～1%）涂写记号，然后于电炉上或高温炉中烧干即可。

八、铁坩埚的钝化

先用盐酸洗，然后再用细砂纸将铁坩埚仔细打磨干净，并用热水洗涤。将洁净的铁坩埚浸入由 100mL 水、5mL 相对密度为 1.84 的硫酸和 1mL 相对密度为 1.42 的硝酸组成的混合液中浸泡 10min，然后用水洗涤、干燥，置于高温炉中于 300～400℃ 灼烧 10min 即可。

九、常用干燥剂

常用干燥剂及其干燥能力见表 1-3。

表 1-3　常用干燥剂及其干燥能力

干燥剂名称	干燥能力/(mg/L)	再生方法
粒状 $CaCl_2$	0.14～0.15	炒干
无水 $CuSO_4$	1.4	炒干
浓 H_2SO_4	0.003	蒸发浓缩
硅胶	0.003～0.005	110℃烘干
CaO	0.2	
$CaBr_2$	0.14	
$ZnBr_2$	1.1	
$ZnCl_2$	0.8	
$CaCl_2$（熔凝的）	0.36	
NaOH（熔凝的）	0.16	
MgO	0.008	
$CaSO_4$	0.004	
Al_2O_3	0.003	
$Mg(ClO_4)_2$	0.0005	
$Mg(ClO_4)_2 \cdot 3H_2O$[①]	0.002	
KOH（熔凝的）	0.002	
P_2O_5	<0.000025	

① 用高氯酸盐作干燥剂时，必须严格避免与一切有机物及炭、磷、硫等物质接触，否则会发生强烈爆炸。

注：干燥能力用 25℃时干燥后空气中剩余水分含量（mg/L）来衡量。将先行被水蒸气饱和的空气，在 25℃时以 1～3L/h 的速度通过已称过质量的干燥剂，测定空气中剩余的水分。

十、干燥部分有机化合物应用的固体脱水剂

干燥部分有机化合物应用的固体脱水剂，具体内容见表 1-4。

表 1-4　干燥部分有机化合物应用的固体脱水剂

有机化合物	脱水剂
醛类	$CaCl_2$
胺类	NaOH、KOH、K_2CO_3
肼类	K_2CO_3
酮类	K_2CO_3（高级酮类用 $CaCl_2$）
酸类	Na_2SO_4
腈类	K_2CO_3
硝基化合物	$CaCl_2$、Na_2SO_4
碱类	KOH、K_2CO_3、BaO
醇类	K_2CO_3、$CuSO_4$、CaO、Na_2SO_4
烃类	$CaCl_2$、Na
卤衍生物	$CaCl_2$
酚类	Na_2SO_4
醚类	$CaCl_2$、Na
酯类	Na_2SO_4、$CaCl_2$

注：1. 在醚和酯的溶液中含有醇时，应先除去醇（反复用水萃取），再干燥。

2. 容易氧化的含氮碱，最好用 $CaCl_2$ 干燥。

3. 二硫化碳用 $CaCl_2$ 干燥。

4. 不要加入过量的干燥剂。

5. 若被干燥物质能放出易燃性气体，则严禁用高氯酸盐干燥。

十一、实验室操作中最常用的气体及其干燥剂

实验室操作中最常用的气体及其干燥剂见表 1-5。

表 1-5　实验室操作中最常用的气体及其干燥剂

气　体	干燥剂
N_2、O_2、H_2、CO、CO_2、SO_2、CH_4	浓 H_2SO_4 或 $CaCl_2$。如要求特别严格,则用混合有 P_2O_5 的玻璃棉
NH_3	KOH 和 CaO 的混合物
HCl、Cl_2	$CaCl_2$ 或浓 H_2SO_4
HBr	$CaBr_2$
HI	CaI_2
氮氧化物	$Ca(NO_3)_2$
H_2S	$CaCl_2$
O_3(臭氧)	$CaCl_2$
C_2H_4(乙烯)	浓 H_2SO_4(在冷却时)

注：在进行特别准确的测定及需要制取特别纯净的气体时,不可用浓硫酸干燥氢气,因为氢能与浓 H_2SO_4 发生反应(氢被氧化,同时把酸还原)。

十二、常用冷却剂

按化学分析和实验反应要求,有的特殊反应需要在低温下进行。为了降低反应溶液的温度,一方面将其反应溶液置于容器中,热能经过器壁向周围介质急速散热,可达到降温的要求；另一方面可利用溶解过程的吸热达到降低温度的目的,因为许多盐的溶解热都是负值。

下面介绍几种混合物冷却剂可达到的最低温度。

1. 盐和水的混合物

表 1-6 给出了盐和水混合物可下降的温度,操作时先将 100g 水冷至 $10\sim15℃$,然后再与表中规定量的盐混合。

表 1-6　盐和水的混合物温度

盐的种类	盐的质量/g	下降温度/℃	备注
$CaCl_2 \cdot 6H_2O$	250	23.2	能达到 $-12.4℃$
KCl	30	12.6	
KNO_3	16	10	
$KSCN$	150	34.5	能达到 $-23.7℃$
$MgSO_4 \cdot 7H_2O$	85	8.0	
$NaCl$	36	2.5	
$Na_2CO_3 \cdot 10H_2O$	40	9.1	
$NaNO_3$	75	18.5	能达到 $-5.3℃$
$Na_2SO_4 \cdot 10H_2O$	25	6.8	
$Na_2S_2O_3 \cdot 5H_2O$	110	18.7	能达到 $-8.0℃$
NH_4Cl	30	18.4	能达到 $-5.1℃$
$(NH_4)_2CO_3$	30	12	
NH_4NO_3	60	27.2	能达到 $-13.6℃$
NH_4SCN	133	32.2	能达到 $-18℃$
$(NH_4)_2SO_4$	70	6.4	

2. 盐和雪的混合物

表 1-7 中 A 是在每 100g 水或雪中的盐的质量，t 是混合后可以达到的最低温度。

表 1-7　盐和雪[①]的混合物

盐	A/g	$t/℃$	盐	A/g	$t/℃$
$CaCl_2 \cdot 6H_2O$	41	-9.0	KCl	30	-11
$CaCl_2 \cdot 6H_2O$	82	-21.5	NH_4Cl	25	-15.8
$CaCl_2 \cdot 6H_2O$	125	-40.3	NH_4NO_3	60	-17.3
$CaCl_2 \cdot 6H_2O$	143	-55	$NaNO_3$	59	-18.5
$CaCl_2$	30	-11	$(NH_4)_2SO_4$	62	-19
$Na_2S_2O_3 \cdot 5H_2O$	67.5	-11	NaCl	33	-21.2

① 对于组成中有雪的冷却剂所列 A 值，是指混合冷却至 0℃ 的物质而言。

注：冷却剂中的雪，可以用等质量的细冰代替。

3. 两种盐和雪的混合物

表 1-8 中的 A 是在 100 份质量雪中的盐的质量份数，t 是混合后可以达到的最低温度。

表 1-8　两种盐和雪的混合物

混合物 $A/$份	$t/℃$
$Na_2SO_4 \cdot 10H_2O + K_2SO_4(14+10.5)$	-3.1
$KCl + KNO_3(24.5+4.5)$	-11.8
$NaNO_3 + NH_4NO_3(55.3+48)$	-17.7
$KCl + NH_4Cl(12+19.4)$	-18.0
$NaNO_3 + KNO_3(62+10.7)$	-19.4
$Na_2SO_4 \cdot 10H_2O + (NH_4)_2SO_4(9.6+69)$	-20.0
$NH_4Cl + NH_4NO_3(18.8+44)$	-22.1
$NH_4Cl + (NH_4)_2SO_4(12+50.5)$	-22.5
$NaNO_3 + NH_4NO_3(9+74)$	-25.0

4. 水和两种盐混合物的温度

当 10~15℃ 的 100g 水与一定量的两种（A+B）盐混合时，能够获得如表 1-9 所示的最低温度。

表 1-9　水和两种（A+B）盐混合物的温度

A 盐+B 盐	A+B 质量/g	最低温度/℃
$NH_4Cl + KNO_3$	$32+21$	-3.9
$NH_4Cl + KNO_3$	$26+14$	-17.8
$NH_4Cl + NaNO_3$	$26+57$	-1.6
$NH_4Cl + NaNO_3$	$18+43$	-22.4
$NH_4NO_3 + NaNO_3$	$88+63$	-10.8
$NH_4NO_3 + NaNO_3$	$56+55$	-23.8
$NH_4SCN + NaNO_3$	$84+60$	-16.0
$NH_4SCN + NaNO_3$	$57+57$	-29.8
$NH_4SCN + KNO_3$	$98+22$	-13.8
$NH_4SCN + KNO_3$	$67+6$	-27.6
$NH_4SCN + NH_4NO_3$	$89+61$	-16.4
$NH_4SCN + NH_4NO_3$	$59+32$	-30.6
$KSCN + NH_4NO_3$	$154+15$	-15.8
$KSCN + NH_4NO_3$	$113+5$	-32.4

5. 冰和两种盐混合物的温度

以 100g 冰与一定量的两种（A+B）盐混合，所能达到的最低温度见表 1-10。

表 1-10　冰和两种（A＋B）盐混合物的温度

A 盐＋B 盐	A＋B 质量/g	最低温度/℃
KNO_3＋KSCN	2＋112	−34.1
KNO_3＋NH_4Cl	13.5＋26	−17.8
KNO_3＋NH_4SCN	9＋67	−28.6
KNO_3＋NH_4NO_3	9＋74	−25
NH_4NO_3＋NH_4SCN	32＋59	−30.6
NH_4NO_3＋$NaNO_3$	52＋55	−25.8
NH_4Cl＋$NaNO_3$	13＋37.5	−30.7
NH_4Cl＋NH_4NO_3	18.8＋44	−22.1
NH_4Cl＋$(NH_4)_2SO_4$	12＋50.5	−22.5
NH_4Cl＋KNO_3	13＋58	−31
NH_4SCN＋$NaNO_3$	39.5＋54.5	−37.4

十三、常用浴的加热温度

1. 常用几种浴的加热温度

常用的几种浴的加热温度见表 1-11。

表 1-11　常用的几种浴的加热温度

浴种	加热温度/℃
水	97～98
空气	300 以下
砂	400 以下

2. 用于液体浴的部分物质的极限加热温度

用于液体浴的部分物质的极限加热温度见表 1-12。

表 1-12　用于液体浴的部分物质的极限加热温度

名称	加热的载体	极限温度/℃	备注
油浴	石蜡油	220	
	甘油	220	
	棉籽油	210	
	石蜡(熔点 30～60℃)	300	
	$58^\#$～$62^\#$ 汽缸油	250	
	甲基硅油	250	
	苯基硅油	300	
硫酸浴	硫酸	250	
盐浴	6 份质量的浓硫酸（H_2SO_4）　4 份质量的硫酸钾（K_2SO_4）	325	熔点为 226℃
	55 份质量的硝酸钾（KNO_3）　45 份质量的硝酸钠（$NaNO_3$）	600	

十四、加热与灼烧

（一）各种热源的火焰最高温度近似值

酒精喷灯/℃　　　　　　　　　　　1000～2000

煤气（天然气）灯/℃	1600～1850
吹管（煤气或天然气的吹管）/℃	2200
氢氧焰/℃	2300
炔氧焰/℃	2500～3500
电弧/℃	＞3000

注：在一般化验室操作中使用的煤气（或天然气）加热温度为700～1200℃，吹管则可达1600℃。

（二）煤气（天然气）灯的火焰图

图 1-1 为火焰不同部位的温度分布情况。

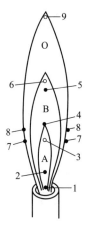

图 1-1　火焰温度分布

1—300℃；2—350℃；3—520℃；4—1540℃；5—1560℃；6—1550℃；7—1450℃；8—1570℃；9—1540℃；
A—不发生燃烧的火焰带（煤或燃气与空气的混合物）；B—还原火焰带（气体燃烧进行得不
完全——氧气不足，含有赤热的由煤或燃气分解生成的碳质产物）；O—氧化焰带（完全燃烧，氧气过剩）

火焰最高温度及火焰的不同部位内的温度分布视其煤气、燃气的组成，煤气、燃气及空气进入量的调节，灯的构造等而定。

（三）根据灼烧的颜色来估计温度

根据灼烧的颜色来估计温度见表 1-13。

表 1-13　根据灼烧的颜色来估计温度

颜色	温度/℃	颜色	温度/℃
开始时：暗红色	525	暗橙黄色	1100
暗红色	700	浅橙黄色	1200
开始时：樱桃红色	800	白色	1300
樱桃红色	900	亮白色	1400
浅樱桃红色	1000	炽白色（即如白炽灯丝亮色）	1500

（四）实验室电炉加热的温度及沉淀灼烧温度与时间

1. 最高加热温度

① 马弗炉　铂丝加热 1050℃；镍铬丝加热 800℃。

② 坩埚炉　铂丝加热 1100℃；镍铬丝加热 850℃。

③ 管式炉　铂丝加热1300℃；镍铬丝加热900℃。

④ 粒状炭（电阻）炉　1800℃。

⑤ 高频率感应炉　2350℃。

2. 沉淀灼烧所需温度和时间

沉淀灼烧所需温度和时间见表1-14。

表1-14　沉淀灼烧所需温度和时间

灼烧前的物质	灼烧后的物质	灼烧温度/℃	灼烧时间
$Al(OH)_3$	Al_2O_3	>1000	15min
$Al(C_9H_6ON)_3$ [①]	Al_2O_3	1200	15min
$Al(C_9H_6ON)_3$ [①]	$Al(C_9H_6ON)_3$	120~130	干燥至恒重
$AgCl$	$AgCl$	130	1h
$BaSO_4$	$BaSO_4$	800~900	10~20min
CaC_2O_4	CaO	600	灼烧至恒重
CuS	CuO	850~900	20~25min
$Fe(OH)_3$	Fe_2O_3	800~1000	10~15min
$(NH_4)_3PO_4 \cdot 12MoO_3$	$(NH_4)_3PO_4 \cdot 12MoO_3$	105	干燥至恒重
$(NH_4)_3PO_4 \cdot 12MoO_3$	$P_2O_5 \cdot 24MoO_3$	400~500	灼烧至变蓝
$PbMoO_4$	$PbMoO_4$	700	灼烧至恒重
$SiO_2 \cdot xH_2O$	SiO_2	1000~1200	20~30min
$MgNH_4PO_4$	$Mg_2P_2O_7$	1000~1100	20~25min
$AlPO_4$	$AlPO_4$	800~900	15min 至恒重
$Ni(C_4H_7N_2O_2)_2$ [②]	$Ni(C_4H_7N_2O_2)_2$	110~120	干燥 1h
K_2PtCl_6	K_2PtCl_6	130~135	干燥 1h
K_2PtCl_6	Pt	强烈灼烧	长时间
$K_3Co(NO_2)_6$	$K_3Co(NO_2)_6$	110	1~2h
CaF_2	CaF_2	800~900	灼烧至恒重
$Zr(HPO_4)_2$	ZrP_2O_7	1050~1100	25~30min
$V(C_9H_6ON)_5$ [①]	V_2O_5	<600	灼烧至恒重
WO_3	WO_3	775~800	10min
$Co[C_{10}H_6O(NO)]_3$ [③]	Co_3O_4	800~900	灼烧至恒重

① 8-羟基喹啉配合物；② 丁二肟配合物；③ α-亚硝基-β-萘酚配合物。

十五、定量分析中常用沉淀洗涤液的配制

定量分析中常用沉淀洗涤液的配制见表1-15。

表1-15　定量分析中常用沉淀洗涤液的配制

洗涤液名称	配制方法	用途
中性硝酸钾洗液（1%）	称取10g硝酸钾溶于少量水中，若有不溶物过滤除去，用水稀释至1L。吸取25mL，加入酚酞指示剂1~2滴，用氢氧化钾中和至浅的微红色。依所用的氢氧化钾数量按比例加入硝酸钾溶液中	容量法测定磷用
硝酸铵洗液	溶解50g硝酸铵于1L水中，再加入10mL浓硝酸，或将50g硝酸铵溶解在1L浓硝酸＋水为（2＋98）的硝酸溶液中	用于许多沉淀的洗涤
高氯酸洗液	① 高氯酸饱和无水乙醇 ② 用高氯酸钾饱和的无水乙醇。为了保证此项液体在任何温度下都是高氯酸钾的饱和溶液，应在装盛此项溶液的瓶底保持少量固体高氯酸钾	高氯酸法测定钾或其他碱金属用

续表

洗涤液名称	配制方法	用途
中性乙醇洗液	将氢氧化钾加入乙醇中,至具有显著的碱性,然后进行蒸馏	酒石酸-苯胺法测定钾用
硝酸洗液 (3+97)	将3体积的浓硝酸煮沸除去氮的氧化物,冷却后用97体积的水稀释。然后在溶液中加入少量的铋酸钠,静置,取其澄清液备用	铋酸盐法测定锰用
氢氧化铵-氯化铵洗液	称取50g氯化铵溶于100mL水中,加50mL氢氧化铵用水稀释至1L	碘量法测定铜用
氯氟化铅洗液 (饱和)	甲液:硝酸铅[$Pb(NO_3)_2$]10g溶于200mL水中 乙液:氟化钠(NaF)1g溶于100mL水中后,加入盐酸2mL 将甲、乙两液混合至沉淀完全沉降,倾去上层清液,以200mL水继续用倾泻法洗涤4~5次后,加1L水,间断搅动约1h。过滤弃去沉淀贮存滤液备用	氯氟化铅法测定氟用
氯化铵洗液 (2%)	称取20g氯化铵溶于100mL水中,以甲基橙为指示剂,滴入氨水恰至指示剂刚好变色,然后将溶液用水稀释至1L摇匀	质量法测定R_2O_3及其他
中性硝酸铵洗液(2%)	称取20g硝酸铵溶于100mL水中,过滤后以甲基红为指示剂,用(1+1)氢氧化铵溶液中和至指示剂刚好变色为止,然后用水稀释至1L摇匀	质量法测定R_2O_3及其他

十六、电热蒸馏水器清洗液的配制和清洗方法

在长期使用中,电热蒸馏水器的蒸馏锅内壁及电热管外层壁都会结积一层坚硬的水垢,不仅降低了出水量,使耗电量增加、散热不好,严重者可使蒸馏水器具烧蚀损坏。为了消除结积的水垢,用下面的酸缓蚀剂来进行清洗,可得到满意的效果。

1. 需用的药剂

① 盐酸(工业品或化学纯),相对密度为1.19和1.05;

② 苯胺($C_6H_5NH_2$);

③ 甲醛;

④ 磷酸三钠。

2. 清洗液的配制

① 缓蚀剂的配制　取水10mL,加热至90℃,依次加入相对密度1.19的盐酸9mL、苯胺10mL、甲醛10mL(加入的顺序不得颠倒,每加一种药剂都要搅拌均匀),待溶液呈深红色或深黄色即成。

② 酸缓蚀剂的配制　取1L相对密度1.05的盐酸,加入上述缓蚀剂3mL,搅拌均匀即可。

3. 清洗方法

将酸缓蚀剂倒入蒸馏器内。为节省酸缓蚀剂,可用刷子刷洗水垢层。在室温下进行清洗。如发现酸缓蚀剂与水垢停止作用,水垢又尚未全部洗净,可再补加酸缓蚀剂,或者将蒸馏水器内的酸缓蚀剂加热至45℃直至洗净。将酸缓蚀剂倒(放)出,用清水冲洗3次后,在蒸馏水器内放满清水,加入磷酸三钠溶液(每升水中加5g磷酸三钠)刷洗,倒出,再用清水洗净。

十七、混有杂质水银（汞）的清洗

将混有杂质的水银徐徐倒入玻璃漏斗内的滤纸上（滤纸的底部开有小孔），漏斗径插在一个长 40～50cm 下端连有带夹子胶管的玻璃管内。玻璃管内装有 5％的硝酸亚汞的硝酸溶液，水银经滤纸上的孔进入玻璃管后，绝大部分金属杂质及灰尘均可除净（金、银和铂除外）。将洗过的水银收集在玻璃皿内，用蒸馏水（去离子水）反复洗涤若干次。然后再将水银倒入瓷皿内，再用水洗涤（倾析法）一直洗至无酸性反应为止（即硝酸已完全洗净）。

水银表面的水可用滤纸条吸去，如水银中可能含有金、银和铂等杂质，则必须再用真空蒸馏法提纯。

注：如一时购不到硝酸亚汞，也可用下面方法制取。

取几滴金属汞和少量（1＋3）稀硝酸溶液，共同加热。汞要稍稍过量，加热至反应完全停止时为止。

十八、脱色剂

1. 活性炭

极易将某些有机显色剂吸附除去，如钍试剂、铀试剂Ⅲ及经硫酸分解后的铜铁试剂、结晶紫、孔雀绿等，还有某些金属（如金、铀、铬等）离子。

应用活性炭的吸附作用还可以处理工业含铬废水（电镀液）等。

2. 硅胶粉

能脱去石蜡油（液体石蜡）因受热变暗（褐色）的颜色，洗脱至无色。

① 化学试剂纯硅胶（粒度过 60～325 目筛），使用前于 160℃烘干 4h 后，取出冷至室温，即可使用。

② 粒状硅胶（非粉状），使用前经研细至约可通过 40～100 目筛，于 160℃烘干 4h，取出冷至室温，即可使用。

3. 酒精

变色硅胶可用工业酒精洗至无色，再用纯水（蒸馏水或去离子水）煮，最后用纯水洗净、晾干，于 160℃烘干 4h 即可，以此方法可循环使用。

十九、润滑剂

1. 干燥器磨口用润滑剂

天热时，使用由 3 份无水安息香胶和 1 份黄凡士林组成的混合物；天冷时，则使用由 2.5 份无水安息香胶与 1.5 份黄凡士林配成的油膏。对要求不高者亦可单独使用医用凡士林。

2. 真空油膏

稠度大的真空油膏用于标准磨口及活栓；稠度小的则用于大的磨口及活栓。也用于干燥器。通常使用市售的 KZ-1、KZ-2 真空封脂。

3. 有机硅油膏

它的化学稳定性很大，在相当高的温度下仍可使用。采用这种油膏，可避免橡胶与玻璃、玻璃与玻璃之间的粘连现象发生。国产有机硅油膏有 1 号真空脂、7501 真空硅脂等。

当磨塞与活栓需接触有机溶剂时，则上述有机硅油膏均不可用。这时，可使用熔融的糖与甘油的混合物。或者将 25～35g 糊精放在瓷皿中，慢慢加 35mL 甘油调匀，随后在火焰上一边加热一边搅拌，直至成为蜜状的润滑剂，再加热两次到发泡，最后用脱脂棉过滤，保存在玻璃瓶中备用。它有吸湿性，比凡士林略显黏稠。

4. 无机油膏

有时也可以使用由最细的钠质膨润土与甘油调成的糊状物替代。

5. 耐氯活栓油膏

是石蜡与硬脂酸的混合物，在 150℃ 下用亚硝酰氯（NOCl）处理，再经真空脱气处理而得。若工作温度较高，也可用氯化萘作润滑剂。

6. 旋塞润滑剂

配方 1 在瓷皿内放入 12 份的凡士林和 1 份的石蜡，加热混合物，使之保持熔融状态，但不能冒烟。然后一点点地添加细小的黑橡胶屑，并搅拌至完全溶解。加入 9 份的橡胶屑后，用玻璃棒蘸取一些试样让它冷却，把它放在大拇指上端，用中指紧压后，迅速分开两个手指。如这时得到羽毛状的轻粒子，呈棉絮状薄片浮在空中，则表明润滑膏已制成。如果润滑膏拉成细丝，则需再加 1～2 份的橡胶屑，使之溶解。这样一直进行到在润滑膏冷却时得到如棉絮状薄片为止。

配方 2 将 8 份的凡士林与 1 份的石蜡熔合，加入 1.5 份切细的天然橡胶。于不断搅拌下在砂浴上加热混合物，至橡胶完全溶解为止。加热时须注意不使冒出浓烟。判断润滑膏是否已经制成，可如上法加以试验。

配方 3 将 1 份的凡士林与 2 份的羊毛脂熔合，或者熔合 4 份的凡士林与 1 份的精制蜡。判断润滑膏是否已经制成的试验如上所述。

将已配好的润滑膏涂在滴定管或气量管的旋塞上，然后用滤纸轻轻拭擦旋塞，擦去多余的润滑膏，把旋塞插入套内，转动数次。旋塞全部呈透明状，表明密封良好。如果发现有晦暗模糊的地方或条纹，则表明旋塞密封不好。

如果旋塞发生粘连不能取下或旋转，不能用轻敲或加热的方法把它打开。应在旋塞上涂下列成分的混合物：10g 水合三氯乙醛、5g 水和 3g 25% 的盐酸。使旋塞与此混合物一起放置 5～10min，然后用木块轻敲即可打开。

二十、无光泽玻璃的制备

将 10g 硫酸钡（$BaSO_4$）、10g 氟化氨（NH_4F）和 12g 氢氟酸（HF）混合均匀，然后将混合物涂在玻璃上，待干燥后用水把玻璃洗净即可得。

二十一、化验室玻璃器皿的简易制作

在分析实验的工作中，常常需用一些小件的玻璃器皿和零件，如弯管、三通管、滴管、毛细管、搅拌棒、安瓿，以及简单的小型特殊玻璃部件等。这些工作往往是由分析实验人员自己动手加工制作的。制作之前应对玻璃进行鉴别。玻璃有软质、硬质之分。软质玻璃易于加工，但质量较差；硬质玻璃坚固，耐热，较难加工。两种玻璃的线膨胀系数不一样，不能相接，故进行熔接加工前应鉴别玻璃种类。

鉴别方法：选取干燥、干净、直径（管材壁厚）一致，而且无气泡及丝纹等缺陷的玻璃材料试接，接完后经退火、冷却，于平整的木台上轻轻击碰数次，若无断裂，则说明材料同质。

（一）工具和材料

1. 喷灯

有煤气设备的化验室，煤气喷灯是最好的加热设备。若无煤气设施，酒精喷灯亦可用。好的酒精喷灯的最高温度能达到 1000℃。火焰温度的分布情况如图 1-2，可供加工时参考。

2. 玻璃加工小工具

一般玻璃的割断及弯管、三通、小试管、滴管、搅拌棒、安瓿瓶等的制作，所能用到的工具有：锉刀、镊子、戳针、小方板和各种形状的扩管器等。如图 1-3 所示。

3. 材料

应备有各种直径规格的软质和硬质玻璃管及棒材。在加工前除了选择好质量相同的材质外，还应注意材料的粗细、壁厚应均匀，管内应无砂子、丝纹，无大气泡等。需洗净干燥，方能应用。

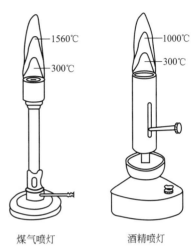

煤气喷灯　　　酒精喷灯

图 1-2　喷灯火焰温度分布

（二）加工操作

1. 冷割玻璃管（或棒）

取直径小于 25 mm 的玻璃管（棒），量取所需长度，于截断处先用水润湿，再用小三角锉的边棱向一个方向锉（不是来回反复锉，否则锉的边棱易损）；待锉痕扩展至玻璃圆周三分之一的时，在手上（最好垫上布或戴上手套）使刻痕（锉口处）在两个大拇指中间，锉痕向外，自上由下轻轻弯曲，同时轻轻地向两侧拉扯。这样就能获得平整的刀口，最后将切口端面在灯上烧熔一下，可使端面光滑（图 1-4）。

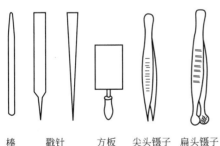

棒　　戳针　　方板　　尖头镊子　扁头镊子

(a) 玻璃加工小工具

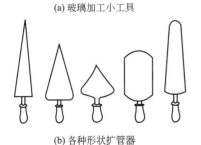

(b) 各种形状扩管器

图 1-3　玻璃加工小工具

2. 玻璃管加热

加热玻璃管时，应左手背向上，右手背向下，两手轻轻托住玻璃管并将玻璃管边加热边向一个方向同步转动，如图 1-5 所示。如加热面稍大些，在转动的同时，要稍微向左右移动。不要一下就将玻璃管放在火焰温度最高的外焰中加热。应将玻璃管先接近火焰预热，再逐渐移至最高温度处。特别是大口径或厚壁的玻璃管及需修理的大件仪器，预热是很重要的。

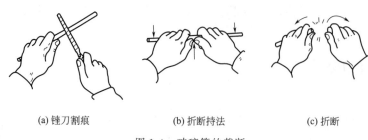

(a) 锉刀割痕   (b) 折断持法   (c) 折断

图 1-4　玻璃管的截断

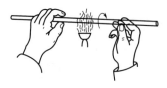

图 1-5　玻璃管加热方法

3. 工作温度和退火

玻璃经加热软化但未达到自行流动的状态，称为黏滞状态。在这种状态下最容易操作，所以其温度也称为工作温度。如果达不到这个状态，则玻璃太硬，容易折断或不能牢固衔接，而且也不能进行吹制。如果超过工作温度，则玻璃太软，无法制成所需形状。

加工成所需要的形状或零件后，需再将玻璃件加热至红色，然后静置数分钟使温度逐渐降低，放在不通风的地方或以玻璃布包好，任其自行冷却。这样的处理称为退火。退火过程可以避免玻璃制品自动炸裂。

4. 玻璃的吹制

一些零件需要将玻璃制成泡状或在管内加压来进行操作，这就需要用吹制的方法。吹制时，应用手指或橡胶塞将一端堵好，在另一端适当吹气。如果玻璃管太短或太长，吹气的一端可接上橡胶管。吹气时，用力要适当，要根据加热程度和需要的形状灵活掌握。

5. 玻璃管的弯曲

弯曲玻璃管时，先用塞子塞上其一端，预热后将待弯曲部位置于温度较高的火焰外焰加热，同时用手指不断地转动玻璃管。为了增加受热面积，应使玻璃管沿管长方向小幅度往复移动。当玻璃管烧至变为亮红而且柔软时，将玻璃管由火焰中取出，将塞住的一端向上抬起，并谨慎地弯成所需的角度。为了不使弯曲部分的下面形成玻璃的臃集（这样会使弯曲的地方不结实），应当在弯曲的时候，从玻璃管开口的一端轻轻地吹入空气，并应使弯曲的地方逐渐冷却。而不能将其放在冷的表面上，否则易于开裂。

6. 滴管与毛细吸管的拉制

为了制作滴管，先用锉刀裁取直径为 6～6.5mm、内径为 4～4.8mm、长约 240mm 的玻璃管，然后依照下法制成可容纳 18～20 滴水（约为 1mL）的滴管。

① 用手持截取的玻璃管于喷灯的火焰上，在 120～140mm 处对其加热，不断转动玻璃管直至烧红后，移离火焰拉其两端。注意，开始拉时应极慢，然后稍快。中间拉成的细处，一般长为 50～65mm（见图 1-6）。

② 将欲制作的滴管拉成图 1-6 形状后，放在石棉板上，静置冷却。待冷却后，在 A 处切断，即制成两个滴管粗品。然后将其较粗一端在喷灯上烧红后，移开火焰，在白瓷板的反面上用力按压（用力要均匀）即成图 1-7 形状。将橡胶头套在图 1-7 所示玻璃管的较粗一端，即制成一个玻璃滴管，如图 1-8 所示，待校验后方可使用。

③ 压缩橡胶头并将滴管口伸入水中，放开手即可将水吸入管内。将滴管中的水逐滴滴

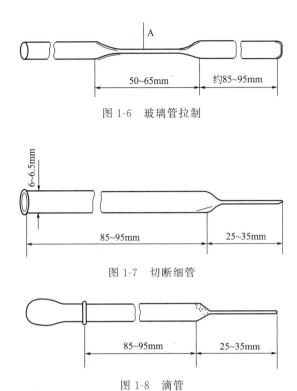

图 1-6　玻璃管拉制

图 1-7　切断细管

图 1-8　滴管

入干燥的 10mL 量筒中，滴入 20 滴时观察量筒中水的体积是否约为 1mL。若小于 1mL，表明滴管太细，可用锉刀切去一点，然后再试；若大于 1mL，表明滴管太粗，需将滴管中的水全部除去后置于火焰边处，先将水分烤干后，再在火焰上短暂灼烧管口，使滴管口轻微收缩，待冷却后再试。

毛细吸管的制作方法与滴管相似，所不同的是毛细吸管的细端较长，能够达到离心试管的底部，常用于半微量定性分析。制成的毛细吸管如图 1-9 所示。

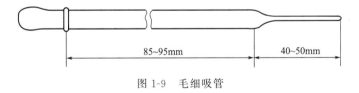

图 1-9　毛细吸管

7. 安瓿

取外径 4～6mm 的硬质玻璃管，将其洗涤干净并烘干。于喷灯上烧红，用力均匀拉制成外径约 1mm，长为 80～100mm 的毛细管。其一端吹泡，灼烧底部，待底部贮积足够的玻璃料后，趁红热徐徐向管中吹气。当其某部位膨胀太快时，应移动加热部位，直至形成所需体积的均匀膨胀的玻璃球（泡）体为止。冷却后，放入干燥器中备用。

8. 接管

首先将两根管口同时加热至通红状态，随即将两管以"八"字形先使一点接触粘住，再逐步放直，将两管对接起来，并轻轻从两端向连接处推压，使之完全吻合。然后，在连接处均匀加热并吹气修理平整。操作步骤如图 1-10 所示。

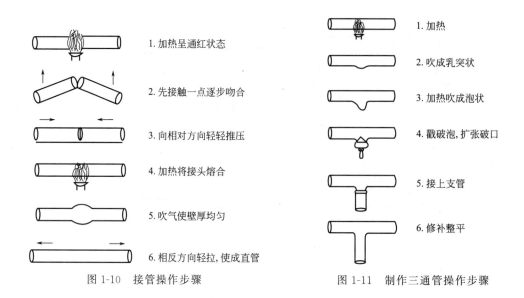

图 1-10　接管操作步骤

图 1-11　制作三通管操作步骤

9. 制作三通管

将玻璃在要接支管的地方加热，稍软后吹成乳突状。再在乳突状处加热，并同时吹气，使之成为泡状。用镊子或戳针戳破玻璃泡，加热后轻轻用扩管器将破口扩至适当大小，然后立即把一端已烧红的接管接上，再进行修补平整。操作步骤如图 1-11 所示。

10. 玻璃管中部吹泡

于欲吹泡处加热至玻璃管软化，用两手向中部挤压，使中部积集玻璃料。堵住玻璃管一端口，边加热边吹气，使玻璃管形成一个小泡。重复上述步骤使玻璃管形成与第一个小泡紧邻的第二个小泡。加热两个相邻小泡并不断吹气，使两个小泡相互连接并扩大，形成一个具有一定体积的中间体。继续吹制使中间体形成大泡，最后整圆。若是玻璃管太长，可在吹气一端接上橡胶管。其操作步骤如图 1-12 所示。

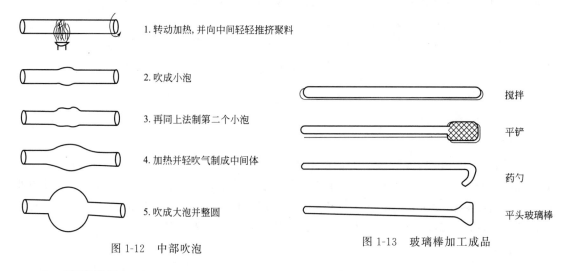

图 1-12　中部吹泡

图 1-13　玻璃棒加工成品

11. 玻璃棒的加工

将玻璃棒截成所需的长度，把截端放在火焰上烧圆即成搅拌棒。注意大小不同的烧杯应配以长短直径相适当的搅拌棒。搅拌棒的长度一般为烧杯高度的 1.5 倍。若加工小平铲，可将玻璃棒一端烧软，同时将平口钳的钳口加热，再将玻璃棒移离火焰用平口钳轻夹即成。如要做成药勺同时加以弯曲即可。将玻璃棒一端烧红后在石棉网上轻按可作成平头玻璃棒，用于压碎样品。玻璃棒加工成品见图 1-13。

二十二、滤纸

目前我国生产的滤纸有纸色谱定性分析滤纸、定量化学分析滤纸和定性化学分析滤纸。

1. 纸色谱定性分析滤纸的规格和型号

纸色谱定性分析滤纸有 1 号、3 号两种。每种又分为快速、中速和慢速三类。纸色谱定性分析滤纸的规格和型号见表 1-16。

表 1-16 纸色谱定性分析滤纸的规格和型号

项目		1 号			2 号		
		快 速	中 速	慢 速	快 速	中 速	慢 速
型号		401.411	402.412	403.413	301.311	302.312	303.313
单位面积质量[①]/(g/m²)		90	90	90	180	180	180
水抽出物 pH 值		7	7	7	7	7	7
水分/%		7	7	7	7	7	7
灰分/%	≤	0.1	0.1	0.1	0.1	0.1	0.1
铁含量/g	≤	3×10^{-5}	3×10^{-5}	3×10^{-5}	3×10^{-5}	3×10^{-5}	3×10^{-5}
水溶性氯化物/g	≤	1×10^{-4}	1×10^{-4}	1×10^{-4}	1×10^{-4}	1×10^{-4}	1×10^{-5}
铜离子含量/g	≤	1×10^{-5}	1×10^{-5}	1×10^{-5}	1×10^{-5}	1×10^{-5}	1×10^{-5}
尘埃度[②]/(个/m²)	≤	80	80	80	80	80	80
吸水性[③]/mm		60~90	90~120	120~150	60~90	90~120	120~150

① 指单位面积内滤纸的质量。
② 指 1m² 面积的滤纸上所含尘埃（0.1~0.2mm²）的个数。
③ 吸水性测定方法：取 15mm 宽的长条滤纸浸入（20±2）℃水中 1cm，测量 30min 内水分在滤纸上上升的高度。

2. 定量、定性化学分析滤纸的规格、型号及性能

定量化学分析滤纸和定性化学分析滤纸也都分为快速、中速和慢速三类。定量滤纸和定性滤纸在包装的纸盒上用黑色或白色纸带（快速）、蓝色纸带（中速）、红色或橙色纸带（慢速）作为分类标志。定量、定性滤纸的外形规格分圆形和方形两种。圆形的有 ϕ9cm、ϕ11cm、ϕ12.5cm 和 ϕ15cm 四种；方形的有两种，60cm×60cm 及 30cm×30cm。定量、定性化学分析滤纸的规格、型号和性能指标详见表 1-17。

表 1-17 定量、定性化学分析滤纸的规格、型号及性能

项目		定量化学分析滤纸			定性化学分析滤纸		
		快速（黑色或白色纸带）	中速（蓝色纸带）	慢速（红色或橙色纸带）	快速（黑色或白色纸带）	中速（蓝色纸带）	慢速（红色或橙色纸带）
型号		201	202	203	101	102	103
单位面积质量/(g/m²)		75	75	80	75	75	80
水分/%	≤	7	7	7	7	7	7

续表

项目	定量化学分析滤纸			定性化学分析滤纸		
	快速（黑色或白色纸带）	中速（蓝色纸带）	慢速（红色或橙色纸带）	快速（黑色或白色纸带）	中速（蓝色纸带）	慢速（红色或橙色纸带）
灰分/(mg/张) ＜	0.10	0.10	0.10	≤0.2%或0.15%	≤0.2%或0.15%	≤0.2%或0.15%
含铁量/% ≤	—	—	—	0.003	0.003	0.003
水溶性氯化物含量/% ≤	—	—	—	0.02	0.02	0.02
水抽出液 pH 值	5～8	5～8	5～8	7	7	7
过滤速度[①]/s	10～30	31～60	61～100	10～30	31～60	61～100
紧度[②]/(g/cm³) ≤	0.45	0.50	0.55	0.45	0.50	0.55
孔径/μm	80～120	30～50	1～3	>80	>50	>3
过滤物晶形	胶状沉淀物	一般结晶状沉淀	较细结晶状沉淀			
分离性能[③]（适应过滤的沉淀）	$Fe(OH)_3$ $Al(OH)_3$ H_2SiO_3	SiO_2 $MgNH_4PO_4$ $ZnCO_3$	$BaSO_4$[④] CaC_2O_2 $PbSO_4$	无机物沉淀的过滤分离及有机物重结晶的过滤		
相对应的砂芯玻璃坩埚号	G-1,G-2 可抽滤稀胶体	G-3 可抽滤粗晶形沉淀	G-4,G-5 可抽滤细晶形沉淀			

① 过滤速度：把滤纸折成 60°角的圆锥形，完全浸湿，取 15mL 水过滤。开始的 3mL 不计时，之后开始计时。滤出 6mL 水时所需的时间（s）即过滤速度。

② 紧度：一般指滤纸松紧的程度，以单位体积的质量表示。

③ 分离性能：在一般条件下，能从水溶液中滤出的沉淀。

④ 溶液是热的（$BaSO_4$）。

二十三、软木塞的处理

软木塞容易被酸碱腐蚀，因此要用适当的方法加以处理：预先配制含甘油 50 份、白明胶 30 份、水 100 份的处理溶液。先将白明胶于 40～50℃下溶于水，待完全溶解后加入甘油。在 40～50℃温度下将洗好的软木塞放在此溶液中浸泡 15～20min，取出洗净、干燥后放入由 42 份石蜡和 12 份凡士林配成的熔化混合物中 15～20min。经过这样处理的软木塞，可在盛酸碱的容器上使用。

陈旧的软木塞，用适当方法处理后可重新使用。先用热水冲洗软木塞，然后放入 15 份水和 1 份水杨酸的混合液中浸泡几小时，再用分析室用蒸馏水或去离子水洗涤数次，在空气中干燥后便可使用。

用过的软木塞可用下列方法之一净化。

① 在瓷质容器中用热水溶解高锰酸钾，将软木塞在溶液中浸泡一昼夜，并不时加以翻动。然后捞出软木塞，用清水洗去污垢。最后再把软木塞放入装满水的瓷质容器中，加入硫代硫酸钠或少许盐酸脱去颜色，洗净软木塞，在空气中干燥后即可使用。

② 用热水把 3% 的过氧化氢稀释 8～10 倍，在每升这种溶液中加入 5mL 浓氨水，将软木塞浸入其中，放置 1h 后，取出软木塞，用热的实验用水洗净，干燥后即可使用。

③ 把软木塞浸泡在熔融的石蜡中，片刻后取出，即成为耐酸、耐碱而又不透水的软木塞。

二十四、橡胶塞的处理

橡胶塞经长期使用后容易老化、破碎、变质（变硬），在使用前必须加以处理。

将橡胶塞浸入熔融的石蜡中1min，并加热至100℃，取出后放在纸片或石棉网上，移入烘箱中加热到102～105℃，使石蜡浸入橡胶塞内，静置使其自然降温。经这样处理后的橡胶塞就不会变脆变硬了。在打孔前，橡胶塞应该用苛性钠溶液或氨水润湿一下。

二十五、橡胶制品的保存方法

透明（医用）橡胶管等橡胶制品在空气中存放，会逐渐脆化变质，以致不能使用。因此，必须妥善保存。

最好的保存方法是把透明橡胶管等橡胶制品浸没在分析用水中。也可以将橡胶制品稍微涂上一层凡士林，然后撒上一些滑石粉。还可以把橡胶制品放在3％的石炭酸溶液中保存。

二十六、铂制品

铂俗称白金，质软，富延展性，熔点较高（1773.5℃），化学性质稳定，不与一般试剂和潮湿空气发生反应。溶于王水和熔融的碱，不溶于普通的酸碱液和水。由于它具有优良的特性，所以在分析实验中用于制作铂器皿，如坩埚、燃烧舟、网形电极等。常用的铂制品的种类、规格及用途详见表1-18。

表1-18 常用的铂制品的种类、规格及用途

种类	规格		用途
燃烧舟	全长/mm　38　50　75　100 宽/mm　　13　13　13　13 高/mm　　10　10　10　10 估重/g　　3　3.8　7　12		测定碳、氢含量时装试样用
坩埚 （平式埚连盖,盖占总质量的20%左右）	容量/mL　1.3　10　15　20　25　30　40　50 直径/mm　12　25　30　33　35　40　42　44 高/mm　　14　25　30　33　35　40　42　44 估重/g　　4　10　15　20　25　30　40　50		煤灰成分分析熔融试样时使用
网形电极 （以粗铂丝为架,包40眼的铂网）	直径/mm　　　25 高/mm　　　　50 柄长/mm　　　50 每英尺①估重/g 25		电解分析时作转动式阳极用
铂丝	B&S线规　14　16　18　20　22　24　26　27　28 　　　　　30　32　34　36 每英尺①估重/g 13.6　8.6　5.4　3.4　2.08　1.33　0.85 　　　　　0.65　0.56　0.33　0.21　0.12　0.08		铂钛电偶丝中的铂丝,应用于高温实验
包铂套钢质坩埚钳	全长/mm　　250 铂套重/g　　约6		钳铂坩埚用
镍质镊子 （附铂质尖头）	全长/mm　　115 铂头重/g　　约1.5		镊取小型的铂制器皿用
铂三角	三角每边长/mm　　3.8　　5.0　　6.3 外围直径/mm　　约25　约30　约38 估重/g　　　　　　5　　12　　14		铂坩埚加热架

续表

种类	规格								用途
圆底蒸发皿（带嘴）	容量/mL	15	25	50	75	100	125	150	200	用氟氢酸处理,测定煤成分中的二氧化硅时使用
	直径/mm	38	44	56	65	72	78	87	94	
	深/mm	10	22	27	33	35	37	39	43	
	估重/g	5	8	17	25	33	42	50	67	

① 1 英尺=0.3048 米。

铂在高温下略有一些挥发性，灼烧时间久了质量也会有微量的损耗（100cm^2 面积的铂于 1200℃灼烧 1h 约损失 0.1～1mg），900℃以下基本无挥发。

铂的价格昂贵，在其应用过程中要谨慎，应尽量减少损失，因此必须严格遵守如下保管和使用规则。

（1）铂制品在其领取使用前和用完归还后应做好登记，分析实验人员和保管人员必须预先熟知铂的性能和其保管使用规则。

（2）铂皿在加热时，应在电炉内或煤气灯的氧化焰上灼烧，不能在含有炭粒和碳氢化合物的还原焰中灼烧，以免碳与铂化合生成脆性碳化铂。因此：

① 禁止将铂制品置于内焰轮廓不明的煤气火焰中灼烧；

② 禁止使铂制品接触内焰；

③ 灼烧铂制品的火焰不应冒烟或因空气不足而发光。

（3）不可在铂皿内灼烧和加热下列物质：

① 含有易被还原的金属及其化合物，如 Ag、Hg、Pb、Sb、Sn、Bi、Cu，以及 $PbSO_4$、PbO_2、SnO_2、BiO_3、Sb_2O_3 等；

② 在有还原剂（滤纸等）存在时，含磷和硫的化合物，如 $AlPO_4$、$MgNH_4PO_4$ 等。

（4）熔融试样时，不允许使用 Na_2O_2、NaOH、Na_2CO_3 与硫黄的混合物以及硫代硫酸钠等作为熔剂。

（5）不允许在铂皿内处理卤素或与酸作用能放出卤素的物质。如王水、盐酸和二氧化锰的混合物以及含氯的盐和一般氧化剂（硝酸盐、亚硝酸盐和铬酸盐等）的混合物。也不允许加热和灼烧熔融碱金属的硝酸盐、亚硝酸盐及氰化物。另外三氯化铁对铂也有显著的作用。

（6）灼烧铂皿时不能与其他金属接触，因为在高温下铂能与这些金属生成合金，因此铂坩埚必须放在铂三角（或瓷三角）上灼烧。还可用清洁的石英或泥三角等。取下灼烧的铂坩埚或其他铂制器皿时，必须用包有铂尖的坩埚钳或镊子夹取。

（7）铂质较软，拿取铂皿时，不能用力过大，以免引起变形。不可用尖锐物品的尖端从铂皿内刮取物品。如有凸凹变形，可用木器轻轻整形。

（8）绝对不能用铂皿加热和熔融未知成分的试样。

（9）铂皿必须保持清洁光亮，以免有害物质继续与铂作用，以保证其高度稳定性。经常灼烧的铂皿表面可能由于结晶失去光泽，日久杂质会渗入铂金属内部使铂皿变脆而破裂。

几次使用后的铂皿可用通过 0.1mm 筛孔的海砂摩擦。用水将摩擦用的海砂润湿，以手指将其轻轻压在铂皿表面上，摩擦到出现金属光泽为止。用海砂处理坩埚是随需要而定的，一般每经 6～10 次灼烧后需处理一次。

铂皿表面沾污有斑点时，可用下面方法处理：

① 用单独的酸，在不含有硝酸的盐酸内加热，或在不含有盐酸的硝酸内加热进行处理，切不可将两酸混用。

② 还可用硫酸氢钠或焦硫酸钠（或它们的钾盐）、碳酸钠、硼砂熔融处理。

第二章 化学分析试样的采取和制备

化学分析试样的制备是化验室最基础的工作，分析操作从这里开始。正确采取和制备试样对于分析结果的准确度具有决定性的意义，否则会使分析结果毫无价值。

通常化学分析的试样，是由委托检验部门的专职采样员，从大量（少者几吨，多者上万吨）的物料中采取平均组成试样，送至化验室。化验室视试样的性质（固态、液态和气态），决定是否需要对试样进行进一步加工处理。一般液态、气态试样（本身组成比较均匀）不需另行加工处理；而固态试样（如金属、矿物等）必须由化验室取样员，按规定方法进行进一步处理，制备分析试样。分析时所需的试样仅是几克甚至更少，但其组成必须能代表全部大量物料的组成。可见，试样的采取和制备是非常重要的。

一、金属及其制品试样的制备

适用于黑色金属（钢、合金钢、铁、铁合金等）和有色金属（铜、锌、锡、铅、铝、黄铜、青铜、铝合金、轴承合金等）制品的试样制备。

（一）一般规定

① 试样的制备者，应是较为老练且富有经验的技工，能认真遵守操作工艺及各项规章制度，责任感强。

② 加工任何试样，都必须严格防止混入油污、尘埃和其他杂质，包括加工工具本身成分混入试样。加工现场必须保持清洁，所用的一切设备、工具和盛试样器具（瓶或袋）都必须保持清洁。

③ 对金属试样进行钻、刨、铣、车等加工时，必须除去表面锈垢、油污，外表有涂层或其他金属镀层的必须彻底除掉（必要时车、铣或刨去一层）。试样的内部应无气孔、无渣和无其他杂物。

④ 砸捣、破碎和研磨试样的机械、工具（钢钵、捣杵等）均应由高锰钢等硬材质制成。

⑤ 试样的收发要进行登记。试样加工应按编号顺序进行，防止颠倒混乱。制备好的样品可装在磨口玻璃瓶（如硅钢片、低碳钢、低碳铬铁、工业纯铁和其他纯金属以及其他特殊要求的样品）或牛皮纸口袋中，并在外表面标签栏上填写好试样的名称、编号、要求分析项目、委托单位及日期等。加工好的试样应连同委托化验单一并转交至化验员。

⑥ 制备完试样，将剩余的原样注明记号、样品名称、送样日期等，按其样品的性质及应用情况，注明保留日期，并进行妥善保管，以备复查。

（二）试样的制备

制样用的机械刀具等需清洁干燥，表面不得沾油污。未曾使用过的钻头在用之前要用乙醚洗净。应将待制备的金属试样按其形状、大小，用砂轮、砂纸或钻头将表皮磨去至见金属光亮面。如试样被油类沾污，可用乙醚洗净晾干。

由于金属在冶炼、浇铸过程中产生了元素的偏析作用，元素在锭材、轧材、铸件等各部分的分布产生了一定的差异，这种差异在加工过程中很难消除，所以在试样制备时必须十分注意取样部位、切削粒度，以提高分析试样的均匀性和代表性。

通常采用以下方法制取试样。

1. 钻取法

钻取法具有简单易行的特点，几乎所有的金属及其制品都可采用钻取法制备试样。钢材的取样常用钻取法，见表 2-1。

表 2-1 钢材钻取法取样

材料类型及取样部位		制取方法
截面圆形或近似圆形	圆柱形(圆钢、螺纹钢) 	①直径大于 100mm 在横截面的半径上，由圆心到距边缘 6～7mm 间取平均分布的多点(至少三点)，钻取相等深度的孔 ②直径小于 100mm 垂直纵轴钻至中轴，钻孔数视分析用量而定，另外，还可用车取法、刨取法
	圆锥形铸块 	由小端侧，在高度 1/3 处钻至中轴
	圆饼形铸块 	垂直于铸块平面，在半径为 1/2 处向下钻取 ①厚度小于 30mm 钻孔深 2～3mm ②厚度大于 30mm 钻孔至少达厚度的 1/2 处，另外，还可用刨取法
	圆管状 	垂直纵轴钻取。但钻孔底距内壁面 0.5～1mm 时不能再钻取，另外，还可用车、刨取法
	线材	用铰样机铰碎，也可用剪刀剪取。较粗的线材则是砸成薄片后剪取

续表

材料类型及取样部位	制取方法
方形铸块 ①　②	①边长小于 60mm　垂直于平面的中间部位，向下钻取。厚度小于 30mm 时接近钻透，厚度大于 30mm 时钻至厚度的 1/2。其表面都必须用砂轮磨光或用钻头钻去表皮 ②边长大于 60mm　钻三个孔。一个在垂直平面中间部位，其余两个在中心钻孔对称的两边。也可在均布的位置上钻两个或多个孔。其钻孔深度同①，还可用刨取法
截面方形、长方形或近似长方形 方钢 ①　② ③	①厚度大于 100mm　在横截面上由中心位置到距边缘 5～7mm 处均匀分布，钻取至少三个孔。各钻孔深度相等，约为厚度的 1/2 ②厚度 30～100mm　在横截面中心位置垂直于纵轴钻至厚度 1/2 处 ③厚度小于 30mm　钻取位置同②，接近钻透(留 1～3mm)，另外，还可用刨取法
扁钢 	沿表面纵向中线，在距短边缘 10～15mm 至中心范围内均匀分布钻孔，至少钻取三个孔。其钻孔深度相等
板材(厚度不超过 30mm) 	在距两边缘 10～15mm 范围内沿板宽均匀取三点以上钻孔，接近钻透，也可用刨取法
薄片	折叠数层。钻取或刨取
球扁钢 	沿宽度均匀分布三点钻取，其孔缘距边缘不少于 5mm。孔深度相等

续表

材料类型及取样部位		制取方法
截面不规则形	钢轨	在横截面上均匀钻取 5 个相等深度的孔
	槽钢	在腰部中心部位及腿宽的中间部位各钻一个孔,接近钻透
	工字钢	在腰高 1/2 处作一水平线使钻孔边缘恰到该线,在此处钻一个孔,又于腿宽部的 1/4 及 3/4 处各钻一个孔,接近钻透
	角钢 ① ②	①边宽小于 50mm　等边角钢在任一边的宽的中间位置钻孔;不等边角钢在宽的一边中间位置钻取 ②边宽大于 50mm　等边角钢上任一边上沿宽度均匀钻三个孔;不等边角钢在宽边上钻取(其钻孔连线垂直于顶角线)

2. 刨取法

在自轧材整个横截面上刨取,一般是沿对角线(如试样截面为方形、长方形或近似长方形)或直径(如试样截面为圆形或近似圆形)或中间部位(试样截面为不规则形)。断开后,刨取整个横截面。沸腾钢仲裁分析试样必须用刨取法采取试样;轧钢仲裁分析时刨取整个横截面试样;硅钢片等薄片试样可沿宽度折叠数层刨取。

3. 车取法

圆柱(棒)、管状试样多用车(床)取法,由距离试样端部 2mm 处车取至分析需用量为止。管状试样的内壁表皮应预先设法清理干净。若有困难,车取时可适当保留部分。

4. 铰取法

薄片试样除折叠刨取外,可以用铰样机铰碎。如硅钢片、炉前甩片试样均按此制备。

5. 剪取法

线材试样在清理表面后,细的用剪刀剪取,粗的用手锤砸成薄片后再用剪刀剪取。

6. 捣碎法

除低碳铬铁、金属铬以外的铁合金试样多半采用捣碎法,经捣碎、缩分、过筛提取分析试样,见表 2-2。

表 2-2 捣碎法取样

名称	试样质量/kg	破碎后全部通过筛/mm	缩分再破碎后全部通过筛/mm	第二次缩分后钢钵捣碎过筛	第三次缩分后	第四次缩分后	第五次缩分后
钨铁	2.5～3.5	6	3	取 1/2 过 1.5mm 筛	取 1/2 过 120 目筛	取 100g 过 150 目筛	取 25g 作为分析试样
钼铁 钛铁	2.0	3	1.5	取 1/2 过 40 目筛	取 30g 过 150 目筛	取 30g 作为分析试样	
钒铁 高碳铬铁	0.5	3	1	取 60g 过 150 目筛	取 30g 过 150 目筛	取 30g 作为分析试样	
硅锰合金 硅铬合金 磷铁	0.5	3	1	取 60g 过 150 目筛	取 30g 过 150 目筛	取 30g 作为分析试样	
硅铁	1.0	3	1	取 60g 过 150 目筛	取 30g 过 150 目筛	取 30g 作为分析试样	
高碳锰铁 低碳锰铁 高炉锰铁 硅钙合金	0.5	3	1	取 60g 过 120 目筛	取 30g 过 150 目筛	取 30g 作为分析试样	
金属锰	0.5	3	1	取 60g 过 120 目筛	取 30g 过 150 目筛	取 30g 作为分析试样	
低碳铬铁	表面打光的块样横断面刨取，每块试样刨取不少于 10g，总量不少于 100g，等量混合后经钢钵捣碎，过 40 目筛缩分，取 25g 作为分析试样						
金属铬	试样三块，在离上下表面 5mm 处等量钻取分析试样，每批取样不少于 150g，捣碎、过筛、缩分后取 40g 作为分析试样，余作保管试样						

（三）试样制备注意事项

① 合金钻头、刀具在磨制锋利和使用过久发热时，不能用冷水直接冷却。

② 车、钻、刨取试样时，要避免因进刀量过快而引起试样受热氧化变色。

③ 试样太硬不易切削时，可用硬质合金钻头和刀具。必要时也可对试样进行退火处理（但不能用于碳硫试样）。

④ 在车、钻、刨取试样中发现缩孔、气泡、夹渣和其他夹杂时，可在相邻位置另行采取。若仍然发现此类现象，则按不合格试样处理，并立即通知样品的委托单位。

⑤ 为便于称量和试样溶解，试样的粒度要求细小均匀。铁合金试样最好通过 120～150 目筛。用车、刨取法制备的金属试样其厚度不超过 0.5mm，长度不超过 8mm。而钻取的试样可用钢钵轧捣，使其粒度达到或接近达到上述要求。

⑥ 利用磁吸纯制试样。钢铁类试样放在干净的纸或塑料布上，用磁铁反复选取，可除去非金属杂质。但灰口铁、球墨铸铁、高锰钢、不锈钢等不能用此法。对某些矿石和有色金属试样用磁铁可吸除混入的金属铁。如试样本身有磁性，则不能用此法。

二、矿物原料试样的制备

适用于矿石（铁矿、人造富矿、铬矿、锰矿、钒铁矿、有色金属矿等）和炉渣（高炉渣、平炉渣、电炉渣等）。

（一）制样准备

如果试样潮湿，应在破碎后于 $105\sim110℃$ 温度下烘干。注意硫化铁矿的烘干温度不能超过 $40℃$，烧结矿在 $300\sim400℃$，混合料在 $200\sim300℃$。必要时还要进行附着水的测定。

如果试样表面附有非样品污物，应设法除去。但不能影响试样的平均成分。

（二）试样的制备

矿物原料试样制备大致分为破碎、混合、缩分、取样、研细等步骤。

1. 破碎

将试样先用手锤砸碎至适合破碎机的破碎粒度；继续用中、小型颚式破碎机碎至 5mm 左右的粒度；再用双辊或圆盘粉碎机碎至 2mm 左右的粒度。

2. 混合

在缩分之前，须将试样充分混合。将充分混合的试样慢慢倾倒于平滑无隙的干净玻璃板上，使试样堆成锥形 ［图 2-1(a)］。

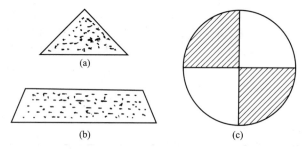

(a)

(b)

(c)

图 2-1　平均试样的缩分

3. 缩分

混合后的试样用四分法缩分。将堆成圆锥形的试样，用平板自锥顶向下压平形成圆饼状，使各处厚度相等 ［图 2-1(b)］。通过圆饼中心将其分为四等份 ［图 2-1(c)］，弃去对角的两份，将剩余的两份试样混合，再用同样的方法继续缩分至规定的量。有时也用缩分器来进行。缩分到表 2-3 要求的量。

表 2-3　试样缩分要求

试样粒度/mm	铁矿石、人造富矿、锰矿、轧钢皮、瓦斯灰等缩分后质量/kg	铜矿、铅矿、锌矿、铬矿、矿石类地质样缩分后质量/kg	备注
25	≥62.5	≥125	
13	≥16.9	≥33.8	
9	≥8.1	≥16.2	最后实际缩
6	≥3.6	≥7.2	分到 0.15～
3	≥0.9	≥1.8	0.30kg
1	≥0.15	≥0.2	
0.15	按分析需用量提取	按分析需用量提取	

4. 取样

将粒度 1～2mm 的试样放在塑料布上混合均匀后，铺成厚约 3～6mm 的长方形堆，按一定规则标记横线和纵线，按一定规则提取特定横纵线交叉点位置的试样。交叉点的密度愈大，提取的试样愈有代表性。

5. 研细

提取的试样用磁铁反复吸除杂质铁（平炉渣、铁矿石则不吸除）后，用玛瑙研钵研至规格粒度。

不同种类矿物原料试样制备过程比较见表 2-4。

表 2-4　不同种类矿物原料试样制备过程比较

试样	破碎后粒度/mm	缩分后质量/kg	取样方法	捣碎后粒度/mm	是否用磁铁除铁	研细通过筛目	备注
矿石	<0.15	0.15～0.30	多点交叉法	不捣碎	否	120	① 硫化铁矿不准使用圆盘或立式粉碎机 ② 轧钢皮不研细
炉渣	1	0.10～0.25	多点交叉法	<0.15	是	150	高炉、电炉、合金铁渣通过 100 目筛后除金属铁
耐火材料	1～2	0.15～0.30	多点交叉法	<0.15	是	120～150	① 软质黏土可在钢钵中加工 ② 如来样粉状，不可除铁

三、煤试样的制备

化验室接到委托试样后，应首先检查包装外观是否完整无损，用振摇方法混匀，如无另外的"专作水分"试样，则取出试样后应先取一部分进行水分的测定。剩余试样还应按下述程序进一步制成直接用作分析的最终平均试样，简称分析试样。

将粒度在 1mm 以下缩分至 200～250g 的试样，撒布在方形浅盘中，厚度不超过 10mm，在 45～50℃慢慢干燥 1.5～2h（代替部分风干），中途至少搅拌 3～4 次。将此试样在瓷乳钵中研磨使全部通过 80 目筛（图 2-2），混匀。缩分至 100～125g。仍用四分法继续进行缩分，但这最后一次缩分也可以用正方形挖取法：将料堆压平后，用相互垂直的直线将圆形物料划分成若干小正方形 [图 2-3(a)]，再用平铲将每一定间隔内小正方形中的试样全部取出 [图 2-3(b)]，一般每隔一格取一份。然后混合，再撒布在方形浅盘中，在室温下完全风干，装入瓶中即成。用以测定灰分、挥发分及分析试样水分时，应在三日内完成测定；测热值时应在六日内完成测定。如超过此期限，应重测试样中的水分。

四、气体试样的采取与制备

气体样品的采取，按其作用和性质，常由化验室的化验员直接到现场采取样品，有的由检验部门采取，还有的由安检或环卫部门采取样品等。由于采取样品的单位和人员不固定，为了确保采取样品的正确性，应当采用通用的规范采取和制备方法采取和制备气体样品。

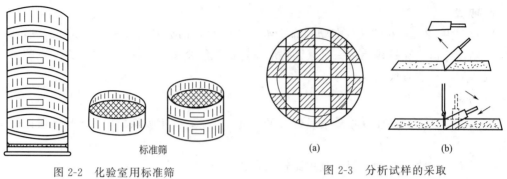

图 2-2　化验室用标准筛

图 2-3　分析试样的采取

a—分成小正方形；b—用铲取样

（一）气体分析的特点

气体分析有的根据其物理性质，如密度、热导率、折射率和热值等进行测定；有的根据其化学性质，即与某试剂的反应进行测定。

气体分析与固体、液体物料的分析方法有不同之处。首先因气体质轻而流动性大，不易称重，所以气体分析中常用测量体积的方式来代替称重，按体积计算百分数。测定每种气体的体积时必须记录其温度和压力，并将所有被测气体的体积都校正至同一温度和压力下。对混合气体中某一气体组分的化学分析方法是利用该气体组分的某一种化学特性，即它能与某试剂反应，而其反应生成物又可以为后者吸收，故不再逸出。这样就使原混合气体的体积有所减少，此减少的数值即是被测定气体组分的体积。可燃气体混合物可利用燃烧后其体积的变化或生成物的体积而计算出各组分的含量。

（二）气体试样的采取与制备

气体的取样与其他试样的采取具有相同的重要性，如取样不正确，下一步的分析就无意义了。气体由于其扩散作用，比较容易混匀，但因气体存在的形式不同而使情况复杂。如静态的气体与动态的气体取样方法应有区别。有时气体试样也易于混入杂质：如取样管未充分吹洗，试样中可能混入管中残留的不合乎取样目的的气体；又如连接处不够紧密则易于漏入空气等。

1. 取样装置

自气体容器中取样时，可在该容器上装一取样管，用橡胶管使其与准备盛装试样的容器连接。开启取样管的旋塞后，气体因本身压力或借抽吸方法进入试样容器中，或者直接进入气体分析器中。

从气体管路中取样时，可在取样点处插入一支玻璃的、瓷的或金属的取样管［图 2-4（a）］。如用金属管，金属应不与气体发生反应。取样管插入管路直径的 1/3 处，并用橡胶管将此取样管的出口与气体取样容器连接。

取样前，开启取样管的旋塞，用试样充分吹洗取样管及取样容器。气体中如含有机械杂质，在取样容器与取样管间应安装过滤器（如装有玻璃丝的玻璃瓶）。气体的温度不得高于 200℃，温度太高则须冷却。取样管的水冷装置如图 2-4（b）所示，图中管 1、管 3、管 5 互套在一起，外管 3 常是铁管，管 5 是铜管，内管 1 是铁管。冷却用水由支管 2 进入，沿管 5 流至尽头，经管 3 再由支管 4 流出。管 1 左端连接插于气体管路中的取样管，右端连接气体取样容器。取样容器的位置应略低于气体管路，以便气体中所含水蒸气凝结流入容器中。取样管不可有凹处和弯处，以免积集冷凝水。连接所用的橡胶管应尽可能短，使内部所连接的两管对紧，并注意各连接处切不可漏气。

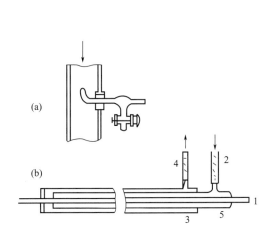

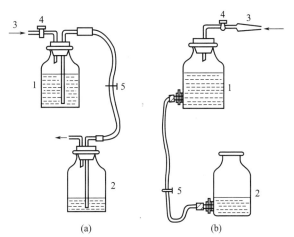

图 2-4　取样管及水冷装置

（a）取样管；（b）水冷装置

1—引气管；2—入水管；3,5—冷却管；4—出水管

图 2-5　取样吸气瓶

（a）瓶上有管的吸气瓶；（b）瓶上无管的吸气瓶

1—取样瓶；2—盛流出溶液的瓶；3—取样管；

4—三通旋塞；5—夹子

2. 取样方法

（1）在常压下取样　当气体压力近于大气压力时（等于大气压力或者低负压和低正压的状态），常用封闭液改变液面位置，以引入气体试样；若感觉气体压力不足时，可以用流水抽气泵抽取。

①用封闭液取样　大量气体试样的采取用吸气瓶采取如图 2-5 所示，由两个大玻璃瓶（约 5 升）组成，瓶 1 是取样瓶，瓶 2 用以产生真空，两瓶带夹子的橡胶管相连。先用封闭液——氯化钠或硫酸钠溶液，将瓶 1 充满至瓶塞，打开夹子 5，使溶液流入瓶 2，而使气体自 3 引入。旋转旋塞 4，使瓶 1 与大气相连，然后在夹子 5 打开的情况下，提升瓶 2 将气体自旋塞 4 排入大气中。旋转旋塞 4，再使管 3 与瓶 1 相连，开始取样，用夹子 5 调节瓶中液体流出速度，使取样过程在规定的时间内进行（从数分钟至数日）。在取样完毕后，关闭旋塞 4 和夹子 5，将仪器从取样管上取下来，将瓶 1 送至化验室进行分析，所取试样体积随流入瓶 2 的封闭液数量而定。在化验室中重新连接瓶 1 和瓶 2，将旋塞 4 与气体分析器的引气管相连，升高瓶 2 打开夹子 5，即有气体自瓶 1 排入分析仪器中。

②小量气体试样的采取　可用吸气管（图 2-6）取样。将吸气管的一端与一装有封闭液的水准瓶相连，在两端旋塞打开时，将水准瓶提高使液体充满至吸气管的上旋塞，将内部原有气体逐出，关上旋塞。然后将吸气管上端与取样管相连，放低水准瓶，打开旋塞，则气体进入吸气管中，提高水准瓶将吸入气体排出，如此重复 3～4 次，最后吸入气体关闭旋塞。分析时使吸气管上端与分析仪器的引气管相连，打开旋塞，提高水准瓶将气体逐入于分析仪器中。

③用抽气泵取样　当用封闭液吸入气体法感到压力不足时，可以用流水抽气泵抽取。吸气管上端与流水抽气泵相连，下端与取样管相连（图 2-7），将气体抽入。分析时，将吸气管上端与气体分析器的引气管相连，下端插入到气体不在其中溶解的液体中，然后可利用气体分析器中的水准瓶将气体吸入到气体分析器中。

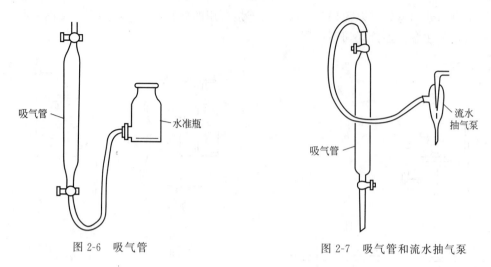

图 2-6　吸气管　　　　　　　图 2-7　吸气管和流水抽气泵

（2）在正压下取样　当气体压力高于大气压力时，只需开放取样管活门，气体即流入气体取样容器中。如压力过大则应在取样管和容器之间接缓冲器。常用的取样容器有球胆、吸气瓶或吸气管。

① 球胆　一般可用篮球或排球的球胆。

② 吸气瓶或吸气管　吸气瓶即如图 2-5 的装置而取消瓶 2 保留瓶 1，瓶 1 与管 3 之间连接缓冲瓶。瓶 1 中贮满封闭液，当气体由管 3 流入，则气体本身压力将瓶 1 内的水压出，然后用夹子将瓶两端的橡胶管夹住，送至化验室。其后的操作与常压相同。

（3）在负压下取样　气体压力小于大气压力为负压。如负压不太高时，可以用流水抽气泵抽取。当负压时方可用抽空容器取样。此取样器是 $0.5 \sim 3L$ 的各种瓶子（如图 2-8），瓶上有旋塞。在取样前，用泵抽出瓶内空气。使压力降至 $60 \sim 100 mmHg$（$1 mmHg =$ $133.322 Pa$），然后关闭旋塞，称出瓶重。至取样地点，将瓶上管子与取样管相连，打开旋塞取样，然后关闭旋塞，称重，前后质量之差即是试样的质量。

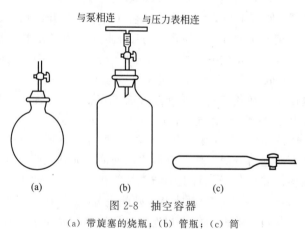

图 2-8　抽空容器

（a）带旋塞的烧瓶；（b）管瓶；（c）筒

五、水样的采取

严格遵守取样规定的要求，合理采取水样，是使分析结果正确反映水中被测组分真实含量的必要条件。因此，仔细而正确采取具有代表性的平均试样，具有极其重要的意义。

（一）一般水样的采取

分析用水样的数量（体积）取决于要求分析的项目，一般简单分析需水样 $500\sim1000mL$；全分析需水样 $3000mL$；专门分析则根据分析项目来确定。

盛水样的容器，通常用无色带磨口塞的硬质玻璃细口瓶或聚乙烯塑料瓶。当水样中含较多油类或其他有机物时，用玻璃瓶为宜；当测定微量金属离子时，采用塑料瓶较好，因为塑料瓶的吸附性较小。测定二氧化硅时必须用塑料瓶取样。在取样前预先用 10% 盐酸溶液、热肥皂水、漂白粉溶液、河里干净的石英砂或去污粉等任一种洗涤剂将玻璃（或塑料）瓶洗干净。

1. 取样注意事项

（1）取样前，应用水样冲洗样瓶至少三次。取样时应使水缓缓注入瓶内，不能产生水流动的声音或用力搅动水源，并注意勿使砂石、浮土颗粒或植物等进入瓶内。

（2）采水样时，不要把瓶完全装满，液面与瓶塞间要留有空隙（$10\sim20mm$），以防水温及气温改变时瓶塞被挤掉。

（3）水样取好后，仔细塞好瓶塞，不能有漏水现象。然后用石蜡或封蜡封好瓶口。如水样运送距离较远，则应用纱布或绳子将瓶塞缠紧，然后再用石蜡或封蜡封住。

（4）采取高温热泉水样时，在瓶塞［用预先以 10% 碳酸钠溶液煮一下，再用（$1+5$）盐酸溶液煮，然后在水中煮并用蒸馏水洗净的橡胶塞或软木塞］上插一根内径极细的玻璃管，待水样冷至室温，拔出玻璃管，再密封瓶口。

2. 各种情况下水样的采取方法

（1）自来水水龙头下取样　先打开水龙头放水 $10\sim15min$，冲洗掉留在水管中的杂质。再在水龙头上套上橡胶管，管的另一端插入取样瓶底，继续放水，待瓶口溢出水经若干时间后，拔出橡胶管塞上瓶塞即可。

（2）露天水源（泉水、江河湖泊等）处的取样　如水源深度不大于 $0.5\sim1m$，可直接将水样注入取样容器内。采取流动的泉水时，应在岩层有水流出的地方或水流汇集量最大的地方采取。在清理泉水后，必须等流量稳定再行取样。对江河湖泊等取样时可采用特制的取样瓶（图 2-9）。如图 2-9 所示，容积为 2L 的无色细口带塞的玻璃瓶 1，装在金属框 2 中，框底附有铅块可以增加质量。取样时将瓶沉入水面下一定深度处（通常为 $20\sim50cm$），其深度可以从瓶上牵引绳 3 上标注的刻度看出。另有细绳 4 牵引瓶塞，稍用力向上提起打开瓶塞，水即流入瓶中。取样瓶必须预先洗净，再用水样洗涤 $2\sim3$ 次后才能取水样。一般要在不同深度取几个水样混合后作为分析试样。

（3）在沼泽地区取样　最好在推测地下水流量较大及贮水量较多且水较深的地方采取，并尽可能在荫蔽处取样。注意不要将浮在水面上的薄膜及污泥带入取样瓶中。

（4）从竖井中取样　应自水柱中部取样。但预先要尽可能从竖井中抽出 $1\sim2$ 倍水柱体积的水。踏勘时如果浅水没有明显的停滞现象，则不必预先抽水，可直接采取水样。

（5）从自喷井取样　须直接从喷出的水源上采取，并尽可能距

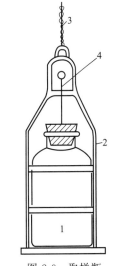

图 2-9　取样瓶

1—玻璃瓶；2—金属框；
3—牵引绳子；4—细绳

井口近一些。如果从装有水龙头的自喷井取样，则取样前必须将水管里滞留的水放出去。

（6）取地下水样　为取样而专门开凿钻井时，钻孔尽量不要用水冲洗。待停钻且井内水位固定以后，再从井中取样。若钻孔用水冲过，必须先抽水，直到水的化学成分达到稳定后，才能取样，因为各种成分的含量在冲洗水和含水层水中是截然不同的。为此可根据任一种化学成分（如氯离子）的定时测量来确定其化学成分稳定与否。

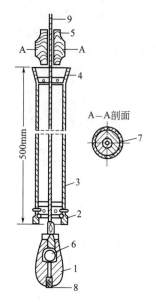

图 2-10　西蒙诺夫取样器

1—重锤；2—折转板；3—套管；
4—漏斗；5—重锤塞；6—滚珠；
7—钢圈；8—阀门；9—细钢绳

在较深的深水井、钻井或地面贮水池中取样时，可用西蒙诺夫取样器（图 2-10）。取样器由四部分组成。重锤、细钢绳、敷橡胶的套管及重锤塞。取样时先用细钢绳 9 将重锤放入水井（或钻井、贮水池）中，一直沉到所需的深度。放重锤时，需用手持住套管，待重锤位置放好后，再把套管放下去，套管自由地顺着细钢绳下沉，沉到重锤处后，就牢固地套在重锤上，同时将所需深度的水圈在采样器中。然后放下重锤塞，以堵塞取样器上部出口，借细钢绳把取样器提至地面，将通至水样瓶底的橡胶管与阀门管口相连，打开阀门 8，水样便徐徐流入瓶中。

（7）工业废水的采样　采取工业废水样品时要根据废水的性质、排放情况及分析项目的要求，选择使用下列四种方法取样。

① 间隔式平均取样。对于连续排出水质稳定废水的生产设备，可以间隔一定时间采取等体积的水样，混匀后装入瓶内。

② 平均取样或平均比例取样。对几个性质相同的生产设备排出的废水，分别采集同体积的水样，混匀后装瓶；对性质不同的生产设备排出的废水，则应先测定流量，然后根据不同的流量按比例采集水样，混匀装瓶。最简单的方法是在总废水池中采集混合均匀的废水样。

③ 瞬间采样。对通过废水池停留相当时间后继续排出的工业废水，可以一次采取。

④ 单独采样。某些工业废水中如油类和悬浮性固体等杂质分布很不均匀，很难采到具有代表性的平均水样。而且在放置过程中一些杂质容易浮于水面或沉淀，若从全分析水样中取出一部分用来分析，则会影响到结果的正确性。在这种情况下，则可单独采样进行全量分析。

（二）专门水样的采取

天然水中某些不稳定成分（如溶解氧、铁离子、亚铁离子、硫化物等），如不能直接在水源处进行测定，则应专门取样。

1. 测定游离二氧化碳水样的采取

为了避免二氧化碳自水中逸出，取样时将水样加入盛有已知体积的饱和氢氧化钡溶液的锥形瓶中（锥形瓶的体积为 200～250mL，在 150mL 处具有刻度），使二氧化碳形成不溶解的碳酸钡沉淀。

$$Ba(OH)_2 + CO_2 \longrightarrow BaCO_3 \downarrow + H_2O$$

取样前，用不含二氧化碳的空气（可将空气通过两个石灰塔或强碱溶液洗气瓶）吹洗锥形瓶 3～5min，然后在各瓶中注入 50mL 澄清透明的氢氧化钡饱和溶液。再用橡胶塞塞紧瓶口。氢氧化钡溶液应迅速加入，以免吸收空气中二氧化碳使溶液变浑而影响结果。如果变浑则应重新再做，然后将锥形瓶在工业天平上称重。准确至 0.2g。

取样时，用直通到瓶底的虹吸管把水样吸入瓶中，至距 150mL 刻度稍低的地方时，用橡胶塞塞紧瓶口，送至化验室进行分析，在分析结果的计算中，应减去碳酸氢根离子的含量，方为游离二氧化碳的含量。

2. 测定侵蚀性二氧化碳水样的采取

在待测定侵蚀性二氧化碳的水样中，加入碳酸钙粉末，使侵蚀性二氧化碳溶解相当量的碳酸钙而被固定下来。

$$CaCO_3 + CO_2 + H_2O \longrightarrow Ca(HCO_3)_2$$

取样时，将容积为 250～300mL 带有合适橡胶塞的玻璃瓶用水样冲洗 2～3 次，注入水样至瓶口处，加入 2～3g 经过纯制的化学纯的碳酸钙粉末，并记下加入量，塞紧瓶口，瓶内留一小空隙，用石蜡封瓶口。应该指出，取样必须和取全分析或简单分析的水样同时进行。若不取全分析或简单分析水样，也应同时取另一份不加碳酸钙的水样。

所用碳酸钙的纯制方法是：将化学纯的碳酸钙研细，或取通过 0.2mm 孔筛的大理石粉末。取上述粉末 100g 置于烧杯中，加入煮沸过的冷蒸馏水，搅拌数分钟后静置过夜。次日倾去上层清液，再次加入煮沸过的蒸馏水搅拌，放置过夜，如此反复处理 4～5 次，倾去上层清液，将所得粉末在空气中风干，保存在玻璃瓶中备用。

3. 测定总硫化物水样的采取

要准确测定水中总硫化物的含量，必须采取专门试样。取样方式是根据硫化氢、其他硫化物与某些化合物作用后能生成不溶于水的金属硫化物（硫酸盐不沉淀）的原理而确定的。若在水样中加入乙酸镉，则产生如下反应：

$$Cd(CH_3COO)_2 + H_2S \longrightarrow CdS\downarrow + 2CH_3COOH$$

硫化氢及硫氢离子（HS^-）的含量可在分解沉淀后测定。

取样前，于 500mL 玻璃瓶中加入 10mL 乙酸镉溶液（硫化物低时可酌量少加），塞好瓶口称重。在取样时，往瓶中装满水样，塞好瓶口，将瓶振摇数次。然后用石蜡或封蜡封瓶口，并在标签上注明加入乙酸镉溶液的体积。

乙酸镉溶液的配制：将 350g 结晶乙酸镉 $[Cd(CH_3COO)_2 \cdot 3H_2O]$ 溶于少量水中，加入 400mL 冰醋酸，用蒸馏水稀释至 1L。

4. 测定铜、铅、锌水样的采取

采样时，应在每升水中加入 2～3mL 浓盐酸（所用盐酸应不含有待测金属离子），并严格防止沙土颗粒进入水样瓶中。取样时，在标签上说明加入浓盐酸的体积（mL）。

5. 测定铁水样的采取

天然水中的铁离子通常以碳酸氢铁（二价）的形式存在。它能水解并易被空气中的氧氧化而成沉淀析出：

$$Fe(HCO_3)_2 + 2H_2O \longrightarrow Fe(OH)_2 + 2H_2CO_3$$
$$4Fe(OH)_2 + 2H_2O + O_2 \longrightarrow 4Fe(OH)_3\downarrow$$

因此，测定水中的铁离子时，必须防止生成沉淀，使其稳定下来。在采取含有大量铁离子的矾水及酸性水时，为了使铁离子稳定，可在每毫升水中加入（1+1）硫酸溶液 10mL 及

1～1.5g 硫酸铵。在采取淡水水样时，每 100mL 水样加入 3～5mL pH 值为 4 的乙酸-乙酸钠缓冲溶液。如果水样浑浊，则将其迅速过滤后，再用上述方法处理。在水样标签上注明水样的 pH 值及加入试剂的体积（mL）。

乙酸-乙酸钠缓冲溶液（pH＝4）的配制：称取 68g 乙酸钠（$CH_3COONa \cdot 3H_2O$）放入烧杯中，加入 166.7g 冰醋酸，然后加入蒸馏水溶解，并稀释至 1L。

6. 测定溶解氧水样的采取

测定溶解氧的取样瓶，应预先测定其容量。取容积为 150～300mL、具有磨口玻璃塞的玻璃瓶，先称空瓶质量（准确至 0.1g），然后盛满蒸馏水再称质量。根据称量时该温度下水的密度，即可求得玻璃瓶的容积（mL）。

取样时，先用水样洗涤取样瓶数次，然后把虹吸管直通瓶底，待水从瓶口溢出片刻，再将虹吸管慢慢取出。于取得的水样中，用移液管加入 1mL 碱性碘化钾溶液（如水的硬度大于 7mg/L 则加入 3mL）和 3mL 氯化锰溶液（使生成的氢氧化锰被溶解氧氧化为锰酸沉淀）。移液管的尖嘴应伸入水样液面以下一定深度。迅速塞好瓶塞（瓶内不应留有空气），摇匀并密封，记下试剂的总体积及水温。

如水样中含有大量有机物及还原性物质（如硫化氢、亚硫酸根离子及大于 1mg/L 的亚硝酸根离子等）时，则在取样时首先向水中加入 0.5mL 溴水（或高锰酸钾溶液），塞好瓶口，摇匀后放置 24h。然后加入 0.5mL 水杨酸溶液以除去过量的氧化剂，振摇 15min 后，再以上述方式加入碱性碘化钾溶液和氯化锰溶液。

氯化锰溶液的配制：将 80g 氯化锰（$MnCl_2 \cdot 4H_2O$）溶于 100mL 蒸馏水中。

碱性碘化钾溶液配制：将 40g 氢氧化钠溶于 100mL 蒸馏水中，加入 20g 碘化钾。溶液用硫酸酸化后，加淀粉时不应呈蓝色。

溴水的配制：溶解 20g 溴化钠于 20mL 蒸馏水中，加入 3g 溴酸钾，转移至容量瓶中，将容量瓶放入冷水槽中冷却，再加入 25mL 25％盐酸溶液，待固体试剂全部溶解后，用蒸馏水稀释至 100mL。

水杨酸溶液的配制：溶解 10g 水杨酸于 20mL 蒸馏水中，加入 20mL 15％氢氧化钠溶液，用蒸馏水稀释至 100mL。

7. 光谱半定量分析水样的处理

光谱半定量分析法能同时测定水样中几十种元素，故在地下水研究工作及用水化学法普查金属硫化矿床工作中已被广泛采用。由于天然水中各元素的含量极低，故在分析前应事先浓集。常用浓集方法有直接蒸干法及共沉淀法。

（1）直接蒸干法　对于矿物含量为 100～1000mg/L 的天然水可用蒸干法进行浓集。将最终能取得 80～100mg 固形物所需体积的水样分次注入瓷蒸发皿或瓷坩埚中（加入水样时，应注意勿使水样超过容器容量的 3/4）。置电热器上蒸发。在加热过程中水不应沸腾，并注意防止灰尘落入容器中。

为了使水样的组分一致，减少分析误差，应使固形物中的钙、镁、钠等的碳酸盐或氯化物都转化为硫酸盐。在蒸干物中加入 0.5mL（1＋3）硫酸溶液，蒸干后继续加热，直至三氧化硫白烟不再出现，用不锈钢刀片将干渣刮至样品玻璃试管中，封好送至化验室进行分析。

（2）共沉淀法　用硫化镉共沉淀法浓集水中的铜、铅、锌、钒、钨、钼等金属离子可获得较好的效果。镉的光谱谱线较简单，故不影响其他元素的测定。

在 1L 水样中加入 9mL 的 0.25mol/L 氯化镉溶液，混合均匀后，加入 7mL 的

0.4mol/L硫化钠溶液，剧烈搅拌2min，再加入10mL的0.25mol/L氯化镉溶液，搅拌1min，经2~3min后沉淀即完全沉降。如水样此时仍显浑浊，则表明加的氯化镉溶液尚不足，可再加数滴继续搅拌1min，直至沉淀沉降后上层溶液清澈透明为止，然后吸去清液，将沉淀过滤烘干后，送至化验室进行分析。

8. 极谱分析法测定铜、铅、锌水样的处理

在烧杯中注入1L水样（如金属离子含量较高可酌量少取），以2mol/L碳酸钠溶液调节水样至中性。加入4mL的三氯化铁溶液，混匀后加入10mL 2mol/L氯化钙溶液，然后分三次加入2mol/L碳酸钠溶液，第一次加入3mL，后两次均为5mL，前两次加入后应不断搅拌溶液10s，第三次应剧烈搅拌1~2min。最后再加入2mL三氯化铁溶液并剧烈搅拌2min。放置15min，待沉淀沉降至杯底后，倾去上层清液，滤出沉淀并烘干，连同滤纸装入样瓶中。

三氯化铁溶液的配制：将1g三氯化铁溶于200mL蒸馏水中。

2mol/L氯化钙溶液的配制：将22.2g无水氯化钙溶于100mL蒸馏水中。

2mol/L碳酸钠溶液的配制：将21.2g碳酸钠溶于100mL蒸馏水中。

9. 测定铀、镭、氡水样的采取

(1) 测定铀的水样　将彻底洗涤净的玻璃瓶（500~3000mL），用水样洗涤3~4次，然后再装入水样，将瓶塞塞紧。若水样不能立即分析，必须加入盐酸酸化。取样体积根据分析方法而定，荧光法需取500~1000mL；比色法因需浓集，故取1000~3000mL。

(2) 测定镭的水样　取样方法同一般水样的采取。仅在取样后，向每升水样中加入1mL浓盐酸。取样体积为2000~3000mL。

(3) 测定氡的水样　在条件允许时，尽可能利用专门的预先抽成真空的玻璃扩散器（图2-11）取样。扩散器容积为150~250mL，取样体积为100mL或200mL。如无扩散器，可用干净的带有磨口玻璃塞的玻璃瓶取样，必须注意勿使悬浮杂质等进入瓶中，瓶内也不应留有空气。取好后，密封瓶口，记下取样的时间（年、月、日、时、分）。

由于氡的半衰期较短，为了保证分析的准确性，最好在取样后24h内进行测定，如果条件不允许时，最多也不得超过三天。

为了防止氡被吸附，不能用某些具有吸附性的器皿（如金属瓶、橡胶塞、软木塞、橡胶管等）取样。此外，在取样时不能产生潺潺的声音，尽量避免搅动及振荡水样，以免氡自水中逸出。

（三）水样的运送与保管

在运送、存放期间，水样中组分可能由于种种原因而发生很大的变化。所以水样采集后，应及时化验，保存时间愈短，分析结果愈可靠。除了要求从采样到分析所经历的时间尽可能短以外，同时还需要很好地保管水样。在保管中必须注意以下几点：

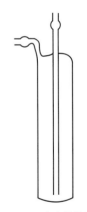

图2-11　玻璃扩散器

(1) 在运送过程中，随时检查水样瓶是否封闭严密。水样瓶应放在不受日光直接照射的阴凉处。

(2) 在运送途中严防水样瓶封口破损，冬季应防止水样瓶冻裂，夏季应避免日光照射。

(3) 为了使水样在运送中不致碰损，最好用专门制作的带格木箱装运，并用泡沫塑料或其他较软物品塞好瓶间空隙，在装箱时应特别注意勿使瓶签损坏。

（4）由野外运回的水样如不能立即分析，可采用"固定"的方法，使原来易变化的状态变成稳定状态。例如：

① 氰化物　加入 NaOH 溶液，使 pH 值调至 11.0 以上，并保存在冰箱中，尽快分析。

② 重金属　加入 HCl 或 HNO_3 酸化，使 pH 值调至 3.5 左右，以减少沉淀或吸附。

③ 氮化合物　每 1L 水加入 0.8mL 浓 H_2SO_4，以保持氮的平衡，在分析前用 NaOH 溶液中和。

④ 硫化物　在 250～500mL 采样瓶中加入 1mL 25% 乙酸锌溶液，使硫化物沉淀。

⑤ 酚类　每升水中加入 0.5g NaOH 及 1.0g $CuSO_4$。

⑥ 溶解氧　按测定方法加入硫酸锰和碱性碘化钾。

⑦ pH 值、余氯：必须当时测定。

六、化工产品试样的采取

化工产品的组成比较均匀，可以任意取其一部分作为分析试样。如是贮存在大容器内的物料，可能因密度不同而影响其均匀程度，可在上、中、下不同高度（深度）处各部位取部分试样，然后混匀。

若物料是分装在多个小容器（如瓶、袋、桶等）内，则可从总体物料单元数（N）中按下述方法随机抽数件（S）。

（1）总体物料单元数小于 500 的，推荐按表 2-5 的规定确定采样单元数。

表 2-5　采样单元数的选取　　　　　　　　　　　　单位：个

总体物料的单元数（N）	选取的最少单元数（S）	总体物料的单元数（N）	选取的最少单元数（S）
1～10	全部单元	182～216	18
11～49	11	217～254	19
50～64	12	255～296	20
65～81	13	297～343	21
82～101	14	344～394	22
102～125	15	395～450	23
126～151	16	451～512	24
152～181	17		

（2）总体物料单元数大于 500 的，推荐按总体物料单元数立方根的 3 倍数确定采样单元数，即 $S = 3 \times \sqrt[3]{N}$。如遇小数时，则进为整数。

（3）采样器有舌形铁铲、取样钻、双套取样管等。

例　有一批化肥，总共有 600 袋，则采样单元数应为多少？

解　$S = 3 \times \sqrt[3]{N} = 3 \times \sqrt[3]{600} = 25.3 \approx 26$（袋）。

则应从 26 袋试样中选取。

七、组成很不均匀固体颗粒试样的采取与制备

对于一些颗粒大小不均匀，成分混杂不齐，组成极不均匀的试样，如矿石、煤炭、土壤等，选取具有代表性的均匀试样是一项较为复杂的操作。为了使采取的试样具有代表性，必须按一定的程序，自物料的各个不同部位，取出一定数量大小不同的颗粒。取出的份数越多，试样的组成与被分析物料的平均组成越接近。但考虑到采样后在试样处理上所花费的人力、物力等，应该以选用能达到预期准确度的最节约的采样量为原则。

根据经验，平均试样选取量与试样的均匀度、粒度、易破碎度有关，可用采样公式表示：

$$Q = KD^a$$

式中　Q——采取平均试样的最小质量，kg；

　　　D——试样中最大颗粒的直径，mm；

　　K、a——经验（特性）常数，由物料的均匀程度和易破碎程度等决定，可由实验求得。

a 值通常为 $1.8 \sim 2.5$。地质部门将 a 值规定为 2，则上式变为

$$Q = KD^2$$

常根据物料的有效成分含量及其分布来决定 K 的取值：①物料组成不复杂，分布均匀（如煤及不含有害混合物的砂石），$K = 0.05 \sim 0.1 \mathrm{kg/mm^2}$；②物料组成复杂，但分布均匀并含有贵金属和有害混合物的矿石，$K = 0.2 \sim 0.3 \mathrm{kg/mm^2}$；③物料分布不均匀时 $K = 0.3 \sim 1 \mathrm{kg/mm^2}$，或更大以至 $3 \mathrm{kg/mm^2}$，此时可视物料特征颗粒大小、有效水分的分布及物理性质而定。

例如在采取赤铁矿的平均试样时（赤铁矿的 K 值为 $0.06 \mathrm{kg/mm^2}$），若此矿石最大颗粒的直径为 20mm，则根据上式计算得：

$$Q = 0.06 \times 20^2 = 24 \mathrm{(kg)}$$

也就是最少要采取 24kg 试样。这样取得的试样，组成很不均匀，数量又太多，不适宜于直接分析。根据采样公式，试样的最大的粒径越小，最小采样质量越小。如将上述试样最大颗粒破碎至 1mm，则 $Q = 0.06 \times 1^2 = 0.06$（kg）。此时试样的最小采样质量可减至 0.06kg。因此，采样后进一步破碎，混合，可减缩试样量而制备适宜于分析用的试样。制备试样一般须经过破碎、过筛、混匀、缩分四个步骤。

1. 破碎和过筛

用机械或人工方法把样品逐步破碎，大致可分为粗碎、中碎和细碎三个阶段。

粗碎：用颚式破碎机将大颗粒试样压碎至通过 $4 \sim 6$ 目筛。

中碎：用盘式粉碎机将粗碎后的试样磨碎至通过 20 目筛。

细碎：用盘式粉碎机进一步磨碎，必要时再用研钵研磨，直至通过所要求的筛孔为止。

矿石中，难破碎的粗粒与易破碎的细粒的成分常常不同，在任何一次过筛时，应将未通过筛孔的粗粒进一步破碎，直至全部过筛为止，不可将粗粒随便丢掉。

筛子一般用由细的铜合金丝制成的标准筛，有一定孔径，常用目数表示筛的规格（表2-6）。

表 2-6　标准筛的筛号和孔径

筛号/目	3	6	10	20	40	60	80	100	120	140	200
筛孔直径/mm	6.72	3.36	2.00	0.83	0.42	0.25	0.177	0.149	0.125	0.105	0.074

2. 混匀和缩分

在样品每次破碎后，用机械（分样器）或人工取出一部分有代表性的试样，继续加以破碎。这样，样品量就逐渐缩小，便于处理，这个过程称为缩分。

常用的手工缩分方法是"四分法"，如图 2-12 所示。将已破碎的样品充分混匀，堆成圆锥形，压成圆饼状，通过中心按十字形切为四等份，弃去任意对角的两份。由于样品中不同粒度，不同密度的颗粒大体上分布均匀，留下样品的量是原样的一半，仍能代表原样的成分。

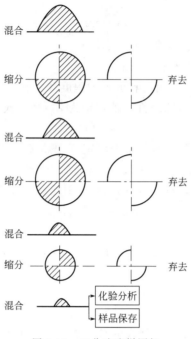

图 2-12　四分法取样图解

缩分的次数不是随意的，在每次缩分时，试样的粒度与保留的试样量之间，都应符合采样公式。否则应进一步破碎后再缩分。根据公式 $Q=KD^2$，计算不同 K 值和不同粒度时所需的最小采样质量如表 2-7 所示。

表 2-7　不同粒度、不同 K 值时的最小采样质量

筛号/目	筛孔直径/mm	最小采样质量/kg				
		$K=0.1\mathrm{kg/mm^2}$	$K=0.2\mathrm{kg/mm^2}$	$K=0.3\mathrm{kg/mm^2}$	$K=0.5\mathrm{kg/mm^2}$	$K=1.0\mathrm{kg/mm^2}$
3	6.72	4.52	9.03	13.55	22.6	45.2
6	3.36	1.13	2.26	3.39	5.65	11.3
10	2.00	0.40	0.80	1.20	2.00	4.00
20	0.83	0.069	0.14	0.21	0.35	0.69
40	0.42	0.018	0.035	0.053	0.088	0.176
60	0.25	0.006	0.013	0.019	0.031	0.063
90	0.18	0.003	0.006	0.009	0.016	0.031

例　有试样 20kg，粗碎后最大粒度为 6mm 左右，已定 K 值为 $0.2\mathrm{kg/mm^2}$，问应缩分几次？如缩分后，再破碎至全部通过 10 号筛，问应再缩分几次？

解　当 $D=6\mathrm{mm}$ 时，$Q=KD^2=0.2\times6^2=7.2$（kg），故 20kg 试样应缩分一次，留下 $20\mathrm{kg}\times1/2=10\mathrm{kg}$。此量大于要求的 Q 值（7.2kg），仍具有代表性。

破碎过 10 号筛后，$D=2.00\mathrm{mm}$，$Q=0.80\mathrm{kg}$，将 10kg 试样连续缩分三次，留下 $10\mathrm{kg}\times(1/2)^3=1.25\mathrm{kg}$。此量大于要求的 Q 值（0.80kg），故仍有代表性。

通常送化验室的试样量为 200～500g，试样最后的细度应便于溶样，对于某些较难溶解

的试样往往需要研磨至能通过 100 目甚至 200 目的细筛。

制备好的试样储存于具有磨口玻璃塞的广口瓶中，瓶外贴好标签，注明试样名称、来源、采样日期、批号等。

八、液体石油产品试样的采取

液体大多数比固体均匀，所以取样也比较简单。液体取样方法，在水的取样中已经介绍了。液体平均试样的采取，主要是在不同部位（静止的液体）或不同时间（流动的液体）取得个别试样，混合摇匀而成。取样器应是清洁干燥的或者洗净后再用要取的试样洗涤 2~3 次。

1. 自大贮存器中取样

在容器上部离液面 20cm 处取样 1 份，在中部取样 3 份，在下部或出口管的液面下 10cm 处取样 1 份，然后混合。取样装置可用装在金属架中的玻璃瓶，也可用特制的取样器。液体石油产品取样器（图 2-13）的容量不小于 1L。图 2-13 中 2、3 是滚子，上连链条；5 是倾斜盖子，固定在轴 1 上；4 是套管，用以固定钢卷尺的一端。拉紧滚子 3 上的链条，放松滚子 2 上的链条，则盖子关上。将容器沉入液体中至所需深度，其值（数）可自钢卷尺上读出。然后放松滚子 3 上的链条，拉紧滚子 2 上的链条，盖子即打开，液体流入取样器中。装满后，放松滚子 2 上的链条，拉紧滚子 3 上的链条，取出取样器，然后将试样倒入洁净干燥的瓶子中。采取挥发性石油产品（例如汽油）试样时，应注意塞紧瓶塞。送至化验室后在密闭的容器中进行混合。

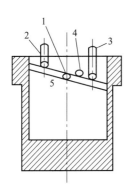

图 2-13　液体石油产品取样器

1—轴；2,3—滚子；

4—套管；5—盖子

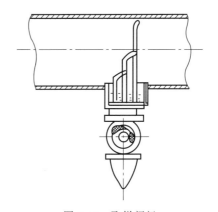

图 2-14　取样阀门

自不大或不深的贮藏器中取样时，可用直径约 2cm 的长玻璃管采取。

2. 自输送管道中取样

对于在输油管中输送的石油产品，可自管上装有的取样阀门（图 2-14）取样。有的阀门系装有数个一端弯曲的细管，以便采取液流各部分的试样。每隔一定时间，打开阀门取样一次。各阀门采出的试样以等体积混合成平均试样。

3. 自油罐车中取样

对一辆两轴油罐车采取试样 1 份，取样地点在距离罐底相当于罐身高度（直径）1/3

处。对一辆四轴油罐车采取试样两份：一份在距离罐底相当于罐身高度1/3处；另一份在距离罐底20cm处，作为下部试样。这份下部试样只作为混合平均试样之用。

对整列装有相同石油产品的油罐列车中取样时，应先在第一节油罐车中取样1份，单独进行分析。其余各节在每四节中采取一份试样。如果整列油罐列车在七节以下，则除首节外，其余各节应至少选取两节采样，各份试样以相等体积混合成平均试样。

4. 自小容器中取样

先摇动混匀容器内的液体，将包装已损坏的容器取出另做分析，不与整批液体试样混合。由大桶中取样时，取样桶数为此批桶数的5%，不得少于两桶；从小桶中取样时，则取样桶数为该批桶数的2%，不得少于两桶。可用长玻璃管或虹吸管取出试样，混合均匀。

5. 试样的处理

进行油的某些项目分析时，须先脱水。如水含量大，应使澄清分层后，将油层分离出来，然后按油的性质加入不同的干燥剂进一步脱水。易流动的样品，可加入新灼热磨细的硫酸钠或者粒状氯化钙，摇荡15min，待澄清后用干燥滤纸过滤；如为黏性样品，则预热至不超过50℃，再在金属丝网上铺一层新加热过的粗粒氯化钠（食盐）作为过滤介质。

第三章 试样的分解

试样的分解是化学分析实验工作的重要环节。如果试样分解的方法选择不当，不仅浪费化学试剂、延误分析实验工作周期，还会造成试样分解的不完全，或者被测定物质的损失，或者引进了干扰测定的物质，都会造成分析实验结果失真。所以，试样分解对于化学分析实验工作具有重要作用。

试样的品种繁多，试样的分解要采用不同的方法。常用的试样分解方法大致可分为溶解和熔融两种。溶解就是将试样溶于水、酸、碱或其他溶剂中；熔融就是将试样与固体熔剂混合，在高温下加热熔融，使待测组分转变成可溶于水或酸的化合物。还有很多时候要将两种方法结合起来，即用酸将试样溶解后，将少量不溶的残渣过滤出来，再用适当熔剂熔融，用水或酸浸提后并入主液。

另外，测定有机物中的无机元素时，应将无机元素提取出来，除去有机物主体。

试样的分解要着重注意以下几点：

① 试样应分解完全，处理（溶解或熔融）后的试样溶液不应残留原试样的细屑或粉末等。

② 试样的分解过程中待测定成分不应有挥发损失。如测定钢铁中的磷时，不能单独用 HCl 或 H_2SO_4 分解试样，而应当用 HCl（或 H_2SO_4）＋ HNO_3 的混合酸，将磷氧化成 H_3PO_4 进行测定，避免部分磷生成挥发性的磷化氢（PH_3）而损失。

③ 分解过程中不应引入被测组分和干扰物质。如测定钢铁中的磷时显然不能用 H_3PO_4 来溶解试样；测定硅酸盐中的钠时，不能用 Na_2CO_3 来熔融分解试样。

试样分解方法的选择主要决定于试样本身的组成与性质。如普通碳素钢可用稀 HNO_3 溶液迅速简便地溶解，但不锈钢单用 HNO_3 就几乎不溶了，需用 HCl 及其混酸。除此之外，还要考虑测定什么成分，所用的测定方法以及干扰离子的影响。应综合考虑试样分解完全、步骤简便、快速经济、测定容易等因素。

对于矿石的分解，问题就较复杂些，分解试样时还要着重考虑以下方面：

① 根据不同的测定对象选择分解方法。如测定铁矿石中 Ca、Mg 时，可以用 HNO_3 溶解试样。但如果要测定 Fe 的含量，则必须用 HCl 溶解试样，必要时还要加入 $SnCl_2$，以保证全部 Fe 元素进入溶液。测定完 Fe 含量后，在测定 Ca、Mg 时需预先将 Fe 元素分离出去。

② 根据不同的测定方法选择分解方法。如用发生 H_2S 法测定矿石中的 S，只能用 HCl 来溶解试样。如用 $BaSO_4$ 重量法测 S，必须用 HNO_3 或王水把 S 氧化成硫酸根离子（SO_4^{2-}），单用 HCl 就不行。而如果用碘量法测定生成的 SO_2，则应采用在高温（1300℃）氧气流中燃烧的方法分解试样。

③ 根据干扰元素（离子）选择适当的分解方法。在用碘量法测定软锰矿石中的 MnO_2 时，应加入硫磷混酸溶解试样，使 PO_4^{3-} 与 Fe^{3+} 结合形成配合物，避免 Fe^{3+} 杂质对测定的

影响。

用硫酸亚铁铵法测定软锰矿中的 MnO_2 含量时，若第一步采用 HCl 溶解试样，则应在试样溶解后，加入硫酸并加热至冒浓白烟，以有效除去 Cl^-，防止 Cl^- 与 Ag^+ 结合生成沉淀，减弱 $AgNO_3$ 的催化作用。

又如在磁铁矿中测定 V 或 Cr 时，可以用 Na_2O_2，也可以用 $K_2S_2O_7$ 来进行熔融。用 Na_2O_2 时，V、Cr 氧化成为可溶于水的钒酸钠、铬酸钠，而干扰测定的 Ti、Fe 元素则生成氢氧化物沉淀而分离出来。若用 $K_2S_2O_7$ 则无此作用。

一、样品的分解方法

1. 溶解法

样品的分解方法（溶解法）见表 3-1。

表 3-1　样品的分解方法（溶解法）

溶剂		适用试样	备注
水 （H_2O）		碱金属盐、铵盐、大多数碱土金属盐 硝酸盐、无机卤化物（除 AgX、PbX_2、Hg_2X_2 外）	若稀溶液浑浊时，可加少量相应的酸
盐酸 （HCl）	稀	钴、锰、镍、铬、铁等金属，铬合金、硅铁、含钴或镍的钢，碱金属、碱土金属为主要成分的矿物如（菱镁矿）	盐酸最高沸点 108℃，强酸性，弱还原性，氯离子有一定的配位能力，还原性溶解 锗、锡、砷、锑、硒、碲等与盐酸作用时均易生成挥发性的氯化物，分解或蒸发时要注意防止损失
	浓	二氧化锰、二氧化铅、锑合金、锡合金、含锑或铅的矿石、沸石、橄榄石、低硅含量的硅酸盐、碱性矿渣	
硝酸 （HNO_3）	稀	金属铀、银合金、镉合金、铅合金、汞齐、铜合金含铅矿石	硝酸最高沸点 121℃，强酸性，强氧化性，氧化性溶解。铁、铝、铬在 HNO_3 中生成氧化膜而钝化，需加 HCl 才能溶解。溶样后存在于溶液中的 HNO_3 和其他氮的低价氧化物会破坏有机显色剂，应煮沸除去
	浓	汞、硒、硫化物、砷化物、锑化合物、铋合金、钴合金、镍合金、锌合金、银合金，铋、镉、铜、铅、镍、钼的硫化物	
	发烟	砷化物、硫化物	
硫酸 （H_2SO_4）	稀	铬及铬钢、镍铁、铝、镁、锌等非铁合金	硫酸最高沸点 338℃，强酸性，强氧化性，强脱水性。能使有机物炭化。在加热蒸发过程中冒出 SO_3 白烟时应立即停止加热，以免生成难溶于水的焦硫酸盐
	浓	砷合金、钼合金、镍合金、铼合金、锑合金；含稀土元素矿物	
磷酸 （H_3PO_4）		锰铁、铬铁、高钨、高铬、合金钢、锰矿、独居石、钛铁矿	磷酸最高沸点 213℃，较强酸性。磷酸根具有一定配合能力，强分解能力。溶样温度不可过高，冒烟时间不能太长，5min 以内，以免析出难溶性焦磷酸盐或多磷酸盐
高氯酸 （$HClO_4$）		铬矿石、钨铁矿石、氟矿石、不锈钢，镍铬合金、高铬合金钢、汞的硫化物矿	高氯酸沸点 203℃，强酸，强氧化剂和脱水剂。浓热的高氯酸遇有机物（如滤纸等）易爆炸，应先用浓 HNO_3 破坏有机物，然后再加高氯酸
氢氟酸 （HF）		硅、铁、铝、钛、锆、铌、钽、硅酸盐、石英石、氧化铌、铬合金、钨铁、硅铁	氢氟酸最高沸点 120℃，主要用于分解含硅试样，分解应在铂器皿中或聚四氟乙烯塑料器皿（<250℃）中在通风柜内进行。防止氢氟酸接触皮肤，以免烧伤溃烂

续表

溶剂	适用试样	备注
氢碘酸 （HI）	汞的硫化物,钡、钙、铬、铅、锶等的硫酸盐,锡石	
氢氧化钠 （NaOH）	钼、钨的无水氧化物,铝、锌等两性金属及其合金	在银、铂或聚四氟乙烯器皿中溶解
氨水 （$NH_3 \cdot H_2O$）	钼、钨的无水氧化物,氯化银、溴化银	
王水 （$HNO_3 + HCl$）	金、钼、钯、铂、钨等金属,铋、铜、镓、铟、镍、钒、铀等的合金,铁、钴、镍、钼、铜、铋、铅、锑、汞、砷的硫化物,硒矿、锑矿	王水由 HCl 与 HNO_3 按体积比 3∶1 混合而成。用于溶解金、钯、铂时,HCl∶HNO_3∶H_2O 的体积比为 3∶1∶4
逆王水 （$HNO_3 + HCl$）	银、汞、钼等金属,锰铁、锰钢,锗的硫化物	HCl 与 HNO_3 体积比为 1∶3
硫王水	含硅较多的铝合金及矿物	即浓的 H_2SO_4、HNO_3、HCl 的混合液
$HF + H_2SO_4$	硅酸盐、钛矿石、高温处理过的氧化铍	
$HF + HNO_3$	铬、钼、铌、钽、钍、钛、锆、钨等金属的氧化物、氮化物、硼化物,钨铁、锰合金、铀合金、含硅合金及矿物	在铂或聚四氟乙烯器皿中溶解试样
$H_2SO_4 + H_3PO_4$	钢铁	
浓 $HNO_3 + Br_2$	砷化矿物、硫化矿物	
浓 $HNO_3 + H_2O_2$	汞、毛发、肉类等有机物	
浓 $HNO_3 + KClO_3$	砷化矿物、硫化矿物	
浓 $HNO_3 + HClO_4$	生物样品(动、植物)	1g 样品＋15mL 浓 HNO_3 加热至干,再加 10mL 浓 HNO_3 加热至干,然后加入 6mL $HClO_4$ 继续加热至冒白烟
浓 $H_2SO_4 + HClO_4$ $H_3PO_4 + HClO_4$ 浓 $HCl + KClO_3$	镓金属、铬矿石、钨料、铬铁、铬钢,含砷、硒、碲矿物、硫化矿物石	
$HCl + H_2O_2$	金属铜、中低合金钢、硫化物矿石	
$HCl + Br_2$	铜合金、硫化物矿石	
$HCl + SnCl_2$	磁铁矿、赤铁矿、褐铁矿	测铁用
$AlCl_3$ 溶液	氟化钙	形成配合物
EDTA 溶液	硫酸钡、硫酸铅	
$BeCl_2$ 溶液	氟化钙	
CH_3COONH_4 溶液	硫酸铅等难溶硫酸盐	
KCN 溶液	氯化银、溴化银	
酒石酸＋无机酸	锑合金	
草酸	铌、钽的氧化物	

2. 熔融法

样品的分解方法（熔融法）见表 3-2。

表 3-2 样品的分解方法（熔融法）

熔剂①		用量②	温度/℃	熔融用坩埚	适用试样或用途	备注
碱性熔剂	Na_2CO_3 或 (K_2CO_3)	6～8	900～1200	铁、镍、铂、刚玉	铌、钽、钛、锆等的氧化物；酸中不溶残渣、矿渣、黏土、耐火材料；硅酸盐、不溶性硫酸盐、磷酸盐；铍、镁、铁、锰等矿物	慢慢升温
	$NaHCO_3$	12～14		铁、镍、铂、刚玉	用于分析酸中不溶性矿渣、黏土、耐火材料，分解难溶硫酸盐	
	$Na_2CO_3+K_2CO_3$ (1+1)	5～8	700	铁、镍、铂、刚玉	钒合金、铝、碱土金属矿、氟化物矿、酸中不溶性矿渣、黏土、耐火材料，分解难溶硫酸盐	
	$NaOH$	8～10	<500	铁、镍、银	锑、铬、镍、锌、锆等矿物；两性元素氧化物；用于测定矿石、铁合金中硫、铬钒、锰、磷、硅、辉钼矿中钼	
	KOH			铁、镍、银	碳化硅	
	$CaCO_3+NH_4Cl$ (8+1)	9	900	镍、铂	硅酸盐、岩石中的碱金属（含硫多的试样可用 $BaCl_2$ 代替 NH_4Cl)	
	$Na_2CO_3+B_2O_3+K_2CO_3(1+1+1)$	10～15		铂	铬铁矿、钛矿、铝硅酸盐矿	慢慢分解
	$K_2S_2O_7$	8～12	>300	铂、瓷、石英	金红石(TiO_2)、Al_2O_3、Cr_2O_3、Fe_3O_4、ZrO_2、钛铁矿；中性耐火材料（如铝矿、高铝砖）、碱性耐火材料（如镁砂、镁砖）；铌、钽的氧化物矿石	温度不宜过高，时间不宜过长，以免 SO_3 过多，过早地损失掉。熔融物冷却后用水溶解时应加少量酸，以免有些元素（如 Ti、Zr)发生水解而沉淀

	熔剂①	用量②	温度/℃	熔融用坩埚	适用试样或用途	备注
酸性熔剂	$KHSO_4$	12～14	＞300	铂、瓷、石英	金红石（TiO_2）、Al_2O_3、Cr_2O_3、Fe_3O_4、ZrO_2、钛铁矿；中性耐火材料（如铝矾、高铝砖）、碱性耐火材料（如镁砂、镁砖）；铌、钽的氧化物矿石	先加热$KHSO_4$使其脱水后再加入试样，以免熔融时造成试样飞溅
	KHF_2	8～10	低温	铂	硅酸盐、稀土和钍的矿物	
	$KHF_2 + K_2S_2O_7$（1+10）	8～10	低温	铂	某些硅酸盐矿物、锆英石、稀土、钍、铌、钽矿物	
	B_2O_3	5～8	580	铂	硅酸盐、许多金属的氧化物、硫酸盐（1000～1100℃）	备用
	NH_4F、NH_4Cl、NH_4NO_3、$(NH_4)_2SO_4$或其混合物	10～20	110～350	瓷	铜、铅、锌的硫化物矿；铁矿、镍矿、锰矿、硅酸盐	
	$NH_4Cl + NH_4NO_3 + (NH_4)_2SO_4$（2+2+1）	6～10	110～350	瓷、石英	硫化矿，氧化物矿，碳酸盐，其他可溶于硝酸、盐酸或王水中的天然矿物	试样在2～3min内即可分解完全
碱性还原熔剂	$NaOH + KCN$（3+0.1）		400	铁、镍、银	锡石	
	$NaHCO_3 + K_2H_4C_4O_6$（4+1）	8～10		铂、瓷	用于将Cr_2O_3与V_2O_5分离	
	KCN	3～4		瓷、石英	用于从SnO_2或Sb_2O_4中分离CuO、P_2O_5和Fe_2O_3	

续表

熔剂①	用量②	温度/℃	熔融用坩埚	适用试样或用途	备注
Na_2O_2	6～8	600～700	镍、铁、银、刚玉	铬合金、铬矿、铬铁矿;钼、镍、锰、磷、锑、锡、钒、铀等矿石;硅铁、硫化物、砷化物矿石	Na_2O_2 对坩埚腐蚀严重,可先在坩埚内壁沾上一层 Na_2CO_3 防止腐蚀。Na_2O_2 作熔剂时,不应让有机物存在,否则极易发生爆炸
Na_2O_2+NaOH (5+2)	7	＞600	铁、镍、银	铂族合金、钒合金、铬矿、闪锌矿	
$Na_2O_2+Na_2CO_3$ (1+1)	10	500	铁、镍、银、刚玉	砷、铬矿物、硫化矿物、硅铁	
$Na_2O_2+Na_2CO_3$ (5+1)	6～8		铁、镍、银	用于测定矿石和铁合金中的硫、铬、钒、锰、硅,辉钼矿中的钼等	
$Na_2O_2+Na_2CO_3$ (4+2)	6～8		铁、镍、银	用于测定矿石和铁合金中的硫、铬、钒、锰、硅、磷,辉钼矿中的钼等	
$Na_2CO_3+KNO_3$ (4+1)	10	700	铁、镍、铂、刚玉	铬矿、铬铁矿、钼矿、闪锌矿、含硒、碲矿物、钒合金	
$Na_2CO_3+KNO_3$ (6+0.5)	8～10		铁、镍、铂	用于测定矿石中全硫、砷、铬、钒,分离钒、铬等矿物中的钛	
$Na_2CO_3+Na_2B_4O_7$ (3+2)	10～12		铂、瓷、石英	用于分析铬铁矿、钛铁矿等	
Na_2CO_3+MgO (2+1)	10～14		铁、镍、铂、瓷、石英	用于分解铁合金、铬铁矿等(测定铬、锰时用)	聚附剂
Na_2CO_3+MgO (1+2)	4～10		铁、镍、铂、瓷、石英	用于测定煤中硫和分解铁合金	聚附剂
Na_2CO_3+ZnO (2+1)	8～10		瓷、石英	用于测定矿石中硫(主要是硫化物中的硫)	聚附剂
Na_2CO_3+S (硫黄) (1+1)	8～12		瓷、石英	用于从铅、铜、银等中分离钼、锑、砷、锡;分解有色矿石焙烧后的产品;分离钛和钒等	S(结晶的硫黄研细再用)
K_2CO_3+S (硫黄) (1.5+1)	8～12		瓷、石英	用于从铅、铜、银等中分离钼、锑、砷、锡;分解有色矿石焙烧后的产品;分离钛和钒等	S(结晶的硫黄研细再用)
$Na_2S_2O_3$	8～10		瓷、石英	用于从铅、铜、银等中分离钼、锑、砷、锡;分解有色矿石焙烧后的产品;分离钛和钒等	硫代硫酸钠于使用前在212℃烘干

注:第一列左侧分组标签为"碱性氧化熔剂"(前十一行)和"碱性硫化熔剂"(后三行)。

① Na_2CO_3、K_2CO_3 均为无水物即无水 Na_2CO_3、无水 K_2CO_3。
② 用量为所用熔剂用量对试样的倍数(按质量计),如 Na_2CO_3 的熔剂用量是试样质量的 6～8 倍。

二、一些元素的单质试样的分解

一些元素的单质试样的分解见表 3-3。

表 3-3　一些元素的单质试样的分解

元素的单质	可用溶（熔）剂
Ag	易溶于硝酸，不溶于盐酸和冷硫酸，但溶于热浓硫酸
Al	易溶于盐酸和浓苛性碱溶液，较难溶于稀硫酸，硝酸使其钝化而不溶
As[①]	溶于硝酸、王水及热浓硫酸，不溶于盐酸和稀硫酸
Au	易溶于王水
B[①]	溶于氧化性酸、浓硫酸和浓硝酸中，也溶于加热至冒烟的高氯酸中。与苛性碱熔融生成偏硼酸盐
Ba	溶于稀硝酸和盐酸，与水作用生成 $Ba(OH)_2$ 溶液并放出氢气
Be	易溶于硫酸、盐酸和热硝酸，也溶于苛性碱
Bi	易溶于硝酸、热浓硫酸和王水，不溶于盐酸和稀硝酸
Ca	溶于稀硝酸和稀盐酸，与水作用生成 $Ca(OH)_2$ 溶液并放出氢气
Cd	易溶于硝酸，在盐酸和硫酸中溶解较慢，有过氧化氢存在时溶解增速
Ce	易溶于盐酸、硫酸和硝酸，生成三价铈盐
Co	溶于热的稀硝酸，在稀盐酸或硫酸中溶解较慢
Cr	溶于盐酸和高氯酸，也溶于浓硫酸。硝酸使其钝化，几乎不溶
Cu	易溶于硝酸，不溶于盐酸和稀硫酸，但溶于热浓硫酸，在氧化剂（H_2O_2、HNO_3、Fe^{3+} 等）存在下，也能溶于盐酸
Fe	溶于稀的热硫酸、盐酸和硝酸中，热的较浓的硝酸也能溶解它，但冷的浓硝酸能使其钝化不反应
Ga	易溶于硫酸和盐酸，在冷浓硝酸中溶解很慢，易溶于 NaOH 或 KOH 溶液中，氨水也可显著地使之溶解
Ge	易溶于王水及含过氧化氢的碱性溶液，酸对锗的作用很微弱，在硝酸中生成二氧化锗的水合物
Hg	易溶于硝酸和热浓硫酸，不溶于盐酸和稀硫酸
Hf	最好的溶剂是硝酸和氢氟酸的混合酸，氢氟酸和王水也能将其溶解，热浓硫酸能与其作用形成可溶的硫酸铪
In	溶于稀盐酸或稀硫酸，并放出氢气，硝酸也能溶解
Ir	不溶于无机酸和王水，与 NaOH 和 KNO_3 共熔，熔体用王水处理，形成暗红色 $Na_2(IrCl_6)$ 溶液
La	易溶于酸（镧系金属的溶解性质均相似）
Mg	易溶于稀酸（包括乙酸），也溶于浓氯化铵溶液
Mn	溶于稀的盐酸、硝酸及硫酸
Mo	溶于硝酸、王水、氢氟酸和硝酸的混合酸、热浓硫酸
Nb	溶于含有硝酸的氢氟酸，在加热下溶于含有硫酸钾或硫酸铵的浓硫酸中，与苛性碱熔融生成铌酸盐
Ni	溶于稀硝酸、盐酸及硫酸。浓硝酸能使其钝化
Os	不溶于无机酸和水，在有氧化剂存在下与碱熔融可转化为可溶性化合物
Pb	最好的溶剂是稀硝酸，热硫酸及盐酸也可溶解
Pd	溶于王水，浓硝酸在加热下能慢慢溶解它，与碱熔融可转化为可溶性化合物
Pt	易溶于王水，在有氧化剂存在下与碱熔融可转化为可溶性化合物
Re	溶于硝酸，在盐酸和稀硫酸中溶解缓慢，在浓硫酸中即使加热溶解也慢
Rh	不溶于无机酸和王水，在有氧化剂存在下与碱熔融可转化为可溶性化合物

续表

元素的单质	可用溶(熔)剂
Ru	不溶于无机酸和王水,在有氧化剂存在下与碱熔融可转化为可溶性化合物
Sc	易溶于酸,加热时分解水,并放出氢气
Sb	溶于王水及加热至冒烟的浓硫酸中,也溶于硝酸和酒石酸的混合溶液中,在浓硝酸中生成难溶的五氧化二锑
Se[①]	溶于王水,也溶于硝酸和浓硫酸
Si[①]	溶于氢氟酸、氢氟酸与硝酸的混合酸及热浓苛性碱溶液,与苛性碱或碳酸钠(钾)熔融时生成易溶性硅酸盐
Sn	溶于热盐酸、硫酸和王水,在浓硝酸中生成不溶性的 β-锡酸
Sr	溶于稀的硝酸、盐酸和硫酸,与水作用生成 $Sr(OH)_2$ 溶液并放出氢气
Ta	溶于含有硝酸的氢氟酸,在加热下溶于含有硫酸钾或硫酸铵的浓硫酸中与苛性碱熔融生成钽酸盐
Te[①]	溶于王水、硝酸和硫酸
Th	易溶于浓盐酸及王水
Ti	易溶于氢氟酸,也溶于热稀盐酸和冷稀硫酸中,硝酸使其转变为难溶的偏钛酸(H_2TiO_3),王水使其表面形成 H_2TiO_3 而不溶
Tl	易溶于稀硝酸,较难溶于硫酸,难溶于盐酸(由于在其表面形成难溶性的 TlCl)
U	溶于盐酸、高氯酸和稀硫酸
V	溶于硝酸和冷王水,加热下溶于浓硫酸和氢氟酸,与碱熔融生成钒酸盐
W	溶于氢氟酸和硝酸的混合酸及磷酸和其他酸的混合酸中,也溶于含有过氧化氢的饱和草酸溶液中,在有氧化剂(如 $KClO_3$)存在下与苛性碱或碳酸钠(钾)熔融生成钨酸盐
Zn	易溶于盐酸、硝酸和硫酸,也溶于苛性碱溶液
Zr	同 Hf,与热浓硫酸作用生成可溶性的硫酸锆

① 非金属元素的单质。

三、钢铁及合金试样的分解

钢铁及合金试样的分解见表 3-4。

表 3-4　钢铁及合金试样的分解

试样名称	可用溶(熔)剂
普通钢铁	$HNO_3(1+3.5)$;$H_2SO_4(1+9)$;$HCl(1+4)$;$HNO_3+H_3PO_4+H_2O(2+4+11)$;$H_2SO_4+H_3PO_4+H_2O(1+2+10)$
低合金钢（合金元素≤3%）	$HCl(1+1;1+4)$;$H_2SO_4(1+4;1+9)$;$HNO_3(1+3.5)$;$H_2SO_4+H_3PO_4+H_2O(1+2+10)$;$HNO_3+HCl+H_2O(1+3+12)$
中合金钢（合金元素 3%～5%）	$HCl(1+1;1+4)$;$H_2SO_4(1+4;1+9)$;$HNO_3(1+3.5)$;$H_2SO_4+H_3PO_4+H_2O(1+2+10)$;$HNO_3+HCl+H_2O(1+3+12)$;$HCl+H_2O_2$(滴加)
高合金钢（合金元素≥5.5%、不锈钢、高速工具钢、弹簧钢、高温钢）	HCl;$HCl+H_2O_2$;HNO_3+HCl;HNO_3+HF;$HCl+HNO_3+HF$(依次加入);$HNO_3+HCl+H_2O(1+3+12)$;$H_3PO_4+H_2SO_4(10+1)$;$HClO_4+HCl(5+1)$;$HNO_3+H_2SO_4+H_3PO_4+H_2O(1+4+3+22)$
高锰钢（20Mn₂₃VAlRe）	$HNO_3(1+3.5)$;$H_3PO_4(1+1)$;浓 H_3PO_4;$H_2SO_4+H_3PO_4+H_2O(2+5+5)$
硅钢	$HNO_3(1+3.5)$;浓 H_3PO_4;$H_2SO_4+HFO_4+H_2O(3+4+11)$

试样名称	可用溶(熔)剂
锰铁	HNO_3；$HNO_3(1+1)$；HCl；H_3PO_4；$H_3PO_4+HNO_3$
硅铁	HNO_3+HF；$NaOH$(熔融)；$Na_2O_2+Na_2CO_3(2+1$ 熔融)；HNO_3+HF+H_2O
铬铁(低碳)	$HCl(1+1)$；$H_2SO_4(1+4)$；$HCl+Br$；H_3PO_4；$HClO_4$
铬铁(高碳)	Na_2O_2(熔融)
钼铁	$HNO_3(1+1)+H_2SO_4(1+1)$；HNO_3+HF；$HNO_3+KClO_3+HCl+H_2SO_4$
钨铁	HNO_3+HF；$H_2SO_4+H_3PO_4+H_2O(1+3+15)$；$H_3PO_4+HClO_4$；$Na_2O_2$(熔融)
钒铁	$HCl(1+1)+HNO_3+H_3PO_4$；HNO_3+HF；$H_2SO_4+HNO_3$；HNO_3；HNO_3+HCl；$HNO_3+H_2SO_4+H_3PO_4+(5+7+10)$
铌铁	$HCl+HNO_3$；H_3PO_4(滴 HF)；$HNO_3+HF+H_2SO_4$；$HNO_3+HF+HClO_4$；$K_2S_2O_7$(熔融)；Na_2O_2(熔融)
钛铁	H_2SO_4(滴 HNO_3)；$H_2SO_4(1+5)$；$H_2SO_4(1+3)+HCl(1+1)$；$H_2SO_4(1+1)+HNO_3+HCl$；$Na_2O_2+Na_2CO_3(1+1)$(熔融)
镍铁	$HNO_3(1+3.5)$；$HCl(1+4)+HNO_3$
磷铁	Na_2O_2(熔融)
硼铁	$HCl+HNO_3$；HNO_3(滴加 HF)；Na_2O_2(熔融)
铝铁	$HCl(1+1)$；$NaOH$
稀土合金	$HF+HNO_3$(滴加，先用少量水散开，缓慢滴加避免着火)

注：1. 钢的化学分析用试样取样法参见 GB/T 222—2006。

2. 供分析用试样的采样量，一般要求是全部分析元素或项目用量的 6～8 倍，以保证复查的需用量。

3. 可用溶（熔）剂，固态的为质量比，液态的为体积比。

四、矿样的分解

矿样的分解见表 3-5。

表 3-5　矿样的分解

待测定元素	试样名称	可用溶(熔)剂
碱金属	长石、云母及其他硅酸盐岩石	$CaCO_3+NH_4Cl$；$HF+H_2SO_4$；$HF+HClO_4$；HF；$CaCO_3+CaCl_2$；KOH(测 Li)
Ca、Mg、Ba	铁矿石、锰矿石、碳酸盐岩石	HCl，残渣用 Na_2CO_3(熔融)
	重晶石、磷酸盐、钼酸盐	Na_2CO_3(熔融)，HCl 处理
	萤石(测 CaF_2)	$HAC(10\%)$，残渣以 $AlCl_3$ 或 $HCl+Be(NO_3)_2$ 处理
Al	黏土、铝土矿	$HF+H_2SO_4(HClO_4)$；KOH；Na_2CO_3；$Na_2CO_3+Na_2B_4O_7$；Na_2O_2
	刚玉	Na_2O_2；$HCl+HNO_3$(在封闭管内加热 $250\sim300℃$)；$Li_2CO_3+H_3BO_3$($500\sim800℃$)
	冰晶石	稀 $HCl+Be(NO_3)_2$
Si	硅酸盐岩石、黏土钛铁矿、榍石、铌钽矿物	Na_2CO_3(有 F 时加 H_3BO_3 或 $AlCl_3$)；KOH
		$K_2S_2O_7$；K_2CO_3 或 Na_2CO_3
	硫化物矿石	$HCl+HNO_3$ 脱水之后 Na_2CO_3 或 Na_2O_2(熔融)
	冰晶石	$Na_2B_4O_7+KHSO_4$

续表

待测定元素	试样名称	可用溶（熔）剂
Ti	钛铁矿、金红石、榍石、硅酸盐、岩石	$K_2S_2O_7$；$NaOH(KOH)$；$NaOH+Na_2CO_3$；Na_2O_2；KHF_2；H_3PO_4
Fe	铁矿石、含铁硅酸盐、岩石	HCl；$HCl+SnCl_2$；$HCl+NaF$；$HCl+HF$；$Na_2CO_3+KNO_3$；$K_2S_2O_7$；KHF_2；$H_2SO_4+H_3PO_4$
	黄铁矿	王水＋硫酸
	铬铁矿	$H_2SO_4+H_3PO_4$；Na_2O_2
Ni	镍黄铁矿、黄铁矿、磁铁矿	$HCl+HNO_3(H_2SO_4)$；HNO_3+KClO_3+HCl
	基性岩、铬铁矿	$HF+HClO_4$；$HCl+NaF$；H_2SO_4+HF
Co	黄铁矿、黄铜矿、硫砷矿、岩石	$HCl+HNO_3$；$HCl+HNO_3+H_2SO_4$；Na_2O_2；$HF+H_2SO_4(HClO_4)$
Cr	铬铁矿、钒钛铁矿	$K_2S_2O_7$ 残渣用 Na_2CO_3 熔融；Na_2O_2；$H_2SO_4+H_3PO_4$
	硅酸盐、岩石	$HF+H_2SO_4$ 残渣用 Na_2CO_3 熔融
Cd	多金属硫化矿	$HCl+H_2SO_4$；$HCl+HNO_3+H_2SO_4$
Cu	铜矿石、硫化矿、岩石	$HCl+HNO_3$；H_2SO_4 冒烟；HNO_3+KClO_3
Mn	锰矿石、铁矿石、铅锌矿	HCl；HNO_3；$HNO_3+H_3PO_4$；H_3PO_4；$H_2SO_4+H_3PO_4$
	铌钽矿物	H_3PO_4
Mo	辉钼矿、铜钼矿	$KClO_3$ 饱和的 HNO_3，然后用 HCl；王水；$Na_2CO_3+HNO_3$
S	铁矿石、黄铁矿、多金属硫化矿	$Br_2+CCl_4+HNO_3$；$HCl+HNO_3$；HNO_3+KClO_3；与 Cu 于 1000℃ 管式炉内烧灼；$Na_2CO_3+KNO_3$；$ZnO(MgO)+Na_2CO_3$
P	铁矿石、锰矿石、岩石	HNO_3；残渣用 Na_2CO_3 熔融；HNO_3；$HCl+HNO_3$；Na_2O_2；$Na_2S_2O_7$；Na_2CO_3
Hg	辰砂、汞矿石	HNO_3；于潘菲氏管中与铁粉灼烧
Pb	硫化矿物	$HCl+HNO_3+H_2SO_4$
Zn	铅锌矿、闪锌矿、其他硫化矿、硅酸盐	$HCl+HNO_3$；王水＋H_2SO_4；$HCl(HF)$；HNO_3+KClO_3
V	钒酸盐矿物	$HCl+HNO_3$（或 $HCl+KClO_3$）；H_2SO_4 冒烟，残渣用 $HF+HNO_3$ 处理，再加 H_2SO_4 冒烟，如铅存在时用 Na_2CO_3 熔融
	硅酸盐矿物	$HF+H_2SO_4$；残渣用 $K_2S_2O_7$ 熔融；$Na_2CO_3+KNO_3$
	铬铁矿、钒钛铁矿	Na_2O_2 熔
	测定 V 的价态	在封闭管中以 H_2SO_4 分解
W	钨酸钙矿、钨锰铁矿	HCl；Na_2CO_3；Na_2O_2
Sn	锡石、锡矿石、黝锡矿	$NaOH+Na_2O_2$；$Na_2CO_3+Na_2O_2$；$Na_2S_2O_7$；$KOH+Na_2CO_3$；$Zn+HCl$；$HNO_3+H_2SO_4$
Bi	辉铋矿、磁黄铁矿、锡石	HNO_3；$HNO_3+H_2SO_4$；Na_2CO_3
As	黄铁矿、毒砂、其他硫化或砷化物	$HNO_3+H_2SO_4$；HNO_3+KClO_3；$HCl(H_2SO_4)+Zn$；$Na_2CO_3+HNO_3$；$NaOH$
Nb、Ta	铌钽酸盐矿物、钛铁矿	$K_2S_2O_7$；Na_2O_2；$HCl+HF(KHF_2)$

待测定元素	试样名称	可用溶(熔)剂
Nb,Ta	稀土矿物	HF
	锡石和类似矿物	在燃烧管中通氢加热，HCl 浸取，残渣用 $K_2S_2O_7$ 熔融；碘化铵灼烧后用 $HF+HCl(KHF_2)$
	黑钨矿	HCl；$NH_4OH+(NH_4)_2CO_3$ 浸取，残渣用 H_2SO_4+HF
Ge	铅锌矿及其他多金属矿	$HNO_3+HF+H_2SO_4$；HNO_3+HF
	硫银锗矿	$Na_2CO_3+S(1+1)$
	煤灰	用 Na_2CO_3 在 600℃加热至无有机物后在 1000℃ 熔融
	烟道灰	Na_2O_2
Sb	辉锑矿、脆硫锑铅矿、黄铁矿	$H_2SO_4+K_2SO_4+S$；$H_2SO_4+K_2SO_4+C$；$KOH+HNO_3$；$Na_2S_2O_7$
Zr(Hf)	锆英石、斜锆石、曲晶石、异性石、花岗岩石	无水硼酸残渣用 $K_2S_2O_7$ 或 $HF-H_2SO_4$ 处理；Na_2CO_3；$Na_2CO_3+Na_2B_2O_7$；Na_2O_2；KHF_2；$K_2S_2O_7$
	含铁矿样	HCl，残渣用上述熔剂分解；Na_2O_2
稀土	沥青铀矿、铌(钽钛)酸盐矿物、独居石、磷钇矿、铈硅石、方土石等	HNO_3；HF 或 KHF_2；$HF+HCl$；Na_2O_2；$NaOH(KOH)$
	钇钛矿	H_2SO_4 或 $HClO_4$ 分解
	黑稀金、复稀金、钇钽矿	$K_2S_2O_7$（特别对 Th 的测定）

五、采用酸溶解和熔剂熔融的矿物

采用酸溶解和熔剂熔融的矿物见表 3-6。

表 3-6　采用酸溶解和熔剂熔融的矿物

矿物名称	酸溶解	熔剂熔融
氟化矿物	H_2SO_4 $HClO_4$	Na_2CO_3 $Na_2CO_3+KNO_3$
硼硅酸盐类矿物		Na_2CO_3
磷酸盐类矿物	H_2SO_4 HNO_3 $HCl+HNO_3$	Na_2CO_3
氧化矿物	HCl HNO_3	Na_2O_2 $K_2S_2O_7$
硫化矿物	HNO_3 $HCl+HNO_3$	Na_2O_2 $Na_2CO_3+KNO_3$
硫酸盐类矿物	H_2O HCl HNO_3	Na_2CO_3 Na_2O_2
碳酸盐类矿物	HCl HNO_3	$KHSO_4$
硅酸盐类矿物	HCl $HCl+HNO_3$ $HF+H_2SO_4$	Na_2CO_3 $NaOH$ $K_2S_2O_7$

续表

矿物名称	酸溶解	熔剂熔融
钛硅酸类矿物	HCl HF+H_2SO_4	Na_2CO_3 $K_2S_2O_7$
钛、铌、钽酸盐类矿物	HCl+HNO_3 HF+HNO_3	$K_2S_2O_7$ 或 $KHSO_4$
钨酸盐类矿物	HCl+HNO_3	Na_2CO_3

六、试剂的选择

试剂的选择以试样的基本性质为依据，在一般的情况下：a. 对于无机盐类、电解质及其他可溶于水的物质，尽可能用水溶解；b. 对于金属和合金，使用无机酸或无机酸的混酸溶解；c. 对于矿物主要采用酸溶解和熔剂熔融两种方法，一般使用的试剂依矿物的酸根而定。

若试样的种类不明，可将试样顺次以稀盐酸、浓盐酸和王水加热溶解。如用这些酸都不能溶解的试样，则于铂皿内加氢氟酸和硫酸的混酸加热，直到产生白色的烟雾为止。冷却后用水稀释，以供试验。如以上酸类均不能溶解试样，则需另取试样在铂坩埚中以无水碳酸钠熔融，熔融物以水或酸抽提出而供试验。若至此仍未能溶解，则需要用焦硫酸钾或过氧化钠来熔融。

试样的分解一般按以下步骤进行。

1. 用常用的各种混酸溶解

常用的混酸有：a. 王水（3 份相对密度为 1.19 的 HCl 和 1 份相对密度为 1.42 的 HNO_3）；b. 逆王水（3 份相对密度为 1.42 的 HNO_3 和 1 份相对密度为 1.19 的 HCl）；c. 三酸混合酸（100mL 相对密度为 1.42 的 HNO_3，300mL 相对密度为 1.19 的 HCl，150mL 相对密度为 1.84 的 H_2SO_4 和 450mL 水）；d. 硝酸、硫酸和磷酸的混合酸；e. 硝酸和氢氟酸的混合酸；f. 硫酸和氢氟酸的混合酸；g. 盐酸、硝酸和高氯酸的混合酸等。

2. 用碱金属碳酸盐熔融

用来分解试样的碱金属碳酸盐中，以碳酸钠使用较为广泛，用碳酸钾来熔化的机会较少。这是因为钾盐被沉淀吸附的倾向要比钠盐为大，从沉淀中将它洗出也要困难得多。为了降低分解时的熔点，经常用等分子的 Na_2CO_3 与 K_2CO_3 的混合物（Na_2CO_3 熔点为 852℃，K_2CO_3 熔点为 891℃，而其混合物的熔点约为 700℃）。

用碱金属碳酸盐分解试样时，在熔化过程中，熔剂与试样相互作用，生成各种碱金属的硅酸盐、铝酸盐或磷酸盐，均易溶解于盐酸。在操作时先用水溶，然后再用盐酸抽提出。

3. 用碱金属氢氧化物熔融

氢氧化钠和氢氧化钾是强烈的碱性熔剂。用作熔剂时，首先将分析所需量的 NaOH 或 KOH 放在银、镍或铁的坩埚内熔化，并加热至得到稳定的熔融物。冷却后，将分析样品放在凝固的熔融物上面，铺平，盖上坩埚盖，逐渐升高温度并时时旋转坩埚，使坩埚内物质熔融并混合均匀。这时要注意不要让坩埚中存在未分解样品的小块，或在坩埚底上或边上沾有硬皮。

应该指出，必须先将熔剂脱水，否则会起泡和喷溅，以致造成样品损失。放入样品前先加热熔剂 10～15min，即可将熔剂中的绝大部分的水分预先除去，可使熔化样品的过程稳定。

4. 用过氧化钠熔融

过氧化钠是一种强碱性熔剂，且具有强氧化性。当需要氧化某一元素时，可使用这种熔剂。如硫化物、砷化物等在熔化过程中，相应地被氧化成硫酸盐、砷酸盐。当用水浸取熔融物时，它能使某些元素发生分离，这是使用过氧化钠的重要优点。

用过氧化钠熔融的操作过程：用细玻璃棒将试样与一定量未分解的干燥（黄色）过氧化钠在坩埚中混合，再在混合物的上面铺上一层过氧化钠，置于电热板上加热以排除水分，然后移入泥三角上用喷灯或马弗炉加热使温度逐渐升高。绝不可因熔融太慢而突然大幅度升高温度，这样容易引起喷溅而导致损失。灼烧时应将坩埚倾斜转动，使内容物环绕边沿熔融。当坩埚呈暗红色（600～700℃）且坩埚中央部分物料完全熔化时，继续加热3～5min，即可停止加热，用盖上坩埚盖，静置冷却。

5. 用焦硫酸钾或硫酸氢钾熔融

焦硫酸钾或硫酸氢钾主要用于分解铌酸盐、钽酸盐，以及在分析过程中所得到的灼热混合沉淀。熔融时可分离出硫酸酐（SO_3），待测金属元素形成可溶性硫酸盐。

将试样与需要量的熔剂在坩埚中混合均匀，盖上坩埚盖，然后移入小火焰中微微加热，使有微弱的三氧化硫烟雾析出。隔10～15min以后稍微升高温度（但不高于使坩埚底部暗红炽热时的温度），并时时旋转坩埚使坩埚内物质混合均匀。当熔融快结束时，随着三氧化硫的析出，熔剂的活性降低以致分解减慢，熔点也升高。熔剂全部转变成为硫酸钾时，分解就会完全停止。在这种情况下，如果分解尚未达到完全，应当把坩埚冷却，再加上一些熔剂或滴入几滴浓硫酸，再小心加热至试样全部熔化。为确定分解是否结束，可将坩埚稍微冷却一下，如熔融物有一段时间完全透明，并且在熔融物里没有未分解的颗粒则可结束熔融。旋转坩埚，以使液体熔融物沿坩埚壁分布成一薄层，然后使之冷却和凝固。往往在冷却过程中由于熔融物的膨胀，致使坩埚裂缝。为了避免这种现象，可在熔化结束前往稍经冷却的熔融物里投入1～2小块焦硫酸钾或硫酸氢钾，待熔化和搅拌后，再使坩埚冷却。

6. 用硼砂或硼酸酐熔融

硼砂或硼酸酐常用于某些难分解矿物的分析中。

取分析所需量的熔剂置于坩埚内，加热使其熔融，冷却后在凝固的熔剂上放入试样，用盖上坩埚盖加热，逐渐升高温度。用短粗的铂丝时时搅拌黏性熔融物。这根铂丝在整个熔化时间内都应留在坩埚里。由于分析试样成分的不一，所得的熔融物的纯度亦不相同。熔化所需时间平均为30～40min。分解是否结束是根据熔融物的稳定状态和纯度（透明度）来判断的。熔融终了后，旋转坩埚，以使黏性熔融物分布在坩埚壁上，稍使凝固，然后盖上坩埚盖冷却，以免因熔融物裂开而造成损失。

为了除去由熔剂带入的硼，将熔融物由坩埚移入蒸发皿中，注入50mL左右饱和氯化氢的甲醇溶液，在水浴上加热使其溶解，并将蒸发皿里的溶液蒸干，此时硼以硼酸三甲酯状态被除去，残存在坩埚壁上的熔融物微粒，用同样的方法处理之。为了保证硼完全除去，这项操作最好重复一次或两次，每次仅加入少量试剂。此后，将干燥的残渣用酸处理、干燥，以析出硅酸等。

饱和氯化氢的甲醇溶液的制备方法：将干燥的氯化氢气流快速通入冷的甲醇里（250mL）1～2h。

获得强氯化氢气流的简便方法：把100g NaCl放入容量为500mL的圆底烧瓶中，用带有两孔的橡胶塞塞住：在一孔中插入一根细玻璃管，通过橡胶管与甲醇瓶相连接；在另一孔中插入一长颈滴液漏斗，漏斗的下端插入含95%硫酸的小试管（试管放在瓶底）中，并稍许浸入硫酸。甲醇瓶后应连接尾气吸收装置。尾气吸收装置由装有NaOH溶液的烧杯和与甲醇瓶相连的倒置玻璃漏斗组成，漏斗稍浸入液面以下。通过漏斗不断注入95%硫酸（每次5~10mL），直到加入硫酸的量达到100mL为止，加热（温度不得超过80℃），即可获得较强的氯化氢气流。

当甲醇饱和了氯化氢以后，停止加热，终止反应。用来制取氯化氢的仪器应集中保管起来，以备后用。由于甲醇在开始时能非常强烈地吸收氯化氢，所以应该注意防止液体倒吸。应对甲醇瓶冷浴，以加大对HCl气体的溶解量。

烧瓶的加热，必须很好地调节，使之能产生强的气流，同时这样也能减少回吸的危险，以及缩短使甲醇饱和氯化氢所需的时间。应用浓硫酸时，生成的氯化氢可以不必再干燥。

7. 用铵盐熔融

铵盐对矿样，特别是有色金属矿样的分解能得到满意的结果。由于该熔剂的熔点低，在室内或野外都很适用。

将一份氯化铵和一份硝酸铵置于瓷皿中混匀，缓慢加热，使其全部熔融，冷却后研细，即为熔剂。分解试样时，将5~8倍质量的熔剂置于干燥烧瓶中，将矿样置入其中，剧烈摇动以使混匀。于砂浴上加热至200~250℃，直至完全熔解。根据不同需要以一定溶剂（磷酸、磷硫混酸、苛性钠溶液、二硫化碳等）抽提出以供分析。

七、常用熔剂和坩埚材料的选用

由于熔融是在高温下进行的，而且熔剂又具有极大的化学活性，所以选择进行熔融的坩埚材料就成为很重要的问题。在熔融时不仅要保证坩埚不受损失，而且还要保证分析结果的准确性，下面列出常用熔剂和应选用的坩埚材料，可供工作时参考。符号"√"表示可以用此种材料的坩埚进行熔融，符号"×"表示不宜用此种材料的坩埚进行熔融（表3-7）。

表 3-7　常用熔剂和坩埚材料的选用

熔　剂	坩　埚					
	铂	铁	镍	瓷	石英	银
无水 $Na_2CO_3(K_2CO_3)$	√	√	√	×	×	×
6份[①]无水 Na_2CO_3 + 0.5份 KNO_3	√	√	√	×	×	×
2份无水 Na_2CO_3 + 1份 MgO	√	√	√	×	√	×
1份无水 Na_2CO_3 + 2份 MgO	√	√	√	×	√	×
2份无水 Na_2CO_3 + 1份 ZnO	×	×	×	√	√	×
Na_2O_2	×	×	√	×	×	√
1份无水 Na_2CO_3 + 1份研细的结晶硫黄	×	×	×	√	√	×
硫酸氢钾	√	×	×	√	√	×
氢氧化钠(钾)	×	√	√	×	×	√
1份 KHF_2 + 10份焦硫酸钾	√	×	×	×	×	×
硼酸酐(熔融、研细)	√	×	×	×	×	×

① 指质量份，余同。

八、有机化合物的分解

有机样品中的矿物元素常以结合形式存在于有机化合物中。测定这些元素，首先要将有机化合物破坏，让待测元素游离出来。

1. 定温灰化法

定温灰化法是将有机试样置于坩埚中，在电炉上炭化，然后移入高温炉中，于 $500\sim550℃$ 灰化 $2\sim4h$，将灰白色残渣冷却后，用 $(1+1)HCl$ 或 HNO_3 溶解，进行测定。此法适用于测定有机化合物中的铜、铅、锌、铁、钙、镁等。

2. 氧瓶燃烧法

氧瓶燃烧法是在充满氧气的密闭瓶内，用电火花引燃有机样品，瓶内盛适当的吸收剂以吸收其燃烧产物，然后再测定各元素的方法。此法常用于有机化合物中卤素等非金属元素的测定。

3. 湿法分解法（消化法）

（1）HNO_3-H_2SO_4 消化　先加 HNO_3，后加 H_2SO_4，防止炭化（一旦炭化，很难消化到终点）。此法适合于有机化合物中铅、砷、铜、锌等的测定。

（2）H_2SO_4-H_2O_2 消化　适用于含铁或含脂肪高的样品。

（3）H_2SO_4-$HClO_4$ 消化或 HNO_3-$HClO_4$ 消化　适用于含锡、铁的有机物的消化。

九、微波加热技术在化验工作中的应用

（一）应用原理

微波加热技术应用于化验工作，国际上始于 20 世纪 80 年代。其原理是在 2450Hz 微波电磁场作用下，产生 24.5 亿次每秒超高频率震荡，使样品与溶（熔）剂混合物分子间相互碰撞、摩擦、挤压，重新排列组合，因而产生高热，促使固体样品表层快速破裂，产生新的表面与溶（熔）剂作用，使样品在数分钟内分解完全。

微波是一种高频率的电磁波，具有反射、穿透、吸收三种特性。样品一般放在聚四氟乙烯或瓷质器皿中，不可放在金属容器内，否则会引起放电打火。分解试样一般在密封条件下进行，通常用聚四氟乙烯生料带密封比较安全。由于所用试样量比较少，因而试剂空白低，环境沾污的机会少。挥发性元素如砷、硒、汞等均无挥发损失。微波溶（熔）样的操作也容易。所以国外使用微波加热技术比较广泛。

（二）应用实例

1. 溶解试样

据报道，用荧光法测定红葡萄酒中 Fe 和 Co 含量时，将 0.5mL 酒样置于聚四氟乙烯罐中，加入 2mL 浓 HNO_3，1mL 30% H_2O_2 在微波炉内消化 5min，可得无色透明溶液。表明消化快速、完全。测定结果也很好。

2. 熔解试样

用微波炉代替马弗炉（高温炉）进行岩石矿样的碱熔试验：称取一定量岩石矿试样，置

于刚玉坩埚中，用少许水湿润，加入试样量 6～8 倍的 NaOH，将坩埚放入 150mL 烧杯中，盖上表面皿，放入微波炉中，用功率 500W 挡，加热 4min，试样熔解完全。此法比普通熔融法可以节电 70%，而且碱熔时无酸雾产生，避免了对设备仪器的腐蚀。

3. 环境分析中的应用

有报道，可利用微波消解测定环境水样中的化学需氧量（COD）。取水样 10.00mL，置于磨口锥形瓶中，加入 0.2g $HgSO_4$，摇匀，加入 $c(1/6K_2Cr_2O_7)=0.2500mol/L$ $K_2Cr_2O_7$ 标准溶液 5.00mL，再缓慢地加入 15.00mL H_2SO_4-Ag_2SO_4 溶液，轻轻摇匀。用聚四氟乙烯生料带密封瓶口（需六层生料带），用橡皮筋系紧，置于微波炉内转盘上（不要放在中心位置），用高功率档微波，维持沸腾 4min（自生料带薄膜完全鼓起时开始计时间），加热结束后，取出锥形瓶，冷至室温，去掉生料带，用蒸馏水冲下生料带内壁所附试液于锥形瓶内。加水 30mL，加 3 滴亚铁灵指示剂，用硫酸亚铁铵标准溶液滴定至溶液由黄经蓝绿变红褐色为终点。同时吸取 10.0mL 蒸馏水，按上述相同条件作空白试验，求出水样中化学需氧量（mg/L）。

$$COD_{Cr}(O_2)=[(V_0-V_1)c\times8\times1000]/V_{H_2O}$$

式中　V_1——滴定水样时消耗硫酸亚铁铵标准溶液的体积，mL；

　　　V_0——空白试验消耗硫酸亚铁铵标准溶液的体积，mL；

　V_{H_2O}——取水样的体积，mL；

　　　c——硫酸亚铁铵标准溶液的物质的量浓度，mol/L；

　　　8——氧（$\frac{1}{2}O$）的摩尔质量，g/mol。

本法加标回收率在 96.7%～110.0%，测定结果较为可靠。

第四章 化学分析溶液

在化学分析实验中，溶液具有很重要作用，绝大多数的化学分析实验操作和化学反应都是在水溶液中进行的。所以从事化学分析实验工作是离不开溶液的。只有了解和掌握化学分析实验用各种溶液配制的基本知识，才能保证分析实验工作的顺利进行。

一、化学分析实验室用水

在化学分析实验工作中，洗涤各种器皿、配制各种溶液都离不开水。水是自然界分布最多最广的物质，但自然界的水都不纯净，其中含有各种矿物质、有机物、尘埃和微生物等。根据化学分析实验的要求，洗涤各种器皿的最后一步，以及配制溶液，都需要使用纯净的三级水（蒸馏水或去离子水）。

（一）化学分析实验室用水的类别

1. 天然水

除了雨水外的各种天然水，无论是江、河、湖水，还是地下井水、泉水等，都与地层岩石和土壤相接触。天然水中溶解了各种物质：如无机盐（铁、铝、钙、镁、钾、钠的碳酸盐、硫酸盐、硝酸盐、硅酸盐和氯化物等矿物质）、有机物、颗粒物质（泥沙）、尘埃、微生物及气体（N_2、O_2、Cl_2、H_2S、CO、CO_2、CH_4）等。这些物质，对化学反应有着不同程度的干扰和妨碍。因此，在化学分析实验中，这种水仅可用于初步洗涤较脏的分析实验器皿和用作降低温度的冷却用水。

2. 自来水

自来水是自来水处理厂汲取天然水，经过净化、消毒后生产出来的，符合相应标准的供人们生活、生产使用的水。自来水是实验室常用的洗涤用水。虽然经过净化，但自来水中仍含有一些离子、微生物等杂质。故实验室中，使用自来水对各种仪器进行洗涤之后，最后需用蒸馏水或去离子水进行淋洗，以去除自来水中微量杂质，防止对实验、检测的干扰。一些特殊情况，还需使用易挥发有机溶剂润洗仪器。

3. 蒸馏水

在分析实验中，无论是洗涤器皿，还是配制各种溶液，以及分析实验操作过程中，都离不开大量的蒸馏水。

将自来水用蒸馏器进行蒸馏、冷凝就可得到蒸馏水。由于绝大部分矿物质在蒸馏时不挥发，所以蒸馏水中含杂质比自来水少得多，因此也就较纯净。但蒸馏水也不是绝对纯的，其中仍含有微量杂质，如：

① 二氧化碳在蒸馏时挥发，并重新溶解于蒸馏水中，形成碳酸，使蒸馏水微显酸性。

② 蒸馏时少量液体水成雾状飞出，会将少量不纯水带入蒸馏水中。

③ 蒸馏器的冷凝管材料或多或少地将杂质带入蒸馏水中。一般蒸馏器冷凝管是铜、不锈钢、纯铝或玻璃等材料制作的，都多多少少地将金属带入。玻璃对水沾污最少，但还会有微量的钠、钾盐等带入，况且玻璃易碎，不适于制造大型蒸馏器。

尽管这样，蒸馏水仍然是分析实验室内最常用的较纯净溶剂和洗涤剂。因此，要妥善保管蒸馏水，以免影响分析实验结果的准确性。

对于蒸馏水的质量（检验项目）要求，如表 4-1 所示。

表 4-1　蒸馏水检验的项目

序号	检验项目	指标
1	pH 值	应在 5.4～6.4
2	蒸发残渣/(mg/L)	不超过 5
3	灼烧残渣/(mg/L)	不超过 1
4	氨及铵盐(NH_4^+)/(mg/L)	不超过 0.05
5	硫酸根(SO_4^{2-})	应符合本章一、(四)3.(5)中的规定
6	氯根(Cl^-)	应符合本章一、(四)3.(6)中的规定
7	硝酸根(NO_3^-)	应符合本章一、(四)3.(7)中的规定
8	硫化氢及硫化铵组重金属	应符合本章一、(四)3.(8)中的规定
9	钙(Ca^{2+})	应符合本章一、(四)3.(9)中的规定
10	氧化还原性	应符合本章一、(四)3.(10)中的规定
11	外观	应为无色透明、无悬浮物、无臭、无味的液体
12	电导率/S	$8×10^{-6}～5.8×10^{-8}$

注：1.详见本章"一、化学分析实验室用水""(四)分析实验室用水的检验方法""3.蒸馏水的常规系统检验方法"。

2.首次使用新购置（新安装）的蒸馏水器，蒸出的蒸馏水要按蒸馏水的质量要求（检验项目）全面进行检测，均应符合检验项目指标的规定，方可供分析实验用。

3.在正常情况下蒸出的蒸馏水，一般只检验外观、pH 值、氯根及钙镁盐四项，必须合格，其他项目可根据情况进行抽查。

4.对间断停用和检修及除垢后使用的蒸馏水器，新蒸出的蒸馏水仍要按检验项目全面进行检查。

5.一般应用的蒸馏水，无特殊要求，可不检查电导率。

6.对配合滴定中使用的二次蒸馏水，以铬黑 T 指示剂检查溶液应呈正蓝色，不得稍有红色。

4. 去离子水

去离子水（无离子水），又称离子交换水，即用离子交换法制得的纯水。严格地说，不存在绝对纯净的水，因此叫作去离子水较为合适。

去离子水电导率可达到很低水平，但它的局限性是不能去除非电解质胶体物质、非离子化的有机物和溶解的空气。另外，制备去离子水使用的树脂本身也会溶解出少量的有机物。但在一般的化学分析实验工作中，离子交换法制取的纯水是完全能满足需要的。去离子水的制备操作技术较易掌握，设备可大可小，比蒸馏水的制备成本低。一般各类化验室都有自制去离子水的能力。

在分析实验中，使用去离子水，一定要注意：离子交换树脂在工作过程中吸附的杂质逐渐增多，将使其交换能力逐渐减弱，直至到最后失去净化水的能力。因此，应用去离子水要经常检查水质，如果发现不合格应立即停止使用。忽视了这一点会给分析和实验工作带来不应有的损失。

去离子水的检查方法：

① 利用电导仪。在不隔绝空气情况下测定水的电导率，一般电导率低于 2.15×

10^{-6}S/cm 时，说明树脂吸附已达饱和，失去工作能力，需要再生后方能继续净化水。

② 检查硅。取水样 30mL，加（1＋3.5）硝酸溶液 5mL 和 5％钼酸铵溶液 5mL，于室温下放置 5min（或水浴上 30s），加 10％亚硫酸钠溶液 5mL，目视观察是否呈蓝色。

③ 检查氯离子。取水样 30mL，加 1％硝酸银溶液 5～6 滴，目视观察有无浑浊现象。

5. 电渗析法制纯水

电渗析是一种固膜分离技术。电渗析法制纯水是除去原水中的电解质，故又叫电渗析脱盐。是利用离子交换膜的选择性透过性［即阳离子交换膜（简称阳膜）仅允许阳离子透过，阴离子交换膜（简称阴膜）仅允许阴离子透过］，在外加直流电场作用下，使一侧水中的离子透过离子交换膜迁移到另一侧水中，从而使离子移出一侧的水被纯化。

在电渗析过程中被除去的水中杂质只能是电解质，且对弱电解质（如硅酸根等）去除效率低。因此，电渗析法不适于单独制取纯水，可以与反渗透或离子交换法联用。电渗析法的特点是仅消耗少量电能，不像离子交换法需消耗酸碱及产生废液，因而无二次污染。由于设备自动化，电渗析法制取纯水几乎不需占用人工。其缺点是耗水量大。

6. 超纯水制备

在一些分析实验工作中，因工作的需要需采用超纯水。例如无机痕量分析或原子吸附分析中，要求水具有很低的空白值；在高效液相色谱分析中，要求控制有机物和颗粒。进行此类分析的实验室需要配备小型的超纯水制造装置。目前，国内外已有定型产品提供，如 MLL1-QⅡ型超纯水制造装置（MLLPORE 公司）。将蒸馏水、离子交换水、反渗透水放入储水槽中，由循环泵把水送入微量有机物吸附柱中（内装有有机物吸附用活性炭柱和离子交换树脂混床柱），通过使原水不断循环将微量的离子、有机物有效除去。最后通过无菌过滤器除去 0.22μm 以上的微颗粒及微生物。为防止超纯水受空气及保存容器的影响，该装置采用即用即采水式，可以 500mL/min 以上的流量制取 10～15MΩ•cm 的超纯水。

（二）分析实验室用水的制备、贮存和选用

各种纯化方法制得的各种级别分析实验室用水，纯度要求越高的储存条件要求越严，成本也越高，应根据不同分析方法的要求合理选用。表 4-2 列出了国家标准中规定的各级水的制备方法、贮存条件及使用范围。

表 4-2　分析实验室用水的制备方法、贮存条件及使用范围

级别	制备与贮存①	使用
一级水	可用二级水经过石英设备蒸馏或离子交换混合床处理，再经 0.2μm 微孔滤膜过滤制取。 不可贮存，使用前制取	适用于有严格要求的分析试验，包括对颗粒有要求的试验。如高压液相色谱分析
二级水	可用多次蒸馏或离子交换等方法制取 贮存于密闭的专用聚乙烯容器中	无机痕量分析等试验。如原子吸收光谱分析
三级水	可用蒸馏或离子交换等方法制取 贮存于密闭的专用聚乙烯容器中。也可使用密闭的专用玻璃容器贮存	一般化学分析试验

① 贮存水的新容器在使用前需用 20％盐酸溶液浸泡 2～3d，再用待贮存的水反复冲洗，然后注满，浸泡 6h 以上方可使用。

（三）分析实验室用水的规格

GB/T 6682—2008《分析实验室用水规格和试验方法》将化学分析和无机痕量分析等试

验用水分为三个级别：一级水、二级水、三级水。表 4-3 列出分析实验室用水规格。

表 4-3　分析实验室用水规格

项目	一级水	二级水	三级水
外观（目视观察）	无色透明液体		
pH 值范围（25℃）	—①	—①	5.0～7.5
电导率（25℃）/(mS/m)	≤0.01②	≤0.10②	≤0.50
可氧化物质[以(O)计]/(mg/L)	—③	≤0.08	≤0.4
吸光度（254nm，1cm 光程）	≤0.001	≤0.01	—
蒸发残渣（105℃±2℃）/(mg/L)	—③	≤1.0	≤2.0
可溶性硅（以 SiO₂ 计）/(mg/L)	≤0.01	≤0.02	—

① 由于在一级水、二级水的纯度下，难于测定其真实的 pH 值，因此，对一级水、二级水的 pH 值范围不做规定。

② 一级水、二级水电导率需用新制备的水"在线"测定。

③ 由于在一级水的纯度下，难于测定可氧化物质和蒸发残渣，对其限量不做规定，可用其他条件和制备方法来保证一级水的质量。

（四）分析实验室用水的检验方法

分析实验中所使用纯净水的纯度，直接关系到分析实验每一步操作。从仪器洗涤的最后淋洗到试剂的配制、试样的溶解、溶液的稀释等，在这一系列操作过程中，都必须保证水中不含有杂质。但所使用的水是否足够纯净，必须通过检验来作出判断。

1. 标准检验方法（GB/T 6682）

（1）pH 值　量取 100mL 水样，按 GB/T 9724—2007 的规定测定 pH 值。

（2）电导率　用电导仪测定电导率。测定一、二级水时，配备电极常数为 $0.01\sim0.1cm^{-1}$ 的"在线"电导池，并具有温度自动补偿功能。测定三级水时配备电极常数为 $0.1\sim1cm^{-1}$ 的电导池，并具有温度补偿功能。

（3）可氧化物质　量取 1 000mL 二级水（或 200mL 三级水）注入烧杯中，加入硫酸溶液（20%）5.0mL（三级水加入 1.0mL）混匀。加入 1.00mL 高锰酸钾标准滴定溶液 $[c(\frac{1}{5}KMnO_4)=0.01mol/L]$，混匀。盖上表面皿，加热至沸并保持 5min，溶液粉红色不得完全消失。

（4）吸光度　将水样分别注入 1cm 和 2cm 吸收池中，于 254nm 处，以 1cm 吸收池中的水样为参比，测定 2cm 吸收池中水样的吸光度。若仪器灵敏度不够，可适当增加测量吸收池的厚度。

（5）蒸发残渣　量取 1000mL 二级水（三级水 500mL），分几次加入旋转蒸发器的蒸馏瓶中，于水浴上减压蒸发（避免蒸干）至剩约 50mL 时停止加热。转移至一个已于（105±2）℃质量恒定的蒸发皿中，并用 5～10mL 水样分 2～3 次冲洗蒸馏瓶，洗液合并入蒸发器皿内，于水浴上蒸干，并于（105±2）℃的电烘箱中干燥至恒重。用最小分度值为 0.1mg 的分析天平称出残渣质量。残渣质量不得大于 1.0mg。

（6）可溶性硅

① 试剂

a. 二氧化硅标准溶液：按 GB/T 602 的规定配制 1mg/mL 二氧化硅标准溶液。量取

1mg/mL 二氧化硅标准溶液 1.00mL 于 100mL 容量瓶中，稀释至刻度，摇匀，转移至聚乙烯瓶中，制得 0.01mg/mL 二氧化硅标准溶液。临用前配制。

b. 钼酸铵溶液（50g/L）：取 5g（NH_4）$_6Mo_7O_{24} \cdot 4H_2O$，加适当水溶解，加入 20mL20％的 H_2SO_4 溶液（按 GB/T 603 的规定配制），稀释至 100mL，摇匀。贮存于聚乙烯瓶中。若发现有沉淀，应重新配制。

c. 草酸溶液（50g/L）：称取 5.0g 草酸，溶于水，并稀释至 100mL。贮存于聚乙烯瓶中。

d. 硫酸对甲氨基苯酚（米吐尔）溶液（2g/L）：称取 0.20g 硫酸对甲氨基苯酚及 20.0g 焦亚硫酸钠溶解于水，并稀释至 100mL，摇匀。贮存于聚乙烯瓶中，避光保存。有效期 2 周。

② 测定：量取 520mL 一级水（二级水取 270mL），注入铂皿中，在防尘条件下亚沸蒸发至约 20mL，停止加热，冷却至室温。加 1.0mL 钼酸铵溶液（50g/L），摇匀。放置 5min 后，加 1.0mL 草酸溶液（50g/L），摇匀，再放置 1min 后，加 1.0mL 硫酸对甲氨基苯酚溶液（2g/L），摇匀。转移至 25mL 比色管中，定容，摇匀。于 60℃ 水浴中保温 10min。目视比色，溶液所呈蓝色不得深于 0.50mL SiO_2 标准溶液（0.01mg/mL）用水稀释至 20mL 经同样处理的标准比对溶液。

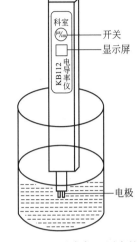

图 4-1　电导率仪（测水笔）

2. 一般检验方法

标准检验方法严格又很费时间，一般化验工作用的纯水可用测定电导率法和化学方法检验。

离子交换法制得的纯水可用电导率仪监测水的电导率，根据电导率确定何时需再生树脂交换柱即可。图 4-1 是一种使用较方便的手持式微型电导率仪的示意。

可用一般化学检验方法检验三级水（表 4-4）。

表 4-4　分析实验室用水的一般化学检验方法

检验项目	检验方法	合格标志(三级水)
pH 值	取 20mL 水样，等分为两份。一份加 5 滴溴甲酚紫指示液(0.025％)，一份加 5 滴溴百里酚蓝指示液(0.025％)	滴加溴甲酚紫指示液的不显黄色，pH＞5.2； 滴加溴百里酚蓝指示液的不显蓝色，pH＜7.6
铁盐	取 10mL 水样，加盐酸酸化，加数滴亚铁氰化钾试液(1mol/L)	不显蓝色
镁盐	取 10mL 水样，加数滴氨性缓冲溶液(pH 值为 10)及 2～3 滴铬黑 T 指示液(0.5％)，摇匀	呈天蓝色
硫酸盐	取 10mL 水样，加硝酸酸化，加数滴氯化钡溶液(1％)，摇匀	不显浑浊
氯离子	取 10mL 水样，加数滴硝酸银溶液(1.7％)，摇匀	无白色浑浊
可溶性硅	取 10mL 水样，加入 5 滴(NH$_4$)$_2$MoO$_4$ 溶液(1％)，8 滴草酸(4％)-硫酸(4mol/L)混合液(1＋3)，摇匀。于水浴上加热 30s，滴加硫酸亚铁铵溶液(1％)，摇匀	不显蓝色
可氧化物	取 10mL 水样，加 1mL 稀硫酸，煮沸后加 2 滴高锰酸钾溶液(0.05mol/L)，加热 10min	溶液仍呈红色
不挥发物	取 10mL 水样，在水浴上蒸干，于 105℃ 干燥 1h	所留残渣不应超过 0.1mg

3. 蒸馏水的常规系统检验方法

（1）pH 值的测定　用带玻璃电极的 pH 计或用比色法测定均可。

带有玻璃电极的 pH 计的测定方法，详见仪器使用说明书。下面仅叙述比色法测定 pH 值的方法。

① 应用的试剂

a. 0.04g/100mL 甲基红指示剂：称取 0.04g 甲基红，溶于 60mL 95％（体积分数）乙醇中，移至 100mL 容量瓶内，以水稀释至刻线，混匀。贮于茶色滴瓶中备用。

b. 0.04g/100mL 溴麝香草酚蓝指示剂：称取 0.04g 溴麝香草酚蓝，溶于 20mL 95％乙醇中，移至 100mL 容量瓶内，用水稀释至刻线，混匀。贮于茶色滴瓶中备用。

c. pH＝5.4 的缓冲溶液：量取 0.05mol/L 丁二酸溶液 57.90mL，与 0.05mol/L 的硼砂溶液 42.10mL，混合均匀备用。

d. pH＝6.6 的缓冲溶液：量取 0.05mol/L 硼砂溶液 28.80mL，与 0.1mol/L 磷酸二氢钾溶液 71.20mL，混合均匀备用。

e. 0.02mol/L 丁二酸溶液：称取二次重结晶并用双层滤纸吸干水分（不沾玻璃棒）的丁二酸（$C_4H_6O_4$）5.9g，用水溶解后移至 1000mL 容量瓶内，用水稀释至刻线，混合均匀备用。

f. 0.05mol/L 硼砂溶液：称取二次重结晶〔取 100g 硼砂（$Na_2B_4O_7 \cdot 10H_2O$）于 550mL 50～60℃温水内溶解，冷至 25～30℃，用力搅拌使其结晶，并用二层滤纸吸干水分至不沾玻璃棒〕的硼砂 19.1g，用水溶解后移至 1000mL 容量瓶内，用水稀释至刻线，摇匀备用。

g. 0.1mol/L 磷酸二氢钾溶液：称取二次重结晶精制〔取 100g 磷酸二氢钾（KH_2PO_4）溶于 150mL 沸水中，于 110℃温度下烘至恒重〕的磷酸二氢钾 13.62g，用水溶解后移至 1000mL 容量瓶内，用水稀释至刻线，摇匀备用。

② 试验方法：取四支直径约 20mm（体积约 25～30mL）有标号的干净无色透明试管，向 1 号及 2 号试管内各注入 10mL 试样水；向 3 号及 4 号试管内分别注入 pH＝5.4 及 pH＝6.6 的缓冲溶液 10mL。然后向 1 号及 3 号试管内各加入 0.1mL（约 3 滴）甲基红指示剂，摇匀。再向 2 号及 4 号试管内各加入 0.1mL（约 3 滴）溴麝香草酚蓝指示剂，摇匀。

③ 水质合格判定标准：1 号试管内溶液的红色不深于 3 号试管内溶液的红色；2 号试管内溶液的蓝色不深于 4 号试管内溶液的蓝色。

（2）蒸发残渣的测定　将 500mL 试样水加入已预先烧灼并恒量过的铂皿内，在水浴上蒸发至干（为了避免灰尘落入，应盖上盖子）。然后再于 105～110℃烘箱内烘 1h，取出移入干燥器内冷却至室温，准确称量。

水质合格判定标准：蒸发残渣应不超过 2.5mg。

（3）烧灼残渣的测定　将上项（2）经烘干带有残渣的铂皿，放入高温炉内，于微红热状态下灼烧 5min，取出移入干燥器内，冷却至室温，准确称量。

水质合格判定标准：灼烧残渣应不超过 0.5mg。

（4）氨及铵盐的测定　取两支相同的 125mL 具有磨口塞的比色管，向一支管中加 100mL 试样水及 1mL 钠试剂；同时向另一支管中加 100mL 标准溶液、0.5mL 浓度为 0.10mg/mL 的 NH_4^+ 溶液及 1mL 钠试剂。分别摇匀，放置 10min。在白纸上沿管纵轴向下观察，试样水的颜色不得深于标准溶液的颜色。

制备标准溶液：在 250mL 锥形瓶内，加 200mL 蒸馏水及不含 NH_4^+ 的 10% 氢氧化钠溶液 3mL。煮沸 30min 后，冷至室温。冷却时，瓶口塞上装有双球管［内盛被（1+3）硫酸充分浸湿的棉球］的塞子。

制备钠试剂：称取 6g 氯化汞（$HgCl_2$），称准至 0.01g。置于瓷皿中，溶于 50mL 热水，在搅拌下加入碘化钾溶液（7.4g 碘化钾，溶于 50mL 水中），冷却，倾去上层溶液，沉淀用水以倾泻法洗涤 3 次，每次用 30mL 水。于洗过的沉淀中加 5g 碘化钾和少量水，搅拌至沉淀不再溶解（此时只有少许沉淀未溶解）。加入由 20g 氢氧化钠溶于 50mL 水制成的溶液，冷却，稀释至 100mL，放置澄清后，倾出澄清液，贮于带盖棕色瓶中备用。

制备铵标准溶液（NH_4^+ 浓度 0.10mg/mL）：称取于 105～110℃ 干燥至恒重的氯化铵（NH_4Cl）0.2965g，溶于水，移入 1000mL 容量瓶中，以水稀释至刻线。

制备不含氨的氢氧化钠溶液：将所需 10%（质量分数）氢氧化钠溶液注入烧瓶中，煮沸 30min，瓶口用装有被（1+3）硫酸充分浸湿的棉球的双球管胶塞塞紧，冷却，用不含氨的水稀释至原体积。

（5）硫酸根的测定　取两支同样的 250mL 锥形瓶，分别加 100mL 试样水。向其中的一个瓶内加入相对密度为 1.12 的盐酸溶液 1mL，10% 氯化钡溶液 2mL，混匀，加塞密闭。放置 18h 后，仔细比较两锥形瓶内的溶液，两者均应呈透明状态。被加入盐酸及氯化钡溶液的，不得有硫酸钡沉淀（以溶液是否发生浑浊判别之）。

（6）氯的测定　取两个 200～250mL 完全相同的锥形瓶，各加 100mL 试样水，然后向其中之一瓶内加入相对密度为 1.15 的硝酸（一级品试剂）溶液 0.5mL 及 0.1mol/L 硝酸银溶液 1mL。放置 10min 后，比较两瓶中溶液的颜色，若无显著不同（即表示 Cl^- 浓度小于 0.02mg/L）说明试样水质合格。

（7）硝酸根的测定　将 25mL 试样水装入 50mL 锥形瓶内，加 1% 酚酞乙醇溶液 2 滴，用 0.1mol/L 的氢氧化钠溶液滴至微红色不消失为止，记下所用体积。然后取一份新蒸馏的 25mL 试样水，放入一瓷皿内，加入与上述所用体积相同的 0.1mol/L 氢氧化钠溶液，在水浴上蒸发至干。然后向残渣中加 1mL 氯化钠溶液（25mg/mL）、0.4mL（1+5000）的靛蓝硫酸溶液，并搅拌之，再加 5mL 相对密度为 1.84 的硫酸（一级品试剂），充分摇匀。经 15min 后，将皿中物全量移入 50mL 锥形瓶中，用 25mL 蒸馏水洗皿二次，洗水亦倾入瓶中，摇匀。与标准对比溶液的颜色比较，被检溶液的颜色不应浅于标准对比溶液的颜色。

标准对比溶液与被测溶液同时配制：取 NO_3^- 标准溶液 0.5mL，加入另一瓷皿中，加入与前述相等数量的 0.1mol/L 氢氧化钠溶液，放水浴上蒸发干，按与试样测定相同的步骤和加入量，依次加入氯化钠溶液、靛蓝硫酸溶液、硫酸和蒸馏水等。

制备 25mg/mL 氯化钠溶液：称取氯化钠（二级品试剂）0.5g，溶于 20mL 蒸馏水中，混匀。

制备（1+5000）靛蓝硫酸溶液：称取合成靛蓝 5.0g 加入 20mL（相对密度 1.84）硫酸，在水浴上加热，使其溶解并搅拌。冷却后，倒入装有 150mL 水的容量瓶中，然后以水稀释至 200mL，称此为甲溶液（1+40）。取甲溶液 0.8mL，用水稀释至 100mL，称此为乙溶液（1+5000）。甲溶液有效期为一年（可使用一年）；乙溶液应在使用前配制。

制备 NO_3^- 标准溶液：称取于 120～130℃ 干燥至恒重之一级品试剂硝酸钾（KNO_3）1.630g 溶于水，移入 1000mL 容量瓶中，稀释至刻线。此溶液中 NO_3^- 浓度为 1mg/mL。量取 10.00mL 上述溶液，注入 100mL 容量瓶中，以水稀释至刻线，混匀。此溶液 NO_3^- 浓度为 0.1mg/mL。

（8）硫化氢和硫化铵组重金属的测定　将 100mL 试样水装入 250mL 的锥形瓶内，煮沸 3min，冷却后，移入具磨口塞的 125mL 比色管（标记为 1 号）内，加入 5mL 新制备硫化氢水溶液，摇匀。放置 10min 后，与另一支相同比色管（标记为 2 号）内所装的试样水相比较，两比色管内的水均应呈无色透明。

再向 1 号比色管内加入 2mL 10％的氢氧化铵（NH_4OH）溶液，摇匀后，放置 10min。再与 2 号比色管内的试样水比较，两比色管内的水均应呈无色透明。

比色时，在比色管下铺一张白纸，顺比色管纵轴向下观察。

制备硫化铵溶液：量取 100mL 不含二氧化碳的氨水，通入硫化氢气体至溶液变为黄色。

制备硫化氢水（饱和）：将硫化氢气体通入不含二氧化碳的水至饱和为止（此溶液于使用前制备）。

（9）钙含量的测定　取 200mL 试样水于 500mL 的锥形瓶内，加 4mL 10％氢氧化铵溶液及 25mL 定钙混合液，摇匀，加热至沸腾。放置 18h 后，与等体积的纯水（装入同样的锥形瓶内）进行比较。若试样水经处理后与纯水透明度相同，且没有沉淀析出（以是否有浑浊判别之）则表明试样水钙含量小于 1.0mg/L，水质合格。

配制定钙的混合液：取 6g 氯化铵（称准至 0.01g），溶于 60mL 蒸馏水内，加入 10mL 草酸铵饱和水溶液，5mL 10％的氢氧化铵溶液，摇匀。加热至沸腾，放置 24h，使其完全澄清。吸取上部澄清液约 40mL，用作检验 Ca^{2+} 之用。

（10）氧化还原性的测定　取 100mL 试样水，置于已用高锰酸钾和硫酸溶液煮沸并充分洗净的 250mL 锥形瓶内，加入 2mL 相对密度为 1.11 的硫酸（一级品试剂）溶液及 0.15mL 0.01mol/L 高锰酸钾溶液，混匀。煮沸 3min，在白纸上向着光线与装在同样的另一锥形瓶内的蒸馏水进行比较，试样水仍应呈淡红色。

（11）外观检查　用肉眼观察应为无色透明、无悬浮物液体，且不得有特殊臭、味。此项应先检查，不合格者，不再做其他项目的检查。

（12）电导率测定　按电导率仪规定方法的说明书进行测定。

（五）特殊要求分析实验用水的制备

根据分析实验工作的要求，往往需用一些特殊用途的水，市面上并无相应产品，需要自制。现将几种特殊要求（用途）的水，制备方法介绍如下。

1. 二次蒸馏水

按其分析实验工作的需求，有以下两种制法。

① 测定痕量物质时，需用特殊纯净的蒸馏水。在一般实验室里是将普通的一次蒸馏水或去离子水再重新蒸馏，即得二次蒸馏水。

② 用硬质玻璃或石英蒸馏器，于每升一次蒸馏水或去离子水中，加入 50mL 碱性高锰酸钾溶液（$KMnO_4$ 和 KOH 分别为 8g/L 和 300g/L），重新蒸馏，弃去头和尾各 1/4 容积，收集中段的重蒸水，即为二次蒸馏水。此法去除水中微量有机物效果较好，但不宜作无机痕量分析实验用。

2. 无氯水

方法①：将普通蒸馏水，置于硬质烧杯中，煮沸蒸去 1/4 容积，剩余蒸馏水即为无氯水。

方法②：加入亚硝酸钠等还原剂，将自来水中的余氯还原为氯离子（用 N,N-二乙基对苯二胺检查不显色），用全玻璃蒸馏器（附有缓冲球）蒸馏，制得的水为无氯水。

3. 无氧水

将水注入平底烧杯中，煮沸 1h 后，立即用装有玻璃导管的胶塞塞紧，导管与盛有焦性没食子酸（焦掊酸）的碱性溶液（100g/L）的洗瓶连接，冷却，所制得的水即为无氧水。

4. 无二氧化碳水

将蒸馏水注入平底烧瓶中，煮沸 10min，立即用装有钠石灰管的胶塞塞紧，放置冷却即成。

5. 无氨水

方法①：取碱性及强酸性阴阳离子交换树脂（用量 2:1），依次填充于直径 3cm、长 50cm 的交换柱中。将水以 $3\sim5mL/min$ 的速度通过交换柱，所制得的水，就是无氨水。

方法②：将 $1.5\sim2L$ 的蒸馏水注入平底烧瓶中，于瓶内投入一小片红色石蕊试纸，加入碳酸氢钠至试纸变蓝色，煮沸蒸至原体积的 1/4，冷却后，倒入玻璃瓶中密闭保存。

方法③：于 1L 的蒸馏水中，加入 $0.1\sim2mL$ 硫酸（也可同时加入少量的高锰酸钾，使水保持紫红色），用全玻璃蒸馏器（附有缓冲球）进行蒸馏制得。应用玻璃容器接收馏出液。

氨的检查：取无氨水 5mL，注入试管中，加入奈斯特试剂一滴，如呈现淡黄色，说明有氨。

奈斯特试剂配制：取 3.5g 碘化钾（KI）和氯化汞（$HgCl_2$）溶解于 70mL 水中，然后加入 30mL 氢氧化钾（4mol/L）溶液，必要时过滤，备用。

6. 无铅水

用氢型强酸性阳离子交换树脂柱处理原水即得。贮水容器应进行无铅处理：用硝酸溶液（6mol/L）浸泡过夜后以无铅水洗净。

7. 无砷水

普通蒸馏水或去离子水一般可达到无砷的要求。不能使用软质玻璃制成的蒸馏器、树脂管和贮水容器。进行痕量砷分析时，须使用石英蒸馏器或聚乙烯材质贮水容器。

8. 无酚水

方法①：将普通蒸馏水置于全玻璃蒸馏器中，加入固体氢氧化钠调节至呈强碱性。蒸馏即得。

方法②：在蒸馏器中，按 $10\sim20mg/L$ 的比例加入粉末状的活性炭，充分振荡后，用定性滤纸过滤即得。

9. 无有机物水

于蒸馏水中，加入少量的高锰酸钾碱性溶液，用全玻璃蒸馏器蒸馏制得。在蒸馏过程中，应始终保持水呈紫红色，否则应补加高锰酸钾碱性溶液。

二、化学试剂

化学分析和实验工作需要应用各种化学试剂，因此，对于从事分析实验的工作人员，了解和掌握化学试剂的性质、分类、规格及用途等方面的知识是非常必要的。只有这样才能正确地选择和应用化学试剂，才会保证分析和实验结果的准确性。

（一）化学试剂的分类

化学试剂品种繁多，目前还没有统一的分类方法，一般按试剂的化学组成或用途进行分类。表 4-5 列出了化学试剂的分类。

表 4-5　化学试剂的分类

名称	说　明
无机试剂	无机化学品。可细分为金属、非金属、氧化物、酸、碱、盐等
有机试剂	有机化学品。可细分为烃、醇、醚、醛、酮、酸、酯、胺等
基准试剂	可分为滴定分析用基准物质、pH 基准试剂、用于 pH 计的校准（定位）基准试剂等。是化学试剂中的标准物质，其主要成分含量高，化学组成恒定
特效试剂	在无机分析中用于测定、分离被测组分的专用的有机试剂，如沉淀剂、显色剂、螯合剂、萃取剂等
仪器分析试剂	用于仪器分析的试剂。如色谱试剂、核磁共振分析试剂等
生化试剂	用于生命科学研究的试剂
指示剂和试纸	滴定分析中用于指示滴定终点，或用于检验气体或溶液中某些物质存在的试剂。试纸是用指示剂或试剂溶液处理过的滤纸条
高纯物质	用于某些特殊材料的试剂，如半导体和集成电路用化学品、单晶试剂、痕量分析用试剂，其纯度一般在 99.99% 以上，杂质总量在 0.01% 以下
标准物质	用于分析或校准仪器的有定值的化学标准品
液晶	既具有流动性、表面张力等液体的特征，又具有光学各向异性、双折射等固态晶体的特征

（二）化学试剂的等级、标志和符号

参照 GB 15346—2012《化学试剂　包装及标志》及 GB/T 37885—2019《化学试剂　分类》规定用不同的颜色标记化学试剂的等级、标志和符号（表 4-6）。

表 4-6　化学试剂的等级、标志和符号

级别	标志	代号	标签颜色	主要用途
一级	通用试剂优级纯	GR	深绿色	纯度很高，主要用于精密的分析研究和测试，有的可作基准物质
二级	通用试剂分析纯	AR	金光红色	纯度较高，主要用于一般的分析研究和重要的测试
三级	通用试剂化学纯	CP	中蓝色	主要用于工业分析和化学试验
	基准试剂	PT	深绿色	只适用于一般的化学试验用
	生物染色剂	BR	玫红色	用于生命科学研究的试剂，种类特殊，纯度并不一定很高

（三）化学试剂的包装规格

为了能够应根据分析实验工作需要，有计划地购置和领用化学试剂，有必要知道化学试剂的包装规格。包装规格是指每一个包装容器内盛装化学试剂的净质量（固体）或体积（液体），是根据化学试剂的性质、用途和经济价值而决定的。

我国规定的化学试剂包装规格有以下列五类（固体产品以克计，液体产品以毫升计）：

第一类：0.1g、0.25g、0.5g、1g 或 0.5mL、1mL。

第二类：5g、10g、25g 或 5mL、10mL、20mL、25mL。

第三类：50g、100g 或 50mL、100mL。

第四类：250g、500g 或 250mL、500mL。

第五类：1000g、2500g、5000g 或 1000mL、2500mL、5000mL。

应根据分析实验工作情况，决定购置或领用化学试剂的用量以免造成浪费。如过量贮存易燃易爆品，则不安全；易氧化及变质的试剂，会过期失效；过量购买标准物质等贵重试剂，造成积压浪费；剧毒试剂难保管又担心责任。

（四）部分仪器分析方法对试剂的要求

国家标准中提到部分仪器分析方法对试剂的要求见表 4-7，供选用试剂时参考。

表 4-7　部分仪器分析方法对试剂的要求

分析方法	试剂规格	引用标准
气相色谱法	标准样品主体含量不得低于 99.9%	GB/T 9722—2006
分子吸收分光光度法（紫外可见）	规定了有机溶剂在使用波长下的吸光度	GB/T 9721—2006
阳极溶出伏安法	汞及用量较大的试剂用高纯试剂	GB/T 3914—2008

（五）化学试剂的选择与合理使用

在化学分析实验中正确选择化学试剂是极其重要的，应按照对分析实验结果精度的要求，适当选用化学试剂。对于分析实验结果的精度要求不太高的车间产品控制分析、教学实验等，就没有必要选用一、二级品试剂；对于冷却浴或加热浴等不参加结果计算的辅助试剂，选用工业品即可；而对于分析实验结果精度要求特别高的超高纯度产品的分析实验、仲裁分析、进出口商品检验、试剂检验等，选用的化学试剂就要慎重，绝对不能选用三级品试剂。若忽视了这方面的因素，就不可避免地会造成经济上的损失和浪费。

化学试剂开瓶启用后，如不能一次用完，应及时予以封闭保存，尤其是对一些不稳定的且易受空气影响的试剂更需要注意。取用试剂的牛角勺和取试剂用的器皿都应保持清洁、干燥，以免影响试剂组成的纯度。已经从试剂瓶中取出的试剂，不能用完的部分可分开保存，决不可再倒回原试剂瓶内。这些看来虽然是小事，但能够尽可能地保证试剂的纯度和分析实验结果的正确可靠，是分析实验人员必须严格遵守的实验室规章。

烧碱（NaOH）溶液若存放于玻璃容器中，较长时间后会由于侵蚀玻璃而带入钠和硅酸盐等杂质，并能在空气中吸收二氧化碳，使用时需要注意。一些溶液稳定性较差，如碘化物溶液和亚铁盐溶液存放过久易被氧化而使成分改变，硝酸银溶液易受光照分解，均应现用现配，不宜长期存放。

（六）化学试剂变质的原因

有些性质不稳定的化学试剂，由于贮存过久或保存条件不当，会发生变质，影响使用。有些试剂必须在标签注明的条件（如冷藏、充氮）下贮存。以下是一些常见的化学试剂变质的原因。

1. 氧化和吸收二氧化碳

易被氧化的还原剂（如硫酸亚铁、碘化钾），由于被氧化而变质。碱及碱性氧化物易吸收二氧化碳而变质，如 NaOH、KOH、MgO、CaO、ZnO 易吸收 CO_2 变成碳酸盐。酚类也易氧化变质。

2. 湿度的影响

有些试剂易吸收空气中的水分发生潮解，如 $CaCl_2$、$MgCl_2$、$ZnCl_2$、NaOH、KOH 等。

一些含结晶水的试剂如 $Na_2SO_4 \cdot 10H_2O$、$CuSO_4 \cdot 5H_2O$ 等，露置于干燥的空气中，会失去结晶水变为白色不透明晶体或粉末，这种现象称风化。风化后试剂分子量难以确定。

3. 挥发和升华

浓氨水若盖子密封不严，久存后由于 NH_3 的逸出，其浓度会降低。挥发性的有机溶剂，如乙醚、石油醚等，由于挥发会使体积减小。因其蒸气易燃，有引起火灾的危险。

碘、萘等也会因密封不严造成损失并污染空气。

4. 见光分解

过氧化氢溶液见光后分解为水和氧，甲醛见光氧化生成甲酸，$CHCl_3$ 见光氧化产生有毒的光气，HNO_3 在光照下生成棕色的 NO_2。因此，这些试剂一定要避免阳光直射。有机试剂一般均存于棕色瓶中。

5. 温度的影响

高温会加速试剂的化学反应，也使挥发、升华速度加快。温度过低也不利于试剂的贮存，在低温时有的试剂会析出沉淀或凝聚。如甲醛在 6℃ 以下会析出三聚甲醛，有的试剂还会发生冻结，如冰醋酸。

三、化学分析的溶液

1. 溶液的分类

溶液的浓度是表示溶液中溶剂和溶质存在相对量的一种方式。在化学分析实验中，会接触到各种各样的溶液，按其精度要求大体分为两大类。一类用来控制化学反应的条件，其浓度要求不太高，如一般用的酸、碱、盐溶液及指示剂、沉淀剂、洗涤剂、发色剂和缓冲溶液等，这类溶液称为非标准溶液，也叫一般溶液。另一类用来测定物质成分含量的溶液，参与分析实验结果计算且具有相当准确（通常要有四位有效数字）的浓度，称为标准溶液，也叫规定溶液。

以上两大类溶液，仅是简单扼要的介绍，其具体的详细概念、配制和计算方法等在第六章、第七章再分别加以叙述。

2. 物质的溶解度

物质的溶解度各不一样，有大有小，且差别很大。常温常压下于 100g 溶剂中可溶解10g 以上的物质称为易溶物质；溶解 1～10g 的物质称为可溶物质；溶解量小于 1g 且大于 0.1g 的物质称为微溶物质；溶解量小于 0.01g 的物质称为难溶物质。但绝对不溶物质是不存在的，所谓易溶、可溶、微溶及难溶物质都是相对而言的。各种物质的溶解度按其工作要求可查阅溶解度表，表 4-8～表 4-12 介绍了常见单质和化合物的溶解性质。

表 4-8 无机物及部分有机金属盐在水中不同温度下的溶解度

物品	结晶水	不同温度下的溶解度/(g/100g)										
		0℃	10℃	20℃	30℃	40℃	50℃	60℃	70℃	80℃	90℃	100℃
AgCl	—	—	8.9×10^{-5}	1.5×10^{-4}	—	—	5.23×10^{-4}	—	—	—	—	2.1×10^{-2}
$AgNO_3$	—	122	170	222	300	376	455	525	—	669	—	952
Ag_2SO_4	—	0.57	0.69	0.79	0.88	0.97	1.07	1.14	1.21	1.28	1.34	1.39
$AlCl_3$	$6H_2O$			69.86								
$Al_2(SO_4)_3$	$18H_2O$	31.2	33.3	36.4	40.4	46.1	52.2	59.2	66.1	73.0	80.8	89.0
As_2O_5	—	59.5	62.1	65.8	69.5	71.2	—	73.0	—	75.1	—	76.7
$BaCl_2$	$2H_2O$	31.6	33.3	35.7	38.2	40.7	43.6	46.4	49.4	52.4	—	58.8
$Ba(NO_3)_2$	—	5.0	7.0	9.2	11.6	14.2	17.1	20.3	—	27.0	—	34.2
$Ba(OH)_2$	$8H_2O$	1.67	2.48	3.89	5.59	8.22	13.12	20.94	—	101.4	—	—
Br_2	—	4.22	3.4	3.20	3.13	—	—	—	—	—	—	—
B_2O_3	—	1.1	1.5	2.2	—	4.0	—	6.2	—	9.5	—	15.7
$CaCl_2$	$6H_2O$	59.5	65.0	74.5	102							
$CaCl_2$	$2H_2O$	—	—	—	—	—	—	136.8	141.7	147.0	152.7	159
$Ca(HCO_3)_2$	—	16.15	—	16.60	—	17.05	—	17.50	—	17.95	—	18.40
$Ca(CH_3COO)_2$	$2H_2O$	37.4	36.0	34.7	33.8	33.2	—	32.7	—	33.5	—	—
$Ca(NO_3)_2$	$4H_2O$	102.0	115.3	129.3	152.6	195.9						
$Ca(NO_3)_2$	$3H_2O$	—	—	—	—	237.5	281.5					
$Ca(NO_3)_2$	—	—	—	—	—	—	—	—	—	358.7	—	363.6
$Ca(NO_2)_2$	$4H_2O$	62.07	—	76.68								
$Ca(NO_2)_2$	$2H_2O$	—	—	—	—	—	—	132.6	151.9	—	244.8	
$Ca(OH)_2$	—	0.185	0.176	0.165	0.153	0.141	0.128	0.116	0.106	0.094	0.085	0.077
$CaSO_4$	$2H_2O$	0.176	0.193	—	0.209	0.210	0.204	—	0.197	—	—	0.162
$CdCl_2$	H_2O	—	135.1	134.5	—	135.3	—	136.5	—	140.4	—	147.0
$CdSO_4$	—	76.48	76.0	76.6	—	78.54	—	83.68	—	63.13	—	60.77
$CoCl_2$	$6H_2O$	41.6	46.0	50.4	53.5	—	—	—	—	—	—	—
$CoCl_2$	H_2O	—	—	—	—	69.5	88.7	90.5	—	98.0	—	104.1
$Co(NO_3)_2$	$6H_2O$	84.03	—	100.0	—	126.8						
$Co(NO_3)_2$	$3H_2O$	—	—	—	—	—	—	163.2	184.8	212.5	334.9	—
CrO_3	—	164.9	—	—	—	174.0	182.1	—	—	217.5		206.8
$CuCl_2$	$2H_2O$	70.7	73.76	77.0	80.34	83.8	87.44	91.2	—	99.2	—	107.9
$CuSO_4$	$5H_2O$	14.3	17.4	20.7	25	28.5	33.3	40	—	55	—	75.4
$FeCl_2$	$4H_2O$	—	64.5	—	73.0	77.3	82.5	88.7	—	100	—	—
$FeCl_2$	H_2O	—	—	—	—	—	—	—	—	—	105.3	105.8
$FeCl_3$	—	74.4	81.9	91.8	—	—	315.1	—	—	525.8	—	535.7
$Fe(NO_3)_2$	$6H_2O$	71.02	—	83.3	—	—	165.6					
$FeSO_4$	$7H_2O$	15.62	20.51	26.5	32.9	40.2	48.6					
$FeSO_4$	H_2O	—	—	—	—	—	—	—	50.9	43.6	37.3	
H_3BO_3	—	2.66	3.57	5.04	6.60	8.72	11.54	14.81	18.62	23.75	30.38	40.25

物品	结晶水	不同温度下的溶解度/(g/100g)										
		0℃	10℃	20℃	30℃	40℃	50℃	60℃	70℃	80℃	90℃	100℃
$HgCl_2$	—	3.6	4.8	6.5	8.3	10.2	—	16.2	—	30.0	—	61.3
I_2	—	—	—	0.029	0.04	0.056	0.078	—	—	—	—	—
KBr	—	53.5	59.5	65.2	70.6	75.5	80.2	85.5	90.0	95.0	99.2	104.0
$KBrO_3$	—	3.1	4.8	6.9	9.5	13.2	17.5	22.7	—	34.0	—	50.0
$K(CH_3COO)$	$1.5H_2O$	216.7	233.9	255.6	283.8	323.3	—	—	—	—	—	—
$K(CH_3COO)$	$0.5H_2O$	—	—	—	—	—	337.3	350	364.8	380.1	396.3	—
$KHC_4H_4O_6$①	—	0.32	0.40	0.53	0.90	1.32	1.83	2.46	—	4.6	—	6.95
KCl	—	27.6	31.0	34.0	37.0	40.0	42.6	45.5	48.3	51.1	54.0	56.7
$KClO_3$	—	3.3	5	7.4	10.5	14	19.3	24.5	—	38.5	—	57
$KClO_4$	—	0.75	1.05	1.80	2.6	4.4	6.5	9	11.8	14.8	18	21.8
K_2CO_3	$2H_2O$	105.5	108	110.5	113.7	116.9	121.2	126.8	133.1	139.8	147.5	155.7
K_2CrO_4	—	58.2	60.0	61.7	63.4	65.2	66.8	68.6	70.4	72.1	73.9	75.6
$K_2Cr_2O_7$	—	5	7	12	20	26	34	43	52	61	70	80
$K_4[Fe(CN)_6]$	—	31	36	43	50	60	—	66	—	—	—	82.6
KI	—	127.5	136	144	152	160	168	176	184	192	200	(104℃)
KIO_3	—	4.73	—	8.13	11.73	12.8	—	18.5	—	24.8	—	208
KOH	$2H_2O$	97	103	112	126	—	—	—	—	—	—	32.2
KOH	H_2O	—	—	—	—	—12.56	140	—	—	—	—	—
$KMnO_4$	—	2.83	4.4	6.4	9.0	63.9	16.89	22.2	—	—	—	178
KNO_3	—	13.3	20.9	31.6	45.8	14.76	85.5	110.0	138	169	202	—
K_2SO_4	—	7.35	9.22	11.11	12.97	334.9	16.50	18.17	19.75	21.4	22.8	246
KNO_2	—	278.8	—	298.4	—	90.5	—	—	—	—	—	24.1
$LiCl$	—	67	72	78.5	84.5	13	97	103	—	115	—	412.8
$LiOH$	H_2O	12.7	12.7	12.8	12.9	101.6	13.3	13.8	—	15.3	—	127.5
$MgBr_2$	$6H_2O$	61.0	94.5	96.5	99.2	57.5	104.1	107.5	—	113.7	—	17.5
$MgCl_2$	$6H_2O$	52.8	53.5	54.5	—	84.74	—	61.0	—	66.0	—	120.2
$Mg(NO_3)_2$	$6H_2O$	66.55	—	—	—	45.6	—	—	—	—	137.0	73.0
$MgSO_4$	$7H_2O$	—	30.9	35.5	40.8	—	—	—	—	—	—	—
$MgSO_4$	$6H_2O$	40.8	42.2	44.5	45.3	—	50.4	53.5	59.5	64.2	69.0	—
$MgSO_4$	H_2O	—	—	—	—	88.59	—	—	—	62.9	—	74.0
$MnCl_2$	$4H_2O$	63.4	68.1	73.9	80.71	—	98.15	—	—	—	—	68.3
$MnCl_2$	$2H_2O$	—	—	—	—	—	—	108.6	110.6	112.7	114.1	—
$MnSO_4$	$7H_2O$	53.23	60.01	—	—	—	—	—	—	—	—	115.3
$MnSO_4$	$5H_2O$	—	59.5	62.9	67.76	68.8	—	—	—	—	—	—
$MnSO_4$	$4H_2O$	—	—	64.9	66.44	—	72.6	—	—	—	—	—
$MnSO_4$	H_2O	—	—	—	—	—	58.17	55.0	52.0	48.0	42.5	—
$Na_2B_4O_7$	$10H_2O$	1.3	1.6	2.7	3.9	—	10.5	20.3	—	—	—	34.0
$Na_2B_4O_7$	$5H_2O$	—	—	—	—	105.8	—	—	24.4	31.5	41	—
$NaBr$	$2H_2O$	79.5	—	90.5	97.5	50.2	116.0	—	—	—	—	52.5

续表

物品	结晶水	不同温度下的溶解度/(g/100g)										
		0℃	10℃	20℃	30℃	40℃	50℃	60℃	70℃	80℃	90℃	100℃
$NaBrO_3$	—	27.5	—	34.5	—	56.6	—	62.5	—	75.7	—	—
$NaCl$	—	35.7	35.8	36.0	36.3	65.5	37.0	37.3	37.8	38.4	39.0	90.9
$Na(CH_3COO)$	$3H_2O$	36.3	40.8	46.5	54.5	—	83	139	—	—	—	39.8
Na_2CO_3	$10H_2O$	7	12.5	21.5	38.8	126	—	—	—	—	—	—
$NaClO_3$	—	79	89	101	113	—	140	155	172	189	—	—
Na_2CrO_4	$10H_2O$	31.7	50.17	88.7	—	95.96	—	—	—	—	—	230
Na_2CrO_4	$4H_2O$	—	—	—	88.7	—	104	114.6	—	—	—	—
Na_2CrO_4	—	—	—	—	—	—	—	—	123.0	124.8	—	—
$Na_2Cr_2O_7$	$2H_2O$	163.0	—	177.8	—	—	244.8	—	316.7	376.02	—	125.9
$Na_2Cr_2O_7$	—	—	—	—	—	—	—	—	—	—	—	—
$Na_2C_2O_4$ ②	—	—	—	3.7	—	12.7	—	—	—	—	—	426.3
$NaHCO_3$	—	6.9	8.15	9.6	11.1	138.2	14.45	16.4	—	—	—	6.33
NaH_2PO_4	$2H_2O$	57.9	69.9	85.2	106.5	—	—	—	—	—	—	—
NaH_2PO_4	H_2O	—	—	—	—	—	158.6	—	—	—	—	—
NaH_2PO_4	—	—	—	—	—	—	—	179.3	190.3	207.3	225.3	—
Na_2HPO_4	$12H_2O$	1.67	3.6	7.7	20.8	51.8	—	—	—	—	—	246.6
Na_2HPO_4	$7H_2O$	—	—	—	—	—	—	—	—	—	—	—
Na_2HPO_4	$2H_2O$	—	—	—	—	—	80.2	82.9	88.1	92.4	102.9	—
Na_2HPO_4	—	—	—	—	—	—	—	—	—	—	—	—
$NaOH$	$4H_2O$	42	—	—	—	—	—	—	—	—	—	102.2
$NaOH$	$3.5H_2O$	—	51.5	—	—	129	—	—	—	—	—	—
$NaOH$	H_2O	—	—	109	119	—	145	174	—	—	—	—
$NaOH$	—	—	—	—	—	30	—	—	—	—	313	—
$Na_4[Fe(CN)_6]$	—	—	—	17.9	—	47	—	—	—	59	—	347
Na_2HAsO_4	$12H_2O$	7.3	15.5	20.5	37	205.0	—	65	—	85	—	63
NaI	$2H_2O$	158.7	168.6	178.5	190.3	—	227.8	256.8	—	—	—	—
NaI	—	—	—	—	—	15	—	—	294	296	—	—
$NaIO_3$	—	2.5	—	9	—	104	—	21	—	27	—	302
$NaNO_3$	—	73	80	88	96	98.4	114	124	—	148	—	34
$NaNO_2$	—	72.1	78.0	84.5	91.6	31	104.1	—	—	132.6	—	180
Na_3PO_4	$12H_2O$	1.5	4.1	11	20	13.5	43	55	—	81	—	163.2
$Na_4P_2O_7$	$10H_2O$	3.16	3.95	6.23	9.95	—	17.45	21.83	—	30.4	—	108
Na_2SeO_4	$10H_2O$	13.30	—	—	78.73	—	—	—	—	—	—	40.26
Na_2SeO_4	—	—	—	—	—	—	80.15	—	—	—	—	—
Na_2SO_4	$10H_2O$	5.0	9.0	19.4	40.8	—	—	—	—	—	—	72.83
Na_2SO_4	$7H_2O$	19.5	30	44	—	48.8	—	—	—	—	—	—
Na_2SO_4	—	—	—	—	—	102.6	46.7	45.3	—	43.7	—	—
$Na_2S_2O_3$	—	52.5	61.0	70.0	84.7	—	169.7	206.7	—	248.8	254.2	42.5
Na_2SO_3	$7H_2O$	13.9	20	26.9	36	28.0	—	—	—	—	—	266.0

续表

物品	结晶水	不同温度下的溶解度/(g/100g)										
		0℃	10℃	20℃	30℃	40℃	50℃	60℃	70℃	80℃	90℃	100℃
Na_2SO_3	—	—	—	—	—	48.5	28.2	28.8	—	28.3	—	—
Na_2CO_3	H_2O	—	—	—	50.5	28.5	—	46.4	—	45.8	—	—
Na_2S	$9H_2O$	—	15.42	18.8	22.5	—	—	—	—	—	—	45.5
Na_2S	$5.5H_2O$	—	—	—	—	—	39.82	42.69	45.73	51.40	59.23	—
Na_2S	$6H_2O$	—	—	—	—	45.8	36.4	39.1	43.31	49.14	57.28	—
NH_4Cl	—	29.4	33.3	37.2	41.4	—	50.4	55.2	60.2	65.6	71.3	—
NH_4HCO_3	—	11.9	15.8	21	27	297.0	—	—	—	—	—	77.3
NH_4NO_3	—	118.3	—	192	241.8	8.0	344.0	421.0	499.0	580.0	740.0	—
$(NH_4)_2C_2O_4$③	H_2O	2.2	3.1	4.4	5.9	81.0	10.3	—	—	—	—	871.0
$(NH_4)_2SO_4$	$6H_2O$	70.6	73.0	75.4	78.0	73.3	—	88.0	—	95.3	—	—
$NiCl_2$	$6H_2O$	53.9	59.5	—	68.9	122.2	78.3	82.2	85.2	—	—	103.3
$Ni(NO_3)_2$	$3H_2O$	79.58	—	96.31	—	—	—	—	—	—	—	87.6
$Ni(NO_3)_2$	$7H_2O$	—	—	—	—	—	—	163.1	169.1	—	235.1	—
$NiSO_4$	$6H_2O$	27.22	32	—	42.46	—	—	—	—	—	—	—
$NiSO_4$		—	—	—	—	14.88	50.15	54.80	59.44	63.17	—	—
$(NH_4)_2SO_4$	$24H_2O$	2.10	4.99	7.74	10.94	11.70	20.10	26.70	—	—	—	76.7
$Al_2(SO_4)_3$	$24H_2O$	3.0	4.0	5.9	8.39	1.45	17.00	24.75	40.0	71.0	109.0	—
$K_2SO_4 \cdot Al_2(SO_4)_3$						75						
$PbCl_2$	—	0.673	—	0.99	1.20	0.006	1.70	1.98	—	2.62	—	3.34
$Pb(NO_3)_2$	—	38.8	48.3	56.5	66	1917.0	85	95	—	115	—	138.8
$PbSO_4$	—	0.003	0.0035	0.004	0.005	81.9	—	—	—	—	—	—
$SbCl_3$	—	601.6	931.5	1068.0	1368.0	—	4531.0	—	∞	—	—	—
$ZnCl_2$	—	—	—	—	—	41.2	—	83.0	—	84.4	—	86.0
$ZnSO_4$	$7H_2O$	41.9	47	54.4	—	—	—	—	—	—	—	—
$ZnSO_4$	$6H_2O$	—	—	—	—	—	43.5	—	—	—	—	—
$ZnSO_4$	—	—	—	—	—	—	—	—	—	46.4	45.5	44.7

① 酒石酸氢钾。② 乙二酸钠。③ 乙二酸铵。

表 4-9 常见有机物在水中的溶解度

有机物	结构简式或分子式	溶解度/(g/100g)
乙二胺	$NH_2CH_2CH_2NH_2$	∞
乙二酸	$HOOCCOOH$	10
乙二醇	$HOCH_2CH_2OH$	∞
乙二醛	$(CHO)_2$	∞
乙炔	C_2H_2	$100cm^3/100mL(18℃)$
乙胺	$C_2H_5NH_2$	∞
乙烷	C_2H_6	$4.7cm^3/100mL$

续表

有机物	结构简式或分子式	溶解度/(g/100g)
乙烯	C_2H_4	$25.6cm^3/100mL(0℃)$
乙腈	CH_3CN	∞
乙酰胺	CH_3CONH_2	溶
乙醇	C_2H_5OH	∞
乙醇胺	$NH_2C_2H_4OH$	∞
亚乙基亚胺(环乙亚胺)		∞
乙醚	$C_2H_5OC_2H_5$	7.5
乙醛	CH_3CHO	6(25℃)
乙酸	CH_3COOH	∞
乙酸酐	$(CH_3CO)_2O$	12(冷)
乙酸乙酯	$CH_3COOC_2H_5$	8.5(15℃)
乙酸丁酯	$CH_3COOCH_2CH_2CH_2CH_3$	0.7
乙酸异丁酯	$CH_3COOCH_2CH(CH_3)_2$	0.6(25℃)
乙酸丙酯	$CH_3COOCH_2CH_2CH_3$	1.6(16℃)
乙酸异丙酯	$CH_3COOCH(CH_3)_2$	溶
乙酸甲酯	CH_3COOCH_3	33(22℃)
二乙胺	$(C_2H_5)_2NH$	易溶
二亚乙基三胺	$(NH_2C_2H_4)_2NH$	∞
二乙醇胺	$HN(C_2H_4OH)_2$	∞
二甘醇	$(HOC_2H_4)_2O$	∞
二甲亚砜	$(CH_3)_2SO$	易溶
1,3-二氧六环		∞
1,4-二氧六环		∞
二硫化碳	CS_2	0.2(0℃)
二氯乙烷	$ClCH_2CH_2Cl$	0.9(0℃)
二氯甲烷	CH_2Cl_2	2
丁二酮	$(CH_3CO)_2$	25(15℃)
丁二酸	$(CH_2COOH)_2$	6.8
顺丁烯二酸	$HOOCCH=CHCOOH$	79(25℃)
顺丁烯二(酸)酐		16.3(30℃)
丁酸	C_3H_7COOH	∞
正丁醇	C_4H_9OH	9(15℃)

续表

有机物	结构简式或分子式	溶解度/(g/100g)
仲丁醇	$CH_3CH_2CHOHCH_3$	12.5
异丁醇	$(CH_3)_2CHCH_2OH$	10(15℃)
叔丁醇	$(CH_3)_3COH$	∞
正丁醛	C_3H_7CHO	4
异丁醛	$(CH_3)_2CHCHO$	11
三乙胺	$(C_2H_5)_3N$	∞(<19℃)
三乙醇胺	$N(C_2H_4OH)_3$	∞
三甲胺	$(CH_3)_3N$	41(9℃)
三氯乙烯	$ClCH=CCl_2$	0.1(25℃)
三氯乙醛	Cl_3CCHO	易溶(热水)
三氯乙酸	Cl_3CCOOH	120(25℃)
己二胺	$H_2NC_6H_{12}NH_2$	易溶
己二酸	$HOOCC_4H_8COOH$	1.4(15℃)
水杨酸		0.16(4℃),2.6(75℃)
甘油		∞
丙二酸	$HOOCCH_2COOH$	138(16℃)
丙烷	C_3H_8	6.5cm^3/100mL(17.8℃)
丙烯	$CH_2=CHCH_3$	44.6cm^3
丙烯腈	$CH_2=CHCN$	溶
丙烯酰胺	$CH_2=CHCONH_2$	204
丙烯醛	$CH_2=CHCHO$	40
丙腈	C_2H_5CN	易溶
丙酮	CH_3COCH_3	∞
丙酸	C_2H_5COOH	∞
丙酸乙酯	$C_2H_5COOC_2H_5$	2.4
丙醇	C_3H_7OH	∞
异丙醇	$(CH_3)_2CHOH$	∞
丙醛	C_2H_5CHO	20
戊酸	C_4H_9COOH	3.3(16℃)
邻甲苯胺		1.5(25℃)
甲胺	CH_3NH_2	959cm^3/100mL(25℃)

续表

有机物	结构简式或分子式	溶解度/(g/100g)
甲烷	CH_4	$3.3cm^3/100mL$
邻甲酚		2.5
间甲酚		0.5
对甲酚		1.8
甲酰胺	$HCONH_2$	∞
甲酸	$HCOOH$	∞
甲酸乙酯	$HCOOC_2H_5$	11(18℃)
甲酸丙酯	$HCOOCH_2CH_2CH_3$	2.2
甲酸甲酯	$HCOOCH_3$	30
甲醇	CH_3OH	∞
甲醛	$HCHO$	溶
四氢呋喃		溶
四氯乙烷	$Cl_2CHCHCl_2$	0.29
四氯化碳	CCl_4	0.08
吡啶		∞
尿素	NH_2CONH_2	100(17℃)
环己酮		溶
环己醇		3.6
环氧乙烷		易溶
环氧丙烷		33(30℃)
环氧氯丙烷		<5
苦味酸		1.23

续表

有机物	结构简式或分子式	溶解度/(g/100g)
苯	C_6H_6	0.07
邻苯二胺	苯环，邻位两个 NH_2	溶(热水)
间苯二胺	苯环，间位两个 NH_2	易溶
对苯二胺	苯环，对位两个 NH_2	溶(热水)
邻苯二酚	苯环，邻位两个 OH	45.1
间苯二酚	苯环，间位两个 OH	147.3(12.5℃)
对苯二酚	苯环，对位两个 OH	6(15℃)
苯(甲)酸钠一水合物	$C_6H_5COONa \cdot H_2O$	61(25℃)
苯甲醛	C_6H_5CHO	0.3
苯肼	$C_6H_5NHNH_2$	溶(热水)
苯胺	$C_6H_5NH_2$	3.6(18℃)
苯酚	C_6H_5OH	8.2(15℃)
苯磺酸	$C_6H_5SO_3H$	易溶
苯磺酸钠一水合物	$C_6H_5SO_3Na \cdot H_2O$	60(30℃)
乳酸(l)	$CH_3CH(OH)COOH$	∞
乳酸(dl)	$CH_3CH(OH)COOH$	∞
乳酸钙五水合物	$[CH_3CH(OH)COO]_2Ca \cdot 5H_2O$	10(冷水)
草酸钠	$(COONa)_2$	3.2(16℃)
柠檬酸	柠檬酸结构式	133(冷水)
柠檬酸钠二水合物	$C_6H_5Na_3O_7 \cdot 2H_2O$	溶

续表

有机物	结构简式或分子式	溶解度/(g/100g)
咪唑		溶
哌啶		∞
2-氟乙醇	$CH_2(F)CH_2OH$	∞
酒石酸(d)	$[CH(OH)COOH]_2$	139
酒石酸(dl)	$[CH(OH)COOH]_2$	溶
酒石酸(l)	$[CH(OH)COOH]_2$	125(10℃)
酒石酸一水合物(dl)	$[CH(OH)COOH]_2 \cdot H_2O$	20.6
酒石酸氢钾	$C_4H_5KO_6$	0.49(18℃)、6.9(100℃)
酒石酸钾钠四水合物	$C_4H_4KNaO_6 \cdot 4H_2O$	38.2(6℃)
酒石酸钠二水合物	$C_4H_4Na_2O_6 \cdot 2H_2O$	50(冷水)
α-萘乙酸	$C_{10}H_7CH_2COOH$	溶(热水)
β-萘胺	$C_{10}H_7NH_2$	溶(热水)
酚酞	$C_{20}H_{14}O_4$	0.2
硝基乙烷	$C_2H_5NO_2$	4.5
1-硝基丙烷	$C_3H_7NO_2$	1.4
2-硝基丙烷	$(CH_3)_2CHNO_2$	1.7
硝基甲烷	CH_3NO_2	9.5
邻硝基苯胺		溶(热水)
间硝基苯胺		0.11
对硝基苯胺		2.2(热水)
邻硝基酚		0.21
间硝基酚		1.35

有机物	结构简式或分子式	溶解度/(g/100g)
对硝基酚		1.6
喹啉	C_9H_7N	0.6
氯乙烷	C_2H_5Cl	0.57
氯乙酸	$ClCH_2COOH$	易溶
氯乙醇	$ClCH_2CH_2OH$	∞
氯化四甲铵	$(CH_3)_4NCl$	溶
氯化氰	$ClCN$	$2500cm^3/100mL$
1-氯丙烷	C_3H_7Cl	0.27
2-氯丙烷	$CH_3CH(Cl)CH_3$	0.31
1-氯-2-丙醇	$CH_3CH(OH)CH_2Cl$	∞
氯甲烷	CH_3Cl	$280cm^3/100mL(16℃)$
氯仿	$CHCl_3$	0.82
溴乙烷	C_2H_5Br	1.06(0℃)
碘甲烷	CH_3I	1.8(15℃)
碘仿	CHI_3	0.01(25℃)
溴仿	$CHBr_3$	0.1(冷水)
糠醇		∞(慢慢分解)
糠醛(2)		9.1(4℃)
磷酸三丁酯	$(C_4H_9O)_3PO$	0.6
磷酸三甲酯	$(CH_3O)_3PO$	100(25℃)

注：除另有注明外，表中所列数值，是20℃时有机物的溶解度。若单位为"$cm^3/100mL$"，则表明该化合物是气态。

表 4-10　无机物在有机溶剂中的溶解度

无机物	溶解度(18~25℃)/(g/100g)				
	乙醇	甲醇	丙酮	吡啶	其他有机溶剂
AgBr	$1.6×10^{-8}$	$7×10^{-7}$	—	—	—
AgCl	$1.5×10^{-6}$	$6×10^{-6}$	$1.3×10^{-6}$	—	—
AgI	$6×10^{-9}$	$2×10^{-7}$	—	—	—
$AgNO_3$	2.1	3.8	0.44	34	苯 0.02;苯酚 30
$AlBr_3$	—	—	—	4.0	苯 12.5;CS_2 150
$AlCl_3$	—	—	—	—	苯 0.02;氯仿 0.05;CCl_4 0.01
$Al_2(SO_4)_3$	—	—	—	0.83	乙二醇 16.8

续表

无机物	溶解度(18～25℃)/(g/100g)				
	乙醇	甲醇	丙酮	吡啶	其他有机溶剂
$BaBr_2$	3.6	4.1	0.026	—	异戊醇 0.02
$BaCl_2$	—	2.2	—	—	甘油 9.8
BaI_2	77	—	—	8.2	—
$Ba(NO_3)_2$	1.8×10^{-3}	0.06	5×10^{-3}	—	—
$BiCl_3$	—	—	18.0	—	乙酸乙酯 1.8
BiI_3	3.5	—	—	—	—
$Bi(NO_3)_3 \cdot 5H_2O$	—	—	41.7	—	—
$CaBr_2$	53.8	56.2	2.73	—	异戊醇 25.6
$CaCl_2$	25.8	29.2	0.01	1.69	异戊醇 7.0
$CaSO_4$	—	—	—	—	甘油 5.2
$CdBr_2$	30	16.1	18.1	—	乙醚 0.4
$CdCl_2$	1.5	2.7	—	0.70	—
CdI_2	113	223	42.8	0.45	乙醚 0.2
$CdSO_4$	0.03	0.035	—	—	—
$CoBr_2$	77	43	64	—	—
$CoCl_2$	54	40	3.0	0.6	乙醚 0.02
$Co(NO_3)_2$	—	—	—	—	乙二醇 400
$CoSO_4$	0.02	0.40	—	—	—
$CuCl_2$	55.5	57.5	2.96	0.34	乙醚 0.11;异戊醇 12
$CuSO_4$	—	1.5	—	—	—
CuI_2	—	—	—	0.5	—
$FeCl_3$	145	150	62.9	—	—
$Fe_2(SO_4)_3 \cdot 9H_2O$	12.7	—	—	—	—
$FeSO_4$	—	—	—	—	乙二醇 6.0
H_3BO_3	11	—	0.5	7.1	甘油 2.2;二噁烷 1.3
HCl	69.5	88.7	—	—	苯 1.9;乙醚 33.2
H_3PO_4	—	—	—	—	乙醚 525
$HgBr_2$	30	60	51	39.6	苯 0.7
$Hg(CN)_2$	9.5	44.1	10.3	65	甘油 27.0(15℃)
$HgCl_2$	4.7	67	141	25	乙醚 7;甘油 34.4
HgI_2	2.2	3.8	3.4	31	乙醚 0.7;氯仿 0.07
I_2	26	—	—	—	氯仿 2.7;甘油 1;CS_2 16;CCl_4 2.5
KBr	0.14	2.0	0.02	—	甘油 15.0;异戊醇 0.002
KCN	0.88	4.91	—	—	甘油 32
KCl	0.03	0.5	9×10^{-5}	—	甘油 3.7;丙醇 0.006
KF	0.11	0.19	2.2	—	丙醇 0.34

续表

无机物	溶解度(18~25℃)/(g/100g)				
	乙醇	甲醇	丙酮	吡啶	其他有机溶剂
KI	1.75	16.4	2.35	0.3	甘油 40；乙二醇 50
KOH	39	55	—	—	—
KSCN	—	—	20.8	6.15	—
LiBr	70	—	18.1		乙二醇 60
LiCl	25	43.4	1.2	12	甘油 11
LiI	250	343	43		乙二醇 39
LiNO$_3$	—	—	31	33	异戊醇 10
MgBr$_2$	15.1	27.9	2.0	0.5	乙醚 2.5
MgCl$_2$	5.6	16.0	—	—	—
MgSO$_4$	0.025	0.3			甘油 26
MgSO$_4 \cdot 7H_2O$	—	43	—	—	—
MnCl$_2$	—	—	—	1.3	
MnSO$_4$	0.01	0.13	—	—	—
NH$_3$	12.8	24	—	—	—
NH$_4$Br	3.4	12.5	—	—	—
NH$_4$Cl	0.6	3.3	—	—	甘油 9.0
NH$_4$NO$_3$	2.5	17.1		0.3	—
NH$_4$ClO$_4$	1.9	6.8	2.2	—	—
NH$_4$SCN	23.5	59	—	—	—
NH$_4$I	26.3	—	—	—	—
NaBF$_4$	0.47	4.4	—	—	—
NaBr	2.4	16.7	0.008	—	乙醚 0.08；戊醇 0.12；甘油 38.7
Na$_2$CO$_3$	—	—	—	—	甘油：98
NaCl	0.1	1.5	3×10^{-5}	—	乙二醇 46.5
Na$_2$CrO$_4$	—	0.34	—	—	—
NaF	0.1	0.42	1×10^{-4}	—	—
NaI	46	72.7	26		—
NaNO$_2$	0.31	4.4	—	—	—
NaNO$_3$	0.04	0.43			—
NaOH	17.3	31	—	—	—
NaSCN	30	35	7		—
Na$_2$SO$_4$	0.006	0.02	—	—	—
NiBr$_2$	—	35	0.80		—
NiCl$_2$	10	—	—	—	乙二醇 18
Ni(NO$_3$)$_2$	—	—	—	—	乙二醇 8
NiSO$_4$	0.02	0.08	—	—	乙二醇 10

无机物	溶解度(18~25℃)/(g/100g)				
	乙醇	甲醇	丙酮	吡啶	其他有机溶剂
P	0.3	—	0.14		苯 3.2;甘油 0.3;CS_2 900
$PbBr_2$	—	—	—	0.6	—
$PbCl_2$	—	—	—	0.5	甘油:2.0
PbI_2	—	—	0.02	0.2	—
$Pb(NO_3)_2$	0.04	1.4		7	—
S	0.05	0.03	2.1	1.5	CS_2 43;苯 1.7;CCl_4 0.85
SbF_3	—	160	70	—	苯 5×10^{-4}
$SbCl_3$	—	—	538	—	苯 42
$SnCl_2$	—	—	56	—	乙酸乙酯 4.4
$SrBr_2$	64	117	0.6		异戊醇 31
SrI_2	4	—	—	—	—
$Sr(NO_3)_2$	0.009	—	—	0.7	异戊醇 0.002
$ZnBr_2$	—	—	365	4.4	—
$ZnCl_2$	—	—	43.3	2.6	甘油 50.0(15℃)
ZnI_2	—	—	—	12.6	甘油 40
$ZnSO_4$	0.03	0.6			甘油 35

注:温度除括号标注外,表中的溶解度指18~25℃时在100g无水溶剂中化合物所能溶解的最多质量。

表 4-11 气体在水中的溶解度

气体	符号	温度(t)/℃								
		0	10	20	30	40	50	60	80	100
Ar	α	56.0	40.5	33.6	28.8	25.2	22.3	—		
CH_4	α	55.6	41.8	33.1	27.6	23.7	21.3	19.5	17.7	17.0
C_2H_6	α	93.7(1.5)	65.5(10.5)	49.6(19.8)	37.5(29.8)	30.7(39.7)	—			
C_3H_8	α	—	—	39.4(19.8)	28.8(29.8)	—				
C_4H_{10}	α	—	—	32.7(19.8)	23.3(29.8)	—				
C_2H_2	α	1730	1310	1050	850	710	610			
C_2H_4	α	226	162	122	98					
Cl_2	β	1.44	0.95(9)	0.71	0.56	0.45	0.38	0.32	0.22	0.00
ClO_2	β	2.76	6.01	8.70(15.3)	—					
CO	α	35.2	27.8	22.7	19.2	16.5	14.2	12.0	7.6	0.0
CO_2	α	1713	1194	878	665	530	436	359	—	
H_2	α	21.4	19.3	17.8	16.3	15.3	14.1	12.9	8.5	0.0
HCl	β	45.15	43.55	41.54(23)	40.25	38.68	37.34	35.94	—	

气体	符号	温度(t)/℃								
		0	10	20	30	40	50	60	80	100
HBr	β	68.85	67.76	—	65.88 (25℃)	—	63.16	—	60.08	56.52
H_2S	α	4370	3590	2910	2330	1860	—	—	—	—
He	α	—	8.9(15)	8.8	8.6	8.4(37)	—	—	—	—
Kr	α	110.5	81.0	62.6	51.1	43.3	38.3	35.7	—	—
N_2	α	23.3	18.3	15.1	12.8	11.0	9.6	8.2	5.1	0.0
NH_3	β	46.66	40.44	34.47	28.72	23.49	18.63	15.61	—	—
N_2O	α	—	947	675	530	36	—	—	—	—
NO	α	73.8	57.1	47.1	40.0	35.1	31.5	29.5	27.0	26.3
Ne	α	—	10.8(15)	10.4	9.9	9.6(37)	—	—	—	—
O_2	α	38.9	38.0	31.0	26.1	23.1	20.9	19.5	17.6	17.0
O_3	α	17.4	14.6	9.2	4.7	2.0	0.5	0.0	—	—
Rn	α	510	326	222	162	126	100	85	—	—
SO_3	β	—	13.34	9.42	7.23	5.48	4.30	3.15	2.08	—
Xe	α	242	174	123	98	82	73	—	—	—

注: 1.溶解度用两种方法表示：α 表示在常压及所示温度下，气体与水的体积比，单位 mL/L；β 表示在常压及所示温度下，气体与水的质量比，单位%。

2.括号内排的数字为非表头所示的特定温度。

表 4-12 难溶化合物在 18～25℃ 时的溶度积

化合物	Ksp	pKsp	化合物	Ksp	pKsp
Ag_3AsO_4	1.0×10^{-22}	22.0	AgOCN	1.3×10^{-20}	19.89
AgBr	5.2×10^{-13}	12.28	Ag_3PO_4	1.4×10^{-16}	15.84
$AgBrO_3$	5.3×10^{-5}	4.28	Ag_2S	6.3×10^{-50}	49.2
AgCN	1.2×10^{-16}	15.92	AgSCN	1.0×10^{-12}	12.00
$Ag_2(CN)_2$	7.2×10^{-11}	10.14	Ag_2SO_3	1.5×10^{-14}	13.82
Ag_2CO_3	8.1×10^{-12}	11.09	Ag_2SO_4	1.4×10^{-5}	4.84
$AgIO_3$	3.0×10^{-8}	7.52	AgSeCN	4×10^{-16}	15.40
Ag_2MoO_4	2.8×10^{-12}	11.55	Ag_2SeO_3	1.0×10^{-15}	15.0
AgN_3	2.8×10^{-9}	8.55	Ag_2SeO_4	5.7×10^{-8}	7.25
$AgNO_2$	6.0×10^{-4}	3.22	$AgVO_3$	5×10^{-7}	6.3
$Ag(CH_3COO)$	4.4×10^{-3}	2.36	Ag_2HVO_4	2×10^{-14}	13.7
$Ag_2C_2O_4$①	3.4×10^{-11}	10.46	Ag_2WO_4	5.5×10^{-12}	11.26
AgCl	1.8×10^{-10}	9.75	$AlAsO_4$	1.6×10^{-16}	15.8
Ag_2CrO_4	1.1×10^{-12}	11.95	$Al(OH)_3$	1.3×10^{-33}	32.9
$Ag_2Cr_2O_7$	2.0×10^{-7}	6.70	$AlPO_4$	6.3×10^{-19}	18.24
AgI	8.3×10^{-17}	16.08	8-羟基喹啉铝	1.0×10^{-29}	29.00

续表

化合物	K_{sp}	pK_{sp}	化合物	K_{sp}	pK_{sp}
$Au(OH)_3$	5.5×10^{-46}	45.26	$CuBr$	5.3×10^{-9}	8.28
$K[Au(SCN)_4]$	6×10^{-5}	4.2	$CuCN$	3.2×10^{-20}	19.49
$Na[Au(SCN)_4]$	4×10^{-4}	3.4	CuC_2O_4	2.3×10^{-8}	7.64
$BaCO_3$	5.1×10^{-9}	8.29	$CuCl$	1.2×10^{-6}	5.92
BaF_2	1.0×10^{-6}	6.0	$CuCrO_4$	3.6×10^{-6}	5.44
$Ba(IO_3)_2 \cdot 2H_2O$	1.5×10^{-9}	8.82	$Cu_2[Fe(CN)_6]$	1.3×10^{-16}	15.89
$Ba(MnO_4)_2$	2.5×10^{-10}	9.61	CuI	1.1×10^{-12}	11.96
$Ba(NbO_3)_2$	3.2×10^{-17}	16.50	$Cu(IO_3)_2$	7.4×10^{-8}	7.13
$Ba_3(AsO_4)_2$	8.0×10^{-51}	50.11	8-羟基喹啉铜	2.0×10^{-30}	29.40
BaC_2O_4	1.6×10^{-7}	6.79	$Cu_2P_2O_7$	8.3×10^{-16}	15.08
$BaCrO_4$	1.2×10^{-10}	9.93	$CuSCN$	4.8×10^{-15}	14.32
$BaSO_4$	1.1×10^{-10}	9.96	$CaHPO_4$	1×10^{-7}	7.0
8-羟基喹啉钡	5.0×10^{-9}	8.3	$Ca_3(PO_4)_2$	2.0×10^{-29}	28.70
BaS_2O_3	1.6×10^{-5}	4.79	$CaSO_4$	9.1×10^{-6}	5.04
$Be(OH)_2$	1.6×10^{-22}	21.8	$CaSeO_3$	8.0×10^{-6}	5.11
$Be(NbO_3)_2$	1.2×10^{-16}	15.92	$Ca(OH)_2$	5.5×10^{-6}	5.26
$BiAsO_4$	4.4×10^{-10}	9.36	$CaWO_4$	8.7×10^{-9}	8.06
BiI_3	8.1×10^{-19}	18.09	$Cd_3(AsO_4)_2$	2.2×10^{-33}	32.66
$BiOOH$	4×10^{-10}	9.4	$CdCO_3$	5.2×10^{-12}	11.28
$BiPO_4$	1.3×10^{-23}	22.89	$Cd_2[Fe(CN)_6]$	3.2×10^{-17}	16.49
Bi_2S_3	1×10^{-97}	97.0	$Cd(OH)_2$	2.5×10^{-14}	13.6
$Ca_3(AsO_4)_2$	6.8×10^{-19}	18.17	CdS	8.0×10^{-27}	26.1
$CaCO_3$	2.8×10^{-9}	8.54	$CdSeO_3$	1.3×10^{-9}	8.89
$CaC_2O_4 \cdot H_2O$	4×10^{-9}	8.4	$CoCO_3$	1.4×10^{-13}	12.84
$CaC_4H_4O_6 \cdot 2H_2O^{②}$	7.7×10^{-7}	6.11	CoC_2O_4	6.3×10^{-8}	7.2
CaF_2	2.7×10^{-11}	10.57	$Co_2[Fe(CN)_6]$	1.8×10^{-15}	14.74
$Ca(NbO_3)_2$	8.7×10^{-18}	17.06	8-羟基喹啉钴	1.6×10^{-25}	24.8
8-羟基喹啉钙	2.0×10^{-29}	28.70	$Co(OH)_2$	1.6×10^{-15}	14.8
$\beta\text{-}CoS$	2×10^{-25}	24.7	$\alpha\text{-}CoS$	4×10^{-21}	20.4
$CrAsO_4$	7.7×10^{-21}	20.11	$FeAsO_4$	5.7×10^{-21}	20.24
$Cr(OH)_2$	1.0×10^{-17}	17.0	$FeCO_3$	3.2×10^{-11}	10.50
$Cr(OH)_3$	6.3×10^{-31}	30.2	$FeC_2O_4 \cdot 2H_2O$	3.2×10^{-7}	6.5
$CrPO_4 \cdot 4H_2O$	2.4×10^{-23}	22.62	$Fe_4[Fe(CN)_6]_3$	3.3×10^{-41}	40.52
$CsClO_4$	4×10^{-3}	2.4	$Fe(OH)_2$	8×10^{-16}	15.11
Cu_2S	2.5×10^{-48}	47.6	$Fe(OH)_3$	4×10^{-38}	37.4
CuS	6.3×10^{-36}	35.2	$FePO_4$	1.3×10^{-22}	21.89
$Cu_3(AsO_4)_2$	7.6×10^{-36}	35.12	FeS	6.3×10^{-18}	17.2

化合物	K_{sp}	pK_{sp}	化合物	K_{sp}	pK_{sp}
$Fe_2(SeO_3)_3$	2.0×10^{-31}	30.7	MgF_2	6.5×10^{-9}	8.19
$Ga(OH)_3$	7.0×10^{-36}	35.15	$Mg(OH)_2$	1.8×10^{-11}	10.74
8-羟基喹啉镓	8.7×10^{-33}	32.06	$MgNH_4PO_4$	2.5×10^{-13}	12.60
$Ga(HCO_3)_3$	2×10^{-2}	1.7	$Mn_3(AsO_4)_2$	1.9×10^{-29}	28.72
$Gd(OH)_3$	1.3×10^{-27}	22.74	$MnCO_3$	1.8×10^{-11}	10.74
Hg_2Br_2	5.6×10^{-23}	22.24	$MnC_2O_4 \cdot 2H_2O$	1.1×10^{-15}	14.96
$Hg_2(CN)_2$	5×10^{-40}	39.3	$Mn_2[Fe(CN)_6]$	8.0×10^{-13}	12.11
Hg_2CO_3	8.9×10^{-17}	16.05	$Mn(OH)_2$	1.9×10^{-13}	12.72
$Hg_2(C_2H_3O_2)_2$③	3×10^{-11}	10.5	8-羟基喹啉锰	2.0×10^{-22}	21.7
HgC_2O_4	2.0×10^{-13}	12.7	MnS(无定形、淡红)	2.5×10^{-10}	9.6
$Hg_2C_2O_4$	1.0×10^{-7}	7.0	MnS(结晶、绿)	2.5×10^{-13}	12.6
Hg_2Cl_2	1.3×10^{-18}	17.88	$MnSeO_3$	1.3×10^{-7}	6.9
Hg_2CrO_4	2×10^{-9}	8.70	$Ni_3(AsO_4)_3$	3.1×10^{-24}	23.51
Hg_2I_2	4.5×10^{-29}	28.35	$NiCO_3$	6.6×10^{-9}	8.18
$Hg_2(IO_2)_2$	2.0×10^{-14}	13.71	8-羟基喹啉镍	8×10^{-27}	26.1
$Hg(OH)_2$	3.0×10^{-26}	25.52	$Ni_2[Fe(CN)_6]$	1.3×10^{-15}	14.9
Hg_2HPO_4	4.0×10^{-13}	12.40	$[Ni(N_2H_4)_3]SO_4$	7.1×10^{-14}	13.15
HgS(红)	4.0×10^{-53}	52.4	$Ni(OH)_2$	2.0×10^{-15}	14.7
HgS(黑)	1.6×10^{-52}	51.8	$Ni_2P_2O_7$	1.7×10^{-13}	12.77
$Hg_2(SCN)_2$	2.0×10^{-20}	19.7	α-NiS	3.2×10^{-19}	18.5
Hg_2SO_4	7.4×10^{-7}	6.13	β-NiS	1.0×10^{-24}	24.0
$HgSeO_3$	1.5×10^{-14}	13.82	γ-NiS	2.0×10^{-26}	25.7
Hg_2WO_4	1.1×10^{-17}	16.96	$Pb_3(AsO_4)_2$	4.0×10^{-36}	35.4
$In_4[Fe(CN)_6]_3$	1.9×10^{-44}	43.72	$PbOHBr$	2.0×10^{-15}	14.7
$In(OH)_3$	6.3×10^{-34}	33.2	$Pb(BrO_3)_2$	2.0×10^{-2}	1.7
In_2S_3	5.7×10^{-74}	73.24	$PbCO_3$	7.4×10^{-14}	13.13
$KBrO_3$	5.7×10^{-2}	1.24	PbC_2O_4	4.8×10^{-10}	9.32
$K_2Na[Co(NO_2)_6]$	2.2×10^{-11}	10.66	$PbCrO_4$	2.8×10^{-13}	12.55
$La_2(C_2O_4)_3$	2.5×10^{-27}	26.6	PbF_2	2.7×10^{-8}	7.57
$La(IO_3)_3$	6.1×10^{-12}	11.21	$Pb_2[Fe(CN)_6]$	3.5×10^{-15}	14.46
$La(OH)_3$	2.0×10^{-19}	18.7	PbI_2	7.1×10^{-9}	8.15
La_2S_3	2.0×10^{-13}	12.7	$Pb(IO_3)_2$	3.2×10^{-13}	12.49
$Mg_3(AsO_4)_2$	2.1×10^{-20}	19.68	$Pb(OH)_2$	1.2×10^{-15}	14.93
$MgCO_3$	3.5×10^{-8}	7.46	$Pb(OH)_4$	3.2×10^{-66}	65.49
$MgCO_3 \cdot 3H_2O$	2.14×10^{-5}	4.67	$Pb_3(PO_4)_2$	8.0×10^{-43}	42.1
$MgC_2O_4 \cdot 2H_2O$	1.0×10^{-8}	8.0	PbS	1.0×10^{-28}	28.0
8-羟基喹啉镁	4×10^{-16}	15.4	$Pb(SCN)_2$	2.0×10^{-5}	4.7

续表

化合物	$K\mathrm{sp}$	$\mathrm{p}K\mathrm{sp}$	化合物	$K\mathrm{sp}$	$\mathrm{p}K\mathrm{sp}$
$PbSO_4$	1.6×10^{-8}	7.79	$TiO(OH)_2$	1×10^{-29}	29
PbS_2O_3	4.0×10^{-7}	6.40	$TlBr$	3.4×10^{-6}	5.47
$PbSeO_3$	3.2×10^{-12}	11.5	$TlBrO_3$	3.5×10^{-5}	4.07
$PbSeO_4$	1.4×10^{-7}	6.84	$Tl_2C_2O_4$	2×10^{-4}	3.7
Sb_2S_3	1.5×10^{-93}	92.8	TlI	6.5×10^{-8}	7.19
$Sc(OH)_3$	8×10^{-31}	30.1	$TlIO_3$	3.1×10^{-6}	5.51
$Sn(OH)_4$	1×10^{-56}	56.0	8-羟基喹啉铊	4.0×10^{-33}	32.4
$Sn(OH)_2$	1.4×10^{-28}	27.85	Tl_2S	5.0×10^{-21}	20.3
SnS	1.0×10^{-25}	25.0	$Y(OH)_3$	8.0×10^{-23}	22.11
SnS_2	2.5×10^{-27}	26.6	$Zn_3(AsO_4)_2$	1.3×10^{-28}	27.89
$Sr_3(AsO_4)_2$	8.1×10^{-19}	18.09	$ZnCO_3$	1.4×10^{-11}	10.84
$SrCO_3$	1.1×10^{-10}	9.96	$ZnC_2O_4\cdot2H_2O$	2.8×10^{-8}	7.56
$SrC_2O_4\cdot H_2O$	1.6×10^{-7}	6.80	$Zn_2[Fe(CN)_6]$	4.0×10^{-16}	15.4
8-羟基喹啉锶	5×10^{-10}	9.3	$Zn(OH)_2$	1.2×10^{-17}	16.9
$SrCrO_4$	2.2×10^{-5}	4.65	8-羟基喹啉锌	5×10^{-25}	24.3
$Sr(IO_3)_2$	3.3×10^{-7}	6.48	$Zn_3(PO_4)_2$	9.0×10^{-33}	32.04
$SrSO_4$	3.2×10^{-7}	6.49	α-ZnS	1.6×10^{-24}	23.8
$SrSeO_3$	1.8×10^{-6}	5.74	β-ZnS	2.5×10^{-22}	21.6
$Te(OH)_4$	3.0×10^{-54}	53.52	$Zr_3(PO_4)_4$	1×10^{-132}	132
$Ti(OH)_3$	1×10^{-40}	40.0	$ZrO(OH)_2$	6.3×10^{-49}	48.2

① C_2O_4 代表乙二酸根,下同。
② $C_4H_4O_6$ 代表酒石酸根,下同。
③ $C_2H_3O_2$ 代表乙酸根,下同。
注:表内是指 18~25℃时,难溶化合物的溶度积常数 $K\mathrm{sp}$,以及该常数的负对数 $\mathrm{p}K\mathrm{sp}$。

四、常用主要试剂的一般性质

1. 无机试剂

无机试剂的一般性质见表 4-13。

表 4-13 无机试剂的一般性质

试剂名称	化学式	分子量	一般性质
盐酸	HCl	36.46	实验室常用的盐酸是氯化氢的水溶液。纯盐酸是无色带有特殊刺激性气味的发烟液体,与水互溶,强酸。加热时首先挥发出气态 HCl。是常用的溶剂。盐酸有毒,有腐蚀性
硝酸	HNO_3	63.02	纯硝酸为无色液体,与水互溶,强酸,还是一种强氧化剂。受热、光照射易分解,放出 NO_2 呈橘红色。硝酸与盐酸的混合液几乎可以溶解一切金属和合金,硝酸能"钝化"某些金属,使金属表面覆盖一层不溶于硝酸的氧化物薄膜。硝酸也有腐蚀性

试剂名称	化学式	分子量	一般性质
硫酸	H_2SO_4	98.08	纯硫酸为无色透明油状液体,与水互溶并放出大量热,故只能将酸慢慢地加入水中,否则会因暴沸将酸溅出伤人。强酸。浓 H_2SO_4 很容易吸收水分,是很强的干燥剂,具有强氧化性,强脱水能力,使有机物脱水炭化。除碱土金属及铅的硫酸盐难溶于水,其他硫酸盐一般都溶于水
磷酸	H_3PO_4	98.00	无色浆状液体,没有气味而具可口酸味,易溶于水。强酸,加热失去水分先变成 $H_4P_2O_7$,继而变为 HPO_3。常温时有微弱腐蚀性,当温度高至 $200\sim300℃$ 时腐蚀性特强,为许多矿物之良好的溶剂。磷酸能与钨和钡形成可溶于水和酸的配合物,与铁形成不易分解而溶于酸的配合物
高氯酸	$HClO_4$	100.47	无色透明液体,易溶于水,水溶液稳定,强酸。热浓时是强氧化剂和脱水剂。除其钾盐、铷盐、铯盐微溶于水外,其他金属盐都溶于水。高氯酸能驱除挥发性酸类,如盐酸和硝酸。它与硫酸、硝酸或盐酸形成的混酸能溶解各种钢。高氯酸遇有机可燃物或加热等(特定条件下)易爆炸
氢氟酸	HF	20.01	无色液体,易溶于水,弱酸,强腐蚀性。它与硅化合物形成易于挥发的 SiF_4(有毒!),常利用这一特点除去硅。与钨形成可溶于水的配合物。氢氟酸与硝酸的混酸常用来溶解不溶于其他酸的硅铁合金、硅锰合金和钨锰合金;与硫酸形成的混酸常用来分解硅酸盐类等矿物。氢氟酸极易腐蚀玻璃,故应贮于塑料瓶中。它的蒸气极毒,能破坏人的牙齿和指甲,引起呼吸器官黏膜溃烂。故操作时应戴口罩和橡胶手套,于通风柜内进行
氨水	$NH_3 \cdot H_2O$	35.05	NH_3 与溶于水中形成的混合物,其中部分 NH_3 与水分子结合生成 $NH_3 \cdot H_2O$。无色透明液体,有刺激性气味,弱碱,易挥发。加热至沸时 NH_3 可全部逸出,空气中 NH_3 达到 0.5% 时可使人中毒。氨水久置空气中能吸收 CO_2 而生成$(NH_4)_2CO_3$。室温高时,启开瓶塞时,需用湿毛巾盖着,以免喷出伤人
氢氧化钾	KOH	56.104	白色块状、粒状或棒状固体,易溶于水,并且强烈地放热,极易从空气中吸收水分和二氧化碳,这时即潮解并生成 K_2CO_3。有强腐蚀性,对人皮肤及玻璃都有一定的腐蚀性,浓溶液不宜存放在玻璃瓶中
溴酸钾	$KBrO_3$	167.00	无色晶体,溶于水,加热至 $370℃$ 分解,形成 KBr 和氧。用作氧化剂,常作为滴定分析的基准试剂
氰化钾	KCN	65.12	白色稍带黄色晶体,易溶于水,水溶液呈碱性。与酸作用放出杏仁味的氢氰酸(剧毒!)。在潮湿环境或长久暴露于空气中也会析出氢氰酸。其水溶液不稳定易受空气中二氧化碳作用而分解,生成氢氰酸和蚁酸钾。在碱性条件下能与 Ag^+、Zn^{2+}、Fe^{3+}、Mn^{2+}、Hg^{2+}、Co^{2+}、Cd^{2+} 等形成无色配合物。操作时必须小心谨慎,在通风柜中进行
氯化钾	KCl	74.55	无色晶体,味咸,在空气中稳定,易溶于水,能溶于甘油、醇,不溶于醚和酮
铬酸钾	K_2CrO_4	194.19	黄色晶体,溶于水,不溶于乙醇,有氧化作用。常作为滴定分析的沉淀剂,用于鉴定 Pb^{2+}、Ba^{2+} 等
重铬酸钾	$K_2Cr_2O_7$	294.18	橙红色晶体,又称红矾钾,溶于水,不溶于乙醇。水溶液很稳定,是一种特强的氧化剂。常用作滴定分析的基准试剂,水溶液呈酸性

续表

试剂名称	化学式	分子量	一般性质
氟化钾	KF	58.10	无色或白色晶体粉末,易溶于水,不溶于醇。水溶液呈碱性,在空气中易潮解,与酸作用放出 HF(有毒),加热久沸有腐蚀玻璃作用。常用作滴定分析的掩蔽剂
亚铁氰化钾	$K_4Fe(CN)_6 \cdot 3H_2O$	422.39	浅黄色晶体,又称黄血盐,味苦,溶于水,不溶于醇和醚。在干燥空气中很稳定,加热至 70℃ 失去结晶水,变白色。强烈灼烧时分解而放出氮,并生成氰化钾和碳化铁。与 Fe^{3+} 形成蓝色沉淀,是鉴定 Fe^{3+} 的专属试剂
铁氰化钾	$K_3Fe(CN)_6$	329.25	深红色晶体,又称赤血盐,溶于水,加热时分解。在碱性介质中是强氧化剂。遇酸放出 HCN 气体(有毒)。水溶液很稳定,不易分解,是鉴定 Fe^{2+} 的专属试剂
磷酸二氢钾	KH_2PO_4	136.09	无色晶体,溶于水,不溶于醇,易潮解。水溶液的 pH 值为 4.4～4.7,常用来配制滴定分析用的缓冲溶液
碘化钾	KI	166.00	无色晶体,溶于水、乙醇、丙酮和甘油,水溶液遇光变黄,溶于水时吸热。还原剂,能与许多氧化物质作用析出定量的碘,是分析碘量法的基本试剂。与空气作用也变黄色(被氧化为碘)而使计量不准
碘酸钾	KIO_3	214.00	无色晶体,溶于水,不溶于醇和醚,易吸湿。氧化剂,是滴定分析用的基准试剂
高锰酸钾	$KMnO_4$	158.03	深紫色微带金属光泽晶体,又称灰锰氧。溶于水,遇乙醇即分解。在酸性、碱性介质中均为强氧化剂。水溶液久放会慢慢分解而析出氧并形成 MnO_2 和 KOH;在酸性溶液中被还原成 Mn^{2+},在碱性溶液中被还原成 $Mn^{4+}(MnO_2)$。干盐加热时即分解,当有机物存在时能产生闪光或爆炸。水溶液贮于有磨口塞的棕色瓶中
硫氰酸钾	KSCN	97.18	无色晶体,溶于水、乙醇和丙酮。溶于水时能引起急剧降温,在空气中易潮解。在分析中是鉴定 Fe^{3+} 专属试剂,亦可用作 Fe^{3+} 的比色测定。在 500℃ 时分解
硝酸钾	KNO_3	101.10	无色透明不吸湿的晶体,溶于水、乙醇和甘油。在空气中不潮解,加热至 336.5℃ 时即熔融,再继续加热至 400℃ 时分解并放出氧并形成亚硝酸钾
氯酸钾	$KClO_3$	122.55	白色晶体,溶于水和碱溶液。咸味,有毒!水溶液呈中性。加热至 350℃ 时开始熔化,并放出氧,热至 550℃ 时全部氧均可放出。含有可燃性杂质(如硫、磷、炭及淀粉等)在研磨或加热时能发生爆炸,是强氧化剂
焦硫酸钾	$K_2S_2O_7$	270.32	白色粉末或块状,溶于水,受热分解并放出氧。在分析中常用作熔剂及氧化剂
四硼酸钠	$Na_2B_4O_7 \cdot 10H_2O$	381.37	无色透明晶体,又称硼砂,无臭,味咸,在空气中易风化,水溶液呈碱性。加热至 60℃ 时失去八个结晶水,于 320℃ 时失去全部结晶水。稍溶于冷水,较易溶于热水,微溶于乙醇
乙酸钠	CH_3COONa	82.03	无色透明晶体,又名醋酸钠。溶于水,稍溶于乙醇。水溶液呈弱碱性,在分析中常用来配制缓冲溶液
碳酸钠	Na_2CO_3	105.99	白色粉末,又称纯碱、苏打。易溶于水同时放出热量,水溶液呈碱性。与 K_2CO_3 按 $1+1$ 混合,可降低熔点。常用作处理样品时的助熔剂,还用作酸碱滴定分析的基准试剂

续表

试剂名称	化学式	分子量	一般性质
草酸钠	$Na_2C_2O_4$	134.00	白色晶体,溶于水,不溶于乙醇,灼烧则分解为 Na_2CO_3 和 CO。是还原剂,常用作滴定分析的基准试剂
氯化钠	$NaCl$	58.44	白色晶体,易溶于水,不溶于乙醇,味咸。在空气中稳定,含有 KCl、$MgCl_2$、$MgSO_4$ 及 $CaSO_4$ 等杂质时易潮解。常用作滴定分析基准试剂
过氧化钠	Na_2O_2	77.98	白色晶体,易溶于水并猛烈放热,生成过氧化氢,加热时放出氧。于 460℃ 时分解。遇有机物(如纸、木屑、木炭等)在潮湿空气中发热引起燃烧。是强氧化剂
亚硫酸钠	Na_2SO_3	126.04	无色晶体,易溶于水,水溶液呈碱性,难溶于乙醇,在空气风化并氧化为 Na_2SO_4。遇热分解,高于 150℃ 时熔融形成 Na_2S 和 Na_2SO_4 的混合物。是还原剂
硫代硫酸钠	$Na_2S_2O_3·5H_2O$	248.17	无色透明晶体,又称大苏打,海波。易溶于水,水溶液呈弱碱性。常温下较稳定,干燥空气中易风化,潮湿空气中易潮解。还原剂,能与碘定量反应,是碘量法中的基准试剂。33℃ 以上开始风化,48℃ 分解,灼烧则分解为 Na_2S 和 Na_2SO_4
亚硝酸钠	$NaNO_2$	68.995	无色或带微黄色晶体,易溶于水,水溶液呈碱性,并能被空气中的氧氧化成 $NaNO_3$,干盐在干燥空气中是稳定的
硝酸钠	$NaNO_3$	84.995	无色晶体,易溶于水和甘油,在湿空气中易潮解,加热到 380℃ 分解成 $NaNO_2$ 和氧、氮以及氮氧化物的混合物,是氧化剂
焦磷酸钠	$Na_4P_2O_7·10H_2O$	446.06	无色闪光结晶或细小的结晶粉末,可溶于水(在 20℃ 时约溶 6%),水溶液呈碱性,在溶液沸腾时变为磷酸氢二钠。在空气中风化。水溶液长期放置时会变成正磷酸盐,与酸一起煮沸时特别容易发生此种变化
磷酸氢二钠	$Na_2HPO_4·12H_2O$	358.14	无色透明晶体,易溶于水,水溶液呈碱性,不溶于乙醇,在空气中易风化而脱水。在 180℃ 失去结晶水而成无水物,在 250℃ 时分解成焦磷酸钠
亚砷酸钠	Na_3AsO_3	191.89	白色细小晶体,剧毒! 易溶于水,在空气潮解,吸收二氧化碳,贮存时要密封好,防止空气中的氧氧化(形成 $Na_2HAsO_4·7H_2O$)。常用于配制标准溶液,操作时应在通风柜中进行
铋酸钠	$NaBiO_3$	279.97	黄棕色粉末,又名偏铋酸钠,不溶于水,在热水中分解,难溶于冷硝酸而易溶于热的硝酸中,是一种强氧化剂。用于分析试剂(测定钢铁中的锰)
盐酸羟胺	$NH_2OH·HCl$	69.49	无色透明晶体,又称氯化羟胺(胲)。溶于冷水、乙醇,易分解,是强还原剂、显像剂
氯化铵	NH_4Cl	53.49	无色晶体,又称硇砂。易溶于水,水溶液呈酸性。受热 337.8℃ 分解,放出 HCl 和 NH_3。易潮解。是配制缓冲溶液的主要试剂
氟化铵	NH_4F	37.04	白色晶体,易溶于水和甲醇,易潮解,水溶液在蒸发时放出氨气而变为酸性。常用作分析掩蔽剂
硫酸亚铁铵	$(NH_4)_2Fe(SO_4)_2·6H_2O$	392.12	浅蓝色透明晶体,又称莫尔盐,溶于水,不溶于乙醇,易风化,约在 100℃ 失去结晶水。不稳定,易被空气氧化,溶液更易被氧化。还原剂。为防止 Fe^{3+} 水解,常配成酸性溶液。用作标定 $K_2Cr_2O_7$、$KMnO_4$ 等溶液的基准试剂

续表

试剂名称	化学式	分子量	一般性质
硫酸铁铵	$(NH_4)Fe(SO_4)_2 \cdot 12H_2O$	482.18	浅绿色透明晶体,又称铁铵矾,还称硫酸高铁铵。溶于水,不溶于乙醇。易风化失水,在230℃时失尽结晶水,放置在空气中表面变为浅棕色,在33℃变为棕色。用作分析测定卤化物的指示剂
钼酸铵	$(NH_4)_6Mo_7O_{24} \cdot 4H_2O$	1235.86	无色或略带微绿或微黄色棱形晶体,组成不固定,主要是仲钼酸铵$(NH_4)_6Mo_7O_{24}$。于空气中易风化,失去一部分氨,加热至170℃分解为氨、水和三氧化钼。溶于水、酸和强碱溶液,不溶于乙醇。在分析中是测定P和As的重要试剂
硝酸铵	NH_4NO_3	80.04	白色晶体,易溶于水,溶于水时剧烈吸热,等量水与硝酸铵混合时可使温度降低15～20℃,徐徐加热到190℃以上时分解为水和亚硝酸盐,热至210℃时,分解为H_2O和N_2O(如加热过猛会引起爆炸),与有机物混合加热时也会引起爆炸
乙酸铵	CH_3COONH_4	77.08	白色针状晶体,又称醋酸铵,易潮解,稍有酸气味。溶于水和乙醇,不溶于丙酮。在高温下分解。用作分析试剂
过硫酸铵	$(NH_4)_2S_2O_8$	228.19	无色晶体,易溶于水,加热至120℃时分解,放出氧而变为焦硫酸铵$[(NH_4)_2S_2O_7]$。常用作氧化剂,有催化剂共存时可将Mn^{2+}、Cr^{3+}等氧化成高价。水溶液易分解,一般只能存放2～3d(现用现配)。加热时分解得更快,不可放置于温暖的地方
硫氰酸铵	NH_4SCN	76.12	无色有光泽晶体,溶于水,也溶于乙醇。溶于水时有大量吸热作用。加热70℃易变为同分异构体硫脲,在170℃分解。能被酸及氧化剂分解且放出毒气(小心)。与Fe^{3+}形成血红物质(少量时呈橙色)
碳酸铵	$(NH_4)_2CO_3 \cdot H_2O$	114.10	白色晶体,溶于冷水。在空气中逐渐失去氨而成碳酸氢铵。在85℃分解为氨、二氧化碳和水
硝酸银	$AgNO_3$	169.87	无色透明晶体,易溶于水,极易溶于氨水。水溶液呈中性,见光、受热易分解,析出黑色Ag。应贮存于棕色瓶中。硝酸银有腐蚀性,与皮肤接触产生黑色斑痕
三氧化二砷	As_2O_3	197.84	白色晶体,又称亚砷酐、砒霜或白砒、砷华。剧毒。微溶于水,溶于NaOH溶液,形成亚砷酸钠,在分析上常用作基准试剂,可用于标定锰的标准溶液
氯化钡	$BaCl_2 \cdot 2H_2O$	244.27	无色有光泽晶体,有毒。溶于水,几乎不溶于盐酸。在113℃失去结晶水,露置空气中能吸收水分。用于分析中重量法测定SO_4^{2-}的沉淀剂
无水氯化钙	$CaCl_2$	110.99	白色固体,有强烈的吸水性,常用作干燥剂,吸水后生成$CaCl_2 \cdot 2H_2O$,再加热至200℃则失去全部水分而成吸湿性强的无水物$CaCl_2$(达到再生的目的)
硫酸铜	$CuSO_4 \cdot 5H_2O$	249.68	蓝色晶体,又称蓝矾、胆矾。溶于水和氨液。加热至100℃开始脱水。250℃时失去全部结晶水。无水硫酸铜呈白色,有强烈的吸水性,可用作干燥剂
硫酸亚铁	$FeSO_4 \cdot 7H_2O$	278.01	青绿色晶体,又称绿矾。溶于水和甘油,还原剂。在干燥空气中易风化,形成白色粉末。露置空气中即被氧化,并且能从空气中吸收水分转变成黄色的三价铁的碱式盐。加热至70℃时变白,90℃失去六个结晶水,250℃时分解并放出SO_3
硫酸铁	$Fe_2(SO_4)_3$	399.87	白色或浅黄色粉末,溶于水和乙醇。不溶于浓硫酸。在空气中易潮解变为棕色液体。480℃时分解。配成的水溶液易水解形成氢氧化铁的胶体,转变为红褐色,所以配成的水溶液中应加入适量H_2SO_4,以防Fe^{3+}水解

续表

试剂名称	化学式	分子量	一般性质
过氧化氢	H_2O_2	34.01	无色液体,又称双氧水。能与水、乙醇或乙醚以任何比例混合。通常含量为30%,加热分解为水和初生态的氧,有很强的氧化性。常作为氧化剂,但在酸性条件下,遇到更强的氧化剂时,它又呈还原性。应避免与皮肤接触,远离易燃品,贮于冷、暗处
氯化汞	$HgCl_2$	271.50	无色晶体,又称升汞。剧毒。溶于水、乙醇和乙醚。常温下微挥发,加热时挥发量加大。在分析中测铁时用来氧化过量的氯化亚锡
氯化亚锡	$SnCl_2 \cdot 2H_2O$	225.65	无色针状或片状晶体,溶于水、乙醇和乙醚。是强还原剂,溶于水时水解生成$Sn(OH)_2$,故常配成HCl溶液。为防止溶液被氧化,常加几粒金属锡粒。加热至100℃失去结晶水

2. 有机试剂

有机试剂的一般性质见表4-14。

表4-14 有机试剂的一般性质

试剂名称	化学式	分子量	一般性质
乙醇	C_2H_5OH	46.07	无色透明易挥发和易燃的液体。俗称酒精。通常用的乙醇试剂C_2H_5OH含量为95%,而无水乙醇C_2H_5OH含量在99.5%以上。溶于水、甲醇、乙醚和氯仿等。有吸湿性。分析中常作为溶剂使用,保存时应密封并隔离火源
乙醚	$(C_2H_5)_2O$	74.12	无色液体,极易挥发,极易燃烧爆炸。在空气中、阳光中容易氧化为易爆炸的过氧化物。应保存在有色瓶中且冷藏。在分析中常作为分离抽提剂。具麻醉性。贮存时间较长的乙醚不能直接蒸馏,易发生爆炸
三氯甲烷	$CHCl_3$	119.38	无色透明、具强折光性、易挥发液体,又称氯仿。不易燃烧,微溶于水,溶于乙醇、乙醚、苯、石油醚等。分析中常用作溶剂。在光的作用下能被空气中的氧氧化生成氯化氢和有剧毒的光气
二硫化碳	CS_2	76.13	无色透明易燃液体。有毒。纯品有乙醚味,一般均具恶臭。分析中常用作溶剂,能溶解碘、溴、硫、脂肪、蜡、树脂、橡胶、樟脑、黄磷,能与无水乙醇、醚、苯、氯仿、四氯化碳、油脂以任何比例混合
四氯化碳	CCl_4	153.82	无色透明液体,有毒。微溶于水。可与乙醇、乙醚以任何比例混合。不燃烧。具有麻醉性。在分析中常用溶剂。应冷藏保存
吡啶	C_5H_5N	79.10	无色透明液体,沸点115℃,15℃时相对密度为0.988,具有特殊臭气,吸水力强。水溶液呈碱性,分析中常用于使金属形成氢氧化物而沉淀。能与许多金属离子形成配合物,可用于分离元素。可燃,能与乙醇、乙醚及其他有机溶剂混合
8-羟基喹啉	$HO \cdot C_9H_6N$	145.15	白色或淡黄色晶体或粉末,不溶于水,溶于乙醇和稀酸。能与许多金属离子生成不溶性螯合物,在分析中常用于分离元素和作为分析镁、铝、锌、铋等的试剂
二苯胺	$C_{12}H_{11}N$	169.22	白色晶体,不溶于水,易溶于乙醇、乙醚、苯、二硫化碳等。能溶于硫酸中,分析中常用作氧化还原指示剂
乙二胺四乙酸二钠	$C_{10}H_{14}N_2O_8Na_2 \cdot 2H_2O$	372.26	白色结晶粉末,简称Na_2-EDTA。能溶于水,2%水溶液pH值约为4.7。定性分析中常用作掩蔽剂。是一种典型的氨羧配位剂,在定量分析中应用于许多金属离子的测定。是实验室应用最广的试剂之一

续表

试剂名称	化学式	分子量	一般性质
乙酸	CH_3COOH	60.05	无色澄清液体,有强烈刺激性味,与水互溶,是常用的弱酸。溶于乙醇、乙醚。纯乙酸在低温凝固成冰状,凝固时体积膨大,易导致容器破裂,纯度高达99%,俗称冰乙酸(冰醋酸)。对人皮肤有腐蚀作用
酒石酸	$H_2C_4H_4O_6$	150.09	无色晶体,呈粉末状,易溶于水,水溶液呈强酸性。溶于乙醇、乙醚。在分析中是 Al^{3+}、Fe^{3+}、Sn^{4+}、W^{6+} 等高价金属离子的掩蔽剂。还能与铁盐、铬盐等结合形成可溶于水的稳定配合物,以防止这些盐在碱性溶液中形成氢氧化物沉淀
柠檬酸	$H_3C_6H_5O_7 \cdot H_2O$	210.14	无色透明晶体,易溶于水,水溶液呈强酸性。溶于乙醇、乙醚,易风化失去结晶水。在分析中是 Al^{3+}、Fe^{3+}、Sn^{4+}、Mo^{6+} 等高价金属离子的掩蔽剂。与酒石酸性质相类似,可以代替酒石酸
草酸	$H_2C_2O_4 \cdot 2H_2O$	126.07	无色晶体,易溶于热水,较难溶于冷水。溶于乙醇、乙醚。在空气中易风化,加热至30℃时开始失去结晶水,约100℃时完全脱水,强热时分解为 H_2O、CO_2 和 CO。被氧化时形成 CO_2 和 H_2O。是还原剂用于配制标准溶液
铜铁试剂	$C_6H_9N_3O_2$	155.16	学名为 N-亚硝苯胲铵,为白色或黄色结晶,溶于水,能与许多金属离子生成不溶于水的螯合物,常用于分离元素及作为测定铜、铁、钒、铊、铅等的试剂。应避光存放
铝试剂(玫红三羧酸铵)	$C_{22}H_{23}N_3O_9$	473.44	为微棕红色粉末或颗粒,能溶于水,能与多种金属离子生成具有颜色的沉淀色质,常用于测定铝、铬、铁、铍等
对二甲氨基亚苄基罗丹宁	$C_{12}H_{12}N_2OS_2$	264.35	又称玫瑰红银试剂。红色结晶,熔点240℃,不溶于水,而溶于丙酮。分析中用于测定银、汞、铜、金、铂钯等
二乙酰二肟	$C_4H_8N_2O_2$	116.12	又称丁二酮肟。白色粉末,熔点234.5℃,在更高的温度下即分解。溶于乙醇及乙醚,能与镍、钯、铁、钴、铋等金属离子生成沉淀,分析中常用于镍的鉴定及定量测定
对二硝基二苯碳酰二肼	$C_{13}H_{12}N_6O_5$	332.27	淡黄色的粉末,熔点251~263℃。分析中用于测定镉
二苯偶氮碳酰肼	$C_{13}H_{12}N_4O$	240.24	橙红色的结晶,熔点157℃。分析中用于测定汞
二苯碳酰二肼	$C_{13}H_{14}N_4O$	242.28	白色结晶性粉末,熔点172~173℃。常变为浅红色,宜避光保存。常用于测定铬、镉、汞、镁等
六硝基二苯胺	$C_{12}H_5N_7O_{12}$	439.22	黄色结晶,有爆炸危险。分析中常用于钾的鉴定
硫酸肼	$N_2H_4 \cdot H_2SO_4$	130.12	白色六角结晶,溶于水,不溶于乙醇,相对密度1.378。分析中常用于镍、钴、镉等的定量测定
4-甲氨基苯酚硫酸盐	$2(C_7H_9NO) \cdot H_2SO_4$	344.38	白色或微黄色的结晶,在空气中不稳定,逐渐变色,能溶于水
α-萘胺	$C_{10}H_7NH_2$	143.18	白色结晶,熔点50℃,见光及接触空气变为暗红色,具有不快的臭味。不溶于水,易溶于乙醇、乙醚。易燃。分析中用于氨基苯磺酸鉴定和亚硝酸根离子的定量测定。有毒,密封避光保存
对硝基苯偶氮间苯二酚	$C_{12}H_9N_3O_4$	259.22	又称偶氮紫。棕红色粉末,熔点196~198℃。不溶于水而溶于碱,分析中常用于镁的鉴定

试剂名称	化学式	分子量	一般性质
α-亚硝基-β萘酚	$C_{10}H_7NO_2$	173.16	黄棕色粉末,熔点109℃,不溶于水但溶于醇、乙酸和苯。常用于钴、铁、铜的测定
乙基黄原酸钾	$C_3H_5OS_2K$	160.29	白色或黄色的结晶,易溶于水及乙醇。常用于钡的鉴定。密封、避光保存
二硫代乙二酰胺	$(CSNH_2)_2$	120.19	红色结晶或结晶性粉末,加热至260℃时即分解。微溶于水,易溶于乙醚。分析中常用于铜、钴、锌的测定
水杨醛肟	$C_7H_7NO_2$	137.14	白色结晶或粉末,微溶于水,易溶于乙醇、乙醚、苯及稀盐酸中。加热分解。分析中常用于铜及镍的测定
二乙基二硫代氨基甲酸钠	$C_5H_{10}NS_2Na$	171.26	白色或棕色或淡粉色粉末,溶于水及乙醇,溶液呈碱性。遇酸分离出CS_2,而使溶液浑浊。分析中常用于铜的测定
玫瑰红酸钠	$Na_2C_6O_6$	214.05	黑棕色粉末,溶于水,溶液不稳定,分析中用于钡、锶的鉴定
二(对二甲氨基)二苯甲烷	$C_{17}H_{22}N_2$	254.37	白色至蓝白色片状结晶,不溶于水,溶于苯、乙醇等。分析中常用于锌、铅等的鉴定
硫脲	N_2NCSNH_2	76.12	无色结晶,溶于水、乙醇等。分析中常用于铋、亚硝酸根等的测定
甲苯二硫酚	$C_7H_8S_2$	156.27	淡黄色透明结晶,溶于水,易潮解。分析中用于锡的鉴定
硝酸灵(氮试剂)	$C_{20}H_{16}N_4$	312.47	黄色结晶性粉末,不溶于水,溶于乙醇、苯等有机溶剂。乙醇溶液逐渐分解而变红色。分析中用于硝酸及其盐的鉴定与定量分析
邻二氮菲	$C_{12}H_8N_2 \cdot H_2O$	198.22	白色或微黄色的结晶,微溶于水,易溶于乙醇、苯等有机溶剂中常用于亚铁离子的测定
安息香肟	$C_{14}H_{13}NO_2$	227.26	白色结晶粉末,熔点152℃。在光作用下会变褐色。溶于乙醇。分析中常用于铜、钡的测定
硝基马钱子碱	$C_{21}H_{21}O_7N_3$	427.40	黄色结晶,有毒。分析中常用于鉴定锡
尿素	N_2NCONH_2	60.06	无色无臭棱柱状结晶,熔点132.7℃,有清凉味,溶于水及乙醇。不溶于醚。水溶液呈中性
1,4,5,8-四羟基蒽醌	$C_{14}H_8O_6$	272.21	即对醌对二酚茜素,棕红色粉末,溶于碱中生成青紫色溶液,加酸变黄,在浓硫酸溶液中呈蓝紫色。常用于铵、镁、铝、镓、锗、硼等的测定
达旦黄	$C_{28}H_{19}N_5Na_2O_6S_4$	695.73	橘红色固体,溶于水呈橙黄色溶液,为镁的鉴定试剂
变色酸	$C_{10}H_8O_8S_2$	320.30	白色结晶,一般为淡红色,能溶于水。分析中用于钛、甲醛的鉴定
对氨基苯磺酸	$C_6H_7NO_3S \cdot H_2O$	191.20	白色结晶,熔点288℃,见光会变色,溶于水,可燃。与2-萘胺一同用于分析亚硝酸根离子
联苯胺	$C_{12}H_{12}N_2$	184.23	又称对二氨基联苯,白色或红色结晶粉末,熔点127～129℃。在空气中见光变褐,可燃,有毒。为分析常用有机试剂,避光保存
乙酸乙酯	$C_4H_8O_2$	88.10	无色透明液体,熔点77.15℃,相对密度0.910。易挥发,易燃,具有水果香味。易吸水而逐渐分解。分析中常用作溶剂
苯甲醇	C_7H_8O	108.13	无色透明液体,沸点202～206℃,具有芳香臭味,味苦,可燃。微溶于水,溶于乙醇。分析中常用作溶剂

续表

试剂名称	化学式	分子量	一般性质
邻苯二甲酸氢钾	$C_8H_5KO_4$	204.22	为白色结晶,在空气中稳定,能溶于水,水溶液呈酸性。常用作标定碱溶液的标准物质及用于配制缓冲溶液等
紫脲酸铵	$C_8H_8N_6O_6$	284.18	紫红色结晶性粉末,带有绿色闪光,溶于热水,水溶液为紫色,在苛性钠溶液中为蓝色。分析中用作氨羧配位剂滴定的指示剂
铬黑 T	$C_{20}H_{12}N_3NaO_7S$	461.38	为棕黑色粉末,溶于热水,水溶液不稳定。分析中用作氨羧配位剂滴定的指示剂
二苯胺	$C_{12}H_{11}N$	169.22	白色薄片或鳞片状的固体,不溶于水,易溶于酒精、醚及其他有机溶剂,能溶于硫酸中。分析中常用作氧化还原指示剂
N-苯基邻氨基苯甲酸	$C_{13}H_{11}NO_2$	213.24	无色针状结晶或白色粉末,熔点181℃,微溶于冷水,溶于热水,易溶于乙醇、乙醚。分析中常用作氧化还原指示剂
二苯胺-4-磺酸钠	$C_{12}H_{10}NNaO_3S$	271.27	白色粉末,溶于水。常用作氧化还原指示剂,也可用作铬的鉴定试剂
丙酮	CH_3COCH_3	58.08	无色透明、易挥发和易燃的液体。能与水、乙醇、三氯甲烷等混合。分析中常用作溶剂,能溶解油、脂肪、树脂和橡胶。化学性质比较活泼,能发生卤代、加成、缩合等反应

第五章 分析化学中的计量关系

一、分析中常用的物理量及其单位

1. 物质的量

物质的量是表示物质所含基本单元数目的物理量，国际上规定其符号为 n，其单位名称为摩尔，单位符号为 mol。某物质 B 的物质的量可以 $n(B)$ 或 n_B 表示。

1mol 某物质是指系统中物质基本单元的数目与 0.012kg 碳 12 的原子数目（即阿伏伽德罗常数 N_A，$N_A \approx 6.022 \times 10^{23} mol^{-1}$）相等。在使用"摩尔"时，物质的基本单元应予指明，它可以是分子、原子、离子、电子及其他粒子，或这些粒子的特定组合（特定组合并不是对这些粒子盲目随意分割或组合而成的，而是根据客观需要进行分割或组合的）。

过去曾用"克原子""克分子""克离子""克当量"等表示物质中含有的各种基本单元（原子、分子、离子、原子团等）的数量，概念模糊，表达方式较为混乱。"摩尔"这个单位统一了物质中基本单元数量的表达方式，即可用于表达化学中的各种原子、分子、离子等的数量，也可以用于表达物理学中光子、电子等粒子的数量，使得概念清晰，表达方式统一、明确。

选用不同的物质基本单元，则所表达的物质的量也不同。如 23g Na^+ 的物质的量可表示为 $n(Na^+) = 1mol$（括号中即为所选取的物质基本单元）；32g 氧气的物质的量既可以表示为 $n(O_2) = 1mol$，也可以表示为 $n(\frac{1}{2}O_2) = 2mol$ 或 $n(O) = 2mol$；98.08g H_2SO_4 的物质的量既可以表示为 $n(H_2SO_4) = 1mol$，也可以表示为 $n(\frac{1}{2}H_2SO_4) = 2mol$；36.61g $KMnO_4$ 的物质的量既可以表示为 $n(KMnO_4) = 0.2mol$，也可以表示为 $n(\frac{1}{5}KMnO_4) = 1mol$。应根据分析需要选择合适的物质基本单元。

又如 e 表示 1 个质子所带的电量（电荷数），$e \approx 1.602177 \times 10^{-19}C$；而 1mol 质子所带电量即为法拉第常数 F，$F = eN_A \approx 96485C/mol$。

2. 质量

质量，习惯上称为重量，用符号 m 表示。质量的国际单位制基本单位为千克（kg），在分析化学中常用克（g）、毫克（mg）、微克（μg）和纳克（ng），它们的关系为：1kg = 1000g；1g = 1000mg；1mg = 1000μg；1μg = 1000ng。

3. 体积

体积（或容积），用符号 V 表示，国际单位制单位为立方米（m^3），在分析化学中常用升（L）、毫升（mL）和微升（μL），它们的关系为：$1m^3$ = 1000L；1L = 1000mL；1mL = 1000μL。

4. 摩尔质量

摩尔质量的符号为 M_B，单位为千克每摩（kg/mol）。摩尔质量定义为单位物质的量的某物质的质量，其数值等于选取的物质单元的分子量（或原子量），计算式为：

$$M_B = \frac{m}{n_B}$$

式中，m 为某物质的质量；n_B 为该物质的物质的量。

摩尔质量在分析化学中是一个非常有用的量，常用单位为克每摩尔（g/mol）。当已确定了物质的基本单元之后，就可知道其摩尔质量。

常用物质的摩尔质量如表 5-1 所示。

表 5-1　常用物质的摩尔质量（M_B）

名称	化学式	式量	基本单元[①]	M_B/(g/mol)	化学反应式或半反应式
盐酸	HCl	36.46	HCl	36.46	$HCl + OH^- = H_2O + Cl^-$
硫酸	H_2SO_4	98.08	$\frac{1}{2}H_2SO_4$	49.09	$H_2SO_4 + 2OH^- = 2H_2O + SO_4^{2-}$
硝酸	HNO_3	63.01	HNO_3	63.01	$HNO_3 + OH^- = H_2O + NO_3^-$
草酸	$H_2C_2O_4 \cdot 2H_2O$	126.07	$\frac{1}{2}H_2C_2O_4 \cdot 2H_2O$	63.04	$H_2C_2O_4 + 2OH^- = 2H_2O + C_2O_4^{2-}$
邻苯二甲酸氢钾	$KHC_8H_4O_4$	204.22	$KHC_8H_4O_4$	204.22	$KHC_8H_4O_4 + NaOH = KNaC_8H_4O_4 + H_2O$
氢氧化钠	$NaOH$	40.00	$NaOH$	40.00	$NaOH + H^+ = H_2O + Na^+$
氨水	$NH_3 \cdot H_2O$	35.05	$NH_3 \cdot H_2O$	35.05	$NH_3 + H^+ = NH_4^+$
碳酸钠	Na_2CO_3	105.99	$\frac{1}{2}Na_2CO_3$	53.00	$Na_2CO_3 + 2H^+ = 2Na^+ + H_2O + CO_2\uparrow$
高锰酸钾	$KMnO_4$	158.04	$\frac{1}{5}KMnO_4$	31.61	$MnO_4^- + 8H^+ + 5e^- = Mn^{2+} + 4H_2O$
重铬酸钾	$K_2Cr_2O_7$	294.18	$\frac{1}{6}K_2Cr_2O_7$	49.03	$Cr_2O_7^{2-} + 14H^+ + 6e^- = 2Cr^{3+} + 7H_2O$
碘	I_2	253.81	$\frac{1}{2}I_2$	126.90	$I_2 + 2e^- = 2I^-$
硫代硫酸钠	$Na_2S_2O_3 \cdot 5H_2O$	248.18	$Na_2S_2O_3 \cdot 5H_2O$	248.18	$2S_2O_3^{2-} = S_4O_6^{2-} + 2e^-$
硫酸亚铁铵	$(NH_4)_2Fe(SO_4)_2 \cdot 6H_2O$	392.14	$(NH_4)_2Fe(SO_4)_2 \cdot 6H_2O$	392.14	$6Fe^{2+} + Cr_2O_7^{2-} + 14H^+ = 6Fe^{3+} + 2Cr^{3+} + 7H_2O$
氯化钠	$NaCl$	58.45	$NaCl$	58.45	$NaCl + AgNO_3 = NaNO_3 + AgCl\downarrow$
硝酸银	$AgNO_3$	169.9	$AgNO_3$	169.9	$Ag^+ + Cl^- = AgCl\downarrow$
EDTA-Na$_2$	$Na_2H_2Y \cdot 2H_2O$	372.24	$Na_2H_2Y \cdot 2H_2O$	327.24	$H_2Y^{2-} + M^{2+} = MY^{2-} + 2H^+$

① 详见本章"三、基本单元的确定"。

5. 摩尔体积

摩尔体积的符号为 V_m，国际单位制单位为立方米每摩尔（m³/mol），在分析化学中常用升每摩尔（L/mol）。摩尔体积定义为单位物质的量的某物质的体积，计算式为：

$$V_m = \frac{V}{n_B}$$

式中，V 为某物质的体积；n_B 为该物质的物质的量。

6. 密度

密度符号为 ρ，国际单位制单位为千克每立方米（kg/m^3），在分析化学中常用克每立方厘米（g/cm^3）或克每毫升（g/mL）。

由于液体和气体的体积受温度的影响，对密度必须注明相关温度。

7. 元素的原子量

元素的原子量，用符号 A_r 表示，量纲为 1，是元素的平均原子质量与^{12}C 原子质量的 1/12 之比。

例如，Fe 的原子量 $A_r(Fe) = 55.85$；Ca 的原子量 $A_r(Ca) = 40.08$。

8. 物质的分子量

物质的分子量，用符号 M_r 表示，量纲为 1，是物质的分子或特定单元的平均质量与^{12}C 原子质量的 1/12 之比。

例如，CO_2 的分子量 $M_r(CO_2) = 44.01$；$\frac{1}{3}H_3PO_4$ 的分子量 $M_r(\frac{1}{3}H_3PO_4) = 32.67$。

二、溶液浓度表示方法

在化学分析实验中，随时都要用到各种浓度的溶液。溶液的浓度通常是指在一定量的溶液中所含溶质的量。在国际标准和国家标准中，用 A 代表溶剂，用 B 代表溶质。化学分析实验中常用的溶液浓度表示方法有以下几种。

（一） B 的物质的量浓度

B 的物质的量浓度，常简称为 B 的浓度，以 c_B 或 $[c(B)]$ 表示，常用单位为 mol/L，是由 B 的物质的量除以混合物的体积得到的，即

$$c_B = \frac{n_B}{V}$$

式中　c_B——物质 B 的物质的量浓度，mol/L；

　　　n_B——物质 B 的物质的量，mol；

　　　V——混合物（溶液）的体积，L。

注：c_B 是浓度的国际符号，下标 B 指基本单元。

例如：$c(H_2SO_4) = 1mol/L$ 的 H_2SO_4 溶液，表示 1L 溶液中含 H_2SO_4 98.08g；$c(\frac{1}{2}H_2SO_4) = 1mol/L$ 的 H_2SO_4 溶液，表示 1L 溶液中含 H_2SO_4 49.04g。

（二） B 的质量分数

B 的质量分数，是 B 的质量与混合物的质量之比，以 w_B 或 $w(B)$ 表示，例如 $w(HCl) = 0.38$。也可以用百分数形式表示，即 $w(HCl) = 38\%$。

质量分数还常用来表示被测组分在试样中的含量，如某铁矿中铁含量 $w(Fe) =$

$0.36 = 36\%$。

（三）物质 B 的质量浓度

物质 B 的质量浓度，以 ρ_B 或 $\rho(B)$ 表示，常用单位为 g/L，可由 B 的质量除以混合物的体积得到，即

$$\rho_B = \frac{m_B}{V}$$

式中　ρ_B——物质 B 的质量浓度，g/L；

m_B——物质 B 的质量，g；

V——混合物（溶液）的体积，L。

例如，$\rho(NH_4Cl) = 10g/L$ 的 NH_4Cl 溶液，表示 1L NH_4Cl 溶液中含有 10g NH_4Cl。

（四）　B 的体积分数

物质 B 的体积分数，以 φ_B 或 $\varphi(B)$ 表示，可由混合前物质 B 的体积除以混合物的体积计算得到。

由纯物质液体试剂稀释配制溶液时，多采用这种浓度表示。如 $\varphi(C_2H_5OH) = 0.75$，也可以写成 $\varphi(C_2H_5OH) = 75\%$，可取无水乙醇 75mL，加水稀释至 100mL。

体积分数也常用于气体分析中表示某一组分的含量，如空气中含氧 $\varphi(O_2) = 0.20$，表示氧气的体积占空气体积的 20%。

（五）比例浓度

比例浓度，是原装浓度试剂与溶剂（水）的体积比例。

比例浓度包括容量比浓度和质量比浓度。容量比浓度是液体试剂相互混合或用溶剂（大多为水）稀释时的表示方法。如（1+5）[旧时写为"（1∶5）"] HCl 溶液，表示 1 体积市售浓 HCl 与 5 体积水相混而成的溶液。质量比浓度是两种固体试剂相互混合的表示方法，如（1+100）铬黑 T 指示剂-氯化钠混合指示剂，表示 1 个单位质量的铬黑 T 与 100 个单位质量的氯化钠相互混合。是一种固体稀释方法。

（六）滴定度

滴定度是在滴定分析中表示标准滴定溶液浓度的一种方法。

滴定度有两种表示方法。

（1）$T_{s/x}$　$T_{s/x}$ 是指 1mL 滴定剂的标准溶液相当于被测物质的质量（g），单位为 g/mL，其中 s 代表滴定剂的化学式，x 代表被测物的化学式。滴定剂写在前面，被测物写在后面，中间的斜线表示"相当于"，而并不代表分数关系。

用滴定度计算被测物质含量时，只需将滴定度乘以所消耗标准溶液的体积，即可求得被测物的质量，计算十分简便，因此，在工矿企业实验室的例行分析中常采用此表示方式。如果将试样的质量固定为某一数值，滴定度还可以直接用 1mL 标准溶液相当于被测物质的质量分数表示。例如 $T_{K_2Cr_2O_7/Fe} = 1.02\%/mL$，表示当试样的质量一定时，滴定消耗 1mL $K_2Cr_2O_7$ 标准溶液时，相当于试样中含铁 1.02%。这样可预先制成标准溶液体积（mL）-试样含铁量（%）对应数据表，则滴定一结束，根据所消耗的（$K_2Cr_2O_7$）标准溶液的体积，

不用计算即可直接从表上查得被测组分（Fe）的含量。

（2）T_s　T_s 是指 1mL 标准溶液中所含滴定剂的质量（g），其中下标 s 代表滴定剂的化学式，单位为 g/mL。

例如 $T_{HCl} = 0.001012g/mL$ 的 HCl 溶液，表示 1mL 标准溶液中含有 0.001012g 纯 HCl。这种滴定度在计算测定结果时不太方便，故此种滴定度不常应用。

分析化学中常用的物理量及其单位名称和符号如表 5-2 所示。

表 5-2　分析化学中常用的物理量及其单位名称和符号

物理量名称	物理量符号	单位名称	单位符号
长度	L	米 厘米 毫米 纳米	m cm mm nm
面积	$A(S)$	平方米 平方厘米 平方毫米	m^2 cm^2 mm^2
体积	V	立方米 立方分米,升 立方厘米,毫升 立方毫米,微升	m^3 dm^3,L cm^3,mL mm^3,μL
时间	t	秒 分 时 天（日）	s min h d
质量	m	千克 克 毫克 微克 纳克 原子质量单位	kg g mg μg ng u
元素的原子量	A_r	量纲为 1	
物质的分子量	M_r	量纲为 1	
物质的量	n	摩[尔] 毫摩[尔] 微摩[尔]	mol mmol μmol
摩尔质量	M	千克每摩[尔] 克每摩[尔]	kg/mol g/mol
摩尔体积	V_m	立方米每摩[尔] 升每摩[尔]	m^3/mol L/mol
密度	ρ	千克每立方米 克每立方厘米 （克每毫升）	kg/m^3 g/cm^3 （g/mL）
相对密度	d	量纲为 1	
物质 B 的质量分数	w_B	量纲为 1	
物质 B 的物质的量浓度	c_B	摩[尔]每立方米 摩[尔]每升	mol/m^3 mol/L

物理量名称	物理量符号	单位名称	单位符号
物质 B 的质量摩尔浓度	b_B, m_B	摩[尔]每千克	mol/kg
物质 B 的相对活度	a_m, a_B	量纲为 1	
物质 B 的活度系数	γ_B	量纲为 1	
压力、压强	p	帕[斯卡] 千帕[斯卡]	Pa kPa
功 能 热	W E Q	焦[耳] 电子伏	J eV
热力学温度 摄氏温度	T t	开[尔文] 摄氏度	K ℃
摩尔吸光系数	ε	升每摩[尔]厘米	L/(mol·cm)

三、基本单元的确定

以实际反应的最小单元确定为基本单元,既符合化学反应的客观规律,又符合基本单元的定义,而且还可照顾到以往的习惯。

例 5-1 H_2SO_4 与 NaCl 的反应,实际反应的最小粒子是 H^+ 和 OH^-,即

$$H^+ + OH^- = H_2O$$

可选包含一个 H^+ 的化学式 $\frac{1}{2}H_2SO_4$ 和包含一个 OH^- 的化学式 NaOH 为基本单元。滴定到终点时,等物质的量规则表达为:

$$c(NaOH)V(NaOH) = c(\frac{1}{2}H_2SO_4)V(\frac{1}{2}H_2SO_4)$$

例 5-2 $KMnO_4$ 与 Fe^{2+} 的反应,实际是电子转移过程。

$$MnO_4^- + 5Fe^{2+} + 8H^+ = Mn^{2+} + 5Fe^{3+} + 4H_2O$$

半反应:

① $MnO_4^- + 5e^- + 8H^+ = Mn^{2+} + 4H_2O$

② $Fe^{2+} - e^- = Fe^{3+}$

反应中最小单元是电子,MnO_4^- 在反应中接受 5 个电子,基本单元定为 $\frac{1}{5}MnO_4^-$,Fe^{2+} 在反应中失去 1 个电子,其基本单元就是 Fe^{2+}。滴定到终点时,等物质的量规则表达式为:

$$c(\frac{1}{5}MnO_4^-)V(\frac{1}{5}MnO_4^-) = c(Fe^{2+})V(Fe^{2+})$$

综上所述,在确定物质的基本单元时;首先必须配平反应方程式;然后根据滴定剂与被测物的关系,确定它们的基本单元;最后利用等物质的量规则,计算被测物的含量。

第六章 一般溶液

一、一般溶液的概述

一般溶液也称非标准溶液，在化学分析实验中常用于溶解样品、控制化学反应。因此，其浓度要求的精度并不高（1~2位有效数字，试剂的质量均用架盘天平称取，体积用量筒量取即可）。一般的酸、碱、盐溶液，指示剂、沉淀剂、洗涤剂、发色（显色）剂，以及调节酸碱度（pH值）用的缓冲溶液等，都属于一般溶液。

这类溶液配制的精度要求虽然不太严格，但在配制过程中也不能太粗心，应尽量准确。否则也会对分析实验工作带来不利影响，甚至可能导致药品的损失和浪费。

二、一般溶液的配制和计算

（一）以比例表示浓度的溶液

例 6-1 欲配制（1＋4）的 H_2SO_4 溶液 200mL，应取浓 H_2SO_4（相对密度为 1.84）和水各多少毫升？如何配制？

解 设所取浓 H_2SO_4 体积为 $V_A(mL)$，加入水的体积为 $V_B(mL)$，两者混合的体积为 $V(mL)$。

$$V_A = V \times \frac{A}{A+B}$$

$$= (200 \times \frac{1}{1+4}) mL = 40mL$$

式中，A 为酸（溶质）的体积份数；B 为水（溶剂）的体积份数。

$$V_B = V - V_A$$

$$= (200-40) mL = 160mL$$

配制：量取 40mL（相对密度为 1.84）的浓 H_2SO_4，缓慢（或分次）注入 160mL 水中，混匀，即配成（1＋4）的 H_2SO_4 溶液。

（二）以质量分数表示浓度的溶液

1. 溶质是固体物质

$$m_1 = mw$$

$$m_2 = m - m_1$$

式中 m_1——固体物质的质量，g；

       m_2——溶剂的质量，g；

       m——欲配制溶液的质量，g；

w——欲配制溶液的质量分数。

例 6-2　欲配制 15% 的 KI 溶液 200g，应取固体 KI 多少克？加多少水？如何配制？

解　已知 $w=15\%$，$m=200g$

则 $m_1=mw$

$\qquad =(200\times15\%)g=30g$

$\quad m_2=m-m_1$

$\qquad =(200-30)g=170g$

配制：称取固体碘化钾（KI）试剂 30g，加入 170g 水（约为 170mL）溶解，混匀。即成 15% 的 KI 溶液。

这种计算方法广泛应用于分析实验的质量分数溶液配制中。

2. 溶质是液体（浓溶液）

由于浓溶液取用时量取体积较为方便，一般可查本书附录附表 10，查得某质量分数的溶液的相对密度后，即可求出体积，然后进行配制。计算依据是溶质的总量在稀释前后不变。

（1）试剂以质量计

$$m_0w_0=mw$$

式中　m_0、m——溶液稀释前、后的质量，g；

$\qquad w_0$、w——浓溶液、欲配制溶液的质量分数。

例 6-3　欲配制 20% 的 H_2SO_4 溶液 500g，应取 90% 的浓 H_2SO_4 溶液多少克？如何配制？

解　$m_0=mw/w_0$

$\qquad =(500\times20\%/90\%)g=111.1g$

所以，应取 90% 的浓 H_2SO_4 溶液 111.1g。

则加水质量为 $(500-111.1)g=388.9g$。

配制：称取 111.1g 90% 的浓 H_2SO_4 溶液，缓慢注入 388.9g 水中，混匀，即得 20% 的 H_2SO_4 溶液 500g。

（2）试剂以体积计

$$V_0\rho_0w_0=V\rho w$$

式中　V_0、V——溶液稀释前后的体积，mL；

$\qquad \rho_0$、ρ——浓溶液、欲配制溶液的密度，g/mL；

$\qquad w_0$、w——浓溶液、欲配制溶液的质量分数。

例 6-4　欲配制 26% 的 H_2SO_4 溶液 200mL，应取 96% 的浓 H_2SO_4 多少毫升？如何配制？

解　查附录附表 10 得知 26% 的 H_2SO_4 溶液相对密度为 1.19

$\qquad\qquad$ 96% 的 H_2SO_4 溶液相对密度为 1.84

$\qquad V_0=V\rho w/\rho_0w_0$

$\qquad\qquad =[(200\times1.19\times26\%)/(1.84\times96\%)]mL=35.0mL$

配制：量取 96% 浓 H_2SO_4 溶液 35mL，徐徐（或分次）注入预先盛有约 150mL 水的 200mL 容量瓶中，待冷却后，再用水稀释至刻线，混匀即成。

若所配制溶液以质量计，而所需取浓试剂量取体积仍然可根据配制前后的溶质质量不变推导出下列关系式。

设所取浓溶液体积为 V_0，密度为 ρ_0，溶质质量分数为 w_0；所配制溶液质量为 m_1，溶质质量分数为 w_1。则有：

$$V_0 \rho_0 w_0 = m_1 w_1$$

所需取浓溶液的体积

$$V_0 = m_1 w_1 / \rho_0 w_0$$

再求所加入的溶剂的数量；所加溶剂可用体积计，也可用质量计。水的密度取 $1\mathrm{g/cm^3}$。

例 6-5 欲配制 20% 的 H_2SO_4 溶液 $500\mathrm{g}$，应取相对密度为 1.81 的 90% 的浓 H_2SO_4 溶液多少毫升？加多少毫升水？如何配制？

解

$$V_0 = m_1 w_1 / \rho_0 w_0$$
$$= [(500 \times 20\%)/(1.81 \times 90\%)]\mathrm{mL} = 61.4\mathrm{mL}$$

水的质量

$$m_1 = m - m_0 = m - V_0 \rho_0$$
$$= (500 - 61.4 \times 1.81)\mathrm{g} = 388.9\mathrm{g}$$

配制：量取 90% 的浓 H_2SO_4 溶液 $61.4\mathrm{mL}$，徐徐（或分次）注入 $388.9\mathrm{mL}$（即 $388.9\mathrm{g}$）水中，混匀。即得 20% 的 H_2SO_4 溶液 $500\mathrm{g}$。

3. 两种不同质量分数溶液的混合

两种不同质量分数的溶液相混，配制另一种（第三种）浓度溶液时（混合后溶液的分数浓度必须介于原两种溶液分数浓度之间），采用图解交叉法能很简便地计算出它们需要以何种比例相混合。

交叉法混合原理是：浓度较小的溶液所缺少的溶质，可以从浓度较大的溶液中得到补偿。图解交叉法的具体做法如下。

将所需配制溶液的质量分数 w_3（%）放在两条直线的交叉点上，而原有溶液的质量分数值放在两条直线的左端〔较大的 w_1（%）（A 溶液）放在上面，较小的 w_2（%）（B 溶液）放在下面〕。然后将每一条直线上两个数相减，其差值（$w_3 - w_2$、$w_1 - w_3$）写在该条直线的另一端，如下所示：

需配制溶液中溶质的质量分数

A溶液的(较大的)质量分数w_1 —— w_3 —— $w_3 - w_2$
B溶液的(较小的)质量分数w_2 —— w_3 —— $w_1 - w_3$

则需取用的 A 溶液质量（m_1）与 B 溶液质量（m_2）的比值，可用下式计算：

$$\frac{m_1}{m_2} = \frac{w_3 - w_2}{w_1 - w_3} \tag{6-1}$$

若希望得到需取用的 A 溶液与 B 溶液的体积比，则应将 $m_1 = \rho_1 V_1$、$m_2 = \rho_2 V_2$ 代入式（6-1），可得：

$$\frac{\rho_1 V_1}{\rho_2 V_2} = \frac{w_3 - w_2}{w_1 - w_3}$$

则有

$$\frac{V_1}{V_2} = \frac{\rho_2 (w_3 - w_2)}{\rho_1 (w_1 - w_3)} \tag{6-2}$$

式中，V_1 为需取用的 A 溶液（质量分数较大）的体积；V_2 为需取用的 B 溶液（质量分数较小）的体积；ρ_1 为 A 溶液的密度；ρ_2 为 B 溶液的密度。由式（6-2）即可计算得到需取用的 A 溶液与 B 溶液的体积比。

例 6-6 现有 85% 和 40% 的 H_2SO_4 溶液，欲配制成 60% 的 H_2SO_4 溶液，应取用的浓

（85％）、稀（40％）两种 H_2SO_4 溶液的质量比是多少？

解

$$\begin{array}{ccc} 85\% & & 60\%-40\% \\ & 60\% & \\ 40\% & & 85\%-60\% \end{array}$$

$$\frac{m_1}{m_2}=\frac{w_3-w_2}{w_1-w_3}$$

$$=\frac{60\%-40\%}{85\%-60\%}=\frac{4}{5}$$

配制：取 85％的 H_2SO_4 溶液 4 份（质量份），加 40％的 H_2SO_4 溶液 5 份，即得到 60％的 H_2SO_4 溶液。

例 6-7　现有 85％和 40％的 H_2SO_4 溶液，欲想配制成 60％的 H_2SO_4 溶液，应取用的浓（85％）、稀（40％）两种 H_2SO_4 溶液的体积比是多少？

解　首先查附录附表 10 得 85％的 H_2SO_4 溶液相对密度为 1.78，40％的 H_2SO_4 溶液相对密度为 1.30。

$$\begin{array}{ccc} 85\% & & 60\%-40\% \\ & 60\% & \\ 40\% & & 85\%-60\% \end{array}$$

$$\frac{V_1}{V_2}=\frac{\rho_2(w_3-w_2)}{\rho_1(w_1-w_3)}$$

$$=\frac{1.30\times(60\%-40\%)}{1.78\times(85\%-60\%)}$$

$$=\frac{26}{44.5}$$

配制：可取 85％的 H_2SO_4 溶液 26mL，加 40％的 H_2SO_4 溶液 44.5mL，混合后即得到 60％的 H_2SO_4 溶液。

若要求配制成一定体积数的溶液，可根据求出的体积比计算所需的实际体积数。

例 6-8　欲配制 60％的 H_2SO_4 溶液 1000mL，应取 85％和 40％的 H_2SO_4 溶液各多少毫升？

解　由例 6-7 中计算可得 $V_1/V_2=26/44.5$，则可得联立方程组：

$$\begin{cases} V_1/V_2=26/44.5 \\ V_1+V_2=1000 \end{cases}$$

解得　$V_1=368.8$mL、$V_2=631.2$mL。

所以，应取 85％的 H_2SO_4 溶液 368.8mL、40％的 H_2SO_4 溶液 631.2mL。

若 B 溶液改用纯水，不含溶质，则 $w_2=0$，依然可以使用式(6-1)、式（6-2）计算质量比和体积比。

例 6-9　现有 96％的 H_2SO_4 溶液，欲配制 1000mL 26％的 H_2SO_4 溶液，应取 96％的 H_2SO_4 溶液和水各多少毫升？如何配制？

解　查附录附表 10 得 96％的 H_2SO_4 溶液相对密度为 1.84。

$$\begin{cases} \dfrac{V_1}{V_2} = \dfrac{1 \times (26\% - 0)}{1.84 \times (96\% - 26\%)} \\ V_1 + V_2 = 1000 \end{cases}$$

解得 $V_1 = 168.0\text{mL}$、$V_2 = 832.0\text{mL}$。

配制：量取 96% 的 H_2SO_4 溶液 168mL，缓慢注入 832mL 水中，混匀即得 1000mL 26% 的 H_2SO_4 溶液。

（三）物质的量浓度溶液

溶质 B 的物质的量浓度的定义式为：

$$c_B = n_B / V$$

其中

$$n_B = m_B / M_B$$

$$m_B = c_B V M_B / 1000 \tag{6-3}$$

则有

式中　n_B——溶质 B 的物质的量，mol；

　　　m_B——固体溶质 B 的质量，g；

　　　c_B——欲配溶液中溶质 B 的物质的量浓度，mol/L；

　　　V——欲配溶液的体积，mL；

　　　M_B——溶质 B 的摩尔质量，g/mol。

1. 溶质是固体物质

例 6-10　欲使用 NaOH 固体配制 $c(\text{NaOH}) = 0.5\text{mol/L}$ 溶液 500mL，如何配制？

解　由式(6-3) 可得：$m(\text{NaOH}) = c(\text{NaOH}) V M(\text{NaOH}) / 1000$

$$= (0.5 \times 500 \times 40 / 1000)\text{g} = 20\text{g}$$

配制：称取固体氢氧化钠试剂 20g，溶于水中，并以水稀释至 500mL，混匀即成。

2. 溶质是液体浓溶液

例 6-11　欲使用浓 HCl 溶液配制 $c(\text{HCl}) = 0.5\text{mol/L}$ 溶液 500mL，如何配制？

解　查附录附表 10 得知：浓 HCl 溶液的相对密度为 1.19，$w = 37\%$，$c(\text{HCl}) = 12\text{mol/L}$。

算法一：

$$c_浓 V_浓 = c_稀 V_稀$$

$$V_浓 = c_稀 V_稀 / c_浓$$

$$V_浓 = (0.5 \times 500 / 12)\text{mL} \approx 21\text{mL}$$

算法二：

$$m(\text{HCl}) = c(\text{HCl}) V_稀 M(\text{HCl}) / 1000$$

$$= (0.5 \times 500 \times 36.46 / 1000)\text{g} = 9.115\text{g}$$

$$m(\text{HCl}) = \rho_浓 V_浓 w$$

$$V_浓 = m(\text{HCl}) / \rho_浓 w$$

$$= [9.115 / (1.19 \times 37\%)]\text{g} \approx 21\text{mL}$$

配制：量取浓 HCl 溶液(盐酸) 21mL，加水稀释至 500mL，混匀即成。

常用酸、碱、盐类物质的量浓度溶液的配制速查见表 6-1、表 6-2。

表 6-1　常用酸、碱、盐物质的量浓度溶液的配制速查表

名称	化学式	配制 1L 不同物质的量浓度溶液所需的酸、碱、盐的体积或质量				配制方法
		0.5mol/L	1mol/L	2mol/L	6mol/L	
盐酸	HCl	42mL	83mL	167mL	500mL	量取所需体积相对密度 1.19 的盐酸,用水稀释至 1L
硝酸	HNO_3	33mL	67mL	133mL	400mL	量取所需体积相对密度 1.42 的硝酸,加到适量水中,再用水稀释至 1L
硫酸	H_2SO_4	28mL	56mL	112mL	334mL	量取所需体积相对密度 1.84 的硫酸,在不断搅拌下,慢慢加入 500mL 水中,待冷却至室温后,再用水稀释至 1L
磷酸	H_3PO_4	33mL	67mL	133mL	400mL	量取所需体积相对密度 1.69 的磷酸,加到适量水中,再用水稀释至 1L
乙酸	CH_3COOH	30mL	59mL	118mL	353mL	量取所需体积相对密度 1.05 的冰醋酸,加到适量水中,再用水稀释至 1L
高氯酸	$HClO_4$	42mL	83mL	167mL	500mL	量取所需体积相对密度 1.67 的高氯酸,加到适量水中,再用水稀释至 1L
草酸	$H_2C_2O_4$		126g			称取所需质量的 $H_2C_2O_4 \cdot 2H_2O$,溶于水中,用水稀释至 1L
酒石酸	$H_6C_4O_6$		150g			称取所需质量的 $H_6C_4O_6$,溶于水中,用水稀释至 1L
氢氧化钠	NaOH	20g	40g	80g	240g	称取所需质量的 NaOH,溶于适量水中,冷却至室温后,用水稀释至 1L
氢氧化钾	KOH	28g	56g	112g	337g	称取所需质量的 KOH,溶于适量水中,冷却至室温后,用水稀释至 1L
氢氧化铵	NH_4OH	34mL	68mL	135mL	405mL	量取所需体积相对密度 0.90 的氨水,用水稀释至 1L
碳酸钠	Na_2CO_3	53g	106g	212g		称取所需质量的无水碳酸钠,溶于水,用水稀释至 1L
氢氧化钡	$Ba(OH)_2$	饱和溶液 $c[Ba(OH)_2] \approx 0.02mol/L$				称取 6.2g 氢氧化钡 $[Ba(OH)_2 \cdot 8H_2O]$,溶于水,用水稀释至 1L
氢氧化钙	$Ca(OH)_2$	饱和溶液 $c[Ca(OH)_2] \approx 0.02mol/L$				称取 1.7g 氢氧化钙 $[Ca(OH)_2]$,或称取 1.3g 氧化钙(CaO),溶于水,用水稀释至 1L

表 6-2　常用盐类物质的量浓度溶液的配制速查表

名　　称	化学式	浓度(c_B)/(mol/L)	配制方法
氯化铵	NH_4Cl	1	称取 53.5g NH_4Cl,溶于适量水中,用水稀释至 1L
乙酸铵	CH_3COONH_4	1	称取 77.1g CH_3COONH_4,溶于适量水中,用水稀释至 1L
草酸铵	$(NH_4)_2C_2O_4$	1	称取 142.1g $(NH_4)_2C_2O_4 \cdot H_2O$,溶于适量水中,用水稀释至 1L
硝酸铵	NH_4NO_3	1	称取 80.0g NH_4NO_3,溶于适量水中,用水稀释至 1L
硫化铵	$(NH_4)_2S$	6	通 H_2S 气于 200mL 浓氨水中,直至饱和,再加 200mL 浓氨水,用水稀释至 1L
碘化铵	NH_4I	0.5	称取 72.5g NH_4I,溶于适量水中,用水稀释至 1L

续表

名 称	化学式	浓度(c_B)/(mol/L)	配制方法
碳酸铵	$(NH_4)_2CO_3$	1	称取96.1g $(NH_4)_2CO_3$,溶于500mL水中,用水稀释至1L
过硫酸铵	$(NH_4)_2S_2O_8$	0.1	称取22.8g $(NH_4)_2S_2O_8$,溶于适量水中,用水稀释至1L
硫氰酸铵	NH_4SCN	1	称取76.1g NH_4SCN,溶于适量水中,用水稀释至1L
磷酸氢二铵	$(NH_4)_2HPO_4$	1	称取132.1g $(NH_4)_2HPO_4$,溶于适量水中,用水稀释至1L
氯化钾	KCl	1	称取74.6g KCl,溶于适量水中,用水稀释至1L
氯酸钾	$KClO_3$	1	称取122.6g $KClO_3$,溶于适量水中,用水稀释至1L
氰化钾	KCN	1	称取65.1g KCN,溶于适量水中,用水稀释至1L
碳酸钾	K_2CO_3	1	称取138.2g K_2CO_3(或174.2g $K_2CO_3 \cdot H_2O$),溶于适量水中,用水稀释至1L
铬酸钾	K_2CrO_4	1	称取194.2g K_2CrO_4,溶于适量水中,用水稀释至1L
重铬酸钾	$K_2Cr_2O_7$	0.1	称取29.4g $K_2Cr_2O_7$,溶于适量水中,用水稀释至1L
溴化钾	KBr	1	称取119.0g KBr,溶于适量水中,用水稀释至1L
碘化钾	KI	1	称取166.0g KI,溶于适量水中,用水稀释至1L
铁氰化钾	$K_3Fe(CN)_6$	0.1	称取32.9g $K_3Fe(CN)_6$,溶于适量水中,用水稀释至1L
亚铁氰化钾	$K_4Fe(CN)_6$	0.1	称取36.8g $K_4Fe(CN)_6$,溶于适量水中,用水稀释至1L
高锰酸钾	$KMnO_4$	0.1	称取15.8g $KMnO_4$,溶于适量水中,用水稀释至1L
硝酸钾	KNO_3	1	称取101.1g KNO_3,溶于适量水中,用水稀释至1L
亚硝酸钾	KNO_2	1	称取85.1g KNO_2,溶于适量水中,用水稀释至1L
硫酸钾	K_2SO_4	0.1	称取17.4g K_2SO_4,溶于适量水中,用水稀释至1L
硫氰酸钾	$KSCN$	1	称取97.2g $KSCN$,溶于适量水中,用水稀释至1L
氯化钠	$NaCl$	1	称取58.4g $NaCl$,溶于适量水中,用水稀释至1L
乙酸钠	CH_3COONa	1	称取136.1g $CH_3COONa \cdot 3H_2O$,溶于适量水中,用水稀释至1L
硫化钠	Na_2S	1	称取240.2g $Na_2S \cdot 9H_2O$ 及40g $NaOH$,溶于适量水中,用水稀释至1L
硝酸钠	$NaNO_3$	1	称取85.0g $NaNO_3$,溶于适量水中,用水稀释至1L
亚硝酸钠	$NaNO_2$	1	称取69.0g $NaNO_2$,溶于适量水中,用水稀释至1L
硫酸钠	Na_2SO_4	1	称取322.2g $Na_2SO_4 \cdot 10H_2O$,溶于适量水中,用水稀释至1L
四硼酸钠	$Na_2B_4O_7$	0.1	称取38.1g $Na_2B_4O_7 \cdot 10H_2O$,溶于适量水中,用水稀释至1L
硫代硫酸钠	$Na_2S_2O_3$	1	称取248.2g $Na_2S_2O_3 \cdot 5H_2O$,溶于适量水中,用水稀释至1L
草酸钠	$Na_2C_2O_4$	0.1	称取13.4g $Na_2C_2O_4$,溶于适量水中,用水稀释至1L
磷酸钠	Na_3PO_4	0.1	称取16.4g Na_3PO_4,溶于适量水中,用水稀释至1L
氟化钠	NaF	0.5	称取21.0g NaF,溶于适量水中,用水稀释至1L
亚硫酸钠	Na_2SO_3	0.5	称取63.0g Na_2SO_3,溶于适量水中,用水稀释至1L
偏亚砷酸钠	$NaAsO_2$	0.5	称取65.0g $NaAsO_2$,溶于适量水中,用水稀释至1L
磷酸氢二钠	Na_2HPO_4	0.1	称取35.8g $Na_2HPO_4 \cdot 12H_2O$,溶于适量水中,用水稀释至1L
砷酸氢二钠	Na_2HAsO_4	0.1	称取40.2g $Na_2HAsO_4 \cdot 12H_2O$,溶于适量水中,用水稀释至1L

续表

名　称	化学式	浓度(c_B)/(mol/L)	配制方法
酒石酸氢钠	$NaHC_4H_4O_6$	0.1	称取 19.0g $NaHC_4H_4O_6 \cdot H_2O$，溶于适量水中，用水稀释至 1L
氯化铝	$AlCl_3$	1	称取 241.4g $AlCl_3 \cdot 6H_2O$，溶于适量水中，用水稀释至 1L
氯化钡	$BaCl_2$	0.1	称取 24.4g $BaCl_2 \cdot 2H_2O$，溶于适量水中，用水稀释至 1L
氯化铋	$BiCl_3$	1	称取 315.3g $BiCl_3$，溶于适量(1+5)的盐酸中，再用(1+5)的盐酸稀释至 1L
氯化钙	$CaCl_2$	1	称取 219.1g $CaCl_2 \cdot 6H_2O$，溶于适量水中，用水稀释至 1L
氯化钴	$CoCl_2$	1	称取 237.9g $CoCl_2 \cdot 6H_2O$，溶于适量水中，用水稀释至 1L
氯化铬	$CrCl_3$	0.1	称取 26.6g $CrCl_3 \cdot 6H_2O$，溶于适量水中，用水稀释至 1L
氯化铜	$CuCl_2$	1	称取 170.5g $CuCl_2 \cdot 2H_2O$，溶于适量水中，用水稀释至 1L
氯化汞	$HgCl_2$	0.1	称取 27.2g $HgCl_2$，溶于适量水中，用水稀释至 1L
氯化镁	$MgCl_2$	0.1	称取 20.3g $MgCl_2 \cdot 6H_2O$，溶于适量水中，用水稀释至 1L
氯化镍	$NiCl_2$	0.1	称取 13.0g $NiCl_2$，溶于适量水中，用水稀释至 1L
氯化镉	$CdCl_2$	0.1	称取 21.9g $CdCl_2 \cdot 2H_2O$，溶于适量水中，用水稀释至 1L
氯化铁	$FeCl_3$	1	称取 270.3g $FeCl_3 \cdot 6H_2O$，溶于 180mL 3mol/L 的硫酸中，用水稀释至 1L
氯化锶	$SrCl_2$	1	称取 266.6g $SrCl_2 \cdot 6H_2O$，溶于水中，用水稀释至 1L
氯化锌	$ZnCl_2$	1	称取 163.3g $ZnCl_2 \cdot 1.5H_2O$，溶于水中，用水稀释至 1L
氯化亚锡	$SnCl_2$	1	称取 225.6g $SnCl_2 \cdot 2H_2O$，溶于 170mL 浓盐酸中，用水稀释至 1L，并加入少量的锡粒，用时现配
四氯化锡	$SnCl_4$	0.1	称取 35.1g $SnCl_4 \cdot 5H_2O$，溶于适量(6mol/L)盐酸中，用(6mol/L)盐酸稀释至 1L
氯化锑	$SbCl_3$	1	称取 228.1g $SbCl_3$，溶于 500mL 浓盐酸中，用水稀释至 1L
氯化锰	$MnCl_2$	0.1	称取 19.8g $MnCl_2 \cdot 4H_2O$，溶于适量水中，用水稀释至 1L
硝酸银	$AgNO_3$	0.1	称取 17.0g $AgNO_3$，溶于适量水中，用水稀释至 1L。贮于棕色瓶中
硝酸铝	$Al(NO_3)_3$	1	称取 375.1g $Al(NO_3)_3 \cdot 9H_2O$，溶于适量水中，用水稀释至 1L
硝酸钡	$Ba(NO_3)_2$	0.1	称取 26.1g $Ba(NO_3)_2$，溶于适量水中，用水稀释至 1L
硝酸铋	$Bi(NO_3)_3$	0.1	称取 48.5g $Bi(NO_3)_3 \cdot 5H_2O$，溶于 500mL(1mol/L)硝酸中，用水稀释至 1L
硝酸钙	$Ca(NO_3)_2$	1	称取 236.1g $Ca(NO_3)_2 \cdot 4H_2O$，溶于适量水中，用水稀释至 1L
硝酸镉	$Cd(NO_3)_2$	0.1	称取 30.8g $Cd(NO_3)_2 \cdot 4H_2O$，溶于适量水中，用水稀释至 1L
硝酸钴	$Co(NO_3)_2$	1	称取 291.0g $Co(NO_3)_2 \cdot 6H_2O$，溶于适量水中，用水稀释至 1L
硝酸铬	$Cr(NO_3)_3$	0.1	称取 23.8g $Cr(NO_3)_3$，溶于适量水中，用水稀释至 1L
硝酸铜	$Cu(NO_3)_2$	1	称取 241.6g $Cu(NO_3)_2 \cdot 3H_2O$，溶于适量水中，用水稀释至 1L
硝酸铁	$Fe(NO_3)_3$	1	称取 404.0 $Fe(NO_3)_3 \cdot 9H_2O$，溶于加有 20mL 浓硝酸的适量水中，再用水稀释至 1L
硝酸汞	$Hg(NO_3)_2$	0.1	称取 32.5g $Hg(NO_3)_2$，溶于适量水中，用水稀释至 1L
硝酸镁	$Mg(NO_3)_2$	1	称取 256.4g $Mg(NO_3)_2 \cdot 6H_2O$，溶于适量水中，用水稀释至 1L

名　称	化学式	浓度(c_B)/(mol/L)	配制方法
硝酸锰	$Mn(NO_3)_2$	1	称取 287.0g $Mn(NO_3)_2 \cdot 6H_2O$，溶于适量水中，用水稀释至 1L
硝酸亚汞	$Hg_2(NO_3)_2$	0.1	称取 56.1g $Hg_2(NO_3)_2 \cdot 2H_2O$，溶于 150mL(6mol/L)硝酸溶液中，用水稀释至 1L
硝酸镍	$Ni(NO_3)_2$	1	称取 290.8g $Ni(NO_3)_2 \cdot 6H_2O$，溶于适量水中，用水稀释至 1L
硝酸铅	$Pb(NO_3)_2$	1	称取 331.2g $Pb(NO_3)_2$，溶于适量水中，加 15mL(6mol/L)硝酸溶液，用水稀释至 1L
硝酸锶	$Sr(NO_3)_2$	1	称取 211.6g $Sr(NO_3)_2$，溶于适量水中，用水稀释至 1L
硝酸钍	$Th(NO_3)_2$	0.1	称取 55.2g $Th(NO_3)_2 \cdot 4H_2O$，溶于适量水中，用水稀释至 1L
硝酸锌	$Zn(NO_3)_2$	1	称取 297.5g $Zn(NO_3)_2 \cdot 6H_2O$，溶于适量水中，用水稀释至 1L
硫酸铝	$Al_2(SO_4)_3$	1	称取 666.4g $Al_2(SO_4)_3 \cdot 18H_2O$，溶于适量水中，用水稀释至 1L
硫酸银	Ag_2SO_4	0.1	称取 31.2g Ag_2SO_4，溶于适量热水中，用水稀释至 1L。贮于棕色瓶中
硫酸镉	$CdSO_4$	0.1	称取 22.6g $CdSO_4 \cdot H_2O$，溶于适量水中，用水稀释至 1L
硫酸钴	$CoSO_4$	1	称取 281.1g $CoSO_4 \cdot 7H_2O$，溶于适量水中，用水稀释至 1L
硫酸铬	$Cr_2(SO_4)_3$	0.1	称取 71.6g $Cr_2(SO_4)_3 \cdot 18H_2O$，溶于适量水中，用水稀释至 1L
硫酸铜	$CuSO_4$	1	称取 294.7g $CuSO_4 \cdot 5H_2O$，溶于适量水中，用水稀释至 1L
硫酸亚铁	$FeSO_4$	0.1	称取 27.8g $FeSO_4 \cdot 7H_2O$，溶于加有 20mL 浓硫酸的适量水中，再用水稀释至 1L。短期保存
铁铵矾	$FeNH_4(SO_4)_2$	0.1	称取称取 48.2g $FeNH_4(SO_4)_2 \cdot 12H_2O$，溶于适量水中，加 10mL 浓硫酸，再用水稀释至 1L。短期保存
硫酸亚铁铵	$Fe(NH_4)_2(SO_4)_2$	0.1	称取 39.2g $Fe(NH_4)_2(SO_4)_2 \cdot 6H_2O$，溶于适量水中，加 10mL 浓硫酸，再用水稀释至 1L。用时现配或短期保存
硫酸镁	$MgSO_4$	1	称取 246.5g $MgSO_4 \cdot 7H_2O$，溶于适量水中，用水稀释至 1L
硫酸锰	$MnSO_4$	1	称取 223.1g $MnSO_4 \cdot 4H_2O$，溶于适量水中，用水稀释至 1L
硫酸镍	$NiSO_4$	1	称取 280.9g $NiSO_4 \cdot 7H_2O$，溶于适量水中，用水稀释至 1L
硫酸锌	$ZnSO_4$	1	称取 287.6g $ZnSO_4 \cdot 7H_2O$，溶于适量水中，用水稀释至 1L
乙酸铅	$Pb(CH_3COO)_2$	1	称取 379.3g $Pb(CH_3COO)_2 \cdot 3H_2O$，溶于适量水中，用水稀释至 1L

（四）质量浓度溶液

根据质量浓度的定义：

$$\rho_B = m_B / 10^{-3}V \tag{6-4}$$

式中　ρ_B——物质 B 的质量浓度，g/L；

　　　m_B——溶质 B 的质量，g；

　　　V——溶液的体积，mL。

例 6-12　欲使用淀粉（固态）配制 5g/L 淀粉指示剂溶液 100mL，如何配制？

解　由式(6-4)可得：

$$m_B = \rho_B V/1000$$
$$= (5 \times 100/1000)\text{g} = 0.5\text{g}$$

配制：称取 0.5g 淀粉，用少量水调成糊状，然后投入 100mL 的沸水中，再煮沸 5min 后，取下冷却即成。

（五）常用一般缓冲溶液的配制

常用一般缓冲溶液的配制见表 6-3。

表 6-3　常用一般缓冲溶液的配制速查表

pH 值	配制方法
0	1mol/L HCl 溶液
1	0.1mol/L HCl 溶液
2	0.01mol/L HCl 溶液
2.3	取氨基乙酸 150g 溶于 500mL 水中，加 80mL 浓 HCl，用水稀释至 1L
2.5	取 $Na_2HPO_4 \cdot 12H_2O$ 113g 溶于 200mL 水，加柠檬酸 387g 溶解过滤后，用水稀释至 1L
2.8	取一氯乙酸 200g，溶于 200mL 水，加 NaOH 40g 溶解后稀释至 1L
3.0	取 $CH_3COONa \cdot 3H_2O$ 0.8g 溶于水，加冰醋酸 5.4mL 溶解后，用水稀释至 1L
3.6	取 $CH_3COONa \cdot 3H_2O$ 16g 溶于水，加 6mol/L 乙酸 268mL，用水稀释至 1L
4.0	取 $CH_3COONa \cdot 3H_2O$ 40g 溶于水，加 6mol/L 乙酸 268mL，用水稀释至 1L 或取 $CH_3COONa \cdot 3H_2O$ 54.4g 溶于水，加冰醋酸 92mL，用水稀释至 1L
4.5	取 $CH_3COONa \cdot 3H_2O$ 64g 溶于水，加 6mol/L 乙酸 136mL，用水稀释至 1L 或取 $CH_3COONa \cdot 3H_2O$ 164g 溶于水，加冰醋酸 84mL，用水稀释至 1L
5.0	取 $CH_3COONa \cdot 3H_2O$ 100g 溶于水，加 6mol/L 乙酸 68mL，用水稀释至 1L 或取 $CH_3COONa \cdot 3H_2O$ 100g 溶于水，加冰醋酸 23.5mL，用水稀释至 1L
5.5	取 $CH_3COONa \cdot 3H_2O$ 100g 溶于水，加冰醋酸 9mL 溶解后，用水稀释至 1L
5.7	取 $CH_3COONa \cdot 3H_2O$ 200g 溶于水，加 6mol/L 乙酸 26mL，用水稀释至 1L
6.0	取 $CH_3COONa \cdot 3H_2O$ 100g 溶于水，加冰醋酸 5.7mL 溶解后，用水稀释至 1L
6.5	取 $CH_3COONa \cdot 3H_2O$ 59.8g 溶于水，加冰醋酸 1.4mL 溶解后，用水稀释至 1L
7.0	取 CH_3COONH_4 154g 溶于水，用水稀释至 1L
7.5	取 NH_4Cl 120g 溶于水，加 15mol/L 氨水 2.8mL，用水稀释至 1L
8.0	取 NH_4Cl 100g 溶于水，加 15mol/L 氨水 7mL，用水稀释至 1L
8.5	取 NH_4Cl 80g 溶于水，加 15mol/L 氨水 17.6mL，用水稀释至 1L
9.0	取 NH_4Cl 70g 溶于水，加 15mol/L 氨水 48mL，用水稀释至 1L
9.5	取 NH_4Cl 60g 溶于水，加 15mol/L 氨水 130mL，用水稀释至 1L
10	取 NH_4Cl 54g 溶于水，加 15mol/L 氨水 350mL，用水稀释至 1L
10.5	取 NH_4Cl 18g 溶于水，加 15mol/L 氨水 350mL，用水稀释至 1L
11	取 NH_4Cl 6g 溶于水，加 15mol/L 氨水 414mL，用水稀释至 1L
12	0.01mol/L NaOH 溶液
13	0.1mol/L NaOH 溶液
5.4	取六亚甲基四胺 $[(CH_2)_6N_4]$400g，溶于 1000mL 水，加 100mL 盐酸混匀

（六）测定指示剂 pH 变色域的缓冲溶液配制

表 6-4 中给出了各种缓冲溶液的 pH 值，A～F 的配制方法如下。

A. 25mL 的 0.2mol/L 氯化钾溶液（称取 7.455g 氯化钾溶于水，并准确稀释至 500mL），加 X_1 mL 的 0.2mol/L 盐酸溶液，再加水使混合溶液的总体积为 100mL。

B. 25mL 的 0.2mol/L 邻苯二甲酸氢钾溶液（称取 20.423g 邻苯二甲酸氢钾溶于水，并准确稀释至 500mL），加 X_2 mL 的 0.1mol/L 盐酸溶液，并以水稀释至 100mL。

C. 25mL 的 0.2mol/L 邻苯二甲酸氢钾溶液（配制方法同 B），加 X_3 mL 的 0.1mol/L 氢氧化钠溶液，并以水稀释至 100mL。

D. 25mL 的 0.2mol/L 磷酸二氢钾溶液（称取 13.609g 磷酸二氢钾溶于水，并准确稀释至 500mL），加 X_4 mL 的 0.1mol/L 氢氧化钠溶液，并以水稀释至 100mL。

E. 25mL 的 0.2mol/L 硼酸-氯化钾溶液（称取 6.183g 硼酸和 7.455g 氯化钾溶于水，并准确稀释至 500mL），加 X_5 mL 的 0.1mol/L 氢氧化钠溶液，并以水稀释至 100mL。

F. X_6 mL 的 0.1mol/L 氢氧化钠溶液加 X_7 mL 的 0.1mol/L 氨基乙酸-氯化钠溶液（称取 3.753g 氨基乙酸和 2.922g 氯化钠溶于水，并准确稀释至 500mL）。

表 6-4　各种缓冲溶液的 pH 值

A		B		C		D		E		F		
pH 值	X_1	pH 值	X_2	pH 值	X_3	pH 值	X_4	pH 值	X_5	pH 值	X_6	X_7
1.00	67.0	2.20	49.5	4.10	1.3	5.8	3.6	8.0	3.9	10.0	37.5	62.5
1.10	52.8	2.30	45.8	4.20	3.0	5.9	4.6	8.1	4.9	10.2	41.0	59.0
1.20	42.5	2.40	42.2	4.30	4.7	6.0	5.6	8.2	6.0	10.4	44.0	56.0
1.30	33.6	2.50	38.8	4.40	6.6	6.1	6.8	8.3	7.2	10.6	46.0	54.0
1.40	26.6	2.60	35.4	4.50	8.7	6.2	8.1	8.4	8.6	10.8	47.5	52.5
1.50	20.7	2.70	32.1	4.60	11.1	6.3	9.7	8.5	10.1	11.0	48.8	51.2
1.60	16.2	2.80	28.9	4.70	13.6	6.4	11.6	8.6	11.8	11.4	49.8	50.2
1.70	13.0	2.90	25.7	4.80	16.5	6.5	13.9	8.7	13.7	11.6	50.2	49.8
1.80	10.2	3.00	22.3	4.90	19.4	6.6	16.4	8.8	15.8	11.6	51.0	49.0
1.90	8.1	3.10	18.8	5.00	22.6	6.7	19.3	8.9	18.1	11.8	52.1	47.9
2.00	6.5	3.20	15.7	5.10	25.5	6.8	22.4	9.0	20.8	12.0	54.0	46.0
2.10	5.1	3.30	12.9	5.20	28.8	6.9	25.9	9.1	23.6	12.2	56.0	44.0
2.20	3.9	3.40	10.4	5.30	31.6	7.0	29.1	9.2	26.4	12.4	60.3	39.7
		3.50	8.2	5.40	34.1	7.1	32.1	9.3	29.3	12.6	67.5	32.5
		3.60	6.3	5.50	36.6	7.2	34.7	9.4	32.1	12.8	77.5	22.5
		3.70	4.5	5.60	38.8	7.3	37.0	9.5	34.6	13.0	92.5	7.5
		3.80	2.9	5.70	40.6	7.4	39.1	9.6	36.9			
		3.90	1.4	5.80	42.3	7.6	42.4	9.8	40.6			
		4.00	0.1	5.90	43.7	7.8	44.5	10.0	43.7			
						8.0	46.1	10.2	46.2			

（七）化学分析中控制介质酸度的缓冲溶液

化学分析中控制介质酸度的缓冲溶液见表 6-5。

表 6-5　化学分析中控制介质酸度的缓冲溶液

序号	pH 值范围	组分中的酸性成分	组分中的碱性成分	说　明
1	1.0～2.2	HCl+KCl	—	1. 通常总是事先将酸性组分与碱性组分分别配制成 0.1mol/L 溶液,再按需要混合(用 pH 试纸测定混合液的酸度)
2	1.0～3.7	HCl+甘油	—	
3	1.0～5.0	HCl	柠檬酸钠	
4	1.1～3.3	对甲基苯磺酸	对甲基苯磺酸钠	2. 缓冲溶液有一定的缓冲容量,使用时应预先使介质中的游离酸、碱适当减少
5	2.0～4.0	磺基水杨酸氢钾	NaOH	
6	2.2～4.0	HCl	邻苯二甲酸氢钾	3. 选用缓冲溶液体系时,同时还要注意可能有的副反应
7	2.2～6.5	柠檬酸	NaOH	
8	2.2～8.0	柠檬酸	Na_2HPO_4	4. 除列表体系外,下列组成的溶液系统也常被选用:六亚甲基四胺-盐酸(pH 值 5～7);甘氨酸盐酸盐-甘氨酸(pH 值 3～4);乙酸铵-乙酸(pH 值 4～5);乙酸钠-氯乙酸(pH 值 2～4);吡啶-酸(pH 值 4～6)
9	2.8～4.6	甲酸	NaOH	
10	3.0～5.8	丁二酸	$Na_2B_4O_7$	
11	3.4～5.1	苯乙酸	苯乙酸钠	
12	3.7～5.6	乙酸	乙酸钠	
13	4.1～5.9	邻苯二甲酸氢钾	NaOH	
14	4.8～6.3	丁二酸氢钠	丁二酸二钠	
15	5.0～6.3	柠檬酸二钠	NaOH	
16	5.2～6.8	丙二酸氢钠	NaOH	
17	5.8～8.0	KH_2PO_4	NaOH	
18	5.8～9.2	KH_2PO_4	$Na_2P_4O_7$	
19	5.9～8.0	NaH_2PO_4	Na_2HPO_4	
20	6.7～8.7	HCl	三乙醇胺	
21	7.0～9.2	H_3BO_3	$Na_2B_4O_7$	
22	7.0～9.0	HCl	三(羟乙基氨基)甲烷	
23	8.0～10.0	H_3BO_3	NaOH	
24	8.2～10.1	甘油	NaOH	
25	8.3～10.2	NH_4Cl	NH_4OH	
26	8.3～11.9	甘油+Na_2HPO_4	NaOH	
27	8.6～10.4	HCl	乙酸铵	
28	9.2～10.8	$Na_2B_4O_7$	NaOH	
29	9.6～11.0	$NaHCO_3$	Na_2CO_3	
30	9.2～11.0	$Na_2B_4O_7$	Na_2CO_3	
31	10.9～12.0	Na_2HPO_4	NaOH	
32	12.0～13.0	—	NaOH+KCl	

（八）配合滴定中常用的缓冲溶液配制

配合滴定中常用的缓冲溶液配制见表 6-6。

表 6-6　配合滴定中常用的缓冲溶液配制速查表

pH	配制方法
<2	加一定量的 1mol/L HCl 或 1mol/L HNO$_3$
2~4.5	2mol/L 氯乙酸和 2mol/L 乙酸钠，按 pH 计适量中和
2.2	2mol/L 氯乙酸 100mL，加入 NaOH8g，再加 20% NaOH 中和至 pH=9（用试纸试），再加 2mol/L 氯乙酸 500mL 混匀
2.5~5.5	0.2mol/L 邻苯二甲酸氢钾(pH=4)，加 0.2mol/L HCl 或 0.2mol/L NaOH，按 pH 计适量中和
3.4~5.5	1mol/L 乙酸和 1mol/L 乙酸钠，按 pH 计适量中和
4	120mL 冰醋酸，加无水乙酸钠 32g，以水稀释至 1L
4.5	60mL 冰醋酸，加无水乙酸钠 50g，以水稀释至 1L
5	60mL 冰醋酸，加无水乙酸钠 160g，以水稀释至 1L
4.5~6	30％六亚甲基四胺和(1+1)HCl，按 pH 计适量中和
5.4	六亚甲基四胺 40g，加水 100mL 溶解。加浓 HCl 10mL
5.5	结晶乙酸钠 200g，加水溶解，加冰醋酸 9mL，以水稀释至 100mL
5.5~7.0	1mol/L 丙二酸（或琥珀酸）和 1mol/L KOH 溶液，按 pH 计适量中和
6~8	1mol/L 二氮杂茂和 1mol/L HCl，按 pH 计适量中和
6.5~8.5	1mol/L 三乙羟胺和 1mol/L HCl，按 pH 计适量中和
8~11	1mol/L NH$_4$Cl 和 1mol/L NH$_4$OH，按 pH 计适量中和
9.2	54g NH$_4$Cl 加水溶解，加相对密度 0.90 的 NH$_4$OH 63mL 混合，以水稀释至 1L
10	54g NH$_4$Cl 加水溶解，加相对密度 0.90 的 NH$_4$OH 350mL 混合，以水稀释至 1L
12~13	加入适量的 1mol/L NaOH 或 KOH

第七章 标准溶液

一、标准溶液的基本概述

在容量分析中，无论采用何种滴定方法，都离不开标准溶液，否则就无法计算分析实验结果。标准溶液是浓度已经准确测知的溶液，主要用于容量（滴定）分析，也用于比色分析等。在容量分析中常以标准溶液滴定被测物质的溶液，根据标准溶液的耗用体积，可计算出被测物质的成分（含量）；在比色分析中常以若干体积的标准溶液与若干体积被测物质溶液进行比较，至两种溶液的颜色相同时，根据所用两种溶液的体积计算出被测物质的成分（含量）。

标准溶液的正确配制、标定及保存等，对于分析实验结果的准确性具有重要意义。

二、滴定分析用标准溶液的配制和计算

（一）一般规定

（1）配制标准溶液用水，在未注明其他要求时，应符合 GB/T 6682—2008 三级水规格。

（2）所用试剂的纯度，应在分析纯以上。作为"基准物"的物质应具备下列条件：

① 纯度应在 99.9%～100.05%，杂质含量尽可能少（应不超过 0.01%）；

② 其组成与其化学式相符，最好不含结晶水；

③ 化学反应迅速，无副反应产生；

④ 应具有较大的摩尔质量，且易溶于水；

⑤ 无论是固态或液态情况下保存时，其组成不得有变化；

⑥ 性质稳定，在空气中不吸湿，加热干燥时不分解，不与空气中氧、二氧化碳等作用；

⑦ 使用前按规定（详见附录附表 1）条件下进行干燥。

（3）天平的使用与标准称量。

① 称量时要仔细、小心、正确进行称量；

② 要经常保持天平和砝码及称量场所的清洁、干净；

③ 天平和砝码要按规定定期进行校检，以资补正。

（4）滴定管的正确使用。为了准确计量滴定溶液的体积，必须注意以下几点：

① 滴定管在使用前要洗涤干净，任水自然流下，管壁上均匀润湿，不得挂有水珠；

② 滴定管活塞（酸滴定管）应严密，不得漏水，滴定管尖嘴的气泡必须排出；

③ 滴定的速度应保持均匀，一般控制在 6～8mL/min 为宜，消耗体积与滴定时的温度按附录附表 3 进行补正；

④ 滴定管按其使用规定周期，要定期进行校检，并按校检值进行体积补正。

（5）容量瓶、吸液管（移液管）等刻度玻璃仪器均需定期进行校检。

（6）配制标准溶液的浓度系指 20℃时的浓度，在标定和使用时，如温度有差异，应按

附录附表 2 进行补正。

（7）配制标准溶液的浓度与规定（要求）浓度相对误差应不得大于 5％。

（8）"标定"或"比较"标准溶液的浓度时，需两人进行标定，平行测定不得少于 8 次，两个人分别作 4 次平行测定，4 次平行测定结果的极差与平均值之比不得大于 0.1％，结果取其平均值，浓度值取四位有效数字。

平行测定的误差计算方法：

$$平行测定误差 = \frac{最大值 - 最小值}{最大值} \times 100\%$$

例如以草酸钠法标定 0.1mol/L 的高锰酸钾溶液，平行测定所得的物质的量浓度值为 0.11422mol/L、0.11414mol/L、0.11418mol/L 和 0.11411mol/L，其平行测定的误差为：

$$平行测定误差 = \frac{0.11422 - 0.11411}{0.11422} \times 100\%$$

$$\approx 0.1\%$$

（9）凡规定用"标定"和"比较"两种方法测定浓度时，不得略去其中任何一种，且两种方法测得的浓度值之差不得大于 0.2％，以标定结果为准。

（10）配制浓度等于或低于 0.02％mol/L 的标准溶液时，应于临用前将浓度高的标准溶液，用煮沸并冷却的水在容量瓶内稀释。必要时还可重新标定。

（11）碘量法反应时，溶液的温度不能过高，一般在 15～20℃进行。

（12）标定好的标准溶液的瓶上，都要贴上标签，写明标准溶液的名称、化学式、标定方法、以何种指示剂标定、标定的浓度、标定者、校对者、标定日期和有效日期等及理化（实验或化验）室名称。

附瓶标签样式（供参考）：

```
┌─────────────────────────────────────┐
│            标  准  溶  液             │
│   名称：              化学式：        │
│   标定方法：                         │
│   以        为指示剂，               │
│                       标定浓度：      │
│   标定者：            校对者：        │
│   标定日期：          有效日期：      │
│            ×××理化（实验或化验）室    │
└─────────────────────────────────────┘
```

（13）为了相应地提高滴定的精度，每次滴定所取用的待标定溶液体积，一般选择在 25.00～30.00mL。

（14）为保证标准溶液的质量稳定及使用方便，标准溶液瓶上一般都安装虹吸管。碱及硫代硫酸钠标准溶液的瓶塞上装上碱石灰管以防二氧化碳的侵入，管内的碱石灰应定期更换。还原性强的标准溶液，如硫酸亚铁等应在二氧化碳气氛下密闭保存。其他标准溶液瓶塞上均应装有脱脂棉球的干燥管，以防空气中的水汽进入。有挥发性的标准溶液如碘及氢氧化钾乙醇溶液，应密闭存放。受光照易发生反应的标准溶液应在棕（茶）色瓶内贮存。

标准溶液连同瓶子，每周一上班时振动一次，以保证标准溶液的质量均匀性，标准溶液使用到液面距瓶底约 2cm 时，不宜再使用。标准溶液一般均在常温（15～20℃）下保存，当溶液出现浑浊、沉淀、结晶、颜色变化等现象，应立即停止使用。

（15）原始记录必须用钢笔填写整齐，应按精度要求合理保留有效数字，如基准数字（质量、体积）写错时，必须有他人在场证明签字，在错误数字上画线表示删去，然后在空白处重写。

（16）建立工作日志，对所用药品（试剂）的厂别、批号及配制溶液数量等均应作详细记录，便于查对。

（17）记录的表格样式（供参考）。见附录附表 4。

（18）标准溶液要定期标定，它的有效期要根据溶液的性质，存放条件和使用情况来确定。详见附录附表 5。

（二）滴定终点的识别及空白的补正

1. 滴定终点

滴定终点并非理论上的化学计量点，而是某种溶液稍微过量（或未到）致使指示剂变色的变色点。

例如，以高锰酸钾（$KMnO_4$）溶液滴定草酸钠（$Na_2C_2O_4$）溶液，在其化学计量点所用高锰酸钾溶液恰与草酸钠溶液反应完全，但此时溶液还是无色的，无法判别是否达到终点。所以必须再多加一细滴（约 $0.01\sim0.02mL$）高锰酸钾溶液，使溶液变为红色以判别终点。

为了减小变色点（即滴定终点）与化学计量点之间的偏差，一方面要求所选用指示剂的变色点应十分接近化学计量点；另一方面要求作空白试验，求出其间之差以便于补正。

2. 空白补正的作用

空白补正的作用，除了减小滴定终点与化学计量点间的偏差以外，还可以消除由所用试剂及操作所引起的系统误差。故在精确滴定中，均应进行空白补正。

3. 空白补正的方法

空白补正的方法是在实验时同步进行空白实验，即在不加入待测物质或以等量溶剂替代待测物溶液，按同样方法进行实验。空白实验所消耗的滴定液的量，就是空白补正量。此量应在计算中予以扣除。

总之，基准试剂的选取与处理、终点的判别、天平砝码和容量仪器的正确使用，是标准溶液标定中最主要的环节。每一个操作者都必须认真对待，严格遵守一切规定，养成良好的职业习惯，才能保证并不断提高标准溶液的质量。

（三）标准溶液浓度的温度补正

容量器皿和溶液的体积都随着温度的变化而改变。温度升高时，体积膨胀，溶液的浓度随着温度的升高而减小；温度降低时，体积收缩，溶液的浓度则随着温度降低而增大。而在任何温度下进行分析实验操作所得到的误差只有很小一部分被玻璃容量仪器的改变而抵消。因此，在精确定量分析实验中，在非标准温度下操作时，都必须予以补正。

所谓补正（校正）就是将溶液在操作温度下的容积换算成标准温度（20℃）下的容积。计算出每 $1000mL$ 溶液需要增加（正的校正值）或减少（负的校正值）的体积。其补正值可由附录附表 2 查出。

应用附录附表 2 查出补正（校正）值时，在 $5\sim19$℃ 间加上校正值；$21\sim36$℃ 间则减去校正值。

例 7-1　在 10℃ 和 25℃ 时，1000mL 0.05mol/L 的标准溶液，换算 20℃ 时的体积分别是

多少?

    解   查附录附表 2,得知 10℃时校正值为(+)1.23、25℃时校正值为(−)1.03。

    则

$$(1000+1023)\text{mL}=1001.23\text{mL}$$
$$(1000-1.03)\text{mL}=998.97\text{mL}$$

    如果在 10℃和 25℃下进行滴定操作,分别用去此标准溶液 25.32mL,换算为 20℃的溶液应该分别是:

$$[25.32+(1.23\times25.32)/1000]\text{mL}=25.35\text{mL}$$
$$[25.32-(1.03\times25.32)/1000]\text{mL}=25.29\text{mL}$$

    在配制一定温度的溶液后,由于温度的变化,溶液体积亦发生变化,其浓度亦应随之进行校正。

    又如在 10℃和 25℃时配制 1000mL 溶液,使其浓度分别为 0.003456g/mL,换算为 20℃时溶液浓度应分别为:

$$[0.003456\times1000/(1000+1.23)]\text{g/mL}=0.003452\text{g/mL}$$
$$[0.003456\times1000/(1000-1.03)]\text{g/mL}=0.003460\text{g/mL}$$

    但在相反的情况下,如从已知标准温度下的体积或浓度,需要换算出操作时的温度或浓度,则在应用附录附表 2 时必须改为相反的符号。

    例如 20℃时 1000mL 容量瓶内含有某溶液恰为 1000mL,其浓度为 0.004004g/mL,若在 10℃或 25℃使用时,其浓度应分别为:

$$[0.004004\times1000)/(1000-1.23)]\text{g/mL}=0.004009\text{g/mL}$$
$$[0.004004\times1000)/(1000+1.03)]\text{g/mL}=0.004000\text{g/mL}$$

(四)标准溶液的配制和计算

1. 配制方法

标准溶液的配制有直接配制法和标定法两种。

(1)直接配制法   在分析天平上准确称取一定量的已干燥的"基准物"溶于水后,转入已校正的容量瓶中,以水稀释至刻度,摇匀,即可算出其准确浓度。

① 物质的量浓度标准溶液的配制和计算

a. 溶质是固体物质。

例 7-2   欲配制 $c(1/6K_2Cr_2O_7)=0.1000\text{mol/L}$ 标准溶液 1000mL,应如何配制?

    解 $m(1/6K_2Cr_2O_7)=c(1/6K_2Cr_2O_7)V[M(1/6K_2Cr_2O_7)/1000]$

                         $=(0.1000\times1000\times49.03/1000)\text{g}=4.903\text{g}$

    配制:准确称取基准试剂重铬酸钾($K_2Cr_2O_7$)4.9030g,溶于水,移入 1000mL 容量瓶中,加水稀释至刻线,摇匀即成。

b. 溶质是液体(浓溶液)。

例 7-3   欲配制 $c(HCl,稀)=0.5\text{mol/L}$ HCl 标准溶液 500mL,应如何配制?[浓 HCl 相对密度为 1.19,$w=37\%$,$c(HCl,浓)=12\text{mol/L}$]

    解 $c_浓 V_浓=c_稀 V_稀$

                     $V_浓=c_稀 V_稀/c_浓$

                      $=(0.5\times500/12)\text{mL}\approx21\text{mL}$

    另一种算法 $m(HCl)=c_稀 V_稀[M_{(HCl)}/1000]$

                      $=(0.5\times500\times36.46/1000)\text{g}=9.115\text{g}$

$$V_\text{浓} = m(\text{HCl})/(\rho w)$$
$$= [9.115/(1.19 \times 37\%)]\text{mL} \approx 21\text{mL}$$

配制：量取浓盐酸溶液 21mL，于 500mL 容量瓶中，加水稀释至刻线，摇匀即成。

② 滴定度标准溶液的配制和计算

计算公式

$$\rho_s = T_{s/x} m_s / m_x \tag{7-1}$$

式中　ρ_s——滴定剂（s）的质量浓度，g/mL；

　　　m_s——按反应方程式确定的滴定剂（s）的质量，g；

　　　m_x——按反应方程式确定的被测物（x）的质量，g；

　　　$T_{s/x}$——滴定度，g/mL。

$$m_s = \rho_s V \tag{7-2}$$

式中　m_s——标准溶液中含有的滴定剂的质量，g；

　　　ρ_s——标准溶液中滴定剂（s）的质量浓度，g/mL；

　　　V——欲配制标准溶液的体积，mL。

例 7-4　欲配制 $T_{\text{AgNO}_3/\text{Cl}} = 0.001000$g/mL 标准溶液 1000mL，应如何配制？

解　根据滴定反应方程式：

$$\text{AgNO}_3 \quad + \quad \text{Cl}^- \Longrightarrow \text{AgCl}\downarrow + \text{NO}_3^-$$
$$169.87 \qquad 35.453$$

由式(7-1)：

$$\rho(\text{AgNO}_3) = 0.001000\text{g} \times 169.87/35.453 = 0.0047914\text{g}$$

由式(7-2)：

$$m(\text{AgNO}_3) = (0.0047914 \times 1000)\text{g} = 4.7914\text{g}$$

配制：准确称取基准试剂硝酸银（AgNO_3）4.7914g，溶于水，移入 1000mL 棕色容量瓶中，加水稀释至刻线，摇匀即成。

（2）标定法　很多物质不符合基准物（试剂）的条件。例如，浓盐酸中氯化氢很容易挥发，固体氢氧化钠易吸收水分和二氧化碳，高锰酸钾不易提纯等。它们都不能直接配制标准溶液。一般是先将这些物质配成近似所需浓度溶液，再用基准物测定其准确浓度。这一操作叫作"标定"。标定法有如下两种。

① 直接标定：准确称取一定量的基准物，溶于水后用待标定的溶液滴定，至反应完全。根据所消耗待标定溶液的体积和基准物的质量，计算出待标定溶液的准确浓度。计算公式：

$$c_B = \frac{\nu_B}{\nu_A} \times \frac{m_A}{10^{-3} V_B M_A}$$

式中　c_B——待标定溶液的浓度，mol/L；

　　　m_A——基准物的质量，g；

　　　V_B——消耗待标定溶液的体积，mL；

　　　M_A——基准物的摩尔质量，g/mol；

　ν_B、ν_A——化学反应方程式中待标定物质和基准物的化学计量系数。

例如标定 HCl 或 H_2SO_4 溶液的浓度，可称取预先干燥至恒重的无水碳酸钠（Na_2CO_3）为基准物，用不含二氧化碳（CO_2）的水溶解，选用溴甲酚绿-甲基红混合指示剂判别终点。

以盐酸（HCl）为例，介绍标准溶液的配制和标定。

a.配制方法　量取下述规定体积的浓 HCl，注入 1000mL 水中，摇匀。

$c(HCl)/(mol/L)$	$V(HCl)/mL$
1	90
0.5	45
0.1	9

b. 标定方法　称取下述规定量的预先于 $270 \sim 300 ℃$ 灼烧至恒重的基准物无水碳酸钠（Na_2CO_3），称准至 $0.0001g$。溶于 $100mL$ 水中，加 10 滴溴甲酚绿-甲基红混合指示剂。用配制好的盐酸（HCl）溶液进行滴定，滴至溶液由绿色变为暗红色，煮沸 $2min$，冷却后继续滴定至呈暗红色。同时在同样的条件下做空白试验。计算 HCl 溶液的浓度[$\nu(HCl) = \nu(1/2Na_2CO_3) = 1$]。

$c(HCl)/(mol/L)$	$m(无水\ Na_2CO_3)/g$
1	1.6
0.5	0.8
0.1	0.2

$$c(HCl，稀) = m(Na_2CO_3)/[(V - V_0)M(1/2Na_2CO_3)/1000]$$

式中　　　　m——Na_2CO_3 的质量，g；

　　　　　　V——滴定消耗的 HCl 溶液的体积，mL；

　　　　　　V_0——空白试验消耗的 HCl 溶液的体积；mL；

$M(1/2Na_2CO_3)$——$1/2Na_2CO_3$ 的摩尔质量，$52.99g/mol$。

② 间接标定　有一部分标准溶液，没有合适的用以标定的基准试剂，只能用另一已知浓度的标准溶液来标定。如乙酸溶液用氢氧化钠标准溶液来标定，草酸溶液用高锰酸钾标准溶液来标定等。但是，这种标定方法的系统误差比直接标定要大些。

除了上述两种标定法外，还有一种"比较"法。

为了更准确地表征标准溶液的浓度，常采用比较法来进行验证，即用基准物直接标定标准溶液的浓度后，再用另一标准溶液进行标定，比较两次标定的结果，误差不得超过规定值。

例如 HCl 标准溶液用 Na_2CO_3 基准物标定后，再用 NaOH 标准溶液进行标定。两种标定结果之差不得大于 0.2%。"比较法"既可检验 HCl 标准溶液浓度的准确度，又可考察 NaOH 标准溶液的浓度是否可靠，最后以直接标定结果为准。

2. 标准溶液浓度的调整

在分析实验工作中，为了计算方便，常需使用某一指定浓度的标准溶液，如 $c(HCl) = 0.1000mol/L$ 的 HCl 溶液，配制时浓度可能略高或略低于此浓度，待标定结束后，可加水或加较浓的 HCl 溶液进行调节。

（1）标定后浓度较指定（要求）浓度略高　此时，可按下式求得所需加入的水的体积，并重新标定。

$$c_1 V_1 = c_2(V_1 + V_{H_2O})$$
$$V_{H_2O} = V_1(c_1 - c_2)/c_2$$

式中　c_1——标定后的浓度，mol/L；

　　　c_2——指定（要求）的浓度，mol/L；

　　　V_1——标定后剩余溶液的体积，mL；

　V_{H_2O}——稀释至指定（要求）的浓度需加水的体积，mL。

（2）标定后浓度较指定（要求）浓度略低 此时，可按下式补加较浓溶液进行调整，并重新标定。

$$c_1 V_1 + c_{浓} V_{浓} = c_2 (V_1 + V_{浓})$$

$$V_{浓} = [V_1 (c_2 - c_1)] / (c_{浓} - c_2)$$

式中 c_1——标定后的浓度，mol/L；

c_2——指定（要求）的浓度，mol/L；

V_1——标定后剩余溶液的体积，mL；

$V_{浓}$——需加浓溶液的体积，mL；

$c_{浓}$——需加浓溶液的浓度，mol/L。

3. 标准溶液物质的量浓度（c_s）与滴定度（$T_{s/x}$）的相互换算

$$c_s = \frac{\nu_s}{\nu_x} \times \frac{T_{s/x}}{10^{-3} M_x}$$

$$T_{s/x} = 10^{-3} M_x c_s \frac{\nu_x}{\nu_s}$$

式中，M_x 为被测物的摩尔质量，g/mol；ν_x、ν_s 为化学反应方程式中待测物质和标准溶液溶质的化学计量系数。

例 7-5 $c(HCl) = 0.1016 mol/L$ 的 HCl 溶液，换算成 T_{HCl/Na_2CO_3} 应为多少？

解 反应式 $2HCl + Na_2CO_3 == 2NaCl + H_2O + CO_2 \uparrow$

$$T_{HCl/Na_2CO_3} = (10^{-3} \times 105.99 \times 0.1016 \times \frac{1}{2}) g/mL = 0.005385 g/mL$$

三、微量分析用元素与离子标准溶液的配制和计算

微量分析用元素与离子标准溶液，也称比色分析用标准溶液，又称杂质标准溶液。以此溶液来制备具有准确浓度的一系列元素与离子的溶液，应用于样品与标准溶液比较颜色或浊度大小，如比色法、原子吸收法等的分析，用以测定物质成分中的杂质含量。常用浓度单位为 mg/mL、μg/mL 等。

（一）一般规定

① 配制溶液所用水及稀释剂，在未注明其他要求时，应符合 GB/T 6682—2008 中三级水规格。

② 配制溶液所用的化学试剂，应是基准物或分析纯以上的试剂。

③ 配制溶液所用的分析天平、砝码、容量瓶、移液管（吸液管）等均需校验。

④ 取用时应用移液管量取。每次取用量不得少于 0.05mL；当取用量少于 0.05mL 时，应将标准溶液于使用前稀释。

⑤ 配制浓度低于 0.1mg/mL 的标准溶液，应在临用前用较浓的标准溶液在容量瓶中稀释而成。

⑥ 溶液不宜存放太长时间，保存期一般为一个月，当出现浑浊或沉淀产生时，即表明该溶液已失效，应予废弃。

⑦ 用稀释法由浓溶液配制稀溶液时，应于 15～20℃ 下进行。

（二）配制和计算

配制微量分析用元素与离子标准溶液应按下面公式计算所需试剂的用量，溶解后在容量瓶中稀释成一定体积，摇匀即成。

$$m = \rho V/(f \times 1000)$$

式中　　m——取试剂的质量，g；

　　　　ρ——欲配制元素或离子溶液的质量浓度，mg/mL；

　　　　V——欲配制元素或离子溶液的体积，mL；

　　　　f——试剂中欲配组分所占质量分数。

例 7-6　欲配制 0.1mg/mL As 标准液 1000mL，应取 As_2O_3 多少克？如何配制？

解　As 的原子量 $A_r(As) = 74.9216$，As_2O_3 的分子量 $M_r(As_2O_3) = 197.84$。所以有：

$$f = 2A_r(As)/M_r(As_2O_3) = 2 \times 74.9216/197.84 = 0.7574$$

$$m = [0.1 \times 1000/(0.7574 \times 1000)]g = 0.1320g$$

配制方法：准确称取分析纯硫酸铜（$CuSO_4 \cdot 5H_2O$）0.3929g，溶于水中，加入几滴硫酸（H_2SO_4），移入 1000mL 容量瓶中，用水稀释至刻度，摇匀即成。

（三）微量分析用元素与离子标准溶液配制

微量分析用元素与离子标准溶液配制详见表 7-1。

表 7-1　微量分析用元素与离子标准溶液配制速查表

名称	化学式	浓度 /(mg/mL)	配制方法
银	Ag	0.1	称取 0.1575g 硝酸银（$AgNO_3$），溶于 15mL(1+1)硝酸溶液中，移入 1000mL 容量瓶中，用水稀释至刻度。贮于棕色瓶中
铝	Al	0.1	称取 1.759g 硫酸铝钾[$AlK(SO_4)_2 \cdot 12H_2O$]，溶于适量水中，移入 1000mL 容量瓶中，用水稀释至刻度
砷	As	0.1	称取 0.1320g 于硫酸干燥器中干燥至恒重的三氧化二砷（As_2O_3），溶于 1.2mL 100g/L 氢氧化钠溶液中，移入 1000mL 容量瓶中，用水稀释至刻度
金	Au	0.1	称取 0.1000g 纯度为 99.99% 的纯金（Au），溶于 15mL 王水中，在水浴上蒸发至干，加 1～2mL 浓盐酸再蒸发至干，移入 1000mL 容量瓶中，用 0.1mol/L HCl 稀释至刻度
硼	B	0.1	称取 0.5715g 硼酸（H_3BO_3），溶于少量温水中，移入 1000mL 容量瓶中，用水稀释至刻度
钡	Ba	0.1	称取 0.1778g 氯化钡（$BaCl_2 \cdot 2H_2O$），溶于水中，移入 1000mL 容量瓶中，用水稀释至刻度
铍	Be	0.1	称取 1.565g 碳酸铍（$BeCO_3 \cdot 4H_2O$），加 2mL 盐酸溶解后，移入 1000mL 容量瓶中，用水稀释至刻度
铋	Bi	0.1	称取 0.2321g 硝酸铋[$Bi(NO_3)_3 \cdot 5H_2O$]，溶于 10mL(25%)的硝酸，移入 1000mL 容量瓶中，用水稀释至刻度
溴	Br	0.1	称取 0.1489g 溴化钾（KBr），溶于水，移入 1000mL 容量瓶中，用水稀释至刻度。贮于棕色瓶中
溴酸根	BrO_3^-	0.1	称取 0.1306g 溴酸钾（$KBrO_3$），溶于水，移入 1000mL 容量瓶中，用水稀释至刻度。贮于棕色瓶中

名称	化学式	浓度/(mg/mL)	配制方法
钙	Ca	0.1	称取 0.2497g 于 105～110℃ 干燥至恒重的碳酸钙（$CaCO_3$），溶于 1mL(1+10)盐酸溶液中，移入 1000mL 容量瓶中，用水稀释至刻度
镉	Cd	0.1	称取 0.2032g 氯化镉（$CdCl_2 \cdot 2.5H_2O$），溶于水，移入 1000mL 容量瓶中，用水稀释至刻度
铈	Ce	0.1	称取 0.1228g 氧化铈（CeO_2），加热溶于(1+1)硫酸和过氧化氢溶液中，移入 1000mL 容量瓶中，用水稀释至刻度
氯	Cl	0.1	称取 0.1649g 于 500～600℃ 灼烧至恒重的氯化钠（NaCl），溶于水，移入 1000mL 容量瓶中，用水稀释至刻度
氯酸根	ClO_3^-		称取 0.1469g 氯酸钾（$KClO_3$），溶于水，移入 1000mL 容量瓶中，用水稀释至刻度
钴	Co	0.1	称取 0.2630g 于 500～550℃ 灼烧至恒重的硫酸钴（$CoSO_4$），溶于水，移入 1000mL 容量瓶中，用水稀释至刻度
草酸盐	$C_2O_4^{2-}$	0.1	称取 0.1432g 草酸（$H_2C_2O_4 \cdot 2H_2O$），溶于水，移入 1000mL 容量瓶中，用水稀释至刻度
铬	Cr	0.1	称取 0.3734g 于 105～110℃ 干燥至恒重的铬酸钾（K_2CrO_4），溶于含有 1 滴 10%氢氧化钠溶液的少量水中，移入 1000mL 容量瓶中，用水稀释至刻度
铜	Cu	0.1	称取 0.3929g 硫酸铜（$CuSO_4 \cdot 5H_2O$），溶于水，移入 1000mL 容量瓶中，用水稀释至刻度
镝	Dy	0.1	称取 0.1148g 氧化镝（Dy_2O_3），加热溶解于 20mL(1+1)盐酸溶液中，冷却后，移入 1000mL 容量瓶中，用水稀释至刻度
铕	Eu	0.1	称取 0.1158g 氧化铕（Eu_2O_3），加热溶解于 20mL(1+1)盐酸溶液中，冷却后，移入 1000mL 容量瓶中，用水稀释至刻度
氟	F	0.1	称取 0.2211g 氟化钠（NaF），溶于水，移入 1000mL 容量瓶中，用水稀释至刻度
铁	Fe	0.1	称取 0.8634g 硫酸铁铵[$NH_4Fe(SO_4)_2 \cdot 12H_2O$]，溶于水，加 2.5mL 硫酸，移入 1000mL 容量瓶中，用水稀释至刻度
六氰合亚铁酸根	$Fe(CN)_6^{4-}$	0.1	称取 0.1991g 亚铁氰化钾[$K_4Fe(CN)_6 \cdot 3H_2O$]，溶于水，移入 1000mL 容量瓶中，用水稀释至刻度
镓	Ga	0.1	称取 0.1344g 三氧化二镓（Ga_2O_3），于小烧杯中，加 30mL(1+1)盐酸，在水浴上加热使之溶解，冷却后，移入 1000mL 容量瓶中，用(1+1)盐酸稀释至刻度
锗	Ge	0.1	称取 0.1441g 二氧化锗（GeO_2），于铂坩埚中，加入 3～5g 碳酸钠加热熔融，用热水浸出，洗净，用(1+1)硫酸中和，再过量 0.5mL，驱出二氧化碳，冷却，移入 1000mL 容量瓶中，用水稀释至刻度
钆	Gd	0.1	称取 0.1153g 三氧化二钆（Gd_2O_3），加热溶解于 20mL(1+1)盐酸中，冷却后，移入 1000mL 容量瓶中，用水稀释至刻度
铪	Hf	0.1	称取 0.1179g 二氧化铪（HfO_2），加热溶解于 30mL 硫酸和 15g 硫酸铵中，冷却后再加入 30mL 硫酸，移入 1000mL 容量瓶中，用水稀释至刻度

名称	化学式	浓度 /(mg/mL)	配制方法
汞	Hg	0.1	称取 0.1354g 氯化汞($HgCl_2$),溶于水,移入 1000mL 容量瓶中,用水稀释至刻度
碘	I	0.1	称取 0.1308g 碘化钾(KI),溶于水,移入 1000mL 容量瓶中,用水稀释至刻度
铟	In	0.1	称取 0.1000g 纯度在 99.9% 以上的金属铟(In)置于烧杯中,加 6mL(2+1)硫酸溶液,在水浴上加热 70～80℃,溶解,冷却后,移入 1000mL 容量瓶中,用水稀释至刻度
铱	Ir	0.1	称取 0.2294g 氯铱酸铵[$(NH_4)_2IrCl_6$],用 1mol/L 盐酸溶解后,移入 1000mL 容量瓶中,用 1mol/L 盐酸溶液稀释至刻度
钾	K	0.1	称取 0.1907g 氯化钾(KCl),溶于水,加几滴盐酸使显微酸性,移入 1000mL 容量瓶中,用水稀释至刻度
镧	La	0.1	称取 0.1173g 三氧化二镧(La_2O_3),加热溶解于 5mL(1+1)盐酸溶液中,冷却后,移入 1000mL 容量瓶中,用水稀释至刻度
锂	Li	0.1	称取 0.7918g 硫酸锂(Li_2SO_4),溶于水,移入 1000mL 容量瓶中,用水稀释至刻度
锰	Mn	0.1	称取 0.2748g 于 400～500℃ 灼烧至恒重的硫酸锰($MnSO_4$),溶于水中,移入 1000mL 容量瓶中,用水稀释至刻度
镁	Mg	0.1	称取 0.1685g 于 800℃ 灼烧至恒重的氧化镁(MgO),溶于 3mL 1mol/L 的盐酸溶液中,冷却后,移入 1000mL 容量瓶中,用水稀释至刻度
钼	Mo	0.1	称取 0.1840g 钼酸铵[$(NH_4)_6Mo_7O_{24}\cdot4H_2O$],溶于少量水中,冷却后,以(1+1)硫酸溶液中和,并过量几滴,移入 1000mL 容量瓶中,再加入 90mL(1+1)硫酸溶液,用水稀释至刻度
氮	N	0.1	称取 0.3819g 于 105～110℃ 干燥至恒重的氯化铵(NH_4Cl),溶于水,移入 1000mL 容量瓶中,用水稀释至刻度
钠	Na	0.1	称取 0.2542g 于 500～600℃ 灼烧至恒重的氯化钠(NaCl),溶于水,移入 1000mL 容量瓶中,用水稀释至刻度
铌	Nb	0.1	称取 0.1431g 研细的五氧化二铌(Nb_2O_5)和 4g 焦硫酸钾于石英坩埚中,于 600℃ 灼烧熔融,冷却后,用 20mL 150g/L 酒石酸溶液加热溶解,移入 1000mL 容量瓶中,用水稀释至刻度
钕	Nd	0.1	称取 0.1166g 三氧化二钕(Nd_2O_3),加热溶解于 20mL(1+1)硫酸溶液中,冷却后,移入 1000mL 容量瓶中,用水稀释至刻度
铵	NH_4^+	0.1	称取 0.2965g 于 105～110℃ 干燥至恒重的氯化铵(NH_4Cl),溶于水,移入 1000mL 容量瓶中,用水稀释至刻度
镍	Ni	0.1	称取 0.6730g 硫酸镍铵[$NiSO_4\cdot(NH_4)_2SO_4\cdot6H_2O$],溶于水,移入 1000mL 容量瓶中,用水稀释至刻度
锇	Os	0.1	称取 0.2308g 氯锇酸铵[$(NH_4)_2OsCl_6$],加 10mL 1mol/L 盐酸及 50mL 水溶解,移入 1000mL 容量瓶中,用 1mol/L 盐酸稀释至刻度
磷	P	0.1	称取 0.4263g 磷酸氢二铵[$(NH_4)_2HPO_4$],溶于水,移入 1000mL 容量瓶中,用水稀释至刻度
铅	Pb	0.1	称取 0.1599g 硝酸铅[$Pb(NO_3)_2$],溶于少量水及 1mL 硝酸中,移入 1000mL 容量瓶中,用 1% 硝酸溶液稀释至刻度

名称	化学式	浓度/(mg/mL)	配制方法
钯	Pd	0.1	称取 0.2675g 氯亚钯酸铵[$(NH_4)_2PdCl_4$]，溶于水，移入 1000mL 容量瓶中，加 5mL 盐酸，用水稀释至刻度
镨	Pr	0.1	称取 0.1208g 氧化镨（Pr_6O_{11}），加热溶解于（1+1）盐酸溶液中，移入 1000mL 容量瓶中，用水稀释至刻度
铂	Pt	0.1	称取 0.2275g 氯铂酸铵[$(NH_4)_2PtCl_6$]，溶于（0.1mol/L）盐酸溶液中，移入 1000mL 容量瓶中，用（0.1mol/L）盐酸溶液稀释至刻度
铷	Rb	0.1	称取 0.1415g 氯化铷（RbCl），溶于少量水，移入 1000mL 容量瓶中，用水稀释至刻度
铼	Re	0.1	称取 0.1553g 高铼酸钾（$KReO_4$），溶于少量水，移入 1000mL 容量瓶中，用水稀释至刻度
铑	Rh	0.1	称取 0.3856g 氯铑酸铵[$(NH_4)_2RhCl_6 \cdot 1.5H_2O$]，溶于 3mL 1mol/L 盐酸溶液中，移入 1000mL 容量瓶中，用 1mol/L 盐酸溶液稀释至刻度
钌	Ru	0.1	称取 0.2052g 氯化钌（$RuCl_2$），加热溶于（1+1）盐酸溶液中，移入 1000mL 容量瓶中，用水稀释至刻度
硫	S	0.1	称取 0.7492g 硫化钠（$Na_2S \cdot 9H_2O$），溶于少量水中，移入 1000mL 容量瓶中，用水稀释至刻度。此溶液使用前现配制
锑	Sb	0.1	称取 0.2743g 酒石酸锑钾[$K_2Sb_2(C_4H_2O_6)_2 \cdot 3H_2O$]，溶于（10%）盐酸溶液中，移入 1000mL 容量瓶中，用（10%）盐酸溶液稀释至刻度
钪	Sc	0.1	称取 0.1534g 氧化钪（Sc_2O_3），溶于 2.5mL 盐酸后，移入 1000mL 容量瓶中，用水稀释至刻度
硒	Se	0.1	称取 0.1405g 二氧化硒（SeO_2），溶于水，移入 1000mL 容量瓶中，用水稀释至刻度
硅	Si	0.1	称取 0.2139g 二氧化硅（SiO_2），于铂坩埚中，加入 1g 无水碳酸钠混匀，于 1000℃ 加热完全熔融，冷却后溶于水，移入 1000mL 容量瓶中，用水稀释至刻度。贮存于聚乙烯瓶中
钐	Sm	0.1	称取 0.1160g 氧化钐（Sm_2O_3），加热溶解于 20mL（1+1）盐酸溶液中，移入 1000mL 容量瓶中，用水稀释至刻度
锡	Sn	0.1	称取 0.1000g 纯度不低于 99.9% 的金属锡（Sn），溶于（6mol/L）盐酸溶液中，移入 100mL 容量瓶中，用（6mol/L）盐酸稀释至刻度。量取 10.00mL 上述溶液，注于 100mL 容量瓶中，加 6mol/L 盐酸 15mL 溶液，用水稀释至刻度。此标准溶液使用前现配制
锶	Sr	0.1	称取 0.3042g 氯化锶（$SrCl_2 \cdot 6H_2O$），溶于水，移入 1000mL 容量瓶中，用水稀释至刻度
钽	Ta	0.1	称取 0.1221g 五氧化二钽（Ta_2O_5），于石英坩埚中，于 600℃ 灼烧熔融，冷却后用 20mL 150g/L 酒石酸溶液加热溶解，移入 1000mL 容量瓶中，用水稀释至刻度
钛	Ti	0.1	称取 0.1668g 二氧化钛（TiO_2），于瓷坩埚中，加 2~4g 焦硫酸钾，小心加热至熔融，再于 700℃ 熔成红色熔体，继续熔融 3min，冷却，用 5% 硫酸溶液浸出熔块，并加热至溶，移入 1000mL 容量瓶中，用 5% 硫酸溶液稀释至刻度

名称	化学式	浓度/(mg/mL)	配制方法
铽	Tb	0.1	称取 0.1151g 氧化铽(Tb_2O_3),加热溶解于 20mL(1+1)盐酸溶液中,移入 1000mL 容量瓶中,用水稀释至刻度
碲	Te	0.1	称取 0.1000g 纯度不低于 99.9% 金属碲(Te),于 10mL 盐酸及 3～4 滴硝酸中,于水浴上加热使之溶解,冷却后,移入 1000mL 容量瓶中,用水稀释至刻度
钍	Th	0.1	称取 0.2379g 硝酸钍[$Th(NH_4)_2 \cdot 4H_2O$],溶于 10mL(1+1)盐酸溶液中,加热蒸发至近干,加入 5mL 盐酸蒸干,重复二次,用 10mL(1+1)盐酸溶液溶解干渣,移入 1000mL 容量瓶中,用水稀释至刻度
铊	Tl	0.1	称取 0.1175g 氯化亚铊(TlCl),溶于 5mL 硫酸中,移入 1000mL 容量瓶中,用水稀释至刻度
铀	U	0.1	称取 0.2109g 硝酸铀酰[$UO_2(NO_3)_2 \cdot 6H_2O$],溶于水,加数滴硝酸酸化,移入 1000mL 容量瓶中,用水稀释至刻度
钒	V	0.1	称取 0.2297g 偏钒酸铵(NH_4VO_3),溶于 100mL 水中,用(1+1)硫酸溶液中和呈酸性,移入 1000mL 容量瓶中,用水稀释至刻度
钨	W	0.1	称取 0.7794g 钨酸钠($Na_2WO_4 \cdot 4H_2O$),溶于水,移入 1000mL 容量瓶中,用水稀释至刻度
钇	Y	0.1	称取 0.1121g 氧化钇(Y_2O_3),加热溶于 20mL(1+1)盐酸溶液中,冷却后,移入 1000mL 容量瓶中,用水稀释至刻度
镱	Yb	0.1	称取 0.1139g 氧化镱(Yb_2O_3),加热溶于 20mL(1+1)盐酸溶液中,冷却后,移入 1000mL 容量瓶中,用水稀释至刻度
锌	Zn	0.1	称取 0.1245g 氧化锌(ZnO),溶于 100mL 水及 1mL 硫酸中,移入 1000mL 容量瓶中,用水稀释至刻度
锆	Zr	0.1	称取 0.3533g 氧氯化锆($ZrOCl_2$),于 30～40mL 10%盐酸溶液中溶解,移入 1000mL 容量瓶中,用 10%的盐酸溶液稀释至刻度
羰基	C═O	1.0	称取 10.3674g 丙酮(相当于 5.000g C═O)溶于 50mL 无羰基甲醇,置于 100mL 容量瓶中,用无羰基甲醇稀释至刻度,取上述溶液 20.00mL 于 1000mL 容量瓶中,用无羰基甲醇稀释至刻度,此溶液使用前现配制
乙酸酐	$(CH_3CO)_2O$	1.0	称取 0.100g 乙酸酐,置于 100mL 容量瓶中,用不含乙酸酐的冰乙酸稀释至刻度。此溶液使用前现制备 不含乙酸酐的冰乙酸:将冰乙酸回流后,蒸馏而制得
乙酸根	CH_3COO^-	10	称取 16.59g 乙酸钠($CH_3COONa \cdot 3H_2O$)溶于水,移入 1000mL 容量瓶中,用水稀释至刻度
水杨酸	HOC_6H_4COOH	0.1	称取 0.100g 水杨酸加少量水和 1mL 冰乙酸溶解,移入 1000mL 容量瓶中,用水稀释至刻度
甲醇	CH_3OH	1.0	称取 1.000g 甲醇,溶于水,移入 1000mL 容量瓶中,用水稀释至刻度
丙酮	CH_3COCH_3	1.0	称取 1.000g 丙酮,溶于水,移入 1000mL 容量瓶中,用水稀释至刻度
苯酚	C_6H_5OH	1.0	称取 1.000g 苯酚,溶于水,移入 1000mL 容量瓶中,用水稀释至刻度

名称	化学式	浓度 /(mg/mL)	配制方法
葡萄糖	$C_6H_{12}O_6 \cdot H_2O$	1.0	称取 1.000g 葡萄糖,溶于水,移入 1000mL 容量瓶中,用水稀释至刻度
糠醛	$C_5H_4O_2$	1.0	称取 1.000g 糠醛,置于 1000mL 容量瓶中,用水稀释至刻度
缩二脲	$NH_2CON\text{-}HCONH_2$	0.1	称取 0.100g 缩二脲,溶于水,移入 1000mL 容量瓶中,用水稀释至刻度。此溶液使用前现配制
二氧化碳	CO_2	0.1	称取 0.2408g 于 270～300℃ 干燥至恒重的无水碳酸钠 (Na_2CO_3) 溶于无二氧化碳的水中,移入 1000mL 容量瓶中,用无二氧化碳的水稀释至刻度
二硫化碳	CS_2	1.0	称取 0.500g 二硫化碳,溶于四氯化碳,移入 500mL 容量瓶中,用四氯化碳稀释至刻度。此溶液使用前现配制
碳酸根	CO_3^{2-}	0.1	称取 0.1766g 于 270～300℃ 干燥至恒重的无水碳酸钠 (Na_2CO_3),溶于不含二氧化碳的水中,移入 1000mL 容量瓶中,用不含二氧化碳的水稀释至刻度
硫氰酸根	SCN^-	0.1	称取 0.1311g 硫氰酸铵 (NH_4SCN),溶于水,移入 1000mL 容量瓶中,用水稀释至刻度
三氧化二铬	Cr_2O_3	0.1	称取 0.1276g 铬酸钾 (K_2CrO_4),于含有少量碳酸钠的碱溶液中溶解,移入 500mL 容量瓶中,用水稀释至刻度
碘酸根	IO_3^-	0.1	称取 0.1224g 碘酸钾 (KIO_3),溶于水,移入 1000mL 容量瓶中,用水稀释至刻度
氧化锂	LiO_2	0.1	称取 0.2473g 碳酸锂 (Li_2CO_3),于烧杯中,慢慢加入 (1+1) 硫酸溶解,溶解后使硫酸稍过量,移入 1000mL 容量瓶中,用水稀释至刻度
亚硝酸根	NO_2^-	0.1	称取 0.1500g 亚硝酸钠 ($NaNO_2$),溶于水,移入 1000mL 容量瓶中,用水稀释至刻度
硝酸根	NO_3^-	0.1	称取 0.1630g 于 120～130℃ 干燥至恒重的硝酸钾 (KNO_3),溶于水,移入 1000mL 容量瓶中,用水稀释至刻度
硫酸根	SO_4^{2-}	0.1	称取 0.1479g 于 105～110℃ 干燥至恒重的无水硫酸钠 (Na_2SO_4),溶于水,移入 1000mL 容量瓶中,用水稀释至刻度
硫代硫酸根	$S_2O_3^{2-}$	0.1	称取 0.2213g 硫代硫酸钠 ($Na_2S_2O_3 \cdot 5H_2O$),溶于水,移入 1000mL 容量瓶中,用水稀释至刻度
二氧化硅	SiO_2	1.0	称取 1.000g 二氧化硅 (SiO_2),于铂坩埚中,加入 3.5g 无水碳酸钠混匀。于 950～1000℃ 加热至完全熔融,冷却后用水溶解,移入 1000mL 容量瓶中,用水稀释至刻度。贮于聚乙烯瓶中
硅酸根	SiO_3^{2-}	0.1	称取 0.2028g (偏)硅酸钾 (K_2SiO_3),溶于水,移入 1000mL 容量瓶中,用水稀释至刻度。贮于聚乙烯瓶中
磷酸根	PO_4^{3-}	0.1	称取 0.1433g 磷酸二氢钾 (KH_2PO_4),溶于水,移入 1000mL 容量瓶中,用水稀释至刻度
五氧化二铌	Nb_2O_5	0.1	称取 0.1000g 五氧化二铌 (Nb_2O_5),于铂坩埚中,用 5g 焦硫酸钾加热熔融,熔融物必须透明,然后将熔块用 4% 草酸铵溶液浸出,并不断地搅拌下加热 5min,溶解到澄清,移入 1000mL 容量瓶中,用 4% 草酸铵溶液稀释至刻度

续表

名称	化学式	浓度/(mg/mL)	配制方法
五氧化二钽	Ta_2O_5		称取 0.1000g 五氧化二钽(Ta_2O_5)于铂坩埚中,用 5g 焦硫酸钾加热熔融,熔融物至透明,然后将熔块用 4% 草酸铵溶液浸出,并不断地搅拌下加热 5min,溶解到澄清,移入 1000mL 容量瓶中,用 4% 草酸铵溶液稀释至刻度
五氧化二钒	V_2O_5		称取 0.1287g 钒酸铵(NH_4VO_3),溶于水,移入 1000mL 容量瓶中,用水稀释至刻度
氯化氢	HCl	10	称取 0.2044g 于 105~110℃ 干燥至恒重的氯化钾(KCl),溶于水,移入 1000mL 容量瓶中,用水稀释至刻度。需用时将此溶液用 0.1mol/L 的 HCl 溶液稀释至 10 倍
溴化氢	HBr	50	称取 0.1471g 溴化钾(KBr),溶于水,移入 1000mL 容量瓶中,用水稀释至刻度。需用时将此溶液稀释至 10 倍
氟化氢	HF	10	称取 0.2100g 于 105~110℃ 干燥至恒重的氟化钠(NaF),溶于水,移入 1000mL 容量瓶中,用水稀释至刻度。需用时,将此溶液稀释至 10 倍
砷化氢	As_2H_3	10	称取 0.1268g 三氧化二砷(As_2O_3)用 10mL 10% 的 NaOH 溶液溶解,再用(1+6)的 H_2SO_4 溶液中和(用 pH 试纸作指示剂),移入 1000mL 容量瓶中,用水稀释至刻度。需用时,取此溶液 10.00mL,于 100mL 容量瓶,用水稀释至刻度
磷化氢	PH_3	1	称取 0.0512g 磷酸氢二钾(K_2HPO_4),溶于水,移入 1000mL 容量瓶中,用水稀释至刻度。需用时将此溶液稀释至 10 倍。

(四)国标元素标准溶液

当今已有瓶装（50mL/瓶）的标准元素溶液出售，给分析实验工作提供了方便条件。现将标准实物元素溶液介绍如表 7-2。

表 7-2　标准实物元素溶液

元素	符号	编号	浓度/(μg/mL)	介质
锂	Li	GSBG 62001—90	1000	10%HCl
铍	Be	GSBG 62002—90	1000	10%HNO_3
硼	B	GSBG 62003—90	1000	H_2O
钠	Na	GSBG 62004—90	1000	H_2O
镁	Mg	GSBG 62005—90	1000	5%HCl
铝	Al	GSBG 62006—90	1000	10%HCl
硅	Si	GSBG 62007—90	500	Na_2CO_3
磷	P	GSBG 62008—90	1000	铵盐 H_2O
磷	P	GSBG 62009—90	1000	钾盐 H_2O
硫	S	GSBG 62010—90	1000	H_2O
钾	K	GSBG 62011—90	1000	H_2O
钙	Ca	GSBG 62012—90	1000	5%HCl

元素	符号	编号	浓度/(μg/mL)	介质
钪	Sc	GSBG 62013—90	1000	20%HNO_3
钛	Ti	GSBG 62014—90	1000	10%H_2SO_4
钒	V	GSBG 62015—90	1000	10%H_2SO_4
钒	V	GSBG 62016—90	1000	10%HCl
铬	Cr	GSBG 62017—90	1000	10%HCl
锰	Mn	GSBG 62018—90	1000	5%H_2SO_4
锰	Mn	GSBG 62019—90	1000	10%HNO_3
铁	Fe	GSBG 62020—90	1000	10%HCl
钴	Co	GSBG 62021—90	1000	5%HNO_3
镍	Ni	GSBG 62022—90	1000	5%HNO_3
铜	Cu	GSBG 62023—90	1000	5%H_2SO_4
铜	Cu	GSBG 62024—90	1000	10%HCl
锌	Zn	GSBG 62025—90	1000	10%HCl
镓	Ga	GSBG 62026—90	1000	10%HCl
砷	As	GSBG 62027—90	1000	5%HCl
砷	As	GSBG 62028—90	1000	10%HCl
硒	Se	GSBG 62029—90	1000	10%HCl
铷	Rb	GSBG 62030—90	1000	5%HNO_3
锶	Sr	GSBG 62031—90	1000	H_2O
钇	Y	GSBG 62032—90	1000	10%HCl
锆	Zr	GSBG 62033—90	1000	10%HCl
铌	Nb	GSBG 62034—90	1000	5%HF
钼	Mo	GSBG 62035—90	1000	5%H_2SO_4
钌	Ru	GSBG 62036—90	1000	10%HCl
铑	Rh	GSBG 62037—90	1000	10%HNO_3
钯	Pd	GSBG 62038—90	1000	10%HCl
银	Ag	GSBG 62039—90	1000	5%HNO_3
镉	Cd	GSBG 62040—90	1000	10%HCl
铟	In	GSBG 62041—90	1000	10%HCl
锡	Sn	GSBG 62042—90	1000	20%HCl
锑	Sb	GSBG 62043—90	1000	25%H_2SO_4
碲	Te	GSBG 62044—90	1000	10%HCl
铯	Cs	GSBG 62045—90	1000	5%HNO_3
钡	Ba	GSBG 62046—90	1000	10%HCl
镧	La	GSBG 62047—90	1000	10%HCl
铈	Ce	GSBG 62048—90	1000	10%HNO_3

续表

元素	符号	编号	浓度/($\mu g/mL$)	介质
镨	Pr	GSBG 62049—90	1000	10%HCl
钕	Nd	GSBG 62050—90	1000	10%HCl
钐	Sm	GSBG 62051—90	1000	10%HCl
铕	Eu	GSBG 62052—90	1000	10%HCl
钆	Gd	GSBG 62053—90	1000	10%HCl
铽	Tb	GSBG 62054—90	1000	10%HCl
镝	Dy	GSBG 62055—90	1000	10%HCl
钬	Ho	GSBG 62056—90	1000	10%HCl
铒	Er	GSBG 62057—90	1000	10%HCl
铥	Tm	GSBG 62058—90	1000	10%HCl
镱	Yb	GSBG 62059—90	1000	10%HCl
镥	Lu	GSBG 62060—90	1000	10%HNO_3
铪	Hf	GSBG 62061—90	1000	10%H_2SO_4
钽	Ta	GSBG 62062—90	1000	20%HF
钨	W	GSBG 62063—90	1000	2%NaOH
铼	Re	GSBG 62064—90	1000	10%HCl
锇	Os	GSBG 62065—90	1000	20%HCl
铱	Ir	GSBG 62066—90	1000	10%HCl
铂	Pt	GSBG 62067—90	1000	10%HCl
金	Au	GSBG 62068—90	1000	10%HCl
汞	Hg	GSBG 62069—90	1000	5%HNO_3
铊	Tl	GSBG 62070—90	1000	20%HNO_3
铅	Pb	GSBG 62071—90	1000	10%HNO_3
铋	Bi	GSBG 62072—90	1000	10%HNO_3
锗	Ge	GSBG 62073—90	1000	H_2O

注：表中元素标准溶液由国家钢铁材料测试中心，钢铁研究总院研制，北京市华仪冶金技贸公司经销。

四、标准缓冲溶液的配制

用于校准酸度计。

（一）一般要求

① 配制用水为不含二氧化碳的水。

② 所用化学试剂的纯度应在分析纯以上。

③ 硼砂于80℃以下干燥后使用；邻苯二甲酸氢钾、磷酸二氢钾、酒石酸氢钾于110～120℃下干燥后使用；氯化钾于120℃下干燥后使用。

④ 均贮于塑料瓶中。

⑤ 有效期限一般为三个月。

（二）配制方法

校准酸度计用的标准缓冲溶液配制见表 7-3。

表 7-3　校准酸度计用的标准缓冲溶液配制速查表

序号	缓冲溶液名称	化学式	标准缓冲溶液物质含量	pH 值	
				25℃	30℃
1	0.1mol/L 盐酸	HCl	9.00mL/L	1.085	1.082
2	0.05mol/L 四草酸钾	$KHC_2O_4 \cdot H_2C_2O_4 \cdot 2H_2O$	12.7095g/L	1.480	1.495
3	0.1mol/L 盐酸＋0.09mol/L 氯化钾	HCl＋KCl	9.00mL/L＋6.7096g/L	2.075	2.075
4	25℃饱和的酒石酸氢钾(约 0.034mol/L)	$KHC_4H_4O_6$	约 20g/L	3.570	—
5	0.05mol/L 邻苯二甲酸氢钾	$KHC_8H_4O_4$	10.2110g/L	4.005	4.020
6	0.1mol/L 乙酸＋0.1mol/L 乙酸钠	$CH_3COOH＋CH_3COONa$	6mL/L＋8.20g/L	4.643	4.640
7	0.025mol/L 磷酸二氢钾＋0.025mol/L 磷酸氢二钠	$KH_2PO_4＋Na_2HPO_4$	3.4022g/L＋3.549g/L	6.855	6.835
8	0.05mol/L 硼砂[①]	$Na_2B_4O_7 \cdot 10H_2O$	3.80g/L	9.180	9.070
9	0.01mol/L 磷酸钠	$Na_3PO_4 \cdot 12H_2O$	3.8012g/L	11.72	—
10	25℃饱和的氢氧化钙(约 0.0203mol/L)	$Ca(OH)_2$	约 5～10g/L	12.46	—

　　[①] 如无硼砂，可用硼酸与氢氧化钠按下法制制：0.05mol/L 硼砂溶液，取 12.40g 硼酸溶于少量水，加入 100mL 的 1mol/L 氢氧化钠溶液，再用水稀释至 1L。

第八章 滴定分析用标准溶液配制与标定

一、常用酸（HCl、HNO₃、H₂SO₄）标准溶液

常用酸有盐酸、硝酸和硫酸，其标准溶液浓度（c_B，B 为 HCl、HNO₃、$\frac{1}{2}$H₂SO₄）有 1mol/L、0.5mol/L、0.1mol/L、0.05mol/L 及 0.02mol/L 等。

配制方法，除在配制时按比例增或减各种酸的用量外，其他操作步骤完全一样。故此，仅以 $c_B=1$mol/L 溶液的配制方法为例（表 8-1）。

表 8-1 常用三酸的化学试剂规格

名称	化学式	式量	密度 ρ/(g/mL)	质量分数 w/%	试剂的物质的量浓度[①]/(mol/L)	配制的酸溶液选取的基本单元	配制 1L 1mol/L 溶液需取的体积/mL
盐酸	HCl	36.46	1.19	37	12	HCl	90
硝酸	HNO₃	63.01	1.42	70	16	HNO₃	66
硫酸	H₂SO₄	98.08	1.84	96	18	$\frac{1}{2}$H₂SO₄	30

① 以化学式为基本单元。

配制物质的量浓度小于 0.05mol/L 的溶液，可将 $c_B=1$mol/L 酸溶液注入容量瓶中，在 (20±0.5)℃恒温槽内准确稀释而成。这种酸溶液一般不做标定。〔若无 (20±0.5)℃的恒温槽，也可采用在水槽内放置 2h 左右，记下水槽温度进行修正。〕

（一）配制方法

配制 1L 1mol/L 酸溶液，按表 8-1 数值以量筒量取分析纯的酸试剂，在小心搅拌下，注入装有 800mL 水的烧杯中，冷却至室温。倾入细口瓶内，以水稀释至 1L，混匀。密闭存放，以备标定。

注意：配制酸溶液特别是硫酸时，应将酸缓慢注入水中。因为硫酸与水混合产生大量热量，且硫酸密度大于水，若将水注入硫酸，易导致浮于硫酸之上的水沸腾而发生喷溅。绝不允许将水倒入酸中。

（二）标定方法

1. 碳酸钠法（直接标定法）

（1）方法原理 用碳酸钠作基准试剂与酸中和，以酸碱指示剂判别终点。其反应式：

$$Na_2CO_3 + 2HCl = 2NaCl + H_2O + CO_2 \uparrow$$
$$Na_2CO_3 + 2HNO_3 = 2NaNO_3 + H_2O + CO_2 \uparrow$$
$$Na_2CO_3 + H_2SO_4 = Na_2SO_4 + H_2O + CO_2 \uparrow$$

（2）应用试剂

① 无水碳酸钠基准试剂，Na_2CO_3，式量 105.99，选取 $\frac{1}{2}Na_2CO_3$ 为基本单元，$M(\frac{1}{2}Na_2CO_3)$ 53.00g/mol。

使用前于 270～300℃下烘 2～3h，取出放入干燥器内，冷却至室温备用。经烘干过的碳酸钠，下次使用前于 140～150℃下再烘干 2h 即可。

② 甲基橙指示剂，1g/L 溶液。

③ 溴甲酚绿-甲基红混合指示剂：溴甲酚绿的 1g/L 乙醇溶液与甲基红的 2g/L 乙醇溶液，两者以（1+1）体积混合。

（3）标定步骤

① 甲基橙作指示剂：按照下列酸溶液浓度（c_B）与碳酸钠质量（m_A）的对应关系称取碳酸钠基准试剂。

c_B/(mol/L)	m_A/g
1	1.4～1.5
0.5	0.7～0.8
0.1	0.14～0.15

称准至 0.0001g，小心放入 250mL 锥形瓶内，加水 50mL，摇动使其溶解，加 2～3 滴甲基橙指示剂，用待标定的酸溶液滴定至橙红色，煮沸 2～3min，冷却至室温，继续滴定至橙红色，即为终点。

在操作的同时，在同样条件下，做空白试验。

② 溴甲酚绿-甲基红作指示剂：按①中对应关系称取碳酸钠质量（m_A），称准至 0.0001g，小心放入 250mL 锥形瓶内，加水 50mL，摇动使其溶解，加入溴甲酚绿-甲基红混合指示剂 10 滴（约 0.3mL），用待标定的酸溶液滴定之，临近终点时，溶液由绿色变为酒红（暗红）色，煮沸 2～3min，冷却后继续滴定至酒红色，即为终点。

在操作的同时，在同样条件下，做空白试验。

注：1. c_B 中的 B 为 HCl、HNO_3、$\frac{1}{2}H_2SO_4$。

2. 标定步骤①和②操作的同时，在同样的条件：即量取与滴定终了等体积的水约 80mL 及指示剂，装入与滴定时同形状、同颜色、同体积的锥形瓶内，做空白试验，校正结果。

3. 滴定终点时，0.1mol/L 的溶液 pH 值控制在 4.0～4.1 为宜；0.5mol/L 的控制在 3.9～4.1 为宜。

（4）计算

$$c_B = m_A/[(V_B - V_0) \times 53.00/1000]$$

式中　c_B——待标定酸（HCl、HNO_3、$\frac{1}{2}H_2SO_4$）溶液的浓度，mol/L；

　　　m_A——称取的基准试剂 Na_2CO_3 的质量，g；

　　　V_B——滴定消耗待标定酸溶液的体积，mL；

　　　V_0——空白试验消耗待标定酸溶液的体积，mL；

53.00——$\frac{1}{2}Na_2CO_3$ 的摩尔质量，g/mol。

2. 酸碱对照法

（1）方法原理　用已知准确浓度的碱，以甲基橙或酚酞作指示剂，直接滴定，当溶液变色时即为终点。其反应式：

$$NaOH + HCl \Longrightarrow NaCl + H_2O$$
$$NaOH + HNO_3 \Longrightarrow NaNO_3 + H_2O$$
$$2NaOH + H_2SO_4 \Longrightarrow Na_2SO_4 + 2H_2O$$

（2）应用试剂

① 与标定酸浓度相接近的氢氧化钠标准溶液 $[c_{(NaOH)}]$。

② 甲基橙指示剂，1g/L 溶液。

③ 酚酞指示剂，10g/L 乙醇溶液。

（3）标定步骤

① 甲基橙作指示剂：准确（用滴定管或移液管）量取 NaOH 标准溶液 25.00～30.00mL，于 250mL 锥形瓶内，加水 50mL，加入甲基橙指示剂 1～2 滴，用待标定的酸溶液进行滴定。滴至溶液由黄色突变为橙色时，即为终点。

在操作的同时，在同样条件下，做空白试验。

② 酚酞作指示剂：准确（用滴定管或移液管）量取待标定的酸溶液 25.00～30.00mL，于 250mL 锥形瓶内，加无 CO_2 的水 50mL，加酚酞指示剂 2 滴，用浓度相当的氢氧化钠标准溶液滴定。接近滴近终点时，将被滴定的溶液加热至沸腾，趁热继续滴至微红色，即为终点（标定 0.5mol/L 和 0.1mol/L 酸时，可不加热）。

在操作的同时，在同样条件下，做空白试验。

（4）计算

① 以甲基橙作指示剂的计算

$$c_B = c_1 V_1 / (V_B - V_0)$$

式中　c_B——待标定酸（HCl、HNO_3、$\frac{1}{2}H_2SO_4$）溶液的浓度，mol/L；

c_1——氢氧化钠标准溶液的浓度，mol/L；

V_1——量取的氢氧化钠标准溶液的体积，mL；

V_B——耗用待标定酸溶液的体积，mL；

V_0——空白试验耗用酸溶液的体积，mL。

② 以酚酞作指示剂的计算

$$c_B = c_1 (V_1 - V_0) / V_B$$

式中　c_B——待标定酸（HCl、HNO_3、$\frac{1}{2}H_2SO_4$）溶液的浓度，mol/L；

c_1——氢氧化钠标准溶液的浓度，mol/L；

V_1——耗用氢氧化钠标准溶液的体积，mL；

V_B——量取的待标定酸溶液的体积，mL；

V_0——空白试验耗用氢氧化钠标准溶液的体积，mL。

3. 精度

无论采用哪种方法标定标准溶液浓度，平行试验均不得少于 8 次。应由两人各做 4 次平行测定，4 次平行测定结果的极差（即最大值和最小值之差）与平均值之比应符合表 8-2 的要求。结果取其平均值，浓度值取四位有效数字。

表 8-2　平行测定结果的极差与平均值之比

浓度/(mol/L)	1 及 0.5	0.1 及 0.2	0.05	0.01 及 0.02
允许误差/％　≤	0.1	0.2	0.3	0.5

（三）提示

1. 碳酸钠标定法

为了使滴定终点时溶液的颜色深浅保持一致，可制备终点的标准色。

（1）终点标准色的制备　空白中性标准色溶液：量取与滴定终了相等体积的水（约 80mL），装入与滴定时所用同形状、同颜色、同容积的锥形瓶内，加甲基橙指示剂一滴（约 0.03mL），小心摇匀，同时制作两份。

（2）空白酸性标准色溶液　向一份空白中性标准色溶液内加待测溶液 0.01～0.02mL，小心摇匀；如颜色差别不鲜明，再加 0.01mL，使颜色有明显差别，切勿过深。每次标定前按上法配制标准色溶液，判别滴定终点时，在瓶下衬一张白纸，仔细观察对比终点颜色。务求每次终点颜色深浅一致，相互间看法和滴加指示剂量（约 0.03mL）均应相同。

（3）特定要用酚酞作指示剂时　其方法基本上与上述一样，只是用 1％的酚酞乙醇溶液两滴代替甲基橙指示剂一滴。由于在一般条件下，酚酞在滴定 Na_2CO_3 量的一半（即反应至 $NaHCO_3$）时就出现终点，所以必须在沸腾状态下反复滴定。即加入指示剂后先用酸滴至无色，然后加热沸腾 5～10min，当红色出现时，再滴至无色。再次沸腾至红色出现，再滴到无色。如此反复进行，直至加入一滴酸后，红色立即消失，再沸腾不出现红色，即为终点。

为了避免暴沸，可在瓶内放一些瓷片或小玻璃球（珠）；为了防止水分过多蒸发，可用漏斗盖上。如水太少时可添加些。

2. 酸碱对照法

① 在化工厂内，为了保证全年分析实验用酸和碱的质量一致，应建立循环标准酸和循环标准碱溶液，其浓度以 0.5mol/L 或 1mol/L 的较佳。标定循环标准酸时，除用基准碳酸钠标定外，应再用甲基橙作指示剂，以循环标准碱标定。循环标准碱除用基准邻苯二甲酸氢钾标定外，应再用循环标准酸标定。此两种溶液留于标准溶液室内专做标定一般标准溶液之用，不供一般分析实验用。

② 装碱的滴管上口，应装一碱石灰管，以防 CO_2 侵入。

③ 用甲基橙作指示剂时，必须用酸滴碱，否则滴定误差会增大。

3. 酸的标定

采用加 10 滴溴甲酚绿-甲基红混合指示剂的方法时，当溶液由绿色转变为酒红色时，煮沸 2～3min，冷至室温，继续滴至溶液由绿色转变为酒红色，即为终点。

二、乙酸标准溶液

常用的乙酸标准溶液的浓度 $c(CH_3COOH)=0.1mol/L$。

（一）配制方法

配制 1L $c(CH_3COOH)=0.1mol/L$ 的乙酸（醋酸）溶液：用量筒量取分析纯的冰醋酸

（CH₃COOH）6mL，注入预先盛有不含 CO_2 水的瓶中，以水稀释至 1L。摇匀，密闭存放，以备标定。

（二）标定方法

（1）方法原理　以酚酞为指示剂，直接用氢氧化钠溶液滴定，当溶液呈粉红色时，即为终点。其反应式：

$$NaOH+CH_3COOH = CH_3COONa+H_2O$$

（2）应用试剂

① 氢氧化钠标准溶液，0.1mol/L。

② 酚酞指示剂，10g/L 乙醇溶液。

（3）标定步骤　准确（用滴定管或移液管）量取 30.00～35.00mL 待标定的乙酸溶液，于 250mL 锥形瓶内，加入 25mL 不含 CO_2 的水，加入酚酞指示剂 2～3 滴，用氢氧化钠标准溶液滴定。滴至溶液呈粉红色，即为终点。

在操作的同时，在同样条件下，做空白试验。

（4）计算

$$c(CH_3COOH)=c(NaOH)[V(NaOH)-V_0]/V(CH_3COOH)$$

式中　$c(CH_3COOH)$——待标定乙酸溶液的浓度，mol/L；

$\qquad c(NaOH)$——氢氧化钠标准溶液的浓度，mol/L；

$\qquad V(CH_3COOH)$——量取的待标定乙酸溶液的体积，mL；

$\qquad V(NaOH)$——耗用氢氧化钠标准溶液的体积，mL；

$\qquad V_0$——空白试验耗用氢氧化钠标准溶液的体积，mL。

（5）精度　需两人进行标定，分别各做 4 个平行的测定，4 个平行测定结果的极差（即最大值与最小值之差）与平均值之比不得大于 0.2%。

三、草酸标准溶液

常用的草酸标准溶液浓度 $c(\frac{1}{2}H_2C_2O_4)=0.1mol/L$。

（一）配制方法

配制 1L $c(\frac{1}{2}H_2C_2O_4)=0.1mol/L$ 草酸溶液：称取分析纯的草酸（$H_2C_2O_4 \cdot 2H_2O$）6.4g，溶于 1000mL 水中，混匀。倾入细口瓶内，密闭放置一周，用虹吸管移取上部澄清液，于另一细口瓶中，密闭存放，待标定。

（二）标定方法

1. 高锰酸钾法

（1）方法原理　高锰酸钾于酸性介质中氧化草酸，在热的酸性溶液中滴入高锰酸钾溶液，根据高锰酸钾溶液的脱色反应，测草酸溶液的浓度。其反应式：

$$2KMnO_4+5H_2C_2O_4+3H_2SO_4 = 2MnSO_4+K_2SO_4+10CO_2\uparrow+8H_2O$$

（2）应用试剂

① 高锰酸钾标准溶液，$c(\frac{1}{5}KMnO_4)=0.1mol/L$。

② 硫酸，（1+4）溶液（不准含有还原性物质）。

（3）标定步骤 准确（用滴定管或移液管）量取待标定的草酸溶液 30.00～35.00mL，于 250mL 锥形瓶内，加水 50mL 及（1+4）硫酸溶液 20mL。用高锰酸钾标准溶液进行滴定。滴至近终点时，将溶液加热至 70～80℃，继续滴定，至溶液所呈现粉红色保持 30s，即为终点。

在操作的同时，在同样条件下，做空白试验。

（4）计算

$$c(\frac{1}{2}H_2C_2O_4)=c(\frac{1}{5}KMnO_4)[V(\frac{1}{5}KMnO_4)-V_0]/V(\frac{1}{2}H_2C_2O_4)$$

式中 $c(\frac{1}{2}H_2C_2O_4)$——待标定草酸溶液的浓度，mol/L；

$c(\frac{1}{5}KMnO_4)$——高锰酸钾标准溶液的浓度，mol/L；

$V(\frac{1}{2}H_2C_2O_4)$——量取的待标定草酸溶液的体积，mL；

$V(\frac{1}{5}KMnO_4)$——耗用高锰酸钾标准溶液的体积，mL；

V_0——空白试验耗用高锰酸钾标准溶液的体积，mL。

2. 中和法

（1）方法原理 以酚酞作指示剂，用氢氧化钠溶液滴定，当溶液变色时，即为终点。其反应式：

$$2NaOH+H_2C_2O_4 = Na_2C_2O_4+2H_2O$$

（2）应用试剂

① 氢氧化钠，0.1mol/L 标准溶液。

② 酚酞指示剂，10g/L 乙醇溶液。

（3）标定步骤 准确（用滴定管或移液管）量取待标定的草酸溶液 30.00～35.00mL，于 250mL 锥形瓶内，加水 50mL 及酚酞指示剂 2～3 滴，以氢氧化钠标准溶液滴定。滴至溶液呈现粉红色，即为终点。

在操作的同时，在同样条件下，做空白试验。

（4）计算

$$c(\frac{1}{2}H_2C_2O_4)=c(NaOH)[V(NaOH)-V_0]/V(\frac{1}{2}H_2C_2O_4)$$

式中 $c(\frac{1}{2}H_2C_2O_4)$——待标定草酸溶液的浓度，mol/L；

$c(NaOH)$——氢氧化钠标准溶液的浓度，mol/L；

$V(\frac{1}{2}H_2C_2O_4)$——量取的待标定草酸溶液的体积，mL；

$V(NaOH)$——耗用氢氧化钠标准溶液的体积，mL；

V_0——空白试验耗用氢氧化钠标准溶液的体积，mL。

（5）精度 用两种标定方法进行标定浓度时，平行试验不得少于 8 次。两人各做 4 次平行测定，4 次平行标定结果的极差（即最大值与最小值之差）与平均值之比不得大于 0.2%。

四、高氯酸标准溶液

常用的高氯酸标准溶液浓度 $c(HClO_4)$＝0.1mol/L。

（一）配制方法

配制 1L $c(HClO_4)$＝0.1mol/L 高氯酸溶液：量取分析纯的高氯酸（$HClO_4$）8.7mL，在搅拌下注入 500mL 乙酸（冰醋酸）中，混匀。再滴加 20mL 乙酸酐，摇匀使之溶液均匀，待冷却后用乙酸稀释至 1L，密闭保存，临用前现标定。

（二）标定方法

（1）方法原理　邻苯二甲酸氢钾与高氯酸作用，借助结晶紫指示终点。

（2）应用试剂

① 邻苯二甲酸氢钾基准试剂。

② 乙酸（冰醋酸），分析纯。

③ 结晶紫（甲基紫），0.5g/L 溶液。

（3）标定步骤　准确称 0.75g（称准至 0.0001g）预先于 105～110℃干燥至恒重的邻苯二甲酸氢钾基准试剂，置于干燥的 250mL 锥形瓶内，加入 50mL 乙酸（冰醋酸），温热溶解，加 3 滴结晶紫指示剂，用待标定的高氯酸溶液进行滴定。滴至溶液由紫色变为蓝色（微带紫色），即为终点。

在操作的同时，在同样条件下，做空白试验。

（4）计算

$$c_B = m_A / [(V_B - V_0) \times 204.22/1000]$$

式中　c_B——待标定高氯酸溶液的浓度，mol/L；

m_A——称取的邻苯二甲酸氢钾基准试剂的质量，g；

V_B——滴定消耗待标定高氯酸溶液的体积，mL；

V_0——空白试验消耗待标定高氯酸溶液的体积，mL；

204.22——邻苯二甲酸氢钾的摩尔质量，g/mol。

（5）精度　需两人进行标定，分别各做 4 个平行的测定，4 个平行测定结果的极差（即最大值与最小值之差）与平均值之比不得大于 0.2%。

五、氢氧化钠标准溶液

常用的氢氧化钠标准溶液浓度 $c(NaOH)$ 有 1mol/L、0.5mol/L、0.2mol/L 和 0.1mol/L。

（一）配制方法

先配制饱和的氢氧化钠溶液，然后以稀释法配成。

配制 1L 饱和的氢氧化钠溶液：用工业天平称取分析纯或化学纯试剂的氢氧化钠（NaOH）550g，于聚乙烯塑料或陶瓷容器内，加水约 470mL，搅拌使其溶解。冷却后转入硬质玻璃细口瓶内，用橡胶塞子塞紧，放置 10～15d，即可标定。

亦可用工业品氢氧化钠配制，须放置到配好的溶液澄清后，取其澄清液，再加水稀释至 27%～30%，放置三个月以上，以除去铁离子及碳酸盐等，然后取其上层澄清液，以备标定。

配制 1L 不同浓度标准氢氧化钠溶液，需量取饱和氢氧化钠溶液量为：

1mol/L 氢氧化钠标准溶液，量取 52mL 氢氧化钠饱和溶液；

0.5mol/L 氢氧化钠标准溶液，量取 26mL 氢氧化钠饱和溶液；

0.2mol/L 氢氧化钠标准溶液，量取 10mL 氢氧化钠饱和溶液；

0.1mol/L 氢氧化钠标准溶液，量取 5mL 氢氧化钠饱和溶液。

分别注入不含 CO_2 的水中，稀释至 1L，摇匀，以备标定。

（二）标定方法

1. 邻苯二甲酸氢钾法

（1）方法原理　邻苯二甲酸氢钾与氢氧化钠作用，生成邻苯二甲酸钠钾和水，以酚酞作指示剂，滴至溶液呈微红色，即为终点。其反应式：

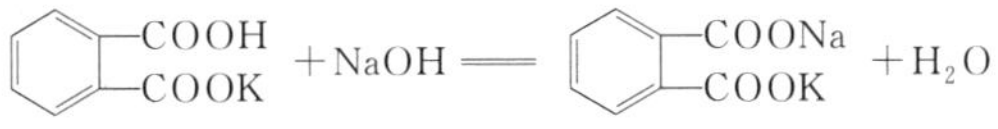

（2）应用试剂

① 邻苯二甲酸氢钾基准试剂，化学式 $KHC_8H_4O_4$，式量 204.22，基本单元 $KHC_8H_4O_4$，摩尔质量 204.22g/mol。

在使用前于 105～110℃烘箱中烘 3～4h，取出放入干燥器内，冷却至室温备用。

② 酚酞指示剂，10g/L 乙醇溶液。

（3）标定步骤　按照下列 NaOH 溶液浓度（c_B）与邻苯二甲酸氢钾质量（m_A）的对应关系称取邻苯二甲酸氢钾基准试剂。

c_B/(mol/L)	m_A/g
1	5～6
0.5	2.5～3.0
0.2	1.0～2.0
0.1	0.5～0.6

称准至 0.0001g，放入 250mL 锥形瓶内，加 50mL 新煮沸的水（或无二氧化碳的水），摇动使其溶解，继续加热至溶液沸腾，加酚酞指示剂 2～3 滴，立即以待标定的氢氧化钠溶液滴定至溶液呈微红色保持 30s，即为终点（终点时溶液的温度应在 50℃以上）。

在操作的同时，在同样条件下，做空白试验。

（4）计算

$$c_B = m_A / [(V_B - V_0) \times 204.22/1000]$$

式中　c_B——待标定氢氧化钠溶液的浓度，mol/L；

　　　m_A——称取的邻苯二甲酸氢钾基准试剂的质量，g；

　　　V_B——耗用氢氧化钠溶液的体积，mL；

　　　V_0——空白溶液耗用氢氧化钠溶液的体积，mL；

204.22——邻苯二甲酸氢钾的摩尔质量，g/mol。

2. 酸碱对照法

（1）方法原理　强酸与强碱中和，借助指示剂颜色改变，确定终点。其反应式：

$$NaOH + HCl \xlongequal{} NaCl + H_2O$$
$$NaOH + HNO_3 \xlongequal{} NaNO_3 + H_2O$$
$$2NaOH + H_2SO_4 \xlongequal{} Na_2SO_4 + 2H_2O$$

（2）应用试剂

① 与标定氢氧化钠溶液浓度相接近的酸（HCl、HNO$_3$、$\frac{1}{2}$H$_2$SO$_4$）标准溶液。

② 甲基橙指示剂，1g/L。

③ 酚酞指示剂，10g/L 乙醇溶液。

④ 甲基红指示剂，2g/L 乙醇溶液。

⑤ 甲基红-亚甲基蓝混合指示剂，甲基红的 2g/L 乙醇溶液与亚甲基蓝的 1g/L 乙醇溶液等体积相混合。

⑥ 溴甲酚绿指示剂，取溴甲酚绿 0.10g 溶于 7.15mL 0.02mol/L 的氢氧化钠溶液中，用水稀释至 250mL。

（3）标定步骤

① 甲基橙作指示剂：准确（用滴定管或移液管）量取待标定的氢氧化钠溶液 25.00～30.00mL，于 250mL 锥形瓶内，加水 50mL 及甲基橙指示剂 1～2 滴，用酸标准溶液滴定。滴至溶液由黄色突变为橙色，即为终点。

在操作的同时，在同样条件下，做空白试验。

② 酚酞作指示剂：准确（用滴定管或移液管）量取酸标准溶液 25.00～30.00mL，于 250mL 锥形瓶内，加水 50mL 及酚酞指示剂 2 滴，用待标定的氧化钠标准溶液滴定。近终点时，将溶液加热至沸腾，趁热继续滴至微红色，即为终点（标定 0.5mol/L 和 0.1mol/L 氢氧化钠溶液时可不加热）。

在操作的同时，在同样条件下，做空白试验。

③ 甲基红作指示剂：准确（用滴定管或移液管）量取酸标准溶液 25.00～30.00mL，于 250mL 锥形瓶内，加水 50mL 及甲基红指示剂 2 滴，用待标定的氢氧化钠溶液滴定。滴至溶液由红色变为黄色，即为终点。

在操作的同时，在同样条件下，做空白试验。

④ 甲基红-亚甲基蓝混合指示剂（以下简称混合指示剂）：准确（用滴定管或移液管）量取酸标准溶液 25.00～30.00mL，于 250mL 锥形瓶内，加水 50mL 及混合指示剂 2 滴，用待标定的氢氧化钠溶液滴定。滴至溶液由红紫色变为绿色，即为终点。

在操作的同时，在同样条件下，做空白试验。

⑤ 溴甲酚绿作指示剂　准确（用滴定管或移液管）量取酸标准溶液 25.00～30.00mL，于 250mL 锥形瓶内，加水 50mL 及溴甲酚绿指示剂 4～5 滴，用待标定的氢氧化钠溶液滴定。滴至溶液由黄色变为紫罗兰色，即为终点。

在操作的同时，在同样条件下，做空白试验。

（4）计算

① 以甲基橙作指示剂的计算。

$$c_B = c_1(V_1 - V_0)/V_B$$

式中　c_B——待标定氢氧化钠溶液的浓度，mol/L；

c_1——酸（HCl、HNO$_3$、$\frac{1}{2}$H$_2$SO$_4$）标准溶液的浓度，mol/L；

V_1——耗用酸标准溶液的体积，mL；

V_B——量取的待标定氢氧化钠溶液的体积，mL；

V_0——空白试验耗用酸标准溶液的体积，mL。

② 以酚酞作指示剂、甲基红作指示剂、甲基红-亚甲基蓝混合指示剂及溴甲酚绿作指示剂的计算。

$$c_B = c_1 V_1 / (V_B - V_0)$$

式中　c_B——待标定氢氧化钠溶液的浓度，mol/L；

c_1——酸（HCl、HNO$_3$、$\frac{1}{2}$H$_2$SO$_4$）标准溶液的浓度，mol/L；

V_1——量取的酸标准溶液的体积，mL；

V_B——耗用待标定氢氧化钠溶液的体积，mL；

V_0——空白试验耗用氢氧化钠溶液的体积，mL。

（5）精度　无论采用哪种方法标定标准溶液，平行试验均不得少于 8 次。应由两人各做 4 次平行测定，4 次平行测定结果的极差（最大值与最小值之差）与平均值之比应符合表 8-3 的要求。

表 8-3　平行测定结果的极差与平均值之比

浓度/(mol/L)	1 及 0.5	0.1 及 0.2	0.05	0.01 及 0.02
允许误差/% ≤	0.1	0.2	0.3	0.5

（三）提示

① 配制饱和氢氧化钠溶液时，因碱的腐蚀性很强，勿使碱液溅在皮肤或衣服上，最好戴上橡（胶）皮手套和眼镜，以确保安全。

② 碱液吸收 CO$_2$ 的性能很强，制备时应迅速，保存中应严格密闭。凡必须留有开口使与空气相通时，开口处应装上碱石灰管，碱石灰管应经常更换。

碱石灰是 Ca(OH)$_2$、NaOH 及加有达旦黄指示剂的混合物。这种物质极易吸收 CO$_2$，其反应：

$$Ca(OH)_2 + CO_2 = CaCO_3 + H_2O$$
$$2NaOH + CO_2 = Na_2CO_3 + H_2O$$

达旦黄遇碱呈现红色，当碱变成盐，红色即消失。故红色褪去表明碱石灰失效，无法再吸收 CO$_2$。

③ 制备饱和氢氧化钠溶液及静置的目的是除去 Na$_2$CO$_3$，若所用的氢氧化钠（试剂）纯度较高，将浓碱溶液稀释时不产生黄色浑浊，一般放置五天不调换瓶子也可以。

④ 用甲基红-亚甲基蓝混合指示剂滴定终了时，溶液的体积约为 50mL，应加此混合指示剂 2 滴（约 0.06mL）。其 pH 值范围为 5.2～5.6，实际变色点的 pH 值为 5.4。pH=5.2 时呈红紫色；pH=5.4 时呈暗蓝色；pH=5.6 时呈暗绿色。

六、氢氧化钾乙醇标准溶液

常用的氢氧化钾乙醇标准溶液的浓度 c(KOH)均在 0.5mol/L 以下。

（一）配制方法

先配制饱和的氢氧化钾溶液，然后以乙醇稀释之。

配制 1L 饱和氢氧化钾溶液：称取分析纯的氢氧化钾（KOH）约 500g，放于聚乙烯塑料容器或陶瓷容器内，加入新煮沸的冷却水 420mL，摇动使其溶解后，倾入硬质玻璃细口瓶内，用橡胶塞塞紧，即成相对密度为 1.61～1.63，质量分数为 55%～57% 的饱和溶液。

配制 1L 0.1mol/L 的氢氧化钾乙醇溶液：取饱和氢氧化钾溶液 6～7mL，倒入准备好的硬质玻璃细口瓶内，加乙醇（C_2H_5OH）稀释至 1L，塞上塞子，小心摇匀。放置 2～4d，使其完全澄清后，用虹吸管吸取上层澄清液，于另一无 CO_2 的瓶内，以备标定。

配制其他浓度（如 0.5mol/L、0.05mol/L 等）溶液时，可按比例增减饱的氢氧化钾溶液的量，操作方法与配制 0.1mol/L 溶液相同。

如果用量较少，允许临时直接配制。配制 1L 0.1mol/L 的氢氧化钾饱和溶液：称取氢氧化钾 7g，加少量水溶解，倾入硬质玻璃细口瓶内，用乙醇稀释至 1L，小心摇匀。放置 2～4d，使其完全澄清后，用虹吸管吸取上层澄清液，于另一无 CO_2 的瓶内，以备标定。

（二）标定方法

（1）方法原理　以盐酸标定，用酚酞作指示剂，终点时溶液呈现微红色。其反应式：

$$KOH + HCl \Longrightarrow KCl + H_2O$$

（2）应用试剂

① 盐酸标准溶液，0.1mol/L。

② 酚酞指示剂，10g/L 乙醇溶液。

（3）标定步骤

① 碱滴定酸　准确（用滴定管）量取盐酸标准溶液 25.00～30.00mL，于 250mL 锥形瓶内，加水 50mL 及酚酞指示剂 2 滴，用待标定的氢氧化钾乙醇溶液滴定。近终点时，加热至沸腾，趁热滴定至溶液显微红色，即为终点。

在操作的同时，在同样条件下，做空白试验。

② 酸滴定碱　准确（用滴定管）量取待标定的氢氧化钾乙醇溶液 25.00～30.00mL，于 250mL 锥形瓶内，加水 50mL 及酚酞指示剂 2～3 滴，用盐酸标准溶液滴定。当滴至溶液红色消失时，用玻璃漏斗盖着瓶口，在电热板（或电炉）上加热至红色出现之后，再用盐酸标准溶液滴至红色消失，然后再加热至红色出现。如此循环，直至加热沸腾 5～10min 内再不出现红色，即为终点。

在操作的同时，在同样条件下，做空白试验。

（4）计算

① 碱滴定酸的计算。

$$c_B = c_1 V_1 / (V_B - V_0)$$

式中　c_B——待标定氢氧化钾乙醇溶液的浓度，mol/L；

c_1——盐酸标准溶液的浓度，mol/L；

V_1——量取的盐酸标准溶液的体积，mL；

V_B——耗用待标定氢氧化钾乙醇溶液的体积，mL；

V_0——空白试验耗用氢氧化钾乙醇溶液的体积，mL。

② 酸滴定碱的计算。

$$c_B = c_1 (V_1 - V_0) / V_B$$

式中　c_B——待标定氢氧化钾乙醇溶液的浓度，mol/L；

c_1——盐酸标准溶液的浓度，mol/L；

V_1——耗用盐酸标准溶液的体积，mL；

V_B——量取的待标定氢氧化钾乙醇溶液的体积，mL；

V_0——空白试验耗用盐酸标准溶液的体积，mL。

（5）精度　需两人进行标定，分别各做 4 个平行的测定，4 个平行测定结果的极差（即最大值与最小值之差）与平均值之比应符合表 8-4 的要求。

表 8-4　平行测定结果的极差与平均值之比

浓度/（mol/L）		0.5	0.1	0.05
允许误差/%	≤	0.1	0.25	0.5

（三）提示

① 乙醇（C_2H_5OH）二级品（分析纯）试剂，无色透明，不含醛、糠醛及杂醇油。作变黄试验不应发黄色，否则应精制。

② 变黄试验：从购来的一批乙醇中，任意抽取三瓶，从每瓶中取出约 10mL，分别注入 30～50mL 比色管内，各加莫列尔试剂 2mL 及水 10mL，在 20℃下静置 20min，如溶液仍为无色，即无醛。若呈现红紫色必须按下法精制。

精制方法：每升乙醇内加入 $AgNO_3$ 2g（用少量水溶解）及氢氧化钾（KOH）5g，然后在水浴上回流 30min，取出上层澄清液。再将澄清液注入硬质玻璃支管烧瓶（1～5L）内蒸馏，收集（78.3±0.5）℃（760mmHg）范围的蒸馏物。蒸馏时要考虑气压补正（一般情况下，大气压力每升降 10mmHg，沸点应修正±0.34℃）。

③ 若配成的氢氧化钾乙醇溶液发生变黄现象，可用上述方法精制乙醇后，重新配制。

④ 莫列尔试剂　将 150mL 0.1% 的品红（碱性）水溶液，置于容量 1.5L 并有磨口塞的茶色玻璃瓶中，加 100mL 新配的 $NaHSO_3$ 溶液（相对密度为 1.3），摇匀后，加入 1L 蒸馏水，15mL（相对密度 1.84）H_2SO_4，混匀，静置 10～12h。待溶液完全褪色，此溶液与醛类作用呈玫瑰紫红色。

⑤ 氢氧化钠乙醇溶液的配制和标定方法与氢氧化钾溶液相同。

七、氢氧化钡标准溶液

常用的氢氧化钡标准溶液的浓度 $c\left[\dfrac{1}{2}Ba(OH)_2\right]=0.05mol/L$。

（一）配制方法

预先配制氢氧化钡的饱和溶液，然后以稀释法配成。

配制 1L 饱和氢氧化钡溶液：称取约 78.70g 分析纯的氢氧化钡 $[Ba(OH)_2 \cdot 8H_2O]$，于硬质玻璃细口瓶内，加不含 CO_2 的水至 1L。摇匀，密闭存放 15 天待其澄清。

配制 1L $c\left[\dfrac{1}{2}Ba(OH)_2\right]=0.05mol/L$ 溶液：用吸管取上层澄清的饱和氢氧化钡溶液 110mL，放入用热水洗过的细口瓶内，加不含 CO_2 的水稀释至 1L。摇匀，密闭存放（静置）3～4 天，如有沉淀应导入图 8-1 所示装置并置于除过 CO_2 的细口瓶内，以备标定。

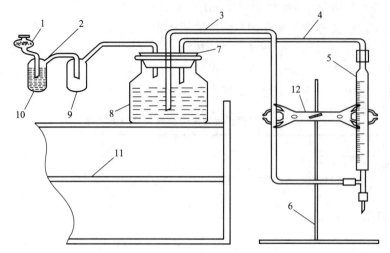

图 8-1 标定氢氧化钡溶液滴定装置

1—脱脂棉塞；2—洗气管；3—虹吸管；4—回气管；5—碱滴管；6—滴定管架；7—橡皮塞；
8—氢氧化钡溶液；9—缓冲瓶；10—30％氢氧化钠溶液；11—试剂（瓶）架；12—蝶形滴管架

（二）标定方法

（1）方法原理 邻苯二甲酸氢钾与氢氧化钡作用起中和反应，以酚酞为指示剂，终点时，稍过量的氢氧化钡使溶液呈现微红色。其反应式：

$$2 \underset{\text{COOK}}{\overset{\text{COOH}}{\bigcirc}} + Ba(OH)_2 \longrightarrow 2 \underset{\text{COOK}}{\overset{\text{COO—Ba—OOC}}{\bigcirc}} \underset{}{\overset{}{\bigcirc}} + 2H_2O$$

（2）应用试剂

① 邻苯二甲酸氢钾基准试剂，化学式 $KHC_8H_4O_4$，式量 204.22，基本单元 $KHC_8H_4O_4$，摩尔质量 204.22g/mol。

在使用前于 105～110℃烘箱中，烘干 3～4h，取出放入氯化钙干燥器内冷至室温，备用。

② 酚酞指示剂，10g/L 乙醇溶液。

③ 新煮沸的不含 CO_2 的蒸馏水或去离子水。

（3）标定步骤 标定前，预先准备好如图 8-1 所示装置的滴定管。

称取邻苯二甲酸氢钾 0.25～0.30g，称准至 0.0001g，于 250mL 锥形瓶内，加 50mL 新煮沸不含 CO_2 的水，摇动之使其溶解，加酚酞指示剂 2 滴，立即用待标定的氢氧化钡溶液滴定之。滴至溶液呈现微红色，即为终点。终点时溶液温度应保持在 50℃以上。

在操作的同时，在同样条件下，做空白试验。

（4）计算

$$c_B = m_A / [(V_B - V_0) \times 204.22/1000]$$

式中 c_B——待标定氢氧化钡 $[\frac{1}{2}Ba(OH_2)]$ 溶液的浓度，mol/L；

m_A——称取的邻苯二甲酸氢钾基准试剂的质量，g；

V_B——耗用氢氧化钡溶液的体积，mL；

V_0——空白溶液耗用氢氧化钡溶液的体积，mL；

204.22——邻苯二甲酸氢钾的摩尔质量，g/mol。

（5）精度　需两人进行标定，分别各做 4 个平行的测定，4 个平行测定结果的极差（即最大值与最小值之差）与平均值之比不得大于 0.2%。

（三）提示

配制氢氧化钡溶液的硬质玻璃细口瓶，应准备 5～10L 的 2～3 个，其中二个应具有图 8-5 所示的虹吸装置，以确保无二氧化碳侵入。

八、碳酸钠标准溶液

常用的碳酸钠标准溶液的浓度 $c(\frac{1}{2}Na_2CO_3)$ 为 1mol/L 和 0.1mol/L。

（一）配制方法

配制 1L $c(\frac{1}{2}Na_2CO_3)=1mol/L$ 的碳酸钠溶液：称取分析纯无水碳酸钠（Na_2CO_3）53g，于烧杯中，加水溶解后，移入 1000mL 容量瓶中，用水稀释至刻度，摇匀，以备标定。

配制 1L $c(\frac{1}{2}Na_2CO_3)=0.1mol/L$ 的碳酸钠溶液：称取分析纯无水碳酸钠（Na_2CO_3）5.3g（或 $Na_2CO_3·10H_2O$ 14.3g），于烧杯中，其余操作同上述 1mol/L 溶液。

（二）标定方法

（1）方法原理　酸碱中和法：1mol/L 以甲基橙为指示剂，0.1mol/L 以靛蓝二磺酸钠-甲基橙混合指示剂，用相似（近似）浓度的硫酸或盐酸滴定。其反应式：

$$Na_2CO_3 + H_2SO_4 = Na_2SO_4 + H_2O + CO_2\uparrow$$
$$Na_2CO_3 + 2HCl = 2NaCl + H_2O + CO_2\uparrow$$

（2）应用试剂

① 硫酸（$\frac{1}{2}H_2SO_4$）或盐酸，1mol/L 及 0.1mol/L 标准溶液。

② 甲基橙指示剂，1g/L 溶液。

③ 靛蓝二磺酸钠-甲基橙混合指示剂，取靛蓝二磺酸钠 2.5g/L 水溶液与甲基橙 1g/L 水溶液等体积相混合。

（3）标定步骤

① 1mol/L 碳酸钠（$\frac{1}{2}Na_2CO_3$）溶液的标定：准确（用滴定管）量取待标定的碳酸钠溶液 30.00～35.00mL，于 250mL 锥形瓶内，加水 20mL 及甲基橙指示剂 2～3 滴，用 1moL/L 的硫酸（$\frac{1}{2}H_2SO_4$）（或盐酸）标准溶液滴定之。滴至溶液呈橙红色，煮沸 2～3min，冷却，继续滴至溶液呈橙红色，即为终点。

② 0.1mol/L 碳酸钠（$\frac{1}{2}Na_2CO_3$）溶液的标定：准确（用滴定管）量取待标定的碳酸钠溶液 30.00～35.00mL，于 250mL 锥形瓶内，加水 20mL 及靛蓝二磺酸钠-甲基橙混合指示剂 0.2mL，用 0.1moL/L 的硫酸（$\frac{1}{2}H_2SO_4$）（或盐酸）标准溶液滴定之。滴至溶液由蓝

绿色变成紫色，即为终点。

以上两种浓度的标定，均需在操作的同时，在同样条件下，做空白试验。

（4）计算

$$c_B = c_1(V_1 - V_0)/V_B$$

式中　c_B——待标定碳酸钠（$\frac{1}{2}Na_2CO_3$）溶液的浓度，mol/L；

c_1——硫酸（$\frac{1}{2}H_2SO_4$）（或盐酸）标准溶液的浓度，mol/L；

V_1——耗用硫酸（或盐酸）标准溶液的体积，mL；

V_B——量取的待标定碳酸钠溶液的体积，mL；

V_0——空白试验耗用硫酸（或盐酸）标准溶液的体积，mL。

（5）精度　需两人进行标定，分别各做 4 个平行的测定，4 个平行测定结果的极差（即最大值与最小值之差）与平均值之比：1mol/L 应不大于 0.1%，0.1mol/L 应不大于 0.2%。

九、硫代硫酸钠标准溶液

常用的硫代硫酸钠标准溶液的浓度 $c(Na_2S_2O_3) = 0.1mol/L$。

（一）配制方法

配制 1L $c(Na_2S_2O_3) = 0.1mol/L$ 的硫代硫酸钠溶液：称取分析硫代硫酸钠（$Na_2S_2O_3 \cdot 5H_2O$）25g 及无水碳酸钠 0.2g，于 400mL 烧杯内，加入新煮沸的水，并搅拌使其完全溶解后，用不含二氧化碳的水稀释至 1L。密闭存放于暗处，静置 12～15d。再用虹吸管将上层澄清液导入另一干净的茶色玻璃细口瓶内，以备标定。

注意：1. 配制硫代硫酸钠标准溶液，需用无二氧化碳的蒸馏水，可将蒸馏水煮沸 30min 以上，冷却后使用。如有二氧化碳存在时，$Na_2S_2O_3$ 易被分解。

$$Na_2S_2O_3 + H_2CO_3 \longrightarrow NaHCO_3 + NaHSO_3 + S\downarrow$$

这个分解反应，一般都在配成溶液的最初 10d 内发生，一般应在 10d 后（12～15d）再进行标定。

2. $Na_2S_2O_3$ 易被空气氧化：

$$2Na_2S_2O_3 + O_2 \Longrightarrow 2Na_2SO_4 + 2S\downarrow$$

$Na_2S_2O_3$ 也易被微生物（细菌）分解：

$$Na_2S_2O_3 \xrightarrow{\text{细菌}} Na_2SO_3 + S\downarrow$$

$$2Na_2SO_3 + O_2 \Longrightarrow 2Na_2SO_4$$

在配制硫代硫酸钠标准溶液时，加入少量无水碳酸钠使溶液呈弱碱性，或将蒸馏水煮沸，均可抑制细菌生长，也可加入数滴氯仿或少量碘化汞（10mg/L），防止细菌分解。

3. 当在水中含有铜离子时，亦能促使 $Na_2S_2O_3$ 分解：

$$2Cu^{2+} + 2S_2O_3^{2-} \longrightarrow 2Cu^+ + S_4O_6^{2-}$$

加无水碳酸钠（Na_2CO_3）能部分水解形成 HCO_3^-，可抑制 $S_2O_3^{2-}$ 与 Cu^{2+} 的反应，增加溶液的稳定性。

配制硫代硫酸钠溶液时采用无 CO_2 蒸馏水、加入无水碳酸钠且于暗处密闭存放，但其浓度随时间延长，还会有所改变。如长期存放，需每隔 20d 左右应重新标定一次。如时间太长，或保存不当，溶液中将析出大量的硫，溶液呈浑浊，失效。

（二）标定方法

1. 重铬酸钾法

（1）方法原理　在酸性溶液中，碘化钾与重铬酸钾作用，析出游离的碘，然后，用硫代硫酸钠溶液滴定析出来的游离碘。析出游离碘的量与重铬酸钾的量成正比，故由重铬酸钾的量可准确地确定硫代硫酸钠溶液的浓度。以淀粉作指示剂，由于淀粉指示剂与游离碘呈蓝色反应，即可判别终点。其反应式：

$$K_2Cr_2O_7 + 6KI + 14HCl =\!=\!= 8KCl + 2CrCl_3 + 3I_2 + 7H_2O$$
$$2Na_2S_2O_3 + I_2 =\!=\!= Na_2S_4O_6 + 2NaI$$

（2）应用试剂

① 重铬酸钾基准试剂，化学式 $K_2Cr_2O_7$，式量 294.18，基本单元 $\frac{1}{6}K_2Cr_2O_7$，$M(\frac{1}{6}K_2Cr_2O_7)=49.03\text{g/mol}$。在使用前，于 $140\sim150℃$ 烘箱内烘 $2\sim3h$，然后取出，放入干燥器内冷却至室温，备用（允许用红外线法干燥）。

② 碘化钾，分析纯（不得含有碘酸盐）。

③ 盐酸，2mol/L 溶液。

④ 淀粉指示剂，5g/L 溶液。

（3）标定步骤　称取 $0.13\sim0.15g$ 重铬酸钾，称准至 0.0001g，小心放入 500mL 碘瓶内，加水 25mL，摇动使其完全溶解。加碘化钾 2g 及盐酸溶液 15mL（2mol/L），摇动使其混匀，塞上塞子，于暗处静置 5min 后，再加约 200mL 水，以待标定的硫代硫酸钠溶液滴定之。滴至溶液出现淡黄色（略带绿色）时加入淀粉指示剂 3mL，在充分摇动下，继续滴至溶液蓝色消失变为鲜明的淡绿色，即为终点。

在操作的同时，在同样的条件下，做空白试验。

（4）计算

$$c_B = m_A / [(V_B - V_0) \times 49.03/1000]$$

式中　c_B——待标定硫代硫酸钠溶液的浓度，mol/L；

$\qquad m_A$——称取的基准物重铬酸钾的质量，g；

$\qquad V_B$——耗用硫代硫酸钠溶液的体积，mL；

$\qquad V_0$——空白溶液耗用硫代硫酸钠溶液的体积，mL；

49.03——$\frac{1}{6}K_2Cr_2O_7$ 的摩尔质量，g/mol。

2. 高锰酸钾法

（1）方法原理　在酸性溶液中，高锰酸钾与碘化钾作用，使碘游离析出，然后用硫代硫酸钠溶液滴定游离的碘。析出游离碘的量与高锰酸钾的量成正比。故可用高锰酸钾的量来确定硫代硫酸钠溶液的浓度。以淀粉指示剂判别终点。其反应式：

$$2KMnO_4 + 10KI + 8H_2SO_4 =\!=\!= 2MnSO_4 + 6K_2SO_4 + 5I_2 + 8H_2O$$
$$2Na_2S_2O_3 + I_2 =\!=\!= Na_2S_4O_6 + 2NaI$$

（2）应用试剂

① 高锰酸钾，$c(\frac{1}{5}KMnO_4)＝0.1mol/L$ 的标准溶液。

② 碘化钾，分析纯（不得含有碘酸盐）。

③ 硫酸溶液，相对密度为 1.11 的溶液（不得含有还原性物质）。

相对密度 1.11 的硫酸溶液配法：取相对密度 1.84 的硫酸 131mL，慢慢地注入 869mL 水中。

④ 淀粉指示剂，5g/L 溶液。

（3）标定步骤　准确（用滴定管）量取高锰酸钾（$\frac{1}{5}KMnO_4$）标准溶液 25.00～30.00mL，于 500mL 碘瓶内，加水约 80mL，碘化钾 2g 及相对密度为 1.11 的硫酸溶液 20mL，摇匀后塞上塞子，于暗处静置 5min，以待标定的硫代硫酸钠溶液滴定。滴至溶液出现淡黄色，加淀粉指示剂 3mL，继续滴至蓝色消失，即为终点。

在操作的同时，在同样的条件下，做空白试验。

（4）计算

$$c_B＝c_1V_1/(V_B－V_0)$$

式中　c_B——待标定的硫代硫酸钠溶液的浓度，mol/L；

　　　c_1——高锰酸钾（$\frac{1}{5}KMnO_4$）标准溶液的浓度，mol/L；

　　　V_1——量取的高锰酸钾标准溶液的体积，mL；

　　　V_B——耗用硫代硫酸钠溶液的体积，mL；

　　　V_0——空白试验耗用硫代硫酸钠溶液的体积，mL。

3. 纯碘法

（1）方法原理　碘与硫代硫酸钠作用生成连四硫酸钠（四硫磺酸钠）及碘化钠，碘由游离碘变为离子碘，用淀粉作指示剂可判别终点。其反应式：

$$2Na_2S_2O_3＋I_2 \longrightarrow 2NaI＋Na_2S_4O_6$$

（2）应用试剂

① 纯碘基准试剂，化学式 I_2，式量 253.81，基本单元 $\frac{1}{2}I_2$，$M(\frac{1}{2}I_2)$ 为 126.90g/mol。

可将优级纯的碘，再升华 2～3 次，放入 KOH 干燥器内 2d 以上。

② 碘化钾，分析纯（不得含有碘酸盐）。

③ 淀粉指示剂，5g/L 溶液。

（3）标定步骤　于干净的称量瓶内，放入 2g 碘化钾，加入约 1.5mL 水，将盖子盖上，摇动约 5～10min，使其迅速溶解。然后将瓶放置数分钟，使其恢复室温，将瓶的外部用布揩净，放天平上精确称量之后，用牛角勺加入已备的纯碘约 0.25～0.38g，再精确称量（二次均应称准至 0.0001g）。小心地将瓶（带盖）推入装有 150mL 水及 1g 碘化钾的锥形瓶内（推时将锥瓶略倾斜）。然后摇动使瓶与瓶盖分开（分不开时可用清洁玻璃棒拨开，再用水冲洗玻璃棒）。然后将待标定的硫代硫酸钠以自由流速注入碘溶液内，并轻轻摇动。当溶液呈黄色时，再一滴一滴地滴至溶液呈淡黄色时加入 3mL 淀粉指示剂，小心滴至无色，即为终点。

在操作的同时，在同样的条件下，做空白试验。

（4）计算

$$c_B = m_A / [(V_B - V_0) \times 126.90/1000]$$

式中　c_B——待标定硫代硫酸钠溶液的浓度，mol/L；

　　　m_A——量取的基准物纯碘的质量，g；

　　　V_B——耗用硫代硫酸钠溶液的体积，mL；

　　　V_0——空白溶液耗用硫代硫酸钠溶液的体积，mL；

　126.90——$\frac{1}{2}I_2$ 的摩尔质量，g/mol。

4. 精度

平行测定不得少于 8 次，两人各做 4 次平行测定，4 个平行测定结果的极差（最大值与最小值之差）与平均值之比：0.1mol/L 应不大于 0.2%，0.05mol/L 应不大于 0.3%。

（三）提示

① 重铬酸钾标定法的硫代硫酸钠标准溶液，用于分析雷汞及氯酸钾中的溴酸盐时，可以 20mL 相对密度为 1.11 的硫酸代替 15mL 2mol/L 的盐酸。

② 重铬酸钾标定法，加完淀粉指示剂，继续滴定到蓝色消失呈亮绿色（Cr^{3+} 的颜色）为止。滴定不能超过终点，因过量的硫代硫酸钠会在酸性溶液中分解，所以也不能采用回滴的方法。如亮绿色在 5～10min 内不再变为蓝色，说明已达到终点。如果溶液又很快地变蓝，说明在滴定前重铬酸钾与碘化钾的氧化还原反应没有进行完全，在这种情况下，应重新进行分析试验。硫代硫酸钠在较强酸性溶液中易分解，滴定时速度不能太快，并充分进行摇动或搅拌，以免硫代硫酸钠溶液局部过浓，引起分解，造成误差。

③ 淀粉指示剂需用时现配，在使用前应检查其灵敏度。淀粉溶液与碘显色应灵敏，其检查方法如下：

取 300mL 蒸馏水（或去离子水）倾入 500mL 的锥形瓶内，向瓶内加入 2mol/L 的盐酸 15mL，淀粉指示剂 3mL，用 0.1mol/L 碘溶液滴至蓝色出现，所消耗的碘溶液数量应不大于 0.02mL，即为合格。

④ 纯碘标定法，碘只溶解于碘化钾水溶液内，碘化钾溶解时吸热，用手加温可迅速溶解。

为避免碘的挥发，滴定开始时硫代硫酸钠溶液的滴入要用自由流速，同时注意不要过于激烈的摇动。

⑤ 0.05mol/L 的硫代硫酸钠溶液的配制方法同 0.1mol/L 的硫代硫酸钠溶液的配制方法，只是称取的五水合硫代硫酸钠的质量减少一半。

0.02mol/L 及 0.01mol/L 或更稀的硫代硫酸钠溶液的配制，可用已知浓度的 0.1mol/L 标准的硫代硫酸钠溶液，以新煮沸并冷却的水在容量瓶内稀释。稀释时，应在（20±0.5）℃ 恒温槽内进行（量取硫代硫酸钠标准溶液时，体积一定要读准）。

十、高锰酸钾标准溶液

常用的高锰酸钾标准溶液的浓度 $c(\frac{1}{5}KMnO_4)$ 为 0.1mol/L 和 0.05mol/L。

（一）配制方法

配制 10L $c(\frac{1}{5}KMnO_4)=0.1$mol/L 的高锰酸钾溶液，称取分析纯高锰酸钾（$KMnO_4$）33g，于烧杯中，加水约 1L，加热使其溶解。冷却后，倾入玻璃细口瓶中，加水稀释至 10L，充分摇匀。密闭放置暗处，静置两周以上，用虹吸管吸取上层澄清液，于另一茶色细口瓶内，以备标定。

若发现有浑浊或使用质量较差的高锰酸钾时，虹吸时用玻璃丝或 4# 玻璃滤杯过滤。高锰酸钾溶液不得与橡胶等有机物质接触，否则会引起高锰酸钾溶液分解，析出二氧化锰。

（二）标定方法

1. 草酸钠法

（1）方法原理　在酸性溶液中，草酸钠与高锰酸钾作用，锰离子由 7 价还原为 2 价，产生硫酸锰和硫酸钾。终点时稍过量的高锰酸钾即呈现微红色。其反应式：

$$5Na_2C_2O_4+2KMnO_4+8H_2SO_4 =\!=\!= 2MnSO_4+K_2SO_4+5Na_2SO_4+10CO_2\uparrow+8H_2O$$

（2）应用试剂

① 草酸钠基准试剂，化学式 $Na_2C_2O_4$，式量 134.00，基本单元 $\frac{1}{2}Na_2C_2O_4$，$M(\frac{1}{2}Na_2C_2O_4)$ 为 67.00g/mol。在使用前先将其研细，于 130～140℃烘箱中烘 3～4h，取出放入干燥器冷却至室温备用。

② 硫酸，（1+4）溶液（不含有还原性物质）或 20%（体积比）稀硫酸。取 200mL 相对密度 1.84 的硫酸，慢慢注入 800mL 水中。

（3）标定步骤　准确称取 0.18～0.20g 基准试剂草酸钠，称准至 0.0001g，于 250mL 锥形瓶内，加水 50mL，加（1+4）硫酸溶液 20mL，摇动使其完全溶解，以待标定的高锰酸钾溶液滴定。滴至溶液接近终点时（尚有 1～2mL 时），将溶液加热至 70℃，继续滴至溶液呈现的粉红色保持 30s 不消失，即为终点。

在操作的同时，在同样的条件下，做空白试验。

注：高锰酸钾溶液颜色太浓，读取滴管体积时，以弯液面上边缘为准。

（4）计算

$$c_B=m_A/[(V_B-V_0)\times67.00/1000]$$

式中　c_B——待标定高锰酸钾（$\frac{1}{5}KMnO_4$）溶液的浓度，mol/L；

m_A——称取的基准物草酸钠的质量，g；

V_B——耗用高锰酸钾溶液的体积，mL；

V_0——空白试验耗用高锰酸钾溶液的体积，mL；

67.00——$\frac{1}{2}Na_2C_2O_4$ 的摩尔质量，g/mol。

2. 硫代硫酸钠法

（1）方法原理　在酸性溶液中，高锰酸钾与碘化钾作用，使碘游离析出，然后用硫代硫酸钠溶液滴定游离的碘。析出游离碘的量与用高锰酸钾的量成正比。故可用硫代硫酸钠的量来确定高锰酸钾溶液的浓度。以淀粉为指示剂，判别终点。其反应式：

$$2KMnO_4 + 10KI + 8H_2SO_4 == 2MnSO_4 + 6K_2SO_4 + 5I_2 + 8H_2O$$

$$2Na_2S_2O_3 + I_2 == Na_2S_4O_6 + 2NaI$$

（2）应用试剂

① 硫代硫酸钠，0.1mol/L 标准溶液。

② 碘化钾，分析纯。

③ 硫酸，相对密度 1.11 溶液。

④ 淀粉指示剂，5g/L 溶液。

（3）标定步骤　准确（用滴定管）量取待标定的高锰酸钾溶液 25.00～30.00mL，于 500mL，碘瓶内，加水 100mL，加碘化钾 2g 及相对密度为 1.11 的硫酸溶液 20mL，盖上磨口塞，于暗处静置 5min。用硫代硫酸钠标准溶液滴定。当溶液滴至淡黄色时，加淀粉指示剂 3mL，继续滴至蓝色消失，即为终点。

在操作的同时，在同样的条件下，做空白试验。

（4）计算

$$c_B = c_1(V_1 - V_0)/V_B$$

式中　c_B——待标定高锰酸钾（$\frac{1}{5}KMnO_4$）溶液的浓度，mol/L；

c_1——硫代硫酸钠标准溶液的浓度，mol/L；

V_1——耗用硫代硫酸钠标准溶液的体积，mL；

V_B——量取的待标定高锰酸钾溶液的体积，mL；

V_0——空白试验耗用硫代硫酸钠标准溶液的体积，mL。

3. 精度

平均测定不得少于 8 次，两人各做 4 次平行测定，4 个平行测定结果的极差与平均值之比：0.1mol/L 应不大于 0.2%，0.05mol/L 应不大于 0.3%。

（三）提示

固体高锰酸钾通常含有少量的二氧化锰和其他杂质。如硫酸盐、氯化物和硝酸盐等。因此，不能用精确称量法来配制准确浓度的溶液，而是要经过标定。高锰酸钾氧化能力强，易和水中有机物及空气中的尘埃、氨气等还原性物质作用，析出二氧化锰水合物（$MnO_2 \cdot H_2O$），而二氧化锰水合物又能进一步促使高锰酸钾溶液的分解。故此，配制高锰酸钾标准溶液时要注意以下几点。

（1）配制

① 称取高锰酸钾的用量应稍多于理论计算的量。

② 为了使溶液中可能存在的还原性物质完全被氧化，可将配好的高锰酸钾溶液加热煮沸（约 1h）。

③ 除去二氧化锰，可用玻璃丝或 4# 玻璃滤杯过滤沉淀，但不得用滤纸，因为滤纸的纤维素为碳水化合物，会与高锰酸钾起氧化还原反应。

④ 为了避免阳光对高锰酸钾溶液的催化分解，将过滤后的高锰酸钾溶液贮于棕（茶）色瓶中，并存放于暗处。

（2）标定　草酸盐在硫酸酸性溶液中与高锰酸钾反应的离子式：

$$5C_2O_4^{2-}+2MnO_4^-+16H^+ \Longrightarrow 2Mn^{2+}+10CO_2\uparrow+8H_2O$$

半反应式为：

$$MnO_4^-+8H^++5e^- \longrightarrow Mn^{2+}+4H_2O$$

$$C_2O_4^{2-}-2e^- \longrightarrow 2CO_2$$

可以看出 $C_2O_4^{2-}$ 与 MnO_4^- 的比例关系为 $5C_2O_4^{2-} \sim 2MnO_4^-$，转移 1mol 电子时有 $n(\frac{1}{2}C_2O_4)=n(\frac{1}{5}MnO_4)$。所以计算中使用 $\frac{1}{2}Na_2C_2O_4$ 的摩尔质量，计算所得为 $\frac{1}{5}KMnO_4$ 的物质的量浓度。

为了使这个反应能够定量较快进行，在滴定过程中必须掌握以下几点。

① 温度。在室温下这个反应的速率缓慢，因此必须将溶液加热到70℃（85℃以下）。升高溶液的温度来加快反应速率，但温度不宜过高，若高于90℃会使草酸分解。即：

$$H_2C_2O_4 \longrightarrow CO_2\uparrow+CO+H_2O$$

因此，产生误差，使高锰酸钾溶液的浓度偏低。

② 为了使滴定反应能够按反应式正常进行，溶液中应保持一定量的酸度。酸度不够时，反应产物可能混有二氧化锰沉淀，酸度过高时，又会促使草酸分解。一般在开始滴定时，溶液的酸度约为 0.5～1mol/L，滴定终了时，酸度约为 0.2～0.5mol/L。

③ 催化剂。锰离子在反应中起着催化剂作用。当滴定刚开始时，由于溶液中无锰离子，因此 MnO_4^- 的反应速率慢。所以滴入的高锰酸钾溶液褪色较慢。但随着反应的进行，锰离子不断生成，反应的速率就逐渐加快了。

④ 滴定速度。开始滴定时，高锰酸钾溶液的滴定速度不宜太快，宜在第一滴高锰酸钾溶液颜色消失后，再滴入第二滴。否则加入的高锰酸钾溶液来不及与 $C_2O_4^{2-}$ 反应，而会在热的酸性溶液中发生分解，影响标定的准确度（最初的 1～2mL 高锰酸钾溶液必须一滴一滴注入）。

⑤ 终点的颜色。在实验过程中，发现高锰酸钾溶液滴至终点后，溶液中出现的粉红色不能持久，这是因为空气中的还原性气体和尘埃（灰尘）都能与 MnO_4^- 缓慢作用，使锰离子还原，溶液的粉红色逐渐消失。所以滴定时，溶液中出现的粉红色在 0.5～1min 内不退就可以认为已经到达滴定终点。

十一、碘标准溶液

常用的碘标准溶液的浓度 $c(\frac{1}{2}I_2)$ 为 0.1mol/L、0.02mol/L 和 0.05mol/L。

（一）配制方法

配制 $c(\frac{1}{2}I_2)=0.1$mol/L 的碘标准溶液：称取 13g 再升华的碘（I_2）及 35g 碘化钾（KI），溶于 100mL 水中，加 3 滴盐酸，用水稀释至 1000mL，摇匀。密闭放置冷暗处，静置 1～2d 后用虹吸管将上部澄清液，导入另一棕色瓶内，以备标定。

（二）标定方法

1. 硫代硫酸钠法

（1）方法原理　硫代硫酸钠与碘作用，生成四硫磺酸钠和碘化钠，以淀粉为指示剂判别终点。其反应式：

$$2Na_2S_2O_3 + I_2 = 2NaI + Na_2S_4O_6$$

（2）应用试剂

① 硫代硫酸钠，0.1mol/L 标准溶液。

② 盐酸，0.1mol/L 溶液。

③ 淀粉指示剂，5g/L 溶液。

（3）标定步骤　准确（用滴定管）量取 25.00～30.00mL 待标定的碘溶液，于 250mL 碘量瓶中，加入 0.1mol/L 盐酸溶液 5mL，在轻微摇动下，用硫代硫酸钠标准溶液滴定。滴至溶液呈淡黄色时，加入淀粉指示剂 2mL，在充分摇动下，小心半滴半滴地继续滴至无色，即为终点。

在操作的同时，在同样的条件下，做空白试验。

（4）计算

$$c_B = c_1(V_1 - V_0)/V_B$$

式中　c_B——待标定碘（$\frac{1}{2}I_2$）溶液的浓度，mol/L；

　　　c_1——硫代硫酸钠标准溶液的浓度，mol/L；

　　　V_1——耗用硫代硫酸钠标准溶液的体积，mL；

　　　V_B——量取的待标定碘溶液的体积，mL；

　　　V_0——空白试验耗用硫代硫酸钠标准溶液的体积，mL。

2. 三氧化二砷法

（1）方法原理　在碱性溶液中，三氧化二砷转变亚砷酸钠。在微碱性溶液中，碘与亚砷酸钠作用，生成砷酸钠和碘化氢，碘被还原成离子。在终点时，稍过量的碘与淀粉作用，发生微蓝色反应。其反应式：

$$As_2O_3 + 6NaOH = 2Na_3AsO_3 + 3H_2O$$
$$Na_3AsO_3 + I_2 + H_2O = Na_3AsO_4 + 2HI$$

（2）应用试剂

① 三氧化二砷基准试剂，化学式 As_2O_3，式量 197.84，基本单元 $\frac{1}{4}As_2O_3$，$M(\frac{1}{4}As_2O_3) = 49.46$g/mol。使用前于 70～90℃烘干 2～3h，取出，放入浓硫酸干燥器中，备用。

② 碳酸氢钠，30g/L 溶液（即 3%溶液）。

③ 硫酸，1mol/L 溶液。

④ 氢氧化钠，1mol/L 溶液。

⑤ 酚酞指示剂，10g/L 乙醇溶液。

⑥ 淀粉指示剂，5g/L 溶液。

（3）标定步骤　称取 0.13～0.15g 三氧化二砷（亚砷酐），称准至 0.0001g，于 500mL

碘量瓶内，加 10mL 1mol/L 氢氧化钠溶液，在水浴上微热使起完全溶解。然后加 30mL 水，冷却至室温，加 2 滴酚酞指示剂，用 1mol/L 的硫酸溶液中和至红色消失，再加（3%）的碳酸氢钠溶液 100mL，以待标定的碘溶液滴定。滴至约为用碘溶液量的 3/4 时，加入淀粉指示剂 3mL，再继续滴至溶液微蓝色不消失即为终点。

在操作的同时，在同样的条件下，做空白试验。

（4）计算

$$c_B = m_A / [(V_B - V_0) \times 49.46/1000]$$

式中　c_B——待标定碘（$\frac{1}{2}I_2$）溶液的浓度，mol/L；

m_A——称取的基准物三氧化二砷的质量，g；

V_B——耗用碘溶液的体积，mL；

V_0——空白溶液耗用碘溶液的体积，mL；

49.46——$\frac{1}{4}As_2O_3$ 的摩尔质量，g/mol。

（5）精度　标定时，平行测定不得少于 8 次，两人各做 4 次平行测定，4 个平行测定结果的极差（在最大值与最小值之差）与平均值之比：0.1mol/L 应不大于 0.15%，0.05mol/L 应不大于 0.3%，0.02mol/L 应不大于 0.5%。

（三）提示

（1）配制碘溶液

① 碘极易挥发，浓度变化较快，保存时应特别注意。

② 避免碘溶液与橡胶接触。

③ 碘溶解于碘化钾溶液内（碘化钾量愈多，碘挥发愈慢），一般碘化钾的加入量约为碘的三倍。

④ 若用基准碘直接在（20±0.1）℃下配制，可不用标定。

⑤ $c(\frac{1}{2}I_2)$ 为 0.05mol/L、0.02mol/L 及 0.01mol/L 碘溶液的配制与标定方法，除按比例减少主要试剂量外，其余与 0.1mol/L 的相同。必要时，也可用已知浓度的 0.1mol/L 碘标准溶液在（20±0.5）℃的恒温槽内稀释而成。

（2）硫代硫酸钠标定法

① 可以采用自由流速最后等 2min 读数的滴定法，在滴定过程中注意勿使溶液飞溅，最好使溶液沿着瓶壁下流。

② 在滴定过程中摇动要轻，以免碘跑掉。快到终点时，可摇动激烈一点。

（3）三氧化二砷法标定

① 允许用基准三氧化二砷配成 $c(\frac{1}{2}Na_3AsO_3) = 0.1mol/L$ 亚砷酸标准溶液代替固体的三氧化二砷。

$c(\frac{1}{2}Na_3AsO_3) = 0.1mol/L$ 亚砷酸标准溶液配制方法：准确称取基准三氧化二砷 4.9455g，倾入 1000mL 容量瓶内，加 1mol/L 氢氧化钠溶液 100mL，在水浴上加热使其完全溶解，加水稀释至容量瓶的半量，再滴入酚酞指示剂 2 滴，以 1mol/L 硫酸溶液中和至无色。然后于（20±0.5）℃的恒温槽内以水稀释至刻线。

滴定时，准确量取此溶液 25.00～30.00mL，加 3% 碳酸氢钠溶液 100mL，用淀粉作指示剂，以待标定的碘溶液滴定至微蓝色出现，即为终点。

② 加入碳酸氢钠的目的在于产生二氧化碳，将溶液与空气隔绝，以防亚砷酸钠被氧化成砷酸钠。

十二、重铬酸钾标准溶液

常用的重铬酸钾标准溶液的浓度 $c(\frac{1}{6}K_2Cr_2O_7) = 0.1mol/L$。

（一）配制方法

配制 1L $c(\frac{1}{6}K_2Cr_2O_7) = 0.1mol/L$ 的重铬酸钾标准溶液：称取于 120℃ 干燥至恒重的基准重铬酸钾（$K_2Cr_2O_7$）4.904g，称准至 0.0001g。溶于 1L 水中，静置 2～3d。用虹吸管将上层澄清液导入另一细口瓶内，密闭存放待标定。

（二）标定方法

（1）方法原理　在酸性溶液中，碘化钾与重铬酸钾作用，析出游离的碘，然后用硫代硫酸钠标准溶液滴定析出的游离碘，以淀粉为指示剂，判别终点。其反应式：

$$K_2Cr_2O_7 + 6KI + 14HCl = 8KCl + 2CrCl_3 + 3I_2 + 7H_2O$$
$$2Na_2S_2O_3 + I_2 = Na_2S_4O_6 + 2NaI$$

（2）应用试剂

① 硫代硫酸钠，0.1mol/L 标准溶液。

② 碘化钾，分析纯。

③ 盐酸，2mol/L 溶液。

④ 淀粉指示剂，5g/L 溶液。

（3）标定步骤　准确（用滴定管）量取待标定的重铬酸钾溶液 25.00～30.00mL，于 500mL 碘量瓶中，加碘化钾 2g，2mol/L 盐酸溶液 15mL，摇动混匀，塞上塞子，放于暗处静置 5min，再加入 200mL 水，以硫代硫酸钠标准溶液滴定。滴至溶液呈现淡黄色时，放慢滴定速度，以 5～6mL/min，加淀粉指示剂 3mL，在充分摇动下，缓慢继续滴至由蓝色变成鲜明的淡绿色，即为终点。

在操作的同时，在同样的条件下，做空白试验。

（4）计算

$$c_B = c_1(V_1 - V_0)/V_B$$

式中　c_B——待标定重铬酸钾（$\frac{1}{6}K_2Cr_2O_7$）溶液的浓度，mol/L；

c_1——硫代硫酸钠标准溶液的浓度，mol/L；

V_1——耗用硫代硫酸钠标准溶液的体积，mL；

V_B——量取的重铬酸钾溶液的体积，mL；

V_0——空白试验耗用硫代硫酸钠标准溶液的体积，mL。

（5）精度　需两人进行标定，分别各做 4 次平行测定，4 个平行测定结果的极差（在最大值与最小值之差）与平均值之比应不大于 0.2%。

十三、溴酸钾-溴化钾标准溶液（溴标准溶液）

常用的溴酸钾-溴化钾（溴）标准溶液的浓度 $c(\frac{1}{6}KBrO_3)=0.1mol/L$。

（一）配制方法

配制 1L $c(\frac{1}{6}KBrO_3)=0.1mol/L$ 的溴酸钾-溴化钾标准溶液，称取分析纯溴酸钾（$KBrO_3$）2.78g 和分析纯的溴化钾（KBr）10～25g，于烧杯内，加水溶解。待完全溶解后，倾入细口瓶内，稀释至 1L，充分摇匀。放于暗处，静置 3～5 天，以备标定。

（二）标定方法

1. 硫代硫酸钠法

（1）方法原理　在酸性溶液中，溴酸钾与溴化钾作用游离出溴，溴能置换碘化钾中的碘。以硫代硫酸钠标准溶液滴定游离的碘，借助淀粉指示剂，判别终点。其反应式：

$$KBrO_3+5KBr+6HCl = 6KCl+3Br_2\uparrow+3H_2O$$
$$Br_2+2KI = 2KBr+I_2$$
$$I_2+2Na_2S_2O_3 = Na_2S_4O_6+2NaI$$

（2）应用试剂

① 硫代硫酸钠，0.1mol/L 标准溶液。

② 碘化钾，100g/L 溶液。

③ 盐酸，2mol/L 溶液。

④ 淀粉指示剂，5g/L 溶液。

（3）标定步骤　准确（用滴定管）量取待标定的溴酸钾-溴化钾溶液 25.00～30.00mL，于 250mL 碘量瓶中，加 2mol/L 盐酸溶液 15mL，碘化钾溶液 15mL，摇匀，于暗处静置 5min。然后用硫代硫酸钠标准溶液滴定。当滴至溶液呈现淡黄色时，加淀粉指示剂 3mL，充分摇匀，继续滴至溶液蓝色消失，即为终点。

在操作的同时，在同样的条件下，做空白试验。

（4）计算

$$c_B=c_1(V_1-V_0)/V_B$$

式中　c_B——待标定溴酸钾-溴化钾（$\frac{1}{6}KBrO_3$）溶液的浓度，mol/L；

c_1——硫代硫酸钠标准溶液的浓度，mol/L；

V_1——耗用硫代硫酸钠标准溶液的体积，mL；

V_B——量取的溴酸钾-溴化钾溶液的体积，mL；

V_0——空白试验耗用硫代硫酸钠标准溶液的体积，mL。

2. 三氧化二砷法

（1）方法原理　三氧化二砷溶解于苛性钠溶液内，生成亚砷酸钠，用硫酸中和后，变为亚砷酸。在一定的酸度下，它与溴酸钾作用生成砷酸与溴化钾，终点时，稍过量的溴酸钾与溴化钾作用生成游离的溴，将甲基橙指示剂破坏，使溶液的浅红色消失。其反应式：

$$As_2O_3+6NaOH=\!=\!=2Na_3AsO_3+3H_2O$$
$$2Na_3AsO_3+3H_2SO_4=\!=\!=2H_3AsO_3+3Na_2SO_4$$
$$3H_3AsO_3+KBrO_3=\!=\!=3H_3AsO_4+KBr$$
$$5KBr+KBrO_3+6HCl=\!=\!=6KCl+3Br_2\uparrow+3H_2O$$

（2）应用试剂

① 三氧化二砷基准试剂，化学式 As_2O_3，式量 197.84，基本单元 $\frac{1}{4}As_2O_3$，$M(\frac{1}{4}As_2O_3)=49.46g/mol$。

使用前于 70～80℃温度下烘干 2～3h，取出，放入硫酸干燥器中，冷至室温，备用。

② 氢氧化钠，1mol/L 溶液。

③ 硫酸，1mol/L 溶液。

④ 盐酸，（1+1）溶液。

⑤ 酚酞，10g/L 乙醇溶液。

⑥ 甲基橙，1g/L 溶液。

（3）标定步骤　准确称取 0.13～0.15g 三氧化二砷（As_2O_3），称准至 0.0001g，于 250mL 锥形瓶内，加 1mol/L 的氢氧化钠溶液 5mL，在水浴上微热使其溶解。然后加水 70mL 和酚酞指示剂 2 滴，用 1mol/L 的硫酸溶液中和至溶液红色消失，加（1+1）盐酸溶液 20mL，加热至 60℃，加甲基橙指示剂 1 滴（约 0.03mL），在不断摇动下，以待标定溴酸钾-溴化钾溶液滴定。滴至溶液接近终点时，应缓慢逐滴的加入，每加 1 滴都要用力摇动，等候数秒钟后，再加次滴。当滴下一滴，溶液由浅红色变为无色时，即为终点。

为了检验终点是否正确，可补加 1 滴甲基橙指示剂，如溶液复现红色，即表明终点正确。

在操作的同时，在同样的条件下，做空白试验。

（4）计算

$$c_B=m_A/[(V_B-V_0)\times49.46/1000]$$

式中　c_B——待标定溴酸钾-溴化钾（$\frac{1}{6}KBrO_3$）溶液的浓度，mol/L；

m_A——称取的基准物三氧化二砷的质量，g；

V_B——耗用溴酸钾-溴化钾溶液的体积，mL；

V_0——空白试验耗用溴酸钾-溴化钾溶液的体积，mL；

49.46——$\frac{1}{4}As_2O_3$ 的摩尔质量，g/mol。

3. 精度

无论采用哪种标定方法，平行测定不得少于 8 次，两人各做 4 次平行测定，4 个平行测定结果的极差（在最大值与最小值之差）与平均值之比应不大于 0.2%。

（三）提示

（1）配制溴酸钾-溴化钾标准溶液

① 溴酸钾极不易溶解，应预先研碎，必要时可加热。

② 加溴化钾的目的是增加溴酸钾的氧化能力及其在水中的溶解度。故不加溴化钾对化学反应也无大的影响，因此不同的操作者在加溴化钾的数量上，往往有较大的差别。

③ 配制 $c(\frac{1}{6}KBrO_3) = 0.2mol/L$ 的溴酸钾-溴化钾溶液，可按比例增加主要试剂。依 0.1mol/L 的方法制备及标定，精度与 0.1mol/L 相同。

④ 配制 $c(\frac{1}{6}KBrO_3) = 0.5mol/L$ 的溴酸钾-溴化钾溶液，可按比例减少主要试剂，依 0.1mol/L 的方法配制。其标定方法只用 0.1mol/L 硫代硫酸钠法：每次用滴管精确量取溴酸钾-溴化钾溶液 5.00mL，于磨口锥形瓶内，加水 35mL，加 10% 的碘化钾溶液 20mL 和 (1+1) 盐酸溶液 20mL，摇匀，放暗处静置 5min 后，加水 70mL，以 0.1mol/L 硫代硫酸钠标准溶液滴定。滴至淡黄色时，加淀粉指示剂 3mL，继续滴至蓝色消失。其平行测定结果的极差与平均值之比应不大于 0.1%。

(2) 三氧化二砷法标定

① 滴定前加热的作用，在于加速其反应。

② 三氧化二砷是剧毒品，存放及使用中应特别小心。

十四、硫酸亚铁标准溶液

常用的硫酸亚铁标准溶液的浓度 $c(FeSO_4)$ 为 1mol/L、0.64mol/L 和 0.1mol/L 三种。

（一）配制方法

(1) 配制 1L $c(FeSO_4) = 1mol/L$ 的硫酸亚铁溶液　称取分析纯的硫酸亚铁（$FeSO_4 \cdot 7H_2O$）280g，溶于 800mL 水内，用脱脂棉（或玻璃纤维）过滤，然后加入冷至室温的稀硫酸溶液（56mL，相对密度为 1.84 的硫酸滴入 144mL 水中）200mL。混匀后，倾入棕色细口瓶中，加 10~20g 碳酸氢钠，放于暗处，以备标定。

(2) 配制 1L $c(FeSO_4) = 0.64mol/L$ 的硫酸亚铁溶液　称取分析纯的硫酸亚铁（$FeSO_4 \cdot 7H_2O$）178g，溶于 400mL 水内，用脱脂棉（或玻璃纤维）过滤，然后加入（1+1）硫酸溶液 500mL。混匀后，倾入棕色细口瓶内，加水稀释至 1L，加入 10~20g 碳酸氢钠，放于暗处，以备标定。

(3) 配制 1L $c(FeSO_4) = 0.1mol/L$ 的硫酸亚铁溶液　称取分析纯的硫酸亚铁（$FeSO_4 \cdot 7H_2O$）28g，溶于 300mL 4mol/L 的硫酸溶液中，加水 600mL。混匀，倾入棕色细口瓶中，加水稀释至 1L，加 10~20g 碳酸氢钠，放于暗处，以备标定。

注意：加入碳酸氢钠的目的，在于产生二氧化碳，将溶液与空气隔绝，以延长其溶液有效期限。

（二）标定方法

1. 重铬酸钾法

(1) 方法原理　在一定的酸度下，硫酸亚铁与重铬酸钾作用，生成硫酸铁和硫酸铬，在滴定接近终点时，加入二苯胺磺酸钠（或二苯胺）指示剂，指示剂即被重铬酸钾所氧化，使溶液呈蓝紫色。终点时，指示剂又被还原成无色。溶液呈现出铬离子的绿色，即为终点。

为了使终点明晰，加入适当的磷酸，以隐蔽三价铁离子的干扰。其反应式：

$$6FeSO_4 + K_2Cr_2O_7 + 7H_2SO_4 = 3Fe_2(SO_4)_3 + K_2SO_4 + Cr_2(SO_4)_3 + 7H_2O$$

指示剂反应式为

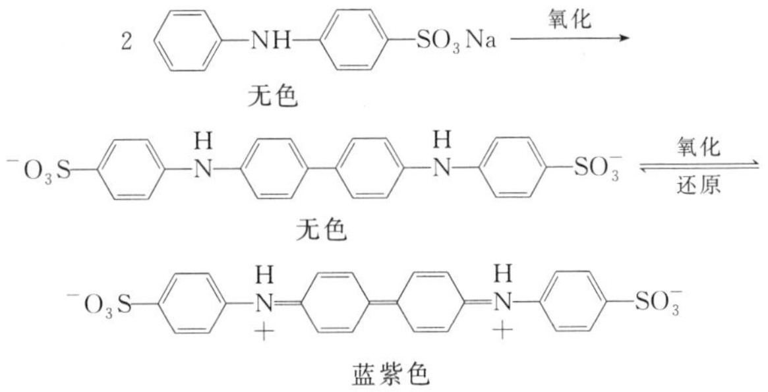

（2）应用试剂

① 重铬酸钾基准试剂，化学式 $K_2Cr_2O_7$，式量 294.18，基本单元 $\frac{1}{6}K_2Cr_2O_7$，$M(\frac{1}{6}K_2Cr_2O_7)$ 为 49.03g/mol。

使用前，于 140～150℃烘箱内烘 2～3h，然后取出，放入干燥器内冷却，备用。

② 二苯胺磺酸钠，5g/L 溶液。

③ 硫酸，相对密度为 1.84。

④ 磷酸，相对密度为 1.70。

（3）标定步骤　应称取的重铬酸钾（$K_2Cr_2O_7$）的质量，在标定 1mol/L 硫酸亚铁溶液时为 1.3～1.4g；在标定 0.64mol/L 硫酸亚铁溶液时为 0.8～0.9g；在标定 0.1mol/L 的硫酸亚铁溶液时为 0.13～0.14g。称准至 0.0001g。于 250mL 锥形瓶内，加水 50mL，相对密度为 1.84 硫酸 3mL，摇动至完全溶解后，标定 1mol/L 硫酸亚铁溶液时加相对密度为 1.70 的磷酸 15mL（标定 0.64mol/L 和 0.1mol/L 硫酸亚铁溶液加磷酸 10mL）。用待标定的硫酸亚铁溶液滴定，滴至快到终点时，加入二苯胺磺酸钠溶液 3 滴，继续滴至溶液由蓝色突变为油绿色，即为终点。

在操作的同时，在同样的条件下，做空白试验。

（4）计算

$$c_B = m_A/[(V_B - V_0) \times 49.03/1000]$$

式中　c_B——待标定硫酸亚铁（$FeSO_4$）溶液的浓度，mol/L；

　　　m_A——称取的基准物重铬酸钾的质量，g；

　　　V_B——耗用硫酸亚铁溶液的体积，mL；

　　　V_0——空白溶液耗用硫酸亚铁溶液的体积，mL；

49.03——$\frac{1}{6}K_2Cr_2O_7$ 的摩尔质量，g/mol。

2. 高锰酸钾法

（1）方法原理　在酸性溶液中，高锰酸钾与硫酸亚铁作用，高锰酸根离子被还原，铁离子被氧化。终点时，稍过量的高锰酸钾溶液呈现微红色。其反应式：

$$10FeSO_4 + 2KMnO_4 + 8H_2SO_4 = 5Fe_2(SO_4)_3 + 2MnSO_4 + K_2SO_4 + 8H_2O$$

（2）应用试剂　高锰酸钾（$\frac{1}{5}KMnO_4$ 浓度与待标定的硫酸亚铁溶液浓度相近似的）标准溶液。

（3）标定步骤　准确（用滴定管）量取欲标定的硫酸亚铁溶液 25.00～30.00mL，于 250mL 锥形瓶内，加 50mL 新煮沸并冷至室温的水，在不断摇动下，用高锰酸钾标准溶液滴定。当滴至接近终点时，红色消失甚慢，小心滴加，一直滴至溶液呈现的微红色保持 30s 不消失，即为终点。

在操作的同时，在同样的条件下，做空白试验。

（4）计算

$$c_B = c_1(V_1 - V_0)/V_B$$

式中　c_B——待标定硫酸亚铁溶液的浓度，mol/L；

c_1——高锰酸钾（$\frac{1}{5}KMnO_4$）标准溶液的浓度，mol/L；

V_1——耗用高锰酸钾标准溶液的体积，mL；

V_B——量取的硫酸亚铁溶液的体积，mL；

V_0——空白试验耗用高锰酸钾标准溶液的体积，mL。

（5）精度　无论采用哪种标定方法，平行测定不得少于 8 次，两人各做 4 次平行测定，4 个平行测定结果的极差（在最大值与最小值之差）与平均值之比：0.1mol/L 应不大于 0.2%，0.64mol/L 应不大于 0.3%，1mol/L 应不大于 0.4%。

注意：1.以重铬酸钾法标定时，为了检验终点判别是否正确，可加入 0.1mol/L 的高锰酸钾（$\frac{1}{5}KMnO_4$）溶液少许，若突然变紫，则滴定的终点正确。

2.以重铬酸钾法标定时，用二苯胺磺酸钠、二苯胺及 N-苯基邻氨基苯甲酸作指示剂均可，但二苯胺突变不太明显。

3.硫酸亚铁溶液应在使用前现标定。

十五、硫酸亚铁铵标准溶液

常用的硫酸亚铁铵标准溶液的浓度 $c[Fe(NH_4)_2(SO_4)_2] = 0.1mol/L$。

（一）配制方法

配制 1L $c[Fe(NH_4)_2(SO_4)_2] = 0.1mol/L$ 的硫酸亚铁铵溶液，称取分析纯或化学纯的硫酸亚铁铵 $[Fe(NH_4)_2(SO_4)_2 \cdot 6H_2O]$ 40g，溶于 300mL 稀硫酸溶液（取 55mL 相对密度为 1.84 硫酸，慢慢地注入 400mL 水中，冷至室温后，再用水稀释至 500mL）中，然后再加水稀释，待冷至室温后，再以水稀释至 1L，再加 10～20g 碳酸氢钠，放于暗处存放于棕色细口瓶中，以备标定。

注意：加入碳酸氢钠的目的在于产生的二氧化碳将溶液与空气隔绝。

（二）标定方法

1. 高锰酸钾法

（1）方法原理　在酸性溶液中，用高锰酸钾溶液滴定硫酸亚铁铵溶液，将其二价铁氧化成三价铁，终点时，稍过量的高锰酸钾溶液呈现微红色。其反应式：

$10Fe(NH_4)_2(SO_4)_2 + 2KMnO_4 + 8H_2SO_4 =\!=$

$$5Fe_2(SO_4)_3 + 2MnSO_4 + 10(NH_4)_2SO_4 + K_2SO_4 + 8H_2O$$

（2）应用试剂

① 高锰酸钾，$c(\frac{1}{5}KMnO_4) = 0.1mol/L$ 标准溶液。

② 硫酸，（1＋3）溶液。

（3）标定步骤　准确（用滴定管）量取待标定的硫酸亚铁铵溶液 25.00～30.00mL，于 250mL 锥形瓶内，加（1＋3）硫酸溶液 8mL，加 50mL 煮沸并冷至室温的水。然后用高锰酸钾标准溶液滴定，滴至溶液呈现的粉红色保持 30s 不消失，即为终点。

在操作的同时，在同样的条件下，做空白试验。

（4）计算

$$c_B = c_1(V_1 - V_0)/V_B$$

式中　c_B——待标定硫酸亚铁铵溶液的浓度，mol/L；

　　　c_1——高锰酸钾（$\frac{1}{5}KMnO_4$）标准溶液的浓度，mol/L；

　　　V_1——耗用高锰酸钾标准溶液的体积，mL；

　　　V_B——量取的硫酸亚铁铵溶液的体积，mL；

　　　V_0——空白试验耗用高锰酸钾标准溶液的体积，mL。

2. 重铬酸钾法

（1）方法原理　在硫酸酸性溶液中，硫酸亚铁铵与重铬酸钾作用，生成硫酸铁和硫酸铬等，以 N-苯基邻氨基苯甲酸为指示剂判别终点。其反应式：

$$6Fe(NH_4)_2(SO_4)_2 + K_2Cr_2O_7 + 7H_2SO_4 =\!=\!=$$
$$3Fe_2(SO_4)_3 + K_2SO_4 + 6(NH_4)_2SO_4 + Cr_2(SO_4)_3 + 7H_2O$$

（2）应用试剂

① 重铬酸钾，$c(\frac{1}{6}K_2Cr_2O_7) = 0.1mol/L$ 标准溶液。

② 硫酸，相对密度 1.84。

③ N-苯基邻氨基苯甲酸指示剂，称取 0.27g N-苯基邻氨基苯甲酸，溶于 5mL（50g/L）的碳酸钠溶液中，以水稀释至 250mL。

（3）标定步骤　准确（用滴定管）量取重铬酸钾溶液 25.00～30.00mL，于 250mL 锥形瓶内，加水 100mL 及硫酸（相对密度为 1.84）10mL，冷至室温后。加入 N-苯基邻氨基苯甲酸指示剂 5～8 滴，溶液呈紫红色，以待标定的硫酸亚铁铵溶液滴定。滴至溶液由紫红色转变为亮绿色，即为终点。

在操作的同时，在同样的条件下，做空白试验。

（4）计算

$$c_B = c_1V_1/(V_B - V_0)$$

式中　c_B——待标定硫酸亚铁铵溶液的浓度，mol/L；

　　　c_1——重铬酸钾（$\frac{1}{6}K_2Cr_2O_7$）标准溶液的浓度，mol/L；

　　　V_1——量取的重铬酸钾标准溶液的体积，mL；

　　　V_B——耗用硫酸亚铁铵溶液的体积，mL；

　　　V_0——空白试验耗用硫酸亚铁铵标准溶液的体积，mL。

（5）精度　无论采用哪种标定方法，平行测定不得少于 8 次，两人各做 4 次平行测定，4 个平行测定结果的极差（在最大值与最小值之差）与平均值之比不得大于 0.2%。

（三）提示

硫酸亚铁铵溶液很不稳定，每次临使用前现标定。

十六、硫酸铁铵标准溶液

常用的硫酸铁铵标准溶液的浓度 $c[(NH_4)Fe(SO_4)_2]=0.1mol/L$。

（一）配制方法

配制 1L $c[(NH_4)Fe(SO_4)_2]=0.1mol/L$ 的硫酸铁铵溶液：称取分析纯硫酸铁铵 $[(NH_4)Fe(SO_4)_2·12H_2O]$ 48g，于烧杯内，加水 500mL，再徐徐地加入 50mL 相对密度为 1.84 的硫酸，加热使其溶解。冷却至室温后，用水稀释至 1L，混匀，以备标定。

（二）标定方法

（1）方法原理　硫酸铁铵与盐酸作用，生成三氯化铁。在盐酸溶液中于 90～95℃ 下，三氯化铁与二氯化锡反应，三价铁被还原成二价铁，用重铬酸钾再将二价铁氧化成三价铁。终点时，稍过量的重铬酸钾将二苯胺磺酸钠氧化为紫色。其反应式：

$$(NH_4)Fe(SO_4)_2+4HCl =\!=\!= FeCl_3+NH_4Cl+2H_2SO_4$$

$$2FeCl_3+SnCl_2 \xrightarrow[\triangle]{90\sim95℃} 2FeCl_2+SnCl_4$$

$$6FeCl_2+K_2Cr_2O_7+14HCl =\!=\!= 6FeCl_3+2KCl+2CrCl_3+7H_2O$$

为了保证三价铁完全变为二价铁，二氯化锡必须稍过量一点，过量的二氯化锡应用适量的氯化汞消除。二氯化锡及氯化汞过多时，就要析出金属汞，这样不但多消耗了重铬酸钾，而且使终点不宜观察。其反应式：

$$SnCl_2+2HgCl_2 =\!=\!= SnCl_4+Hg_2Cl_2\downarrow$$

白色沉淀

$$2SnCl_2+3HgCl_2 =\!=\!= 2SnCl_4+Hg_2Cl_2\downarrow+Hg\downarrow$$

灰黑色沉淀

（2）应用试剂

① 氯化亚锡（二氯化锡），100g/L 溶液。取 100g 氯化亚锡，先溶解在 200mL 浓盐酸中，用水稀释至 1L。

② 氯化汞，50g/L 溶液。

③ 硫磷混酸，于盛有 700mL 水的烧杯内，在不断搅动下，徐徐加入 150mL 相对密度为 1.84 的硫酸及 150mL 相对密度为 1.70 的磷酸。

④ 盐酸，（1+1）溶液。

⑤ 重铬酸钾，$c(\frac{1}{6}K_2Cr_2O_7)=0.1mol/L$ 标准溶液。

⑥ 二苯胺磺酸钠，5g/L 溶液。

（3）标定步骤　准确（用滴定管）量取待标定的硫酸铁铵溶液 25.00～30.00mL，于 250mL 锥形瓶内，加 10mL（1+1）的盐酸溶液，加热近沸腾（90～95℃），滴加二氯化锡溶液，还原至溶液无色，再多加 1～2 滴，冷却后，加氯化汞溶液 5mL，摇匀，静置 2～3min。然后加入 10mL 硫磷混酸及 50mL 水，加 4 滴二苯胺磺酸钠指示剂，以重铬酸钾标准溶液滴定，滴至溶液呈现紫红色不消失，即为终点。

在操作的同时，在同样的条件下，做空白试验。

（4）计算

$$c_B = c_1(V_1 - V_0)/V_B$$

式中 c_B——待标定硫酸铁铵 $[(NH_4)Fe(SO_4)_2]$ 溶液的浓度，mol/L；

    c_1——重铬酸钾 $(\frac{1}{6}K_2Cr_2O_7)$ 标准溶液的浓度，mol/L；

    V_1——耗用重铬酸钾标准溶液的体积，mL；

    V_B——量取的硫酸铁铵溶液的体积，mL；

    V_0——空白试验耗用重铬酸钾标准溶液的体积，mL。

（5）精度 需两人进行标定，分别各做 4 个平行测定，4 个平行测定结果的极差（最大值与最小值之差）与平均值之比不得大于 0.2%。

十七、三氯化铁标准溶液

常用的三氯化铁标准溶液的浓度 $c(FeCl_3)=0.1mol/L$。

（一）配制方法

配制 1L $c(FeCl_3)=0.1mol/L$ 的三氯化铁溶液：称取分析纯的三氯化铁（$FeCl_3 \cdot 6H_2O$）约 27g，于细口瓶内，加相对密度为 1.19 的盐酸 20mL，加水 400mL，摇动使其完全溶解。然后用水稀释至 1L，混匀，密闭存放 5～7d。如有沉淀，应以虹吸管将上层澄清液导入另一干净的细口瓶内。密闭存放于暗处，以备标定。

（二）标定方法

1. 铝-重铬酸钾法

（1）方法原理 在盐酸溶液内，金属铝与盐酸作用，产生活性氢，使三价铁还原为二价铁。然后用重铬酸钾标准溶液滴定二价铁，重使二价铁再氧化成三价铁。用二苯胺磺酸钠作指示剂，终点时，稍过量的重铬酸钾溶液使二苯胺磺酸钠氧化，溶液由灰色突变为紫色。为了恰好将三价铁还原为二价铁，加入的盐酸量和铝量必须适当。加入量过多会产生副反应，加少了还原不完全。滴定中加入磷酸的目的是隐蔽铁离子（Fe^{3+}）的颜色，以便观察终点。其反应式：

$$6HCl + 2Al = 2AlCl_3 + 3H_2 \uparrow$$
$$2FeCl_3 + H_2 = 2FeCl_2 + 2HCl$$
$$6FeCl_2 + K_2Cr_2O_7 + 14HCl = 6FeCl_3 + 2KCl + 2CrCl_3 + 7H_2O$$

（2）应用试剂

① 重铬酸钾，$c(\frac{1}{6}K_2Cr_2O_7)=0.1mol/L$ 标准溶液。

② 盐酸，（1+1）溶液。

③ 金属铝，分析纯的粒状或片状。

④ 二苯胺磺酸钠，5g/L 溶液。

⑤ 硫磷混酸，将 30mL 相对密度为 1.84 的硫酸徐徐滴入 50mL 水中，冷却后加入 20mL 相对密度为 1.70 的磷酸，充分摇匀，装入磨口瓶内备用。

（3）标定步骤 准确（用滴定管）量取待标定的三氯化铁溶液 25.00～30.00mL，于

500mL 锥形瓶内，加（1+1）的盐酸溶液 10mL、铝 0.2g，在瓶口上放一漏斗盖着，加热使铝完全溶解，并轻轻摇动。当溶液由黄色变为无色时，表示铁已全部还原。若稍有黄色，可再加少量铝，继续加热，直至溶液完全无色。立即将溶液用自来水冷至室温。加硫磷混酸 10mL，加 200mL 水及 3 滴二苯胺磺酸钠指示剂，以重铬酸钾标准溶液滴定。开始滴定时溶液为无色，随着滴定溶液逐渐变为绿色，当灰色出现时，说明接近终点，必须慢慢滴加（半滴半滴的加入），充分摇匀，当溶液突然由灰色变为紫色时，即为终点。

在操作的同时，在同样的条件下，做空白试验。

（4）计算

$$c_B = c_1(V_1 - V_0)/V_B$$

式中　c_B——待标定三氯化铁（$FeCl_3$）溶液的浓度，mol/L；

　　　c_1——重铬酸钾（$\frac{1}{6}K_2Cr_2O_7$）标准溶液的浓度，mol/L；

　　　V_1——耗用重铬酸钾标准溶液的体积，mL；

　　　V_B——量取的三氯化铁溶液的体积，mL；

　　　V_0——空白试验耗用重铬酸钾标准溶液的体积，mL。

2. 铝-高锰酸钾法

（1）方法原理　在盐酸溶液内金属铝与盐酸作用，产生活性氢，使三价铁还原为二价铁。二价铁又与高锰酸钾作用，又被氧化为三价铁。终点时，稍过量的高锰酸钾使溶液呈现微红色。由于高锰酸钾与盐酸作用，生成游离氯，应加入一些硫酸锰加以防止其产生。为了避免三价铁离子黄色的干扰，加入磷酸，使三价铁与磷酸生成无色配合物。其反应式：

$$6HCl + 2Al \Longrightarrow 2AlCl_3 + 3H_2 \uparrow$$
$$2FeCl_3 + H_2 \Longrightarrow 2FeCl_2 + 2HCl$$
$$5FeCl_2 + KMnO_4 + 8HCl \Longrightarrow 5FeCl_3 + MnCl_2 + KCl + 4H_2O$$
$$2KMnO_4 + 16HCl \xrightarrow{副反应} 2KCl + 2MnCl_2 + 5Cl_2 \uparrow + 8H_2O$$
$$2KMnO_4 + 3MnSO_4 + 2H_2O \Longrightarrow K_2SO_4 + 5MnO_2 + 2H_2SO_4$$

（2）应用试剂

① 高锰酸钾，$c(\frac{1}{5}KMnO_4) = 0.1mol/L$ 标准溶液。

② 盐酸，（1+1）溶液。

③ 铝，分析纯的粒状或片状。

④ 锰硫磷酸混合液，称取分析纯硫酸锰（$MnSO_4 \cdot 4H_2O$）70g，加水 500mL，使其溶解，滴加相对密度为 1.84 的硫酸 130mL，冷却后，加相对密度为 1.70 的磷酸 130mL，然后用水稀释至 1L。

（3）标定步骤　准确（用滴定管）量取待标定的三氯化铁溶液 25.00～30.00mL，于 500mL 锥形瓶内，加（1+1）的盐酸溶液 10mL、铝 0.2g，在瓶口上放一漏斗盖着，加热使铝完全溶解（温度不能过度）。轻轻摇动使黄色消失至完全呈现无色为止。用水冷却后，加锰硫磷酸混合液 30mL，加水 250mL，用高锰酸钾标准溶液滴定。滴至溶液呈微红色并保持 30s 不消失，即为终点。

在操作的同时，在同样的条件下，做空白试验。

（4）计算

$$c_B = c_1(V_1 - V_0)/V_B$$

式中　c_B——待标定三氯化铁（$FeCl_3$）溶液的浓度，mol/L；

c_1——高锰酸钾（$\frac{1}{5}KMnO_4$）标准溶液的浓度，mol/L；

V_1——耗用高锰酸钾标准溶液的体积，mL；

V_B——量取的三氯化铁溶液的体积，mL；

V_0——空白试验耗用高锰酸钾标准溶液的体积，mL。

3. 二氯化锡-重铬酸钾法

（1）方法原理　在盐酸溶液内，于 90～95℃下，三氯化铁与二氯化锡反应，三价铁被还原成二价铁。用重铬酸钾再次将二价铁氧化为三价铁，终点时，稍过量的重铬酸钾将二苯胺磺酸钠氧化为紫色。其反应式：

$$2FeCl_3 + SnCl_2 \xrightarrow[\triangle]{90～95℃} 2FeCl_2 + SnCl_4$$

$$6FeCl_2 + K_2Cr_2O_7 + 14HCl = 6FeCl_3 + 2KCl + 2CrCl_3 + 7H_2O$$

为了保证三价铁完全变为二价铁，二氯化锡必须稍加过量一点，过量的二氯化锡应用适量的氯化汞消除。否则会引起较大误差。二氯化锡及氯化汞过多时，就要析出金属汞，这样不但多消耗了重铬酸钾，而且使终点不宜观察。其反应式：

$$SnCl_2 + 2HgCl_2 = SnCl_4 + Hg_2Cl_2 \downarrow$$

白色沉淀

$$2SnCl_2 + 3HgCl_2 = 2SnCl_4 + Hg_2Cl_2 \downarrow + Hg \downarrow$$

灰黑色沉淀

（2）应用试剂

① 重铬酸钾，$c(\frac{1}{6}K_2Cr_2O_7) = 0.1mol/L$ 标准溶液。

② 硫磷混酸，将 30mL 相对密度为 1.84 的硫酸徐徐滴入 50mL 水中，冷却后加入 20mL 相对密度为 1.70 的磷酸，充分摇匀，装入磨口瓶内备用。

③ 氯化汞，50g/L 溶液。

④ 二氯化锡，100g/L 盐酸水溶液，取 10g 分析纯的二氯化锡，加相对密度为 1.19 的盐酸 20mL，摇动待完全溶解，加水至 100mL，溶液中可放入几粒金属锡，以使之稳定，否则在配制后，应立即使用。

⑤ 盐酸，相对密度 1.19。

⑥ 二苯胺磺酸钠，5g/L 溶液。

（3）标定步骤　准确（用滴定管）量取待标定的三氯化铁溶液 25.00～30.00mL，于 500mL 锥形瓶内，加相对密度为 1.19 的盐酸 5mL，加热至 90～95℃，并不断搅拌下，用滴定管或移液管逐滴加入二氯化锡溶液，直至溶液的黄色消失（大约呈淡绿色），再多加 1～2 滴。然后加水 80mL，冷至室温，加 5mL 氯化汞溶液，静置 5min 后使氯化亚汞沉淀（若无沉淀表示氯化汞加入量少了，沉淀过多则表示二氯化锡量加多了）。再加 10mL 硫磷混酸及 4 滴二苯胺磺酸钠溶液，立即用重铬酸钾标准溶液滴定。滴至溶液由无色经暗灰色突变为紫色，即为终点（当溶液呈暗灰色时，表示已接近终点，此时应缓慢的滴加，并充分摇动）。

在操作的同时，在同样的条件下，做空白试验。

（4）计算

$$c_B = c_1(V_1 - V_0)/V_B$$

式中　c_B——待标定三氯化铁（$FeCl_3$）溶液的浓度，mol/L；

　　　c_1——重铬酸钾（$\frac{1}{6}K_2Cr_2O_7$）标准溶液的浓度，mol/L；

　　　V_1——耗用重铬酸钾标准溶液的体积，mL；

　　　V_B——量取的三氯化铁溶液的体积，mL；

　　　V_0——空白试验耗用重铬酸钾标准溶液的体积，mL。

4. Na_2-EDTA 法

（1）方法原理　在 pH 值为 2.0～2.3 的溶液内，三氯化铁溶液中的 Fe^{3+} 首先与指示剂磺基水杨酸形成紫色配合物。当加入 Na_2-EDTA 溶液后，Fe^{3+} 与 Na_2-EDTA 形成更稳定的配合物，故与磺基水杨酸离解。终点时，指示剂磺基水杨酸完全与 Fe^{3+} 分离，而溶液呈现指示剂离子特有的黄色。其反应式：

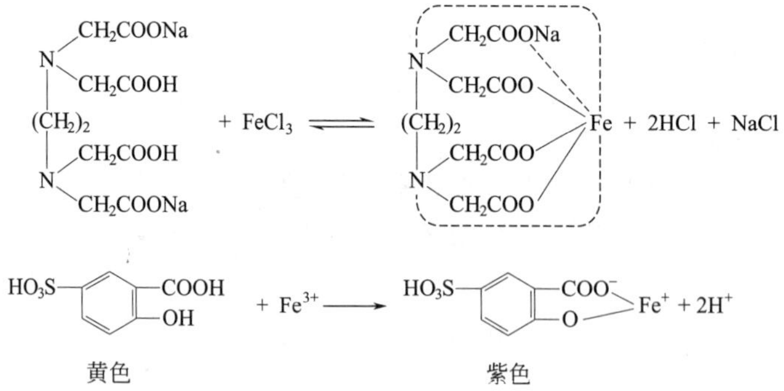

（2）应用试剂

① 0.05mol/L Na_2-EDTA 标准溶液。

② 铵盐缓冲溶液，pH＝9.0　称取 10g 氯化铵，加 10mL 氢氧化铵，加蒸馏水（或去离子水）490mL，摇动即成。

③ 磺基水杨酸溶液，100g/L 溶液　称取磺基水杨酸 10g，溶于 100mL 二次蒸馏水内，混匀，倾入棕色滴瓶内。

（3）标定步骤　用滴定管准确量取待标定的三氯化铁溶液 10.00mL，于 250mL 锥形瓶内，加二次蒸馏水 70mL，加铵盐缓冲溶液 10mL，加磺基水杨酸指示剂 7 滴，以 Na_2-EDTA 标准溶液滴定。当滴至溶液由紫色变为黄色时，即为终点。

在操作的同时，在同样的条件下，做空白试验。

（4）计算

$$c_B = c_1(V_1 - V_0)/V_B$$

式中　c_B——待标定三氯化铁溶液的浓度，mol/L；

　　　c_1——Na_2-EDTA 标准溶液的浓度，mol/L；

　　　V_1——耗用 Na_2-EDTA 标准溶液的体积，mL；

　　　V_B——量取的三氯化铁溶液的体积，mL；

　　　V_0——空白试验耗用 Na_2-EDTA 标准溶液的体积，mL。

（5）精度　无论采用哪种标定方法，平行测定不得少于 8 次，两人各做 4 次平行测定，4 次平行测定结果的极差（最大值与最小值之差）与平均值之比不得大于 0.3%。

（三）提示

① 用铝-重铬酸钾法标定，允许用 1‰ 二苯胺硫酸溶液代替二苯胺磺酸钠溶液作指示剂，但是终点的颜色不太鲜明。

② 铝溶解不完全时，不能滴定。

③ Na_2-EDTA 法标定：滴定前应用铬黑 T 指示剂检查二次蒸馏水，不得呈微红色。

十八、亚铁氰化钾标准溶液

常用的亚铁氰化钾标准溶液的滴定度 $T_{K_4Fe(CN)_6/Zn}$（每毫升亚铁氰化钾溶液相当于锌的质量）为 0.005g/mL 和 0.0025g/mL（即浓度 $c\left[\frac{1}{3}K_4Fe(CN)_6\right]$ 为 0.153mol/L 和 0.0765mol/L）。

（一）配制方法

配制 1L $T_{K_4Fe(CN)_6/Zn}=0.005$g/mL 的亚铁氰化钾溶液：称取分析纯亚铁氰化钾 $[K_4Fe(CN)_6·3H_2O]$ 21.54g，溶于 500mL 水内，加铁氰化钾 $[K_3Fe(CN)_6]$ 0.2g 及无水碳酸钠（Na_2CO_3）0.2g，摇匀，以水稀释至 1L。贮于棕色细口瓶内，于暗处放置 15d，用虹吸管吸取上部澄清液，于另一细口瓶中，以备标定。

配制 1L $T_{K_4Fe(CN)_6/Zn}=0.0025$g/mL 的亚铁氰化钾溶液：称取分析纯亚铁氰化钾 $[K_4Fe(CN)_6·3H_2O]$ 10.8g，其他操作同 0.153mol/L 的亚铁氰化钾溶液配制。

（二）标定方法

1. 内指示剂法

（1）方法原理　在适当的浓度的硫酸溶液中，加热 60℃ 左右，硫酸锌迅速与亚铁氰化钾作用，生成亚铁氰化锌钾合盐。在微量的铁氰化钾催化下，二苯胺被氧化成蓝紫色，终点时，稍过量的亚铁氰化钾使二苯胺还原，溶液内由蓝紫色变为淡绿色。加少量硫酸铵可防止副反应产生，并使终点明显。其反应式：

$$2K_4Fe(CN)_6+3ZnSO_4=\!=\!=K_2Zn_3[Fe(CN)_6]_2+3K_2SO_4$$
$$Zn+H_2SO_4=\!=\!=ZnSO_4+H_2\uparrow$$

（2）应用试剂

① 锌标准溶液　（$T_{Zn}=0.0050$g/mL），称取已处理氧化皮的基准试剂锌 2.5000g（称准至 0.0001g），于 500mL 容量瓶内，加 4mol/L 的硫酸溶液 120mL，摇动使其完全溶解，加水稀释至近刻线（不能恰至刻线，应留有余量）。于（20±0.5）℃ 恒温槽内恒温 2～3h，取出并稀释至刻线。

② 硫酸，（1+1）溶液。

③ 硫酸铵饱和溶液，取 280g 分析纯的硫酸铵溶于 100mL 水内。

④ 二苯胺，10g/L 硫酸溶液。

⑤ 铁氰化钾（10g/L 溶液），取 0.1g 分析纯的铁氰化钾，溶于 10mL 水中，贮于棕色滴瓶内，有效期 5d。

（3）标定步骤　准确（用滴定管）量取锌标准溶液 25.00～30.00mL，于 250mL 锥形瓶内，加 10mL（1+1）硫酸溶液和 10mL 饱和硫酸铵溶液及 50mL 沸腾的水（保持溶液在 60℃以上），加 4 滴铁氰化钾溶液和 2 滴二苯胺指示剂，在摇动下，以待标定的亚铁氰化钾溶液滴定。开始滴定时，溶液为浅蓝色，后变为深蓝色、蓝紫色、灰色，临近终点时为使终点明显，再加 2 滴铁氰化钾溶液，此时充分摇动，小心滴到溶液由蓝紫色突变为浅绿色，在 30s 不消失，再不出现蓝紫色，即为终点。

在操作的同时，在同样的条件下，做空白试验。

（4）计算

$$T_{K_4Fe(CN)_6/Zn} = T_{Zn}V_{Zn}/(V-V_0)$$

式中　$T_{K_4Fe(CN)_6/Zn}$——每毫升亚铁氰化钾溶液相当于锌的质量，g/mL；

　　　　T_{Zn}——锌标准溶液的滴定度（每毫升标准溶液中所含 Zn 的质量），g/mL；

　　　　V_{Zn}——量取的锌标准溶液的体积，mL；

　　　　V——耗用亚铁氰化钾溶液的体积，mL；

　　　　V_0——空白试验耗用亚铁氰化钾溶液的体积，mL。

2. 外指示剂法

（1）方法原理　在酸性溶液内，加热可促进氯化锌与亚铁氰化钾作用，生成亚铁氰化锌钾合盐。当终点时，稍过量的亚铁氰化钾与外指示剂硝酸铀酰作用，生成亚铁氰化铀酰的棕色沉淀。其反应式：

$$2K_4Fe(CN)_6 + 3ZnCl_2 \xrightarrow{\hspace{1cm}} K_2Zn_3[Fe(CN)_6]_2 + 6KCl$$

$$2UO_2(NO_3)_2 + K_4Fe(CN)_6 \xrightarrow{\hspace{1cm}} (UO_2)_2[Fe(CN)_6] \downarrow + 4KNO_3$$

（2）应用试剂

① 氯化锌标准溶液（$T_{Zn} = 0.0050g/mL$），称取分析纯氯化锌（$ZnCl_2$）5.2115g（称准至 0.0001g），于 500mL 容量瓶内，加水 30mL，（1+1）盐酸溶液 50mL，摇动使其完全溶解。加水稀释至近刻度（不能恰至刻度线，应留有余量），于（20±0.5）℃的恒温槽内保温 1h，取出稀释至刻线。

② 盐酸，（1+1）溶液。

③ 氨水，分析纯（相对密度为 0.90）。

④ 硝酸铀酰（或乙酸铀酰），50g/L 溶液。

⑤ 刚果红试纸。

（3）标定步骤　准确（用滴定管）量取氯化锌标准溶液 25.00～30.00mL，于 500mL 锥形瓶内，加氨水至刚果红试纸呈中性，加（1+1）盐酸溶液 10mL，加水 15mL，并加热至刚沸腾，立即用待标定的亚铁氰化钾溶液滴定。并不断摇动，先按理论计算出大约消耗的体积，当接近终点时，用玻璃棒沾出一小滴，滴入在瓷板上的一滴硝酸铀酰溶液内，呈微棕色时即为终点。否则，再加一滴并激烈摇动后再试。

在操作的同时，在同样的条件下，做空白试验。

（4）计算　同"内指示剂法"的计算。

3. 精度

无论采用哪种标定方法，平行测定不得少于 8 次，两人各做 4 次平行测定，4 次平行测定结果的极差（最大值与最小值之差）与平均值之比：内指示剂法不得大于 0.2%，外指示剂法不得大于 0.3%。

（三）提示

（1）内指示剂法

① 滴定时加热与否均可，加热的目的在于加速其化学反应。

② 二苯胺加入量每次均应一样。

③ 铁氰化钾溶液的浓度和加入量对终点有影响。

（2）外指示剂法

① 白瓷板上应涂薄薄一层石蜡，使指示剂呈球状。

② 每次取用外指示剂的多少，及滴入试液的多少对判别终点有影响，必须每人每次掌握一致。

③ 滴定过程中，若超过 3min，应每 3min 煮沸一次。

（3）滴定时特别注意 滴定时温度高、滴速慢，浓度偏高；滴定时温度低、流速快，浓度偏低。最好控制在 60～80℃滴定。

（4）沉淀影响浓度 滴定时产生大量沉淀，快到终点时应激烈摇动，否则沉淀有吸附作用使其浓度忽高忽低。

十九、硫氰酸铵（或钾）标准溶液

常用的硫氰酸铵（或钾）标准溶液的浓度 $c(NH_4SCN$ 或 $KSCN)=0.1mol/L$。

（一）配制方法

配制 1L $c(NH_4SCN$ 或 $KSCN)=0.1mol/L$ 的硫氰酸铵（或钾）溶液：称取分析纯的硫氰酸铵（NH_4SCN）约 8g［或硫氰酸钾（$KSCN$）约 10g］，溶于 200mL 水中，倾入棕色瓶中，以水稀释至 1L，摇匀。静置 3d 后，用虹吸管将上层澄清液导入另一棕色细口瓶中，密闭存放暗处，以备标定。

（二）标定方法

（1）方法原理 在一定的酸度下，硝酸银与硫氰酸铵作用，生成白色硫氰酸银沉淀。终点时，稍过量硫氰酸铵与铁铵矾作用，生成红色硫氰酸铁沉淀。但由于硫氰酸银沉淀吸附大量的硫氰酸铵，必须在激烈摇动下进行滴定，否则终点易过早出现。其反应式：

$$NH_4SCN + AgNO_3 \Longrightarrow AgSCN\downarrow + NH_4NO_3$$
白色沉淀

$$NH_4Fe(SO_4)_2 + 3NH_4SCN \Longrightarrow Fe(SCN)_3\downarrow + 2(NH_4)_2SO_4$$
红色沉淀

（2）应用试剂

① 硝酸银，0.1mol/L 标准溶液。

② 铁铵矾饱和溶液，称取分析纯的铁铵矾［$NH_4Fe(SO_4)_2 \cdot 12H_2O$］约 130g，溶于 100mL 水内。然后加相对密度为 1.42 的硝酸，使溶液的褐色消去（在试管内观察），而达到完全澄清（一般加入硝酸量约 150mL）之后，装入棕色细口瓶内，放于暗处备用。

（3）标定步骤 准确（用滴定管）量取硝酸银标准溶液 25.00～30.00mL，于 250mL 锥形瓶内，加水 60mL，铁铵矾饱和溶液 2mL，在强烈摇动下，以待标定的硫氰酸铵溶液滴定。当接近终点时，每加一滴应经激烈摇动后再加次滴。滴至溶液呈现浅红色，保持 30s 不消失，即为终点。

在操作的同时，在同样的条件下，做空白试验。

（4）计算

$$c_B = c_1 V_1 / (V_B - V_0)$$

式中　c_B——待标定硫氰酸铵溶液的浓度，mol/L；

c_1——硝酸银标准溶液的浓度，mol/L；

V_1——量取的硝酸银标准溶液的体积，mL；

V_B——耗用硫氰酸铵溶液的体积，mL；

V_0——空白试验耗用硫氰酸铵标准溶液的体积，mL。

（5）精度　需两人进行测定，分别各做 4 个平行测定，4 个平行测定结果的极差（最大值与最小值之差）与平均值之比不得大于 0.2%。

（三）提示

硫氰酸银沉淀能吸附大量的硫氰酸铵，在滴定中，须在强烈摇荡下进行，否则终点易过早出现。

二十、亚砷酸钠标准溶液

常用的亚砷酸钠标准溶液的浓度 $c(\frac{1}{2}Na_3AsO_3) = 0.1mol/L$。

（一）配制方法

配制 1L $c(\frac{1}{2}Na_3AsO_3) = 0.1mol/L$ 的亚砷酸钠溶液：称取分析纯的三氧化二砷（As_2O_3）约 5g，于烧杯内，加 1mol/L 氢氧化钠溶液 152mL，于水浴上微微加热，使其完全溶解，然后加入酚酞指示剂 2 滴，以 1mol/L 硫酸溶液滴至红色消失。再加 25g 碳酸氢钠，摇动至完全溶解，将溶液及洗涤烧杯的水小心地倾入 1000mL 细口瓶内（或容量瓶内），然后以水稀释至刻线，密闭存放，以备标定。

（二）标定方法

（1）方法原理　在微碱性溶液内，碘与亚砷酸钠作用，生成砷酸钠和碘化氢。在终点时，稍过量的碘溶液与淀粉作用，呈现蓝色反应。其反应式：

$$Na_3AsO_3 + I_2 + H_2O \Longrightarrow Na_3AsO_4 + 2HI$$

（2）应用试剂

① 碘，0.1mol/L 标准溶液。

② 淀粉指示剂，5g/L 溶液。

（3）标定步骤　准确（用滴定管）量取亚砷酸钠标准溶液 25.00~30.00mL，于 250mL 锥形瓶内，加水 50mL，以碘标准溶液滴定。在充分摇动下，当滴至碘液红色消失很慢时，加 3mL 淀粉指示剂，继续滴至溶液呈现出微蓝色，当再摇动也不消失，即为终点。

在操作的同时，在同样的条件下，做空白试验。

（4）计算

$$c_B = c_1(V_1 - V_0)/V_B$$

式中　c_B——待标定亚砷酸钠溶液的浓度，mol/L；

　　　c_1——碘（$\frac{1}{2}I_2$）标准溶液的浓度，mol/L；

　　　V_1——耗用碘标准溶液的体积，mL；

　　　V_B——量取的亚砷酸钠溶液的体积，mL；

　　　V_0——空白试验耗用碘标准溶液的体积，mL。

（5）精度　需两人进行测定，分别各做 4 个平行测定，4 个平行测定结果的极差（最大值与最小值之差）与平均值之比不得大于 0.2%。

（三）提示

① 三氧化二砷系极毒物品，操作时应特别注意。

② 0.02mol/L 及 0.05mol/L 溶液的配制（As_2O_3 和氢氧化钠溶液用量按比例减少）和标定方法同上述 0.1mol/L 方法，亦可用基准三氧化二砷直接配制成准确浓度的溶液。

二十一、亚硝酸钠标准溶液

常用的亚硝酸钠标准溶液的浓度 $c(NaNO_2)$ 为 0.1mol/L 和 0.5mol/L。

（一）配制方法

配制 1L 0.1mol/L 的亚硝酸钠溶液：取分析纯亚硝酸钠（$NaNO_2$）约 6.9g，氢氧化钠 0.1g 及无水碳酸钠 0.2g，溶于 1000mL 水中，摇匀。

配制 1L 0.5mol/L 的亚硝酸钠溶液：取分析纯亚硝酸钠（$NaNO_2$）约 34.5g，氢氧化钠 0.5g 及无水碳酸钠 1g，溶于 1000mL 水中，摇匀。

以上所制备的溶液摇匀后，密闭存放于暗处 2~3d，然后用虹吸管将上层澄清液导入另一棕色瓶内，以备标定。

（二）标定方法

1. 对氨基苯磺酸法

（1）方法原理　在低温（约 5℃）下，以亚硝酸钠溶液滴定对氨基苯磺酸的酸性溶液，在充分摇动下，生成氯化重氮苯磺酸。当亚硝酸钠稍有过量时，溶液中亚硝酸根离子与碘化钾淀粉试纸作用，使碘化钾游离出碘，而碘与淀粉作用出现蓝色痕迹，此反应中要注意温度、酸度及摇动均匀性。其反应式：

$$H_2N-\!\!\!\left\langle\!\!\!\bigcirc\!\!\!\right\rangle\!\!\!-SO_3H + NaNO_2 + 2HCl = Cl^-N \equiv \overset{+}{N} -\!\!\!\left\langle\!\!\!\bigcirc\!\!\!\right\rangle\!\!\!- SO_3H + NaCl + 2H_2O$$

$$2NaNO_2 + 4HCl + 2KI = 2NO + I_2 + 2NaCl + 2KCl + 2H_2O$$

（2）应用试剂

① 对氨基苯磺酸，化学式 $NH_2C_6H_4SO_3H$，式量 173.19，基本单元 $NH_2C_6H_4SO_3H$，摩尔质量 173.19g/mol，使用前研细，于 120~125℃烘箱内烘 4h，取出放入干燥器内，冷

却至室温，备用。

② 氨水，相对密度 0.90。

③ 盐酸，（1+1）溶液。

④ 淀粉-碘化钾试纸，于 100mL 新配制的淀粉溶液中，加 0.2g 碘化钾，将无灰滤纸放入该溶液内浸泡透，取出于暗处晾干，保存于密闭的棕色干燥瓶中。

⑤ 工业食盐及冰块，冷却剂。

⑥ 溴化钾，分析纯。

（3）标定步骤　标定 0.1mol/L 亚硝酸钠溶液时，称取基准试剂无水对氨基苯磺酸 0.55~0.6g（标定 0.5mol/L 亚硝酸钠溶液时，取对氨基苯磺酸 3g），称准至 0.0001g，于烧杯内，加 200mL 水及 3mL 氨水，摇动，使其完全溶解。加（1+1）盐酸溶液 20mL 及溴化碘 1g，将烧杯放入盛有食盐和冰块的冷浴锅内，冷却并保持 0~5℃。用待标定的亚硝酸钠溶液装入滴定。每滴一滴应充分搅拌，当滴至接近终点时（用量可预先粗略计算），用玻璃棒蘸出一小滴，滴在淀粉-碘化钾试纸上，对着光线观察，试纸被润湿处，随着溶液的扩散，应在 5~10s 出现一线蓝色的圆环，然后再充分搅拌 5min，重新在试纸上检查，如仍有蓝色圆环出现，即为终点。否则应继续逐滴加入，每滴一滴后在试纸上检查之，直至终点出现为止。

在操作的同时，在同样的条件下，做空白试验。

（4）计算

$$c_B = m_A / [(V_B - V_0) \times 173.19/1000]$$

式中　c_B——待标定亚硝酸钠溶液的浓度，mol/L；

m_A——称取的基准物对氨基苯磺酸的质量，g；

V_B——耗用亚硝酸钠溶液的体积，mL；

V_0——空白试验耗亚硝酸钠溶液的体积，mL；

173.19——对氨基苯磺酸的摩尔质量，g/mol。

2. 二苯胺法

（1）方法原理　二苯胺在乙酸溶液中与亚硝酸钠作用，生成亚硝基二苯胺。终点时，稍过量的亚硝酸钠与碘化钾淀粉试纸作用，生成暗褐色圆环。其反应式：

$$(C_6H_5)_2NH + NaNO_2 + CH_3COOH \Longrightarrow (C_6H_5)_2NN \Longrightarrow O + CH_3COONa + H_2O$$

$$2NaNO_2 + 2KI + 4CH_3COOH \Longrightarrow 2CH_3COOK + 2CH_3COONa + I_2 + 2NO + 2H_2O$$

（2）应用试剂

① 二苯胺基准试剂，化学式 $(C_6H_5)_2NH$，式量 169.23，基本单元 $(C_6H_5)_2NH$，摩尔质量 169.23g/mol。使用前先研成粉末，装称量瓶至 1/3 处，于苛性钠（或苛性钾）真空干燥器内，干燥 48h 以上，备用。

② 乙酸（80%溶液），取分析纯质量分数 98%的冰醋酸 80mL，与 18mL 水混匀。

③ 淀粉-碘化钾试纸（见标定法 1.氨基苯磺酸法应用试剂④）。

（3）标定步骤　标定 0.1mol/L 的亚硝酸钠溶液，称取基准物二苯胺 0.5~0.6g（标定 0.5mol/L 的亚硝酸钠溶液，称取基准物二苯胺 3g），称准至 0.0001g，于烧杯内。加入 100mL 乙酸溶液，在 50℃水浴上加热溶解，将溶液保温在 15~20℃，用待标定的亚硝酸钠溶液滴定。每滴入一滴应充分摇动（搅拌），随着滴定的溶液逐渐变暗，当变为暗黄色时，既接近终点（可事先计算大约量）。这是可用玻璃棒蘸出一小滴溶液，滴在淀粉-碘化钾试纸上，对着光线观察，应在 5~10s 出现棕色圆环，待 5min 再试之，若仍出现棕色圆环，即为终点。

在操作的同时，在同样的条件下，做空白试验。

（4）计算

$$c_B = m_A / [(V_B - V_0) \times 169.23/1000]$$

式中 c_B——待标定亚硝酸钠溶液的浓度，mol/L；

m_A——称取的基准物二苯胺的质量，g；

V_B——耗用亚硝酸钠溶液的体积，mL；

V_0——空白试验耗亚硝酸钠溶液的体积，mL；

169.23——基准物二苯胺的摩尔质量，g/mol。

3. 精度

无论采用哪种标定方法，平行测定不得少于 8 次，两人各做 4 次平行测定，4 次平行测定结果的极差（最大值与最小值之差）与平均值之比：0.1mol/L 不大于 0.2%，0.5mol/L 不大于 0.15%。

（三）提示

① 亚硝酸钠溶液极易被空气氧化，使浓度改变，故保存时应有防氧化装置。

② 终点判断不太明确时，每次应预先以空白试验确定，但每次每人观察终点应一致。

③ 为了先知道终点时所消耗的亚硝酸钠溶液的近似体积，第一个滴定数据可以不计。

④ 每次用玻璃棒蘸出的体积应少（约 0.01～0.02mL），其蘸出量每次都要一致。

⑤ 玻璃棒的直径约 7～8mm，长约 200mm，其一端拉成 40～50mm 的锥体，锥体末端拉成约 10mm，直径约 1mm 的小段，其端部熔有一小圆球。

⑥ 淀粉-碘化钾试纸的灵敏度检查：于 250mL 锥形瓶内，加水 200mL，10mL（相对密度为 1.19）的盐酸，在 20℃左右以 0.1mol/L 的亚硝酸钠溶液滴定，用淀粉-碘化钾试纸检查，使试纸变蓝色所消耗的 0.1mol/L 的亚硝酸钠溶液不应超过 0.15mL，否则认为此试纸灵敏度（感度）不合格。

⑦ 淀粉-碘化钾试纸，应用镀镍的镊子夹取。

二十二、亚砷酸钠-亚硝酸钠标准溶液

常用的亚砷酸钠-亚硝酸钠标准溶液的浓度 $\left[c = c\left(\frac{1}{2}Na_3AsO_3\right) + c\left(\frac{1}{2}NaNO_2\right) \right]$ 为 0.05mol/L 及 0.1mol/L。

（一）配制方法

配制 1L 0.05mol/L 的亚砷酸钠-亚硝酸钠溶液：称取分析纯的三氧化二砷（As_2O_3）1.24g，于 600mL 烧杯中，加入 1mol/L 氢氧化钠溶液 38mL，温热使之溶解。然后加冷水稀释至 200mL，加 40% 硫酸溶液呈酸性（用蓝色石蕊试纸试验），再多加硫酸（40%）溶液 2～3mL，用 15% 碳酸钠溶液中和（用石蕊试纸试验）后，加入亚硝酸钠 0.86g，搅拌使其完全溶解，并小心倾入细口瓶内，用水洗涤烧杯，洗水也倾入细口瓶内，然后用水稀释至 1L，混匀。密闭存放于暗处，2d 后，将上层澄清液用虹吸管导入另一细口瓶内，以备标定。

配制 1L 0.1mol/L 的亚砷酸钠-亚硝酸钠溶液：称取分析纯的三氧化二砷 2.47g，于

600mL 烧杯中，加入 1mol/L 的氢氧化钠溶液 75mL，加微热使之溶解。然后以 1mol/L 的硫酸溶液中和至石蕊试纸呈中性为止，加分析纯的无水碳酸钠 2g 和分析纯的亚硝酸钠 1.7g，搅拌使其完全溶解，并小心倾入细口瓶内，用水洗涤烧杯，洗水也倾入细口瓶内，然后用水稀释至 1L，混匀。密闭存放于暗处，2d 后，将上层澄清液用虹吸管导入另一细口瓶内，以备标定。

（二）标定方法

（1）方法原理　在酸性溶液中，高锰酸钾与亚砷酸钠-亚硝酸钠溶液发生氧化还原反应，当高锰酸钾溶液红色消失，即为终点。其反应式：

$$5Na_3AsO_3 + 2KMnO_4 + 3H_2SO_4 \Longrightarrow 5Na_3AsO_4 + 2MnSO_4 + K_2SO_4 + 3H_2O$$

$$5NaNO_2 + 2KMnO_4 + 3H_2SO_4 \Longrightarrow 5NaNO_3 + 2MnSO_4 + K_2SO_4 + 3H_2O$$

（2）应用试剂

① 高锰酸钾（$\frac{1}{5}KMnO_4$）标准溶液，与待标定的亚砷酸钠-亚硝酸钠溶液相近似浓度（0.05mol/L 或 0.1mol/L）溶液。

② 硫酸（1+4）溶液。

（3）标定步骤　准确（用滴定管）量取高锰酸钾标准溶液 25.00～30.00mL，于 250mL 锥形瓶内，加水 50mL，（1+4）的硫酸溶液 20mL，然后用待标定的亚砷酸钠-亚硝酸钠溶液滴定，充分摇动，滴至溶液红色消失，即为终点。

在操作的同时，在同样的条件下，做空白试验。

（4）计算

$$c_B = c_1 V_1 / (V_B - V_0)$$

式中　c_B——待标定亚砷酸钠-亚硝酸钠溶液的浓度，mol/L；

　　　c_1——高锰酸钾（$\frac{1}{5}KMnO_4$）标准溶液的浓度，mol/L；

　　　V_1——量取的高锰酸钾标准溶液的体积，mL；

　　　V_B——耗用亚砷酸钠-亚硝酸钠溶液的体积，mL；

　　　V_0——空白试验耗用亚砷酸钠-亚硝酸钠溶液的体积，mL。

（5）精度　需两人进行标定，分别各做 4 个平行测定，4 个平行测定结果的极差（最大值与最小值之差）与平均值之比：0.1mol/L 不大于 0.2%，0.05mol/L 不大于 0.5%。

二十三、硝酸银标准溶液

常用的硝酸银标准溶液的浓度 $c(AgNO_3)$ 为 0.1mol/L。

（一）配制方法

配制 1L 0.1mol/L 的硝酸银溶液：称取分析纯硝酸银（$AgNO_3$）17.0g，溶解于 1000mL 水中，混匀。待完全溶解后，倾入棕色细口瓶内，于暗处静置 2d 后，用虹吸管将上层澄清液导入另一棕色细口瓶内，以备标定。

注意：配制成的硝酸银溶液应呈中性。若呈碱性则有氧化银沉淀生成。即：

$$2AgNO_3 + 2NaOH \Longrightarrow Ag_2O \downarrow + 2NaNO_3 + H_2O$$

若呈酸性：当用铬酸钾作指示剂时，铬酸银沉淀将被溶解而使终点不明确；当用荧光红作指示剂时，荧光红是一种极弱的酸，氢离子的存在能阻止它的电离。

（二）标定方法

1. 荧光红（指示剂）法

（1）方法原理　在中性溶液中，硝酸银与氯化钠（或氯化钾）作用，生成白色的氯化银沉淀。在淀粉的保护下，胶态氯化银沉淀悬浮在溶液中。终点时，稍过量的银离子被沉淀吸附，而使沉淀带上正电荷，这时呈现黄色的荧光素阴离子就被沉淀吸附，呈现出特有的粉红色，即为终点。其反应式：

$$AgNO_3 + NaCl = AgCl\downarrow + NaNO_3$$

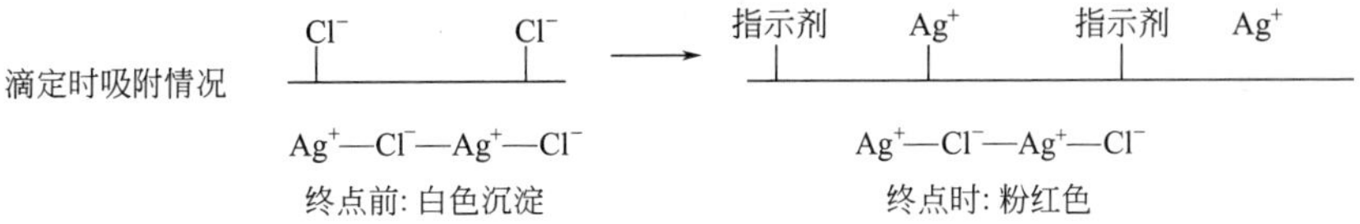

（2）应用试剂

① 氯化钠基准试剂，化学式 NaCl，式量 58.44，基本单元 NaCl，摩尔质量 58.44g/mol。使用前于 $500\sim600℃$ 灼烧 $2\sim3h$，取出放入干燥器内，冷至室温备用。

② 荧光红(荧光素)，2g/L 乙醇溶液。

③ 淀粉，30g/L 溶液。

（3）标定步骤　称取基准试剂氯化钠（NaCl）0.2g，称准至 0.0001g，于 250mL 锥形瓶中，加水 60mL 摇动使其完全溶解，加 10mL 淀粉溶液及 3 滴荧光红指示剂，在其摇动下，以待标定的硝酸银溶液滴定。快到终点时，再充分振荡，小心逐滴加入，滴至溶液呈粉红色，即为终点。

在操作的同时，在同样的条件下，做空白试验。

注意：在滴定过程中，一定要充分振荡，并避开阳光下滴定，以免有硝酸银分解。

（4）计算

$$c_B = m_A / [(V_B - V_0) \times 58.44/1000]$$

式中　c_B——待标定硝酸银溶液的浓度，mol/L；

$\quad\quad m_A$——量取的基准物氯化钠的质量，g；

$\quad\quad V_B$——耗用硝酸银溶液的体积，mL；

$\quad\quad V_0$——空白溶液耗用硝酸银溶液的体积，mL；

$\quad\quad 58.44$——基准物氯化钠的摩尔质量，g/mol。

2. 铬酸钾法

（1）方法原理　在中性溶液中，氯化钠与硝酸银作用，生成白色的氯化银沉淀，终点时，稍过量的银离子与铬酸根离子作用，生成砖红色铬酸银沉淀，溶液呈黄色。其反应式：

$$AgNO_3 + NaCl = NaNO_3 + AgCl\downarrow$$

白色沉淀

$$2AgNO_3 + K_2CrO_4 = 2KNO_3 + Ag_2CrO_4\downarrow$$

砖红色沉淀

（2）应用试剂

① 氯化钠基准试剂（同 1.荧光红法）。

② 铬酸钾饱和溶液，取 67g 铬酸钾（K_2CrO_4）溶解于 100mL 水中，放于暗处棕色瓶内。

（3）标定步骤　称取基准试剂氯化钠 0.2g，称准至 0.0001g，于 250mL 锥形瓶内，加水 60mL，加铬酸钾饱和溶液 2 滴（约 0.06mL），以待标定的硝酸银溶液在较暗处（避开阳光）滴定。快到终点时，慢慢小心地滴加，充分摇荡，当滴入一滴后，溶液突然由黄色变为黄红色（先由一滴红迅速扩散至全溶液）不消失，并能保持 3～5s，即为终点。

在操作的同时，在同样的条件下，做空白试验。

（4）计算　同荧光红（指示剂）法。

3. 精度

无论采用哪种标定方法，平行测定不得少于 8 次，两人各做 4 次平行测定，4 次平行测定结果的极差（最大值与最小值之差）与平均值之比不大于 0.2%。

（三）提示

（1）荧光红标定法

① 滴定过程中，要充分摇荡，并在暗处（灯光下避免阳光）滴定，以免硝酸银感光，影响终点的观察及精度。

② 荧光红指示剂，一定要在氯化银沉淀的胶结状产生时再加入，不能过早，以免被氯化银沉淀包围，影响终点的判别。

（2）铬酸钾标定法

① 滴定过程中，要充分摇荡，并在暗处（灯光下避免阳光）滴定，以免硝酸银感光，影响终点的观察及精度。

② 在滴定过程中，当发现氯化银白色沉淀胶结状沉于瓶底时，即表示快到终点了。故应在每加一滴充分振荡后，再加下一滴。这样逐滴滴加，当滴入一滴后，溶液随着摇动突然一闪即由黄色变为黄红色，并保持此色在 3～5s 内不消失即为终点。为了验证终点是否正确，记下体积的读数，再补加半滴，如果溶液颜色加深，没有改变，前者即为终点，否则应继续滴定（滴加）。

③ 必须很好地掌握终点，否则此法与荧光红法的结果将有 0.3%～0.7% 的误差。

二十四、硝酸汞标准溶液

常用的硝酸汞标准溶液的浓度 $c\left[\dfrac{1}{2}Hg(NO_3)_2\right]=0.1mol/L$。

（一）配制方法

配制 1L $c\left[\dfrac{1}{2}Hg(NO_3)_2\right]=0.1mol/L$ 的硝酸汞溶液：称取分析纯的硝酸汞 $[Hg(NO_3)_2 \cdot 1/2H_2O]$ 约 17g，放入细口瓶内，加水 200mL 及相对密度为 1.42 硝酸 2mL，塞上瓶塞，充分摇动，使其完全溶解。用水稀释至 1L，混匀，密闭存放于暗处 1～2d，若有沉淀，应用虹吸管将上层澄清液导入另一棕色瓶内，存放于暗处，以备标定。

（二）标定方法

1. 氯化钠-混合指示剂法

（1）方法原理　在稀的硝酸溶液中，氯化钠与硝酸汞作用，生成难离解的氯化汞。终点时，稍过量的汞离子与二苯基偶氮碳酰肼（又称二苯卡巴腙）作用，生成紫红色化合物。滴定溶液的 pH 值应维持在 $1.5\sim2.0$，防止酸度大时终点出现得迟，酸度小出现得早。所以混合指示剂中的溴酚蓝的作用是反映溶液酸度。其反应式：

$$2NaCl + Hg(NO_3)_2 \Longrightarrow HgCl_2 + 2NaNO_3$$

$$2C_6H_5NHNHCON = NC_6H_5 + Hg(NO_3)_2 \Longrightarrow 2HNO_3 + \quad C_6H_5NNCON = NC_6H_5$$

$$\underset{\text{紫红色}}{\overset{|}{\underset{\cdots}{Hg}}}$$

（2）应用试剂

① 氯化钠基准试剂，化学式 NaCl，式量 58.443，基本单元 NaCl，摩尔质量 58.443g/mol。使用前，于 $500\sim600℃$ 灼烧 $2\sim3h$，取出放入干燥器内，冷至室温备用。

② 二苯基偶氮碳酰肼-溴酚蓝混合指示剂，取 0.1g 二苯基偶氮碳酰肼，溶于 10mL 冰乙酸及 90mL 乙醇中。取 0.1g 溴酚蓝溶于乙醇，并用乙醇稀释至 250mL。两种溶液等体积混合。

③ 硝酸，0.05mol/L 溶液。

（3）标定方法 称取氯化钠 $0.15\sim0.17g$，称准至 0.0001g，于 250mL 锥形瓶内，加水 50mL，加混合指示剂 4 滴，溶液呈紫红色，用 0.05mol/L 的硝酸溶液滴至溶液呈淡黄色后，再多加 0.5mL。立即用待标定的硝酸汞滴定，滴至溶液由黄色变为微紫色，即为终点。

在操作的同时，在同样的条件下，做空白试验。

（4）计算

$$c_B = m_A / [(V_B - V_0) \times 58.443/1000]$$

式中 c_B——待标定硝酸汞 $\left[\frac{1}{2}Hg(NO_3)_2\right]$ 溶液的浓度，mol/L；

$\quad$ m_A——量取的基准物氯化钠的质量，g；

$\quad$ V_B——耗用硝酸汞溶液的体积，mL；

$\quad$ V_0——空白溶液耗用硝酸汞溶液的体积，mL；

$\quad$ 58.443——基准物氯化钠的摩尔质量，g/mol。

2. 氯化钠-沉淀法

（1）方法原理 在稀的硝酸溶液中，氯化钠与硝酸汞作用，生成氯化汞，在终点时，稍过量的硝酸汞与亚硝基铁氰化钠作用，生成白色亚硝基铁氰化汞沉淀，溶液发生浑浊现象，判别终点。其反应式：

$$2NaCl + Hg(NO_3)_2 \Longrightarrow HgCl_2 + 2NaNO_3$$

$$Hg(NO_3)_2 + Na_2Fe(CN)_5NO \Longrightarrow HgFe(CN)_5NO\downarrow + 2NaNO_3$$

（2）应用试剂

① 氯化钠基准试剂，化学式 NaCl，式量 58.443，基本单元 NaCl，摩尔质量 58.443。使用前，于 $500\sim600℃$ 灼烧 $2\sim3h$，取出放入干燥器内，冷至室温备用。

② 亚硝基铁氰化钠，100g/L 溶液。

（3）标定步骤 称取氯化钠 $0.15\sim0.17g$，称准至 0.0001g，于 250mL 锥形瓶内，加水 50mL，加亚硝基铁氰化钠溶液 0.5mL，以待标定的硝酸汞溶液滴定。滴至溶液接近终点时，应缓慢小心地滴加并充分振荡。当滴入一滴后，溶液突然出现浑浊，即为终点。

在操作的同时，在同样的条件下，做空白试验。

（4）计算

$$c_B = m_A / [(V_B - V_0) \times 58.443 / 1000]$$

式中　c_B——待标定硝酸汞 $\left[\frac{1}{2}Hg(NO_3)_2\right]$ 溶液的浓度，mol/L；

　　　　m_A——量取的基准物氯化钠的质量，g；

　　　　V_B——耗用硝酸汞溶液的体积，mL；

　　　　V_0——空白溶液耗用硝酸汞溶液的体积，mL；

　58.443——基准物氯化钠的摩尔质量，g/mol。

3. 硫氰酸铵法

（1）方法原理　在稀硝酸溶液中，硫氰酸铵与硝酸汞作用，生成硫氰酸汞沉淀，终点时，稍过量硫氰酸铵与铁铵矾反应，生成硫氰酸铁沉淀，溶液呈现红色。其反应式：

$$2NH_4SCN + Hg(NO_3)_2 \Longrightarrow 2NH_4NO_3 + Hg(SCN)_2 \downarrow$$

$$NH_4Fe(SO_4)_2 + 3NH_4SCN \Longrightarrow 2(NH_4)_2SO_4 + Fe(SCN)_3 \downarrow$$

红色

（2）应用试剂

① 硫氰酸铵，0.1mol/L 标准溶液。

② 铁铵矾饱和溶液，称取 130g 铁铵矾 $[NH_4Fe(SO_4)_2 \cdot 12H_2O]$ 溶于 100mL 水中，然后加相对密度为 1.42 的硝酸，使溶液的褐色消失（在试管内观察），而达到完全澄清（一般加入硝酸约 150mL），装入棕色瓶中，放暗处备用。

（3）标定步骤　准确（用滴定管）量取待标定的硝酸汞溶液 25.00～30.00mL，于 250mL 锥形瓶内，加水 50mL，加铁铵矾饱和溶液 1mL，以硫氰酸铵标准溶液滴定。当滴至沉淀出现，红色消失较慢时，即接近终点。这时每加一滴后应充分摇动，红色消失后，再次加滴，直至不消失的红色出现，即为终点。

在操作的同时，在同样的条件下，做空白试验。

（4）计算

$$c_B = c_1(V_1 - V_0)/V_B$$

式中　c_B——待标定硝酸汞 $\left[\frac{1}{2}Hg(NO_3)_2\right]$ 溶液的浓度，mol/L；

　　　　c_1——硫氰酸铵标准溶液的浓度，mol/L；

　　　　V_1——耗用硫氰酸铵标准溶液的体积，mL；

　　　　V_B——量取的硝酸汞溶液的体积，mL；

　　　　V_0——空白试验耗用硫氰酸铵标准溶液的体积，mL。

4. 配位滴定法

（1）方法原理　在六亚甲基四胺缓冲溶液中，以二甲酚橙为指示剂，用乙二胺四乙酸二钠溶液滴定之，终点时，与汞离子配合的二甲酚橙被乙二胺四乙酸二钠所取代，指示剂呈现原来的黄色。

硝酸汞与乙二胺四乙酸二钠的反应：

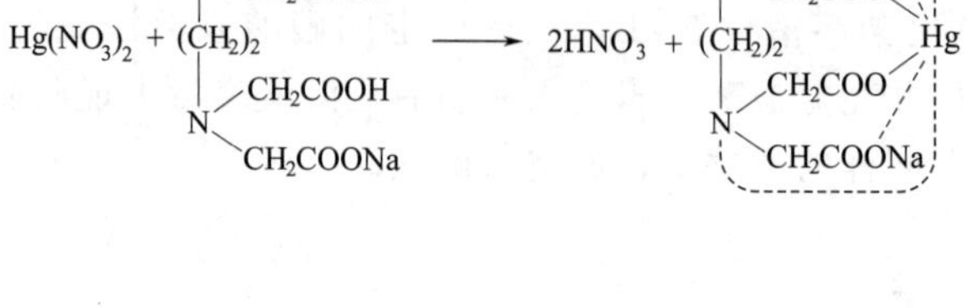

硝酸汞（汞离子）与二甲酚橙反应。

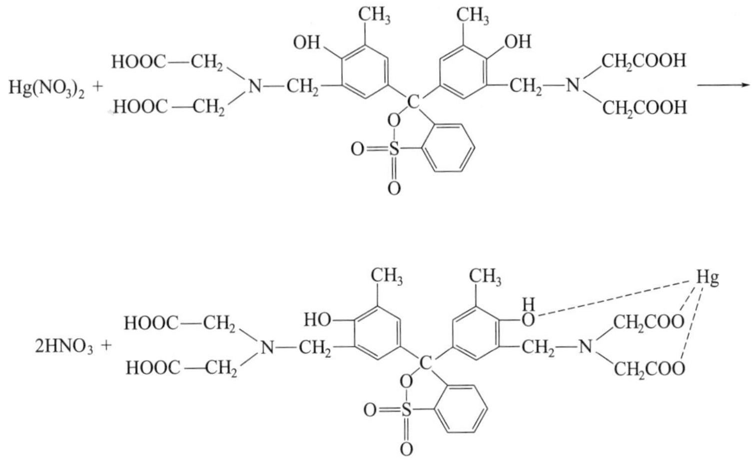

（2）应用试剂

① 乙二胺四乙酸二钠（Na$_2$-EDTA），0.05mol/L 标准溶液。

② 六亚甲基四胺，100g/L 溶液。

（3）标定步骤　准确（用滴定管）量取待标定的硝酸汞溶液 25.00～30.00mL，于 250mL 锥形瓶内，加水 50mL，六亚甲基四胺溶液 10mL，二甲酚橙指示剂 3 滴，以 Na$_2$-EDTA 标准溶液滴定。滴至溶液由紫红色变为淡黄色，即为终点。

在操作的同时，在同样的条件下，做空白试验。

（4）计算

$$c_B = c_1(V_1 - V_0)/V_B$$

式中　c_B——待标定硝酸汞 [Hg(NO$_3$)$_2$] 溶液的浓度，mol/L；

　　　c_1——Na$_2$-EDTA 标准溶液的浓度，mol/L；

　　　V_1——耗用 Na$_2$-EDTA 标准溶液的体积，mL；

　　　V_B——量取的硝酸汞溶液的体积，mL；

　　　V_0——空白试验耗用 Na$_2$-EDTA 标准溶液的体积，mL。

5. 精度

无论采用哪种标定方法，平行测定不得少于 8 次，两人各做 4 次平行测定，4 次平行测定结果的极差（最大值与最小值之差）与平均值之比不大于 0.2%。

（三）提示

① 滴定到终点的颜色每次每人必须要掌握一致。

② 氯化钠-混合指示剂法，亦可用二苯胺基脲 [(C$_6$H$_5$NHNH)$_2$CO] 来代替二苯基偶氮碳酰肼。

二十五、硝酸铅标准溶液

常用的硝酸铅标准溶液的浓度 c[Pb(NO$_3$)$_2$]=0.05mol/L。

（一）配制方法

配制 1L c[Pb(NO$_3$)$_2$]=0.05mol/L 的硝酸铅溶液：称取分析纯的硝酸铅 [Pb(NO$_3$)$_2$]

17g，溶于 1000mL 无离子水中，加（1+1）硝酸溶液 2mL，摇匀，静置 1~2d。如有沉淀，用虹吸管将上层澄清液导入另一细口瓶内，以备标定。

（二）标定方法

（1）方法原理　于乙酸-乙酸钠（或六亚甲基四胺）缓冲液中，以二甲酚橙为指示剂，用 Na$_2$-EDTA 标准溶液滴定，终点时，铅离子配合的二甲酚橙，被 Na$_2$-EDTA 所取代，使溶液由紫色变黄色。其反应式：

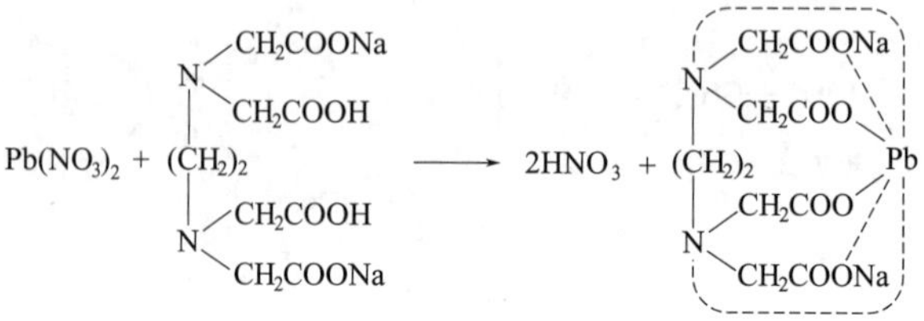

（2）应用试剂

① Na$_2$-EDTA，0.05mol/L 标准溶液。

② 乙酸-乙酸钠缓冲溶液，取 25g 乙酸钠，0.5g 冰醋酸，加水稀释至 100mL（或六亚甲基四胺 100g/L 溶液）。

③ 二甲酚橙，5g/L 溶液。

（3）标定步骤　准确（用滴定管）量取待标定的硝酸铅溶液 25.00~30.00mL，于 250mL 锥形瓶内，加水 50mL，乙酸-乙酸钠缓冲溶液 5mL（或六亚甲基四胺溶液 10mL），加 2~3 滴二甲酚橙指示剂，用 Na$_2$-EDTA 标准溶液滴定。滴至溶液由紫色变为黄色，即为终点。

在操作的同时，在同样的条件下，做空白试验。

（4）计算

$$c_B = c_1(V_1 - V_0)/V_B$$

式中　c_B——待标定硝酸铅 [Pb(NO$_3$)$_2$] 溶液的浓度，mol/L；

c_1——Na$_2$-EDTA 标准溶液的浓度，mol/L；

V_1——耗用 Na$_2$-EDTA 标准溶液的体积，mL；

V_B——量取的硝酸铅溶液的体积，mL；

V_0——空白试验耗用 Na$_2$-EDTA 标准溶液的体积，mL。

（5）精度　需两人进行标定，分别各做 4 个平行测定，4 个平行测定结果的极差（最大值与最小值之差）与平均值之比不得不大于 0.3%。

二十六、硝酸钍标准溶液

常用的硝酸钍标准溶液的浓度 c[Th(NO$_3$)$_4$]=0.025mol/L。

（一）配制方法

配制 1L c[Th(NO$_3$)$_4$]=0.025mol/L 的硝酸钍溶液：称取分析纯的硝酸钍 [Th(NO$_3$)$_4$·4H$_2$O] 13.8g，于细口瓶中，加无离子水 500mL，摇动使其完全溶解。然后用无离子水稀释至 1L。摇匀，放置 1~2d。如有沉淀，用虹吸管将上层澄清液导入另一细口瓶内，以备标定。

（二）标定方法

（1）方法原理　在 pH 为 $2.5 \sim 3.5$ 酸性溶液中，硝酸钍与二甲酚橙指示剂配位生成红紫色配合物。因 Na_2-EDTA 溶液与硝酸钍形成更稳定的配合物，故至终点时，二甲酚橙完全与钍分离，呈现其本身的黄色。其反应式：

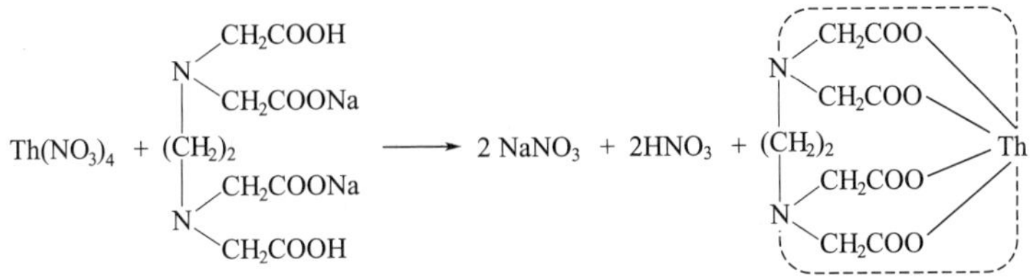

Th^{4+} 与二甲酚橙指示剂的反应

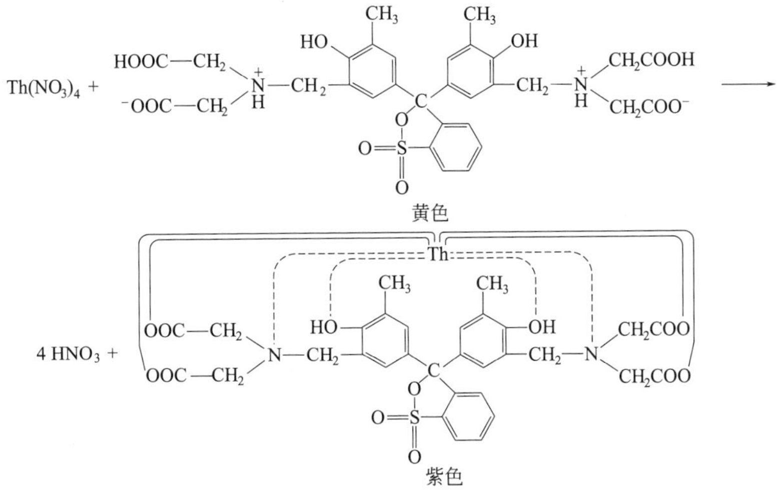

（2）应用试剂

① Na_2-EDTA，$0.025mol/L$ 标准溶液。

② 乙酸盐缓冲溶液，取 25g 乙酸钠，0.5g 冰醋酸，加水稀释至 100mL（或六亚甲基四胺 10％溶液）。

③ 二甲酚橙，5g/L 溶液。

（3）标定步骤　准确（用滴定管）量取待标定的硝酸钍溶液 $25.00 \sim 30.00mL$，于 250mL 锥形瓶内，加水 50mL，乙酸盐缓冲溶液 20mL，二甲酚橙指示剂 3 滴，以 Na_2-EDTA 标准溶液滴定。滴至溶液由紫红色变为黄色，即为终点。

在操作的同时，在同样的条件下，做空白试验。

（4）计算

$$c_B = c_1(V_1 - V_0)/V_B$$

式中　c_B——待标定硝酸钍 $[Th(NO_3)_4]$ 溶液的浓度，mol/L；

c_1——Na_2-EDTA 标准溶液的浓度，mol/L；

V_1——耗用 Na_2-EDTA 标准溶液的体积，mL；

V_B——量取的硝酸钍溶液的体积，mL；

V_0——空白试验耗用 Na_2-EDTA 标准溶液的体积，mL。

（5）精度　需两人进行标定，分别各做 4 个平行测定，4 个平行测定结果的极差（最大值与最小值之差）与平均值之比不得不大于 0.25％。

（三）提示

① 此标定方法亦可用硝酸钍溶液滴定 Na_2-EDTA 标准溶液，终点时由黄色变为淡橙色。

② 应作空白标准色，以便准确观察终点。

③ 溶液的 pH 值变化约为 3.2～2.7。

二十七、乙二胺四乙酸二钠（Na_2-EDTA）标准溶液

常用的 Na_2-EDTA 标准溶液的浓度 $c(Na_2$-EDTA) 有 0.1mol/L、0.05mol/L、0.025mol/L 和 0.02mol/L 等。最常用的是 0.025mol/L 的。

（一）配制方法

配制 1L 0.025mol/L 的 Na_2-EDTA 溶液：称取分析纯的乙二胺四乙酸二钠（Na_2-ED-TA，$C_{10}H_{14}N_2O_8Na_2 \cdot 2H_2O$）约 9.5g，置于烧杯内，加无离子水 600～800mL，加热 50～70℃，在不断搅拌下使其溶解。冷却后倾入细口瓶内，以无离子水稀释至 1L，摇匀，静置 1～2d 后，若有沉淀，应用虹吸管导入另一细口瓶内，以备标定。

配制 0.1mol/L、0.05mol/L、和 0.02mol/L 等浓度或其他浓度，可按比例增减乙二胺四乙酸二钠用量，并按上述方法顺序进行即可。

（二）标定方法

1. 锌盐法

（1）方法原理 在规定 pH 的溶液中，锌离子与指示剂作用，生成配合物呈现特有的颜色（与铬黑 T 呈红色；与二甲酚橙呈紫色）。当加入 Na_2-EDTA 溶液时，未与指示剂配合的锌离子先与 Na_2-EDTA 形成配合物。由于锌离子与 Na_2-EDTA 形成的配合物比与指示剂形成的配合物更稳定，故终点时与指示剂配合的锌离子全部被 Na_2-EDTA 夺取，致使指示剂呈现自己原有的颜色（铬黑 T 为蓝色；二甲酚橙为黄色）。

锌与 Na_2-EDTA 的反应为：

锌与铬黑 T 的反应为：

锌与二甲酚橙的反应为：

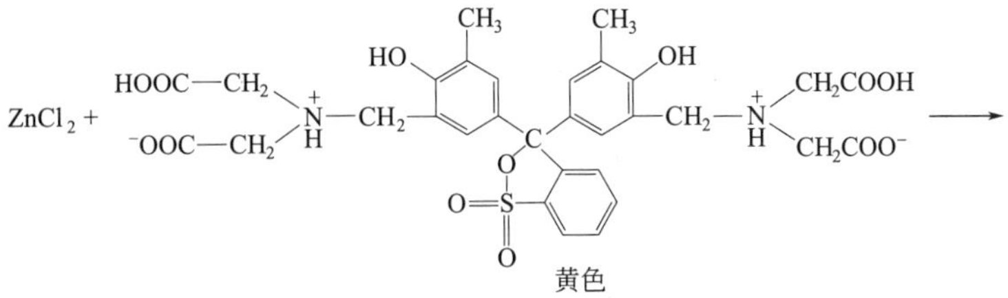

（2）应用试剂

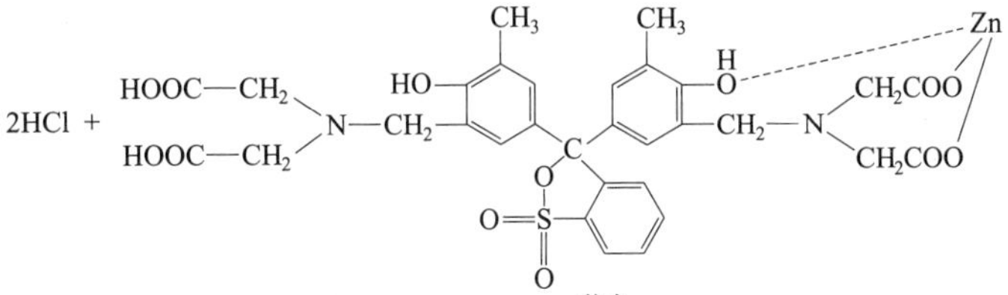

① 氧化锌基准试剂，化学式 ZnO，式量 81.35，基本单元 ZnO，摩尔质量 81.35g/mol。

使用前于 800～900℃灼烧 2～3h，取出放入干燥器内，冷至室温备用。下次使用前，必须再于 140～150℃烘干 2～3h。

配制 0.025mol/L 锌盐标准溶液：准确称取氧化锌 2.0345g 于 250mL 烧杯内，加（1+1）盐酸溶液 10mL 溶解后，移入 1L 容量瓶内，以无离子水洗涤烧杯的水也倾入容量瓶内，再用无离子水稀释至接近刻线（留点余地）。于（20±0.5)℃恒温水浴（槽）内保温 1h，最后再用无离子水稀释至刻线，摇匀备用。

锌盐标准溶液亦可用纯锌直接配制：将纯度为 99.95％以上的锌粒或锌片，用乙醚洗净烘干，冷却后，准确称取 1.6345g，于 50mL 烧杯内，加入（1+1）盐酸溶液 10mL，使其溶解，当锌不易溶解时，可在 50～60℃热水浴上，加热溶解后，移入 1L 容量瓶内，将其洗涤烧杯无离子水也倾入容量瓶内，再以无离子水稀释至接近刻线，于（20±0.5)℃恒温水浴上保温 1h，最后用无离子水稀释至刻线，摇匀备用。

② 六亚甲基四胺，100g/L 溶液（或铵盐 pH＝10 的缓冲溶液）。

铵盐缓冲溶液（pH＝10）：溶解 54g 氯化铵溶于水，加 350mL 氨水（相对密度为 0.90），加离子水稀释至 1L。

③ 二甲酚橙，5g/L 溶液（或铬黑 T 5g/L 乙醇溶液）。

（3）标定步骤

① 以铬黑 T 为指示剂：准确（用滴定管）量取锌标准溶液 25.00～30.00mL，于 250mL 锥形瓶内，加无离子水 50mL、铵盐缓冲溶液 10mL，加铬黑 T 指示剂 6～7 滴，以待标定的 Na_2-EDTA 溶液滴定。滴至溶液由红色变为蓝色，即为终点。

在操作的同时，在同样的条件下，做空白试验。

② 以二甲酚橙为指示剂：准确（用滴定管）量取锌标准溶液 25.00～30.00mL，于 250mL 锥形瓶内，加无离子水 50mL、六亚甲基四胺溶液 10mL、二甲酚橙指示剂 3 滴，以待标定的 Na_2-EDTA 溶液滴定。滴至溶液由红紫色变为淡黄色，即为终点。

在操作的同时，在同样的条件下，做空白试验。

2. 镁盐法

（1）方法原理　在 pH 值约为 10 的溶液中，镁离子首先与铬黑 T 指示剂配合，呈现红色；当加入 Na_2-EDTA 溶液后，镁离子与 Na_2-EDTA 溶液作用，生成稳定的配合物；至终点时，与铬黑 T 配合的镁离子完全被夺去，铬黑 T 呈现原来的蓝色。

硫酸镁与 Na_2-EDTA 的反应为：

硫酸镁与铬黑 T 的反应为：

（2）应用试剂

① 硫酸镁基准试剂，化学式 $MgSO_4$，式量 120.37，基本单元 $MgSO_4$，摩尔质量 120.37g/mol。在使用于前 500～550℃ 灼烧 2～3h，取出放入硫酸干燥器内，冷至室温备用。

0.025mol/L 的硫酸镁标准溶液配制：迅速准确称取硫酸镁 3.0097g，放入 1L 容量瓶内，用无离子水洗涤称量皿，洗液倾入容量瓶内，加 500mL 无离子水，使其完全溶解，再加无离子水至接近刻线。于（20±0.5）℃ 恒温水浴内保温 1h，然后再用无离子水稀释至刻线，摇匀备用。

② 铵盐缓冲溶液（pH＝10），取 54g 氯化铵，溶于水，加入 350mL 相对密度为 0.90 的氨水，加无离子水稀释至 1L。

③ 铬黑 T 指示剂，5g/L 乙醇溶液。

（3）标定步骤　准确（用滴定管）量取硫酸镁标准溶液 25.00～30.00mL，于 250mL 锥形瓶内，加无离子水 50mL，铵盐缓冲溶液 10mL，铬黑 T 指示剂 4～5 滴，以待标定的 Na_2-EDTA 溶液滴定。滴至溶液由红色变为蓝色，即为终点。

在操作的同时，在同样的条件下，做空白试验。

3. 铅盐法

（1）方法原理　在 pH 值约 5～6 的溶液中，铅离子首先与二甲酚橙指示剂配合呈现红色；当加入 Na_2-EDTA 溶液后，铅离子即与 Na_2-EDTA 作用，生成稳定的配合物；终点时，与二甲酚橙配合的铅离子完全被夺去，二甲酚橙呈现原来的黄色。

氯化铅与 Na_2-EDTA 的反应为：

氯化铅与二甲酚橙的反应为：

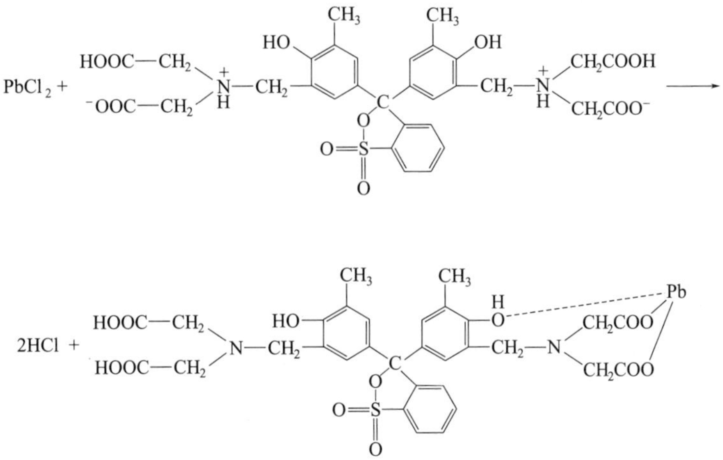

（2）应用试剂

① 氯化铅基准试剂，化学式 $PbCl_2$，式量 278.11，基本单元 $PbCl_2$，摩尔质量 278.11g/mol。在使用前，于 110～115℃烘箱中烘 2h，取出放入干燥器内，冷至室温备用。

0.025mol/L 的氯化铅标准溶液配制：准确称取氯化铅 6.9525g，放入 200mL 烧杯内，加乙酸铵溶液（量取 25％氨水 100mL，加无离子水 100mL；另取 98％乙酸 100mL，加无离子水 100mL，两者混合）50mL，慢慢加热至完全溶解。冷却后，小心转入 1000mL 容量瓶内，加无离子水稀释至接近刻线，在（20±0.5）℃恒温水浴内保温 1h，然后再用无离子水稀释至刻线，摇匀备用。

② 二甲酚橙指示剂，5g/L 溶液。

（3）标定步骤 准确（用滴定管）量取氯化铅标准溶液 25.00～30.00mL，于 250mL 锥形瓶内，加无离子水 50mL，二甲酚橙指示剂 2～3 滴，以待标定的 Na_2-EDTA 溶液滴定。滴至溶液由红色变为黄色，即为终点。

在操作的同时，在同样的条件下，做空白试验。

4. 钙盐法

（1）方法原理 在 pH 值约 12～14 的溶液中，钙离子与钙指示剂形成暗紫色配合物（在 pH＝10 时，与酸性铬蓝 K 形成红色配合物）。当加入 Na_2-EDTA 溶液后，钙离子即与生成较稳定的配合物。至终点时，指示剂完全与钙离子分开，呈现指示剂原来的蓝色（离子色）。

钙离子与 Na_2-EDTA 的反应为：

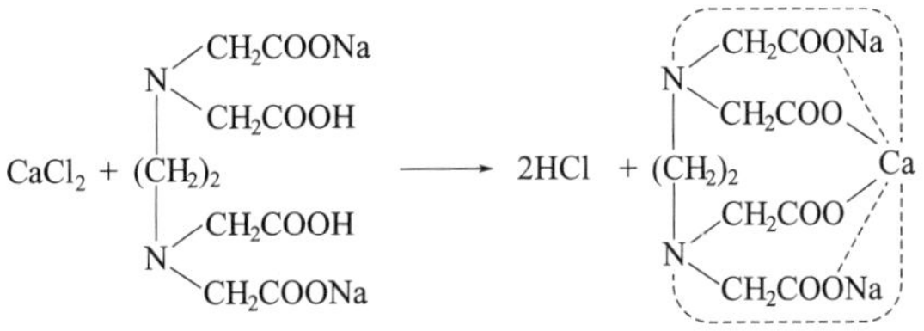

钙离子与钙指示剂的反应为：

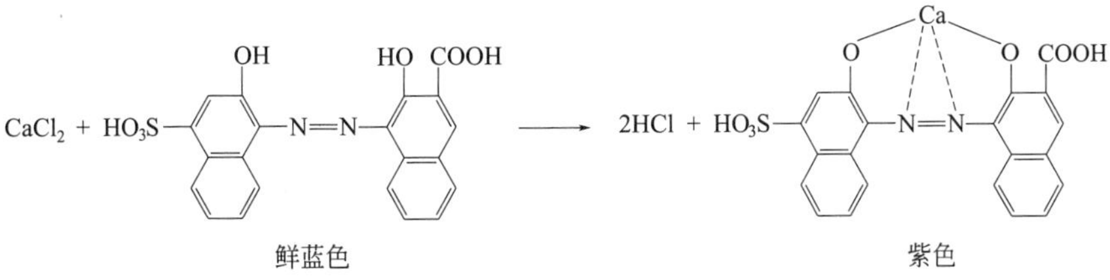

钙离子与酸性钠蓝 K 的反应：

（2）应用试剂

① 碳酸钙基准试剂，使用前于 105～110℃ 干燥 2h，取出放入干燥器内，冷至室温备用。

0.025mol/L 的钙盐标准溶液配制：准确称取碳酸钙 2.5023g，小心放入 1L 容量瓶内，用（1+1）盐酸溶液洗涤称皿，再用无离子水洗称皿，将洗涤液都倾入容量瓶内，再加（1+1）盐酸溶液使其完全溶解，（盐酸微过量）。加无离子水稀释至接近刻线，在（20±0.5）℃恒温水浴内保温 1h，再用无离子水稀释至刻线，摇匀备用。

② 氢氧化钾，100g/L 溶液（或铵盐缓冲液）。

③ 铵盐缓冲溶液（见镁盐法应用试剂）。

④ 钙指示剂（或 0.5% 酸性铬蓝 K 水溶液）。

钙指示剂：称取钙指示剂［2-羟基-1-(2-羟基-4-磺酸-1-萘基偶氮)-3-萘酸］0.10g 及粉状氯化钠 10g，在乳钵内充分研细混匀，装入棕色细口瓶内备用。滴定终了时，溶液体积约为 100mL，应加此试剂约 0.1g。在 pH 值为 12～13 时，可用以测定钙。终点时溶液由红色变为蓝色。

0.5% 酸性铬盐 K：称取酸性铬盐 K 0.25g，溶于 50mL 无离子水内，混匀，倾入棕色滴瓶内备用。此指示剂有效期限不得超过二周，时间久了终点不明确，终点时溶液由红色变为深蓝色。滴定终了时，溶液的体积约为 100mL，应加此指示剂 5 滴。

（3）标定步骤

① 钙指示剂法：准确（用滴定管）量取钙盐标准溶液 25.00～30.00mL，于 250mL 锥形瓶内，加无离子水 50mL，用滴定管加氢氧化钾（10%）溶液，以石蕊试纸显示中性（约加 0.5mL），再加铵盐缓冲溶液 5mL，加钙指示剂 0.1g，立即用待标定的 Na_2-EDTA 溶液滴定之。滴至溶液由暗红色变为鲜蓝色，即为终点。

在操作的同时，在同样的条件下，做空白试验。

注意：1. 滴定前溶液的 pH 值应控制在 13 以上，才能保持终点时 pH 值在 12 左右，按上述方法进行滴定前，pH=13.1，终点时 pH=12.6。

2. 操作应迅速，滴定速度要快，否则氢氧化钾吸收空气中的二氧化碳变成碳酸钙沉淀，消耗的 Na_2-EDTA 溶液就少了，这是钙盐法标定浓度偏高的主要原因。此外，时间长了指示剂会分解，以至终点不明显。因此，允许接近终点时，再补加指示剂。

② 酸性铬蓝 K 指示剂法：准确（用滴定管）量取钙盐标准溶液 25.00～30.00mL，于 250mL 锥形瓶内，加无离子水 50mL，铵盐缓冲溶液 10mL（溶液的 pH 值应在 10 左右），加酸性铬蓝 K 指示剂 5 滴，立即用待标定的 Na_2-EDTA 溶液滴定。滴至溶液由红色变为深蓝色，即为终点。

在操作的同时，在同样的条件下，做空白试验。

5. 镍盐法

（1）方法原理　在一定的 pH 溶液内，镍首先与紫脲酸铵配合，呈现黄色，当加入 Na_2-EDTA 溶液后，镍与 Na_2-EDTA 作用生成较稳定的配合物。至终点时，与紫脲酸铵配合的镍完全被夺去，紫脲酸铵呈现本身原来的紫红色。

（2）应用试剂

① 0.025mol/L 镍盐标准溶液：准确称取用乙醚洗涤并干燥的金属纯镍（99.95％以上）1.4673g，小心放入 1L 容量瓶内。加（1+1）盐酸溶液 10mL，在水浴上加热使其完全溶解，加无离子水至接近刻线，在（20±0.5）℃恒温水浴内保温 1h，再用无离子水稀释至刻线，摇匀备用。

② 紫脲酸铵指示剂：称取 1g 紫脲酸铵与 10g 氯化钠研碎混匀，装入小玻璃瓶内备用。终点时，溶液由黄色变为紫色。滴定终了时，溶液体积约为 100mL，应加此指示剂 0.2g。

③ 氨水，相对密度为 0.90。

（3）标定步骤　准确（用滴定管）量取镍盐标准溶液 25.00～30.00mL，于 250mL 锥形瓶内，加无离子水 50mL，紫脲酸铵指示剂 0.2g，溶液呈艳黄色（如不呈现艳黄色时，可滴加几点氨水），摇匀后，立即用待标定的 Na$_2$-EDTA 溶液滴定。当滴至呈黄红色时，再加 10mL 氨水，继续滴至溶液由黄红色变为紫色，即为终点。

在操作的同时，在同样的条件下，做空白试验。

6. 钙镁混合盐法

（1）方法原理　在 pH 值为 10 左右的溶液内，钙离子、镁离子与铬黑 T 指示剂形成红色配合物，当加入 Na$_2$-EDTA 溶液后，钙离子、镁离子先后与之生成较稳定的配合物。至终点时，铬黑 T 指示剂完全与钙离子、镁离子等金属离子分开，而呈现本身的原有蓝色。

（2）应用试剂

① 碳酸钙基准试剂，使用前，于 110℃烘箱内烘 3h，取出放入硫酸干燥器内，冷至室温备用。

② 硫酸镁（同镁盐法）。

③ 0.025mol/L 的钙镁盐标准溶液配制：按 $n(Ca^{2+}):n(Mg^{2+})=3:1$ 配制。用称量皿准确称取准备好的碳酸钙 1.8767g，小心放入 1L 容量瓶内，并用（1+1）盐酸冲洗称量皿二次，洗后酸倾入倾入容量瓶内，最后用去离子水再洗一次，洗水也倾入容量瓶内。然后用滴管向容量瓶内滴加（1+1）盐酸并摇动，使其完全溶解（避免盐酸过量）。再准确称取准备好的硫酸镁 0.7524g，小心地放入同一容量瓶内，用去离子水冲洗称量皿二次，洗水亦倾入容量瓶内，并向容量瓶内加去离子水 500mL，摇动使其完全溶解，再加水近刻线，然后于（20±0.5）℃恒温槽内保温 1h，再用去离子水稀释至刻线，混匀备用。

④ 铵盐缓冲溶液（同镁盐法）。

⑤ 铬黑 T 指示剂（同镁盐法）。

（3）标定步骤　准确（用滴定管）量取钙镁盐标准溶液 25.00～30.00mL，于 250mL 锥形瓶内，加去离子水 50mL，加铵盐缓冲溶液 10mL，加铬黑 T 指示剂 7 滴，以待标定的 Na$_2$-EDTA 溶液滴定，滴定时不断地摇动。当滴至溶液由红色变为蓝色，即为终点。

在操作同时，在同样的条件，做空白试验。

7. 计算

上述各种标定方法均按下式进行计算。

$$c_B = c_1 V_1 / (V_B - V_0)$$

式中　c_B——待标定的 Na$_2$-EDTA 溶液的浓度，mol/L；

c_1——某金属盐标准溶液的浓度，mol/L；

V_1——量取的某金属盐标准溶液的体积，mL；

V_B——耗用 Na_2-EDTA 溶液的体积，mL；

V_0——空白试验耗用 Na_2-EDTA 溶液的体积，mL。

8. 精度

以上六种标定法，平行测定不得少于 8 次，两人各做 4 个平行测定，4 个平行测定结果的极差（最大值与最小值之差）与平均值之比不得不大于 0.2%。

（三）提示

① 标定方法选择：标定 Na_2-EDTA 溶液的方法通常有金属锌（氧化锌）、硫酸镁、碳酸钙、钙镁混合盐等。经试验证明，以锌和镁为基准标出的溶液浓度十分近似（相对偏差均在 0.05% 以内），而与钙或钙镁混合盐所标浓度相对偏差较大（0.2%～0.5%），钙与镁混合盐所标结果相对偏差在 0.2% 以下。根据数据判断，最好还是采用锌（或氧化锌）和硫酸镁标定 Na_2-EDTA。

② 钙盐法标定的钙指示剂溶液中含钙量以 10～40mg 为宜。

③ 指示剂时间长了，终点转色不灵敏，应重新配制。

④ 滴定接近终点时，还应慢慢滴，不然易滴过量。

⑤ 配制标准溶液及标定用试剂配制用水，均为无离子水。

⑥ 配制锌标准溶液（锌盐法）时，可在水浴上加热溶解。

二十八、氯化钡标准溶液

常用的氯化钡标准溶液的浓度 $c(\frac{1}{2}BaCl_2)=0.1mol/L$。

（一）配制方法

配制 1L $c(\frac{1}{2}BaCl_2)=0.1mol/L$ 的氯化钡溶液：称取分析纯氯化钡（$BaCl_2 \cdot 2H_2O$）12.3g，溶于 1000mL 水中，混匀，密闭存放 2d，将上层澄清液导入另一细口瓶中，以备标定。

（二）标定方法

（1）方法原理　在中性溶液中，氯化钡与硝酸银作用生成白色氯化银沉淀，在淀粉的保护下，呈胶态的氯化银沉淀悬浮在溶液中。终点时，稍过量的银离子被沉淀吸附，使沉淀带上正电荷，荧光红阴离子被沉淀吸附，呈现特有的粉红色。其反应式：

$$BaCl_2 + 2AgNO_3 \Longrightarrow Ba(NO_3)_2 + 2AgCl\downarrow$$

吸附情况示意

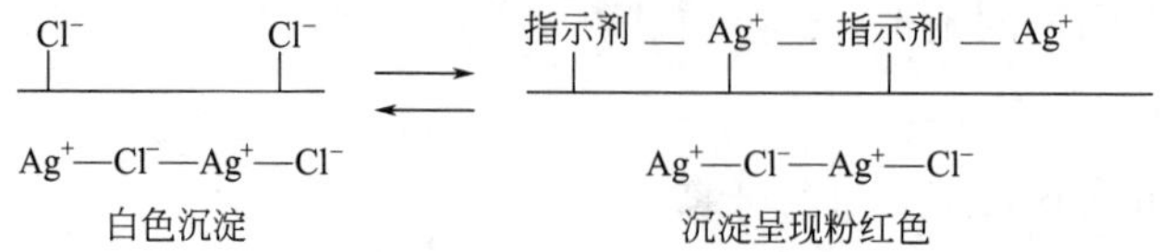

（2）应用试剂

① 硝酸银，0.1mol/L 标准溶液。

② 荧光红，2g/L 乙醇溶液。

③ 淀粉，5g/L 溶液。

（3）标定步骤　准确（用滴定管）量取待标定的氯化钡溶液 25.00～30.00mL，于 250mL 锥形瓶内，加水 50mL，淀粉 5mL，用硝酸银标准溶液滴定，在充分摇动下，当滴至快到终点前（约 1～2mL），加荧光红指示剂 3 滴，继续小心滴至溶液呈现鲜明的粉红色，即为终点。

在操作的同时，在同样的条件下，做空白试验。

（4）计算

$$c_B = c_1(V_1 - V_0)/V_B$$

式中　　c_B——待标定氯化钡溶液的浓度，mol/L；

c_1——硝酸银标准溶液的浓度，mol/L；

V_1——耗用硝酸银标准溶液的体积，mL；

V_B——量取的氯化钡溶液的体积，mL；

V_0——空白试验耗用硝酸银标准溶液的体积，mL。

（5）精度　需两人进行标定，分别各做 4 个平行测定，4 个平行测定结果的极差（最大值与最小值之差）与平均值之比不得不大于 0.2%。

二十九、氟化钠标准溶液

常用的氟化钠标准溶液的浓度 $c(NaF)=0.1mol/L$。

（一）配制方法

配制 1L $c(NaF)=0.1mol/L$ 的氟化钠溶液，称取分析纯的氟化钠（NaF）4.2g，于 1000mL 容量瓶内，加水溶解，待完全溶解后，用水稀释至刻线，密闭存放，以备标定。

（二）标定方法

（1）方法原理　在酸性溶液内，氟化钠与硝酸钍作用生成氟化钍，至终点时，稍过量的硝酸钍与茜素磺酸钠指示剂作用，生成紫色配合物。其反应式：

$$Th(NO_3)_4 + 4NaF \longrightarrow ThF_4 + 4NaNO_3$$

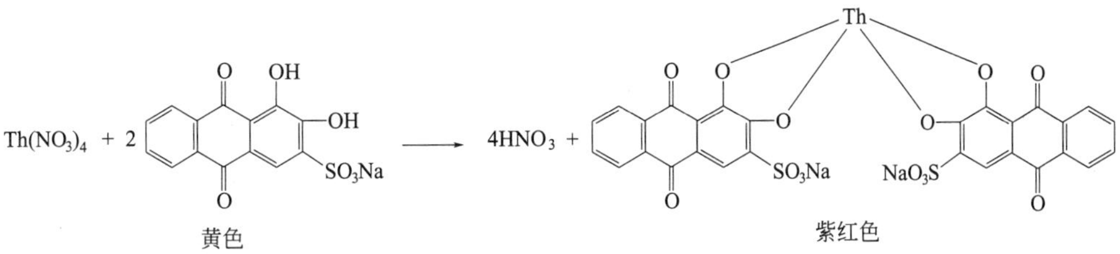

（2）应用试剂

① 硝酸钍，$c\left[\frac{1}{4}Th(NO_3)_4\right]=0.1mol/L$ 标准溶液。

② 盐酸，0.5mol/L 溶液。

③ 氢氧化钠，0.5mol/L 溶液。

④ 乙酸，1mol/L 溶液。

⑤ 茜素磺酸钠指示剂，0.5g/L 溶液。

（3）标定步骤　准确（用滴定管）量取待标定的氟化钠溶液 25.00～30.00mL，于

250mL 锥形瓶内，加水 50mL，加茜素磺酸钠指示剂溶液 1mL。用 0.5mol/L 盐酸溶液或 0.5mol/L 氢氧化钠溶液调节溶液恰成黄色，再加 1mol/L 的乙酸溶液 0.4mL，立即用硝酸钍标准溶液滴定，当滴至溶液由橙色变为紫红色，即为终点。

在操作的同时，在同样的条件下，做空白试验。

（4）计算

$$c_B = c_1(V_1 - V_0)/V_B$$

式中　c_B——待标定氟化钠溶液的浓度，mol/L；

c_1——硝酸钍 $[\frac{1}{4}Th(NO_3)_4]$ 标准溶液的浓度，mol/L；

V_1——耗用硝酸钍标准溶液的体积，mL；

V_B——量取的氟化钠溶液的体积，mL；

V_0——空白试验耗用硝酸钍标准溶液的体积，mL。

（5）精度　需两人进行标定，分别各做 4 个平行测定，4 个平行测定结果的极差（最大值与最小值之差）与平均值之比不大于 0.4%。

（三）提示

滴定时，每次加入指示剂的量要一致，以免影响终点变色的判别。

三十、钼酸铵标准溶液

常用的钼酸铵标准溶液的浓度 $c[(NH_4)_2MoO_4] = 0.1mol/L$。

（一）配制方法

配制 1L $c[(NH_4)_2MoO_4] = 0.1mol/L$ 的钼酸铵溶液，称取分析纯的钼酸铵 $[(NH_4)_2MoO_4]$ 约 10g，于烧杯内，加水 250mL，微热并搅拌使其完全溶解。冷却后，倾入茶色容量瓶内，加水稀释至 1000mL，摇匀。密闭存放 3d，如有沉淀，应将上层澄清液导入另一棕色瓶中，密闭存放以备标定。

（二）标定方法

（1）方法原理　氯化铅与乙酸铵作用，生成乙酸铅。在热溶液内，乙酸铅与钼酸铵作用，生成钼酸铅。当终点时，稍过量的钼酸铵与丹宁（外指示剂）作用，生成黄色或棕色沉淀。其反应式：

$$PbCl_2 + 2CH_3COONH_4 \Longrightarrow Pb(CH_3COO)_2 + 2NH_4Cl$$
$$Pb(CH_3COO)_2 + (NH_4)_2MoO_4 \Longrightarrow 2CH_3COONH_4 + PbMoO_4$$

（2）应用试剂

① 氯化铅基准试剂，化学式 $PbCl_2$，式量 278.10，基本单元 $PbCl_2$，摩尔质量 278.10g/mol。使用前，于 105～110℃ 烘箱内烘 2h，取出放入干燥器内，冷至备用。

② 乙酸铵溶液：量取 25% 的氨水 100mL，加水 100mL；另量取 98% 的乙酸 100mL，二溶液混匀，装入细口瓶内；或称取乙酸铵 100g，于 1000mL 量瓶内，加乙酸 150mL，加水 100mL，带完全溶解后，加水稀释至刻线。

③ 丹宁指示剂：称取丹宁 1g，加乙酸 2mL，加水 98mL，摇匀使其溶解。此溶液应在

每次使用前（现）制备。

（3）标定步骤　准确称取氯化铅（$PbCl_2$）0.35～0.40g，称准至0.0001g，放入250mL锥形瓶内，加乙酸铵溶液20mL，缓慢加热使其完全溶解。加水约80mL，煮沸，立即以待标定的钼酸铵溶液滴定。当滴至快到终点时（粗略的计算出钼酸铵之用量），用玻璃棒沾出一小滴试液，滴在瓷板上的丹宁溶液内，若呈现微黄色，即为终点。

在操作的同时，在同样的条件下，做空白试验。

（4）计算

$$c_B = m_A / [(V_B - V_0) \times 278.10/1000]$$

式中　c_B——待标定钼酸铵[$(NH_4)_2MoO_4$]溶液的浓度，mol/L；

m_A——称取的基准物氯化铅的质量，g；

V_B——耗用钼酸铵溶液的体积，mL；

V_0——空白溶液耗用钼酸铵溶液的体积，mL；

278.10——基准物氯化铅的摩尔质量，g/mol。

（5）精度　需两人进行标定，分别各做4个平行测定，4个平行测定结果的极差（最大值与最小值之差）与平均值之比不得不大于0.3%。

（三）提示

① 白瓷滴板，有滴孔或平板均可。于白瓷滴板上应涂薄薄一层蜡，使丹宁指示剂溶液滴上后能呈珠状。

② 滴定时，每次取外用指示剂（丹宁）的多少及滴入的试液的多少，对终点判别影响较大，所以每次每人掌握一致。

③ 在滴定过程中，如超过3min，应每隔3min将溶液煮沸一次。

三十一、硫氰酸钠标准溶液

常用的硫氰酸钠标准溶液的浓度 $c(NaSCN) = 0.1mol/L$。

（一）配制方法

配制1L $c(NaSCN) = 0.1mol/L$ 的硫氰酸钠溶液，称取分析纯的硫氰酸钠（NaSCN）8.2g，溶于1000mL煮沸并冷却的水，摇匀。静置3d，用虹吸管将上层澄清液导入另一茶色瓶中，密闭存放暗处，以备标定。

（二）标定方法

（1）方法原理　在适当的酸度下，硝酸银与硫氰酸钠作用生成白色硫氰酸银沉淀。当终点时，稍过量硫氰酸钠与铁铵矾作用，生成棕红色沉淀。其反应式：

$$NaSCN + AgNO_3 \rightleftharpoons NaNO_3 + AgSCN \downarrow$$

白色

$$2FeNH_4(SO_4)_2 + 6NaSCN \rightleftharpoons 2Fe(SCN)_3 \downarrow + 3Na_2SO_4 + (NH_4)_2SO_4$$

棕红色

（2）应用试剂

① 硝酸银基准试剂，化学式 $AgNO_3$，式量169.87，基本单元 $AgNO_3$，摩尔质量

169.87g/mol。

② 硝酸（相对密度为 1.42），分析纯。

③ 铁铵矾饱和溶液：称约 130g 铁铵矾 [$FeNH_4(SO_4)_2 \cdot 12H_2O$]，小心研成粉末，装入盛有 100mL 水的磨口锥形瓶内，仔细摇混制成饱和溶液。然后加入相对密度为 1.42 的硝酸，使溶液的褐色消失（在试管内观察），而达到完全澄清（一般加入硝酸量约为 150mL），然后装入茶色瓶内，密闭放冷暗处备用。

（3）标定步骤　准确称取预先于硫酸干燥器中干燥至恒重的基准物硝酸银 0.6g，称准至 0.0001g。溶于 100mL 水中，待其完全溶解，加 1～2mL 铁铵矾饱和溶液（指示剂）及 5mL 硝酸，在摇动下，以待标定的硫氰酸钠溶液滴定，滴至溶液所呈现的淡棕红色保持 30s 不消失，即为终点。

在操作的同时，在同样的条件下，做空白试验。

（4）计算

$$c_B = m_A / [(V_B - V_0) \times 169.87/1000]$$

式中　c_B——待标定硫氰酸钠溶液的浓度，mol/L；

m_A——称取的基准物硝酸银的质量，g；

V_B——耗用硫氰酸钠溶液的体积，mL；

V_0——空白溶液耗用硫氰酸钠溶液的体积，mL；

169.87——基准物硝酸银的摩尔质量，g/mol。

（5）精度　需两人进行标定，分别各做 4 个平行测定，4 个平行测定结果的极差（最大值与最小值之差）与平均值之比不得不大于 0.2%。

（三）提示

在滴定当接近终点时，每加一滴应经激烈摇动后，再加下一滴。这样直至滴下一滴，溶液呈现浅棕红色（在停止摇动情况下观看清液），再摇动也不消失，即为终点。

三十二、硫酸高铈标准溶液

常用的硫酸高铈标准溶液的浓度 $c[Ce(SO_4)_2] = 0.1mol/L$。

（一）配制方法

配制 1L $c[Ce(SO_4)_2] = 0.1mol/L$ 的硫酸高铈溶液：称取分析纯的硫酸高铈 [$Ce(SO_4)_2 \cdot 4H_2O$] 40g，加水 30mL 及相对密度为 1.84 硫酸 28mL，再加水 300mL，加热溶解，待溶解后，移入 1000mL 容量瓶内稀释至刻线，混匀。

（二）标定方法

（1）方法原理　在酸性溶液中，于 70～75℃ 的温度下，草酸钠与硫酸高铈作用，终点时，稍过量的硫酸高铈溶液呈淡黄色。

$$2Ce(SO_4)_2 + Na_2C_2O_4 = Ce_2(SO_4)_3 + 2CO_2 \uparrow + Na_2SO_4$$

（2）应用试剂

① 草酸钠基准试剂，化学式 $Na_2C_2O_4$，式量 134.00，基本单元 $\frac{1}{2}Na_2C_2O_4$，$M(\frac{1}{2}Na_2C_2O_4)=$ 67.00g/mol。

② 硫酸，4mol/L 溶液。

③ 盐酸（相对密度为 1.19）。

（3）标定步骤　准确称取预先于 $105\sim110℃$ 烘至恒重的基准试剂草酸钠 0.2g，称准至 0.0001g。于 250mL 锥形瓶内，加 75mL 水溶解，加 4mL 4mol/L 硫酸及 10mL 盐酸，加热至 $70\sim75℃$。以待标定的硫酸高铈溶液进行滴定，滴至溶液呈现淡黄色，即为终点。

在操作的同时，在同样的条件下，做空白试验。

（4）计算

$$c_B=m_A/[(V_B-V_0)\times 67.00/1000]$$

式中　c_B——待标定硫酸高铈溶液的浓度，mol/L；

　　　m_A——称取的基准物草酸钠的质量，g；

　　　V_B——耗用硫酸高铈溶液的体积，mL；

　　　V_0——空白溶液耗用硫酸高铈溶液的体积，mL；

　　67.00——$\frac{1}{2}Na_2C_2O_4$ 的摩尔质量，g/mol。

（5）精度　需两人进行标定，分别各做 4 个平行测定，4 个平行测定结果的极差（最大值与最小值之差）与平均值之比不得大于 0.2%。

三十三、硝酸亚汞标准溶液

常用的硝酸亚汞标准溶液的浓度 $c(HgNO_3)=0.05mol/L$。

（一）配制方法

配制 1L $c(HgNO_3)=0.05mol/L$ 的硝酸亚汞溶液：称取分析纯的硝酸亚汞（$HgNO_3\cdot H_2O$）14g，溶于 20mL 氧化过的 5mol/L 硝酸中，移入 1000mL 容量瓶中，并加入少量金属汞（以增加溶液的稳定性），并稀释至刻线。

（二）标定方法

（1）方法原理　在稀的硝酸溶液中，氯化钠与硝酸亚汞作用，生成氯化亚汞（甘汞）。近终点时，借助二苯基偶氮碳酰肼指示剂变色确定终点。

（2）应用试剂

① 氯化钠基准试剂，化学式 NaCl，式量 58.443，基本单元 NaCl，摩尔质量 58.443。

② 氧化过的 5mol/L 硝酸：于所需用量的 5mol/L 硝酸中滴加 5%高锰酸钾溶液至溶液呈粉红色，再加 3%过氧化氢溶液至粉红色消失。此溶液现用现配。

③ 二苯基偶氮碳酰肼指示剂，10g/L 乙醇溶液。

（3）标定步骤　准确称取预先于 $500\sim550℃$ 灼烧至恒重的基准试剂氯化钠 0.1g，称准至 0.0001g。于 250mL 锥形瓶内，加 50mL 水及 5mL 氧化过的 5mol/L 硝酸，以待标定的硝酸亚汞溶液进行滴定，近终点时，加 0.02mL 二苯基偶氮碳酰肼指示剂，继续滴定至溶液呈蓝紫色。

在操作的同时，在同样的条件下，做空白试验。

（4）计算

$$c_B = m_A / [(V_B - V_0) \times 58.443/1000]$$

式中　c_B——待标定硝酸亚汞（$HgNO_3$）溶液的浓度，mol/L；

　　　m_A——称取的基准物氯化钠的质量，g；

　　　V_B——耗用硝酸亚汞溶液的体积，mL；

　　　V_0——空白溶液耗用硝酸亚汞溶液的体积，mL；

　　58.443——基准物氯化钠的摩尔质量，g/mol。

（5）精度　需两人进行标定，分别各做 4 个平行测定，4 个平行测定结果的极差（最大值与最小值之差）与平均值之比不得不大于 0.3%。

三十四、温度对标准溶液浓度影响的测定

（一）概述

1. 原理

物质大多有受热膨胀受冷收缩的性质，标准溶液当然也不例外。在温度发生变化时，标准溶液的体积也要发生变化。由于标准溶液的浓度，常以单位体积内所含溶质的物质的量来表示，所以溶液体积的变化，必然要使浓度发生变化。

我国规定 20℃ 为标准温度，就是规定各种溶液的浓度以 20℃ 时为准。当温度发生变化时，则应考虑对溶液浓度变化的影响。因浓度和体积间的变化成反比，所以由体积的变化可以间接求出浓度的变化。即只要求出温度和体积变化的关系，就可以进行浓度的温度补正。

影响体积变化的因素主要有两个：一个是溶液的体积膨胀系数（β），另一个是玻璃容器的体积膨胀系数（α）。

若设一定质量的溶液在 20℃ 时的体积为 V_{20}，当温度变为 t（℃）时的体积为 V_t。则

$$V_t = V_{20} + \beta(t-20)V_{20} - \alpha(t-20)V_{20}$$
$$\therefore \Delta V_t = V_{20} - V_t = (\alpha - \beta)(t-20)V_{20}$$
$$= (\beta - \alpha)(20-t)V_{20} \tag{8-1}$$

式中，ΔV_t 为 V_{20} 的某浓度标准溶液，由 20℃ 变为 t℃ 时的温度补正值。

若式（8-1）中溶液的体积（V_{20}）和膨胀系数（β、α）已知，即可直接计算出温度 t 下的温度补正值（ΔV_t）。

由于溶液的体积和玻璃膨胀系数并非常数，而是温度、溶液种类和浓度变化的函数。所以用式（8-1）计算就存在许多困难，而且误差较大。为此，需对 ΔV_t 进行实测。

2. 实测 ΔV_t 的方法

（1）刻度量瓶法　将一定体积（一般用 1L）的刻度量瓶置于（20±0.1）℃ 恒温槽内，将溶液倒入刻度量瓶中至规定体积，然后将温度升高（或降低）至 t，恒温后即可从刻度量瓶上读出 V_t，而 ΔV_t 可由下式计算：

$$\Delta V_t = V_{20} - V_t \tag{8-2}$$

（2）密度计法　用精密密度计，在不同温度下测出溶液的密度，再由密度按下式计算：

因为　　　　　　　　　　$V = m/\rho$

所以　　　　　　　　　　$\Delta V_t = V_{20} - V_t = m/\rho_{20} - m/\rho_t$

$$= (V_{20}\rho_{20})/\rho_{20} - (V_{20}\rho_{20})/\rho_t$$

$$= V_{20}(1 - \rho_{20}/\rho_t) \tag{8-3}$$

式中　V_{20}——溶液 20℃时，质量为 m（g）的溶液体积，mL；

　　　ρ_{20}——溶液 20℃时的密度，g/mL；

　　　ρ_t——溶液 t（℃）时的密度，g/mL。

（二）刻度量瓶法

1. 应用仪器

① 恒温槽，恒温精度应达±0.1℃。

② 玻璃水槽，ϕ300mm，高 500mm。

③ 温度计 0～50℃，刻度 1/10（经校正）。

④ 刻度量瓶，容积 1000mL，颈上具有范围为 995.0～1005.0mL，最分度值为 0.5mL 的刻度线（经校正，并附有补正值）。

⑤ 电动搅拌器，220V，25～500r/min，附有调压变压器（调速）。

⑥ 铁支架及架子等。

⑦ 读数游尺。

2. 准备及安装

用两段胶管把恒温槽和玻璃槽的循环水管联通，胶管用可调夹子夹住，以便用它调节水位。将电动搅拌器装于玻璃水槽中，用蒸馏水充满恒温槽和水槽。再把盛有被测溶液的刻度量瓶放入水槽中，用夹子固定在三角支架上，把读数游尺装在量瓶颈部，温度计悬挂在水槽中，如图 8-2 所示，图 8-3～图 8-5 为几种溶液贮存装置。刻度量瓶在装入前，应充分洗涤和干燥。

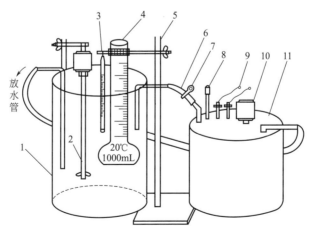

图 8-2　仪器安装

1—玻璃水槽；2—电动搅拌器；3—温度计；4—刻度量瓶；5—支架；6—循环进水管；

7—可调夹子；8—触点温度计；9—加热元件；10—搅拌电机；11—恒温槽

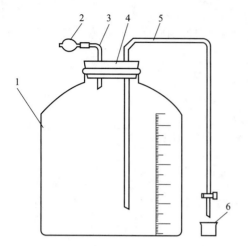

图 8-3　较稳定的标准溶液贮存装置

1—5L、10L、20L 或 50L 的细口玻璃瓶

（带有粗略的分度线）；

2—干燥管（内装脱脂棉）；

3—玻璃弯管；4—橡胶塞；

5—虹吸管（带有玻璃活塞）；

6—接液瓶（50mL 小烧杯）

注：此装置可供除碱溶液以外的其他溶液使用。

如装硫代硫酸钠溶液，应将 2 中所装物质换为碱石灰；

如装碘溶液，4 应换成两孔玻璃磨口塞。

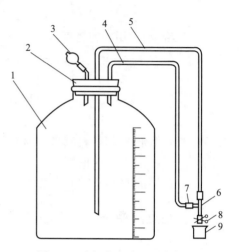

图 8-4　碱标准溶液的贮存装置

1—5L、10L、20L 或 50L 的细口硬质

玻璃瓶或透明塑料瓶；2—橡胶塞；

3—干燥管（内装碱石灰）；

4—空气流通管；5—虹吸管；

6—三通套管（用橡胶管与 5、4 连接）；

7—胶管；8—止水夹；

9—接液瓶（50mL 小烧杯）

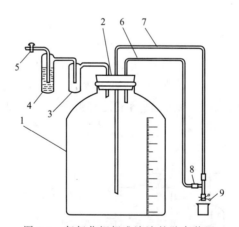

图 8-5　氢氧化钡标准溶液的贮存装置

1—5L、10L 或 20L 有容积标度的硬质玻璃细口瓶；2—三孔橡胶塞；3—缓冲瓶；

4—饱和或浓的苛性钠溶液；5—玻璃活塞（用时打开，不用时关闭，以延长苛性钠溶液有效期）；6—空气流通管；

7—虹吸管（距离瓶底 15～20mm，以免沉淀吸入）；8—胶管；9—止水夹（或弹簧夹）

注：此装置也可用于还原性强的溶液（如 $FeSO_4$、$NaNO_2$），只要苛性钠溶液换为强还原性溶液或吸氧溶液，并将橡胶塞改为玻璃磨口塞即可。

3. 测定步骤

仪器安装完毕后，先调整水槽中水位使之恒定不变。再控制水温恒定为（20±0.1）℃。当恒温 40～60min 后，小心用吸液管调整量瓶内液面恰为 1000.00mL，再等候约 30min，如瓶内溶液体积确实不变，并检查量瓶内液面上边颈部壁上是否沾附液珠，若有，必须用滤纸吸干。然后加冰将水槽温度降至（19±0.1）℃。并恒温 40~60min，细心读出量瓶内溶液体积（准确至 0.1mL）V_{19}，记录后，按这样方法一直将温度降至 5℃或 10℃。每降 1℃读取一个 V_t。然后再从 5℃或 10℃升温，每升高 1℃，亦读出一个 V_t，一直到 36℃或 40℃。再自 36℃或 40℃降温，每次降低 1℃，亦读出一个 V_t，直到 21℃为止。这样可获得从 5（或 10）℃至 36（或 40）℃的各个温度下的 V_t 的二次读数（升温一次，降温一次）。将其合理审定后，取平均值，进行量瓶的刻度修正后，用式（8-2）计算 ΔV_t。

（三）密度计法

1. 应用仪器
① 精密密度计　范围 0.6~2.0 是一套，最小分度 0.0005g/mL，经校正并附修正值表。
② 玻璃筒　ϕ50~60mm，高 300~400mm。
③ 温度计 0~50℃，最小分度值为 0.1℃的 1 支（经校正）。
④ 恒温槽　同"刻度量瓶法"恒温槽。
⑤ 搅拌器、支架、夹子、玻璃水槽同"刻度量瓶法"。

2. 准备及安装
同"刻度量瓶法"仪器的安装。
玻璃筒在装入被测溶液前，必须洗净和干燥，密度表亦应充分洗净和干燥。

3. 测定步骤
仪器安装完毕后，将水槽水位调节不变，再控制水温为（20±0.1）℃，恒温 40~60min，然后仔细读取密度表数值。每点两人读数，每人读一次，两次读数差不得大于一个最小分度。读数前应保证密度表确实垂直地位于玻璃筒中央，不得沾附在玻璃筒壁上。

每次读取密度数值时，应遵守密度表使用方法，并估计至最小分度的 1/5。其他各温度下的密度，按刻度量瓶法的测定步骤［先降温至 10℃，再升温 36℃，每升（或降）温 1℃，读两个数值］，依次测出 10~36℃间各温度下的密度值四个，取其平均值予以修正后，按式（8-3）计算 ΔV_t。

（四）注意事项

① 对温度膨胀系数大的有机溶液，采用密度表法较适宜，因为刻度量瓶的颈部不能过长；对温度膨胀系数小的溶液，采用刻度量瓶法计算比较简便。
② 必须严格控制恒温精度和恒温时间，否则影响结果精度。
③ 刻度量瓶和玻璃筒必须保持清洁。
④ 测定温度补正值的温度范围，可根据各地区四季室温变化情况确定。
⑤ 在同一温度下，两次测定的 ΔV_t 不得大于 0.15mL。
⑥ 玻璃水槽中水位必须高于恒温水槽中水位，才能使水保持循环。

第九章 指示剂

在滴定分析反应中，两种物质反应是否达到化学计量点，往往用肉眼难以观察到。只有借助一种辅助试剂，由它的颜色变化指示化学计量点的到达，这种辅助试剂称为指示剂。

指示剂可以认为是一种帮助指示滴定终点（化学计量点）的物质，它应具备以下某一特性：

① 在化学计量点或接近化学计量点时，溶液的颜色具有较明显的变化；

② 在澄清液中析出沉淀或使浑浊液变澄清；

③ 使有色沉淀生成或消失；

④ 使所生成沉淀颜色改变。

指示剂一般是本身具有一定颜色，且在化学计量点又能改变其本身颜色的，分子结构较为复杂的有机化合物。在滴定分析中，指示剂颜色转变指示滴定终点。滴定终点是否恰与反应化学计量点（滴定剂与被测物的物质的量正好符合滴定反应式的化学计量关系的时候）相符，其关键就在于指示剂的正确选择。

指示剂的类别和品种繁多，依类别而言在化学分析实验室常用的有：酸碱指示剂、混合酸碱指示剂、氧化-还原指示剂、配位指示剂、吸附指示剂和荧光指示剂等。

关于指示剂的用量，有人误认为是多（加）点比少（加）点好，好像多用指示剂容易判别掌握滴定终点。实际上指示剂有不少能参加滴定反应，过多使用指示剂往往会直接影响滴定的准确度。同时会使颜色转变很慢，从而给滴定带来误差。

一、酸碱指示剂

酸碱中和滴定时，一般没有外观变化，常需借助指示剂的颜色改变来确定滴定终点。

酸碱指示剂（表 9-1～表 9-4），一般是结构复杂弱的有机酸或有机碱，或是既呈弱酸性又呈弱碱性的两性物质，在溶液 pH 值改变时，由于结构上的变化而引起颜色的改变。

（一）酸碱指示剂的选择

容量滴定分析中进行酸碱中和滴定时，关键的不是求得溶液的中性点，而是它的化学计量点。然而，无论用酸滴定碱或用碱滴定酸，其化学计量点恰在中性点上的情况是少数的，这是因为中和时生成的盐类常会水解，因而达到化学计量点时溶液往往呈酸性或碱性，所以不能在中性点来结束滴定，而必须在恰好符合反应式所示的化学计量关系的 pH 值时结束滴定。所以选择适当的指示剂非常必要的，否则会产生指示剂变色与化学计量点不符的误差，导致分析结果不准确。

1. 适用于强酸滴定弱碱（或弱碱滴定强酸）

强酸与弱碱反应后所生成的盐能够水解，如以 HCl 滴定 NH_4OH 的反应为例：

$$HCl + NH_4OH \xrightleftharpoons{\text{中和}} NH_4Cl + H_2O$$

$$NH_4Cl + H_2O \xrightarrow{\text{水解}} NH_4OH + H^+ + Cl^-$$

因此，当达到化学计量点时，溶液呈酸性。在化学计量点时溶液的 pH 值约为 5.3，滴定突跃范围在 4.3～6.3。所以，指示剂可选用甲基橙、溴甲酚蓝、甲基红等；而酚酞和中性红不宜使用。

2. 适用于强酸滴定强碱（或强碱滴定强酸）

强酸和强碱反应后所生成的盐不水解，如 NaCl、Na_2SO_4 等。因而在化学计量点时，溶液的 pH 值等于 7，滴定突跃范围在 4.3～9.7。所以强酸（碱）滴定强碱（酸）时的指示剂可选用甲基橙、甲基红、石蕊、中性红、酚酞等任何一种。

3. 适用于强碱滴定弱酸（或弱酸滴定强碱）

强碱与弱酸反应后所生成的盐水解，会使溶液呈碱性，如以 NaOH 滴定 CH_3COOH 时的反应为例：

$$NaOH + CH_3COOH \xrightarrow{\text{中和}} CH_3COONa + H_2O$$

表 9-1　酸碱滴定化学计量点的 pH 值

滴定的介质	化学计量点的 pH 值
强碱滴定强酸 强酸滴定强碱	约 7
强碱滴定弱酸 弱酸滴定强碱	8.9
强酸滴定弱碱 弱碱滴定强酸	5.1

$$CH_3COONa + H_2O \xrightarrow{\text{水解}} CH_3COOH + Na^+ + OH^-$$

因此，在达到化学计量点时，溶液的 pH 值约为 8.7，滴定突跃范围在 7.7～9.7。所以指示剂可选用酚酞或中性红，而甲基橙和甲基红不宜使用。

（二）酸碱中和滴定时适宜的指示剂

表 9-2　酸碱中和滴定适宜指示剂的变色点 pH 值

被滴定的溶液	滴入的溶液	适宜指示剂的变色点 pH 值
强酸	强碱	4～9
强碱	强酸	4～9
弱酸 电离常数 10^{-3} 以上 $10^{-3}～10^{-5}$ $10^{-5}～10^{-7}$ $10^{-7}～10^{-9}$ $10^{-9}～10^{-11}$	强碱	7～8 8～9 9～10 10～11 11～12
弱碱 电离常数 10^{-3} 以上 $10^{-3}～10^{-5}$ $10^{-5}～10^{-7}$ $10^{-7}～10^{-9}$ $10^{-9}～10^{-11}$	强酸	5.5～6.5 4.5～5.5 3.5～4.5 2.5～3.5 1.5～2.5

续表

被滴定的溶液	滴入的溶液	适宜指示剂的变色点 pH 值
弱酸与强碱所成的盐类 弱酸的电离常数 2×10^{-3} 以上	强酸	
		$1\sim2$
$2\times10^{-3}\sim2\times10^{-5}$		$2\sim3$
$2\times10^{-5}\sim2\times10^{-7}$		$3\sim4$
$2\times10^{-7}\sim2\times10^{-9}$		$4\sim5$
$2\times10^{-9}\sim2\times10^{-11}$		$5\sim6$
弱碱与强酸所成的盐类 弱碱的电离常数 2×10^{-3} 以上	强碱	
		$11\sim12$
$2\times10^{-3}\sim2\times10^{-5}$		$10\sim11$
$2\times10^{-5}\sim2\times10^{-7}$		$9\sim10$
$2\times10^{-7}\sim2\times10^{-9}$		$8\sim9$
$2\times10^{-9}\sim2\times10^{-11}$		$7\sim8$

（三）常用的酸碱指示剂（石蕊、甲基橙、酚酞）在各种滴定情况下的应用

表 9-3　常用酸碱指示剂

酸	碱	指示剂	指示剂的颜色		
			酸性介质	中性介质	碱性介质
强	强	甲基橙	红	红橙	橙黄
		石蕊	红	紫	蓝
		酚酞	无色	无色	深红
弱	强	酚酞	无色	无色	深红
强	弱	甲基橙	红	红橙	橙黄

上述只是指示剂的一般情况，也是比较简单的情况。如果用强碱滴定多元酸或用强酸滴定多元碱，便具有多个化学计量点。被滴定物质的各步离解常数值相差越大（两级离解常数相差超过 10000 倍），则到达化学计量点时的 pH 突跃也越清楚。选择适当的指示剂，可以在接近所要求达到的化学计量点时，指示滴定终点。

例如，用氢氧化钠滴定磷酸时可用甲基橙指示第一滴定终点，酚酞可以指示第二滴定终点，硝胺可以指示第三滴定终点。

（四）酸碱指示剂溶液的变色范围

表 9-4　酸碱指示剂溶液的变色范围

序号	指示剂名称	变色范围（pH 值）及其颜色	指示剂溶液
1	双(4-羟基-1-萘基)苄醇	$0.0\sim1.0$ 绿—黄（第一变色范围）	0.05%乙醇溶液
2	苏木精	$0.0\sim1.0$ 粉红—绿（第一变色范围）	0.5%乙醇(90%)溶液
3	苦味酸	$0.0\sim1.3$ 无色—黄	1%水溶液
4	孔雀绿	$0.0\sim2.0$ 黄—绿（第一变色范围）	0.1%水溶液
5	甲基绿	$0.1\sim2.0$ 黄—蓝绿	0.05%水溶液
6	甲基紫	$0.1\sim1.5$ 黄—蓝（第一变色范围）	0.25%水溶液

续表

序号	指示剂名称	变色范围(pH 值)及其颜色	指示剂溶液
7	甲基紫	0.13～0.5 黄—绿(第二变色范围)	0.25%水溶液
8	甲酚红	0.2～1.8 红—黄(第一变色范围)	0.04%乙醇溶液
9	结晶紫	0.5～2.0 绿—蓝	0.1%或 1%乙醇溶液
10	专利蓝 V	0.8～3.0 黄—蓝	0.1%水溶液
11	间甲酚紫	0.5～2.4 红—黄(第一变色范围)	0.04%乙醇(20%)溶液
12	酸性间胺黄	1.2～2.3 红—黄	0.1%水溶液
13	百里香酚蓝	1.2～2.8 红—黄(第一变色范围)	0.1%乙醇溶液
14	对二甲苯酚蓝	1.2～2.8 红—黄(第一变色范围)	0.05%乙醇(20%)溶液
15	五甲氧基红	1.2～3.2 紫—无色	0.1%乙醇(70%)溶液
16	二苯胺橙	1.3～3.0 红—黄	0.1%水溶液
17	金莲橙 OO	1.3～3.2 红—黄	0.1%或 1%水溶液
18	苯红紫 4B(苯紫 4B)	1.3～4.0 蓝紫—红(第一变色范围)	0.1%水溶液
19	甲基紫	1.5～3.2 蓝—紫(第三变色范围)	0.25%水溶液
20	茜素黄 R	1.9～3.3 红—黄(第一变色范围)	0.1%温水溶液
21	苄橙(苯甲基橙)	1.9～3.3 红—黄	0.05%温水溶液
22	β-二硝基酚	2.4～4.0 无色—黄	0.1%乙醇(70%)溶液
23	α-二硝基酚	2.4～4.4 无色—黄	0.1%乙醇(70%)溶液
24	甲基黄	2.9～4.0 红—黄	0.05%乙醇(90%)溶液
25	溴酚蓝	3.0～4.6 黄—紫	0.04% 水溶液 (100mL 水内含有 0.05mol/L 的 NaOH 溶液 3.2mL)
26	甲基橙	3.0～4.4 红—黄	0.1%水溶液
27	刚果红	3.0～5.2 蓝—红	0.1%水溶液
28	乙基橙	3.1～4.6 红—橙	0.1%水溶液
29	对乙氧基菊橙	3.5～5.5 红—黄	0.1%乙醇(20%)溶液
30	α-萘红	3.7～5.0 红—黄	0.1%乙醇(70%)溶液
31	茜素红 S	3.7～5.2 黄—紫(第一变色范围)	1%水溶液
32	溴甲酚绿	3.8～5.4 黄—蓝	0.1% 水溶液 (100mL 水内含有 0.05mol/L 的 NaOH 溶液 2.9mL)
33	γ-二硝基酚	4.0～5.8 无色—黄	0.1%乙醇(70%)溶液
34	甲基红	4.4～6.2 红—黄	0.04% 水溶液 (100mL 水内含有 0.02mol/L 的 NaOH 溶液 7.5mL)
35	δ-二硝基酚	4.3～6.3 无色—黄	0.04% 水溶液 (100mL 水内含有 0.02mol/L 的 NaOH 溶液 2.9mL)
36	苏木精	5.0～6.0 黄—紫(第二变色范围)	0.5%乙醇(90%)溶液
37	邻硝基酚	5.0～7.0 无色—黄	0.1%乙醇(50%)溶液
38	溴酚红	5.2～7.0 黄—红	0.04% 水溶液 (100mL 水内含有 0.05mol/L 的 NaOH 溶液 3.9mL)
39	氯酚红	5.0～6.6 黄—红	0.04% 水溶液 (100mL 水内含有 0.05mol/L 的 NaOH 溶液 3.9mL)
40	溴甲酚紫	5.2～6.8 黄—紫	0.1% 水溶液 (100mL 水内含有 0.05mol/L 的 NaOH 溶液 3.7mL)

续表

序号	指示剂名称	变色范围(pH值)及其颜色	指示剂溶液
41	对硝基酚	5.0~7.6 无色—黄	0.1%乙醇(70%)溶液
42	石蕊精	5.0~8.0 红—蓝	1%水溶液
43	茜素	5.5~6.8 黄—紫	0.02%水溶液
44	硝氮黄	6.0~7.0 黄—蓝	0.1%水溶液
45	溴百里香酚蓝	6.0~7.6 黄—蓝	0.1% 水溶液（100mL 水内含有 0.05mol/L 的 NaOH 溶液 3.2mL）
46	姜黄	6.0~8.0 黄—棕红(第一变色范围)	0.1%乙醇溶液
47	玫瑰红酸	6.2~8.0 黄—红	0.5%乙醇(50%)溶液
48	中性红	6.8~8.0 红—黄	0.1%乙醇溶液
49	酚红	6.8~8.4 黄—红	0.04% 水溶液（100mL 水内含有 0.02mol/L 的 NaOH 溶液 5.7mL）
50	树脂质酸	6.8~8.2 黄—红	1%乙醇(50%)溶液
51	间硝基酚	6.8~8.4 无色—黄	0.3%水溶液
52	亮黄	6.8~8.5 黄—橙	0.1%水溶液
53	喹啉蓝	7.0~8.0 无色—紫蓝	1%乙醇溶液
54	甲酚红	7.2~8.8 黄—紫红	0.04% 水溶液（100mL 水内含有 0.02mol/L 的 NaOH 溶液 5.3mL）
55	α-萘酚酞	7.3~8.7 玫瑰色—绿	0.1%乙醇(50%)溶液
56	橘黄Ⅰ	7.6~8.9 橙—粉红	0.1%水溶液
57	间甲酚紫	7.4~9.0 黄—紫	0.04%乙醇(20%)溶液
58	酚酞	8.0~10.0 无色—红	1%乙醇(60%)溶液
59	双-2.4-二硝基苯乙酸乙酯	8.4~9.2 无色—蓝	0.1%乙醇溶液
60	百里香酚蓝	8.0~9.6 黄—蓝(第二变色范围)	0.1%乙醇溶液
61	对二甲苯酚蓝	8.0~9.6 黄—蓝(第二变色范围)	0.05%乙醇(20%)溶液
62	邻甲酚酞	8.2~10.4 无色—红	0.2%乙醇(90%)溶液
63	二(1-萘酚)苄醇	8.4~10.0 黄—蓝(第二变色范围)	0.05%乙醇溶液
64	α-萘酚苯	8.5~9.8 黄—绿	1%乙醇溶液
65	百里香酚酞	9.0~10.2 无色—蓝	1%乙醇溶液
66	茜素红 S	10.0~12.0 紫—淡黄(第二变色范围)	1%水溶液
67	尼罗蓝	10.1~11.0 蓝—红	0.1%水溶液
68	萘酚紫	10.2~12.1 橙黄—紫	0.04%水溶液
69	茜素黄 GG	10.0~12.0 黄—紫	0.1%乙醇(50%)溶液
70	茜素黄 R	10.0~12.0 黄—红(第二变色范围)	0.1%水溶液
71	姜黄	10.2~11.8 棕红—橙黄(第二变色范围)	0.1%乙醇溶液
72	金莲橙 O	11.0~13.0 黄—橙	0.1%水溶液
73	孔雀绿	11.0~13.5 绿—无色(第二变色范围)	0.1%水溶液
74	碱性蓝 6B	9.4~14.0 紫—粉红	1%乙醇溶液(仅用于有机溶剂中)
75	泡依蓝 C4B	11.0~13.0 蓝—红	0.2%水溶液
76	硝胺	11.0~13.0 黄—橙棕	0.1%乙醇(70%)溶液
77	橘黄Ⅰ	10.3~12.0 黄—红(第二变色范围)	0.1%水溶液

续表

序号	指示剂名称	变色范围(pH 值)及其颜色	指示剂溶液
78	茜素蓝 SA	11.0～13.0 橙黄—蓝绿	0.05％乙醇溶液
79	靛红	11.6～14.0 蓝—黄	0.25％乙醇(50％)溶液
80	1,2,3－三硝基苯	11.5～14.0 无色—橙	0.1％乙醇溶液
81	苯红紫 4B	13.0～14.0 橙黄—红(第二变色范围)	0.1％水溶液
82	三硝基甲酸	12.0～13.4 无色—橙黄	0.1 乙醇溶液
83	达旦黄	12.0～13.0 黄—红	0.1％水溶液
84	橙黄 G	11.5～14.0 黄—橙红	0.1％水溶液

二、混合酸碱指示剂

酸碱中和滴定要求指示剂的变色范围越窄、越接近化学计量点越好，颜色变化越鲜明越好。为了使指示剂的变色范围更为狭窄和颜色的转变更为清楚，有时也为了使指示剂在不同的 pH 值下能显示出不同的颜色，常常使用"混合指示剂"。混合指示剂是两种或两种以上指示剂的混合物。能在不同的 pH 值下显示不同颜色的混合指示剂，又常称为"宽范围指示剂"。

1. 宽范围指示剂举例

① 将 15mL 0.1％甲基黄溶液、5mL 0.1％甲基红溶液、20mL 0.1％溴百里酚蓝溶液、20mL 0.1％酚酞溶液和 20mL 0.1％百里酚酞溶液等相混合制得（表 9-5）。

表 9-5 宽范围指示剂一颜色与 pH 值对应关系

pH 值	1.0	3.0	4.0	5.0	6.0	7.0	8.0	9.0	10.0
颜色	玫瑰红	红橙	橙	黄橙	柠檬黄	黄绿	绿	蓝绿	紫

② 将 0.07g 金莲橙 OO、0.1g 甲基橙、0.08g 甲基红、0.4g 溴百里酚蓝、0.5g 酚酞和 0.1g 茜素黄 R 等溶解于 100mL 50％乙醇溶液中混匀（表 9-6）。

表 9-6 宽范围指示剂二颜色与 pH 值对应关系

pH 值	2.0	3.0	4.0	5.0	6.0	6.5	7.0	8.0	9.0	9.5	10.0	12.0
颜色	橙红	红橙	橙	黄橙	橙黄	黄	绿黄	绿	绿青	蓝紫	紫	红紫

③ 将 0.1g 酚酞、0.2g 甲基红、0.3g 甲基黄、0.4g 溴百里酚蓝和 0.5g 百里酚蓝等溶于 500mL 96％的乙醇中，待溶解后混匀，再滴加 0.1mol/L 的氢氧化钠溶液至出现纯黄色（pH 约为 6）为止（表 9-7）。

表 9-7 宽范围指示剂三颜色与 pH 值对应关系

pH 值	2.0	4.0	6.0	8.0	10.0
颜色	红	橙	黄	绿	蓝

④ 将 0.1g 甲基红、0.1g 溴百里酚蓝、0.1g α-萘酚酞、0.1g 百里酚酞和 0.1g 酚酞等溶于 500mL 乙醇（96％）中混匀（表 9-8）。

表 9-8 宽范围指示剂四颜色与 pH 值对应关系

pH 值	4.0	5.0	6.0	7.0	8.0	9.0	10.0	11.0
颜色	红	橙	黄	绿黄	绿	蓝绿	蓝紫	红紫

⑤ 将 0.04g 甲基橙、0.02g 甲基红、0.12g α-萘酚酞溶解于 100mL 70％的乙醇中混匀（表 9-9）。

表 9-9　宽范围指示剂五颜色与 pH 值对应关系

pH 值	1	4	5	7	9	＞9
颜色	亮玫瑰	淡玫瑰	橙	黄至绿	暗绿	紫

⑥ 称取等量（0.25g）的溴甲酚绿、溴甲酚紫及甲酚红等，放在玛瑙研钵中，加约 0.1mol/L 的氢氧化钠溶液 15mL 及水 5mL，共同研磨，然后转移至容量瓶内，以水稀释至 1000mL，混匀（表 9-10）。

表 9-10　宽范围指示剂六颜色与 pH 值对应关系

pH 值	4.0	4.5	5.0	5.5	6.0	6.5	7.0	8.0
颜色	黄	绿黄	黄绿	草绿	灰绿	灰蓝	蓝紫	紫

⑦ 称取 0.025g 百里酚蓝、0.065g 甲基红、0.400g 溴百里酚蓝及 0.250g 酚酞等，溶于 400mL 中性乙醇中，再加水稀释，并用 0.1mol/L 氢氧化钠溶液调至黄绿色，最后加水稀释至 1000mL（表 9-11）。

表 9-11　宽范围指示剂七颜色与 pH 值对应关系

pH 值	4	5	6	7	8	9	10
颜色	红	橙	黄	黄绿	青绿	蓝	紫

2. 双组分混合指示剂

一些双组分混合指示剂的混合列于表 9-12 中。

表 9-12　双组分混合指示剂

组分	体积比	变色点 pH 值	介质 酸	介质 碱	备注
0.1％甲基黄乙醇溶液 0.1％亚甲基蓝乙醇溶液	1:1	3.25	蓝紫	绿	
0.1％甲基橙水溶液 0.025％酸性靛蓝水溶液	1:1	4.1	紫	绿	
0.1％甲基橙水溶液 0.1％苯胺蓝水溶液	1:1	4.3	紫	绿	
0.02％甲基橙水溶液 0.1％溴甲酚绿钠盐水溶液	1:1	4.3	橙	蓝绿	pH＝3.5 黄 pH＝4.05 绿 pH＝4.3 浅绿
0.2％甲基红乙醇溶液 0.1％溴甲酚绿乙醇溶液	1:3	5.1	酒红	绿	颜色变化很显著
0.2％甲基红乙醇溶液 0.1％亚甲基蓝乙醇溶液	1:1	5.4	红紫	绿	pH＝5.2 红紫 pH＝5.4 暗蓝 pH＝5.6 绿
0.1％氯酚红钠盐水溶液 0.1％苯胺蓝水溶液	1:1	5.8	绿	紫	pH＝5.8 淡紫

续表

组分	体积比	变色点 pH 值	介质 酸	介质 碱	备 注
0.1%溴甲酚绿钠盐水溶液 0.1%氯酚红钠盐水溶液	1:1	6.1	黄绿	蓝紫	pH=5.4 蓝绿 pH=5.8 蓝 pH=6.0 蓝中带紫 pH=6.2 蓝紫
0.1%溴甲酚紫钠盐水溶液 0.1%溴百里酚蓝钠盐水溶液	1:1	6.7	黄	紫蓝	pH=6.2 黄紫 pH=6.6 紫 pH=6.8 蓝紫
0.1%溴百里酚蓝钠盐水溶液 0.1%石蕊精水溶液	3:1	6.9	紫	蓝	
0.1%中性红乙醇溶液 0.1%亚甲基蓝乙醇溶液	1:1	7.0	蓝紫	绿	pH=7.0 蓝紫
0.1%中性红乙醇溶液 0.1%溴百里酚蓝乙醇溶液	1:1	7.2	玫瑰	绿	pH=7.0 玫瑰红 pH=7.2 浅红 pH=7.4 暗绿
0.1%氮萘蓝乙醇(50%)溶液 0.1%酚红乙醇(50%)溶液	2:1	7.3	黄	紫	pH=7.2 橙黄 pH=7.4 紫
0.1%溴百里酚蓝钠盐水溶液 0.1%酚红钠盐水溶液	1:1	7.5	黄	紫	pH=7.2 暗绿 pH=7.4 浅紫 pH=7.6 深紫
0.1%甲酚红钠盐水溶液 0.1%百里酚蓝钠盐水溶液	1:3	8.3	黄	蓝	pH=8.2 玫瑰红 pH=8.4 清晰紫色
0.1%α-萘酚酞乙醇溶液 0.1%甲酚红乙醇溶液	2:1	8.3	浅红	紫	pH=8.2 紫 pH=8.4 深紫
0.1%α-萘酚酞乙醇溶液 0.1%酚酞乙醇溶液	1:3	8.9	浅玫瑰	紫	
0.1%酚酞乙醇溶液 0.1%甲基绿乙醇	1:3	8.9	绿	紫	pH=8.8 浅蓝 pH=9.0 紫
0.1%百里酚蓝乙醇(50%)溶液 0.1%酚酞乙醇(50%)溶液	1:2	9.0	黄	紫	从黄到绿再到紫
0.1%百里酚酞乙醇溶液 0.1%酚酞乙醇溶液	1:1	9.9	无色	紫	pH=9.6 玫瑰红 pH=10 紫
0.1%酚酞乙醇溶液 0.2%尼罗蓝乙醇溶液	1:2	10.0	蓝	红	pH=10 紫
0.1%百里酚酞乙醇溶液 0.1%茜素黄 R 乙醇溶液	2:1	10.2	黄	紫	
0.2%尼罗蓝乙醇溶液 0.1%茜素黄 R 乙醇溶液	2:1	10.8	绿	红棕	

注：1. 表中所列指示剂均应保存在棕色玻璃瓶中。

2. 变色点 pH 值，即操作者能明显看出指示剂颜色的改变，从而确定终点时的 pH 值。它在一定程度上是一个有条件的值，因操作者不同而不同。

三、氧化还原指示剂

氧化还原指示剂是氧化还原滴定法中所用的一类指示剂，按其用途可分以下几种。

1. 自身指示剂

氧化还原滴定中有些标准溶液本身就有颜色，因此，可利用其自身颜色的变化指示滴定的终点，而不必另外加指示剂，称为自身指示剂。

如高锰酸钾测定法中，标准溶液中 MnO_4^- 呈紫红色，而其还原产物 Mn^{2+} 则几乎无色。当滴定到达化学计量点时，过量的极少的 MnO_4^- 就能使溶液呈现粉红色，指示滴定终点。

2. 外用指示剂

这种指示剂不加入被滴定的溶液中，而是在滴定过程中，取出一滴被滴定的溶液，用指示剂来试检它是否到了终点。

如用重铬酸钾法测定 Fe^{2+} 时，可用 $K_3Fe(CN)_6$ 溶液在点滴板上试检被滴定溶液的终点。显然这个操作不方便，且易引入误差，故不常用。

3. 特殊指示剂

指一些能与滴定剂或被滴物质发生灵敏的可逆显色反应的物质。例如，碘（I_3^-）与淀粉反应生成深蓝色配合物，灵敏度高 [$c(I_3^-)=10^{-5}\,mol/L$ 时即可显色]、可逆性好，因此，在碘量法中用以确定滴定终点。再如 SCN^- 可以与 Fe^{3+} 生成红色配合物，可作为用 Fe^{3+} 标准溶液滴定时的指示剂。

4. 氧化还原指示剂

氧化还原指示剂是本身具有氧化还原性质的一类有机物，这类指示剂的氧化态和还原态具有不同的颜色。在滴定过程中，指示剂也随之发生可逆的氧化还原反应，因而引起溶液的颜色变化，以指示滴定终点。

在滴定中指示剂所发生的氧化还原反应可用下式表示：

$$In(Ox) + ne \Longleftrightarrow In(Red)$$
$$\text{氧化态} \qquad\qquad \text{还原态}$$

其颜色的变化决定于体系中电位的高低，就好像中和指示剂的颜色变化决定于体系中 pH 值的大小一样。用氧化剂溶液进行滴定时，所用的指示剂是还原态，在到达化学计量点后，稍过量的氧化剂使指示剂成氧化态，因而发生了颜色的转变。

每种指示剂都有其一定的标准（⊖）电位，溶液中指示剂电对的电位（25℃时）为：

$$E_{In(Ox)/In(Red)} = E^\ominus_{In(Ox)/In(Red)} + \frac{0.059}{n}\lg\frac{[In(Ox)]}{[In(Red)]}$$

式中，中括号表示平衡浓度。

随着溶液中电位的改变，$In(Ox)$ 和 $In(Red)$ 浓度将发生改变，溶液的颜色也将发生改变。也如同酸碱指示剂一样，氧化还原指示剂颜色的改变也存在着一定的变色范围，在变化范围一边 $In(Ox)$ 和 $In(Red)$ 浓度的比为 $1/10$，另一边它们的比值为 $10/1$。因此，颜色范围两边的电位是：

$$E_1 = E^\ominus_{In(Ox)/In(Red)} + \frac{0.059}{n}\lg\frac{1}{10} = E^\ominus_{In(Ox)/In(Red)} - \frac{0.059}{n}$$

$$E_2 = E^{\ominus}_{\text{In(Ox)/In(Red)}} + \frac{0.059}{n}\lg\frac{10}{1} = E^{\ominus}_{\text{In(Ox)/In(Red)}} + \frac{0.059}{n}$$

即变色范围是 $E^{\ominus} \pm \dfrac{0.059}{n}$（V），显然选择指示剂时，应该尽量使指示剂变色点电位与化学计量点电位相一致。

如二苯胺的硫酸溶液，当 $[H^+] = 1\text{mol/L}$ 时，它在 0.76V 左右变色，在 0.76V 以上呈紫色，在 0.76V 以下无色。而二苯胺磺酸钠变色时的电位为 0.85V，氧化后呈红紫色。

邻菲啰啉与亚铁离子生成深红色的配位离子，氧化后形成的三价铁的配位离子则呈淡蓝色，在稀溶液中几乎无色，变色时的电位为 1.14V，反应式为：

$$\underset{\text{深红色}}{\text{Fe}(\text{C}_{12}\text{H}_8\text{N}_2)_3^{2+}} \Longleftrightarrow \underset{\text{淡蓝色}}{\text{Fe}(\text{C}_{12}\text{H}_8\text{N}_2)_3^{3+}} + \text{e}$$

亚甲基蓝（碱性亚甲蓝）的氧化态为蓝色，还原态为无色，变色时的电位为 0.53V。

又如甲基红和甲基橙等不仅是 pH 指示剂，也可以用作氧化还原指示剂。溴酸盐法中，可利用极少过量 Br_2 使甲基红或甲基橙褪色的反应指示滴定终点。

常用的氧化还原指示剂变色电位（V）和颜色变化及其指示剂溶液（配制）见表 9-13。

表 9-13　氧化还原指示剂溶液

名称	指示剂变色电位/V	颜色变化		指示剂溶液	用途
		氧化态	还原态		
中性红	0.24	红	无色	0.05%乙醇(60%)溶液	
藏红 T	0.24	紫红	无色	0.05%水溶液	
酚藏红	0.28	红	无色	0.05%水溶液	
靛蓝单磺酸钾	0.26	蓝	无色	0.05%水溶液	
靛蓝二磺酸钾	0.29	蓝	无色	0.05%水溶液	
靛蓝三磺酸钾	0.33	蓝	无色	0.05%水溶液	
靛蓝四磺酸钾	0.37	蓝	无色	0.05%水溶液	
亚甲基蓝	0.53	蓝	无色	0.05%水溶液	
硫堇(劳氏紫)	0.56	紫	无色	0.05%乙醇(60%)溶液	
邻甲靛酚钠盐	0.62	蓝	无色	0.02%水溶液	
2,6-二氯靛酚钠盐	0.67	蓝	无色	0.02%水溶液	

续表

名称	指示剂变色电位/V	颜色变化		指示剂溶液	用途
		氧化态	还原态		
2,6-二溴靛酚钠盐	0.67	红或蓝	无色	0.02%水溶液	
二苯胺	0.76	紫	无色	0.1%硫酸溶液	重铬酸甲法 高锰酸甲法
二苯联苯胺	0.76	紫	无色	0.1%硫酸溶液	
二苯胺磺酸钡	0.84	紫	无色	0.05%水溶液	
二苯胺磺酸钠	0.85	紫	无色	0.05%水溶液	重铬酸甲法
邻联二茴香胺	0.85	红	无色	稀硫酸溶液	
邻苯氨基苯甲酸	0.89	紫红	无色	0.1%碳酸钠(0.2%)溶液	重铬酸甲法
对乙氧菊橙	1.00	浅黄	无色	0.1%水溶液	
羊毛罂红	1.00	橙红	黄绿	0.1%水溶液	
对硝基二苯胺	0.99	紫	无色	0.05%mol/L 浓 H_2SO_4 溶液。使用时用浓 H_2SO_4 稀释至 0.005mol/L,用量 3~5 滴	
邻二氮菲-亚铁	1.06	浅蓝	红	1.485g 邻二氮菲＋0.695g 硫酸亚铁,溶于 100mL 水中	高锰酸钾法 硫酸高铈法
硝基邻二氮菲-亚铁	1.25	浅蓝	紫红	1.608g 硝基邻二氮菲＋0.695g $FeSO_4 \cdot 7H_2O$ 溶于 100mL 水中	

注：用标准氧化剂溶液或标准还原剂溶液分别滴定还原性或氧化性物质含量的方法，基本反应是电子的转移。根据所用标准溶液的不同，可分为高锰酸盐滴定法、重铬酸盐滴定法、碘量滴定法和硫酸高铈滴定法等。

四、金属指示剂

金属指示剂也称金属离子指示剂。在配位滴定中，通常利用一种能与金属离子生成有色配合物的显色剂来指示滴定过程中金属离子浓度的变化，这种显色剂称为金属离子指示剂，简称金属指示剂。

金属指示剂必须具备下述条件：

① 金属指示剂能和金属离子生成配合物，而此配合物的颜色应该和指示剂的颜色有明显区别。

② EDTA 能夺取金属-指示剂配合物中的金属离子而显示出指示剂的原来颜色。也就是说，金属离子-指示剂配合物的有效稳定常数应比金属-EDTA 配合物的有效稳定常数小（2~4 个单位）。但是金属-指示剂配合物的有效常数也不应该太小，以便指示剂和少量的金属离子显出明显的颜色。

③ 指示剂应易溶解，反应迅速，化学性稳定，无副反应产生，不容易被氧化剂、还原剂、日光、空气分解破坏，并且应在滴定的 pH 值范围内符合这些条件。

④ 指示剂不与被测金属离子产生封闭现象。

金属指示剂的溶液和滴定的条件及变色情况详见表 9-14。

表 9-14　金属指示剂的溶液和滴定的条件及变色情况

名　称	指示剂溶液	滴定条件和变色情况			
		测定离子	pH 值	介质	颜色
铬黑 T（EBT） 〔7-（2-羟基-5-磺基苯偶氮）-1，8-二羟基萘-3，6-二磺酸〕	与 NaCl（1＋100）的固体混合研细，或 0.05％～0.5％水溶液；及 5g/L 乙醇溶液，加 20g 盐酸羟胺	Cd^{2+} In^{3+} Mg^{2+} Mn^{2+} Pb^{2+} Re^{3+} Zn^{2+} Zr^{4+}	6.0～11.5 8～10 10 8～10 10 8～9 6.8～10 	NH_3 缓冲液 NH_3 缓冲液、酒石酸盐（热） NH_3 缓冲液 NH_3 缓冲液、抗坏血酸 NH_3 缓冲液、酒石酸盐 NH_3 缓冲液、酒石酸盐 NH_3 缓冲液 0.5～2mol/L HCl 溶液 100℃	红—蓝 红—蓝 红—蓝 红—蓝 红—蓝 红—蓝 红—蓝 紫蓝—粉红
铬蓝黑 B 〔1-（1-羟基-2-萘基偶氮）-2-萘酚-4-磺酸〕	0.5％乙醇或水溶液	Ca^{3+} Cd^{2+} Mg^{2+} Mn^{2+} U^{4+} Zn^{2+} Zr^{4+}	11.5 11.5 10 10～11.5 1～2 10 	NH_3 缓冲液 NH_3 缓冲液 NH_3 缓冲液 NH_3 缓冲液、抗坏血酸 HCl 热溶液 NH_3 缓冲液 0.1～0.5mol/L HCl 热溶液	酒红—蓝 紫红—蓝 酒红—蓝 红—蓝 蓝—红 酒红—蓝 蓝—红
铬枣红 B 〔邻（6-羟基间甲苯偶氮）苯甲酸〕	0.1％水溶液	Mg^{2+} Zn^{2+}	10 10	NH_3 缓冲液 NH_3 缓冲液	黄—紫 黄—紫
铬蓝黑 R （钙指示剂Ⅰ）	0.2％水溶液或与 K_2SO_4（1＋100）的固体混合研细	Ca^{2+} Cd^{2+} Mg^{2+} Mn^{2+} Zn^{2+}	11.5 11.5 10 10 10	NH_3 缓冲液 NH_3 缓冲液 NH_3 缓冲液 NH_3 缓冲液、抗坏血酸 NH_3 缓冲液	粉红—蓝 粉红—蓝 粉红—蓝 粉红—蓝，红—蓝 粉红—蓝
铬天青 S （CAS）	0.1％～0.4％水溶液	Al^{3+} Ba^{2+} Ca^{2+} Cu^{2+} Fe^{3+} Mg^{2+} Ni^{2+} Re^{3+} Th^{4+} V^{4+}	4 10～11 11 6～6.5 2～3 10～11 8～11 8 2～3 4 4.8	HAc-NaAc 缓冲液 NH_3 缓冲液 NH_3 缓冲液 HAc 缓冲液 氯乙酸缓冲液 NH_3 缓冲液 NH_3 缓冲液 NH_3 缓冲液 HNO_3 溶液 HAc 缓冲液 HAc 缓冲液	紫（蓝）—黄橙 红—黄 红—黄 紫—黄（绿） 蓝—橙 红—黄 蓝—黄 紫—黄 红紫—橙 蓝紫—橙 紫—橙
铬红 B 〔4-（2-羟基-4-磺基-1-苯偶氮）-3-甲基-1-苯基-5-吡唑酮〕	（1）与 NaCl（1＋100）固体混合研细 （2）0.1％乙醇溶液或 0.04％水溶液	Ca^{2+} Cu^{2+} Mn^{2+} Ni^{2+} Pb^{2+} Zn^{2+}	9～10 2～4.5 8～10 4～6 7～11 10 6.5 10	NH_3 缓冲液 氯乙酸缓冲液 NH_3 缓冲液、抗坏血酸 HAc 缓冲液 NH_3 缓冲液（热） NH_3 缓冲液、酒石酸盐 $(CH_2)_6N_4$ 缓冲液 NH_3 缓冲液	红—黄 粉红—黄 红—黄 粉红—黄 粉红—黄 红—黄 红—黄 红—黄

续表

名 称	指示剂溶液	滴定条件和变色情况			
		测定离子	pH 值	介质	颜色
铬青 R	0.1%～0.4%水溶液或 0.1%乙醇溶液	Al^{3+} Ca^{2+} Cu^{2+} Fe^{3+} Mn^{2+} Th^{4+} Zr^{4+}	5～6 11.5 10 2～3 10 2～2.5 1.3～1.5	HAc 缓冲液 NH_3 缓冲液 NH_3 缓冲液 氯乙酸缓冲液（热） NH_3 缓冲液 HNO_3 溶液 HCl 溶液	紫红—黄 紫—黄 紫—黄（绿） 紫—橙 紫—黄 紫红—粉红 粉红—无色
铬亮紫 RS	0.01%水溶液	Fe^{3+}	2	氯乙酸缓冲液	蓝紫—亮黄或无色
铬变酸 2C	0.2%水溶液	Fe^{2+} Th^{4+} Zr^{4+}	2～3.8 2～3.6 1.4～2.8	HAc 缓冲液 HAc 缓冲液 HCl 溶液	蓝紫—红 蓝紫—红 红紫—红
铬红棕 5RD	0.1 水溶液	Th^{4+}	2.5～3.5	HAc 缓冲液	酒红—黄
酸性铬暗蓝	0.1%水溶液或与一定比例的 KCl 固体混合研细	Ca^{2+} Mg^{2+} Pb^{2+} Zn^{2+}	12 10 10 10	NaOH 溶液 NH_3 缓冲液 NH_3 缓冲液、酒石酸盐 NH_3 缓冲液	红—蓝紫 红—蓝 红紫—蓝 红紫—蓝
酸性铬蓝 K	0.1%水溶液或与一定比例的 KCl 固体混合研细	Ca^{2+} Cd^{2+} Mg^{2+} Pb^{2+} Zn^{2+}	12.5 10 10 10 10	NaOH 溶液 NH_3 缓冲液 NH_3 缓冲液 NH_3 缓冲液、酒石酸盐 NH_3 缓冲液	红—蓝 红紫—蓝 红—蓝 红紫—蓝 红紫—蓝
酸性铬暗绿 G	0.5%水溶液或 0.5%水溶液与 0.25%萘酚黄 S 水溶液（1＋2）混合	Ca^{2+} Ga^{3+}	＞12 3	NaOH 溶液 60～70℃	粉红—绿 蓝—粉红
酸性铬红 B	0.1%水溶液	Ca^{2+}	13	NaOH 溶液	黄—橙红
4-(4-硝基苯偶氮)-1,2-二羟基苯（DHNAB）	0.1%乙醇溶液	Bi^{3+} Cu^{2+} Th^{4+} Zr^{4+}	13 2～3	0.1mol/L HNO_3 溶液 NaOH 溶液 HNO_3 溶液 1.5～2mol/L HCl 热溶液	红—黄 红—蓝 红—黄 红—黄
4-(4-磺基苯偶氮)-1,2-二羟基苯(DHSAB)	0.1%水溶液	Bi^{3+} Th^{4+}	2～3	0.1mol/L HNO_3 溶液 HNO_3 溶液	红—黄 红—黄
1-(2-羟基-5-甲基苯偶氮)-2-萘酚-4-磺酸（CALMAGITE）	0.05%水溶液或 0.1%乙醇（10%）溶液	Ca^{2+} Mg^{2+}	10 10	NH_3 缓冲液 NH_3 缓冲液	红—蓝 红—蓝
钙指示剂（NN 或 HSN）	与 Na_2SO_4 或 NaCl（1＋100）固体混合研细	Ca^{2+}	10～12.5	KOH 或 NaOH 溶液	酒红—蓝
丽春红 3R	0.1%水溶液	Cu^{2+}	9	NH_3 缓冲液	绿—红或黄红
钍锆试剂（SPADNS）	0.1%水溶液	Th^{4+} Zr^{4+}	2.5～3.5 1.5～2.5	HAc-HCl 缓冲液 HCl 溶液	蓝紫—鲜红 深粉红—橙红

续表

名 称	指示剂溶液	滴定条件和变色情况			
		测定离子	pH 值	介质	颜色
偶氮胂Ⅰ [2-(2-苯胂酸偶氮)-1,8-二羟基萘-3,6-二磺酸]	0.1%或0.5%水溶液	Ca^{2+} Mg^{2+} Pu^{4+} Re^{3+} Th^{4+}	10 10 5.5～6.5 1.7～3.0	NH_3缓冲液 NH_3缓冲液 0.1～0.2mol/L HCl溶液 吡啶 HCl溶液	紫—红橙 紫—红橙 蓝紫—粉红 紫—红橙 紫—橙
β-SNADNS [2-(6-磺酸-2-萘偶氮)-1,8-二羟基萘-3,6-二磺酸]	0.05%水溶液	Th^{4+}	2.5～3	氨基乙酸-HCl	蓝—红
铍试剂Ⅱ [2-(8-羟基-3,6-二磺酸-8-二羟基萘-3,6-二磺酸)]	0.1%水溶液	Mg^{2+}	10	NH_3缓冲液	蓝紫—红紫
苦胺偶氮H酸 [2-(2-羟基-3,5-二硝基苯偶氮)-8-氨基-1-羟基萘-3,6-二磺酸]	0.5%水溶液	Bi^{3+}	2	HNO_3溶液	黄—紫
亚硝基铬变酸8B [2-(4-磺基-1-萘偶氮)-7-亚硝基-1,8-二羟基-3,6-二磺酸]	0.05%水溶液	Th^{4+}	2.4	HNO_3溶液	粉红—黄
锌试剂 [邻-{2-[α-(2-羟基-5-磺基苯偶氮)苯甲酸亚基}肼}苯甲酸]	0.1%无水乙醇溶液	Zn^{2+}	7.8 9～10	三乙醇胺 NH_3缓冲液	蓝—黄 蓝—黄
芪偶氮 [4-4-双(3,4-二羟基苯偶氮)-2,2-均二苯乙烯二磺酸盐]	0.5%水溶液	Bi^{3+} Th^{4+}	3.8 3.8	HAc缓冲液 HAc缓冲液	紫—黄 紫—黄
甘氨酸萘酚紫 [N-{[1-羟基-4-(4-硝基苯偶氮)-2-萘基]甲基}甘氨酸]	与KNO_3(1+100)固体混合研细	Cd^{2+} Co^{2+} Cu^{2+} Mg^{2+} Mn^{2+} Ni^{2+} Zn^{2+}	10.4 10.5 10.5 10.5 10.5 10.5 10.5	NH_3缓冲液 NH_3缓冲液 NH_3缓冲液 NH_3缓冲液 NH_3缓冲液 NH_3缓冲液 NH_3缓冲液	红紫—蓝 红紫—蓝 红紫—蓝 红紫—蓝 红紫—蓝 红紫—蓝 红紫—蓝
萘酚紫 [4-(4-硝基苯偶氮)-2-双(羧甲基)氨甲基-1-萘]	与NaCl(1+100)固体混合研细	Bi^{3+} Cd^{2+} Co^{2+} Cu^{2+} Mg^{2+} Mn^{2+} Zn^{2+}	1～3 10～11 10～11 10～11 10～11 10～11 10～11	HNO_3溶液 NH_3缓冲液 NH_3缓冲液,40～50℃ NH_3缓冲液 NH_3缓冲液 NH_3缓冲液、羟胺 NH_3缓冲液	红紫—蓝 红紫—蓝 红紫—蓝 红紫—蓝 红紫—蓝 红紫—蓝 红紫—蓝

续表

名 称	指示剂溶液	滴定条件和变色情况			
		测定离子	pH 值	介质	颜色
阿美加铬牢盐 2G [2-(3,5,6-三氯-2-羟基苯偶氮)-8-氨基-1-羟基萘-5,7-二磺酸]	0.1%水溶液	Ca^{2+}	10	NH_3 缓冲液	酒红—蓝
		Mg^{2+}	10	NH_3 缓冲液	酒红—蓝
		Mn^{2+}	10	NH_3 缓冲液、抗坏血酸	酒红—蓝
		Ni^{2+}	10	NH_3 缓冲液	紫红—蓝
阿美加铬黑蓝 G [5-氯-3-(8-乙酰胺基-2-羟基-1-萘偶氮)-2-羟基苯磺酸]	0.1%水溶液	Ca^{2+}	11.5	NH_3 缓冲液	红—蓝
		Cd^{2+}	10	NH_3 缓冲液	红—蓝
		Mg^{2+}	10	NH_3 缓冲液	红—蓝
		Mn^{2+}	10	NH_3 缓冲液、抗坏血酸	红—蓝
		Ni^{2+}	4.5	HAc 缓冲液、热	红—蓝
		Pb^{2+}	10	NH_3 缓冲液、酒石酸钾盐	红—蓝
		Sr^{2+}	11.5	NH_3 缓冲液	红—蓝
		Zn^{2+}	10	NH_3 缓冲液	红—蓝
钍试剂 [2-(2-羟基-3,6-二磺基萘偶氮)苯胂酸]	0.5%水溶液	Bi^{3+}	2~3	HNO_3 溶液	红—黄
		Sc^{3+}	4.5~6.5		粉红—黄
		Th^{4+}	1~3	HNO_3 溶液	紫—黄
		U^{4+}	1~1.8	$HClO_4$ 溶液、30℃	玫瑰红—橙黄
		Y^{3+}	6		玫瑰红—黄
刚果红 [二苯基-双（1-氨基偶氮)-4-磺酸]	0.2%水溶液	Hg^{2+}	5.5	HAc 缓冲液	紫蓝—红
酸性茜素 SN {1-[1-羟基-6-(2-羟基萘偶氮)-4-磺基-2-苯偶氮-2-萘酚-6-磺酸]}	0.1%水溶液	Ba^{2+}	11.5	NH_3 缓冲液	红—蓝
		Ca^{2+}	11.5	NH_3 缓冲液	红—蓝
		Cd^{2+}	8.5	硼砂缓冲液	红—蓝
		Mn^{2+}	10	NH_3 缓冲液	紫红—蓝
		Ni^{2+}	10	NH_3 缓冲液、羟胺	紫红—蓝
		Th^{4+}	4	HAc 缓冲液	红—橙
		Zn^{2+}	11.5	NH_3 缓冲液	紫红—蓝
PAR [4-(2-吡啶偶氮)间苯二酚]	0.05%或 0.2%水溶液	Bi^{3+}	1~2	HNO_3 溶液	红—黄
		Cd^{2+}	8~11	$(CH_2)_6N_4 \cdot NH_3$ 缓冲液	红—黄
		Cu^{2+}	5~11	$(CH_2)_6N_4$	红—黄(绿)
		Hg^{2+}	3~6	$(CH_2)_6N_4$	红—黄
		In^{3+}	2.5	HAc 溶液、热	红—黄
		Mn^{2+}	9	NH_3 缓冲液、抗坏血酸	红—黄
		Ni^{2+}	5	NH_3 缓冲液	红—黄
		Pb^{2+}	5~9	$(CH_2)_6N_4 \cdot NH_3$ 缓冲液	红—黄
		Re^{3+}	6	$(CH_2)_6N_4$	红—黄
		Th^{4+}	2.3~2.8		红—黄
		Tl^{3+}	1.7		红—黄
		Zn^{2+}	6~11	$(CH_2)_6N_4 \cdot NH_3$ 缓冲液	红—黄
PACA [2-(2-吡啶偶氮)-1,8-二萘酚-3,6 二磺酸]	0.1%水溶液	Cu^{2+}	4.5	HAc 缓冲液	红—橙
			10	NH_3 缓冲液	蓝紫—粉红

续表

名 称	指示剂溶液	滴定条件和变色情况			
		测定离子	pH 值	介质	颜色
TAHA [2-(2-吡啶偶氮)-1-羟基-8-氨基萘-3,6-二磺酸]	0.1% 水溶液	Cu^{2+}	4.5	HAc 缓冲液	蓝—粉红
TAC [2-(2-噻唑偶氮)对甲酚]	0.1% 甲醇溶液	Cu^{2+} Co^{2+} Ni^{2+}	4～7 12 4～7 4～7	HAc 缓冲液 HAc 缓冲液 HAc 缓冲液	蓝绿—黄 浅紫—浅黄 烟色—黄 蓝绿—黄
TAR [4-(2-噻唑偶氮)间苯二酚]	0.1% 甲醇溶液	Co^{2+} Cu^{2+} Ni^{2+} Tl^{3+}	4～7 4～7 4～7 1.2～2.5	HAc 缓冲液 HAc 缓冲液 HAc 缓冲液	红—黄 红—黄 红紫—黄 红—黄
PAN [1-(2-吡啶偶氮)-2-萘酚]	0.01%～0.1% 乙醇溶液	Bi^{3+} Cd^{2+} Cu^{2+} In^{3+} Ni^{2+} Th^{4+} UO_2^{+} Zn^{2+}	1～3 6 2.5 10 2.5 4 2～3.5 4.4 5～7	HNO_3 溶液 HAc 缓冲液 HAc 缓冲液 NH_3 缓冲液 HAc 缓冲液 HΛc 缓冲液 HNO_3 溶液 $(CH_2)_6N_4$·异丙醇 HAc 缓冲液	红—黄 红—黄 红—黄 紫—黄 红—黄 粉红—黄 红—黄 红—黄 粉红—黄
TAM [3-二甲氨基-6-(2-噻唑偶氮)苯酚]	0.1% 甲醇溶液	Cu^{2+} Co^{2+} Ni^{2+}		乙酸盐或吡啶缓冲液 乙酸盐或吡啶缓冲液 乙酸盐或吡啶缓冲液	红紫—粉红 红紫—粉红 红紫—粉红
TAN [1-(2-噻唑偶氮)-2-萘酚]	0.1% 甲醇溶液	Cu^{2+} In^{3+} Pb^{2+} Zn^{2+}	4～7 3～8 7 7	HAc 缓冲液 吡啶 吡啶	蓝—黄 蓝—黄 紫—黄 粉红—黄
TAN-6S [1-(2-噻唑偶氮)-2-萘酚-6-磺酸]	0.1% 甲醇溶液	Cu^{2+} Co^{2+} Ni^{2+} Pb^{2+} Zn^{2+}	4～7 4～7 4～7 4～7 4～7	HAc 缓冲液 吡啶缓冲液 吡啶缓冲液 吡啶缓冲液 吡啶缓冲液	蓝—黄绿 紫—黄 紫—黄 蓝紫—黄 红紫—黄
萘偶氮-2-羟基喹啉 [7-(1-萘偶氮)-8-羟基喹啉-5-磺酸]	1% 二甲基甲酰胺溶液，或 1% 二噁烷一水(4%)溶液	Cd^{2+} Cu^{2+} Ga^{3+} In^{3+} Pb^{2+} Tl^{3+} Zn^{2+}	5.5～6.5 4～6.5 2.2～2.8 2.5～3 6～6.5 4～4.5 6～6.5	HAc 缓冲液 HAc 缓冲液 70～80℃ 70～80℃ HAc 缓冲液 酒石酸盐 HAc 缓冲液	黄—红 黄—红 黄—粉红紫 黄—紫红 黄—红 黄—红 黄—红
萘偶氮-8-羟基喹啉 4BS [7-(4,8-二磺基-2-萘偶氮)-8-羟基喹啉-5-磺酸]	0.1% 水溶液	Ga^{3+} In^{3+}	2～2.6 2.2～2.8	苯二甲酸氢盐、热 70～80℃	黄—紫 黄—洋红

名　称	指示剂溶液	滴定条件和变色情况			
		测定离子	pH 值	介质	颜色
萘偶氮-8-羟基喹啉 6S [7-(6-磺基-2-萘偶氮)-8-羟基喹啉-5-磺酸]	0.05％水溶液	Ca^{2+} Cd^{2+} Cu^{2+} Mg^{2+} Zn^{2+}	10 6 10 10 6	三乙醇胺、丙酮 丙酮 NH_3 缓冲液 NH_3 缓冲液、丙酮 丙酮	黄—粉红 黄—粉红 黄—粉红 黄—粉红 黄—粉红
SNAZOXS [7-(4-磺基-1-萘偶氮)-8-羟基喹啉-5-磺酸]	0.1％水溶液	Bi^{3+} Cd^{2+} Cu^{2+} Fe^{3+} Ga^{3+} In^{3+} Zn^{2+}	2～3 6 5 2～3 2～2.6 2.5～3 4.5～6	HNO_3 溶液 吡啶 HAc 缓冲液 HNO_3 溶液 苯二甲酸氢盐、热 HNO_3 溶液 HAc 缓冲液或吡啶	黄—紫红 黄—粉红 黄—粉红 黄—紫红 黄—紫红 黄—紫红 黄—粉红
萘偶氮-8-羟基喹啉 5,7S [7-(5,7-二磺基-2-萘偶氮)-8-羟基喹啉-5-磺酸]	0.1％水溶液	Ga^{3+} In^{3+} Tl^{3+}	2～2.6 2.2～2.8 1.8～2	热 70～80℃ 氯乙酸、酒石酸盐	黄—紫 黄—洋红 黄—紫
百里酚酞配合剂（TPC） [3,3-双(N,N-二羧甲基氨甲基)百里酚酞]	与 KNO_3 (1+100) 固体混合研细	Ca^{2+} Mn^{2+} Sr^{2+} Ag^+	10.5～12 10 10～11 10～11	NaOH 或 NH_3 缓冲液 NH_3 缓冲液 NaOH 或 NH_3 缓冲液 NH_3 缓冲液、二甲基黄	蓝—无色 蓝—微粉红 蓝—绿黄 蓝—亮绿
金属酞（邻甲酚酞配合剂） [3,3-双(N,N'-二羧甲基氨甲基)邻甲酚酞]	含过量氨的5％乙醇溶液	Ba^{2+} Ca^{2+} Cd^{2+} Mg^{2+} Sr^{2+}	10.5～11 10.5～11 10～11 10 10～11 10.5～11 10.5～11	NH_3 缓冲液 NH_3 缓冲液 + 乙醇 NH_3 缓冲液 NH_3 缓冲液 + 乙醇 NH_3 缓冲液 NH_3 缓冲液 NH_3 缓冲液 + 乙醇	红—玫瑰红 红—无色 红—粉红 粉红—无色 红—粉红 红—玫瑰红 红—无色
钙黄绿素 [双(N,N'-二羧甲基氨)邻甲荧光素]	与 NaCl (1+100) 固体混合研细	Ca^{2+}	＞12	KOH 溶液 DCTA 滴定	黄绿色 荧光消失
甘氨酸甲酚红 [3,3-双(N-羧甲基氨甲基)百里酚磺酞]	0.1％水溶液或 KNO_3 (1+100)固体混合	Cu^{2+}	4～5	$(CH_2)_6N_4$	红—黄

名 称	指示剂溶液	滴定条件和变色情况			
		测定离子	pH 值	介质	颜色
甘氨酸百里酚蓝 [3,3-双（N-羧甲基氨甲基）百里酚磺酞]	0.1% 水溶液或 KNO_3（1+100）固体混合	Cu^{2+}	5～6	$(CH_2)_6N_4$	蓝—黄（绿）
甲基百里酚蓝 （MTB） [3,3-双（N,N'-二羧甲基氨甲基）百里酚磺酞]	与 KNO_3（1+100）固体混合研细	Ba^{2+}	10～11	NH_3 缓冲液	蓝—灰
		Bi^{3+}	1～3	HNO_3 溶液	蓝—黄
		Ca^{2+}	12	NH_3 缓冲液或 NaOH	蓝—灰
		Cd^{2+}	5～6	$(CH_2)_6N_4$	蓝紫—黄
			12	NH_3 缓冲液	蓝—灰
		Fe^{2+}	4.5～6	$(CH_2)_6N_4$	蓝—黄
		Hg^{2+}	6	$(CH_2)_6N_4$	蓝—黄
		In^{3+}	3～4	HAc 缓冲液	蓝—黄
		Mg^{2+}	10～11.5	NH_3 缓冲液	蓝—灰
		Mn^{2+}	6～6.5	$(CH_2)_6N_4$	蓝—黄
		Pb^{2+}	6	$(CH_2)_6N_4$	蓝—黄
		Re^{3+}	6	$(CH_2)_6N_4$	蓝—黄
		Sc^{3+}	2.2 或 6	HNO_3 溶液或吡啶	蓝—黄
		Sn^{2+}	5.5～6	吡啶 + HAc	蓝—黄
		Th^{4+}	1～3.5	HNO_3 溶液	蓝—黄
		Tl^{3+}	7～10	酒石酸盐	红—蓝
		Zn^{2+}	6～6.5	$(CH_2)_6N_4$ 或 HAc	蓝—黄
		Zr^{2+}	0～2.3	氯乙酸缓冲液（热）	蓝—黄
		Cu^{2+}	11.5	NH_3 缓冲液	蓝—无色
二甲酚橙（XO） [3,3'-双（N,N'-二羧甲基氨甲基）邻甲酚磺酞]	0.2% 水溶液	Bi^{3+}	1～3	HNO_3 溶液	红—黄
		Ca^{2+}	10.5	NH_3 缓冲液	蓝紫—灰
		Cd^{2+}	5～6	$(CH_2)_6N_4$	粉红—黄
		Co^{2+}	5～6	$(CH_2)_6N_4$	红紫—黄
		Cu^{2+}	4～6	$(CH_2)_6N_4$ 或 HAc	红紫—黄（绿）
		Fe^{3+}	1～1.5	HNO_3 溶液、热	蓝紫—黄
		Hg^{2+}	5～6	$(CH_2)_6N_4$	紫红—黄
		In^{3+}	3～4.5	HAc 缓冲液	红紫—黄
		Mg^{2+}	10.5	NH_3 缓冲液	红—浅灰
		Mn^{2+}	10.5	抗坏血酸	紫—浅灰
		Pb^{2+}	5～6	HAc 缓冲液	红紫—黄
		Re^{3+}	4.5～6	HAc 缓冲液	红—黄
		Sc^{3+}	2.2～5	HNO_3 溶液或 HAc 缓冲液	红—黄
		Th^{4+}	1.6～3.5	HNO_3 溶液	粉红—黄
		Tl^{3+}	4～5	HAc 缓冲液	红—黄
		U^{4+}	1.7～2.2		红—黄
		$V^{(5)}$	1.8		红—黄
		Y^{3+}	4.5～6	$(CH_2)_6N_4$	红—黄
		Zn^{2+}	5～6	HAc 缓冲液	红—黄
		Zr^{4+}		1mol/L HCl 热溶液	红—黄

名　称	指示剂溶液	滴定条件和变色情况			
		测定离子	pH 值	介质	颜色
桤因（茜素紫）[4,5-二羟基荧光素]	0.1%～1%乙醇溶液	Al^{3+}	7	$(CH_2)_6N_4$、乙醇热溶液	紫—红
		Bi^{3+}	1～2.3	HNO_3 溶液	蓝—黄
		Cd^{2+}	6.8～10	NH_3 缓冲液	紫—红
		Co^{2+}	7	$(CH_2)_6N_4$	紫—红
		Ga^{3+}	2.8	HAc 缓冲液	蓝—红
		La^{3+}	5.5～6.5	$(CH_2)_6N_4$	紫—红
		Mn^{2+}	8	NH_3 缓冲液、抗坏血酸	紫—红
		Ni^{2+}	7	$(CH_2)_6N_4$	紫—红
		Pb^{2+}	6	HAc 缓冲液	蓝紫—红
			10	NH_3 缓冲液	紫—紫红
		Th^{4+}	2.3	HNO_3 溶液	紫—黄
		$V^{(4)}$	3.5	抗坏血酸	蓝—粉红
		Zn^{2+}	7	$(CH_2)_6N_4$	紫—红
		Zr^{4+}	1	HCl 溶液	橙—黄
连苯三酚红（PR）[连苯三酚磺酞]	0.05%乙醇（50%）溶液	Bi^{3+}	2～3	HNO_3 溶液	红—紫黄
		Co^{2+}	9.3	NH_3 缓冲液	蓝—红
		Ni^{2+}	9.3	NH_3 缓冲液	蓝—红
		Pb^{2+}	5～6	HAc 缓冲液	紫—红
邻苯二酚蓝[3-羟基酚酞]		Cd^{2+}	9～10	NH_3 缓冲液	蓝—红
		Pb^{2+}	10	NH_3 缓冲液、酒石酸盐	蓝—红
		Zn^{2+}	9～10	NH_3 缓冲液	蓝—红
邻苯二酚紫（PV）[3,3′,4′-三羟基品红酮-2″-磺酸]	0.1%水溶液	Bi^{3+}	2～3	HNO_3 溶液	蓝—黄
		Cd^{2+}	10	NH_3 缓冲液	蓝—浅红紫
		Co^{2+}	9.3	NH_3 缓冲液	蓝—浅红紫
		Cu^{2+}	5～6.3	HAc 缓冲液	蓝—黄
			6～7	吡啶	蓝—黄绿
			9.3	NH_3 缓冲液	蓝—紫红
		Fe^{2+}	3～6	HAc 缓冲液	蓝—黄
		Ga^{3+}	3.8	HAc 缓冲液	蓝—黄
		In^{3+}	5～6	HAc 缓冲液	蓝—黄
		Mg^{2+}	10	NH_3 缓冲液、羟胺	蓝—浅红紫
		Mn^{2+}	9.3	NH_3 缓冲液、羟胺	蓝—浅红紫
		Ni^{2+}	8～9.3	NH_3 缓冲液	蓝—浅红紫
		Pb^{2+}	5.5	$(CH_2)_6N_4$	蓝—黄
		Th^{4+}	2.5～3.5	HNO_3 溶液	红—黄
		Zn^{2+}	10	NH_3 缓冲液	蓝—浅红紫
溴连苯三酚红（BPR）[3′,3-二溴磺桤因]	0.05%乙醇（50%）溶液	Bi^{3+}	2～3	HNO_3 溶液	酒红—黄
		Cd^{2+}	9.3	NH_3 缓冲液	蓝—红
		Mg^{2+}	10	NH_3 缓冲液	蓝—紫
		Mn^{2+}	10	NH_3 缓冲液	蓝—紫
		Ni^{2+}	9.3	NH_3 缓冲液	蓝—红
		Pb^{2+}	5～6	HAc 缓冲液	蓝紫—红
		Re^{3+}	7	NH_4Ac	蓝—红

续表

名　称	指示剂溶液	滴定条件和变色情况			
		测定离子	pH 值	介质	颜色
茜素配合剂 ［3-二羧甲基氨甲基-1,2-二羧基蒽醌］	0.5%水溶液	Ba^{2+}	10	NH_3 缓冲液	蓝—红
		Ca^{2+}	10	NH_3 缓冲液	蓝—红
		Cd^{2+}	10	NH_3 缓冲液	蓝—红
		Cu^{2+}	4.3	HAc 缓冲液	红—黄
		In^{3+}	4	HAc 缓冲液、热	红—黄
		Pb^{2+}	4.3	HAc 缓冲液	红—黄
		Sr^{2+}	10	NH_3 缓冲液	蓝—红
		Zn^{2+}	4.3	HAc 缓冲液	红—黄
茜素红 S ［1,2-二羟基蒽醌-3-磺酸］	0.05%～0.2% 水溶液	Re^{3+}	4～4.5	HAc 缓冲液、热 亚甲基蓝作底液	红—黄 红—绿
		Sc^{3+}	2	热溶液、靛蓝胭脂作底液	红—绿
		Th^{4+}	4.5～6.5 1.5～3.8	 HNO_3 溶液或 HAc 溶液	粉红—绿 红—黄
		Y^{3+}	5		玫瑰红—黄
胭脂红酸	0.3%水溶液	Re^{3+}	3.7	热	紫—黄
		Tl^{3+}	3.7	热	紫—黄
		Zr^{4+}		2mol/L HCl 溶液、热	蓝紫—粉红
棓花青(没食子酸噁嗪蓝) ［7-二甲胺-3H-4-羟基-3-氧代吩噁嗪-1-羧酸］	1% 冰醋酸溶液	Ga^{3+}	2.8	HAc 缓冲液	蓝—红
		Th^{4+}	2～2.7	HAc 缓冲液	蓝—粉红
水杨酸 ［1-羟基苯甲酸］	2%甲醇溶液	Fe^{3+}	1.8～3	HAc 缓冲液、热	红—无色(黄)
		$Ti^{(4)}$	2～3	HAc 缓冲液、H_2O_2、Fe(Ⅲ)	紫—无色
磺基水杨酸 ［1-羟基-4-磺基苯甲酸］	1%～2%水溶液	Fe^{3+}	1.5～3	氯乙酸或 HAc 缓冲液、热	红紫—无色(黄)
		Tl^{3+}	2.6	Fe(Ⅲ)	紫—无色
钛铁试剂 ［1,2-二羟基苯-3,5-二磺酸］	2%水溶液	Fe^{3+}	2～3	氯乙酸溶液、热	蓝—无色(黄)
肉桂异羟肟酸	2%乙醇溶液	Fe^{3+}	1～1.4	HCl 40～50℃	紫—淡黄
二苯氨基脲 (二苯卡巴肼)	1%乙醇溶液 + 0.2%邻二氮菲乙醇溶液	Hg^{2+}	5～6	$(CH_2)_6N_4$	紫—无色
		VO^{2+}	4～6	HAc 缓冲液	红—无色
二苯卡巴腙 (二苯偶氮羰酰肼)	0.2% 乙醇溶液	Hg^{2+}	1 5～6	HCl 溶液 $(CH_2)_6N_4$	蓝紫—无色 紫—无色
		$V^{(4)}$	4.5～5.5	HAc 缓冲液	红—无色
		Pb^{2+}	4.5～6.5	HAc 缓冲液	紫—无色
N-苯甲酰苯基羟胺(BPHA) (N-苯甲酰苯胲钽试剂)	1%乙醇溶液	Cu^{2+}	4.2～5.4		浅绿黄—蓝
		Fe^{3+}	1～1.5	HCl 溶液 50～60℃	红紫—黄
		$V^{(4)}$	2.5～4.5	HAc 缓冲液、50%乙醇	微红—蓝

名　称	指示剂溶液	滴定条件和变色情况			
		测定离子	pH 值	介质	颜色
苏木精	0.8%HAC 溶液或 1% 乙醇溶液	Al^{3+}	5～6	HAc 缓冲液	紫红—黄
		Bi^{3+}	1～2	HNO_3 溶液	红—黄
		Cu^{2+}	6	吡啶	紫—黄(绿)
		Th^{4+}	2	HNO_3 溶液	橙～黄
		Zr^{4+}	1.5		红—黄
变胺蓝 B（凡拉明 B、标准色基蓝）[N-(对甲氧基苯)对苯胺]	0.1%～1%水溶液或与 NaCl(1＋300)固体混合研细	Cd^{2+}	5	HAc 缓冲液、Fe(Ⅱ)/Fe(Ⅲ)	紫—无色
		Cu^{2+}	5.5	HAc 缓冲液、NH_4SCN	紫—淡蓝
		Fe^{3+}	1.7～3	氯乙酸缓冲液	紫蓝—黄
		Pb^{2+}	2～5	HAc 缓冲液	紫—无色
		$V^{(V)}$	1.7～2	H_2SO_4 溶液	蓝—无色
		Zn^{2+}	5	HAc 缓冲液、Fe(Ⅱ)/Fe(Ⅲ)	紫—无色
3,3′-二甲基联萘胺	1%冰醋酸溶液	Zn^{2+}	5	HAc 缓冲液、$Fe(CN)_6^{3-}$	红紫—浅灰绿
乙二醛双(邻羟基缩苯胺)(GBHA)	0.02% 乙醇溶液	Ca^{2+}	13	NaOH 溶液、10%乙醇	红—黄
		Cd^{2+}	11	NH_3 缓冲液	红紫—黄
铬变酸二肟[1,8-二羟基-2,7-二亚硝基-3,6-萘二磺酸]	0.025%水溶液	Cu^{2+}	5.8～6.4	HAc 缓冲液	紫红—无色
		Th^{4+}	2.2～3.5	HAc 缓冲液	紫—红
紫脲酸铵(MX)[5,5-氨基二巴比土酸铵]	1%水溶液或与蔗糖(1＋500)固体混合或与 NaCl(1＋100)固体混合研细	Ca^{2+}	＞10	NaOH 溶液、25%乙醇	粉红或红—紫
		Co^{2+}	8～10	NH_3 缓冲液	黄—紫
		Cu^{2+}	4	HAc 缓冲液	橙—红
			7～8	NH_3 缓冲液	黄—紫
		Ni^{2+}	8.5～11.5	NH_3 缓冲液	黄—紫红
		Sc^{3+}	2～6	HCl 溶液	黄—紫
			3～7.5		黄—紫
		Th^{4+}	2.5		黄—粉红
		Zn^{2+}	8～9	NH_3 缓冲液	粉红—紫
硫氰酸铵	5%水溶液	Co^{2+}	7～8	30%丙酮	蓝—无色(粉红)
		Fe^{3+}	2～3		红—无色（黄）
		Th^{4+}	2～3	60℃ Fe(SCN)$_3$	红—无色
乙酰丙酮	5%乙醇溶液	Fe^{3+}	1.8～3	热	微红紫—无色(黄)
硫脲	水或醇溶液	Bi^{3+}	1.5～2	0.6g 指示剂/50mL	黄—无色
碘化钾	0.5%水溶液	Bi^{3+}	1.5～2	HNO_3 溶液、丙酮	黄—无色
			4～5.5	HAc 缓冲液、丙酮	黄—无色
DAIZIN[1,6-己二烯-2,5-二联硫脲]	1%丙酮溶液	Bi^{3+}	1.5～2	HNO_3 溶液、丙酮	橙～无色

五、吸附指示剂

分析的沉淀物能被滴定过程中生成的沉淀所吸附而改变其颜色的某些有机染料称为吸附指示剂。吸附指示剂多用于产生沉淀的滴定反应中，指示剂能吸附在新产生沉淀物质的表面上。当滴定到达终点时，指示剂就改变原来的颜色。

常用吸附指示剂详见表 9-15（吸附指示剂溶液）。

表 9-15　吸附指示剂溶液

名 称	滴定剂	被测离子	颜色变化	pH 值	配制方法
荧光黄（荧光素）	$AgNO_3$	Cl^-、Br^-、I^-、SCN^-、$[Fe(CN)_6]^{4+}$	黄绿—粉红	7～10	0.2% 乙醇溶液
2,7-二氯（P）荧光黄	$AgNO_3$	Cl^-、Br^-、I^-、SCN^-、BrO_3^-	黄绿—红	4～10	0.1% 钠盐水溶液或 0.1% 乙醇（60%～70%）溶液
酸性玫瑰红（四碘荧光黄）	$AgNO_3$	I^-	红—（红）紫		0.5% 钾盐水溶液
	$Pb(NO_3)_2$	MoO_4^{2-}			
曙红（四溴荧光黄）	$AgNO_3$	Cl^-、Br^-、I^-、SCN^-	红橙—红紫	2～10	0.5% 钠盐水溶液或 0.1% 乙醇(60%～70%)溶液
四磺荧光黄	$AgNO_3$	I^-	红—红紫		0.5% 水溶液
	$Pb(NO_3)_2$	MoO_4^{2-}			
茜素红 S	$AgNO_3$	SCN^-	黄—红		0.4% 水溶液
	$Pb(NO_3)_2$	$[Fe(CN)_6]^{4+}$、MoO_4^{2-}			
溴酚蓝	$AgNO_3$	Cl^-、I^-	黄绿—蓝	5～6	0.1% 钠盐水溶液或 0.1% 乙醇溶液
	NaCl	Hg^{2+}			
罗丹明 6G	$AgNO_3$	Cl^-、Zr^-	红紫—橙		0.1% 水溶液
酚藏红	$AgNO_3$	Cl^-、Br^-	红—蓝		0.2% 水溶液
	$KBrO_3$	Ag^+			
二苯卡巴腙	$AgNO_3$	Cl^-	亮红—紫		0.2% 乙醇溶液
		Br^-、I^-	黄—绿		
		SCN^-	红—蓝		
二苯胺蓝	$AgNO_3$	Cl^-、Br^-（0.20～0.25mol/L H_2SO_4 中）	（沉淀物）绿—紫		0.1% 乙醇溶液
亮紫	CH_3COOH HNO_3 HNO_3-$KBrO_3$	Cl^-（醋酸溶液中）	红—蓝绿		0.1% 乙醇溶液
		Br^-、I^-（硝酸溶液中）	粉红—灰绿		
		Ag^+（0.3mol/L 硝酸溶液中以 $KBrO_3$ 滴定）	绿—粉红		
二苯氨基脲（二苯基羰二肼）	$Hg(NO_3)_2$	Cl^-、Br^-	无色—紫		0.5% 乙醇溶液

六、荧光指示剂

用于滴定和测定有色物质 pH 值时所使用的试剂称为荧光指示剂。

举例说明，用 A 溶液滴定 B 溶液的终点在 pH 值 2.8～4.4，可以选用 β-萘胺作指示剂。当 A 溶液滴定 B 溶液至 pH 值在 2.8～4.4 范围时，β-萘胺就发出紫色的荧光，指示滴定终点。

又如，用 A 溶液滴定有色的 B 溶液时，终点在 pH 值 0.0～3.0 时，可以选用曙红指示剂。当 B 溶液被滴定到 pH 值 0.0～3.0 时，曙红变为荧光绿色，表示滴定达到终点。常用的荧光指示剂见表 9-16。

表 9-16　常用的荧光指示剂

指示剂	变色范围(pH 值)	荧光变色(☆表示无荧光或弱荧光)
曙红	0.0～3.0	☆→绿
水杨酸	约 3.0	☆→暗蓝
β-萘胺	2.8～4.4	☆→紫
α-萘胺	3.4～4.8	☆→蓝
荧光黄	4.0～6.0	玫瑰绿→绿
3,6-二羟基苯二甲酰亚胺	6.0～8.0	绿→黄绿
1,2-萘酚磺酸钠盐	8.0～9.0	暗蓝→天蓝
β-萘酚	8.5～9.5	☆→蓝
苯并邻氧芑酮(香豆素)	9.5～10.5	☆→亮绿
1,8-氨基萘酚-5,7-二磺酸钠	10.0～12.0	暗棕→黄绿
β-萘胺-6,8-二磺酸钠盐	12.0～14.0	蓝→黄玫瑰

七、常用指示剂试纸与试剂试纸的制备

常用指示剂试纸与试剂试纸的制备见表 9-17。

表 9-17　常用指示剂试纸与试剂试纸的制备

名　称	制备方法	用　途
淀粉碘化物试纸(白色)	将 3g 淀粉与 25mL 水搅和，倾于 225mL 沸水中，加 1g 碘化钾及 1g 无水碳酸钠，用水稀释至 500mL，将滤纸浸入，取出后晾干	用于检查氧化剂(特别是游离卤素)，作用时变蓝色
刚果红试纸(红色)	溶解 0.5g 刚果红染料于 1L 水中，加 5 滴乙酸，滤纸条用温热溶液浸湿后，取出晾干	与无机酸作用下变蓝色(甲酸、一氯乙酸及草酸等有机酸也使它变蓝色)
石蕊试纸(红及蓝色)	用热的乙醇处理市售石蕊以除去杂质的红色素，残渣 1 份与 6 份水浸渍并不断摇荡。滤去不溶物。将滤液分成两份，一份加稀磷酸或硫酸至变红；另一份加稀氢氧化钠溶液至变蓝。然后以这种溶液分别浸湿滤纸条，取出并在蔽光的没有酸碱蒸气的房间中晾干	红——在碱性溶液中变蓝 蓝——在酸性溶液中变红
酚酞试纸(白色)	溶解 1g 酚酞于 100mL 95%的乙醇中，摇荡溶液同时加入 100mL 水，将滤纸放入浸湿，取出后置于无氨蒸气处晾干	在碱性溶液中变成深红色

续表

名　　称	制备方法	用　途
姜黄试纸(黄色)	取 0.5g 姜黄在暗处与 4mL 乙醇浸湿并不断摇荡,倾出溶液,用 12mL 乙醇与 1mL 的水混合液稀释,将滤纸条浸于滤液中制成试纸。保存于暗处的密闭器皿中,此试纸易失效,最好是现用现制备	与碱作用变成棕色(硼酸对它有同样作用,根据这一点用来检查硼的存在)
中性红试纸(黄及红色)	溶解 0.1g 中性红于 20mL 0.1mol/L 盐酸中,所得溶液用水稀释至 200mL。将滤纸条(最好是用无灰滤纸)浸于这样制备的指示剂溶液中数秒钟。新配制的红色试纸用水洗涤,并取一半于 0.1mol/L 氢氧化钠溶液中,至试纸变成黄色后,从氢氧化钠溶液中取出,制得的黄色或红色试纸,用自来水小心洗涤 5～10min,随后再用蒸馏水洗净晾干	黄——在碱性溶液中变红色;在强酸性溶液中变蓝色 红——在碱性溶液中变黄色;在强酸性溶液中变蓝色
苯胺黄试纸(黄色)	将 5g 苯胺黄溶解于 100mL 水中,浸渍滤纸条后,晾干(开始试纸为深黄色,晾干后变鲜明的黄色)	在酸性溶液中黄色变成红色
铅盐试纸(白色)	将滤纸条浸于 3% 的乙酸铅溶液中,取出后置于无硫化氢的房间中,晾干	用于检查痕迹的硫化氢,作用时变成黑色
硫化铊试纸(黑色)	将滤纸条浸于 0.1mol/L 碳酸铊溶液中,然后放在盛有硫化铵溶液中至变黑色为止,取出后晾干。制成的试纸有效时间不得超过四天	用于检查游离硫,作用时显红棕色斑点
亚硝酰铁氰化钠试纸	将滤纸条浸于 1% 亚硝酰铁氰化钠溶液中,取出后,闭光晾干(保存于暗处)	用于检查硫化物,作用时显紫色
硝酸银试纸	将滤纸条浸于 25% 硝酸溶液中,取出后,闭光晾干(保存在有色瓶中,放于暗处)	用于检查砷化氢作用时得到由黄至黑色的斑点。
氯化高汞(氯化汞)试纸	将滤纸条浸于 3% 的氯化汞的乙醇溶液中,取出后,晾干	比色测定砷
溴化汞试纸	取 1.25g 溴化汞溶于 25mL 乙醇中,将滤纸条浸于其中,1h 后取出,晾干	比色测定砷
α-安息香肟试纸	将滤纸条浸于 5% 的 α-安息香肟的乙醇溶液中,取出后,晾干	用于检查铜作用时生成绿色斑
二苯氨基脲试纸	将滤纸条浸于二苯氨基脲的乙醇饱和溶液中,取出后,晾干(此试纸易失效,应现用现配制)	用于检查汞作用时生成紫蓝色斑
锌试纸	将滤纸条浸于 0.3% 钼酸铵及 0.2g 亚铁氰化钾于 100mL 水的溶液中,浸入数分钟后,取出使附着液体滴净后,将试纸再浸于 18% 的乙酸中,然后用水洗涤,晾干	用于检查锌,作用时在红棕色的试纸上生成白色斑点
对二甲氨基偶氮苯代砷酸试纸	溶解 0.1g 二甲氨基偶氮苯代砷酸于 100mL 乙醇中加 5mL 浓盐酸,再将滤纸条浸于此溶液中,取出后,晾干	用于检查锆,作用时呈现褐色斑点
玫瑰红酸钠试纸	将滤纸条浸于 0.2% 玫瑰红酸钠溶液中,取出后,晾干(此试纸现用现制备)	用于检查锶,作用时生成红棕色斑点
铁氰化钾或亚铁氰化钾试纸	将滤纸条浸于饱和铁氰化钾或亚铁氰化钾溶液中,取出后,晾干	用于检查铁离子,作用时生成蓝色
硫氰酸盐试纸	将滤纸条浸于饱和硫氰酸钾或硫氰酸铵溶液中,取出后,晾干	用于检查铁离子,作用时生成血红色

续表

名　称	制备方法	用　途
黄原酸钠试纸	将滤纸条浸于黄原酸钠的饱和溶液中,取出后,阴干立即浸入10%硝酸镉溶液中,用水淋洒,晾干	用于检查钼,作用时生成洋红色
蒽醌-1-偶氮二甲苯胺盐酸盐试纸	将蒽醌-1-偶氮二甲苯胺盐酸盐溶于饱和的氯化钠溶液中使成饱和,将滤纸条浸于其中,取出后,晾干(应呈玫瑰色)	用于检查锡,作用时生成蓝色斑,遇 HF 颜色褪去
硝酸马钱子碱试纸	将滤纸条浸于硝酸马钱子碱饱和溶液中,取出后,晾干	用于检查锡,作用时生成红色斑
蒽醌-1-偶氮二甲苯胺试纸	将滤纸条浸于热的 0.05~0.1g 蒽醌-1-偶氮二甲苯胺溶在含有 2~3 滴浓硝酸的 100mL 乙醇溶液中,取出后,晾干	作用与碲呈现蓝色斑,为消除锑、铋干扰可加 $NaNO_2$ 两滴,如变玫瑰色表示碲存在
2,4,6,2′,4′,6′-六硝基二苯胺试纸	在分析实验前临时将 0.2g 2,4,6,2′,4′,6′-六硝基二苯胺溶解在 2mL 碳酸钠溶液中,加 15mL 水。将滤纸条浸入其中,取出后将滤纸条贴在玻璃上,在热空气中干燥	用于检查钾,作用时生成红色斑
对二甲基苯代砷酸锆试纸	混合等分乙醇与浓盐酸,在其中溶解对二甲基苯代砷酸制成 0.025%溶液,将滤纸条浸于此溶液中数分钟,取出在空气中干燥后即呈玫瑰红色。再在 0.01%氯化锆酰在 1mol/L 盐酸中的溶液中浸 1min,试纸即变棕色,然后用水、乙醇及乙醚顺序洗涤,在真空中干燥	用于检查氟,作用时在褐色的试纸上生成无色斑,并有红色外圈
电池试纸	将滤纸条浸于 1g 酚酞溶于 100mL 乙醇中与 5g 氯化钠溶于 100mL 水中的混合液里,取出后,晾干	用于检查原电池的正负极,与负极导线接触时出现粉红色
碘酸钾-淀粉试纸	将 1.07g 碘酸钾溶于 100mL 硫酸溶液[$c(\frac{1}{2}H_2SO_4)=0.05mol/L$]中加入 100mL 新配制的淀粉溶液(0.5%),将滤纸条浸入后,取出,晾干	检查一氧化氮、二氧化硫等还原性气体,作用时变蓝色
氯化钯试纸	将滤纸条浸入氯化钯溶液(0.2%)中,干燥后,再浸入乙酸溶液(5%)中,取出,晾干	与二氧化碳作用呈黑色
金莲橙 CO 试纸	将 5g 金莲橙 CO 溶解于 100mL 水中,浸泡滤纸后,晾干,开始为深黄色,晾干后变成鲜明的黄色	pH 值变色范围1.3~3.2 红色变成黄色
溴化钾-荧光黄试纸	取溴化钾 30g,荧光黄 0.2g,氢氧化钾 2g 及碳酸钠 2g,溶于 100mL 水中,将滤纸条浸入溶液后,取出,晾干	与卤素作用呈红色
乙酸联苯胺试纸	取乙酸铜 2.86g 溶于 1000mL 水中,与饱和乙酸联苯胺溶液 475mL 及水 525mL 混合,将滤纸条浸入后,取出,晾干	与 HCN 作用呈蓝色

第十章 配位滴定的掩蔽剂

一、掩蔽剂的简单概述

在分析实验复杂物质时，测定一种成分经常遇到其他一些成分的干扰。在这种情况下除不得不采用分离的办法外，通常都希望能加入某些种类的试剂，它们仅与干扰离子作用（配位、生成沉淀或发生氧化还原等）消除其干扰作用，而不影响待测定成分的测定。凡起这种作用的试剂都可称为掩蔽剂。

配位滴定中掩蔽剂需要符合下列条件。

① 与干扰离子生成无色或浅色稳定的水溶性配合物或不影响终点判断的沉淀，或使干扰离子氧化还原，或使干扰离子不与 EDTA 配位。

② 不影响被测元素与 EDTA 的配位。

③ 掩蔽剂加入后，不太变动溶液的 pH 值。

通常在 1～10 倍干扰离子存在下，均容易用掩蔽法获得满意结果。如果干扰离子比被测定元素多 100 倍或 1000 倍，那么使用掩蔽剂就比较困难。因为在这种情况下需要加入大量掩蔽剂，不仅成本高，而且由于离子强度高，金属离子和 EDTA 及指示剂的配位能力均减弱很多，影响终点时金属离子浓度的突降和指示剂的变色。因此大量干扰离子存在情况下，待测定少量元素常需进行分离。

二、常用掩蔽剂

1. 氰化物

氰化物是目前最常用的掩蔽剂，但是有剧毒，需要严格遵守防毒安全规则。所有的含氰化合物的废液必须倒入碳酸钠-硫酸亚铁的混合液中，注意保管，操作完毕彻底洗手。

通常使用配成 20％或 10％浓度的 KCN 溶液作掩蔽剂。KCN 溶液配成后变为黄色或配制过久（部分分解成 CO_3^{2-}）均不合用。使用 KCN 作掩蔽剂时，应在碱性溶液中加入，以免产生氢氰酸（HCN）引起中毒。

氰根和金属离子通常按下列方程式反应：

$$M^{m+} + nCN^- \longrightarrow M(CN)_n^{m-n}$$

式中，n 为配位数。

氰根还具有还原性，能与一些金属离子在生成配合物的同时发生氧化还原反应。如 CN^- 与 Cu^{2+} 的反应，将 Cu^{2+} 还原为 Cu^+：

$$2Cu^{2+} + 8CN^- \longrightarrow 2Cu(CN)_3^{2-} + (CN)_2 \uparrow$$

注意：当 KCN 浓度很高时，不是生成 $Cu(CN)_3^{2-}$，而形成 $Cu(CN)_4^{3-}$。

金属离子与氰根配合稳定常数及配位数见表 10-1。

表 10-1 金属离子与氰根配位的稳定常数及配位数

金属离子	配位数	$\lg K$	金属离子	配位数	$\lg K$	金属离子	配位数	$\lg K$
Ag^+	2	18.42	Cu^{2+}	4	25	Ni^{2+}	4	22
Cd^{2+}	4	16.85	Fe^{2+}	6	24	Pb^{2+}	4	10.3
Co^{2+}	6	19.09	Fe^{3+}	6	31	Zn^{2+}	4	16.90
Co^{3+}	6	64	Hg^{2+}	4	41.40			

KCN 在 pH＝8 以上时，能掩蔽 Cu、Fe、Pb、Ni、Co、Hg、Zn、Cd、Ag、Tl 及铂族元素的离子，并消除 Cu、Ni、Co、铂族元素的离子对邻,邻-二羟基偶氮类指示剂（如铬黑 T、钙指示剂等）的封闭作用。

若无还原剂存在，少量（15mg 以下）的 Mn^{2+} 能被空气氧化成三价，被 KCN 掩蔽。当有三乙醇胺存在时，在 pH＝12 的情况下能促使 Mn^{2+} 被氧化成三价，然后再加 KCN 则能掩蔽数十毫克的锰。当有抗坏血酸存在时，Mn^{2+} 不能被少量过量（0.3g 以下）KCN 掩蔽，而与和 EDTA 定量配合。但当 KCN 量过高时仍被部分掩蔽，加热滴定，可以改进这一现象。

Fe^{2+} 在加热的情况下，能与 KCN 配位而被掩蔽，当有酒石酸共存时，不需加热，即能掩蔽约 100mg 的 Fe^{2+}。

单独的 Fe^{3+} 不能为 KCN 掩蔽，有酒石酸存在时，能掩蔽 5mg 左右 Fe^{3+}。Fe^{3+} 过多则 $Fe(CN)_6^{3-}$ 的红色影响终点判断，并容易使指示剂氧化分解。

无酒石酸时，在碱性溶液中，Fe^{2+}、Fe^{3+} 和 OH^- 生成固体沉淀，不易形成亚铁氰配位离子或铁氰配位离子，加入酒石酸，则使 Fe^{2+} 或 Fe^{3+} 留在溶液中，易于与 KCN 配位，故能达到良好的掩蔽的目的。

Pb^{2+} 和 KCN 有配位作用，通常虽不被 KCN 掩蔽，但加入 KCN 过多时，常使 Pb^{2+} 的终点不明晰。所以在配位滴定含 KCN 溶液中的 Pb^{2+} 时，通常加入 Mg-EDTA 或 Mn-EDTA 以改善终点，但应加热或慢慢滴定。也可以用 Mg^{2+}、Mn^{2+} 来返滴定。

在加 KCN 掩蔽上述元素后，可用铬黑 T 为指示剂在 pH＝10 时，以 EDTA 滴定 Mg、Sr、Ba、Ca、Mn、In 及某些稀土金属等元素的离子。其中 Ca、Sr、Ba、Pb 等元素的离子的终点不明显。可加 Mg-EDTA 或 Mn-EDTA 使终点敏锐。

由表 10-1 中可以看到，除 Pb 以外，其余元素中 Zn 和 Cd 离子的配位能力最差。若在用 KCN 掩蔽 Zn^{2+}、Cd^{2+} 的溶液中加入适量的甲醛或三氯乙醛，可使氰根被破坏，再析出 Zn^{2+}、Cd^{2+}。

$$CN^- + HCHO + H^+ \longrightarrow HO \cdot CH_2 \cdot CN$$
$$Cd(CN)_4^{2-} + 4HCHO + 4H^+ \longrightarrow 4HO \cdot CH_2 \cdot CN + Cd^{2+}$$

可将金属元素分为三组，当溶液中同时含有三组金属元素的离子（每组一种），可以用 KCN 掩蔽，用甲醛破蔽，同时用配位滴定法测定其含量。

三组分类：

① 氰化物掩蔽的元素：Co、Ni、Cu、Hg。

② 氰化物掩蔽，但能用甲醛解蔽的元素：Zn、Cd。

③ 氰化物不能掩蔽的元素：Mg、Ca、La、Pb、In。

测定方法：取一份试料测定三种离子的总量；再另取一份加氰化物掩蔽第一组、第二组，滴定第三组离子；滴定至终点后，加入适量的甲醛，使 Zn^{2+} 或 Cd^{2+} 由氰配合物中析出，然后用 EDTA 滴定 Zn^{2+} 或 Cd^{2+}；再由总量去减去第二组第三组元素含量，即得第一组离子的含量。

铜氰配合物比镍氰配合物稳定常数高，而实际上铜氰配合物比镍氰配合物更容易析出 Cu^{2+}，而使指示剂封闭。这不仅因为甲醛分解铜氰配合物比镍氰配合物快，而且由于有氧化剂存在的缘故。

加入抗坏血酸，使溶液呈还原性，可消除破蔽时 Cu^{2+} 易使指示剂封闭的作用。

同时为了控制反应速率，甲醛最好一次加入，不要一滴一滴加入，但加入的数量应按滴定溶液而有所不同。甲醛的加入量一般比理论需要量多几倍，因为它还有很多分支反应：它能与 NH_3 生成六亚甲基四胺；能与硝酸根和亚硝酸根反应。另外其反应性还与溶液酸度、温度以及 NH_3 浓度有关。所以关于甲醛的需要量要根据情况加以试验。

通常采用如下的破蔽方法。

如溶液中含有硝酸根，加盐酸羟胺 1g 煮沸 1～2min 破坏硝酸根，然后进行掩蔽、破蔽。掩蔽时先调整至接近中性，再于每 100mL 溶液中加 pH＝10 氨性缓冲溶液 15～20mL，再加 10％的 KCN 溶液至过量 2～3mL，加抗坏血酸 0.5g，摇动溶解。加（1＋100）铬黑 T 0.1～0.5g，以 EDTA 滴定 Mg、Pb 等第三组金属元素的离子（需滴至不返色）。然后加入（1＋1）甲醛溶液 4～6mL，摇匀。如有 Zn^{2+}、Cd^{2+}，此时溶液很快变红，迅速用 EDTA 滴定至蓝色为终点（如滴定过程中终点变化缓慢，为甲醛不够的缘故，应补加甲醛）。终点到达后再补加（1＋1）甲醛溶液 1mL，以检查解蔽是否完全。

若 Fe 元素含量高，则 Zn^{2+} 析出后易生成 $Zn_2Fe(CN)_6$ 沉淀，可立即加过量 EDTA 再以 Mg^{2+} 或 Mn^{2+} 返滴定。

由于加入 Mg^{2+}、Mn^{2+} 可使终点易于观察，故亦可在破蔽前加入 Mg-EDTA、Mn-EDTA。

这样操作通常滴到终点后可保持数分钟不封闭。若只有铜氰配合物在溶液中，则可很长时间不封闭，用此方法可测定数百毫克铜中数毫克的锌。

若溶液中有 Al^{3+}，则应在酸性溶液中加三乙醇胺掩蔽。

若溶液中有 Fe^{3+}，则应在酸性溶液中加酒石酸，使铁存留在溶液中，以 KCN 掩蔽。

若溶液中无 Cu^{2+} 或仅有少量 Cu^{2+}，那么在掩蔽破蔽前加入 DDTC-Na（铜试剂）可以使 Cd^{2+} 被掩蔽，而破蔽结果为 Zn。

被 KCN 掩蔽的 Ni、Co 元素离子可在破蔽滴定后立即加入一定量的过量 EDTA，再加入 $AgNO_3$，使其由氰配合物中析出，用 Mg 返滴定。这样 $AgNO_3$ 也可当作一种破蔽剂。

KCN 的掩蔽能力随 pH 值而不同，在 pH＝6 时，KCN 的掩蔽作用由于酸效应等原因只有通常掩蔽能力的 1/1000，此时只能掩蔽 Cu、Ni、Co 等元素的离子，而不掩蔽 Zn^{2+}、Cd^{2+}。

$Fe(CN)_6^{4-}$、$Mn(CN)_6^{3-}$ 常易和 Zn、Mn、Ca、Cu 等元素的离子产生沉淀，因此，有时用此法掩蔽也不够理想。

2. 氟化物

氟化物一般是以 NH_4F 或 NaF 的固体加入（因为液体溶液腐蚀玻璃，配成的液体需贮存于塑料瓶中）。NH_4F 的优点是加入后 pH 值变动不大，其次是 NH_4F 溶解度比 NaF 大，因此，浓度可高些，使掩蔽能力较强。但 NH_4F 比 NaF 贵，均有毒。

氟化物在 pH＝4～6 时能掩蔽 Al^{3+}、Ti^{4+}、Sn^{4+}、Zr^{4+}、Nb^{5+}、Ta^{5+}、W^{6+}、Be^{2+}；在 pH＝10 时能掩蔽 Al^{3+}、Mg^{2+}、Ca^{2+}、Sr^{2+}、Be^{2+} 及稀土金属离子。氟化物与 Mg^{2+}、Ca^{2+}、Ba^{2+}、Sr^{2+} 生成的微细结晶沉淀，不妨碍对终点的观察。

加入氟化物掩蔽上述离子后，在 pH＝5～6 能以 PAN［1-(2-吡啶偶氮)-2-萘酚］为指示剂滴定 Cu^{2+}、Zn^{2+}；用 XO(二甲酚橙)作指示剂可以滴定 Mg^{2+}、Zn^{2+}、Cd^{2+}、Pb^{2+}；用 XO 为指示剂还可以用 Pb 盐、Zn 盐返滴定 Cu^{2+}、Ni^{2+}、Co^{2+}。

Al^{3+}、Ti^{4+}、Sn^{4+}、Zr^{4+} 和 EDTA 的配合物加 NH_4F 可以定量析出 EDTA，此时用二甲酚橙作指示剂，可用 Pb^{2+} 或 Zn^{2+} 返滴定。Pb^{2+} 返滴定终点特别灵敏，产生的 PbF_2 随即溶解，并不影响终点的观察。为了在 Ti^{4+} 存在下用析出法测定 Al^{3+}，可加 NaH_2PO_4 掩蔽 Ti^{4+}。

大量的氟化物可掩蔽少量铁。有时在连续测定铁铝时，可加入硼酸使之变成氟硼酸以避免对铁的掩蔽，而氟硼酸则仍可掩蔽铝。

氟化物对 Sn^{4+} 的掩蔽作用可用硼酸作破蔽剂进行破蔽。

在 pH＝10 时，加 NaF 掩蔽 Al^{3+}、Ba^{2+}、Sr^{2+}、Ca^{2+}、Mg、稀土金属离子及 Ti^{4+} 后，可以用铬黑 T 作指示剂直接滴定 Zn^{2+}、Cd^{2+}、Mn^{2+}（还原剂存在）。用 Mg^{2+} 返滴定 Ni^{2+}、Co^{2+}。可以用紫脲酸铵为指示剂滴定 Ca^{2+}、Ni^{2+}、Co^{2+}。

3. 三乙醇胺（TEA）

又称三羟乙基胺，为无色黏稠液体。结构式：

$$N \begin{cases} CH_2CH_2OH \\ CH_2CH_2OH \\ CH_2CH_2OH \end{cases}$$

熔点 20～21.2℃，通常配成（1+4）的溶液使用。

不纯的三乙醇胺含有重金属，如不与 KCN 并用则需精制。精制的方法是真空蒸馏（在 19998.3Pa 气压下，沸点为 277～279℃）。

在 pH＝10 时，三乙醇胺能掩蔽 Al、Sn、Ti、Fe 元素的离子（能掩蔽至不与 EDTA 配位，但不能掩蔽 Fe 对铬黑 T 的封闭作用）。对 Al 掩蔽量不大，最多掩蔽 100mg 左右，如三乙醇胺不纯，掩蔽量更低。用三乙醇胺掩蔽上述元素后，以铬黑 T 为指示剂可滴定 Mg^{2+}、Zn^{2+}、Cd^{2+}、Pb^{2+}、In^{3+} 及某些稀土金属离子。Mn^{2+} 在无还原剂存在下，可部分掩蔽，如欲测定，应加抗坏血酸。以 Mg-EBT（铬黑 T）为指示剂，可以滴定 Ca^{2+}、Ba^{2+}、Sr^{2+}。

氨水-三乙醇胺混合物，能掩蔽 Cr^{3+}，但溶液为红色，只能用 MTB（甲基百里香酚蓝）作指示剂，在 pH＝12 时，滴定 Ca^{2+}。

在 pH＝11～12 时，三乙醇胺能掩蔽 Fe^{3+}、Al^{3+} 及少量 Mn^{2+}（Mn^{2+} 因氧化成 Mn^{3+} 而掩蔽，但因颜色为深绿色，多了影响终点观察，故通常只能掩蔽 3mg），可以紫脲酸铵、百里香酚酞（TPC）或钙黄绿素为指示剂滴定 Ca^{2+}，用 Ca^{2+} 返滴定 Ni^{2+}、Co^{2+}。如加入 KCN 可使 Mn^{3+} 呈氰配合物而使绿色褪去，但此情况下 Cu^{2+}、Ni^{2+}、Co^{2+}、Zn^{2+}、Cd^{2+} 等均被掩蔽，只能测 Ca^{2+}。在滴定 Ca^{2+} 后，如加入盐酸羟胺，可使 Mn^{3+} 还原成 Mn^{2+}，从三乙醇胺配合物中将 Mn 析出，再滴定 Mn^{2+}。

三乙醇胺和 Cu^{2+} 产生蓝色配合物，影响终点观察。pH＝12 时用紫脲酸铵作指示剂测定 Ni^{2+} 时，对 Cu^{2+} 有掩蔽作用。

三乙醇胺掩蔽 Fe^{3+}、Al^{3+} 时，应在酸性溶液加入，然后再调节酸度，有时与 Fe^{3+}、Al^{3+} 配位速度不够快，需要加热以促进其作用。

4. 邻菲啰啉

又名邻二氮菲。结构式：

为无色晶体，含 1 个结晶水的溶点 93～94℃，不含结晶水的溶点为 117℃。仅略溶于水，但溶于稀盐酸或硝酸中。可作为 Fe^{2+} 的显色剂，微量的 Fe^{2+} 即可使邻菲啰啉溶液变成红色不能使用，但 Fe^{3+} 和邻菲啰啉不发生颜色的干扰。

在微酸性溶液中，邻菲啰啉能掩蔽 Cu^{2+}、Ni^{2+}、Zn^{2+}、Cd^{2+}、Co^{2+}。在 $pH=5.5～5.8$ 时能掩蔽毫克量级的 Fe^{3+}。

加入邻菲啰啉后，可在 $pH=10$ 时，以铬黑 T 为指示剂滴定 Ca^{2+}、Mg^{2+}；在 $pH=5～6$ 时，以二甲酚橙为指示剂滴定 Pb^{2+}，或用 Pb^{2+} 返滴定 Al^{3+}；在 $pH=1～2$ 时，可以邻菲啰啉掩蔽 Cu^{2+}、Ni^{2+}，以磺基水杨酸为指示剂滴定 Fe^{3+}，以二甲酚橙为指示剂测定 Bi^{3+}。

在含有 Bi^{3+}、Cd^{2+}、Pb^{2+} 的低熔点合金分析上，可在 $pH=1$ 时，以二甲酚橙为指示剂测定 Bi^{3+}。调节 $pH=5$ 时，滴定 Pb^{2+}、Cd^{2+} 总量，再加邻菲啰啉使与 Cd^{2+} 配位的 EDTA 析出，用 Pb^{2+} 滴定，再计算 Cd^{2+} 的含量。

Cu^{2+}、Ni^{2+} 等对二甲酚橙有僵化作用，加入少量邻菲啰啉可消除这一现象，使终点灵敏。

5. 二巯基丙醇（BAL）

又名 2,3-二巯基丙醇。结构式：

$$\begin{array}{c} CH_2OH \\ | \\ CH_2SH \\ | \\ CH_2SH \end{array}$$

为无色、具有特殊臭气的液体，于空气中易氧化，可于酒精溶液中长期密封贮存。

在 $pH=10$ 时，能掩蔽 Hg^{2+}、Cd^{2+}、Zn^{2+}、Pb^{2+}、Bi^{3+}、Ag^+、As^{3+}、Sb^{3+}、Sn^{4+}；也能掩蔽 Cu^{2+}、Co^{2+}、Ni^{2+}、Fe^{3+}，但仅能掩蔽少量，因 Cu^{2+}、Co^{2+}、Ni^{2+}、Fe^{3+} 和二巯基丙醇均产生有色配合物，影响终点观察。如预先加入三乙醇胺，即可消除 Fe^{3+} 和二巯基丙醇所产生的颜色。

在酸性溶液中亦能掩蔽，但为白色或淡黄色沉淀，在上述金属-EDTA 配合物中，加入 BAL，可使与金属离子配位的 EDTA 析出。

Mn^{2+} 在羟胺和三乙醇胺存在下，不被掩蔽，如氧化成 Mn^{3+}，亦能掩蔽少量，量多时产生深绿色化合物，干扰终点的观察。

在用二巯基丙醇掩蔽上述离子后，可以在 $pH=10$ 时，用铬黑 T 或 Mg-铬黑 T 为指示剂，滴定 Ca^{2+}、Sr^{2+}、Ba^{2+}、Mg^{2+}。

在氨-氯化铵介质中，Fe-EDTA 能与 BAL 作用，生成红色铁-BAL 配合物；但在 NaOH 溶液中，如有三乙醇胺，则 Fe 与三乙醇胺作用，而不与 BAL 作用。

当 BAL 存在时，Al^{3+} 不在氨性溶液中沉淀，但封闭铬黑 T，故仍以用三乙醇胺掩蔽 Al^{3+} 为好。

Ni^{2+} 和 EDTA 的配合物，BAL 不能与之作用，可利用此原理滴定 Ni^{2+}-Zn^{2+}、Ni^{2+}-Hg^{2+}、Ni^{2+}-Cd^{2+}、Ni^{2+}-Pb^{2+}、Ni^{2+}-Bi^{3+} 等混合离子溶液。

6. 巯基乙酸（TGA）

又名乙硫醇酸。结构式：

$$HSCH_2COOH$$

在 $pH=10$ 时，能掩蔽 Cu^{2+}、Pb^{2+}、Cd^{2+}、Zn^{2+}、Bi^{3+}、Hg^{2+}、Sn^{4+}。但对 Fe^{2+}、

Fe^{3+} 只能掩蔽 0.1mg，量多时产生深红色不能观察终点。不能掩蔽 Mn^{2+}，与 Co^{2+} 产生褐色沉淀。在用巯基乙酸掩蔽后，可用铬黑 T 为指示剂滴定测定 Mg^{2+}，用 Mg-铬黑 T 为指示剂滴定 Ca^{2+}；加过量 EDTA，用铬黑 T 为指示剂返滴定测定 Ni^{2+}。

在 pH＝12 时，三乙醇胺存在下，铁和三乙醇胺作用，不与巯基乙酸作用，可以用钙黄绿素作指示剂滴定 Ca^{2+}，可以用 Ca^{2+} 返滴定 Ni^{2+}、Co^{2+}。

7. 铜试剂（DDTC-Na）

又名二乙基二硫代氨基甲酸钠。结构式：

白色晶体，溶于水和酒精。水溶液呈碱性，徐徐分解。

在 pH＝10 时，能生成沉淀，掩蔽 Cu^{2+}、Hg^{2+}、Pb^{2+}、Cd^{2+}、Bi^{3+}。Bi^{3+} 的沉淀为黄色，只能掩蔽 10mg 以下，过多影响终点判断。Cu^{2+} 的沉淀为棕褐色，只能掩蔽 2mg 以下，过多影响终点的判断。这些离子的 EDTA 配合物能被 DDTC-Na 定量置换，其他 Zn^{2+}、Mn^{2+}、Al^{3+}、Ni^{2+}、Co^{2+} 等，虽能和 DDTC-Na 产生沉淀，但加入 EDTA 后不断溶解仍能滴定。掩蔽 Cu^{2+}、Hg^{2+}、Pb^{2+}、Cd^{2+}、Bi^{3+} 后可以铬黑 T 或 Mg-铬黑 T 为指示剂，滴定 Zn^{2+}、Mn^{2+}、Mg^{2+}、Ca^{2+}、Sr^{2+}、Ba^{2+}，用 Mg^{2+} 返滴定 Ni^{2+}、Co^{2+}。

8. 酒石酸（Tart）

结构式：
$$\begin{array}{l} CH(OH)COOH \\ | \\ CH(OH)COOH \end{array}$$

在 pH＝2 时，酒石酸能掩蔽 Fe^{2+}、Mn^{2+}、Mo^{6+}，用 Cu-PAN 为指示剂可滴定 In^{3+}、Fe^{3+}、Bi^{3+}、Cu^{2+}、Sn^{4+}。在 pH＝1.2 时，在酒石酸抗坏血酸存在下，能联合掩蔽 Sb^{3+}、Sn^{4+}、Fe^{3+} 及 5mg 以下的 Cu^{2+}。用二甲酚橙作指示剂可进行 Bi^{3+} 的滴定。

在 pH＝5.5 时，酒石酸能掩蔽 Fe^{2+}、Al^{3+}（65℃以上不能掩蔽）、Sn^{4+}（不加热不能掩蔽，加热配位后冷却能掩蔽）、Sb^{3+}、Ca^{2+}，用 Cu-PAN 为指示剂可滴定 In^{3+}、Bi^{3+}、Cu^{2+}、Zn^{2+}、Cd^{2+}、Mn^{2+}、Pb^{2+}、La^{3+}。

在 pH＝5～6 时，酒石酸能掩蔽 UO_2^{2+}、Sb^{3+}，用 PAN 为指示剂可滴定 Zn^{2+}、Cd^{2+}、Co^{2+}、Ni^{2+}、Cu^{2+} 及稀土金属离子。

在 pH＝7 时，酒石酸能掩蔽 Mo^{4+}、Nb^{5+}、Sb^{3+}、W^{6+}、UO_2^{2+}，用电位法滴定 Zn^{2+}、Cd^{2+}、Cu^{2+}、Hg^{2+}、Pb^{2+}。

在 pH＝6～7.5 时，酒石酸能掩蔽 Mg^{2+}、Ca^{2+}、Fe^{3+}、Al^{3+}，以 Cu-PAN 为指示剂可滴定 Mn^{2+}。

在 pH＝10 时，酒石酸能掩蔽 Al^{3+}、Sn^{4+}（消除其沉淀），以 Cu-PAN 为指示剂滴定 Cu^{2+}、Zn^{2+}、Cd^{2+}、Mn^{2+}、Pb^{2+}、Ca^{2+}、Mg^{2+}。

酒石酸和 KCN，在 pH＝10 时，能联合掩蔽毫克量级的 Fe^{3+} 及 100mg 左右的 Fe^{2+}。用铬黑 T 为指示剂能滴定 Mg^{2+}、Cd^{2+}、Mn^{2+}、Zn^{2+}。

酒石酸可以消除 Fe^{3+} 对二甲酚橙的僵化作用，但 Fe^{3+} 仍消耗 EDTA。

9. 草酸

又名乙二酸，无色透明晶体。结构式：

$$\begin{array}{c} COOH \\ | \\ COOH \end{array}$$

在 pH＝2 时，能掩蔽 Sn^{2+}、Cu^{2+} 及稀土金属离子，可用邻苯二酚紫为指示剂滴定 Bi^{3+}。

在 pH＝5.5 时，能掩蔽 Zn^{4+}、Th^{4+}、Fe^{2+}、Fe^{3+}、Al^{3+}，可用 Cu-PAN 为指示剂滴定 Cu^{2+}、Zn^{2+}、Cd^{2+}、Mn^{2+}、Pb^{2+}。草酸对 Fe^{3+} 的掩蔽能力比酒石酸强，对 Al^{3+} 的掩蔽能力则不如酒石酸。

10. 柠檬酸

又名枸橼酸，白色晶体或粉末。含一个结晶水，溶于水，溶液稳定。结构式：

$$\begin{array}{c} CH_2COOH \\ | \\ C(OH)COOH \\ | \\ CH_2COOH \end{array}$$

在 pH＝5～6 时，能掩蔽 UO_2^{2+}、Th^{4+}、Zr^{4+}、Sn^{2+}，可用 PAN 及 Cu-PAN 作指示剂滴定 Zn^{2+}、Cd^{2+}、Co^{2+}、Cu^{2+}、Ni^{2+}。

在 pH＝7 时，能掩蔽 UO_2^{2+}、Th^{4+}、Zr^{4+}、Sb^{3+}、Ti^{4+}、Nb^{5+}、Ta^{5+}、Mo^{4+}、W^{4+}、Ba^{2+}、Fe^{3+}、Cr^{3+}，可用电位法测定 Cd^{2+}、Cu^{2+}、Hg^{2+}、Pb^{2+}、Zn^{2+}、Y^{3+}。柠檬酸掩蔽 Al^{3+} 的能力和酒石酸相似，其掩蔽能力比酒石酸强一些。

11. 抗坏血酸（VC）

又名维生素 C，白色结晶体，纯品于空气中稳定，其不纯者被空气氧化日久变黄。溶于水，水溶液不能长期存放，溶液加热至 70℃ 以上逐渐破坏。结构式：

$$\begin{array}{c} CH_2OH \\ | \\ H-C-OH \\ | \\ H-C \quad O \\ | \quad \backslash \backslash \\ HO \quad OH \end{array}$$

在 pH＝2.5 时，抗坏血酸能掩蔽 Cu^{2+}、Hg^{2+}、Fe^{3+}，可用邻苯二酚紫作指示剂滴定 Bi^{3+}、Th^{4+}（Hg^{2+} 成为金属 Hg）。

在 pH＝1～2 时，抗坏血酸能掩蔽 Fe^{3+}，可用 XO 为指示剂滴定 Bi^{3+}。

抗坏血酸加 KI 或 KCNS，在 pH＝5～6 时，能掩蔽 Cu^{2+}、Hg^{2+}，以 PAN 为指示剂可滴定 Zn^{2+}。

抗坏血酸将 Fe^{3+} 还原为 Fe^{2+} 后就容易和 KCN 配合成 $Fe(CN)_6^{4-}$（煮沸）而掩蔽，消除 Fe^{3+} 对铬黑 T 的封闭作用，抗坏血酸＋酒石酸＋KCN，在不加热的情况下亦能掩蔽 Fe^{3+} 对铬黑 T 的封闭作用，可以顺利进行 Mn^{2+}、Pb^{2+}、Mg^{2+}、Ca^{2+}、Sr^{2+}、Ba^{2+} 的滴定。但因 $Fe(CN)_6^{4-}$ 容易和这些离子产生沉淀，终点要慢慢滴定。

Cr^{3+} 与抗坏血酸煮沸，生成稳定的蓝色配合物，不为 EDTA 所取代，也不为氨水所沉淀。故可用于掩蔽 Cr^{3+}，在碱性溶液中滴定 Ca^{2+}、Mn^{2+}、Ni^{2+}。

抗坏血酸可以消除氧化剂对指示剂的破坏作用，消除 Mn^{2+}、Ce^{2+} 对铬黑 T、钙指示剂、二苯磺腙等的破坏作用，可以消除甲醛解蔽法测定 Zn^{2+} 时 Cu^{2+} 的破坏，减免破蔽终了时 Cu^{2+} 和 DDTC-Na 产生的棕色沉淀。

抗坏血酸能还原 Tl^{3+} 为 Tl^{+}，使之被掩蔽而不和 EDTA 配合。

12. 双氧水（H_2O_2）

又名过氧化氢，纯品是无色液体。能与水、乙醇或乙醚以任何比例混合。

在氨性溶液中，H_2O_2 可以氧化 Co^{2+} 为 Co^{3+}，使之和 NH_3 生成极稳定的配合物而不再与 EDTA 作用（但此掩蔽只能少量，因为产生深红色）。

如在 Co^{2+} 的溶液中先加入过量 EDTA，再加双氧水则生成 Co^{3+} 和 EDTA 配合物。此配合物十分稳定，不能为 KCN 置换（而 Ni^{2+}-EDTA 则容易为 KCN 所置换），因之可以在钴镍离子共同存在下，测定 Ni^{2+}、Co^{2+}。但 Co^{3+} 和 EDTA 形成的配合物呈深紫红色，只能用于少量钴的测定或用荧光指示剂。

在酸性溶液中（pH＝1～2 时），于 TiO^{2+} 的溶液中，加入 H_2O_2 后可形成 ［TiO(H_2O_2)］$^{2+}$（黄色），易和 EDTA 配位；但在碱性溶液中，加入 H_2O_2 后形成 ［TiO$(H_2O_2)H_2O$］$^{4-}$，而不和 EDTA 配位。UO_2^{2+} 也有此性质。因此可以在 pH＝10 时用 H_2O_2 掩蔽 TiO^{2+}、UO_2^{2+}，用 EBT 为指示剂滴定 Zn^{2+}、Mg^{2+}（注意：滴定时不能加热，加热则生成稳定的 UO_2-EDTA-H_2O_2 的配合物）。

13. 半胱氨酸

又名 2-氨基-3-巯基丙酸、巯基丙氨酸。白色晶体，溶于水、乙醇、乙酸和氨水。结构式：

$$\begin{array}{ccc} CH_2 & \!\!-\!\! & CH_2COOH \\ | & & | \\ SH_2 & & NH_2 \end{array}$$

在 pH＝5.5 时，它能和 Zn^{2+}、Pb^{2+}、Co^{2+}、Ni^{2+}、Al^{3+}、Fe^{3+}、Bi^{3+}、Tl^{3+}、Hg^{2+} 及 Cu^{2+} 生成无色可溶配合物（Tl^{3+} 还原为一价），只有 Cu^{2+}、Hg^{2+} 的配合物不与 EDTA 作用，因此可作 Cu^{2+}、Hg^{2+}、Tl^{3+} 的掩蔽剂。掩蔽 Cu^{2+}、Hg^{2+}、Tl^{3+} 后，在 pH＝5.5 时，以二甲酚橙为指示剂用 Pb^{2+} 可返滴定 Al^{3+}、Ni^{2+}、Co^{2+}、Pb^{2+}、Zn^{2+}。由于 Cu^{2+}、Hg^{2+} 的 EDTA 配合物能为半胱氨酸定量分解。故可在 pH＝5.5 时，以 XO 为指示剂 Pb^{2+} 返滴定后，用半胱氨酸析出法测定 Cu^{2+}、Zn^{2+}、Pb^{2+}、Hg^{2+} 中的 Hg^{2+} 或 Cu^{2+}。

14. 2,3-二巯基丙磺酸钠

它的性能和 BAL 相似。结构式：

$$\begin{array}{ccc} CH_2 & \!\!-\!\!CH_2\!\!-\!\! & CH_2 \\ | & | & | \\ SH & SH & SO_3Na \end{array}$$

能用于掩蔽 Zn^{2+}、Cd^{2+}、Hg^{2+}、Pb^{2+}、Sn^{4+}、Bi^{3+} 等，滴定 Ca^{2+}、Mg^{2+}、Mn^{2+} 及 Ni^{2+}（在 pH＝10 时，用 EBT 作指示剂）或 Sr^{2+} 及 Ba^{2+}（用邻甲酚酞配位剂作指示剂）。

15. 乙酰丙酮

又名 2,4 戊二酮。无色易流动液体，有酯的气味，能溶于水（1＋8）受光作用变为棕色树脂状物。结构简式：

$$CH_3COCH_2COCH_3$$

在 pH＝7 时，可以掩蔽 Al^{3+}、UO_2^{2+}，可用电位法以 EDTA 滴定 La^{3+}、Zn^{2+} 及稀土金属离子，Zr^{4+}、Th^{4+}、Fe^{3+} 部分滴定而干扰测定。

乙酰丙酮加柠檬酸，在 pH＝7 时可以掩蔽 Al^{3+}、Th^{4+}，用电位法以 EDTA 滴定 Zn^{2+}。

在 pH＝5～6 时，能完全掩蔽 Fe^{3+}、Al^{3+}、Be^{2+}、Pd^{2+} 和 U^{4+}，部分掩蔽 Cu^{2+}、Hg^{2+}、Cr^{3+} 及 Ti^{4+}。对 Zn^{2+}、Pb^{2+}、Mn^{2+}、Co^{2+}、Th^{4+}、Cd^{2+}、La^{3+}、Sn^{2+}、Bi^{3+} 及 Ce^{3+} 不掩蔽。因此可以掩蔽 Al^{3+}、Fe^{3+}、U^{4+}，而滴定 Pb^{2+}、Zn^{2+}（以二甲酚橙为指示剂）。多量的铁、铀和其产生的颜色如妨碍终点的观察，可在溶液中加入硝基苯或氯化苯，使之进入有机相中（但不能将有机相分离，因部分锌进入有机相当中分离后使结果偏低）。

还可以用乙酰丙酮在酸性溶液中掩蔽 U^{4+} 而滴定 Bi^{3+}。

三、其他掩蔽剂

其他掩蔽剂见表 10-2。

表 10-2　其他掩蔽剂

掩蔽剂	结构式	pH 值	指示剂	掩蔽离子	测定离子
碘化钾	KI	5～6	PAN	Hg^{2+}、Cu^{2+}、Tl^+	Zn^{2+}
甲酸	HCOOH	2.5	PV	Hg^{2+}	Bi^{3+}、Th^{4+}
甲醛	HCHO	2.5	PV	Hg^{2+}	Bi^{3+}、Th^{4+}
磺基水杨酸	COOH / OH / HO₃S	4.5	电位、铀试剂	UO_2^{2+}、Al^{3+}	Y^{3+}、Th^{4+}
水杨酸	OH / COOH	碱性	MX	Cr^{3+}（绿色）、Al^{3+}、Fe^{3+}（红色）	Ni^{2+}
钛铁试剂	OH / OH / NaO₃S SO₃Na	碱性	EBT	Al^{3+}、Ti^{3+}、Fe^{3+}（红色）	Mn^{2+}
硫化钠	Na_2S	10	EBT	微量重金属	Mg^{2+}、Ca^{2+}
硫脲	S=C / NH₂ / NH₂	5～6	PAN	Cu^{2+}、Hg^{2+}	Zn^{2+}
氨基硫脲	S=C / NH₂ / NH—NH₂	5	PAN	Hg^{2+}、Cu^{2+}（蓝色）	Zn^{2+}、Cd^{2+}、Hg^{2+}
硫代硫酸钠	$Na_2S_2O_3$	6	PAN	Cu^{2+}、Bi^{3+}	Zn^{2+}、Ni^{2+}
硫酸钠	Na_2SO_4	2～3	XO	Th^{4+}	Zr^{4+}
		10	MTB·EBT	Ba^{2+}、Sr^{2+}	Mg^{2+}、Ca^{2+}
乳酸	$CH_3CHOHCOOH$	5～5.5	XO	Ti^{4+}、Sn^{4+}	Al^{3+}、Pb^{2+}、Zn^{2+}
亚硝基红盐	NO / OH / HO₃S SO₃Na	3.5～4	分光光度	Co^{2+}	Ni^{2+}
焦磷酸	$H_4P_2O_7$	9	MX	Al^{3+}、Fe^{3+}	Ni^{2+}
		8(50%酒精)	NH_4SCN	Fe^{3+}、Cr^{3+}	Co^{2+}

续表

掩蔽剂	结构式	pH 值	指示剂	掩蔽离子	测定离子
磷酸	H_3PO_4	4～5	黄血盐、赤血盐、二甲基联萘胺	Ti^{4+}、UO_2^{2+}	Al^{3+}（Zn^{2+}返滴）
		3～6	Cu-PAN	W^{6+}	Cd^{2+}、Fe^{3+}、V^{5+}、Zn^{2+}
		3～4	PAN	W^{6+}	Cu^{2+}、Ni^{2+}
		4～5	PAN	W^{6+}	Co^{2+}、Mo^{6+}（Cu^{2+}返滴）

注：PAN—1-(2-吡啶偶氮)-2-萘酚；PV—邻苯二酚紫；MX—紫脲酸铵；EBT—铬黑 T；XO—二甲酚橙；MTB—甲基百里酚蓝。

四、EDTA 滴定中应用的掩蔽剂

EDTA 滴定中应用的掩蔽剂见表 10-3。

表 10-3　EDTA 滴定中应用的掩蔽剂

被掩蔽离子	掩蔽剂或掩蔽方法
$Ag^{+①}$	NH_3、BAL(掩蔽小量)、CN^-、柠檬酸、巯基乙酸、$S_2O_3^{2-}$
Al^{3+}	柠檬酸(掩蔽小量)、BF^-、F^-、OH^-（转变成偏铝酸根离子）、乙酰丙酮、磺基水杨酸(掩蔽小量)、酒石酸、三乙醇胺试钛灵(邻苯二酚-3,5-二磺酸钠,或称钛铁试剂)
$As^{3+①}$	BAL(二巯基丙醇)
$As^{5+①}$	还原(N_2H_4)
$Au^{2+①}$	CN^-
Ba^{2+}	F^-、SO_4^{2-}
$Be^{2+①}$	柠檬酸、F^-、乙酰丙酮
Bi^{3+}	BAL、柠檬酸(掩蔽小量)、二乙基二硫代氨基甲酸钠、OH^-、Cl^-（生成 BiOCl 沉淀,掩蔽小量）、巯基乙酸、硫代苹果酸、2,3-二巯基丙磺酸钠
Ca^{2+}	Ba-EGTA(乙二醇二乙醚二胺四乙酸)配合物＋SO_4^{2-}、F^-
Cd^{2+}	BAL、CN^-、半胱氨酸、二乙基二硫代氨基甲酸钠、巯基乙酸邻菲啰啉、硫代乙酰胺(CH_3CSNH_2,掩蔽小量)、四亚乙基五胺
$Ce^{3+①}$	F^-、草酸
Ce^{4+}	还原为 Ce^{3+}(用抗坏血酸)
Co^{2+}	BAL(掩蔽小量)、CN^-、巯基乙酸(掩蔽小量)、邻菲啰啉、四亚乙基五胺
Cr^{3+}	抗坏血酸、柠檬酸、动力学掩蔽(利用反应速率差异)、氧化为 CrO_4^{2-}、$P_2O_7^{4-}$、三乙醇胺
$Cu^{+①}$	I^-、$S_2O_3^{2-}$、SCN^-
Cu^{2+}	BAL(掩蔽小量)、CN^-、半胱氨酸、二乙基二硫代氨基甲酸钠(掩蔽小量)、I^-、巯基乙酸、3-巯基-1,2-丙二醇、邻菲啰啉、还原为 Cu^+(用抗坏血酸,抗坏血酸＋硫脲或 NH_2OH)、S^{2-}、四亚乙基五胺、硫卡巴肼、氨基硫脲(掩蔽小量)、$S_2O_3^{2-}$（在碱性介质中加 OAc^- 或 $Na_2B_4O_7$）、硫脲、三亚乙基四胺
Fe^{2+}	CN^-
Ga^{3+}	柠檬酸

被掩蔽离子	掩蔽剂或掩蔽方法
In^{3+}	巯基乙酸
Fe^{3+}	BAL＋三乙醇胺(掩蔽小量)、柠檬酸盐、CN^-(最好与抗坏血酸同加)、二乙基二硫代氨基甲酸钠(掩蔽小量)、F^-、巯基乙酸、硫代苹果酸、乙酰丙酮＋硝基苯、$P_2O_7^{4-}$、还原为 Fe^{2+}[抗坏血酸、N_2H_4、NH_2OH(还原小量)或 $SnCl_2$]、S^{2-}、酒石酸盐、三乙醇胺
Hf^{4+}	柠檬酸、F^-、酒石酸
Hg^{2+}	BAL、Br^-、Cl^-、CN^-、半胱氨酸、二乙基二硫代氨基甲酸钠(掩蔽少量)、还原为金属汞(抗坏血酸、甲醛或甲酸盐)、四亚乙基五胺、SCN^-、硫脲、氨基硫脲、三亚乙基四胺
La^{3+}	F^-、草酸
Mg^{2+}	F^-、[OH^-、$Mg(OH)_2$ 沉淀]
Mn^{2+}	BAL、空气氧化＋CN^-、$Mn(CN)_6^{3-}$、邻菲啰啉、S^{2-}、(掩蔽小量)、三乙醇胺(掩蔽小量)
Mo^{6+}	柠檬酸、乙酰丙酮
Nb^{5+}	柠檬酸、F^-、酒石酸
Ni^{2+}	BAL(掩蔽小量)、CN^-、动力学掩蔽、邻菲啰啉、四亚乙基五胺
Pb^{2+}	BAL、二乙基二硫代氨基甲酸钠、3-巯基丙酸、MoO_4^{2-}、SO_4^{2-}、二巯基丙醇磺酸钠
Pd^{2+}	CN^-、乙酰丙酮
Pt^{2+}①	CN^-
Pt^{4+}①	硫脲
Re^{3+}	F^-、草酸
Sb^{4+}	BAL、柠檬酸、F^-、草酸、酒石酸
Se^{3+}	F^-、草酸
Sn^{2+}	BAL、柠檬酸或其盐、巯基乙酸盐
Sn^{4+}	BAL、柠檬酸、二硫代草酸、F^-、OH^-(偏锡酸沉淀)、草酸、酒石酸、三乙醇胺、乳酸
Sr^{2+}	F^-
Ta^{5+}	柠檬酸、F^-、H_2O_2、酒石酸
Th^{4+}	柠檬酸、F^-、SO_4^{2-}
Ti^{4+}	柠檬酸、F^-、H_2O_2、PO_4^{3-}、SO_4^{2-}、酒石酸、三乙醇胺、钛铁试剂、乳酸
Tl^+①	I^-
Tl^{3+}	巯基乙酸、还原为 Tl^+(半胱氨酸、HSO_3^- 或甲酸盐)、硫脲
UO_2^{4+}	CO_3^{2-}、柠檬酸、F^-、H_2O_2、乙酰丙酮＋硝基苯、PO_4^{3-}、磺基水杨酸、酒石酸、邻菲啰啉
W^{6+}	柠檬酸、F^-、H_2O_2、PO_4^{3-}、酒石酸
Zn^{2+}	BAL、CN^-、巯基乙酸、邻菲啰啉、四亚乙基五胺
Zr^{2+}	柠檬酸、F^-、酒石酸

① 本身不消耗 EDTA，但妨碍测定（使指示剂封闭或破坏，或生成沉淀）。

五、EDTA 滴定中应用掩蔽剂（直接掩蔽）效应实例

EDTA 滴定中应用掩蔽剂（直接掩蔽）效应实例见表 10-4。

表 10-4　EDTA 滴定中应用掩蔽剂（直接掩蔽）效应实例

掩蔽剂	被掩蔽离子	测定离子	测定方法、条件及指示剂
抗坏血酸	Cr^{3+}	Ca^{2+}、Mn^{2+}、Ni^{2+}	加抗坏血酸于酸性溶液中,煮沸(生成 Cr^{3+} 配合物),冷却加入过量 EDTA 和浓氨水,用 Ca^{2+} 回滴,加百里酚酞配合指示剂
	Cu^{2+}	Zn^{2+}	于氨性溶液中,加入抗坏血酸,待生成的蓝色变为琥珀色或无色,加紫脲酸铵,直接滴定
	Fe^{3+}（被还原为 Fe^{2+}）	Bi^{3+}	直接滴定,pH 值 1.5～2,硫脲作指示剂;HNO_3 溶液,钍试剂作指示剂,或 pH 值 1～2 用二甲酚橙作指示剂
		Th^{4+}	直接滴定,pH 值 2.5～3.5,邻苯二酚紫;pH 值 2～2.2 钍锆试剂(SPADNS)为指示剂,或 pH 值 2.5～3 用二甲酚橙作指示剂
		Zr^{4+}	直接滴定,pH 值 2～2.2 于 HCl 溶液中,用 SPADNS 作指示剂
	Fe^{3+}、Hg^{2+}（还原）	Bi^{3+}	直接滴定,pH 值 2～2.5,邻苯二酚紫;或 pH 值在 2～3 用联苯三酚红或溴联苯三酚红作指示剂
		Bi^{3+}、Ga^{3+}、In^{3+}、Pd^{3+}	用 Bi^{3+} 回滴过量的 EDTA,pH 值 2～3 用苯三酚红或溴联苯三酚红作指示剂
二巯基丙醇(BAL)	As^{3+}、Bi^{3+}、Cd^{3+}、Co^{2+}（少量）,Hg^{2+}、Ni^{2+}（少量）Pb^{2+}、Zn^{2+}、Sb^{4+}、Sn^{4+},如果有 Fe 可加三乙醇胺(TEA)破坏深红色的 Fe^{3+}-BAL 配合物	Mg^{2+}、Ca^{2+}、Mg^{2+} $+Ca^{2+}$、Mn^{2+}	加 BAL 于溶液中,调为碱性后[如单有 Ca^{2+},加 Mg $(EDTA)^{2-}$],pH 值 10(测定 Mn^{2+} 时,在加 BAL 之前先加 TEA 和 NH_4OH),直接滴定,用铬黑 T 作指示剂
	Bi^{3+}、Pb^{2+}	Th^{4+}	直接滴定,pH 值 2.5～3,用二甲酚橙作指示剂
HSO_3^-	（还原前为 Tl^+）		（Tl^+ 不消耗 EDTA）
CO_3^{2-}	UO_2^{2+}	Zn^{2+}	直接滴定,pH 值 8～8.5,用紫脲酸铵作指示剂
柠檬酸	Al^{3+}（少量）	Zn^{2+}	直接滴定,pH 值 8.5～9.5,30℃,用铬黑 T 作指示剂
	Fe^{3+}	Cd^{2+}、Cu^{2+}、Pb^{2+}	直接滴定,pH 值 8.5,50% 丙酮、NAS[8 羟基-7-(6-磺酸-2-萘基偶氮)-5-喹啉磺酸]作指示剂(滴定 Cd^{2+} 和 Pb^{2+} 时,加 $Cu-EDTA^{2-}$)
	Mo^{6+}	Cu^{2+}	直接滴定,pH 值 9,NAS 作指示剂
	Zn^{2+}		直接滴定,pH 值 6.4NAS 作指示剂
	Sn^{2+}、Th^{4+}、Zr^{4+}	Cd^{2+}、Co^{2+}、Cu^{2+}、Ni^{2+}、Zn^{2+}	直接滴定,pH 值 5～6,PAN 或 Cu-PAN 作指示剂
	Th^{4+}	Ni^{2+}、Zn^{2+}	直接滴定,pH 值 8(对 Ni^{2+})或 pH 值在 6.5(对 Zn^{2+}),Cu-NAS 作指示剂
	Th^{4+}	Cd^{2+}、Co^{2+}	直接滴定,pH 值 6.5,NAS 作指示剂
		Cu	用 Zn^{2+} 回滴过量 EDTA,pH 值 9,NAS 作指示剂

续表

掩蔽剂	被掩蔽离子	测定离子	测定方法、条件及指示剂
CN⁻	Ag^+、Cd^{2+}、Co^{2+}、Cu^{2+}、Fe^{2+}、Hg^{2+}、Ni^{2+}、Pd^{2+}及其他Pt族金属、Zn^{2+}（以上可称为CN^-组离子）		于酸性溶液中，加入足量的酒石酸盐后，将溶液用稀NaOH中和，加入氨性缓冲溶液（pH＝10）和足量KCN（勿加大过量），加一些抗坏血酸后，加热70～80℃至溶液变淡黄色或无色，即可用EDTA滴定Re、稀土、Pb、Mn。然后于冷溶液中滴加10％甲醛溶液使Zn^{2+}、Cd^{2+}破散，进而用EDTA滴定
		Ba^{2+}、Sr^{2+}	直接滴定，pH值10.5～11，50％甲醇，用金属酞（metal-phthalein）作指示剂
		Ca^{2+}	直接滴定，pH≥12，可用各种测定Ca^{2+}指示剂，如钙黄绿素、钙指示剂、邻甲酚酞配合剂等
		In^{3+}	直接滴定，pH值8～10，NH_3缓冲液；铬黑T作指示剂，或pH值10乙二胺铬黑T或邻苯二酚紫；或pH值7～8用PAN作指示剂
		Mg^{2+}、$Mg^{2+}+Ca^{2+}$、Mn^{2+}、Pb^{2+}	直接滴定，pH值8～10铬黑T（测Mn^{2+}时加抗坏血酸或NH_2OH，并加热至65℃；测定Mn^{2+}和Pb^{2+}时加酒石酸盐），或用Mg^{2+}回滴过量EDTA，条件相同
		Pb^{2+}	直接滴定，氨性介质，用紫脲酸铵作指示剂；或碱性溶液，加酒石酸，甲基百里酚蓝为指示剂
	Cu^{2+}、Zn^{2+}	Mn^{2+}、Pb^{2+}	直接滴定，pH值10，铬红B（Eriechrome Red B），测Mn^{2+}时加抗坏血酸；测Pb^{2+}时加酒石酸
	Fe^{3+}、Mn^{2+}	Ca^{2+}、Mg^{2+}	Fe^{3+}和Mn^{2+}互相掩蔽；于溶液中加入三乙醇胺至出现的沉淀消失，然后加入含KCN的浓氨水，由于氧化还原反应生成$Fe(CN)_6^{2-}$＋$Mn(CN)_6^{3-}$，因而不致封闭百里酚酞配合物指示剂
	Hg^{2+}	Pb^{2+}	置换测定，用$Mg(EDTA)^{2-}$或$Zn(EDTA)^{2-}$ pH值在10，加酒石酸盐，用铬黑T作指示剂
	Mn^{2+}［氧化为$Mn(CN)_6^{3-}$］	Ca^{2+}、Mg^{2+}、Ca^{2+}＋Mg^{2+}	于溶液中加三乙醇胺后，用NaOH调至pH值12.5，搅拌至氧化完全，加KCN，然后加HOAc调至溶液变棕黄（pH值11），加入过量EDTA后，以Ca^{2+}回滴，用百里酚酞配合剂
半胱氨酸	Cd^{2+}、Zn^{2+}、Tl^{3+}（被还原）		在碱性溶液中可掩蔽（无实际滴定给出，待进一步探讨）
	Cu^{2+}、Tl^{3+}（被还原）	Pb^{2+}、Zn^{2+}	用Pb^{2+}回滴过量EDTA，pH值5.5，六亚甲基四胺热溶液，二甲酚橙为指示剂
	Cu^{2+}、Hg^{2+}、Tl^{3+}（被还原）	Al^{3+}、Co^{2+}、Ni^{2+}、Fe^{3+}	用Pb回滴过量EDTA，pH值5.5，六亚甲基四胺，二甲酚橙（有Cu^{2+}存在时于热溶液中滴定）
	Hg^{2+}、Tl^{3+}（被还原）	Pb^{2+}、Zn^{2+}	直接滴定，pH值5.5，六亚甲基四胺。二甲酚橙
二乙基二硫代氨基甲酸钠	Cd^{2+}（沉淀）	Zn^{2+}	直接滴定，pH值10，60℃，用铬黑T作指示剂
	Pb^{2+}（沉淀）	Mn^{2+}	直接滴定，pH值10，用铬黑T作指示剂
	Pb^{2+}（少量其他重金属）	Ca^{2+}	直接滴定，pH≥12，用紫脲酸铵或其他Ca^{2+}的指示剂
	Fe^{2+}（少量其他重金属）	Ca^{2+}＋Mg^{2+}	直接滴定，pH值10，用铬黑T作指示剂
BF_4^-	Al^{3+}	Ga^{3+}	直接滴定，pH值3.8，用邻苯二酚紫；或pH值4.5～6，用桑色素（紫外光照射）

续表

掩蔽剂	被掩蔽离子	测定离子	测定方法、条件及指示剂
F^-（NaF、KF、HF、NH_4F或NH_4F，后者溶解度最大）	Al^{3+}	Cd^{2+}、Cu^{2+}、Pb^{2+}	直接滴定。pH 值 6.8（对 Cd^{2+}）或 pH 值 5～6 NAS（测定 Cu^{2+} Pb^{2+} 时，加 Cu-EDTA）
		Cu^{2+}	直接滴定，pH 值 3～3.5，NAS；或 pH 值 4～5，邻苯二酚紫
		Ca^{2+}	直接滴定，pH 值 1.6～2，沸溶液，Cu-PAN；pH 值 4.5～6 桑色素（紫外光照射）
F^-		In^{3+}	用 Zn^{2+} 回滴过量 EDTA，加吡啶，铬黑 T 或邻苯二酚紫作指示剂
		Zn^{2+}	直接滴定，pH 值 5～6，用二甲酚橙指示剂
		Zr^{4+}	直接滴定，0.01～0.5mol/L 的 HCl，50% 甲醇，热溶液，用铬蓝黑 B 作指示剂
	Al^{3+}、Ca^{2+}、Mg^{2+}	Ni^{2+}	用 Mn^{2+} 回滴过量 EDTA，加抗坏血酸，pH 值 10，用铬黑 T 作指示剂
	Al^{3+}、Fe^{3+}	Cu^{2+}	直接滴定，pH 值 6～6.5，用铬天青 S 作指示剂
	Al^{3+}、Ti^{4+}	Cu^{2+}	直接滴定，pH 值 6，用邻苯二酚紫作指示剂
		Fe^{3+}	直接滴定，pH 值 6，吡啶＋OAc^-，邻苯二酚紫；或者最好是用 Cu^{2+} 回滴过量 EDTA，pH 值 6，吡啶＋OAc^-，邻苯二酚紫作指示剂
	Al^{3+}、Ba^{2+}、Ca^{2+}、Fe^{3+}（少量）Mg^{2+}、Sr^{2+}、Ti^{4+}、Re^{3+}	Cd^{2+}、Mn^{2+}、Zn^{2+}	加 NH_4F，煮沸溶液，直接滴定，pH 值 10，用铬黑 T（测 Mnv 时加羟胺；有时候尤其掩蔽 Ca^{2+} 时，在加 F^- 之前要加缓冲剂）作指示剂
	Al^{3+}、Zr^{3+}	Fe^{3+}	调 pH 值 3～5，加 NH_4F，用氮气除去空气，加 $FeSO_4$，直接滴定，用二甲酚橙作指示剂
	Ba^{2+}、Ca^{2+}、Mg^{2+}	Mn^{2+}、Pb^{2+}、Zn^{2+}	直接滴定，pH 值 10，用铬红 B（Eriochrome Red B）作指示剂（测定 Mn^{2+} 时加抗坏血酸）
	Fe^{3+}	Cd^{2+}、Cu^{2+}、Zn^{2+}	直接滴定，pH 值 5～7，用 PAN 作指示剂
		Cu^{2+}	直接滴定，pH 值 5.5，NH_4SCN＋凡拉明蓝 B（Varimine Blue B）；或 pH 值 5～6 用紫脲酸铵作指示剂
		Cu^{2+}＋Ni^{2+}	用 Cu^{2+} 回滴过量 EDTA，pH 值 3.5～3.8，于 80℃加甲醇，用 PAN 作指示剂
		Ti^{4+}	用 Zn^{2+} 回滴过量 EDTA，加吡啶，用铬黑 T 作指示剂
	Nb^{5+}、Ta^{5+}	Bi^{3+}	直接滴定，pH 值 1.5～2，用硫脲作指示剂
	Nb^{5+}、Ta^{5+}、Ti^{4+}	Cu^{2+}、Zn^{2+}	直接滴定，pH 值 6～6.4，用 NAS 或 PAN 作指示剂
	Sb^{3+}	Bi^{3+}	直接滴定，pH 值 1～2，用苏木色精作指示剂
	Sn^{4+}	Sn^{2+}	直接滴定，pH 值 5.5～6，吡啶＋OAc^-，用甲基百里酚蓝作指示剂
		Cu^{2+}、Zn^{2+}	直接滴定，加 NaCl 防止沉淀，pH 值在 4（对 Cu^{2+}）或 pH 值 6（对 Zn^{2+}），用 NAS（测 Zn^{2+} 时加 Cu-EDTA）作指示剂
		In^{3+}	直接滴定，pH 值 2.5，热溶液，用 Cu-PAS 作指示剂
		Pb^{2+}	加 H_2O_2 把 Sn^{2+} 氧化为 Sn^{4+} 后，加 F^-，煮沸并冷却，用 Zn^{2+} 回滴过量 EDTA，pH 值在 10，用铬黑 T 作指示剂
	W^{6+}	Cd^{2+}、Fe^{2+}、V^{5+}、Zn^{2+}	直接滴定，pH 值 3～6，热溶液，Cu-PAN 作指示剂
		Co^{2+}、Mo^{6+}	用 Cu 回滴过量 EDTA，pH 值 4～5，热溶液，用 PAN 作指示剂
		Cu^{2+}、Ni^{2+}	直接滴定，pH 值 3～4，热溶液，用 PAN 作指示剂

掩蔽剂	被掩蔽离子	测定离子	测定方法、条件及指示剂
HCHO（甲醛）或 HCOOH	Hg^{2+}（还原为金属 Hg）	Bi^{3+}、Tb^{4+}	直接滴定，pH 值 2～2.5，热溶液，用邻苯二酚紫作指示剂
	Tl^{3+}（还原为 Tl^+）	In^{3+}	直接滴定，pH 值 3，50～60℃，用二甲酚橙作指示剂
N_2H_4	Fe^{3+}（还原为 Fe^{2+}）	Bi^{3+}	直接滴定，pH 值 2，热溶液，用邻苯二酚紫作指示剂
		Al^{3+}	直接滴定，煮沸溶液，或 80℃，pH 值 4，OAc^-，用铬天青 S 作指示剂
H_2O_2	Tl^{4+}	Mg^{2+}、Zn^{2+} 及某些离子	加 H_2O_2 于溶液中，调成碱性并调至 pH 值 10，快速直接滴定，用铬黑 T 作指示剂
		Cd^{2+}、Cu^{2+}、Fe^{3+}、Ni^{2+}、Zn^{2+}	直接滴定，热溶液，pH 值 3～4，PAN（对 Cu^{2+} 和 Ni^{2+}）；或热溶液，pH 值 3～6，Cu-PAN（对 Cd^{2+}、Fe^{3+}、Zn^{2+}）
	W^{6+}	Th^{4+}	于高氯酸溶液中，加过量 NH_3、H_2O_2，稍过量的高氯酸，过量的 EDTA，然后用 Th^{4+} 回滴，用茜素红 S 作指示剂
OH^-	Al^{3+}（使之转变为铝酸根）	Ca^{2+}	直接滴定，pH＞12，用紫脲酸铵作指示剂
	Mg^{2+}［成为 $Mg(OH)_2$ 沉淀］	Ca^{2+}	直接滴定，pH≥12，可用各种指示剂，如钙指示剂、紫脲酸铵、钙黄绿素。加入明胶、聚乙烯醇或乙酰丙酮可减小沉淀时对指示剂的吸附
NH_2OH	Cu^{2+}（还原为 Cu^+）	Bi^{3+}	直接滴定，pH 值 1.5～2.0，HNO_3、KI
		Ni^{2+}	加 NH_2OH 于酸性溶液中，再调为碱性，直接滴定，用紫脲酸铵指示剂
	Fe^{3+}（还原为 Fe^{2+}）	Th^{4+}	pH 值 1.5～3.5 溶液中，加入羟胺，放置一些时间，然后加过量的 EDTA，以 Th^{4+} 回滴，用二甲酚橙作指示剂
I^-	Hg^{2+}	Cu^{2+}	直接滴定，pH 值 7，70℃，用 PAN 作指示剂
		Zn^{2+}	直接滴定，pH 值 6.4 用 NAS 作指示剂
巯基乙酸	Ag^+、Cd^{2+}、Cu^{2+}、Pb^{2+}、Zn^{2+}	Mn^{2+}、Ni^{2+}	于溶液中加巯基乙酸和浓氨水，至沉淀溶解，加过量 EDTA，必要时稀释溶液至浅蓝色，用 Ca^{2+} 回滴，以百里酚酞配合剂（测 Mn^{2+} 时加抗坏血酸）
3-巯基-1,2-丙二醇	Cu^{2+}		掩蔽作用，类似 BAL
MoO_4^{2-}	Pb_4（沉淀）	Cu^{2+}	于含 Cu^{2+}、Pb^{2+} 溶液中加入 MoO_4^{2-}，用氨水调 pH 值至 8，直接滴定，用紫脲酸铵作指示剂
乙酰丙酮（2,4-戊二酮）	Al^{3+}、Fe^{3+}、Pd^{2+}（沉淀）	Pb^{2+}、Zn^{2+}	直接滴定，pH 值 5～6，用六亚甲基四胺或二甲酚橙作指示剂
	Mo^{6+}（沉淀）	Bi^{3+}	于弱酸性溶液中使 Mo^{6+} 沉淀析出，调 pH 值 1～1.5，直接滴定，用二甲酚橙作指示剂
	Al^{3+}	Re^{3+}	直接滴定，pH 值 6.5～8，用 Cu-NAS 作指示剂
乙酰丙酮＋硝基苯	Fe^{3+}、UO_2^{2+}	Pb^{2+}、Zn^{2+}	加 H_2O_2 使 Fe^{2+} 完全氧化，不分离掉硝基苯层，直接滴定，pH 值 5～6，用六亚甲基四胺、二甲酚橙（掩蔽 UO_2^{2+} 避免用 H_2O_2）作指示剂
邻菲啰啉	Cd^{2+}、Co^{2+}、Cu^{2+}、Mn^{2+}、Ni^{2+}、Zn^{2+}、UO_2^{2+}	In^{3+}	直接滴定，pH 值 3，50～60℃，用二甲酚橙作指示剂
	Cd^{2+}、Zn^{2+}	Pb^{2+}	直接滴定，pH 值 5～6，用六亚甲基四铵、二甲酚橙或甲基百里酚蓝作指示剂
	Cd^{2+}、Co^{2+}、Mn^{2+}、Ni^{2+}、Zn^{2+}	Al^{3+}	加过量 EDTA 于溶液中，煮沸 2min，冷却，加二甲酚橙和六亚甲基四胺至浅橙色，然后加邻菲啰啉，用 Pb^{2+} 回滴

续表

掩蔽剂	被掩蔽离子	测定离子	测定方法、条件及指示剂
PO_4^{3-}	W^{6+}	Cd^{2+}、Fe^{3+}、V^{5+}、Zn^{2+}	直接滴定，pH 值 3～6，热溶液，Cu-PAN 作指示剂
		Cu^{2+}、Ni^{2+}	直接滴定，pH 值 3～6，热溶液，PAN 作指示剂
		Co^{2+}、Mo^{6+}	用 Cu^{2+} 回滴过量 EDTA，pH 值 4～5，热溶液，用 PAN 作指示剂
$P_2O_7^{4-}$	Fe^{3+}、Cr^{3+}	Co^{2+}	于酸性溶液中，加 $Na_4P_2O_7$，用氨水调至 pH 值 8，加 NH_4SCN，50％丙酮，直接滴定
SO_4^{2-}	Ba^{2+}（沉淀）	Ca^{2+}	快速直接滴定，pH 值 12，3-羟基-4-（2-羟基-4-磺酸-1 萘偶氮）-2-萘甲酸
		Mn^{2+}、Zn^{2+}	直接滴定，pH 值 10，用铬红 B 作指示剂
	Pb^{2+}（沉淀）	Sn^{2+} 和/或 Sn^{4+}	于（1＋1）硫酸溶液中煮沸，并冷却，加过量 EDTA，用 NH_4OAc（乙酸铵）中个至 pH 值 2～2.5，加适量 $Bi(NO_3)_3$ 标准溶液，用 EDTA 滴定，以二甲酚橙作指示剂
	Th^{4+}	Bi^{3+}	直接滴定，pH 值 1.5～2.0，用硫脲作指示剂
		Fe^{3+}	pH 值在 1～1.5，用 N_2 驱除空气，加 $FeSO_4$，直接滴定，用二甲酚橙作指示剂
	Th^{4+}、Ti^{3+}	Zr^{4+}	用 Bi^{3+} 回滴过量 EDTA，pH 值 2，用硫脲作指示剂
S^{2-}	Fe^{3+} 少量其他重金属	Ca^{2+}、Mg^{2+}、Ca^{2+}＋Mg^{2+}	直接滴定，碱性溶液，用铬黑 T、紫脲酸铵等作指示剂
磺基水杨酸	Al^{3+}	Mn^{2+}	直接滴定，pH 值 10，加抗坏血酸，用铬黑 T 作指示剂
	Al^{3+}（少量）	Zn^{2+}	直接滴定，pH 值 10 用铬黑 T 作指示剂
酒石酸	Al^{3+}、Fe^{3+}、Ti^{4+}（少量）	Ca^{2+}	直接滴定，pH＞12，用钙黄绿素或其他钙指示剂或其他测定 Ca 的指示剂
	Nb^{5+}、Ta^{5+}、Ti^{4+}、W^{6+}	Mo^{5+}	以联氨煮沸将 Mo(Ⅵ)还原为 Mo^{6+}，直接滴定，pH 值 4.5～5，加入甲醇，Cu-PAN；或加过量 EDTA、酒石酸及联氨于溶液中，煮沸，中和至 pH 值 4～5，加甲醇（微量测定免加），用 Cu^{2+} 滴定，用 PAN 作指示剂
	Al^{3+}	Zn^{2+}	直接滴定，pH 值 5.2，二甲酚橙或 Cu-PAN 作指示剂
	Al^{3+}、Fe^{3+}	Ca^{2+}、Mn^{2+}	直接滴定，pH 值 10，Cu-PAN（测 Mn^{2+} 加抗坏血酸）作指示剂
	Nb^{5+}、Ta^{5+}	Zr^{4+}	用 Bi^{3+} 回滴过量 EDTA，用 HCl 调 pH 值 2～2.2，用硫脲作指示剂
	Sb^{3+}	Zn^{2+}	直接滴定，pH 值 6.4，用 NAS 作指示剂
	Sb^{3+}、Sn^{4+}、Zr^{4+}	Bi^{3+}	直接滴定，pH 值 1.5～2，用硫脲作指示剂
	Sb^{3+}、UO_2^{2+}	Cd^{2+}、Co^{2+}、Cu^{2+}、Ni^{2+}、Re^{3+}、Zn^{2+}	直接滴定，pH 值 5～6，热溶液，用 PAN 或 Cu-PAN 作指示剂
	Ti^{4+}	Ni^{2+}	直接滴定，氨性溶液，用紫脲酸铵作指示剂
		Mn^{2+}、Mg^{2+}、Zn^{2+}	直接滴定，pH 值 9～10，羟胺（测 Mn^{2+} 时代替以抗坏血酸），用铬黑 T 作指示剂
	UO_2^{2+}	Cd^{2+}、Co^{2+}、Ni^{2+}、Re^{3+}	直接滴定，pH 值 5.3～5.9，用 Cu-NAS 作指示剂
	W^{6+}	Cd^{2+}、Fe^{3+}、V^{5+}、Zn^{2+}	直接滴定，pH 值 3～6，热溶液，用 Cu-PAN 作指示剂
		Co^{2+}、Mo^{6+}	用 Cu^{2+} 回滴过量 EDTA，pH 值 4～5 热溶液，用 PAN 作指示剂
		Cu^{2+}	直接滴定，pH 值 5～6，用 NAS 作指示剂
		Cu^{2+}、Ni^{2+}	直接滴定，pH 值 3～4，热溶液，用 PAN 作指示剂
		Cu^{2+}＋Ni^{2+}＋Fe^{3+}	用 Cu^{2+} 回滴过量 EDTA，pH 值 3.5～3.8，热溶液，用 PAN 作指示剂
		Ti^{4+}	用 Cu^{2+} 回滴过量 EDTA，加几滴 30％ H_2O_2，pH 值在 4.5，NAS 作指示剂

掩蔽剂	被掩蔽离子	测定离子	测定方法、条件及指示剂
三乙醇胺（TEA）	Al^{3+}	In^{3+}	直接滴定，pH值10，加乙醇，铬黑T或邻苯二酚紫；或用Zn^{2+}回滴过量EDTA，条件及指示剂同样
		Mg^{2+}	直接滴定，pH值9～10，最好是冷溶液，用铬黑T作指示剂
		Mn^{2+}	置换测定，用$Mg(EDTA)^{2-}$，pH值10，羟胺，冷溶液（如果加KCN的话60℃），用铬黑T作指示剂
	Al^{3+}（少量）	Zn^{2+}	直接滴定，pH值10，用铬黑T作指示剂
	Al^{3+}、Cr^{3+} Fe^{3+}	Ca^{2+}	于酸性液中加TEA，再加入NH_4OH，加热，冷却，加过量EDTA，稀释溶液，用Ca^{2+}回滴，用百里酚酞配合剂或甲基百里酚蓝作指示剂
	Al^{3+}、Fe^{3+}	Ca^{2+}	直接滴定，碱性溶液，用Ca-PAN作指示剂
		Mn^{2+}	于酸性溶液中加TEA，然后NH_4OH，调至碱性，直接滴定，用百里酚酞配合剂
	Al^{3+}、Fe^{3+}和少量Mn^{2+}	Ni^{2+}	用Ca^{2+}回滴过量EDTA，碱性溶液，百里酚酞配合剂（掩蔽Fe^{3+}时，用所需1/3的EDTA于酸性溶液中，加TEA，用NaOH调为碱性，直至沉淀溶解，然后同前进行测定，如有Mn^{2+}存在，加羟胺）
	Al^{3+}、Fe^{3+}和少量Mn^{2+}[及Mg生成$Mg(OH)_2$沉淀]	Ca^{2+}	直接滴定，pH>12，用紫脲酸铵，钙黄绿素或其他作指示剂
	Al^{3+}、Fe^{3+}、Ti^{4+}和少量Mn^{2+}	Ni^{2+}	直接滴定，氨性溶液，用紫脲酸铵作指示剂
	Al^{3+}、Fe^{3+}、Sn^{4+}、Ti^{4+}	Ca^{2+}、Mg^{2+}、Mn^{2+}、Pb^{2+} Re^{3+}、Zn^{2+}	于酸性溶液中加TEA，调至碱性，缓冲至pH10，直接滴定，用铬黑T（测Mg^{2+}时加羟胺）作指示剂
	Fe^{3+}	Cr^{3+}、Ni^{2+}	于pH值1的溶液中加过量EDTA，煮沸用KOH调至碱性，用Ca^{2+}回滴，用钙黄绿素或百里酚酞配合剂
四亚乙基五胺	Cd^{2+}、Cu^{2+}、Hg^{2+}、Zn^{2+}、Cd^{2+}、Zn^{2+}	Mn^{2+}	直接滴定，pH值10，用铬黑T作指示剂
		Ba^{2+}	直接滴定，pH值12，用甲基百里酚蓝作指示剂
	Co^{2+}、Ni^{2+}	Mn^{2+}	直接滴定，pH值10，用邻甲酚酞配合剂（颜色变化不明显）作指示剂
	Hg^{2+}、Ni^{2+}、Zn^{2+}	Pb^{2+}	直接滴定，pH值12，NH_3，酒石酸，用甲基百里酚蓝作指示剂
硫卡巴肼	Cu^{2+}	Sn^{4+}	用Th^{4+}回滴过量EDTA，pH值2，用二甲酚橙作指示剂
SCN^-	Hg^{2+}	Bi^{3+}	直接滴定，pH值0.7～1.2，用甲基百里酚蓝作指示剂
氨基硫脲	Hg^{2+}	Bi^{3+}、Cd^{2+}、Pb^{2+}、Zn^{2+}	直接滴定，pH值1～2（对Bi^{3+}）或pH值5～6.5，用二甲酚橙作指示剂
		Cd^{2+}、Pb^{2+}、Zn^{2+}	直接滴定，pH值5，用PAN作指示剂
$S_2O_3^-$	Cu^{2+}	Cd^{2+}、Zn^{2+}	直接滴定，pH值5～6，用PAN作指示剂
		Ni^{2+}	直接滴定，pH值4，70℃，用PAN或加$Na_2S_2O_3$中性溶液中，加NH_4OAc-NaOAc溶液，pH值8.5～9，直接滴定，用紫脲酸铵作指示剂
		Pb^{2+}	于含有Pb^{2+}及Cu^{2+}的中性溶液中，加入$Na_2S_2O_3$，直至褪色，直接滴定，pH值5，用二甲酚橙作指示剂

续表

掩蔽剂	被掩蔽离子	测定离子	测定方法、条件及指示剂
硫脲	Cu^{2+}	Fe^{3+}	于微酸性溶液中,加一些 NH_4F(使 Fe^{3+} 免于与硫脲作用),然后加硫脲和过量 EDTA,中和至 pH 值 5~5.5,六亚甲基四胺,用 Pb^{2+} 回滴,用二甲酚橙作指示剂
		Ni^{2+}、Sn^{4+}	用 Th^{4+} 回滴过量 EDTA,pH 值 4~5(对 Ni^{2+}),用二甲酚橙作指示剂
		$Pb^{2+}+Sn^{4+}$	用 Pb^{2+} 回滴过量 EDTA,pH 值 6,用六亚甲基四胺、二甲酚橙作指示剂
	Cu^{2+}(及 Pt^{4+} 它的封闭某些指示剂)	Zn^{2+}	直接滴定,热溶液,pH 值 5~6,用 PAN 或 Cu-PAN;或 pH 值 5.2,二甲酚橙;或 pH 值 6.4,NAS;或 pH 值 6.5,六亚甲基四胺、铬红 B 等作指示剂
	Hg^{2+}		pH 值 5 时被掩蔽
Sn^{2+}	Fe^{3+}(还原)	Zr^{4+}	煮沸 1mol/L HCl 的试液,滴加 $SnCl_2$,在热溶液中直接滴定,用酸性茜素紫(又名搔洛铬紫 R)作指示剂
钛铁试剂	Al^{3+}	Zn^{2+}	直接滴定,pH 值 5.2,Cu-PAN(在热溶液中);或用二甲酚橙作指示剂
	Al^{3+}、Ti^{3+}	Mn^{2+}	用 Mn^{2+} 回滴过量 EDTA,pH 值 10。加抗坏血酸,用铬黑 T 作指示剂
三亚乙基四胺	Cu^{2+}、Hg^{2+}	Pb^{2+}	直接滴定,pH 值 5,用六亚甲基四胺、二甲酚橙作指示剂
	Hg^{2+}	Zn^{2+}	直接滴定,pH 值 5,用六亚甲基四胺、二甲酚橙作指示剂
2,3-二巯基丙磺酸钠	Bi^{3+}、Cd^{2+}、Hg^{2+}、Pb^{2+}、Sn^{2+}、Zn^{2+}	Ba^{2+}、Sr^{2+}	直接滴定,pH 值 11,用邻甲酚酞配合剂作指示剂
		Mg^{2+}、$Ca^{2+}+Mg^{2+}$	直接滴定 pH 值 10,用铬黑 T 作指示剂
	Bi^{3+}、Cd^{2+}、Pb^{2+}、Sn^{2+}、Zn^{2+}	Mn^{2+}、Ni^{2+}	直接滴定 pH 值 10,用铬黑 T(测 Mn^{2+} 时加羟胺和三乙醇胺)作指示剂
动力学掩蔽	Cd^{2+}、Co^{2+}、Cr^{3+}、Hg^{2+}、Mn^{2+}、Pb^{2+}、Tl^{4+}、Mn^{2+}	Ni^{2+}	加过量 EDTA,于约 pH 值 2 的试液中,调至 pH 值 2,用水浸冷,用 Bi^{3+} 回滴,邻苯二酚紫;作指示剂。方法基于在 5℃ 时 Bi^{3+} 从 Ni-EDTA 配合物中取代的速度变慢
	Cr^{3+}	Co^{2+}、Cu^{2+}、Ni^{2+}	直接滴定,pH 值 5.5~6.5,(对 Co^{2+});或 pH 值 6.5~6.8,OAc 缓冲,冷却液,NAS 指示剂(测 Co^{2+} 和 Ni^{2+} 时加 Cu-EDTA)
		Fe^{3+} $Fe^{3+}+Ni^{2+}$	用 Pb^{2+} 回滴过量 EDTA,pH 值 5~6,六亚甲基四胺,冷溶液,用二甲酚橙作指示剂
抗坏血酸+CN^-	CN^- 组离子 Fe^{3+}	Ba^{2+}、Ca^{2+}、$Ca^{2+}+Mn^{2+}$、In^{3+}、Mg^{2+}、Mn^{2+}、Pb^{2+}、Re^{3+}、Sr^{2+}	参看本表 CN^- 掩蔽剂;直接滴定,pH 值 8~10,铬黑 T 指示剂;或用 $Mg(EDTA)^{2-}$ 或 $Mn(EDTA)^{2-}$ 置换滴定
抗坏血酸+CN^-+I^-+F^-+$S_2O_3^{2-}$	CN^- 组离子 Al^{3+}、Cu^{2+}、Fe^{3+}	Mn^{2+}	直接滴定,pH 值 10,50~60℃,用铬黑 T 作指示剂
抗坏血酸+CN^-+二乙基二硫代氨基甲酸盐+I^-	CN^- 组离子 Cu^{2+}、Fe^{3+}、Pb^{2+}	Mn^{2+}	直接滴定,pH 值 10,用铬黑 T 作指示剂
抗坏血酸+CN^-+I^-	CN^- 组离子 Cu^{2+}、Fe^{3+}	$Al^{3+}+Mn^{2+}+Pb^{2+}$	Mn^{2+} 回滴过量 EDTA,pH 值 10,用铬黑 T 作指示剂

掩蔽剂	被掩蔽离子	测定离子	测定方法、条件及指示剂
抗坏血酸＋CN⁻＋I⁻＋磺基水杨酸	CN⁻组离子 Al^{3+}、Cu^{2+}、Fe^{3+}	Mn^{2+}	直接滴定，pH 值 10，用铬黑 T 作指示剂
抗坏血酸＋CN⁻＋钛铁试剂	CN⁻组离子 Fe^{3+}、少量 Al^{3+}、Ti^{4+}	Mn^{2+}、Pb^{2+}	抗坏血酸加于酸性溶液中，中和至 pH 值 10，加 KCN，然后加过量 EDTA，加热至颜色变浅，加 NH_3 缓冲剂（pH 值＝10）及钛铁试剂，用 Mg^{2+} 回滴，用铬黑 T 作指示剂
抗坏血酸＋I⁻	Cu^{2+}（沉淀为 CuI）	Mn^{2+}	用 $S_2O_3^{2-}$ 消除 I_2 的颜色，直接滴定，pH 值 10，用铬黑 T 作指示剂
抗坏血酸＋I⁻ 或 SCN⁻	Cu^{2+}（沉淀为 CuI 或 CuSCN）	Zn^{2+}	直接滴定，pH 值 6，六亚甲基四胺，二甲酚橙作指示剂
抗坏血酸＋硫脲	Cu^{2+}［还原为 Cu（I）-硫脲配合物］	Pb^{2+}、Zn^{2+}	直接滴定，pH 值 5.5，用 PAN 作指示剂
BAL＋CN⁻	Cd^{2+}、Co^{2+}、Cu^{2+}、Hg^{2+}、Ni^{2+}、Zn^{2+}、少量 Bi^{3+}、Fe^{3+}、Pb^{2+}	Sc^{3+}	直接滴定，苹果酸盐，NH_3 缓冲剂，pH 值 8，70℃，用铬黑 T 作指示剂
BAL＋OH⁻＋三乙醇胺	Al^{3+}、Bi^{3+}、Fe^{3+}、Pb^{2+}、Mh^{2+} 及某些其他离子	Ca^{2+}	直接滴定，pH 值＞12，用紫脲酸铵作指示剂
Ba-EDTA＋SO_4^{2+}	Ba^{2+}、Ca^{2+}	Mg^{2+}	于含 Ba^{2+}、Ca^{2+} 中性溶液中加入过量 Ba-EDTA 配合物，再加 pH 值 10 缓冲液及 Na_2SO_4（$BaSO_4$＋Ca-EDTA）直接滴定，用铬黑 T 作指示剂
Cl⁻＋F⁻	Fe^{3+}	Zn^{2+}	直接滴定，pH 值 6.5，六亚甲基四烷，铬红 B 作指示剂
	Sn^{4+}	Cu^{2+}、Ni^{2+}、Zn^{2+}	直接滴定，pH 值 4（对 Cu^{2+}）或 pH 值 6，NAS（测 Ni^{2+} 和 Zn^{2+} 时加 Cu-EDTA）作指示剂
Cl⁻＋OH⁻	Bi^{3+}（沉淀为 BiOCl）	Cd^{2+}、Zn^{2+}	用 Mg^{2+} 回滴过量 EDTA，pH 值 10，用铬黑 T 作指示剂
		Pb^{2+}	加 $Mg(EDTA)^{2-}$，它使 $Pb(OH)_2$ 溶解而不溶解 BiOCl，用 EDTA 滴定释放出来的 Mg^{2+}，pH 值 10，用铬黑 T 作指示剂
CN⁻＋F⁻	Al^{3+}、Cd^{2+}、Ti^{4+}、Zn^{2+}	Mn^{2+}	直接滴定，加羟胺，pH 值 10，用铬黑 T 作指示剂
	Al^{3+}、Cu^{2+}、Hg^{2+}、Ni^{2+} 和少量 Co^{2+}	Zn^{2+}	于酸性溶液中加入 F⁻，用 NH_3 调为弱碱性，加 KCN 至沉淀溶解，然后加二甲酚橙或甲基百里酚蓝为指示剂，加 HCl 至溶液呈黄色，调至 pH 值为 6，以 OAC 为缓冲液，直接滴定
CN⁻＋F⁻＋三乙醇胺	CN⁻组离子 Al^{3+}、Ca^{2+}、Mg^{2+}	Mn^{2+}	加三乙醇胺于酸性溶液中，用氨水调至碱性，加 F⁻ 和羟胺，调 pH 值 10～10.5，加 KCN 直接滴定，用百里酚酞配合剂
CN⁻＋Fe（CN）$_6^{4-}$＋三乙醇胺	CN⁻组离子 Al^{3+} 和少量 Mn^{2+}	Ca^{2+}＋Mg^{2+}	直接滴定，pH 值 10，用铬黑 T 作指示剂
CN⁻＋OH⁻＋三乙醇胺	CN⁻组离子 Al^{3+}、Mg^{2+}、Mn^{2+}、Pb^{2+}、Sn^{2+}、Sn^{4+}	Ca^{2+}	加三乙醇胺，于酸性溶液中，用 NaOH 中和 pH 值 12，加 KCN，直接滴定，用紫脲酸铵或其他测定 Ca^{2+} 的指示剂
CN⁻＋NH_2OH	CN⁻组离子 Re^{4+}	In^{3+}	直接滴定，pH 值 8～10，加酒石酸盐，沸溶液，用铬黑 T 作指示剂

掩蔽剂	被掩蔽离子	测定离子	测定方法、条件及指示剂
CN^-＋三乙醇胺	CN^-组离子 Al^{3+}	In^{3+}	直接滴定,pH 值 10,加乙醇,用铬黑 T 或邻苯二酚紫作指示剂
		Mn^{2+}	加三乙醇胺于酸性溶液中,直接滴定,或用 $Mg(EDTA)^{2-}$ 置换滴定,pH 值 10,加有羟胺,60℃,铬黑 T;或直接滴定;pH 值 10,用百里酚酞配合剂
	CN^- 组离子少量 Al^{3+}	Pb^{2+}	用 $Mg(EDTA)^{2-}$,置换滴定,pH 值 10,加有酒石酸盐,用铬黑 T 或甲基百里酚蓝作指示剂
CN^-＋钛铁试剂	CN^-组离子 Al^{3+}、Ti^{4+}	Mg^{2+}	用 Mg^{2+} 回滴过量 EDTA,pH 值 10,用铬黑 T 作指示剂
F^-＋草酸	Sb^{3+}、Sn^{4+}	Sn^{2+}	直接滴定,pH 值 5.5～6,加吡啶和 OAc^-,用甲基百里酚蓝作指示剂
F^-＋SO_4^{2-}	Ba^{2+} 及其他可为 F^-配合的离子	Zn^{2+}	将锌钡白试样溶于 $HCl-H_2SO_4$ 中(→$BaSO_4$ 沉淀),加 F^-中和至 pH 值 10,直接滴定,用铬黑 T 作指示剂
F^-＋$S_2O_3^{2-}$	Al^{3+}、Ce^{3+}、Cu^{2+}、Fe^{3+}、Hg^{2+}、Re^{3+}、Th^{4+}、Ti^{4+}、Zr^{4+}	Zn^{2+}	直接滴定,pH 值 5.1,用水杨醛乙酰腙作指示剂
	Cu^{2+}、Fe^{3+}(若加酒石酸还有 W^{6+})	Ni^{2+}	用 Cu^{2+} 回滴过量 EDTA,pH 值 3.5～3.8,加甲醇,80℃,用 PAN 作指示剂
F^-＋酒石酸	Al^{3+}、Ce^{3+}、Nb^{5+}、Re^{3+}、Ta^{5+}、Th^{4+}、Ti^{4+}、U^{4+}、W^{6+}	Mo^{5+}	煮沸溶液,用 N_2H_4 将 Mo(Ⅵ)还原为 Mo(Ⅴ),直接滴定,pH 值 4.5～5,加甲醇,Cu-PAN;或用 Cu^{2+} 回滴过量 EDTA(在还原步骤以前加入),用 PAN 作指示剂
	Fe^{3+}、W^{6+}	Cu^{2+}、Ni^{2+}	用 Cu^{2+} 回滴过量 EDTA,pH 值 3.5～3.8,加甲醇,80℃,用 PAN 作指示剂
	Nb^{5+}、Ta^{5+}、Ti^{4+}、W^{6+}、微量 Fe^{3+}	Co^{2+}	用 Cu^{2+} 回滴过量 EDTA,pH 值 4,加抗坏血酸,加甲醇,70℃,用 PAN 作指示剂
F^-＋三乙醇胺	Al^{3+}、Ca^{2+}、Mg^{2+}、Mn^{2+}、少量 Fe^{3+}	Zn^{2+}	直接滴定,pH 值 10,用铬黑 T 作指示剂
巯基乙酸＋三乙醇胺	Al^{3+}、Cu^{2+}、Fe^{3+}(可能还有 Cd^{2+}、Pb^{2+}、Zn^{2+})	Mn^{2+}、Ni^{2+}	于酸性溶液中,加入巯基乙酸及三乙醇胺,然后加 KOH 至 Fe^{3+} 的红色消失,加稀过量 EDTA,放置 3～5min,时而搅拌,用水稀释浅蓝色,用 Ca^{2+} 回滴,用百里酚酞配合剂或钙黄绿素测 Mn^{2+} 时,起初在酸性溶液中加抗坏血酸
S^{2+}＋OH^-	Mg^{2+}、Mn^{2+}	Ca^{2+}	于中性溶液中,加 Na_2S＋NaOH,放置 3～5min,直接滴定,用适当的指示剂
SO_4^{2-}＋硫脲	Pb^{2+} 和少量 Cu^{2+}	Sn^{2+} 和/或 Sn^{4+}	将试样溶于(1+1)硫酸中,煮沸,冷却,用 NH_4OAc 中和至 pH 值 2～2.5,加过量 EDTA 和适量硫脲,放置几分钟,加一些 $Bi(NO_3)_3$,用 EDTA 滴定,以二甲酚橙为指示剂
酒石酸＋$S_2O_3^{2-}$	Cu^{2+}、W^{6+}	Ni^{2+}	直接滴定,pH 值 4,70℃,用 PAN 作指示剂
酒石酸＋三乙醇胺	Al^{3+}、Fe^{3+}、Ti^{4+}	Ca^{2+}、Mg^{2+}	直接滴定,pH 值 10,用铬黑 T 作指示剂

六、某些配位离子的不稳定常数

某些配位离子的不稳定常数见表 10-5。

表 10-5　某些配位离子的不稳定常数

配位离子的化学式	不稳定常数（K）	K 的数值
$[HgCl_4]^{2-}$	$K=[Hg^{2+}][Cl^-]^4/[HgCl_4^{2-}]$	6×10^{-17}
$[CuCl_2]^-$	$K=[Cu^{2+}][Cl^-]^2/[CuCl_2^-]$	3×10^{-6}
$[AuCl_4]^-$	$K=[Au^{3+}][Cl^-]^4/[AuCl_4^-]$	5×10^{-22}
$[HgBr_4]^{2-}$	$K=[Hg^{2+}][Br^-]^4/[HgBr_4^{2-}]$	2.2×10^{-22}
$[HgI_4]^{2-}$	$K=[Hg^{2+}][I^-]^4/[HgI_4^{2-}]$	5.3×10^{-31}
$[CdI_4]^{2-}$	$K=[Cd^{2+}][I^-]^4/[CdI_4^{2-}]$	5×10^{-7}
$[AlF_6]^{3-}$	$K=[Al^{3+}][F^-]^6/[AlF_6^{3-}]$	2×10^{-24}
$[Ag(CN)_2]^-$	$K=[Ag^+][CN^-]^2/[Ag(CN)_2^-]$	1.0×10^{-21}
$[Co(CN)_4]^{2-}$	$K=[Co^{2+}][CN^-]^4/[Co(CN)_4^{2-}]$	8×10^{-20}
$[Au(CN)_2]^-$	$K=[Au^+][CN^-]^2/[Au(CN)_2^-]$	5×10^{-30}
$[Cd(CN)_4]^{2-}$	$K=[Cd^{2+}][CN^-]^4/[Cd(CN)_4^{2-}]$	1.4×10^{-17}
$[Cu(CN)_4]^{3-}$	$K=[Cu^+][CN^-]^4/[Cu(CN)_4^{3-}]$	5×10^{-28}
$[Hg(CN)_4]^{2-}$	$K=[Hg^{2+}][CN^-]^4/[Hg(CN)_4^{2-}]$	4×10^{-41}
$[Fe(CN)_6]^{3-}$	$K=[Fe^{3+}][CN^-]^6/[Fe(CN)_6^{3-}]$	5×10^{-44}
$[Fe(CN)_6]^{4-}$	$K=[Fe^{2+}][CN^-]^6/[Fe(CN)_6^{4-}]$	5×10^{-37}
$[Zn(CN)_4]^{2-}$	$K=[Zn^{2+}][CN^-]^4/[Zn(CN)_4^{2-}]$	2×10^{-17}
$[Ni(CN)_4]^{2-}$	$K=[Ni^{2+}][CN^-]^4/[Ni(CN)_4^{2-}]$	3×10^{-16}
$[Au(CNS)_4]^-$	$K=[Au^{3+}][CNS^-]^4/[Au(CNS)_4^-]$	3×10^{-33}
$[Hg(CNS)_4]^{2-}$	$K=[Hg^{2+}][CNS^-]^4/[Hg(CNS)_4^{2-}]$	1.0×10^{-22}
$[Ag(NH_3)_2]^+$	$K=[Ag^+][NH_3]^2/[Ag(NH_3)_2^+]$	6.8×10^{-8}
$[Cd(NH_3)_6]^{2+}$	$K=[Cd^{2+}][NH_3]^6/[Cd(NH_3)_6^{2+}]$	1.0×10^{-7}
$[Co(NH_3)_6]^{2+}$	$K=[Co^{2+}][NH_3]^6/[Co(NH_3)_6^{2+}]$	1.25×10^{-5}
$[Co(NH_3)_6]^{3+}$	$K=[Co^{3+}][NH_3]^6/[Co(NH_3)_6^{3+}]$	6×10^{-36}
$[Cu(NH_3)_4]^{2+}$	$K=[Cu^{2+}][NH_3]^4/[Cu(NH_3)_4^{2+}]$	4.6×10^{-14}
$[Ni(NH_3)_4]^{2+}$	$K=[Ni^{2+}][NH_3]^4/[Ni(NH_3)_4^{2+}]$	4.8×10^{-8}
$[Zn(NH_3)_4]^{2+}$	$K=[Zn^{2+}][NH_3]^4/[Zn(NH_3)_4^{2+}]$	2.6×10^{-10}
$[Ag(S_2O_3)]^-$	$K=[Ag^+][S_2O_3^{2-}]/[Ag(S_2O_3)^-]$	1.0×10^{-13}
$[Cd(S_2O_3)_4]^{6-}$	$K=[Cd^{2+}][S_2O_3^{2-}]^4/[Cd(S_2O_3)_4^{6-}]$	4.0×10^{-8}
$[Zn(C_2O_4)_3]^{4-}$	$K=[Zn^{2+}][C_2O_4^{2-}]^3/[Cd(S_2O_3)_4^{4-}]$	1.0×10^{-9}
$[Fe(C_2O_4)_3]^{3-}$	$K=[Fe^{3+}][C_2O_4^{2-}]^3/[Fe(S_2O_3)_3^{3-}]$	5×10^{-10}
$[Ag(NO_2)_2]^-$	$K=[Ag^+][NO_2^-]^2/[Ag(NO_2)_2^-]$	1.5×10^{-3}

第十一章 分析实验用特殊试剂

一、特殊试剂的简要概述

在分析实验室的实际工作中，时常会遇到因缺少某一种试剂而影响分析实验工作正常进行的情况。如鉴别一些离子（或化合物）的反应，往往需要特殊试剂。这些特殊试剂一时难以购置，还有可能购置到的市售商品较粗糙（粗制品），在纯度上满足不了分析实验之需。为了解决这一问题，实验员可以根据化验室的条件自行制取和配制一些特殊要求的试剂。

二、特殊试剂的制取

1. 焦锑酸氢钾（$K_2H_2Sb_2O_7 \cdot 6H_2O$）

称取等质量的酒石酸锑钾 $\left[K_2Sb_2(C_4H_2O_6)_2 \cdot \frac{1}{2}H_2O\right]$ 和硝酸钾的混合物于坩埚中煅烧。用热水淋滤煅烧过的物质，滤去不溶残渣，蒸发滤液。放置数天后由浓缩的液体中析出面糊状物，再加三倍量的水并以玻璃棒搅拌，这时面糊状物变为细粒粉末。将粉末滤出用热水洗至无碱性反应后，在滤纸上烘干即得。

2. 二苯氨基脲

将 7g 干燥的尿素与 20g 新蒸馏的苯肼一起在油浴中保持 155℃，回流加热 2h。然后冷却至室温，加入 100mL 乙醇，搅拌后，连同沉淀一起倒入烧杯中，再用 20mL 乙醇冲洗回流时用的烧瓶，与之合并。煮沸 15min 后，取下放置 30min，然后放在冷却剂中冷却，即有结晶析出，吸滤，用乙醛洗涤后，在空气中风干（注意本试剂易被氧化，不能露置空气中过久）。

3. 对硝基苯偶氮间苯二酚

称取 14g 对硝基苯胺与 25mL 的浓盐酸混合加热使之溶解后，用冰块冷却剂冷却到 0～5℃。用含 8.5g 亚硝酸钠的冷溶液使之重氮化，然后将生成的重氮化溶液在充分搅拌下慢慢加入含 10g 间苯二酚的 20mL 10％氢氧化钠溶液中（加入时一定要慢），加完后再继续搅拌 10～15min，过滤，干燥，以乙醇重结晶（应为暗红色）。

4. 罗丹明 B

市售的罗丹明 B（粉红染料）不太纯，可进一步精制。将商品粉红染料研细，加入稀氨水（1％～2％）浸渍数小时，然后用苯振荡抽提数次，合并数次抽提液，再与稀盐酸一起振荡，罗丹明 B 即溶于盐酸而成为盐酸盐。将酸抽提液用冷却剂冷却，罗丹明 B 的盐酸盐即结晶析出，吸滤干燥即得。

5. α-安息香酮肟

用 20mL 乙醇溶解 4g 盐酸羟胺，加入 2.2g 氢氧化钠，搅拌使之溶解，加入 5g 安息香酮（安息香酮的纯度必须要高，在制备前先用乙醇重结晶数次，否则生成的 α-安息香酮肟不能得到结晶，甚至可能呈半固态），在水浴上回流加热 1h，然后冷却，倒入冰水中，α-安息香酮肟即沉淀析出，用乙醚重结晶即得。

6. 黄原酸钾

先制备 50mL 氢氧化钾于 40℃ 时的乙醇饱和溶液。放冷至室温，将上层溶液倾出，慢慢把所得的溶液滴加在 10mL 纯的二硫化碳中。一定要慢加，并不停地搅拌，以免局部温度上升，加完后过滤，用 10mL 乙醚与 10mL 乙醇的混合液洗涤，并真空干燥。

7. 苯代胂酸

在一 25L 的铜容器内装入机械搅拌器，在其中放入 4L 水、2000g 无水碳酸钠、1000g 三氧化二砷及 45g 硫酸铜。把混合物用水冷却到 15℃，开动搅拌器，将依下面方法制备的溶液慢慢加入。在一 4L 烧杯中放入 186g 苯胺、400mL 浓盐酸、1L 水，然后加入足量的冰使总体积达到 3L，再用含 140g 亚硝酸钠的溶液使之重氮化。这样的溶液要加入 4 份，每加一份，要临时现配一份，在加入时要保持温度在 15℃，共需 3h，可另外在溶液中加入 10mL 苯，以防止泡沫生成。所有溶液加完后，继续搅拌 30min，过滤，将滤液蒸发浓缩到 5L，分次加入浓盐酸，这时就有胶黏物析出，滤去后，继续在滤液中加浓盐酸，一直加到滤液呈透明淡黄色，这时再多加浓盐酸，苯胂酸即沉淀析出，但要注意不可加酸过多。将混合物冷却过滤，用少量蒸馏水洗涤，以水重结晶。

8. 甲苯二硫酚

将 14.8g 3,4-甲苯二磺酸钠粉末与 21g 五氯化磷和 10mL 氯化磷酰共同回流加热 4h。将混合物倒在冰水中，即有沉淀析出，滤出后，以沸点 80～100℃ 的石油醚重结晶。将上述生成物 45g 与 350g 锡和 1000mL 浓盐酸煮沸 20min 使之还原，然后迅速把烧瓶及其内溶物冷却，加入 150mL 苯，立即在 40℃ 过滤。用苯将水溶液层抽提出，合并所有抽提液，于无水硫酸钠上干燥，蒸馏除去苯，真空蒸馏，收集 185～187℃/84mmHg 的馏分。

9. 1,2,5,8-四羟基蒽醌

慢慢地将 5g 干燥的茜素粉末加到 50g 发烟硫酸（含 SO_3 70％）中，要慢慢加，使温度不要上升过高，将混合物于 35～40℃ 放置 24～48h（也可以放置到取去一部分放在水中，加入 NaOH 使之呈碱性后成黄色溶液时为止）。然后加入 100g 浓硫酸，把混合物倒在冰中，析出沉淀。将生成的沉淀溶解在 NaOH 溶液中，用 H_2SO_4 酸化，应避免加酸过多，煮沸直到有沉淀生成，吸气过滤洗涤，升华以精制之，最后可用硝基苯进行重结晶。

10. 玫瑰红酸钠（或钾）

于一大坩埚中混合 10g 肌醇（环己六醇）及 25mL 浓硝酸，在水浴上保持 60℃ 加热 3h。然后用水稀释到 100mL，滤去不溶物，立即在其中加入饱和乙酸钠（或乙酸钾）溶液，直到溶液至呈显著的黄色，在溶液中通入空气即有灰紫色（钠盐）或灰绿色（钾盐）沉淀析出，过滤，用乙酸钠（或乙酸钾）溶液洗涤，再用 95％ 乙醇洗涤，真空干燥。

在分析实验中通常自己制备钾盐，且钾盐容易制得，产品量高，而在应用上没有和钠盐不同的地方，只是溶解度不同。

11. 茜素红 S

将 1 份茜素与 3 份发烟硫酸（20％ SO_3）于 100～150℃ 加热数小时，直到生成物能完全溶于水时为止。将所得的混合物倒入水中，并用氢氧化钙将溶液中和再加入碳酸钠使钙盐转

化为钠盐，滤去生成的碳酸钙，将溶液在水浴上蒸发至干。

12. 对二甲氨基偶氮苯代胂酸

溶解 22g 对氨基苯代胂酸于 200mL 盐酸中，加入计算量亚硝酸钠的溶液进行重氮化，然后加入 12g 二甲苯胺于 2mol/L 盐酸溶液中，于 0℃放置 1h 后，加入乙酸钠使对二甲基氨基偶氮苯代胂酸沉淀，滤出后，以热的 2mol/L 盐酸重结晶。

13. 碳酸镉

根据化学反应方程式，按化学计量关系称取一定质量的分析纯硝酸镉［$Cd(NO_3)_2$］和分析纯碳酸钠（Na_2CO_3），并将其分别配成溶液。

$$Cd(NO_3)_2 + Na_2CO_3 \Longrightarrow 2NaNO_3 + CdCO_3 \downarrow$$

然后将 Na_2CO_3 溶液慢慢地加到 $Cd(NO_3)_2$ 溶液中。边加边搅动，直至反应完全。将溶液过滤，并用水洗涤数次，然后晾干或烘干。

14. 硝酸马钱子碱

少量制法：取 10g 干燥的马钱子碱，加入 25mL 浓硝酸溶液中，加入 250mL 蒸馏水。装上回流冷凝器，煮沸（回流）30min，溶液即变为橙红色，冷却，结晶，吸滤，以冷蒸馏水 10mL 洗涤，再用 10mL 乙醇洗涤，放于真空干燥器中干燥。

量大一点制法：在大烧瓶中，加入 1000g 马钱子碱粉末，加入 50mL 浓硝酸，再加入 1L 蒸馏水，放置 4~5h 后装上回流冷凝器，加热回流 30min，趁热时过滤，以除去马钱子的残余物。此溶液即可用于定性分析。

15. 对二甲氨基亚苄罗丹宁

在一 500mL 圆底烧瓶中，加入以冰醋酸再结晶的罗丹宁 133g、二甲氨基苯甲醛 100g、冰醋酸 100mL，装上回流冷凝器，水浴加热 30min，颜色渐渐变为深血红色，同时亦有结晶析出，放冷后过滤。粗制品须用冰醋酸再结晶。

16. 2,4,6,2′,4′,6′-六硝基二苯胺

溶解 10g 二苯胺于 50mL 浓硫酸中，搅拌使其溶解（可稍微加热），然后于冷却剂冷至 5℃，慢慢滴加此溶液至 100mL 浓硝酸中，滴加时应注意搅拌均匀，此时反应激烈，有气体放出。放置至反应减弱，于沸腾水浴上加热至无红棕色气体放出为止。然后将反应物在搅拌下倒入 1000mL 冰水中，即有红棕色沉淀生成。吸滤，以 20mL 水洗涤两次，干燥后，溶解于热冰醋酸中，滤去不纯物，慢慢加入蒸馏水至溶液变为浑浊，即将容器放入冷却剂中冷却，过滤，以 15mL 乙醇洗涤，风干。

17. α-亚硝基-β-萘酚

在烧杯中溶解 20g β-萘酚于 200mL 5％的氢氧化钠溶液，再加入 10g 亚硝酸钠粉末。搅拌使其溶解，放于水盐混合冷却剂中冷却至 -5℃，慢慢滴加 30％（质量分数）稀硫酸约 60mL，温度始终要保持在 0℃以下。反应完成后，每加入硫酸即有大量氧化氮放出。再继续搅拌 30min 后，吸滤，以 10mL 冰水洗涤两次，尽量吸去水分（水分含量多少影响生成物的颜色），风干或真空干燥器中以硫酸干燥，必要时以石油醚再结晶。

18. N-亚硝基苯胲铵

在一锥形瓶上，安装一搅拌器，一通气器（通入液面之下）及一滴液漏斗。在瓶中溶解新制取的苯基羟胺 30g，于 300mL 的干燥乙醚中，如有不溶物，应立即滤去，开搅拌的同

时以冰盐冷却剂冷却至 0℃，并通入以氢氧化钠或氯化钙干燥的氨（速率约每秒三个气泡），通入氨 15min 后，开始自滴液漏斗滴下 40g 亚硝酸戊酯（用杂醇油的亚硝酸酯代替也可），但氨气仍须继续通入，此时温度应保持在 10℃ 以下，至亚硝酸戊酯完全加入后，即停氨气，但仍继续搅拌 10min，放置之，即有结晶析出，过滤，以 10mL 冷乙醚洗涤一次，放在瓷板上风干。

19. 4,4-双(二甲氨基)二苯甲烷

于烧瓶中混合 52g N,N-二甲苯胺、40mL 浓盐酸、200mL 甲醛溶液，装上回流冷凝器，沸腾 6h。放冷后慢慢以 30%氢氧化钠溶液（约 60～70mL）中和，以水蒸气蒸馏除去未反应的二甲苯胺至馏出物澄清为止，烧瓶内的剩余物放冷后即固化，过滤，以冷水 20mL 洗涤，再以热乙醇重结晶。

20. 苯基硫脲基乙酸

溶解 93g 新蒸馏的苯胺，于 150mL 乙醇中，加入 949g 一氯乙酸，76g 硫氰酸铵。装上回流冷凝器于水浴上加热 2h 取下，放冷后，吸滤，以 20mL 冷水洗涤两次，干燥，以热乙醇重结晶，并用骨炭脱色。

21. 水杨醛肟

溶解 30g 水杨醛于 120mL（2mol/L）的氢氧化钠溶液中，如冷时不能溶解，可加热促使溶解，然后加入 18g 盐酸羟胺，将容器装上回流冷凝器，于水浴上加热 30min，取下以冷水冷却，然后在激烈搅拌下，滴加冰醋酸使呈酸性。溶液呈酸性后，水杨醛肟即作油状析出，放置片刻后，即固化，过滤。以沸腾苯重结晶。

22. 8-羟基喹啉

于一干燥烧烧杯中，混合 50g 邻氨基酚、25g 邻硝基酚及 130g 无水甘油。将烧杯放在砂浴（或电热板）上加热至完全溶解，然后在搅拌下慢慢滴入 130g 浓硫酸（约在 45min 内加完），硫酸加入后溶液即逐渐变暗红色。如硫酸加入速度过快，则很容易使反应物炭化，加入时应格外小心，不应使甘油沸腾。硫酸完全加入后，仍需继续在砂浴上加热 45min。放冷后，小心加入 200mL 冰水，以水蒸气蒸去未反应的邻硝基酚。所余的溶液以固体碳酸钠使成盐（注意有二氧化碳放出，液体容易溢出），再以水蒸气蒸馏，8-羟基喹啉即随水蒸气馏出，而在冷凝管中固化，必要时将冷凝管中的水放出，产物即可熔融流出，过滤，以除去馏出物中的水，风干。

23. 铝试剂

制法（1）：将 1 质量份的水杨酸与 2 质量份的亚甲基二水杨酸混合搅拌，加入 15 份的浓硫酸，再加入 1 份的亚硝酸钠粉末。要在不停搅拌下加入，而且亚硝酸钠要一点一点地加入，以免温度过高。反应完了后，将生成的黏稠液体倒入冰水中，生成沉淀。吸滤，用水洗涤数次后，将其溶解在浓氨水中。将过滤后的溶液，放在蒸发皿上蒸到近干，然后真空干燥。

制法（2）：溶解 4g 亚硝酸钠于 44g 浓硫酸中，冷却到 10℃ 后，慢慢地加入 12g 水杨酸，每次加入一点，并尽量搅拌，并且要一直在冰水中冷却，保持 10～20℃，一直搅拌到完全溶解后，放在冰盐冷却剂中冷却到 3℃，于搅拌下滴加 37%甲醛溶液，温度必须保持不超过 5℃，加完后，把容器放在冰中冷却 1h。每隔 5min 搅拌一次，而后放置 20h，并一直维持低温，然后把生成物在搅拌下慢慢倒入 2L 冷蒸馏水中，放置 1h 后，吸滤。用水洗涤

三次，取出沉淀加入 1L 水、50mL（相对密度 1.19）的浓盐酸中，煮沸 2～3min，使生成的沉淀沉降 15min，再用倾泻法用水洗涤三次。研碎生成物，再与 1L 水和 50mL 浓盐酸煮沸一次，用水洗涤两次，最后将沉淀溶解于过量氨水，在水浴上蒸发到干。

24. 丁二酮肟

在一三口烧瓶上安装一回流冷凝器，一支温度计及一通气管（伸入液面之下），在烧瓶内放入 775mL 甲乙酮（以无水硫酸铜干燥并新蒸馏过），加入 40mL 浓盐酸，温度即上升至 40℃。此时自通气管通入亚硝酸乙酯（分别制两种溶液。溶液①：620g 亚硝酸钠溶于 210g 乙醇中，加水稀释至 2500mL。溶液②：440g 浓硫酸与 210g 乙醇混合，加水稀释至 2500mL。将溶液②滴入溶液①中即生成亚硝酸乙酯）。并保持温度在 40～55℃，待亚硝酸乙酯完全加入后，将反应物放置水浴上蒸馏至液体温度达 90℃。

在大烧杯中混合 500g 碎冰及 569g 亚硝酸钠，在搅拌下加入重亚硫酸钠的悬浮液 750mL（其中含有效二氧化硫 1100g，约合重亚硫酸钠 1775g）。然后自滴液漏斗加入 150mL 冰醋酸，加时将漏斗颈之下端伸入液面之下，并尽量搅拌，加完后，再加入 550mL 浓盐酸及 400g 碎冰的混合液。在未进行下面一步操作以前，此溶液应始终保持温度在 0℃ 以下，如温度有升高的倾向，可加入适量的冰块以降低之。溶液中如有不溶物应滤去之。将第一步操作中蒸馏所余的液体（溶液）加入此溶液中，加热至 70℃，并在搅拌下保持此溶液温度约数小时，即有结晶析出，放冷后过滤，以冷水洗涤至洗液不含硫酸根为止。

25. α,α′-联吡啶

将 850g 吡啶用无水氯化钙干燥一昼夜，倾出吡啶于一干燥烧瓶中，加入 10g 金属钠（小粒）。在室温下放置 48h，安装回流冷凝器在饱和硫酸钠溶液浴上加热 16h，温度在 114～115℃（但注意勿使溶液沸腾）。撤去回流冷凝器，另安一干燥的软木塞，塞上安装一玻璃管伸入液面以下，另一管则连接向下的冷凝器，烧瓶放在油浴上保持 90～100℃ 加热蒸馏。空气通入后，反应物逐渐氧化，从蓝绿色变为棕色，此时可升高温度，未反应的吡啶即被蒸馏出。待吡啶完全蒸出后，将内容物放冷，加入 50mL 乙醚。搅拌帮助溶解，再慢慢加入 15mL 水，将乙醚层分出。再以 50mL 乙醚抽提一次，将两次所得乙醚抽提液合并用氢氧化钾干燥。倾出液体于蒸馏烧瓶中，先在水浴上小心蒸去乙醚。再以直接热源加热，收集 270～310℃ 的馏出物。加入过量浓盐酸，放在水浴上蒸发至几乎干燥为止。再加等体积的乙醇，放冷后过滤，以 95% 乙醇 20mL 洗涤 3～4 次后干燥（所得者为盐酸盐）。

26. 荧光黄

混合 10g 邻苯二甲酸酐及 15g 间苯二酚，置于锥形瓶中于油浴上加热使其熔融，加入 7g 无水氯化锌，在加热的同时用玻璃棒搅拌，并应注意将升华在瓶壁上的邻苯二甲酸酐以玻璃棒移到反应物中，如此在 195～200℃ 加热至适当时候，反应物变稠而固化。放冷后加入 150mL 水及 10mL 浓盐酸，煮沸 10min 后过滤，以 5mL 乙醚洗涤，将沉淀放在烧杯中加入 30% 氢氧化钠溶液约 35mL，加热使其完全溶解（如尚有不溶物，再加入 5mL 氢氧化钠溶液），慢慢滴加（1+1）稀硫酸使呈酸性。在酸性溶液中荧光黄又复析出，过滤干燥，此产物即可作定性分析用。如必要再结晶时则将所得的产物以 60mL 乙醚抽提，加入 5mL 无水乙醇，然后在水浴上蒸去乙醚，荧光黄则析出，立即倒出置于瓷板上干燥。

27. 无还原性硫酸

实验室常用（1＋5）和（1＋29）无还原性硫酸。

首先按上述比例配制好稀硫酸溶液，然后置于烧杯中，加热至 70℃ 左右，滴加 0.1mol/L 的高锰酸钾溶液，至稀硫酸溶液呈微红色为止，冷却后即成。贮于细口瓶中备用。

28. 转化糖溶液

取 500g 蔗糖（$C_{12}H_{22}O_{11}$），加蒸馏水或去离子水 325mL，于水浴上加热，并不断地搅拌使其溶解。加热至 85℃ 时加入 0.1mol/L 的盐酸溶液 40mL，并继续于 85℃（水浴上）保温 1h。然后加入 0.1mol/L 氢氧化钠溶液 40mL。最后加入适量的活性炭，以脱掉溶液的颜色，并在水浴上放置 20min 以上，然后过滤。滤液稀释至 750mL，冷却即成。

29. 人造海水的制备

人造海水是为满足检测材料、产品零件与防蚀涂层抗腐蚀性能的实验需求，而配制的一种含有类似海水组成的多种盐的水溶液，其组成如表 11-1。

表 11-1　人造海水的组成

盐的名称	含　量	
	质量分数/%	质量浓度/(g/L)
NaCl	2.4	24.53
$MgCl_2$	0.52	—
Na_2SO_4	0.4	4.09
KCl	0.056	0.695
$CaCl_2$	0.10	1.16
KI	0.005	
$MgCl_2 \cdot 6H_2O$	—	11.11
KBr	—	0.101
$NaHCO_3$	—	0.201
H_3BO_3	—	0.027
$SrCl_2 \cdot 6H_2O$	—	0.042
NaF	—	0.003
合计	3.481	41.959

注：以上所用的盐，均为化学试剂的三级品（化学纯）。

三、特殊试剂溶液的配制

特殊试剂溶液的配制见表 11-2。

表 11-2　特殊试剂溶液的配制

试剂名称	配制方法	备注
0.1% 铝试剂	取 0.1g 铝试剂于 100mL 水中溶解，混匀	与 Al^{3+} 反应生成胶态分散的鲜红色染料
银试剂	称取 0.03g 二甲氨基苯亚甲基罗丹明色素溶于 100mL 丙酮中，混匀	该试剂与 Ag^+ 在酸性溶液中生成鲜艳的红紫色或红棕色的内配盐沉淀

续表

试剂名称	配制方法	备注
0.02％镉试剂	称取 0.02g 镉试剂,溶于 100mL 95％乙醇中,用 2mol/L 的 NaOH 溶液稀释至 1000mL,混匀	于碱性环境中,Cd^{2+} 与该试剂生成猩红色沉淀
铜铁试剂	将 6g N-亚硝基苯胲铵溶于 100mL 水中,混匀	现用现配,常用于分离元素
卡罗试剂	取数滴硝酸铋溶液,加入两倍量的硫代硫酸钠溶液及 15mL 乙醇混合	检查 K^+ 用
镁混合剂	溶解 50g 氯化镁($MgCl_2 \cdot 6H_2O$)及 100g 氯化铵于 500mL 水中,加氨水至稍微过量(呈碱性反应),若有沉淀生成,静置后过滤除去,再加盐酸呈酸性反应,稀释至 1L,保存于带磨口玻璃塞的玻璃瓶中	检验 AsO_4^{3-} 及 PO_4^{3-} 的试剂
10％硝酸试剂(硝酸灵)	取 10g $C_{20}H_{16}N_4$(1,4-二苯基-3-苯氨基-1H-1,2,4-三唑鎓内盐,即硝酸试剂)溶于 100mL 5％的乙酸中	NO_3^- 与该试剂生成特殊的针束状结晶
米伦试剂	溶解 1 份硝酸亚汞($HgNO_3 \cdot H_2O$)于 1 份相对密度 1.2 的硝酸中,或溶解 1 份汞于 2 份相对密度 1.42 的硝酸中,用 2 倍体积的水稀释之,静置后过滤	检验蛋白质的试剂
醛类试剂	①多伦试剂:分别溶解 3g 硝酸银于 30mL 水中,3g 氢氧化钠于 30mL 水中,使用前等体积混合,并滴加浓氨水至氢氧化银溶解为止 ②席夫试剂:溶解 0.2g 品红碱(玫瑰色素)或其盐类,于 100mL 热水中,加入 2g 亚硫酸氢钠,再加 2mL 浓盐酸,然后将溶液稀释到 200mL,贮存于密闭的瓶中	
纳氏试剂	称取 6g 氯化汞(准至 0.01g),置于瓷皿中,溶于 50mL 热水中,于搅拌下加入碘化钾溶液(7.4g 碘化钾溶于 50mL 水)冷却,倾去上层溶液,沉淀用水以倾泻法洗涤 3 次,每次用 30mL。于洗过的沉淀中加 5g 碘化钾和少量水,搅拌至沉淀不再溶解(此时只有少许沉淀未溶解)。加 20g 氢氧化钠于 50mL 水的溶液,冷却、稀释至 100mL,放置澄清后倾出澄清液,贮存于带胶塞的棕色瓶中 对氨灵敏度检验:取 0.005mg 氮(N),稀释至 100mL,加 2mL 纳氏试剂,其颜色深于空白的颜色	检验 NH_3 的试剂
格里斯试剂	①在加热下溶解 0.5g 对氨基苯磺酸于 50mL 50％的乙酸中,贮于暗处保存 ②将 0.4g α-萘胺与 100mL 水混合煮沸,在从蓝色渣滓中倾出的无色溶液中加 6mL 80％乙酸 使用前,将①、②两种溶液等体积混合	检验 NO_2^- 的试剂
伊林斯基试剂	将 1g α-亚硝基-β-萘酚溶于 1mL 2mol/L 的 NaOH 溶液(或溶于 50mL 50％乙酸)中。加热溶于 20mL 水中,过滤,将透明的滤液冲淡至 200mL	Co^{2+} 试剂,该试剂与钴离子作用形成红褐色内配盐沉淀
二苯胺	将 1g 二苯胺溶解于 100mL 相对密度 1.84 的硫酸中	VO_3^- 与该试剂生成深蓝色
打萨宗	将 0.01g 打萨宗溶解于 100mL 四氯化碳中	该试剂不稳定,用时现配
钒酸钠	将 100g 偏钒酸铵(NH_4VO_3)与 2mol/L 的 NaOH 溶液 200mL 共同加热煮沸。冷却加水冲淡至 1L	
辛可宁	将 1g 辛可宁于 100mL 水中,加浓硝酸数滴(切勿多加)微热使其溶解,冷却后再加碘化钾晶粒 2g	在酸性溶液中与 Bi^{3+} 生成橘红色沉淀

续表

试剂名称	配制方法	备注
桑色素	通常配制成三种浓度的溶液:① 0.01％的醇溶液;② 2％的醇溶液;③ 20％乙醇饱和溶液	检验 Bi^{3+} 等离子的试剂
生物碱试剂	将 2g 碘化钾及 0.56g 氯化汞于 40mL 水中溶解(或 1.4g 碘化汞及 5g 碘化钾于 100mL 水中溶解)	
联苯胺	将 0.1g 联苯胺于 10mL 冰醋酸中溶解,然后加水稀释至 100mL	检验 Mn^{2+}、Cu^{2+} 等离子的试剂
二苯氨基脲	将 1g 二苯氨基脲于 100mL 95％乙醇中溶解,混匀。有效时间不超过两星期	检验 Hg^{2+} 等离子的试剂
α-安息香酮肟	将 2g α-安息香酮肟溶于 100mL 95％乙醇中	检验 Cu^{2+} 的试剂,也用于分离元素
试亚铁灵	将 1.485g 化学纯 1,10-邻菲啰啉($C_{12}H_8N_2 \cdot H_2O$)与 0.695g 化学纯硫酸亚铁($FeSO_4 \cdot 7H_2O$)溶于水中,并稀释至 100mL,混匀	铬酸钾法耗氧量测定
还原性酚酞	于 100mL 圆底烧瓶内,放入 2g 酚酞、10g 氢氧化钠、5g 锌粉和 20mL 水。安装回流冷凝器,煮沸回流 2h,放冷后,过滤,用水将溶液稀释至 50mL。此试剂保存于暗处,防止空气氧化	检定 Mn^{2+} 用
秋加也夫试剂	将 10g 丁二酮肟溶解在 1000mL 95％的乙醇中(也可以使用丁二酮肟的 1％的氢氧化铵或氢氧化钠溶液)	Ni^{2+} 试剂,该试剂在氨性环境中与 Ni^{2+} 生成特殊的鲜红色内配盐沉淀
奈斯勒试剂	方法①:取 3.5g KI 和 1.3g $HgCl_2$ 溶解于 70mL 水中,然后加入 50mL 4mol/L 的 NaOH(或 KOH)溶液,必要时过滤,并保存于密闭玻璃瓶中 方法②:溶解 11.5g HgI_2 及 10g KI,于适量水中(切勿加水过多),然后加水稀释至 50mL,静置后,必要时过滤,取澄清溶液而弃去沉淀,贮于棕色瓶中	NH_4^+ 试剂,该试剂作用于 NH_4^+ 时,析出黄色或红棕色沉淀
酒石酸-钼酸铵	将 5g 钼酸铵溶解于 100mL 冷水中,将溶液加入 35mL HNO_3(相对密度 1.2)内,在所得溶液中溶解 20g 酒石酸	鉴定 PO_4^{3-} 用
钒酸-钼酸铵显色剂	① 钼酸铵 10g 溶于热至 50～60℃的 100mL 水中。 ② 钒酸铵 0.3g 溶于 50mL 水中加入 50mL HNO_3(相对密度 1.42) 分别配好上述两种溶液,并待稍冷后,于搅拌下将① 溶液徐徐注入② 溶液中,混匀后在加 HNO_3(相对密度 1.42)18mL,摇匀。溶液若浑浊,用时需过滤	比色测磷用
柠檬酸-钼酸钠	① 将 54g MoO_3(或 64g 钼酸)加入预先加热至 70～80℃的 300～400mL 水中,再加 11g 氢氧化钠加热搅拌至溶解,若溶解不完再加入少量的氢氧化钠,冷却过滤 ② 溶解 120g 柠檬酸于 300～400mL 水中,加入盐酸 140mL 在搅拌下将①溶液加入②溶液中,并用水稀释至 1000mL,贮于棕色瓶中	磷钼酸喹啉法测定磷用
塔那纳也夫试剂	将 18g $Co(NO_3)_2 \cdot 6H_2O$ 与 6g $AgNO_3$ 溶于 50mL 蒸馏水中,溶解后加入 60g $NaNO_2$,再使其全部溶解,然后用移液管取 25mL(1L 中含有 253g HNO_3)滴于其内,混匀过滤于 200mL 量筒稀释至 195mL 刻度。贮于棕色瓶中	沉淀钾用。用该试剂沉淀钾进行定量分析时 Cl^- 有干扰
8-羟基喹啉试剂	将 2.5g 8-羟基喹啉溶于 100mL 6％的乙酸中	经常用于分离元素

续表

试剂名称	配制方法	备注
钼酸铵沉淀剂	将150g钼酸铵$[(NH_4)_6Mo_7O_{24}\cdot4H_2O]$加热溶解于1000mL水中,在不断搅拌下逐渐倾入1000mL相对密度为1.20的HNO_3中(但不可将HNO_3倒入溶液内),这时最初生成钼酸的白色沉淀,继续溶解于溶液,再加150g硝酸铵,放置一星期,过滤(如有沉淀时过滤)	容量法测定磷用
$[KI+SnCl_2+Cd(NO_3)_2]$混合试剂	使碘化钾与二氯化锡二者的浓溶液相混合,搅拌后生成白色丝状结晶,其组成为$KSnI_3$,在此结晶上加入数滴浓的硝酸镉溶液,直到结晶完全溶解为止	检定Pb^{2+}用
硫氰酸汞铵试剂$[(NH_4)_2Hg(SCN)_4]$	将8g氯化汞和9g硫氰酸铵(NH_4SCN)溶于100mL水中	Cu^{2+}及Zn^{2+}的检定试剂
硝酸银的氨溶液	将1.7g硝酸银、25g硝酸钾和17mL浓氨水溶于水中,然后稀释至1000mL	鉴定Cl^-用
硝酸马钱子碱	将硝酸马钱子碱固体物,溶于水中,制成饱和溶液	与Sn^{2+}作用生成茄紫色
施维采尔试剂(铜氨试剂)	将10g硫酸铜$(CuSO_4\cdot5H_2O)$溶于100mL水中,加入氢氧化钠溶液至氢氧化铜完全沉淀为止。将沉淀滤出,用水洗涤数次,至无硫酸盐反应为止(用氯化钡溶液检查)。将沉淀物氢氧化铜溶解于最小量25%的氨水中	测定纤维素的试剂
0.05%对硝基苯偶氮间苯二酚	将50mg对硝基苯偶氮间苯二酚溶于100mL 2mol/L的NaOH溶液中	Mg^{2+}试剂,Mg^{2+}与该试剂作用生成天蓝色沉淀
亚硝酸铜铅钠$[Na_2PbCu(NO_2)_6]$	将2g不含钾盐的亚硝酸钠、0.9g的乙酸铜$[Cu(CH_3COO)_2\cdot H_2O]$及1.6g乙酸铅$[Pb(CH_3COO)_2\cdot3H_2O]$溶解在15mL蒸馏水中(预先加过0.2mL 30%乙酸酸化为酸性)。溶液必须时常更换,保存在磨口塞的玻璃瓶中	K^+试剂
亚硝酸钴钠$[Na_3Co(NO_2)_6]$	将23g亚硝酸钠溶于50mL水中,加入6mol/L乙酸16.5mL及3g硝酸钴$[Co(NO_3)_2\cdot6H_2O]$静置过夜,必要时过滤,取其溶液应用,贮于棕色瓶中,有效期不超过四星期	
1%亚硝酰铁氰化钠	将1g亚硝酰铁氰化钠$[Na_2Fe(CN)_5NO]$溶于100mL水中	
乙酸铀酰锌	将10g乙酸铀酰$[UO_2(CH_3COO)_3\cdot2H_2O]$于15mL 30%的乙酸中,加水稀释至100mL,加热搅拌使其溶解,为溶液A。另称取30g乙酸锌$[Zn(CH_3COO)_2\cdot3H_2O]$于15mL 30%的乙酸中,加热搅拌,待溶解后,加水稀释至100mL,为溶液B。再将此两种溶液加热至70℃后混合,静置24h,贮于棕色瓶中	检验Na^+的试剂。该试剂与Na^+作用时生成浅黄绿色沉淀析出
溴水(Br_2+H_2O)	于带有良好的磨口玻璃塞的瓶内,将约50g(16mL)溴注入1000mL水中。在2h之内时剧烈振荡,每次振荡之后微开塞子,使积聚的溴蒸气放出,在贮存瓶底总有过量的溴,将溴水倒入试剂瓶时,剩余的溴应当留于贮存瓶中,而不倒入试剂瓶,倾倒溴和溴水时要在通风橱中进行	为了操作时防止溴蒸气的灼伤,应将凡士林(油)涂于手上
氯水(Cl_2+H_2O)	通氯气入水中至饱和为止(氯气通常借助盐酸与二氧化锰作用或酸与漂白粉作用来制备)	用时临时现制备

续表

试剂名称	配制方法	备注
碘液(I_2+H_2O)	将 1.3g 碘和 5g 的碘化钾溶解于尽可能少量的水中,待碘完全溶解后(充分搅动),再加水稀释至 1000mL,如此所配成的碘液其浓度约为 0.01mol/L	
酒石酸-苯胺	将 20g 酒石酸溶于 500mL 水中,加入重新蒸馏过的 8mL(约 8g)苯胺,不断进行搅拌,然后用乙醇稀释至 1000mL	该试剂沉淀钾用
0.1%品红	将 0.1g 品红溶于 100mL 水中	SO_3^{2-} 试剂
茜素 S(茜素红)	将茜素 S 溶于乙醇中,配制成饱和溶液	Al^{3+}、Th^{4+} 试剂
罗丹明 B	将 0.01g 罗丹明 B 溶于 100mL 水中	Sb^{3+}、Ga^{3+}、WO_4^{2-} 等试剂
茜素 S-锆	将 0.1g 硝酸氧锆溶解在 20mL 浓盐酸中,将溶液稀释至 100mL,注入 100mL 的 0.1%茜素 S 溶液内	F^- 试剂
茜素紫红	将 0.05g 茜素紫红溶解于 100mL 0.1mol/L 的氢氧化钠溶液中	检定 Mg^{2+}、Be^{2+} 用
达旦黄(钛黄)	将 1g 达旦黄溶于 100mL 水中	检定 Mg^{2+} 用
次碘酸盐	于 0.1mol/L 的碘化钾溶液中逐滴加入 1mol/L 氢氧化钾(或 NaOH)溶液,直至碘溶液颜色褪去(注意碱液切勿过量)	检定 Mg^{2+} 用试剂,用时现配
玫瑰红酸钠	将 2mg 玫瑰红酸钠溶于 1mL 水中	检定 Sr^{2+} 用试剂(临用时制备)
二苯氨基脲	将 2g 二苯氨基脲溶于 10g 冰醋酸中并加入 90%的乙醇稀释至 200mL	检定 Cr^{3+} 用
二氨基联苯	将 0.05g 二氨基联苯(或其盐酸盐)溶于 10mL 乙酸中,加水稀释至 100mL,过滤	检定 Mn^{2+} 用
二硫代二乙酰胺	将 0.5g 二硫代二乙酰胺溶于 100mL 95%的乙醇中饱和(易于失效,临用时现配)	检定 Ni^{2+}、Cu^{2+} 用
对苯二酚(碱性溶液)	将 1 小勺对苯二酚溶解于 8 滴水及 2 滴 40%氢氧化钾溶液中的混合物(有效时间 24h)	检定 Ag^+ 用
甲基紫	将 0.06g 甲基紫溶解在 5～10mL 乙醇中,加水到 100mL,再加 1 滴浓盐酸(相对密度 1.19),也可用紫墨水配制,把 50mL 紫墨水用蒸馏水稀释到 100mL,加 1 滴浓盐酸即可	检定 Zn^{2+} 用
4,4'-双(二甲氨基)二苯甲烷	将 0.05g 4,4'-双(二甲氨基)二苯甲烷溶于 10mL 冰醋酸中,溶解后,用水稀释至 100mL	检定 Zn^{2+}、Hg^+ (临用新配制)
$KBrI_4$ 溶液	于 1g 氧化铋中加 5g 饱和碘化钾溶液,振荡并加热至沸,然后徐徐地加入至少 25mL 冰醋酸,当加热时生成鲜橙色的溶液	检定 Ag^+、Cs^+、Pb^{2+} 等用
卤化银悬浊液	将等体积的 0.1mol/L 硝酸银溶液与 0.01mol/L 氯化钠、溴化钠、碘化钾、硫氰酸钾(或氰化钾)的溶液混合而制得	检定 Hg^{2+} 用(临用新配制)
水杨醛肟	将 1g 水杨醛肟溶于 5mL 95%的乙醇溶液中,待溶解完全后,将此溶液逐滴加入 95mL 30℃温水中,边加边搅拌直至溶液变清,必要时过滤	检定 Cu^{2+} 用

续表

试剂名称	配制方法	备注
硫脲	将 10g 硫脲溶于 90mL 1mol/L 的 HNO_3 溶液中	检定 Bi^{3+} 用
CsCl＋KI	将等体积饱和的 CsCl（或 $CsNO_3$）与饱和的 KI 溶液混合	检定 Bi^{3+} 用
碘-碘化物溶液	于 1mL 0.1mol/L 碘化物溶液（每升含 12.7g 碘和 40g 碘化钾）中，加淀粉糊液直至得到最深的蓝色，此时再加数毫升过量。用水稀释至 100mL	检定 Sn^{2+} 用
甲苯二硫酚	将 0.2g 甲苯二硫酚溶于 100mL 1％氢氧化钠溶液中，再加入 0.5mL 10％的硫代羟基乙酸（有效期 15 天）	检定 Sn^{2+} 用
品红-亚硫酸溶液	将 1g 品红（$C_{20}H_{20}N_3Cl \cdot 4H_2O$）溶于 1000mL 水中，加入亚硫酸（或 Na_2SO_3＋HCl）至溶液褪色为止	检定溴用
亚铅酸钠	向少量苛性钠溶液中加入硝酸铅溶液至溶液呈中性反应，用倾泻法洗涤所析出的氢氧化铅，并把它溶解在 20％的苛性钠溶液中，溶后再加入容积与溶解沉淀时所耗体积相等的苛性钠溶液	检定 S^{2-} 用
硫化铵[$(NH_4)_2S$]	用硫化氢饱和一定体积的氨水，此时得到 NH_4HS 溶液，将此溶液通入等体积的氨水即得到硫化铵	
锑酸二氢钾（KH_2SbO_4）	将 22g 锑酸二氢钾（KH_2SbO_4）或焦锑酸钾（$K_2H_2Sb_2O_7 \cdot H_2O$）11g，溶解在 1000mL 水中，然后将混合物加热煮沸 3～5min，以使盐全部溶解。将溶液迅速冷却，加入 35mL 6mol/L 氢氧化钾溶液。放置到第二天过滤	该试剂本身为黄色
Na_2SnO_2 亚锡酸钠溶液	将 0.5mol/L 的氯化亚锡溶液滴于试管中，再一滴一滴地加入 2mol/L 氢氧化钠溶液，同时震动试管，至生成白色沉淀溶解为止，然后再多加 3 滴氢氧化钠溶液	用于鉴定 Bi^{3+} 使用时现配制
NaClO 次氯酸钠溶液	于 30mL 1mol/L 的氢氧化钠溶液中，通入氯气，直至饱和（应当同时冷却），取此试剂，滴于红色石蕊试纸上，在漂白之前应显蓝色。否则应滴加 2mol/L 氢氧化钠溶液至略呈碱性为止	
（$NH_4)_2S_x$ 多硫化铵溶液	将纯的硫黄加入无色的硫化铵溶液中，不断搅拌直至饱和为止。过滤	该试剂本身为黄色
徐伯溶液	取 25g 碘及 8g 碘化钾溶于 500mL 95％的乙醇中。取 30g 氯化汞溶于 500mL 95％的乙醇中。上述两种溶液使用前以等体积混合，静置 12h 后，再使用（在 48h 内此溶液有效）	用于测碘值
莫列尔试剂	取 150mL 0.1％的品红（碱性）水溶液，置于 1.5L 并有磨口塞的茶色玻璃瓶中，加入 100mL 新配 $NaHSO_3$ 溶液（相对密度 1.3）摇匀后，加入 1L 蒸馏水，再徐徐地加入 15mL 浓 H_2SO_4（相对密度 1.84），混匀，静置 10～12h。待溶液完全褪色	检查醛类。此溶液与醛类作用呈玫瑰紫红色
波鲁埃克托夫试剂	将 10g 2,3-二硝基苯胺与 100mL 1mol/L 碳酸钠溶液加热煮沸，稀释至 1L，冷却后过滤	该试剂与 K^+ 作用生成微细结晶状橘红色沉淀

第十二章 溶剂萃取分离

选用适宜的溶剂将指定物质从混合物中提取和分离出来的操作过程，称为溶剂萃取分离。这里的混合物可以是固体，也可以是液体。

与化学分析中使用的其他分离手段如沉淀法、离子交换法、汞阴极电解法等相比，溶剂萃取法具有简单、快速、分离效果好、应用广泛的优点，而且没有共沉淀和吸附损失的顾虑。在很多场合下，分离和测定可以并作一步（所谓萃取比色法），如乙醚钼蓝法测定磷、钽试剂氯仿萃取比色法测定钢中钒、钛等。溶剂萃取的过程，可以使被测定物质得到富集，并且结合应用各种灵敏的配合萃取（显色）剂，采用分光光度法测定，使溶剂萃取的手段更进一步适用于微量元素的测定。

溶剂萃取在无机分析中主要用于元素的分离和富集；在有机物的分离中，利用"相似相溶"原理进行萃取分离。萃取分离法的缺点是采用手工操作时工作量较大，而且使用的萃取溶剂常是易挥发、易燃和有毒的，因而使其应用受到一定的局限。那么，用作萃取溶剂的物质密度要适当，毒性要低，还要有一定的化学稳定性。

一、萃取分离法的基本原理

所谓萃取，就是把一种物质用有机溶剂（与水不相混溶的）从水溶液中提取出来的过程。萃取的实质是某种物质在两相（一般是水相和有机相）之间分配的过程。

1. 分配系数

物质在水相中和在有机相中有一定的溶解度。当被萃取的物质 A 同时接触到两种互不相溶的溶剂（一般为水和某种有机溶剂）时，将按不同的溶解度分配在两种溶剂中。当达到平衡时，物质 A 在两相中的平衡浓度 $[A]_有$ 和 $[A]_水$ 的比值称为分配系数，用 K_D 表示：

$$K_D = [A]_有 / [A]_水$$

K_D 在一定温度下是常数，不因浓度而改变。同一溶质在确定的两种溶剂中的分配系数是一个常数，也就是所谓分配定律。

对不同的溶质或不同溶剂，K_D 的数值不同。分配系数与溶质和溶剂的特性、温度等因素有关。分配系数大就是指溶质分配在有机溶剂中的量多，也就是说在有机相中的浓度大，而在水中的浓度小。利用这一特性可将该溶质自水相萃取到有机相中，从而达到分离的目的。例如：I_2 在 CCl_4 和 H_2O 中的分配系数为 85，此值说明可用 CCl_4 萃取水相中的 I_2，当溶有 I_2 的水相与 CCl_4 溶液混合时，绝大部分的 I_2 进入到 CCl_4 有机相中，从而使 I_2 与水相中的其他杂质分离。

$$K_D = [I_2]_{CCl_4} / [I_2]_{H_2O} = 85$$

这就是溶剂萃取的基本原理。

2. 分配比

分配系数仅适用于被萃取溶质在两种溶剂中存在形式相同的情况下。如用 CCl_4 萃取水

中的 I_2，I_2 在两相中存在的形式是相同的。若溶质在水相和有机相中有多种存在形式或萃取过程中发生离解、缔合等反应，分配定律就不适用了。为此引入分配比的概念。当被萃取溶质 A 在两相中的分配达到平衡后，若将其在有机相中各种存在形式的总浓度用 $c_{A,有}$ 表示，而在水相中各种存在形式的浓度用 $c_{A,水}$ 表示，则此时 A 在两种溶液中总浓度的比值就称为分配比，用 D 表示：

$$D = c_{A,有}/c_{A,水} =$$
$$\{[A_1]_有 + [A_2]_有 + \cdots + [A_n]_有\}/\{[A_1]_水 + [A_2]_水 + \cdots + [A_n]_水\}$$

所谓分配比大，就是指被萃取的各种溶质在有机相中的量多，也就是在有机相中的浓度大，而在水相中浓度小。

如果溶质在两相中仅存在一种形态，则分配系数 K_D 与分配比 D 相等。

$$K_D = D$$

但在实际工作中，常发生副反应，因此 K_D 和 D 值常常是不一样的。

3. 萃取率

在实际工作中，所希望了解的是萃取过程的完全程度，也就是萃取的效率。常用萃取率（E）表示，即：

$$E = (物质 A 在有机相中的总量/物质 A 的总量) \times 100\%$$

萃取率表示物质萃取到有机相中的比例。溶质 A 的水溶液用有机溶剂萃取，如已知水溶液的体积为 $V_水$，有机溶剂体积为 $V_有$，$c_{A,有} V_有$ 为溶质 A 在有机相中的总量；$c_{A,水} V_水$ 为溶质 A 在水相中的总量。则：

$$E = \frac{c_{A,有} V_有}{c_{A,有} V_有 + c_{A,水} V_水} \times 100\%$$

上式中分子与分母同时除以 $(cA)_水 \cdot V_有$ 得：

$$E = \frac{c_{A,有}/c_{A,水}}{c_{A,有}/c_{A,水} + V_水/V_有} \times 100\%$$

因为 $$D = c_{A,有}/c_{A,水}$$

所以 $$E = [D/(D + V_水/V_有)] \times 100\%$$

由上式可见，萃取率由分配比 D 和体积比决定。即分配比越大，体积比越小，则萃取率越高。设用等体积的溶剂进行萃取，取 $V_水 = V_有$，此时萃取率为：

$$E = [D/(D+1)] \times 100\%$$

若分配比 $D=1$，则萃取一次的萃取率为 50%。若要求萃取一次后的萃取率大于 90%，则分配比 D 必须大于 9。当分配比不高时，一次萃取不能满足分离或测定的要求，常常采用分次加入溶剂，多次连续萃取的方法来提高萃取率。

4. 分离因数

为了达到分离的目的，不但萃取效率要高，而且还要考虑共存组分间的分离效果要好。分离效果一般用分离因数 β 来表示。β 是两种不同组分 A 和 B 分配比的比值：

$$\beta = D_A/D_B$$

上式表明，D_A 和 D_B 相差越大，分离效率越高。

二、金属离子萃取体系的分类

欲将水溶液中的金属离子萃取到有机相中，首要的条件是使金属离子与某种有机化合物

（萃取剂）结合，形成可溶于有机溶剂的金属有机化合物（萃合物）。根据金属离子与有机物结合的方式，可将萃取体系分为两大类：

① 加入螯合剂（多齿配体），使金属离子与螯合剂形成具有环状结构的配合物（螯合物），从而可以溶解于有机溶剂中，被萃取。如钽试剂（N-苯甲酰基苯基羟胺）与钒（+5价）形成的螯合物和双硫腙与锌（Zn^{2+}）的螯合物（→为配位键）。

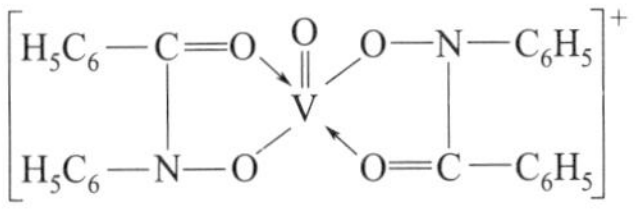

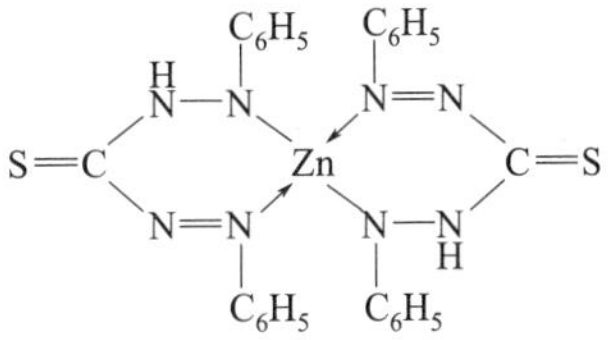

$$\left[\begin{array}{c}H_5C_6-C=O\quad O\quad O-N-C_6H_5 \\ \Big/\quad\Big\Vert\quad\Big\backslash \\ V \\ H_5C_6-N-O\quad\quad O=C-C_6H_5\end{array}\right]^+$$

② 水相中的金属配合离子与萃取剂离子以静电引力作用结合成不带电的离子缔合物，从而可以被萃入有机相。例如用乙醚从盐酸溶液中萃取铁时，所形成的离子缔合物为：

$$\left[(C_2H_5)_2OH\right]^+ \cdot \left[FeCl_4\right]^-$$

在亚甲基蓝-二氯乙烷萃取硼时，所形成的离子缔合物为

$$\left[(CH_3)_2N\!\!-\!\!\text{（亚甲基蓝环）}\!\!-\!\!N(CH_2)\right]^+ \cdot [BF_4]^-$$

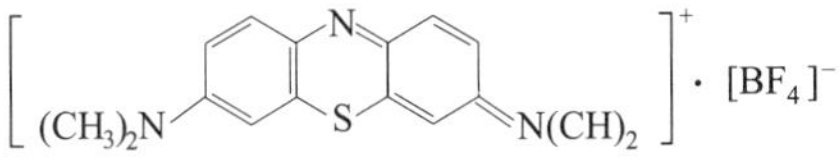

表 12-1 为萃取体系分类表，列举了许多常用的萃取剂，可供参考。

表 12-1　萃取体系分类表

分类		萃取剂		应用举例
		名称	结构式	
一、螯合物体系	1. 生成四元环	二乙基二硫代氨基甲酸钠（DDTC-Na，又称铜试剂）	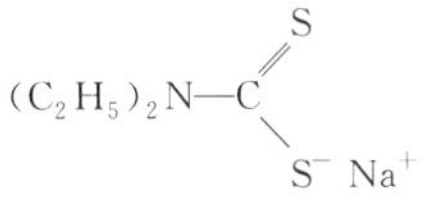 $(C_2H_5)_2N-C\overset{S}{\underset{S^-\,Na^+}{<}}$	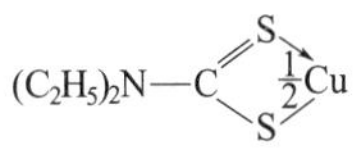 $(C_2H_5)_2N-C\overset{S}{\underset{S}{<}}\tfrac{1}{2}Cu$
		乙基黄原酸钾	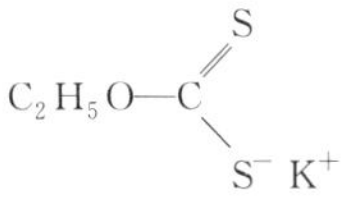 $C_2H_5O-C\overset{S}{\underset{S^-\,K^+}{<}}$	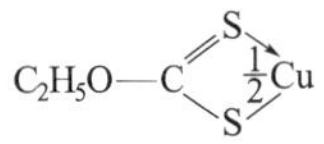 $C_2H_5O-C\overset{S}{\underset{S}{<}}\tfrac{1}{2}Cu$
	2. 生成五元环	N-苯甲酰苯基羟胺（钽试剂，BPHA）	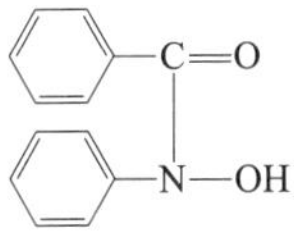 （苯环）$C=O$ ， （苯环）$N-OH$	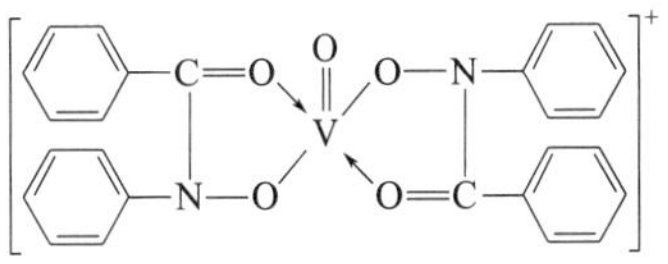 $\left[\begin{array}{c}\text{（苯环）}C=O\quad O\quad O-N\text{（苯环）} \\ V \\ \text{（苯环）}N-O\quad\quad O=C\text{（苯环）}\end{array}\right]^+$
		铜铁试剂（N-亚硝基苯胲铵）	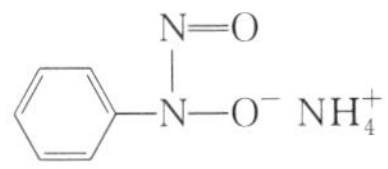 （苯环）$N\overset{N=O}{\underset{O^-\,NH_4^+}{<}}$	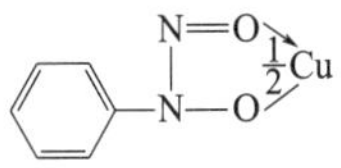 （苯环）$N\overset{N=O}{\underset{N-O}{<}}\tfrac{1}{2}Cu$
		二甲基乙二肟	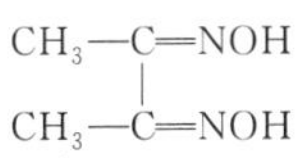 $CH_3-C=NOH$ ， $CH_3-C=NOH$	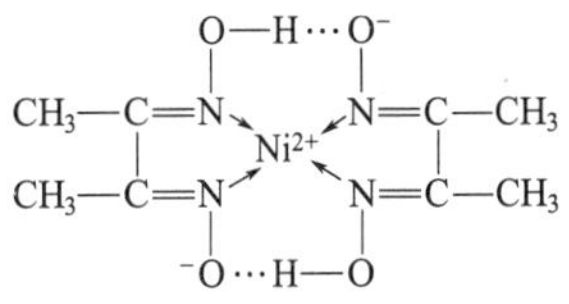 $\begin{array}{c}CH_3-C=N\quad N=C-CH_3 \\ Ni^{2+} \\ CH_3-C=N\quad N=C-CH_3\end{array}$

分类	萃取剂		应用举例
	名称	结构式	
一、整合物体系	2.生成五元环	联糠酰二肟	
		8-羟基喹啉（oxine）	
		α-安息香肟	
		3，4-二巯基甲苯	
	3.生成六元环	乙酰丙酮	
		噻吩甲酰三氟丙酮（TTA）	
		桑色素	
		1-亚硝基-2-萘酚	

续表

分类		萃取剂		应用举例
		名称	结构式	
一、螯合物体系	3.生成六元环	水杨醛肟		
		双硫腙		
		醌茜素		
	4.生成八元环	1-(2-吡啶偶氮)-2-萘酚 (PAN)		
二、离子缔合物体系	1.金属离子处在离子对的阴离子中	乙醚(甲基异丁酮、异丙醚、乙酸戊酯等含氧有机溶剂与乙醚类似)	$(C_2H_5)_2O$	$[(C_2H_5)_2OH]^+ \cdot [FeCl_4]^-$
		磷酸三丁酯 (TBP)	$(C_4H_9O)_3P{=}O$	$[TBP\text{-}H]^+ \cdot [FeCl_4]^-$
		氯化三正丁基铵	$(C_4H_9)_3NHCl$	$[(C_4H_9)_3NH]^+ \cdot [PtCl_6]^-$ $[(C_4H_9)_3NH]^+ \cdot [Fe(SCN)_6]^{3-}$
		氯化四苯砷	$(C_6H_5)_4AsCl$	$[(C_6H_5)_4As]^+ \cdot \{BF_4\}^-$ $[(C_6H_5)_4As]^+ \cdot MnO_4^-$
		亚甲基蓝		
		亚硝基 R 盐		

分类		萃取剂		应用举例
		名称	结构式	
二、离子缔合物体系	2.金属离子处在离子对的阳离子中	磷酸三丁酯（TBP）	加氯化三正丁基铵	$[Fe(TBP)_3]^{3+} \cdot 3SCN^-$ $[La(TBP)_3]^{3+} \cdot 3NO_3^-$
		1,10-邻菲啰啉	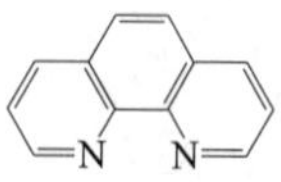	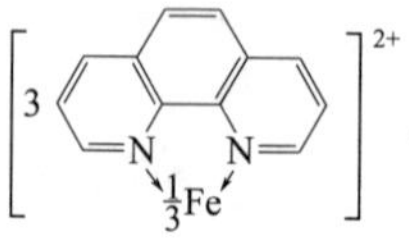 $\left[3 \underset{\frac{1}{3}Fe}{}\right]^{2+} \cdot 2ClO_4^-$
		α,α'-联吡啶	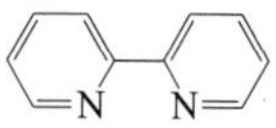	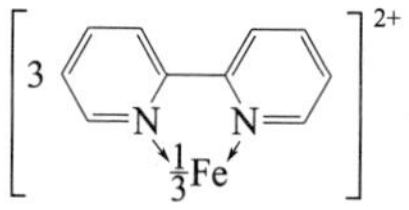 $\left[3 \underset{\frac{1}{3}Fe}{}\right]^{2+} \cdot 2RSO_3^-$
		乙醚	$(C_2H_5)_2O$	$\{UO_2[(C_2H_5)_2O]_2\}^{2+} \cdot 2NO_3^-$
		正三辛基膦氧（TOPO）	$(C_8O_{17})_2P{\rightarrow}O$	$\{Fe[(C_8O_{17})_2P{\rightarrow}O]_2\}^{3+} \cdot 3Cl^-$

根据有机物在体系中的作用，可以分为三种情况：

① 有机物既是萃取剂，也是有机溶剂。例如乙醚作为萃取剂与被萃取金属配合离子形成离子缔合物，同时也作为该体系的有机溶剂，将缔合物溶解于其中。

② 有机物是萃取剂，可以同时用作有机溶剂，也可另外加入其他有机溶剂。如乙酰丙酮作为萃取剂与被萃取金属离子形成螯合物，同时乙酰丙酮可作为该体系的有机溶剂溶解螯合物，也可以加入其他有机溶剂溶解螯合物。

③ 有机物仅作为萃取剂，需要加入其他有机物作为溶剂。例如钽试剂与钒、钛形成螯合物，双硫腙与锌形成螯合物，都需要使用氯仿等其他有机物作为溶剂。

三、从盐酸（即氯化物）溶液中的萃取

在钢铁分析中，萃取分离铁是经常的课题，通常都是从盐酸溶液中用含氧的有机溶剂萃取，以乙醚萃取为例可以说明这类萃取的机理。

于盐酸溶液中，乙醚可以发生如下反应。

$$\begin{matrix} C_2H_5 \\ \quad\quad O \\ C_2H_5 \end{matrix} + HCl = \left[\begin{matrix} C_2H_5 \\ \quad\quad O{-}H \\ C_2H_5 \end{matrix}\right]^+ Cl^-$$

生成的 $\left[\begin{matrix} C_2H_5 \\ \quad\quad O{-}H \\ C_2H_5 \end{matrix}\right]^+$ 可以称为乙醚的"锌"离子［锌字是仿 NH_3（氨）$+ H^+ \longrightarrow NH_4^+$（铵）而来的］。

同时，三价铁离子与氯离子生成配合阴离子：

$$Fe^{3+} + 4Cl^- \Longrightarrow [FeCl_4]^-$$

$[FeCl_4]^-$ 与乙醚镁离子结合，即生成中性的离子缔合物（镁盐）$[(C_2H_5)_2OH]^+ \cdot [FeCl_4]^-$，易溶于乙醚而被萃取。

镁盐只有在高酸度的条件下才能生成。对于不同的元素来说，形成镁盐所要求的酸度不同；对同一元素来说，在不同酸度下的萃取率也不同。此外，不同的含氧溶剂构成镁盐的能力不同，一般顺序为：

$$R_2O(醚) < ROH(高级醇) < RCOOR(酯) < RCOR(酮)$$

例如从 $6mol/L$ 盐酸中用乙醚萃取铁，萃取率约 99.3%，相当于 $D = 100$；而使用甲基异丁酮萃取，萃取率达 99.95%，相当于 $D = 20000$（D 为分配系数）。

表 12-2 列出一些常用的萃取剂萃取铁时，盐酸浓度对萃取率的影响。

表 12-2　盐酸浓度对萃取率的影响

盐酸浓度/ (mol/L)	使用不同萃取剂时的萃取率/%					
	乙醚	二异丙醚	甲基异丁酮	乙酸戊酯	甲基异丁酮与乙酸戊酯(2:1)混合	磷酸三丁酯
1				0.003	0.2	79.1
2	1	0	25	0.08		99.3
3	17.8	0.4	77	1		99.942
4	81.5	12.4	98.4	13.8	94.4	99.988
5	<96	80.9	99.8	62.9	99	99.9972
5.5			99.3		99.60	
6	99.3	98.1	99.95		99.87	99.9982
7	97.8	99.5	99.98	98.9	99.98	99.9985
8	87	99.8	约99	99.83	99.98	99.9986
9	约45	94		99.933	99.99	99.9987
10				99.9697	99.91	99.999
11				99.980		99.99925

表 12-2 所示的萃取剂中，乙醚应用最早，但有一些缺点，如沸点低、易燃、萃取酸度范围窄、在酸中溶解度大等。二异丙醚须在较高酸度下萃取，但萃取率比乙醚高约 10%，且在水相中溶解度小。甲基异丁酮应用范围广，不仅萃取率高，且沸点高、与水相分离快（但有时会形成乳状液，据说与乙酸戊酯混用可克服此弊病）。乙酸戊酯萃取能力介于乙醚与甲基异丁酮之间。选择溶剂时当然也应考虑成本和来源，以及回收处理的难易等。

萃取铁时其他元素被萃取的情况，可参见表 12-3 和表 12-4。

用乙醚和甲基异丁酮从盐酸溶液中萃取时对各元素的萃取率见表 12-3。

表 12-3　用乙醚和甲基异丁酮从盐酸溶液中萃取时对各元素的萃取率

元素	乙醚从 6mol/L HCl 中萃取的萃取率/%	甲基异丁酮从 7mol/L HCl 中萃取的萃取率/%	元素	乙醚从 6mol/L HCl 中萃取的萃取率/%	甲基异丁酮从 7mol/L HCl 中萃取的萃取率/%
Fe(Ⅲ)	99	99.996	W(Ⅵ)	0	20[②]
Cr(Ⅵ)		98.1[①]	Al(Ⅲ)	0	0
Cr(Ⅲ)	0	0	B		0
Mo(Ⅵ)	76～90	96	Co	0	2～3
V(Ⅴ)	微量	约 81	Sb(Ⅲ)	6	69.2
Cu(Ⅱ)	0.05	4	Sb(Ⅴ)	81	＞99[②]
Ni(Ⅱ)	0	约 1	As(Ⅲ)	68	约 88
Mn(Ⅱ)	0	0.7	As(Ⅴ)	2～4	约 3.5
Re	0	0	Zr	0	0
Ti	0	0	Sn(Ⅳ)	17	93

① Cr(Ⅵ)不能完全萃取与 Cr(Ⅵ)被 HCl 还原为 Cr(Ⅲ)有关。

② 采用甲基异丁酮与乙酸戊酯（2∶1）混合溶剂萃取数据。

用甲基异丁酮从盐酸溶液中萃取时，对各元素的适宜 HCl 浓度和萃取率见表 12-4。

表 12-4　用甲基异丁酮从盐酸溶液中萃取时对各元素的适宜 HCl 浓度和萃取率

元素	适宜的 HCl 浓度 /(mol/L)	萃取率 /%	元素	适宜的 HCl 浓度 /(mol/L)	萃取率 /%
Fe(Ⅲ)	5.5～8	99.9	Se(Ⅳ)	8.5	99
Sb(Ⅴ)	8	100	Te(Ⅳ)	7.5～8	96
Sb(Ⅲ)	3～7	68	Ge(Ⅳ)	8	98
Sn(Ⅳ)	8	99	Cr(Ⅵ)	6	82
As(Ⅲ)	8	91	V(Ⅴ)	8	87
As(Ⅴ)	3～8	25	Mo(Ⅵ)	8	95

四、其他萃取体系

1. 碘化物的萃取

一些金属的碘化物在酸性溶液中可被乙醚、甲基异丁酮、环己酮、正丁醇等有机溶剂萃取。表 12-5 是从含碘化钾的硫酸溶液中用甲基异丁酮萃取金属碘化物的萃取率。

表 12-5　用甲基异丁酮萃取金属碘化物的萃取率

元素	KI 溶液浓度/(mol/L)	H_2SO_4 溶液浓度/(mol/L)	萃取率/%
Cu	0.25～0.5	6～8	99.7
Bi	0.25～0.5	6～8	99.9
Cd	0.5～3	4 以上	99.9

续表

元素	KI 溶液浓度/(mol/L)	H₂SO₄ 溶液浓度/(mol/L)	萃取率/%
Sb(Ⅲ)	0.25～0.5	1～6	99.4
Te(Ⅳ)	0.25～2.5	0.5～3	99.4
Pb	0.6	2	93.9

2. 硫氰酸盐的萃取

许多元素能与硫氰酸盐生成可被萃取的有色配合物。如：

配合物颜色	元素
黄色的	U(Ⅵ)、Bi、Nb、Re
玫瑰色的	Ru(Ⅲ)
红-紫红色的	Fe、Mo、W
蓝色的	Co

萃取剂可选择乙醚、甲基异丁酮、戊醇、乙酸丁酯、TBP 等。表 12-6 和表 12-7 分别为用乙醚和甲基异丁酮萃取时的萃取率。

表 12-6　用乙醚萃取硫氰酸盐的萃取率

元素	NH₄SCN 溶液浓度/(mol/L)	HCl 溶液浓度/(mol/L)	萃取率/%
Co(Ⅱ)	7	0.5	75.2
Fe(Ⅲ)	1	0.5	88.9
Mo(Ⅴ)	1	0.5	99.3
Sn(Ⅵ)	3 以上	0.5	99.9
Zn	3	0.5	97.4
Ti(Ⅲ)	3	0.5	84

此外 W、Nb、V 也能被部分萃取。稀土、Zr、Fe(Ⅱ) 及 Mn(Ⅱ) 等不被萃取；硫氰酸铵溶液浓度大时，Al 也能部分被萃取，例如 7mol/L 时可萃取 48.9%（3mol/L 时仅 1.1%）。

表 12-7　用甲基异丁酮萃取硫氰酸盐的萃取率

元素	NH₄SCN 溶液浓度/(mol/L)	HCl 溶液浓度/(mol/L)	萃取率/%
Co	＞4	＞0.5	99.9
Mo(Ⅴ)(硫酸联氨还原)	0.5～3	1～6	99.9
Fe(Ⅲ)	＞4	0.1	99.0
W(Ⅵ)	＞2	＞2	99.2
W(Ⅴ)	0.5～7	1～3	99.9
V(Ⅳ)	7	0～3	77.7
V(Ⅲ)	7	0.3	96.7
Ti(Ⅳ)	＞4	2～3	94.6
Ti(Ⅲ)	0.3	7	95.8

3. 用二乙基二硫代氨基甲酸钠（DDTC-Na）的萃取

许多元素能与 DDTC-Na 生成难溶于水而易溶于有机溶剂的配合物（表 12-8）。

表 12-8　用 DDTC-Na/有机溶剂可萃取的元素

Li	Be											B	C	N	O	F
Na	Mg											Al	Si	P	S	Cl
K	Ca	Sc	Ti	V	Cr	Mn	Fe	Co	Ni	Cu	Zn	Ga	Ge	As	Se	Br
Rb	Sc	Y	Zr	Nb	Mo	Tc	Ru	Rh	Pd	Ag	Cd	In	Sn	Sb	Te	I
Cs	Ba	La	Hf	Ta	W	Re	Os	Ir	Pt	Au	Hg	Tl	Pb	Bi	Po	At
Fr	Ra	Ac	·U													

注: 表中实线框内为完全萃取元素, 虚线框内为部分萃取元素。

其中关于 Ti 是否被萃取似乎尚有争论，据介绍 pH＝2 时用 $CHCl_3$ 可完全萃取。

表 12-9 为用 DDTC-Na 萃取金属离子的萃取条件。注意：表 12-9 以及各有关萃取条件的列表都只作为了解萃取条件的一种参考依据，不是绝对的，也非全部的。

表 12-9　用 DDTC-Na 萃取金属离子的条件

元素	萃取条件及溶剂	元素	萃取条件及溶剂
Ag(Ⅰ)	pH＝11,0.5％EDTA;CCl_4	In(Ⅲ)	pH＝3;乙酸乙酯
	pH＝2.6～5;CCl_4	Mn(Ⅱ)	pH＝6;$CHCl_3$
As(Ⅲ)	pH＝3～6;各种溶液	Nb(Ⅴ)	弱酸性;CCl_4
	pH＝6;DDTC-Na 的 1％$CHCl_3$ 溶液	Ni(Ⅱ)	pH＝0～10;$CHCl_3$
Bi(Ⅲ)	pH＝1～2;EDTA,$CHCl_3$		pH＝8.5～9;CCl_4
	NaCN;CCl_4	Pb(Ⅱ)	pH＝3～9.5;CCl_4
	pH＝1～10;$CHCl_3$,乙醚		pH＝11(NaCN);CCl_4
Cd(Ⅱ)	pH＝11;CCl_4		pH＝11(柠檬酸盐);CCl_4,$CHCl_3$
	2mol/L HCl,pH＝9.5;CCl_4		$CHCl_3$
Co(Ⅱ)	pH＝1～8;$CHCl_3$	Pd	pH＝11.0;CCl_4
	pH＝8.5～9;CCl_4	Re	浓 HCl;乙酸乙酯
Cr(Ⅵ)	pH＝0～6;$CHCl_3$	Sb(Ⅲ)	pH＝9.2～9.5;CCl_4
Cu(Ⅱ)	柠檬酸铵、乙酸丁酯溶液，或其他溶剂		KCN;EDTA
	pH＝8.5;柠檬酸;$CHCl_3$	Se(Ⅲ)	pH＝5～6;CCl_4
	铵溶液	Sn(Ⅳ)	pH＝5～6;Cl_4,苯
	中性,Fe(Ⅲ)EDTA;CCl_4	Te	硫酸酸性;苯
	氨碱性;CCl_4		pH＝8.5～8.8;EDTA
	pH＝4～11;CCl_4		2～10mol/L HCl;TBP
Fe(Ⅱ)	pH＝4～11;CCl_4		pH＝3;乙酸乙酯
Fe(Ⅲ)	pH＝4.5,酒石酸;$CHCl_3$	Tl(Ⅰ)	pH＝6.5～8.5;$CHCl_3$,乙酸
	pH＝0～10;$CHCl_3$	U(Ⅵ)	戊酯,乙醚
Ga(Ⅲ)	pH＝3;乙酸丁酯	V(Ⅴ)	pH＝3;乙酸乙酯
Hg(Ⅱ)	pH＝5.6,3mol/L HCl;$CHCl_3$	Zn(Ⅱ)	pH＝3;乙酸乙酯
			pH＝6～9;$CHCl_3$

4. 用双硫腙（DZ）的萃取

用双硫腙可萃取的金属见表 12-10。

表 12-10　用双硫腙可萃取的金属

Li	Be											B	C	N	O	F	
Na	Mg											Al	Si	P	S	Cl	
K	Ca	Sc	Ti	V	Cr	Mn	Fe	Co	Ni	Cu	Zn	Ga	Ge	As	Se	Br	
Rb	Sc	Y	Zr	Nb	Mo	Tc	Ru	Rh	Pd	Ag	Cd	In	Sn	Sb	Te	I	
Cs	Ba	La	Hf	Ta	W	Re	Os	Ir	Pt	Au	Hg	Tl	Pb	Bi	Po	At	
Fr	Ra	Ac															

注: 表中实线框内为完全萃取元素。

用双硫腙（DZ）和 $CHCl_3$（或 CCl_4）萃取金属离子的条件见表 12-11。

表 12-11　用双硫腙和 $CHCl_3$（或 CCl_4）萃取金属离子的条件

元素	萃取条件	萃取剂	元素	萃取条件	萃取剂
Ag(Ⅰ)	pH=2(无 Cl^- 时)	DZ-CCl_4	Hg(Ⅱ)	1mol/L HCl	DZ-$CHCl_3$
	pH=3.5(Cl^- <1%)	DZ-CCl_4		0.1mol/L H_2SO_4	DZ-$CHCl_3$
	pH=5(20%NH_4Cl)	DZ-CCl_4	Ni(Ⅱ)	弱碱性	CCl_4
	pH=4.7	DZ-CCl_4	Pb(Ⅱ)	氨水,氰化物	0.005% DZ-$CHCl_3$
Au(Ⅲ)	0.1mol/L HCl	CCl_4		pH=9~10,KCN	0.005% DZ-$CHCl_3$
Bi(Ⅲ)	pH=2.6~3.0	DZ-$CHCl_3$	Po(Ⅳ)	pH=2	DZ-CCl_4
Cd(Ⅱ)	碱性	$CHCl_3$		3%HNO_3	DZ-CCl_4
Co(Ⅱ)	pH=8	DZ-CCl_4	Te(Ⅳ)	pH=1	CCl_4
Cu(Ⅱ)	pH=1.5~2.0	DZ-CCl_4	Tl(Ⅰ)	pH=9~12	CCl_4
Fe(Ⅱ)	pH=6~7	CCl_4	Tl(Ⅲ)	pH=3~4	CCl_4
Hg(Ⅰ)	1mol/L 无机酸	CCl_4 或 $CHCl_3$	Zn(Ⅱ)	pH=8.9	CCl_4
Hg(Ⅱ)	pH=1.5~2(EDTA)	DZ-CCl_4			

5. 用铜铁试剂的萃取

用铜铁试剂可萃取的金属见表 12-12。

表 12-12　用铜铁试剂可萃取的金属

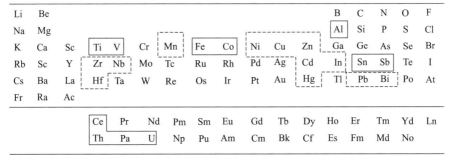

注: 实线框内为良好萃取; 虚线框内为中等程度萃取。

用铜铁试剂萃取金属离子的条件见表 12-13。

表 12-13　用铜铁试剂萃取金属离子的条件

元素	萃取条件	溶剂	元素	萃取条件	溶剂
Al	pH=2～5	$CHCl_3$	Th	1.2mol/L HCl	乙酸乙酯,乙酸丁酯,乙醚
	pH=5.5～5.7	TTSJ		1.2mol/L HCl	$CHCl_3$,乙酸乙酯
Be	pH=5.5～5.7 柠檬酸、EDTA	TTSJ	Ti	pH＝5.5～5.7 (柠檬酸、EDTA)	TTSJ
Bi	酸性	甲苯,甲乙酮			
Cd	中性	乙醚	Tl(Ⅲ)	1mol/L HCl	二氯苯
Co(Ⅱ)	中性至弱乙酸	乙醚,乙酸乙酯		$H_2SO_4(1+9)$	乙醚
Cu(Ⅱ)	1.2mol/L HCl	$CHCl_3$	U(Ⅳ)	$H_2SO_4(1+9)$(过量铜铁试剂)	$CHCl_3$
Fe(Ⅲ)	1.2mol/L HCl	$CHCl_3$		pH＝5.5～5.7 (柠檬酸、EDTA)	TTSJ
	$H_2SO_4(1+9)$	$CHCl_3$,乙醚,乙酸乙酯		1.2mol/L HCl	乙酸乙酯
Hf	pH=5.5～5.7	TTSJ		$H_2SO_4(1+9)$	乙醚
Hg(Ⅱ)	弱酸	苯,$CHCl_3$	V(V)	pH=2～2.8	$CHCl_3$
In(Ⅱ)	酸性	$CHCl_3$,苯		pH=1.5～4	TTSJ
Mo(Ⅳ)	酸性	苯,$CHCl_3$		pH＝5.5～5.7 (柠檬酸、EDTA)	TTSJ
	HCl(2+9)	乙酸乙酯	W	1.2mol/L HCl	乙酸乙酯
Nb(V)	$H_2SO_4(2+9)$	$CHCl_3$(萃取不完全)	Zn	中性	乙醚(萃取不完全)
	pH＝5.5～5.7 (柠檬酸、EDTA)	TTSJ		酸性	乙酸乙酯(萃取不完全)
Ni(Ⅱ)	中性	$CHCl_3$	Zr		
Sb(Ⅲ)	$H_2SO_4(1+9)$	$CHCl_3$		pH＝5.5～5.7 (柠檬酸、EDTA)	TTSJ
Sn(Ⅱ)	pH＝5.5～5.7 (柠檬酸、EDTA)	TTSJ	稀土	pH＝5.5～5.7 (柠檬酸、EDTA)	TTSJ
Sn(Ⅳ)	1.2mol/L HCl	乙酸乙酯			
Ta(V)	pH＝5.5～5.7 (柠檬酸、EDTA)	TTSJ	Ce(Ⅳ)	pH=2	乙酸丁酯

注：TTSJ 代表铜铁试剂（N-亚硝基苯基羟氨的铵盐）。

6. 用 8-羟基喹啉的萃取

用 8-羟基喹啉可萃取的金属见表 12-14。

表 12-14　用 8-羟基喹啉可萃取的金属

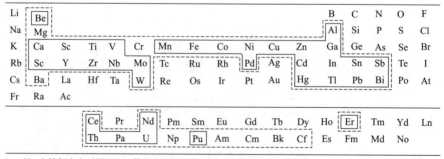

注: 实线框内为可用$CHCl_3$萃取者,虚线框内为可用各种溶剂萃取者。

用 8-羟基喹啉萃取金属离子的条件见表 12-15。

表 12-15 用 8-羟基喹啉萃取金属离子的条件

元素	萃取条件	溶剂	元素	萃取条件	溶剂
Al	pH=4.5～11	$CHCl_3$	Mn(Ⅱ)	pH=7.5～12.5	1%R/$CHCl_3$
	pH=4.5～9.5	$CHCl_3$		pH=12.5	1%R/$CHCl_3$
	pH=5		Mo(Ⅵ)	pH=1.6～5.6	1%R/$CHCl_3$
	pH=4.5～6.0	$CHCl_3$	Nb(Ⅴ)	pH=9	$CHCl_3$
	pH=9(NaCN)	三氯乙烯		pH=9,25%柠檬酸铵	异戊醇
	pH=9(NaCN)	2-丁氧基乙醇			
Be	pH=8.0±0.2	$CHCl_3$	Ni(Ⅱ)	pH=4.5～9.5	1%R/$CHCl_3$
Bi	pH=4.0～5.2	R/$CHCl_3$	Pb(Ⅱ)	pH=8.4～12.3	$CHCl_3$
Ca	pH=13	R/乙酸戊酯及 $CHCl_3$ 8%R/$CHCl_3$	Sc(Ⅲ)	pH=8.0～8.5	1%R/$CHCl_3$
				pH=9.7～10.5	苯
Ce(Ⅲ)	pH=10.5,弱氨性	R/乙酸戊酯,R/$CHCl_3$	Sn(Ⅳ)	pH=2.5～5.5	1%R/$CHCl_3$
				pH=2.7～5.6	1%R/$CHCl_3$
Co(Ⅱ)	pH=5.7～9.5	1%R/$CHCl_3$	Sr(Ⅱ)	pH=11.3	1mol/L 8-羟基喹啉氯仿溶液
Cu(Ⅱ)	pH=2.8～14	1%R/$CHCl_3$	Th(Ⅳ)	pH>4.9	1%R/$CHCl_3$ 或 MIBK
				pH=5	1%R/$CHCl_3$ 或 $CHCl_3$
Fe(Ⅲ)	pH=2.5～3.3	$CHCl_3$	Ti(Ⅳ)	pH=3.5～5.0 (H_2O_2 共存)	$CHCl_3$
	pH=5.0～5.5	苯		pH>3～6	$CHCl_3$
	pH=2.5～12.5	1%R/$CHCl_3$	Tl(Ⅲ)	pH=6.5～7.0	$CHCl_3$
Ga(Ⅲ)	pH=3.5	1%R/$CHCl_3$		pH=3.5～9	$CHCl_3$
	pH=2.6	0.2%R/$CHCl_3$	V(Ⅴ)	pH=3.5～4.5	$CHCl_3$
In(Ⅲ)	NaCN	R/$CHCl_3$	W(Ⅵ)	pH=2.4～4.3 (EDTA 共存)	$CHCl_3$
	pH=3.4～6.4	0.01mol/L,R/$CHCl_3$	Zn(Ⅱ)	pH=10～11.7	$CHCl_3$+正丁胺
	pH=4～6	0.01mol/L,R/$CHCl_3$		pH=4.6～13.4	$CHCl_3$
Mg(Ⅱ)	pH=10.0～10.2, 2-丁氧基乙醇	2-丁氧基乙醇及 3%R/$CHCl_3$	稀土	pH>8.5	$CHCl_3$
	pH=10.5～13.6 正丁胺	0.1%R/$CHCl_3$			

注：R 代表 8-羟基喹啉。

7. 用乙酰丙酮的萃取

用乙酰丙酮可萃取的金属见表 12-16。

表 12-16 用乙酰丙酮可萃取的金属

Li	[Be]												B	C	N	O	F
Na	Mg												[Al]	Si	P	S	Cl
K	Ca	Sc	[Ti	V	Cr	Mn	Fe	Co]	Ni	[Cu	Zn	Ga]	Ge	As	Se	Br
Rb	Sc	Y	[Zr	Nb	Mo]	Tc	[Ru]	Rh	Pd	Ag	Cd	[In]	Sn	Sb	Te	I
Cs	Ba	La	[Hf]	Ta	W	Re	Os	Ir	Pt	Au	Hg	Tl	[Pb	Bi]	Po	At
Fr	Ra	Ac	[Th]	[U]	[Pu]											

注: 实线框内为可萃取元素。

用乙酰丙酮萃取金属离子的条件见表 12-17。

表 12-17　用乙酰丙酮萃取金属离子的条件

元素	萃取条件	萃取率/%	元素	萃取条件	萃取率/%
Ai	pH=4～6	93	Mo(Ⅵ)	pH 约 0.8 即 6mol/L	96～98
	pH=9～12		Ni	pH=0～6	0
	pH=0.95～4.4	10～90			
Be	pH=1～3.5	97.5	Pb	pH=7～8	78～83
	pH=5～10[①]		Ru(Ⅲ)	pH>4.5	
	pH=4～5[①]	97～100			
Bi	pH=0.5～1	12～13	Th	pH>5.8[②]	
Co(Ⅲ)	pH 约 0.2 即 2mol/L	95～99.5	Ti(Ⅳ)	pH=0～1.6[②]	10～76
Cr(Ⅲ)	pH=0.2～2[②]	99～99.5	U(Ⅵ)	pH=4～6	96～98
Cu	pH=2～5	85～87.3	V(Ⅲ)	pH=2	93
	pH=0.5～2.7	10～87		pH=2.4～3[②]	约 99.9
Fe(Ⅱ)	pH=0～2.5[②]	0	V(Ⅳ)	pH=0～2.5[②]	10～73
Fe(Ⅲ)	pH=0	50		pH=2.3～4.0[②]	82
	pH=0.3～1.5[②]	10～99.9	W(Ⅵ)	pH=0～4.5	0
	pH=3～7		Zn	pH=6～7	60～70
Ga	pH=2.5～6	96		pH=4.0～6.0	10～60
Hf(Ⅵ)	pH=2～3		Zr	pH=2～3	73
In	pH=2.8～6	99			
Mn	pH=5.5～6.5	10～20			

① 用乙酰丙酮与苯的混合物。
② 用乙酰丙酮与氯仿（1+1）混合物。

8. 用噻吩甲酰三氟丙酮（TTA）的萃取

用 TTA 可以萃取的金属见表 12-18。

表 12-18　用 TTA 可以萃取的金属

Li	Be											B	C	N	O	F
Na	Mg											Al	Si	P	S	Cl
K	Ca	Sc	Ti	V	Cr	Mn	Fe	Co	Ni	Cu	Zn	Ga	Ge	As	Se	Br
Rb	Sc	Y	Zr	Nb	Mo	Tc	Ru	Rh	Pd	Ag	Cd	In	Sn	Sb	Te	I
Cs	Ba	La	Hf	Ta	W	Re	Os	Ir	Pt	Au	Hg	Tl	Pb	Bi	Po	At
Fr	Ra	Ac														

注: 实线框内为可萃取的元素。

用 TTA 萃取金属离子的条件见表 12-19。

表 12-19　用 TTA 萃取金属离子的条件

元素	萃取条件	溶剂	元素	萃取条件	溶剂
Ac(Ⅲ)	pH=5.5	0.025mol/L,TTA/苯	Pb(Ⅱ)	pH>4	0.25mol/L,TTA/苯
Al(Ⅲ)	pH=5.5~6.0	TTSJ	Sc(Ⅲ)	pH=1.5	0.5mol/L,TTA/苯
Am(Ⅲ)	pH>3.3	0.2mol/L,TTA/苯		pH=6	0.5mol/L,TTA/苯
Be(Ⅱ)	pH=6~7	0.02mol/L,TTA/苯	Sr(Ⅱ)	pH=8	0.05mol/L,TTA/TTSJ
Bi(Ⅲ)	pH>2	0.25mol/L,TTA/苯		pH>10	0.02mol/L,TTA/苯
Bk(Ⅲ)	pH=2.5	0.2mol/L,TTA/苯	Th(Ⅳ)	pH>1 HNO₃	0.25mol/L,TTA/苯
Ca(Ⅱ)	pH=8.2	0.5mol/L,TTA/苯		pH=2.0 (醋酸盐)	0.5mol/L,TTA/苯
Cm(Ⅲ)	pH=3.5	0.2mol/L,TTA/苯			
Ce(Ⅳ)	1mol/L H₂SO₄	0.5mol/L,TTA/二甲苯		pH=2	0.5mol/L,TTA/二甲苯
Cf	pH 约3.0	0.2mol/L,TTA/苯		pH=1	0.5mol/L,TTA/二甲苯
Cu(Ⅱ)	pH=3~4	0.02mol/L,TTA/苯	Tl(Ⅰ)	pH>6.5	0.25mol/L,TTA/苯
Fe(Ⅲ)	pH=2~3	0.02mol/L,TTA/苯	Tl(Ⅲ)	pH=3.5	0.25mol/L,TTA/苯
Hf(Ⅳ)	2mol/L HClO₄	0.1mol/L,TTA/苯	Zr(Ⅳ)	2mol/L HClO₄	0.02mol/L,TTA/苯 或 0.5mol/L,TTA/二甲苯
La(Ⅲ)	pH=5(乙酸盐)	TTSJ			

注：TTA 代表噻吩甲酰三氟丙酮；TTSJ 代表铜铁试剂（N-亚硝基苯基羟氨的铵盐）。

五、溶剂萃取的应用

通过溶剂萃取分类和萃取体系的叙述，不难看出溶剂萃取分离在分析化学中的应用比较广泛，主要有以下几个方面。

1. 分离干扰物质

例如测定钢铁中微量稀土元素的含量时，可通过溶剂萃取将主体元素铁及经常可能存在的其他元素，如铬、锰、钴、镍、铜、钒、铌、钼等除去。方法是将试样溶解后，在微酸性溶液中加入铜铁试剂为萃取剂，以氯仿或四氯化碳为溶剂将这些元素萃入有机相，分离除去。留在水相中的稀土元素用偶氮胂显色，进行光度测定。

2. 萃取光度分析

不少萃取剂同时也是一种显色剂，萃取剂与被萃取离子间的配合或缔合反应实质上也就是显色反应。萃取光度分析是将萃取分离和光度分析结合进行的方法，即将萃取的有机相直接进行光度测定。其特点是测定步骤简单、快速，且能够改善方法的选择性、提高测定的灵敏度。例如，铅和双硫腙生成粉红色螯合物用四氯化碳萃取进行光度测定。

3. 作为仪器分析的样品前处理方法

溶剂萃取分离作为原子吸收、发射光谱、电化学分析及色谱分析等方法分析之前的分离、富集的手段，得到了广泛的应用。

例如用火焰原子吸收法测定化学试剂中微量金属杂质的含量，可以将溶液的 pH 值调至 3～6，铅、镉等离子与吡咯烷二硫代氨基甲酸铵生成疏水性的螯合物，以 4-甲基-2-戊酮萃取，可以直接将上层的有机相喷入火焰中进行原子吸收光度测定。

水果、蔬菜中的农药或残留量分析，由于其含量很低，一般均需要富集后才能测定。利用农药在各种有机溶剂及水中的溶解度不同，可用氯仿或己烷等有机溶剂萃取，浓缩后经净化再进行气相色谱或高效液相色谱分析。

第十三章 pH值及缓冲溶液

一、pH 值

（一）pH 值的概念

在化学分析实验中，大多数的化学反应均在水溶液中进行。借助沉淀、溶解、配位、显色和氧化还原等过程，来检查和测定元素或离子。在萃取分离干扰元素时，对溶液 pH 值的控制具有非常重要的作用。

水是一种很弱的电解质，只有极少部分发生电离，其电离反应式为：

$$H_2O \rightleftharpoons H^+ + OH^-$$

其反应平衡常数为：

$$K^\ominus = [H^+][OH^-]$$

式中，$\ominus$ 表示标准状态，即大气压力等于 101.325kPa；$[H^+]$ 为氢离子浓度，mol/L；$[OH^-]$ 为氢氧根离子浓度，mol/L。这个常数称为水的离子积常数，经常用 $K_w^\ominus$ 表示。在常温下，$K_w^\ominus = [H^+][OH^-] = 1.0 \times 10^{-14}$。因为水的电离是个吸热反应，故随温度的升高，$K_w^\ominus$ 将变大（不同温度下水的离子积常数见附录附表 15），但是变化不明显。因此，在不特意说明温度的情况下，一般认为 $K_w^\ominus = 1.0 \times 10^{-14}$。在酸性溶液中，$[H^+] > [OH^-]$；在碱性溶液中，$[H^+] < [OH^-]$；在中性溶液中 $[H^+] = [OH^-]$。

pH 是用来表示水溶液中氢离子浓度的简便方法，其定义为氢离子浓度的负对数，即：

$$pH = -\lg[H^+]$$

式中，p 表示取负对数。同样也可以用 pOH 来表示溶液中的氢氧根离子浓度：

$$pOH = -\lg[OH^-]$$

因为 $K_w^\ominus = [H^+][OH^-]$，所以有：

$$pK_w^\ominus = pH + pOH$$

（二）溶液的酸碱性与 pH 值的关系

常温下 $K_w^\ominus = 1.0 \times 10^{-14}$，所以：

$$pH + pOH = pK_w^\ominus = 14$$

故常温下的中性溶液中，pH＝pOH＝7。但在非常温的其他温度下，$K_w^\ominus \neq 1.0 \times 10^{-14}$，故中性溶液中 pH＝pOH≠7。在一般情况下，实验大部分是在常温下进行的，故一般认为在 pH＝7 时溶液是中性的；在 pH＜7 时溶液是酸性的；在 pH＞7 时溶液是碱性的（表13-1）。

表 13-1　[H+] 和 [OH−] 及 pH 值的相互关系

[OH−]	10^{-13}	10^{-12}	10^{-11}	10^{-10}	10^{-9}	10^{-8}	10^{-7}
[H+]	10^{-1}	10^{-2}	10^{-3}	10^{-4}	10^{-5}	10^{-6}	10^{-7}
pH 值	1	2	3	4	5	6	7
指示	强酸性				酸性	弱酸性	中性
[OH−]	10^{-6}	10^{-5}	10^{-4}	10^{-3}	10^{-2}	10^{-1}	
[H+]	10^{-8}	10^{-9}	10^{-10}	10^{-11}	10^{-12}	10^{-13}	
pH 值	8	9	10	11	12	13	
指示	弱碱性	碱性	强碱性				

在已知溶液的 pH 时，由 pH 和 $K_w^{\ominus}$ 也可以方便地计算出 [H+] 和 [OH−]。

注意：pH 值使用只宜用于 [H+] 在 $1 \sim 1 \times 10^{-14}$ mol/L，酸度太高或碱度太高时，用 pH 值表示并不简便，也无意义，所以 pH 值习惯上使用的范围是 0～14。

为了进一步加深理解，下面举例说明。

例 13-1　某溶液中的 [H+] 为 0.00001mol/L，pH 值为多少？

解
$$pH = -\lg[H^+] = -\lg(1 \times 10^{-5}) = 5$$

例 13-2　某溶液中 [OH−] 为 0.001mol/L，pH 值为多少？

解
$$pOH = -\lg[OH^-] = -\lg(1 \times 10^{-3}) = 3$$
$$pH = 14 - 3 = 11$$

例 13-3　当 pH=1 时，溶液中 [H+] 为多少？

解
$$pH = -\lg[H^+] = 1$$
$$[H^+] = 10^{-1} = 0.1 \ (mol/L)$$

例 13-4　当 pH=10 时，溶液中 [H+] 和 [OH−] 各为多少？

解
$$pH = -\lg[H^+] = 10$$
$$[H^+] = 10^{-10} \ (mol/L)$$
$$而\ pOH = 14 - 10 = 4$$
$$[OH^-] = 10^{-4} \ (mol/L)$$

例 13-5　当 pH=0 时，溶液中 [H+] 为多少？

解
$$pH = -\lg[H^+] = 0$$
$$[H^+] = 10^0 = 1 \ (mol/L)$$

例 13-6　当 [OH−] 为 1mol/L 时，溶液的 pH 值为多少？

解
$$pOH = -\lg[OH^-] = -\lg 1 = 0$$
$$pH = 14 - 0 = 14$$

例 13-7　当 pH=2 时溶液的 [H+] 是 pH=5 时 [H+] 的多少倍？

解　当 $pH = -\lg[H^+] = 2$ 时，$[H^+] = 10^{-2}$ mol/L。

当 $pH = -\lg[H^+] = 5$ 时，$[H^+] = 10^{-5}$ mol/L。

$10^{-2}/10^{-5} = 1000$

所以当 pH=2 时溶液的 [H+] 为 pH=5 时 [H+] 的 1000 倍。

（三）　HCl 和 NaOH 溶液各种物质的量浓度时的 pH 值

见表 13-2。

第十三章　pH值及缓冲溶液

表 13-2　HCl 和 NaOH 溶液各种物质的量浓度时的 pH 值

溶液浓度/(mol/L)		pH 值	溶液浓度/(mol/L)		pH 值
	1.0	0		0	7
	0.1	1		0.000001	8
	0.01	2		0.00001	9
HCl	0.001	3	NaOH	0.0001	10
	0.0001	4		0.001	11
	0.00001	5		0.01	12
	0.000001	6		0.1	13
	0	7		1.0	14

由前面几个例题的计算数据和表 13-2 所列数据均可以看出，pH 值每增加 1 或减少 1，实际上氢离子浓度 $[H^+]$ 是随着变化了 10 倍。如 pH=5 时溶液的 $[H^+]$ 为 pH=6 时 $[H^+]$ 的 10 倍。

（四）　pH 值的小数变化对应的 $[H^+]$ 数值

pH 值的小数变化时对应的 $[H^+]$ 数值见表 13-3。

表 13-3　pH 值的小数变化时对应的 $[H^+]$ 数值

pH 值	$[H^+]/(mol/L)$	pH 值	$[H^+]/(mol/L)$
0	1.0000	0.00	1.0000
0.1	0.7943	0.01	0.9772
0.2	0.6310	0.02	0.9550
0.3	0.5012	0.03	0.9333
0.4	0.3981	0.04	0.9120
0.5	0.3162	0.05	0.8913
0.6	0.2512	0.06	0.8710
0.7	0.1995	0.07	0.8511
0.8	0.1585	0.08	0.8318
0.9	0.1259	0.09	0.8128
1.0	0.1000	0.10	0.7943

（五）强酸和强碱盐类溶液的 pH 值

强酸和强碱的盐类溶液（25℃时）的 pH 值见表 13-4。

表 13-4　强酸和强碱的盐类溶液（25℃时）的 pH 值

K	不同浓度下溶液的			
	0.001mol/L	0.01mol/L	0.1mol/L	1mol/L
10^{-4}	7.5	8.0	8.5	9.0
10^{-6}	8.5	9.0	9.5	10.0
10^{-8}	9.5	10.0	10.5	11.0
10^{-10}	10.4	11.0	11.5	12.0

注：K 是酸碱的离解常数（见附录附表 16，其中的 K_a 是酸的离解常数；K_b 是碱的离解常数）。

（六）沉淀金属硫化物的 pH 值

沉淀金属硫化物的 pH 值见表 13-5。

表 13-5　沉淀金属硫化物的 pH 值

pH 值	被硫化氢所沉淀的金属
1	铜组：Cu　Ag　Hg　Pb　Bi　Cd　Rh　Pd　Os
	砷组：As　Au　Pt　Sb　Ir　Ge　Se　Te　Mo
2～3	Zn　Ti　In　Ga
5～6	Co　Ni
>7	Mn　Fe

（七）在溶液中硫化物能沉淀时的 HCl 最高浓度

在溶液中硫化物能沉淀时的 HCl 最高浓度见表 13-6。

表 13-6　在溶液中硫化物能沉淀时的 HCl 最高浓度

硫化物	As_2S_3	HgS	CuS	Sb_2S_3	Bi_2S_3	SnS_2	CdS	PbS	SnS
HCl 浓度/(mol/L)	12	7.5	7.0	3.7	2.5	2.3	0.7	0.35	0.30
硫化物	ZnS	CoS	NiS	FeS	MnS				
HCl 浓度/(mol/L)	0.02	0.001	0.001	0.0001	0.00008				

表 13-7 中的硫化物能从酸性溶液（0.3mol/L HCl）中沉淀的元素用○表示；硫化物只能从碱性溶液中沉淀的元素用□表示；虚线画出的是硫化物沉淀能溶解在硫化铵中的元素；括号里是不完全沉淀为硫化物的元素。

表 13-7　硫化物溶液中的沉淀

周期	族										
	ⅤB	ⅥB	ⅦB		ⅧB		ⅠB	ⅡB	ⅢA	ⅣA	ⅤA	ⅥA
4	(V)	Mn	Fe	Co	Ni	Cu	Zn	Ga	Ge	As	Se
5		Mo	Tc	Ru	Rh	Pd	Ag	Cd	In	Sn	Sb	Te
6		(W)	Re	Os	Ir	Pt	Au	Hg	Tl	Pb	Bi	Po

（八）沉淀金属氢氧化物的 pH 值

产生氢氧化物沉淀的最低 ［OH^-］对于各种阳离子是不相同的。借调节 pH 值沉淀氢氧化物的方法来分离元素，在化学分析中具有特别重大的作用。表 13-8 和图 13-1 给出了金属氢氧化物沉淀的 pH 值及其范围。

氢氧化物沉淀时的 pH 值决定于离子的电荷和它的半径。通常阳离子的电荷愈多，它的半径愈大，则它和氢氧根离子的结合愈强，而氢氧化物沉淀愈容易生成。因此在周期中同一族的元素，愈到下面的元素产生氢氧化物沉淀的 pH 值就愈大，因为离子半径愈往下愈大。在同一周期元素中从左到右，其阳离子产生沉淀的 pH 值随着离子电荷的增加而降低。

表 13-8 各种金属氢氧化物沉淀的 pH 值范围

金属氢氧化物	pH 值范围	金属氢氧化物	pH 值范围
$Si(OH)_4$	<0～11	稀土氢氧化物	5.9～>14
$Nb(OH)_4$	<0～约 14	$Zn(OH)_2$	6.8～13.5
$Ta(OH)_5$	<0～约 14	$Pb(OH)_2$	7.2～13
$Pb(OH)_4$	<0～13	$Co(OH)_2$	7.5～>14
$Ti(OH)_4$	0～>14[①]	$Cd(OH)_2$	8.3～>14
$Tl(OH)_3$	0.3～>14[①]	$Mg(OH)_2$	9.6～>14
$Ge(OH)_4$	约 0.8～>14[①]	$Th(OH)_4$	3.0～>14
$Zr(OH)_4$	约 1～>14	$Pd(OH)_2$	约 3.5
$Sn(OH)_2$	1.5～13	$Ga(OH)_3$	3.5～13
$Fe(OH)_3$	2.2～>14[①]	$Bi(OH)_3$	4～>14
$Pt(OH)_2$	约 2.5	$Cu(OH)_2$	5.0～13.0
$Co(OH)_3$	0.5～>14[①]	$Be(OH)_2$	5.8～13.5
$Sn(OH)_4$	0.5～13	$Cr(OH)_2$	6.5
$In(OH)_3$	3.4～14	$Ce(OH)_3$	7.1～>14
$Al(OH)_3$	3.8～13.0	$Ni(OH)_2$	7.4～>14
$Cr(OH)_3$	5.0～14	$Mn(OH)_2$	8.3～>14
$Fe(OH)_2$	5.8～>14		

① 沉淀溶解 pH>14 表示它在很强的碱中也难溶解，大部分是一般的非两性氢氧化物。

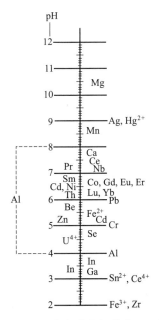

图 13-1 金属氢氧化物沉淀的 pH 范围

表 13-8 中的数据和图 13-1 中所给的 pH 值，主要是阳离子产生沉淀时的较低界限，欲使沉淀完全，$[OH^-]$ 应该更大，也就是应该在溶液的 pH 值较高时进行沉淀。但是，应当注意两性氢氧化物的沉淀在 pH 值较高时会重新溶解，因此要沉淀这类阳离子必须控制 pH

值在相当狭窄的范围内进行。如沉淀 Al^{3+} 应当在 pH 值 7.5～6.5 时进行。属于两性离子的有以下几种：Be^{2+}、Zn^{2+}、Al^{3+}、Ga^{3+}、In^{3+}、Ge^{4+}、Sn^{4+}、Sn^{2+}、Pb^{2+}、Pb^{4+}、Sb^{5+}、Sb^{3+}、Cr^{3+}、V^{4+}。

（九）用 8-羟基喹啉沉淀阳离子的 pH 值

8-羟基喹啉，结构式如右式所示。其中羟基上的 H 原子易解离，且 N 原子可以提供孤对电子，故可与许多金属离子生成螯合物，可用 $Me(C_9H_6ON)_x$ 表示，其中 x 为金属的原子价。

用 8-羟基喹啉沉淀各种金属的 pH 值范围及其沉淀条件详见表 13-9。

表 13-9　用 8-羟基喹啉沉淀各种金属的 pH 值范围及其沉淀条件

金属元素或离子	完全沉淀的 pH 值范围	沉淀条件（溶液的性质）	烘干后沉淀的组成和建议采用的测定方法
Al	4.2～9.8	在乙酸铵（缓冲剂）存在下；从氨溶液中；从含有氨和酒石酸的溶液中	$Al(C_9H_6ON)_3$。在 130℃，换算为铝的系数为 0.0687。可（和草酸一同）灼烧生成 Al_2O_3。用容量法
Bi	4.8～10.5	在乙酸钠或铵（缓冲剂）存在下；从含有氨和酒石酸的溶液中	$Bi(C_9H_6ON)_3$。在 130～140℃，换算为铋的系数为 0.3260
Cu	5.4～14.5	在乙酸钠或铵（缓冲剂）存在下；从含有氨（或是苛性碱）和酒石酸（或是它的碱性盐）的溶液中	$Cu(C_9H_6ON)_2$。在 105～110℃，换算为铜的系数为 0.1808。不用溴酸盐溶量法
Cd	5.6～14.5	在乙酸钠（缓冲剂）存在下从弱酸性溶液中；从氨或是苛性碱溶液中	$Cd(C_9H_6ON)_2$。在 130℃，换算为镉的系数为 0.2629
Co	4.4～14.5	在乙酸钠（缓冲剂）存在下，从弱乙酸溶液中	$Co(C_9H_6ON)_2 \cdot 2H_2O$。在干燥时可得到各种不同的成分。最好和草酸一同灼烧成 Co_3O_4 的形式称量或是用溶量法
Fe^{3+}	2.8～11.2	从乙酸溶液中（不使用含有碱和酒石酸溶液）	$Fe(C_9H_6ON)_3$。在 120℃，换算为铁的系数为 0.1144，可（和草酸一同）灼烧或 Fe_2O_3
Ga	7.0～8.0	从精确的中性溶液中（可以含酒石酸）	$Ga(C_9H_6ON)_3$。在 110℃，换算为镓的系数为 0.1389
In	2.5～3.0	在醋酸铵（缓冲剂）存在下从乙酸溶液中（不使用碱性溶液）	$In(C_9H_6ON)_3$。在 110℃，换算为铟的系数为 0.2099
Mn	5.9～10.0	在乙酸钠（缓冲剂）存在下，从乙酸溶液中	$Mn(C_9H_6ON)_2 \cdot 2H_2O$（将 8-羟基喹啉锰烘到恒重很困难）。和草酸一同灼烧成 Mn_3O_4
Mg	9.5～12.6	从氨性溶液、苛性碱溶液或是含有苛性碱和酒石酸（或是它的盐）的溶液中，大量铵盐没有妨碍	① $Mg(C_9H_6ON)_2 \cdot 2H_2O$。在 100～110℃，换算为镁的系数为 0.0698　② $Mg(C_9H_6ON)_2$。在 130～140℃，换算为镁的系数为 0.0778
$Mo_2O_4^{2-}$	3.6～7.3	从乙酸溶液中，可以添加乙酸铵（缓冲剂）	$MoO_2(C_9H_6ON)_2$。在 130～140℃，换算为钼的系数为 0.2307，由于化合物在酸中不溶解，不采用溶量法

续表

金属元素或离子	完全沉淀的 pH 值范围	沉淀条件(溶液的性质)	烘干后沉淀的组成和建议采用的测定方法
Pb	8.5～9.5	从弱碱性溶液中	$Pb(C_9H_6ON)_2$。在 105℃，换算为铅的系数为 0.4185
Ni	4.3～14.5	在乙酸钠(缓冲剂)存在下，从乙酸溶液中	$Ni(C_9H_6ON)_2 \cdot 2H_2O$。在烘干时很难达到恒重，因为上述成分是变动的。宜用容量法测定或是(和草酸一同)灼烧成 NiO
Ti	4.8～8.6	在乙酸钠(缓冲剂)存在下，从乙酸溶液中；从含有酒石酸的氨溶液中	$Ti(C_9H_6ON)_2$。在 110℃，换算为钛的系数为 0.1361
Th	4.4～8.8	在乙酸铵(缓冲剂)存在下，从弱乙酸溶液中	$Th(C_9H_6ON)_4$。在 150～160℃，换算为钍的系数为 0.2871
UO_2^{2-}	5.7～9.8	在乙酸铵(缓冲剂)的存在下，从弱乙酸溶液中	① $UO_2(C_9H_6ON)_2 \cdot C_9H_6ON$。在 105～110℃，换算为铀的系数为 0.3386 ② $UO_2(C_9H_6ON)_2$。在 200℃，换算为铀的系数为 0.4263。可以(和草酸一同)灼烧成 U_3O_8
Zr	4.4～8.8	在乙酸铵(缓冲剂)存在下，但氯化物和亚硫酸盐不应存在，从乙酸溶液中	$Zr(C_9H_6ON)_4$。在 130℃，换算为锆的系数为 0.1367
WO_4^{2-}	5.0～5.6	在乙酸铵(缓冲剂)存在下，从乙酸溶液中	$WO_2(C_9H_6ON)_2$。在 120℃，换算为钨的系数为 0.3605。可以(和草酸一同)灼烧成 WO_3，因 8-羟基喹啉化钨在酸内不溶解，故不使用容量法
Zn	6.0～13.4	从含有乙酸钠(缓冲剂)的乙酸溶液中；从氨性溶液或是含有酒石酸的苛性钠溶液中	$Zn(C_9H_6ON)_2$。在 130～140℃，换算为锌的系数为 0.1849
Sn^{4+}	2.7～5.6	邻苯二甲酸盐缓冲剂；溶剂为三氯甲烷	$Sn(C_9H_6ON)_4$。此化合物在紫外光激发时具有黄绿色荧光

（十）用吡啶分离元素时的 pH 值

控制一定的 pH 值利用氢氧化物沉淀来分离元素，往往借助于铵盐（NH_4Cl）存在下的氢氧化铵作为沉淀剂。由于氨水所能沉淀的元素太多，使其在元素分离上造成困难。因而近年来在化学分析中常采用吡啶。作为沉淀剂来说，吡啶是一种弱的有机碱，在进行水解作用时，它能相当准确地调整溶液的 pH 值以分离元素；此外，它是某些金属元素的良好配位剂。

当吡啶加到弱酸性溶液中控制 pH 值在 6.5 时，Al、Cr、Fe、Ga、In、Ti、Zr 和 Th 的离子反应生成氢氧化物而沉淀，U 的离子可能生成 $H_2U_2O_7$，而 Mn、Co、Ni、Cu、Zn、Cd 的离子则生成稳定的可溶性配合物 $Me(C_5H_5N)R_2$（式中，Me 是上述金属元素；R 是 Cl^- 或 NO_3^-）而留在溶液中。沉淀分离后，随着溶液酸度的增大，亦即随着 pH 值的降低，这些配合物的稳定性降低。

吡啶沉淀法在强度方面也有很大的优越性，因为分离出来的金属氧化物沉淀具有致密的形状和较小的吸附力，因此在多数情况下不用重复进行沉淀。

（十一）二乙基二硫代氨基甲酸盐沉淀离子时的 pH 值

二乙基二硫代氨基甲酸盐（例如二乙基二硫代氨基甲酸钠），在不同 pH 值的情况下，能使下列各元素的离子生成沉淀。

① 在加入氢氧化钠的碱性介质中，有酒石酸盐存在，pH 值约 14 时：Co（Ⅲ）、Ni、Cu、Ag、Au、Cd、Hg、Tl、Pb 和铂族金属。

② 在氨性介质中，有酒石酸盐存在，pH 值约 9 时：除上述金属外，还包括 Mn（Ⅱ）、Mn（Ⅲ）、Fe（Ⅱ）、Fe（Ⅲ）、Co（Ⅱ）、Zn（Ⅱ）、In（Ⅱ）、Sb（Ⅲ）、Sn（Ⅱ）、Bi（Ⅲ）、Te（Ⅳ）。

③ 在酸性介质中，有酒石酸盐存在，pH 值约 5 时：V（Ⅳ）、V（Ⅴ）、Nb（Ⅲ）、Cr（Ⅲ）、Mo（Ⅵ）、U（Ⅵ）、Ga（Ⅳ）、Sn（Ⅳ）、As（Ⅲ）、Se（Ⅵ）。

④ 在弱氨性和弱酸性溶液中加热时，As（Ⅴ）、Sb（Ⅴ）和 Fe（Ⅲ）的离子沉淀缓慢而不完全。

所有其余的金属——碱土、稀土金属以及 Ta、Ti、Zr、Th、U（Ⅳ）、W、Re、Al、Ge 等的离子不能被二乙基二硫代氨基甲酸盐沉淀。

上述四类元素的离子易于与二乙基二硫代氨基甲酸盐形成螯合物而与其他元素分离。这样分离的优点是：不用硫化氢，加酸煮沸分解得到二乙基二硫代氨基甲酸盐和用普通方法进一步鉴定的操作简易；有氧化剂（硝酸、过氧化氢）存在时加酸煮沸滤液可以分解过量的沉淀剂。

从以上叙述的 pH 值概念和有关计算知识，就可了解到在做化验分析工作时，pH 值掌握得准确与否是何等重要，仅仅是 pH 值的一个数量之差，$[H^+]$ 的数量就增加或减少 10 倍。如果在分析实验中要求严格控制某一 pH 值，但没有达到，就会带来较大的分析实验误差，而得不到满意的分析实验结果，甚至造成分析实验完全失败、报废。那么，如何来控制所需要的 pH 值呢？通常可借助缓冲溶液来加以控制。

二、缓冲溶液

缓冲溶液是不因加入少量的酸或碱而显著地改变溶液氢离子浓度的溶液。通常是弱酸及其共轭碱的混合溶液盐或弱碱及其共轭酸的混合溶液，如乙酸和乙酸钠的混合溶液、氨和氯化铵的混合溶液。

（一）缓冲溶液的作用原理

缓冲溶液是一种能对溶液酸度起稳定作用的溶液。向缓冲溶液中加入少量强酸或强碱（或因化学反应溶液中产生了少量酸或碱），或将溶液稍加稀释，溶液的酸度基本保持不变，这种作用称为缓冲作用。具有缓冲作用的溶液称为缓冲溶液。

下面以 HAc-NaAc 组成的缓冲溶液为例，介绍缓冲作用的原理。

HAc 是弱酸，在溶液中存在着下列电离平衡。

$$HAc \Longleftrightarrow H^+ + Ac^-$$

而 NaAc 是强电解质，在溶液中可完全电离：

$$NaAc \longrightarrow Na^+ + Ac^-$$

由于 HAc 本来就是一种弱电解质，再加上 NaAc 的存在生成大量 Ac^-，抑制了 HAc 的电离，使其电离程度变小，因而溶液中存在着大量未电离的 HAc。当溶液中加入少量酸时，大量存在于溶液中的 Ac^- 便立刻和 H^+ 作用，生成难电离的 HAc。因此，使溶液中 $[H^+]$ 并无显著变化；同样当溶液中加入少量的碱时，则加入的 OH^- 立刻与溶液中 H^+ 结合生成水，即：

$$HAc \rightleftharpoons H^+ + Ac^-$$
$$+$$
$$OH^-$$
$$\Updownarrow$$
$$H_2O$$

由于水的生成，破坏了 HAc 的电离平衡，促使 HAc 分子进一步电离，从而使溶液中的 H^+ 又获得补充。因此溶液中 $[H^+]$ 几乎不变。这就是缓冲溶液作用的原理。

常用缓冲溶液的组成有以下四种：

① 弱酸及其共轭碱，如 HAc-NaAc；

② 弱碱及其共轭酸，如 NH_3-NH_4Cl；

③ 两性物质，如 KH_2PO_4-Na_2HPO_4；

④ 高浓度的强酸、强碱，如 HCl（pH<2），NaOH（pH>12）。

（二）缓冲溶液 pH 值的计算

一般用作控制溶液酸度的缓冲溶液，对计算 pH 值准确度要求不高，常用最简式计算。

1. 酸性缓冲溶液

$$[H^+] = K_a(c_{HA}/c_{A^-}), \quad pH = pK_a + lg(c_{A^-}/c_{HA})$$

例 13-8 量取 HAc（浓度为 17mol/L）80mL，加入 $NaAc \cdot 3H_2O$ 160g，用水稀释至 1L，求此溶液的 pH 值。已知 $M(NaAc \cdot 3H_2O) = 136.08g/mol$，$K(HAc) = 1.8 \times 10^{-5}$，$pK_a = 4.74$。

解
$$c(Ac^-) = [160/(136.08 \times 1)]mol/L = 1.18mol/L$$
$$c(HAc) = (17 \times 80/1000)mol/L = 1.36mol/L$$
$$pH = pK_a + lg[c(OAc^-)/c(HOAc)] = 4.74 + lg(1.18/1.36) = 4.68$$

2. 碱性缓冲溶液

$$[OH^-] = K_b(c_B/c_{BH^+}), \quad pH = pK_w - pK_a + lg(c_B/c_{BH^+})$$

例 13-9 称取 NH_4Cl 50g 溶于水，加入浓氨水（浓度为 15mol/L）300mL，用水稀释至 1L。求此溶液的 pH 值。已知 $M(NH_4Cl) = 53.49g/mol$，$K(NH_3 \cdot H_2O) = 1.8 \times 10^{-5}$，$pK_b = 4.74$。

解 $c(NH_4^+) = [50/(53.49 \times 1)]mol/L = 0.94mol/L$

$c(NH_3) = (15 \times 300/1000)mol/L = 4.5mol/L$

$$pH = pK_w - pK_a + lg[c(NH_3)/c(NH_4^+)] = 14 - 4.74 + lg(4.5/0.94) = 9.94$$

（三）缓冲容量和缓冲范围

缓冲容量是衡量缓冲溶液能力大小的尺度，常用 β 表示，其定义是：使 1L 缓冲溶液 pH 值增加一个 pH 单位所需加入强碱的量；或者使 pH 值减少一个 pH 单位所需加入强酸的量。

缓冲容量的大小与下列两个因素有关。

① 缓冲物质的总浓度越大，β 越大；

② 缓冲物质总浓度相同时，组分浓度比（c_{A^-}/c_{HA} 或 c_B/c_{BH^+}）越接近 1，β 越大；当组分浓度比为 1:1 时，β 最大。

一般规定，缓冲溶液中两组分浓度比在 10:1 和 1:10 之间为缓冲溶液有效缓冲范围。

对 HA-A^- 体系，$pH=pK_a\pm1$（缓冲范围）；

对 B-BH^+ 体系，$pOH=pK_b\pm1$（缓冲范围）。

（四）缓冲溶液的选择

选择缓冲溶液时应考虑下列原则。

① 缓冲溶液对测定过程无干扰；

② 根据所需控制的 pH 值，选择相近 pK_a 或 pK_b 的缓冲溶液；

③ 应有足够的缓冲容量，即缓冲组分的浓度要大一些，一般在 $0.01\sim0.1mol/L$。

为了查阅方便，将各种酸碱溶液中 $[H^+]$ 的计算式汇总于表 13-10。

表 13-10　各种酸碱溶液中 $[H^+]$ 的计算式

名称	计算式		适用条件
一元强酸	$[H^+]=c$	(A)	$c\geqslant10^{-6}mol/L$ 或 $c^2\geqslant20K_w$
	$[H^+]=(c+\sqrt{c^2+4K_w})/2$	(C)	$c<10^{-6}mol/L$ 或 $c^2<20K_w$
一元弱酸	$[H^+]=\sqrt{K_ac}$	(A)	$K_ac\geqslant20K_w$；$c/K_a\geqslant500$
	$[H^+]=(-K_a+\sqrt{K_a^2+4K_ac})/2$	(B)	$K_ac\geqslant20K_w$；$c/K_a<500$
	$[H^+]=\sqrt{K_ac+K_w}$	(B)	$K_ac<20K_w$；$c/K_a\geqslant500$
二元弱酸	$[H^+]=\sqrt{K_{a1}c}$	(A)	$K_{a1}c\geqslant20K_w$；$2K_{a2}/\sqrt{K_{a1}c}<0.05$；$c/K_{a1}\geqslant500$
	$[H^+]=(-K_{a1}+\sqrt{K_{a1}^2+4K_{a1}c})/2$	(B)	$K_{a1}c\geqslant20K_w$；$2K_{a2}/\sqrt{K_{a1}c}<0.05$；$c/K_{a1}<500$
两性物质 $NaHA$ NaH_2B	$[H^+]=\sqrt{K_{a1}K_{a2}}$	(A)	$K_{a2}c\geqslant20K_w$；$c>20K_{a1}$
	$[H^+]=\sqrt{K_{a1}K_{a2}c/(K_{a1}+c)}$	(B)	$K_{a2}c\geqslant20K_w$；$c<20K_{a1}$
Na_2HB	$[H^+]=\sqrt{K_{a2}K_{a3}}$	(A)	$K_{a3}c\geqslant20K_w$；$c>20K_{a2}$
	$[H^+]=\sqrt{K_{a2}K_{a3}c/(K_{a2}+c)}$	(B)	$K_{a3}c\geqslant20K_w$；$c<20K_{a2}$
缓冲溶液 1.酸性 2.碱性	$pH=pK_a+\lg(c_{A^-}/c_{HA})$	(A)	当 $pH\leqslant6$，$c_{HA}\geqslant20[H^+]$ 和 $c_{A^-}\geqslant20[H^+]$
	$pH=pK_w-pK_b+\lg(c_B/c_{BH^+})$	(A)	当 $pH\geqslant8$，$c_{BH^+}\geqslant20[OH^-]$ 和 $c_B\geqslant20[OH^-]$

注：1. 碱的计算式，是将上述酸的计算式中 $[H^+]$ 换成 $[OH^-]$，K_a、K_{a1}、K_{a2} 换成 K_b、K_{b1}、K_{b2}，c 代表分析溶液浓度。

2.（A）为最简式；（B）为较简式或称近似式；（C）为精确式。

（五）提示

缓冲溶液的配制详见：

① 本书"第六章一般溶液"中"二、一般溶液的配制和计算""（六）常用一般缓冲溶液的配制""（七）测定指示剂 pH 变色域的缓冲溶液配制""（九）配合滴定中常用的缓冲溶液配制"。

② 本书"第七章标准溶液"中，"四、标准缓冲溶液的配制"。

第十四章 分析结果的允许误差及其数据处理

在定量分析中，通常要求分析结果具有一定的准确度，但在实际分析实验时，进行组分含量测定的一系列操作过程中，无论怎么精细、使用最准确可靠的分析方法、仪器、药品（试剂）和让最富有经验的专家进行分析实验等，也不可能获得绝对准确的分析实验结果。即使是同一个试样，同一个分析实验方法，同一个人在不改变任何条件的情况下进行几次平行分析实验（测定），也难以获得相同的结果（指每一个分析实验所获的数据之间完全相同）。这就是说，测定过程中"误差"是不可避免的，是绝对存在的，准确度是相对的。作为一个分析实验人员在操作的每一个步骤，每一个环节，应精益求精，一丝不苟、严格认真地执行分析实验（工艺）方法，并且不断改进分析实验方法和提高操作技术水平，应尽可能地使自己的分析实验（测定）结果准确，让测量误差减少到最小。这是分析实验人员应有的责任。

一、误差及其产生的原因

测量值与真实值之差称为绝对误差。误差值有正负之分，测量值比真实值大，误差为正；测量值比真实值小，误差为负。根据误差的来源，总括起来通常分两大类：一是将一些有规律性的误差，由某种确定因素引起的，重复出现的误差，归纳为"系统误差"；二是将一些无规律性的误差，由一些无法控制的偶然因素造成的误差，归纳为"偶然误差"。

（一）系统误差

系统误差是由固定的原因所造成的误差，这种误差在测量过程中按一定的规律性重复出现，一般有一定的方向性，即测量值总是比真实值大或测量值总是比真实值小。显然，各次测量数据中都包含着这种误差。根据这种有规律的特点，在分析实验中可将系统误差产生的原因归纳为以下几个方面。

1. 仪器的误差

由于使用未经校正的仪器而造成的误差。例如一些准确刻度量具——滴定管、移液管和容量瓶等。这类量具的刻度数，由于某些缺陷使其两个刻度之间的真实体积与标示值的体积不相等，或彼此不相符合，如滴定管在起始 10mL 和 10～20mL 这段之间不等；或量具与量具之间，如移液管和容量瓶之间，量出的体积不相等，如一个 100mL 容量瓶定容的液体体积与 5 份 20mL 移液管量取的体积总和不一定相等。再如使用的分析天平和砝码未经检定（校正），其标示值与真实值不相符，如 5g＋2g＋2g＋1g 四个砝码的总质量不一定等于 10g 等。以上这些都是由于仪器所表示的量值不准引起的误差。

2. 分析方法的误差

由分析实验方法本身不够完善造成的误差。例如用称量分析沉淀法时，沉淀由于溶解的损失和吸附的沾污及灼烧时的分解或挥发等；在容量分析滴定法中，反应进行的不完全，干扰离子的影响，选取指示剂滴定的终点与化学计量点不相符以及其他副反应等所引起的误差等，也属于分析实验方法的误差。

3. 试剂和分析用水的误差

如使用的化学试剂（药品）不可能是绝对纯净的，总会含有或多或少的杂质。又如使用的分析用水中可能含有干扰性的杂质。这些都会使分析实验用的溶液受到影响造成误差。

4. 操作的误差

由于分析实验操作人员在操作过程中对于控制条件掌握的不严格，如沉淀转移时忽略了沾在烧杯壁和玻璃棒上的沉淀，以及由于洗涤所造成的沉淀溶解等原因引起的误差。再有由于分析人员本身主观因素所引起的误差，如滴定过程接近终点时，对指示剂颜色信号的判断和读取体积数据的时间、条件、方法等原因也会引起误差。

上述系统误差产生的四个方面，只要分析实验人员主观努力，产生的误差因素都可以接近消除。

（二）偶然误差

偶然误差又称为不可测误差，也叫随机误差。其产生的特点恰与系统误差相反。偶然误差是由一些无法控制的、不可避免的偶然因素造成的。也就是说，在简单的情况下，无一定规律性，也是难以预料的。所以反映在几次平行测定的结果中，其误差值的大小和正负是完全可变的。它的来源往往一时不易察觉，可能是由于温度、湿度、气压等偶然波动所引起，也有可能由分析实验人员一时辨别的差异使读数不一致等引起。从表面看来偶然误差似乎难于掌握。但当测量次数很多时，就能摸索出这种误差还是有规律的（如正负误差出现的概率等；小误差出现的次数多，大误差出现的次数少，个别特别大的误差出现的次数极少）。

偶然误差是不可避免的，也不能通过"校正"的方法予以减小或消除。但从总体上看，偶然因素对测定结果的影响可以互相叠加或彼此抵消。这就使得多次重复测定结果的平均值的偶然误差，小于单次测定值的偶然误差。也就是说，采用"多次测定取平均值"的方法，可以减小偶然误差。

（三）分析操作错误

指因分析实验操作上粗枝大叶，不严格遵守操作工艺规程，以至于在分析实验操作过程中引入某些操作上的错误，如器皿洗涤不净，试液处理不妥当造成损失，试剂加错，称量时砝码看错，量具刻度看错，记录及计算上的错误等。这些都属于不应有的过失，会对分析结果带来严重影响，必须特别注意加以避免。错误不是误差，如果一旦发现错误的结果，应立即作废（剔除），不得报出或参加计算平均值。为此，对于一个分析实验操作人员来说，必须严格执行操作工艺规程，在分析实验过程中，对每一个步骤、操作环节都要认真对待，不能含糊地操作，有责任心才能避免操作错误。

二、准确度与精密度

准确度和精密度是用来评价分析结果的方式。

（一）准确度与误差

分析结果的准确度是指测定值与真实值之间彼此相接近的程度。通常是用误差来表示。也就是说准确度的高低是以误差的大小来衡量的。即误差愈小，准确度愈高；误差愈大，准确度愈低。按分析实验的要求，常用的误差表示方法又分为两种，即绝对误差和相对误差。绝对误差是表示测得值与真实值之差；相对误差是指误差在真实值中所占的百分率。用误差表示准确度时可以分以下两种情况。

第一种情况，只衡量单次测定值时，表示如下：

$$绝对误差(E)＝测定值(x)－真实值(T)$$

例 14-1 分析某一样品质量的测定值（测得结果）为 0.2345g，其真实值（标准样品）为 0.2343g，则绝对误差为

$$E＝x－T＝(0.2345－0.2343)g＝＋0.0002g$$

又如，分析另一样品质量的测定值为 0.0236g，而其真实值（标样）为 0.0234g，则绝对误差为

$$E＝x－T＝(0.0236－0.0234)g＝＋0.0002g$$

从上面两例看出，两例物体质量相差 10 倍，但测定值的绝对误差都为＋0.0002g，所以比较不出两者的准确度那一个高，哪一个低。因此要用相对误差比较来表示。相对误差表示为

$$相对误差(E_r)＝\frac{E}{T}\times100\%$$

在上面两个例子中的相对误差分别为

$$E_r＝\frac{＋0.0002}{0.2343}\times100\%＝0.085\%$$

$$E_r'＝\frac{＋0.0002}{0.0234}\times100\%＝0.85\%$$

从相对误差计算可看出，在测定过程中，称量的绝对误差虽然相同，但由于被测定的样品质量不同，则相对误差就不同。显然，当被测定的质量较大时，相对误差就比较小，测定的准确度也就比较高。用相对误差来衡量准确度更具有实际意义。

由于测定值可能大于真实值，也可能小于真实值，所以绝对误差和相对误差都有正负之分。

第二种情况，如对多个测定数值衡量其准确度时，表示如下：

$$绝对误差(E)＝\bar{x}－T$$

$$\bar{x}＝\frac{1}{n}\sum_{i=1}^{n}x_i$$

$$相对误差(E_r)＝[(\bar{x}－T)/T]\times100\%$$

式中，$\bar{x}$ 为多次测量值的算术平均值；n 为测量次数；$\sum_{i=1}^{n}x_i$ 为多次测定值 $x_1,x_2,\cdots,x_n$ 的和；T 为真实值。

例如，若测四次某样品的结果分别为 25.21、25.15、24.98 及 24.82，其真实值（标样）为 25.00。平均值、绝对误差和相对误差分别为

$$平均值\ \bar{x}＝\frac{1}{n}\sum_{i=1}^{n}x_i＝(25.21＋25.15＋24.98＋24.82)/4＝25.04$$

$$E = \overline{x} - T = 25.04 - 25.00 = +0.04$$

$$E_r = (E/T) \times 100\% = [+0.04/25.00] \times 100\% = +0.16\%$$

综上所述，无论以何种方式表示，相对误差值愈小，测量的准确度愈高。

其实，真实值它是客观存在的，但有时是无法准确知道的，而如果不能知道真实值，就不能确定测量值的误差，所以在习惯上是把某一个误差很小的测量值作为"真实值"。例如，在定量分析中将标准样品（简称标样）的含量当作"真实值"，将经过提纯的物质或基准试剂的含量当作"100%"。这样，就可以计算测得值与认定的"真实值"之间的相对误差，作为衡量分析结果准确度的依据。

但有时为了说明一些仪器测量的准确度，用绝对误差表示更清楚。如分析天平称量的误差是 $\pm 0.0002g$，滴定分析常量滴定管读数的误差是 $0.01mL$ 等。这些都是用绝对误差来说明的。

所以一般用绝对误差衡量仪器测量的准确度；用相对误差衡量测定值的准确度。

（二）精密度与偏差

分析结果的精密度是指在相同条件下，n 次重复测定结果之间相互接近的程度。精密度的大小通常用偏差表示，偏差愈小说明精密度愈高。

1. 偏差

指测定值与平均值之间的差值，可用绝对偏差和相对偏差表示：

$$绝对偏差(d) = 测定值(x) - 平均值(\overline{x})$$

绝对偏差是指单次测定值与平均值的差值。

$$相对偏差(d_r) = (d/\overline{x}) \times 100\%$$

相对偏差是指绝对偏差在平均值中所占的百分率。

绝对偏差和相对偏差都有正负之分，各次测定的绝对偏差之和等于零。

2. 算术平均偏差

对多次测定数据的精密度常用算术平均偏差 $(\overline{d})$ 表示。算术平均偏差是指用各次测定值的绝对偏差的绝对值之和，除以测定次数所得的平均值，即：

$$算术平均偏差(\overline{d}) = \frac{1}{n} \sum_{i=1}^{n} |d_i| = \frac{1}{n} \sum_{i=1}^{n} |x_i - \overline{x}|$$

$$相对平均偏差 \overline{d}_r = (\overline{d}/\overline{x}) \times 100\%$$

例 14-2　计算下面一组测量值的平均值 $(\overline{x})$，算术平均偏差 $(\overline{d})$ 和相对平均偏差 $(\overline{d}_r)$：20.41、20.44、20.48、20.47。

解　$\overline{x} = \frac{1}{n} \sum_{i=1}^{n} x_i = (20.41 + 20.44 + 20.48 + 20.47)/4 = 20.45$

$\overline{d} = \frac{1}{n} \sum_{i=1}^{n} |x_i - \overline{x}| = (0.04 + 0.01 + 0.03 + 0.02)/4 = 0.025$

$\overline{d}_r = (\overline{d}/\overline{x}) \times 100\% = (0.025/20.45) \times 100\% = 0.122\%$

3. 标准偏差

在数理统计中常用标准偏差来衡量精密度。

（1）总体标准偏差　总体标准偏差 (δ) 是用来表达测定数据的分散（散离）程度的特征值，其数学表达式为：

$$\delta = \sqrt{\frac{\sum (x_i - \mu)^2}{n}}$$

式中，μ 为总体平均值。

（2）样本标准偏差　一般测定次数有限，μ 值不知道，只能用样本标准偏差（s）来表示精密度，其数学表达式（贝塞尔公式）为：

$$s = \sqrt{\frac{\sum (x_i - \overline{x})^2}{n-1}}$$

式中，$(n-1)$ 在统计学中称为自由度，意思是在 n 次测定中，只有 $(n-1)$ 个独立可变的偏差，因为 n 个绝对偏差之和等于零。所以，只要知道 $(n-1)$ 个绝对偏差，就可以确定第 n 个偏差的值。

（3）相对标准偏差　标准偏差在平均值中所占的百分率叫作相对标准偏差（s_r），也叫变异系数或变动系数（RSD）。其计算式为

$$s_r = (s/\overline{x}) \times 100\%$$

用标准偏差表示精密度比用算术平均偏差表示要好。因为单次测定值的偏差经平方以后，较大的偏差就能显著反映出来。所以在生产和科研的分析实验结果中也常用 s_r 表示精密度。

例如，现有两组测量结果，各次测量的偏差分别为：

第一组　$+0.3$、$+0.2$、$+0.4$、-0.2、-0.4、0.0、$+0.1$、-0.3、$+0.2$、-0.3

第二组　0.0、$+0.1$、-0.7、$+0.2$、$+0.1$、-0.2、$+0.6$、$+0.1$、-0.3、$+0.1$

两组的算术平均偏差分别为：

第一组　$\overline{d}_1 = \frac{1}{n} \sum\limits_{i=1}^{n} |d_{1,i}| = 0.24$

第二组　$\overline{d}_2 = \frac{1}{n} \sum\limits_{i=1}^{n} |d_{2,i}| = 0.24$

从两组的算术平均偏差的数据看，都等于 0.24，说明两组的算术平均偏差相同。但很明显的可以看出第二组的数据较分散，其中有两个数据即 -0.7 和 $+0.6$ 偏差较大。算术平均偏差（$\overline{d}$）显示不出这个差异，但标准偏差（s）就能明显地显示出第二组数据偏差较大。各次的标准偏差（s）分别为

第一组　$s_1 = \sqrt{\frac{\sum (x_{1,i} - \overline{x}_1)^2}{n-1}} = 0.28$

第二组　$s_2 = \sqrt{\frac{\sum (x_{2,i} - \overline{x}_2)^2}{n-1}} = 0.34$

可以看出第一组测量结果的精密度较好。

（4）样本标准偏差的简化计算　按上述公式计算，得先求出平均值 $\overline{x}$，再求出 $(x_i - \overline{x})$ 及 $\sum (x_i - \overline{x})^2$，然后计算出 s 值，比较麻烦。计算标准偏差的公式可以通过数学推导，简化为下列等效公式计算。

$$s = \sqrt{\frac{\sum x_i^2 - (\sum x_i)^2 / n}{n-1}}$$

利用这个公式，可直接从测定值来计算 s 值。而且很多计算器上有 $\sum x$ 及 $\sum x^2$ 功能，有的计算器上还有 s 及 δ 功能，所以计算 s 值还是十分方便的。

4. 极差（全距）

极差也称全距，是指一组测定值中的最大值与最小值之差。在一般分析实验中，平行测定次数不多，常采用极差（R）来表示偏差的范围。

$$R＝测定最大值－测定最小值$$
$$相对极差＝(R/\bar{x})\times100\%$$

5. 公差（允许误差）

公差也称允许差，简称为允差。是指某分析实验方法所允许的平行测定间的绝对偏差，公差的数值是将多次测得的分析结果数据经过数理统计方法处理而确定的，是生产实践中用以判断分析结果是否合格的依据。如两次平行测定的数值之差在规定允差绝对值的二倍以内，认为分析结果有效，若测定结果超出允许的公差范围，称为"超差"，此结果无效，就应重做。

例如，用某种测定法测定铁矿中铁含量，两次平行测定结果分别为 33.18% 和 32.78%，其差值为 33.18%－32.78%＝0.40%，规范规定铁矿中含铁量在 30%～40% 时，测量的允差为 ±0.30%。两次测得结果的差值为 0.40%，显然小于允差 ±0.30% 的绝对值的二倍（即 0.60%），因此，测定结果有效。可以用两次测定的平均值作为分析结果。即

$$w_{Fe}＝\frac{33.18\%＋32.78\%}{2}＝32.98\%$$

（三）准确度与精密度的关系

前面已经叙述了用误差表示准确度，用偏差表示精密度。准确度和精密度是评价分析实验结果的两个方面。精密度只表示平行数据相互接近的程度，不表示测量值（或平均值）与真实值之差的大小。因此，精密度好，不一定准确度高。但是，精密度好是保证实验结果可靠性高的必要条件，精密度差的实验结果是不可靠的，应被否定。采取必要措施减少或消除系统误差，可以有效提高实验结果的准确度。若实验结果的精密度和准确度都很好，则可以判断实验结果可靠。

例如，一份标钢样品中含磷量的标准值（真实值）为 0.035%，采用同一种分析方法对其进行三组平行测定，获得了表 14-1 所示的测定结果。

表 14-1　分析结果

项目	甲			乙			丙		
测量值/%	0.034	0.034	0.035	0.029	0.031	0.031	0.032	0.038	0.039
	0.032	0.037	0.037	0.031	0.032	0.033	0.031	0.033	0.037
	0.032	0.035	0.036	0.029	0.030	0.031	0.033	0.035	0.039
	0.031			0.031			0.035		
算术平均值	0.034(0.0343)			0.031(0.0308)			0.035(0.0350)		
平均值绝对误差	0.001			0.004			0.000		
平均值相对误差	2.8%			11.4%			0.0%		
极差	0.006			0.004			0.008		
标准偏差	0.0021			0.0012			0.0027		

对表 14-1 所示的数据进行分析比较：

① 丙组数据的标准偏差最大，甲次之，乙最小。测定结果的精密度：乙＞甲＞丙。

② 乙组数据的平均值相对误差最大，甲次之，丙最小。测定结果的准确度：丙＞甲≫乙。

分析结论：

① 甲组测定结果精密度适当，准确度较高，最为可靠。

② 乙组测定结果虽然精密度最高，但准确度却很低，不太可靠。需要查找准确度低的原因。

③ 丙组测定结果精密度最低。尽管由于其正负误差相互抵消，准确度很高，但这是巧合的结果。故丙组测定结果最不可靠，不能采用。

三、提高分析结果准确度的方法

从误差性质分类的叙述中不难看出，欲想提高分析结果的准确度，在分析操作上应采取相应的有效措施，必须做到消除系统误差、减小偶然误差。

（一）选择合适的分析方法

正确合理地选择分析方法是非常重要的。因为各种分析方法的准确度有所不同。化学分析法对高含量（试样）组分的测定，能获得准确和较满意的分析结果，相对误差一般在千分之几。而对低含量组分的测定，用化学分析法就达不到这个要求。仪器分析法虽然误差较大些，但是由于灵敏度高，可以测出低含量组分。因此，在选择分析方法时，主要根据样品组分含量及对准确度的要求，在可能的条件下选择最佳的分析方法。

（二）增加平行测定次数减少偶然误差

测定次数越多，则平均值就越接近真实值，分析结果就越可靠。一般要求每份样品的测定应不少于两次平行测定。如果测定要求的精密度较高，则每份样品的测定次数应相应增加。

但是，在实际分析工作中，增加测定次数必将耗费相当多的时间和劳动力，因而也受到一定的限制。如从数学关系上考虑，算术平均值的标准偏差 S 与样本标准偏差 s 的关系为 $S=\dfrac{1}{\sqrt{n}}s$，其中 n 为测定次数。则随测定次数的增加，算术平均值的标准偏差为：

$n=$	1	2	3	4	···	9	10	11	···
$S=$	s	$0.707s$	$0.577s$	$0.500s$	···	$0.333s$	$0.316s$	$0.302s$	···
S 减少量	—	$0.293s$	$0.130s$	$0.077s$		$0.021s$	$0.017s$	$0.014s$	···

可以看出，当测定次数达到 10 次左右时，算数平均值的标准偏差的减少量已经很小了，再增加测定次数，意义不大。在实际应用中，平行测定 3～4 次，即可有效减小算数平均值的标准偏差，从而减小测量结果的偶然误差。

（三）减小测量误差

尽管分析天平和滴定管是校正过的，但在使用中仍会引入一定的误差。如使用分析天平称取一份试样，就会引入±0.0002g的绝对误差；使用标准50mL滴定管完成一次滴定，会引入±0.02mL 的绝对误差。为了使测定的相对误差小于 0.1%，则试样的最低称样量应为：

$$试样质量＝绝对误差/相对误差＝(0.0002/0.001)g＝0.2g$$

滴定剂的最少消耗体积为：

$$V＝绝对误差/相对误差＝(0.02/0.001)mL＝20mL$$

（四）消除测定中的系统误差

消除系统误差的措施如下：

1. 空白试验

由试剂和器皿引入的杂质所造成的系统误差，一般可通过作空白试验来加以校正。空白试验是指在测定组分（含量）时不加试样的情况下，按试样分析（规程）方法在同样的操作条件下进行的测定。空白试验所得结果的数值称为空白值。从试样的测定值中减去空白值，就得到比较准确的分析结果。

2. 校正仪器

在分析测定中，具有准确体积（滴定管、移液管、容量瓶等）和质量（天平砝码）的仪器，以及刻度仪表（密度计、温度计、大气压力计等），都应按规定的周期进行校检，并在计算分析结果时计入校正值，消除由仪器带来的系统误差。

3. 对照试验

常用的对照试验有以下三种。

① 用组成与待测试样相近的、已知准确含量的标准样品，按所选用分析方法进行测定，将对照试验的测定结果与标样的已知含量相比较，其比值即称为校正系数。

$$校正系数＝标准样品的已知含量/标准样品的测得含量$$

则使同一仪器、同样方法测得的试样中被测组分含量的计算为：

$$被测试样组分含量＝测得含量×校正系数$$

② 用标准方法与所选用的方法测定同一试样，若测定结果符合公差要求，说明所选用的方法可靠。

③ 用加标回收率的方法检验，即取两等份试样，在一份中加入一定量待测组分的纯物质，用相同的方法进行测定，计算测定结果和加入纯物质的回收率，以检验分析方法的可靠性。

四、对分析所得结果数据的正确处理

（一）有效数字

在分析实验过程中的每一步操作都会或多或少地存在一定的误差，所以在整理和计算结果的数据时，就需要表示出结果的误差范围。通常用"有效数字"表示某个分析实验对某个测量结果所达到的准确度，而有效数字就是分析实验中所能测量到的数字。应根据所用仪器的测量准确度记录所有准确数字和一位估计值。

例如，分析实验要求称量准确度为 0.1mg，这就需用准确度为 0.0001g（即万分之一克）的分析天平称量，读数的小数点后有 4 位数字，最后一位为估值。例如称量某物质的结果为 0.3210g，这个数值有四位有效数字，它除说明质量 0.3210g 外，还说明这个结果的称量准确度达到 0.0001g（0.1mg），即 0.3210g±0.0001g。若将此值记录为 0.321g 或 0.32100g，显然从反映的测量准确度考虑都是错误的，因 0.321g 说明称量准确到 0.001g，即（0.321±0.001）g；而 0.32100g 说明称量准确到 0.00001g，即（0.32100±0.00001）g。显然这两个记录结果都与分析天平的称量准确度 0.0001g 不相符，这就不是实事求是了。

又如，50mL 滴定管的最小分度值为 0.1mL，则读数时应读至小数点后第 2 位。小数点后第一位是准确值，小数点后第二位是估计值。一般滴定时，耗用滴定液的量大于 10mL，所以有效数字有 4 位，如 21.53mL。

可以看出，正确记录分析实验结果，是非常重要的。所谓正确记录是指正确记录数字的位数，因为数字的位数不仅表示数字的大小，也反映测量的准确度。因此记录数据的位数不能任意增加或减少。无论计量仪器如何精密，其最后一位数总是估计出来的，所以所谓有效数字就是保留末一位不准确数字，其余数字均为准确数字。

（二）"0"（零）在有效数字中的作用

一个数值，除去位于所有非"0"有效数字前面的"0"（起定位作用）以外，所有的数字都是有效数字。"0"在有效数字中有两种意义：一种是作为数字定位；另一种是有效数字。

例如在分析天平上称量物质，得到表 14-2 所示的四个质量数字。

表 14-2　称量所得的质量

称量的物质	① 称量瓶	② 碳酸钠	③ 草酸	④ 称量纸
质量/(m/g)	10.1430	2.1054	0.2106	0.0130
有效数字位数	6	5	4	3

表 14-2 数据中：

① 在 10.1430 中，两个"0"都是有效数字，所以它有 6 位有效数字。

② 在 2.1054 中，"0"也是有效数字，所以它有 5 位有效数字。

③ 在 0.2106 中，小数点前面的"0"是定位用的，不是有效数字，而在数值中间的"0"是有效数字，所以它有 4 位有效数字。

④ 在 0.0130 中，"1"前面的两个"0"都是定位用的，而在末尾的"0"是有效数字，所以它有 3 位有效数字。

但以"0"结尾的正整数，有效数字的位数不确定。

例如 5600 这个数，其有效数字位数是不明确的。遇到这种情况，应根据实际有效数字位数书写成下列形式：

5.6×10^3　　2 位有效数字

5.60×10^3　　3 位有效数字

5.600×10^3　　4 位有效数字

因此较大或较小的数字，常用"$\times 10^n$"的方式表示。当有效数字位数确定后，在书写时，一般只保留一位可疑数字，多余的数字应按数字修约规则修约。

在分析实验中，还会经常遇到 pH、pK 等的数值，如 pH=11.02，其有效数字仅取决于小数部分数字的位数，因整数部分只能说明 10 的方次。pH=11.02，它是由 $[H^+]=9.6 \times 10^{-12}$ mol/L 取负对数而来，9.6×10^{-12} 的有效数字为 2 位，所以 pH 的有效数字为 2 位，而不是 4 位。

（三）数值修约规则

为了适应生产和科技工作的需要，我国颁布了国家标准 GB/T 8170—2008《数值修约规则与极限数值的表示和判定》，通常称为"四舍六入五成双"原则。

四要舍：当拟舍去数字的最左一位≤4 时舍去。

六应入：当拟舍去数字的最左一位≥6 时进位。

当拟舍去数字的最左一位恰为五时，则应：

五后有（不为"0"的）数进一位，

五后无数（或为"0"）看单双。

五前单数应进一，

五前偶数全舍光。

数字修约有规定，

连续修约不应当。

举例加以说明。如需要保留至小数点一位，则下列数据修约结果是：

14.243 ——→14.2

14.4843 ——→14.5

2.0501 ——→2.1

1.250 ——→1.2

3.150 ——→3.2

3.050 ——→3.0

如修约过程中采用 25.449 ——→25.45 ——→25.5 的方式，是错误的（不允许连续修约），应一次修约为 25.4。

25.95 ——→26.0 是修约后的自然进位，不是连续修约。

值得注意的是：在涉及安全或已知极限的情况下，则应只单向修约，即"只进不舍，或只舍不进"。

例 14-3　标准规定，室内空气中 CO（一氧化碳）最高容许含量为 $\rho(CO) = 30mg/m^3$。

实测值　$\rho(CO) = 30.4mg/m^3$

修约值　$\rho(CO) = 31mg/m^3 > 30mg/m^3$

在此种情况下，应只进不舍，所以此检测结果不合格。

例 14-4　分析纯 KCl（氯化钾）试剂，按标准规定应有 $w(KCl) \geq 99.8\%$。

实测值　$w(KCl) = 99.78\%$

修约值　$w(KCl) = 99.7\%$

在此种情况下，应只舍不进，所以此检测结果不合格。

（四）准确数字

在分析实验的结果计算中常用到的元素的原子量、物质的分子量、反应电荷数、化学因数等数值，都称为准确数字。

例如，Ag 的原子量为 107.87；

$AgNO_3$ 的分子量为 169.87；

$Cr_2O_7^{2-} + 14H^+ + 6e^- \Longrightarrow 2Cr^{3+} + 7H_2O$，$Cr_2O_7^{2-}$ 的反应电荷数为 6；

$Ba/BaSO_4$ 的化学（换算）因数为 0.5884。

以上这些数值都是准确的，在化学分析实验计算中就作为准确数字使用。

（五）有效数字的使用规则

在整理和记录的数值结果中，只允许保留一位估计数字，这一位数字显示了测量的准确度。

例如，滴定管的最小刻度间隔是 $0.1mL$，其测量的准确度可达到 $\pm 0.01mL$，测量值的最后一位是小数点后第 2 位，这一位上的数字即为估计值。如一个测量数据为 $23.56mL$，这个尾数"6"在滴定管的刻度上已不能表示出来，是估计数字。如果保留两位或更多位的估计数字，显然是不正确的。一般的分析实验结果要求四位有效数字。

根据仪器的准确度介绍了有效数字的作用和记录原则，在分析实验的结果计算中，有效数字的保留也是很重要的。不同位数的有效数字进行运算时，应先修约，后运算。

1. 加法和减法

应以数据中小数点后位数最少的数字为准，按"数值修约规则"修约其他数字，使各数字的绝对误差一致，再进行计算。

例如，计算 20.2438、3.21、0.123、0.03456 四个测量数据之和。应以小数点后位数最少的 3.21 为准，将其他数字修约至小数点后第二位。

正确计算	20.24	不正确计算	20.2438
	3.21		3.21
	0.12		0.123
＋）	0.03	＋）	0.03456
	23.60		23.61136

上例中相加的 4 个数字中，3.21 中的 1 已是可疑数字，因此其他数字均应修约至小数点后第二位。所以左边的写法是正确的，而右边的写法是不正确的。

2. 乘法和除法

应以有效数字位数最少（相对误差最大）的数字为准，所得积或商的有效数字，也应与其保持一致。

例如，计算 $20.2438 \times 3.21 \times 0.12$，$0.12$ 是其中有效数字最少的，有两位有效数字，则其他数字均应修约为两位有效数字，乘积也应保留两位有效数字。

$$20 \times 3.2 \times 0.12 = 7.7$$

在这个算题中，三个数据的相对误差分别为：

$$(0.0001/20.2438) \times 100\% = \pm 0.0005\%$$
$$(0.01/3.21) \times 100\% = \pm 0.3\%$$
$$(0.01/0.12) \times 100\% = \pm 8.3\%$$

计算结果 7.7 的相对误差：

$$(0.1/7.7) \times 100\% = \pm 1.3\%$$

此数的相对误差与 0.12 的相对误差相适应。

直接用计算器计算时可以先不修约，但要正确保留最后计算结果的有效数字位数。其计算结果可能稍有差别，不过也是最后可疑数字上稍有差别，影响不大。

3. 自然数

在化学分析运算中，有时会遇到一些倍数或分数的关系，如

$$\frac{1}{3}H_3PO_4\ 的分子量=97.995/3=32.665$$

$$H_2O\ 的分子量=2\times1.008+15.999=18.015$$

上面计算式中的"3"和"2"，都不能看作是 1 位有效数字，因为它们是非测量得到的数字，是自然数，其有效数字位数可视为是无限的。

4. 分析结果报出的位数

当分析计算结束后，在报出分析结果时，一般要求：

分析结果数据≥10%时，保留 4 位有效数字；

分析结果数据 1%～10%，保留 3 位有效数字；

分析结果数据≤1%时，保留 2 位有效数字。

但具体还要看委托部门对有效数字的规定要求。

（六）有效数字在分析实验中的应用

例如，以高锰酸钾（$KMnO_4$）为标准溶液测定铁矿石中铁（Fe）的含量（%）。要求测量准确度为±0.1%（相对值），即 1.000g±0.001g。这样的准确度需使分析结果数据以四位有效数字表示才能满足要求。

1. 选择适合的分析天平，确定称取样品质量

称样准确度＝（天平灵敏度/试样质量）×100%

所用分析天平灵敏度＝0.0001g，要求称样准确度为 0.1%，故试样质量应＞0.1000g。此时，测量值即已具有四位有效数字，满足分析要求。若采用灵敏度为 0.001g 的分析天平，则试量质量必须＞1.000g。

2. 选用仪器并确定符合要求的条件

一般分析中使用的 50mL 滴定管的最小分度值为 0.1mL，如需保留四位有效数字，显然所用标准溶液体积应超过 10.00mL 才能满足要求。

滴定时不可避免有半滴到一滴（即 0.02～0.05mL 1mL 含 20～25 滴）的误差，则满足±0.1%要求的条件为：

滴定准确度＝[滴定的最大误差(mL)/滴定需用的最低体积(mL)]×100%

若滴定准确度要求为 0.1%，滴定的最大误差为 0.05mL，则滴定所用标准溶液的最小体积应为 50.00mL（四位有效数字）。若滴定准确度要求为 0.1%，滴定的最大误差为 0.02mL，则滴定需用的最低体积为 20.00mL。

所以，在分析人员谨慎操作，使操作误差控制在半滴以内时，使用 50mL 滴定管滴定时标准溶液的体积应不小于 20.00mL（满足四位有效数字），就能适应于分析结果要求准确度大于 0.1%的条件。

（七）分析结果误差范围的参考

对于分析实验的结果，能允许的误差大小是不固定的，在通常情况下，可根据其下列因素进行参考。

① 根据样品中欲测成分含量的多少，成分中含量高的，其相对误差值必小，反之必大。这就说明测定组分较高的试样所要求的相对误差低一些，反之可高些，一般可参考表 14-3。

表 14-3　一般分析结果误差参考

样品中的成分含量范围/%	两次平行测定结果的允许误差/%
80～100	±0.30
40～80	±0.25
20～40	±0.20
10～20	±0.12
5～10	±0.08
1～5	±0.05
0.1～1	±0.03

对于测定含量极少的试样，其误差范围通常是用"绝对误差"为参考，一般可参考表14-4。

表 14-4　样品含量极少的分析结果误差参考

样品中的成分含量数量级	两次平行测定结果的允许误差数量级
10^{-2}	10^{-4}
10^{-3}	10^{-4}～10^{-5}
10^{-4}	10^{-5}
10^{-5}	10^{-5}～10^{-6}

② 根据分析实验方法的复杂程度。某一种成分的测定可应用各种不同的分析实验方法来完成，但各个分析实验方法的准确度并不一样。对成分含量在 10^{-1} 数量级的试样，常可达到 10^{-3} 数量级的相对误差。但有些资料上所介绍的"快速分析法"，其相对误差一般在 10^{-2} 数量级或更高一些。

③ 根据试样中所含成分的复杂程度。试样中含有的成分越多，组成越复杂，引起干扰性反应的机会越大，分析实验操作过程就越烦琐。分析实验操作过程中必产生误差的机会增多，故误差范围就需相应放宽。因此天然矿物等复杂物的分析，应比对一般纯品分析允许的误差范围更大一些。

④ 根据分析实验目的的不同。假如分析实验目的是校验分析实验方法、制备标准样品和为了更正确地确定化学成分及进行研究工作、测定科学常数、原子量等，还有生产部门需进行有关成本核算，对这类分析实验通常要求的准确度很高，有时需要用五位有效数字来表示分析实验结果的数据。但对一般工业分析，如进行生产条件控制的一些快速分析法，所要求的误差范围一般都在 10^{-2} 数量级。

（八）怎样填写（发）分析结果报告

1. 一般日常化验分析

根据委托单位对试样（样品）分析提出的要求，选用相应的分析方法。按分析方法的规定，无特殊要求，一般都称（量）取两份试样，也称双样法，进行平行测定。若测得的分析结果的极差（最大值减最小值），在分析方法规定的允许误差（公差）之内，且又符合分析样品规定的成分（含量）的范围，取两个测定分析结果的算术平均值，经校对、审核无误后，即可填写（发）分析结果报告。

测得的分析结果，时常会遇到一些问题，举例说明如下。

例如，测定钢铁中锰采用的分析方法规定的公差为±0.02％（产品锰的含量范围为0.20％～0.50％），对于测得分析结果大体有以下几种情况。

① 所测得分析结果分别为 0.25％ 与 0.27％，这两个分析结果之差小于公差±0.02％（双面公差为 0.04％），且又符合样品规定的含量范围（即合格产品），应认为此分析结果有效，可填写（发）分析结果报告。

② 若测得的分析结果的极差超出分析方法规定的公差（即超差），虽然符合样品规定的含量范围，但此分析结果无效，必须复验。如复验所得分析结果的极差未超出分析方法规定的公差，并与复验前次分析结果其中之一的极差也在公差之内，此次复验结果认定有效。

如复验测得的分析结果仍超差，与复验前次分析结果对照相差又较大，此次结果无效。应仔细地考虑分析操作所用的试剂（药品）、仪器等是否有问题；或改换他人再次复验，必要时可带标样（成分力求相似，含量相近）。为了慎重起见，最好再复一次。若两次复验所得结果均不超差，认定两次复验结果均有效（填写哪一份都可）。

如改换他人操作，带标样测得结果仍超差，所带标样测得结果与已知真实值，又无较大的出入，并在分析方法的允许误差之内，此结果暂不填写分析结果报告。找原因，很有可能取样或制备试样偏析（不均匀），应重新取样，重新分析。重新取样分析结果情况应会同权威人士（专家）研究后，再确定。

③ 测得的分析结果的极差不超出分析方法规定的公差，但其样品含量第一次测定就超出含量范围（不合格品），经复验分析结果仍不超差，而样品的含量范围还是超出规定的含量范围（不合格品）。由于两次平行测定的分析结果不超差，分析操作又没发现可疑问题，可认定两次测得分析结果均有效。

④ 若分析结果之差等于分析方法规定的允许误差或在其边缘，又符合样品规定的含量范围，此分析结果暂不能填写结果报告。为了慎重起见，进行再次复验。若复验结果还在其边缘，仍未超出分析方法规定的允许误差，又符合样品规定的含量范围，此次复验结果应认为有效。

若复验结果超出分析方法规定的允许误差，此次结果无效。应仔细考虑检查分析操作用的试剂、仪器是否有问题；或改换他人操作，带标样进行再次复验。若再次复验结果不超差，标样结果与已知的真实值相差也在允许误差之内，此结果有效。若标样结果超差，这时不能填写报告。应查找分析操作上存在的问题。

2. 重复分析

要求更精确的分析结果时，如做标准样品（标样）、配合科学研究等，可做多个分析结果，取其算术平均值。仍不能满足要求时，亦不能无限增加测定次数，应考虑改用别的分析方法。

例如，测定钢铁中的锰，设做得九个分析结果为：0.21％、0.22％、0.22％、0.23％、0.23％、0.23％、0.23％、0.24％、0.26％，分几种情况讨论。

第一种情况：已知允许误差（公差）为±0.025％

先算出极差，0.26％－0.21％＝0.05％，等于双面公差（0.05％），按规定所有结果都有权参加平均，算出平均值等于 0.23％。

然后用平均值去比较，超出单面公差（0.025％）的属可疑值，或舍去、或再补做一个结果。这里舍去的值是 0.26％，余下数平均值等于 0.226％，进为 0.23％报结果。因为允许误差为±0.025％，此平均结果的允许误差＝±0.025％/$\sqrt{8}$≈±0.01％，亦即正确的结果应在 0.22% 与 0.24% 之间（当然方法不应有系统误差）。

第二种情况：已知允许误差为 ±0.02%

这时极差大于双面公差，但相邻两数之间又不超差，似乎难以决定那个数据不能参加平均。这时可对数据的趋势加以观察，例如看出 0.26% 应属可疑。这时有两种做法，一个仍按第一种情况处理，另一个就是直接决定舍掉 0.26%。

第三种情况：不知道分析方法的允许误差，又无合适公差

例如，测定合金钢中微量硼，含量约 0.002%，国家标准（GB/T 3077）规定的公差 B≤0.05% 的为 ±0.0075 显然不合适。若测得结果为：0.0031%、0.0022%、0.0020%、0.0020%、0.0019%、0.0018%、0.0016%、0.0015%、0.0014%。

这种情况下，可通过计算得出标准偏差（s），用 $\pm 2\sqrt{2}\,s$ 来决定第一次取舍。凡与平均值相比超过单面标准偏差的应舍去。

通过计算得知平均值为 0.0019，$s=0.0003$，而 $2\sqrt{2}\,s=0.00085$，因为 $0.0031-0.0019=0.0012>0.00085$，所以将 0.0031 舍去。

然后求舍余数的平均值和标准偏差，求得平均值为 0.0018，$s=0.00028$，决定第二次取舍可用严一点标准 $2s=0.00056$，可见所有数据有效。这时的分析结果可填写 0.0018%，此平均值本身的允许误差为 $\pm 0.00056/\sqrt{8}=0.0002$，表示正确值在 0.0016% ～ 0.0020%。

3. 按分析原始记录填写分析报告

通过一系列的分析操作，将测得的数据清楚地填写于分析原始记录本上，按所选用分析方法的计算公式进行运算，并用数值修约规则处理，记录计算结果并核验可疑值。再由校对（检查）者对原始记录数据、运算过程、分析结果数据进行核对并签字。按分析报告（单）的格式内容要求逐项填写分析报告，字迹要工整。

上述分析结果报告，须经分析（化验）者、校对（检查）者、审核者、化验室主任层层签字确认，写明日期，最后加盖化验室公章，方可报送委托单位。

注：1. 签字的责任

分析者：对测量值和分析结果负有全部的责任。

校对者：对分析原始记录的数据、进行运算过程的数据及其所得分析结果全部数据负有校对的责任。

审核者：对分析方法及报告的分析结果与其样品规定指标符合情况负有审核责任。若所测得的分析结果与其样品规范指标有否出入（不合格）或在其规范品级的边沿时，待与样品的分析者沟通情况，并了解分析过程及所采取的措施（复试情况）后，经审慎处理，必要时于分析报告单备注栏内，用文字注明情况。

室主任：对所报出的分析结果负有全部的领导责任。

2. 分析结果存档

对于分析样品（产成品、原材料等）的分析结果要登记存档，根据其样品应用的性质、性能情况，制订存档记录保存期限。以备出现问题可查。

对于工序、车间的半成品样品的分析结果，不做存档保存，仅对分析原始记录（本）保存不少于一年。

第十五章 化学分析基本知识

一、一般操作知识

根据被分析测定物料的量的多少和应用的仪器与操作方法，一般可将化学分析分为常量分析、微量分析、半微量分析和超微量分析。

常量分析：是最经典的分析方法，取样量较多，与其他的分析方法比较具有较高的精确度，因此是化验分析中最常采用的方法。

微量和超微量分析：这两类分析方法常需要有高灵敏度的试剂和特殊构造的仪器，为了检查某些元素常利用显微结晶和点滴反应。

半微量分析：系介于微量分析与常量分析之间的一种分析方法。所用的试剂较常量分析为省，反应灵敏，结果准确，也是化验室分析中较为常用的方法。

各分析方法的取样量范围见表 15-1。

表 15-1 各分析方法的取样量范围

项目		常量分析	半微量分析	微量分析	超微量分析
固体试样质量/mg	定性	>100	100～10	10～0.01	<0.01
	定量	>100	100～10	10～1	1～0.1
溶液体积/mL	定性	>10	10～1	1～0.1	0.2～0.1
被测定的物质/mg	定性	$>10^{-2}$	$10^{-2} \sim 10^{-3}$	$10^{-3} \sim 10^{-6}$	$10^{-6} \sim 10^{-11}$
	定量	>0.1	0.1～0.01	约 0.001	0.0001

注：上述划分也是人为的，事实上在具体的分析操作中这几种方法有时也经常重叠交错进行，并无明显界限。

二、灼烧实验的观察与推断

取一只硬质玻璃的小试管，内径约 0.5cm，长约 7cm，放入 10～15mg 研细的试样（注意：勿使试样沾于管壁！）平放在酒精喷灯上缓慢加热，逐渐增加火力，可根据管中试样变化推断试样是哪一类物质，见表 15-2。

表 15-2 试样灼烧时观察与推断

灼烧时观察		推断
颜色改变	1. 炭化变黑，常常有燃物气味	有机物，例如酒石酸盐等
	2. 变黑，不带燃物气味	Cu、Mn 及 Ni 的盐类在高温变为氧化物
	3. 热时黄色，冷时白色	ZnO 及许多锌盐
	4. 热时黄棕，冷时黄色	SnO_2 或 Bi_2O_3
	5. 热时冷时都是棕色	CdO 及许多镉盐
	6. 热时红至黑，冷时棕色	Fe_2O_3

续表

灼烧时观察		推断
生成升华	1.白色升华①	$HgCl_2$、$HgBr_2$、Hg_2Cl_2、卤化铵、As_2O_3、Sb_2O_3、某些挥发性有机物(草酸、苯甲酸)
	2.灰色升华,易摩擦成小球	Hg
	3.钢灰色升华,蒜气味	Ag
	4.黄色升华	S(热时熔融)、As_2S_3、HgI_2(用玻璃棒摩擦时为红色)
	5.蓝黑色升华,紫色蒸气	I_2
	6.黑色,研成粉末为红色	HgS
放出气体或蒸气	1.放出水蒸气	含结晶水的化合物(时常伴随变色)
	用石蕊试纸检验	酸式盐含氧酸,氢氧化物
	水为碱性	铵盐
	水为酸性	易分解的强酸盐酸
	2.使火柴余烬发火	硝酸盐、氯酸盐、高氯酸盐、溴酸盐、碘酸盐、过氧化物、高锰酸盐
	3.使火柴余烬发火,放出水蒸气	硝酸盐及亚硝酸盐与铵盐混合物
	4.暗棕色或带红色烟气,酸性反应	重金属的硝酸盐或亚硝酸盐
	5.燃烧带蓝色焰	草酸盐
	6.放出气体使石灰水变浑浊	碳酸盐、重碳酸盐、草酸盐及其他有机化合物
	7.燃烧带紫焰,杏仁气味	重金属氰化物,例如 $AgCN$,$Hg(CN)_2$,$K_3Fe(CN)_6$
	8.燃烧带光亮焰	乙酸盐
	9.放出氨味,使亚硝酸汞试纸变黑	铵盐,某些铵配盐
	10.放出腐鱼味,可燃	亚磷酸盐及次磷酸盐
	11.燃烧硫臭味,使 $K_2Cr_2O_7$ 试纸变绿	亚硫酸盐、酸式亚硫酸盐、硫代硫酸盐、某些硫酸盐
	12.放出臭鸡蛋气味,使乙酸铅试纸变黑	氢硫化物、水化硫化物
	13.放出黄绿色气体,漂白石蕊试纸	不稳定氯化物,例如铜、金、铂的氯化物,氧化剂存在时的氯化物
	14.放出红褐色、窒息味	与氯化物相似来源
	15.放出紫色蒸气、凝聚为黑色结晶	游离碘及某些碘化物

① 如果生成白色升华,加 4 倍无水碳酸钠及少量的 KCN 在小灼烧试管中加热。生成灰色镜,当用玻璃棒摩擦时,可变为小球,表示有 Hg;棕黑色镜,在较粗管中加热时,产生白色升华及蒜气味,表示有 As;放出气体使亚硝酸汞试纸变黑,表示铵盐。

注：一些物质灼烧后释放出的气体有毒,故在成分未明的情况下,应在通风橱内进行灼烧试验,并采取适当防护措施。

三、元素火焰的着色

（1）一些元素的化合物在火焰中的颜色　用洁净的铂丝（或镍铬丝,见表 15-3 注）弯成小环,蘸浓盐酸一细滴,然后蘸取研细的试样,放于煤气灯的外焰中灼热,其颜色现象如表 15-3。

表 15-3　元素火焰的着色

元素 (或化合物)	颜色	备　　　注
Na	黄(强黄)	强烈和持久的颜色才证明 Na 的存在,透过蓝色玻璃看不见火焰
Ca	砖红 (由微黄到橙黄)	在用 HCl 润湿时火焰获得相当强烈的颜色,透过绿色玻璃它似乎为绿色

续表

元素 （或化合物）	颜色	备　注
Sr	红（深红）	在煅烧后能观察到碱性反应（钙也同样，但锂不同），在透过绿色玻璃观察时火焰好像浅黄色
Li	红（深红）	在燃烧后没有碱性反应（与锶不同），透过绿色玻璃观察时火焰好像浅黄色
Ba	绿（微黄）	在煅烧后有碱性反应。$BaSO_4$ 生成的颜色不显著
Mo	绿（淡黄）	在煅烧后有碱性反应
B	绿 （鲜明稍微带黄）	在煅烧后间或观察到碱性反应。可用试纸检验 B 是否存在
$CuO,CuCl$	绿（绿宝石色）	当用盐酸润湿时，火焰染呈带绿色色调的天蓝色
P	绿（微天蓝色）	在用浓硫酸润湿时颜色常常变得更鲜明
Zn	绿（浅天蓝）	在火焰的外表部分发生火花
$CuCl_2$	天蓝（天青）	火焰的外表部分获得绿宝石绿色的色调
Pb	天蓝（微天青）	在火焰的外表部分有绿色色调
K	紫（苍白）	在有 Na 共存时，钠的黄色火焰有干扰，应通过蓝色玻璃观察。火焰透过蓝色玻璃看好像绛红色
Rb	紫（苍白）	在有 Na 共存时，钠的黄色火焰有干扰，应通过蓝色玻璃观察。火焰透过蓝色玻璃看好像绛红色
Cs	紫（苍白）	在有 Na 共存时，钠的黄色火焰有干扰，应通过蓝色玻璃观察。火焰透过蓝色玻璃看好像绛红色

注：在做分析实验之前，首先要检查一下铂丝是否洁净。检查的方法是置铂丝于喷灯上灼烧，看它能否使火焰变色，若能使火焰变色，说明铂丝不干净，需用 12mol/L HCl 润湿（将盐酸放在表面皿或小烧杯里，把铂丝烧红，沾盐酸在喷灯上再烧，反复数次，直到无颜色出现为止）。每检查过一次离子之后，应按上述方法来洁净铂丝。

（2）硼砂珠及磷酸盐珠的颜色　很多元素的化合物（盐及氧化物）在与硼砂（$Na_2B_2O_7 \cdot 10H_2O$）或磷酸盐（$NaNH_4HPO_4 \cdot 4H_2O$）熔融时，生成玻璃珠；并有着特殊的颜色。珠的颜色视生成时所在的火焰部分（氧化焰或还原焰）及珠的温度而定。

表 15-4 中热珠指炽热状态下的珠，冷珠指冷却状态下的珠。

表 15-4　硼砂珠及磷酸盐珠的颜色

珠的 颜色	与硼砂				与磷酸盐			
	在氧化焰中		在还原焰中		在氧化焰中		在还原焰中	
	热珠	冷珠	热珠	冷珠	热珠	冷珠	热珠	冷珠
从黄至棕	Fe、Cr、Ce、V、U	Ni[1]	Ti、W、V、Mo		Fe、Ce、U、V、Ag	Fe、Ni[1]	Fe、Ti[2]	
绿	Cu、V	Cr	Fe、Cr、U、V	Fe	Cu、Mo	Cr、U		Cr、U、V、Mo
蓝	Co	Co、Cu	Co	Co	Co	Co、Cu	Co、W[2]	Co、W[2]
紫	Mn、Ni	Mn		Ti	Mn	Mn		Ti[2]
红	Ce		Cu[3]	Ce				Cu[3]

① 珠棕色；② 在有 Fe 存在时，Ti 与 W 生成血红色的珠；③ 有 Sn 共存时，呈橡胶的红色。

硼砂珠或磷酸盐珠的实验方法：将洁净的铂丝末端弯成小环，蘸取硼砂或磷酸盐，放入喷灯火焰。盐在此熔化，形成透明无色的玻璃状物。然后将丝从火焰中取出，在生成的玻璃状物上放少量固体试验物质，重新放入火焰（注意是氧化焰还是还原焰），此时熔珠显色。

四、用吹管在木炭上的加热

在一块木炭的小穴上放入预先与两倍数量的无水碳酸钠混合好的少许试验物质，借吹管之助将喷灯的还原焰吹向混合物，使混合物发生灼烧，此时可能出现表 15-5 的特征现象。

表 15-5　用吹管在木炭上加热的特征现象

在炭穴内发生的现象	在炭穴周围冷处发生的现象	可能的结论
形成白色不熔物质，灼烧时强烈发光	不生成升华物	Mg、Ca、Sr、Al
形成灰色不熔（海绵状）物质，具有磁性		Fe、Ni、Co
形成绿色不熔物质		Cr
形成红色不熔（海绵状）物质		Cu
形成熔融金属的白色有光泽、有延展性的熔块		Ag
形成熔融金属的有延展性的熔块。除去火焰时金属马上为白色氧化物所掩盖		Sn
形成熔融金属的有光泽、有延展性的熔块	得到黄色升华物	Pb
形成熔融金属的有光泽的脆性熔块	得到褐黄色升华物	Bi
（在玛瑙研钵中磨成粉末）	得到白色升华物	Sb
不生成熔块	在热的状态下得到黄色升华物，冷却时为白色	Zn
	得到褐红色升华物	Cd
	得到白色升华物，反应中产生蒜味（小心！）	As

注：读者可参考索洛多夫尼柯娃著《矿物鉴定指南及鉴定表》，地质出版社（1957）；皮里平科-加里宁合著《矿物吹管鉴定手册》，地质出版社（1954）。

五、水溶液中离子的颜色

水溶液中离子的颜色见表 15-6。

表 15-6　水溶液中离子的颜色

颜色	离子
蓝	Cu^{2+}、Cr^{2+}、CrO_6^{3+}
绿	Ni^{2+}、Fe^{2+}、Cr^{3+}、MnO_4^{2-}、CrO_2^-
黄	CrO_4^{2-}、Fe^{3+}、$[Fe(CN)_6]^{3-}$
橘红	$Cr_2O_7^{2-}$
粉红	Co^{2+}
紫	MnO_4^-
无色	K^+、Na^+、NH_4^+、Mg^{2+}、Ca^{2+}、Sr^{2+}、Ba^{2+}、Al^{3+}、AlO_2^-、Zn^{2+}、$HZnO_2^-$、Cu^+、Ag^+、Cd^{2+}、Hg^+、Hg^{2+}、$HPbO_2^-$、Pb^{2+}、Bi^{3+}、AsO_3^{3-}、AsO_2^-、$As_2O_5^{4-}$、As^{2+}、AsO_4^{3-}、AsO_3^-、$As_2O_7^{4-}$、As^{5+}、SnO_2^{2-}、Sn^{2+}、SnO_3^{2-}、Sn^{4+}、Sb^{2+}、SnO_4^{2-}、SbO_3^-、SbO_4^{3-}、Sb^{5+}

六、氧化剂和还原剂

1. 氧化剂

氧化剂举例见表 15-7。

表 15-7　氧化剂

氧化剂类型	氧化的方式
1. 游离卤素	卤素分子转变为带负电荷的离子 $X_2 + 2e^- \Longrightarrow 2X^-$
2. 过氧化氢	中型碱性介质中　$H_2O_2 + 2e^- \Longrightarrow 2OH^-$ 酸性介质中　$H_2O_2 + 2H^+ + 2e^- \Longrightarrow 2H_2O$
3. 多硫化物	多硫化物 $(NH_4)_2S_x$，其中 $x=2\sim6$，只能在碱性溶液中作用，以 $(NH_4)_2S_2$ 为例 $S_2^- + 2e^- \Longrightarrow 2S^{2-}$
4. 硝酸及硝酸盐	硝酸系强氧化剂，反应时按情况不同而被还原至 NO_2、HNO_2、NO、N_2O、N_2 和 NH_4^+。还原剂愈强，硝酸的还原产物中 N 的化合价愈低 硝酸盐在弱酸性或碱性介质中，在一般情况下与活泼还原剂作用时被还原为 NO_2 $NO_3^- + 2H^+ + e^- \Longrightarrow NO_2 + H_2O$
5. 亚硝酸及亚硝酸盐	由于 HNO_2 不稳定，分析时经常使用 KNO_2 和 $NaNO_2$。在溶液中加入还原剂后并在酸化的条件下，被还原的产物主要是 NO $NO_2^- + 2H^+ + e^- \Longrightarrow NO + H_2O$
6. 次氯酸盐和氯酸盐	这些盐通常在酸性介质中都是氧化剂，最后还原的产物都是氯离子 $ClO^- + 2H^+ + 2e^- \Longrightarrow Cl^- + H_2O$ $ClO_3^- + 6H^+ + 6e^- \Longrightarrow Cl^- + 3H_2O$
7. 王水（$3HCl + HNO_3$）	是特别强的氧化剂，反应依下面方程式进行 $HNO_3 + 3HCl \Longrightarrow Cl_2 + 2H_2O + NOCl$ $2NOCl \Longrightarrow 2NO + Cl_2$
8. 重铬酸钾	通常应用的是重铬酸的钾盐和钠盐，在酸性介质中 $Cr_2O_7^{2-}$ 被还原为 Cr^{3+} $Cr_2O_7^{2-} + 14H^+ + 6e^- \Longrightarrow 2Cr^{3+} + 7H_2O$
9. 高锰酸钾	在酸性介质中　$MnO_4^- + 8H^+ + 5e^- \Longrightarrow Mn^{2+} + 4H_2O$ 在弱碱中性介质中　$MnO_4^- + 2H_2O + 3e^- \Longrightarrow MnO_2 + 4OH^-$ 在强碱性介质中　$MnO_4^- + e^- \Longrightarrow MnO_4^{2-}$
10. 铋酸盐	铋酸钠（$NaBiO_3$）是极强的氧化剂，在冷却时它能把 Cr^{3+}、Mn^{2+} 氧化为 $Cr_2O_7^{2-}$ 和 MnO_4^- $BiO_3^- + 6H^+ + 2e^- \Longrightarrow Bi^{3+} + 3H_2O$

2. 还原剂

还原剂举例见表 15-8。

表 15-8　还原剂

还原剂类型	还原的方式
1. 游离金属	通常应用的游离金属为：Zn、Fe、Al、Sn、Na（以钠汞齐状态）。其中，钠和铁在酸性和中性介质中为还原剂： $$Na - e^- \longrightarrow Na^+$$ $$Fe - 2e^- \longrightarrow Fe^{2+}$$ 铝、锌和锡无论是酸性介质或碱性介质中都是还原剂，在酸性介质中这些金属被氧化成阳离子： $$Al - 3e^- \longrightarrow Al^{3+}$$ $$Zn - 2e^- \longrightarrow Zn^{2+}$$ $$Sn - 2e^- \longrightarrow Sn^{2+}$$ 在碱性介质中则形成阴离子： $$Al + 4OH^- - 3e^- \longrightarrow AlO_2^- + 2H_2O$$ $$Zn + 4OH^- - 2e^- \longrightarrow ZnO_2^{2-} + 2H_2O$$ $$Sn + 4OH^- - 2e^- \longrightarrow SnO_2^{2-} + 2H_2O$$
2. 酸性介质中的过氧化氢	过氧化氢与更强的氧化剂相作用时，其本身为还原剂： $$H_2O_2 - 2e^- \longrightarrow 2H^+ + O_2$$
3. 酸性介质中的硫化氢	H_2S 与氧化剂作用时，依氧化剂的强度、浓度、温度而被氧化为游离硫或硫酸根： $$H_2S - 2e^- \longrightarrow S + 2H^+$$ $$H_2S + 4H_2O - 8e^- \longrightarrow SO_4^{2-} + 10H^+$$
4. 二氧化硫和二氧化硫	与氧化剂相作用时发生下面的反应： $$SO_2 + 2H_2O - 2e^- \longrightarrow SO_4^{2-} + 4H^+$$ $$SO_3 + H_2O \longrightarrow SO_4^{2-} + 2H^+$$
5. 二价锡盐	$SnCl_2$ 应用于盐酸溶液：$Sn^{2+} + 4Cl^- \longrightarrow [SnCl_4]^{2-}$ 亚锡酸盐在碱性介质中还原为锡酸盐：$SnO_2^{2-} + 2OH^- - 2e^- \longrightarrow SnO_3^{2-} + H_2O$
6. 氢碘酸及其盐	在酸性介质中：$2I^- - 2e^- \longrightarrow I_2$ 在碱性介质中：$I^- + 6OH^- - 6e^- \longrightarrow IO_3^- + 3H_2O$
7. 硫代硫酸盐	硫代硫酸盐容易供出电子而成为四硫六氧酸盐： $$2S_2O_3^{2-} - 2e^- \longrightarrow S_4O_6^{2-}$$
8. 硫氰酸根等离子	SCN^-、Br^- 和 $[Fe(CN)_6]^{4-}$ 都是温和的还原剂。Cl^- 则是更弱的还原剂，在强酸性介质中 Cl^- 可以被 MnO_4^- 等氧化剂所氧化

3. 氧化某些金属变价离子的氧化剂

表 15-9 为氧化某些金属变价离子的氧化剂举例。

表 15-9　氧化某些金属变价离子的氧化剂

被氧化的离子	氧化剂	结果
Cr^{3+}	1. 在碱性溶液中 ①用氯或溴；②用过氧化氢或过氧化钠；③用氧化铅（PbO_2） 2. 在酸性溶液中 ①浓硝酸＋氯酸钾；②高锰酸钾；③铋酸钠 3. 固体试样以碳酸钠与硝酸钾的混合熔剂熔化	$Cr^{3+} \longrightarrow Cr(Ⅵ)$ （即转变为 CrO_4^{2-} 或 $Cr_2O_7^{2-}$）

被氧化的离子	氧化剂	结果
Fe^{2+}	1. 空气中的氧将逐渐使其氧化 2. 在碱性溶液中,用氯、溴、过氧化氢、过氧化钠等 3. 在酸性溶液中 ①用浓硝酸;②用含有氯酸钾的浓盐酸溶液	$Fe^{2+} \longrightarrow Fe^{3+}$
Mn^{2+}	1. 在碱性溶液中被空气中的氧或用氯、溴、过氧化氢等氧化剂氧化 2. 硝酸存在时用铋酸钠或二氧化铅等 3. 固体试样用碳酸钠与硝酸钾混合熔剂熔化	$Mn(OH)_2 \longrightarrow MnO(OH)_2$ $Mn^{2+} \longrightarrow MnO_4^-$ 有锰存在,熔体为绿色,熔体溶于水后并用硫酸化呈紫色(MnO_4^-)
Ni^{2+}	仅在碱性溶液中受氧化剂作用而被氧化,常用的氧化剂是氯和溴	$Ni(OH)_2 \longrightarrow Ni(OH)_3$
Co^{2+}	1. 在碱性溶液中被空气中的氧或氧化剂(氯、溴、碘与过氧化氢)氧化 2. 在氨性溶液中被空气中的氧或氧化剂氧化 3. 在酸性溶液中乙酸存在下用亚硝酸钾	$Co(OH)_2 \longrightarrow Co(OH)_3$ 生成红色钴氨配合物 $Co^{2+} \longrightarrow K_3[Co(NO_2)_6]$(黄色沉淀)

4. 氧化剂和还原剂的检验方法

① 检验氧化剂　可用碘化钾的酸性溶液再加上淀粉糊。氧化剂可使这样的溶液析出游离碘,后者使淀粉变蓝色。也可在试纸上进行。

② 检验还原剂　可用高锰酸钾溶液或碘的稀溶液,有还原剂存在时它们就褪色;用亚甲基蓝检查还原剂离子非常灵敏,还原剂使其褪色。

七、无机定性分析中的离子分组

1. 无机定性分析中阳离子的分组

第一组:包括钠、钾和铵及稀有元素锂、铷和铯等的阳离子。这组的特征是它们的大部分盐类,尤其是硫化物、碳酸盐和磷酸盐均溶于水。

第二组:包括钙、锶和钡及稀有元素镭等的阳离子。这组的特征是它们不被硫化铵和硫化氢所沉淀(区别于第三、四、五组)(CaS 微溶),而它们的碳酸盐不溶于水(区别于第一组)。

第三组:包括铝、铬、锰、铁、镍、钴、锌及稀有元素铍、钛、镓、钇、锆、铌、镧、铈、镨、钕、铒、钽、铊、钍和铀等的阳离子。本组阳离子都可用硫化铵从溶液中沉淀析去(区别于第一、二组),而在酸性溶液中不被硫化氢所沉淀(区别于第四、五组)。

第四组:包括铜、银、镉、汞、铅、铋及稀有元素钌、铑、钯和锇等的阳离子。本组阳离子能在酸性溶液中被硫化氢所沉淀(区别于第一、二、三组),但沉淀不溶于多硫化铵(区别于第五组)。

第五组:包括砷、锑、锡及稀有元素钨、硒、钼、碲、铱、铂和金等的阳离子。这组阳离子的特征是在酸性溶液中被硫化氢所沉淀且沉淀能溶于多硫化铵中。

阳离子的分组列于表 15-10。

表 15-10　阳离子的分组

组的性质	硫化物溶于水		硫化物不溶于水（或被水解生成不溶于水的氢氧化物）		
	碳酸盐溶于水	碳酸盐不溶于水	硫化物溶于稀酸（或被水解生成可溶于酸的氢氧化物）	硫化物不溶于稀酸	
组别	第一组	第二组	第三组	第四组	第五组
组的离子	Cs^+、K^+、Li^+、NH_4^+、Na^+、Rb^+	Ba^{2+}、Ca^{2+}、Ra^{2+}、Sr^{2+}	Al^{3+}、Be^{2+}、Ce^{3+}、Co^{2+}、Cr^{3+}、Cr^{2+}、Fe^{2+}、Fe^{3+}、Ga^{3+}、La^{3+}、Mn^{2+}、NbO_2^+、Ni^{2+}、Sc^{3+}、TaO_2^+、Th^{4+}、Ti^{4+}、Ti^{2+}、Ti^{3+}、U^{4+}、UO_2^{2+}、Zn^{2+}、Zr^{4+}、Y^{5+}	1.银族　氯化物不溶于水　Ag^+、Cu^+、Hg_2^{2+}、Pb^{2+}；2.铜族　氯化物溶于水　Cu^{2+}、Bi^{3+}、Cd^{2+}、Hg^{2+}、In^{3+}、Os^{4+}、Rh^{3+}、Pb^{2+}、Pd^{4+}、Ru^{3+}、Pd^{2+}	As^{3+}、As^{5+}、Ir^{3+}、Ir^{4+}、MoO_2^{2+}、Pt^{4+}、ReO_3^+、Sb^{3+}、Sb^{5+}、SeO^{2+}、Sn^{4+}、TeO^{2+}、WO_2^{2+}、VO^{2+}、
组试剂	无组试剂	组试剂是 NH_4Cl 存在下的 $(NH_4)_2CO_3$，与阳离子生成碳酸盐而沉淀，如 $CaCO_3 \downarrow$、$BaCO_3 \downarrow$、$SrCO_3 \downarrow$、$RaCO_3 \downarrow$	组试剂是硫化铵或在 pH=9 时的硫化氢，与阳离子生成硫化物及氢氧化物沉淀：如 $Al(OH)_3 \downarrow$、$Cr(OH)_3 \downarrow$、$FeS \downarrow$、$Fe_2S_3 \downarrow$、$NiS \downarrow$、$CoS \downarrow$、$MnS \downarrow$、$ZnS \downarrow$	组试剂是硫化氢在 0.3mol/L HCl（pH 值约为 0.5）存在下进行沉淀　1.与银族元素生成氯化物而沉淀为 $AgCl \downarrow$、$HgCl_2 \downarrow$、$PbCl_2 \downarrow$ 等。2.铜族成硫化物而沉淀为 $HgS \downarrow$、$CuS \downarrow$、$Bi_2S_3 \downarrow$、$CdS \downarrow$、$PbS \downarrow$ 等。硫化物不溶于 $(NH_4)_2S$	与本组阳离子生成硫化物而沉淀为 $As_2S_3 \downarrow$、$As_2S_5 \downarrow$、$Sb_2S_3 \downarrow$、$Sb_2S_5 \downarrow$、$SnS \downarrow$、$SnS_2 \downarrow$ 等。硫化物均溶于 $(NH_4)_2S$

阳离子分组的一般方法

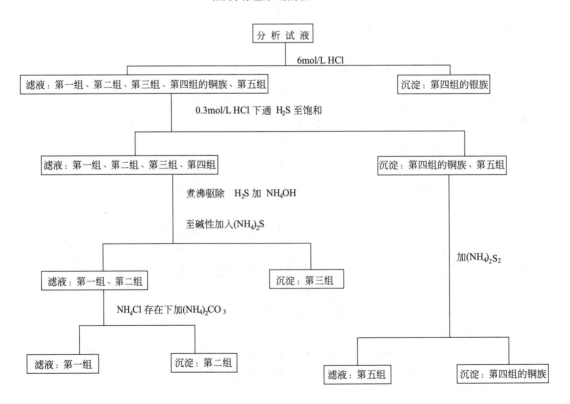

2. 无机定性分析中阴离子的分组

由于没有可使各种阴离子十分精确而有次序地从溶液中分离出来的一般方法，因此也就没有通用的阴离子分组方法。不同的研究者对阴离子分组曾提出不同的原则。

例如，可根据阴离子对应各酸的钡盐和银盐溶解度的不同而划分为下面三组，列于表15-11。

表 15-11　阴离子的分组

组号	组的特征	组成各组的阴离子	组试剂
I	钡盐难溶于水，除 $BaSO_4$ 外均溶于酸	SO_4^{2-}、SO_3^{2-}、$S_2O_3^{2-}$、CO_3^{2-}、PO_4^{3-}、AsO_4^{3-}、AsO_3^{3-}、BO_2^{2-}、$B_4O_7^{2-}$、CrO_4^{2-}、SiO_3^{2-}、F^-、$C_2O_4^{2-}$、PO_3^-、$C_4H_4O_6^{2-}$、$P_2O_7^{4-}$、AsO_2^-、SeO_4^{2-}、SiF_6^{2-}、TeO_4^{2-}、MoO_4^{2-}、IO_4^-、IO_3^-	在中性或弱碱性下加 $BaCl_2$ 或 $BaCl_2$ + $CaCl_2$ 的混合物
II	银盐难溶于水和稀硝酸（Ag_2S 可溶于热硝酸），钡盐可溶于水	Cl^-、Br^-、I^-、S^{2-}、SCN^-、ClO^-、ClO_2^-、CN^-、$[Fe(CN)_6]^{3-}$、$[Fe(CN)_6]^{4-}$	稀 HNO_3 存在下加 $AgNO_3$
III	钡盐和银盐均溶于水	NO_3^-、NO_2^-、CH_3COO^-、ClO_3^-、ClO^-、MnO_4^-、$S_2O_8^{2-}$	无组试剂

根据阴离子的氧化还原等性质，可将阴离子分成下面三组。

第 I 组：阴离子氧化剂，MnO_4^-、CrO_4^{2-}、NO_3^-、NO_2^-、AsO_4^{3-}、$[Fe(CN)_6]^{3-}$ 等。

第 II 组：阴离子还原剂，Cl^-、Br^-、I^-、S^{2-}、SO_3^{2-}、$S_2O_3^{2-}$、SCN^-、AsO_3^{3-}、$[Fe(CN)_6]^{4-}$、$C_2O_4^{2-}$ 等。

第 III 组：惰性阴离子，SO_4^{2-}、PO_4^{3-}、BO_2^-、CO_3^{2-}、F^-、CH_3COO^- 等。

根据阴离子相互具有类似的反应以及在试液中共存时难于检查的情况，可将阴离子分成下面六组。

第 I 组：SO_4^{2-}、SO_3^-、$S_2O_3^{2-}$、S^{2-}、CO_3^{2-}。

第 II 组：PO_4^{3-}、AsO_4^{3-}、AsO_3^{3-}。

第 III 组：CrO_4^{2-}、MnO_4^-、NO_3^-、NO_2^-、ClO_3^-、BrO_3^-、IO_3^-、ClO^-。

第 IV 组：Cl^-、Br^-、I^-、F^-、BO_3^{3-}、SiO_3^{2-}。

第 V 组：CN^-、$[Fe(CN)_6]^{4-}$、$[Fe(CN)_6]^{3-}$、SCN^-。

第 VI 组：CH_3COO^-、$C_2O_4^{2-}$、$C_4H_4O_6^{2-}$。

八、常用试剂与离子的反应

详见表 15-12～表 15-17。

表 15-12　第一组阳离子

试剂　　离子	K^+	Na^+	NH_4^+	Mg^{2+}
酒石酸或其盐 $H_2C_4H_4O_6$ 或 $NaHC_4H_4O_6$	从中性的和浓的溶液中生成白色结晶沉淀 $KHC_4H_4O_6$，溶于热水，无机酸和碱中		从中性的和浓的溶液中生成白色结晶沉淀 $(NH_4)HC_4H_4O_6$，溶于热水，无机酸和碱中	
焦锑酸氢钾 $K_2H_2Sb_2O_7$		从中性或弱碱性溶液中生成白色结晶沉淀 $Na_2H_2Sb_2O_7$	白色无定形沉淀 $HSbO_3$	白色结晶沉淀 $MgH_2Sb_2O_7$
钴亚硝酸钠 $Na_3[Co(NO_2)_6]$	黄色结晶沉淀 $K_2Na[Co(NO_2)_6]$，在乙酸中不溶解，但在无机酸中溶解		黄色结晶沉淀 $(NH_4)_2Na[Co(NO_2)_6]$，在乙酸中不溶解，但在无机酸中溶解	
强碱　$NaOH$、KOH、$Ca(OH)_2$、$Ba(OH)_2$	—	—	生成 $NH_3\uparrow$	白色无定形沉淀 $Mg(OH)_2$
氯铂酸 H_2PtCl_6	黄色结晶沉淀 K_2PtCl_6	—	黄色结晶沉淀 $(NH_4)_2PtCl_6$	
磷酸氢盐 Na_2HPO_4	—	—	—	白色沉淀 $MgHPO_4$，有 NH_4OH 及 NH_4Cl 存在时生成白色结晶沉淀 $MgNH_4PO_4$，溶于无机酸及乙酸
乙酸铀酰锌(镁)	离子浓度大时可能生成沉淀	淡黄色结晶沉淀 $NaOAc\text{-}Zn(OAc)_2\cdot 3UO_2(OAc)_2\cdot 9H_2O$	—	
$(NH_4)_2CO_3 + NH_4Cl$	—	—	—	不产生沉淀
奈斯特试剂 $K_2(HgI_4) + KOH$	—	—	红棕色沉淀 $O\big\langle{}^{Hg}_{Hg}\big\rangle NH_2^+ I^-$	白色无定形沉淀 $Mg(OH)_2$
8-羟基喹啉	—	—	—	黄绿色沉淀 $Mg(C_9H_6NO)_2$

注：表中"—"表示无沉淀及无特征颜色显现。

表 15-13　第二组阳离子

试剂　　离子	Ba^{2+}	Sr^{2+}	Ca^{2+}	Mg^{2+}
碳酸盐　Na_2CO_3、K_2CO_3、$(NH_4)_2CO_3$	白色无定形沉淀 $BaCO_3$，溶于稀酸(无机酸及乙酸)中	白色无定形沉淀 $SrCO_3$，溶于稀酸(无机酸及乙酸)中	白色无定形沉淀 $CaCO_3$，溶于稀酸(无机酸及乙酸)中	白色无定形碱式盐沉淀，溶于稀酸(无机酸和乙酸)中，由碳酸铵作用所得沉淀不完全，铵盐存在无沉淀

续表

试剂＼离子	Ba^{2+}	Sr^{2+}	Ca^{2+}	Mg^{2+}
铬酸盐　K_2CrO_4	黄色结晶沉淀 $BaCrO_4$，溶于无机酸，不溶于乙酸	从浓的溶液中生成黄色结晶沉淀 $SrCrO_4$，溶于无机酸和乙酸	—	
重铬酸盐　$K_2Cr_2O_7$	黄色结晶沉淀 $BaCr_2O_7$，沉淀不完全，乙酸钠存在时沉淀完全			
硫酸及其可溶性盐 Na_2SO_4、K_2SO_4、$FeSO_4$ 等	白色沉淀 $BaSO_4$，不溶于酸	白色沉淀 $SrSO_4$，难溶于酸	从浓溶液中得到白色沉淀 $CaSO_4$，溶于浓酸中	
$(NH_4)_2SO_4$（饱和溶液）	白色沉淀 $BaSO_4$	白色沉淀 $SrSO_4$	—	—
$CaSO_4$（饱和溶液）	白色沉淀 $BaSO_4$	缓慢生成白色沉淀 $SrSO_4$	—	—
$Na_2S_2O_3$	白色沉淀 BaS_2O_3	白色沉淀 SrS_2O_3	—	—
草酸盐　$K_2C_2O_4$ 或 $(NH_4)_2C_2O_4$	白色结晶沉淀 BaC_2O_4，相当难溶于乙酸，而易溶于无机酸	白色结晶沉淀 SrC_2O_4，难溶于乙酸，易溶于无机酸	白色结晶沉淀 CaC_2O_4，不溶于乙酸，但溶于无机酸	以 $K_2C_2O_4$ 作用从浓液中得到白色结晶沉淀，溶于水、酸和铵盐中，以草酸铵作用没有沉淀生成
Na_2HPO_4	白色无定形沉淀 $BaHPO_4$，当有 NH_4OH 存在时得到溶于无机酸和乙酸的 $Ba_3(PO_4)_2$	白色无定形沉淀 $SrHPO_4$，当有 NH_4OH 存在时得到溶于无机酸和乙酸的 $Sr_3(PO_4)_2$	白色无定形沉淀 $CaHPO_4$，当有 NH_4OH 存在时得到溶于无机酸和乙酸的 $Ca_3(PO_4)_2$	白色无定形沉淀 $MgHPO_4$，当有 NH_4OH 和 NH_4Cl 存在时，得到白色结晶沉淀 $MgNH_4PO_4$，两种沉淀均溶于无机酸和乙酸
NH_4OH	如果试剂不含杂质碳酸铵则无沉淀发生	如果试剂不含杂质碳酸铵则无沉淀发生	—	白色胶状沉淀 $Mg(OH)_2$，沉淀不完全，有铵盐存在时没有沉淀
强碱　KOH、$NaOH$、$Ba(OH)_2$ 和 $Ca(OH)_2$	从很浓的溶液中得白色沉淀 $Ba(OH)_2$，溶于酸中	从很浓的溶液中得白色沉淀 $Sr(OH)_2$，溶于酸中	白色沉淀 $Ca(OH)_2$，溶于酸中	白色胶状沉淀 $Mg(OH)_2$，溶于酸和铵盐中
$K_4[Fe(CN)_6]+NH_4OH+NH_4Cl$	离子浓度大时，可能生成沉淀	—	白色沉淀 $Ca(NH_4)_2[Fe(CN)_6]$	
玫瑰红酸钠 NaC_6O_6	呈红色不为盐酸所脱色	呈红棕色能为盐酸所脱色	—	—
$K_2S_2O_8$ 或 $(NH_4)_2S_2O_8$ 熔融后水浸取	白色沉淀 $BaSO_4$	白色沉淀 $SrSO_4$	白色沉淀 $CaSO_4$	—
Na_2O_2 熔融后水浸取	白色沉淀 $Ba(OH)_2$	白色沉淀 $Sr(OH)_2$	白色沉淀 $Ca(OH)_2$	白色胶状沉淀 $Mg(OH)_2$

表 15-14　第三组阳离子

离子＼反应＼试剂	Al^{3+}	Cr^{3+}	Fe^{3+}	Fe^{2+}	Mn^{2+}	Zn^{2+}	Ni^{2+}	Co^{2+}
$(NH_4)_2S$	白色胶状沉淀 $Al(OH)_3$，溶于稀酸	灰绿或灰紫色胶状沉淀 $Cr(OH)_3$，溶于稀酸	组成为 Fe_2S_3 或 FeS 及 S 的黑色沉淀，Fe_2S_3 或 FeS 溶于稀酸	黑色沉淀 FeS，溶于稀酸	肉色或淡绿色沉淀 MnS，溶于稀酸	白色沉淀 ZnS，溶于稀的无机酸中，不溶于乙酸及 NaOH 中	黑色沉淀 NiS，在冷时不溶于稀酸，加热时溶于浓酸及王水中	黑色沉淀 CoS，在冷时不溶于稀酸，加热时溶于浓酸及王水中
H_2S（在酸性溶液中）	—	—	Fe^{3+} 还原为 Fe^{2+}，并析出 S，但无含 Fe 的沉淀	—	—	乙酸存在时得到白色沉淀 ZnS，无机酸存在时无沉淀生成	无机酸存在时无沉淀生成	无机酸存在时无沉淀生成
$NaOH$ 或 KOH	白色胶状沉淀 $Al(OH)_3$，溶于过量试剂生成 AlO_2^-，但与 NH_4Cl 加热煮沸时全部重新析出 $Al(OH)_3$ 沉淀	灰绿色或灰紫色胶状沉淀 $Cr(OH)_3$，在冷的情况下溶于过量的试剂而生成 CrO_2^-，但冲淡煮沸时则全重新析出	棕色胶状沉淀 $Fe(OH)_3$，溶于稀酸，不溶于过量试剂	白色沉淀 $Fe(OH)_2$，在空气中逐渐氧化变绿、变褐、溶于稀酸，不溶于过量试剂	白色沉淀 $Mn(OH)_2$，在空气中逐渐氧化变褐色并生成 $MnO(OH)_2$，溶于稀酸，不溶于过量试剂	白色沉淀 $Zn(OH)_2$，溶于稀酸，溶于过量试剂并生成 ZnO_2^{2-} 或 $HZnO_2^-$	淡绿色沉淀 $Ni(OH)_2$，溶于稀酸，不溶于过量试剂	蓝色碱式盐沉淀，加热时为玫瑰色沉淀 $Co(OH)_2$，在空气中氧化变褐色，溶于稀酸，一般浓度下不溶于过量试剂
$NaOH$ 或 KOH 过量及 H_2O_2 煮沸	不生成沉淀（生成 AlO_2^-）	不生成沉淀（生成黄色溶液）CrO_4^{2-}	棕色胶状沉淀 $Fe(OH)_3$	棕色胶状沉淀 $Fe(OH)_3$	棕褐色沉淀 $MnO(OH)_2$	不生成沉淀，（生成 ZnO_2^{2-} 或 $HZnO_2^-$）	浓绿色碱式盐沉淀 $Ni(OH)_2$	暗棕色沉淀 $Co(OH)_2$
NH_4OH	白色胶状沉淀 $Al(OH)_3$，不溶于过量试剂	灰绿色或灰紫色胶状沉淀 $Cr(OH)_3$，稍溶于过量试剂，稀溶液煮沸时 $Cr(OH)_3$ 完全沉淀	棕色胶状沉淀 $Fe(OH)_3$，不溶于过量试剂	白色沉淀 $Fe(OH)_2$，在空气中氧化变绿、变褐，沉淀不完全	白色沉淀 $Mn(OH)_2$，在空气中逐渐氧化变褐色并生成 $MnO(OH)_2$，沉淀不完全	白色沉淀 $Zn(OH)_2$，溶于过量试剂	浓绿色碱式盐沉淀，溶于过量试剂	蓝色碱式盐沉淀，溶于过量试剂
铵盐存在下加 NH_4OH 过量	白色胶状沉淀 $Al(OH)_3$	灰绿或灰紫色胶状沉淀 $Cr(OH)_3$	棕色胶状沉淀 $Fe(OH)_3$	不生成沉淀	不生成沉淀	不生成沉淀，生成 $[Zn(NH_3)_4]^{2+}$	不生成沉淀，生成 $[Ni(NH_3)_4]^{2+}$	不生成沉淀，生成 $[Co(NH_3)_4]^{2+}$
乙酸钠 CH_3COONa	在冷的情况下无沉淀生成，煮沸时有 $Al(OH)(CH_3COO)_2$ 沉淀，溶于稀醋酸及稀碱 NaOH 或 KOH 中	灰绿色胶状沉淀 $Cr(OH)_3$，在冷的情况下，当 Al^{3+} 及 Fe^{3+} 存在时，煮沸时以上与上述离子共沉淀	在冷的情况下溶液显棕色，煮沸时生成棕色沉淀 $Fe(OH)(CH_3COO)_2$，溶于稀酸	—	—	—	—	—

续表

离子 反应 试剂	Al³⁺	Cr³⁺	Fe³⁺	Fe²⁺	Mn²⁺	Zn²⁺	Ni²⁺	Co²⁺
Na₂CO₃ 或 K₂CO₃	白色胶状沉淀 Al(OH)₃	灰色或紫色胶状沉淀 Cr(OH)₃	褐色碱式碳酸盐沉淀，溶于稀酸	白色碱式碳酸盐沉淀，在空气中氧化而变绿、变褐色，溶于稀酸	白色沉淀 MnCO₃，溶于稀酸	白色碱式碳酸盐沉淀，溶于稀酸、碱及 NH₄OH 中	淡绿色碱式碳酸盐沉淀，溶于稀酸及 NH₄OH 中	玫瑰色碱式碳酸盐沉淀，溶于稀酸、盐及 NH₄OH 中
(NH₄)₂CO₃	白色胶状沉淀 Al(OH)₃，不溶于过量试剂	灰绿或紫色胶状沉淀 Cr(OH)₃	褐色碱式碳酸盐沉淀，不溶于过量试剂	白色碱式碳酸盐沉淀，沉淀不完全	白色沉淀 MnCO₃，不溶于过量试剂	白色碱式碳酸盐沉淀，溶于过量试剂	淡绿色碱式碳酸盐沉淀，溶于过量试剂	玫瑰色碱式碳酸盐沉淀，溶于过量试剂中
BaCO₃（用与水摇荡过的、新鲜制备并经充分洗涤过的 BaCO₃ 沉淀作为试剂）	在冷的情况下生成沉淀 Al(OH)₃	在冷的情况下生成沉淀 Cr(OH)₃	在冷的情况下生成沉淀 Fe(OH)₃	在冷的情况下无沉淀生成	在冷的情况下无沉淀生成，加热时沉淀 MnCO₃	在冷的情况下无沉淀生成，加热时生成碱式碳酸盐沉淀	在冷的情况下无沉淀生成，当加热时生成碱式碳酸盐沉淀	在冷的情况下无沉淀生成，当加热时生成碱式碳酸盐沉淀
KCN	白色胶状沉淀 Al(OH)₃ 不溶于过量试剂	绿色胶状沉淀 Cr(OH)₃，溶于过量试剂生成 K₃[Fe(CN)₆]	褐红色沉淀 Fe(CN)₃，溶于过量试剂而生成 K₃[Fe(CN)₆]	黄褐色沉淀 Fe(CN)₂，溶于过量试剂而生成 K₄[Fe(CN)₆]	浅褐色沉淀 Mn(CN)₂，溶于过量试剂而生成 K₄[Mn(CN)₆]	白色沉淀 Zn(CN)₂，溶于过量试剂生成 K₂[Zn(CN)₄]	浅绿色沉淀 Ni(CN)₂，溶于过量试剂生成 K₂[Ni(CN)₄]，氧化剂存在时能分解此配合物	红褐色沉淀 Co(CN)₂，溶于过量试剂而生成 K₄[Co(CN)₆]，氧化剂存在使溶液变为 K₃[Co(CN)₆]
KSCN 或 NH₄SCN	—	仅在很浓的溶液中才能显红色	血红色溶液 Fe(SCN)₃，可用戊醇提取，加人数酸钠溶液 Fe(SCN)₃ 被破坏、颜色消失，无沉淀生成	如果没有 Fe³⁺ 杂质存在，则既无颜色也无沉淀生成	—	—	—	蓝色溶液 [Co(SCN)₄]，可用戊醇提取，加入数滴碳酸钠溶液颜色不消失，无沉淀生成
K₄[Fe(CN)₆]	—	—	暗蓝色沉淀（普鲁士蓝）Fe₄[Fe(CN)₆]₃，不溶于稀盐酸、碱与阴离子生成 Fe(OH)₃，但不能分解阴离子	白色沉淀，组成为 Fe₂[Fe(CN)₆] 及 K₂Fe[Fe(CN)₆]，在空气中沉淀，由于氧化而变蓝色	白色沉淀 Mn₂[Fe(CN)₆]，溶于稀酸	白色沉淀 Zn₂[Fe(CN)₆] 或者当试剂过量时为 K₂Zn₃[Fe(CN)₆]₂，不溶于稀酸，但溶于碱中	浅绿色沉淀 Ni₂[Fe(CN)₆]	绿色沉淀 Co₂[Fe(CN)₆]

续表

离子／反应／试剂	Al^{3+}	Cr^{3+}	Fe^{3+}	Fe^{2+}	Mn^{2+}	Zn^{2+}	Ni^{2+}	Co^{2+}
$K_3[Fe(CN)_6]$	—	—	由于生成$Fe[Fe(CN)_6]$,使溶液呈黄褐色无沉淀阴离子	暗蓝色沉淀(滕氏蓝)$Fe_3[Fe(CN)_6]_2$,不溶于盐酸、碱与阴离子生成$Fe(OH)_2$,但不能分解配阴离子	褐色沉淀$Mn_3[Fe(CN)_6]_2$	浓黄色沉淀$Zn_3[Fe(CN)_6]_2$	黄褐色沉淀$Ni_3[Fe(CN)_6]_2$	暗红色沉淀$Co_3[Fe(CN)_6]_2$
Na_2HPO_4	白色胶状沉淀$AlPO_4$,不溶于乙酸铵,但溶于无机酸及碱(KOH,NaOH)中	灰绿色或紫色沉淀$CrPO_4$,溶于无机酸及碱(无机酸及乙酸)中	浓黄色沉淀$FePO_4$,不溶于乙酸但溶于无机酸中,稍溶于浓磷酸(如$FeCl_3$)溶液中	白色沉淀$Fe_3(PO_4)_2$,在空气中由于氧化而变绿,溶于酸中	白色沉淀$Mn_3(PO_4)_2$,溶于无机酸及乙酸中	浓绿色沉淀$Zn_3(PO_4)_2$,溶于无机酸及乙酸中于碱及NH_4OH中	浓绿色沉淀$Ni_3(PO_4)_2$,溶于无机酸及乙酸中	紫色沉淀$Co_3(PO_4)_2$,溶于无机酸及乙酸中
强氧化剂		生成黄色CrO_4^{2-}或稀释黄色$Cr_2O_7^{2-}$溶液		氧化成Fe^{3+},在酸性溶液中呈黄棕色,在碱性溶液中呈棕色沉淀	红紫色溶液(MnO_4^-)或棕色沉淀$[MnO(OH)_2]$	—	氧化成Ni^{3+},在碱性溶液中得到黑色沉淀$Ni(OH)_3$	氧化成Co^{3+},在碱性溶液中得到暗棕色沉淀$Co(OH)_3$
Na_2O_2熔融后水浸取	—	生成黄色CrO_4^{2-}	棕色沉淀$Fe(OH)_3$	棕色沉淀$Fe(OH)_3$	棕色沉淀$MnO(OH)_2$	—	黑色沉淀$Ni(OH)_3$	暗棕色沉淀$Co(OH)_3$

表 15-15 第四组阳离子

离子／反应／试剂	Ag^+	Hg^+	Hg^{2+}	Pb^{2+}	Bi^{3+}	Cu^{2+}	Cd^{2+}
H_2S或$(NH_4)_2S$	黑色沉淀Ag_2S,在NH_4OH,多硫化铵、硫化钠中不溶,加热时溶于浓硝酸	黑色沉淀,其组成为HgS及Hg,在硝酸中仅溶Hg	黑色沉淀HgS[最初为白色沉淀$Hg_3Cl_2S_2$或$Hg_3(NO_3)_2S_2$],在多硫化铵及硝酸中不溶,溶于Na_2S中,溶于王水中	黑色沉淀PbS(在盐酸存在时最初生成橘红色Pb_2Cl_2S),在多硫化铵、Na_2S及NaOH中不溶,溶于硝酸	黑褐色沉淀Bi_2S_3,在多硫化铵及Na_2S中不溶,溶于硝酸	黑色沉淀CuS,在NH_4OH及硫化铵不溶,稍溶于多硫化铵,溶于硝酸	黄色沉淀CdS(在盐酸存在时,最初生成Cd_2Cl_2S沉淀),在NH_4OH,Na_2S及多硫化铵中不溶,溶于硫酸及硝酸
$Na_2S_2O_3$(煮沸时在酸性溶液中)	黑色沉淀Ag_2S	黑色沉淀HgS	黑色沉淀HgS	在大量酸存在时无沉淀或有PbS沉淀不完全	黑褐色沉淀Bi_2S_3	黑色沉淀CuS	在大量酸存在时无沉淀

续表

离子 反应 试剂	Ag⁺	Hg⁺	Hg²⁺	Pb²⁺	Bi³⁺	Cu²⁺	Cd²⁺
HCl 或氯化物	白色凝乳状沉淀 AgCl,溶于 NH₄OH,不溶于稀硝酸,加硝酸于氨性溶液中使呈酸性时 AgCl 重新沉淀析出	白色沉淀 Hg₂Cl₂,受日光作用而变黑,生成 Hg(NH₂)Cl + Hg 的混合物,在浓硝酸及王水中溶解	—	白色沉淀 PbCl₂(不完全沉淀),易溶于沸水,溶液冷却后重新析出针状结晶	—	—	—
H₂SO₄	仅在很浓的溶液中生成白色沉淀 Ag₂SO₄	白色沉淀 Hg₂SO₄	—	白色沉淀 PbSO₄,在 NaOH 及酒石酸铵或乙酸铵的氨性溶液中溶解	—	—	—
NaOH 或 KOH	暗黑褐色沉淀 Ag₂O,溶于稀硝酸 NH₄OH 及 HNO₃	黑色沉淀 Hg₂O,溶于 HNO₃	黄色沉淀 HgO,溶于稀酸	白色沉淀 Pb(OH)₂(甘油存在时不沉淀),溶于过量的试剂生成 HPbO₂⁻,溶于 HNO₃	白色沉淀 Bi(OH)₃(甘油存在时不沉淀),溶于稀酸	浅蓝色沉淀 Cu(OH)₂(甘油存在时不沉淀),溶于稀酸及 NH₄OH 中氢氧化铵性溶液溶为深蓝色	白色沉淀 Cd(OH)₂,溶于稀硝酸及 NH₄OH 中
NH₄OH	白色 AgOH 沉淀立即变为褐色 Ag₂O,溶于过量的试剂而生成配离子 [Ag(NH₃)₂]⁺	黑色沉淀 (NH₂Hg)⁺ + Hg,不溶于过量试剂但溶于 HNO₃ 及王水中	白色沉淀 (NH₂Hg)⁺,不溶于过量试剂但溶于稀酸	白色沉淀 Pb(OH)₂,不溶于过量试剂	白色碱式盐沉淀不溶于过量试剂	浅绿蓝色碱盐沉淀,溶于过量 NH₄OH 中生成深蓝色配离子 [Cu(NH₃)₄]²⁺	白色沉淀 Cd(OH)₂,溶于稀硝酸及 NH₄OH 试剂并生成配离子 [Cd(NH₃)₄]²⁺
Na₂CO₃ 或 K₂CO₃	白色沉淀 Ag₂CO₃(煮沸时分解而变黄),溶于 HNO₃ 及氨水中	浅黄色碱式碳酸盐 Hg₂CO₃ 由于分解迅速变灰并析出金属汞,溶于 HNO₃	红褐色碱式碳酸盐沉淀,溶于稀酸	白色碱式碳酸盐沉淀,溶于 HNO₃ 及 NaOH 中	白色碱式碳酸盐沉淀,溶于稀酸	浅绿蓝色碱式碳酸盐沉淀,溶于过量 NH₄OH 中	白色碱式碳酸盐沉淀,溶于稀酸及 NH₄OH 中
(NH₄)₂CO₃	白色沉淀 Ag₂CO₃(煮沸时分解而变黄),溶于过量试剂	沉淀由于分解而析出金属汞而迅速变黑,不溶于过量试剂	白色沉淀 HgCO₃,不溶于过量试剂	白色碱式碳酸盐沉淀 2PbCO₃·Pb(OH)₂,不溶于过量试剂	白色碱式碳酸盐沉淀,不溶于过量试剂	浅绿蓝色沉淀 CuCO₃·Cu(OH)₂·1/2H₂O,溶于过量试剂,溶液呈深蓝色	白色碱式碳酸盐沉淀 CdCO₃·xCd(OH)₂,不溶于过量试剂

续表

离子 反应试剂	Ag⁺	Hg⁺	Hg²⁺	Pb²⁺	Bi³⁺	Cu²⁺	Cd²⁺
KCN	白色沉淀 AgCN，溶于过量试剂中，生成配离子 [Ag(CN)₂]⁻	沉淀析出金属汞，在溶液中留下 Hg(CN)₂，在过量试剂中生成配阴离子 [Hg(CN)₄]²⁻	无沉淀，当试剂过量时，生成配离子 [Hg(CN)₄]²⁻	白色沉淀 Pb(CN)₂，不溶于过量试剂	白色沉淀 Bi(CN)₃，不溶于过量试剂	黄色沉淀 Cu(CN)₂，迅速变为白色的 CuCN，当试剂过量时，生成配离子 [Cu₂(CN)₈]⁶⁻，且不被 H₂S 所分解的溶液	白色沉淀 Cd(CN)₂，溶于过量试剂而生成离子 [Cd(CN)₄]²⁻，此配离子被 H₂S 破坏而析出 CdS 沉淀
K₄[Fe(CN)₆]	白色沉淀 Ag₄[Fe(CN)₆]，不溶于 NH₄OH 及稀 HNO₃	灰白色沉淀	白色沉淀 Hg₂[Fe(CN)₆]	白色沉淀 Pb₂[Fe(CN)₆]	浅黄绿色沉淀	红绿色沉淀 Cu₂[Fe(CN)₆]	白色沉淀 Cd₂[Fe(CN)₆]
K₃[Fe(CN)₆]	橙黄色沉淀 Ag₃[Fe(CN)₆]，溶于 NH₄OH 而不溶于 HNO₃	土黄色沉淀			绿色沉淀 Cu₃[Fe(CN)₆]₂		
K₂Cr₂O₇ 或 K₂CrO₄	红褐色沉淀 Ag₂Cr₂O₇ 或 Ag₂CrO₄，两种沉淀均溶于 HNO₃ 及 NH₄OH，不溶于乙酸	红褐色沉淀 Hg₂CrO₄，沉淀在加热时变成结晶，具有火红色	黄色沉淀 HgCrO₄	黄色沉淀 PbCrO₄，溶于 HNO₃ 及 KOH，而不溶于乙酸	黄色沉淀 (BiO)₂Cr₂O₇		
(NH₄)₂C₂O₄	白色乳状沉淀 Ag₂C₂O₄，溶于 NH₄OH 及 HNO₃			白色沉淀 PbC₂O₄	生成沉淀 Bi(OH)C₂O₄，溶于 HCl 中		
Na₂HPO₄	黄色沉淀 Ag₃PO₄，溶于 NH₄OH 及 HNO₃	白色沉淀 Hg₂HPO₄，溶于 HNO₃ 中	白色溶液 HgHPO₄（在 HgCl₂ 溶液中无沉淀），溶于 HCl 而不溶于 HNO₃ 中	白色沉淀 Pb₃(PO₄)₂，溶于 HNO₃ 及 NaOH 中	白色沉淀 BiPO₄，溶于 HCl 而不溶于稀 HNO₃	浅蓝色沉淀 Cu₃(PO₄)₂，溶于酸中及 NH₄OH 中	白色沉淀 Cd₃(PO₄)₂，溶于酸中及 NH₄OH 中
KI	黄色沉淀 AgI，在 NH₄OH 及 HNO₃ 中不溶解，溶于 KCN、Na₂S₂O₃ 及浓的 KI 溶液中	绿色沉淀 Hg₂I₂，易于过量试剂而析出金属汞，并在溶液中生成配离子 [HgI₄]²⁻	红色沉淀 HgI₂，溶于过量试剂而生成配离子 [HgI₄]²⁻（溶液无色）	黄色沉淀 PbI₂，溶于沸水（溶液无色），冷却后呈金黄色的小片而沉淀出来，也溶解于过量的试剂中生成配离子 [PbI₄]²⁻	黑色沉淀 BiI₃，溶于过量的试剂而生成配离子 [BiI₄]⁻ 为黄色	褐色沉淀其组成为 Cu₂I₂ 及 I₂，有 H₂SO₃ 存在时，为白色 Cu₂I₂ 沉淀	

续表

离子 / 反应试剂	Ag⁺	Hg⁺	Hg²⁺	Pb²⁺	Bi³⁺	Cu²⁺	Cd²⁺
KSCN	白色沉淀 AgSCN, 不溶于稀 HNO₃ 但溶于 NH₄OH 中	析出灰黑色的金属汞沉淀	白色沉淀 Hg(SCN)₂, 溶于过量试剂, 生成配离子[Hg(SCN)₃]⁻	黄色沉淀 Pb(SCN)₂	—	黑色沉淀 Cu(SCN)₂ 逐渐变为白色的 Cu₂(SCN)₂, 有 H₂SO₃ 存在时即立生成白色沉淀	—
SnCl₂	黑色沉淀 Ag	白色沉淀 Hg₂Cl₂, 试剂过量生成灰黑色金属汞沉淀	灰黑色沉淀 Hg	白色沉淀 PbCl₂, 溶于沸水	黑色沉淀 Bi (在碱性溶液中生成)	白色沉淀 Cu₂Cl₂	—
Na₂O₂ 熔融后水浸取	黑色 Ag₂O 沉淀	—	—	—	—	黑色 CuO 沉淀	—

表 15-16　第五组阳离子

离子 / 反应试剂	As³⁺或 AsO₃³⁻	As⁵⁺或 AsO₄³⁻	Sb³⁺或(SbCl₆)³⁻	Sb⁵⁺或(SbCl₆)⁻	Sn²⁺	Sn⁴⁺或(SnCl₆)²⁻
H₂S(在酸性溶液中)	淡黄色沉淀 As₂S₃, 溶于多硫化铵、硫化钠、HNO₃ 或有 KClO₃ 之 HCl, 亦溶于(NH₄)₂CO₃ 中	淡黄色沉淀 As₂S₃ 及 S, 其组成为 As₂S₃、As₂S₅ 及 S。冷溶液中沉淀较慢,70℃时较快。溶于多硫化铵、Na₂S、HNO₃、含(NH₄)₂CO₃ 的 HCl 及 KClO₃ 中	橙色沉淀 Sb₂S₃, 溶于 HCl、多硫化铵、Na₂S、浓 HCl, 而不溶于(NH₄)₂CO₃	橙色沉淀, 其组成为 Sb₂S₃、Sb₂S₅ 及 S, 溶于 HCl、多硫化铵、Na₂S 及 KOH 中	褐色沉淀 SnS, 溶于 HCl, 不溶于多硫化铵	黄色沉淀 SnS₂, 热溶液中沉淀较快, 溶于多硫化铵及浓硫酸铵, 不溶于 HCl
Na₂S₂O₃	淡黄色沉淀 As₂S₃, 溶于多硫化铵、硫化钠、HNO₃ 及含 KClO₃ 的 HCl	淡黄色沉淀 As₂S₅, 在煮沸酸性溶液中沉淀	橙色沉淀 Sb₂OS₂, 在酸性煮沸热溶液中才生成沉淀	在酸性煮沸溶液中生成橙色沉淀 SbO₂Cl	褐色沉淀 SnS, 在酸性热溶液中才生成沉淀	黄色沉淀 SnS₂, 在酸性热溶液中才生成沉淀
H₂O	—	—	白色沉淀 Sb₂O₃	白色沉淀 SbO₂Cl	白色碱式盐沉淀	白色碱式盐沉淀
KOH、NaOH、K₂CO₃、Na₂CO₃、(NH₄)₂CO₃ 及(NH₄)OH	—	—	白色沉淀 HSbO₂ 溶于 HCl 及 KOH 中	白色沉淀 H₃SbO₄ 溶于 HCl 及 KOH 中	白色沉淀 Sn(OH)₂, 溶于 HCl 及 KOH 中	白色沉淀 Sn(OH)₄, 溶于 HCl 及 KOH 中
HNO₃ 存在下的(NH₄)₂MoO₄	—	黄色沉淀(NH₄)₃AsO₄·12MoO₃·6H₂O	—	—	—	—
NH₄OH 及 NH₄Cl 存在下的 MgCl₂	—	白色结晶沉淀 Mg(NH₄)AsO₄, 溶于 HCl 通 H₂S 时析出硫化砷的黄色沉淀	—	—	—	—

续表

离子 反应 试剂	As³⁺或AsO₃³⁻	As⁵⁺或AsO₄³⁻	Sb³⁺或(SbCl₆)³⁻	Sb⁵⁺或(SbCl₆)⁻	Sn²⁺	Sn⁴⁺或(SnCl₆)²⁻
KI	红色沉淀 AsI_3（在热的酸性溶液中）	红色沉淀 AsI_3，并在强酸（pH=5.5开始）中使碘游离析出	生成 SbI_3，继续在酸性溶液中与过量试剂作用而生成黄绿色配合物 $K(SbI_4)$	在强酸性溶液中析出游离碘	红色沉淀 SnI_2，易溶于 HCl 而成无色溶液	—
$AgNO_3$	黄色沉淀 Ag_3AsO_3，溶于 HNO_3，乙酸及 NH_4OH 中	棕色沉淀 Ag_3AsO_4，溶于 HNO_3，乙酸及 NH_4OH 中	—	—	在碱性溶液中析出黑色金属银沉淀	—
H_2O_2	—	—	白色沉淀 $SbOCl$	白色沉淀 SbO_2Cl	白色沉淀 $Sn(OH)_2$	白色沉淀 $Sn(OH)_4$
HCl存在下的金属铁	—	—	黑色沉淀 Sb	黑色沉淀 Sb	—	还原为 Sn^{2+}
HCl存在下的金属锌	生成 AsH_3 气体，隔绝空气加热时析出金属砷（As）	生成 AsH_3 气体，隔绝空气加热时析出金属砷（As）	黑色沉淀 Sb	黑色沉淀 Sb	灰色海绵状沉淀 Sn	灰色海绵状沉淀 Sn
碱性溶液中加铍盐	—	—	—	—	黑色沉淀 Bi	—
氧化剂	生成 As^{5+} 或 AsO_4^{3-}	—	氧化成 Sb^{5+}	—	氧化成 Sn^{4+}	—
$HgCl_2$	—	—	—	—	白色沉淀（Hg_2Cl_2）逐渐变灰（Hg）	—

注：Na_2S 溶解硫化物时，不发生明显的变化，不发生氧化还原反应，各元素化合价不变。反之，与多硫化铵作用时，则各元素被氧化为较高价态。如 $(NH_4)_3AsS_4$、$(NH_4)_3SbS_4$、$(NH_4)_2SnS_3$。

表 15-17 阴离子

离子 反应 试剂	酸	氯化钡	硝酸银	氧化剂或还原剂	其他试剂
SO_4^{2-}	不发生明显的变化	生成白色细小结晶沉淀 $BaSO_4$，不溶于 HNO_3 和 HCl	从浓溶液中生成白色沉淀 Ag_2SO_4，用水稀释时溶解	还原剂可使浓 H_2SO_4 还原，但稀酸盐溶液硫不被还原 ① SO_4^{2-} 与金属铜、H_2S、HBr、HI、有机物质等作用还原成 H_2SO_3（放出 $SO_2\uparrow$） ② SO_4^{2-} 被金属锌、铁、HI等还原成 H_2S	① 与 $SrCl_2$ 反应生成白色沉淀 $SrSO_4$，稍溶于无机酸中 ② 与 $Pb(CH_3COO)_2$ 反应生成白色沉淀 $PbSO_4$，显著地溶于无机酸中

续表

试剂 / 反应离子	酸	硝酸银	氯化钡	氧化剂或还原剂	其他试剂
SO_3^{2-}	亚硫酸盐被无机酸分解（醋酸较难）而放出 SO_2。SO_2 可按下法检验特殊气味。 ① 根据氢氧化钡溶液变浑浊 ② 根据碘溶液褪之褪色 ③ 根据碘溶液或高锰酸钾溶液褪之褪色 ④ 根据以 $Hg_2(NO_3)_2$ 润湿过的滤纸的变黑	白色结晶沉淀 Ag_2SO_3，溶于 HNO_3、NH_4OH 和 Na_2SO_3 中	白色沉淀 $BaSO_3$，溶于 HCl 和稀冷的 HNO_3 中	(1) 氧化剂 ① 氯、溴、碘将 SO_3^{2-} 氧化为 SO_4^{2-}，且中性溶液变为酸性；碘溶液同时褪色 ② $KMnO_4$ 氧化 SO_3^{2-}，同时褪色 ③ $Hg_2(NO_3)_2$ 氧化 SO_3^{2-}，同时被还原为金属汞，呈黑色沉淀析出 ④ $K_2Cr_2O_7$ 氧化 SO_3^{2-}，$Cr_2O_7^{2-}$ 被还原为 Cr^{3+}，橙红色溶液变为绿色 ⑤ $FeCl_3$ 在加热时氧化 SO_3^{2-}，Fe^{3+} 被还原为 Fe^{2+} 而不与 $KSCN$ 生成血红色 (2) 还原剂 ① 单体金属锌、铁、铝、镁等在酸性溶液中将 SO_3^{2-} 还原，同时生成 H_2S，后者可根据气味和以 $Pb(CH_3COO)_2$ 溶液润湿的试纸变黑来检验它 ② 加热时 $SnCl_2$ 将 SO_3^{2-} 还原而生成的 H_2S、S_2S_2 将 Sn^{2+} 氧化为 Sn^{4+} 而生成的 SnS_2 沉淀	① 与 $SrCl_2$ 反应生成白色沉淀 $SrSO_3$，溶于 HCl 和冷稀的 HNO_3 中 ② 与 $Pb(CH_3COO)_2$ 反应生成白色沉淀 $PbSO_3$，溶于 HNO_3 中
$S_2O_3^{2-}$	硫代硫酸盐被无机酸分解（乙酸较难）放出 SO_2，析出游离硫 S，的检验方法同 SO_3^{2-} 的检验方法，介绍的 SO_2 检验方法	白色沉淀 $Ag_2S_2O_3$，很快地变黄、变褐、最后变黑而生成 Ag_2S，$Ag_2S_2O_3$ 溶于 HNO_3（析出 S），溶于 NH_4OH 和 $Na_2S_2O_3$ 中	白色沉淀 BaS_2O_3，溶于沸水和 HNO_3 中，沉淀溶解于酸后析出硫	(1) 氧化剂 ① 氯和溴将 $S_2O_3^{2-}$ 氧化为 SO_4^{2-} ② 碘将 $S_2O_3^{2-}$ 氧化为 $S_4O_6^{2-}$，碘溶液褪色 ③ $Hg_2(NO_3)_2$ 将 $S_2O_3^{2-}$ 氧化，同时 Hg^+ 被还原为金属汞来沉淀 ④ $K_2Cr_2O_7$ 将 $S_2O_3^{2-}$ 氧化，$Cr_2O_7^{2-}$ 还原为 Cr^{3+}，溶液由黄变绿 ⑤ $KMnO_4$ 氧化 $S_2O_3^{2-}$，溶液褪色 ⑥ $FeCl_3$ 氧化 $S_2O_3^{2-}$ 成 $S_4O_6^{2-}$，本身还原成 Fe^{2+} 而不与 $KSCN$ 显红色 (2) 还原剂 ① 单体金属（Zn、Fe、Al、Mg）在酸性溶液中将 $S_2O_3^{2-}$ 还原而成 H_2S ② $SnCl_2$ 将 $S_2O_3^{2-}$ 还原为 Sn^{4+} 且生成黄色 SnS_2 沉淀，同时生成 H_2S	① 与 $Pb(CH_3COO)_2$ 生成白色 PbS_2O_3 沉淀，溶于 HNO_3 和 $Na_2S_2O_3$ 中；沉淀溶解于酸后析出硫 ② 与 $SrCl_2$ 及 $ZnCl_2$ 作用不生成沉淀

续表

离子　反应　试剂	酸	硝酸银	氯化钡	氧化剂或还原剂	其他试剂
S^{2-}	稀无机酸分解所有溶于水的硫化物,当加热时浓酸分解所有硫化物(除某些天然硫化物外),分解时放出 H_2S,可根据其特殊气味和它对乙酸铅试纸的变黑来检验	黑色沉淀 Ag_2S,不溶于 NH_4OH,只当 HNO_3 加热时才溶解	没有沉淀	①弱氧化剂:与 Fe^{3+},AsO_4^{3-},SO_3^{2-} 等作用而析出硫 ②强氧化剂:氯,溴,I,$KMnO_4$,浓 HNO_3。使 S^{2-} 氧化成 SO_4^{2-}。碘和 $KMnO_4$ 将 S^{2-} 氧化同时褪色	①与 $Pb(CH_3COO)_2$ 反应生成黑色 PbS 沉淀;溶于 HNO_3 ②与 $ZnCl_2$ 反应生成白色 ZnS 沉淀,不溶于 $NaOH$,NH_4OH 和乙酸,但溶于无机酸 ③与 $CdCO_3$ 反应生成黄色 CdS 沉淀,溶于无机酸
CO_3^{2-}	稀酸(甚至乙酸)分解碳酸盐而放出 CO_2,伴有嘶嘶声,根据石灰水或 $Ba(OH)_2$ 水溶液的浑浊来检验 CO_2	白色沉淀 Ag_2CO_3,溶于酸和 NH_4OH 中	白色沉淀 $BaCO_3$,溶于酸中		
PO_4^{3-}	不发生显著的变化	黄色沉淀 Ag_3PO_4,溶于 CH_3COOH,HNO_3 及 NH_4OH 中	白色无定形沉淀 $BaHPO_4$ 或 $Ba_3(PO_4)_2$,溶于乙酸,盐酸及硝酸中		①与镁混合剂反应生成白色结晶沉淀 $MgNH_4PO_4$,溶于醋酸,盐酸及硝酸 ②与钼酸铵混合剂反应在冷的情况下生成黄色微小结晶形沉淀 $(NH_4)_3PO_4·12MoO_3$ ③与硫酸氢不产生沉淀
AsO_4^{3-}	不发生显著的变化	棕色沉淀 Ag_3AsO_4,溶于 CH_3COOH,HNO_3 及 NH_4OH 中	白色无定形沉淀 $BaHAsO_4$,或 $Ba_3(AsO_4)_2$,溶于 CH_3COOH,HCl 及 HNO_3 中	①H_2S 慢慢将 AsO_4^{3-} 还原成 AsO_3^{3-} 析出硫,加热反应迅速 ②H_2SO_4 将 AsO_4^{3-} 还原成 AsO_3^{3-} ③在酸性溶液中,KI 将 AsO_4^{3-} 还原成 AsO_3^{3-},同时析出游离碘	①与镁混合剂反应生成白色结晶沉淀 $MgNH_4AsO_4$,溶于盐酸及硝酸中 ②与钼酸铵混合剂反应生成微小结晶形的浓黄色沉淀 $(NH_4)_3AsO_4·12MoO_3$ ③与硫化氢反应,在酸性溶液中生成淡黄色沉淀 As_2S_5,As_2S_3 及 S,不溶于盐酸但溶于硝酸

试剂＼反应＼离子	酸	硝酸银	氯化钡	氧化剂或还原剂	其他试剂
AsO_3^{3-}	不产生显著的变化	从中性溶液中得到黄色沉淀 Ag_3AsO_3，溶于 CH_3COOH、HNO_3 及 NH_4OH 中	从氨性溶液中得到白色沉淀 $Ba_3(AsO_3)_2$，溶于乙酸、盐酸及硝酸中	① 浓 HNO_3 在加热时将 AsO_3^{3-} 氧化成 AsO_4^{3-} ② $KMnO_4$ 在酸性溶液中将 AsO_3^{3-} 氧化成 AsO_4^{3-}，而本身褪色 ③ 当有 $NaHCO_3$ 存在时，碘将 AsO_3^{3-} 氧化成 AsO_4^{3-}，而本身褪色 ④ 当煮沸由 $AgNO_3$ 生成沉淀的氨性溶液（即 Ag_3AsO_3 的氨性溶液）时，析出黑色沉淀的金属银，同时 AsO_3^{3-} 转变为 AsO_4^{3-}	① 与镁合剂在普通浓度下不生成沉淀 ② 在冷的钼酸铵混合剂中 AsO_3^{3-} 不生成沉淀，但由于试剂中含有硝酸能将 AsO_3^{3-} 氧化成 AsO_4^{3-}，故在加热时有沉淀出现 ③ 硫化氢在酸性溶液中生成黄色沉淀 As_2S_3
CrO_4^{2-} 与 $Cr_2O_7^{2-}$	稀酸将 CrO_4^{2-} 转变为 $Cr_2O_7^{2-}$，溶液颜色由黄变为橙红。碱引起相反的颜色变化，浓硫酸作用于固体盐类时析出 CrO_3，后者易被分解而生成 Cr^{3+}（绿色）并放出氧	褐红色沉淀 Ag_2CrO_4 或 $Ag_2Cr_2O_7$，溶于 HNO_3 及 NH_4OH 但不溶于 CH_3COOH	黄色沉淀 $BaCrO_4$，溶于无机酸而不溶于乙酸	常使用的还原剂 ① Fe^{2+}、SO_3^{2-}、S^{2-}、I^-（在冷的情况下作用） ② 乙醇、草酸（不加热时作用） ③ 浓盐酸（只在加热时） 以上还原剂使 CrO_4^{2-} 或 $Cr_2O_7^{2-}$ 在酸性溶液中转变为 Cr^{3+}，溶液由橙黄转变为绿色	与 $Pb(CH_3COO)_2$ 生成黄色沉淀 $PbCrO_4$，溶于 HNO_3 及 KOH，而不溶于 CH_3COOH
MnO_4^-	稀酸不引起明显的变化，浓硫酸作用于固体锰盐类时析出 Mn_2O_7，后者分解而生成 MnO_2 及氧	没有沉淀	没有沉淀	在还原剂作用下，MnO_4^- 变为 Mn^{2+} 或 MnO_2，溶液紫色消失 常用的还原剂：H_2S（析出硫）、SO_3^{2-}、$S_2O_3^{2-}$、I^-、Br^-、AsO_3^{3-}、NO_2^-、Fe^{2+}、Sn^{2+}、H_2O_2 及一些有机物	
NO_3^-	稀酸不引起明显的变化，浓硫酸作用于固体硝酸盐时，将它们分解而生成红棕色的二氧化氮	没有沉淀	没有沉淀	① Fe^{2+} 在浓 H_2SO_4 存在时将硝酸盐还原为 NO，NO 与过量 Fe^{2+} 结合变成褐色化合物 ② 在酸性溶液中的金属锌使硝酸盐还原成 HNO_2、HNO_2 从 KI 中析出碘 ③ 在碱性溶液中的金属铝和金属锌将硝酸盐还原成 NH_3	

续表

试剂 / 反应 / 离子	酸	硝酸银	氯化钡	氧化剂或还原剂	其他试剂
NO_2^-	稀酸将亚硝酸盐分解而生成红棕色的二氧化氮	从很浓的溶液中生成白色结晶沉淀 $AgNO_2$，当用水稀释溶液或加热时则溶解	没有沉淀	(1)氧化剂　高锰酸钾将 NO_2^- 氧化为 NO_3^-，试剂褪色 (2)还原剂 ①Fe 在稀 H_2SO_4 存在时将亚硝酸盐还原为 NO.NO 与稀 Fe^{2+} 结合生成暗褐色化合物 ②碘化物在酸性溶液中将亚硝酸盐还原为 NO，同时试剂析出游离碘 ③单体金属锌、铝在碱性溶液中将亚硝酸盐还原成 NH_3 ④铵盐在酸煮沸时将亚硝酸盐分解而生成 N_2 ⑤尿素在酸性溶液中将亚硝酸盐分解而生成 CO_2 和 N_2	
ClO_3^-	稀酸不引起外表的变化，只是加强氯酸盐的氧化性。浓硫酸分解氯酸盐而生成 ClO_2 气体，ClO_2 易分解而生成爆炸（小心！）	没有沉淀	没有沉淀	①SO_3^{2-} 在酸性溶液中将 ClO_3^- 还原为 Cl^-，可用 $AgNO_3$ 检出 ②单体金属在酸性溶液中（$Zn+H_2SO_4$）或在碱性溶液中（Zn、Al$+NaOH$）将 ClO_3^- 还原为 Cl^- ③Fe^{2+} 在酸性溶液中煮沸时将 ClO_3^- 还原为 Cl^- ④浓 HCl 作用于固体氯酸盐时，将其还原，本身被氧化为 Cl_2 ⑤碘化物在酸性溶液中将 ClO_3^- 还原为 Cl^-，本身被氧化析出碘	
BrO_3^-	不具还原性的酸不引起明显的变化	从浓溶液中生成 $AgBrO_3$ 沉淀，溶于大量水、HNO_3 及 NH_4OH 中	从浓酸溶液中生成白色沉淀 $Ba(BrO_3)_2$，溶于大量水、稀硝酸及稀盐酸	SO_3^{2-}、S^{2-}、Br^- 等在酸性溶液中将 BrO_3^- 还原为 Br_2，过量试剂继续将 Br_2 还原为 Br^-，因此 Br_2 所引起的颜色消失	
IO_3^-	不具还原性的酸不引起明显的变化	白色凝乳状沉淀 $AgIO_3$，难溶于 HNO_3 而易溶于 NH_4OH 中	白色沉淀 $Ba(BrI_3)_2$，溶于稀硝酸及稀盐酸	SO_3^{2-}、S^{2-}、I^- 等在酸性溶液中将 IO_3^- 还原为 I_2，过量的还原剂（但非 I^-）继续将 I_2 还原为 I^-，因此由游离碘所引起的颜色消失	与 $Pb(CH_3COO)_2$ 生成白色沉淀 $Pb(IO_3)_2$，溶于 HNO_3

续表

反应离子 ＼ 试剂	酸	硝酸银	氯化钡	氧化剂或还原剂	其他试剂
ClO^-	浓硫酸作用于固体次氯酸盐时,将后者分解放出氧,当以浓盐酸作用时析出氯	次氯酸作用于固体 Cl^- 与 Ag^+ 反应生成白色沉淀 $AgCl$	没有沉淀	①Mn^{2+}、Ni^{2+}、Co^{2+}、Fe^{2+} 等阳离子在碱性溶液中还原次氯酸盐而本身被氧化,生成 $MnO(OH)_2$、$Ni(OH)_2$(褐黑)及 $Fe(OH)_3$；②碘化物在酸性溶液或弱碱性溶液中还原次氯酸盐,而本身被氧化生成游离碘	
Cl^-	稀酸不引起可观察的变化;浓硫酸作用于固体氯化物时,使它们分解生成氯化氢	白色凝乳状沉淀 $AgCl$ 不溶于 HNO_3,易溶于 NH_4OH,稍溶于 $(NH_4)_2CO_3$	不生成沉淀	①MnO_2 与浓 H_2SO_4 在加热时,使氯化物放出氯气;②$K_2Cr_2O_7$,将浓 H_2SO_4 加热时放出氯气;③$K_2Cr_2O_7$ 与浓 H_2SO_4,加热时,与固体氯化物作用,生成红褐色的二氯化铬酰 CrO_2Cl_2,后者导入 $NaOH$ 溶液中生成 CrO_4^{2-}	在相当浓的冷溶液中,与乙酸铅作用生成白色沉淀 $PbCl_2$,易溶于沸水,溶液冷却后成闪光针状物析出
Br^-	加热时稀酸分解碱金属溴化物;浓硫酸与其分解,而且在生成溴化氢的同时,总是有游离溴生成	浅黄色凝乳状沉淀 $AgBr$,不溶于 HNO_3;$AgBr$ 较 $AgCl$ 不溶于 NH_4OH,$AgBr$ 不溶解于含游离 NH_4OH 的 $(NH_4)_2CO_3$ 中	不生成沉淀	①MnO_2 与浓 H_2SO_4 在加热时使溴化物放出红棕色的溴蒸气;②稀 H_2SO_4 存在下 $K_2Cr_2O_7$ 不能使溴化物氧化,浓 H_2SO_4 存在下时 $K_2Cr_2O_7$,在加热时使固体溴化物放出 Br_2;③不加热时氯水由溴化物溶液中放出 Br_2;④不加热时在酸性溶液中 KNO_2 不能使溴化物氧化而放出 Br_2	与 $Pb(CH_3COO)_2$ 作用生 $PbBr_2$,较 $PbCl_2$ 难溶,易溶于沸水,冷却后成闪光针状物而析出
I^-	加热时稀酸分解碱金属碘化物;浓硫酸在加热时,使大多数碘化物分解,生成 I_2	黄色凝乳状沉淀 AgI,既不溶于 HNO_3,也不溶于 NH_4OH,不溶于 $(NH_4)_2CO_3$	不生成沉淀	①MnO_2 与浓 H_2SO_4,在加热时使碘化物氧化析出碘;②$K_2Cr_2O_7$ 在稀 H_2SO_4 存在时在不加热时使碘化物氧化并析出碘;③在不加热时氯水使碘化物溶液中析出碘;④不加热时在酸性溶液中 KNO_2,使碘化物氧化并析出游离碘;⑤$FeCl_3$,使碘化物氧化并析出游离碘,加热煮沸时碘挥发	①与 $Pb(CH_3COO)_2$ 作用生成黄色沉淀 PbI_2,显著溶于沸水,冷却后生成亮红状物析出;②与 $HgCl_2$ 生成 HgI_2 色沉淀;③与 $CuSO_4$ 生成 $CuI_2 + I_2$ 沉淀,有 SO_3^{2-} 或 $S_2O_3^{2-}$ 存在时生成白色沉淀 Cu_2I_2

续表

试剂　反应　离子	酸	硝酸银	氯化钡	氧化剂或还原剂	其他试剂
F^-	稀酸不引起可觉察的变化。浓硫酸分解氟化物生成氟化氢,后者可根据玻璃的"腐蚀"来检验。有硅酸盐存在时放出的不是HF,而是SiF_4,后者根据干净水滴变浑浊来检验	不生成沉淀	体积很大的白色沉淀BaF_2,溶于无机酸及大量铵盐中	—	与$CaCl_2$作用生成胶状沉淀CaF_2,难溶于酸,沉淀灼烧后不溶于酸
$B_4O_7^{2-}$及BO_2^-	稀酸的变化的变化由硼酸使游离出H_3BO_3放出。根据火焰染绿色来检验,H_3BO_3硼酸酯类使火焰染为绿色更加清晰	在硼酸盐的中性溶液中生成少量白色沉淀$AgBO_2$,在很稀的溶液中生成褐色的沉淀Ag_2O	在中性溶液中不生成沉淀,在未被中和的溶液中生成白色沉淀$Ba(BO_2)_2$,易溶于酸	—	—
SiO_4^{4-}及SiO_3^{2-}	可溶于水的硅酸盐易被酸分解,不溶性硅酸盐中只有某一些被酸分解。酸对大多数硅酸盐不起作用,与盐酸蒸发经2~3次与盐酸蒸干后的作用后,全部硅酸形成无定形硅渣析出。残渣不溶于酸,硅酸盐与CaF_2及H_2SO_4共热时放出SiF_4	在未被中和的溶液中生成褐色的黄色沉淀,沉淀溶解后析出硅酸	在未被中和的溶液中生成白色沉淀,沉淀溶解后有硅酸析出	—	①铵盐在硅酸盐液中生成硅酸凝胶状沉淀 ②加热时,$Cd(CH)_2$使硅酸完全沉淀为$CdSiO_3$(F^-的存在不妨碍反应)
CN^-	稀酸分解氰化物而放出HCN(剧毒!!!)。$NaHCO_3$在沸腾时分解氰化物而放出HCN。浓H_2SO_4破坏所有的氰化物而生成铵盐和一氧化碳(有毒!)	白色凝乳状沉淀AgCN,不溶于稀HNO_3但溶于热浓HNO_3(区别于Cl^-),也溶于NH_4OH,$Na_2S_2O_3$和KCN中	没有沉淀	①30%H_2O_2在加热时使固体氰化物氧化成OCN^-且放出$NH_3\uparrow$ ②氰化物使碘溶液褪色 ③碱金属氰化物在灼烧时吸收氧而变为氰酸盐(OCN^-) ④$KMnO_4$不发生反应	①与$Pb(CH_3COO)_2$反应生成白色沉淀$Pb(CN)_2$ ②与$NiSO_4$反应生成绿色沉淀$Ni(CN)_2$,溶于KCN中,与过量$NiSO_4$作用则CN^-完全沉淀
$[Fe(CN)_6]^{4-}$	在稀酸中煮沸时逐渐分解放出HCN(剧毒!!!)。浓H_2SO_4破坏亚铁氰化物而生成氰酸盐及一氧化碳(有毒!)	白色沉淀$Ag_4[Fe(CN)_6]$,不溶于HNO_3和稀HNO_3使其氧化成$Ag_3[Fe(CN)_6]$,颜色变为橙色	没有沉淀(从很浓的溶液中才能生成沉淀)	与$KMnO_4$反应,$KMnO_4$褪色$[Fe(CN)_6]^{3-}$。其他氧化剂在酸性溶液中也发生类似的氧化作用	①与$FeCl_3$反应,生成蓝色的"普鲁士蓝"沉淀 ②与$FeSO_4$反应,生成白色沉淀,在空气中很快地转变为蓝色 ③与$CuSO_4$反应,生成红褐色沉淀$Cu_2[Fe(CN)_6]$,不溶于稀酸中

续表

试剂　　离子/反应	酸	硝酸银	氯化钡	氧化剂或还原剂	其他试剂
$[Fe(CN)_6]^{3-}$	在稀酸中煮沸时逐渐地分解而放出HCN(剧毒!!),生成H_2SO_4,破坏铁氰化物而生成氢氰酸及一氧化碳(有毒!)	橙色沉淀$Ag_3[Fe(CN)_6]$,溶于NH_4OH,但不溶于HNO_3	没有沉淀	①与$KMnO_4$反应,在碱性液中立即生成暗褐色MnO_2沉淀,同时$[Fe(CN)_6]^{3-}$被还原为$[Fe(CN)_6]^{4-}$ ②与KI反应,在酸性溶液中析出碘,同时$[Fe(CN)_6]^{3-}$被还原为$[Fe(CN)_6]^{4-}$	①与$FeCl_3$反应有沉淀没有沉淀生成,但使溶液染变为褐色 ②与$FeSO_4$反应,生成蓝色"腾氏蓝"沉淀 ③与$CuSO_4$反应,生成绿色沉淀$Cu_3[Fe(CN)_6]_2$
SCN^-	加入稀酸不发生明显的变化,浓硫酸分解氰氢物而生成硫氰盐和COS(燃烧时呈蓝色火焰)	白色凝乳状沉淀AgSCN,不溶于稀HNO_3但溶于NH_4OH中	没有沉淀	浓HNO_3,$KMnO_4$,Cl_2,Br_2,H_2O_2等强氧化剂使硫氰酸盐被氧化,使它含的硫变成SO_4^{2-}, $KMnO_4$与硫氰酸盐反应被还原,褪色	①与$Hg(NO_3)_2$反应生成白色沉淀$Hg(SCN)_2$,溶于过量的KSCN中 ②与$CuSO_4$反应,数滴中生成宝石绿色溶液,滴入KSCN溶液中则生成黑色沉淀$Cu(SCN)_2$,$CuSO_4$过量时有H_2SO_4存在时得到白色沉淀$Cu_2(SCN)_2$
CH_3COO^-	酸使乙酸盐分解,同时析出乙酸气味。将固体乙酸盐和浓硫酸的混合物稍加热时,生成乙酸乙酯,后者有水果香气	仅从很浓的溶液中白色沉淀CH_3COOAg,溶于过量的水及HNO_3中	没有沉淀	$KMnO_4$在酸性溶液中不与乙酸反应(与$C_2O_4^{2-}$,$C_4H_4O_6^{2-}$不同)	与$FeCl_3$,在冷的情况下,不生沉淀,但使溶液染上暗红色,当加入盐酸呈酸性时,颜色消失;当乙醚或醇一起摇荡时,醚或醇呈红色(与SCN^-不同);当加热时生成红褐色沉淀$Fe(OH)_2\cdot(CH_3COO)$。为使反应顺利进行,$FeCl_3$宜少量
$C_2O_4^{2-}$（草酸根）	加入稀酸不起明显的变化。浓硫酸加热时分解草酸盐并放出CO和CO_2	白色凝乳状沉淀$Ag_2C_2O_4$,溶于HNO_3,不溶于NH_4OH中	白色结晶沉淀BaC_2O_4,溶于无机酸中	$KMnO_4$在酸性溶液中,氧化草酸盐放出CO_2,试剂本身褪色	与$CaCl_2$或$CaSO_4$作用生成白色结晶沉淀CaC_2O_4,不溶于乙酸,无机酸中,将有酸并后沉淀CaC_2O_4重新析出
$C_4H_4O_6^{2-}$（酒石酸根）	加入稀酸不起明显的变化,浓硫酸加热时分解酒石酸盐,并且发生炭化,并放出SO_2	从中性溶液中生成白色乳状沉淀$Ag_2C_4H_4O_6$,溶于HNO_3,NH_4OH和过量的酒石酸盐溶液中	从中性的溶液中生成白色无定形沉淀$BaC_4H_4O_6$,渐渐变为结晶形沉淀以及结晶盐的存在无机酸和铵盐溶液中延缓沉淀的生成	$KMnO_4$在酸性溶液中,氧化酒石酸盐,当加热时反应速度增加(与CH_3COO^-不同);酒石酸的氨的溶液加热时,析出镜状薄层金属银	①$CaCl_2$,与酒石酸盐的关系像$BaCl_2$一样,$CaC_4H_4O_6$在中性的可溶性把$C_4H_4O_6^{2-}$和$C_2O_4^{2-}$区别开来 ②与KCl反应,从中性溶液中得不到沉淀,加$C_4H_4O_6$,在酸性时结晶白色沉淀$KHC_4H_4O_6$,沉淀难溶于水及乙酸,但易溶于无机酸,NaOH和Na_2CO_3 ③在试管中加入等体积NaOH溶液和几滴$CuSO_4$,溶液显蓝色生成$Cu(OH)_2$沉淀,此沉淀溶于$C_4H_4O_6^{2-}$溶液摇荡5min,然后过滤,有$C_4H_4O_6^{2-}$存在的溶液呈蓝色。铵盐和AsO_3^{3-}引起同样的反应

注:表中"—"表示无沉淀及无特征颜色显现。

九、部分常见离子的鉴定

表 15-18～表 15-54 列出了部分常见元素离子的一些个别检出方法。

1. 铵

表 15-18　铵

	检定方法	备注
1	1mL 试液于试管中,加入苛性碱至呈强碱性反应,以湿润的石蕊试纸或酚酞试纸盖着管口,小心加热,石蕊试纸变蓝或酚酞试纸变红表示铵存在	试验时必须使试纸不接触试管壁,任何碱性气体都干扰反应
2	用硝酸亚汞溶液浸过的滤纸代替上述试纸,用同法处理,如铵存在,试纸变黑	
3	1 滴试液加入 3 滴 4mol/L 氢氧化钠①液于试管内,于较小的内管底端用 1 滴奈斯特试剂润湿使与外管混合物接近,在水浴上加热,如铵存在,则产生黄色至棕色沉淀	反应是特效的
4	1 滴试液于点滴板上,加 2～3 滴奈斯特试剂,如铵存在则产生黄色至棕色沉淀	银、汞、铅与试纸生成带色化合物,硫离子能破坏试剂

① 过量 NaOH 的加入使下列金属离子形成特征的氢氧化物而沉淀:Bi^{3+} 白色,热之变棕色;$Cd(Cd^{2+})$ 白色;Ce^{3+} 白色,在空气中变棕色;Cr^{3+} 绿色,煮沸后变成灰色;Co^{2+} 蓝色,加热变为桃红色;Cu^{2+} 蓝色,加热后变黑;Fe^{2+} 绿至深棕色;Fe^{3+} 深棕色;In^{3+} 白色;Mg^{2+} 白色;Mn^{2+} 白色,在空气中变棕色;Hg^{2+} 黄色;Ni^{2+} 绿色;Ti^{3+} 深棕色;Th^{3+} 白色;Zn^{2+} 白色;Be^{2+} 白色;Sn^{2+} 白色;贵金属得到有色沉淀。如无沉淀可断定没有显著量的上述元素存在。

2. 钠

表 15-19　钠

	检定方法	备注
1	在 1mL 冷的中性或弱碱性试液中加入等体积的焦锑酸二氢钾试剂,用力摇动并以玻璃棒摩擦管壁,如钠存在则生成白色结晶沉淀 $Na_2H_2Sb_2O_7 \downarrow$	铵形成白色无定形沉淀
2	在试管中加入亚硝酸铋和亚硝酸钾与少量(约 1%)亚硝酸铯的混合液,如钠存在则生成黄色沉淀 $6NaNO_2 \cdot 9CsNO_2 \cdot 5Bi(NO_2)_3$	
3	在 1 滴含酒精的中性试液中加入 8 滴乙酸铀酰试剂,如钠存在则生成淡黄色的结晶沉淀,其组成为: $NaCH_3COO \cdot Zn(CH_3COO)_2 \cdot 3UO_2(CH_3COO)_2 \cdot 9H_2O$	反应是特效的 K^+、NH_4^+、Ca^{2+}、Sr^{2+}、Mg^{2+}、Ba^{2+}、Al^{3+}(I^{3+})、Fe^{3+}、Mn^{2+}、Zn^{2+}、Co^{2+}、Ni^{2+}、Cd^{2+}、Bi^{3+}、Cu^{2+} 等 20 倍量存在不妨碍鉴定
4	在载片上放 1 滴试液,蒸干,冷后在其上加 1 滴乙酸铀酰[$UO_2(CH_3COO)_2 \cdot 2H_2O(36\%)$]中的乙酸饱和溶液试剂,数分钟后在显微镜下观察,如钠存在可看到浅黄色的四面或八面体的结晶	镁有类似反应,干扰鉴定

3. 钾

表 15-20 钾

	检定方法	备注
1	在中性或含少量乙酸的试液(如酸度太大可加乙酸钠使酸度变弱)中,加入钴亚硝酸钠试剂,如钾存在则生成亮黄色的 $K_2Na[Co(NO_2)_6]$ 沉淀	NH^+、Cs^+、Rb^+、Li^+ 有同样反应;Al^{3+}、Ga^{2+}、Co^{2+}、Mn^{2+}、Zn^{2+}、Ti^{4+}、Fe^{2+}、Cd^{2+}、Mo^{6+}、W^{6+}、As^{3+}、V^{5+}、As^{5+} 均不干扰;Ba^{2+}、Sr^{2+}、Ca^{2+}、Mg^{2+} 浓度不大于干扰;U^{6+}、Sb^{2+}、Bi^{3+}、Sn^{4+}、V^{4+} 能生成沉淀
2	在试液中加入卡罗试剂,如钾存在则生成 $K_3[Bi(S_2O_3)_3]$ 的黄色沉淀析出	NH_4^+ 妨碍反应
3	置 1 滴中性试液于点滴板上,加入 1 滴波鲁埃克托夫试剂,如钾存在则生成微细结晶状的橘红色沉淀	NH_4^+ 浓度大时妨碍反应
4	在试液中加入高氯酸,如钾存在则生成白色结晶的高氯酸钾($KClO_4$)沉淀,加热时沉淀溶解度剧增,反之,加入酒精使溶解度降低	
5	在中性的冷浓试液中,加入酒石酸或酒石酸氢钠,如钾存在则生成白色的结晶沉淀 $KHC_4H_4O_6$,沉淀能溶于热水及无机酸和碱中	NH_4^+ 得到完全类似的白色结晶沉淀
6	在载片上放 1 滴试液,蒸干,其上加 1 滴钾离子试剂[$Na_2PbCu(NO_2)_6$],1min 后在显微镜下观察,如钾存在则生成棕色立方结晶 $K_2PbCu(NO_2)_6$	NH_4^+ 有类似反应;Na^+、Mg^{2+} 等不干扰
7	取 1 滴冷浓试液于载片上,其上加入少量氢氯铂酸(H_2PtCl_6)固体粉末,混匀,在显微镜下观察,如钾存在则生成氯铂酸钾的深黄色八面体和六面体的结晶。反应也可在试管中进行,以酒精为溶剂,反应较为灵敏	铵、铷、碲、铯有类似反应,妨碍检查
8	少量试样加入等体积浓硫酸与氢氟酸的混合液数滴,并加数毫升氟化铵,加热至不冒白烟时,再煅烧片刻,冷却刮下作用物,放在 2,4,6,2′,4′,6′-六硝基二苯胺试纸上,以 1 滴水润湿,试纸在热空气中干燥后浸入 5% 的硝酸中试纸即变深黄色,如有钾存在时即显红色斑	锂、钠、镁不干扰,汞、铅、铊、铵(大量)、铷、锆、钕、铯有类似结果。重金属干扰应以氢氧化钠使之沉淀以除去

注:1.不溶于水的含钾矿物可用硫酸与氢氟酸的混酸溶解;氯化铵与碳酸钙混合剂熔融,熔体溶于盐酸,残渣以水抽提供试验。

2.铵对钾的大部分反应均有干扰,除了用强碱处理蒸干试液驱除铵外,还可在碱性试液中加入甲醛使成 $(CH_2)_6N_4$,后者不干扰反应,但应该指出本法只适用于个别检查。

4. 镁

表 15-21 镁

	检定方法	备注
1	在无铵盐存在的中性试液中加入等体积的次碘酸盐溶液,如镁存在则生成暗红色或棕色沉淀	Ba^{2+}、Ca^{2+}、Sr^{2+} 不干扰,试剂必须是新配制的
2	1 滴试液加入氯化铵溶液及氢氧化铵溶液各 1 滴,再加 1 滴 5% 的 8-羟基喹啉的酒精溶液,有镁存在时析出淡黄绿色结晶沉淀	碱金属及碱土金属离子不妨碍反应
3	在试液中加入几滴 0.2% 的 1,2,5,8-四羟基蒽醌(或对醌对二酚茜素)的酒精溶液。如溶液为酸性则逐滴加入 NaOH 溶液中和至溶液呈紫色,继之加入约体积的 1/2 的 NaOH 溶液,有镁存在时生成蓝色沉淀	铝不干扰

续表

	检定方法	备注
4	在试液中加入二苯氨基脲的碱性酒精溶液,如镁存在则生成红紫色沉淀。如为不溶性试样则可用热的试剂在滤纸上淋滴,有镁时也能染成红紫色	Ba^{2+}、Ca^{2+}、Sr^{2+}、Al^{3+}、Fe^{2+}、Mn^{2+} 等不干扰;铵盐妨碍反应;汞有干扰
5	取 1 滴试液于点滴板或玻璃片上,加入 1 滴茜素紫红试剂,并用 NaOH 使呈碱性,如显蓝色则为有镁的标志	
6	取 1 滴试液于玻璃片上,加入 2～3 滴对硝基苯偶氮间苯二酚试剂并用 NaOH 使呈碱性,如镁存在则显蓝色或生成蓝色沉淀	Ca^{2+}、Sr^{2+}、Ba^{2+}、Al^{3+}、Mn^{2+} 不妨碍反应;Ni^{2+}、Co^{2+}、Cd^{2+} 的氢氧化物可被染色;试液中有大量铵盐时需预先除去
7	在中性试液中加 1 滴间硫氮茂黄(达旦黄)试剂和 5 滴 0.1mol/L 的 NaOH 溶液,如镁存在则染料的颜色由黄变红	Li^+ 产生桃红色;大量 Ca^{2+} 产生橙色或沉淀;大量 NH_4^+ 干扰;Ag^+、Hg^{2+}、Cu^{2+}、Co^{2+}、Mn^{2+}、Ni^{2+} 有同样反应
8	取 1 滴含少量 NH_4Cl 的试液于载片上,氨熏,在其上放 1 粒 $Na_2HPO_4\cdot12H_2O$ 结晶(或加 1 滴该盐的溶液),有镁存在时生成白色粒状沉淀,在显微镜下观察呈羽毛状或双十字形结晶	K^+、Na^+、NH_4^+ 不干扰

注:含镁矿物可用稀酸溶解,硅酸盐用氢氟酸处理或碳酸钠熔融,如矿物含硫则预先灼烧除去。

5. 钙

表 15-22　钙

	检定方法	备注
1	在试液中加入 NH_4Cl 和过量 NH_4OH,加热至沸,再注入等体积的冷的饱和亚铁氰化钾溶液,如钙存在则生成 $Ca_2[Fe(CN)_6]$ 的白色结晶沉淀,沉淀溶于盐酸而不溶于乙酸	Sr^{2+} 不干扰;Ba^{2+} 在浓液中生成沉淀
2	在试液中加入氨水使呈弱碱性(必要时煮沸过滤取其滤液),加入饱和草酸铵溶液,有钙存在时得到白色的草酸钙沉淀	钡、锶有类似反应,强氧化剂存在会破坏试剂,钡、锶可用硫酸盐沉淀除去
3	取 1 滴试液于载片上,蒸干,加 1 滴水和 $2mоL/L$ 的 H_2SO_4 于残渣上,温热之,如钙存在则能在显微镜下看到 $CaSO_4\cdot2H_2O$ 的成束针状或斜角棱状的结晶	钙能在 50 倍钡或锶存在下检出

6. 锶

表 15-23　锶

	检定方法	备注
1	于 2 滴试液中加入 2 滴 30% 的乙酸铵溶液,煮沸,如钡存在加 1 滴 10% 铬酸钾溶液,将分离沉淀后的滤液煮沸,用 2 滴饱和的硫酸铵溶液处理,在水浴上加热,如锶存在则成白色的沉淀	钡不干扰;钙生成配合物而不生成沉淀
2	先将滤纸用铬酸锶溶液润湿,干燥,取 1 滴试液于其上,1min 后加 1 滴玫瑰红酸钠试剂,如出现红褐色斑状表示锶存在	钡不干扰;这是一个检定锶的主要方法
3	取 1 滴试液于载片,蒸干,残渣用 1 滴 2% 的硝酸铜溶液润湿,再度蒸干,冷却后加 2 滴 0.05mol/L 的乙酸溶液,在所得的溶液中加入数滴亚硝酸钾结晶,数分钟后在显微镜下观察。如锶存在可看到蓝绿色的立方体 $K_2SrCu(NO_2)_6$ 结晶	Ba^{2+}、Ca^{2+} 生成绿色的结晶,但晶形与 Sr^{2+} 不同

7. 钡

表 15-24　钡

	检定方法	备注
1	试液中加入 NH_4OH，再加入乙酸使成酸性，再向试液中加入数滴 $0.5mol/L$ 的重铬酸钾溶液，有黄色沉淀出现表明有钡存在	本法仅当有碱土金属存在时才是特效的，铅、铋、银及其他重金属可加入硫化铵使其成硫化物沉淀而与钡分离
2	取 1 滴中性试液于滤纸上，其上加 1 滴玫瑰红酸钠试剂，红褐色斑的出现表示钡、锶可能存在，如果只有钡，用稀盐酸润湿斑点时则成为鲜红色，如无钡存在只有锶则斑点褪色	本法在检出钡的同时可检出锶。重金属有干扰，可预先使成氢氧化物的沉淀以除去
3	在试液中加入硅氟酸，如发生白色结晶沉淀，且沉淀难溶于水和稀酸，完全不溶于酒精，则表示钡存在	钙、锶、镁不干扰
4	取 1 滴弱酸性试液于载片，稍热，立刻用玻璃棒放入一粒氟硅化铵 $[(NH_4)_2SiF_6]$，在显微镜下观察，有钡存在时形成 $BaSiF_6$ 的针状或棱形结晶	钙、锶浓度不大时不妨碍检出；无机酸应该不存在

8. 铝

表 15-25　铝

	检定方法	备注
1	在干燥的亚铁氰化钾试纸上，置 1 滴试液，氨熏，其上加 1 滴茜素试剂，重新氨熏，则在紫色背景上产生红色玫瑰环，置于灯焰上烘干时试剂颜色被褪去，如铝存在则玫瑰色的环留在纸上，当用茜素和氨做第二次处理时，烘干后颜色加深	
2	取 1 滴试液于点滴板上，加 1 滴 0.1% 的铝试剂水溶液和 2 滴乙酸-乙酸钠缓冲溶液①，如铝存在则生成胶态分散的红色沉淀	许多干扰离子可用铜铁试剂②除去；带色离子 Cu^{2+}、Co^{2+}、V^{5+} 以及用氰化物溶液配合的贵金属 Pt^{6+}、Au^{3+} 应还原移去
3	在中性或乙酸性的试液中，加入桑色素试剂，有铝存在时溶液生成美丽绿色荧光	反应极灵敏，但只在白天的光线下才能明显
4	在 2 滴乙酸-乙酸盐的缓冲溶液中加入 1 滴铬蓝（0.01% 水溶液）试剂、1 滴试液和 3 滴乙醇，温热此混合物，在紫外光下观察，如铝存在则呈现橙色荧光	$Cr(III)$ 和 $U(VI)$ 轻微阻碍，$Co(II)$ 和 $Mo(VI)$ 显著阻碍，$Ni(II)$、Cu^{2+}、$Fe(III)$、$Ti(VI)$、$V(VI)$、$V(V)$ 完全阻碍荧光，砷酸根、磷酸根使铝沉淀
5	在乙酸性试液中加 3 滴 4-磺基-2,2′-二羟基偶氮的锌盐（0.1% 水溶液），如显橙红色荧光即为有铝存在的证明	$Cr(VI)$ 和氟化物有干扰
6	在乙酸性试液中加 3 滴四羟基黄醇的饱和水溶液，如铝存在显光亮的绿色荧光	Sc 有同样现象
7	取 1 滴试液于载片，其上加 1 小粒粉末状的氯化铯或硫酸铯（最好是硫酸氢铯），如有铝存在，在显微镜下可见到生成一种无色的等轴系四面体的铯矾，结晶非常美观，与硫酸氢钾作用反应也能成功，但灵敏度较小	$Cr(III)$ 的化合物存在时生成相似的紫色铬矾

① 如在乙酸盐缓冲液中与铝试剂不发生反应，则表明下列离子不存在：

B(II)（30×10^{-6}）；Fe(III)（5×10^{-6}）；Ti(IV)（500×10^{-6}）；Ga(III)（7×10^{-6}）；Sc(III)（5×10^{-6}）；Cr(III)（5000×10^{-6}）；V(IV)（500×10^{-6}）；Zr(IV)（100×10^{-6}）；Th(IV)（20×10^{-6}）。

② 取 1 滴试液于离心试管中，以 1 滴 $4mol/L$ 的盐酸和 2 滴新配 6% 的铜铁试剂处理溶液，搅拌混合物，继加 $10 \sim 20$ 滴乙酸乙酯，再振摇之，用毛细管吸出酯层下的水层，取 1 滴溶液以供试验。如加入铜铁试剂不产生沉淀则高于下列所指浓度的离子均不存在：

Sn(IV)（10×10^{-6}）；Zr(IV)（10×10^{-6}）；Fe(III)（10×10^{-6}）；V(V)（20×10^{-6}）；Mo(VI)（30×10^{-6}）；Ga(III)（40×10^{-6}）；Ti(IV)（30×10^{-6}）；Bi(III)（100×10^{-6}）；W(VI)（1000×10^{-6}）。

9. 铬

表 15-26　铬

		检定方法	备注
三价铬	1	在磷酸性试液中加氨水中和,再加少许过氧化钠以玻璃棒搅拌,如有 Cr(Ⅲ)存在则颜色很快转变为黄色,然后加入磷酸使呈酸性,黄色很快消失复现出 Cr(Ⅲ)的翠绿色	在碱性环境中用过硫酸铵氧化也可得 $Cr^{3+} \rightarrow Cr^{6+}$ 的颜色转变借以检出铬
	2	在试液中加入 1 滴二苯胺磺酸钠(1%水溶液)溶液,有 Cr(Ⅲ)存在时则溶液呈蓝紫色	Mn(Ⅶ)、V(Ⅳ)有同样现象
	3	取数滴试液,加入 EDTA 及乙酸,加热至沸,溶液呈紫色表示有铬	形成三价铬的配合物
	4	在碱性试液中用过氧化钠处理,将所得溶液取 1 滴于滤纸上(注意不使沉淀在滤纸上扩散),在无色水斑的周围用联苯胺试剂润湿,如铬存在则水斑周围与联苯胺相接触的地方出现蓝色环,并且此环由外围向中央逐渐扩散	Co(Ⅱ)、Mn(Ⅱ)、Pb(Ⅱ)不干扰
六价铬	5	在含硫酸试液中(三价铬事先用过硫酸铵及硝酸铵氧化成高价),加入二苯氨基脲(1%酒精溶液),有铬存在则溶液呈紫色	高锰酸根与钼酸根的干扰可在加试剂以前用草酸予以除去
	6	在冷的试液中(三价铬事先用过硫酸铵氧化成高价),加 5～7 滴乙醚(或戊醇)及 1 滴过氧化氢溶液,稍稍搅动,如在乙醚(或戊醇)层染成蓝色则为有铬的证明	
	7	在乙酸性试液中,加入乙酸铅,如高价铬存在则生成黄色的铬酸铅沉淀	
	8	在酸性试液中(如含 Cr^{3+},用过氧化钠或其他氧化剂使成高价),加入过量的二苯氨基脲试剂,如铬酸根存在,试剂显蓝紫色,当放置少许时间后颜色深度增加	
	9	取乙酸性试液(Cr^{3+} 事先氧化成高价)1 滴于载片,加入一小粒固体盐酸联苯胺,铬存在时给出组成堆积为星状的紫色则菱形结晶	
	10	在酸性试液中加入一小片固体硝酸银,有铬存在时生成铬酸银的沉淀,在显微镜下观察时则可看到砖红色的铬酸银及血红色的重铬酸银的针状结晶	

10. 锰

表 15-27　锰

	检定方法	备注
1	1 滴试液加 2 滴硝酸银(2.5%水溶液)及 1 滴硝酸,再加少许过硫酸盐结晶,温热,如锰存在则因高锰酸的形成而显红紫色	过硫酸盐过量太多能引起氧化银沉淀。Co^{2+} 本身带色而干扰
2	试液中加入 1～2 滴硝酸,然后加入少量铋酸钠粉末,如锰存在呈现紫色	
3	取 1 滴试液于滤纸上,并在同一位置加入 1 滴硝酸银的氨性溶液,有锰存在时即生成黑色斑点	大量铵盐对反应有害
4	在试液中依次加入 EDTA、乙酸,并缓缓加入 2～3 滴硫酸铈溶液,如显宝石红色表示锰存在,加入过氧化氢后颜色消失	钴有干扰
5	取 1 滴试液于滤纸上,加 1 滴碱(或氨熏),再在其上加 1 滴二氨基联苯胺试剂,如有锰存在则呈现蓝色(易溶于硝酸的锰矿可在白色无釉瓷板上做划痕试验;硅酸矿用碳酸钠熔融,以硝酸抽提,大量硅的存在可用氢氟酸与少量硫酸的混酸处理)	有氧化能力的离子,如 CrO_4^{2-}、$Fe(CN)_6^{3-}$ 及 Co^{3+}、Ti^{4+}、Ag^+、Ce^{4+} 等,都会发生相同反应

续表

	检定方法	备注
6	在大量铬存在下检查锰,可先将试样(矿物)用过氧化钠熔融,以水抽提并加入20%硫酸直至溶液呈橙色(重铬酸钾),取1滴溶液于滤纸上,由于溶液被吸收,中间斑点呈淡棕色,形成 MnO_2 并出现一外圈呈黄色(铬酸离子)	含锰量多少与其是否存在可疑时,则应做一比较试验
7	在大量铬存在时,也可将试样与过氧化钠共熔,熔物以硫酸中和,加入等体积的还原酚酞溶液后,滴加氢氧化钠,有锰存在时则现猩红色	$Fe(CN)_6^{3-}$(在碱性中)H_2O_2等均能给出相同反应

11. 铁

表 15-28　铁

		检定方法	备注
二价铁	1	于点滴板上置1滴试液,加1~2滴试剂(邻二氮菲盐酸盐的2%水溶液或邻二氮菲的一水合物的2%的溶液),如 Fe^{2+} 存在则形成很稳固的红色配合物	反应实际上是特效的。Fe^{3+}、Co^{2+}存在可加 NaF 以掩蔽。利用此反应检查高价铁时,先加1滴亚硫酸氢盐溶液使之还原为低价铁
	2	于点滴板上置1滴试液,加入数滴 α,α'-联吡啶(2%在稀盐酸中的溶液)试剂,如 Fe^{2+} 存在时则呈玫瑰色	低价钼化合物与试剂生成红色,Mn^{2+}、I^-、SCN^- 等干扰检定
	3	于点滴板上置1滴试液,加2滴试剂(丁二肟1%的醇溶液,或者其钠盐的1%水溶液)处理,继加2滴 NH_4OH-NH_4Cl 缓冲溶液,Fe^{2+} 存在时形成红色配合物	本法远不及上述 1、2 法,Mn^{2+}、Co^{2+}、Cu^{2+}、Ni^{2+} 有干扰
	4	先将少许钒酸铵(NH_4VO_3)粉末溶于磷酸中,将试液(如果是矿物则投入其中并加热使之溶解)加于其内,若有 Fe^{2+} 存在时则溶液转变为鲜艳的蓝绿色	一切可使钒还原的物质影响检定;一些带蓝绿色离子,如 Cr(Ⅲ)、Cu(Ⅱ)、Mo(Ⅵ)等存在时不能采用本法
	5	取1滴中性或酸性试液于点滴板上,加2滴1mol/L的铁氰化钾[$K_3Fe(CN)_6$]试剂,如 Fe^{2+} 存在则生成蓝色的"滕氏蓝"沉淀	Fe^{3+} 仅使溶液变褐色,完全得不到沉淀。分析试液中有还原剂存在妨碍反应
三价铁	6	取1滴中性或酸性试液于点滴板上,加2滴1mol/L的亚铁氰化钾 $K_4[Fe(CN)_6]$ 溶液如 Fe^{3+} 存在,则生成蓝色的"普鲁士蓝"沉淀	Fe^{2+} 与试剂生成白色沉淀在空气中受氧化而变蓝。分析试液中有氧化剂存在妨碍反应
	7	取1滴微酸性试液于点滴板上,加2滴 0.2%8-羟基喹啉-5-磺酸试剂,如 Fe^{3+} 存在出现绿色	
	8	取1滴酸性试液于点滴板上,用1滴硫代氰酸盐[①]处理,Fe^{3+} 存在时呈现明显的血红色	

① 在酸性溶液内加入硫代氰酸盐,如无颜色显现,即可断定下列阳离子(所指浓度)不存在:Fe(Ⅲ) 红色(3×10^{-6});Bi(Ⅲ) 金黄色(40×10^{-6});U(Ⅵ)黄色(200×10^{-6});Co(Ⅱ) 蓝色(1000×10^{-6});V(Ⅴ)紫色至蓝色(500×10^{-6});Ti(Ⅳ)橙色(1000×10^{-6});Cu(Ⅱ)棕色(10×10^{-6});Mo(Ⅵ)橙红色(100×10^{-6});Re(Ⅶ)橙红色(200×10^{-6})。几乎所有上述配合物都溶于醇,只有 Fe(Ⅲ)、Ti(Ⅳ)、Mo(Ⅵ)、Co(Ⅱ) 的化合物和微量 Cu(Ⅱ) 的配合物也溶于乙醚。贵金属与 CNS^- 也能产生颜色。

12. 钴

表 15-29　钴

	检定方法	备注
1	取1滴试液于点滴板上,加1滴稀盐酸,然后再加入2滴伊林斯基试剂(α-亚硝基-β-萘酚),如钴存在则生成暗红色沉淀	在盐酸存在下,Ni^{2+} 不干扰;Fe^{3+}、Cu^{2+} 形成带色化合物而干扰
2	将滤纸事先用磷酸氢二铵溶液润湿,并干燥,在试纸上置1滴酸性试液并在原处滴1滴伊林斯基试剂,如有钴存在则生成红色斑	Fe^{3+} 不干扰
3	在数滴试液中依次加入 EDTA、乙酸,并缓缓加入2~3滴硫酸铈溶液,如宝石红色表示有钴。锰有同样反应,但加入过氧化氢后锰的颜色消失,而钴则给出紫色显色反应	

续表

	检定方法	备注
4	取试液 1 滴于点滴板上,用 1 滴硫氰酸盐处理(Fe^{3+} 的存在时呈现血红色,而钴存在则不显著,可加少量 NaF 以掩蔽 Fe^{3+},继加 1 滴苯甲醇,同时搅动此混合液),当有钴存在时出现蓝色(在苯醇层)	Ti(Ⅳ)高浓度时干扰;Cu(Ⅱ)有干扰,可加数滴亚硫酸氢盐溶液以消除干扰;V(Ⅳ)、Ni(Ⅱ)生色不进入有机溶剂(可参考铁的检定)
5	在乙酸性试液中加入亚硝酸钾,如钴存在时,生成 $K_3[Co(NO_2)_6]$ 黄色结晶状配盐沉淀	Ni(Ⅱ)无此反应
6	取 1 滴中性或弱酸性试液于载片上,蒸发至干,在其上加 1 滴汞硫氰酸盐(Fe^{3+} 存在时加试剂前先加 1 小粒 NaF),如钴存在时在显微镜下观察,出现暗蓝色的 $Co[Hg(SCN)_4]$ 斜方系的菱形结晶	少量 Ni^{2+} 不干扰;Zn^{2+}、Cd^{2+} 可得到浅蓝色结晶。游离无机酸及碱存在对反应有害
7	取 1 滴试液于点滴板上,加 2 滴汞硫氰酸盐(如 Fe^{3+} 存在时,在加试剂前用氟化物掩蔽之),1～3min 后缓慢地生成深蓝色沉淀,表示钴存在	白色沉淀示 Zn(Ⅱ)存在;红紫至黑色沉淀示 Zn(Ⅱ)+Cu(Ⅱ)存在;天蓝色沉淀示 Zn(Ⅱ)+Co(Ⅱ)存在

注:1. 在稀酸溶液(0.1mol/L)内汞硫氰酸盐和下列金属离子生成沉淀:Co(Ⅱ)单独时,深蓝色(300×10^{-6});Zn(Ⅱ)单独时,白色(60×10^{-6});Cu(Ⅱ)单独时,绿色(3000×10^{-6})。某些离子同时存在时,在某种比例内能生成有色的混合结晶:Cu(Ⅱ)+Zn(Ⅱ)红紫色到暗紫色或暗绿色;Co(Ⅱ)+Zn(Ⅱ)天蓝色;Cu(Ⅱ)+Co(Ⅱ)暗绿色至黑色。在更浓的溶液中(30000×10^{-6} 以上)可得到其他沉淀:Cd(Ⅱ)白色;Co(Ⅱ)+Cu(Ⅱ)天蓝色;Mn(Ⅱ)+Cu(Ⅱ)绿色至黑色(随其比例而定);Ni(Ⅱ)+Cu(Ⅱ)绿色至黑色(随其比例而定);Ni(Ⅱ)+Zn(Ⅱ)灰绿色;Ni(Ⅱ)+Co(Ⅱ)暗绿色。

2. 在有钼、钨及钒等存在下从矿物中检出钴,可先将试样煅烧,冷后用浓盐酸处理,蒸发近干,残渣用水抽提在滤液中加入数滴浓硝酸再蒸发近干,残渣剩余物加入数滴水及 3～4 滴乙酸铅溶液(饱和并加乙酸使呈酸性),再蒸发近干,残渣以水抽提供试验。

13. 镍

表 15-30　镍

	检定方法	备注
1	取 1 滴试液于点滴板上,加数粒乙酸钠晶体搅动,再加 2 滴秋加也夫试剂,如镍存在产生鲜红色沉淀。反应在滤纸上进行也很方便,在用磷酸氢二钠溶液润湿并烘干过的滤纸上(这样进行反应 Cu^{2+}、Fe^{3+} 不干扰),取 1 滴试液,其上加 1 滴秋加也夫试剂,氨熏,出现红色或玫瑰色斑点,表示镍存在	Fe^{2+} 先用过硫酸铵氧化成 Fe^{3+},后者可以 NaF 掩蔽之;Mn^{2+}、Cu^{2+} 的干扰加入亚硫酸氢盐及硫代氰酸盐以消除。大量钴存在干扰。此外酒石酸盐及柠檬酸也可以掩蔽 Fe^{3+}
2	取 1 滴试液于滤纸上,氨熏,在其上加 2 滴二硫代乙二酰胺试剂,如有蓝或紫蓝色生成则有镍存在	Cu^{2+} 有干扰
3	在试液中加入 α-二苯基乙二醛肟试剂,有镍存在时产生红色结晶沉淀	
4	在大量氢氧化钾存在的氨性试液中,加入脲基甲脒试剂,有镍存在时产生针状的黄色沉淀 $Ni(C_2H_5N_4O)_2 \cdot 2H_2O$	Co^{2+} 不干扰
5	在硫代碳酸钠溶液中加入试液,镍存在时则产生暗红色	钴及其他许多离子存在时此反应不能应用

注:1. 在大量钴存在下按方法 1 检定镍时,建议先在试液中加入 KCN 到最初生成的沉淀溶解为止,加热并在空气中振荡,然后用水稀释,并加入秋加也夫试剂,向此混合液中逐滴加入 $AgNO_3$ 溶液,镍存在时生成白色的 $Ag_3[Co(CN)_6]$ 沉淀上显出玫瑰红色。

2. 所有含镍矿物都可被磷酸溶解,在此情况下检出镍时,无须用其他试剂来掩蔽 Fe^{3+},因为溶解后磷酸与焦磷酸与 Fe^{3+} 形成了可溶性的配合物。

14. 锌

表 15-31　锌

	检定方法	备注
1	在弱酸性试液中加 1 滴硫酸铜(0.2％溶液)及 1 滴硫氰酸汞铵试剂,有锌存在时则生成灰紫色沉淀。含锌量少时,用玻璃棒摩擦器壁加速沉淀生成。用乙酸钴(0.1％溶液)或氯化钴(0.1％溶液)代替上述硫酸铜,同法进行试验,有锌存在时产生蓝色显色反应或蓝色沉淀	
2	取 1 滴试液于表面玻璃上,加 1 滴 NaOH 溶液使呈碱性,再加入数滴打萨宗(二苯缩氨硫脲)的四氯化碳溶液,用橡胶洗耳球向液面上吹气使液体混合,一直吹到试剂中的四氯化碳全部挥发为止,如果有锌存在溶液呈红色(若反应在试管中进行,则加入过量 NaOH,加入打萨宗溶液后加热,以除去四氯化碳。若有沉淀则滤去)	Ag、Cu、Hg、Au、Bi、Cd 及 Pb 等元素的离子有干扰,可加硫代硫酸钠溶液除去。再在弱碱性溶液中加入 KCN 以除去 Co、Ni、Pd 的离子的干扰。Sn(Ⅱ)存在时需先氧化成 Sn(Ⅳ)。本法可在多金属矿中检出锌
3	取 2～3 滴试液于点滴板上,加 1 滴磷酸(酒石酸亦可),1 滴甲基紫试剂,混合均匀,在黄绿色的溶液中加入 1～2 滴硫氰酸铵溶液。如锌存在立即呈现紫色;没有锌时溶液呈浊绿色而带有紫色色泽;含锌量少时,应用水做一比较试验(反应最好在中性或弱酸性溶液中进行)	Fe^{3+} 和 Cu^{2+} 的干扰可用金属铅(或铝)与试液共热以消除,此时 Fe^{3+} 被还原成 Fe^{2+}、Cu^{2+} 被还原成金属。本法可检出痕量的锌,10^4 倍量的镉存在下不干扰反应
4	取 2 滴铁氰化钾(0.2％溶液)于点滴板上,其上加 4 滴对四甲二氨基二苯甲烷试剂,混匀后立即在其上加 1 滴试液,摇动点滴板,如锌存在呈现鲜明的紫蓝色沉淀	
5	于试液中滴加甲基紫稀溶液至颜色不亮为止,如果溶液的酸度不够,则滴加稀盐酸至颜色转变成绿蓝色。有锌存在时滴加 0.2％亚铁氰化钾溶液后,颜色转变为黄色	V^{5+}、Cr^{6+}、Cu^{2+} 有相似反应,Fe^{3+} 也干扰,可用下述方法处理:于微碱性或中性溶液中加 1mol/L NaOH 至弱碱性,过滤,于滤液中加 1 滴盐酸,使溶液呈弱碱性(石蕊检验)然后加 1 滴 5％羟氨溶液,在沸水浴上加热 10min,冷却后再按该方法检查锌
6	取 1 滴乙酸性试液于载片上,在其上加 1 滴硫氰酸汞铵,在显微镜下观察,如锌存在则形成羽状或特殊十字形状的 $Zn[Hg(SCN)_4]$ 结晶	大量碱金属盐存在会使结晶溶解,其他许多阳离子化合物能改变晶形或使之带色
7	取 1 滴试液于锌试纸上,如有锌存在则在棕色的试纸上形成白色斑点	氧化物矿物可用稀硫酸分解;硫化物矿样预先煅烧去硫后再用稀硫酸分解;硅酸盐矿物用浓硫酸及氢氟酸(1+1)混合液分解。上述分解后用水抽提供试验。如果硫和镉同时存在,试验前在溶液中先加过量氯化钠搅拌混合

15. 银

表 15-32　银

	检定方法	备注
1	利用银离子与卤盐的反应而被检出: a.在试液中加氯化钠(钾)或盐酸,有银存在生成乳浊状的氯化银沉淀且沉淀不溶于无机酸而易溶于氨水	铅、汞妨碍反应,但 $PbCl_2$ 溶于热水,$HgCl_2$ 不溶于氨水
	b.在试液中加入氨水(有沉淀时过量),使成碱性,继之加碘化钾结晶(或其水溶液),有银存在时生成淡黄色的碘化银沉淀,沉淀既不溶于酸也不溶于碱,但可溶于过量的碘化钾	Mn^{2+} 的干扰,可事先加过氧化钠以氧化,然后再加入氨水

续表

	检定方法	备注
2	利用银离子与铬酸盐的反应而被检出： a. 在试液中加入铬酸钾溶液,有银存在时生成红褐色的铬酸银沉淀,而且沉淀溶于硝酸及氨水而几乎不溶于乙酸	Hg^{2+} 生成红色沉淀;Hg^+ 生成黄褐色沉淀;Bi^{3+} 生成黄色沉淀
	b. 在滤纸上置 1 滴铬酸钾溶液,然后在该处加上 1 滴试液,在所得有色斑的中央加 1 滴 NH_4OH,最后用乙酸润湿全部斑点,如有银存在时则在斑点的外围得到褐红色的环	Cu^{2+}、Pb^{2+}、Hn^{2+} 不干扰;大量 Mn^{2+} 存在时干扰
3	取 1 滴试液于滤纸上,加 1 滴硝酸,然后再加 1 滴 $KBiI_4$ 试剂,银存在时出现黑色斑点	铊生成褐色化合物
4	加乙酸于试液中使成很弱的酸性,将 1 滴所得溶液置于曙红试纸上,并在原处加 1 滴水,有银存在时则生成深红色的斑点,其四周为黄色环所围绕	
5	取 1 滴试液于滤纸上,氨熏,然后在其上加 1 滴二氯化锡溶液,银存在时出现黑色斑点	汞离子干扰
6	将 1 滴盐酸置于滤纸上,然后加 1 滴试液并再加 1 滴盐酸,在其上加数滴水,最后加上 1 滴硝酸锰及 1 滴氢氧化钠溶液,银存在时得到黑色斑	Hg^+ 应事先氧化成 Hg^{2+}
7	取 1 滴试液与点滴板上,加 1 滴 10% 的 KCN 溶液(目的在于消除可能存在的铂、钯、汞的离子的干扰),再加银试剂 1 滴,然后再加 1 滴硝酸,银存在时有鲜艳的红紫色沉淀	铜干扰
8	取 1 滴试液于滤纸,加 1 滴对苯二酚试剂,然后用 2～3 滴水洗涤,银存在时出现黑色斑[用米吐尔($HOC_6H_4NHCH_3 \cdot 1/2H_2SO_4$)代替对苯二酚效果更好]	Hg^+ 存在有干扰,不应该存在游离硝酸
9	在试液中加入过量氨水,再向溶液中注入甲醛,加热,器壁有银镜生成则银存在	
10	取 1 滴试液于载片上,加 1 滴硝酸及一小块重铬酸铵(钾),在显微镜下观察,银存在时生成砖红色的铬酸银及深红色的重铬酸银针状结晶,这种结晶为平行消光物,多色性强	
11	在试液中依次加入 EDTA、酒石酸钠、氢氧化铵及碘化钾溶液,有银存在时生成黄色沉淀	

16. 汞

表 15-33　汞

		检定方法	备注
一价汞	1	在中性或很弱的酸性试液中加 1 滴 0.1% 甲基紫水溶液,并逐滴加入 0.1mol/L 盐酸直到颜色变为紫蓝色为止,然后加入 3 滴 25% KBr 溶液,有汞存在时则蓝紫色变为紫色(也可用玫瑰红 B 代替甲基紫,有汞存在时得到紫蓝色)	在试液中应不含 I^-、Br^-、SCN^-,除稀有元素外其他元素的离子不干扰反应
	2	在擦净的铜片上,滴入数滴试液,数分钟后将铜板拭干,有汞存在时,在滴有溶液的地方留下金属汞的灰色斑点,摩擦时斑点变成银白色,加热时因汞挥发而斑点消失	
	3	取 1 滴二氯化锡溶液于滤纸上,在其上加 1 滴试液及苯胺,有汞存在时产生灰色或黑色的斑点或环	Ag^+ 不干扰

续表

		检定方法	备注
一价汞	4	取1滴盐酸于滤纸上,在其上加1滴试液,然后再在其上加数滴盐酸以洗涤,此时用 NH_4OH 润湿沉淀,有汞存在时出现黑色斑点	
	5	在试液中加入 EDTA 及乙酸钠溶液,生成灰色浑浊或黑色沉淀则有一价汞	
	6	取1滴试液于点滴板上,加1滴 0.1mol/L 的 KI 溶液,有黄绿色沉淀生成显示一价汞存在;沉淀可溶于过量试剂而析出黑色金属汞沉淀	
二价汞	7	取1滴试液于点滴板上,加1滴 0.1mol/L 的 KI 溶液,若有红色沉淀生成表示二价汞存在;继续加过量试剂沉淀溶解,再向其中加1滴 3mol/L 的 NH_4OH 及1滴 6mol/L 的 NaOH 溶液时则出现红棕色沉淀	
	8	在试管中注入约 2mL 试液,加入少许水及 $2\sim3$ 滴 2mol/L 的 HNO_3 与 $2\sim3$ 滴卤化银悬浊液,有 Hg^{2+} 存在时悬浊液立即溶解而溶液变清	试液中含 Cl^-、Br^-、I^-、CN^-、SCN^- 及 $S_2O_3^{2-}$ 等妨碍反应完成
	9	在2滴试液中依次加入 EDTA、2滴三氯化锑及几滴浓 NaOH 溶液,如有黑色沉淀则有二价汞存在	如 Ag^+ 存在时,在加入 NaOH 溶液前应加入2滴 KBr 溶液
	10	取1滴中性或乙酸性试液于点滴板上,再加1%二苯氨基脲试剂2滴,有二价汞存在时生成蓝色或紫蓝色沉淀;或放1滴试液于二苯氨基脲试纸上,有二价汞存在时生成紫蓝色斑点	不应该存在 Cl^-,CrO_4^{2-} 及 MoO_4^{2-} 的干扰必须除去,除去之法用亚硫酸或过氧化氢与之共热,使其还原

17. 铅

表 15-34 铅

	检定方法	备注
1	取1滴试液于点滴板上,加1滴 30%铬酸钾溶液,如有铅存在产生黄色沉淀或浑浊	含铅矿物用硫酸处理,则生成硫酸铅沉淀,可与干扰元素铋、银、汞(它们的铬酸盐沉淀带色)分离。钡的干扰可借硫酸铅溶于乙酸铵而分离;大量锑存在用浓酒石酸溶液处理
2	取1滴试液于滤纸上,加1滴 0.2%玫瑰红酸钠溶液,有铅存在时则有蓝色斑点或环出现;继之于其上加3滴酒石酸-酒石酸钠的缓冲溶液(pH=2.79①),则蓝色斑转变为鲜红色	
3	在滤纸上加1滴硫酸,待它吸收于纸内,在生成湿斑中央加1滴试液,再在其上加数滴硫酸,然后在原处用水洗去过量硫酸,在其上置1滴[KI+$SnCl_2$+$Cd(NO_3)_2$]试剂,铅存在时生成浅橘红色斑点	Pb^{2+} 与 Bi^{3+} 同时存在时斑点为棕色或褐色
4	按上法,以 $KBiI_4$ 试剂代替[KI+$SnCl_2$+$Cd(NO_3)_2$]试剂,有铅存在时生成红褐色斑点,用 $NaHCO_3$ 的 As_2O_3 溶液作用于斑点不消失	
5	用氨性的过氧化氢溶液1滴,置于滤纸上,在其上加1滴试液,数分钟后,再在其上加1滴乙酸联苯胺试剂,有铅存在时得到蓝色斑点[也可用 4,4'-双(二甲氨基)二苯甲烷代替联苯胺]	很多离子妨碍反应;但 Cu、Cd、Hg、Sb 及 Sn 的离子不干扰

① 在 pH=2.79 的缓冲溶液中,与玫瑰红酸钠有作用的有:Ag^+,黑色沉淀(还原的银);Hg(Ⅰ),棕红色沉淀;钠离子,棕黑色沉淀;Cd^{2+} 棕红色沉淀;Sn(Ⅱ) 紫色沉淀;Fe(Ⅲ) 蓝绿色(由于烯醇结构的关系);Ba^{2+} 红棕色;Sr^{2+} 红棕色沉淀。在反应条件下 Ba^{2+} 与 Sr^{2+} 可能干扰,但酒石酸钡、硫酸锶不能与试剂作用而酒石酸铅可以,所以如先与浓硫酸蒸发将其变成硫酸盐,则本反应对铅专用(其他离子含量过大时必须除去)。

18. 铜

表 15-35　铜

检定方法	备注
1　取 1 滴试液于点滴板上,加 2 滴 6mol/L 盐酸以酸化,再加 2 滴 1mol/L 亚铁氰化钾溶液,有铜存在时生成红棕色的 $Cu_2[Fe(CN)_6]$ 沉淀,沉淀溶于氢氧化铵与碱作用时沉淀被分解而得到 $Cu(OH)_2$ 沉淀,后者应在加热时生成黑色氧化铜 CuO	几乎所有的亚铁氰化物溶解度都很小,它们的颜色是 Fe(Ⅲ)蓝色,Cu(Ⅱ)红棕色,U(Ⅵ)红棕色,Pb(Ⅱ)白色,Th(Ⅳ)白色,Ni(Ⅱ)绿色,Co(Ⅱ)灰绿色,Zn(Ⅱ)白色,Mn(Ⅱ)白色,Hg(Ⅰ)白色,Hg(Ⅱ)白色,Mo(Ⅵ)棕色,Ti(Ⅳ)棕色
2　取 1 滴试液于点滴板上,加 1 滴 3mol/L 乙酸以酸化,再加 1～2 滴水杨醛肟试剂,如铜存在则生成浅黄绿色沉淀	1,2 法可以在有铜族及第五组阳离子存在下检出铜
3　取 1 滴中性液于滤纸上,加 1 滴 1%酒石酸钾钠溶液,氨熏,然后再加 1 滴二硫代乙二酰胺试剂,若有黑色或橄榄绿色斑点生成则铜存在	
4　取 1 滴试液于滤纸上,依次在该处加上 1 滴联苯胺乙酸溶液,1 滴 KCN 溶液,有铜存在时得到深蓝色斑点	Ag^+ 和 Fe^{3+} 存在时反应不可靠
5　取 1 滴试液于 α-安息香酮肟试纸上,使试液渗入纸上,氨熏,有铜存在时则给出绿色斑,反应在试管中进行时,在氨性溶液中得到绿色沉淀	除一些金属离子与氨水生成氢氧化物沉淀外,其他离子皆不干扰。为避免这些离子生成氢氧化物沉淀,可在溶液中加入酒石酸钾钠
6　取 1 滴磷酸性试液于滤纸上,加 1 滴对二氨基联苯溶液及 1 滴溴酸钾饱和溶液,如果有铜存在则生成蓝色斑点或色圈。本法可检出钨酸中的痕量铜,为此,将钨酸溶于少量浓 NaOH 溶液中用磷酸使呈酸性供试验	能将二氨基联苯氧化的氧化剂都干扰反应
7　在滤纸上置 1 滴试液,加 1 滴 KCN 溶液、1 滴磷钼酸和 1 滴稀盐酸,有铜存在时出现蓝色斑点	无硝酸存在时反应效果较好
8　在 2 滴试液中依次加入 EDTA、NH_4OH 及二乙基二硫代氨基甲酸盐,棕色溶液或沉淀则有铜	
9　取 1 滴试液于载片上,其近旁放 1 滴 3%硫氰酸汞钾试剂溶液,用牙签沟通,使试剂流入试液中,有铜存在时则在试剂与试液的交界处开始出现硫氰酸汞铜沉淀,在显微镜下观察为黄色绿苔状或纺锤形结晶,当含铜量低时仅产生黄色针状结晶	Fe^{3+} 的干扰可用磷酸消除

19. 镉

表 15-36　镉

检定方法	备注
1　取 1 滴乙酸性试液于滤纸上,在其上加 1 滴二苯氨基脲溶液,氨熏,如有镉存在时则发生紫色显色反应 有铜存在则用下法检定:将滤纸浸润二苯氨基脲,在已为 KSCN 所饱和并加入数粒 KI 的 90%乙醇的冷饱和溶液中,取试液 1 滴滴在滤纸上,有镉即呈紫蓝色	Hg^{2+}、CrO_4^{2-}、MoO_4^{2-} 有类似作用;Cu^{2+} 干扰;Pb^{2+} 和 Bi^{3+} 量不多时不干扰
2　在 1 滴试液中加入 4 滴镉试剂及 1 滴 2mol/L 的 NaOH 溶液,有猩红色沉淀生成则有镉存在	
3　在滤纸上滴 1 滴 $KBiI_4$ 溶液,然后在该处加上 1 滴试液,有镉存在时生成黑色斑点,当在斑点上加入 KI、$Na_2S_2O_3$ 或 As_2O_3 的 $NaHCO_3$ 溶液时斑点即消失	
4　取 1 滴试液于载片上,在其近旁置 1 滴 3%的硫氰酸汞钾试剂溶液,用牙签沟通,使试剂流入试液中,如有镉存在时则生成无色的斜方柱体状结晶,一端成锥面,两端各有一个空洞	锌干扰鉴定

20. 铋

表 15-37 铋

	检定方法	备注
1	取 2～3 滴新配制的亚锡酸钠溶液于点滴板上,加 1 滴试液,有铋存在时生成黑色沉淀	汞有同样反应,可预先在酸性溶液中加少量锑粉以除去;Ag(Ⅰ)、Au(Ⅲ)、铂族化合物和碲同样形成沉淀;大量能成有色氢氧化物沉淀的金属会产生干扰
2	取 1 滴试液于点滴板上,加 1 滴 2mol/L 盐酸酸化,再加辛可宁试剂 1 滴,如有橙红色或橘红色的显色反应或沉淀生成则有铋存在,反应亦可在饱浸辛可宁试剂并干燥过的滤纸上进行,有铋存在则有鲜明的橙色斑	不仅辛可宁有此作用,其他生物碱如马钱子碱亦与铋有相同反应,均生成不溶性生物碱碘化物。Cu^{2+}、Cd^{2+} 及 Hg^{2+} 等妨碍反应
3	在 2 滴试液中依次加入 EDTA、氨水、KCN 及二乙基二硫代氨基甲酸盐,黄色沉淀则有铋	铅与铊生成白色沉淀
4	取 1 滴试液于滤纸上,然后在其上加 1 滴 KI 溶液,有铋存在时得到黑色斑点(BiI_3);加入过量碘化钾则斑点变为黄色($KBiI_4$);如在黄色斑点中间加上 1 滴氯化亚锡溶液,则斑点褪色,但在其周围出现樱桃红色的环,再加 1 滴苯胺则环的颜色变深	有 Pb^{2+} 存在时有得到相似的颜色,但加入苯胺或加入 KSCN 则颜色消失。但 KSCN 并不使 Bi^{3+} 所生颜色褪色
5	取 1 滴试液于点滴板上,加 1 滴 1mol/L 的 HNO_3 酸化,然后加 2 滴硫脲试剂,如呈现黄色则表示有铋存在(沉淀已为酸性时不再酸化,若酸度太大则斑点消失)	Fe(Ⅲ)、锑离子存在时加入 NaF 以消除干扰,其他离子不干扰
6	在滤纸上置 1 滴(CsCl＋KI)试剂,加 1 滴试液,复加 1 滴试剂,有铋存在时生成深红色斑点,受硫代硫酸钠稀溶液作用斑点几乎不改变	
7	显微化学检定按下操作进行:在载片上置 1 滴试液,加 1 小粒 KI,此时有铋存在则呈现黑褐色或橙黄色,当碘化钾溶解后,在试液中加 1 小片氯化铯,当氯化铯渐渐溶解时,试液的黄色即慢慢褪去而变为无色,在黄色和无色溶液接触的地方,用显微镜观察时,可见到玫瑰红色的铯盐 $Cs_2(BiI_3) \cdot 2.5H_2O$ 的六角形结晶	Sb^{2+} 有类似结晶,但颜色较浅,大量铅、铜存在时妨碍反应

21. 砷

表 15-38 砷

	检定方法	备注
1	在试液中加入浓 HNO_3 及少量硝酸铵,煮沸[一方面使 As(Ⅲ)氧化为 As(Ⅴ),另一方面有高浓度 Cl^- 可部分移去],然后在试液中加入过量的钼酸铵试剂,加热 2～5min,砷存在时生成黄色砷钼酸盐结晶沉淀	PO_4^{3-} 有相同反应,Si(Ⅳ)和 Ge(Ⅳ)使溶液呈黄色
2	在试液(三价砷事先氧化成五价)中加入数滴饱和钼酸铵水溶液,并注入过量的含有游离盐酸的氯化亚锡溶液,加热溶液出现不消失的蓝色则砷存在	
3	在碱性溶液中用铝还原成砷化氢被检出: a. As(Ⅲ):1 滴试液于小试管中加 2 滴 4mol/L 的 KOH 溶液和少量铝屑,以硝酸银试纸置于管口,试管在水浴上加热,试纸显黄至黑色斑点则砷存在 b. As(Ⅴ):在酸性试液中先加数滴亚硫酸氢钠溶液(相对密度 1.32)和少量锑粉,煮沸,还原成三价砷后按上法检验 (注意:不要使 NaOH 溶液润湿管口,因它使试纸产生棕色斑)	NH_4^+ 产生黄色斑点,宜先加碱煮沸除去;磷化氢和硫化氢有相似反应,然而磷酸盐、硫酸盐和亚硫酸盐不易被还原,故不干扰 应作空白试验以比较之

续表

	检定方法	备注
4	在 2～3 滴中性或弱碱性溶液中(如试液原来为酸性则用氨水中和之),在其中加入约等体积的镁混合剂,用玻璃棒摩擦器壁,AsO_4^{3-} 存在时生成白色结晶沉淀	PO_4^{3-} 有同样反应
5	在中性试液中加入 $AgNO_3$ 溶液,AsO_4^{3-} 存在时生成棕红色 Ag_3AsO_4 沉淀,AsO_3^{3-} 存在时生成 Ag_3AsO_3 黄色沉淀,沉淀均能溶于氨水	Cl^- 等干扰反应
6	显微化学检定如下: a. 1 滴试液置于载片加 1 粒固体 KI,在显微镜下观察,砷存在时生成碘化砷的六方片状结晶,透光为黄色,反光为橙色 b. 1 滴试液与 1 滴镁混合剂混合,在显微镜下观察,砷存在时生成星状或树枝状结晶 c. 1 滴试液与 1 滴钼酸铵试剂混合,在显微镜下观察,砷存在时生成柠檬黄色球状或小十字形晶体	a 法铅、铋、锑有干扰;b、c 二法磷酸根有干扰

22. 锑

表 15-39 锑

	检定方法	备注
1	于试管中置 1 滴试液,加入 1 滴 0.1mol/L 硫酸铈或高锰酸钾溶液以氧化 Sb(Ⅲ)成 Sb(Ⅴ),再加 1 滴盐酸羟胺(10%溶液)以还原过量的氧化剂,加入 1 滴罗丹明 B 试剂 15s 后,再加 5～6 滴苯,锑(Ⅴ)存在时在苯层上显现紫色	W(Ⅵ)、Mo(Ⅳ)有干扰,强氧化剂如硝酸会破坏试剂,反应应在强酸性下进行
2	取 1 滴试液于试管中加 3 滴发烟盐酸及 1 滴 1mol/L 亚硝酸钾(钠)溶液,以使 Sb(Ⅲ)氧化成 Sb(Ⅴ),放置 1min,过量的亚硝酸钾用 1 滴饱和尿素溶液分解,用水冲淡试液至 3～4mL,加 3～4 滴甲基紫试剂,锑存在时生成微细的结晶悬浮体,透光显紫色,锑不存在时溶液为黄绿色	
3	在硝酸银的氨性溶液中加入试液,微热之,Sb(Ⅲ)存在时析出金属银的灰黑色沉淀。为了检出 Sb(Ⅴ),另取试液加入盐酸使呈酸性,再加碘化钾溶液,Sb(Ⅴ)存在时则有游离碘析出,加入二硫化碳或氯仿一起摇荡则溶剂被染成紫色,煮沸时碘蒸气逸出	只有在溶液中没有其他起同样反应的氧化剂或还原剂存在时,反应才是可靠的
4	在一块锡箔上放 1 滴试液,静置,Sb(Ⅲ)存在时则析出金属锑的黑色斑,在斑点上加 1 滴新配制的 NaBrO 溶液斑不消失(与砷不同)	在金属排序中锑前面的金属,都可从其盐中使锑还原为金属单质
5	取 1 滴试液于载片上,加入 1 小粒固体碘化钾,然后再加 1 滴氯化铯溶液,在显微镜下观察,有锑存在时则生成橙黄色的星状或六边形结晶	

23. 锡

表 15-40 锡

	检定方法	备注
1	取 2 滴硝酸马钱子碱试剂于点滴板上,加 1 滴试液,有 Sn^{2+} 存在时黄色试剂转变成茄紫色	
2	于 3 滴试液中加入 1 滴浓盐酸使 Sn^{4+} 还原成 Sn^{2+},在其中加入少量铁粉,煮沸数分钟让其沉降或离心分离,置 1 滴"碘-碘化物-沉淀"试剂于点滴板上,加入 1 滴上述澄清液,如锡存在时,蓝色立即褪去	这是个氧化还原反应,某些还原剂可能有干扰

续表

	检定方法	备注
3	在试液中逐滴注入 0.2mol/L 的 $HgCl_2$ 溶液,有 Sn^{2+} 存在时生成白色 Hg_2Cl_2 沉淀,试液过量时继续与 Hg_2Cl_2 作用析出灰黑色的金属汞沉淀。反应在试纸上进行时,在预先用 $HgCl_2$ 溶液浸湿而又烘干了的滤纸上滴 1 滴试液,然后在该处滴 1 滴苯胺,有 Sn^{2+} 存在时则形成黑斑	
4	a. 在滤纸上放 1 滴试液,在其中加 1 滴钼酸铵饱和溶液,有 Sn^{2+} 存在时出现黑色斑点 b. 在预先用磷钼酸铵的氨性溶液浸过并烘干的滤纸上放 1 滴试液,有 Sn^{2+} 存在时生成蓝色斑点	在 b 法中 Sb^{3+} 有类似反应
5	在试液中加入 $FeCl_3$ 与 $K_3Fe(CN)_6$ 的混合溶液,有 Sn^{2+} 存在时混合物生成"滕氏蓝"的蓝色沉淀	凡能使 Fe^{3+} 还原成 Fe^{2+} 的还原剂存在,均有此反应发生
6	在试液中加入氢氧化钠(钾)溶液,至呈碱性为止,在其中加入数滴硝酸铋溶液,有 Sn^{2+} 存在时能析出黑色金属铋	反应应该在冷的情况下进行,碱太过量对反应有害
7	在试液中加入 2 滴 10% 羟基乙酸及 1～2 滴甲苯二硫酚[①]试剂,在水浴上加热,如有 Sn^{2+} 存在则发生玫瑰色显色反应或沉淀	本法能在钼铬钒、碲、硒及过量钨存在下检出锡
8	在试液中加入少量热浓盐酸,取 1 滴置于硝酸马钱子碱试纸上,如有锡存在则黄色试纸上生成红色斑;如含量少时,则在白色中心四周生成红色圈	许多还原剂和硫化氢、亚硫酸盐、硫代硫酸盐、Sb(Ⅲ)等都能使硝酸马钱子碱还原显色;有色的金属盐过多时对反应有遮蔽作用;Ti(Ⅲ)、U(Ⅳ)、Rh(Ⅲ)、Sb(Ⅲ)盐及 Mo 和 W 的低价氧化物皆干扰;在有金属锌及酸存在时,As、Sb 和 Te 的化合物也显紫色
9	将预先用固体 NaCl 饱和过的盐酸性试液 1 滴滴于蒽醌-1-偶氮二甲苯胺盐酸盐试纸上,有 Sn^{4+}[更确切点是 $(SnCl_6^{2-})$]存在时则在玫瑰色的试纸上生成蓝紫色斑点,用氢氟酸润湿时斑点消失(应用此法检定 Sn^{2+} 时,可在盐酸存在下加氯酸钾共热使 Sn^{2+} 氧化成 Sn^{4+},然后按上法检定)	Zn、Cd、Hg、Pt、Pb(Ⅳ)生成相同颜色;Sb(Ⅲ)、U、Mo、Au、Ir、Te(Ⅳ)、Ga 和 Al 生成浅紫色,但含量不多时上述离子均不干扰
10	取 1 滴盐酸性试液于载片上,溴熏(使 Sn^{2+} 氧化成 Sn^{4+})加入 1 粒 NH_4Cl 晶体(最好是氯化铯或氯化铷)静置,锡存在时生成白色难溶盐 $(NH_4)_2SnCl_6$ 的云雾状沉淀,显微镜下观察为微小的八面体结晶	
11	在 3mL 苯砷酸试剂中加入数滴试液,加热,有 β-锡酸的氯化物存在时,生成白色无定形沉淀,当加入 2 倍体积 2mol/L 盐酸并加热时沉淀不溶解	

① 甲苯二硫酚或其取代物如 4-氯代-1,2-苯二硫酚在酸性溶液中与所有能被 H_2S 沉淀的金属离子作用生成沉淀,Co 和 Ni 也能沉淀,其颜色:Sn(Ⅱ),红色;Ag,黄色;Hg,淡黄色;Pb,亮黄色或砖红色;Cu,黑色;Cd,淡黄色;As,淡黄色;Sb,黄色;Co,黑色;Ni,黑色;Mo,红色。但在过量试剂中只 Cu、Bi 和 Nd 干扰上述反应,须用一般方法分离。生成的沉淀都不溶于酸。

24. 钛

表 15-41 钛

	检定方法	备注
1	取 1 滴试液于点滴板上,加 1 滴 5% 氯化亚锡溶液,然后加 1～2 滴变色酸(1% 溶液),如有钛存在时则显玫瑰色或红棕色。反应也可在滤纸上进行,即在滤纸上顺次置 1 滴氯化亚锡、1 滴试液、1 滴氯化亚锡及 1 滴变色酸试剂,钛存在时得到棕色斑或环	矿物用焦硫酸钾熔融[①],熔体加水润湿混匀,无须过滤即可在混合物上加试剂,有钛存在时试料染成玫瑰色或棕红色

续表

	检定方法	备注
2	在已经浸过鞣质(5%水溶液)的滤纸上放1滴安替比林20%的溶液,然后加1滴试液,如有钛存在时,则出现红色斑点,有大量铁存在时,在斑点的边缘现蓝色圈,如用稀硫酸润湿其斑点及色圈,则铁的生成色消失而钛则不变	鞣质能吸附某些离子而生色,钛盐红色;钽盐黄色;铜盐污棕色;铬盐绿色;钒盐蓝黑色;钨盐棕色;铁盐紫黑色;铌盐黄橙色
3	于点滴板上置1滴试液,用1滴4mol/L盐酸和1滴过氧化氢处理,如钛存在则生成橙色配合物,如无颜色显现则表示钛和钒均不存在	钒具有同样反应,Mo(Ⅵ)、W(Ⅵ)、Nb(Ⅴ)等颜色很淡,没有严重干扰,Fe(Ⅲ)及Fe(Ⅱ)的颜色可加磷酸消除
4	取5滴试液,加1滴4mol/L盐酸,1滴20%砷酸溶液和1滴氯化锆酰的1%盐酸(1mol/L)溶液,煮沸,沉淀分离之,沉淀用洗液(2滴水＋1滴4mol/L盐酸＋1滴砷酸)洗二次,然后溶解于1滴4mol/L硫酸中,用毛细管移取此溶液于点滴板上,并用1滴过氧化氢溶液处理,如有橙色出现,在加氟化钠后橙色消失则表示有钛	本法适用于在钒存在下检验钛

① 用熔融法检定矿物中的钛更简单且较为灵敏,取2滴浓硫酸加入数毫克研细的矿物试料中,微微加热,不必完全溶解,即加入2～3滴变色酸试剂溶液,用玻璃棒搅拌均匀,即现紫色。

25. 钒

表 15-42 钒

	检定方法	备注
1	在试液中加入数滴过氧化氢(或过氧化钠),有钒存在时,则发生橙黄至红棕色显色反应,加入氟化铵搅匀,其色不褪	钛有相同反应,矿物可用磷酸溶解后直接试验
2	在磷酸性试液中逐滴加入高锰酸钾溶液,以氧化其中的低价化合物如Fe²⁺、V³⁺等(在酸性溶液中五价钒可氧化Fe²⁺,而本身还原成四价),直至过量1滴,再加1滴1%草酸溶液,使过量的高锰酸钾还原,冷至室温下加数滴联苯胺(1%的稀磷酸溶液),如钒存在则溶液变为鲜黄色	铬的干扰可用硫酸亚铁铵使其还原成Cr³⁺,而Cr³⁺在常温下不被MnO₄⁻氧化。如试样为铁矿,则草酸切勿加入过多。矿物也可用磷酸溶解直接试验
3	试液按上法处理使钒成为高价[即V(Ⅴ)]后,加1滴1%二苯胺磺酸钠的水溶液,有钒存在时则溶液变为紫色	Fe²⁺不干扰。矿物可用磷酸溶解
4	试液按方法2处理使钒成为高价[即V(Ⅴ)]后,在试液中加入5%钨酸钠溶液,有钒存在时则溶液变黄色	矿物可用磷酸溶解
5	试液加浓硝酸重复蒸发以使钒成为高价V(Ⅴ)状态,在残渣上加1～2滴氨水,煮沸,加1滴水,放1滴所得的试液于滤纸上,加1滴对二氨基联苯(2.5%在40%乙醇中的溶液)试剂,如有钒存在则呈蓝色	CrO₄²⁻有相同反应结果。矿物可用氢氧化钠(钾)熔融,熔体以盐酸抽提
6	试液加浓硝酸或王水重复蒸发,将残渣溶于数滴水中,然后加硝酸使呈酸性。在滤纸上放1滴盐酸苯胺[苯胺在浓盐酸中的溶液(1+1)试剂],然后加1滴上面所得溶液,如有钒存在则呈蓝绿色斑点	CrO₄²⁻、ClO₃⁻、ClO⁻及MnO₄⁻不干扰。矿物可用NaOH或KOH熔融,熔体可用HNO₃抽提;钢铁用浓硫酸与浓硝酸(1+1)溶解,采用KMnO₄作氧化剂,过量氧化剂用NaNO₂除去,再用尿素分解过量的NaNO₂

26. 钼

表 15-43　钼

	检定方法	备注
1	1 滴试液加 1 滴 4mol/L 盐酸使呈酸性,然后加 1 滴 α-苯肟(2%醇溶液)试剂,如有沉淀生成则钼存在	如无沉淀形成则钼和钨均不存在。[沉淀 Mo(Ⅵ)(50×10^{-6}),W(Ⅵ)(100×10^{-6}),V(Ⅴ)(500×10^{-6})]
2	在无 Fe^{3+} 存在时,取 1 滴试液于点滴板上,加 1 滴氯化亚锡溶液和 1 滴硫代氰酸盐溶液,搅拌,有钼存在时有红色出现;当加入苯甲醇时则醇层变为红紫色。如有 Fe^{3+} 存在则加 2 滴氯化亚锡以还原,不加苯甲醇以防铁的颜色重现。大量 Co^{2+} 存在时则在 1 滴试液中加 1 滴 4mol/L 的 NaOH 和 1 滴 H_2O_2,搅动,离心分离,取上层液 1 滴用 1 滴 4mol/L HCl 重新酸化后,进行上述试验。反应亦可在滤纸上进行,在滤纸上置 1 滴氯化亚锡的盐酸溶液,加 1 滴试液再加 1 滴硫氰酸盐,有钼存在时出现紫红色斑,加入过量盐酸时颜色消失	钢铁可用浓硝酸或王水处理,蒸发除去过量硝酸,用水抽提供试验。矿石可用碳酸钠熔融以沸水抽提。有钨存在时用浓盐酸处理试液会发生钨酸沉淀,在滤纸上试验时沉淀位于斑点中央,而钼则转入外围,因此可用本法在外边缘上检出钼而在斑点中央检出钨
3	在点滴板上放 1 滴中性或弱酸性试液,加 1 粒黄原酸钾(CH_3CH_2OCSSK)及 2 滴 2mol/L 盐酸(如钨钒共存时则以 1 滴磷酸代替),如有钼存在时则显示玫瑰色、红色或紫色(大量存在时生成红色或几乎黑色的油滴),生成物溶于有机溶剂(苯、氯仿等)。也有相关文献介绍,用制备的黄原酸镉试纸来代替黄原酸钾进行上述反应,在此情况下只有 Cu 离子干扰,可按一般方法以除去	矿物岩石试料用苛性碱熔融,熔体以水抽提供试验。Bi、Cu、Co、Ni、Fe 等的离子稍有干扰,大量钨存在时也干扰

27. 钨

表 15-44　钨

	检定方法	备注
1	取 1 滴试液于点滴板上,加 1 滴浓盐酸和 1 粒氯化亚锡晶体,等待 1～2min,如 W(Ⅵ)存在则被氯化亚锡还原生成暗蓝色的 W_2O_5 沉淀,过量的氯化亚锡加入 Mo(Ⅵ)的颜色消失[如 Mo(Ⅵ)存在]而 W(Ⅵ)则不消失。反应同样可在滤纸上进行,依次取 1 滴盐酸、1 滴试液,在生成斑点的中心顺次加 1 滴硫氰酸钾溶液、1 滴二氯化锡溶液及 1 滴浓盐酸,钨存在时斑点中央呈蓝色。本法可在钼、铬、钒及铀存在下检定钨	可依下法除去 Hg 等杂质:于 1 滴试液中加 3 滴 4mol/L 的 NaOH 溶液离心分离,移 1 滴上层液做试验(如不用 NaOH 分离,而加还原剂又不生沉淀即表示 W、Hg、As、Fe、Te 都不存在)。Se(Ⅳ)、Te(Ⅳ)、Te(Ⅵ)生成游离元素沉淀,As 亦缓慢沉淀,此时预先用浓氢溴酸处理。钢铁试样用 Na_2O_2 熔融,熔体以水抽提供试验。矿物可用碳酸盐熔融或苛性碱等分解后以水抽提
2	取 1～2mL 试液于试管中,加盐酸使呈微酸性(对石蕊)反应,加 2mL 罗丹明 B(0.01%水溶液)试剂,溶液自玫瑰红色变为紫色或生成紫色沉淀表示有钨,颜色可保持数小时不变(取 2mL 罗丹明 B 加入 0.1%盐酸使呈酸性,在反射光中观察以做比较试验)	Hg(Ⅱ)、Au(Ⅲ)、Fe(Ⅱ)、Bi(Ⅲ)、Sb(Ⅴ)会发生相似反应,Mo(Ⅵ)存在过多时亦会发生相似反应
3	取 1 滴试液于点滴板上,加 1 滴硫氰酸铵及 2 滴盐酸,如 Fe(Ⅲ)存在时,则生成红色;然后加入氯化亚锡溶液,如无钼存在则红色消失,有钼存在时则溶液变为褐色;继续滴加氯化亚锡溶液至溶液完全褪色,在已褪色溶液中加 1 滴氯化钛[1%的(1+1)盐酸溶液]试剂,如钨存在则显现黄色	

28. 硼

表 15-45　硼

	检定方法	备注
1	试液蒸干,然后在其上加 2～3 滴对硝基苯偶氮-1,8 二羟基-3,6 萘二磺酸(0.005％浓硫酸溶液),如有硼存在冷却后应显青紫色(至绿蓝色)	如溶液中含氧化性物质(如铬、钼化合物)则必须预先用硫酸肼处理试液
2	试液或试料与硫酸肼饱和溶液及浓硫酸共热至冒白烟,冷却,加入 5～6 滴 1,2,5,8-四羟基蒽醌(0.01％浓硫酸溶液),温热之,如硼存在则紫色变为蓝色	锗有类似反应可与氯化钠共热以除去;氟存在时加二氧化硅以除去。铜、钴、镍、铬由于本身颜色而干扰反应
3	在姜黄试纸上置 1 滴酸性溶液,烘干,硼酸盐存在时纸上出现棕红色斑,加酸时斑点颜色不改变,但加碱时则变成绿黑色	
4	在酸性试液(如试样为固体则以硫酸或磷酸溶解)中加入酒精或甲醇,搅拌均匀,加热煮沸,点火,硼存在时火焰边缘出现绿色	本法虽是硼的特效反应,但灵敏度不高

注：不溶于水及酸的矿物,如硅酸盐类用 KOH 熔融,熔体以水抽提,从溶液中按上述方法检验硼。

29. 硅

表 15-46　硅

	检定方法	备注
1	a. 试料用碳酸钾共熔,熔体用几滴硝酸溶解,加入 1 滴钼酸铵试剂,加热至有气泡发生,冷却后加入 1 滴二氨基联苯溶液(0.05g 试剂溶解在 10mL 浓乙酸中,用水稀释至 100mL),然后加入数滴饱和乙酸钠溶液,如有硅酸存在则显蓝色 b. 少量试料与氟化钙粉末混匀,然后加入 2 滴浓硫酸,在坩埚上盖一张预先滴过 1 滴钼酸铵试剂的滤纸,将坩埚加热约 1min,3～5min 后在滤纸上加钼酸铵所形成的斑点上加 1 滴二氨基联苯溶液(配制同上 a.),然后氨熏之,有硅酸存在时发生蓝色显色反应	所用器皿预先检验其化学稳定性:在器皿中加入 1 滴水按左述方法试验,必须在加入试剂后溶液不变蓝色 碳酸盐及硫化物在试验前,应预先进行灼烧以除去二氧化碳和硫化氢
2	试料用磷酸溶解,稍待冷却,用水稀释,加入 2 滴甲基红,然后氨水中和并加入吡啶溶液,剧烈搅拌,如硅酸盐类存在时出现白色絮状沉淀	
3	在载片上涂一层石蜡,置 1 粒试料于其上用氢氟酸溶解(或用氟化铵的盐酸溶液处理),在所得溶液中放 1 粒氯化钠结晶,硅存在时生成特征形状的 Na_2SiF_6 结晶,结晶有时显浅玫瑰色	

30. 硝态氮

表 15-47　硝态氮（NO_3^-、NO_2^-）

		检定方法	备注
NO_3^-	1	在试液中加入数滴硝酸试剂,NO_3^- 存在时有结晶沉淀生成,在显微镜下可看到特殊的针束状结晶	NO_2^-、Br^-、I^-、CrO_4^{2-}、ClO_3^-、$[Fe(CN)_6]^{3-}$、$[Fe(CN)_6]^{4-}$、CNS^-、$C_2O_4^{2-}$ 妨碍反应
	2	以硫酸亚铁的饱和溶液在试管内与少量试液相混合,然后使试管倾斜,沿着管壁小心地加入 2～3mL 浓硫酸,以使液体不混合而生成两层(硫酸在下,硫酸亚铁溶液在上),如 NO_3^- 存在时,在两种液体的接触处显现棕色环	不应该存在氧化剂及 I^-、Br^-、$[Fe(CN)_6]^{3-}$、$[Fe(CN)_6]^{4-}$、NO_2^- 有相似反应
	3	在干燥的表玻璃上放 4～5 滴二苯胺的硫酸溶液,用清洁的玻璃棒蘸少量试液于其中混合,NO_3^- 存在时,二苯胺被氧化而显深蓝色	NO_2^-、CrO_4^{2-}、MnO_4^-、Fe^{3+}、$[Fe(CN)_6]^{3-}$ 及其他有足够高氧化电势的氧化剂有同样反应

续表

	检定方法	备注
NO_3^- 4	取 1 滴马钱子碱试剂(0.4%的浓硫酸溶液)于点滴板上,加 1 滴试液,NO_3^- 存在时则显红色,然后迅速变成橙色,最后变成黄色	极过量浓硫酸存在时,NO_2^- 不产生此反应,氯酸盐产生黄色,试剂必须不含 NO_3^-
5	取 1 滴 9,10-二羟基苯胺试剂(0.01%的浓硫酸溶液)于点滴板上,加 1 滴试液或试料,NO_3^- 存在时则原来试剂具有的蓝色转变为深红色	水存在对反应有害,其他氧化剂没有此反应
NO_2^-	上述方法 1、2、3 均可用来检定 NO_2^-,常用的是下面方法: 在点滴板或表玻璃上置 1 滴中性或乙酸性溶液,加 1 滴格里斯试剂,NO_2^- 存在时则生成特殊的红色偶氮染料,反应极为灵敏(利用此反应来检定 NO_3^- 时,应事先用锌粉在乙酸存在下使 NO_3^- 还原成 NO_2^-)	

31. 磷

表 15-48 磷

	检定方法	备注
1	取 1 滴试液(如还原剂存在预先加入硝酸煮沸)加 2 滴酒石酸-钼酸试剂,在水浴上热之,PO_4^{3-} 存在时则生成磷钼酸铵的黄色沉淀	在酒石酸存在下,As(V)、Si(IV)、Ge(IV)不干扰反应。$P_2O_7^{4-}$ 在热溶液中转变成 PO_4^{3-} 而被检出
2	在滤纸上置 1 滴试液,再加 1 滴钼酸铵溶液和 1 滴盐酸,然后在斑点中央加 1 滴联苯胺乙酸溶液和 1 滴乙酸钠饱和溶液,有 PO_4^{3-} 存在时出现蓝色斑点	

注:如系矿物岩石,则在其表面上或用刀刻划一道,在其上放 1 滴钼酸铵溶液(试剂本身含有硝酸能部分溶解试料)、1 滴联苯胺乙酸溶液及 1 滴乙酸饱和溶液(或 1 滴氨水),如有磷存在则发生蓝色显色反应。如果分析试料颜色较暗,则在其表面上放 1 滴钼酸铵溶液后,用滤纸在上面印(按压)数分钟,在生成的斑点上加 1 滴联苯胺试剂及 1 滴氨水处理,磷存在时则显蓝色。

32. 硫

表 15-49 硫(S、S^{2-}、$S_2O_3^{2-}$、SO_3^{2-}、SO_4^{2-})

	检定方法	备注
硫单质	取 1~2mg 试料粉末放在一张硫化铊试纸上,以 1 滴二硫化碳或吡啶浸润后,在热空气中将溶剂蒸发,如此进行硫的萃取数次,将剩余物刷去后,将试纸浸在 0.5mol/L 硝酸溶液中,如有硫存在则呈现棕色斑点	硒元素有相似的反应
S^{2-}	a. 在滤纸上滴 1 滴亚铅酸钠溶液(或 1 滴乙酸铅溶液),然后在其上加 1 滴试液,S^{2-} 存在时可得到黑色或褐色斑点。不溶于水的硫化物可置于小坩埚中加乙酸(1+1)溶液润湿,用亚铅酸钠或乙酸铅溶液润湿过的滤纸盖好小坩埚并小心加热,放出的硫化氢使纸呈黑色或褐色	
	b. 在试液中加入新配制的碳酸镉试剂,S^{2-} 存在时生成黄色硫化镉沉淀,沉淀能溶解于无机酸中	也可借这个反应使 S^{2-} 与 SO_4^{2-}、SO_3^{2-}、$S_2O_3^{2-}$ 分离
	c. 于 1 滴中性或碱性试液中加 1 滴亚硝酰铁氰化钠试剂,S^{2-} 存在时显红紫色	SO_3^{2-} 有同样反应
	d. 在试液中加入浓盐酸(约为溶液体积的 1/10),对氨基二甲苯胺的硫酸盐试剂及 1~2 滴三氯化铁稀溶液,S^{2-} 存在时显蓝色	

续表

	检定方法	备注
$S_2O_3^{2-}$	a. 用酸处理试液, $S_2O_3^{2-}$ 存在时除放出二氧化硫外, 同时析出硫单质	试液中有氧化剂存在时, S^{2-} 也能转变为硫单质析出
	b. 取1滴试液于滤纸上, 用1滴硝酸银溶液处理, $S_2O_3^{2-}$ 存在时立即生成黑色、褐色或棕色斑点	S^{2-} 有同样反应
	c. 在试液中加入氢氧化钠和氰化钾溶液, 共同煮沸(此时 $S_2O_3^{2-}$ 转变成 SCN^-)然后加入盐酸使呈酸性反应, 加1滴三氯化铁溶液, 有血红色生成标志 $S_2O_3^{2-}$ 存在	SO_3^{2-} 不发生此反应
SO_3^{2-}	a. 在点滴板上置1滴品红或孔雀绿溶液(或两者的混合物), 加1滴中性试液, SO_3^{2-} 存在时溶液褪色(如试液为酸性, 预先用碳酸氢钠中和, 碱性溶液则通二氧化碳以饱和)	S^{2-} 有同样反应
	b. 在中性试液中加入亚硝酰铁氰化钠试剂, SO_3^{2-} 存在时呈现玫瑰红色, 加入大量硫酸锌溶液时溶液颜色变深, 如再加1滴亚铁氰化钾溶液则生成红色沉淀, 加酸时红色消失	S^{2-} 有同样反应, $S_2O_3^{2-}$ 不发生此反应
SO_4^{2-}	a. 在试液中加入氯化钡或硝酸钡溶液, 有白色沉淀生成, 且沉淀不溶于酸, 表示 SO_4^{2-} 存在	
	b. 取1滴试液于载片上, 加1小滴乙酸钙或硝酸钙溶液, 加热, 冷后在显微镜下观察, SO_4^{2-} 存在时生成石膏 $CaSO_4 \cdot 2H_2O$ 的结晶	

33. 氟

表 15-50　氟

	检定方法	备注
1	试料用酸处理, 加热, 将发生的气体导入盛有氧化钙的试管中, 如有白色沉淀发生, 且沉淀难溶于无机酸、不溶于乙酸者, 表示氟存在	
2	在用茜素锆溶液润湿滤纸而制得的茜素锆试纸上, 加1滴试液并静置到它被吸收为止, 然后在湿斑中央加1滴盐酸(1+1)溶液, 有氟化物存在时, 紫色的斑点转变成黄色。如为固体试料则预先研细, 置于表玻璃上, 与2~3滴茜素锆试剂混合, 氟存在时原为紫色的溶液转变为黄色, 磷酸矿使溶液很慢地变为无色。如分析为硅酸盐时, 必须先与碳酸钠共熔融	凡能与锆生成锆盐且可溶于水的阴离子都可用于氟的检定, 如 $S_2O_3^{2-}$、 AsO_4^{3-}、 PO_4^{3-}、 $C_2O_4^{2-}$ 等。有色离子如 CrO_4^{2-}、 $[Fe(CN)_6]^{3-}$、 $[Fe(CN)_6]^{4-}$ 等都妨碍反应
3	将试料粉末与石英粉混合, 以浓硫酸加热溶解, 氟存在时则生成四氟化硅(SiF_4)气体, 将其导入数滴水中, 由于硅酸及硅氟酸的生成, 溶液变为浑浊, 推知有氟存在。为进一步证实, 可在溶液中加1滴磷钼酸铵溶液、1滴二氨基联苯胺液, 然后加入等体积乙酸钠溶液, 有蓝色生成表示氟存在。如颜色看不清楚可用戊醇提取, 在界线处呈蓝色	如试料为碳酸盐、硫代硫酸盐、亚硫酸盐或硫化物则应预先经过灼烧, 因为 H_2S 和 SO_2 可以将磷钼酸铵还原为磷钼蓝

34. 氯

表 15-51　氯（Cl^-、ClO^-、ClO_3^-）

	检定方法	备注
Cl^-	a. 用过量硝酸银处理酸性（硝酸的）试液，倾泻弃去上层清液，用硝酸微酸化过的热水洗涤沉淀，然后用饱和碳酸铵（4 份）与氨水（1 份）的混合物加热处理沉淀，过滤，蒸发滤液到不大的体积。在滤纸上置 1 滴硝酸银与 1 滴滤液，生成的沉淀用水洗涤，然后用亚铁氰化钾和浓硝酸湿润静置 1min，再用水洗涤试剂，如 Cl^- 存在时则得到带褐色的砖红色斑点	如其他阴离子不存在则可在滤纸上置 1 滴试液，加 1 小滴 $AgNO_3$，然后用 1 小滴氯化亚锡湿润斑点中央，然后用氨熏之，Cl^- 存在时出现黑色斑点。或者直接在试液中加 $AgNO_3$，如生成白色沉淀不溶于酸而溶于 NH_4OH 者表示氯存在
	b. 在小坩埚中用过量的 $KMnO_4$ 和 1 滴饱和硫酸铜溶液处理中性或微碱性试液，蒸干，在残渣上加入浓硫酸，加热，用碘-淀粉试纸或用联苯胺的乙酸溶液湿润过的滤纸盖在坩埚上，滤纸变褐或变蓝表示 Cl^- 存在	本法可在大量溴化物、碘化物存在下检定氯
	c. 在小坩埚中置数滴试液并蒸干（固体试料研细直接置于坩埚中），用少量重铬酸钾粉末铺在试验物上，在粉末上加数滴浓硫酸，搅拌均匀，在小坩埚上盖以表玻璃，把 1 小块用 2% 的苛性钠溶液润湿过的滤纸（用 1 小滴水）贴在表玻璃上，加热坩埚 120～150℃，经 2～3min 取下滤纸用联苯胺的乙酸溶液润湿，蓝色出现表示氯存在	大量碘化物、溴化物将使反应不明显，为了不使碘、溴妨碍鉴定，可预先用 2 滴高锰酸钾和 1 滴饱和硫酸铜溶液处理试液并蒸干，然后按左法进行氯的鉴定
ClO^-	a. 取 1 滴中性或弱碱性试液于"碘化钾-淀粉"试纸上，ClO^- 存在时试纸变成蓝色	其他阴离子氧化剂只有在酸性介质中才氧化碘化物成碘单质
	b. 不仅在酸性溶液中，而且在碱性溶液中，有 ClO^- 存在时，在不加热的情况下能使靛蓝溶液褪色	
ClO_3^-	a. 在分析试液中加入稀硝酸和硝酸银溶液，如有沉淀（有 CN^-、Br^-、I^-、Cl^- 等存在时产生沉淀）则过滤之，在滤液中再加入硝酸银和亚硫酸溶液（或亚硫酸钠溶液），ClO_3^- 存在时重新出现白色凝乳状不溶于硝酸的氯化银沉淀	
	b. 取 1 滴试液于点滴板上，加 1 滴二苯胺的硫酸溶液，ClO_3^- 存在时，溶液给出浅蓝色显色反应	很多其他氧化剂，如 NO_3^-、NO_2^-、Fe^{3+} 等也产生同样颜色
	c. 取 1 滴试液于点滴板上，加 1 滴马钱子碱的硫酸溶液，ClO_3^- 存在时，溶液产生黄色	
	d. 在固体试料上加少量浓硫酸及 1～2 滴硫酸苯胺的水溶液，ClO_3^- 存在时则显暗蓝色	NO_3^- 无此反应

35. 溴

表 15-52　溴（Br^-、BrO_3^-）

	检定方法	备注
Br^-	a. 取 1 滴试液于小坩埚中，加入数滴饱和 $KMnO_4$ 溶液并加热，然后加 1 滴硫酸铜溶液并立即盖以碘化钾-淀粉试纸（要预先准备好用淀粉糊浸过的滤纸，在试验前用碘化钾将滤纸润湿），试纸变蓝则溴存在。也可用荧光黄试纸代替上述试纸，在溴蒸气作用下试纸显玫瑰红色	
	b. 取 1～2 滴试液于小坩埚中，加 4～5 滴 25% 铬酸钾溶液，在坩埚上盖一张用品红-亚硫酸溶液润湿了的滤纸，加热，溴存在时试纸变为蓝紫色或红紫色	氯与碘的蒸气不发生这一反应
BrO_3^-	在滤纸上置 1 滴（1+4）的硫酸（或硝酸）溶液，然后加 1 滴浓的硝酸锰溶液，1 滴试液，并在上面再加 1 滴硫酸（或硝酸），出现褐色斑点。假如用联苯胺溶液浸润斑点，然后再加乙酸钠溶液，蓝色斑点出现，表示有溴酸盐存在	

36. 碘

表 15-53　碘（I^-、IO_3^-）

	检定方法	备注
I^-	在预先浸过淀粉浆并已晾干的滤纸上滴 1 滴亚硝酸钠（钾）溶液，然后加 1 滴已酸化（石蕊试纸变红）的试液，在上面再加 1 滴亚硝酸盐溶液，碘化物存在时呈现蓝色或黑色斑点	
IO_3^-	在滤纸上加 1 滴硫氰化物溶液，然后加 1 滴已酸化的试液，在上面再加 1 滴硫氰化物溶液，以盛有淀粉浆的毛细管触在斑点中央，当有痕量碘酸盐时得到暗紫色	

37. 氰

表 15-54　氰（CN^-、SCN^-、$[Fe(CN)_6]^{4-}$、$[Fe(CN)_6]^{3-}$）

	检定方法	备注
CN^-	a. 在试液中加入 NaOH 溶液呈碱性反应，加 1 滴硫酸亚铁溶液，将混合物煮沸，然后加入盐酸至溶液呈酸性并加数滴三氯化铁溶液，有氰化物存在时则生成蓝色"普鲁士"沉淀，若 CN^- 量小则仅出现蓝色溶液	
	b. 在试液中加入少许多硫化铵，并在水浴上蒸干，残渣以少量稀盐酸处理，并加数滴三氯化铁溶液，血红色的出现表示有 CN^- 存在	能与多硫化铵反应的阳离子存在时，试验安排应改变，可预先使试验物与稀硫酸共热，放出的 HCN 用润湿的多硫化铵试纸吸收，于是生成 NH_4SCN
	c. 取 1~2 滴试液于小瓷坩埚中，加入少量碳酸氢钠粉末，在小坩埚上面用 1 小块预先用 1 滴乙酸铜、或硫酸铜的溶液和 1 滴联苯胺的乙酸溶液润湿了的滤纸盖住，微微加热，如纸变成蓝色则表示 CN^- 存在	
SCN^-	a. 在滤纸上加 1 滴硝酸铅的饱和溶液，然后加 1 滴试液，用盛有硝酸铅的毛细管触在斑点中央，直到硫氰酸盐移到外围，此后用盛有氯化铁（或硝酸铁、硫酸铁）溶液的毛细管尖端划过整个斑点，SCN^- 存在时在中央两侧的外围出现不同色度的红斑，颜色因盐酸作用而变深	当妨碍的阴离子不存在时，可用氯化铁直接作用于试液，红色出现表示 SCN^- 存在，当与醚或戊醇摇荡时，醚与戊醇被染成红色
	b. 取几滴试液于小坩埚中，用 1~2 滴 $KMnO_4$ 的饱和溶液和 1~2 滴苛性碱处理，搅拌，然后再加几滴冰醋酸，并迅速用硫酸铜和联苯胺的乙酸溶液润湿过的滤纸盖住，颜色变蓝说明 SCN^- 存在	为使卤素离子不妨碍鉴定，应在碱性介质中进行
$[Fe(CN)_6]^{4-}$	a. 在滤纸上依次加 1 滴硝酸铅的饱和溶液、1 滴试液、1 滴硝酸铅溶液和 1 滴水，然后在斑点中心部分用氯化铁（硝酸铁）和稀盐酸润湿，亚铁氰化物存在时出现普鲁士蓝的蓝色	没有其他离子存在时，亚铁氰化物可直接用 Fe^{3+} 检出
	b. 在中性或乙酸性试液中，加入硫酸铜溶液，亚铁氰化物存在时生成红棕色亚铁氰化铜沉淀，沉淀溶于无机酸及氢氧化铵中	
$[Fe(CN)_6]^{3-}$	a. 在滤纸上依次加 1 滴硝酸铅的饱和溶液、1 滴试液，再加 1 滴硝酸铅的饱和溶液和 1~2 滴水，然后用盛有亚铁盐（莫尔盐、绿矾）溶液的毛细管通过整个斑点划一下。铁氰化物存在时，在中央两侧的外围出现两个"滕氏蓝"斑	$[Fe(CN)_6]^{4-}$ 不存在时，可直接用 Fe^{2+} 作用于中性或酸性试液而检出
	b. 取 1 滴试液于点滴板上，加 1 滴硫酸铜溶液，铁氰化物存在时得到绿色的 $Cu_3[Fe(CN)_6]_2$ 沉淀	

十、某些离子点滴反应的灵敏度

某些离子点滴反应的灵敏度见表 15-55。

表 15-55　某些离子点滴反应的灵敏度

被检定离子	反应的灵敏度	完成反应说明
Al^{3+}	$1\times10^{-7}g/0.001mL$	$K_4[Fe(CN)_6]$＋试液＋NH_3＋茜素
Cr^{3+}	$5\times10^{-9}g/0.001mL$	联苯胺反应
Fe^{2+}	$8\times10^{-8}g/0.001mL$	$K_3[Fe(CN)_6]$＋试液＋KI＋Na_2SO_3＋$K_3[Fe(CN)_6]$
Fe^{3+}	$1\times10^{-7}g/0.001mL$	$K_3[Fe(CN)_6]$
Fe^{3+}	$5\times10^{-9}g/0.001mL$	NH_3SCN
Co^{2+}	$6\times10^{-6}g/0.001mL$	试液＋NH_4SCN＋NH_3（气）＋热
Ni^{2+}	$1\times10^{-8}g/0.001mL$	二甲基乙二醛肟（丁二肟）
Mn^{2+}	$1\times10^{-7}g/0.001mL$	联苯胺反应
Mn^{2+}	$7\times10^{-7}g/0.001mL$	$AgNO_3$、氨溶液
Hg^{2+}	$1\times10^{-6}g/0.001mL$	KI＋试液
Hg^+	$1\times10^{-6}g/0.001mL$	试液＋KNO_2
Pb^{2+}	$4\times10^{-7}g/0.001mL$	H_2SO_4＋试液＋H_2SO_4＋H_2O＋Na_2S
Ag^+	$1\times10^{-8}g/0.001mL$	HCl＋试液＋HCl＋H_2O＋NH_3＋$SnCl_2$
Bi^{3+}	$1\times10^{-8}g/0.001mL$	$SnCl_2$＋试液＋KI
Bi^{3+}	$1\times10^{-7}g/0.001mL$	KI＋$CsCl$
Zn^{2+}	$4\times10^{-6}g/0.001mL$	在表玻璃上
Cd^{2+}	$3\times10^{-7}g/0.001mL$	在表玻璃上
Cu^{2+}	$4\times10^{-8}g/0.001mL$	联苯胺反应
Sn^{2+}	$8\times10^{-7}g/0.001mL$	试液＋$(NH_4)_2MoO_4$
Sn^{4+}	$1\times10^{-7}g/0.001mL$	KI＋$CsCl$＋KI
Sb^{2+}	$1\times10^{-6}g/0.001mL$	NH_3＋试液＋NH_3＋CH_3COOH＋$HgCl_2$＋HCl
As^{3+}	$8\times10^{-8}g/0.001mL$	在小装置中
Pt^{4+}	$5\times10^{-8}g/0.005mL$	$SnCl_2$＋试液＋$SnCl_2$＋KI
Pd^{2+}	$5\times10^{-7}g/0.005mL$	$Hg(CN)_2$＋试液＋$Hg(CN)_2$＋H_2O＋$SnCl_2$
Ir^{4+}	$1\times10^{-7}g/0.005mL$	联苯胺＋试液＋联苯胺
Ir^{4+}	$7.5\times10^{-6}g/0.005mL$	NH_4Cl＋$PtCl_4$＋NH_4Cl＋试液
Au^{3+}	$1\times10^{-7}g/0.005mL$	联苯胺反应
Ti^{4+}	$1\times10^{-6}g/0.01mL$	变色酸＋试液
UO_2^{2+}	$2\times10^{-6}g/0.001mL$	$K_4[Fe(CN)_6]$＋试液
Se^{4+}	$2\times10^6g/0.005mL$	试液＋$SnCl_2$＋$AgNO_3$
Tl^+	$4\times10^{-7}g/0.001mL$	试液＋$AuCl_3$＋$PdCl_2$
Br^-	$3\times10^{-6}g/0.01mL$	在小坩埚内
I^-	$1\times10^{-7}g/0.01mL$	试液（酸化的）＋KNO_2
S^{2-}	$1\times10^{-7}g/0.01mL$	$NaPbO_2$＋试液
$S_2O_3^{2-}$	$6\times10^{-6}g/0.01mL$	Cd^{2+}＋试液＋Ca^{2+}＋Ag^+
SO_4^{2-}	$2\times10^{-6}g/0.05mL$	在小坩埚内
SCN^-	$6\times10^{-8}g/0.01mL$	试液＋Fe^{3+}
$[Fe(CN)_6]^{4-}$	$1\times10^{-7}g/0.01mL$	试液＋Fe^{3+}
$[Fe(CN)_6]^{3-}$	$2\times10^{-8}g/0.001mL$	试液＋Fe^{2+}
NO_2^-	$6\times10^{-6}g/0.001mL$	试液＋联苯胺
NO_3^-	$6\times10^{-6}g/0.05mL$	在小坩埚内
CrO_4^{2-}	$1\times10^{-6}g/0.005mL$	试液＋联苯胺
ClO_3^-	$1\times10^{-6}g/0.005mL$	SCN^-＋试液＋HCl＋SCN^-＋淀粉
BO_3^{3-}	$1\times10^{-7}g/0.01mL$	在小装置内
SiO_3^{2-}	$1\times10^{-7}g/0.01mL$	在表玻璃上
MnO_4^-	$1\times10^{-7}g/0.005mL$	H_2O_2＋试液

十一、商品肥料的鉴定

商品肥料是指商业部门供应的肥料。如豆饼、骨粉、化肥等。化肥是化学肥料的简称。

肥料的鉴别方法，除外观（颜色、气味、湿度、结晶等）特点可作为初步鉴定外，可按照肥料的化学性质利用灼烧试验和对某些试剂的反应来鉴别（图 15-1）。

表 15-56 指出了在烧红的木炭上用刀尖放上一小撮肥料粉末所发生的现象。

表 15-56 在烧红的木炭上用刀尖放上一小撮肥料粉末所发生的现象

现象	可能的结论
在烧红的木炭上不发出爆裂声,但产生白烟,具有氨与盐酸气味	氯化铵
在烧红的木炭上,迅速熔化,沸腾而产生带有氨味的白烟	硝酸铵
在刀尖上加热可被熔化,在烧红的木炭上产生光亮而被分解	硝酸铵与硫酸铵混合物
在刀尖上加热不能熔化,在烧红的木炭上不燃烧但有氨的气味	硫酸铵
在炭火上熔化,并且燃烧发亮,最后留下白色石灰	硝酸钙
在烧红的木炭上发出咝咝声而燃烧,并具有橘黄色火焰	硝酸钠
在烧红的木炭上发出咝咝声而燃烧,并具有紫色火焰	硝酸钾
在烧红的木炭上很快变黑,同时放出一种焦味	骨粉
仅在烧红的木炭上燃烧而产生氨味	尿素
在烧红的木炭上,不发生特征反应,在炭上残留而不变化或者是发"折裂"声,燃烧时不产生气味	钾肥:硫酸钾、硫酸钾镁、钾泻盐等
不起变化	玻璃熔体肥料,熔融钙镁磷肥等

十二、塑料的简易鉴别

塑料属于高分子化合物（高聚物），其化学组成结构较为复杂，在有条件的部门、单位可应用红外光谱、气相色谱、质谱、核磁共振以及 X 射线光谱等仪器分析方法进行分析，而且既快速又准确。但设备费用高，同时试样也很不容易制备。所以一般单位常采用简易鉴别方法，诸如燃烧法、显微镜法、密度测定法、溶剂溶解法、元素分析法、染色法等。当然由于高分子化合物种类繁多，在某些方面性质相似者并不罕见，因此在具体实践中，往往必须采用数种方法测定，同时对所得测结果进行综合分析，并与已知试样进行对照，方能获得正确的结果。

（一）燃烧试验法

试验时用镊子夹持小片塑料放进酒精灯火焰中燃烧，观察其燃烧情况，如易燃与否、是否有自熄现象、火焰颜色、烟雾情况、燃烧时塑料自身的变化等。

含有氯、氟、硅元素的塑料，均不易着火或是有自熄性；相反，含硫和硝基的塑料则甚易燃烧。乙烯、丙烯、异丁烯等制得的塑料有着与烷烃类似的结构，燃烧特性也相同；而带苯环和不饱和双键的塑料（如双烯类聚合物与共聚物），燃烧时会冒黑烟。

有些塑料受热时会分解成单体或其他结构的小分子化合物，因而产生特殊的臭味。如聚甲基丙烯酸酯类、聚苯乙烯和聚甲醛能分解成单体；聚乙烯、聚丙烯则裂解成碳数不等的碳氢化合物；聚氯乙烯、聚偏氯乙烯则会分解出大量的氯化氢。

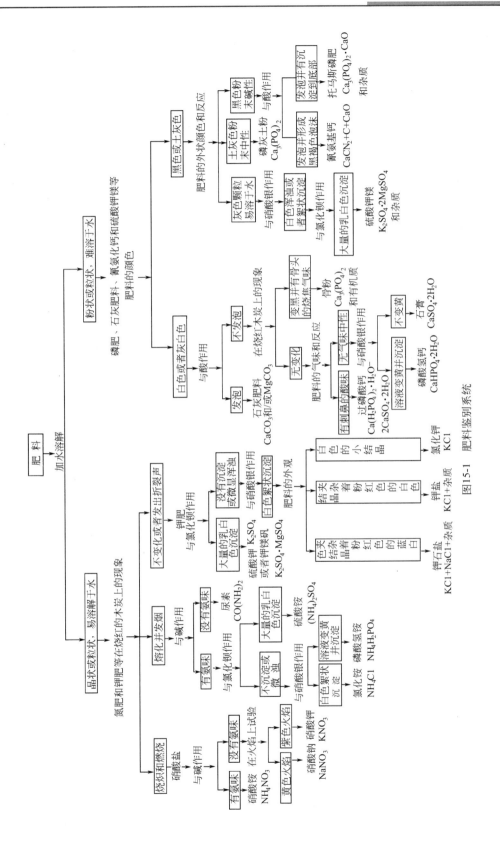

图15-1 肥料鉴别系统

所有这些现象，都可以作为塑料分类鉴别的依据。为了减少差错，最好能用已知样品进行对比试验。

常见塑料的燃烧特性见表 15-57，常见塑料燃烧特性分类鉴定系统见图 15-2。

表 15-57　常见塑料的燃烧特性

塑料名称	燃烧难易	离火后是否自熄	火焰状态	塑料变化状态	气味
聚甲基丙烯酸甲酯	容易	继续燃烧	浅蓝色、顶端白色	熔融、起泡	强烈花果臭、腐烂蔬菜臭
聚氯乙烯	难	离火即灭	黄色、下端绿色，白烟	软化	刺激性酸味
氯乙烯-乙酸乙烯酯共聚	难	离火即灭	暗黄色	软化	特殊气味
聚偏氯乙烯	很难	离火即灭	黄色、端部绿色	软化	特殊气味
聚苯乙烯	容易	继续燃烧	橙黄色，浓黑烟炭束	软化、起泡	特殊的苯乙烯单体味
苯乙烯-丙烯腈共聚物	容易	继续燃烧	黄色，浓黑烟	软化、起泡比聚苯乙烯易焦	特殊的聚丙烯腈味
苯乙烯-丁二烯-丙烯腈共聚物	容易	继续燃烧	黄色，黑烟	软化、烧焦	特殊气味
聚乙烯	容易	继续燃烧	上端黄色、下端蓝色	熔融滴落	石蜡燃烧气味
聚酰胺纤维（尼龙）	慢慢燃烧	慢慢熄灭	蓝色、上端黄色	熔融滴落、起泡	特殊的、似羊毛、指甲烧焦的气味
聚甲醛	容易	继续燃烧	上端黄色、下端蓝色	熔融滴落	强烈的刺激性甲醛味、鱼腥味
聚碳酸酯	慢慢燃烧	慢慢熄灭	黄色，黑烟炭束	熔融、起泡	特殊气味、花果臭
氯化聚醚	难	熄灭	飞溅，上端黄色、靛蓝色，浓黑烟	熔融、不增长	特殊
聚苯醚	难	熄灭	浓黑烟	熔融	花果臭
聚砜	难	熄灭	黄褐色烟	熔融	略有橡胶燃烧味
聚三氟氯乙烯	不燃	—	—	—	—
聚四氟乙烯	不燃	—	—	—	—
乙酸纤维素	容易	继续燃烧	暗黄色，少量黑烟	熔融、滴落	乙酸味
乙酸丁酯纤维素	容易	继续燃烧	暗黄色，少量黑烟	熔融、滴落	乙酸味
乙酸丙酯纤维素	容易	继续燃烧	暗黄色，少量黑烟	熔融、滴落、燃烧	丙酸味
硝化纤维素	容易	继续燃烧	黄色，少烟	迅速完全燃烧	—
乙基纤维素	容易	继续燃烧	黄色、上端蓝色	熔融、滴落	特殊气味
聚乙酸乙烯酯	容易	继续燃烧	暗黄色，黑烟	软化	乙酸味
聚乙烯醇缩丁醛	容易	继续燃烧	黑烟	熔融、滴落	特殊气味
酚醛树脂	难	自熄	黄色火花	开裂、色加深	浓甲醛味
酚醛树脂（木粉）	慢慢燃烧	自熄	黄色	膨胀、开裂	木材和苯酚味
酚醛树脂（布基）	慢慢燃烧	继续燃烧	黄色，少量黑烟	膨胀、开裂	布和苯酚味
酚醛树脂（纸基）	慢慢燃烧	继续燃烧	黄色，少量黑烟	膨胀、开裂	纸和苯酚味
脲醛树脂	难	自熄	黄色、下端淡蓝色	膨胀、开裂、燃烧处变白	特殊气味、甲醛味
三聚氰胺树脂	难	自熄	淡黄色	膨胀、开裂、变白	特殊气味、甲醛味
聚酯树脂（饱和）	容易	继续燃烧	黄色、边缘蓝色	爆裂成碎片	—
聚酯树脂（不饱和）	容易	继续燃烧	黄色，黑烟	膨胀、开列、变脆	苯乙烯气味
聚丙烯	容易	继续燃烧	上端黄色、下端蓝色，少量黑烟	熔融、滴落	石油味

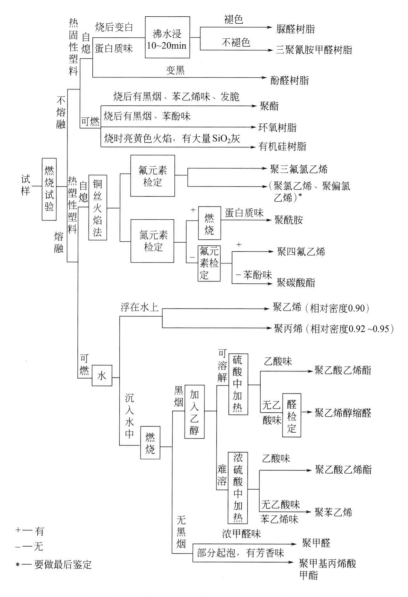

图 15-2 常见塑料燃烧特性分类鉴定系统图

（二）溶解度试验法

热固性塑料不溶于任何有机溶剂，只是在某些溶剂中可以溶胀；而热塑性塑料则除一些特殊的高分子外，通常都可被有机溶剂溶解。在能溶解热塑性塑料的溶剂中，一般不包括脂肪烃、石油醚等非极性溶剂。至于聚甲醛、聚乙烯和聚丙烯之类的结晶性树脂，或者是尼龙、聚酯等含有氢键的塑料，则只能用极少数很特殊的溶剂去溶解。

塑料在有机溶剂中的溶解速度很慢，即使在良好的溶剂中也不例外，通常需要花上几天的时间。

进行溶解度试验时常用的溶剂有甲苯、甲醇、四氯化碳、乙酸乙酯、异丙醇、乙醇、甲酸、环己酮、四氯乙烯、氟苯、甲酚、甲酸戊酯及二甲基甲酰胺和水等。

　　试验所用溶剂与试样的体积比为 20：1。煮沸，最好是回流溶解，以免溶剂挥发。进行下一步试验时，应将原先使用的溶剂除去或采用新的试样。如将试样剪碎，则可加速溶解。图 15-3 给出了溶解度试验的程序。

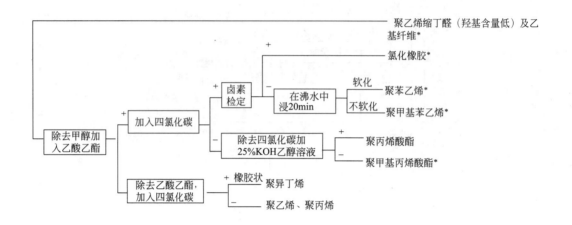

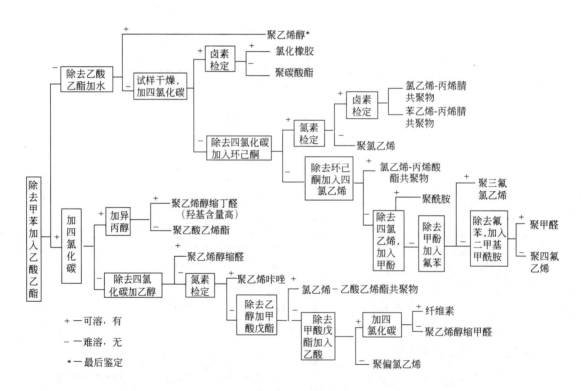

图 15-3　塑料溶解度试验程序

（三）元素检定法

　　塑料中除含碳、氢元素外，还有硫、氮、氯、氟、磷等元素。对后五种元素进行定性分析，将有助于塑料的类别鉴定。

　　按所含元素对塑料进行分类的情况见表 15-58。

表 15-58　按所含元素对塑料进行分类

类别	塑料名称
含氟、氯塑料	聚氯乙烯、氯乙烯-乙酸乙烯酯共聚物、氯乙烯-偏氯乙烯共聚物、氯化聚乙烯、聚三氟氯乙烯、聚四氟乙烯、聚氯丁二烯、氯化橡胶以及 F2、F16、F23 等氟塑料
含氮不含硫塑料	聚酰胺、脲醛树脂、三聚氰胺、聚氨酯、胺类化合物固化的环氧树脂、丁腈橡胶、聚丙烯腈
含氮又含硫塑料	聚硫酰胺树脂
含硫塑料	聚砜、聚苯硫醚、硫化橡胶、聚硫橡胶、聚苯醚砜等

1. 检定方法

取少于 0.5g 的塑料放入试管中，与金属钠加热熔融，冷却后加入乙醇，除去过多的钠，随即溶于 15mL 水中，过滤留滤液备用。

（1）硫　取部分滤液加乙酸酸化，再加入 5％乙酸铅溶液数滴，如有黑色沉淀（硫化铅）出现，即证明有硫存在。

（2）氮　取若干滤液，加 5％硫酸亚铁溶液数滴及 10％氯化铁溶液 1 滴并煮沸，冷却后以盐酸酸化。如产生蓝色沉淀（亚铁氰化铁，又称普鲁士蓝），即表明有氮；若呈黄色，则无氮。要是含氮量少或者未完全除去熔融钠，也不产生沉淀，只是溶液变蓝或呈浅蓝色。

（3）氟　取滤液 2mL 加乙酸酸化，煮沸，冷却后取 1 滴放入到锆-茜素红试纸上。红色试纸上如出现黄色，即证明有氟存在。

取茜素红试纸一张，浸入 1％氯化锆（或硝酸锆）溶液中，取出干燥后呈红色，即为锆-茜素红试纸，使用前以 50％乙酸溶液润湿。

（4）磷　取部分滤液，加硝酸酸化，然后取一部分加入过量的钼酸铵溶液。如出现黄色结晶沉淀（磷酸钼铵），即证明有磷。将溶液在 50℃ 以下温热，可加速沉淀，若高于 50℃，即使无磷，也会有沉淀。

（5）氯　取部分滤液，加硝酸酸化，随后向其中加入 0.1mol/L 硝酸银溶液数滴。如出现白色沉淀则表明有氯存在。

2. 注意事项

如果同时存在着氮和硫，则以钠熔融时会形成硫氰酸盐。此时滤液经酸化后，加数滴氯化铁溶液，会出现红色。若同时存在氮和氯，则在加入硝酸银溶液之前，必须将硝酸溶液煮沸 5min 以除去氢氰酸。

（四）各种塑料的特征试验

1. 酚醛树脂

将粉碎试样少许置于试管中，加热分解，分解产物在试管上端凝聚，待冷却后用蒸馏水煮沸溶解；取此溶液 1mL，加入少量米蓝试剂。如果出现红色或玫瑰红色，则证明有酚存在，试样是酚醛树脂。

取汞 5g，以 5g 发烟硝酸溶解后，加蒸馏水稀释至 100mL，即是"米蓝试剂"。

2. 脲醛树脂

取乙酸与乙酐的混合液（体积比 3∶1）10mL，加入少量试样，随后再加入对二甲氨基苯甲醛 0.015g，回流 10min，液体变成绿色者，证明是脲醛树脂。

另一种方法：是取粉状将试样 0.25g 与适量 5％硫酸溶液，置于 125mL 锥形瓶中，加热到没有甲醛气味后，以氢氧化钠溶液中和（用酚酞作指示剂）；向其中加 1mol/L 硫酸 1

滴，尿酶 1mL；在此液上方吊一片石蕊试纸并将瓶塞紧。如石蕊试纸变蓝，证明有脲存在。

3. 三聚氰胺甲醛树脂

用脲醛树脂特性试验的第一种方法试验，在回流冷凝器中会发现凝结的白色难溶物质，证明是三聚氰胺甲醛树脂。

4. 环氧树脂

① 取少量试样置于试管中，在甘油浴中加热到 $240\sim250℃$，试管口用新配制的 5%亚硝基铁氰化钠和 5%吗啉的水溶液润湿过的试纸盖上。试纸上发现蓝色者，证明是环氧树脂。

② 取试样 0.1g 溶于 10mL 冷的浓硫酸中，向上述溶液 1mL 中加甲醛 $1\sim2$ 滴。如果试样是环氧树脂，则溶液变为橙色，且以水稀释时又变为蓝色。

③ 取试样 $0.5\sim1g$，加对苯二胺 30mg，蒸馏水 8mL 煮沸 3min。溶液显桃红色者证明是环氧树脂。

5. 醇酸树脂

取少量试样放入试管中加热，如管壁有分解物，且冷后成为针状结晶（邻苯二甲酸），则表明是醇酸树脂。

6. 聚酰胺

取试样 $0.1\sim0.2g$ 置于小试管中，管口塞以脱脂棉，小火加热，让分解产生的气体为脱脂棉所吸收；冷却后取出脱脂棉，涂以 1%二甲氨基苯甲醛的甲醇溶液，并加浓盐酸 1 滴使呈酸性，如试样是聚酰胺则显现红色。

这种方法还可用来检验下列树脂：聚氨酯（显黄色）；环氧树脂（显紫色）；聚碳酸酯（显蓝色）。

7. 有机硅树脂

取少量试样放入凯氏测氮瓶中，硫酸 2mL、60%高氯酸 1 滴及沸石少许，缓缓加热至沸腾；冷却至室温，再加高氯酸 4 滴，并加热沸腾 $3\sim4min$。若试样为有机硅树脂，则有白色沉淀生成，溶液以水稀释时，残留一部分不溶解物。

8. 聚丙烯酸及聚丙烯酸酯

取试样 $0.5\sim1.0g$，干馏，馏出物用无水氯化钙干燥，然后进行蒸馏；在几滴蒸馏物中加入等量的新蒸馏的酚肼，再脱水，加甲苯 5mL；然后加入 85%甲酸 5mL，30%过氧化氢 1 滴，振荡几分钟，如有聚丙烯酸或聚丙烯酸酯存在，则溶液变为暗绿色。必要时可加微热。

9. 聚甲基丙烯酸甲酯（有机玻璃）

取试样 0.5g 于试管中，加热分解，管口盖上纸片三层以防单体逸出，冷却，加浓硝酸（相对密度 1.42）数毫升，微热；冷后加入体积为硝酸量一半的水，并加入锌粒。若有聚甲基丙烯酸甲酯存在则出现蓝色。注意锌粒不可过多，否则会影响显色。

10. 聚丙烯腈

取少量试样置于瓷坩埚内，上覆浸有乙酸铜-苯乙酸溶液的试纸，再用玻璃板盖上，加热。若为聚丙烯腈则有氰化氢生成，试纸显蓝色。

取乙酸铜 2.86g 溶于 1L 水中；取苯乙酸饱和水溶液 612mL 加 525mL 水，于室温下混匀。两种溶液分别盛于密闭的棕色磨口瓶中，使用时取等体积混匀，即是乙酸铜-苯乙酸溶液。

11. 聚乙酸乙烯酯

① 取试样浸在1％间苯二酚的浓盐酸溶液中，几分钟后取出试样，夹在滤纸之间，压紧。10～15min后出现玫瑰红色，则证明有聚乙酸乙烯酯存在。

② 取少量试样，放入试管中，加入碘-硼酸溶液。如出现红褐色，则证明有聚乙酸乙烯酯存在。

称取碘化钾0.15g，碘0.07g，溶于100mL水中，然后向溶液中加入硼酸0.5g混匀，即得碘-硼酸溶液。

12. 聚乙烯醇

取少量试样置于试管中，加入上述碘-硼酸溶液，如出现蓝色则可能为聚乙烯醇。随后再取少量溶液放在试管中，加入少量2％硫的二硫化碳溶液；试管口盖一张乙酸铅试纸后，于150～180℃油浴上加热。如试样确是聚乙烯醇，则可产生硫化氢，使试纸变黑。

13. 聚乙烯缩醛

取少许试样置于试管中，加入2mL硫酸和几颗铬变酸结晶，于60～70℃水浴上加热10min。呈紫色者为缩甲醛；呈紫红色者为缩乙醛；呈红色者为缩丁醛。

14. 聚偏氯乙烯

称取试样50mg，加入吗啉10mL，在水浴上加热溶解，呈黑褐色者为聚偏氯乙烯，聚氯乙烯无此反应。

15. 聚氯乙烯

取试样溶于吡啶中制成0.1％的溶液，取此溶液5mL，加热至微微沸腾；然后缓缓加入2％氢氧化钠的甲醇溶液0.5mL。如系聚氯乙烯，则溶液会由褐色逐渐转为黑色。

16. 聚三氟氯乙烯和聚四氟乙烯

称取0.01g试样，加吡啶5mL，20％氢氧化钠溶液0.5mL，在沸水浴上加热。如为聚三氟氯乙烯和聚四氟乙烯，则溶液及试样表面呈现红色。

17. 纤维素

取试样0.1g，放在瓷坩埚内，加入浓磷酸1mL。上覆浸有10％乙酸铵溶液的滤纸，再盖上表面皿，小火加热。试纸上若出现深红色斑点，则试样为纤维素。

18. 聚碳酸酯

取试样1g放在烧杯中，加乙醇胺3mL，回流30min；冷却后，加2mol/L盐酸酸化后，再以乙醚萃取；以水洗涤萃取液，再用无水硫酸钠干燥后进行蒸馏；残渣（双酚A）用40％（按体积比）乙酸再结晶，结晶熔点为153～155℃。

19. 聚对苯二甲酸乙二醇酯

取试样1g，置于50mL圆底烧瓶中，随即加入精馏的乙醇胺3g，回馏2h；冷却后加少量水，加热溶解；中和后可得对苯二甲酸-2-羟基乙酰胺，熔点234.5℃。

20. 氧-茚树脂

取试样0.1～0.5g，加入10％溴氯甲酰溶液1mL，放置一夜后变为红色；同时与空白溶液进行对比。取显色溶液 1mL，加入 0.1mol/L 硫代硫酸钠溶液 1~2mL。如有氧-茚树脂存在，则溶液呈褐色，低分子量氧-茚树脂无此反应。

注意：上列鉴定项目，为进一步证明试验结果的准确性，在试验的同时要一并带标准样品（已知的样品）进行平行试验，对照观察。这样对于所测得结果的准确性更可靠。

（五）一般常见塑料制品种类的鉴别

塑料具有可塑性强、弹性高、轻便、强度较高、耐腐蚀、不生锈、不会腐烂、绝缘性能好、加工成型容易、制成品美观等诸多优异性能和特点。代替了许多材料用于制成器皿，如金属、木材、陶瓷、玻璃、橡胶等。它的制品小至衣服上的纽扣，大至各种车辆、飞机和各种仪表器材的零部件，以及化工设备、管道等，品种非常可观，价格便宜，深受人们的喜欢。

通常所用的塑料并不是一种纯的物质，由许多原料配制而成的，聚合物（或称合成树脂）是塑料的主要成分。为了改进塑料的性能，还要在聚合物中添加各种辅助原料，如填料、增塑剂、润滑剂、稳定剂、着色剂等。由于塑料的成分组成复杂，为了保证施工中和应用上的（人身）安全，了解和掌握塑料制品的种类是特别重要的。

1. 直观鉴别法

由于塑料制品的种类繁多，形式也是多种多样的，参照上面知识，凭经验可直观从它们的外观、质地和用途等性状判别其塑料制品的种类，可给正确辨别及应用提供有益的参考（表 15-59）。

表 15-59 直观鉴别法

序号	制品名称	直观与性状	判别塑料的种类
1	婴儿奶瓶、食品包装袋、较硬的食具（水壶、茶杯、碗、匙以及装食品和医药的瓶和瓶塞）……	外观多为透明、半透明，较柔软，具有一定的弹性，比水轻，表面用手摸好像石蜡一样有润滑感觉	聚乙烯或聚丙烯
2	电器中的绝缘材料、皂盒、衣服架、牙刷柄、梳子……	电器绝缘和透明度较好能透过 90% 的光线，外形美观，特别轻，表面光亮脆性较大，不耐热	聚苯乙烯
3	塑料布、窗帘、餐桌台布、雨衣、雨伞、脸盆、水桶、儿童玩具、塑料管材和板材……	用于制造品种繁多的日用品。这种塑料有软硬之分，软质的非常柔软，轻便如薄膜、软管线；硬质的硬而坚韧，不怕磕碰，如鞋底、水盆、板材、管材等	聚氯乙烯
4	灯具、灯罩、眼镜架、纽扣、眼镜片、照相机和录像机及望远镜中的镜头、表蒙子	透明度好，比玻璃轻，不怕一般性磕碰，能染成各种颜色，表面光亮	有机玻璃（聚甲基丙烯酸甲酯），但也有可能是聚苯乙烯或聚碳酸酯
5	电灯的灯头、电插座、电插销、电器开关、电闸、仪表壳、汽车方向盘、各种玻璃瓶的瓶盖	具有良好的绝缘性。比较坚硬和牢固，不会燃烧，耐腐蚀	酚醛（电木）
6	质软的：微孔泡沫塑料拖鞋、凉鞋、鞋垫、坐垫、床垫	软质泡沫塑料里面小气孔都是互相连通的，气体可以自由自在地在泡沫里进进出出，柔软而富有弹性，可以任意揉曲	软质聚氨酯泡沫
	硬质的：塑料游泳圈、救生圈、救生衣、高级仪器包装材料、隔音、保暖、防寒、防震动和碰撞等的塑料泡沫型材	硬质泡沫塑料里面小气孔都是闭塞的，它们相互之间不连通，一般白色、很轻、不透气、不漏水	硬质聚苯乙烯泡沫

续表

序号	制品名称	直观与性状	判别塑料的种类
7	牙科材料,假牙、牙托和牙齿	柔软而富有弹性,耐水和抗腐蚀,容易加工成型	聚甲基丙烯酸甲酯
	人造血管		涤纶、尼龙、聚四氯乙烯
	人工肾		聚丙烯
	人工心脏瓣膜		硅橡胶和聚氨酯
8	袜子、衬衫、内衣、地毯、汽车和飞机轮胎的帘子线、降落伞、渔网、绳索……	耐磨性极高,回弹性也好,但耐热和耐光性较差	尼龙(聚酰胺纤维)
9	用于纯纺或混纺,快干免烫织物(如的确良)、轮胎帘子布、电绝缘材料、传动带、绳索、水龙带和滤布……	具有较高的压缩性、抗皱性,耐热性,耐光性	涤纶(聚对苯二甲酸乙二酯纤维)
10	电视机、电冰箱、洗衣机、收录机、录像机、复印机的外壳,汽车、摩托车上壳体……	耐冲击性能好	ABS塑料(丙烯腈-丁二烯-苯乙烯共聚物)

注:所述不一而定,虽然不能包罗万象,亦有例外却能代表一般规律,提供应用者参考。

2. 溶剂法

利用高分子溶解特性,可初步判断塑料的类别和品种。

① 在常温下,任何溶剂都不能溶解的,则为热固性塑料或聚烯烃塑料。根据表 15-60 所列常用塑料在溶剂中的溶解特性,可初步判断塑料的品种。

表 15-60　常用塑料的溶解特性

序号	溶剂	能溶解的塑料
1	丙酮	聚苯乙烯、ABS、赛璐珞、有机玻璃
2	苯	聚苯乙烯、聚酯、ABS、有机玻璃
3	甲苯	聚苯乙烯、ABC、有机玻璃
4	二甲苯	有机玻璃、聚乙烯(105℃)
5	四氢萘	聚乙烯(60℃)、聚丙烯(135℃)
6	十氢萘	聚乙烯(70℃)、聚丙烯(135℃)
7	甲酸	有机玻璃、尼龙
8	乙酸	有机玻璃、乙酸纤维素
9	乙酸乙酯	聚苯乙烯、ABS、乙酸纤维素、赛璐珞
10	二氯乙烷	有机玻璃、聚碳酸酯
11	丁酮	ABS、聚苯乙烯
12	四氢呋喃	聚苯乙烯、聚氯乙烯、硝化纤维素
13	环己酮	聚氯乙烯、氯乙烯-乙酸乙烯酯共聚物、赛璐珞
14	苯酚	尼龙、聚酯、聚甲醛(热)
15	二甲基甲酰胺	聚苯乙烯、聚碳酸酯、腈纶

② 滴 1 滴甲苯在被粘件的非主要表面上,用竹针(或牙签)搅动,若能拉起黏丝或溶剂挥发后失去光泽而变得粗糙,表面能够溶解者,这可能是聚苯乙烯、ABS 或有机玻璃。

③ 再用其他溶剂试验,逐步缩小范围,如溶于甲酸者,便是有机玻璃。

十三、纤维

纤维,工业上指柔韧、纤细的丝状物,具有相当的长度、强度、弹性和吸湿性等。一般为高分子化合物。

对纤维进行鉴定时,其中的树脂、着色剂、油剂及糊剂等都会影响试验结果的准确性。所以必须事先进行适当的处理。

脱脂：将试样浸入四氯化碳中，10min后取出，用新的四氯化碳溶剂再浸10min；除去纤维上的四氯化碳，将试样放在热水中浸洗5min，随后水洗干燥。

除去糨糊或树脂：将试样浸入0.25％盐酸中，在沸水浴上加热15min，随后依次用热水、0.2％氨水、冷水洗涤后干燥。

脱色：用染色法（显色法）进行鉴别时，对染色试样需进行脱水处理。一般可用硫代硫酸钠（2～3g/L）溶液脱色，也可用稀硝酸溶液处理，随后以热水、冷水洗涤至完全除去残余硝酸及破坏的染料为止。

（一）纤维的系统鉴别

纤维的系统鉴别程序如图15-4所示。

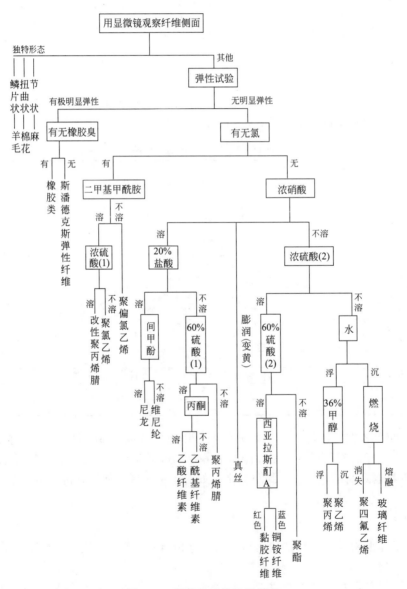

图15-4　纤维的系统鉴别程序

1. 显微镜试验

在反射光下用显微镜观察纤维侧面。纤维呈鳞片状的是羊毛，扭曲状的是棉花，而带节状的则是麻。

2. 弹性试验——斯潘德克斯弹性纤维鉴别

将单纤维试样拉伸 5 倍，其弹性非常大的为斯潘德克斯弹性纤维或橡胶。燃烧时若有橡胶臭味，则试样是橡胶；否则就是斯潘德克斯弹性纤维。

斯潘德克斯弹性纤维是一种含聚氨基甲酸乙酯在 80％以上的长链聚合体纤维。

3. 氯元素试验

有氯元素的为改性聚丙烯腈、聚氯乙烯或聚偏氯乙烯；无氯元素的是其他纤维。

将纤维与铜丝一起放在酒精灯的氧化焰中燃烧。若出现绿色火焰，表示纤维中含有氯元素，试样为改性聚丙烯腈、聚氯乙烯或聚偏氯乙烯纤维。

改性聚丙烯腈即改性聚丙烯腈（类）纤维，由丙烯腈单独聚合或与其他单体共聚合而得。

4. 二甲基甲酰胺试验

含氯元素的纤维用 20mL 二甲基甲酰胺进行溶解试验。能溶解的是改性聚丙烯腈、聚氯乙烯纤维；不溶者则为聚偏氯乙烯纤维。

5. 浓硫酸试验（1）

将含有氯元素，能溶解于二甲基甲酰胺溶液中的试样进行浓硫酸溶解的试验。能溶解或膨润的为改性聚丙烯腈；不溶解的是聚氯乙烯纤维。

6. 浓硝酸试验

不含氯元素的纤维进行浓硝酸试验。在浓硝酸中溶解的是乙酸纤维素、乙酰基纤维素、尼龙、维尼纶、聚丙烯腈纤维；有显著膨胀变黄的是真丝；不溶的则是黏胶纤维、铜铵纤维、聚酯、聚四氟乙烯、聚乙烯、聚丙烯以及玻璃纤维。

7. 20％盐酸试验

将溶于浓硝酸的纤维放在 20％的盐酸中作溶解试验时，能溶解的是尼龙、维尼纶；不溶解是乙酸纤维素、乙酰基纤维素与聚丙烯腈类纤维。

8. 间甲酚试验

能溶于浓硝酸、20％盐酸的纤维进行间甲酚溶解试验。溶解者为尼龙；不溶者为维尼纶。

9. 60％硫酸试验（1）

将溶于浓硝酸但不溶于 20％盐酸的纤维放在 60％硫酸中作溶解试验。能溶解的是乙酸纤维素、乙酰基纤维素；不溶解的则是聚丙烯腈类纤维。

10. 丙酮试验

取溶于浓硝酸、不溶于 20％盐酸、溶于 60％硫酸的纤维作丙酮试验。溶者为乙酸纤维素；不溶者为乙酰基纤维。

11. 浓硫酸试验（2）

将不溶于浓硝酸的试样放入浓硫酸中。能溶解的是黏胶纤维、铜铵纤维、聚酯；不溶解的则为聚乙烯、聚丙烯、聚四氟乙烯及玻璃纤维。

12. 60%硫酸试验（2）

将不溶于浓硝酸但却溶于浓硫酸的纤维置于 60%硫酸中做溶解试验。能溶解的是黏胶纤维、铜铵纤维；不能溶解的是聚酯。

13. 西亚拉斯酊 A（ツセーテヌタィンA）**试验**

采用西亚拉斯酊 A 染色试验的鉴别黏胶纤维与铜铵纤维。将试样在西亚拉斯酊 A 中浸 1min，随即水洗 5min，晾干。被染成淡红色者为黏胶纤维；染出蓝色者则为铜铵纤维。

14. 水中沉浮试验

将不含氯元素、不溶于浓硝酸和浓硫酸的试样放入水中。浮起来的是聚乙烯、聚丙烯；沉下去的则是聚四氟乙烯和玻璃纤维。

15. 36%甲醇（相对密度 0.94）**沉浮试验**

将能浮于水面的纤维放入 36%甲醇液中。浮在液面上的是聚丙烯；沉下去的则是聚乙烯。

16. 燃烧试验

将不含氯元素、不溶于浓硝酸和浓硫酸而又沉于水中的纤维进行燃烧试验。燃烧时熔融成玻璃珠状者是玻璃纤维；分解消失者是聚四氟乙烯。

注意：聚四氟乙烯分解产物有毒，故此项试验应在通风橱内进行。

（二）各种纤维的特征试验

对于经过系统鉴别的纤维，为了进一步确定其类别，还需进行特征试验，用已知纤维在同一条件下作对比，以作出最后结论。

有些纤维也可以不经过系统试验，而直接采用下列特征试验来加以鉴别。

1. 羊毛与丝绸（动物性纤维）

（1）其他纤维与羊毛、丝绸的鉴别法

① 羊毛、丝绸能溶于煮沸的 5%氢氧化钠溶液中。

② 羊毛、丝绸容易燃烧，且燃烧时有毛发的臭味。

③ 羊毛、丝绸溶于室温下的次氯酸钠溶液（含有效氯 4%～5%）。

（2）羊毛与丝绸的鉴别法

① 用显微镜观察纤维的侧面，呈鳞片状的是羊毛；而丝绸纤维则不呈鳞片状。此法也可用于从其他纤维中鉴别羊毛。

② 在浓硝酸中丝绸纤维会显著膨胀变黄（可用于鉴别其他纤维与丝绸）；而羊毛的膨润变黄现象（可用以鉴别其他纤维与羊毛）则没有丝绸明显。

③ 丝绸溶于浓盐酸，而羊毛不溶。

2. 棉花、麻、黏胶纤维及铜铵纤维（植物性纤维）**的鉴别法**

（1）其他纤维与棉花、麻、黏胶纤维及铜铵纤维的鉴别法

① 植物性纤维不溶于浓硝酸，溶于 70%硫酸。

② 植物性纤维溶于氧化铜的氨水溶液（麻不溶，但会显著膨胀；丝绸也能溶）。

取 2.5g 氢氧化铜溶于 100mL 25%的氨水中，静置后取上层澄清液，过滤后置于棕色瓶

中备用。

③ 进行碘-硫酸法试验时，植物性纤维呈蓝色（维尼纶也呈蓝色）。

纤维先浸在碘-碘化钾溶液中，取出后置于玻璃载片上，以滤纸吸干残液，再滴加约40％的硫酸 1 滴。

④ 植物性纤维易燃且燃烧迅速，发出烧纸一般的臭味。

（2）棉花、麻、黏胶纤维与铜铵纤维的鉴别法

① 在 60％硫酸溶液中，棉花、麻不溶；黏胶纤维、铜铵纤维则可溶。

② 用显微镜观察纤维侧面，棉花呈扭曲状，麻呈节状，黏胶纤维有几根竖条纹，铜铵纤维则表面光滑。

③ 用西亚拉斯酊 A 试验时，棉花与麻呈蓝紫色，黏胶纤维呈红色，铜铵纤维则染成蓝色。

3. 改性聚丙烯腈与聚丙烯腈

（1）其他纤维与改性聚丙烯腈、聚丙烯腈的鉴别

① 做氰基检测试验时，改性聚丙烯腈与聚丙烯腈呈阳性反应（丙烯腈接枝共聚的人造丝也呈阳性反应）。

氰基检测试验：将试样放入表面皿，以 2～3 滴水润湿，向其间加 1mL 二苯胺-硫酸铜试剂。2min 后若溶液呈蓝色，则表示试样含氰基。二苯胺-硫酸铜试剂配法：将 0.4g 二苯胺溶于 400mL 浓硫酸中，再加入 8mL 硫酸铜饱和溶液，混匀。该试剂在配制后的一周之内不可使用。

② 改性聚丙烯腈与聚丙烯腈室温下不溶于 60％的硫酸溶液，但可溶于热的二甲基甲酰胺。

③ 改性聚丙烯腈与聚丙烯腈不溶于浓盐酸，可溶于浓硝酸。

（2）改性聚丙烯腈与聚丙烯腈的鉴别

① 改性聚丙烯腈的氯元素试验呈阳性；聚丙烯腈呈阴性。

② 改性聚丙烯腈溶于丙酮；聚丙烯腈则不溶。

③ 改性聚丙烯腈无自燃性，燃烧时有氯臭味；聚丙烯腈易燃烧，接近火焰即迅速燃烧，残留下黑而脆的球珠。

4. 聚氯乙烯与聚偏氯乙烯

（1）其他纤维与聚氯乙烯、聚偏氯乙烯的鉴别法

① 作氯元素检测试验时，聚氯乙烯、聚偏氯乙烯有反应；且均不溶于浓硫酸。

② 聚氯乙烯、聚偏氯乙烯燃烧时有氯臭味。

③ 聚氯乙烯、聚偏氯乙烯溶于沸腾的氯苯。

（2）聚氯乙烯、聚偏氯乙烯的鉴别

① 用四氯化碳进行沉浮试验时，聚氯乙烯浮而聚偏氯乙烯沉。

② 室温下聚氯乙烯溶于二甲基甲酰胺；聚偏氯乙烯则不溶。

5. 乙酸纤维素与乙酰基纤维素

（1）其他纤维与乙酸纤维素、乙酰基纤维素的鉴别法

① 乙酸纤维素与乙酰基纤维素可溶于浓硝酸和 60％硫酸，但不溶于 20％盐酸溶液。

② 乙酸纤维素与乙酰基纤维素燃烧时有乙酸样的刺激性臭味，且燃烧时产生的气体呈酸性反应。

③ 作碳酸酯斑点分析时，乙酸纤维素与乙酰基纤维素呈阳性反应（涤纶也是阳性）。

碳酸酯斑点分析：将 0.2～1mg 纤维放入瓷坩埚内，加盐酸羟胺的乙醇饱和液和氢氧化钾的乙醇饱和溶液各 1 滴，微微加热至试样稍变微黄。溶液蒸发干涸，冷却后加 0.5mol/L 盐酸使之酸化，再加 1％的氯化亚铁溶液 1 滴。如果有碳酸酯存在，溶液应呈紫红色；若无则呈黄色。

（2）乙酸纤维素与乙酰基纤维素的鉴别

① 乙酸纤维素溶于丙酮而乙酰基纤维素不溶（可用以从其他纤维中鉴别乙酸纤维）。

② 乙酸纤维素溶于甲乙酮而乙酰基纤维素不溶。

6. 尼龙与维尼纶

（1）其他纤维与尼龙、维尼纶的鉴别法

① 室温下尼龙、维尼纶不溶于 20％的盐酸。

② 尼龙、维尼纶溶于甲酸，但不溶于二甲基甲酰胺。

（2）尼龙与维尼纶的鉴别法

① 在氮元素检测试验中，尼龙是阳性；而维尼纶是阴性。

氮元素检测试验：将约 20mg 纤维加于试管中，再加无水碳酸钠约 1g，徐徐加热并于试管口盖上润湿的石蕊试纸。若有氮存在时，石蕊试纸变蓝。

② 尼龙溶于间甲酚而维尼纶不溶。

③ 尼龙燃烧时有酰胺的特殊臭味，且熔成液态融合物；维尼纶能燃烧并稍有自燃性，燃烧时冒黑烟，发出乙烯的特殊臭味。

④ 采用碘-碘化钾试验时，尼龙被染成黑色，维尼纶则染成蓝色。

碘-碘化钾试验：将 20g 碘加于 100mL 碘化钾的饱和溶液中，即得碘-碘化钾溶液。把纤维浸于此溶液 1min，水洗 6min，风干后观察染色情况。

7. 聚酯的鉴别

（1）不溶于浓硝酸及 60％硫酸，溶于浓硫酸，氯元素检测试验呈阴性反应。

（2）溶于煮沸的甲酚而不溶于甲酸。

（3）碳酸酯斑点分析呈阳性反应。

（4）没有自燃性、燃烧时有芳香气味，且熔成液态融合物。

8. 聚乙烯与聚丙烯

（1）其他纤维与聚乙烯、聚丙烯的鉴别法

① 聚乙烯、聚丙烯能浮在水面上。

② 聚乙烯、聚丙烯不含氯，不溶于浓硫酸和浓氢氧化钠溶液。

③ 没有自燃性，燃烧时有特殊臭味并熔化成液态。

④ 能溶于煮沸的十氢化萘（硝酸纤维素也溶于此）。

（2）聚乙烯与聚丙烯的鉴别

① 若使用偏光显微镜，聚乙烯普通偏光色呈红色，聚丙烯则呈蓝绿色。

② 聚乙烯溶于煮沸的环己烷；聚丙烯则不溶。

③ 在 36％甲醇液（相对密度 0.94）中，聚丙烯（相对密度 0.91～0.92）浮，而聚乙烯（相对密度 0.95）沉。

9. 聚四氟乙烯与玻璃纤维

（1）其他纤维与聚四氟乙烯、玻璃纤维的鉴别法

① 聚四氟乙烯、玻璃纤维不含氯元素，不溶于浓硝酸和浓硫酸，不溶于浓氢氧化钠溶液。

② 聚四氟乙烯和玻璃纤维沉于四氯化碳且沉于水中。

（2）聚四氟乙烯与玻璃纤维的鉴别

① 一移入火焰中，聚四氟乙烯就分解消失；玻璃纤维则熔融成玻璃珠。

② 用显微镜观察时，聚四氟乙烯的断面呈椭圆形，而玻璃纤维则呈圆形。

10. 斯潘德克斯弹性纤维的鉴别

（1）微弹力试验并伸长 5 倍以上，呈现很大的弹性，易燃，且燃烧时具有不同于橡胶的臭味。

（2）在室温下可溶于二甲基甲酰胺或在其中膨胀，在浓硝酸中膨胀并变成黄褐色。

（三）各种纤维的性质

详见表 15-61。

表 15-61　各种纤维的性质

纤维	浓硫酸	70%硫酸	60%硫酸	浓盐酸	20%盐酸	浓硝酸	甲酸	冰醋酸（煮沸）	5%苛性钠（煮沸）	铜氨溶液	丙酮	四氢呋喃	二甲基甲酰胺	二甲基甲酰胺（煮沸）	间甲酚	80%酚	含氯	含氮	相对密度
棉花	+	+	—	—	—	—	—	—	—	+	—	—	—	—	—	—	—	—	1.68
麻	+	+	—	—	—	—	—	—	—	+	—	—	—	—	—	—	—	—	1.50～1.54
丝	+	+	—	±	—	±	—	—	+	—	—	—	—	—	—	—	—	+	1.35
羊毛	—	—	—	—	—	—	—	—	—	—	—	—	—	—	—	—	—	+	1.32
黏胶纤维	+	+	+	±	—	—	—	—	—	+	—	—	—	—	—	—	—	—	1.50～1.53
铜铵纤维																			
乙酸纤维素	+	+	+	±	—	+	+	+	—	—	+	+	+	+	+	+	—	—	1.32
乙酰基纤维素	+	+	+	±	—	+	±	—	—	—	—	—	—	—	—	—	—	—	1.34
尼龙	+	+	+	+	+	+	+	—	—	—	—	—	—	—	+	—	—	+	1.14
维尼纶	+	+	+	+	+	+	—	—	—	—	—	—	—	—	—	—	—	—	1.26～1.30
聚丙烯腈	+	+	—	—	—	—	—	—	—	—	—	—	+	—	—	—	—	—	1.17
改性聚丙烯腈	+	+	—	—	—	—	—	—	—	—	—	+	+	—	±	+	—	—	1.23～1.28
聚酯	+	—	—	—	—	—	—	—	—	—	—	—	—	—	—	—	—	—	1.38
聚氯乙烯纤维	—	—	—	—	—	—	—	—	—	—	+	±	—	—	—	+	+	—	1.39
聚偏氯乙烯纤维	—	—	—	—	—	—	—	—	—	—	+	—	±	—	±	+	+	—	1.70
聚丙烯纤维	—	—	—	—	—	—	—	—	—	—	—	—	—	—	—	—	—	—	0.92
斯潘德克斯弹性纤维	+	±	±	±	—	±	—	—	+	—	—	—	±	—	+	+	—	+	1.0～1.28

注：处理时间均为 5min，未标明条件者表明是室温。+：溶解或含有；—：不溶或不含有；±：膨胀、部分溶解或有选择地溶解。

十四、橡胶

橡胶是高弹性的高分子化合物。包括未经硫化的和已经硫化的品种。可分为天然橡胶和合成橡胶两大类。

硫化橡胶的组分分析，对于鉴定产品质量、估计未知样品配方、了解生产过程控制情况等，都具有现实意义。

对橡胶制品进行分析时，首先要清除其表面的污物、杂质，剖视制品断面以确定取样部位；其次选用适宜的溶剂抽提试样，以抽提液来进行有机配合剂的鉴定，而抽提过的胶样则留下来用作胶型鉴定。取另一部分未经抽提的试样，经低温炭化、高温灼烧后，以灰分作为无机填料分析。

一般常采用燃烧试验、溶液显色试验以及纸上斑点显色法来鉴定橡胶胶型。

所有要鉴定的试样，均应事先用丙酮和三氯甲烷（1+1）抽提 4～8h 以除去有机配合剂；如果试样发生溶解，则可改用乙醇或乙醚抽提。经抽提的试样晾干后，送入 70℃ 的恒温烘箱中烘去溶剂备用。试验中应根据胶件的使用情况（如工作温度范围，工作介质等），初步推测其所属胶型，并与已知胶样进行对比。

图 15-5 列出了胶件的分析程序。

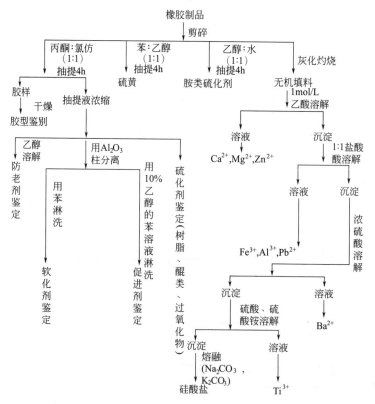

图 15-5　硫化橡胶的分析程序

（一）橡胶的通性试验

1. 燃烧特征试验

不同类型的橡胶具有不同的燃烧特征。考察橡胶的燃烧特征，往往能初步判断出其所属胶型。而燃烧特征很明显的胶种，即使不做证实试验也可以予以确定。

试验方法：取一条试样在酒精灯上点燃，观察其燃烧特征（如燃烧性、自熄性、火焰形态等），然后吹熄，闻其气味。

各种橡胶的燃烧特征见表15-62。

表 15-62　各种橡胶的燃烧特征

组别	胶型	燃烧特征			
		燃烧性	自熄性	火焰特征	残渣与气体
1	氯丁胶	难(中等)	有(慢)	火焰根部呈绿色,与铜丝一起燃烧时绿色更明显	膨胀
	氯化氯丁胶	极难	离开火焰就灭	火焰根部呈绿色,与铜丝一起燃烧时绿色更明显	膨胀
	氯化丁基胶	易	无	火焰根部呈绿色,与铜丝一起燃烧时绿色更明显	起泡、残渣无黏性
	氯化天然胶	难	有	火焰根部呈绿色,与铜丝一起燃烧时绿色更明显	稍膨胀性
	氯磺化聚乙烯胶	难(中等)	无	火焰根部呈绿色,与铜丝一起燃烧时绿色更明显	
	氟橡胶-23	极难	离开火焰就灭	火焰根部呈绿色,与铜丝一起燃烧时绿色更明显	
	氟橡胶-26	极难	离开火焰就灭	火焰根部呈绿色	
	溴化丁基胶	易	无	火焰根部呈蓝色,与铜丝一起燃烧时则呈绿色	软化淌滴、起泡残渣无黏性
	均聚氯醇胶	易	无	火焰根部呈蓝色,与铜丝一起燃烧时则呈绿色	刺激味
	共聚氯醇胶	易	无	火焰根部呈蓝色,与铜丝一起燃烧时则呈绿色	刺激味
2	天然胶	易	无	橙黄色,射喷火花与火星,冒浓黑烟	软化淌滴、起泡残渣无黏性
	环化胶	易	无	橙黄色,射喷火花与火星,冒浓黑烟	软化淌滴、起泡残渣无黏性
	异戊橡胶	易	无	橙黄色,射喷火花与火星,冒浓黑烟	软化淌滴、起泡残渣无黏性
	顺丁胶	易	无	橙黄色,射喷火花与火星,冒浓黑烟	残渣无黏性
	丁钠胶	易	无	橙黄色,射喷火花与火星,冒浓黑烟	残渣无黏性
	丁锂胶	易	无	橙黄色,射喷火花与火星,冒浓黑烟	残渣无黏性
	丁吡胶	易	无	橙黄色,射喷火花与火星,冒浓黑烟	残渣无黏性
	丁苯胶	易	无	橙黄色,射喷火花与火星,冒浓黑烟	略膨胀、残渣带节、无黏性
	丁腈胶	易	无	橙黄色,射喷火花与火星,冒浓黑烟	略膨胀、残渣带节、无黏性
3	丁基胶	易	无		熔化后淌滴、起泡
	聚异丁烯胶	易	无		

续表

组别	胶型	燃烧特征			
		燃烧性	自熄性	火焰特征	残渣与气体
3	乙丙胶	易	无		烟雾具有石蜡味
	三元乙丙胶	易	无	火焰根部呈蓝色	无烟、石蜡味、淌滴
	聚酯型聚氨酯	易	无	火焰根部呈蓝色并冒烟	无烟淌滴、有酯香味
	聚醚型聚氨酯	易	无	火焰根部呈蓝色并冒烟	无烟、淌滴、残渣无黏性
	聚丙烯酸酯胶	易	无		
	丁腈酯胶-33	易	无	黄色火焰、喷射火花、黑烟	热淌滴、残渣冷后无黏性
	丁腈酯胶-11	易	无	黄色火焰、喷射火花、黑烟	热淌滴、残渣冷后无黏性
	氟化聚氨酯胶	难	有	灰白、火焰	淌滴、烟雾为酸性
4	有机硅胶	中等	有	白烟、一朵朵亮白色火焰	白色残渣
	低苯基硅胶	难	有	白烟、亮黄色火焰	灰烬外白内褐
	腈硅胶	中等	有	白烟、一朵朵亮白色火焰	白色残渣
	氟亚苯基硅胶	易	无	灰白火焰、燃烧时有响声	膨胀、残渣无黏性
	聚硫胶	易	无	蓝紫色火焰、外层砖红色	特殊臭味
	丁丙胶	易	无	黑烟、有火花、冒泡	烟雾弱酸性、有清香味

可以看出：

① 丁二烯橡胶、含有苯环的橡胶以及其他不饱和橡胶，在燃烧中产生大量黑烟，同时喷射火花与火星。

② 含氯、溴的橡胶，燃烧时火焰根部呈绿色，当与铜丝共同燃烧时，其根部的绿色更为明显。除卤化丁基胶外，离开火焰时均有自熄性。

③ 饱和结构橡胶（如聚异丁烯橡胶、聚氨基甲酸酯橡胶、聚丙烯酸酯橡胶）和含少量不饱和双键成分的丁基橡胶极易燃烧，火焰根部呈蓝色，黑烟较少。

④ 含非碳结构的橡胶如有机硅橡胶、聚硫橡胶，均具有各自明显的燃烧特征。

2. 热分解物试验

根据橡胶热分解产物的 pH 值、密度及其与二甲氨基苯甲醛的颜色反应，来对它进行鉴别。

（1）原理

① 各种橡胶因单体不同，故热分解产物有一定的 pH 值范围。天然胶、丁苯胶、丁基胶、丁吡胶、丁锂胶等热分解后生成的气体产物呈中性；丁腈胶热分解逸出的气体中含有碱性的氨气或胺类化合物；含卤素的橡胶（如氯丁胶、氯磺化聚乙烯胶、溴化丁基胶、23 型氟橡胶以及氯化天然胶和氯化氯丁胶等）的热分解产物中含有酸性很强的卤化氢；聚氨基甲酸酯胶与丙烯酸酯胶的热分解产物均呈酸性。

② 各种橡胶热分解的气体产物经过凝结而成的油状物具有不同的密度，这对于鉴定胶型也很重要。例如丁基胶、聚异丁烯胶、溴化丁基胶及乙丙胶的油珠相对密度小于 0.85；天然胶、丁吡胶的油珠相对密度在 0.85～0.89；氯磺化聚乙烯胶、丁腈胶热分解凝结物的相对密度则大于 1.00。

③ 许多橡胶热分解时生成的化合物中含有易脱氧的原子，很容易与对二甲氨基苯甲醛缩合成具有特殊颜色的缩合物。尽管在某些情况下该缩合物的颜色相同，但辅之以 pH 值试验和密度试验，还是可以对它们进行鉴别。橡胶热分解产物的溶液显色试验可按下述步骤进行。

（2）溶液配制

① 取对二甲氨基苯甲醛 1g，对苯二酚 0.01g 溶解于 100mL 甲醇中，加入浓盐酸（相对密度为 1.18）5mL、乙二醇 10mL，再用无水乙醇或乙二醇调节其相对密度（d_4^{25}）为

0.8510 ± 0.0005。该溶液在棕色瓶中可保存使用数月。

② 取柠檬酸钠 2g、柠檬酸 1g、麝香草酚蓝 0.04g 及溴麝香草酚蓝 0.1g，溶于 1000mL 甲醇和 210mL 水的混合液中，用甲醇或水调节相对密度（d_4^{25}）至 0.8500 ± 0.0005。该溶液 pH 值为 4.7（25℃）。

③ 取柠檬酸钠 2g、溴酚蓝 0.01g 溶于 780mL 甲醇与 320mL 水的混合液中，用水或甲醇调节相对密度（d_4^{25}）至 0.8900 ± 0.0005。此溶液 pH 值为 8.4（25℃）。

④ 取柠檬酸钠 2g、柠檬酸 0.2g、溴甲苯酚绿 0.3g、间胺黄（又叫皂黄 $NaSO_3C_6H_4N\!=\!NC_6H_4NHC_6H_5$）0.03g，溶于 500mL 水中，用乙醇调节其相对密度（d_4^{25}）至 1.0000 ± 0.0005。其 pH 值为 7.8（25℃）。

（3）试验

将剪细的试样 1～2g 装入一端封口，一端拉成毛细管的硬质玻璃管中，在酒精灯上加热使其热解；将热解产生的气体及油珠分别导入盛有 1.5mL 的四种溶液（按 a→d 顺序）的试管中，以观察其颜色变化及油珠沉浮情况，据此可对试样所属胶型作出初步判断。

各种橡胶热分解物的显色试验情况详见表 15-63。

3. 纸上斑点试验

（1）原理

① 乙酸铜可与 CN^-、盐酸联苯胺生成蓝色配合物，它在皂黄试纸上呈绿色。有硫酸根存在时妨碍此反应。凡热分解物中含有强酸性成分时，可以使皂黄呈红色；在乙酸铜存在下，则呈紫红色。这也是区分热分解产物中含有酸性或碱性物质的特征反应。

表 15-63 橡胶热分解产物的溶液显色试验

组别	胶型	溶液显色试验情况						
		溶液 a	溶液 b		溶液 c		溶液 d	
			颜色	油珠	颜色	油珠	颜色	油珠
1	氯丁胶	黄绿	红	沉	浅黄	沉	红	
	氯化氯丁胶	不变	红		浅黄		红	
	氯化天然胶	不变	红		浅黄		红	
	氯磺化聚乙烯	黄绿	红	沉	浅黄	沉	红	沉
	氟橡胶-23	不变	红	沉	浅黄	沉	红	浮
	氟橡胶-26	不变	红	沉	浅黄	沉	红	浮
	溴化丁基胶	紫色	不变	浮	不变	浮	不变	浮
	氯化丁基胶	浅淡蓝绿	红	浮	黄	浮	红	浮
	均聚氯醇胶	茶色	洋红	沉	棕黄	沉	血红	沉
	共聚氯醇胶	茶色	红		棕黄		红	浊
2	天然胶	紫色	不变	沉	不变	浮	不变	浮
	环化胶	紫色	不变	沉	不变	浮	不变	浮
	顺丁胶	绿色	不变	沉	不变	沉	不变	浮
	丁钠胶	绿色	不变	沉	不变	沉	不变	浮
	丁锂胶	绿色	不变	沉	不变	沉	不变	浮
	丁吡胶	绿色	不变	沉	不变(混)	有沉、有浮	不变	浮
	丁苯胶	绿色	黄色	沉	蓝色	沉	不变	浮
	丁腈胶	红色	绿色	沉	不变	沉	不变	沉
	聚异戊二烯胶	蓝绿(沉)	不变	沉	不变	浮	不变	浮

续表

组别	胶型	溶液显色试验情况						
		溶液 a	溶液 b		溶液 c		溶液 d	
			颜色	油珠	颜色	油珠	颜色	油珠
3	丁基胶		不变	浮	不变	浮	不变	浮
	聚异丁烯胶		不变	浮	不变	浮	不变	浮
	乙丙胶	不变	不变	浮	不变	浮	不变	浮
	三元乙丙胶	淡蓝(沉)	不变	浮	不变	浮	不变	浮
	聚酯型聚氨酯胶	黄	橘黄	沉	不变	沉	不变	沉
	聚醚型聚氨酯胶	红	黄		天蓝		不变	
	聚丙烯酸酯胶	不变	橘红	沉	不变	沉	不变	浮
	丁腈酯胶-11	红棕	不变	沉	不变	沉	不变	浮
	丁腈酯胶-33	红棕	不变	沉	不变	沉	不变	浮
	氟化聚氨酯胶	淡黄	不变	沉	不变	沉	不变	沉
4	有机硅橡胶	不变	不变	沉	不变	沉	不变	浮
	腈硅胶	不变						
	低苯基硅胶	微黄(沉)	不变	沉	不变	沉	不变	
	聚硫胶	黄(浊)	不变		黄绿		黄(浊)	
	丁丙胶	淡蓝	不变	沉	不变		不变	浮
	氟亚苯基硅胶	不变(沉)	不变	沉	淡蓝	沉	久变草绿	

② 热分解产物中的异丁烯可与硫酸汞生成黄色配合物 $[C_4H_8(HgSO_4 \cdot HgO)_3]$，这对丁基胶、聚异丁烯胶是特效试验，即使是并用胶也可十分敏锐地检测出来。

③ 对二甲氨基苯甲醛与热分解产物中含易脱氢原子的化合物缩合后产生特殊颜色。

④ 锆盐的盐酸溶液遇茜素红 S 生成红色配合物；遇到氟离子后，锆离子便与之结合而生成无色而异常安定的氟化锆配合离子，使红色配合物还原为茜素的黄本色。

（2）试纸与浸渍剂

① 乙酸铜-皂黄试纸（试纸 I）：溶解 2g 乙酸铜，0.25g 皂黄于 500mL 甲醇中，将剪好的滤纸浸润后自然干燥，置于棕色瓶中备用。再取 0.5g 盐酸联苯胺溶解于甲醇与水各500mL 的混合液中，加入 0.1% 对苯二酚水溶液 10mL，放入棕色瓶中。试验时以上述滤纸浸润此溶液。此溶液可保存使用一个月。

② 硫酸汞试纸（试纸 II）：以 15mL 硫酸、80mL 水溶解 5g 黄色氧化汞，加热煮沸，冷后稀释至 100mL。试验时以此溶液浸渍滤纸条即可。

③ 对二甲氨基苯甲醛试纸（试纸 III）：将对二甲氨基苯甲醛 1g 和对苯二酚 0.05g 溶于100mL 乙醚中。取滤纸条浸润此液后自然干燥，放入棕色瓶中备用。取 30g 三氯乙酸溶于异丙醇中并以异丙醇稀释至 100mL（药液慎勿触及皮肤！）。使用时以此溶液浸润上述滤纸。

④ 试纸 IV：将 0.1% 茜素红 S 水溶液、浓盐酸和 0.1% 硝酸锆水溶液按 1：1：1 体积比混合。试验时以此液浸渍滤纸。

（3）试验方法

把试样压在红热的电炉丝上，让其分解的烟雾与浸有试液的滤纸条接触，并根据斑点的颜色来鉴别橡胶所属胶型。表 15-64 列出了各种胶型的纸上斑点显色情况。

表 15-64　各种胶型的纸上斑点显色反应

组别	胶型	纸上斑点显色			
		试纸Ⅰ	试纸Ⅱ	试纸Ⅲ	试纸Ⅳ
1	氯丁胶	紫色	不变	蓝色	不变
	氯化氯丁胶	紫色	不变	蓝色	
	氯化天然胶	紫色	不变	蓝色	
	氯磺化聚乙烯胶	紫色	不变	蓝色	
	氟橡胶-26	紫色	不变	蓝色	黄色
	氟橡胶-23	紫色	不变	蓝色	黄色
	溴化丁基胶	紫色	不变	蓝色	不变
2	天然胶	无特殊反应	黄褐色	蓝色	不变
	环化胶	无特殊反应	黄色	蓝紫色	不变
	顺丁胶	无特殊反应	黑色	蓝色	不变
	丁钠胶	无特殊反应	黑中带黄	蓝色	不变
	丁锂胶	无特殊反应	黑中带黄	蓝中带紫	不变
	丁吡胶	无特殊反应	黑色	蓝中带紫	不变
	丁苯胶	无特殊反应	黑中带黄	墨绿	不变
	丁腈胶	墨绿	黑中带黄	绿色	不变
3	丁基胶	不变	鲜黄色	紫蓝色	不变
	聚异丁烯胶	不变	鲜黄色	紫蓝色	不变
	乙丙胶	绿	不变	红紫色	不变
	聚氨基甲酸酯胶	不变	不变	深黄	不变
	丙烯酸酯胶	不变	不变	浅黄	
4	硅橡胶	不变	不变	不变	
	腈硅橡胶	不变	不变	不变	
	聚硫橡胶	不变	黄褐色	绿蓝	不变

（二）橡胶的特性试验

取 2～3g 混炼胶样，剪碎后以适当的溶剂（如丙酮、乙醇、三氯甲烷）在索氏萃取器内抽提至无色为止。抽提液可留作有机配合剂分析试样，经抽提后的胶料，按下述硫化胶胶型定性分析方法进行试验。

1. 天然橡胶与合成聚异戊二烯橡胶的鉴别

将预先用丙酮-三氯甲烷混合液（1+1）抽提过的试样 0.1g 剪成细粒，放在坩埚盖上，加入少量四氯化碳，静置片刻使之溶解（或膨胀），加溴水数滴，再加 2g 苯酚盖住试样。然后将坩埚放在 100℃ 水浴上加热 5min 以加速其反应，并逐去四氯化碳。若出现蓝色或紫色，则证明有天然橡胶或聚异戊二烯橡胶存在。此法灵敏度很高。如果胶样中有大量铁盐，则它与酚作用产生的深褐色会把紫色遮盖住，此时可加入少量水于坩埚中以消除干扰；若试样中含有天然橡胶，则紫色产物不溶于水而被分离出来。

2. 丁苯橡胶的鉴别

（1）原理

橡胶中的苯乙烯 $\xrightarrow{\text{HNO}_3}$ 4-硝基苯甲酸 $\xrightarrow[\text{HCl}]{\text{Zn}}$ 4-氨基苯甲酸盐酸盐 $\xrightarrow{\text{HNO}_2}$ 重氮盐 $\xrightarrow{\beta\text{-萘酚}}$ 深红色

（2）操作步骤

取 1～2g 剪碎的试样置于带有回流冷凝器的磨口锥形瓶中，加入 20mL 浓硝酸，煮沸 1h，加入 100mL 水，然后将溶液全部倒在分液漏斗中，用 90mL 乙醚分三次萃取；合并萃取液，用 15mL 水洗涤两次，弃去洗涤水；乙醚萃取液再用 5％氢氧化钠溶液抽提 3 次，每次用碱液 15mL，然后用 20mL 水洗涤一次，弃去乙醚液；将碱液和水洗液合并，以浓盐酸中和后，再多加 20mL 盐酸；把溶液放在水浴上加热，加入 5g 锌粒，以还原对硝基苯甲酸；待锌粒完全溶解后，以 20％氢氧化钠溶液中和，并加入过量氢氧化钠至生成的氢氧化锌沉淀溶解为止；溶液移入分液漏斗中，以乙醚萃取两次，弃去乙醚层；碱性溶液以浓盐酸酸化，冷却至室温，加入 2mL 0.5mol/L 的亚硝酸钠溶液；重氮化了的溶液倒入 β-萘酚的饱和和碱溶液（5％NaOH 溶液）中。如溶液呈现红色，且再加入 20％氢氧化钠溶液后颜色加深，则证明含有苯乙烯。

3. 丁腈橡胶的鉴别

根据丁腈橡胶含有氰基，可与硫酸亚铁生成绿色的亚铁氰化物沉淀的特性进行鉴定。

将经热分解显色试验后的溶液 A 和溶液 B 混合于同一试管中，加 1 滴 5％氢氧化钠溶液使之呈碱性，再加 1mL 5％硫酸亚铁溶液；随后把试管置于水浴上加热片刻，用 10％盐酸酸化，如果有绿色沉淀生成，则证明有氰基。

溶液 A：取柠檬酸钠 2g、柠檬酸 1g、麝香草酚蓝 0.04g 及溴麝香草酚蓝 0.1g，溶于 1000mL 甲醇和 210mL 水的混合液中，用甲醇或水调节相对密度至 0.8500 ± 0.0005（d_4^{25}），25℃时该溶液 pH 为 4.7。

溶液 B：取柠檬酸钠 2g、柠檬酸 1g、溴酚蓝 0.01g，溶于 780mL 甲醇和 320mL 水的混合液中，用甲醇或水调节相对密度至 $0.8900+0.0005$（d_4^{25}），25℃时该溶液 pH 为 8.4。

4. 含氯橡胶的鉴别

由于氯的存在，含氯橡胶的燃烧特征是具有自熄性，即试样离开火焰就熄灭；同时，含氯橡胶与铜丝共热燃烧时能生成氯化铜，使火焰呈现绿色。可据此鉴别含氯橡胶。

5. 丁基橡胶的鉴别

硫酸汞试纸试验可用作鉴别丁基橡胶的特征试验。

6. 乙丙橡胶的鉴别

乙丙橡胶（包括二元共聚物与三元共聚物）经铬酸氧化后可分解出乙酸、二氧化碳和水；有碘存在时乙酸与硝酸镧在碱性溶液中能产生蓝色。

取经丙酮抽提过的试样 0.5～1g，置于 100mL 带支管的蒸馏瓶中，加入 20～30mL 铬酸氧化液，在电炉上加热；试样分解时，拿一支小试管接收馏出液 4～5mL；取馏出液点于白色点滴板上，加 5％硝酸镧溶液 2 滴及 0.01mol/L 碘溶液 1 滴；1min 后再加入 1mol/L 氢氧化铵溶液 1 滴；静置 3min，如有乙酸存在则现蓝色。天然胶、丁基胶、聚异丁烯胶也有上述显色反应。但乙丙胶对韦氏试验、硫酸汞试纸斑点试验无特征反应。所以鉴定乙丙胶时，还要再做这项试验，才能最后定论。

铬酸氧化液：取 50g 无水铬酸溶于 100mL 水中，再加 15mL 浓硫酸，混合均匀，即得铬酸氧化液。溶液如有残渣，应预先过滤。

7. 丁钠橡胶的鉴别

丁钠橡胶是丁二烯在金属钠的催化作用下聚合而成的，故胶中有钠存在。一般用鉴定钠离子存在与否的方法来鉴别丁钠橡胶。

称取 $2\sim3g$ 试样置于镍坩埚中，在电炉上小心炭化，然后移入 $500\sim600℃$ 的高温炉内灼烧 1h，冷却后加 2mL 碳酸铵饱和溶液浸渍全部灰分，再将坩埚放进 $150\sim200℃$ 的烘箱中烘 30min，使之转化为碳酸盐；用 50mL 水分数次将坩埚残留物洗入 100mL 的烧杯中，加热近沸；冷后过滤，滤液供下述试验用。

① 火焰试验：取上述滤液 $2\sim3mL$ 置于试管中，加浓盐酸 $2\sim3mL$；用一端带有环状铂丝的玻璃棒蘸取试液在酒精灯上灼烧。试液含有钠离子时火焰将呈现黄色（试验中注意外来钠离子的污染）。

② 结晶试验：取上述滤液 $2\sim3mL$ 置于试管中，中和至中性；取出 1 滴放在载片上，小心蒸发至近干；冷后在干燥的残渣上加 1 滴乙酸铀酰锌试剂，数分钟后在显微镜下观察结晶情况。如出现淡黄色四面体或八面体结晶，则说明有钠离子存在。这是鉴定钠离子的特效方法。

8. 丁锂橡胶的鉴别

在丁锂橡胶中含有锂，可将其灰化后制成含锂的离子溶液，通过对锂离子的鉴定做出正确判断。

取丁锂橡胶 $2\sim3g$ 置于镍坩埚中，小心炭化后移入 $500\sim600℃$ 高温炉中灼烧 1h；用 2mL 碳酸铵饱和溶液浸渍灰分，并将坩埚放进 $150\sim200℃$ 烘箱中烘 30min，以 500mL 水分数次将坩埚内的残留物洗入烧杯中，加热近沸；冷却后过滤，滤液供试验用。

取上述滤液 $2\sim3mL$ 置于试管中，加浓盐酸 $2\sim3mL$，用一端带环状铂丝的玻璃棒蘸取滤液在酒精灯上灼烧，观察火焰颜色。如火焰为红色，则证明试样是丁锂橡胶。

9. 酯类橡胶的鉴别

(1) 酯类橡胶的特征试验　酯类橡胶的热分解产物具有酯类化合物的特征，它与羟胺作用生成羟肟酸。在其弱酸性溶液中加入三氯化铁即生成紫色的可溶性羟肟酸铁，反应式如下。

$$RCOOR' + NH_2OH \longrightarrow RCONHOH + R'OH$$
$$3RCONHOH + FeCl_3 \longrightarrow (RCONHO)_3Fe + 3HCl$$

(2) 试验方法　取 2 滴橡胶热分解气体凝结成的油珠，溶于 $2\sim3mL$ 乙醚中；加入 2 滴饱和的盐酸羟胺乙醇溶液，再入数滴饱和氢氧化钾溶液，使混合物对石蕊试纸呈碱性反应；微火加热使之沸腾，随后冷却；以 10% 盐酸将反应物酸化，再逐渐滴入 10% 三氯化铁溶液。若溶液呈现红色，则证明试样为酯类橡胶（如聚丙烯酸酯胶、聚氨酯胶和丁腈酯胶）。

10. 硅橡胶的鉴别

(1) 原理　硅橡胶燃烧后，收集烟雾中的二氧化硅，将其溶于氢氧化钠溶液中，成为可溶性硅酸钠溶液。溶液中的硅酸钠在硝酸溶液中与钼酸铵作用，生成硅钼杂多酸；杂多酸在氨水中能将联苯胺氧化成蓝色的醌型产物，而本身则被还原成硅钼蓝。

$$SiO_2 + 2NaOH \longrightarrow Na_2SiO_3 + H_2O$$
$$Na_2SiO_3 + 12(NH_4)_2MoO_4 + 26HNO_3 \longrightarrow$$
$$H_4[Si(Mo_3O_{10})_4] \cdot 2H_2O + 24NH_4NO_3 + 2NaNO_3 + 9H_2O$$
$$H_4[Si(Mo_3O_{10})_4] \cdot 2H_2O + (C_6H_4NH_2)_2 + 2NH_4OH \longrightarrow 醌型产物(蓝色) + 硅钼蓝(蓝色)$$

(2) 试验方法　取一条橡胶试样进行燃烧，用表面皿接触烟雾，收集得到白色固体，将该固体溶于 40% 氢氧化钠的热溶液中；取此溶液 1 滴置于试管中，加 2 滴钼酸铵溶液并微微加热；冷后加 1 滴联苯胺溶液和 3～8 滴饱和乙酸钠溶液，观察溶液的颜色反应。如出现蓝色，则证实了硅元素的存在，说明试样为硅橡胶。同时进行已知样的对照试验。

（3）溶液配制

① 联苯胺溶液　取联苯胺 0.1g 溶于 10mL 冰醋酸中，加水稀释至 100mL，过滤。

② 钼酸铵溶液　溶解 6g 钼酸铵于 15mL 蒸馏水中，加 5mL 15mol/L 氢氧化铵溶液，微微加热，再加 24mL 浓硝酸、57mL 蒸馏水搅拌均匀，静置过夜备用。

11. 氟橡胶的鉴别

（1）燃烧试验　含氟橡胶燃烧时所冒的烟具有强酸性，能使 pH 试纸呈现红色。

（2）锆盐-茜素红试验　见表 15-64。这是含氟橡胶的特征反应。

十五、炼焦烟煤的要求及其简易鉴别

1. 炼焦烟煤的成分要求

炼焦烟煤的成分要求见表 15-65。

表 15-65　炼焦烟煤的成分要求

项目	挥发物	固定碳	硫	磷	灰分
一般	20%～30%	79%～82%	愈少愈好	愈少愈好	9%以下
优质	最好 22%	最好 79%	最高不超过 1.2%	最高不超过 0.2%	

2. 简易（土法）鉴别

① 将烟煤置入研钵中研成细粉，然后把细粉倾出，如果烟煤附着于钵上，则表示此烟煤有黏性可以炼焦。

② 将烟煤研成细粉，混入河沙，黏结河沙愈多，则表示黏性愈大，说明可以炼焦。

③ 将烟煤研成细粉，溶解在吡啶、苯胺、石灰酸（苯酚）或苯溶液中。此时烟煤将部分溶解。溶解的部分愈多，则表示黏性愈强，说明可以炼焦。

十六、合金钢的快速分析

1. 不锈钢系统快速分析

处理试样，配制试液：0.5g 试样，加 5mL 王水，加热溶解，加 5mL 高氯酸，蒸发至冒白烟，冷却，稀释至 50mL。分析步骤见表 15-66。

2. 普通钢系统快速分析

处理试样，配制试液：0.5g 试样，加（1+3）硝酸 25mL，加 15% 硫酸铵 10mL，煮沸 1min，冷却，稀释至 50mL。分析步骤见表 15-67。

3. 铬钢系统快速分析

处理试样，配制试液：1g 试样，加（5+95）硫酸 80mL 溶解，加入（3+5）硝酸 8mL 氧化，煮沸，冷却，稀释至 100mL。分析步骤见表 15-68。

4. 钨钢系统快速分析

处理试样，配制试液：0.5g 试样，加硫磷混酸（浓硫酸 150mL 注入 500mL 水中，加入磷酸 300mL，加水稀释至 1L）20mL 溶解，加硝酸氧化，蒸发至冒白烟，冷却，稀释至 50mL（全分析时可以称 1g 试样加 40mL 硫磷混酸溶解试样，稀释至 100mL）。分析步骤见表 15-69。

表 15-66　不锈钢系统快速分析

磷	锰	镍	钒	钼	铜	钛
10mL 试液	5mL 试液	5mL 试液稀释至 50mL	2mL 试液	5mL 试液	2mL 试液	2mL 试液
加浓硝酸1mL,10%亚硫酸钠2mL,煮沸30～40s ↓ 立即加5%钼酸铵5mL摇匀,倾入氟化钠-氯化亚锡溶液① 20mL ↓ 流水冷却,稀释至50mL ↓ 2cm 比色皿 波长 660nm	加混合酸② 20mL,15%过硫酸铵5mL,煮沸1min,冷却,稀释至50mL ↓ 将溶液倒入比色皿中。于剩余溶液中加 5%EDTA 1～2 滴作为空白 ↓ 2cm 比色皿 波长 530nm	10mL稀释后试液 ↓ 加水约50mL,50%柠檬酸铵10mL, 0.1mol/L碘溶液5mL ↓ 加氨水-丁二酮肟溶液③ 20mL ／ 加(1+1)氨水 20mL ↓ 稀释至 100mL ↓ 稀释至 100mL ↓ 显色液 ／ 空白液 ↓ 0.5～1cm 比色皿 波长 530nm	加(1+1)硫酸10mL,10%亚硫酸钠1mL,水约10mL,煮沸,冷却 ↓ 加(1+1)硫酸10mL,滴加高锰酸钾0.3%溶液至微红色,加尿素0.5g ↓ 滴加0.3%亚硝酸钠,红色褪去,加0.1mol/L亚砷酸钠2mL,加0.3%亚硝酸钠1滴、浓磷酸8mL,稀释至50mL ↓ 加0.05%二苯胺磺酸钠1mL,将溶液倒入比色皿中。于剩余溶液中加6%硫酸亚铁铵溶液1滴,作为空白 ↓ 2～5cm 比色皿 波长 530nm	加钼混合显色液④ 35mL ↓ 放在沸水浴20s,冷却 ↓ 1cm比色皿 波长 500nm	加50%柠檬酸铵2mL,水约20mL ↓ 加0.1%中性红指示剂,用(1+1)氨水调节酸度并过量2～3mL,加0.05%双环己酮草酰二腙溶液⑤10mL ↓ 稀释至50mL ↓ 1～5cm 比色皿 波长 570nm	加1%抗坏血酸5mL,0.1%溴酚蓝1滴,水约30mL,滴加(1+1)氨水调节酸度 ↓ 滴加(1+1)盐酸至呈黄色并过量1滴 ↓ 加(1+1)醋酸6mL,3%变色酸2mL,稀释至50mL ↓ 将溶液倒入比色皿中。于剩余溶液中加35%氟化铵1～2滴作为空白 ↓ 1～5cm 比色皿 波长 500nm

①～⑤参见表 15-70 注释。

表 15-67　普通钢系统快速分析

磷		锰	铬	镍	硅	铜	铜
20mL试液	10mL试液	5mL试液	10mL试液	2mL试液	1mL试液	2mL 或 5mL试液	2mL试液
加 0.25%钒酸铵3mL, 5%钼酸铵6mL 显色液	加水9mL 空白液	加浓硝酸1mL,10%亚硫酸钠1mL,煮沸30～40s ↓ 立即加5%钼酸铵5mL,摇匀,倾入氟化钠-氯化亚锡溶液①20mL ↓ 流水冷却,稀释至50mL ↓ 2cm 比色皿 波长 660nm	加混合酸②20mL,15%过硫酸铵5mL ↓ 煮沸1min,冷却,稀释至50mL ↓ 2cm 比色皿 波长 530nm	加(1+1)磷酸4mL,水约25mL,10%尿素5mL ↓ 滴加0.5%亚硝酸钠还原高锰酸加0.5%二苯卡巴肼溶液⑥2mL ↓ 稀释至50mL ↓ 2～5cm比色皿 波长 530nm	加水约20mL,50%柠檬酸铵5mL,0.1mol/L碘2.5mL ↓ 加氨水-丁二酮肟溶液③10mL ↓ 稀释至50mL ↓ 2～5cm比色皿 波长 530nm	加(1+3)硝酸1mL,水32mL,5%钼酸铵5mL ↓ 放置10min ↓ 加5%草酸10mL,6%硫酸亚铁10mL ↓ 稀释至50mL ↓ 1cm比色皿 波长 660nm	加50%柠檬酸铵5mL,1%树胶5mL,(1+1)氨水10mL ／ 加0.2%铜试剂5mL,稀释至50mL 显色液 ／ 氨水10mL 稀释至50mL 空白液 ↓ 2～5cm 比色皿 波长 500nm	加50%柠檬酸铵2mL,水约20mL ↓ 加0.1%中性红指示剂,用(1+1)氨水调节酸度并过量2～3mL,加0.05%双环己酮草酸二腙溶液⑤10mL ↓ 稀释至50mL ↓ 1～5cm 比色皿 波长 570nm

磷：5cm 比色皿 波长 470nm

①、②、③、⑤、⑥参见表 15-70 注释。

表 15-68　铬钢系统快速分析

钼	硅	镍	锰	铬	钛 钒		钒	铜
5mL试液	2mL试液	2mL试液	5mL试液	2mL试液	20mL试液		2mL试液	2mL试液
加钼混合显色液④ 35mL，放在沸水浴 20s，冷却 ↓ 2～5cm 比色皿 波长 500nm	加(5+95)硫酸 1mL，水 32mL，5%钼酸铵 5mL ↓ 放置 10min ↓ 加 5%草酸 10mL，6%硫酸亚铁铵 5mL ↓ 1cm 比色皿 波长 660nm	加水约 20mL，50%柠檬酸铵 5mL，0.1mol/L 碘 2.5mL ↓ 加氨水-丁二酮肟溶液③ 10mL ↓ 稀释至 50mL ↓ 1～5cm 比色皿 波长 530nm	加混合酸② 20mL，15%过硫酸铵 5mL，煮沸 1～2min，冷却 稀释至 50mL ↓ 将溶液倒入比色皿中。于剩余溶液中加 5%EDTA 1～2 滴，退去锰色泽作为空白 ↓ 2cm 比色皿 波长 530nm	加(1+1)磷酸 4mL，水约 20mL，10%尿素 5mL，滴加 0.5%亚硝酸钠还原高锰酸 ↓ 加 0.5%二苯卡巴肼溶液⑥ 2.0mL ↓ 稀释至 50mL ↓ 1～2cm 比色皿 波长 530nm	加入3%过氧化氢 2mL ↓ 2min 后加(1+1)磷酸 2mL ↓ 钛显色液	加入水 2mL，(1+1)磷酸 2mL ↓ 2min后加(1+1)磷酸 2mL，氟化铵 0.3～0.5g ↓ 钛空白液，即钒空白液 ── 钒空白液 钛显色液，即钒显色液 ↓ 5cm比色皿 波长470nm	加(1+1)硫酸 20mL，滴加 0.3%高锰酸钾呈微红色，加 10%尿素 5mL ↓ 滴加 0.3%亚硝酸钠，加 0.1mol/L 亚砷酸钠 1mL，加 0.3%亚硝酸钠 1 滴，(1+1)磷酸 15mL，稀释至 50mL ↓ 加 0.05%二苯胺磺钠 1mL，将溶液倒入比色皿中。于剩余溶液中加 1 滴 6%硫酸亚铁铵溶液作为空白 ↓ 2～5cm 比色皿 波长 530nm	加 50%柠檬酸铵 2mL，水约 20mL ↓ 加 0.1%中性红指示剂，用(1+1)氨水调节酸度并过量 2～3mL ↓ 加 0.05%双环己酮草酰二腙溶液⑤ 10mL ↓ 稀释至 50mL ↓ 1～5cm 比色皿 波长 530nm

②～⑥参见表 15-70 注释。

表 15-69　钨钢系统快速分析

钨		锰	铬	镍	钼		钒	铜
5mL 试液		5mL 试液	20mL 试液	2mL 试液	5mL 试液		2mL 试液	2mL 试液
加 0.5%氯化亚锡溶液⑦ 40mL，20%硫氰酸钠 4mL，1%三氯化钛溶液⑧ 1mL ↓ 用 0.5%氯化亚锡溶液稀释至 50mL ↓ 显色液	用 0.5%氯化亚锡溶液稀释至 50mL ↓ 空白液	加混合酸② 20mL、15%过硫酸铵 5～10mL ↓ 煮沸 2min，冷却，稀释至 50mL ↓ 将溶液倒入比色皿中。于剩余溶液中加 5%EDTA 溶液 1～2 滴作为空白 ↓ 2cm 比色皿 波长 530nm	加水 30mL、1%硝酸银 2mL，15%过硫酸铵 10～20mL ↓ 煮沸 5min，加入(1+3)盐酸 2～3mL，煮沸 3min ↓ 冷却，加指示剂⑨苯基邻氨基苯甲酸 1～2 滴，用 0.02mol/L 硫酸亚铁铵滴定溶液由红色转为绿色	加 50%柠檬酸铵 5mL，水约 20mL，0.1mol/L 碘 2.5mL 氨水-丁二酮肟溶液③ 20mL，稀释至 50mL ↓ 显色液 ── 空白液 稀释至 50mL ↓ 2～5 cm 比色皿 波长 530nm	加钼混合显色液⑪ 35mL，放在沸水浴中 30s，冷却 ↓ 显色液	加硫酸-硫酸钛溶液⑪、10%氯化亚锡溶液⑫各 10mL，水 15mL ↓ 空白液 ↓ 2～5 cm 比色皿 波长 500 或 530nm	加(1+1)硫酸 20mL，加 10%尿素 5mL，滴加高锰酸钾至呈微红色 ↓ 加 0.3%亚硝酸钠退去红色，加 0.1mol/L 亚砷酸钠 1mL，加亚硝酸钠(0.3%)1 滴，加(1+1)磷酸 15mL，稀释至 50mL，加 0.05%二苯胺磺酸钠 1mL，将溶液倒入比色皿中。于剩余溶液中加硫酸亚铁铵(6%)1 滴作为空白 ↓ 2～5cm 比色皿 波长 530nm	加 50%柠檬酸铵 2mL，水约 20mL ↓ 加 0.1%中性红指示剂，用(1+1)氨水调节酸度并过量 2～3mL，加 0.05%双环己酮草酰二腙溶液⑤ 10mL ↓ 稀释至 50mL ↓ 1～5cm 比色皿 波长 570nm

②、③、⑤、⑦～⑫参见表 15-70 注释。

5. 高速钢系统快速分析

处理试样，配制试液：称 0.2g 试样，加硫磷混酸 40mL 溶解，加硝酸氧化，蒸发至冒白烟，冷却，稀释至 100mL。分析步骤见表 15-70。

表 15-70　高速钢系统快速分析

钨		钴	钒	锰	铜	钼	
5mL 试液		5mL 试液	2mL 试液	10mL 试液	5mL 试液	10mL 试液	
加 0.5%氯化亚锡溶液⑦ 40mL, 20%硫氰酸钠 4mL, 1%三氯化钛溶液⑧1mL	用 0.5%氯化亚锡溶液⑦稀释至 50mL	加 0.3%亚硝基 R 盐溶液 30mL,50%醋酸钠 10mL,放置 5min ↓ 加硝酸 5mL,放置 5min ↓ 稀释至 100mL ↓ 0.5cm 比色皿 波长 530nm	加(1+1)硫酸 20mL,加 10%尿素 5mL,滴加 0.3%高锰酸钾至呈微红色 ↓ 滴加 0.3%亚硝酸钠至红色褪去,加 0.1mol/L 亚砷酸钠 1mL,加 0.3%硝酸钠 1～2 滴,加 (1+1)磷酸 15mL,稀释至 50mL ↓ 加 0.05%二苯胺磺酸钠 1mL,将溶液倒入比色皿中。于剩余溶液中加 6%硫酸亚铁铵 1 滴作为空白 ↓ 2cm 比色皿 波长 530nm	加水 10mL, 1%硝酸银 1mL,15%过硫酸铵 5mL,煮沸 2min,冷却,稀释至 25mL ↓ 将溶液倒入比色皿中。于剩余溶液中加 5%EDTA 1～2 滴作为空白 ↓ 2cm 比色皿 波长 530nm	加 50%柠檬酸铵 2mL,水约 20mL ↓ 加 0.1%中性红指示剂,用 (1+1)氨水调节酸度并过量 2～3mL,加 0.05%双环己酮草酰二腙溶液⑤10mL ↓ 稀释至 50mL ↓ 2～5cm 比色皿 波长 570nm	加钼混合显色液⑬ 30mL,沸水浴 30s,冷却 ↓ 显色液	加硫酸-硫酸钛溶液⑪10mL,水 10mL,氯化亚锡溶液⑫10mL ↓ 空白液
↓ 用 0.5%氯化亚锡溶液⑦稀释至 50mL ↓ 显色液　空白液 ↓ 1cm 比色皿 波长 420nm 或 450nm						2～5cm 比色皿 波长 530nm	

① 氟化钠-氯化亚锡溶液：称取氟化钠 24g 溶解于 1L 水中，加入氯化亚锡 2g，必要时可过滤。试剂配制后当天使用。经常使用时，可大量配制氟化钠溶液，在使用时部分溶液加入氯化亚锡。仅含氟化钠一种溶质的溶液可长时间保存。

② 混合酸：硝酸银 1g 溶解于 500mL 水中，加硫酸 25mL、磷酸 30mL、硝酸 30mL，用水稀释至 1L。

③ 氨水-丁二酮肟溶液：溶解丁二酮肟 1g 于 500mL 浓氨水中，以水稀释至 1L。

④ 钼混合显色液：硫酸-硫酸钛溶液 50mL〔15%硫酸钛 40mL 倒入 640mL（1+1）硫酸，加水至 2L〕，硫氰酸钠 50mL（10%），氯化亚锡溶液 50mL（10%，内含 5mL 盐酸），水 25mL，混合。

⑤ 双环己酮草酰二腙溶液（0.05%，简称 BCO）：称取 0.5g 双环己酮草酰二腙溶于热 100mL 乙醇（1+1）中，加水稀释至 1L。

⑥ 二苯卡巴肼溶液（0.5%）：称取 4g 苯二甲酸酐溶解于 100mL 热乙醇中，加入二苯卡巴肼 0.5g，冷却，溶液置于暗冷处，可稳定数星期。

⑦ 氯化亚锡溶液（0.5%）：称取 0.5g 氯化亚锡，溶于 50mL 盐酸中，以水稀释至 100mL。

⑧ 三氯化钛溶液（1%）：取三氯化钛（15%）溶液 1mL，用（1+3）盐酸稀释至 10mL，加入少量纯锌还原处理，还原后的溶液当天使用。

⑨ 指示剂：称取苯基邻氨基苯甲酸 0.2g，加入含有碳酸钠 0.2g 的 100mL 水中，加热溶解。

指示剂本身有还原性，它的校正值可用下法求得：于 125mL 锥形瓶中，加 20mL 水、0.02mol/L 重铬酸钾标准溶液 1mL、（2+3）硫酸 4mL、磷酸 2mL、指示剂 6 滴，然后用 0.02mol/L 硫酸亚铁铵标准溶液滴定至绿色为终点。另取 1 份加指示剂 1 滴，同样滴定，所用硫酸亚铁铵溶液体积的差，即相当于 5 滴指示剂的校正值。通常每滴指示剂约等于 0.02mol/L 硫酸亚铁铵标准溶液 0.04mL。

⑩ 钼混合显色液：硫酸-硫酸钛溶液（见注释⑪）、硫氰酸钠（10%）溶液、氯化亚锡溶液（见注释⑫）各 50mL，（1+5）高氯酸 25mL，混合。

⑪ 硫酸-硫酸钛溶液：取硫酸钛〔Ti（SO₄）₂〕15%溶液 40mL，边搅拌边倾入（1+1）硫酸 640mL，稀释至 2L，摇匀。

⑫ 氯化亚锡溶液（10%）：称取 10g 氯化亚锡于 5mL 盐酸中溶解，以水稀释至 100mL，加入 2g 氟化铵。

⑬ 钼混合显色液：硫酸-硫酸钛溶液、硫氰酸钠（10%）溶液、氯化亚锡溶液各 50mL，高氯酸 4mL，混合。

十七、生铁系统快速分析

处理试样，配制试液：0.5g 试样加硫硝混合酸（见表 15-71 注释③）25mL 及 15％过硫酸铵 4mL，加热溶解，再加 15％过硫酸铵 4mL，煮沸 2～3min。滴加 0.5％亚硝酸钠还原。再煮沸 0.5～1min，冷却，稀释至 100mL。分析步骤见表 15-71。

表 15-71　生铁系统快速分析

磷		磷	硅	镍	锰	铬	钼	铜		钛	钒
20mL试液		10mL试液	2mL试液	5mL试液	10mL试液	10mL试液	10mL试液	10mL试液	5mL试液	5mL试液	10mL试液
加钒酸铵溶液① 3mL，5%钼酸铵 6mL ↓ 2～5cm 比色皿 波长 470nm	加水 9mL	加浓硝酸 1mL，10%亚硫酸钠 1mL，煮沸 30～40s 立即加 5%钼酸铵 5mL，摇匀倾入氟化钠-氯化亚锡溶液② 20mL ↓ 流水冷却，稀释至 50mL 或 100mL ↓ 2cm 比色皿 波长 660nm	加硫硝混合酸③ 1mL，水 32mL，5%钼酸铵 5mL 放置 10min，加草酸 10mL，加硫酸亚铁铵溶液④ 5mL ↓ 0.5～1cm 比色皿 波长 660nm	加水约 20mL，50%柠檬酸铵 5mL，0.1mol/L 碘 2.5mL 加氨水-丁二酮肟溶液⑤ 10mL ↓ 稀释至 50mL ↓ 2～5cm 比色皿 波长 530nm	加混合酸溶液⑥ 20mL，15%过硫酸铵 5mL，煮沸 1～2min，冷却稀释至 50mL 2cm 比色皿 波长 550nm	加(1+1)磷酸 4mL，水约 25mL，10%尿素 5mL，滴加 0.5%亚硝酸钠还原高锰酸，加二苯卡巴肼⑦ 2mL ↓ 稀释至 50mL ↓ 2～5cm 比色皿 波长 530nm	加钼混合显色液⑧ 30mL ↓ 2～5cm 比色皿 波长 500nm	加 50%柠檬酸铵 5mL，加树胶溶液⑨ 5mL，(1+1)氨水 10mL ↓ 加 0.1%中性红指示剂，用 (1+1)氨水调节酸度并过量 2～3mL，加双环己酮草酰二腙溶液⑪ 10mL ↓ 稀释至 50mL ↓ 1～5cm 比色皿 波长 570nm 将溶液倒入比色皿中。于剩余溶液中加 35%氟化铵 1～2 滴作为空白 ↓ 1～5cm 比色皿，波长 500nm	加铜试剂 5mL 稀释至 50mL ↓ 2～5cm 比色皿 波长 500nm	加 10%亚硫酸钠 4～5 滴，加水约 20mL，煮沸，冷却 加 0.1%抗坏血酸 7～8mL，0.1%溴酚蓝指示剂 1 滴，滴加 (1+4)氨水调节酸度，滴加 (1+1)盐酸至呈黄色并过量 1 滴 加 (1+1)乙酸 6mL，变色酸溶液⑫ 2.0mL，稀释至 50mL 将溶液倒入比色皿中。于剩余溶液加 6%硫酸亚铁铵 1 滴作为空白 ↓ 2～5cm 比色皿 波长 530nm	加(1+1)硫酸 10mL，10%亚硫酸钠 4～5 滴，煮沸，冷却 加(1+1)硫酸 10mL，滴加 0.3%高锰酸钾至呈微红色，加 10%尿素 5mL，0.3%亚硝酸钠至红色褪去 加亚砷酸钠溶液⑬ 2mL，再加 0.3%亚硝酸钠 1 滴，磷酸 8mL，稀释至 50mL，加 0.05%二苯胺磺酸钠 1mL ↓ 将溶液倒入比色皿中。于剩余溶液加 6%硫酸亚铁铵 1 滴作为空白 ↓ 2～5cm 比色皿 波长 530nm

①　钒酸铵（0.25％）溶液：称取 2.5g 钒酸铵，加入 500mL 水，加热溶解，冷却，加浓硝酸 30mL，稀释至 1L。

②　氟化钠-氯化亚锡溶液：称取 24g 氟化钠溶解于 1L 水中，加入 2g 氯化亚锡，必要时可过滤，当天配制。经常使用时可大量配制氟化钠溶液，长时间保存，在使用时取部分溶液加入氯化亚锡。

③　硫硝混合酸：分别取硫酸（相对密度 1.84）50mL 和硝酸（相对密度 1.42）8mL，慢慢注入水中，待冷却后，稀释至 1L。

④　硫酸亚铁铵（6％）溶液：称取 6g 硫酸亚铁铵，用水稀释至 100mL，再加硫酸 3 滴。

⑤　氨水-丁二酮肟溶液：称取 1g 丁二酮肟，溶解于 500mL 氨水中，以水稀释至 1L。

⑥　混合酸：称取 1g 硝酸银，溶解于 500mL 水中，加硫酸（相对密度 1.84）25mL，磷酸（相对密度 1.70）30mL，硝酸（相对密度 1.42）30mL，用水稀释至 1L。

⑦　二苯卡巴肼（0.5％）溶液：溶解苯二甲酸酐 4g 于热乙醇 100mL 中，加入二苯卡巴肼 0.5g，冷却，溶液置于暗

处，可稳定数星期。

⑧ 钼混合显色液：取硫酸-硫酸钛溶液、10％硫氰酸钠溶液、10％氯化亚锡溶液各 100mL，加（1＋1）硝酸 2mL，摇匀。

硫酸-硫酸钛溶液：取硫酸钛 15％溶液 40mL，边搅拌边倾入于 640mL（1＋1）硫酸中，稀释至 2L，摇匀。或取四氯化钛 15％溶液 30mL，边搅拌边倾入 640mL（1＋1）硫酸中，稀释至 2L，摇匀。

⑨ 树胶（阿拉伯树脂胶）溶液：取树胶 1g 于 100mL 温水中溶解，如有不溶物可用离心法分离，或用脱脂棉过滤。经常使用时，可加入防腐剂百里香酚一小粒。

⑩ 硫酸镁溶液：称取硫酸镁（$MgSO_4 \cdot 7H_2O$）6.6g，溶解于水后稀释至 1L。

⑪ 双环己酮草酰二腙溶液（简称 BCO）：称取 0.5g 双环己酮草酰二腙，溶于热的（1＋1）乙醇 100mL 中，稀释至 1L。

⑫ 变色酸（3％）溶液：称取 3g 变色酸，加少量水调成糊状，加水稀释至 100mL，加 3g 亚硫酸钠，必要时可过滤，贮于棕色瓶中，溶液可使用 1～2 个月（不同批号的变色酸需校正曲线）。

⑬ 亚砷酸钠（0.1mol/L）溶液：称取亚砷酸钠 0.5g，碳酸钠 1g 于 100mL 水中，加热溶解。或称取亚砷酸钠 0.65g，溶解于 100mL 水中。

十八、部分常用无机酸碱盐的分析

（一）酸类的分析

1. 硫酸的分析

（1）硫酸含量（质量分数）的测定

① 方法要点　取一定试样，以酚酞为指示剂，用氢氧化钠标准溶液进行滴定。

$$H_2SO_4 + 2NaOH = Na_2SO_4 + 2H_2O$$

② 试剂　a. 0.5mol/L 氢氧化钠标准溶液；b. 10g/L 酚酞指示剂乙醇溶液。

③ 测定步骤　用称量瓶称取约 5g 试样（称准至 0.0002g），徐徐注入盛有 50mL 水的 250mL 锥形瓶中，冷却。加 2～3 滴酚酞指示剂，用 0.5mol/L 氢氧化钠标准溶液滴定至溶液呈粉红色即为终点。

④ 计算　H_2SO_4 质量分数 w 按下式计算：

$$w = \frac{10^{-3}Vc \times 49.04}{m_{样}} \times 100\%$$

式中　V——氢氧化钠标准溶液的用量，mL；

c——氢氧化钠标准溶液的浓度，mol/L；

$m_{样}$——称取试样的质量，g；

49.04——$\frac{1}{2}H_2SO_4$ 的摩尔质量，g/mol。

（2）相对密度（d_4^{20}）的测定

① 方法要点　样品的相对密度是指 20℃时，样品的密度与纯水在 4℃时的密度之比，以 d_4^{20} 表示。若测定温度不在 20℃而在 t（℃）时，d_4^t 值可换算成 d_4^{20} 的数值。

② 仪器　a. 100mL 量筒；b. 0～100℃水银温度计，分度值为 1℃；c. 1.00～2.00g/cm³ 密度计。

③ 测定步骤　将洗净烘干的量筒置于试验台上，将试样混匀注入量筒中，使试样温度与周围环境相差不超过±5℃，注入试样时，务使不发生气泡和泡沫。然后手执干净的密度计的上端，小心置于量筒中，勿使密度计与量筒及量筒壁相接触，待摆动停止后。按弯月液

面的下边缘进行读数，读数时眼睛应与弯月下边缘平行。同时按密度计或另用温度计测定试样的温度 t。

④ 计算　将测得的试样温度下的密度 d_4^t 再由下式换算为标准密度 d_4^{20}。

$$d_4^{20} = d_4^t + r(t-20)$$

式中　d_4^{20}——标准相对密度；

　　　d_4^t——试样温度为 t℃时，测得的相对密度值；

　　　r——换算系数，硫酸含量 50%～100% 时，r 为 0.001（硫酸含量 <50% 时，r 为 0.0005）；

　　　t——测定试样时的温度，℃。

2. 硝酸的分析

（1）硝酸含量（质量分数）的测定

① 方法要点　取一定试样，以酚酞为指示剂，用氢氧化钠标准溶液进行滴定。

$$HNO_3 + NaOH = NaNO_3 + H_2O$$

② 试剂　a.0.5mol/L 氢氧化钠标准溶液；b.10g/L 酚酞指示剂乙醇溶液。

③ 测定步骤　用安瓿称取试样 1～2g（称准至 0.0002g），将试样连同安瓿一并放入盛有水（以能淹没安瓿计）的 250mL 带磨口盖的广口瓶中，用手摇动广口瓶，将安瓿破碎。待试样气体被水吸收，打开瓶盖，用洗瓶将盖子上沾附的水全部洗入广口瓶内；再用洁净的平头玻璃棒将安瓿颈毛细管全部击碎，取出玻璃棒，并将沾附在玻璃上的水也洗入广口瓶内。最后将试样溶液混匀，加酚酞指示剂 2～3 滴，用 0.5mol/L 氢氧化钠标准溶液滴定至溶液呈微红色即为终点。

④ 计算　HNO_3 质量分数 w 按下式计算：

$$w = \frac{10^{-3}Vc \times 63.01}{m_{样}} \times 100\%$$

式中　V——氢氧化钠标准溶液消耗的体积，mL；

　　　c——氢氧化钠标准溶液的浓度，mol/L；

　　$m_{样}$——称取试样的质量，g；

　　63.01——硝酸（HNO_3）的摩尔质量，g/mol。

（2）相对密度（d_4^{20}）的测定　测定的方法要点、仪器、测定步骤及计算参照前述硫酸的相对密度的测定。

3. 盐酸的分析

（1）盐酸含量（质量分数）的测定

① 方法要点　取一定试样，以甲基橙为指示剂，用氢氧化钠标准溶液进行滴定。

$$HCl + NaOH = NaCl + H_2O$$

② 试剂　a.0.5mol/L 氢氧化钠标准溶液；b.1g/L 甲基橙指示剂水溶液。

③ 测定步骤　用称量瓶称取约 5g 试样（称准至 0.0002g），注入盛有 150mL 水的 250mL 容量瓶中，以水稀释至刻度。试液混匀，用移液管吸取 50mL 试液置于 250mL 锥形瓶中，加水 25mL，加甲基橙指示剂 2～3 滴，用 0.5mol/L 氢氧化钠标准溶液滴定至溶液呈黄色即为终点。

④ 计算　HCl 质量分数 w 按下式计算：

$$w = \frac{10^{-3}Vc \times 36.46}{m_{样} \times \frac{50}{250}} \times 100\%$$

式中　V——氢氧化钠标准溶液消耗的体积，mL；

　　　c——氢氧化钠标准溶液的浓度，mol/L；

　　$m_样$——称取试样的质量，g；

　36.46——盐酸（HCl）的摩尔质量，g/mol。

（2）相对密度（d_4^{20}）的测定　测定的方法要点、仪器、测定步骤及计算参照前述硫酸的相对密度的测定。

4. 磷酸含量的分析

① 方法要点　取一定试样，以甲基橙为指示剂，用氢氧化钠标准溶液进行滴定。

$$H_3PO_4 + NaOH \rightleftharpoons NaH_2PO_4 + H_2O$$

② 试剂　a.0.5mol/L 氢氧化钠标准溶液；b.1g/L 甲基橙指示剂水溶液。

③ 测定步骤　用称量瓶称取 20g 试样（称准至 0.0002g），注入盛有水的 500mL 容量瓶，以水稀释至刻度。试液混匀，用移液管吸取 50mL 试液置于 250mL 三角瓶中，加水 50mL，加甲基橙指示剂 2～3 滴，用 0.5mol/L 氢氧化钠标准溶液滴定，滴至红色恰好消失即为终点。

④ 计算　H_3PO_4 质量分数 w 按下式计算：

$$w = \frac{10^{-3}Vc \times 98.08}{m_样 \times \dfrac{50}{500}} \times 100\%$$

式中　V——氢氧化钠标准溶液消耗的体积，mL；

　　　c——氢氧化钠标准溶液的浓度，mol/L；

　　$m_样$——称取试样的质量，g；

　98.08——磷酸（H_3PO_4）的摩尔质量，g/mol。

5. 氢氟酸的分析

（1）总酸度（以 HF 计）和硅氟酸含量的测定

① 方法要点　在 0℃时，用硝酸钾处理试液，即生成氟化钾、氟硅酸钾和产生一定量的酸。用氢氧化钠标准溶液滴定所产生的酸和试液的杂质酸，以计算总酸度。然后将已滴定的试液，加热 80～90℃，再以氢氧化钠标准溶液滴定硅氟酸钾时能发生定量的分解反应，借此间接计算。

（a）　　　　$HF + KNO_3 \longrightarrow KF + HNO_3$

　　　　　$H_2SiF_6 + 2KNO_3 \longrightarrow K_2SiF_6 \downarrow + 2HNO_3$

（b）　　$HNO_3 + NaOH \longrightarrow NaNO_3 + H_2O$

　　　　$H_2SO_4 + 2NaOH \longrightarrow Na_2SO_4 + 2H_2O$ ⎫（第一次滴定）

　　　　$H_2SO_3 + 2NaOH \longrightarrow Na_2SO_3 + 2H_2O$ ⎭

（c）　　$K_2SiF_6 + 3H_2O \longrightarrow 4HF + H_2SiO_3 + 2KF$

　　　　　　$HF + NaOH \longrightarrow NaF + H_2O$　　　（第二次滴定）

② 试剂　a.硝酸钾（A.R.，固体试剂）；b.1mol/L 氢氧化钠标准溶液；c.10g/L 酚酞指示剂乙醇溶液。

③ 测定步骤　用塑料称量瓶称取约 3～4g 试样（称准至 0.0002g），注入盛有 10mL 水的 400mL 烧杯内，加水 50mL，硝酸钾 8～10g，用滴定管放入 50mL 1mol/L 氢氧化钠标准溶液。置于冰槽内使其温度下降到 0℃（使滴定终点稳定），加酚酞指示剂 3 滴，在不断搅

拌下用氢氧化钠标准溶液滴定至溶液显微红色，30s 后不消失即为终点。

再将滴定后的试液加热到 80~90℃，在保持此温度下，用氢氧化钠标准溶液继续滴定至溶液显红色为终点。

④ 计算　总酸度 S（以 HF 计）、硅氟酸含量 $w(H_2SiF_6)$ 分别按下式计算：

$$S = \frac{10^{-3}V_1c \times 20.01}{m_{样}} \times 100\%$$

$$w(H_2SiF_6) = \frac{10^{-3}V_2c \times 36.02}{m_{样}} \times 100\%$$

式中　V_1——冷、热溶液消耗氢氧化钠标准溶液的总体积，mL；

$\quad\quad c$——氢氧化钠标准溶液的浓度，mol/L；

$\quad m_{样}$——称取试样的质量，g；

$\quad 20.01$——HF 的摩尔质量（总酸以氢氟酸表示），g/mol；

$\quad\quad V_2$——热溶液消耗氢氧化钠标准溶液的体积，mL；

$\quad 36.02$——$\frac{1}{4}$ H_2SiF_6 的摩尔质量，g/mol。

（2）硫酸含量的测定

① 方法要点　将试样加热至 100℃ 时，硫酸留在溶液中，而氢氟酸、硅氟酸和亚硫酸则分解，用已知浓度氢氧化钠标准溶液进行滴定，以酚酞指示剂。

$$H_2SO_4 + 2NaOH \Longrightarrow Na_2SO_4 + 2H_2O$$

② 试剂　a.0.1mol/L 氢氧化钠标准溶液；b.10g/L 酚酞指示剂乙醇溶液。

③ 测定步骤　用塑料称量瓶称取试样 20~25g（称准至 0.0002g），注入 100mL 的铂金蒸发皿中，置于水浴上（蒸发温度≤100℃）蒸发至干，用水冲洗皿壁，继续蒸发，直至蒸气不使蓝色石蕊试纸变红色为止。将此残渣加 50mL 水溶解，加酚酞指示剂 2~3 滴，用氢氧化钠标准溶液滴定至溶液呈红色为终点。

④ 计算　H_2SO_4 含量 $w(H_2SO_4)$ 按下式计算：

$$w(H_2SO_4) = \frac{10^{-3}Vc \times 49.04}{m_{样}} \times 100\%$$

式中　V——氢氧化钠标准溶液消耗的体积，mL；

$\quad\quad c$——氢氧化钠标准溶液的浓度，mol/L；

$\quad m_{样}$——称取试样的质量，g；

$\quad 49.04$——$\frac{1}{2}$ H_2SO_4 的摩尔质量，g/mol。

（3）亚硫酸含量的测定

① 方法要点　试液用碘标准溶液将亚硫酸氧化生成硫酸，过量的碘与淀粉反应变成蓝色。

$$H_2SO_3 + H_2O + I_2 \Longrightarrow H_2SO_4 + 2HI$$

② 试剂　a.0.1mol/L 碘标准溶液；b.10g/L 淀粉指示剂溶液。

③ 测定步骤　用塑料称量瓶称取试样 15~20g（称准至 0.0002g），注入 400mL 的塑料杯中，加水 100mL，淀粉指示剂 2~3mL，用碘标准溶液滴定至溶液显蓝色，待 30s 不消失为终点。

④ 计算　H_2SO_3 含量 $w(H_2SO_3)$ 按下式计算：

$$w(\mathrm{H_2SO_3}) = \frac{10^{-3}Vc \times 82.08}{m_{样}} \times 100\%$$

式中　V——碘标准溶液消耗的体积，mL；

　　　c——碘标准溶液的浓度，mol/L；

　$m_{样}$——称取试样的质量，g；

　82.08——亚硫酸（$\mathrm{H_2SO_3}$）的摩尔质量，g/mol。

（4）氢氟酸含量 w（HF）的计算

$$w(\mathrm{HF}) = S - [0.2778w(\mathrm{H_2SiF_6}) + 0.4080w(\mathrm{H_2SO_4}) + 0.4876w(\mathrm{H_2SO_3})]$$

式中　0.2778——将氟硅酸含量换算为氢氟酸含量的换算系数；

　　　0.4080——将硫酸含量换算为氢氟酸含量的换算系数；

　　　0.4876——将亚硫酸含量换算为氢氟酸含量的换算系数。

（二）碱类的分析

1.氢氧化钠的分析

（1）氢氧化钠及碳酸钠含量的测定

① 方法要点　试液加氯化钡使碳酸盐成碳酸钡沉淀，以酚酞作指示剂，用标准酸液滴定，然后再以甲基橙作指示剂，继续用酸滴定碳酸盐。主要反应式：

$$\mathrm{Na_2CO_3 + BaCl_2 = 2NaCl + BaCO_3 \downarrow}$$
$$\mathrm{NaOH + HCl = NaCl + H_2O}$$
$$\mathrm{BaCO_3 + 2HCl = BaCl_2 + H_2O + CO_2 \uparrow}$$

② 试剂　a.0.5mol/L 盐酸标准溶液；b.100g/L 氯化钡溶液；c.10g/L 酚酞指示剂乙醇溶液；d.1g/L 甲基橙指示剂溶液。

③ 测定步骤　迅速称取干燥的结晶氢氧化钠试样约 20g（称准至 0.01g），置于带塞的锥形瓶中，用不含二氧化碳的蒸馏水溶解，冷却后，移入 500mL 的容量瓶内，以水稀释至刻线，摇匀。移取 25mL 于锥形瓶中，加氯化钡 10mL，酚酞指示剂 2～3 滴，以盐酸标准溶液滴定至溶液红色恰消失为终点，记录消耗的盐酸标准溶液的体积（mL）V_1；然后加甲基橙指示剂 2 滴，继续滴至碳酸钡沉淀溶解，溶液呈粉红色为终点，记录消耗的盐酸标准溶液的体积（mL）V_2。

④ 计算　NaOH 含量 w（NaOH）、$\mathrm{Na_2CO_3}$ 含量 w（$\mathrm{Na_2CO_3}$）分别按下式计算：

$$w(\mathrm{NaOH}) = \frac{10^{-3}V_1 c \times 40.00}{m_{样} \times \dfrac{25}{500}} \times 100\%$$

$$w(\mathrm{Na_2CO_3}) = \frac{10^{-3}V_2 c \times 53.00}{m_{样} \times \dfrac{25}{500}} \times 100\%$$

式中　V_1——以酚酞为指示剂消耗盐酸标准溶液的体积，mL；

　　　c——盐酸标准溶液的浓度，mol/L；

　$m_{样}$——称取试样的质量，g；

　40.00——氢氧化钠的摩尔质量，g/mol；

　　　V_2——以甲基橙为指示剂消耗盐酸标准溶液的体积，mL；

53.00——$\frac{1}{2}Na_2CO_3$ 的摩尔质量，g/mol。

提示：a.氢氧化钠采取试样时，严格保持结晶的干燥，不能采取表面变质（外观白色发松）的氢氧化钠作为试样；b.测定时所用的水，不能含有二氧化碳。

（2）氯化钠的测定

① 方法要点　在使用硝酸酸化的试液中，用已知浓度的硝酸银与氯化钠作用，生成白色氯化银沉淀，以铁铵矾为指示剂，用已知浓度的硫氰酸铵溶液滴定。

$$AgNO_3 + NaCl \Longequals NaNO_3 + AgCl\downarrow$$
$$AgNO_3 + NH_4SCN \Longequals NH_4NO_3 + AgSCN\downarrow$$
$$3NH_4SCN + Fe(NH_4)(SO_4)_2 \Longequals Fe(SCN)_3\downarrow（红色）+ 2(NH_4)_2SO_4$$

② 试剂　a.0.1mol/L硝酸银标准溶液；b.0.1mol/L硫氰酸铵标准溶液；c.铁铵矾饱和溶液［称取130g铁铵矾［$Fe(NH_4)(SO_4)_2 \cdot 12H_2O$］，研成粉末，装入盛有100mL水的磨口锥形瓶内，仔细摇匀至饱和溶液。然后加入 $d=1.42$ 的硝酸，使溶液的褐色消失（在试管内观察），而达到完全澄清（一般加入硝酸量约为150mL），然后装入茶色瓶内，密闭放冷暗处备用］。

③ 测定步骤　迅速称取干燥的结晶氢氧化钠试样约20g（称准至0.01g），置于带磨口塞的锥形瓶中，用不含二氧化碳的蒸馏水溶解，冷却后，移入500mL的容量瓶中，以水稀释至刻线，摇匀。移取50mL注入250mL的容量瓶内，加酚酞指示剂2～3滴，用硝酸中和至红色消失再过量5mL，然后用滴定管准确加入0.1mol/L硝酸银标准溶液50mL，将瓶中溶液振荡，直至沉淀结块溶液透明为止，以水稀释至刻度，摇匀。以干滤纸过滤于干净的烧杯内，前面的10mL弃去，然后移取滤液100mL，置于250mL的锥形瓶中，加饱和铁铵矾溶液1～2mL，用硫氰酸铵标准溶液滴定，至溶液呈红色为终点。

④ 计算　NaCl含量 w 按下式计算：

$$w = \frac{(V_1c_1 - V_2c_2)\times 10^{-3}\times 58.44}{m_{样}\times \dfrac{50}{500}}\times 100\%$$

式中　V_1——消耗的硝酸银标准溶液的体积，mL；

　　　c_1——硝酸银标准溶液的浓度，mol/L；

　　　V_2——滴定过量硝酸银消耗的硫氰酸铵溶液的体积，mL；

　　　c_2——硫氰酸铵标准溶液的浓度，mol/L；

　　　$m_{样}$——试样的质量，g；

58.44——氯化钠的摩尔质量，g/mol。

2. 氢氧化钾的分析

此分析同氢氧化钠的分析，可参照氢氧化钠的分析。

3. 氨水（液氨或氨溶液）含量的分析

氨（NH_3）溶于水而与水反应，生成氢氧化铵（NH_4OH）。氢氧化铵不稳定，易分解成水和氨。反应如下：

$$NH_3 + H_2O \Longrightarrow NH_4OH \Longrightarrow NH_4^+ + OH^-$$

① 方法要点　取一定试样，以甲基橙为指示剂，用盐酸标准溶液进行滴定。

$$NH_4OH + HCl \Longequals NH_4Cl + H_2O$$

② 试剂　a. 0.1mol/L 盐酸标准溶液；b. 1g/L 甲基橙指示剂溶液。

③ 测定步骤　量取水 15mL 于 400mL 具塞锥形瓶中，准确称量其质量（准确至 0.0002g）。加入 1mL 氨水试样，立即盖好瓶塞，再次准确称量（准确至 0.0002g）。加水 40mL 及甲基橙指示剂 2～3 滴，用盐酸标准溶液滴定至溶液呈现粉红色为终点。

④ 计算　NH_3 含量 w 按下式计算：

$$w = \frac{10^{-3}Vc \times 17.03}{m_{样}} \times 100\%$$

式中　V——盐酸标准溶液消耗的体积，mL；

$\quad\quad c$——盐酸标准溶液的浓度，mol/L；

$\quad m_{样}$——称取试样的质量，g；

$\quad$17.03——NH_3 的摩尔质量，g/mol。

（三）盐类的分析

1. 氯化钠的分析

（1）氯化钠含量的测定

① 方法要点　于中性试液中，以荧光红为指示剂，用硝酸银标准溶液进行滴定。

$$NaCl + AgNO_3 == NaNO_3 + AgCl \downarrow$$

② 试剂　a. 0.1mol/L 硝酸银标准溶液；b. 2g/L 荧光红指示剂乙醇溶液；c. 30g/L 淀粉溶液。

③ 测定步骤　用称量瓶称取干燥后的试样 0.25～0.30g（称准至 0.0002g），置于 250mL 的锥形瓶中，加水 70mL 溶解，加 3～5 滴荧光红指示剂及 10mL 淀粉溶液，在摇动下，用硝酸银标准溶液滴定至浑浊液变为粉红色为终点。

④ 计算　NaCl 含量 w 按下式计算：

$$w = \frac{10^{-3}Vc \times 58.44}{m_{样}} \times 100\%$$

式中　V——硝酸银标准溶液消耗的体积，mL；

$\quad\quad c$——硝酸银标准溶液的浓度，mol/L；

$\quad m_{样}$——称取试样的质量，g；

$\quad$58.44——氯化钠的摩尔质量，g/mol。

（2）硫酸根的测定

① 方法要点　在经盐酸酸化的溶液中加氯化钡生成硫酸钡沉淀，过滤，灼烧后称其质量。

$$SO_4^{2-} + Ba^{2+} == BaSO_4 \downarrow$$

② 试剂　a. (1+1) 盐酸溶液；b. 100g/L 氯化钡溶液。

③ 测定步骤　称取试样约 3g（称准至 0.0002g），置于 400mL 的烧杯中，加水 50mL 溶解、过滤、稀释至约 100mL。加盐酸溶液 2mL，煮沸，徐徐加入氯化钡 10mL，再继续煮沸 10min，于温暖处放置过夜。过滤，以热水洗涤沉淀及滤纸至无氯离子（Cl^-）为止。将沉淀连同滤纸移于已知重量的瓷坩埚中，于 600～700℃ 下灼烧至恒重。

④ 计算　SO_4^{2-} 含量 w 按下式计算：

$$w = \frac{m(BaSO_4) \times 0.4115}{m_{样}} \times 100\%$$

式中　$m(BaSO_4)$——$BaSO_4$ 的质量，g；

　　　$m_样$——称取试样的质量，g；

　　　0.4115——将 $BaSO_4$ 换算成 SO_4^{2-} 的系数。

2. 硝酸钠含量的分析

① 方法要点　试样溶液通过氢型阳离子交换树脂，则硝酸钠溶液中的钠离子与树脂中氢离子进行交换，钠被吸附，而硝酸根与氢离子结合成硝酸，从树脂柱中流出，然后以氢氧化钠标准溶液滴定。

$$RNa + HCl \Longrightarrow RH + NaCl$$
$$RH + NaNO_3 \Longrightarrow RNa + HNO_3$$
$$HNO_3 + NaOH \Longrightarrow NaNO_3 + H_2O$$

② 试剂　a.(1+6) 盐酸溶液；b.0.1mol/L 氢氧化钠标准溶液；c.10g/L 酚酞指示剂乙醇溶液；d.16～50 网目离子交换树脂（苯乙烯型强酸性阳离子交换树脂）。

离子交换树脂的处理：苯乙烯型强酸性阳离子树脂 15～20g，用温水浸泡 2～3h，使其充分膨胀。在 100mL 滴管下端先放入一部分玻璃棉，将以浸湿的树脂全部装入滴管中，上部也放些玻璃棉与树脂接触。用盐酸（1+6）溶液 100mL 分 5 次注入滴管中，流速为 6～7mL/min。流完后，用蒸馏水冲洗，至溶液中无氯离子为止。再用 250mL 水洗涤，洗液加酚酞指示剂 2 滴，用 0.1mol/L 氢氧化钠标准溶液滴定至现粉红色为止。氢氧化钠标准溶液的消耗量不能超过 0.2mL。

③ 测定步骤　称取于 100～110℃烘干至恒重的硝酸钠试样约 5g（称准至 0.0002g），加水溶解，稀释定容至 250mL 的容量瓶中，摇匀。取此溶液 15mL，注入已处理好的离子交换树脂管中，控制流速为 6～7mL/min，流出液盛入 500mL 的锥形瓶中，试液液面即将低于树脂柱上端玻璃棉界面时，用 250mL 蒸馏水分数次洗至无酸性反应。流出液加酚酞指示剂 2 滴，用 0.1mol 氢氧化钠标准溶液滴定至呈粉红色为终点。

在测定的同时，以同样条件下取同体积的蒸馏水做空白试验。

④ 计算　$NaNO_3$ 含量 w 按下式计算：

$$w = \frac{10^{-3}(V_2 - V_1)c \times 84.99}{m_样 \times \dfrac{15}{250}} \times 100\%$$

式中　V_1——空白试验消耗氢氧化钠标准溶液的体积，mL；

　　　V_2——试样消耗氢氧化钠标准溶液的体积，mL；

　　　c——氢氧化钠标准溶液的浓度，mol/L；

　　　$m_样$——称取试样的质量，g；

　　84.99——硝酸钠的摩尔质量，g/mol。

3. 亚硝酸钠的分析

（1）亚硝酸钠含量的测定

① 方法要点　在酸性溶液中，取一定量已知浓度的高锰酸钾溶液，于试液中加热至 40℃。再加入定量已知浓度的草酸钠溶液。再加热至 70～80℃，用高锰酸钾标准溶液回滴试液至终点。

$$2KMnO_4 + 5NaNO_2 + 3H_2SO_4 \Longrightarrow K_2SO_4 + 2MnSO_4 + 5NaNO_3 + 3H_2O$$
$$5Na_2C_2O_4 + 2KMnO_4 + 8H_2SO_4 \Longrightarrow K_2SO_4 + 2MnSO_4 + 5Na_2SO_4 + 10CO_2 + 8H_2O$$

② 试剂　a. $c(\frac{1}{5}KMnO_4)=0.1mol/L$ 高锰酸钾标准溶液；b. $c(\frac{1}{2}Na_2C_2O_4)=$ $0.1mol/L$ 草酸钠标准溶液；c.（1＋5）硫酸无还原溶液。

（1＋5）无还原硫酸溶液的配制：按 1＋5 比例配制出硫酸溶液后，在烧杯中加热至 70℃左右，滴加 $c(\frac{1}{5}KMnO_4)=0.1mol/L$ 高锰酸钾溶液，至溶液呈微红色为止，冷却后备用。

③ 测定步骤　称取试样约 2.5g（称准至 0.0002g）溶解于水，移入 500mL 的容量瓶中，用水稀释至刻度，混匀。用滴定管准确量取约 40mL 0.1mol/L 高锰酸钾标准溶液于 300mL 的锥形瓶中，用移液管吸取 25mL 试样溶液于其中，然后加入（1＋5）无还原性硫酸溶液 10mL，将此溶液加热至 40℃，以移液管加入 0.1mol/L 草酸钠标准溶液 10mL，加热至 70～80℃，再用 0.1mol/L 高锰酸钾标准溶液滴至微红色并保持 30s 不消失，即为终点。

④ 计算　$NaNO_2$ 含量 w 按下式计算：

$$w=\frac{(Vc-V_1c_1)\times10^{-3}\times34.50}{m_{样}\times\dfrac{25}{500}(1-w_{水})}\times100\%$$

式中　V——高锰酸钾标准溶液加入和滴定用去的总体积，mL；

$\quad c$——高锰酸钾（$\frac{1}{5}KMnO_4$）标准溶液的浓度，mol/L；

$\quad V_1$——加入草酸钠标准溶液的体积，mL；

$\quad c_1$——草酸钠（$\frac{1}{2}Na_2C_2O_4$）标准溶液的浓度，mol/L；

$\quad m_{样}$——试样的质量，g；

$\quad w_{水}$——水分含量，％；

34.50——$\frac{1}{2}NaNO_2$ 的摩尔质量，g/mol。

（2）水分含量的测定

① 方法要点　试样于烘箱中干燥，失去水分后称其质量。

② 仪器　带有磨口塞（盖）的称量瓶，直径 5cm，高 3cm。

③ 测定步骤　用预先干燥并称量至恒重的称量瓶，称取试样约 5g（称准至 0.0002g），在 100～105℃下，干燥至恒重，移入干燥器中，冷却至室温后称其质量。

④ 计算　水分含量 $w_{水}$ 按下式计算：

$$w_{水}=\frac{m_0-m_1}{m_0}\times100\%$$

式中　m_0——试样质量，g；

$\quad m_1$——干燥后试样的质量，g。

4. 硫酸铜含量的分析

① 方法要点　于酸性溶液中，以磷酸掩蔽铁，二价铜被碘化钾还原，同时析出游离的碘。用淀粉为指示剂，用已知浓度硫代硫钠标准溶液滴定。

$$2CuSO_4+4KI \Longrightarrow Cu_2I_2+2K_2SO_4+I_2$$

$$2Na_2S_2O_3 + I_2 == Na_2S_4O_6 + 2NaI$$

② 试剂　a. $d=1.70$ 磷酸；b. 分析纯碘化钾；c. 0.1mol/L 硫代硫酸钠标准溶液；d. 10g/L 淀粉指示剂；e. 100g/L 硫氰酸钾溶液。

③ 测定步骤　称取试样钠 1g（称准至 0.0002g），移入 500mL 带磨口盖的茶色三角瓶中，加 50mL 水溶解。加磷酸 5mL，摇匀，加 2g 碘化钾，盖好瓶盖，于暗处静止 5min，启开瓶盖，并以水冲洗瓶盖，加水 150mL，立即用硫代硫酸钠标准溶液滴定至淡黄色，加入淀粉指示剂 2~3mL 继续滴至蓝色消失后，加入硫氰酸钾溶液 10mL，再滴定至蓝色消失为终点。在测定的同时，以同样条件作空白试验。

④ 计算　$CuSO_4 \cdot 5H_2O$ 含量 w 按下式计算：

$$w = \frac{(V_1 - V_2)c \times 10^{-3} \times 249.68}{m_{样}} \times 100\%$$

式中　V_1——试样消耗硫代硫酸钠标准溶液的体积，mL；

　　　V_2——空白溶液消耗硫代硫酸钠标准溶液的体积，mL；

　　　c——硫代硫酸钠标准溶液的浓度，mol/L；

　　$m_{样}$——称取试样的质量，g；

　249.68——$CuSO_4 \cdot 5H_2O$ 的摩尔质量，g/mol。

5. 硫酸铵含量的分析

① 方法要点　硫酸铵与甲醛作用生成六亚甲基四胺与游离硫酸和水，以酚酞为指示剂，用碱溶液进行滴定。

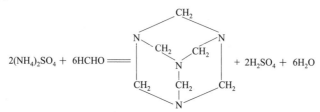

$$2NaOH + H_2SO_4 == Na_2SO_4 + 2H_2O$$

② 试剂　a. 分析纯甲醛；b. 0.1mol/L 氢氧化钠标准溶液；c. 10g/L 酚酞指示剂乙醇溶液。

③ 测定步骤　称取约 5g 试样（称准至 0.0002g），置于 250mL 的烧杯中，以水溶解后，移入 500mL 的容量瓶中，加水稀释至刻度，摇匀。取此试液 20mL 于 250mL 的锥形瓶中，加水 50mL，用移液管加入甲醛溶液 15mL，混匀，静置 3~5min。加酚酞指示剂 2~3 滴，以氢氧化钠标准溶液滴定至溶液呈现微红色为终点。

在测定的同时，以同样的条件下作空白试验。

④ 计算　$(NH_4)_2SO_4$ 含量 w 按下式计算：

$$w = \frac{(V_1 - V_2)c \times 10^{-3} \times 66.07}{m_{样} \times \frac{20}{500}} \times 100\%$$

式中　V_1——试样消耗氢氧化钠标准溶液的体积，mL；

　　　V_2——空白试验消耗氢氧化钠标准溶液的体积，mL；

　　　c——氢氧化钠标准溶液的浓度，mol/L；

　　$m_{样}$——称取试样的质量，g；

66.07——$\frac{1}{2}(NH_4)_2SO_4$ 的摩尔质量，g/mol。

⑤ 备注 a.试样中若有游离酸时，加入甲醛前应中和。方法是以酚酞为指示剂，用氢氧化钠标准溶液（$0.1mol/L$）滴成微红色。b.甲醛中可能含有游离酸，因此要做空白试验。

6. 硫酸锌含量的分析

① 方法要点 在经硫酸酸化的溶液中，加硫酸铵控制酸度，以二苯胺为指示剂，用亚铁氰化钾溶液进行滴定。

$$3ZnSO_4+2K_4[Fe(CN)_6]\Longrightarrow K_2Zn_3[Fe(CN)_6]_2\downarrow+3K_2SO_4$$

② 试剂 a.（$1+1$）硫酸溶液；b.硫酸铵饱和溶液（取 $280g$ 的分析纯硫酸铵于 $100mL$ 水内）；c.$10g/L$ 二苯胺指示剂硫酸溶液；d.$0.05mol/L$ 亚铁氰化钾标准溶液。

③ 测定步骤 称取试样约 $7g$（称准至 $0.0002g$），置于 $250mL$ 的烧杯内，加硫酸溶液 $2mL$，移入 $250mL$ 的容量瓶中，用水稀释至刻线，摇匀。移取此试液 $25mL$ 置于 $500mL$ 的锥形瓶中，加硫酸溶液 $10mL$、饱和硫酸铵溶液 $10mL$、水 $75mL$，加热 $50\sim60℃$，加二苯胺指示剂 5 滴，用亚铁氰化钾标准溶液滴定至蓝色变为紫色，继续滴至紫色消失为终点。

④ 计算 $ZnSO_4 \cdot 7H_2O$ 含量 w 按下式计算：

$$w=\frac{Vc\times10^{-3}\times287.56}{m_{样}\times\dfrac{25}{250}}\times100\%$$

式中 V——滴定消耗亚铁氰化钾标准溶液的体积，mL；

$\qquad c$——亚铁氰化钾标准溶液的浓度，mol/L；

$\quad m_{样}$——称取试样的质量，g；

287.56——$ZnSO_4 \cdot 7H_2O$ 的摩尔质量，g/mol。

7. 硫酸镍含量的分析

① 方法要点 在 $pH=10$ 的氨-氯化铵缓冲溶液中，加氟化钠掩蔽镁和钙，以紫脲酸铵为指示剂，用 EDTA 标准溶液进行滴定。

$$Ni^{2+}+H_2Y^{2-}\Longrightarrow NiY^{2-}+2H^+$$

② 试剂 a.$pH=10$ 氨-氯化铵缓冲液（称取氯化铵 $54g$ 溶于 $200mL$ 水中，加 $15mol/L$ 氨水 $350mL$，以水稀释至 $1000mL$）；b.分析纯氟化钠（固体）；c.紫脲酸铵（称取紫脲酸铵 $0.2g$ 与 $20g$ 干燥后的氯化钠混匀，并研成细粉，贮于棕色磨口瓶中）；d.$0.025mol/L$ EDTA 标准溶液。

③ 测定步骤 称取试样约 $1g$（称准至 $0.0002g$）用水溶解，移入 $100mL$ 的容量瓶中，稀释至刻度，摇匀。吸取 $10mL$ 试液，于 $250mL$ 的锥形瓶中，加水 $50mL$，加氟化钠 $0.5g$，加氨性缓冲液 $10mL$，紫脲酸铵 $0.1g$，摇匀。用 EDTA 标准溶液滴定至溶液呈现紫色为终点。

④ 计算 $NiSO_4 \cdot 7H_2O$ 含量 w 按下式计算：

$$w=\frac{Vc\times10^{-3}\times280.86}{m_{样}\times\dfrac{10}{100}}\times100\%$$

式中 V——滴定消耗 EDTA 标准溶液的体积，mL；

$\qquad c$——EDTA 标准溶液的浓度，mol/L；

$\quad m_{样}$——称取试样的质量，g；

280.86——NiSO$_4$·7H$_2$O 的摩尔质量，g/mol。

8. 硝酸锌含量的分析

① 方法要点　在 pH＝10 的氨-氯化铵缓冲溶液中，以铬黑 T 为指示剂，用 EDTA 标准溶液进行滴定。

$$Zn^{2+}+H_2Y^{2-} \Longrightarrow ZnY^{2-}+2H^+$$

② 试剂　a. pH＝10 氨-氯化铵缓冲液（称取氯化铵 54g 溶于 200mL 水中，加 15mol/L 氨水 350mL，以水稀释至 1000mL）；b. 0.5％铬黑 T 指示液（称取 0.50g 铬黑 T 和 2.0g 盐酸羟胺，溶于乙醇，并用乙醇稀释至 100mL）；c. 0.05mol/L EDTA 标准溶液。

③ 测定步骤　称取试样约 0.5g（称准至 0.0002g），溶于 750mL 水中，加 10mL 氨-氯化铵缓冲液及 5 滴铬黑 T 指示液，用 EDTA 标准溶液滴定至溶液由紫红色转变成纯蓝色为终点。

④ 计算　Zn（NO$_3$）$_2$·6H$_2$O 含量 w 按下式计算：

$$w=\frac{Vc\times10^{-3}\times297.49}{m_{样}}\times100\%$$

式中　V——滴定消耗 EDTA 标准溶液的体积，mL；

$\quad\quad c$——EDTA 标准溶液的浓度，mol/L；

$\quad m_{样}$——称取试样的质量，g；

297.49——Zn(NO$_3$)$_2$·6H$_2$O 的摩尔质量，g/mol。

9. 氯化钡含量的分析

① 方法要点　试样溶于水，加荧光素指示液，用硝酸银标准溶液滴定。

$$BaCl_2+2AgNO_3 \Longrightarrow Ba(NO_3)_2+2AgCl\downarrow$$

② 试剂　a. 0.5％荧光素指示液［称取 0.50g 荧光素（荧光黄或荧光红），溶于乙醇，并用乙醇稀释至 100mL］；b. 3％淀粉溶液；c. 0.1mol/L 硝酸银标准溶液。

③ 测定步骤　称取试样约 0.4g（称准至 0.0002g），加 70mL 水溶解，加 3～5 滴荧光素指示液及 10mL 淀粉溶液，在摇动下，用硝酸银标准溶液滴定至溶液呈粉红色为终点。

④ 计算　BaCl$_2$·2H$_2$O 含量 w 按下式计算：

$$w=\frac{Vc\times10^{-3}\times122.14}{m_{样}}\times100\%$$

式中　V——滴定消耗硝酸银标准溶液的体积，mL；

$\quad\quad c$——硝酸银标准溶液的浓度，mol/L；

$\quad m_{样}$——称取试样的质量，g；

122.14——$\frac{1}{2}$BaCl$_2$·2H$_2$O 的摩尔质量，g/mol。

10. 氯化铵含量的分析

① 方法要点　样品溶于水，加荧光素指示液，用硝酸银标准溶液滴定。

$$NH_4Cl+AgNO_3 \Longrightarrow NH_4NO_3+AgCl\downarrow$$

② 试剂　a. 0.5％荧光素指示液；b. 0.5％淀粉溶液；c. 0.1mol/L 硝酸银标准溶液。

③ 测定步骤　称取试样 0.16～0.18g（称准至 0.0002g），溶于 70mL 水中，加 3～5 滴荧光素指示液及 10mL 淀粉溶液，在摇动下，用硝酸银标准溶液滴定至溶液呈粉红色为终点。

④ 计算 NH_4Cl 含量 w 按下式计算：

$$w = \frac{Vc \times 10^{-3} \times 53.49}{m_{样}} \times 100\%$$

式中　V——滴定消耗硝酸银标准溶液的体积，mL；

　　　c——硝酸银标准溶液的浓度，mol/L；

　　$m_{样}$——称取试样的质量，g；

　53.49——氯化铵 NH_4Cl 摩尔质量，g/mol。

11. 水玻璃（硅酸钠）中 Na_2O 和 SiO_2 的分析

① 方法要点　水玻璃主要成分硅酸钠（Na_2SiO_3）在水中存在水解平衡，用盐酸滴定使反应向右进行到底。以甲基红和孔雀绿指示终点。

$$SiO_3^{2-} \underset{}{\overset{H_2O}{\rightleftharpoons}} HSiO_3^- + OH^- \underset{}{\overset{H_2O}{\rightleftharpoons}} H_2SiO_3 + 2OH^-$$

$$NaOH + HCl = NaCl + H_2O$$

在上述含硅酸（H_2SiO_3）的已滴定的溶液中，加入氟化钠，使生成氟硅酸钠沉淀，同时定量地产生氢氧化钠。在低于 70℃ 的情况下，用盐酸滴定。

$$H_2SiO_3 + 6NaF + H_2O = Na_2SiF_6 \downarrow + 4NaOH$$

$$NaOH + HCl = NaCl + H_2O$$

② 试剂　a.10g/L 甲基红指示剂乙醇溶液；b.1g/L 孔雀绿指示剂水溶液；c.0.1mol/L 及 0.5mol/L 盐酸标准溶液；d.A·R 氟化钠（固体试剂）。

③ 测定步骤　称取试样约 1g（称准至 0.0002g），加水 50mL，充分摇匀，加甲基红指示剂 2～4 滴及孔雀绿指示剂 1～2 滴，立即用 0.1mol/L 盐酸标准溶液滴定至溶液由亮绿色变棕黄色为终点（记录读数为 V_1），将上述已滴定的溶液中加入氟化钠 4g，并充分摇动，加甲基红 4～6 滴，立即用 0.5mol/L 盐酸标准溶液滴至溶液呈粉红色，1min 内不褪色即为终点（记录读数为 V_2）。

④ 计算　Na_2O 含量 w_1、SiO_2 含量 w_2 分别按下式计算：

$$w_1 = \frac{V_1 c_1 \times 10^{-3} \times 31.00}{m_{样}} \times 100\%; \quad w_2 = \frac{V_2 c_2 \times 10^{-3} \times 15.02}{m_{样}} \times 100\%$$

式中　V_1——滴定 Na_2O 消耗盐酸标准溶液的体积，mL；

　　　c_1——滴定 Na_2O 所用盐酸标准溶液的浓度，mol/L；

　31.00——$\frac{1}{2}Na_2O$ 的摩尔质量，g/mol；

　　$m_{样}$——称取试样的质量，g；

　　　V_2——滴定 SiO_2 消耗盐酸标准溶液的体积，mL；

　　　c_2——滴定 SiO_2 所用盐酸标准溶液的浓度，mol/L；

　15.02——$\frac{1}{4}SiO_2$ 的摩尔质量，g/mol。

提示：a.滴定时要激烈震动，用力均匀；b.温度不能超过 70℃。

12. 亚铁氰化钾含量的分析

亚铁氰化钾（黄血盐），$K_4Fe(CN)_6 \cdot 3H_2O$。

① 方法要点　样品于酸性溶液中，以高锰酸钾溶液滴定二价铁成三价铁，使溶液颜色转变判别终点。

$$5K_4Fe(CN)_6 + KMnO_4 + 4H_2SO_4 = 5K_3Fe(CN)_6 + MnSO_4 + 3K_2SO_4 + 4H_2O$$

② 试剂　a.(1+1) 硫酸溶液；b. $c(\frac{1}{5}KMnO_4) = 0.1mol/L$ 高锰酸钾标准溶液。

③ 测定步骤　称取试样约 1g（称准至 0.0002g），置于 250mL 的锥形瓶中，加水 150mL 溶解。加硫酸溶液 10mL，摇匀。用高锰酸钾标准溶液滴定至溶液由黄绿色转变为黄红色为终点。

④ 计算　$K_4Fe(CN)_6 \cdot 3H_2O$ 含量 w 按下式计算：

$$w = \frac{Vc \times 10^{-3} \times 422.39}{m_样} \times 100\%$$

式中　V——滴定消耗高锰酸钾标准溶液的体积，mL；

$\quad\quad c$——高锰酸钾标准溶液的浓度，mol/L；

$\quad m_样$——称取试样的质量，g；

422.39——$K_4Fe(CN)_6 \cdot 3H_2O$ 的摩尔质量，g/mol。

13. 重铬酸钾含量的分析

① 方法要点　样品在酸性溶液中，六价铬被碘化钾还原，同时析出游离的碘，以淀粉作指示剂，用硫代硫酸钠溶液滴定。

$$K_2Cr_2O_7 + 6KI + 7H_2SO_4 = 4K_2SO_4 + Cr_2(SO_4)_3 + 3I_2 + 7H_2O$$
$$I_2 + 2Na_2SO_3 = Na_2S_4O_6 + 2NaI$$

② 试剂　a.6mol/L 硫酸溶液（量取分析纯硫酸 168mL，缓缓注入 700mL 水中，冷却后，稀释至 1000mL）；b.A·R 碘化钾；c.0.1mol/L 硫代硫酸钠标准溶液；d.5g/L 淀粉溶液。

③ 测定步骤　称取试样约 5g（称准至 0.0002g）溶于水中，于 500mL 的容量瓶中稀释至刻度，摇匀。用移液管吸取 20mL 试液，注入 500mL 定碘瓶中，加入硫酸溶液 10mL，碘化钾 2g，于暗处静置 5min。加水 100mL，用硫代硫酸钠标准溶液滴定至溶液变成黄绿色，加入淀粉溶液 3mL，再继续滴定至溶液的蓝色退去呈亮绿色为止（终点）。

④ 计算　$K_2Cr_2O_7$ 含量 w 按下式计算：

$$w = \frac{Vc \times 10^{-3} \times 49.04}{m_样 \times \frac{20}{500}} \times 100\%$$

式中　V——滴定消耗硫代硫酸钠标准溶液的体积，mL；

$\quad\quad c$——硫代硫酸钠标准溶液的浓度，mol/L；

$\quad m_样$——称取试样的质量，g；

49.04——$\frac{1}{6}K_2Cr_2O_7$ 的摩尔质量，g/mol。

14. 碱式碳酸铜含量的分析

① 方法要点　以磷酸溶解试样，利用 Cu^{2+} 将碘化钾氧化为碘单质析出，用硫代硫酸钠标准溶液进行滴定。

$$CuCO_3 \cdot Cu(OH)_2 + 4H_3PO_4 = 2Cu(H_2PO_4)_2 + H_2CO_3 + 2H_2O$$
$$2Cu(H_2PO_4)_2 + 4KI = Cu_2I_2 + 4KH_2PO_4 + I_2$$
$$I_2 + 2Na_2SO_3 = Na_2S_4O_6 + 2NaI$$

② 试剂　a.$d = 1.70$ 磷酸；b.分析纯碘化钾；c.100g/L 硫氰酸铵或硫氰酸钾溶液；

d. 0. 1mol/L 硫代硫酸钠标准溶液；e. 10g/L 淀粉溶液。

③ 测定步骤　称取试样约 0.4g（称准至 0.0002g），置于 250mL 带有磨口塞的锥形瓶中，加 25mL 水，加入磷酸 5mL，加热溶解。冷却后，加入 50mL 水及 3～4g 碘化钾，立即盖好瓶塞，于暗处静置 5min。然后用水冲洗瓶盖，并加水 50mL，以硫代硫酸钠标准溶液滴定至溶液呈浅黄色时，加淀粉溶液 1～2mL 继续滴定至溶液蓝色消失，然后加入硫氰酸铵溶液 10mL，再继续滴定至蓝色消失即为终点。

④ 计算　$CuCO_3 \cdot Cu(OH)_2$ 含量 w 按下式计算：

$$w = \frac{Vc \times 10^{-3} \times 110.56}{m_{样}} \times 100\%$$

式中　V——滴定消耗硫代硫酸钠标准溶液的体积，mL；

　　　c——硫代硫酸钠标准溶液的浓度，mol/L；

　　$m_{样}$——称取试样的质量，g；

110.56——$\frac{1}{2}CuCO_3 \cdot Cu(OH)_2$ 的摩尔质量，g/mol。

15. 马日夫盐的分析

（1）水分的测定

① 方法要点　试样在 105～110℃下失去的质量，即为试样的水分。

② 测定步骤　称取约 5g 试样（称准至 0.0002g），置于称量瓶中，于 105～110℃ 干燥至恒重，失去的质量即为水分。

③ 计算　水分含量 $w_{水}$ 按下式计算：

$$w_{水} = \frac{m_0 - m_1}{m_0} \times 100\%$$

式中　m_0——称取试样的质量，g；

　　　m_1——试样干燥后的质量，g。

（2）水不溶物（残渣）的测定

① 方法要点　试样以热水溶解，将不溶物过滤灼烧。

② 测定步骤　称取试样约 3g（称准至 0.0002g），置于 250mL 的烧杯内，加水 100mL，于 50～60℃加热 30min，沉积物以定量滤纸过滤，用热水洗涤 3～4 次。将沉积物（残渣）连同滤纸移于瓷坩埚中，先烘干，然后于 800～900℃灼烧至恒重。

③ 计算　水不溶物（残渣）含量 $w_{残}$ 按下式计算：

$$w_{残} = \frac{m_2}{m_0} \times 100\%$$

式中　m_0——称取试样的质量，g；

　　　m_2——灼烧后沉积物（残渣）的质量，g。

（3）可溶性硫酸根的测定

① 方法要点　马日夫盐中硫酸根与氯化钡作用生成硫酸钡沉淀，用重量法测定。

$$SO_4^{2-} + Ba^{2+} = BaSO_4 \downarrow$$

② 试剂　a.（1+1）盐酸溶液；b. 100g/L 氯化钡溶液。

③ 测定步骤　称取约 5g 试样（称准至 0.0002g），于 105～110℃烘干至恒重。用水 100mL 洗入 250mL 的烧杯中，加热煮沸 20min，趁热滤出残渣，再用热水洗涤几次。滤液收集在 400mL 的烧杯中，加盐酸溶液 8mL，加热煮沸，缓缓加氯化钡溶液 10mL，并不断

搅拌，再继续煮沸 10min，静置 8～10h。然后用无灰滤纸过滤，并加少量纸浆，用热水洗涤至无氯离子反应。移入已恒重的瓷坩埚中，然后移入马弗炉中，在 600～700℃灼烧至恒重。

④ 计算　硫酸根含量 $w(SO_4^{2-})$ 按下式计算：

$$w(SO_4^{2-}) = \frac{m_3 \times 0.4115}{m_0} \times 100\%$$

式中　m_0——称取试样的质量，g；

m_3——硫酸钡沉淀质量，g；

0.4115——将硫酸钡含量换算为硫酸根含量的换算系数。

（4）氯根的测定

① 方法要点　在硝酸存在下，氯离子与硝酸银作用，生成氯化银沉淀，与标准液比较，计算出氯根的含量。

$$Cl^- + Ag^+ \xrightarrow{\hspace{1cm}} AgCl\downarrow$$

② 试剂　a. $d=1.15$ 硝酸溶液；b. 0.1mol/L 硝酸银溶液；c. 氯化钠（已知 Cl^- 含量的标准溶液）。

称取分析纯氯化钠 2g 置于瓷坩埚中盖上坩埚盖，于 500～600℃马弗炉中灼烧至恒重，取出放入干燥器中冷却后，称取 1.649g 溶解在 1000mL 的容量瓶中，稀释至刻度，混匀备用。此溶液 Cl^- 的质量浓度为 1g/L。

③ 测定步骤　称取于 105～110℃烘干至恒重的试样约 2g（称准至 0.0002g），用 30mL 水洗入 150mL 的烧杯中，加硝酸溶液 4mL，加热煮沸使其全部溶解。用被热水洗涤过的滤纸过滤，滤液注入 100mL 的比色管中，加硝酸银溶液 2mL，搅匀。另取马日夫盐 8g，用 26mL 水洗入烧杯中，加硝酸溶液 16mL，水 50mL，加热煮沸使其全部溶解，冷却至 50～60℃，加硝酸银溶液 8mL，混匀，静置 8h（最好过夜），用被热水洗涤过的滤纸过滤（前 10mL 弃之），取此滤液 25mL 于 100mL 的比色管中，加水与试样的比色管相同。用已知含量的氯化钠标准溶液滴定，至搅拌后与试样的浑浊度相等为止。

④ 计算　Cl^- 含量 $w(Cl^-)$ 按下式计算：

$$w(Cl^-) = \frac{10^{-3}V\rho}{m_0} \times 100\%$$

式中　V——滴定消耗氯化钠标准溶液的体积，mL；

m_0——称取试样的质量，g；

ρ——氯化钠标准溶液的质量浓度，1g/L。

（5）游离酸与总酸度的测定

① 方法要点　马日夫盐中含有游离磷酸和磷酸盐（如磷酸二氢锰），利用双重指示剂，以碱滴定。甲基橙指示所消耗碱液的量为游离酸的含量。甲基橙和酚酞指示所共消耗碱液的量为总酸的含量。

$$H_3PO_4 + NaOH \xrightarrow{\hspace{1cm}} NaH_2PO_4 + H_2O$$
$$NaH_2PO_4 + NaOH \xrightarrow{\hspace{1cm}} Na_2HPO_4 + H_2O$$
$$Mn(H_2PO_4)_2 + 2NaOH \xrightarrow{\hspace{1cm}} MnHPO_4 + Na_2HPO_4 + 2H_2O$$

② 试剂　a. 1g/L 甲基橙溶液；b. 10g/L 酚酞乙醇溶液；c. 0.1mol/L 氢氧化钠标准溶液。

③ 测定步骤　取在 105～110℃烘干至恒重的试样约 5g（称准至 0.0002g），置于

250mL 的烧杯中，加水 150mL，加热煮沸 10min，冷至室温，移入 250mL 的容量瓶中，并稀释至刻线，混合均匀。用干燥滤纸过滤（前 10mL 滤液弃之），然后取滤液 25mL 于 250mL 的锥形瓶中，加水 50mL，加甲基橙指示液数滴，用氢氧化钠标准溶液滴定至溶液呈红色恰消失，记录消耗的氢氧化钠标准溶液的体积 V_1；再向溶液中加酚酞指示液 3 滴，继续用氢氧化钠标准溶液滴定至溶液显微红色为止，记录消耗的氢氧化钠标准溶液的体积 V_2。

④ 计算　酸度 S 以 0.100g 试样所消耗 0.1mol/L NaOH 的体积（mL）表示，游离酸度 S、总酸度 S' 分别按下式计算：

$$S=\frac{V_1\times0.1}{m_{样}\times\frac{25}{250}};\qquad S'=\frac{(V_1+V_2)\times0.1}{m_{样}\times\frac{25}{250}}$$

式中　V_1——滴定游离酸时消耗氢氧化钠标准溶液的体积，mL；

　　　　$m_{样}$——称取试样的质量，g；

　　　　V_2——以酚酞为指示剂所消耗氢氧化钠标准溶液的体积，mL。

（6）锰的测定

① 方法要点　马日夫盐中锰以磷酸二氢锰形式存在，加盐酸使生成二氯化锰，用氧化锌除去三价铁，在弱碱性溶液中，以高锰酸钾溶液滴定，将二价锰氧化成四价锰，过量高锰酸钾溶液红色指示终点。

$$Mn(H_2PO_4)_2+2HCl =\!=\!= MnCl_2+2H_3PO_4$$
$$2FeCl_3+3ZnO =\!=\!= 3ZnCl_2+Fe_2O_3$$
$$3MnCl_2+2KMnO_4+7H_2O =\!=\!= 2KCl+5MnO(OH)_2+4HCl$$

② 试剂　a.（1+1）盐酸溶液；b. 分析纯氧化锌，配成糊状悬浊液；c. $c(\frac{1}{3}KMnO_4)=$ 0.1mol/L 高锰酸钾标准溶液。

③ 测定步骤　称取 5~7g 试样（称准至 0.0002g），置于烧杯中，加热酸溶液 50~60mL，加热溶解。冷却后过滤于 500mL 的容量瓶中，滤纸上残渣用热盐酸溶液洗涤 2~3 次，冷却后稀释至刻线。移取此试液 25mL 于 500mL 的锥形瓶中，加盐酸溶液 25mL，加糊状氧化锌至瓶底有过量氧化锌为止。加热水 200mL，加热煮沸后，用高锰酸钾标准溶液至溶液生成水合二氧化锰，溶液显粉红色为止。

④ 计算　锰含量 $w(Mn^{2+})$ 按下式计算：

$$w(Mn^{2+})=\frac{Vc\times10^{-3}\times27.47}{m_0\times\frac{25}{500}}\times100\%$$

式中　V——滴定消耗高锰酸钾标准溶液的体积，mL；

　　　　c——高锰酸钾（$\frac{1}{3}KMnO_4$）标准溶液的浓度，mol/L；

　　　　m_0——称取试样的质量，g；

　　　　27.47——$\frac{1}{2}Mn^{2+}$ 的摩尔质量，g/mol。

提示：a. 加入的氧化锌必须是新配制的；b. 滴定的温度应保持在 80℃；c. 氧化锌应加至瓶底有显著的细粉状氧化锌不溶解为止。

（7）五氧化二磷的测定

① 方法要点　样品溶于水，于酸性溶液中，将五氧化二磷转变为正磷酸。

$$P_2O_5 + 3H_2O \Longrightarrow 2H_3PO_4$$

以喹钼柠酮试剂与磷酸反应形成配合物，缓慢地析出磷钼酸喹啉 $[(C_9H_7NH)_3PO_4 \cdot 12MoO_3]$ 黄色沉淀，烘去其中的水分，以磷钼酸喹啉含量换算成五氧化二磷含量。

② 试剂　a.$d=1.42$ 硝酸及（1+1）硝酸溶液；b.分析纯钼酸钠；c.分析纯柠檬酸；d.分析纯喹啉；e.分析纯丙酮；f.喹钼柠酮溶液。

喹钼柠酮溶液的配制：称取 70g 钼酸钠（$Na_2MoO_4 \cdot 2H_2O$）溶解于 150mL 水中，为溶液①；另称取 60g 柠檬酸（$C_6H_8O_7 \cdot H_2O$）溶解于 85mL 浓硝酸和 150mL 水的混合液中，为溶液②；在不断地搅拌下，将溶液①缓慢地加入溶液②中，为溶液③；量取 5mL 喹啉（C_9H_7N）注入 35mL 浓硝酸和 100mL 水的混合液中，为溶液④。将溶液④缓慢地注入溶液③中，混合后放置 24h 后过滤。量取 280mL 丙酮（CH_3COCH_3）注入溶液中，以水稀释至 1000mL，混匀，贮于聚乙烯瓶中。

③ 测定步骤　称取约 2g 试样（称准至 0.0002g），用水溶解，移入 250mL 的容量瓶中，以水稀释至刻线，摇匀。用干滤纸及干漏斗过滤于锥形瓶中（弃去最初 20mL 滤液），分取 10mL 滤液，注入 400mL 的锥形瓶中，加 10mL（1+1）硝酸溶液及 80mL 水。盖上表面皿，置于电热板（或水浴）上加热至沸，取下趁热加入 40mL 喹钼柠酮溶液，重新加热至沸，取下冷却至室温，用预先已恒重的 4 号玻璃坩埚（滤杯）进行过滤，先将上层清液滤完，用倾泻法洗涤沉淀 2~3 次，将沉淀全部转移到滤杯内，再用冲洗沉淀烧杯的水入滤杯内，所用洗涤水共约 150mL。洗涤完毕，将沉淀连同滤杯一起，置于烘箱中在 180℃干燥 45min（或于 250℃干燥 30min），取出冷却 25~30min 进行称量，直至恒重。

④ 计算　马日夫盐中 P_2O_5 含量 $w(P_2O_5)$ 按下式计算：

$$w(P_2O_5) = \frac{m_4 \times 0.03207}{m_0 \times \dfrac{10}{250}} \times 100\%$$

式中　m_4——烘干后的磷钼酸喹啉的质量，g；

　　　m_0——称取试样的质量，g；

　0.03207——将磷钼酸喹啉含量换算成 P_2O_5 含量的换算系数。

十九、石灰石、白灰、白云石的分析

石灰石主要成分为 $CaCO_3$；白灰主要成分为 CaO；白云石主要成分为 $CaMg(CO_3)_2$ 或 $MgCO_3$。

1. 灼烧减量的测定

① 方法要点　将试样在 105℃烘过水分后，再于高温下灼烧。

$$CaCO_3 \xrightarrow{\triangle} CaO + CO_2 \uparrow$$

② 测定步骤　称取约 1g 试样（称准至 0.0002g），首先于烘箱中在 105℃烘去水分，然后移入高温炉中在 950~1000℃下灼烧至恒重。

③ 计算　灼烧减量 $w_减$ 按下式计算：

$$w_减 = \frac{m_0 - m_1}{m_1} \times 100\%$$

式中　m_1——试样灼烧后的质量，g；

　　　m_0——称取试样的质量，g。

提示：a.试样应研细，并通过 80～100 筛目；b.灼烧的温度应从 500℃以下徐徐升温，以免大量二氧化碳释放太快而造成试样飞失。

2. 二氧化硅的测定

（1）重量法

① 方法要点　试样以盐酸、硝酸溶解，蒸发，脱水，过滤，灼烧。

$$CaSiO_3 + 2HCl + nH_2O \Longrightarrow SiO_2 \cdot (n+1)H_2O + CaCl_2$$

$$SiO_2 \cdot (n+1)H_2O \xrightarrow{200℃} SiO_2 \cdot n'H_2O \downarrow + n''H_2O$$

$$SiO_2 \cdot n'H_2O \xrightarrow{1000℃} SiO_2 + n'H_2O \uparrow$$

② 试剂　a.$d=1.19$ 及（1+1）、（5+95）盐酸溶液；b.$d=1.42$ 硝酸。

③ 测定步骤　称取研细干燥的试样约 0.5g（称准至 0.0002g），于 250mL 的烧杯内，盖上表面皿，慢慢加入盐酸 20mL（$d=1.19$），硝酸 10mL（$d=1.42$），加热溶解，并蒸发至干涸。稍冷，加盐酸 15mL（$d=1.19$），重复蒸发至干涸，冷却，加（1+1）盐酸溶液 25mL，热水 100mL，加热使盐类溶解。用定量滤纸过滤，沉淀及滤纸用（5+95）盐酸溶液洗涤 6～7 次。然后用热水洗至无氯离子为止。（滤液收集于 250mL 的容量瓶中备用）。将沉淀连同滤纸移入已知重量的瓷坩埚中，烘干后于 950～1000℃灼烧 30min，冷却，称量。

④ 计算　SiO_2 含量 w 按下式计算：

$$w = \frac{m_2}{m_0} \times 100\%$$

式中　m_2——灼烧后残渣的质量，g；

m_0——称取试样的质量，g。

（2）比色法（亚铁钼蓝法）

① 方法要点　硅酸在酸性溶液中与钼酸铵反应生成黄色硅钼杂多酸配合物。

$$H_4SiO_4 + 12(NH_4)_2MoO_4 + 12H_2SO_4 \Longrightarrow H_8[Si(Mo_2O_7)_6] + 12(NH_4)_2SO_4 + 10H_2O$$

黄色硅钼杂多酸配合物的一个配位体被亚铁还原使配合物呈深蓝色，借此比色。

$$H_8[Si(Mo_2O_7)_6] + 4FeSO_4 + 2H_2SO_4 \Longrightarrow H_8\left[Si \begin{matrix} (Mo_2O_7)_5 \\ \\ Mo_2O_5 \end{matrix}\right] + 2Fe_2(SO_4)_3 + 2H_2O$$

② 试剂　a.混合熔剂（一份四硼酸钠与一份无水碳酸钠混合研细，然后于氧化炉中 700～750℃焙烧除掉水分，再用研钵研细，保存于密封的广口瓶中备用）；b.（1+1）盐酸溶液；c.50g/L 钼酸铵溶液；d.草硫混酸 [8mol/L 硫酸与 40g/L 草酸按（1+3）体积混合]；e.硫酸亚铁溶液 [取 4g 硫酸亚铁溶解于水中，加（1+1）硫酸溶液 5mL，过滤后稀释至 100mL 备用]。

③ 测定步骤　称取约 0.5g 试样（称准至 0.0002g）用石墨粉快速熔样法熔融，熔球置于盛有盐酸溶液 40mL 及水 50mL 的 250mL 烧杯中，将烧杯盖上表面皿，在电炉上加热，至熔块完全溶解为止。冷却，用脱脂棉将石墨粉滤出，滤液盛于 500mL 的容量瓶中，用水洗涤烧杯及漏斗的滤物各 3 次，用水稀释至刻线，摇匀。吸取试液 5mL 置于 100mL 的容量瓶中，加水 15mL，加钼酸铵溶液 5mL，静置 5min，加水 30mL，草硫混酸 30mL，立即在不断振荡下，加硫酸亚铁溶液 5mL，用水稀释至刻线，混匀。在分光光度计上，用 2cm 比色皿，640nm 波长滤光片，以水作空白对照比色，于预制的标准曲线上查得分析结果。亦可按同品种含量相近的标样进行换算得二氧化硅含量。

④ 计算（带标样进行换算） SiO_2 含量 w 按下式计算：

$$w = \frac{w_{标} E}{E_0}$$

式中　$w_{标}$——同品种标样二氧化硅的含量；

　　　E——测得试样的吸光度的读数；

　　　E_0——测得标样的吸光度的读数。

提示：a.由于试样中含有大量二氧化碳，在熔样时，应初以低温 400℃ 放炉内，逐渐升温，至 800℃ 再保持 5min 即可，否则崩溅得很厉害，崩溅的小珠应拣入杯中，严重者须重新称样熔融；b.对于烧结白云石及白灰块，在称样时须与灼减同时称样，因为上述两种试样在空气中极易吸水；c.标准曲线的绘制，应取不同含量同品种标样 4～5 个。

3. 三氧化物的测定

① 方法要点　将重量法测定二氧化硅后的滤液 10mL 加氢氧化铵调整 pH 至 4～5，使三价铁、三价铝生成氢氧化物沉淀，过滤，灼烧，称重。

$$Me^{3+} + 3OH^- \xrightarrow{\quad} Me(OH)_3 \downarrow$$

$$Me(OH)_3 \xrightarrow{900～1000℃} Me_2O_3 + 3H_2O$$

② 试剂　a.(1+1) 氢氧化铵溶液；b.1g/L 甲基橙溶液。

③ 测定步骤　测定二氧化硅后的滤液加水稀释至 250mL，摇匀。移取此溶液 10mL 于 250mL 的烧杯中，加甲基橙 1 滴，用氢氧化铵溶液中和至红色恰消失，并过量 2～3 滴，煮沸 5～6min，用定量滤纸过滤，以热水洗涤 5～6 次，将沉淀连同滤纸移于已称量的瓷坩埚中，烘干，在 900～1000℃ 灼烧 30min，冷却，称量。

④ 计算　三氧化物（Me_2O_3）含量 w 按下式计算：

$$w = \frac{m_3}{m_0 \times \frac{10}{250}} \times 100\%$$

式中　m_3——三氧化物沉淀的质量，g；

　　　m_0——称取试样的质量，g。

4. 氧化钙和氧化镁的测定

① 方法要点　将重量法测定二氧化硅后的滤液 10mL，以氢氧化铵分离三价铁和三价铝。并将滤液分为两份，一份加 pH=10 氨性缓冲液，以铬黑 T 为指示剂，用 EDTA 滴定氧化钙及氧化镁的含量；另一份加氢氧化钾溶液至 pH=12，以紫脲酸铵为指示剂，用 EDTA 滴定氧化钙的量。

$$Mg^{2+} + H_2Y^{2-} \xrightarrow{\quad} MgY^{2-} + 2H^+$$

$$Ca^{2+} + H_2Y^{2-} \xrightarrow{\quad} CaY^{2-} + 2H^+$$

② 试剂　a.(1+1) 氨水溶液；b.1g/L 甲基橙溶液；c.pH 10 氨-氯化铵缓冲液（取 NH_4Cl 54g 溶于水，加 15mol/L 氨水 350mL，用水稀释至 1L）；d.200g/L 氢氧化钾溶液；e.5g/L 铬黑 T 指示剂乙醇溶液（取 0.5g 铬黑 T 溶于 100mL 的乙醇中，加 20g 盐酸羟胺）；f.紫脲酸铵（取 0.2g 紫脲酸铵与 100g 氯化钠研细）；g.0.025mol/L EDTA 标准溶液。

③ 测定步骤　沉淀二氧化硅后的滤液，加水稀释至 250mL，摇匀。移取试液 10mL 两份，分别于 250mL 的烧杯中，加甲基橙 1 滴，以氢氧化铵溶液中和至红色恰消失，并过量 2～3 滴，煮沸 5～6min，以定量滤纸过滤，用热水洗涤 5～6 次。滤液蒸发至 100mL 左右。

氧化钙的测定：在上述处理过的一份滤液中，加氢氧化钾溶液 10mL，加紫脲酸铵 0.3g，以 EDTA 标准溶液滴定至溶液由酒红色转紫蓝色为终点（A）。

氧化钙和氧化镁含量的测定：在另一份滤液中，加氨性缓冲液 10mL，铬黑 T 指示剂 5 滴，以 EDTA 标准溶液滴定至溶液由红色转变为纯蓝色为终点（B）。

④ 计算　CaO 含量 $w(CaO)$、MgO 含量 $w(MgO)$ 分别按下式计算：

$$w(CaO) = \frac{V_1 c \times 10^{-3} \times 56.08}{m_0 \times \frac{10}{250}} \times 100\%$$

$$w(MgO) = \frac{(V_2 - V_1)c \times 10^{-3} \times 40.32}{m_0 \times \frac{10}{250}} \times 100\%$$

式中　V_1——滴定氧化钙时消耗 EDTA 标准溶液的体积，mL；

$\quad\quad V_2$——滴定氧化钙和氧化镁含量时消耗 EDTA 标准溶液的体积，mL；

$\quad\quad c$——EDTA 标准溶液的浓度，mol/L；

$\quad\quad m_0$——试样的质量，g；

56.08——氧化钙的摩尔质量，g/mol；

40.32——氧化镁的摩尔质量，g/mol。

5. 硫的滴定

① 方法要点　将重量法分离了二氧化硅后的滤液，在盐酸介质中加入锌粉将三价铁还原成二价铁，加氯化钡使硫酸根成硫酸钡沉淀，过滤，灼烧。

$$SO_4^{2-} + Ba^{2+} =\!=\!= BaSO_4 \downarrow$$

② 试剂　a.分析纯锌粉；b.(1+1) 盐酸溶液；c.100g/L 氯化钡溶液。

③ 测定步骤　取测定二氧化硅后的滤液 50mL，置于 250mL 的烧杯中，加盐酸溶液 10mL，加锌粉 2g 以将三价铁还原成二价铁，待溶解完后（如有沉淀需滤去）。加水 50mL，加热煮沸，然后慢慢加入氯化钡溶液 10mL，再继续煮沸 5min，静置 3～4h。用定量滤纸过滤，滤液及滤纸有热水洗至无氯离子为止。将沉淀连同滤纸烘干后，移入高温炉中于 700～800℃灼烧 30min，冷却，称量。

④ 计算　S 的含量 w 按下式计算：

$$w = \frac{m_4 \times 0.1374}{m_0 \times \frac{50}{250}} \times 100\%$$

式中　m_4——灼烧后硫酸钡沉淀的质量，g；

$\quad\quad m_0$——称取试样的质量，g；

0.1374——将硫酸钡含量换算成硫含量的换算系数。

提示：如试样中含三价铁（Fe^{3+}）量少，可不加锌粉（或锌粒）。

二十、锅炉水和自来水（给水）的分析

1. 总碱度的测定

① 方法要点　试样用已知浓度的酸中和，即可求得总碱度。

$$MOH + HCl =\!=\!= MCl + H_2O \quad\quad （M 表示一价金属离子）$$

$$MeCO_3 + 2HCl === MeCl_2 + CO_2\uparrow + H_2O \quad （Me\text{ 表示二价金属离子}）$$

$$MHCO_3 + HCl === MCl + CO_2\uparrow + H_2O$$

② 试剂　a. 10g/L 甲基橙指示剂溶液；b. 0.1mol/L 盐酸标准溶液。

③ 测定步骤　将测定之水用干燥滤纸过滤于 250mL 的烧杯中（前 20mL 弃之），以移液管吸取此滤液 100mL 注入 250mL 的锥形瓶中，加甲基橙指示剂 1 滴，用盐酸标准溶液滴定至微红色为终点。

④ 计算　总碱度（以 $CaCO_3$ 计，mg/L）按下式计算：

$$总碱度 = \frac{Vc \times 50.04 \times 10^3}{100}$$

式中　V——滴定消耗盐酸标准溶液的体积，mL；

c——盐酸标准溶液的浓度，mol/L；

100——所取试样的体积，mL；

50.04——$\frac{1}{2}CaCO_3$ 的摩尔质量，g/mol；

10^3——单位换算系数。

2. 总硬度的测定

① 方法要点　在 pH 10 的氨性缓冲液中，以铬黑 T 为指示剂，用 EDTA 标准溶液测定试样中的钙、镁，求出总硬度（以 $CaCO_3$ 计）。

$$Ca^{2+} + H_2Y^{2-} === CaY^{2-} + 2H^+$$

$$Mg^{2+} + H_2Y^{2-} === MgY^{2-} + 2H^+$$

② 试剂　a. 铬黑 T 指示剂（称取铬黑 T 0.5g 溶解于 pH=10 的氨性缓冲液中，以无水乙醇稀释至 100mL，放入棕色瓶中保存，塞好，可以使用一个月）；b. 0.025mol/L EDTA 标准溶液；c. pH=10 氨-氯化铵缓冲液（称取氯化铵 67g 溶于水，加氨水 500mL，以水稀释至 1000mL）。

③ 测定步骤　用移液管吸取 100mL 过滤后的试样，注入 250mL 的锥形瓶中，加入氨性缓冲液 20mL，铬黑 T 指示剂 5mL，用 EDTA 标准溶液滴定至溶液由酒红色变为蓝色终点。

④ 计算　总硬度（以 $CaCO_3$ 计，mg/L）按下式计算：

$$总硬度 = \frac{Vc \times 50.04}{100} \times 1000$$

式中　V——滴定消耗 EDTA 标准溶液的体积，mL；

c——EDTA 标准溶液的浓度，mol/L；

50.04——$\frac{1}{2}CaCO_3$ 的摩尔质量，g/mol；

100——取试样的体积，mL；

1000——单位换算系数。

3. 氯根的测定

① 方法要点　在中性溶液中，以铬酸钾为指示剂，用硝酸银滴定试样中的氯离子生成血红色的铬酸银沉淀为终点。

$$Ag^+ + Cl^- === AgCl\downarrow$$

$$2AgNO_3 + K_2CrO_4 \Longrightarrow Ag_2CrO_4 \downarrow + 2KNO_3 .$$
$$（红色）$$

② 试剂　a. 10g/L 酚酞指示剂乙醇溶液；b. 0.1mol/L 硫酸溶液；c. 1g/L 甲基橙指示剂溶液；d. 0.1mol/L 碳酸钠溶液；e. 0.01mol/L 硝酸银标准溶液；f. 50g/L 铬酸钾溶液。

③ 测定步骤　用移液管吸取 100mL 试样，置于 250mL 的锥形瓶中，若呈碱性则加入酚酞指示剂 2 滴，以硫酸溶液滴定至红色恰消失；若呈酸性，滴加甲基橙指示剂 2 滴，以碳酸钠溶液滴定至红色消失。然后加入铬酸钾溶液 1mL，以硝酸银标准溶液滴定至微红色为终点。

④ 计算　Cl^- $x(g/L)$ 按下式计算：

$$x = \frac{Vc \times 35.45}{100}$$

式中　V——滴定消耗硝酸银标准溶液的体积，mL；

　　　c——硝酸银标准溶液的浓度，mol/L；

　35.45——Cl^- 的摩尔质量，g/mol；

　　100——取试样的体积，mL。

4. 锅炉水中磷酸根的测定

① 方法要点　于试样中加入钼酸盐与磷反应生成磷钼黄，以氯化亚锡将磷钼黄色还原为磷钼蓝后比色。

$$H_3PO_4 + 12(NH_4)_2MoO_4 + 24HCl \Longrightarrow H_7[P(Mo_2O_7)_6] + 24NH_4Cl + 10H_2O$$

$$H_7[P(Mo_2O_7)_6] + 2SnCl_2 + 4HCl \Longrightarrow H_7\left[P \begin{matrix} Mo_2O_5 \\ \\ (Mo_2O_7)_5 \end{matrix}\right] + 2SnCl_4 + 2H_2O$$

② 试剂　a. 氯化亚锡溶液［取 10g 氯化亚锡，溶于 25mL 浓盐酸中（此为原液，在每次进行测定时，以此原液 1mL 用蒸馏水稀释至 200mL）］；b. 钼酸铵溶液（取 25g 钼酸铵，溶于 175mL 水中，另外缓加 280mL 浓硫酸于 400mL 蒸馏水中，以水稀释至 800mL，然后将钼酸铵溶液加入配制好冷却的硫酸中稀释至 1000mL）；c. 磷酸二氢钾标准工作溶液（准确称取已于 150℃烘干 3h 的磷酸二氢钾 0.1433g，溶于水中，稀释至 1000mL，PO_4^{3-} 浓度为 0.1mg/mL，取此溶液稀释 10 倍，PO_4^{3-} 浓度为 0.01mg/mL，即为磷酸二氢钾标准工作溶液）。

③ 测定步骤　准确用移液管吸取已过滤过的试液 5.00mL 注入 100mL 的溶量瓶中，同时取 0.01mL、1.00mL、2.00mL、3.00mL、4.00mL、5.00mL、6.00mL、7.00mL、8.00mL、9.00mL、10.00mL 磷酸二氢钾标准工作溶液，均在不断摇动下注入 100mL 溶量瓶中，然后各加入 2mL 钼酸铵溶液，与 3mL 氯化亚锡溶液，以水稀释至刻度，5min 后比色。选取与试样颜色相同的标准管，以计算磷酸根的含量。

④ 计算　PO_4^{3-} $x(mg/L)$ 按下式计算：

$$x = \frac{A \times 1000}{5}$$

式中　A——标准管含磷酸根的质量，mg；

　　　5——取试样的体积，mL。

5. 自来水中溶解氧的测定

① 方法要点　于碱性溶液中，游离氧将二价锰氧化成三价锰。再以碘盐将三价锰还原

为二价锰而析出碘，碘用硫代硫酸钠滴定。

$$Mn^{2+} + 2OH^- \rightleftharpoons Mn(OH)_2 \downarrow$$

$$4Mn(OH)_2 + O_2 \rightleftharpoons 4MnO(OH) + 2H_2O$$

$$MnO(OH) + 3HCl \rightleftharpoons MnCl_3 + 2H_2O$$

$$2MnCl_3 + 2KI \rightleftharpoons 2MnCl_2 + 2KCl + I_2$$

$$I_2 + 2Na_2S_2O_3 \rightleftharpoons Na_2S_4O_6 + 2NaI$$

② 试剂　a. 硫酸锰溶液［取 480g 硫酸锰（$MnSO_4 \cdot 4H_2O$），加热溶于 600mL 蒸馏水中，待全部溶解后，稀释至 1000mL］；b. 碱性碘化钾溶液［取 500g 氢氧化钠（或 700g 氢氧化钾）和 135g 碘化钠（或 150g 碘化钾），溶于 1000mL 水中］；c. $d = 1.19$ 盐酸；d. 10g/L 淀粉溶液；e. 0.01mol/L 硫代硫酸钠标准溶液。

③ 测定步骤　直接在盛试样的带磨口塞的锥形瓶溶液中，加入 1mL 硫酸锰溶液和 3mL 碱性碘化钾溶液，然后将塞子塞好，将瓶子倒转摇动数次。当沉淀下降后，又重摇动数次，然后启开塞子加 3mL 盐酸混合均匀。倾入 500mL 的锥形瓶中，以硫代硫酸钠标准溶液滴定至浅黄色，加 1mL 淀粉溶液，继续滴定至蓝色消失（V_1）。在另一试样瓶中，小心加入 3mL 碱性碘化钾溶液和 3mL 盐酸混合，再加入 1mL 硫酸锰溶液，摇匀倾入 500mL 的锥形瓶内。再加 1mL 淀粉溶液，以硫代硫酸钠标准溶液滴定至蓝色消失为止（V_2）。

④ 计算　O_2 含量 x(mg/L) 按下式计算：

$$x = \frac{(V_1 - V_2)c \times 8.00}{V_{样}} \times 1000$$

式中　V_1——试样消耗硫代硫酸钠标准溶液的体积，mL；

　　　V_2——空白消耗硫代硫酸钠标准溶液的体积，mL；

　　　c——硫代硫酸钠标准溶液的浓度，mol/L；

　　$V_{样}$——试样的体积，mL；

　8.00——$\frac{1}{4}O_2$ 的摩尔质量，g/mol。

6. 硫酸根的测定

① 方法要点　于盐酸酸性溶液中，钡离子与水中硫酸根作用，生成白色沉淀。

$$Ba^{2+} + SO_4^{2-} \rightleftharpoons BaSO_4 \downarrow$$

② 试剂　a. 100g/L 氯化钡溶液（取 10g $BaCl_2$ 溶于水中并过滤稀释至 100mL）；b. (1+1) 盐酸溶液；c. 0.1mol/L 硝酸银溶液（取 1.7g 硝酸银溶于 1000mL 水中）。

③ 测定步骤　取样 200mL 置于 400mL 的烧杯中，加入盐酸溶液 15mL，煮沸 5min。在不断搅拌下慢慢加入氯化钡溶液 10mL，继续煮沸 5min，移至水浴上静置 3～4h，以无灰滤纸过滤，并以热蒸馏水洗涤沉淀至无氯离子反应（用硝酸银溶液检查）。然后将滤纸和沉淀移入已知质量的坩埚中烘干，再于 700～800℃高温炉中灼烧 30min，冷却，称量至恒重。

④ 计算　SO_4^{2-} 含量 x(g/L) 按下式计算：

$$x = \frac{(W_1 - W_0) \times 0.4115}{200} \times 1000$$

式中　W_1——坩埚和沉淀总质量，g；

　　　W_0——坩埚质量，g；

　0.4115——将 $BaSO_4$ 含量换算为 SO_4^{2-} 含量的换算系数；

　　200——取试样的体积，mL。

7. 水中全固形物的测定

① 方法要点 水中促使水浑浊散乱状的杂质称为固形物。测定固形物的方法是将水蒸发干涸后称其质量。

② 测定步骤 将蒸发皿置于烘箱中，在 $103\sim105℃$ 干燥 1h，再移入干燥器中，冷却称量。用容量瓶取 100mL 水样，慢慢注入玻璃蒸发皿中，置于水浴上蒸发至干涸。将蒸发皿连同残渣一起置于烘箱中，在 $103\sim105℃$ 干燥 1h，然后移入干燥器内冷却至室温，称其质量。

③ 计算 全固形物含量 x_1(g/L) 按下式计算：

$$x_1 = \frac{W_3 - W_2}{100} \times 1000$$

式中 W_3——蒸发皿和沉淀物的质量，g；

W_2——蒸发皿的质量，g；

100——取试样的体积，mL。

8. 悬浮物和溶解固形物的测定

① 测定步骤 试样以紧密滤纸过滤，用容量瓶取透明水样 100mL，移入已知在 $103\sim105℃$ 烘干 1h 冷却称其质量的蒸发皿内，在沸腾的水浴上蒸发干涸。然后在 $103\sim105℃$ 烘干 1h，取出置于干燥器内冷却，称其质量。

② 计算 溶解物含量 x_2(g/L)、悬浮物含量 x_3(g/L) 分别按下式计算：

$$x_2 = \frac{W_5 - W_4}{100} \times 1000; \quad x_3 = 全固形物含量 - 溶解物含量 = x_1 - x_2$$

式中 W_5——蒸发皿和沉淀物的质量，g；

W_4——蒸发皿的质量，g；

100——取试样的体积，mL。

提示：a.测定全固形物时，不可将蒸发皿直接加热；b.如果水样中悬浮物质含量甚少，取水样的量可增加；c.烘箱内温度不得低于 103℃，否则吸附水不易除去，而使结果偏高。

9. 二氧化硅的测定

① 方法要点 于试样中加入盐酸，与硅酸和偏硅酸盐作用而生成硅酸和盐，于水浴上将硅酸脱水后，置于高温炉中灼烧。

$$MSiO_3 + 2HCl === MCl_2 + H_2SiO_3$$

$$H_2SiO_3 \xrightarrow{\triangle} SiO_2 + H_2O$$

② 试剂 (1+1) 及 (5+95) 盐酸溶液。

③ 测定步骤 取水样 100mL 于蒸发皿中，置于水浴上蒸发干。加入 (1+1) 盐酸溶液 10mL 润湿残渣，再在水浴上蒸发至干涸。取下加入 (1+1) 盐酸溶液 4mL，摇振，再加入 30mL 沸腾后的蒸馏水，使可溶物完全溶解，立即用无灰定量滤纸过滤，以 (5+95) 的盐酸溶液洗涤 $7\sim8$ 次，再以热水洗至无氯离子。将滤纸残渣沉淀置于坩埚烘干，于 $900\sim1000℃$ 高温炉中灼烧 30min，冷却，称量。

④ 计算 SiO_2 含量 x(g/L) 按下式计算：

$$x = \frac{W_7 - W_6}{100} \times 1000$$

式中 W_7——沉淀和坩埚的质量，g；

W_6——坩埚的质量，g；

100——取试样的体积，mL。

二十一、电镀溶液的分析

（一）镀铬溶液（普通镀铬）的分析

1. 铬酐（六价铬）的测定

① 方法要点　在硫酸介质中，以过量硫酸亚铁铵将六价铬还原为三价铬，过量的硫酸亚铁铵以高锰酸钾滴定。

$$6(NH_4)_2Fe(SO_4)_2 + 2H_2CrO_4 + 6H_2SO_4 \!=\!\!=\! Cr_2(SO_4)_3 + 3Fe_2(SO_4)_3 + 6(NH_4)_2SO_4 + 8H_2O$$

$$2KMnO_4 + 10(NH_4)_2Fe(SO_4)_2 + 8H_2SO_4 \!=\!\!=\!$$
$$K_2SO_4 + 2MnSO_4 + 10(NH_4)_2SO_4 + 5Fe_2(SO_4)_3 + 8H_2O$$

② 试剂　a.（1+1）硫酸溶液；b.0.2mol/L 硫酸亚铁铵标准溶液；c. $c(\frac{1}{5}KMnO_4)=$ 0.1mol/L 高锰酸钾标准溶液。

③ 测定步骤　用 1mL 的移液管吸取 0.5mL 试液置于 500mL 的锥形瓶中，加水 250mL，硫酸溶液 20mL，用硫酸亚铁铵标准溶液滴定至由黄变绿色，过量 1~2mL，记录所消耗溶液的体积为 V_1；然后用高锰酸钾标准溶液滴定过量的硫酸亚铁铵溶液，滴定至由绿色呈现微红色为终点，记录所消耗溶液的体积为 V_2。

④ 计算　CrO_3 含量 x(g/L) 按下式计算：

$$x = \frac{(V_1c_1 - V_2c_2) \times 33.33}{0.5}$$

式中　V_1——消耗硫酸亚铁铵标准溶液的体积，mL；

　　　c_1——硫酸亚铁铵标准溶液的浓度，mol/L；

　　　V_2——消耗高锰酸钾标准溶液的体积，mL；

　　　c_2——高锰酸钾（$\frac{1}{5}KMnO_4$）标准溶液的浓度，mol/L；

33.33——$\frac{1}{3}CrO_3$ 的摩尔质量，g/mol；

　　　0.5——吸取试液的体积，mL。

2. 三价铬的测定

① 方法要点　在硝酸银存在下，以过硫酸铵将三价铬（Cr^{3+}）氧化成六价铬（Cr^{6+}）。

$$Cr_2(SO_4)_3 + 3(NH_4)_2S_2O_8 + 8H_2O \!=\!\!=\! 2H_2CrO_4 + 3(NH_4)_2SO_4 + 6H_2SO_4$$

然后以测定铬酐的方法测定总铬，将总铬量减去六价铬的含量即为三价铬的含量。

$$2(NH_4)_2S_2O_8 + 2H_2O \!=\!\!=\! 2(NH_4)_2SO_4 + 2H_2SO_4 + O_2 \uparrow$$

② 试剂　a.（1+1）硫酸溶液；b.邻苯基氨基苯甲酸指示剂［取邻苯基氨基苯甲酸 0.27g，溶于 5mL（50g/L）碳酸钠溶液中，以水稀释至 250mL］；c.10g/L 硝酸银溶液；d.分析纯过硫酸铵（固体）；e.0.2mol/L 硫酸亚铁铵标准溶液。

③ 测定步骤　用移液管吸取试液 5mL，置于 100mL 的容量瓶中，加水稀释至刻线，摇匀。用移液管吸取此溶液 5mL 于 250mL 的锥形瓶中（含原液 0.25mL），加水 75mL，硫酸

溶液 10mL，硝酸银溶液 10mL 及过硫酸铵 2g，加热至沸，冒大气泡 2min 左右，冷却。加邻苯基氨基苯甲酸指示剂 3 滴，以硫酸亚铁铵标准溶液滴定至由紫红色变亮绿色为终点。

④ 计算 Cr^{3+} 含量 x(g/L) 按下式计算：

$$x = \frac{(V_2 - V_1)c \times 17.33}{5 \times \frac{5}{100}}$$

式中 V_1——测定铬酐时消耗硫酸亚铁铵标准溶液的体积，mL；

V_2——测定三价铬时消耗硫酸亚铁铵标准溶液的体积，mL；

c——硫酸亚铁铵标准溶液的浓度，mol/L；

17.33——$\frac{1}{3}Cr^{3+}$ 的摩尔质量，g/mol；

5——移取的试液体积，mL。

提示：加热至沸，冒大气泡时，防止溶液崩出，可将玻璃棒放入锥形瓶中。

3. 硫酸的测定

① 方法要点 在盐酸介质中，以乙醇将六价铬还原。用氯化钡使硫酸（或硫酸根）沉淀，以重量法测定。

$$2H_2CrO_4 + 6HCl + 3C_2H_5OH = 2CrCl_3 + 3CH_3CHO + 8H_2O$$
$$H_2SO_4 + BaCl_2 = BaSO_4 \downarrow + 2HCl$$

② 试剂 a. $d = 1.19$ 盐酸；b. 分析纯无水乙醇；c. 100g/L 氯化钡溶液。

③ 测定步骤 用移液管取试液 10mL，置于 400mL 的烧杯中，加水 100mL，加盐酸 10mL，加无水乙醇 15mL，加热煮沸 15min。趁热慢慢加入氯化钡溶液 10mL，再继续煮沸 5min，于温暖处静置 1～2h，以无灰双层滤纸过滤，用热水洗涤沉淀至无氯根为止。置于已知恒重的瓷坩埚中，烘干。然后于 700～800℃灼烧 30min，取出，冷却，称量至恒重。

④ 计算 H_2SO_4 含量 x_1(g/L)、SO_4^{2-} 含量 x_2(g/L) 分别按下式计算：

$$x_1 = \frac{m \times 0.420}{10} \times 1000 \; ; \; x_2 = \frac{m \times 0.412}{10} \times 1000$$

式中 m——沉淀灼烧后的质量，g；

0.420——由 $BaSO_4$ 换算为 H_2SO_4 的系数；

0.412——由 $BaSO_4$ 换算为 SO_4^{2-} 的系数；

10——取试样的体积，mL。

4. 铁的测定

① 方法要点 以过氧化钠将三价铬氧化为六价铬，而铁生成氢氧化铁沉淀与其他物质分离。以酸溶解沉淀，用钛铁试剂为指示剂，用氨水调整 pH 值，使溶液呈深绿色，以 EDTA 标准溶液滴定。

$$Cr_2(SO_4)_3 + 3Na_2O_2 + 2H_2O = 2H_2CrO_4 + 3Na_2SO_4$$
$$Na_2O_2 + H_2O = 2NaOH + 0.5O_2$$
$$Fe_2(SO_4)_3 + 6NaOH = 2Fe(OH)_3 \downarrow + 3Na_2SO_4$$
$$2Fe(OH)_3 + 3H_2SO_4 = Fe_2(SO_4)_3 + 6H_2O$$
$$Fe^{3+} + H_2Y^{2-} = FeY^- + 2H^+$$

② 试剂 a. 分析纯过氧化钠（固体）；b. (1+1) 氨水溶液；c. (1+1) 及 (5+95) 硫

酸溶液；d. 10g/L 钛铁试剂溶液；e. 10g/L EDTA 标准溶液。

③ 测定步骤　用移液管吸取试液 5mL，置于 500mL 的锥形瓶中，加水 100mL，过氧化钠 1g，摇匀后，加热煮沸 1～2min。静置片刻，过滤。用氨水溶液洗涤锥形瓶及沉淀至黄色（Cr^{6+} 的颜色）。将沉淀以 10mL 热（1+1）硫酸溶液溶解于原锥形瓶中，再以 20mL（5+95）硫酸溶液洗涤滤纸，然后以热水洗 3～5 次。于此溶液中加钛铁试剂 5mL，氨水 15mL 调节 pH 值，使溶液呈深绿色 [如太过量，呈紫红色，须加（5+95）硫酸溶液调至深绿色]，用 EDTA 标准溶液滴定溶液呈纯黄色为终点。

④ 计算　Fe 含量 x(g/L) 按下式计算：

$$x = \frac{Vc \times 55.84}{5}$$

式中　V——滴定消耗 EDTA 标准溶液的体积，mL；

　　　c——EDTA 标准溶液的浓度，mol/L；

　55.84——Fe 的摩尔质量，g/mol；

　　　5——试液体积，mL。

提示：a. 滴定在 40～50℃下进行，温度低，会使结果偏高；b. pH 值一定要控制好，否则终点不明显。

5. 铜的测定

① 方法要点　在硫酸介质中，用锌粒将 Cu^{2+} 还原成铜，然后用硝酸溶解，在 pH 10 氨性缓冲液中，加 PAN 指示剂，以 EDTA 标准溶液滴定。

② 试剂　a. d=1.84 硫酸；b. 30% 过氧化钠溶液；c. 锌粒；d.（1+1）硝酸溶液；e.（1+1）氨水溶液；f. pH=10 氨-氯化铵缓冲液（取 54g NH_4Cl，加水溶解，加 d=0.90 的 NaOH 350mL 混合，以水稀释至 1L）；g. 10g/L PAN [1-(2-吡啶偶氮)-2-萘酚] 指示剂乙醇溶液；h. 0.02mol/L EDTA 标准溶液。

③ 测定步骤　用移液管吸取试液 50mL，置于 300mL 的烧杯中，加硫酸 10mL，并滴加过氧化钠溶液至六价铬还原完全为止（呈绿色），然后加水 50mL 煮沸 2～3min，加金属锌粒（约 1g 左右），加热 15～20min，直至铜完全析出。过滤，用冷水洗涤数次，用 15mL 硝酸溶液把滤纸上的铜完全溶解，并收集到原烧杯中，然后滴加氨水溶液至出现深蓝色，加 20mL 水及 10mL 氨缓冲液，加 PAN 指示剂 6 滴，以 EDTA 标准溶液滴定至绿色出现为终点。

④ 计算　Cu 含量 x(g/L) 按下式计算：

$$x = \frac{Vc \times 63.54}{50}$$

式中　V——滴定消耗 EDTA 标准溶液的体积，mL；

　　　c——EDTA 标准溶液的浓度，mol/L；

　63.54——Cu 的摩尔质量，g/mol；

　　　50——取试样的体积，mL。

提示：a. 加锌还原铜，锌粒用量不可过多，要保证溶解完全；b. 析出的铜，过滤清洗要干净。

（二）复合镀铬溶液的分析

1. 铬酐的测定

同普通镀铬溶液中铬酐的测定。

2. 氟硅酸钾的测定

① 方法要点 加氢氧化钠于试液中，三价铬和大部分金属杂质生成氢氧化物（铝、锌不完全沉淀），再加入硝酸银与六价铬生成铬酸银沉淀。氟硅酸和氢氧化钠生成氟离子而留存于溶液中，然后调整酸度至 pH 2.9～3.4，用茜素磺酸钠指示剂，以硝酸钍标准溶液滴定。

$$H_2SiF_6 + 6NaOH \rlap{=}{}= 6NaF + SiO_2 + 4H_2O$$
$$Th(NO_3)_4 + 4NaF \rlap{=}{}= ThF_4 \downarrow + 4NaNO_3$$

② 试剂 a.40g/L 氢氧化钠溶液；b.85g/L 硝酸银溶液；c.（1＋50）硝酸溶液；d.10g/L 茜素磺酸钠（茜素红 S）水溶液；e.缓冲液（取 7.56g 一氯乙酸溶于 160mL 水中，加 40mL 1mol/L 氢氧化钠）；f.氟化钠标准溶液（F⁻ 浓度 1mg/mL，准确称取分析纯氟化钠 2.215g，溶于水，于 1000mL 容量瓶内稀释至刻线）；g. $c\left[\dfrac{1}{4}Th(NO_3)_4\right] = 0.05mol/L$ 硝酸钍标准溶液。

③ 测定步骤 用移液管吸取 4mL 试液，置于 400mL 的烧杯中，加水 50mL，根据镀液含铬酐的量（参看表 15-72），在不断搅拌下，加入适量的氢氧化钠溶液，使 pH 为 7～8。再加入适量的硝酸银溶液（参看表 15-72），此时溶液 pH 应为 4～5。铬酸银沉淀后，上面溶液应为无色（若仍有黄色，应再滴加氢氧化钠溶液调整 pH 至 4～5）。将上述溶液及沉淀移入 200mL 的容量瓶中，加水稀释至刻线。用干滤纸过滤。用移液管吸取上述滤液 50mL，于 250mL 的锥形瓶中加茜素磺酸钠溶液数滴，溶液显红色（若显黄色，应滴加少量氢氧化钠溶液至红色）。然后滴加硝酸溶液恰显黄色为止。加缓冲液 2.5mL，以硝酸钍标准溶液滴定至红色（不带黄色）为终点。

④ 计算 氟根含量 x_F（g/L）、氟硅酸含量 $x_{H_2SiF_6}$（g/L）、氟硅酸钠含量 $x_{Na_2SiF_6}$（g/L）、氟硅酸钾含量 $x_{K_2SiF_6}$（g/L）分别按下式计算：

$$x_F = \frac{Vc \times 19.00}{4 \times \dfrac{50}{200}}; \qquad x_{H_2SiF_6} = \frac{Vc \times 24.02}{4 \times \dfrac{50}{200}};$$

$$x_{Na_2SiF_6} = \frac{Vc \times 31.34}{4 \times \dfrac{50}{200}}; \qquad x_{K_2SiF_6} = \frac{Vc \times 36.71}{4 \times \dfrac{50}{200}}$$

式中 V——滴定消耗硝酸钍标准溶液的体积，mL；

c——硝酸钍 $\left[\dfrac{1}{4}Th(NO_3)_4\right]$ 标准溶液的浓度，mol/L；

19.00——F 的摩尔质量，g/mol；

24.02——$\dfrac{1}{6}H_2SiF_6$ 的摩尔质量，g/mol；

31.34——$\dfrac{1}{6}Na_2SiF_6$ 的摩尔质量，g/mol；

36.71——$\dfrac{1}{6}K_2SiF_6$ 的摩尔质量，g/mol。

提示：a.加入硝酸银时，溶液的 pH 应是 7～8 较好，pH＜7 时，铬分离不完全，溶液为黄色，影响终点，pH＞8 时，结果偏低；b.当铬酸银下沉后，溶液若仍有黄色，可能是硝酸银加得不够，可再补加一点，或再滴加点氢氧化钠，调整 pH 至 4～5；c.缓冲液配制后放置时间长了，加入溶液后会浑浊，影响测定，不加入缓冲液也可以，不过其结果略低一点；d.若氟硅酸含量超过 10g/L 时，为了保证 SiF_6^- 完全转化为 F^-，溶液在加入硝酸银以前，应加热至 40℃左右，以免结果偏低；e.过滤出来的铬酸银，可待累积起来后回收。

表 15-72　取试样为 4mL 时，硝酸银、氢氧化钠用量参考表

铬酐含量/(g/L)	常用 40g/L NaOH 的量/mL	常用 85g/L AgNO₃ 的量/mL
50	7	20
100	10	28
150	14	36
200	18	44
250	22	52
300	26	60
350	30	68
400	34	70
450	38	84
500	42	92

（三）快速镀铬溶液的分析

1. 铬酐的测定

同普通镀铬溶液中铬酐的测定

2. 硼酸的测定

① 方法要点　先用碳酸钡将有色的铬酸离子沉淀，在滤液中加入多羟基的化合物（如甘油或甘露醇等），使硼酸生成较强的配合物，然后以酚酞为指示剂，用氢氧化钠来滴定。

$$CrO_4^{2-} + Ba^{2+} =\!=\!= BaCr_4 \downarrow$$

$$H^+ + NaOH =\!=\!= Na^+ + H_2O$$

② 试剂　a.分析纯碳酸钡（固体）；b.分析纯甘油；c.10g/L 甲基红指示剂水溶液；d.10g/L 酚酞指示剂乙醇溶液；e.(1+4) 盐酸溶液；f.0.1mol/L 氢氧化钠标准溶液。

③ 测定步骤　用移液管吸取镀液 5mL，置于 300mL 的烧杯中，慢慢加入固体碳酸钡（过量），至生成淡黄色沉淀（如沉淀完全，溶液应无色），微热数分钟，过滤，用热水（70～80℃）洗 8～10 次，滤液及洗液合并，置于 300mL 的锥形瓶中，加甲基红指示剂 1 滴，如溶液呈黄色，应加数滴盐酸溶液至红色，加热至沸 1～2min，冷却，加甘油 15mL（或 0.5～1g 甘露醇），摇匀。加酚酞指示剂 2～3 滴，用氢氧化钠标准溶液滴定（开始计数）至溶液呈红色，再加甘油 5mL（或少许甘露醇）继续滴定至加入甘油（过甘露醇）后，溶液的红色不消失为终点。

④ 计算　H_3BO_3 含量 x(g/L) 按下式计算：

$$x = \frac{Vc \times 61.80}{5}$$

式中　V——滴定消耗氢氧化钠标准溶液的体积，mL；

　　　c——氢氧化钠标准溶液的浓度，mol/L；

　61.80——H_3BO_3 的摩尔质量，g/mol；

　　　5——镀液体积，mL。

3. 氧化镁的测定

① 方法要点　在银盐存在下，用过硫酸铵氧化 Cr^{3+} 成 Cr^{6+}，以三乙醇胺掩蔽铁，调整溶液 pH 为 10，以 Cu-PAN 为指示剂，用 EDTA 滴定 Mg^{2+}。

② 试剂　a.(1+4) 三乙醇胺溶液；b.17g/L 硝酸银溶液；c.200g/L 过硫酸铵溶液；d.$d=0.90$ 氨水；e.pH 10 缓冲液；f.5g/L PAN 乙醇溶液；g. 分析纯乙醇；h.0.05mol/L EDTA 标准溶液；i.0.025mol/L Cu-EDTA 溶液（取 50mL 0.05mol/L $CuSO_4 \cdot 5H_2O$ 溶液，置于 250mL 的锥形瓶中，加入 40mL 0.05mol/L 溶液，加 pH 10 缓冲液 10mL，乙醇 20mL，PAN 数滴，用 0.05mol/L EDTA 溶液滴定由紫色至绿色）。

③ 测定步骤　用移液管吸取镀液 2mL，置于 250mL 的锥形瓶中，加水 50mL，硝酸银溶液 5mL，过硫酸铵溶液 10～20mL，加热至沸，冒大气泡 2min，取下冷却。加三乙醇胺溶液 20mL，用氨水中和至柠檬黄色，过量 1mL，加入 Cu-EDTA 溶液 10mL，乙醇 20mL，缓冲液（pH 10）10mL，PAN 溶液 4～5 滴，用 EDTA 标准溶液至由红棕色至黄绿色为终点。

④ 计算　MgO 含量 x(g/L) 按下式计算：

$$x = \frac{Vc \times 40.30}{2}$$

式中　V——滴定消耗 EDTA 标准溶液的体积，mL；

　　　c——EDTA 标准溶液的浓度，mol/L；

　40.30——MgO 的摩尔质量，g/mol；

　　　2——取试样的体积，mL。

提示：滴定前若出现浑浊，可滴加氨水以使溶液清亮。

（四）氰化镀锌溶液的分析

1. 锌的测定

① 方法要点　在碱性介质中，甲醛使锌氰配合物解配，调整 pH 至 10，以铬黑 T 为指示剂，用 EDTA 标准溶液滴定。

$$[Zn(CN)_4]^{2-} + 4HCHO + 4H_2O \Longrightarrow Zn^{2+} + 4H_2C(OH)CN + 4OH^-$$

$$Zn^{2+} + H_2Y^{2-} \Longrightarrow ZnY^{2-} + 2H^+$$

② 试剂　a.(1+1) 甲醛溶液；b.(1+1) 氨水溶液；c.5g/L 铬黑 T 乙醇溶液；d.pH 10 氨性缓冲液；e.0.025mol/L EDTA 标准溶液。

③ 测定步骤　用移液管吸取镀液 20mL，置于 200mL 的容量瓶中，以水稀释至刻线，摇匀。取稀释液 20mL 于 250mL 的锥形瓶中，加水 80mL，氨水 5mL，缓冲液 10mL，铬黑 T 指示剂 5 滴，甲醛溶液 10 滴，以 EDTA 标准溶液滴至蓝色。再加甲醛 2 滴，如试液不返红，表示已到终点；若返红，继续滴定直至加入甲醛不返红为止。

④ 计算　Zn 含量 x_1(g/L)、ZnO 含量 x_2(g/L) 分别按下式计算：

$$x_1 = \frac{Vc \times 65.41}{20 \times \frac{20}{200}}; \qquad x_2 = \frac{Vc \times 81.38}{20 \times \frac{20}{200}}$$

式中　V——滴定消耗 EDTA 标准溶液的体积，mL；

　　　c——EDTA 标准溶液的浓度，mol/L；

　65.41——Zn 的摩尔质量，g/mol；

　81.38——ZnO 的摩尔质量，g/mol；

　　20——镀液体积，mL。

提示：a. 甲醛加入要适量，先加 8～10 滴，测定时加 4～6 滴。加入甲醛后必须立即滴定，否则终点出现蓝色，也可用水合三氯乙醛 2g 代替甲醛，效果较好；b. 试样如浑浊，可澄清或过滤。

2. 总氰化物的测定

① 方法要点　氰根在镀液中，以游离氰根及锌氰配合物两种状态同时存在，加入过量氢氧化钠，使锌氰配盐离解出氰根，然后用硝酸银滴定全部氰化物，以碘化钾为指示剂，终点时生成黄色碘化银沉淀。

$$Na_2Zn(CN)_4 + 4NaOH \Longrightarrow Na_2ZnO_2 + 4NaCN + 2H_2O$$
$$Ag^+ + 2CN^- \Longrightarrow Ag(CN)_2^-$$
$$Ag^+ + I^- \Longrightarrow AgI \downarrow$$

硫化物存在时和硝酸银生成黑色硫化银沉淀对测定有干扰。因此，含硫化钠的镀液须先加入碳酸铅使硫化物生成硫化铅沉淀而使之分离。

② 试剂　a. 碳酸铅饱和溶液；b. 100g/L 碘化钾溶液；c. 250g/L 氢氧化钠溶液；d. 0.1mol/L 硝酸银标准溶液。

③ 测定步骤　用移液管吸取镀液 10mL，置于 100mL 的容量瓶中，加水 50mL，滴加饱和碳酸铅溶液使出黑色沉淀（不要太过量），加水稀释至刻线，摇匀。用干滤纸过滤，用移液管吸取滤液 10mL，于 250mL 的锥形瓶中，加水 90mL，碘化钾溶液 2mL，氢氧化钠溶液 10mL，以硝酸银标准溶液滴定至开始浑浊时为终点。

④ 计算　总氰化钠 NaCN 含量 x_1(g/L)、氰化钾 KCN 含量 x_2(g/L) 分别按下式计算：

$$x_1 = \frac{Vc \times 98.02}{10 \times \frac{10}{100}}; \qquad x_2 = \frac{Vc \times 130.02}{10 \times \frac{10}{100}}$$

式中　V——滴定消耗硝酸银标准溶液的体积，mL；

　　　c——硝酸银标准溶液的浓度，mol/L；

　98.02——2NaCN 的摩尔质量，g/mol；

130.02——2KCN 的摩尔质量，g/mol；

　　10——镀液体积，mL。

提示：有硫化物沉淀，其色为黑，故需除去。

3. 总氢氧化钠的测定

① 方法要点　本法基于酸碱滴定，以酚酞为指示剂。

$$NaOH + HCl \rightarrow\!\!\!\!\!= NaCl + H_2O$$

但镀液中除碱外，还有氰化物、碳酸盐及锌盐等存在，影响碱的测定。因加入硝酸银、氯化钡使干扰物生成沉淀，以消除它们的影响。

$$AgNO_3 + NaCN \rightarrow\!\!\!\!\!= AgCN\downarrow + NaNO_3$$
$$Na_2CO_3 + BaCl_2 \rightarrow\!\!\!\!\!= BaCO_3\downarrow + 2NaCl$$

② 试剂 a. 100g/L 氯化钡溶液；b. 0.1mol/L 硝酸银溶液；c. 10g/L 酚酞指示剂乙醇溶液；d. 0.1mol/L 盐酸标准溶液。

③ 测定步骤 用移液管吸取镀液 1mL，置于 250mL 的锥形瓶中，加入硝酸银溶液（其量为测定总氰化物的量），加氯化钡 10mL。加水 50mL，酚酞指示剂 2 滴以标准盐酸溶液滴定至红色消失为终点。

④ 计算 总氢氧化钠含量 $x(g/L)$ 按下式计算：

$$x = \frac{Vc \times 40.00}{1}$$

式中 V——滴定消耗盐酸标准溶液的体积，mL；

  c——盐酸标准溶液的浓度，mol/L；

  40.00——NaOH 的摩尔质量，g/mol；

  1——镀液体积，mL。

提示：a. 此方法终点变化明显；b. 也可用麝香草酚酞代替酚酞使用，即滴加麝香草酚酞至溶液呈显明蓝色，用标准盐酸溶液滴定至无色。其结果较用酚酞指示剂略低一点。

4. 碳酸钠的测定

① 方法要点 碳酸钠和氯化钡作用生成碳酸钡沉淀，过滤分离后以盐酸滴定碳酸钡，以甲基橙为指示剂。

$$Na_2CO_3 + BaCl_2 \rightarrow\!\!\!\!\!= BaCO_3\downarrow + 2NaCl$$
$$BaCO_3 + 2HCl \rightarrow\!\!\!\!\!= BaCl_2 + CO_2\uparrow + H_2O$$

② 试剂 a. 100g/L 氯化钡溶液；b. 1g/L 甲基橙指示剂溶液；c. 0.1mol/L 盐酸标准溶液；d. 0.1mol/L 氢氧化钠标准溶液。

③ 测定步骤 用移液管吸取镀液 1mL，置于 300mL 的烧杯中，加水 70mL，加热近沸，加氯化钡溶液 10mL，煮沸，在温暖处静置 15min，用双层紧密滤纸过滤，以热水洗涤 3~5 次。将沉淀及滤纸移置原烧杯中，加水 50mL 及甲基橙指示剂数滴，以盐酸标准溶液滴定至红色，过量 3~5mL，再用氢氧化钠标准溶液滴定至黄色为终点。

④ 计算 Na_2CO_3 含量 $x(g/L)$ 按下式计算：

$$x = \frac{(V_1 c_1 - V_2 c_2) \times 53.00}{1}$$

式中 V_1——滴定消耗盐酸标准溶液的体积，mL；

  c_1——盐酸标准溶液的浓度，mol/L；

  V_2——滴定消耗氢氧化钠标准溶液的体积，mL；

  c_2——氢氧化钠标准溶液的浓度，mol/L；

  53.00——$\frac{1}{2}Na_2CO_3$ 的摩尔质量，g/mol；

  1——镀液体积，mL。

提示：加入 0.1mol/L 盐酸标准溶液后，可稍加热，使碳酸钡溶解完全，然后冷却，再用 0.1mol/L 氢氧化钠标准溶液滴定。

5. 硫化钠的测定

① 方法要点　镉盐能与硫化物生成硫化镉沉淀。

$$Cd^{2+}+Na_2S = CdS\downarrow+2Na^+$$

硫化镉在酸性溶液中，被碘氧化成硫，滴定时以淀粉溶液为指示剂。

$$CdS+2HCl = CdCl_2+H_2S$$

$$H_2S+I_2 = S\downarrow+2HI$$

② 试剂　a.100g/L 硫酸镉溶液；b.(1+2) 盐酸溶液；c.分析纯氯化铵（固体）；d.淀粉指示剂 [取可溶性淀粉 1g，以少量水调成浆，倾于 100mL 沸水中，搅匀，冷却，加入氯仿（$CHCl_3$）数滴]；e.0.1mol/L 碘标准溶液。

③ 测定步骤　用移液管吸取镀液 25mL（含 $Na_2S\cdot9H_2O$ 约 0.1g，可视硫化钠含量多少而增减），置于 300mL 的烧杯中，加氯化铵 10g，水 100mL，在不断搅拌下逐滴加入硫酸镉溶液至沉淀完全，此时沉淀呈淡黄色。将溶液温热 0.5h，使沉淀凝聚，趁热过滤，用热水洗涤沉淀及滤纸数次，弃去滤液及洗液。将沉淀及滤纸移置于 250mL 的锥形瓶中，加水 100mL 及淀粉指示剂 5mL，加入盐酸溶液 15mL，立即以碘标准溶液滴定至蓝色不消失为终点。

④ 计算　$Na_2S\cdot9H_2O$ 含量 x(g/L) 按下式计算：

$$x=\frac{Vc\times240.18}{25}$$

式中　V——滴定消耗碘标准溶液的体积，mL；

　　　c——碘标准溶液的浓度，mol/L；

　　　25——所取镀液体积，mL；

　240.18——$Na_2S\cdot9H_2O$ 的摩尔质量，g/mol。

提示：镀液中的大量氰化物不妨碍硫化镉沉淀。氢氧化钠能使镉盐水解，因此加入氯化铵使强碱转化为氨以防止镉盐水解。

6. 铁的测定

① 方法要点　用硫酸和硝酸分解氯化物，在氯化铵存在下，用氨水使铁沉淀分离，以氧化还原法测定。

② 试剂　a.(d=1.84 及 1+1）硫酸溶液；b.d=1.42 硝酸；c.(d=1.19 及 1+1）盐酸溶液；d.d=1.70 磷酸；e.d=0.90 氨水；f.分析纯氯化铵（固体）；g.60g/L 氯化亚锡溶液；h.50g/L 氯化汞溶液；i.2g/L 二苯胺磺酸钠指示剂溶液；j.0.05mol/L 重铬酸钾标准溶液。

③ 测定步骤　用移液管吸取镀液 20mL，置于 250mL 的烧杯中，加入浓硫酸 10mL 及硝酸 5mL（在通风橱内进行），加热至冒浓白烟，冷却。小心加水 50mL，加热煮沸，加氯化铵 5g，滴加氨水至微碱性。静置片刻，趁热过滤，用热水洗涤沉淀及滤纸数次，弃去滤液及洗液。以热的（1+1）盐酸溶液将沉淀溶解，用热水洗涤滤纸，溶液及洗液收集于 300mL 的烧杯中（必要时将体积浓缩至约 20mL）加盐酸（d=1.19）10mL，加热近沸，逐滴加入氯化亚锡溶液至黄色消失，再过量 1～2 滴。冷却，加氯化汞溶液 5mL，摇匀后应有白色沉淀生成（如无沉淀或沉淀呈灰黑色，试验应重做）。加水 100mL，（1+1）硫酸溶液 5mL，磷酸 5mL，加二苯胺磺酸钠指示剂数滴，以重铬酸钾标准溶液滴定至呈紫色为

终点。

④ 计算　Fe 含量 $x(g/L)$ 按下式计算：

$$x = \frac{Vc \times 55.85}{20}$$

式中　V——滴定消耗重铬酸钾标准溶液的体积，mL；

　　　　c——重铬酸钾标准溶液的浓度，mol/L；

　　55.85——Fe 的摩尔质量，g/mol；

　　　20——镀液体积，mL。

7. 铜的测定

① 方法要点　向铜盐溶液中通入硫化氢，生成黑色硫化铜沉淀，灼烧成氧化铜，称其质量。

$$CuSO_4 + H_2S \Longrightarrow CuS\downarrow + H_2SO_4$$

$$2CuS + 3O_2 \Longrightarrow 2CuO + 2SO_2$$

在氰化物镀液中，铜生成极为稳定的铜氰配合物，必须先分解它，并将亚铜氧化为 Cu^{2+}，然后用硫化氢沉淀。很多金属离子能和硫化氢生成硫化物沉淀，但在较高的酸度时，锌、铁等不沉淀，所以不妨碍铜的测定。

② 试剂　a. $d=1.19$ 盐酸；b. $d=1.84$ 硫酸；c. 6% 过氧化氢溶液；d. 硫化氢发生器（内盛硫化亚铁，用时加盐酸）。

$$FeS + 2HCl \Longrightarrow H_2S\uparrow + FeCl_2$$

③ 测定步骤　用移液管吸取镀液 25mL 置于 400mL 的烧杯中，加盐酸 25mL 及过氧化氢 20mL（在通风橱内进行），煮沸并蒸发至体积约为 10mL，冷却，小心加入 10mL 硫酸，蒸发至冒浓白烟。冷却，加水稀释至 300mL，加热使盐类溶解，再冷却。通入硫化氢使铜生成硫化铜沉淀，用中密的无灰滤纸过滤，并以含有少量硫化氢的洗液洗涤。将沉淀连同滤纸移入已知恒重的瓷坩埚内，干燥，灰化，灼烧至恒重，称得质量即为氧化铜。

④ 计算　Cu 含量 $x(g/L)$ 按下式计算：

$$x = \frac{G \times 0.799}{25} \times 1000$$

式中　G——氧化铜质量，g；

　0.799——将 CuO 含量换算成 Cu 含量的换算系数。

提示：a. 灼烧温度为 850～940℃，时间为 30～60min；b. 硫化氢发生器中，硫化亚铁和盐酸反应生成硫化氢。

（五）酸性锌溶液的分析

1. 锌的测定

① 方法要点　同氰化锌溶液中锌的测定——EDTA 滴定法。

② 试剂　a. (1+1) 三乙醇胺溶液；b. 100g/L 氰化钾溶液；c. 抗坏血酸（固体）；d. pH=10 缓冲液；e. (1+9) 甲醛溶液；f. 铬黑 T 指示剂（0.5g 铬黑 T，加盐酸羟胺 4g，溶于 100mL 乙醇中）；g. 0.05mol/L EDTA 标准溶液。

③ 测定步骤　用移液管吸取 2mL 镀液，置于 250mL 的锥形瓶中，加水 80mL 及抗坏血酸少许（约 0.2g），摇匀。加 (1+1) 三乙醇胺 2mL 及氰化钾溶液 5mL（如沉淀不完

溶解，再加入氰化钾溶液少许），加缓冲液 10mL 及铬黑 T 指示剂数滴，摇匀。加甲醛溶液 10mL，振摇数秒钟，溶液呈红色，立即以 EDTA 标准溶液滴定至蓝色。再加入甲醛溶液 10mL，如溶液转红，继续以 EDTA 标准溶液滴定至蓝色。

④ 计算　Zn 含量 x_1(g/L)、$ZnSO_4 \cdot 7H_2O$ 含量 x_2(g/L)、$ZnCl_2$ 含量 x_3(g/L) 分别按下式计算：

$$x_1 = \frac{Vc \times 65.41}{2}; \quad x_2 = \frac{Vc \times 287.56}{2}; \quad x_3 = \frac{Vc \times 136.30}{2}$$

式中　V——滴定消耗 EDTA 标准溶液的体积，mL；

$\quad c$——EDTA 标准溶液的浓度，mol/L；

$\quad$ 65.41——Zn 的摩尔质量，g/mol；

$\quad$ 287.56——$ZnSO_4 \cdot 7H_2O$ 的摩尔质量，g/mol；

$\quad$ 136.30——$ZnCl_2$ 的摩尔质量，g/mol；

$\quad$ 2——镀液体积，mL。

提示：加入三乙醇胺是与铝（铁）生成配合物，消除它们的干扰。

2. 铝的测定

① 方法要点　于溶液内先加过量的 EDTA，与铝及其他金属配合，再加氟化铵，以夺取 EDTA-铝配合物中的铝，而释出 EDTA，然后以标准锌溶液滴定。

② 试剂　a.氟化铵（固体）；b.(1+1) 溶液硫酸；c.(1+1) 盐酸溶液；d.(1+1) 氨水溶液；e.2g/L 二甲苯酚橙指示剂水溶液；f.100g/L 六亚甲基四胺溶液；g.0.1mol/L EDTA 标准溶液；h.2g/L 对硝基酚水溶液；i.0.02mol/L 标准锌（$ZnSO_4$）溶液（称取锌粒 1.3076g 溶于少量硫酸中，用氨水中和至刚果红试纸由蓝色变为紫灰色，于容量瓶中稀释至 1L，摇匀）；j.10g/L 纯锌溶液（称取 10g 纯锌溶于少量盐酸，用氨水调节至刚果红试纸变紫灰色，稀释至 1L）；k.0.02mol/L 标准铝溶液（称取纯铝 0.5394g，溶于少量盐酸中，冷却，于容量瓶中稀释至 1L，摇匀，作为标定用）。

③ 测定步骤　用移液管吸取镀液 10mL，置于 500mL 的锥形瓶中，加入过量的 EDTA（每 100g/L 硫酸锌约加 40～50mL，如溶液浑浊，则滴加 EDTA 溶液使之澄清，并过量 0.5mL），加入对硝基酚溶液 3 滴，用盐酸中和至黄色变无色，加热至 80～90℃，用氨水调节至黄色，滴加盐酸至黄色恰褪，煮沸 2～3min 后，加六亚甲基四胺溶液 10mL，再煮半分钟，冷却。加二甲苯酚橙指示剂 6 滴（如溶液呈黄棕色，需加盐酸 1～2 滴），用锌溶液滴定至黄色将变红色时，用 0.02mol/L 锌标准溶液滴定至红色。加入氟化铵 2～3g，煮沸 1～2min，冷却（此时颜色如呈橙红，可加盐酸 1～2 滴，滴至黄色），再用 0.02mol/L 锌标准溶液滴定至由黄色变紫红色为终点。

④ 计算　$Al_2(SO_4)_3 \cdot 18H_2O$ 含量 x_1(g/L)、$K_2Al_2(SO_4)_4 \cdot 24H_2O$ x_2(g/L) 分别按下式计算：

$$x_1 = \frac{Vc \times 333.22}{10}; \quad x_2 = \frac{Vc \times 474.39}{10}$$

式中　V——加入氟化铵后滴定消耗锌标准溶液的体积，mL；

$\quad c$——锌标准溶液的浓度，mol/L；

$\quad$ 333.22——$\frac{1}{2}Al_2(SO_4)_3 \cdot 18H_2O$ 的摩尔质量，g/mol；

$\quad$ 474.39——$\frac{1}{2}K_2Al_2(SO_4)_4 \cdot 24H_2O$ 的摩尔质量，g/mol；

10——移取的镀液体积，mL。

提示：本法不适用于有含量铁的镀液，否则结果偏高。

3. 锌、铝联合测定

① 方法要点　在 pH 5.4 时，加入过量的 EDTA 并加热使与锌、铝配合完全，用标准锌溶液滴定多余的 EDTA。然后加氟化铵使与铝配位的 EDTA 释出，以标准锌溶液滴定。

② 试剂　a. pH 5.4 六亚甲基四胺缓冲液［称取 40g 六亚甲基四胺，加水 100mL 加 ($d = 1.19$) 盐酸 10mL］；b. 2g/L 二甲苯酚橙指示剂水溶液；c. 氟化铵（固体）；d. 0.05mol/L EDTA 标准溶液；e. 0.05mol/L 锌标准溶液［称取纯锌 3.2685g 溶于（1＋1）硫酸中，于容量瓶中稀释至 1000mL，不需标定；或称取硫酸锌（$ZnSO_4 \cdot 7H_2O$）14.378g，置于容量瓶中加水稀释至 1000mL］。

③ 测定步骤　用移液管吸取镀液 1mL，置于 250mL 的锥形瓶中，加水 9mL，准确加入 EDTA 溶液 40mL，缓冲液 15mL，煮沸 2min，冷却。加二甲苯酚橙指示剂 2 滴（如溶液呈黄棕色，须加盐酸 1～2 滴），用锌标准溶液滴定至红紫色为终点（V_1）。于此溶液中加氟化铵 1.5g，加热近沸，冷却（如溶液呈橙红，可加盐酸 1～2 滴，滴至黄色），用锌标准溶液滴定至紫红色（V_2）。另取蒸馏水 10mL，准确加入 EDTA 溶液 40mL，缓冲液 15mL，煮沸 2min，冷却后，加二甲苯酚橙指示剂 2 滴，用锌标准溶液滴定至紫红色（V_3）。

④ 计算　$Al_2(SO_4)_3 \cdot 18H_2O$ 含量 x_1(g/L)、$ZnSO_4 \cdot 7H_2O$ 含量 x_2(g/L) 分别按下式计算：

$$x_1 = \frac{V_2 c(Zn) \times 333.22}{1}$$

$$x_2 = \frac{[c(EDTA)V(EDTA) - c(Zn)(V_1 + V_2 + V_3)] \times 287.56}{1}$$

式中　$c(Zn)$——锌标准溶液的浓度，mol/L；

$\quad c(EDTA)$——EDTA 标准溶液的浓度，mol/L；

$\quad V(EDTA)$——加入的 EDTA 标准溶液的体积，mL；

$\quad 333.22$——$\frac{1}{2}Al_2(SO_4)_3 \cdot 18H_2O$ 的摩尔质量，g/mol；

$\quad 287.56$——$ZnSO_4 \cdot 7H_2O$ 的摩尔质量，g/mol；

$\qquad 1$——移取的镀液体积，mL。

提示：本法不适用于含铁高的镀液。

（六）氨三乙酸-氯化铵镀液的分析

1. 锌的测定

① 方法要点　同氰化镀锌溶液中锌的测定——EDTA 法。

② 试剂　a. 抗坏血酸（固体）；b. pH 10 缓冲液；c. 100g/L 氰化钾溶液；d. 铬黑 T 指示剂（取 0.5g 铬黑 T 溶于少量乙醇中，加三乙醇胺至 100mL，温热溶解）；e.（1＋9）甲醛溶液（1 体积 36％甲醛溶液和 9 体积水混合均匀）；f. 0.05mol/L EDTA 标准溶液。

③ 测定步骤　用移液管吸取镀液 2mL，置于 250mL 的锥形瓶中，加水 50mL，抗坏血酸约 2g，缓冲液 10mL，氰化钾溶液 3mL，铬黑 T 指示剂数滴，甲醛溶液 10mL，速以 EDTA 标准溶液滴定至由红色变蓝色为终点。

④ 计算　Zn 含量 x_1(g/L) 按下式计算：

$$x_1 = \frac{Vc \times 65.41}{2}$$

式中　V——滴定消耗 EDTA 标准溶液的体积，mL；

　　　c——EDTA 标准溶液的浓度，mol/L；

　65.41——Zn 的摩尔质量，g/mol；

　　　2——移取的镀液体积，mL。

提示：a. 镀液使用时间长，杂质含量较高时，可按下法测定，终点比较明显。吸取镀液 2mL，置于 250mL 的锥形瓶中，加 $d=1.84$ 硫酸 5mL，$d=1.42$ 硝酸 3mL，加热至冒白烟，冷却。加水 80mL，以（1+1）氨水调至 pH 10，加抗坏血酸 0.5g，（1+1）三乙醇胺 2mL，100g/L 氰化钾溶液 3mL，加铬黑 T 指示剂数滴，加（1+9）甲醛溶液 10mL，用 0.05mol/L EDTA 标准溶液滴定至由红色转变成蓝色为终点。计算同上。b. 氰化钾不要加得过多，否则终点不易观察。

2. 氨三乙酸的测定

① 方法要点　先加硫化钠以沉淀 Zn^{2+}，过滤除掉硫化锌。于碱性溶液中，Ca^{2+} 与氨三乙酸 [$N(CH_2COOH)_3$，H_3NTA] 形成的配合物较稳定，用氯化钙标准溶液滴定，以钙试剂为指示剂。

$$Zn^{2+} + S^{2-} \Longrightarrow ZnS\downarrow$$
$$NTA^{3-} + Ca^{2+} \Longrightarrow CaNTA^-$$
$$H_2In^{2-} + Ca^{2+} \underset{pH=13}{\Longrightarrow} CaIn^{2-} + 2H^+$$
　　　　（蓝）　　　　　　　　（红）

② 试剂　a. 100g/L 硫化钠溶液；b. 100g/L 氢氧化钠溶液；c. 钙指示剂（称取 0.1g 钙试剂与 100g 氯化钠研匀后使用）；d. 0.05mol/L 标准氯化钙溶液 [称取氯化钙（$CaCl_2 \cdot 2H_2O$）7.4g，用水溶解后，稀释至 1000mL]。

标定：准确吸取已标定的标准 0.05mol/L EDTA 溶液 20mL，置于 250mL 的锥形瓶中，加水 50mL，5mol/L 氢氧化钠溶液 1.5mL，钙指示剂少许，用配好的氯化钙溶液滴定至溶液由蓝色变红色为终点。

$$c = \frac{0.0500 \times 20}{V}$$

式中　V——滴定消耗氯化钙溶液的体积，mL；

　　　c——被标定的氯化钙溶液浓度，mol/L。

③ 测定步骤　用移液管吸取镀液 10mL，置于 250mL 的容量瓶中，加水 50mL 左右，加硫化钠溶液 20~25mL，加水稀释至刻线，摇匀。静置片刻，用干滤纸过滤。用移液管吸取稀释后的镀液 25mL，于 250mL 锥形瓶中，用氢氧化钠溶液（约 1.5~3mL）调节 pH 至 13（用精密 pH 试纸试验），加钙指示剂少许，以标准氯化钙溶液滴定至蓝色变紫红色为终点。

④ 计算　$N(CH_2COOH)_3$ 含量 x(g/L) 按下式计算：

$$x = \frac{Vc \times 191.14}{10 \times \dfrac{25}{250}}$$

式中　V——滴定消耗氯化钙标准溶液的体积，mL；

　　　　c——氯化钙标准溶液的浓度，mol/L；

　　191.14——$N(CH_2COOH)_3$ 的摩尔质量，g/mol；

　　　　10——移取的镀液体积，mL。

　　提示：a.如试样中有 Fe^{3+}，可加（1+1）三乙醇胺 5mL，然后再调节 pH；b.此方法不用氰化钾，终点比较明显；c.pH 对此法影响很大，用氢氧化钠调整时须仔细；d.如用pH 试纸不便观察时，可加钛黄（0.5%）溶液 4～5 滴，用 100g/L 氢氧化钠溶液调至由柠檬黄色至橙色，再过量 3～4 滴，加（1+1）三乙醇胺 5mL，钙指示剂少许，用氯化钙标准溶液滴定至由深绿色转黄红色为终点。

3. 氯化铵的测定

　　① 方法要点　先在酚酞指示下，以氢氧化钠中和镀液原有的酸，然后加入甲醛，使之与氯化铵生成游离酸，再用酚酞指示，以标准氢氧化钠溶液滴定。

$$4NH_4Cl+6HCHO \Longrightarrow (CH_2)_6N_4+4HCl+6H_2O$$
$$HCl+NaOH \Longrightarrow NaCl+H_2O$$

　　② 试剂　a.（1+1）甲醛溶液：取甲醛 50mL 置于烧杯中，加水 50mL，加酚酞指示剂2 滴，用 0.2mol/L 氢氧化钠溶液滴定至淡红色；b.0.2mol/L 氢氧化钠标准溶液；c.酚酞指示剂［取 1g 酚酞溶于 80mL 乙醇中，溶解后以水稀释 100mL（pH=8.5～10.0）］。

　　③ 测定步骤　用移液管吸取镀液 1mL，置于 250mL 的锥形瓶中，加水 25mL 及酚酞指示剂数滴，以 0.2mol/L 氢氧化钠标准溶液滴定至淡红色（不计读数），加甲醛溶液 10mL，继续以氢氧化钠标准溶液滴定至淡红色，再加甲醛溶液 5mL，如红色消失，继续以氢氧化钠标准溶液滴定至红色，以不再消失为终点。

　　④ 计算　NH_4Cl 含量 $x(g/L)$ 按下式计算：

$$x = \frac{Vc \times 53.45}{1}$$

式中　V——滴定消耗氢氧化钠标准溶液的体积，mL；

　　　　c——氢氧化钠标准溶液的浓度，mol/L；

　　53.45——NH_4Cl 的摩尔质量，g/mol；

　　　　1——移取的镀液的体积，mL。

4. 硼酸的测定

　　① 方法要点　硼酸虽然是多元酸，但酸性极弱，不能直接用碱滴定。甘油、甘露醇和转化糖等含多羟基的有机物，能与硼酸生成较强的配合酸，以酚酞为指示剂，用标准氢氧化钠溶液滴定。

　　② 试剂　a.甘油混合液（称取 60g 柠檬酸钠溶于少量水中，加入甘油 600mL，另取 2g酚酞溶于少量乙醇中，然后混合，加水稀释至 1000mL）；b.0.1mol/L 氢氧化钠标准溶液。

　　③ 测定步骤　用移液管吸取镀液 1mL，置于 250mL 的锥形瓶中，加甘油混合液25mL，摇匀。以氢氧化钠标准溶液滴定至淡红色为终点。

　　④ 计算　H_3BO_3 含量 $x(g/L)$ 按下式计算：

$$x = \frac{Vc \times 61.84}{1}$$

式中　V——滴定消耗氢氧化钠标准溶液的体积，mL；

　　　　c——氢氧化钠标准溶液的浓度，mol/L；

61.84——H_3BO_3 的摩尔质量，g/mol；

1——移取的镀液的体积，mL。

5. 硫脲的测定

① 方法要点　在碱性溶液中，碘与氢氧化钠生成次碘酸钠，定量地与硫脲作用生成尿素，多余的碘用硫代硫酸钠滴定。

$$2NaOH + I_2 === NaIO + NaI + H_2O$$
$$4NaIO + CS(NH_2)_2 + H_2O === CO(NH_2)_2 + 4NaI + H_2SO_4$$
$$I_2 + 2Na_2S_2O_3 === 2NaI + Na_2S_4O_6$$

② 试剂　a. 50g/L 氢氧化钠溶液；b. $c(\frac{1}{2}I_2) = 0.1mol/L$ 碘标准溶液；c. 0.1mol/L 硫代硫酸钠；d. (1+1) 盐酸溶液；e. 10g/L 淀粉溶液；f. 碘化钾（固体）。

③ 测定步骤　用移液管吸取镀液 1mL，置于 250mL 的锥形瓶中，准确加入 20mL 0.1mol/L 碘标准溶液，加碘化钾 10～12g，加氢氧化钠溶液 5～10mL，静置 5～10min。加盐酸溶液 10mL，放置 2min，以硫代硫酸钠标准溶液滴定至淡黄色后，加淀粉指示剂 5mL，继续滴定至蓝色消失为终点。

④ 计算　$CS(NH_2)_2$ $x(g/L)$ 按下式计算：

$$x = \frac{(V_0c_0 - V_1c_1) \times 9.52}{1}$$

式中　c_0——碘 $(\frac{1}{2}I_2)$ 标准溶液的浓度，mol/L；

V_0——加入的碘标准溶液的体积，mL；

V_1——滴定消耗硫代硫酸钠标准溶液的体积，mL；

c_1——硫代硫酸钠标准溶液的浓度，mol/L；

9.52——$\frac{1}{8}CS(NH_2)_2$ 的摩尔质量，g/mol；

1——移取的镀液的体积，mL。

6. 铁的测定

① 方法要点　在 pH 2 的盐酸溶液中，Fe^{3+} 能和 EDTA 定量配合，以磺基水杨酸为指示剂，镀液中的氨三乙酸、硫脲等可预先用过量硫酸铵加热破坏，Zn^{2+} 及微量 Cu^{2+} 无干扰。

② 试剂　a. 过硫酸铵（固体）；b. $d = 0.90$ 氨水；c. 1mol/L 盐酸溶液；d. 100g/L 磺基水杨酸溶液；e. 0.05（或 0.025）mol/L EDTA 标准溶液。

③ 测定步骤　用移液管吸取镀液 10mL，置于 250mL 的锥形瓶中，加入过硫酸铵 10g，加水 70mL，加热煮沸 10～15min，取下冷却后。加氨水调整 pH 2～3，加盐酸溶液 10mol/L，加热至 60～70℃加磺基水杨酸指示剂 0.5mL，用 EDTA 标准溶液滴定至由红色变黄色为终点。

④ 计算　Fe 含量 $x(g/L)$ 按下式计算：

$$x = \frac{Vc \times 55.85}{10}$$

式中　V——滴定消耗 EDTA 标准溶液的体积，mL；

c——EDTA 标准溶液的浓度，mol/L；

55.85——Fe 的摩尔质量，g/mol；

10——移取的镀液的体积，mL。

（七）三乙醇胺-氢氧化钠镀锌溶液的分析

1. 锌的测定

① 方法要点　同氰化镀锌溶液中 EDTA 法。

② 试剂　a.100g/L 氰化钾溶液；b.抗坏血酸（固体）；c.pH 10 缓冲液；d.铬黑 T 指示剂（0.5g 铬黑 T 溶于少量乙醇中，加三乙醇胺至 100mL 温热溶解）；e.（1＋9）甲醛溶液；f.0.05mol/LEDTA 标准溶液。

③ 测定步骤　用移液管吸取镀液 2mL，置于 250mL 的锥形瓶中，加水 50mL，抗坏血酸 0.2g，缓冲液 10mL，氰化钾 5mL，铬黑 T 指示剂数滴，甲醛溶液 10mL，迅速用 EDTA 标准溶液滴定至由红色变蓝色为终点。

④ 计算　Zn 含量 x(g/L) 按下式计算：

$$x = \frac{Vc \times 65.41}{2}$$

式中　V——滴定消耗 EDTA 标准溶液的体积，mL；

　　　c——EDTA 标准溶液的浓度，mol/L；

　65.41——Zn 的摩尔质量，g/mol；

　　　2——移取的镀液的体积，mL。

提示：加铬黑 T 指示剂后，如溶液呈红色，应滴加 1～2 滴 EDTA 使呈蓝色，然后再加入甲醛，所用 EDTA 量不计。

2. 氢氧化钠的测定

① 方法要点　本法基于酸碱滴定，以酚酞为指示剂，加入亚铁氰化钾使锌盐沉淀，加氯化钡沉淀碳酸盐，以消除它们的干扰。

② 试剂　a.100g/L 亚铁氰化钾溶液；b.100g/L 氯化钡溶液；c.酚酞指示剂［1g 酚酞溶于 80mL 乙醇中，溶解后以水稀释至 100mL（pH＝8.3～10.0）］；d.0.1mol/L 盐酸标准溶液。

③ 测定步骤　用移液管吸取镀液 5mL，置于 250mL 容量瓶中，加水 100mL，加亚铁氰化钾溶液 10mL，氯化钡溶液 20mL，加水至刻线，摇匀。干滤纸过滤。用移液管吸取 50mL 滤液，于 250mL 的锥形瓶中，加水 50mL，酚酞指示剂 2 滴，以盐酸标准溶液滴定至红色消失，30s 不复现为终点。

④ 计算　NaOH 含量 x(g/L) 按下式计算：

$$x = \frac{Vc \times 40.00}{5 \times \frac{50}{250}}$$

式中　V——滴定消耗盐酸标准溶液的体积，mL；

　　　c——盐酸标准溶液的浓度，mol/L；

　40.00——NaOH 的摩尔质量，g/mol；

　　　5——移取的镀液的体积，mL。

3. 三乙醇胺的测定

① 方法要点　在碱性溶液中（pH 10 左右），三乙醇胺与钒酸铵、盐酸羟胺反应，生成

红色配合物，借此进行比色测定。试样中如有 Cu^{2+} 可用氰化钾掩蔽，其他 Zn^{2+}、Sn^{4+}、Fe^{3+}、Pb^{2+} 等不影响测定。

② 试剂 a.标准三乙醇胺溶液（精确称取三乙醇胺 2.5g，溶于水，于容量瓶中稀释至 500mL，摇匀备用）；b.钒酸铵溶液 [（1mL 含 10mg 钒）称取钒酸铵 22.96g，溶于水中，再加入 15.7g 氢氧化钠，混合后稀释至 1000mL，过滤后使用]；c.100g/L 盐酸羟胺溶液；d.50g/L 氰化钾溶液；e.不含三乙醇胺（TEA）的镀液：成分与试样大致相同，但不含三乙醇胺；f.$d=0.90$ 氨水。

③ 测定步骤 用移液管吸取镀液 5mL，置于 50mL 的容量瓶中，加水稀释至刻线，摇匀。用移液管吸取此稀释液 1mL，于 100mL 的容量瓶中，加入氰化钾溶液 1mL，氨水 5mL，钒酸铵溶液 5mL，盐酸羟胺溶液 1mL，摇匀后加水 50mL 并加热至沸使显色，取下冷却，以水稀释至刻线，摇匀。用 2cm 比色皿，以蒸馏水为空白，用波长 530nm 进行比色。

标准曲线的绘制：用移液管吸取不含三乙醇胺（TEA）的镀液 1mL 6 份于 100mL 的容量瓶中，用微量滴定管分别加入标准三乙醇胺溶液 0mL、0.4mL、0.8mL、1.2mL、1.6mL、2.0mL，按上述方法处理发色，测得其吸光值绘制曲线。

④ 计算 含三乙醇胺 x 含量（g/L）按下式计算：

$$x=\frac{A}{1000n}\times 1000=\frac{A}{n}$$

式中 A——从标准曲线上查得的试样含三乙醇胺的质量，mg；

n——取的试样的体积，mL。

提示：a.由于工业用三乙醇胺纯度不够，其杂质成分也不一致，为了准确测定，配制标准三乙醇胺溶液时，不用试剂级而使用配制该镀液所用的三乙醇胺来配制标准溶液；b.溶液不应有沉淀或浑浊现象；c.加入标准三乙醇胺溶液，应用微量滴定管或精密移液管，其他试剂的加入，也一律采用移液管；d.此法简单迅速，其精确度也适合工艺要求。

（八）氰化镀铜溶液的分析

1. 铜的测定

① 方法要点 以过硫酸铵分解氰化物，同时铜被氧化成二价，然后在微氨性溶液中，以 PAN 为指示剂，用 EDTA 标准溶液滴定。

$$2CuCN+3S_2O_8^{2-}+4H_2O \longrightarrow 2Cu^{2+}+6SO_4^{2-}+2CO_2+2NH_3+2H^+$$
$$Cu^{2+}+4NH_4OH \Longrightarrow Cu(NH_3)_4^{2+}+4H_2O$$
$$Cu(NH_3)_4^{2+}+H_2Y^{2-}+2H^+ \Longrightarrow CuY^{2-}+4NH_4$$

② 试剂 a.过硫酸铵（固体）；b.(1+1) 氨水溶液；c.10g/L PAN [1-(2-吡啶偶氮)-2-萘酚] 乙醇溶液指示剂；d.0.05mol/L EDTA 标准溶液；e.d-1.84 硫酸；f.30% 过氧化氢溶液。

③ 测定步骤 用移液管吸取镀液 1mL，置于 250mL 的锥形瓶中，加水 9mL，加过硫酸铵 1g，充分摇动，加氨水溶液至溶液呈深蓝色，加水 100mL，PAN 指示剂数滴，用 EDTA 标准溶液滴定至由红色转绿色为终点。

④ 计算 Cu 含量 x_1(g/L)、CuCN 含量 x_2(g/L) 分别按下式计算：

$$x_1=\frac{Vc\times 63.55}{1};\qquad x_2=\frac{Vc\times 89.55}{1}$$

式中　V——滴定消耗 EDTA 标准溶液的体积，mL；

　　　　c——EDTA 标准溶液的浓度，mol/L；

　　63.55——Cu 的摩尔质量，g/mol；

　　89.55——CuCN 的摩尔质量，g/mol；

　　　　1——移取的镀液的体积，mL。

提示：a. 指示剂（PAN）不能加入过量，否则滴定终点延长；b. 过剩的过硫酸铵必须加热分解完全；c. 控制 pH 8.5～10。

2. 游离氰化物的测定

① 方法要点　硝酸银与氰化物生成稳定的银氰配合物，滴定时以碘化钾为指示剂，当反应完全后，过量的硝酸银与碘化钾生成黄色碘化银沉淀。

$$AgNO_3 + 2NaCN = Na[Ag(CN)_2] + Na NO_3$$
$$Ag NO_3 + KI = AgI\downarrow + K NO_3$$

② 试剂　a. 100g/L 碘化钾溶液；b. 0.1mol/L 硝酸银标准溶液。

③ 测定步骤　用移液管吸取镀液 2mL，置于 250mL 的锥形瓶中，加水 40mL，碘化钾溶液 2mL，以硝酸银标准溶液滴定至开始出现浑浊即为终点。

④ 计算　游离氰化钠含量 x_1(g/L)、游离氰化钾含量 x_2(g/L) 分别按下式计算：

$$x_1 = \frac{Vc \times 98.02}{2}; \quad x_2 = \frac{Vc \times 130.24}{2}$$

式中　V——滴定消耗硝酸银标准溶液的体积，mL；

　　　　c——硝酸银标准溶液的浓度，mol/L；

　　98.02——2NaCN 的摩尔质量，g/mol；

130.24——2KCN 的摩尔质量，g/mol；

　　　　2——移取的镀液的体积，mL。

提示：a. 滴定速度不能太快，应保持沉淀溶解后再滴；b. 滴定完的溶液，可留作测定氢氧化钠的测定用。

3. 氢氧化钠的测定

① 方法要点　本法基于酸碱滴定，氰化物以硝酸银除去，碳酸盐以氯化钡除去，再以酚酞为指示剂用盐酸滴定。

$$CN^- + Ag^+ = AgCN\downarrow$$
$$Ba^{2+} + CO_3^{2-} = Ba CO_3\downarrow$$
$$NaOH + HCl = NaCl + H_2O$$

② 试剂　a. 100g/L 氯化钡溶液；b. 10g/L 酚酞指示剂乙醇溶液；c. 0.2mol/L 盐酸标准溶液。

③ 测定步骤　在测定完游离氰化钠后的溶液中，加氯化钡溶液 20mL，移入 200mL 的容量瓶中，加水稀释至刻线，要摇匀。以于滤纸过滤，用移液管吸取此滤液 50mL，置于 250mL 的锥形瓶中，加水 50mL，酚酞数滴，以盐酸标准溶液滴定至红色消失为终点。

④ 计算　NaOH 含量 x(g/L) 按下式计算：

$$x = \frac{Vc \times 40.00}{2 \times \frac{50}{200}}$$

式中　V——滴定消耗盐酸标准溶液的体积，mL；

c——盐酸标准溶液的浓度，mol/L；

40.00——NaOH 的摩尔质量，g/mol；

2——移取的镀液的体积，mL。

4. 碳酸钠的测定

① 方法要点　碳酸钠与氯化钡作用生成碳酸钡沉淀，过滤分离后，以甲基橙指示剂用盐酸滴定碳酸钡。

$$Na_2CO_3 + BaCl_2 == BaCO_3 \downarrow + 2NaCl$$
$$BaCO_3 + 2HCl == BaCl_2 + CO_2 \uparrow + H_2O$$

② 试剂　a.100g/L 氯化钡溶液；b.甲基橙指示剂（取 0.1g 甲基橙溶解于 100mL 热水中，如有不溶物，应过滤除掉）；c.0.1mol/L 盐酸标准溶液；d.0.1mol/L 氢氧化钠标准溶液。

③ 测定步骤　用移液管吸取镀液 1mL，置于 300mL 的烧杯中，加水 70mL，加热至近沸，加氯化钡溶液 10mL。煮沸，于温暖处静置 15min。用两张紧密滤纸过滤，以热水洗涤 3～5 次。将沉淀及滤纸移至原烧杯中，加水 50mL 及甲基橙指示剂数滴，以盐酸标准溶液滴定至红色，过量 3～5mL，再用氢氧化钠标准溶液滴定至黄色为终点。

④ 计算　Na_2CO_3 含量 x(g/L) 按下式计算：

$$x = \frac{(V_1c_1 - V_2c_2) \times 53.00}{1}$$

式中　V_1——滴定消耗盐酸标准溶液的体积，mL；

c_1——盐酸标准溶液的浓度，mol/L；

V_2——滴定消耗氢氧化钠标准溶液的体积，mL；

c_2——氢氧化钠标准溶液的浓度，mol/L；

53.00——$\frac{1}{2}Na_2CO_3$ 的摩尔质量，g/mol；

1——移取的镀液的体积，mL。

提示：加入盐酸标准溶液后，可稍加热，使硝酸钡溶解完全，然后冷却，再用氢氧化钠标准溶液滴定。

5. 酒石酸钾钠的测定

① 方法要点　在酸性溶液中，高锰酸钾能定量地将酒石酸氧化，反应完成后，加入碘化钾使剩余高价锰和碘化钾反应生成二价锰和游离碘，再以硫代硫酸钠滴定游离的碘。在镀液中存在大量氰化物，以及可能存在的硫氰酸盐、亚铁氰化物和氯化物等，均能被高锰酸钾氧化，对测定有干扰，因此在近中性溶液中，用过量硝酸银使它们沉淀分离。

$$CN^- + Ag^+ == AgCN \downarrow$$
$$Cu(CN)_4^{3-} + 3Ag^+ == CuCN \downarrow + 3AgCN \downarrow$$
$$SCN^- + Ag^+ == AgSCN \downarrow$$
$$Fe(CN)_6^{4-} + 4Ag^+ == Ag_4[Fe(CN)_6] \downarrow$$

② 试剂　a.硝基苯（化学纯）；b.10g/L 酚酞指示剂乙醇溶液；c.(1+4) 硫酸溶液；d.50g/L 硝酸银溶液；e.硫酸锰固体（化学纯）；f.碘化钾固体（化学纯）；g.10g/L 淀粉指示剂溶液；h. $c(\frac{1}{5}KMnO_4) = 0.1$mol/L 高锰酸钾标准溶液；i.0.1mol/L 硫代硫酸钠标准

溶液。

③ 测定步骤 用移液管吸取镀液 5mL，置于 250mL 的容量瓶中，加水 50mL，酚酞指示剂 3～4 滴，用移液管加硝基苯 5mL，加硫酸溶液至红色恰消失，溶液透明。再加硝酸银溶液 20～30mL，摇动。加水稀释至刻线。准确加水 5mL，摇匀（见提示 a）。过滤，弃去最初溶液，用移液管吸取滤液 50mL，置于 300mL 的锥形瓶中，加硫酸溶液 5mL，硫酸锰 5g，水 60mL，加热至 70～75℃，趁热，用滴定管加入高锰酸钾标准溶液 20mL，静置 5min，流水冷却至室温，加碘化钾 5g，以硫代硫酸钠标准溶液滴定至淡黄色，加淀粉液 1mL，再继续滴定至蓝色消失为终点。

④ 计算 $KNaC_4H_4O_6 \cdot 4H_2O$ 含量 x（g/L）按下式计算：

$$x = \frac{(V_1c_1 - V_2c_2) \times 47.04}{5 \times \frac{50}{250}}$$

式中 V_1——高锰酸钾标准溶液的体积，mL；

c_1——高锰酸钾（$\frac{1}{5}KMnO_4$）标准溶液的浓度，mol/L；

V_2——硫代硫酸钠标准溶液的体积，mL；

c_2——硫代硫酸钠标准溶液的浓度，mol/L；

47.04——$\frac{1}{6}KNaC_4H_4O_6 \cdot 4H_2O$ 的摩尔质量，g/mol；

5——移取的镀液的体积，mL。

提示：a. 不断摇晃，使沉淀完全掺入硝基苯里，不用过滤也可；b. 本测定方法，上述条件下，不能被分离的还原性物质，对测定有干扰，但在此镀液中，除有机添加剂外，一般不存在，对含有其他有机添加剂的镀液，本法不适用。

（九）酸性镀铜溶液的分析

1. 铜的测定

① 方法要点 用过氧化氢氧化铁，加氟化铵和三乙醇胺掩蔽 Al^{3+}、Fe^{3+}。在微氨性溶液中，以 PAN 为指示剂，用 EDTA 滴定。

② 试剂 a. 30% 过氧化氢溶液；b. 氟化铵（固体）；c. 三乙醇胺（分析纯）；d. (1+1) 氨水溶液；e. 10g/L PAN 指示剂乙醇溶液；f. 0.05mol/L EDTA 标准溶液。

③ 测定步骤 用移液管吸取镀液 2mL，置于 500mL 的锥形瓶中，滴加过氧化氢 8 滴，加水 50mL，煮沸一下，冷却，加水 150mL，氟化铵 1g 及三乙醇胺 6 滴，加氨水至淡蓝色，加 PAN 指示剂 10～12 滴，以 EDTA 标准溶液滴定至绿色为终点。

④ 计算 铜含量 x（g/L）按下式计算：

$$x = \frac{Vc \times 63.55}{2}$$

式中 V——滴定消耗 EDTA 标准溶液的体积，mL；

c——EDTA 标准溶液的浓度，mol/L；

63.55——Cu 的摩尔质量，g/mol；

2——移取的镀液的体积，mL。

2. 硫酸的测定

① 方法要点　基于酸碱滴定，以甲基橙为指示剂，用氢氧化钠滴定。

② 试剂　a. 10g/L 甲基橙指示剂溶液；b. 1mol/L 氢氧化钠标准溶液。

③ 测定步骤　用移液管吸取镀液 10mL，于 250mL 的锥形瓶中，加水 150mL 及甲基橙指示剂数滴，以氢氧化钠标准溶液滴定至溶液由红色转变黄绿色为终点。

④ 计算　H_2SO_4 含量 x(g/L) 按下式计算：

$$x = \frac{Vc \times 49.00}{10} \times 1000$$

式中　V——滴定消耗氢氧化钠标准溶液的体积，mL；

　　　　c——氢氧化钠标准溶液的浓度，mol/L；

　　49.00——$\frac{1}{2}H_2SO_4$ 的摩尔质量，g/mol；

　　　　10——移取的镀液体积，mL。

3. 铁的测定

① 方法要点　本法以金属锌将 Cu^{2+} 及 Fe^{3+} 还原后，将金属铜分离，以高锰酸钾滴定 Fe^{2+}。

$$Cu^{2+} + Zn =\!=\!= Zn^{2+} + Cu\downarrow$$
$$2Fe^{3+} + Zn =\!=\!= 2Fe^{2+} + Zn^{2+}$$
$$5Fe^{2+} + MnO_4^- + 8H^+ =\!=\!= 5Fe^{3+} + Mn^{2+} + 4H_2O$$

② 试剂　a. $d = 1.84$ 硫酸；b. 分析纯锌粉；c. $c(\frac{1}{5}KMnO_4) = 0.1mol/L$ 高锰酸钾标准溶液。

③ 测定步骤　用移液管吸取镀液 10mL，置于 400mL 的烧杯中，加水 100mL，硫酸 25mL 及锌粉 5g，放置 30min，如有蓝色再加点锌粉至蓝色消失。迅速过滤，以水洗涤数次，弃去沉淀，用高锰酸钾标准溶液滴定滤液至呈粉红色为终点。

④ 计算　Fe 含量 x(g/L) 按下式计算：

$$x = \frac{Vc \times 55.85}{10}$$

式中　V——滴定消耗高锰酸钾标准溶液的体积，mL；

　　　　c——高锰酸钾 $(\frac{1}{5}KMnO_4)$ 标准溶液的浓度，mol/L；

　　55.85——Fe 的摩尔质量，g/mol；

　　　　10——移取的镀液体积，mL。

（十）焦磷酸盐镀铜溶液的分析

1. 铜的测定

① 方法要点　原液加水稀释，以 PAN 为指示剂，用 EDTA 与铜配合。

② 试剂　a. 10g/L PAN 指示剂乙醇溶液；b. 0.05mol/L EDTA 标准溶液。

③ 测定步骤　用移液管吸取镀液 1mL，置于 250mL 的锥形瓶中，加水 100mL，加 PAN 指示剂 6 滴，用 EDTA 标准溶液滴定至由红色变为绿色为终点。

④ 计算　Cu 含量 x(g/L) 按下式计算：

$$x = \frac{Vc \times 63.54}{1}$$

式中　V——滴定消耗 EDTA 标准溶液的体积，mL；

　　　c——EDTA 标准溶液的浓度，mol/L；

　63.54——Cu 的摩尔质量，g/mol；

　　　1——移取的镀液体积，mL。

2. 总焦磷酸根的测定

① 方法要点　先用氢氧化钠与 Cu^{2+} 作用生成氢氧化铜沉淀，过滤去铜，在滤液中用酸调节 pH 至 3.8，此时 $P_2O_7^{4-}$ 变为 $H_2P_2O_7$，然后加硫酸锌，释出定量的硫酸，以氢氧化钠标准溶液滴定，用溴甲酚绿为指示剂。

$$Cu^{2+} + 2OH^- \longrightarrow Cu(OH)_2 \downarrow$$

$$K_2P_2O_7 + H_2SO_4 \longrightarrow K_2H_2P_2O_7 + K_2SO_4$$

$$K_2H_2P_2O_7 + 2ZnSO_4 \longrightarrow Zn_2P_2O_7 \downarrow + H_2SO_4 + K_2SO_4$$

② 试剂　a. 400g/L 氢氧化钠溶液；b. 10g/L 酚酞指示剂乙醇溶液；c. 10g/L pH 3.6～5.2 溴甲酚绿指示剂乙醇溶液；d. $d = 1.19$ 盐酸；e. 125g/L 硫酸锌溶液（用溴甲酚绿指示，以 0.5mol/L 硫酸调节至黄色后使用）；f. 0.5mol/L 硫酸溶液；g. 0.5mol/L 氢氧化钠标准溶液。

③ 测定步骤　用移液管吸取镀液 10mL，置于 250mL 的容量瓶中，加入 50℃的热水100mL，400g/L 氢氧化钠溶液 10mL 以沉淀铜（锡）。冷却，加水稀释至刻线，摇匀，干滤纸过滤。用移液管吸取此滤液 25mL，于 250mL 的锥形瓶中，加水 25mL，酚酞指示剂 1滴，滴加盐酸至无色，加溴甲酚绿指示剂 2 滴，以 0.5mol/L 硫酸溶液调节至溶液恰呈黄色，加入 125g/L 硫酸锌溶液 15mL，摇匀，放置 5min（也可稍加温），以沉淀焦磷酸锌，用 0.5mol/L 氢氧化钠标准溶液滴定至黄色中微带绿色为终点。

④ 计算　$P_2O_7^{4-}$ 含量 x(g/L) 按下式计算：

$$x = \frac{Vc \times 86.99}{10 \times \frac{25}{250}}$$

式中　V——滴定消耗氢氧化钠标准溶液的体积，mL；

　　　c——氢氧化钠标准溶液的浓度，mol/L；

　86.99——$\frac{1}{2}P_2O_7^{4-}$ 的摩尔质量，g/mol；

　　　10——移取的镀液体积，mL。

提示：a. 近终点时应仔细观察，只要溶液黄中微带绿便可，如到明显绿色，则终点已过。因有沉淀看不清楚时，可稍静置一下，等沉淀下沉后，观看上面的清液；b. 也可用称准一定量的焦磷酸钠，按上述方法平行做，以求出标准氢氧化钠溶液的滴定度；c. 分析结果为总 $P_2O_7^{4-}$，即包括 $Cu_2P_2O_7$ 及 $K_2P_2O_7$ 中的 $P_2O_7^{4-}$，不能单作 $K_2P_2O_7$ 或 $Na_2P_2O_7$计算。

3. 正磷酸盐的测定

① 方法要点　在氨溶液中，正磷酸盐和镁盐生成磷酸铵镁（$MgNH_4PO_4 \cdot 6H_2O$），沉

淀经灼烧后成焦磷酸镁（$Mg_2P_2O_7$），以重量法测定。铜在溶液中保持为配合物，不影响磷酸盐的测定。焦磷酸盐在此条件下对测定无干扰。

$$Na_2HPO_4 + MgCl_2 + NH_4OH \Longrightarrow MgNH_4PO_4 \downarrow + 2NaCl + H_2O$$

$$2MgNH_4PO_4 \longrightarrow Mg_2P_2O_7 + 2NH_3 + H_2O$$

② 试剂　a.$d=0.90$ 氨水及（3＋97）溶液；b.500g/L 柠檬酸铵溶液（如有浑浊应过滤）；c.镁盐混合液［称取氯化铵（$MgCl_2 \cdot 6HO$）400g 及氯化铵 300g，溶解于热水中，冷却，加水稀释至 1500mL］；d.10g/L 酚酞指示剂乙醇溶液。

③ 测定步骤　用移液管吸取镀液 2mL，置于 300mL 烧杯中，加水 50mL 及柠檬酸铵溶液 20mL，加热 40℃，加酚酞指示剂数滴，在不断搅拌下，加入镁盐混合液 30mL，滴加氨水至呈红色，再过量 5mL，继续搅拌数分钟，静置待稍冷后，加氨水 25mL，搅匀，静置过夜。将沉淀以中密滤纸过滤，用（3＋97）的氨水洗净沉淀及滤纸。将沉淀及滤纸移入已知恒重的瓷坩埚中，干燥、灰化，在 900～1000℃ 灼烧至恒重，称得质量为 G（g）。

④ 计算　PO_4^{3-} 含量 x_1（g/L）、$Na_2HPO_4 \cdot 12H_2O$ 含量 x_2（g/L）分别按下式计算：

$$x_1 = \frac{m \times 0.854}{2} \times 1000; \quad x_2 = \frac{m \times 3.22}{2} \times 1000$$

式中　m——灼烧至恒重称得的质量，g；

0.854——$2PO_4^{3-}$ 与 $Mg_2P_2O_7$ 分子量之比；

3.22——$2Na_2HPO_4 \cdot 12H_2O$ 与 $Mg_2P_2O_7$ 分子量之比；

2——移取的镀液体积，mL。

4. 硝酸钠的测定

① 方法要点　以过量的标准硫酸亚铁铵与硝酸根作用，在强酸性溶液中多余的亚铁，以标准重铬酸钾溶液回滴，以邻苯基氨基苯甲酸为指示剂。

② 试剂　a.$d=1.84$ 硫酸；b.邻苯基氨基苯甲酸指示剂（称取 0.27g 邻苯基氨基苯甲酸溶于 5mL 的 50g/L 碳酸钠溶液中，以水稀释至 250mL）；c.0.1mol/L 硫酸亚铁铵标准溶液；d.$c(\frac{1}{6}K_2Cr_2O_7)=0.1$mol/L 重铬酸钾标准溶液；e.氯化钠（固体）。

③ 测定步骤　用移液管吸取镀液 5mL，置于 250mL 锥形瓶中，用滴定管加硫酸亚铁铵标准溶液 25mL，小心加入硫酸 25mL，氯化钠 0.5g，加热至沸 3min。冷却，小心加水 50mL，邻苯基氨基苯甲酸指示剂数滴，以重铬酸钾标准溶液滴定至紫红色为终点。

④ 计算　$NaNO_3$ 含量 x（g/L）按下式计算：

$$x = \frac{(V_1c_1 - V_2c_2) \times 28.33}{5}$$

式中　V_1——耗用硫酸亚铁铵标准溶液的体积，mL；

c_1——硫酸亚铁铵标准溶液的浓度，mol/L；

V_2——耗用重铬酸钾标准溶液的体积，mL；

c_2——重铬酸钾（$\frac{1}{6}K_2Cr_2O_7$）标准溶液的浓度，mol/L；

28.33——$\frac{1}{3}NaNO_3$ 的摩尔质量，g/mol；

5——移取的镀液体积，mL。

5. 铵盐的测定

① 方法要点　镀液铵盐与氢氧化钠作用，置换出来的氨被蒸馏出来，用一定量的标准酸吸收，多余的酸以标准碱回滴。

$$NH_4^+ + NaOH \longrightarrow NH_3 + H_2O + Na^+$$
$$2NH_3 + H_2SO_4 \longrightarrow (NH_4)_2SO_4$$

② 试剂　a. 甲基橙指示剂（0.1g 甲基橙溶解于 100mL 热水中，如有不溶物应过滤除掉）；b.1mol/L 硫酸标准溶液；c.1mol/L 氢氧化钠标准溶液；d.250g/L 氢氧化钠溶液。

③ 测定步骤　仪器装置见图 15-6。

用移液管吸取镀液 25mL，置于瓶 6 中，加水 175mL 及玻璃珠十多个。于杯 11 中用移液管加入 1mol/L 硫酸标准溶液 50mL 及甲基橙指示剂 3 滴，迅速倾入 250g/L 氢氧化钠溶液 50mL 于瓶 6 中，塞好瓶塞，开启冷凝管水流，缓缓加热蒸馏，当烧瓶内液体剩一半时，开启橡皮塞 10，停止加热，用水洗涤冷凝管内壁。蒸馏完毕后，烧杯 11 内溶液应仍保持红色示有过量硫酸。用氢氧化钠标准溶液滴定过量硫酸，至溶液由红色变黄色为终点。

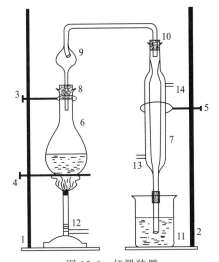

图 15-6　仪器装置
1,2—蒸馏用铁架；3～5—固定用环及夹；6—500 毫升烧瓶；7—冷凝管；8,10—橡皮塞；9—氮气球；11—300 毫升烧杯；12—酒精灯；13—进水口；14—出水口

④ 计算　NH_4^+ 含量 x(g/L) 按下式计算：

$$x = \frac{(2V_1c_1 - V_2c_2) \times 18}{25}$$

式中　c_1——硫酸标准溶液的浓度，mol/L；

　　　V_1——加入的硫酸标准溶液的体积，mL；

　　　V_2——氢氧化钠标准溶液耗用的体积，mL；

　　　c_2——氢氧化钠标准溶液的浓度，mol/L；

　　　18——铵（NH_4^+）的摩尔质量，g/mol；

　　　25——移取的镀液体积，mL。

（十一）乙二胺镀铜溶液的分析

1. 硫酸铜的测定

① 方法要点　因镀液中含有硝酸根，加硫酸后冒白烟，除去硝酸根后进行碘量法测定。

$$2CuSO_4 + 4KI \longrightarrow 2K_2SO_4 + Cu_2I_2 + I_2$$
$$Cu_2I_2 + 2KSCN \longrightarrow Cu_2(SCN)_2 + 2KI$$
$$I_2 + 2NaS_2O_3 \longrightarrow 2NaI + Na_2S_4O_6$$

② 试剂　a. $d=1.84$ 硫酸；b. $d=1.70$ 磷酸；c.100g/L 碘化钾溶液；d.100g/L 硫氰酸钾溶液；e.500g/L 氢氧化钠溶液；f. 过硫酸铵（固体）；g. 氟化氢铵（固体）；h. 淀粉指示剂［取 1g 可溶性淀粉，以少量水调成浆，倾于 100mL 沸水中，搅匀，煮沸，冷却，加入氯仿（$CHCl_3$）数滴］；i.0.1mol/L 硫代硫酸钠标准溶液。

③ 测定步骤　用移液管吸取镀液 5mL，置于 250mL 的锥形瓶中，加入硫酸 10mL 及过

硫酸铵 1g，加热至冒三氧化硫浓白烟，冷却，缓缓加水 50mL，慢慢加入氢氧化钠溶液至略显浑浊，再逐渐滴加磷酸使溶液澄清。加氟化氢铵 1g，再冷却，加碘化钾溶液 20mL，以硫代硫酸钠标准溶液滴定至淡黄色，加淀粉指示剂 5mL，再滴定溶液至蓝色将近消失，加硫氰酸钾溶液 10mL，再滴定溶液至蓝色消失为终点。

④ 计算　$CuSO_4 \cdot 5H_2O$ 含量 x（g/L）按下式计算：

$$x = \frac{Vc \times 249.68}{5}$$

式中　V——滴定消耗硫代硫酸钠标准溶液的体积，mL；

c——硫代硫酸钠标准溶液的浓度，mol/L；

249.68——$CuSO_4 \cdot 5H_2O$ 的摩尔质量，g/mol；

5——移取的镀液体积，mL。

2. 乙二胺的测定

① 方法要点　在镀液中乙二胺与铜配合，先用硫化钠沉淀铜离子，以过氧化氢除去过剩的硫化钠，再以溴甲酚绿指示剂，用盐酸滴定生成乙二胺二氢盐。

$$NH_2CH_2CH_2NH_2 + HCl \xrightarrow{\text{酚酞}} NH_2CH_2CH_2NH_2 \cdot HCl$$

$$NH_2CH_2CH_2NH_2 \cdot HCl + HCl \xrightarrow{\text{溴甲酚绿}} NH_2CH_2CH_2NH_2 \cdot 2HCl$$

② 试剂　a. 硫化钠（固体）；b. 30% 过氧化氢溶液；c. 10g/L 酚酞指示剂乙醇溶液；d. 溴甲酚绿（又名溴甲酚蓝，pH 3.6～5.2，称取 0.1g 溴甲酚绿溶解于 2.88mL 0.05mol/L 氢氧化钠溶液中，加水稀释至 250mL）；e. 0.5mol/L 盐酸标准溶液。

③ 测定步骤　用移液管吸取镀液 50mL，置于 250mL 的烧杯中，加入 8～10g 硫化钠，搅拌，使铜沉淀完全（可用滤纸鉴定，若浸入后渗透部分显紫色，则硫化钠不够，若显淡黄色，即铜已沉淀完全）。用干滤纸过滤（此滤液应保存，留作测定氨三乙酸用），用移液管吸取此清液 5mL，于 250mL 的锥形瓶中，加水 100mL，过氧化氢 2～3mL，摇数分钟，使黄色褪去（可稍加热）。冷却，加酚酞 1 滴，用盐酸标准溶液滴定至红色恰褪（允许有极微的红色），所消耗的盐酸不计数。加入溴甲酚绿 10 滴，再继续用盐酸标准溶液滴定至由蓝色转黄色为终点。

④ 计算　$NH_2CH_2CH_2NH_2$ 含量 x（g/L）按下式计算：

$$x = \frac{Vc \times 60.10}{5}$$

式中　V——滴定消耗盐酸标准溶液的体积，mL；

c——盐酸标准溶液的浓度，mol/L；

60.10——$NH_2CH_2CH_2NH_2$ 的摩尔质量，g/mol；

5——移取的镀液体积，mL。

3. 氨三乙酸的测定

① 方法要点　氨三乙酸是一种配合能力较强的氨羧配合剂，它在碱性溶液中，以氯化钙滴定，钙指示剂能与 Ca^{2+} 生成稳定的配合物。

② 试剂　a. 钙指示剂（称取 0.1g 钙指示剂与 10g 硫酸钾研磨混匀）；b. 500g/L 氢氧化钠溶液；c. 0.05mol/L 氯化钙标准溶液。

③ 测定步骤　用移液管吸取测定乙二胺时除去铜的过滤溶液 5mL，置于 250mL 的锥形瓶中，加水 50mL，加氢氧化钠溶液 5～6 滴（使 pH 12～14），加钙指示剂少许，摇匀，此

时溶液呈蓝色，用氯化钙标准溶液滴定至由蓝色变红紫色为终点。

④ 计算　$N(CH_3COOH)_3$ 含量 x（g/L）按下式计算：

$$x = \frac{Vc \times 191.14}{5}$$

式中　V——滴定消耗氯化钙标准溶液的体积，mL；

　　　c——氯化钙标准溶液的浓度，mol/L；

　191.14——$N(CH_3COOH)_3$ 的摩尔质量，g/mol；

　　　5——移取的溶液体积，mL。

4. 硝酸盐的测定

① 方法要点　在强酸性溶液中，硝酸根能与二价铁反应，因此加入过量的 Fe^{2+} 与硝酸根作用，剩余的 Fe^{2+} 用重铬酸钾滴定。

$$3Fe^{2+} + NO_3^- + 4H^+ \Longrightarrow 3Fe^{3+} + NO + 2H_2O$$

$$Cr_2O_7^{2-} + 6Fe^{2+} + 14H^+ \Longrightarrow 2Cr^{3+} + 6Fe^{3+} + 7H_2O$$

② 试剂　a. $d = 1.84$ 硫酸；b. 氯化钠（固体）；c. 苯基代邻氨基苯甲酸（称取 0.27g 苯基代邻氨基苯甲酸，溶于 50g/L 硝酸钠溶液中，以水稀释至 250mL）；d. 0.25mol/L 硫酸亚铁铵标准溶液；e. 0.1mol/L 重铬酸钾标准溶液。

③ 测定步骤　用移液管吸取镀液 2mL，置于 250mL 的锥形瓶中，准确加硫酸亚铁铵标准溶液 15mL，加水 20mL，浓硫酸 20mL 及氯化钠约 0.5g，加热至沸，直至溶液呈黄绿色（准确掌握 5min），冷却，缓缓加水 35mL 及苯基代邻氨基苯甲酸指示剂 10 滴，用重铬酸钾标准溶液滴定至紫红为终点。

④ 计算　NH_4NO_3 含量 x（g/L）按下式计算：

$$x = \frac{(V_1c_1 - V_2c_2) \times 26.68}{2}$$

式中　V_1——硫酸亚铁铵标准溶液的体积，mL；

　　　c_1——硫酸亚铁铵标准溶液的浓度，mol/L；

　　　V_2——重铬酸钾标准溶液的体积，mL；

　　　c_2——重铬酸钾（$\frac{1}{6}K_2Cr_2O_7$）标准溶液的浓度，mol/L；

　26.68——$\frac{1}{3}NH_4NO_3$ 的摩尔质量，g/mol；

　　　2——移取的镀液体积，mL。

5. 铵盐的测定

① 方法要点　用硫化钠除去 Cu^{2+}，然后以酚酞为指示剂，用氢氧化钠溶液中和，再加甲醛使与铵、乙二胺（EDA）作用，生成游离酸，用氢氧化钠标准溶液滴定。

② 试剂　a. 30% 过氧化氢；b. 0.5mol/L 氢氧化钠标准溶液；c. 0.1mol/L 氢氧化钠标准溶液；d. 10g/L 酚酞指示剂乙醇溶液；e. 中性 40% 甲醛溶液（加数滴酚酞于甲醛中，用 0.5mol/L 氢氧化钠溶液滴定至微红色）。

③ 测定步骤　用移液管吸取测定乙二胺干滤纸过滤后的滤液 5mL，置于 250mL 的锥形瓶中，加过氧化氢 2mL，摇至溶液无色。加酚酞指示剂 3 滴，用 0.5mol/L 氢氧化钠溶液中和至微红色，加甲醛 10mL，用 0.1mol/L 氢氧化钠标准溶液滴定至淡红色，再加甲醛，如

红色消失，继续滴定至加入甲醛后红色不消失为终点。测定时必须吸取 1 份滤液按前面方法测定乙二胺，便于计算。

④ 计算 NH_4^+ 含量 $x(NH_4^+)(g/L)$ 按下式计算：

$$x(NH_4^+) = \frac{\left[V_1 c(NaOH) - 4V_0 \dfrac{x(EDA)}{M(EDA)}\right] M(NH_4^+)}{V_0}$$

式中　　V_1——加甲醛后耗用 0.1mol/L 氢氧化钠标准溶液的体积，mL；

　　　　V_0——量取的滤液的体积，mL；

　$x(EDA)$——乙二胺的含量，g/L；

$M(EDA)$——乙二胺的摩尔质量，g/mol；

　　　　c——0.1mol/L 氢氧化钠标准溶液的实际浓度，mol/L；

$M(NH_4^+)$——NH_4^+ 的摩尔质量，g/mol。

提示：由于乙二胺同样能和甲醛作用析出酸来，消耗一部分氢氧化钠标准溶液，故必须从滴定消耗的总数的氢氧化钠量中减去此一部分，即为滴定铵盐的氢氧化钠消耗量。

（十二）普通镀镍溶液的分析

1. 镍的测定

① 方法要点（EDTA 滴定法测定镍及镍、镁合量）　在碱性溶液中，镍、镁都和 EDTA 定量配合，以紫脲酸铵为指示剂，得到镍、镁合量。然后在另一溶液中，加氟化铵（或氟化钾），使之与镁生成溶解度极小的氟化镁沉淀，以消除它的干扰，再以 EDTA 滴定镍。从上述合量中减去镍即得镁的量。

$$Ni^{2+} + H_2 Y^{2-} = NiY^{2-} + 2H^+$$
$$Mg^{2+} + H_2 Y^{2-} = MgY^{2-} + 2H^+$$
$$Mg^{2+} + 2F^- = MgF_2 \downarrow$$

② 试剂　a. 0.5mol/L EDTA 标准溶液；b. pH 10 缓冲液［取 54g 氯化铵于水中加入 350mL 氨水（d 0.90），加水稀释至 1000mL］；c. 紫脲酸铵指示剂（取 0.2g 紫脲酸铵与 100g 氯化钠研磨混合均匀）；d. 铬黑 T 指示剂（取 0.5g 铬黑 T 溶于少量乙醇中，加三乙醇胺至 100mL，温热溶解）；e. 氟化铵（固体）。

③ 测定步骤　用移液管吸取镀液 2mL，置于 250mL 的锥形瓶中，加水 90mL，缓冲液 10mL，加入紫脲酸铵 0.1g，以 EDTA 标准溶液滴定至刚好由黄变紫红色为终点（V_1）。用移液管吸取镀液 2mL，以另一 250mL 的锥形瓶中，加氟化铵 1g，摇晃使其溶解，加水 90mL，此时应呈浑浊，有微小的氟化镁生成。加入缓冲液 10mL 及紫脲酸铵 0.1g，用 EDTA 标准溶液滴定至由黄变紫红色为终点（V_2）。

④ 计算　$NiSO_4 \cdot 7H_2O$ 含量 $x_1(g/L)$、$MgSO_4 \cdot 7H_2O$ 含量 $x_2(g/L)$ 分别按下式计算：

$$x_1 = \frac{V_2 c \times 280.81}{2}; \quad x_2 = \frac{(V_1 - V_2) c \times 246.47}{2}$$

式中　　　V_2——滴定镍所消耗 EDTA 标准溶液的体积，mL；

$(V_1 - V_2)$——滴定镁所消耗 EDTA 标准溶液的体积，mL；

　　　　　c——EDTA 标准溶液的浓度，mol/L；

　280.81——$NiSO_4 \cdot 7H_2O$ 的摩尔质量，g/mol；

246.47——$MgSO_4 \cdot 7H_2O$ 的摩尔质量，g/mol；

2——移取的镀液体积，mL。

提示：a. 近终点时，滴定速度应减慢，否则测定的结果偏高，滴定温度应在20℃以上；b. 镀液中，铜锌等金属杂质存在时，对测定有干扰，但它们在普通镀镍溶液中一般含量极少，对测定镍、镁等影响不大，铁和氟化铵生成配合物，对滴定不干扰。

2. 镁的测定

① 方法要点（铜试剂去镍 EDTA 滴定法）　先用铜试剂（二乙基二硫代氨基甲酸钠）于氨性溶液中，将镍沉淀，并滤去之，而后调整溶液的 pH 10，以 EDTA 溶液滴定。

② 试剂　a. 铜试剂 $[(C_2H_5)_2N \cdot CS_2Na]$（固体）；b. pH 10 缓冲液；c. 铬黑 T 指示剂（取 0.5g 铬黑 T 溶于少量乙醇中，加三乙醇胺至 100mL，温热溶解）；d. 0.02mol/L EDTA 标准溶液。

③ 测定步骤　用移液管吸收镀液 5mL，置于 100mL 的容量瓶中，加入铜试剂 2g，加水稀释至刻线，摇匀。干滤纸过滤，用移液管吸取此滤液 20mL，置于 250mL 的锥形瓶中，加水 50mL，缓冲液 10mL，铬黑 T 指示剂数滴，用 EDTA 标准溶液滴定至由红色变纯蓝色为终点。

④ 计算　$MgSO_4 \cdot 7H_2O$ 含量 x(g/L) 按下式计算：

$$x = \frac{Vc \times 246.47}{5 \times \dfrac{20}{100}}$$

式中　V——滴定消耗 EDTA 标准溶液的体积，mL；

c——EDTA 标准溶液的浓度，mol/L；

246.47——$MgSO_4 \cdot 7H_2O$ 的摩尔质量，g/mol；

5——移取的镀液体积，mL。

3. 硼酸的测定

① 方法要点　硼酸虽是多元酸，但酸性极弱，不能直接用碱滴定。甘油、甘露醇和转化糖等含多羟基的有机物，能和硼酸生成较强的配合物，可用碱滴定，以酚酞为指示剂。

② 试剂　a. 10g/L 酚红乙醇溶液；b. 10g/L 酚酞指示剂乙醇溶液；c. 甘露醇（固体）；d. 草酸钠（固体）；e. 0.1mol/L 氢氧化钠标准溶液。

③ 测定步骤　用移液管吸取镀液 1mL，置于 250mL 的锥形瓶中，加水 40mL，草酸钠 1g，摇匀（草酸钠不溶完也可以做下去）。加酚红指示剂 4 滴，用氢氧化钠标准溶液滴定至微红色（不计读数）。加甘露醇约 1g，摇匀，使其溶解，加酚酞指示剂 3 滴。用氢氧化钠标准溶液滴定至红色，再加少量甘露醇，如红色消失，用氢氧化钠标准溶液再滴至红色，直至加入甘露醇后，溶液红色不再消失为终点。

④ 计算　H_3BO_3 含量 x(g/L) 按下式计算：

$$x = \frac{Vc \times 61.8}{1}$$

式中　V——滴定消耗氢氧化钠标准溶液的体积，mL；

c——氢氧化钠标准溶液的浓度，mol/L；

61.8——H_3BO_3 的摩尔质量，g/mol；

1——移取的镀液体积，mL。

4. 氯化物的测定

① 方法要点　氯离子和硝酸银定量地生成白色氯化银沉淀。

$$Cl^- + AgNO_3 =\!=\!= AgCl\downarrow + NO_3^-$$

滴定时以铬酸钾为指示剂。在近中性溶液中，铬酸钾和硝酸银生成红色铬酸银沉淀，但铬酸银的溶解度较氯化银为大，当氯化银沉淀完全后，稍微过量的硝酸银即和铬酸钾生成铬酸银沉淀，指示反应终点。

$$2Ag^+ + K_2CrO_4 =\!=\!= Ag_2CrO_4\downarrow + 2K^+$$

由于铬酸银溶于酸，因此滴定时，溶液的 pH 值应保持在 4.0～7.0。此时其他阴离子如 I^-、Br^- 等，以及阳离子 Pb^{2+}、Ba^{2+} 等对测定有干扰，但在此镀液中，它们存在极少，不影响氯化物的测定。

② 试剂　a.铬酸钾饱和溶液；b.0.1mol/L 硝酸银标准溶液。

③ 测定步骤　用移液管吸取镀液 5mL，置于 250mL 的锥形瓶中，加水 50mL 及铬酸钾饱和溶液数滴，用硝酸银标准溶液滴定至最后一滴硝酸银使生成的白色沉淀略带淡红色为终点。

④ 计算　NaCl 含量 x_1(g/L)、NH_4Cl 含量 x_2(g/L) 分别按下式计算：

$$x_1 = \frac{Vc \times 58.44}{5}; \quad x_2 = \frac{Vc \times 53.49}{5}$$

式中　V——滴定消耗硝酸银标准溶液的体积，mL；

　　　c——硝酸银标准溶液的浓度，mol/L；

　58.44——NaCl 的摩尔质量，g/mol；

　53.49——NH_4Cl 的摩尔质量，g/mol；

　　　5——移取的镀液体积，mL。

5. 硫酸钠的测定

① 方法要点　在酸性溶液中，硫酸根与钡离子生成硫酸钡沉淀，过量的 Ba^{2+} 与茜素红 S 形成红色配合物，用以指示终点。

$$SO_4^{2-} + Ba^{2+} =\!=\!= BaSO_4\downarrow$$

② 试剂　a.2g/L 茜素红 S 指示剂水溶液；b.无水乙醇；c.0.1mol/L 氯化钡标准溶液；d.0.1mol/L 盐酸溶液。

③ 测定步骤　用移液管吸取镀液 1mL，置于 250mL 的锥形瓶中，加水 60mL，茜素红 S 指示剂 6～8 滴，无水乙醇 30mL，逐滴加入 0.1mol/L 盐酸溶液，使试液由紫色变柠檬黄色，然后用氯化钡标准溶液滴定至微红色为终点。

④ 计算　$Na_2SO_4 \cdot 10H_2O$ 含量 x(g/L) 按下式计算：

$$x = \frac{[(Vc \times 322.19) - A \times 0.342 - B \times 0.3898] \times 3.3542}{1}$$

式中　V——滴定消耗氯化钡标准溶液的体积，mL；

　　　c——氯化钡标准溶液的浓度，mol/L；

　322.19——$Na_2SO_4 \cdot 10H_2O$ 的摩尔质量，g/mol；

　　　A——镀液中硫酸镍的含量，g/L；

　　　B——镀液中硫酸镁的含量，g/L；

　0.342——SO_4 与 $NiSO_4 \cdot 7H_2O$ 分子量之比；

0.3898——SO_4 与 $MgSO_4 \cdot 7H_2O$ 分子量之比；

3.3542——$Na_2SO_4 \cdot 10H_2O$ 与 SO_4 分子量之比。

提示：a. 此测定方法误差较大，但在生产中尚可应用；b. 指示剂用量，视其优劣，有时可多加一点。

6. 铜的测定

① 方法要点　以 EDTA 除去镍的干扰，在含有保护胶体的氨性溶液中，DDTC-Na 与 Cu^{2+} 作用形成棕黄色化合物，以此作铜的比色测定。

② 试剂　a. 阿拉伯树胶溶液（称取阿拉伯树胶 2g 溶于热水中，稀释至 200mL，澄清后，取上面清液使用）；b. 500g/L 柠檬酸铵水溶液（过滤后稀释至 1000mL）；c. 0.25mol/L EDTA 溶液；d.（1+1）氨水溶液；e. 0.25mol/L 硫酸镁溶液；f. 二乙胺基二硫代甲酸钠（DDTC-Na）溶液（称取 0.5g，溶于水中，过滤后稀释至 250mL）；g. 铜标准溶液［称取纯度在 99.95% 以上的纯铜 0.05g，置于 250mL 的锥形瓶中，加（1+1）硝酸溶液 10mL 使其溶解，煮沸除去氮的氧化物，在容量瓶中稀释至 1000mL，摇匀后取出 100mL，再稀释至 200mL（此溶液 1mL 含 0.025mg 铜）］。

③ 测定步骤　用移液管吸取镀液 1mL 二份，分别置于 100mL 的容量瓶中，各加水 30mL，柠檬酸铵 10mL，阿拉伯树胶 10mL，（1+1）氨水 10mL，EDTA 5mL，硫酸镁 3mL。其中一份以水稀释至刻线作为空白溶液；另一份中加入 DDTC-Na 10mL 以水稀释至刻线，摇匀。以 3cm 比色皿及波长 470nm 在光度计上测得其吸光度，然后在标准曲线上查出其含量。

标准曲线的绘制：取铜标准溶液 0mL、1mL、3mL、5mL、7mL 共 5 份，分别置于 100mL 的容量瓶中，依次加入柠檬酸铵 10mL，水 20mL，阿拉伯树胶 10mL，（1+1）氨水 10mL 摇匀，再加 DDTC-Na 10mL，以水稀释至刻线，摇匀。按上述方法测得其吸光度，并绘制曲线。

④ 计算　Cu 含量 x(g/L) 按下式计算：

$$x = \frac{A \times 1000}{1 \times 1000} = A$$

式中　A——从标准曲线上查得的含铁数，mg。

提示：如加 DDTC-Na 浑浊时，可按下法发色，用移液管吸取镀液 1mL，置于 250mL 的分液漏斗中，加水 30mL，柠檬酸铵 10mL。5% EDTA 10mL，（1+1）氨水 10mL，DDTC-Na 10mL，四氯化碳 20mL（须用移液管加），摇 1min，静置分层，用四氯化碳层比色，以 0.5cm 比色皿及波长 470nm，在光度计上测其吸光度。

标准曲线的绘制：取铜标准溶液 0mL、2mL、4mL、6mL、8mL 共 5 份，分别置于 250mL 的分液漏斗中，加水至 10mL，再加柠檬酸铵 10mL 等试剂，按上法着色。

7. 铁的测定

① 方法要点　以硝酸氯化铁为三价，在大量铵盐存在下，加氨水使 Fe^{3+} 沉淀为氢氧化铁，以盐酸溶解，以硫氰酸钠发色后比色测定铁。

② 试剂　a. 250g/L 氯化铵溶液；b. $d=0.90$ 氨水；c.（1+1）盐酸溶液；d. $d=1.42$ 硝酸；e. 铁标准溶液［称取纯铁 0.1g 溶于少量（1+1）盐酸中，滴加过氧化氢数滴，滴完后在容量瓶中稀释至 1000mL。再取此溶液 100mL 稀释至 200mL（此溶液 1mL 含 0.05mg 铁）］；f. 200g/L 硫氰化钠溶液。

③ 测定步骤　用移液管吸取镀液 25mL，置于 300mL 的烧杯中，加 3～4 滴浓硝酸，加热至沸，冷却至约 70℃，加氯化铵溶液 25mL，水 100mL，加氨水至溶液呈强碱性（有强烈氨味）。加热至近沸，此时有氢氧化铁生成，趁热过滤，用热水洗涤数次，用（1+1）热盐酸 10mL 溶解沉淀，并以热水洗涤漏斗数次，滤液及洗液以 100mL 的容量瓶盛接，冷却，加硫氰酸钠 10mL，以水稀释至刻线，摇匀。用 3cm 比色皿及波长 500nm，以水为空白，在光度计上测其吸光度。

标准曲线的绘制：取标准铁溶液 0mL、1mL、3mL、5mL、7mL 分别置入 100mL 的容量瓶中，加（1+1）盐酸 10mL，水 30mL，硫氰酸钠 10mL，加水稀释至刻线，摇匀。按上述方法测其吸光度。

④ 计算　Fe 含量 x(g/L) 按下式计算：

$$x = \frac{A \times 1000}{25 \times 1000} = \frac{A}{25}$$

式中　A——从标准曲线上查得的含铁数，mg。

（十三）氰化镀镉溶液的分析

1. 镉的测定

① 方法要点　滴加盐酸以破坏游离氰化物，使氰化镉开始沉淀，杂质铁仍以 $Fe(CN)_6^{3-}$ 存在于溶液中，然后加氨水及甲醛，以 EDTA 滴定镉。

② 试剂　a.25% 盐酸溶液；b. $d=0.90$ 氨水；c. 铬黑 T 指示剂（取 0.5g 铬黑 T 溶于少量乙醇中，加三乙醇胺至 100mL，温热溶解）；d.（1+9）甲醛溶液；e.0.05mol/L EDTA 标准溶液。

③ 测定步骤　用移液管吸取镀液 1mL，置于 250mL 的锥形瓶中，加水 50mL，滴加盐酸溶液至试液出现微浑浊，加氨水 10mL，铬黑 T 指示剂数滴，加甲醛溶液 10mL，摇匀，用 EDTA 标准溶液滴定至由红色变蓝色为终点。

④ 计算　Cd 含量 x_1(g/L)、CdO x_2(g/L) 分别按下式计算：

$$x_1 = \frac{Vc \times 112.4}{1}; \quad x_2 = \frac{Vc \times 128.41}{1}$$

式中　V——滴定消耗 EDTA 标准溶液的体积，mL；

　　　c——EDTA 标准溶液的浓度，mol/L；

　112.4——Cd 的摩尔质量，g/mol；

　128.41——CdO 的摩尔质量，g/mol；

　　　1——移取的镀液体积，mL。

提示：a. 滴至终点后，再加甲醛 10mL，如转红，再滴至蓝色；b. 取样后，也可加浓盐酸 10mL，（1+5）的过氧化氢 5mL，煮沸以破坏氰化物。蒸至近干（不要蒸干），冷却，加水 50mL，氨水 10mL，按上法做，同样可得出结果；c. 滴加盐酸破坏游离氰化物时，要在通风橱内进行。

2. 总氰化物的测定

① 方法要点　氰化物在镀液中以游离氰化物及镉氰配合物两种状态存在，在氨溶液中，银离子与之发生以下反应。

$$CN^- + Cd(CN)_4^{2-} + 5Ag^+ + 14NH_4OH = 5Ag(NH_3)_2CN + Cd(NH_3)_4^{2+} + 14H_2O$$

$$Ag(NH_3)_2CN + CN^- \rightleftharpoons Ag(CN)_2^- + 2NH_3$$
$$Ag^+ + I^- \rightleftharpoons AgI$$

② 试剂 a. $d=0.90$ 氨水；b. 100g/L 碘化钾溶液；c. 0.1mol/L 硝酸银标准溶液。

③ 测定步骤 用移液管吸取镀液 2mL，置于 250mL 的锥形瓶中，加水 50mL，氨水 15mL，碘化钾溶液 2mL，以硝酸银标准溶液滴定至溶液开始浑浊时为终点（可留作测氢氧化钠用）。

④ 计算 NaCN 含量 x(g/L) 按下式计算：

$$x = \frac{Vc \times 98.02}{2}$$

式中 V——滴定消耗硝酸银标准溶液的体积，mL；

$\quad c$——硝酸银标准溶液的浓度，mol/L；

$\quad$ 98.02——2NaCN 的摩尔质量，g/mol；

$\quad$ 2——移取的镀液体积，mL。

3. 游离氰化物的测定

① 方法要点 本方法以硫酸镍标准溶液滴定游离氰化物，当达到终点时，过量的 Ni^{2+} 与 $Ni(CN)_4^{2-}$ 生成氰化镍沉淀。

$$NiSO_4 + 4NaCN \rightleftharpoons Na_2SO_4 + Na_2Ni(CN)_4$$
$$Na_2Ni(CN)_4 + NiSO_4 \rightleftharpoons 2Ni(CN)_2 \downarrow + Na_2SO_4$$

② 试剂 硫酸镍标准溶液（称取 14g $Na_2SO_4 \cdot 7H_2O$，加水稀释至 1000mL）。

标定：取 25mL 镍溶液，置于 250mL 的锥形瓶中，加水 75mL，浓氨水 10mL，紫脲酸铵 0.2g，用 EDTA 0.05mol/L 标准溶液滴定至从棕黄色变紫红色。

$$c(Ni) = \frac{Vc}{25}$$

式中 V——耗用 EDTA 标准溶液的体积，mL；

$\quad c$——EDTA 标准溶液的浓度，mol/L；

$c(Ni)$——镍标准溶液的浓度，mol/L；

$\quad$ 25——镍溶液体积，mL。

③ 测定步骤 先将镀液以干滤纸过滤（用干烧杯盛接），使镀液清亮。然后用移液管吸取镀液 5mL，置于 100mL 的锥形瓶中，以硫酸镍标准溶液滴定至微浑浊时为终点（滴定液必须直接滴入试液中，不要滴至边沿上，同时须不断摇动锥形瓶）。

④ 计算 NaCN 含量 x(g/L) 按下式计算：

$$x = \frac{Vc \times 196.04}{5}$$

式中 V——滴定消耗硫酸镍标准溶液的体积，mL；

$\quad c$——硫酸镍标准溶液的浓度，mol/L；

$\quad$ 196.04——4NaCN 的摩尔质量，g/mol；

$\quad$ 5——移取的镀液体积，mL。

提示：此溶液可留作测定氢氧化钠用。

4. 氢氧化钠的测定

① 方法要点 本法基于酸碱滴定，氰化物以硝酸银除去，碳酸盐以氯化钡除去，再以

酚酞为指示剂，用盐酸滴定。

$$CN^- + Ag^+ \xlongequal{\hspace{1cm}} AgCN \downarrow$$
$$Ba^{2+} + CO_3^{2-} \xlongequal{\hspace{1cm}} BaCO_3 \downarrow$$
$$NaOH + HCl \xlongequal{\hspace{1cm}} HCNa + H_2O$$

② 试剂　a.100g/L 氯化钡溶液；b.10g/L 酚酞指示剂乙醇溶液；c.0.2mol/L 盐酸标准溶液。

③ 测定步骤　于测定游离氰化钠后的溶液中，加入氯化钡溶液 20mL，移入 250mL 的容量瓶中，加水至刻线，摇匀。用干滤纸过滤，用移液管吸取此溶液 50mL，置于 250mL 的锥形瓶中，加水 50mL，酚酞指示剂数滴，以盐酸标准溶液滴定至红色消失为终点。

④ 计算　NaOH 含量 x(g/L) 按下式计算：

$$x = \frac{Vc \times 40.00}{5 \times \dfrac{50}{250}}$$

式中　V——滴定消耗盐酸标准溶液的体积，mL；

　　　c——盐酸标准溶液的浓度，mol/L；

　　40.00——NaOH 的摩尔质量，g/mol；

　　　5——移取的镀液的体积，mL。

5. 碳酸钠的测定

① 方法要点　碳酸钠和氯化钡作用生成碳酸钡沉淀，过滤分离后以盐酸滴定碳酸钡，以甲基橙为指示。

$$Na_2CO_3 + BaCl_2 \xlongequal{\hspace{1cm}} BaCO_3 \downarrow + 2NaCl$$
$$BaCO_3 + 2HCl \xlongequal{\hspace{1cm}} BaCl_2 + CO_2 \uparrow + H_2O$$

② 试剂　a.100g/L 氯化钡溶液；b.甲基橙指示剂（0.1g 甲基橙溶解于 100mL 热水中，如有不溶物应过滤）；c.0.1mol/L 盐酸标准溶液；d.0.1mol/L 氢氧化钠标准溶液。

③ 测定步骤　用移液管吸取镀液 1mL，置于 300mL 烧杯中，加水 70mL，加热至沸，加氯化钡溶液 10mL，煮沸，在温暖处静置 15min，用双层紧密滤纸过滤，用热水洗涤 3～5次。将沉淀及滤纸移置原烧杯中，加水 50mL 及甲基橙指示剂数滴，以 0.1mol/L 盐酸标准溶液滴定至红色，过量 2～3mL，再用氢氧化钠标准溶液滴定至黄色为终点。

④ 计算　Na_2CO_3 含量 x(g/L) 按下式计算：

$$x = \frac{(V_1 c_1 - V_2 c_2) \times 53.00}{1}$$

式中　V_1——滴定消耗盐酸标准溶液的体积，mL；

　　　c_1——盐酸标准溶液的浓度，mol/L；

　　　V_2——滴定消耗氢氧化钠标准溶液的体积，mL；

　　　c_2——氢氧化钠标准溶液的浓度，mol/L；

　　53.00——$\dfrac{1}{2}Na_2CO_3$ 的摩尔质量，g/mol；

　　　1——移取的镀液的体积，mL。

（十四）硫酸镀镉溶液的分析

① 方法要点　在溶液中加硫化钠，使镉沉淀和其他物质分离。

$$CdSO_4 + Na_2S \Longrightarrow CdS\downarrow + Na_2SO_4$$

硫化镉溶液于过量的碘溶液中，用淀粉指示剂，以硫代硫酸钠滴定过量的碘。

$$CdS + I_2 + 2HCl \Longrightarrow CdCl_2 + 2HI + S$$

$$I_2 + 2Na_2S_2O_3 \Longrightarrow 2NaI + Na_2S_4O_6$$

② 试剂　a. $c(\frac{1}{2}I_2) = 0.1mol/L$ 碘标准溶液；b. $0.1mol/L$ 硫代硫酸钠标准溶液；c. 硫化钠饱和溶液；d. $(1+2)$ 盐酸溶液；e. $10g/L$ 淀粉指示剂乙醇溶液。

③ 测定步骤　用移液管吸取镀液 5mL，置于 300mL 烧杯中，加水 100mL，加热煮沸，并加入硫化钠饱和溶液 10mL，再煮沸 2～3min，取下静置使沉淀下沉，然后烧杯边沿滴入硫化钠溶液，以检查镉是否沉淀完全。如加入一滴硫化钠溶液后呈浑浊，需再加 1～2mL 硫化钠溶液，再煮 2～3min，并再次检查镉是否沉淀完全。当沉淀完全后，用紧密滤纸过滤，用冷蒸馏水洗涤 3～4 次。将滤纸及沉淀一同移入原烧杯中，用滴定管加入 25～35mL 碘标准溶液，不断搅拌，溶液应呈褐色，表示有过量的碘存在。然后在搅拌下，缓缓加入盐酸溶液 25mL，过量的碘以硫代硫酸钠标准溶液滴定至淡黄色时，加淀粉指示剂 5mL，继续滴定至蓝色消失为终点。

④ 计算　Cd 含量 x_1（g/L）、$CdSO_4 \cdot 8H_2O$ 含量 x_2（g/L）分别按下式计算：

$$x_1 = \frac{(V_1c_1 - V_2c_2) \times 56.21}{5}; \quad x_2 = \frac{(V_1c_1 - V_2c_2) \times 176.30}{5}$$

式中　V_1——耗用碘标准溶液的体积，mL；

　　　　c_1——碘（$\frac{1}{2}I_2$）标准溶液的浓度，mol/L；

　　　　V_2——耗用硫代硫酸钠标准溶液的体积，mL；

　　　　c_2——硫代硫酸钠标准溶液的浓度，mol/L；

　　56.21——$\frac{1}{2}$Cd 的摩尔质量，g/mol；

　176.30——$\frac{1}{2}CdSO_4 \cdot 8H_2O$ 的摩尔质量，g/mol；

　　　　5——移取的镀液体积，mL。

第十六章　定量分析基本操作知识

作为一名称职的分析人员，在定量分析中绝不可忽视分析操作的基本功，必须能正确熟练地掌握常用分析仪器的使用方法和一些基本操作技术，这是保证分析操作顺利进行的基础。基本操作技术知识掌握得好，基本操作功练得好，既能提高分析工作效率，少出差错（少返工或不返工），又能保证分析结果的准确可靠性。

一、分析天平

分析天平是定量分析中最重要的仪器之一。分析工作中经常要准确称量一些物体的质量，天平是精确测量物体质量的主要计量仪器。因此，要求分析人员必须了解和掌握天平的种类、使用维护、常见故障及排除方法等方面的知识。

（一）常用天平的种类

1. 托盘天平

托盘天平又称架盘天平或普通药物天平，最小分度值一般为 0.1～2g，最大载荷可达5000g。用于对称量准确度要求不高的分析中，如配制百分数浓度、比例浓度的溶液，以及有效数字要求在整数内的物质的量浓度溶液，或用于称取较大量的样品、物料等。

称量时，取两片质量相等的描图纸（硫酸纸），放在天平两边盘上，调节好零点。然后在左边天平盘上加入欲称量的物料，在右边天平盘上加砝码。加砝码的顺序一般是从大的开始加起，如果偏重再换小的砝码。大砝码应放在托盘中央，小砝码放在大砝码周围。称量完毕砝码放回砝码盒内，两个托盘放在一起，以免天平处于摆动状态。称量时必须用镊子夹取砝码，禁止用手拿砝码。称取有腐蚀性的物质时，应放于玻璃器皿上进行称量。

2. 工业天平

工业天平最小分度值一般在 0.01～0.001g，最大载荷一般在 200g 以内，不带阻尼系统。用于工业分析一般称量，如粗测水分、脂肪、蛋白质等，要求不很精确，但又比托盘天平精密度高、速度快。

3. 光电分析天平

光电分析天平或称电光分析天平，最小分度值为 0.0001g(0.1mg)，所以又称万分之一天平，最大载荷为 100g 或 200g。光电天平是在阻尼天平的基础上发展而制造的，主要增加了两个装置：一个是机械加码装置，另一个是光学读数装置。机械加码装置是通过转动指数盘加减圈状砝码（圈码）的装置。大小砝码全部是由指数盘操纵自动加取的，称为自动电光分析天平。1g 以下的砝码是由指数盘操纵自动加取的，称为半自动电光分析天平（图 16-1）。

光学读数装置：光源发出的光线经聚光后，照射到天平指针下端的刻度标尺上，再经过放大，由反射镜反射到投影屏上，由于天平指针的偏移程度被放大在投影屏上，所以能够准

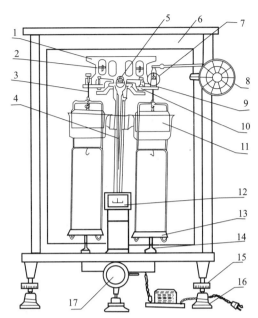

图 16-1 半自动光电分析天平

1—横梁；2—平衡螺丝；3—吊耳；4—指针；5—支点刀；
6—框罩；7—圈码；8—指数盘；9—支柱；10—托叶；
11—阻尼器；12—投影屏；13—称盘；14—盘托；
15—螺旋脚；16—垫脚；17—旋钮

确读出 10mg 以下的质量。

4. 单盘天平

单盘天平它与上面所介绍的分析天平稍有不同。单盘天平只有一个天平盘，支挂在天平梁的一臂上，同时所有的砝码也都挂在盘的上部。另一臂上装有固定的重锤和阻尼，使天平保持平衡状态。称量时采取减码式，将称量物放在盘内，必须减去与称量物质量相同的砝码，才能使天平恢复平衡。显而易见，减去的砝码的质量就是称量物的质量。

单盘天平有阻尼和电光装置，加减砝码全部用旋钮控制，所以称量物体时，简便快速。尽管盘上的载重不同，但臂上的载重不变，因此，天平的灵敏度不受负载变化的影响。此外单盘天平还消除了一般分析天平由于两臂不等长而引起的称量误差。单盘天平的构造如图 16-2 所示。

5. 电子天平

电子天平是将质量信号转化为电信号，然后经过放大、数字显示而完成质量的精确称量的装置。现今出售的用于分析实验的电子天平都是单盘的，双盘的已被淘汰。电子天平的简单构造以 MD 系列电子天平为例，如图 16-3 所示，电子天平的特点如下。

① 电子天平没有机械天平的宝石或玛瑙刀，采用数字显示方式代替指针刻度式显示。使用寿命长，性能稳定，灵敏度高，操作方便。

② 电子天平采用电磁力平衡原理，称量时全量程不用砝码。放上被称物体后，在 5～10s 内即可完成称量、显示读数。称量速度快、精度高。

③ 电子天平有的具有称量范围和读数精度可变的功能，如瑞士梅特勒 AE240 天平，在 0～205g 称量范围，读数精度为 0.1mg；在 0～41g 称量范围内，读数精度 0.01mg，还可一机多用。

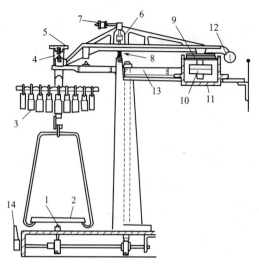

图 16-2 单盘天平

1—托盘；2—称盘；3—砝码；4—承重刀和刀承；5—挂钩；

6—感量螺丝；7—平衡螺帽；8—支点刀和刀承；

9—空气阻尼片；10—平衡锤；11—空气阻尼筒；

12—微分刻度板；13—横梁支架；14—制动装置

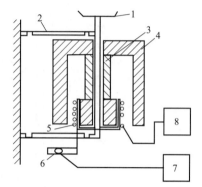

图 16-3 MD 系列电子天平结构示意

1—秤盘；2—簧片；3—磁钢；4—磁回路体；

5—线圈及线圈架；6—位移传感器；

7—放大器；8—电流控制电路

④ 分析及半微量电子天平一般具有内部校正功能。天平内部装有标准砝码，使用校准功能时，标准砝码被启用，天平的微处理器将标准砝码的质量值作为校准标准，以获得正确的称量数据。

⑤ 电子天平是高智能化的，可在全量程范围内实现净重、单位转换、零件计数、超载显示、故障报警等功能。

⑥ 电子天平具有质量电信号输出，这是机械天平无法做到的，它可以连接打印机、计算机，实现称量、记录和计算的自动化，直接得到符合 ISO 和 GLP 国际标准的技术报告，将电子天平与质量保证系统相结合。

（二）天平的型号与规格

为了便于分析工作者的了解和需求，表 16-1 及表 16-2 列出了部分天平的型号、规格、产地及生产厂家等供参考，国外产品主要列出微量和高精度天平。

表 16-1 部分国产天平型号及规格

类别	产品名称	型号	规格和主要技术数据		主要用途	产地
			最大称量 /g	分度值 /mg		
双盘天平	全机械加码分析天平	TG-328A	200	0.1	精密衡量分析测定	上海、宁波温州、湖南
	部分机械加码分析天平	TG-328B	200	0.1		
单盘天平	单盘精密分析天平	TD-12	109.9	0.1	精密定量分析	湖南、唐山
		DT-100	100	0.1		
	单盘分析天平	TG-729C	100	1	精密称量	上海、湖南
		DTQ-160	160	0.1		
		TD-18	160	0.1		

续表

类别	产品名称	型号	规格和主要技术数据		主要用途	产地
			最大称量 /g	分度值 /mg		
电子天平	电子分析天平	AEL-200	200	0.1	精密定量分析,可打印输出	湖南
	电子分析天平	AEU-210 OF-110	210 110	最小读数 0.1	精密检测分析	湖南、常熟
	电子分析天平	ES-120J′	120	读数精度 0.1	精密称量	沈阳
	电子分析天平	ES-180J	180	读数精度 0.1	精密称量	沈阳
	精密电子天平	ES-2000A	2000	读数精度 0.01	地质勘探计量测试及各种工业称量	沈阳
	精密电子天平	ES-200A	200	读数精度 0.001g	质量测定及金银饰品称量	沈阳
	精密电子天平	MP-200-1	200	标准偏差 1		北京
	上皿式电子分析天平	TMP300S (TMP-1)	300 30	分辨率(g)0.01、0.001	化验室及商业分析检测和称量	湖南
	上海电子天平	MD100-1	100	最小读数 1	快速质量测定	上海

表 16-2　部分国外电子天平型号及规格

名称	型号	最大称量/g	可读数/mg	生产厂家
电子天平	AE16,AE200,M3	30/160、205、3	0.01/0.1、0.1、0.001	瑞士梅特勒公司(Mettler)
电子天平	BP211D,BS210S	80/210、210	0.01/0.1、0.1	德国赛多利斯公司(Sartorius)
电子天平	40SM-200A、125A	41/204、125	0.01/0.1、0.1	瑞士皮萨公司(PESA)
电子天平	ER-182A	32/180	0.01/0.1	A&D
电子天平	AY220、AEG-45SM、AEL-200	220、45、200	0.1、0.01、0.1	日本岛津公司
半微量分析天平	MC5、MC210S、M2P	5.1、210、2	0.001、0.01、0.001	德国赛多利斯公司(Sartorius)

（三）光电天平的称量（使用）规则

① 首先轻轻将天平罩取下，折叠好后放在天平箱的右后方。称量者必须面对天平正中端坐，并戴好细线干净手套，准备进行称量。

② 待称量的物体应与天平箱内的温度保持一致，绝对不能将过热的或过冷的物体放进天平箱称量。

③ 检查天平箱内部（主要是底部和天平盘）是否清洁，天平盘（或盘上配备的玻璃表面皿）上如有灰尘，可用软毛刷及细绸布清扫擦净；天平箱的底板上如不干净，可用不带纤维的软棉布擦拭。

④ 检查天平位置是否水平，如发现不水平，应调整天平底座螺丝使天平达到水平。

⑤ 查看天平的各部件是否都处在应有位置（包括游码是否挂在游码钩上）。

⑥ 测定天平的零点，零点应在标尺中央的左右一小格范围内。测定时，注意天平各门都应完全关闭，轻轻打开升降枢，使梁自由摆动。

⑦ 天平的前门不得随意打开，它主要供装卸、调节、维修及校检用。称量过程中取放

物体、加减砝码，只能打开左边门放称量物及右边门放砝码。称量的物体和砝码都要放在天平盘的中央，以防盘的摆动，开门取放物体和砝码时，必须关闭天平。称量的样品不能直接放在天平盘上，必须放在干净的容器中称量；对于有腐蚀性液体、气体及吸湿性的物体，必须在密闭的容器中进行称量。

⑧ 取放砝码必须用带有骨质或塑尖头的镊子夹取，不得用手直接拿取，不得使用合金钢镊子，以免划伤砝码。

⑨ 每台天平都有配套使用的一盒砝码，每一砝码（包括片码）在砝码盒中有其固定位置，不得错乱放置，不同的砝码只能放在砝码盒中的规定位置上。砝码除了放在砝码盒内的规定位置和放在天平盘上以外，不得放在其他地方。

⑩ 加减砝码、片码或游码时，必须完全关闭升降枢。关开升降枢动作应缓慢而轻均匀。

⑪ 称量完毕应及时取出所称样品，砝码放回盒中，读数盘转到零位，关好天平门，检查天平零点回到原位，拔下电源插头，盖好天平罩子，填写好天平使用记录。

（四）天平的称量方法

1. 固体试样的称量方法

（1）指定法　准确称取一定数量的试样称为指定法。

称量方法是在天平盘上（两侧盘上）各放一个质量相近的容器（表面皿、称量瓶等），开启天平，调整天平至某一平衡点。然后在一个天平盘上添加欲称取质量的砝码，在另一个天平盘上的容器中加入约比砝码质量小一点的样品，开启天平再用牛角勺盛样品，用手指轻轻弹动牛角勺，使样品徐徐落入容器中，直至天平的平衡点达到原来的数值，这时试样的质量即为指定的质量。称量完毕，将试样全部移入分析容器中。这种称量方法因为要在天平开启情况下往容器中加样品，操作必须特别小心，一般情况下很少采用。

（2）直接法　先称准表面皿、坩埚、小烧杯、称量瓶等容器的质量，再将样品放入容器中称量，两次称量之差即为样品的质量。

以上两种称量方法，只适用于在空气中性质比较稳定不易潮解的样品。

（3）减量法　此法应用最广，适用称量一般易吸湿、易氧化、易与二氧化碳反应的样品，也适用于连续称量几份同一样品的称量。

称量的方法是：在干燥洁净的称量瓶中，装入一定量的样品，盖好称量瓶的盖子，放在天平盘上称其质量，记录下准确读数。然后取下称量瓶，打开瓶盖，使瓶倾斜至45°，用瓶

盖轻轻敲击瓶的上沿，使样品慢慢倾出至洗净的烧杯中（图16-4）。估计已够量时，慢慢竖起称量瓶，再轻轻敲几下，使瓶口不留一点样品，放回天平盘上再称其质量。如一次倒出的样品不够，可再倒一次，但次数不能太多（如称出的样品超出要求值，只能弃去）。两次称量之差即为样品的质量。称量时必须按图16-4方式或戴称量手套，千万小心不能将样品洒在容器的外面。

特别是称量一些吸湿性很强〔如无水 $CaCl_2$、无水 $Mg(ClO_4)_2$、P_2O_5 等〕及极易吸收二氧化碳的样品〔如 CaO、$Ba(OH)_2$ 等〕时，要求称量动作要迅速，必要时还应采取密闭的称量措施。

图 16-4　减量法称量操作

2. 液体样品的称量方法

液体样品称量必须使用特殊的容器，按使用容器的不同，有以下三种称量方法。

（1）安瓿球法　这种方法适用于易挥发液体样品的称量。

安瓿球是用软质玻璃管吹制并具有细管的球泡（直径约 7～10mm），一端带有细的进样管（长约 40～50mm，管的直径约 2mm），壁较薄，易于粉碎。称量时先称空安瓿的质量，然后将小球部在酒精灯上烤热，移去火焰，把进样管口插入样品瓶中，令其自然冷却，液体即自动吸入。至适当量时取出，再用酒精灯把进样口封死，用干净的细线绸布轻轻擦去安瓿外部残留物后，在天平上称量，两次称量之差即为液体样品的质量。然后将此安瓿球放入盛有溶剂带有磨口塞的广口瓶中，盖上盖子，用力摇动，让安瓿球连同毛细玻璃管破碎（如毛细管仍不破碎，可用干净带平头的玻璃棒将其捣碎，并将玻璃棒用该溶剂冲洗三次）。本法适用于发烟硝酸、发烟硫酸及氨水等液体的称样。

（2）点滴瓶法　这种方法适用于大多数不易挥发液体样品的称量。

点滴瓶是带有吸管的小瓶（30mL 或 60mL），吸管顶端带有橡胶头用于吸取样品。称量时，先将适量的样品装入点滴瓶中，于天平盘上称量，然后吸出适量样品于样品反应瓶中，再将点滴瓶放在天平盘上称量，两次称量之差即为样品质量。

（3）用注射器称量　这种方法损失小，准确可靠，方便省时，多半用于有机液体称样。

适用于对注射器针头没有腐蚀的液体样品。先在注射器中吸入适量样品，用小块软橡胶塞堵住针头，放在天平盘上称量，然后将样品注入已装有一定量溶剂的容器中，再用橡胶塞堵住针头，在天平盘上称量，两次称量之差即为该样品质量。

（五）天平的等级及应用范围

天平的等级及应用范围见表 16-3。

表 16-3　天平的等级及应用范围

天平	精度级别	名义分度值与最大载荷的比值	使用范围
精密天平	1 2 3	1×10^{-7} 2×10^{-7} 5×10^{-7}	1.精密称量微量、半微量化学分析试样 2.检定一等砝码及高精度专用砝码
分析天平	4 5 6	1×10^{-6} 2×10^{-6} 5×10^{-6}	1.称量贵重金属、宝石及化学分析试样 2.检定二、三等砝码及相当精度的专用砝码
工业天平	7 8 9 10	1×10^{-5} 2×10^{-5} 5×10^{-5} 1×10^{-4}	1.称量药品、贵重材料和工业分析试样等 2.检定三、四和五等砝码及相当精度的专用砝码

（六）砝码的等级及应用范围

砝码的等级及应用范围见表 16-4。

表 16-4　砝码的等级及应用范围

砝码等级	应用范围
一等	1.作为极精密测定物质的质量之用 2.检定二等砝码和1～3级天平及扭力天平
二等	1.作为精密测定物质的质量之用 2.检定三等砝码和4～6级天平
三等	1.供大量化学分析和称量贵重物质(如贵重金属、药品、宝石等)用 2.检定四等砝码,7～9级天平,相对精度为0.02%的不等臂秤、自动秤等
四等	供称量较贵重的物质用,也可用作不等臂天平的定量砝码,用作检定五等砝码和相对精度在0.05%以下的称量等
五等	在等臂秤上称量时用

（七）天平常见故障及排除

单盘天平常见故障及排除方法见表16-5。

表 16-5　单盘天平常见故障及排除方法

天平故障	产生原因	排除方法
1.光学读数系统 ① 灯不亮	若电源正常,可能是光源灯坏	更换灯泡,松开光源灯调整螺母,慢慢转动或上下移动光源灯,至光满窗时紧固
② "半开"或"全开"天平时灯不亮	微转动开关触点与开关凸轮位置不合适	打开天平后活板,松开开关固定板调整钉前后调整,如转动停动手钮费力应向后调
③ 光不满窗(半明半暗)	光源灯光与聚光管光轴不重合	与更换灯泡后的调节步骤相同
④ 投影屏上有彩条	聚光管位置不适当	松开聚光管固定钉,调整其位置,紧固
⑤ 标尺刻度模糊甚至无标尺线	物镜位置不对	松开物镜固定钉,转动调焦手钮,使刻线清晰,紧固
⑥ 标尺短线露出夹线长度不在2mm范围内	棱镜架位置不对	稍松开棱镜架下部固定钉,调整棱镜架位置至夹线合适,紧固
⑦ 投影屏上有污痕 a.污痕不随标尺移动 b.随标尺移动	a.密封玻璃或零调、微读镜上有脏物 b.标尺上有脏物	用沾有乙醇或乙醚的棉棒擦去光学部件上的脏物
2.天平开启瞬间,标尺向上移后向下移	天平关闭状态时,停动凸轮未在最高点	请专业人员调整
3.开启天平标尺向相反方向移,超过10个分度(带针)	主要是支销或玛瑙支承有脏物 托盘压力太大	用乙醇或乙醚擦去脏物 调整托盘弹簧的压力
4.微读轮两端0或10 a.旋不到刻线位置 b.微读轮旋不动	a.微读手钮用力过大,撞击定位销使其原位置发生变化 b.微读轮圆柱销掉入工艺孔缺口	a.向相反方向旋微读手钮使其撞击另一定位销,恢复原位 b.打开底板罩,将定位销从工艺孔缺口中提出,复位,拧紧定位套螺丝
5.秤盘晃,标尺停不下来	a.吊耳重心未落在承重刀刃上(耳折) b.托盘压力不够或力的方向不垂直	a.请专业人员调整 b.调整托盘弹簧压力
6.砝码架晃动 a.前后晃 b.左右晃 c.砝码落槽时滚动	a.耳折 b.承重刀缝不均匀 c.砝码托位置没对准砝码中线	a.请专业人员调整 b.同a c.用叉式扳手矫正减码托位置
7.机械减码机构 a.带轮旋动一个减码轮,另两个也跟着变 b.数字轮与减码情况不对应	a.减码手轮端面摩擦,减码凸轮组间无间隙 b.数字轮位置不对,伞齿轮顶丝松动,传动轮未咬合	a.松开紧固手轮的螺丝,调整间隙,调出凸轮组间缝约0.2～0.3mm,调整时不可将凸轮组轴抽出 b.松开数字轮顶丝,调整位置,调整伞齿轮与复合齿轮咬合间隙

续表

天平故障	产生原因	排除方法
8.标尺不能在 0～100 分度内自由移动(天平活动部分和固定部分发生摩擦引起)	a. 水平不对 b. 阻尼片与阻尼筒摩擦 c. 砝码托、砝码架、砝码之间相互擦靠或其他部位擦靠	a. 检查并调整水平 b. 从顶部观察阻尼片与阻尼筒间隙,如不均匀,松开阻尼筒固定螺钉,移动阻尼筒使间隙均匀,紧固 c. 调整位置,消除擦靠
9.天平灵敏度过高或过低		调整重心砣,测定分度值至合适,注意两个半圆砣要互相拧紧
10.变动性大,零点向一方向漂移	a. 外圆引起的变动性包括:天平台不稳天平受震动,阳光、暖气等使室内温度改变,开关过猛,称过冷、过热的物体等 b. 刀垫不平或光洁度不够,刀刃不平或有严重崩缺 c. 刀松动,零部件松动 d. 刀、刀垫、支销、阻尼片等部位有灰尘、纤维等 e. 起升机构松动,定位不准,即横梁起落位置不重现 f. 室温太低或操作时灯常亮	a. 采取相应措施消除 b. 更换新刀 c. 取下横梁,一手拿住配重砣用手指轻敲横梁,找出松动部位,紧固 d. 用绸布蘸少量乙醇或乙醚擦净 e. 查找松动部分,紧固定位钉 f. 室温应在 18℃ 以上,操作时应将电源转换开关向上,不使灯常亮

双盘天平常见故障排除方法见表 16-6。

表 16-6　双盘天平常见故障排除方法

天平故障	产生原因	排除方法
1.光电天平开启后灯泡不亮	a. 插销或灯泡接触不良 b. 灯泡坏了 c. 由升降枢控制的微动开关触点长锈,接触不良或未接触上	a. 检查插头,小变压器接头,灯座 b. 更换灯泡 c. 卸下天平梁、挂码等活动零件,横放天平(注意垫好,勿压坏玻璃框),修理微动开关
2.光幕上光线暗淡或有黑影缺陷	a. 光源与聚光管不在一条直线上 b. 第一、第二反射镜角度不对	a. 使灯常亮(便于调节),取下灯光罩调整灯座位置使小灯泡射出最亮光,再插上聚光管,调整其前后位置,使 40mm 处成一圆形光最亮为止 b. 调动第一反射镜角度使光亮满窗
3.标尺模糊	a. 物镜焦距不对 b. 第一、第二反射镜角度不对 c. 跳针引起开启天平时标尺模糊	a. 拧松物镜固定螺丝,把物镜筒推前,在逐渐向后推动至标尺清晰为止,拧紧固定螺丝 b. 拧动第一反射镜的调节钮 c. 调跳针
4.横梁摆动受阻:开启天平后,指针不摆动或摆动不灵活,光电天平的标尺时动时不动,或摆到某一位置时突然受阻	天平活动部分和固定部分发生摩擦引起,主要有: a. 水平不对 b. 活动阻尼筒与固定阻尼筒之间有纸毛或摩擦 c. 吊耳与刀盒或翼板间相碰 d. 指针微分标牌与物镜相碰 e. 托盘杆与孔壁摩擦,托盘落不下去 f. 圈码和加码槽或加码杆及钩相碰,或圈码变形导致相碰	a. 检查并调整水平,必要时另取一水平仪放于天平底板上,校检天平的水平泡 b. 刷去内外阻尼筒的灰尘杂物;将内筒旋转180°再挂上试之;从上部观察两阻尼之间的间隙,松开固定外阻尼筒的螺丝,移动外筒位置,使内外筒间隙相等后紧固 c. 调动支放吊耳的顶尖 d. 移动物镜使其不相碰 e. 检查盘托是否左右放错,修整盘托杆使其光滑易下落 f. 调整加码杆的高低长短位置,细致纠正加码钩的位置,整复圈码

续表

天平故障	产生原因	排除方法
5.加码器失灵	a.加码器指数盘互相摩擦产生连动 b.加码杆起落失灵	a.拧松固定螺丝,略向外移动小指数盘,再拧紧螺丝 b.取下加码装置的外罩,检查是否有螺丝松动或位置不对,调节之,并适当上机油
6.天平灵敏度过高或过低(即感量过小或过大)	a.天平梁的重心过高或过低 b.天平刀刃磨损变钝,使灵敏度降低	a.略微调整重心螺丝的高低,调一次测一次平衡位置及分度值,至合适为止 b.此时提高重心螺丝无效,只能换刀
7.无刀缝(易使天平刀刃损坏及产生变动性)		调节翼子板上支放横梁的螺丝及支放吊耳的顶尖螺丝,使中刀缝为 0.25～0.3mm,边刀缝为 0.15～0.20mm
8.变动性大,检定变动性超过允许误差(1分度)或在称量前后零点变动超过1分度	a.外因引起的变动性包括:天平台不稳,天平受震动,阳光、暖气使室内温度改变,开关过猛,称过冷、过热的物体等 b.刀垫不平或粗糙度不够,刀刃不平或有严重崩缺 c.刀刃或刀垫上灰尘过多 d.阻尼筒间有脏物,阻尼筒四周间隙不一样大 e.横梁上部件松动,如重心砣、感量砣、指针、微分标牌等松动 f.安装不符合要求,如上述的刀缝不合适、跳针、耳折、带针、盘托过高、二刀刃不平行 g.立柱不正,刀垫安装不水平,立柱松动,翼板松动	a.采取相应措施排除 b.更换新刀 c.可用软毛刷刷去,用鹿皮或酒精棉轻轻擦刀垫和刀刃 d.清洁阻尼筒并调整位置 e.小心紧固螺丝 f.修理安装上的毛病 g.检查立柱及刀垫,调整紧固翼板的螺丝

电子天平常见故障及排除方法见表 16-7。

表 16-7　电子天平常见故障及排除方法

天平故障	产生原因	排除方法
1.显示器上无任何显示	无工作电压	检查供电线路及仪器
2.显示不稳定	a.振动和风的影响 b.防风罩未完全关闭 c.称盘与天平外壳之间有杂物 d.防风屏蔽环被打开 e.被称物吸湿或有挥发性,使质量不稳定	a.改变放置场所,采取相应设置 b.关闭防风罩 c.清除杂物 d.放好防风环 e.给被称物加盖盖严
3.测定值漂移	被称物带静电荷	装入金属容器中称量
4.(有的型号)频繁进入自动量程校正	室温及天平温度变化太大	移至温度变化小的地方
5.称量结果明显错误	天平未经调校	对天平进行调校

二、称量分析

称量分析的基本操作包括样品的溶解、沉淀、过滤、洗涤、干燥和灼烧等步骤。

（一）溶解

如果样品盛在表面皿上,而又准备用水溶解,则左手拿住表面皿,拿到溶解用的烧杯口上，将烧杯底座一头垫高，右手拿洗瓶，倾斜表面皿，压挤塑料洗瓶的水将样品冲下（图16-5），使溶液顺器壁流下。在溶解不易吸水、黏附力小的样品或需用较浓酸溶解时，可以先将样品尽量倾入烧杯内，然后用清洁干燥的毛刷尖端将沾在表面皿上的少量样品，轻轻扫入烧杯中，并将刷头伸入烧杯内部，用手指轻轻弹动刷柄，使沾在刷上的粉末落入杯中。

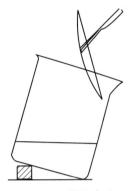

图 16-5　样品冲下

如果样品是用称量瓶减量法称取的，那么样品已经倾入适当的容器中（一般是烧杯或锥形瓶），此时可用一直径大于烧杯口的表面皿盖好烧杯。溶解时，先取下表面皿，将溶剂顺杯壁倒入，或顺着一根下端紧靠杯壁的玻璃棒流下。特别注意防止溶液飞溅。加完溶剂后，将表面皿盖好。如果在样品溶解时，有气体产生，应先在样品中加入少量水，调成糊状，然后用表面皿将杯口盖好；再通过烧杯嘴与表面皿间的窄缝注入溶剂。待作用完了以后，用洗瓶水冲洗表面皿下面，冲洗时，应该使流下来的水顺烧杯壁流下，以免直接冲入烧杯内而引起溶液的溅失。

溶剂加完后，可以用玻璃棒搅拌均匀或加热以促进溶解，如果必须加热煮沸，则最好在锥形瓶中溶解样品。这时在锥形瓶口上放一短径漏斗，在漏斗上盖一表面皿（图16-6），煮沸溶解以后，先用洗瓶水冲洗表面皿，冲下的水经漏斗流入锥形瓶内，然后再冲洗漏斗的内外两壁，并冲洗锥形瓶的内壁把溅起的溶液冲下。

（二）沉淀

对于沉淀，要求是尽可能地完全和纯净。为了达到此目的，应按照沉淀的不同类型选择不同的沉淀条件，如沉淀时溶液的体积、温度，加入沉淀剂的浓度、数量、加入速度、搅拌速度、放置沉淀的时间等。这些都应按操作规定的方法进行。

沉淀剂溶液要在搅拌下加入，以免局部浓度过高。操作时，左手拿滴管滴加沉淀剂溶液，使溶液或是顺器壁流下，或使滴管口接近液面滴下，勿使溶液溅起。这时，右手持搅拌棒，充分地搅拌，搅拌时不要用力，而且不能碰烧杯壁或烧杯底，以免划损烧杯。通常沉淀是在热溶液中进行的（一般将溶液放在水浴或电热板上加热，但不能用电炉子加热），但也不能在正在沸腾的溶液中进行。沉淀剂溶液应一次加完，加完后检查是否沉淀完全。检查的方法是：待沉淀后，在上层澄清液中沿杯壁加一滴沉淀剂，观察滴落处是否出现浑浊，无浑浊出现表明已沉淀完全；如出现浑浊，需再补加沉淀剂，直至再次检查时上层澄清液中不再出现浑浊为止。然后盖上表面皿。

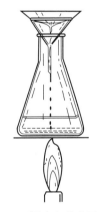

图 16-6　漏斗上盖表面玻璃

如果沉淀呈胶状，最好用比较浓的沉淀剂溶液，并且搅拌得快一点，这样容易得到紧密的沉淀。

（三）过滤

过滤是一种分离悬浮在液体或气体中固体颗粒的操作。过滤目的是使沉淀与溶液分离，过滤最常用的介质是滤纸。

1. 用滤纸过滤

（1）滤纸的选择　滤纸大体分为定性滤纸和定量滤纸两种。称量分析中常用定量滤纸（或称无灰滤纸）进行过滤。定量滤纸灼烧后灰分极少，其质量可忽略不计，如做高精度分析，应扣除滤纸的灰分。定量滤纸一般为圆形，按其直径分有 12.5cm、11cm、9cm、7cm 等规格，按滤纸孔隙大小分有快速、中速、慢速三种。根据沉淀的性质应选择合适的滤纸。快速滤纸孔隙最大，即过滤迅速，适用于过滤无定形胶状沉淀，如 $Fe(OH)_3$、$Fe_2O_3 \cdot nH_2O$ 等；中速滤纸孔隙中等，适用于过滤大多数粗晶形沉淀，如 $MgNH_4PO_4$ 等；慢速滤纸孔隙最小，适用于过滤微细的晶形沉淀，如 $BaSO_4$、$CaC_2O_4 \cdot 2H_2O$ 等。

根据沉淀量的多少，选择滤纸的大小，表 16-8 是常用国产定量滤纸的直径和灰分，表 16-9 是国产定量滤纸的类型。

表 16-8　国产定量滤纸的直径与灰分

直径/cm	7	9	11	12.5
灰分/(g/张)	3.5×10^{-5}	5.5×10^{-5}	8.5×10^{-5}	1.0×10^{-4}

表 16-9　国产定量滤纸的类型

类型	滤纸盒上色带标志	滤速/(s/100mL)	适用范围
快速	蓝色	60～100	无定形沉淀，如 $Fe(OH)_3$
中速	白色	100～160	中等粒度沉淀，如 $MgNH_4PO_4$
慢速	红色	160～200	细粒状沉淀，如 $BaSO_4$

（2）漏斗的选择　用于称量分析的漏斗应该是长颈漏斗，颈长为 15～20cm，漏斗锥体角度应为 60°，颈的直径要小些，一般为 3～5mm，以便在颈内容易保留水柱，出口处磨成 45°角，如图 16-7 所示。漏斗在使用前应洗净。

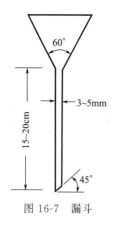

图 16-7　漏斗

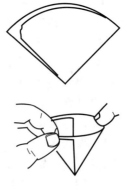

图 16-8　滤纸折叠示意

（3）滤纸的折叠　折叠滤纸前应将手洗净擦干。滤纸的折叠方法有两种。

其一是四折法（图 16-8），也是最常用的方法。实验室中的漏斗，一般为 60°角，滤纸放进之前将其叠成四折。即先将滤纸沿直径对折，再垂直对折，然后将一层纸与其他三层分开，将所得到的圆锥放入漏斗中。此时，滤纸的边缘，不应当伸出在漏斗之外，应当在漏斗边缘下 5～10mm 处。再用纯水润湿全部的滤纸，并用洁净的玻璃棒轻压，使滤纸贴紧在漏斗壁上，漏斗壁与滤纸之间不允许有残留的气泡。再加纯水洗涤滤纸两次，使水流出时充满漏斗管颈，以加快过滤速度。将放妥滤纸的漏斗置于漏斗架上，漏斗下面放一烧杯，漏斗管颈端应与烧杯内壁相接触，以便进行过滤。

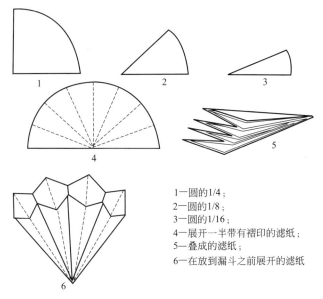

1—圆的1/4；
2—圆的1/8；
3—圆的1/16；
4—展开一半带有褶印的滤纸；
5—叠成的滤纸；
6—在放到漏斗之前展开的滤纸

图 16-9　滤纸多折法示意

　　其二是多折法。仅用于分离而无须洗涤沉淀的滤纸。这种方法是把叠成四折的滤纸再对折两次，然后将折叠起来的滤纸展开成一半，自其一边开始，沿着折叠的印痕，按照正反两个方向依次折叠。小心地以手或玻璃棒压所叠的滤纸，再把它展开，插到漏斗中（图 16-9）。

　　（4）过滤的方法与操作　过滤的技巧是一个重要的因素，因为它不仅关系到工作的速度，而且也关系到工作质量，分析实验结果（数据）的准确度等。过滤的操作视过滤方法而定。

　　滤纸的过滤（倾泻法）　如图 16-10 所示。此方法是化学分析实验中最为常用的方法，大多数的沉淀过滤操作都用此方法来进行，其操作如下。

　　将放妥滤纸的漏斗，置于漏斗架上，然后将烧杯嘴紧贴着玻璃棒，同时把玻璃棒垂直接近滤纸上缘内侧，随后小心地倾注烧杯里的上层清液入滤纸中。尽可能不搅动沉淀，使它留在烧杯中。这是为了避免沉淀混入滤纸中，堵塞滤纸孔道以致降低过滤速度，同时沉淀在烧杯中比在滤纸中容易清洗。倾注液体入滤纸时，最满不超过上缘下方 3～4mm 处，否则沉淀会因毛细管作用向上越过滤纸边缘。停止倾注液体时，可将烧杯稍微放平，暂时保持位置不动。勿使烧杯嘴离开玻璃棒，这样可使最后一滴液体亦沿着玻璃棒流下，不致流到烧杯外壁，经过 3～5s 后，将玻璃棒放回原烧杯内。

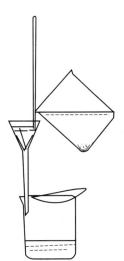

图 16-10　倾泻法过滤

　　当需要转移沉淀时，先用少量洗液（应该是滤纸在一次倾泻中的容纳体积，10～15mL）倾入烧杯内，把沉淀搅动起来，将浑浊液顺着玻璃棒小心倒入滤纸上。然后再用洗瓶吹入洗液冲洗烧杯并用玻璃棒搅动沉淀转移至滤纸上。这样反复多次后，绝大部沉淀均已移入滤纸，但烧杯壁和玻璃棒上可能还附着少量沉淀不容易冲洗下来，此时，可用一端附有淀帚的

玻璃棒蘸上少量洗涤剂刷洗并用洗瓶吹入洗液，将沉淀全部冲至滤纸上。

如果需要在加热的情况下进行过滤，可在漏斗的外部套上一个金属套，套的两壁间充水，用火加热套的旁管，套上小孔插入的温度计可以指示出温度。

微孔玻璃坩埚　　　　微孔玻璃漏斗
图 16-11　微孔玻璃坩埚和漏斗

2. 用微孔玻璃坩埚（古氏坩埚）吸滤法过滤

如果在称量前不需灼烧沉淀，而仅需加以干燥，或者在使用硝酸不宜使用滤纸，以及对于某些特别难以过滤的沉淀，常用吸滤法（也称减压法）进行过滤。

有些沉淀不能与滤纸一起灼烧，因其易被还原，如 AgCl 沉淀；有些沉淀不需灼烧，只需烘干即可称量，如丁二肟镍沉淀、磷钼酸喹啉沉淀等，但也不能用滤纸过滤，因为滤纸烘干后，重量改变很多。在这些情况下，应该采用微孔玻璃坩埚（微孔玻璃漏斗）进行过滤，如图 16-11 所示。

这种滤器的滤板是用玻璃粉末在高温下熔结而成的，分级和牌号见表 16-10。

表 16-10　滤器的分级和牌号

牌号	孔径分级/μm		牌号	孔径分级/μm	
	$>$	$\leqslant$		$>$	$\leqslant$
P1.6	—	1.6	P40	16	40
P4	1.6	4	P100	40	100
P10	4	10	P160	100	160
P16	10	16	P250	160	250

注：摘自 GB 11415—1989。

滤器的牌号规定以每级孔径的上限值前置以字母"P"表示，是我国 1989 年开始实施的标准。此前玻璃滤器曾使用旧牌号，现将 1989 年以前曾使用的玻璃滤器的旧牌号及孔径范围列于表 16-11。

表 16-11　滤器的旧牌号及孔径范围

旧牌号	G_1	G_2	G_3	G_4	G_5	G_6
滤板孔径/μm	80~120	40~80	15~40	5~15	2~5	$<$2

分析实验中最常用 P40 和 P16 号玻璃滤器，如过滤金属汞用 P40 号，过滤高锰酸钾溶液用 P16 号漏斗式滤器，重量法测定镍用 P16 号坩埚式滤器。

P4~P1.6 号常用于过滤微生物，所以这种滤器又称为细菌漏斗。

这种滤器在使用前，先用强酸（HCl 或 HNO$_3$）处理，然后再用水洗净。洗涤时通常采用抽滤法（也叫减压吸滤法），如图 16-12 所示。在抽滤瓶的瓶口配一块稍厚的橡胶塞，塞上挖一圆孔，能将微孔玻璃坩埚（或漏斗）插入圆孔中，抽滤瓶支管与水流泵（水流唧筒，俗称水抽子）相连接。先将强酸倒入微孔玻璃坩埚（或漏斗）中，然后开水流泵抽滤，当结束抽滤时，应先拔掉抽滤瓶支管上的胶皮管，再关闭水流泵，否则水流泵中的水会倒吸入抽滤瓶中。

该滤器耐酸不耐碱，因此，不可用强碱处理，也不适于过滤强碱溶液。

将已洗净、烘干且恒重的微孔玻璃坩埚（或漏斗）置于干燥器中备用。过滤时所用装置和上述装置相同，在开动水流泵抽滤下，用倾泻法进行过滤，其操作与上述用滤纸过滤相同，不同之处是在抽滤下进行。

图 16-12　抽滤装置　　　　　　　　　图 16-13　在滤纸上洗涤

（四）洗涤

洗涤沉淀的目的，在于除去吸附在沉淀中的杂质。

将沉淀全部转移到滤纸上后，再在滤纸上进行洗涤。这时要用洗瓶由滤纸边缘稍下一些地方以螺旋形向下移动冲洗沉淀，如图 16-13 所示。这样可以使沉淀集中到滤纸锥体的底部，不可将洗涤液直接冲到滤纸中央沉淀上，以免沉淀外溅。

洗涤时，采用"少量多次"的方法洗涤沉淀，即每次加少量洗涤液，洗后尽量沥干，再加第二次洗涤液，这样可提高洗涤效率。洗涤次数一般都有规定（按分析实验工艺要求进行）。

洗涤沉淀应该掌握下面几点。

① 洗涤时的温度对晶形沉淀与无定形沉淀有所不同。晶形沉淀应用冷液洗涤，以防止沉淀的溶解度增大；无定形沉淀则用热液洗涤，因为热液的过滤速度比冷液要快，且吸附作用亦随温度升高而降低，同时还可防止胶体的形成。

② 对于无定形沉淀，在杂质未除去以前不可任其干燥，否则因其易于缩裂致使加入的洗液由裂缝通过而失去洗涤作用。

③ 在漏斗上洗涤时，洗瓶中喷出的液流开始应缓慢地对着滤纸上部清洁部分冲洗，借以避免由于喷射而引起沉淀的损耗。然后渐渐地放低液流的位置，遍洒全部滤纸，将沉淀冲洗到滤纸底部。

④ 洗液不宜注入漏斗太满，一般不应当超过滤纸容积的一半。待第一次洗液全部流出后，始能加入第二次洗液。

⑤ 如果滤液还要用来测定另一项组分，应在将沉淀基本洗净后进行检验。有经验的分析实验工作者经检验一次后，就可判断是否需要增加一次或二次洗涤。

⑥ 应该根据检测目的选择具有适当灵敏度的反应与试剂。如以 Ba^{2+} 检验 SO_4^{2+}；以 Ag^{2+} 检验 Cl^-；以 SCN^- 检验 Fe^{3+} 等。

（五）再沉淀

有时一次沉淀并不够纯净，必须经过再次沉淀或第三次重复沉淀，使杂质留在溶液中。一般都是在沉淀中加入合适的溶剂，使之溶解，然后再用适当方法使之重新沉淀。

如需要重新沉淀，则开始时将沉淀上面的清液倾注于漏斗中，倾注时尽量少将沉淀带到滤纸上。这时把烧杯中残留液体滴尽是很重要的，因为母液中含有一些杂质，应尽可能除去。然后如前所述，用洗瓶中的洗涤液冲洗两次，移去接受滤液的烧杯，改用原来沉淀用的烧杯放在原漏斗下边。顺玻璃棒（即沉淀及过滤时原来用的玻璃棒）加入溶剂。玻璃棒下端应指向滤纸锥体中沉淀层的上端，并作圆周运动使溶剂从上流下，接触全部沉淀。待沉淀完全溶解后，再如前述方法洗涤 8～10 次（在洗涤了 6 次左右后，检查是否洗涤完全），直至洗出液不含有关的溶质为止。再用适当方法沉淀。如果滤纸上沉淀较多，不易溶解，可以用玻璃棒将滤纸锥体尖端戳破，将沉淀冲入烧杯中，再加溶剂溶解，滤纸仍需如前洗涤。

（六）沉淀的干燥与灼烧

1. 干燥

沉淀在灼烧之前应该预先进行干燥，其原因如下。

① 湿的沉淀和滤纸直接在坩埚中灼烧，会冷热不均致使瓷质坩埚破裂。

② 当沉淀和滤纸所附水分急剧汽化而逸出时，会使沉淀崩溅而损失。

③ 某些沉淀能与滤纸中的碳结合，会影响称量结果。

干燥方法：在洗涤完毕后，用一张滤纸将漏斗连同沉淀的滤纸包起来，放入烘箱内（注意严防尘埃侵入），控制在 60～80℃ 的温度下烘干。如果当天不进行灼烧，亦可任其在常温下自然干燥。通常只需烘至微干即可。一般干燥 25～30min 就足够了。

当必须精确称量在高温下易于分解的沉淀时，要在合适的温度下烘干。为此，将盛有沉淀的坩埚置于洁净的表面皿上，放在烘箱中控制一定温度，直至达到恒重为止。这种情况下只能用微孔玻璃坩埚或微孔玻璃漏斗过滤。

2. 灼烧

（1）坩埚的准备　灼烧沉淀常用瓷坩埚，使用前应洗净、晾干或烘干。然后用蓝墨水或 $K_4Fe(CN)_6$ 于坩埚外壁上编号，干后放高温炉中于 800～950℃ 下灼烧 0.5h（新坩埚灼烧 1h）。从高温炉取出坩埚，稍冷后，将坩埚移入干燥器中，于天平室冷却（约 30min），取出称量。随后再进行第二次灼烧，约 15～20min，取出，冷却，称量。如果前后两次称量结果之差不大于 0.2mg，即可认为此坩埚已达到了质量恒定。否则还需再灼烧，直至质量恒定为止。灼烧空坩埚的温度必须与以后灼烧样品沉淀的温度一致。

（2）从漏斗中取出沉淀和滤纸　应按下述操作方法进行。

对于晶形沉淀可用尖头玻璃棒从漏斗中取出滤纸和沉淀，在灼烧前按图 16-14 方法折卷。

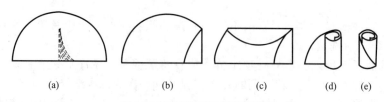

| (a) | (b) | (c) | (d) | (e) |

图 16-14　过滤后滤纸的折卷

① 从漏斗中取出滤纸即叠成半圆形，并使沉淀集中于滤纸的右半部（a）；

② 沿着垂直于直径并与右端相距约为半径的三分之一处将滤纸自右向左折起（b）；

③ 沿着与直径平行的直线将滤纸上边向下折起来（c）；

④ 再自右向左将整个滤纸卷成小卷（d）；

⑤ 将叠好的滤纸包放入已称得恒定（质量）的坩埚中，滤纸层数较多的一端向上，以便炭化和灰化（e）。

也可按图 16-15 所示方法折叠。

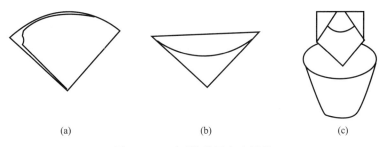

图 16-15　还可按此图方法折叠

① 将滤纸的锥体取出后不打开，而呈扇形，撕去一角的地方应在边缘（a）；

② 然后将扇形的弧线折向圆心（b）；

③ 再将左右两边向里折，尖端（即有沉淀的地方）向下，放在称得质量恒定的坩埚内（c）。

如果沉淀为胶状，体积比较大，用上述方法不易裹好，就不把滤纸取出，而用扁头玻璃棒将滤纸边缘挑起，向中间折叠，使其将沉淀全部盖住（图 16-16）。再用玻璃棒把滤纸转移到称得质量恒定的坩埚中，仍应使三层部分向上。

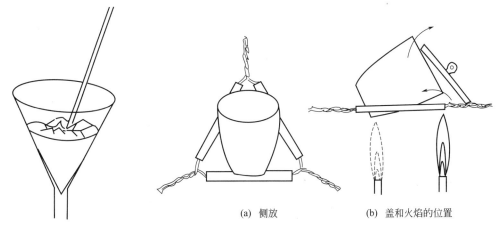

(a)　侧放　　　　(b)　盖和火焰的位置

图 16-16　胶体沉淀滤纸的折卷　　　图 16-17　坩埚于泥三角上

（3）沉淀干燥　将坩埚侧放在泥三角上 [图 16-17 (a)]，坩埚底应放在泥三角的一边上，而坩埚口则对着泥三角的顶角。这样，可以把坩埚盖斜倚在坩埚口的中部 [图 16-17 (b)]。

先调好位置的高低，把滤纸及沉淀放入以后，将盖放好，开始用小火加热。为避免点燃煤气灯时开始所得火焰不合适，应先把火焰调好以后，再放在坩埚下面。为使沉淀及滤纸迅速干燥，应该用反射焰，即将煤气灯火焰放在坩埚盖中心之下，使火焰加热坩埚盖后，热空气流反射到坩埚内部，而水蒸气从坩埚上面逸出。干燥时间与沉淀量及沉淀的状态有关。大量或胶状的沉淀所需的干燥时间长，少量或晶状的沉淀所需的干燥时间较短。

（4）滤纸的炭化和灰化　待滤纸及沉淀干燥以后，将煤气灯移至坩埚底部，稍稍增大火焰使滤纸炭化。注意火力不能突然加大，也不要太大，应使火焰尖端刚刚接触坩埚底。不应使滤纸着火燃烧，否则在燃烧时微小的沉淀颗粒可能由于飞散而造成损失。如果滤纸着火，应立即把灯火移开，并将坩埚盖盖严，使火焰自动熄灭，但不能把火焰吹灭。盖盖以后稍等片刻，再打开盖，继续加热，直到全部炭化为止。在炭化过程中，为了使坩埚壁上的炭完全灰化，应该随时用坩埚钳夹住坩埚转动之。但注意每次只能转一极小的角度，以免转动过剧时，沉淀飞扬。

（5）沉淀的灼烧　滤纸灰化后不再呈黑色，应立即进行灼烧。将坩埚移入高温炉中并盖上坩埚盖。在所需的高温下灼烧 20～30min，重复灼烧只需 15min。灼烧样品和空坩埚应在相同条件下烧至恒定质量。

（6）沉淀的冷却和称量　用高温炉灼烧沉淀，则应在灼烧完全后，先关闭电源，然后打开炉门。用特制的长坩埚钳将坩埚移到炉门口旁边冷却片刻，然后再把坩埚从中取出，放在洁净的泥三角上，在空气中冷却至红热消退，再将它移入干燥器中，并放在天平室内冷却 30min 后进行称量。然后再于同样的温度下灼烧 15min，冷却，再称量，直到质量恒定为止。

（七）干燥器及其使用方法

1. 干燥器

干燥器是具有磨口盖子的密闭厚壁玻璃器皿，磨口处涂凡士林以保持密封。器皿内被一有孔的瓷板分隔为上下两部分，一般在瓷板上面放被干燥的物质，在瓷板下面放适量的干燥剂（如无水氯化钙、硅胶、浓硫酸等）。此外还有真空干燥器，具有活塞以控制抽气，可以缩短干燥时间。

干燥器用于冷却和保存经烘干的样品和称量瓶及灼烧的坩埚，或存放防潮的小型贵重仪器。

2. 干燥器的使用

搬动干燥器时，要双手捧住，并用两个拇指压住盖沿（图 16-18），以免盖子滑下打碎。长期不用的干燥器，尤其在冬天，常发生打不开盖子的现象，这是因为凡士林凝固的缘故。只要用热湿毛巾温热一下盖沿，或放在温暖地方，待凡士林融化后，再一手抱住底，一手推盖子即可打开。

图 16-18　搬干燥器的动作

干燥器的盖子打开放入待干燥物品后要及时盖好，避免吸收空气中的水分。干燥剂要保持确实有效，吸水较多后或按一定时间（特别潮湿季节），应及时更换新的干燥剂。除样品有特殊要求需用浓硫酸干燥外，一般不用浓硫酸，因为浓硫酸不够安全。一般多采用无水氯化钙和变色硅胶。

使用干燥器时应注意下列事项。

① 干燥器内瓷板下面的干燥剂不可放得过多，切不可高过瓷板，应在瓷板下留有一定空隙，以免沾污待干燥物品。

② 不可将太热的物体放入干燥器中。因为热的物体放入干燥器后，空气受热膨胀会把盖子顶起来，脱离干燥器掉下被摔坏。为了防止盖子掉下，应当用手按住，不时地将盖子稍微推开（不到 1s），以放出热空气。

③ 烘干或灼烧后的物体（样品、称量物、坩埚等）在干燥器中不宜放置过久，否则会因吸收一些水分而使其质量略有增加。一般需要称的样品在干燥器内冷却约 25mim 即可。

④ 干燥器内的干燥剂在夏季潮湿季节或潮湿环境下，应勤更换，发现干燥剂失效应立即换掉。

三、滴定分析

在滴定分析中离不开滴定管、移液管和容量瓶这三种具有准确刻度的、用于测量溶液体积的重要玻璃仪器。分析实验人员正确使用和熟练操作这三种最基本仪器，是保证测得分析结果准确度的基础。

（一）滴定管

1.滴定管的种类

滴定管一般分为两种。一种是下端带有玻璃旋塞的酸式滴定管，用来盛放酸性溶液或氧化性溶液。另一种是碱式滴定管，用来盛放碱性溶液，它的下端连接一软橡胶管，内放一玻璃珠，用以堵住液流，并以此控制溶液的流速，橡胶管下端再连一尖嘴玻璃管（图16-19）。

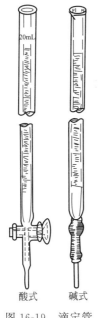

图 16-19　滴定管

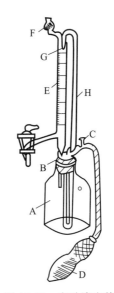

图 16-20　自动滴定管

酸式滴定管适用于装酸性和中性溶液，不能装碱性溶液，因为磨口玻璃旋塞会被碱溶液腐蚀，放置久了会粘住。而碱式滴定管也不能装氧化性溶液，如 $KMnO_4$、I_2、$AgNO_3$ 等，避免与橡胶管起反应。

常用的滴定管容积为 25mL 和 50mL，最小分度值为 0.1mL，读数可估计到 0.01mL。此外，还有 10mL、5mL、2mL 和 1mL 的半微量或微量滴定管。最小分度值为 0.05mL、0.01mL 或 0.005mL。

还有"自动滴定管"，它的特点是灌装溶液半自动化（图16-20）。贮液瓶 A 用于贮存标准溶液，常用贮液瓶的容积为 1～2L。量管 E 是以磨口接头（或胶塞）B 与贮液瓶连接起来，使用时，以打气球 D 打气通过玻璃管 H 将液体压入量管并将其充满。玻璃管 G 末端是一毛细管，它位于量管的零标线以上。因此，当溶液压入量管略高出零的标线时，用手按下通气口 C，让压力降低，此时溶液即自动虹吸到贮液瓶中，使量管中液面恰好位于零标线上。F 是防御管，为了防止标准溶液吸收空气中的 CO_2 和水分，可在防御管中填装碱石灰。自动滴定管的构造比较复杂，但使用比较方便，适用于经常使用同一标准溶液的日常例行分析工作。

滴定管应符合 GB 12805—2011 所规定的技术指标（表16-12）。

表 16-12　滴定管的容量允差

标称容量/mL		1	2	5	10	25	50	100
容量允差 /mL	A 级	±0.010	±0.010	±0.010	±0.025	±0.04	±0.05	±0.10
	B 级	±0.020	±0.020	±0.020	±0.050	±0.08	±0.10	±0.20

滴定管按精度的高低分为 A 级和 B 级。A 级为较高级，B 级为较低级。

2. 滴定管的使用

（1）洗涤　用前必须将滴定管洗涤干净，如无明显油污又不太脏的滴定管，可直接用自来水冲洗，或用滴定管刷蘸肥皂水刷洗。注意滴定管刷的刷毛必须相当软，刷头的铁丝不能露出，也不能向旁侧弯曲，以免划伤内壁。若有油污不易洗净时，可用铬酸洗液洗涤。洗涤时将酸式滴定管内的水尽量除去，关闭活塞，倒入 10～15mL 洗液于滴定管中。倒入洗液后，一手拿住滴定管上端无刻度部分，一手拿住活塞上部无刻度部分，边转动边向管口倾斜，使洗液布满全部管壁为止。立起后打开活塞，将洗液放回原来洗液瓶中，如果滴定管油垢较严重，需用较多洗液充满滴定管浸泡十几分钟或更长时间，甚至用温热洗液浸泡一段时间。洗液放出后，先用自来水冲洗，再用蒸馏水淋洗 3～4 次，洗净的滴定管其内壁应完全被水均匀润湿而不挂水珠。

碱式滴定管的洗涤方法与酸式滴定管基本相同，但要注意铬酸洗液不能直接接触胶管。否则胶管变硬损坏。为此，最简单的方法是将胶管连同尖嘴部分一起拔下，滴管下端套上一个滴瓶塑料帽，然后装入洗液洗涤。还可用另一种方法洗涤，即将碱式滴定管尖嘴部分取下，胶管还留在滴定管上，将滴定管倒立于装有洗液的烧杯中，将滴定管上胶管（现已朝上）连接到抽水泵上，稍微打开抽水泵，轻捏玻璃珠，待洗液徐徐上升至接近胶管处立即停止抽水泵，让洗液在滴定管内浸泡一段时间后，再放回洗液的原瓶中。然后用自来水冲洗，再用蒸馏水淋洗 3～4 次，至滴定管内壁完全被水均匀润湿而不挂水珠。

（2）活塞涂油　酸式滴定管活塞与塞套应紧密配合不漏水，并且转动要灵活，为此，应在活塞上涂一薄层凡士林（或真空油脂）。涂油前应将活塞取下，用干净的纸或布把活塞和塞套内壁擦干净。

如果酸式滴定管活塞孔或出口管孔被凡士林堵住，则必须清除，若活塞孔堵住，可取下活塞，用细铜丝通开。如果是出口管孔堵塞，将水充满全管，则将出口管浸在热水中。温热片刻后打开活塞，使管内水突然冲下，即把熔化的油带出。如果这样仍然不能除去堵塞物，可用四氯化碳等有机溶剂浸溶。一切方法都失败时，则取下活塞，用一根 18～20mm 长的 24# 铜丝或铝丝由出口管自下向上穿入出口管。穿时动作要轻，遇有堵塞物时不要勉强用力，以免损坏管口。当铜丝上端已经进入活塞槽时，将滴定管平放桌上，用一根玻璃棒从活塞槽的小口伸入，把铜丝顶出活塞槽的大口 [图 16-21（a）]。然后取一细玻璃棒（直径约 3mm）放在伸出的铜丝旁边，把铜丝绕在玻璃棒上使成螺旋形 [图 16-21（b）]，取去玻璃棒后，由下面抽出铜丝。铜丝经出口管时，螺旋变直并把堵塞物带出 [图 16-21（c）]。用此方法清除堵塞物时，注意所用铜丝不能太粗太硬，绕螺旋用的玻璃棒也不能太粗。

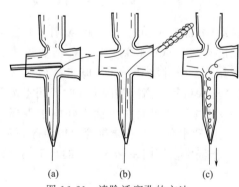

图 16-21　清除活塞孔的方法

待活塞和塞套内清理干净后，用手指蘸少量凡士林在活塞的两头涂上薄薄一圈，在紧靠活塞孔两旁不要涂凡士林，以免堵住活塞孔。涂完，把活塞放回套内，向同一方向旋转活塞几次，使凡士林分布均匀呈透明状态，然后用橡（胶）皮圈套住，将活塞固定在塞套内，防止活塞滑出。

涂油也可以按图 16-22 所示的方法进行，即用手指蘸少量凡士林在活塞的大头一边涂一圈，再用棉签蘸少量凡士林在塞套内小头一边涂一圈。然后将活塞悬空插入塞套内，沿一个方向转动直至凡士林均布为止。

(a) 用小布卷擦干净活塞槽

(c) 活塞涂好凡士林，再将滴定管
的活塞槽的细端涂上凡士林

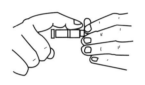

(b) 活塞用布擦干净后，在粗端涂
少量凡士林，细端不要涂，以免
沾污活塞槽上、下孔

(d) 活塞平行插入活塞槽后，向一
个方向转动，直至凡士林均匀

图 16-22 酸式滴定管活塞涂抹凡士林的操作

碱式滴定管不涂油，只要将洗净的橡胶管、玻璃珠、尖嘴和滴定管主体紧密配合连接好就行了。

（3）试漏 酸式滴定管，关闭好活塞，装入蒸馏水至一定刻线，直立滴定管约 2min。仔细观察刻线上的液面是否下降，看滴定管下端有无水滴滴下，以及活塞缝中有无水渗出，然后再将活塞转动 180° 后等待 2min 再观察，如有漏水现象应重新擦干涂油。

碱式滴定管，装入蒸馏水至一定刻线，直立滴定管约 2min，仔细观察刻线上的液面是否下降，或看滴定管下端尖嘴上有无水滴滴下。如发现漏水，则应调换胶管中玻璃珠，选择一个大小合适比较圆滑的玻璃珠配上，再重新测试，直至不漏即可。

（4）装溶液和赶气泡 准备好滴定管即可装入标准溶液。装之前，应将瓶中标准溶液摇匀（每天操作只要摇荡一次即可），使凝结在瓶内壁的水混入溶液内。为了除去滴定管内的残留水液，确保标准溶液浓度不变，应先用此标准溶液润洗滴定管 2～3 次，每次约用 10mL，先从滴定管下口放出少量（约 1/3）以洗涤尖嘴部位。然后关闭活塞，横持滴定管并徐徐转动，使溶液与管内壁处处接触，最后将溶液从管口倒出弃去，但不要打开活塞，以防活塞上的油脂冲入管内，待尽量倒尽后，再洗第二次，每次都要冲洗尖嘴部位。如此洗涤 2～3 次后，即可装入标准溶液至 "0" 刻度线以上，然后转动活塞使溶液迅速冲下排除下端存留的气泡，再调节液面在 0.00 处。如溶液不足，可以补充，如溶液面在 0.00 下面不多，也可记下初读数，不必补充溶液再调，但一般多数操作都是调在 0.00 处较为方便，这样做可不用记录初读数了。

碱式滴定管应按图 16-23 所示的方法。将胶管向上弯曲，用力捏挤玻璃珠，使溶液从尖嘴喷出，以排除气泡。碱式滴定管的气泡一般是藏在玻璃珠附近，必须对光检查胶管内气泡是否完全赶尽，赶尽后再调节液面至 0.00 处或记下初读数。

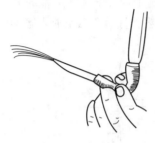

图 16-23　赶气泡

图 16-24　酸式滴定管操作方法

（5）滴定　滴定最好在锥形瓶中进行，必要时也可以在烧杯中进行。在滴定操作中，关键在于滴定管的操作方法及溶液的混匀方法。

使用酸式滴定管时，将滴定管夹在滴定管夹上。通常夹在右边时，活塞柄向右（即向外），左手从中间向右伸出，拇指在管前，食指及中指在管后。三指平行地轻轻拿住活塞柄，无名指及小指向手心弯曲，食指及中指由下向上各顶住活塞柄的一端，拇指在上面配合动作如图 16-24 所示。在需要活塞按逆时针方向转动时，拇指移向活塞柄靠里面的一端（与中指在一端），拇指向下按，食指向上顶，使活塞轻轻转动。在需要活塞按顺时针方向转动时，拇指移向活塞柄靠外面的一端（与食指在一端），拇指向下按，中指向上顶，使活塞轻轻转动。注意，在转动时，中指及食指不要伸直，应该微微弯曲，轻轻向里扣住，这样既容易操作又可防止把活塞顶出。为了滴定时能放出极少量溶液，必须熟练掌握旋转活塞的方法，要做到只将活塞转动极微小角度，使活塞孔开放很小一点，关闭时，只要向回旋转一极小角度即可完全关闭。不要旋转过快或过大，注意手握空拳，手心不要向外顶，以免将活塞顶出。必须慢慢打开活塞，而且可根据需要，使孔打开的程度不同，以控制溶液流速。必须掌握下列三种方法。

① 使溶液逐滴滴入；

② 只加一滴，立即关闭活塞；

③ 使液滴悬而未滴。

这三种方法只是在旋转活塞的速度和程度上有所不同。

图 16-25　碱式滴定管操作方法

使用碱式滴定管时，左手拇指在前，食指在后，拿住（捏住）胶皮管中的玻璃珠所在的部位稍上一些的地方，无名指及小手指夹住出口管，使出口管垂直而不摆动，如图 16-25 所示。拇指及食指向外（即向右）挤捏胶皮管，使在玻璃珠旁边形成空隙，也可向里（即向左）挤捏胶皮管，但都不要用力按玻璃珠。特别注意不要按玻璃珠以下的地方，那样就会把下部胶皮管按宽，在放开手时，就会有空气进入而形成气泡。

混匀方法及滴法如下。

① 在锥形瓶中滴定　滴定所用的锥形瓶应该是大口的，滴定管下端伸入瓶口约 1cm。瓶底离开下面的瓷板 2～3cm。左手按前述方法操作滴定管，右手前三指拿住瓶颈，随滴随

摇。摇时以同一方向（顺时针方向）做圆周运动，必须边滴边摇如图 16-26 所示。在整个滴定过程中，左手一直不能离开活塞任溶液自流，摇动锥形瓶时要注意勿使瓶口碰滴定管口，也不要使瓶底碰瓷板，不要前后振动，更不要把锥形瓶放在瓷板上前后推动，不要用整个手抓住锥形瓶的瓶身。注意观察标准溶液的滴落点。一般在滴定开始离终点很远时，滴下时无可见的变化，但滴到后来，滴落点周围出现暂时性颜色变化。在离终点还比较远时，这个颜色变化一般立即消逝，随着离终点愈来愈近，颜色消失渐慢，常常会在转动一两下以后才会消逝。在接近终点时，则甚至颜色可以暂时地扩散到全部溶液，不过仍然在转动 1~2 次后完全消逝。此时，就应该不再边滴边摇，而改为滴一滴，摇几下。等到必须摇 2~3 次后才能完全消逝时，表示离终点已经很近了。这时用洗瓶水冲洗锥形瓶内壁以便将振动时留在壁上的溶液洗下。洗时应右手持洗瓶，使洗瓶嘴指向锥形瓶瓶颈下边一点的内壁，锥形瓶则放在瓷板上，右手拿住洗瓶瓶

图 16-26　在锥形瓶中滴定操作方法

颈，一边捏挤水，一边转动锥形瓶，绕圈转动洗 2~3 圈，此时溶液应该还呈没到终点的颜色。微微转动活塞使溶液悬在出口管嘴上形成半滴但未落下。用洗瓶水冲下来，注意只要把它洗落在溶液中即可，不要用水太多，另外不要用力过猛使溶液溅开。半滴加入后，振摇锥形瓶。如此重复直到刚刚出现达到终点时应有的颜色而又不再消逝时为止。

使用带磨口玻璃塞的锥形瓶进行滴定时，玻璃塞应该夹在右手（即拿锥形瓶的手）的中指与无名指之间。如图 16-27 所示。

图 16-27　带有磨口玻璃塞锥形瓶滴定操作

图 16-28　碱滴定管于烧杯中滴定操作

② 在烧杯内滴定　在烧杯中滴定时，所用的滴定方法与在锥形瓶中基本相同。烧杯在白瓷板上（不要拿在手中），滴定管夹在滴定管夹上，滴定管口伸入烧杯内 1cm。滴定管应在烧杯中心的左后方一些的地方，但又不要过于靠近烧杯壁。右手持玻璃棒在右前方搅拌溶液，同时左手操纵活塞使溶液逐滴滴入（图 16-28）。搅拌时不要划烧杯底，也不要敲打烧

杯壁。搅拌时注意混匀滴下的溶液使它分布于整个溶液中，不要前后拨动，而是作圆形搅动。滴定过程同前，到近终点时，冲洗杯壁，再加半滴滴定。半滴不用洗瓶冲下，而是应用搅拌棒下端轻轻接触液滴下缘，将它引下，然后将搅拌棒伸入溶液中搅拌，注意搅拌棒只能接触液滴，不能接触滴定管口。

不管用哪一种方法滴定，溶液都不能滴下过快（每分钟应不超过 10mL），最好使滴下的速度与校准滴定管时滴下速度相同。根据颜色变化决定终点时，应在锥形瓶或烧杯下放白瓷板；根据浑浊出现的现象决定终点时，下面应放黑瓷板。

滴定结束，滴定管用毕后，倒去管内剩余的标准溶液，并用蒸馏水或无离子水冲洗数次，再装入前述的纯净水至刻度线以上，然后用小烧杯或一端封闭的干净纸筒倒扣在滴定管的上口，这样做可以保证滴定管内不被气尘污染，待下次使用前便可不必再用洗液清洗。标准溶液不宜长时期存放在滴定管中。特别是浓度大的苛性碱溶液，易腐蚀玻璃，用过后应立即倒掉，并用水冲洗干净。

（6）读数　滴定管应垂直地夹在滴定管架的夹子上。由于溶液的表面张力的作用，滴定管内的液面呈弯月形。无色水溶液的弯月面比较清晰，有色溶液的弯月面清晰程度较差。因此，两种情况的读数方法稍有不同。为了正确读数，应遵守下列规则。

① 注入或放出溶液后，需等待 0.5～1min 后才能读数（使附着在内壁上的溶液流下）。

② 滴定管应用拇指和食指拿住滴定管的上端（无刻度处），使管身保持垂直后读数。

③ 对于无色溶液或浅色溶液，应读弯月面下缘实线的最低点。为此，读数的视线应与弯月面下缘实线的最低点相切，即视线与弯月面下缘实线的最低点在同一水平面上如图 16-29（a）所示。对于有色溶液，应使视线与液面两侧的最高点相切，如图 16-29（b）所示。初读和终读应用同一标准（应该相互一致）。

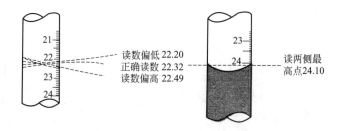

(a) 普通滴定管读取数据示意　　　　(b) 有色溶液读取数据示意

图 16-29　滴定管读数

图 16-30　蓝线滴定管读数

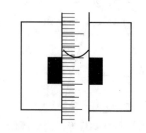

图 16-31　借助黑纸卡读数

④ 蓝带（蓝线衬背）的滴定管的读法：无色溶液有两个弯月面相交于滴定管蓝线的某一点如图 16-30 所示。读数时视线应与此点在同一水平面上。如为有色溶液，应使视线与液面两侧的最高点相切（即与普通滴定管读法相同）。

⑤ 滴定时，最好每次都从 0.00 开始，或从接近零的任一刻度开始，这样可固定在某一段体积范围内的滴定，减少体积误差，读数必须准确至 0.01mL。

⑥ 为了协助读数，可采用读数卡（也称游标），这种方法有利于初学者练习读数，读数卡可用黑纸或涂有黑长方形（约 3cm×1.5cm）的白纸制成。还可以用电影片的废胶片或 135 照相机的废胶片底板等按上述规格取两片，两头用钉书器的钉书钉合钉即成，耐溶液浸湿。在读数时，将读数卡放在滴定管背后（用胶片仅往滴定管上一套，上下移动更为方便），使黑色部分在弯月面下约 1mm 处，此时即可看到弯月面的反射层为黑色。如图 16-31 所示，然后读此黑色弯月面下缘的最低点。

（二）容量瓶

容量瓶也简称为量瓶。它是一种细颈梨形平底的玻璃瓶，带有玻璃磨口塞或塑料塞，如图 16-32 所示，颈上有一环形标线，表示在指定的温度（一般为 20℃ 时），液体表面达到标线时，液体的体积恰好与瓶颈上所注明的体积相等。这种容量瓶是量入式（In）的容量瓶。也有一种容量瓶是量出式（Ex）的容量瓶，即当将溶液表面达到标线后，从瓶中将溶液倒出，所倒出的溶液体积与瓶颈上所注明的体积相等。

因此，容量瓶上注有"出"（或 Ex）字样者为后者，这种容量瓶不常用；没有注字或注有"入"（或 In）字样者为前者，这种容量瓶为最常用。

容量瓶主要用于配制准确浓度溶液或定量稀释溶液。容量瓶按工作需要分为两种颜色，即无色和棕色（也称茶色）。

1. 容量瓶的技术要求及规格

常用的容量瓶是量入式（In）计量玻璃仪器，必须符合 GB 12806—2011 的要求。容量瓶按其精度的高低分为 A 级（较高级）和 B 级（较低级），其详情见表 16-13。

表 16-13　容量瓶的规格容量允差

标称容量/mL		5	10	25	50	100	250	500	1000	2000
容量允差/mL	A 级	±0.02	±0.03	±0.05	±0.10	±0.15	±0.25	±0.40	±0.60	
	B 级	±0.04	±0.06	±0.10	±0.20	±0.30	±0.50	±0.80	±1.20	

2. 容量瓶的使用方法

（1）试漏　在使用容量瓶之前，要检查瓶塞是否漏水，可在瓶中放入自来水，到标线附近。盖好塞子后，左手按住塞子，右手指尖顶住瓶底边缘，倒立 2min。观察瓶塞周围是否有水渗出。如果不漏，将瓶直立后，转动瓶塞大约 180°后，再倒过来试一次。特别是玻璃磨口塞与原瓶磨口要配套，不能搞乱，常用塑料线绳将其拴在瓶颈上。

图 16-32　容量瓶

（2）洗涤　容量瓶的洗涤方法与洗滴定管相同，也是尽可能只用水冲洗，必要时才能用洗液浸洗。无论用什么方法洗，绝对不能用毛刷刷洗。用洗液时，容量大于 100mL 的容量瓶可倒入大约 10~20mL 洗液（注意瓶中尽可能没有水），边转动边向瓶口倾斜，至洗液布满全部内壁。然后放置数分钟，将洗液由上口慢慢倒出。倒出时，应该边倒边旋转，使洗液在流经瓶颈时能布满全颈。然后用自来水充分洗涤，仍应遵循少量多次原则，每次充分振荡以及每次尽量流净残余的水等。向外倒水时，顺便冲洗瓶塞。在洗涤瓶内时，应盖好瓶塞，充分振荡，洗完后，将瓶控干，盖上塞子，以免有灰尘杂质落入瓶内。

（3）转移　用容量瓶配制一定体积的溶液，通常是先将固体物质放在小烧杯中用溶剂溶解，再定量转移到容量瓶中。转移时，要顺着玻璃棒加入，玻璃棒的下部顶端靠近瓶颈内壁，使溶液顺瓶颈壁流下，如图 16-33 所示。注意玻璃棒下端的位置，最好在标线稍低一点的地方，但不能接近瓶口，以免有溶液溢出。待溶液流完后，将烧杯沿玻璃棒稍向上提，同时直立，使附着在烧杯嘴上的一滴溶液流回烧杯内。残留在烧杯内的少许溶液，可用少量蒸馏水冲洗 3～4 次，每次用水约 5～10mL。洗涤液按上述方法转移合并到容量瓶中。

如果固体溶质是易溶的，而且溶解时没有很大的热效反应发生，可也将称取的固体溶质小心通过干净漏斗放入容量瓶中［如不是吸湿吸潮的固体溶质也可用硫酸纸（描图纸）直接移入容量瓶中］。用水冲洗漏斗并使溶质直接在容量瓶中溶解。

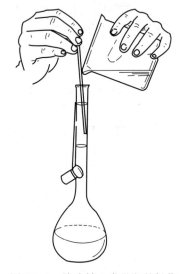 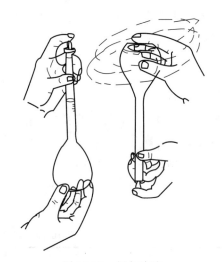

图 16-33　溶液转入容量瓶的操作　　　　图 16-34　摇匀溶液

若是浓溶液稀释，则用移液管吸取一定体积的浓溶液，放入容量瓶中，再按下述（4）定容方法稀释。

（4）定容　溶液转入容量瓶后，加蒸馏水稀释到约 3/4 体积时，将容量瓶平摇几次（切勿盖塞倒转摇动），作初步混匀。将容量瓶平放在试验台（平面）上，慢慢加水到接近标线（下面）1cm 左右，等待 1～2min，使黏附在瓶颈内壁的水流下后，用洗瓶或用细而长的滴管加水至标线。加水时视线平视标线。用滴管加时，将滴管伸入瓶颈使管口尽量接近液面，但稍向旁侧倾斜使水顺壁流下。注意，随着液面上升，滴管也应随之提起，勿使溶液接触滴管。直到弯月面下缘最低点与标线相切为止，盖上塞子混匀。无论溶液有无颜色一律按照这个标准。

（5）摇匀　溶液充满至标线以后，盖好瓶塞，左手食指按住塞子，大拇指在瓶颈前，中指、无名指及小指在瓶颈后拿住瓶颈标线以上部分。用右手指尖顶住瓶底边缘，如图 16-34 所示。将容量瓶倒转使气泡上升到顶，此时将瓶振荡。再倒转过来，仍使气泡上升到顶，如此反复 10～20 次，即可混匀。

（6）容量瓶使用注意事项

① 不要用容量瓶长期存放配好的溶液，配好的溶液如果需要较长时间存放，应转移到干净的磨口试剂瓶中。

② 容量瓶长期不用时，应该洗净，将磨口塞用薄纸片垫上，如是塑料塞也不应拧得过紧，以防时间过久，塞子打不开。

③ 容量瓶一般不要在烘箱中烘干，更不能在电炉子、电热板上加热溶液。

④ 配制易氧化、防止光线照射的溶液，应采用棕色容量瓶。

（三）移液管和吸量管

移液管又称单标线吸量管，它是中间有一膨大部分（称为球部）的玻璃管，球部以上及以下为较细窄的管颈，球部以下的尖端则为出口，管颈上部刻有一环形标线，如图 16-35（a）所示，表示在一定温度（一般为20℃）下移出的体积。

当吸溶液至其弯月面与标线相切后，让溶液自然放出，此时所放出溶液的体积即等于管上所标的体积。在任溶液自然放出时，最后因毛细作用总有一小部分溶液留在管口不能落下，不必用任何外力使之放出，因为在检定移液管时，就没有把这一点溶液放出。

1. 有关的技术要求及规格

常用的移液管有 5mL、10mL、25mL 及 50mL 等规格。移液管必须符合 GB 12808—2015 的要求。

移液管为量出式（Ex）计量玻璃仪器，按精度的高低分为 A 级和 B 级。A 级为较高级，B 级为较低级。标准中规定移液管的容量允差如表 16-14 所示。

表 16-14　移液管的容量允差

标称容量/mL		1	2	5	10	15	20	25	50	100
容量允差 /mL	A 级	±0.007	±0.010	±0.015	±0.020	±0.025	±0.030		±0.050	±0.080
	B 级	±0.015	±0.020	±0.030	±0.040	±0.050	±0.060		±0.100	±0.160

吸量管是具有分刻度的玻璃管，两端直径较小，中间管身直径相同，可以转移不同体积的溶液，如图 16-35(b)～图 16-35(d) 所示。但吸量管转移溶液的准确度不如移液管。

吸量管的技术要求应符合 GB 12807—1991 的规定。

一般常用的吸量管有 1mL、2mL、5mL 及 10mL 等规格。有的吸量管上标有"吹"字（或 blow out），特别是 1mL 以下的吸量管尤其如此。有的吸量管的分刻度到离管尖口尚差 1～2cm，如图 16-35 （d）所示，所以使用吸量管放出溶液时应特别注意，在分析中，要尽量使用同一支吸量管做同一份样品，以减少误差。

2. 移液管和吸量管的使用方法

（1）洗涤　在洗涤前，应检查移液管或吸量管的管口和尖嘴有无破损，若有破损则不能使用（按废品处理）。

移液管和吸量管均可用自来水洗涤，再用蒸馏水洗净，较脏（内壁挂水珠）时，可用铬酸洗液洗净。其洗涤方法：右手拿住移液管或吸量管，管的下口伸入洗液中，左手拿洗耳球，先把球内空气压出，然后把球的尖端口插入移液管或吸量管的上口，慢慢松开左手手指，将洗液慢慢吸入管内直至上升到刻度以上部分，等待片刻后，将洗液放出到回收瓶中。如果需要较长时间的浸泡，则应在预先准备好的、盛满洗液的高型玻璃筒或大量筒中（特别是吸量管需要这样做）进行。筒底铺一些玻璃纤维，将吸量管直立于筒中，筒口用玻璃板盖上，浸泡一

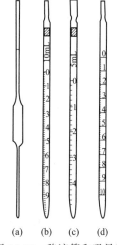

(a)　(b)　(c)　(d)

图 16-35　移液管和吸量管

段时间后，取出吸量管，沥尽洗液，用自来水冲洗，再蒸馏水淋洗干净。洗净的吸量管内壁应不挂水珠，将洗干净的移液管和吸量管置放在移液管和吸量管的架上。

（2）吸取溶液 用右手的拇指和中指捏住移液管或吸量管的上端，将管口的下口插入欲取的溶液中，插入不要太浅或太深。太浅会产生吸空，把溶液吸到洗耳球内弄脏溶液；太深又会在管外部黏附过多的溶液。左手拿洗耳球，接在管的上口将溶液慢慢吸入。如图 16-36 所示。先吸入移液管或吸量管容量的 1/3 左右，取出，横持并转动管子使溶液接触到刻度线以上部位。以置换内壁的水分。然后将溶液从管的下口放出并弃去，如此用欲取溶液淋洗 2～3 次后，即可吸取溶液至刻度以上，立即移去洗耳球，用右手的食指按住管上口（右手的食指应稍带潮湿，便于调节吸取溶液的液面位置）。

图 16-36　吸取溶液

图 16-37　放出溶液

（3）调节液面 将移液管或吸量管向上提升离开吸取溶液的液面，管的末端仍靠在盛溶液器皿的内壁上，管身保持直立，略为放松点食指（有时可微微转动移液管或吸量管），使管内溶液慢慢从下口流出，直至溶液的弯月面底部与标线相切为止，立即用食指压紧管口，将尖端的液滴靠壁去掉。移出移液管或吸量管，插入承接溶液的器皿中。

（4）放出溶液 承接溶液的器皿如是锥形瓶，应使锥形瓶倾斜约 30°，移液管或吸量管直立，管下端紧靠锥形瓶内壁，放开食指，让溶液沿瓶壁流下，如图 16-37 所示。流完后管尖端接触瓶内壁约 15s 后，再将移液管或吸量管移去。残留在管末端的少量溶液，不可用外力强制使其流出，因校准移液管和吸量管时已考虑了末端保留的体积。

但有一种吹出式吸量管，管口上刻有"吹"字，使用时必须使管内溶液全部流出，末端的溶液也需吹出，不允许保留。

另外，还有一种吸量管的分刻度只刻到距离管口尚差 1～2cm 处，刻度以下溶液不应放出。

（5）注意事项

① 移液管与容量瓶常配合使用，因此使用前常作两者的相对体积校正。

② 为了减少测量误差，吸量管每次都应从最上面刻度为起始点，往下放出所需体积，而不是放出多少体积就吸取多少体积。

③ 移液管和吸量瓶一般不要放入烘箱中烘干。

（四）容量仪器的校正

容量仪器在出厂前虽经检定，符合规定的技术标准，但这只能满足一般分析实验的要求。在做某些精密的分析工作（如仲裁分析、标定标准样品或配制规定的溶液等），常需要检定和校准容量仪器，以提高分析准确度。

容量仪器的检定校准，一般由指定的容器检定部门进行。

按上述应用的滴定管、容量瓶、移液管和吸量管等玻璃刻度仪器做如下要求。

滴定管根据使用的频率和装入的溶液浓度高低具体实际情况，应制订出校正周期。特别是使用较频繁且装入浓度较大溶液的滴定管，至少需半年（六个月）校检一次。

新购进来的容量瓶、移液管和吸量管，使用前只需校检一次即可。

四、光电比色分析

利用光电管或光电池代替人眼来比较标准溶液（或玻片）和试样溶液颜色强度的仪器进行某种成分的测定，是较为常用的物理化学分析方法之一。比色分析具有灵敏、准确、快速的优点。比色溶液的下限可达 $10^{-7}\mathrm{g/mL}$，相对误差通常在 5% 左右，比色分析比称量（重量）分析法和容量分析法灵敏得多。

（一）光电比色仪器的基本构件

光电比色计和分光光度计都是利用某一波长范围的光束射到有色溶液后，使透过溶液的那一部分光射到电池上，由光电池所产生电流的强弱来表示溶液浓度大小，以达到比色测定的目的。使用此类仪器的检测方法称为光电比色法。光电比色仪器的基本构件主要分为五个组成部分。

1. 光源与聚光镜

在光电比色测定中，光源强度保持不变是获得准确测定结果的重要因素。因此光电比色计和分光光度计附有使电源电压稳定的装置（稳压器）或使用蓄电池供电，都是为了使光源不受线路电压变化的影响。光电比色计通常用 $6\sim12\mathrm{V}$ 的钨丝灯泡作发光电源。如国产 581-G 型比色计的光源灯泡为 $6.3\mathrm{V}$，72 型分光光度计的光源灯泡为 $10\mathrm{V}$。

钨丝灯泡发出的光趋近于自然光，为各种波长（ $320\sim1100\mathrm{nm}$ ）光的散射混合光（白光），检测时用聚光透镜使光源射来的光成为平行光。

2. 滤光片和单色光器

自然光（日光）的可见光部分是由七种颜色的单色光混合而成的。日光的光谱通常称为太阳光谱。各种单色光的波长范围如表 16-15 所示。

表 16-15　各种单色光的波长

		颜色	波长/nm
	红外线	无色	＞760
		红	760～600
		橙	620～585
		黄	585～575
太阳光谱	可见光	黄-绿	575～550
		绿	550～510
		青	510～480
		蓝	480～450
	紫外线	紫	450～400
		无色	＜400

注：$1\mathrm{nm}=1\times10^{-9}\mathrm{m}$。

当白光通过有色溶液时，光谱中只有一部分光线被吸收。另一部分光线几乎完全不被吸收，这一部分光线的强度与有色物质的浓度无关，而且会干扰比色测定。滤光片和单色光器作用，即是从白光中分出能为被测溶液吸收最大的某波段的单色光束。

（1）滤光片　光电比色计中相当于单色光器作用的是各种有色玻璃制成的滤光片，但滤光片不能从白光中选出纯的单色光，而只是分离光谱中某一波长范围的光带。当白光照射在滤光片上时，滤光片只允许和它颜色相同的光通过。

选择滤光片时，应根据溶液的颜色来选择。滤光片所能通过的波段，应对测定有色溶液有最大的灵敏度，即通过滤光片的光波应该是溶液最易吸收的光波，或者说滤光片的颜色应该与溶液的颜色互为补色，即滤光片透光度最大的光波应该是溶液透光度最小的光波。这个互补关系是根据物理公式所得的，只要记住什么颜色的溶液需要选择什么色的滤光片就可以了。

通常选择滤光片最方便的方法，是用溶液的互补范围的两三个滤光片测量溶液的光密度，其中光密度最大的一个是较为合适的滤光片。

滤光片都标记着该滤光片的波长数值（nm）。如滤光片上标记着420，即表示这块滤光片为紫色的，而且只能通过紫色光，其他光能被紫色滤光片吸收。

表16-16是溶液颜色与滤光片颜色的互补关系，供选择滤光片时参考。

表 16-16　溶液颜色与滤光片颜色的互补关系

溶液颜色	选补色（滤光片的颜色）	滤光片能通过的波长/nm
黄绿	青紫	400～435
黄	蓝	435～480
橘红	绿蓝	480～490
红	蓝绿	490～500
紫	绿	500～560
青紫	黄绿	560～580
蓝	黄	580～595
绿蓝	橘红	595～610
蓝绿	红	610～750

（2）色散器和狭缝　分光光度计上的单色光器，一般由一个玻璃棱镜或石英棱镜（色散器）和出光狭缝为主组成。白光经过进光狭缝反射镜和透光镜后，成为平行光进入棱镜。经棱镜色散后，各种波长的单色光被镀铝反射镜反射又经过一个透镜，聚光于出光狭缝上。转动反射镜可使各波长的单色光穿过狭缝照射在被测溶液上。用这种色散器和狭缝所得到的单色光虽比滤光片得到的波长范围窄得多，但也不是单一波长的光。波长范围与狭缝的大小有关，狭缝愈小，所得到的单色光也愈纯。但是光线强度随之减低。

3. 比色槽

比色槽也称吸收池（杯），用光学玻璃制成。在同系列的比色测定中，液层的厚度（光程 L）必须固定统一，以便绘工作曲线及测定值与工作曲线相比较。

4. 光电池

当光线照射在某种物体上时，有电子从该物体中放出的现象称为光电效应。具有光电效应的物体称为光敏物质。半导体硒和氧化铯等都是光敏物质，可用这些物质制成产生光电效应的光电池或光电管，装在比色计和分光光度计上。当光线照射在光电池或光电管上时，就产生电流，由于所产生的电流强度与透射光的强度成正比关系，就可以根据电流强度确定透过有色溶液后的光强度，进而计算溶液的吸光度或透光度。

581-G 型比色计和 72 型分光光度计上的光敏物质都是采用的硒光电池。光电池由三种物质组成（图 16-38）。上层是导电性优良的金属（如金、铂）做成可透光的金属薄膜，作为光电池的负极；中层是半导体硒；下层为薄铁片，作为光电池的正极。当光线射到光电池上时，透射过上层金属薄膜至硒时，硒即发射出电子并向负极方向移动，导致上层金属薄膜与底层铁片之间产生了电位差，将线路闭合连接时，即产生了电流。

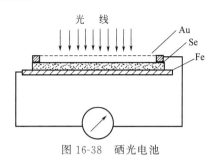

图 16-38　硒光电池

光电池受强光照射和连续使用时间过长，会产生疲劳现象，使测定结果产生较大误差，应注意保护。如发现光电池疲劳时，可把光电池用黑纸包好放于暗处，经长期搁置后可以恢复。光电池受潮后也会影响光电效应，要注意及时更换干燥剂。光电池对不同波长的光线有不同的灵敏度。

5.检流计

检流计是由带有小镜的可动线圈和永久磁铁组成，常用的光点反射式检流计还有一个光源和一个线影胶片。可动线圈由两根很细的金属张丝张紧悬挂在磁场中。当光电池受光照射产生电流时，电流经过张丝流经线圈，线圈受磁场作用力推动而偏转，小镜随之偏转。小镜偏转角度的大小与光电池产生电流强度成正比关系，在检流计标尺上将小镜映出带线影的亮点也发生相应距离的移动。标尺上印有光密度和透光率两种刻度，由亮点移动距离可以直接读出数据。如图 16-39 所示，为检流计的构造示意图。

581-G 型光点比色计检流计的灵敏度为 $0.5 \times 10^{-8} A/$格；72 型分光光度计检流计的灵敏度为 $1.4 \sim 2.0 \times 10^{-9} A/$格。

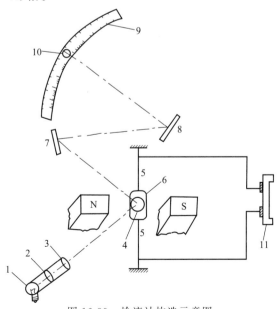

图 16-39　检流计构造示意图

1—光源；2—透镜；3—透明胶片（中间刻一条直线）；4—小镜；5—金属张丝（也是线圈的抽头导线）；

6—可动线圈；7,8—反射镜；9—检流计标尺；10—带线影光点；11—光电池

光电比色仪器里面除上述光学系统装置外，还有一套电器系统装置，电器系统是为光学系统准确工作而设置的。

（二） 581-G 型光电比色计

1. 581-G 型光电比色计基本构造及工作原理

国产 581-G 型光电比色计的构造比较简单，灵敏度好，是一种受欢迎操作方便的光电比色计。图 16-40 是外形照片，图 16-41 为其光学系统工作原理的示意图。

图 16-40　581-G 型光电比色计外形照片

光从光源 1（灯泡）发出，借助于反射镜 2 增强光的亮度，透过吸热玻璃 3 和聚光镜 4 再射到滤光片 5。白光经滤光片后，将其他不需要的单色光滤掉，只保留与滤光片颜色相同的（近似）单色光，而且这种单色光又易被待测的有色溶液所吸收。透过滤光片的单色光射到比色槽 6 内的有色溶液上。单色光达到有色溶液后，分为三个去向：很少一部分反射回去；一部分被溶液所吸收；还有一部分透过有色溶液。透射光射到半导体硒光电池 7 上，光电池经光激射后产生电流，通过小吊镜式检流计 8 指示出数据。

2. 581-G 型光电比色计的操作方法

图 16-42 为 581-G 型光电比色计的外形部件的平面图。

① 将电源线按正确方向把插头插入插座 6 接通电源。

② 将控制开关 1 从 0 挡拨到 1 挡，转动零点调整器 5 使检流计标尺 4 上的光亮点调到透光率 0 位置上。

③ 选择需用波长的滤光片，插入滤光片座 8 上。

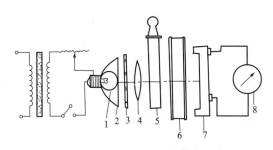

图 16-41　581-G 型光电比色计光学系统

1—光源；2—反射镜；3—吸热玻璃；4—聚光镜；
5—滤光片；6—比色槽；7—光电池；8—检流计

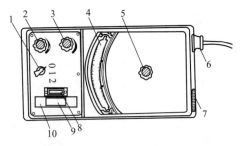

图 16-42　581-G 型光电比色计外形平面

1—控制开关；2—电流调整器（细）；3—电流调整器（粗）；4—检流计标尺；5—零点调整器；
6—插座；7—干电池盖；8—滤光片座；
9—比色槽盖；10—比色槽座

④ 用一比色槽，注入蒸馏水约 6mL 作空白溶液，另用一比色槽加入样品溶液约 6mL。比色槽外如有溶液溅出，应用擦镜纸或细绸布擦干。

⑤ 将两比色槽放入活动的比色槽座 10 上，盖上比色槽盖 9。

⑥ 将控制开关 1 从 1 挡拨到 2 挡，预热 10min，使光电流达到稳定。再将空白溶液

（水）槽推入光路，用粗调整器 3 和细调整器 2 调至光亮点在透光率 100％刻度。

⑦ 将被测样品溶液推入光路，光亮点稳定后，读出数据。

⑧ 关闭控制开关 1 拨回至 0 挡，并将粗调整器 3 和细调整器 2 以逆时针方向转到零点，取出比色槽用清水洗净，吹干，放入盒内。滤光片可以不取出，放在仪器内保护光电池不受强光直射。

⑨ 盖上比色槽盖 9，拔下插头，仪器加套罩好。

注意事项：如果没有交流电源或交流电源电压变化太大（不稳定），而影响仪器的稳定性时，应拔下交流电源插头，改用蓄电池的直流电。蓄电池至少要有 120A·h 的电容量，而且要把电池的电量充足，并保持电池的各个接触点清洁，接触良好。

为保持仪器的正常性能，在连续使用 3～4h 以后，应停用一个短时间，让光电池休息一下再用。

（三）72 型分光光度计

1. 72 型分光光度计的工作原理

国产 72 型分光光度计的基本工作原理与上述单光电池光电比色计相似，但分光光度计的单

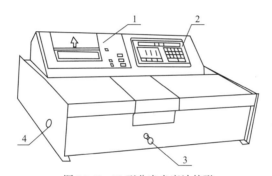

图 16-43 72 型分光光度计外形

1—FD-TP40 热敏打印机；2—键盘显示；3—试样槽拉杆；4—干燥器

色光器比滤光片所选择的波长范围小得多，可以认为近似单色光；其次加设了稳定电压的专门装置；微电流检流计也比较精密一些，且单独另设一个装置系统。为了携带、运输方便，72 型分光光度计制作成三个组成部分。图16-43 是国产 72 型分光光度计的外形照片。图 16-44 是 72 型分光光度计的光学系统工作原理示意图。

从光源 1 发出白光，经过进光狭缝 2 射到反射镜 3，反射到聚光透镜 4 后，成为平行光射入棱镜 5。经棱镜折射色散后，各种波长的单色光排列成光谱的形式射在镀铝的反射镜 6 上，反射镜可以

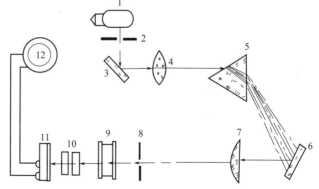

图 16-44 72 型分光光度计光学系统示意

1—光源；2—进光狭缝；3,6—反射镜；4,7—透镜；5—棱镜；
8—出光狭缝；9—比色槽；10—光亮调节器；
11—光电池；12—检流计

转动选择某种所需波长的单色光反射到聚光透镜 7 上（与反射镜装在一个控制盘上）。从透镜 7 射出的光是单色的平行光，经过出光狭缝 8 射到盛有色溶液的比色槽 9。未被溶液吸收的透过光，经光亮调节器 10 射到硒光电池 11 上，光电池产生的光电流产生磁场带动镜式检流计映出光亮点射在检流计的标尺上。读取数据，进行计算求出溶液中所含物质的量。

2. 72 型分光光度计的操作方法

图 16-45 是 72 型分光光度计的部件连接示意图。

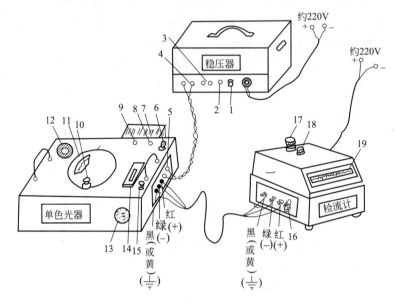

图 16-45　72 型分光光度计部件连接示意

1—稳压器电源开关；2—指示灯；3—5V 输出接线柱；4—10V 输出接线柱；5—单色光器输入接线柱；6—光源开关；7—光路闸门；8—光路关闭指示（黑点）；9—光路打开指示（红点）；10—波长选择器；11—波长指示刻度；12—干燥剂盒；13—比色槽定位拉杆；14—比色槽暗箱；15—光亮调节器；16—检流计电源开关；17—零点粗调节器；18—零点细调节器；19—检流计标尺

① 按接线要求将稳压器和微电流计接在单色器上。注意微电流计和单色器相接时，三股接线颜色是：红色接"＋"，绿色接"－"，黄（或黑）色接地。单色器要接在稳压器的输出接线柱上。

② 电源电压与仪器电压相符时，插上电源。

③ 把单色光器的光路闸门扳到黑点（光路关闭指示）位置后，再将微电流计上的电源开关扳到开处。此时指示光亮点即出现在检流计标尺上。用 0 点调节器将光亮点准确地调至透光率标尺的 0 刻度上。

④ 打开稳压器的电源开关和单色器的光源开关，把光路闸门扳到红点（光路打开指示）上，再以顺时针方向调光亮调节器至光门适当开启，使微电流计上光亮点达到标尺上限附近。停 10min 后，待光电池趋于稳定后再开始操作。

⑤ 将单色光器上的光路闸门再扳回黑点处，重新校正微电流计的指示光亮点于 0 位置上，立即开启光路闸门。

⑥ 将比色槽暗箱盖打开，取出比色槽架，将四只比色槽中的一只装入蒸馏水或空白溶液，其余三只装被测样品溶液。将比色槽置于架上，空白溶液槽放在第一格上，放回暗箱内，加盖盖好。先将空白溶液槽推入光路。

⑦ 用波长调节器选好所需的波长对准红线。将光亮调节器以顺时针或逆时针方向轻轻转动，使光亮点中线准确地对准透光率100%的刻度上。

⑧ 以上调节好后，可以进行样品的溶液的比色测定。将比色槽的定位拉杆轻轻拉出一格，使第二个比色槽内的待测溶液进入光路。此时，微电流计标尺上光亮点所指示的读数即为该溶液的光密度或透光率。依此测定第二、第三待测溶液，并读出数据。

⑨ 仪器在使用过程中，应经常关闭光路闸门来核对微电流计的0点位置是否有改变。如有改变，及时用0点调节器纠正。

注意事项：测定某一溶液所需的波长往往有一个范围，即有几个波长均可做该溶液的吸收光带，这时一般选用吸收度最大的波长。

所制成的溶液浓度应尽量使光密度值在0.1~0.6的范围以内进行测定。这样所测得的读数误差较小。如光密度在0.1~0.6范围外，可调节溶液浓度，稀释或加浓，或者改选适当波长的单色光。

（四）　72-1型分光光度计

1. 72-1型分光光度计的构造特点

72-1型分光光度计较72型分光光度计有了很大改进。它用体积很小的晶体管稳压电源代替了笨重的磁饱和稳压器，用真空光电管代替了光电池作为光电转换元件，真空光电管配合放大线路将微弱光电流放大后推动指针式微安表，以此代替体积较大而且容易损坏的灵敏光电检流计。由于电子系统进行了很大的改进，因而可以将所有部件组装成一个整体，仪器体积减小，稳定性和灵敏性都有所提高，而且外形也美观大方。图16-46是国产72-1型分光光度计的外形照片。

图16-46　72-1型分光光度计外形照片

2. 72-1型分光光度计的操作方法

① 在仪器尚未接通电源时，电表的指针必须位于"0"刻线上，若不是这种情况，则可以用电表上的校正螺丝进行调节。

② 将仪器的电源开关接通，（接220V交流电），打开比色槽暗箱盖，使电表指针处于"0"位置，预热20min后，再选择需用的单色光波长和相应的放大灵敏挡，用调"0"电位器校正电表"0"位。

③ 将仪器的比色槽暗箱合上，比色槽座处于蒸馏水校正位置，使光电管见光，旋转光量调节器调节光电管输出的光电信号，使电表指针正确处于100%。

④ 按上述方式连续几次调正"0"和电表指针100%，仪器即可进行测定工作。

⑤ 放大器灵敏度挡的选择是根据不同的单色光波长，光能量不一致时分别选用，其各挡的灵敏度范围是：

第一挡×1倍

第二挡×10倍

第三挡×20倍

选用的原则是能使空白挡良好的用光量调节器调整于100%处。

⑥ 空白挡可以采用空气空白、蒸馏水空白或其他有色溶液或中性消光玻璃作陪衬。空

白调节于 100％处，能提高消光读数以适应溶液的高含量测定。

⑦ 根据溶液中被测物含量的不同，可以酌情选用不同规格的光程长度的比色槽，目的是使电表读数处于 0.8 之内。

（五） 75-1 型可见紫外分光光度计

1. 75-1 型分光光度计的工作原理

前面介绍的 581-G 型光电比色计和 72 型分光光度计，工作波段都在 400～800nm 范围内，只能测定物质在可见光区的吸收光谱，而 75-1 型分光光度计，工作波段在 200～1000nm 范围内，可测定物质在紫外区、可见光区及近红外区的吸收光谱，因而它的应用范围更为广泛。图 16-47 是国产 75-1 型分光光度计的外形照片。

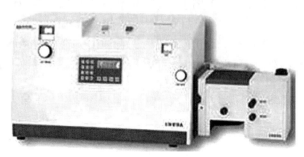

图 16-47　75-1 型分光光度计外形照片

下面介绍紫外吸收光谱在分析工作中的应用。

根据物理知识，光波的波长愈短，能量愈大。紫外光的波长范围为 200～400nm，而可见光的波长范围为 400～800nm，所以紫外光的能量比可见光能量大，可见光只能激发物质分子中处于不稳定能级的价电子，而紫外光可激发比较稳定的不饱和键的 π 电子，尤其是共轭体系中 π 电子。因而共轭的不饱和碳氢化合物和具有孤对电子的化合物（包括无机化合物）在紫外区都有吸收光谱。反之，饱和的碳氢化合物在紫外区不产生吸收峰。因此，常以饱和的碳氢化合物作为紫外吸收光谱的溶剂（例如己烷、庚烷、环己烷等）。

紫外吸收光谱大多应用于鉴定含有双键，尤其是共轭体系的化合物，如含羰基、醛基、羧基、硝基等的脂肪族化合物，以及含苯环的芳香族化合物。

2. 75-1 型分光光度计的构造

75-1 型分光光度计如图 16-48 所示，采用自准式光路，单光束非记录型，其波长范围为 200～1000nm。在波长 320～1000nm 范围内，用钨丝白炽灯泡作光源，在波长 200～320nm 范围内用氢弧灯作光源。

由光源（3 或 1）发出的连续辐射光线，射到聚光凹面反光镜 2 上，被反射到平面反光镜 4，然后又反射至入射狭缝 S_1 上，由此入射到单色器内。而狭缝 S_1 正好位于球面准直物镜 7 的焦面上，因此入射光线到达物镜 7 上反射后，就以一束平行光射向石英棱镜 8（该棱镜背面是镀铝的），入射角在最小偏向角，入射光穿过石英棱镜，为棱镜底面所反射，重又穿过棱镜。经过棱镜的色散作用，分开为光谱带。这样从棱镜色散出来的光线经准直物镜 7 反射后，就会聚在出射狭缝 S_2 上。为了消除杂散光对测量结果的影响，在出射狭缝 S_2 后装有滤光片 10。光线经过滤光片后进入试样室，室中装着被测溶液的比色槽，光线通过被测溶液的比色槽后照射到光电管的阴极面上，产生光电流。光电流在一个高电阻上产生电压降，此电压降由直流放大器放大后用精密电位计测量，即可得到溶液的透射百分率或光密度。

3. 75-1 型分光光度计的操作方法

该仪器按说明书安装，调校正常后，使用时操作步骤如下：

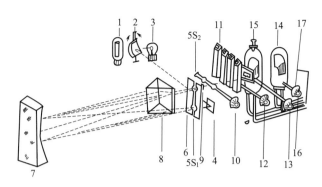

图 16-48　75-1 型分光光度计

1—氢弧灯；2—凹面反光镜；3—钨丝灯；4—平面反光镜；5—石英窗；6—弯曲狭缝；

7—准直物镜；8—石英棱镜；9—石英透镜；10—滤光片；11—比色槽；12—比色槽托架拉杆；

13—控制暗电流闸门的拉杆；14—紫敏光电管；15—红敏光电管；16—光电管滑动架；17—通往放大器的导线

① 开稳压电源，开所需光源（钨灯 6V，适用波长 320～1000nm；氢弧灯调节至 300mA，适用波长 200～320nm），并将灯罩上反射镜转动手柄扳在"钨灯"或"氢弧灯"位置。

② 将暗电流闸门处在"关"的位置。

③ 将选择开关扳在"校正"上。

④ 调节暗电流钮使电表指零。

⑤ 灵敏度调节位置是从左面停止位置顺时针方向转动五圈左右。

⑥ 将波长刻度旋在所需波长上。

⑦ 选定适应波长的光电管，手柄推入为紫敏光电管（200～625nm），手柄拉出为红敏光电管（625～1000nm）。

根据需要可以用相应的滤光片推入光路，以减少杂散光，通常情况下可以不用。

⑧ 根据波长选用比色槽，对于 350nm 以上的波长，可用玻璃比色槽。对于 350nm 以下，一定要用石英比色槽。将比色槽放入托架内（其中一个槽内装空白溶液，另外三个装被测溶液），将空白溶液置于光路中，然后把盖板盖好。

⑨ 把读数电位器放在透光率 100％上。

⑩ 把选择开关扳到"×1"上。

⑪ 拉拉杆 13，拉开暗电流闸门，使单色光进入光电管。

⑫ 调节狭缝大致使电表指针指零，而后再用灵敏度旋钮细调，使电表指针准确指在零上。

⑬ 将试样溶液置于光路中（同时注意滑板是否处在定位槽中），这时电表指针偏离"零"位。

⑭ 旋转读数电位器刻度盘重新使电表指针指零。

⑮ 在平衡之后，将暗电流闸门重新关上，以便保护光电管，勿使其因受光时间过长而疲劳。

⑯ 读取透光率或相应的消光值，当选择开关放在"×1"上，透光率范围是 0～100％，相应的吸光度范围是 ∞～0。当透光率小于 10％时，则可将选择开关放在"×0.1"的位置上，得到较精确的读数，此时所读出的透光率数值应以 10 除之，或相应地对于所读出的吸光度应加 1.0。

⑰ 测定完毕，应切断电源，将选择开关放在"关"、取出比色槽，用罩罩好整台仪器。

（六）光电比色法应注意的几个问题

1. 显色剂的选择及用量

所选用的显色剂应比被测物质生成的有色化合物的颜色要深，摩尔吸光系数要大，其他共存物质干扰小，生成的有色化合物的组成要恒定，离解度要小，化学性质要稳定。显色剂本身最好是无色或色极淡，至少要求与反应生成物的颜色的色调上有显著差异。

所加入显色剂的量，要足够与被测物质完全反应，所以在一般情况下，加入显色剂的量应是过量的且要固定量。特别在制备标准管和样品管时，各管加入显色剂的量应该完全相同。

2. 显色反应的条件

要严格控制显色反应条件，如时间、温度、显色剂的浓度、溶液的 pH 值等。以保证在测定过程中溶液的吸光度符合朗伯-比尔定律。减少分析误差，提高分析结果的准确度。

3. 溶液的颜色

被测溶液的颜色不要太深或者过浅，对吸光度的范围应在 0.02～1.0（即光的透射率在 90％～5％），如果读数在 0.1～0.6 时，光密度的测量具有最高的准确度。

4. 溶液颜色的稳定时间

要求溶液的颜色应该能稳定一定时间，可以较从容地进行比色测定。各种颜色反应在加全试剂后显色时间和稳定时间不同，或者由于其他原因在显色后一定时间以后可能逐渐褪色。针对这些情况，可以作一条溶液的光密度与放置时间的关系曲线。根据曲线选择颜色达到最深（光密度最大）而且稳定的时间内进行比色。

（七）光电比色计和分光光度计的维护保养及注意事项

① 仪器应放置在固定而且不受震动的工作台上，室内的条件要求与天平室一样严格。

② 仪器不要受强光照射，而且防止灰尘和潮气进入，不使用时要加盖防光罩，干燥剂要经常更换。并时刻保持仪器和工作台面的清洁。

③ 在接电源前要注意检查开关、粗细调节器、光路闸门是否都拨到 0 或关闭状态。

④ 电源电压和仪器所用电压要相符合，并有接地线。

⑤ 比色槽（皿）要保持清洁干燥，连续使用时，每次都要用蒸馏水冲洗干净，槽外面水珠要用细绸布或擦镜纸擦干。不要用手拿透光玻璃面，也不要用手接触和擦拭。特别是以胶黏剂黏合制成的比色槽，不能用铬酸洗液洗涤，避免胶黏剂被氧化而损坏比色槽。

⑥ 滤光片要保持清洁，擦拭时亦用细绸布或擦镜纸。用手拿时，要拿塑料框，不能接触镜片。

⑦ 仪器连续使用时间不要过长，光电比色计不要超过 4h，分光光度计不要超过 2h，要间歇半小时以上才能再用。不允许使仪器处于工作状态而工作人员离开岗位。要随用随开，避免光电池疲劳失效，硒光电池衰老失效后要及时更换新的。

⑧ 光电比色计的开关从 0 或 1 拨到 2 以前，需插上任一滤光片（最好仪器总是插有一块滤光片），避免光电池过度曝光缩短寿命。分光光度计应随时将光路闸门扳到黑点位置，关闭好遮盖光路的闸门，保护光电池。

⑨ 用完仪器，要将所有开关、旋钮、调节器拨回零位或关闭。特别要防止仪器震动，搬动时要小心保护检流计（使检流计的开关拨到 0 上）。

（八）分光光度法测定无机离子

分光光度法测定无机离子见表 16-17。

表 16-17　分光光度法测定无机离子

测定 离子	显色剂	测定条件	测定波长 λ/nm	摩尔吸光系数 或测定范围	干扰离子
Ag^+	二苯硫卡巴腙	$c(HNO_3)=0.5mol/L$ 或 $c(1/2H_2SO_4)=0.5mol/L$ 四氯化碳萃取	462	2.7×10^4	Au^{3+}、Hg^{2+}、Pd^{2+}、Pt^{2+}、 Cu^{2+}、CN^-
	四溴焦棓酸红＋ 1,10 二氮杂菲	水（或硝基苯）介质 pH＝8	550	3.5×10^4	Ir^{4+}、CN^-
	银试剂	$c(HNO_3)=0.05mol/L$	595	2.3×10^4	Au^{3+}、Hg^{2+}、Pd^{2+}
Al^{3+}	邻苯二酚紫＋十六 烷甲基铵	水介质 pH＝10.2	670		Zn^{2+}、Cd^{2+}、Mn^{2+}、Co^{2+}、 Ni^{2+}
	芘偶氮	水介质 pH＝3.6～5.6	500～510	0.02～1.4$\mu g/mL$	Be^{2+}、Cu^{2+}、Fe^{3+}、Mo^{6+}、 Sn^{4+}、Ti^{4+}、V^{5+}、W^{6+}
	铬天青 S	水介质 pH＝6.4	567.5	2.2×10^4	Be^{2+}、Zr^{4+}、Th^{4+}、V^{5+}、 Sn^{4+}、F^-、W^{6+}、Cr^{3+}
	铬青 R	水介质 pH＝6.2～6.5	535	6.5×10^4	Fe^{3+}
	铝试剂	水介质 pH＝5.0～5.5	525	2.4×10^4	Fe^{3+}、Ti^{4+}、Be^{2+}、Cu^{2+}、 Cr^{3+}、V^{5+}、Zr^{4+}、Th^{4+}
	8-羟基喹啉	pH＝4.8～5.2 氯仿萃取	390	7.0×10^3	Bi^{3+}、Ce^{4+}、Cu^{2+}、Fe^{3+}、 Ni^{2+}、Ti^{4+}、V^{5+} 等
AsO_4^{3-}	钼酸铵＋硫氰酸钾	酸性，用正丁醇-氯仿（4＋6） 萃取	475	0.02～0.4$\mu g/mL$	P^{5+}、Ti^{4+}、W^{6+}、V^{5+}
	钼酸铵＋硫酸肼	水介质 pH＝1～1.3	840	2.6×10^4	Zr^{2+}、W^{6+}、Se^{4+}、Nb^{5+}、 Ta^{3+}
	钼酸钠	HCl 介质 pH＝5～9，丁醇 萃取	370	5.1×10^3	Cr^{3+}、Cu^{2+}、Fe^{3+}、Zr^{4+}、 F^-、I^-、P^{5+}、SCN^-、Si^{4+}
	钼酸钠＋钒酸钠	$c(HCl)=0.2～7mol/L$	400	2.5×10^3	Ag^+、Bi^{3+}、Fe^{3+}、Ge^{4+}、 Pd^{2+}、Th^{4+}、V^{5+}、W^{6+}、 P^{5+} 等
Au^{3+}	孔雀绿	$c(HBr)=0.1mol/L$，苯、甲苯 或乙酸-异戊醇萃取	625	0.5～2.5$\mu g/mL$	Sb^{5+}、Tl^{3+}、Gd^{3+}、SCN^-、 B^{3+} 等
	甲基紫	HCl 介质 pH＝1，三氯乙烯 萃取	600	1.20×10^5	
	罗丹明 B	$c(HCl)=0.1mol/L$，异丙醚 萃取	565	2.7×10^4	Sb^{5+}、Tl^{3+}、Ga^{3+}、V^{5+}、 Sn^{2+}、Fe^{3+}
	溴氢酸	水介质 pH＝1～2	380	4.9×10^3	Fe^{3+}、Cr^{3+}、Ni^{2+}、Pd^{2+}、 Pt^{2+}、Rh^{3+}
	银试剂	$c(HCl)=0.1mol/L$	562	0.05～0.6$\mu g/mL$	Pd^{2+}、Ag^+、Fe^{3+}

测定离子	显色剂	测定条件	测定波长 λ/nm	摩尔吸光系数或测定范围	干扰离子
B^{3+}	1,1-二蒽醌亚胺	浓 H_2SO_4 介质	620	1.2×10^4 或 3.3×10^4	Ge^{4+}、Se^{4+}、Te^{4+}、Co^{2+}、Ni^{2+}、Cu^{2+}、Cr^{3+}、V^{5+}、F^-、Br^-、I^-、氧化剂
BO_3^{3-}	亚甲基蓝	HF 介质 pH=0.7~1.0 1,2-二氯乙烷萃取	657	1.6×10^5	Cr^{3+}、I^- S^{2+}、SCN^-、ClO_4^-
	醌茜素	浓 H_2SO_4 介质	620	6.9×10^3	Ge^{4+}、Mn^{7+}、Cr^{6+}、Ti^{4+}、F^-、NO_3^-
Ba^{2+}	邻甲酚酞配位剂	水介质 pH=11.3	575	$0.5\sim5\mu g/mL$	Sr^{2+}
	偶氮氯膦Ⅳ	水介质 pH=5.5~6.0	660	4.2×10^4	选择性一般
	偶氮硝羧	水-丙醇介质 pH=5	65 或 710	1.2×10^5	Ca^{2+}
Be^{2+}	乙酰丙酮	pH=7~8 氯仿萃取	295	3.2×10^4	EDTA 掩蔽
	铍试剂Ⅱ	水介质 pH=12~13	620~630	$0.02\sim0.6\mu g/mL$	EDTA 掩蔽
	铝试剂	水介质 pH=4~8	530	1.2×10^4	EDTA 掩蔽
	铬天青 S	水介质 pH=4.6	570	5.0×10^3	Cd^{2+}、Co^{2+}、Cu^{2+}、Fe^{3+}、Mn^{2+}、Mo^{6+}
	铬青 R	水介质 pH=9.8	512	$0.04\sim0.4\mu g/mL$	EDTA 掩蔽
	醌茜素	水介质碱性	650	$1.5\mu g/mL$	EDTA 掩蔽
Bi^{3+}	二甲酚橙	$c(1/2H_2SO_4)=0.08\sim0.15mol/L$	540	2.4×10^4	Fe^{3+}、Zr^{4+}、Hf^{4+}、Sn^{4+}、Sb^{5+}
	偶氮胂Ⅳ	水介质 pH=2.0	610	1.7×10^4	
	硫脲	$c(H_2SO_4)=0.5mol/L$	470	1.0×10^4	Cd^{2+}、Cu^{2+}、Hg^{2+}、Pb^{2+}、W^{6+}、Fe^{3+}、Sn^{2+}、Sb^{3+} 等
	碘化钾+抗坏血酸	$c(1/2H_2SO_4)=1mol/L$	337~450	3.4×10^4	Sb^{5+}、Pt^{4+}、Pb^{2+}、Sn^{4+}、氧化剂等
Br^-	品红碱	H_2SO_4 介质丁醇萃取	570	$0\sim25\mu g/mL$	
	酚红+次氯酸钙	水介质 pH=8.8	580	1.1×10^4	NH_4^+
Ca^{2+}	钙色素	水介质 pH=12	510	7.6×10^3	选择性高
	偶氮胂Ⅱ	水介质 pH=12	582	5.6×10^3	Fe^{3+}、Ti^{4+}、Mn^{2+}、Al^{3+}
	偶氮胂 M	水介质 pH=6	590 或 640	5.0×10^4	选择性较差
	偶氮氯膦Ⅳ	水介质 pH=2.2	667.5	1.5×10^4	Ca^{2+}、Sr^{2+}
	酚酞配合剂	水介质 pH=10~11	575	3.0×10^4	Ba^{2+}、Mg^{2+}、Sr^{2+}
	铬黑 T	水介质 pH=11.7	630		Mg^{2+}
Cd^{2+}	乙二醛-双(邻羟基缩苯胺)(GBHA)	pH=12 氯仿-吡啶(体积比为5:1)萃取	610	2.6×10^4	Ni^{2+}、Co^{2+}、Zn^{2+}、Pb^{2+}
	二苯硫卡巴腙(双硫脲)	pH>12 氯仿萃取	520	8.0×10^4	Tl^+、Hg^{2+}
	对硝基苯重氮氨基偶氮苯(镉试剂)	水-丙酮介质 pH=9.4	490	1.3×10^4	Ag^+、Co^{2+}、Cu^{2+}、Fe^{2+}、Hg^{2+} 等
Cl_2	邻联甲苯胺	水介质 pH=1.6	438	2.7×10^4	Fe^{3+}、Mn^{2+}

测定离子	显色剂	测定条件	测定波长 λ/nm	摩尔吸光系数或测定范围	干扰离子
Cl^-	二苯卡巴腙 $+Hg^{2+}$（间接法）	水介质 pH$=3.2$	520	9.5×10^3	Br^-、CN^-、I^-、SCN^-
	甲基红$+KIO_4$	$c(H_2SO_4)=1mol/L$	515	1.2×10^4	Br^-、I^-
CN^-	吡啶$+$联苯胺（或巴比士酸）$+Br_2$	乙酸介质	520	6.0×10^4	SCN^-
	1-苯基-3-甲基-5-吡唑啉酮$+$吡啶$+$氯胺 T（用双吡唑酮作稳定剂）	水介质 pH$=8$	620	$0.01\mu g/mL$	NH_4^+
Co^{2+}	2,6-二氨基-3,2′-偶氮吡啶（PADA-PY）	水介质 pH$=2.05$	582 或 610	2.9×10^4 或 2.3×10^4	选择性高
	亚硝基-R 盐	水介质 pH$=5.0\sim8.0$	420	3.5×10^4	Fe^{3+}、Cl^-、F^-
	1-亚硝基-2-萘酚	pH$=3\sim9$ 苯萃取	410	4.0×10^4	Sn^{2+}、Fe^{2+}、大量 Fe^{3+}
	硫氰酸铵	$c(HCl)=0.5mol/L$ 介质,甲基异丁基甲酮（或环己烷）萃取	630 或 620	$2\sim30\mu g/mL$（或 2.0×10^4）	Fe^{3+}、V^{5+}、Bi^{3+}、U^{6+}、Ti^{4+}、Ni^{2+}、Cu^{2+}
Cr^{3+}	二苯基卡巴腙$+K_2S_2O_8+Ag^+$	水介质 $c(H_2SO_4)=0.1mol/L$	540	$2.6\times10^4\sim4.2\times10^4$	Mo^{6+}、Fe^{3+}、V^{5+}
Cr^{6+}	离子本身颜色	水介质 pH$=8.5\sim9.5$	366	4.8×10^3	V^{5+}、U^{6+}、Ce^{2+}、Cu^{2+}
	二苯卡巴腙	稀 H_2SO_4 介质	540		V^{5+}、Fe^{3+}、Mo^{6+}、Ti^{4+}、Cu^{2+}
Cu^+	向红铜试剂（2,9-二甲基 -4,7-二苯基-1,10-二氮杂菲）	pH$=4\sim9$ 氯仿萃取	479	1.4×10^4	选择性高
	新铜试剂（2,9-二甲基-1,10-二氮杂菲）	pH$=3\sim10$ 氯仿或异戊醇萃取	457	8.0×10^3	CN^-、S^{2-}
Cu^{2+}	二乙基二硫代氨基甲酸钠（DDTC-Na）	pH$=4\sim11$ 四氯化碳或氯仿萃取	436	1.4×10^4	Bi^{3+}、Ni^{2+}、CN^-
	二苯硫卡巴腙（双硫腙）	$c(HCl)=0.05\sim0.1mol/L$ 氯仿和四氯化碳萃取	533	2.9×10^4	Fe^{3+}、Bi^{3+}、Pd^{2+}、Hg^{2+}、Ag^+
	双环己酮草酰基腙（BCO）	水介质 pH$=8.9\sim9.2$	595	1.7×10^4	Ni^{2+}、Cr^{3+}、Ca^{2+}、Co^{2+}、Fe^{3+}、UO_2^{2+}、CN^-
Fe^{2+}	向红菲啰啉 $[(4,7-$二苯基-1,10)-二氮杂菲$]+NH_2OH\cdot HCl$	pH$=2\sim9$ 异戊醇萃取	533	2.2×10^4	Cu^{2+}、Co^{2+}
	苯基-2-吡啶基酮肟$+NH_2OH\cdot HCl$	水介质 $c(NaOH)=5mol/L$ 异戊醇萃取	550	1.5×10^4	Cu^{2+}、Co^{2+}、Mn^{2+}、Ni^{2+} 等
	2,2′-联吡啶$+NH_2OH\cdot HCl$	水介质 pH$=3\sim9$	522	8.7×10^3	Ag^+、Hg^{2+}、Ni^{2+}、Cu^{2+}、Co^{2+} 等
Fe^{3+}	7-碘-8-羟基喹啉-5-磺酸	水介质 pH$=2.7\sim3.1$	610	4.0×10^3	
	硫氰酸铵	水介质 $c(HNO_3)=0.05\sim1mol/L$	480	9.1×10^3	Cu^{2+}、Bi^{3+}、Ti^{4+}、Ag^+、Hg^{2+}、Hg^+ 等
	磺基水杨酸	水介质 pH$=1\sim3$	549	1.4×10^3	Ni^{2+}、Cu^{2+}、Co^{2+}

测定离子	显色剂	测定条件	测定波长 λ/nm	摩尔吸光系数或测定范围	干扰离子
Hg^{2+}	二苯硫卡巴腙（双硫腙）	pH＝5～6 氯仿或四氯化碳萃取	485～492	7.1×10^4	Ag^+、大量 Cu^{2+}
	S,S'-联二乙基二硫代氨基甲酸铜	pH＝5 苯-乙醇萃取	425	0.2～2μg/mL	Ag^+
	噻吩甲酰三氟丙酮（TTA）	pH＝3～4 苯萃取	365	3.0×10^4	Au^+
I^-	偶氮胂 I	水介质 pH＝6～7		2.2×10^4	选择性高
	偶氮胂 IV	水介质 pH＝3		5.5×10^4	选择性高
I_2	淀粉	酸性介质氯仿萃取	575	0.1～5μg/mL	
K^+	六硝基二苯胺	丙酮-水(1+1)介质 pH＝10～11	400	20～100μg/mL	Fe^{3+}、Al^{3+} 等
	四苯基硼酸钠	乙腈-水(3+1)介质	266	2～30μg/mL	NH_4^+、Cs^+、Rb^+、Tl^+ 等
	亚硝酸钴钠	H_2SO_4 性介质	430	50～500μg/mL	NH_4^+ 等
Li^+	钍试剂 I	水-丙酮(3+7)介质 0.4%KOH 溶液	482～485	6.0×10^3	Ca^{2+}、Cd^{2+}、Mg^{2+}、Mn^{2+}、V^{5+}、U^{4+}、Ni^{2+}、Al^{3+}、Bi^{3+}、Co^{2+} 等
Li^+	偶氮喹唑啉	二甲基氯仿介质 稀 KOH 溶液	530	1.3×10^4	Ca^{2+}、Sr^{2+}、Mg^{2+}
Mg^{2+}	二甲苯胺盐 II	水介质 pH＝10.2	525	4.3×10^4	Al^{3+}、Cu^{2+}、Fe^{3+}、Mn^{2+}、Zn^{2+} 等
	甲基百里酚蓝	甲醇-水介质 pH＝9.3～10.4	610	1.5×10^4	Cr^{3+}、Ca^{2+}、Mn^{2+}、Al^{3+}、Ti^{4+}、稀土
	铬黑 T	水介质 pH＝10.1	520	2.1×10^4	多数金属
	铬变酸 2R	水-丙酮介质 pH＝10.5～11.0	507	3.7×10^4	Ni^{2+}、Sn^{4+}、Pb^{2+}、Cu^{2+}、Cd^{2+}、Mn^{2+} 等
Mn^{2+}	4-(2-吡啶偶氮)间苯二酚(PAR)	水介质 pH＝9.7～10.7	500	7.3×10^4	Mg^{2+}、Zn^{2+}、Fe^{3+}、Co^{2+}、Ni^{2+}、Cr^{3+}
	高碘酸钾（或过硫酸铵）＋硝酸银	$c(1/2H_2SO_4)＝1～1.8$mol/L 介质	525	2.4×10^3	Cr^{3+} 有色离子还原剂
Mo^{6+}	二硫酚，即 4-甲基-1,2-二巯基苯	$c(HCl)＝1.2～2.4$mol/L 介质乙酸丁酯萃取	675	2.0×10^4	选择性高
	邻苯二酚紫	pH＝0.2～0.6 氯仿萃取	560	6.3×10^4	Sn^{2+}、W^{4+}
	偶氮焦棓酚	水介质 pH＝1.5		2.8×10^4	选择性高
	巯基乙酸	水介质 pH＝3～5	365	4.3×10^3	Al^{3+}、Bi^{3+}、Ce^{3+}、Co^{2+}、Cr^{3+}、Hg^{2+}、Pb^{2+}、Sb^{2+} 等
	硝基磺酚 K	水介质 pH＝2.5～4		5.0×10^4	选择性高

测定离子	显色剂	测定条件	测定波长 λ/nm	摩尔吸光系数或测定范围	干扰离子
NH_4^+	苯酚钠＋次氯酸钠	水介质 $c(NaOH)=0.8mol/L$	625	$4.5×10^3$	S^{2-}、SO_2、H_2S
	奈氏试剂（K_2HgI_4）	水介质 pH＝13	400	$6.2×10^3$	Ca^{2+}、Mg^{2+}等
	吡啶-吡唑啉酮	pH＝3.7～3.8 四氯化碳萃取	450～460	$0.025～25μg/mL$	Ag^+、Ca^{2+}、Zn^{2+}等
	1-萘酚＋次氯酸钠	碱性介质氯仿萃取	550	$1.1×10^4$	Cu^{2+}、Hg^{2+}
Ni^{2+}	二甲基乙二酮肟＋I_2［或$(NH_4)_2S_2O_3$］	水-乙醇（1+1）介质氨性溶液	445	$1.5×10^4$	Au^{3+}、Co^{2+}、Cr^{6+}、Ba^{2+}、Be^{2+}、Bi^{3+}、Cu^{2+}等
	环己烷邻二酮肟（镍肟）	pH＝5.4～12.75 氯仿萃取	263	$2.5×10^4$	
NO_3^-	二甲氧马钱子碱	H_2SO_4介质强酸性	410	$0.2～7μg/mL$	氧化剂、还原剂、NO_2^-
	马钱子碱	稀 H_2SO_4（2+1）介质	410	$1.5×10^3$	Cl^-
	1-萘酚-2,4-二磺酸	先在浓 H_2SO_4 中反应然后碱化	410	$9.4×10^3$	Cl^-、NO_2^-
Pb^{2+}	二苯硫卡巴腙（双硫腙）	pH＝7～11 四氯化碳萃取	520	$6.9×10^4$	Ag^+、Au^+、Bi^{3+}、Cd^{2+}、Co^{2+}、Cu^{2+}、Hg^{2+}、Ni^{2+}、Pd^{2+}、Zn^{2+}
	4-(2-吡啶偶氮)间苯二酚（PAR）	水介质 pH＝10	530	$1.1×10^5$	Cd^{2+}、Co^{2+}、Cu^{2+}、Ni^{2+}、Zn^{2+}等
Pd^{2+}	二苄基二硫代乙二酰胺	$c(HCl)=8mol/L$ 四氯化碳萃取	450	$0.92～6.9μg/mL$	Pt^{2+}
	二苯硫卡巴腙（双硫腙）	HCl介质氯仿萃取	450 或 640	$6.3×10^4$ （$5.7×10^4$）	Ag^+、Au^{3+}、Cu^{2+}、Hg^{2+}、Pd^{2+}
	对亚硝基二甲氨基苯	水介质 pH＝2～2.5	535	$8.6×10^4$	Pt^{2+}
	2-亚硝基-1-萘酚	pH＝1.5～3.5 苯或甲苯萃取	370	$2.1×10^4$	CN^-等
	偶氮钯	水介质 pH＝3～4	640	$2.8×10^4$	稀土元素、Bi^{3+}、Pb^{2+}
	硝基磺酚 M	水介质 pH＝4 $c(HClO_4)=4mol/L$	620	$8.6×10^4$	选择性高
	碘化钾	水介质 $c(HCl)<2mol/L$	408	$9.6×10^3$	多数 Pt 族元素
PO_4^{3-}	钼酸铵	水介质 $c(HNO_3)=0.25mol/L$ ［或用1-丁醇-氯仿(1+1)萃取］	360 或 400	$4.8×10^3$ 或 $2.4×10^4$	Bi^{3+}、V^{5+}等
	钼酸铵＋氯化锡（或硫酸肼）	$c(H_2SO_4)=1mol/L$ 丁醇萃取	780 或 830	$2.5×10^4$ 或 $2.8×10^4$	Ge^{4+}、Sn^{2+}、V^{5+}（或 Ba^{2+}、Bi^{3+} Sb^{3+}、Ti^{4+}、Zr^{4+}等）
	钼酸铵＋钒酸铵	水介质 $c(HCl)=0.4～1mol/L$	315	$2.0×10^4$	Fe^{3+}、Cr^{6+}、Ni^{2+}、Co^{2+}、Cu^{2+}、U^{6+}等
	钼酸钠	$c(HCl)=0.4～0.6mol/L$ 丁醇-氯仿(1：4)萃取	310	$2.3×10^4$	Ti^{4+}、Th^{4+}、Zr^{4+}、Bi^{3+}、还原剂等

测定离子	显色剂	测定条件	测定波长 λ/nm	摩尔吸光系数或测定范围	干扰离子
Pt^{2+}	二苄基二硫代乙二酰胺	$c(HCl)=6\sim8mol/L$ 苯或四氯化碳萃取	520	2.6×10^4	Ru^{3+}、Ir^{4+}、Rh^{3+}、Cu^{2+}、Fe^{3+}、Co^{2+}、Ni^{2+}
	双十二烷基二硫代乙二酰胺	水介质 $c(HCl)=8mol/L$	515	2.8×10^4	
Pt^{4+}	对亚硝基二甲氨基苯	水-乙醇介质 $pH=2\sim3$	550	6.2×10^4	铂族、Au^{3+}、Cr^{3+}、Cu^{2+}、Fe^{3+}、Fe^{2+}
	碘化钾	水介质 $pH=1.6$	495	1.2×10^4	氧化剂、还原剂
	氯化亚锡	水介质 $c(HCl)=0.8\sim1.5mol/L$	403	1.3×10^4	Au^+、Pd^{2+}、Rh^{3+}、Te^{4+}
S^{2-}	对氨基二甲氨基苯+乙酸锌	水介质 $c(HCl)=0.55mol/L$	$662\sim670$	3.4×10^4	SO_2、NO_2、H_2S 等
	吡啶+硫酸铜	$pH=2.5\sim4$ 氯仿萃取	610	5.0×10^3	
Se^{4+}	3,3'-二氨基联苯胺	水介质 $pH=5\sim10$ 甲苯萃取	420	1.0×10^4	V^{5+}、Fe^{3+} 等
	氯化亚锡	水-聚乙烯醇介质 $c(HCl)=3mol/L$	325	3.5×10^3	Hg^{2+}、Te^{4+}、Au^+、铂族
	碘化镉（或再加直链淀粉）	水介质 $pH\approx7$	350 或 615		Te^{4+}
SO_2	四氯汞酸钠 (Na_2HgCl_4)+甲醛+副品红	水介质强酸性	560	3.0×10^4	S^{2-}
SO_4^{2-}	氯化钡+氯化钠（比浊）	水介质 $c(HCl)=0.2mol/L$	480 或 550		有色离子
	氯冉酸钡	水-乙醇$(1+1)$ $pH=5\sim7$	530		Rb^+、Th^{4+}、Zn^{2+} 等
SiO_3^{2-}	钼酸铵	水介质 $pH=1.4$	400	2.2×10^3	GeO_4^{2-}、PO_4^{3-}
	钼酸铵+氯化亚锡（或硫脲）	水介质 $c(HCl)=2mol/L$	815	2.0×10^4	As^{5+}、Fe^{3+}、Ge^{4+}、V^{5+}
Sn^{2+}	二硫酚+巯基乙酸+阿拉伯树胶	水介质 $c(H_2SO_4)=0.2\sim0.4mol/L$	530	5.3×10^3	Bi^{3+}、Mo^{6+}、Ge^{4+}、Hg^{2+}、Te^{4+}、Se^{4+}、Sb^{3+} 等
	苏木紫	水介质 $c(H_2SO_4)=0.045mol/L$	550	3.0×10^4	Ge^{4+}、Sb^{3+}、Bi^{3+}、Pb^{2+}
	邻苯二酚紫	水介质 $pH=2.3\sim4.5$	555	6.5×10^4	Zr^{4+}、Ti^{4+}、Bi^{3+}、Sb^{3+}、Ga^{3+}、Mo^{6+}、Fe^{3+}
	楛因(茜素紫)	$c(HCl)=0.05mol/L$ 异戊醇萃取	500	5.8×10^4	Sb^{3+}、Zr^{4+}、Ge^{4+}、Mo^{6+} 等
Sr^{2+}	红紫酸铵（紫脲酸铵）	水介质 $pH=11.3$	515		Ag^+、Ba^{2+}、Ca^{2+}、Li^+、K^+、Mg^{2+}
	邻甲酚酞配位剂	水介质 $pH=11.2$	575	3.2×10^4	Ba^{2+}、Ca^{2+}、Cu^{2+}、Fe^{3+}、Mg^{2+}、Zn^{2+}
	偶氮氯膦Ⅲ	水介质 $pH=7.1$	660	4.1×10^4	Ba^{2+}、Ca^{2+}、Cu^{2+}、Mg^{2+}、Zn^{2+} 等
	偶氮硝羧（羧硝偶氮）	水-丙醇介质 $pH=5$	650 或 710	1.1×10^6	Ca^{2+} 等

测定离子	显色剂	测定条件	测定波长 λ/nm	摩尔吸光系数或测定范围	干扰离子
Ti^{4+}	二安替比林甲烷	水介质 $c(HCl)=1\sim6mol/L$	420	6.0×10^4	Fe^{3+}、V^{5+}、Nb^{5+}、Mo^{6+}
	二磺基苯基荧光酮	水介质 pH=6	570	1.1×10^5	Zr^{4+}、Al^{3+}、Fe^{3+}、Mo^{6+}、Ge^{4+}、Sn^{4+}、Sb^{3+}
	二氯铬变酸	水介质 pH=1~2	490	1.1×10^4	PO_4^{3-}、酒石酸、抗坏血酸
	过氧化氢	水介质 $c(H_2SO_4)=0.7\sim1.8mol/L$	420	7.2×10^2	Fe^{3+}、V^{5+}、Mo^{6+} 等
	钛铁试剂(1,2-二羟基苯-3,5-二磺酸钠)	水介质 pH=4.3~9.6	410	1.6×10^4	Cr^{3+}、Cu^{2+}、Mo^{6+}、V^{5+}、W^{6+}
	硫氰酸盐+三乙胺	$c(HCl)=2\sim6mol/L$,二氯乙烷萃取	420	8.0×10^4	V^{5+}、V^{4+}、Mo^{6+}、W^{5+}、W^{6+}、Nb^{5+}、Re^{7+}、U^{4+}、U^{6+}
Ti^{3+}	孔雀绿	$c(1/2H_2SO_4)=0.5\sim1.5mol/L+c(KBr)=0.04mol/L$,苯或甲苯萃取	635		Au^{3+}、Hg^{2+} 等
	甲基紫+溴水	水介质,$c(HCl)=0.5mol/L$,苯萃取	560 或 605	5.6×10^4 或 1.0×10^5	Au^{3+}、B^{3+}、Fe^{3+}、Cr^{6+}、Bi^{3+}、Sb^{3+}、Sn^{2+}、Cd^{2+}、Hg^{2+}
	罗丹明B+溴水+丁基溶纤剂	水介质 $c(HCl)=1\sim2mol/L$ 苯萃取	560	8.7×10^4	Au^{3+}、Fe^{3+}、Sb^{5+}、Hg^{2+}、Ga^{3+}
	1-(2-吡啶偶氮)-2-萘酚(PAN)	水-甲醇(1+1)介质,pH=2.2		2.2×10^4	选择性较好
U^{4+}	钍试剂 I 偶氮胂 III	水介质 pH=0.8~2,水介质 $c(HCl)=0.1\sim1.0mol/L$	670	1.3×10^5	选择性高 Th^{4+}、F^-、Zr^{4+}、Hf^{4+}
UO$_2^{2+}$	偶氮胂 III	水介质 pH=2.0~3.0 或 $c(HNO_3)=6mol/L$	665	5.3×10^4	Th^{4+}、Zr^{4+}、Ca^{2+}、稀土
	偶氮胂 I	水介质 pH=7~8	555	2.9×10^4	Th^{4+}、Zr^{4+}、Cr^{3+}、Sn^{4+}、Fe^{3+}、稀土
	二苯甲酰基甲烷	水-乙醇介质,pH=6.5~8.5	395	1.8×10^4	Al^{3+}、Ca^{2+}、Cd^{2+}、Co^{2+}、Cr^{3+}、Cu^{2+}、Fe^{3+}、Mg^{2+}、Mn^{2+}
	硫氰化铵+氯化亚锡	$c(1/2H_2SO_4)\leqslant2mol/L$,磷酸三丁酯-四氯化碳萃取	350	3.8×10^3	Mo^{6+}、W^{6+}、Co^{2+}、Zr^{4+}
V^{5+}	二苯胺磺酸钠	水介质 $c(1/2H_2SO_4)=7.2mol/L$(再加 $\varphi=5\%$ 的 H_3PO_4)	580	9.1×10^3	Cl^-
	2,2′-羧基二苯胺(Vanadox)	水介质 $c(H_2SO_4)=12mol/L$	608~612	2.3×10^4	Ce^{3+}
	硝基磺酚 K	水介质 pH=1~4(NH_2OH)		5.5×10^4	选择性较好

测定离子	显色剂	测定条件	测定波长 λ/nm	摩尔吸光系数或测定范围	干扰离子
W^{6+}	二硫酚＋氯化亚锡	水介质 $c(HCl)=2\sim6mol/L$	640	1.9×10^4	Mo^{6+}、Bi^{3+}
	对苯二酚	$c(1/2H_2SO_4)=3\sim10mol/L$ 氯仿萃取	440	6.5×10^3	Mo^{6+}、Nb^{5+}
	钒酸钠＋磷酸	水介质稀 H_3PO_4（1＋100）	400	6.0×10^2	Ag^+、Bi^{3+}、Pb^{2+}、Th^{4+}、Zr^{4+}
	硫氰化铵＋三氯化钛	水介质 $c(HCl)=3\sim3.5mol/L$	405		Cr^{3+}、Cr^{6+}、Co^{2+}、Ni^{2+}、V^{5+}、Mo^{6+}
	硝基磺酚 S＋过氧化氢	水介质 $c(HCl)=0.1\sim0.75mol/L$	640	3.8×10^4	选择性较好
Zn^{2+}	二苯硫卡巴腙（双硫腙）	水介质 pH＝4～5.5 四氯化碳萃取	538	9.3×10^4	Co^{2+}、Ni^{2+} 等
	锌试剂	水介质 pH＝8.5～9.5	625	1.4×10^4	Al^{3+}、Be^{2+}、Bi^{3+}、Cd^{2+}、Co^{2+}、Cu^{2+}、Fe^{3+}、Mn^{2+}
Zr^{4+}	硫氰酸钾＋罗丹明 B	水介质 pH＝4.8	630		Cu^{2+}
	1-(2-吡啶偶氮)-2-萘酚(PAN)	水介质 pH＝5～6 四氯化碳萃取	560	2.9×10^4	Cr^{3+}、Th^{4+} 等
	1-(2-吡啶偶氮)-2-萘＋Tritonx-100	水介质 pH＝8.0～9.5	555	5.6×10^4	Cd^{2+}、Co^{2+}、Cu^{2+}、Fe^{3+}、Mn^{2+}、Ni^{2+} 等

（九）测定某些金属和矿石及水所采用的比色法应用的试剂

测定某些金属和矿石及水所采用的比色法应用的试剂见表 16-18。

表 16-18　测定某些金属和矿石及水所采用的比色法应用的试剂

物料		所测定的元素	应用的试剂
铸铁、钢		氮	百里香
		氮	奈氏试剂（K_2HgI_4＋KOH）
		铝	铝试剂
		铝	8-羟基喹啉
		钒	H_2O_2
		钒	$(NH_4)_2WO_4$
		钴	KSCN
		钴	α-亚硝基-β-萘酚
		硅	$(NH_4)_2MoO_4$＋$SnCl_2$
		锰	$(NH_4)_2S_2O_8$＋$AgNO_3$
		铜	NH_4OH
		铜	双硫腙（打萨宗）
		钼	KSCN＋$SnCl_2$
		钼	乙基黄原酸钾

续表

物料		所测定的元素	应用的试剂
铸铁、钢		砷	$(NH_4)_2MoO_4 + SnCl_2$
		镍	二甲基乙二醛肟 + $(NH_4)_2S_2O_8$
		钛	H_2O_2
		钛	1,8-二羟基萘-3,6-二磺酸
		磷	$(NH_4)_2MoO_4 + Na_2SO_3$
		磷	$(NH_4)_2MoO_4 + SnCl_2$
		磷	$(NH_4)_2MoO_4$ 及 NH_4VO_3
		铬	$(NH_4)_2S_2O_8 + AgNO_3$
		铬	二苯氨基脲
铁合金		磷	$(NH_4)_2MoO_4 + SnCl_2$
有色金属	① 铝及铝合金	铁	KSCN
		铁	磺基水杨酸
		锰	$(NH_4)_2S_2O_8 + AgNO_3$
		铜	NH_4OH
		铜	二甲基乙二醛肟 + 吡啶
		锌	双硫腙(打萨宗)
	② 青铜、黄铜	铋	KI
		铁	磺基水杨酸
		锑	碱性蕊香红 B(四乙基碱性蕊香红)
	③ 镁合金	硅	$(NH_4)_2MoO_4$
		铜	KSCN + 吡啶
	④ 铜	铝	铝试剂
		铋	KSCN
		铋	KI
		铁	KSCN
		锑	磷钼酸
	⑤ 镍	钴	KCNS
		钴	亚硝基 R 盐
	⑥ 锡	锑	磷钼酸
	⑦ 锡巴比特合金	锌	双硫腙(打萨宗)
	⑧ 铅	铋	硫脲
	⑨ 锌	镉	双硫腙(打萨宗)
矿石		钒	$(NH_4)_2WO_4 + SnCl_2$
		钨	KSCN + $SnCl_2$ 或 $TiCl_3$
		钴	KSCN
		钴	亚硝基 R 盐
		铜	KSCN + 吡啶
		钼	KSCN + $SnCl_2$

物料		所测定的元素	应用的试剂
矿石		钼	乙基黄原酸钾
		铌	KSCN
		汞	碘化匹南菁诺尔(PzI)
		锑	KI＋吡啶
		磷	$(NH_4)_2MoO_4＋Na_2SO_3$
		磷	$(NH_4)_2MoO_4＋NH_4VO_3$
		铬	$(NH_4)_2S_2O_8＋AgNO_3$
纤核磷灰石(磷块岩)及磷灰石		铁	磺基水杨酸
硅酸盐矿物		钒	H_2O_2
		铁	KSCN
		镉	双硫腙(打萨宗)
		锰	$(NH_4)_2S_2O_8＋AgNO_3$
		钛	H_2O_2
		磷	$(NH_4)_2MoO_4＋NH_4VO_3$
		磷	$(NH_4)_2MoO_4＋SnCl_2$
		氟	钛过氧化物
		铬	$(NH_4)_2S_2O_8＋AgNO_3$
		铬	二苯氨基脲
水		亚硝酸	α-萘胺＋对氨基苯磺酸
		硝酸	酚磺酸
		铵	$K_2HgI_4＋KOH$
		铁	KSCN
		镁	8-羟基喹啉
		镁	地丹黄
		锰	$(NH_4)_2S_2O_8＋AgNO_3$

第十七章 部分有机工业分析基本操作知识

在保证生产正常运行和控制产品质量过程方面，有机工业分析发挥了重要作用。根据被分析样品的来源和存在形态以及原料、中间产品（半成品）、成品分析中的不同要求，需要应用不同的分析方法来进行检测。

一、密度的测定

油品和有机溶剂的密度测定有三种方法，即密度计法、韦氏天平法和密度瓶法。对极易挥发的油品或有机溶剂不能使用密度计法和韦氏天平法，只能用密度瓶法测定。

一般样品的密度是指 20℃时单位体积样品的质量。单位为 g/mL。相对密度是指 20℃时，样品质量与同体积的纯水在 4℃时的质量之比，以 d_4^{20} 表示。若测定的温度不在 20℃而在 t℃时，d_4^t 的值可以换算成 d_4^{20} 的数值。

（一）密度计法

1. 仪器

① 量筒　100mL；

② 水银温度计　−20～50℃，分度值为 1℃；

③ 密度计组。

常用的石油密度计的规格及适用范围见表 17-1。外形如图 17-1 所示。其测量值为该液体相对于 4℃水的密度值。

表 17-1　Ⅰ、Ⅱ、Ⅲ型密度计的规格及适用范围

型号	Ⅰ	Ⅱ	Ⅲ
分度	0.0005	0.001	0.001
刻 度 范 围	0.650～0.710 0.710～0.770 0.770～0.830 0.830～0.890 0.890～0.950 0.950～1.010	0.690～0.750 0.750～0.830 0.830～0.910 0.910～0.990	0.650～0.710 0.710～0.770 0.770～0.830 0.830～0.890 0.890～0.950 0.950～1.010
温度计刻度范围	−20～45℃	−20～45℃	不带温度计

2. 测定方法

（1）将洗净烘干的量筒置于试验台上，将试样（50℃时其黏度不大于 200mm^2/s 的样品）混匀。注入量筒中，使样品温度与周围环境的温度相差不超过 ±5℃（必要时允许将样品加热至 40℃）。注入样品时，务使不发生气泡和泡沫。

（2）预先估计试样密度的大致范围，然后取出具有相应刻度的密度计。手执干净密度计

的上端，小心置于量筒中（图 17-2）。勿使密度计与量筒底及量筒壁相接触。摆动停止后，按弯月液面的上边缘进行读数，读数时眼睛应与弯月液面上边缘平行。同时，按密度计上的温度计或另用温度计，测定试样的温度 t。在测定不透明试样的密度时，可将温度计稍微提起，至能看见水银柱上端为准。

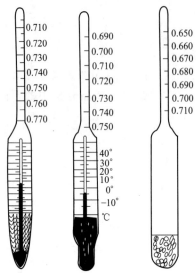

图 17-1 密度计

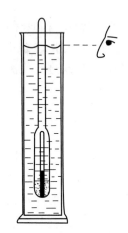

图 17-2 密度计的读数

（3）将密度计读数及温度数记录后，测得试验温度下的相对密度 d^t。再由下列公式换算为 20℃时的相对密度 ρ^{20}。

$$\rho^{20} = \rho^t + r(t - 20)$$

式中　t——试验时的温度，℃；

　　　r——密度计的温度校正系数（见表 17-2）。

表 17-2　油品密度的平均温度校正系数

密度/(g/mL)	1℃的温度校正系数(r)	密度/(g/mL)	1℃的温度校正系数(r)
0.6900~0.6999	0.000910	0.8500~0.8599	0.000699
0.7000~0.7099	0.000897	0.8600~0.8699	0.000686
0.7100~0.7199	0.000884	0.8700~0.8799	0.000673
0.7200~0.7299	0.000870	0.8800~0.8899	0.000660
0.7300~0.7399	0.000857	0.8900~0.8999	0.000647
0.7400~0.7499	0.000844	0.9000~0.9099	0.000633
0.7500~0.7599	0.000831	0.9100~0.9199	0.000620
0.7600~0.7699	0.000818	0.9200~0.9299	0.000607
0.7700~0.7799	0.000805	0.9300~0.9399	0.000594
0.7800~0.7899	0.000792	0.9400~0.9499	0.000581
0.7900~0.7999	0.000778	0.9500~0.9599	0.000567
0.8000~0.8099	0.000765	0.9600~0.9699	0.000554
0.8100~0.8199	0.000752	0.9700~0.9799	0.000541
0.8200~0.8299	0.000738	0.9800~0.9899	0.000528
0.8300~0.8399	0.000725	0.9900~1.0000	0.000515
0.8400~0.8499	0.000712		

（4）对 50℃时黏度大于 200mm²/s 的石油产品，可用等体积、已知密度的煤油稀释，并搅匀，再按前述方法测定混合液的密度。此时，试样的密度按下式计算。

$$\rho = 2\rho_1 - \rho_2$$

式中，ρ_1 是混合液密度；ρ_2 是煤油的密度；ρ 是试样的密度。

（5）测定的精度　用密度计测量时，两次平行测定的差值：Ⅰ型密度计　<0.001；Ⅱ、Ⅲ型密度计　<0.002。

用稀释法测黏度较大样品的密度时，两次平行测定的差值：Ⅰ型密度计　<0.004；Ⅱ、Ⅲ型密度计　<0.008。

（二）韦氏天平法

1. 原理

根据阿基米德原理，物体所受到的浮力，等于该物体所排开液体的重力。在 20℃时，分别测量韦氏天平浮锤（浮沉子）在水中及样品中的浮力。由于浮锤所排开水的体积与所排开样品的体积相同，所以，根据水的密度及浮锤在水中与在样品中的不同浮力，即可计算出样品的密度。

20℃时样品的密度 ρ 按下式计算：

$$\rho = (m_2/m_1)\rho_0$$

式中，ρ_0 为 20℃时水的密度（等于 0.99820g/mL）；m_1 为浮锤浸于水中时测得减轻的质量；m_2 为浮锤浸于样品中时测得减轻的质量。

2. 仪器

韦氏天平的构造如图 17-3 所示。不等臂梁 1 用棱柱支持在夹叉 2 上。梁的两臂形状不同且不等长。长臂上刻有分度，末端有悬挂带有温度计浮沉子的挂钩 7；短臂带有固定的平衡锤 6，其末端有指针，当两臂的质量相等时，此指针与相对的固定指针 10 对齐。3 是可移动圆支柱，放松螺钉 4，可上下改变 3 的位置，5 是水平调整螺丝。

每台天平有个四个砝码（游码）11，最大的砝码质量等于浮锤在 20℃水（或 4℃水）中所排出水的质量。其他砝码各为最大砝码的 1/10、1/100、1/1000。四个砝码在各个位置的读数如图 17-4 所示。此组砝码仅适用于本套仪器中的浮锤。

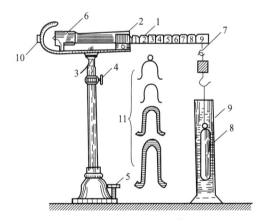

图 17-3　韦氏天平的构造
1—梁；2—夹叉；3—可移动圆支柱；4—固定螺钉；
5—水平调整螺钉；6—平衡锤；7—挂钩；8—浮沉子；
9—量筒；10—指针；11—砝码（游码）

3. 测定方法

（1）准备及校检　先检查仪器是否完整无损，用细布擦拭金属部分，用乙醇或乙醚洗涤浮沉子及金属丝，并吹干。然后用镊子将浮沉子 8 及金属丝，挂在挂钩 7 上，用水平螺钉 5 调整水平，

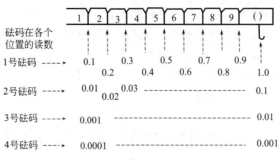

图 17-4　韦氏天平各砝码位置的读数

使短臂末端指针与架子上固定指针 10 对齐，调至平衡状态。

　　校正时，向量筒 9 中注入恰为（20±0.1）℃的蒸馏水（或去离子水），将浮锤放入水中，勿使其周围及耳孔中有气泡，也不要接触量筒臂，金属丝应浸入约 15mm，此时天平已失去原有平衡，由于浮力使挂有浮锤的长臂端升起。

　　为恢复平衡，将最大砝码挂在长臂梁的第十分度上，梁刚好恢复平衡。若不平衡，则用最小砝码使梁达到平衡。如最大砝码比所需要的稍轻时，则将最小砝码挂在第 1、2、3、4分度上使梁达到平衡。若最大砝码比所需要的稍重时（如用较粗的金属丝），则将最大砝码挂在第 9 分度上，将最小砝码挂在第 9、8、7、6 分度上使梁达到平衡。此时得到读数应在1.0000±0.0004 范围内，否则天平需检修或换新砝码。

　　（2）测定　将试样小心注入洁净干燥的量筒中，并使其中不含空气泡，试液体积应与水体积相同。放入浮锤，直至金属丝浸入液面下 15mm，然后加砝码将天平调至平衡。例如平衡时，第一号砝码挂在 8 分度，二号在 6 分度，三号在 5 分度，四号在 3 分度，则读数为 0.8653［图 17-5（a）］，此值称为视密度 $\rho' = 0.8653$。由浮锤上的温度计记下试液温度。

　　如果有两个砝码同挂在一个位置上，则读数时应注意它们的关系［图 17-5（b）］。应读为 0.8755。

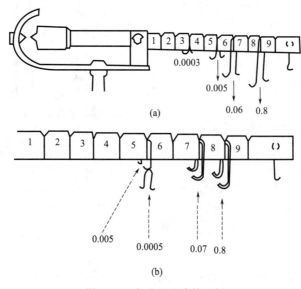

图 17-5　韦氏天平读数示例

试验完毕后先取下砝码放入盒中，再取下浮锤洗净擦干收入盒中，然后依次取下仪器各部件擦干收好。

（3）计算 视密度是密度的近似值。因为测量是在空气中进行的，而不是在真空中进行的。如将试液的视密度换算成 $t℃$ 时真正的密度，可按下式计算。

当用 20℃ 纯水校正天平时： $\rho'=(\rho^t-0.0012)/(0.99820-0.0012)$

$$\rho^t=\rho'(0.99823-0.0012)+0.0012$$

式中，ρ^t 为试液在 $t℃$ 时的真正密度；ρ' 为试液在韦氏天平上读数的视密度；0.99820 为水在 20℃ 时的相对密度；0.0012 为空气在 20℃，8000Pa（60mmHg）以下时的相对密度。

例 韦氏天平是用 20℃ 纯水校正的，测 25℃ 的 A 油视密度 $\rho'=0.8763g/cm^3$。则 A 油在 25℃ 时的真正密度的计算如下。

$$\rho^{25}=\rho'(0.99820-0.0012)+0.0012=0.87487(g/cm^3)$$

如果需要求出试液在 20℃ 时的真正密度，可按前述密度计法列出的公式再进行换算。仍以上例换算如下：

已知 A 油 $\rho^{25}=0.87487$，查表 17-2 得 $r=0.000673$

$$\rho^{20}=\rho^t+r(t-20)$$
$$=0.87487+0.000673(25-20)=0.87824(g/cm^3)$$

（4）提示

① 当用 4℃ 纯水校正天平时：

$$\rho'=(\rho^t-0.0012)/(1.0000-0.0012)$$
$$\rho^t=\rho'(1.0000-0.0012)+0.0012$$

式中，1.0000 为水在 4℃ 时的相对密度。

② 操作时严格控制测定温度，否则结果不准。

③ 仪器调整水平后，在试验过程中，不可再转动水平螺钉 5。

④ 取用浮锤（浮沉子）必须小心，轻取轻放。放上或取下时用右手持镊子夹住金属丝，左手垫绸布或干净纸托住浮锤。

⑤ 各台仪器内的砝码不可互换或代用。

（三）密度瓶法

密度瓶法，用于测定极易挥发的油品或有机溶剂。

密度瓶的形状有多种，常用的规格容量为 50mL、25mL、15mL、10mL 及 5mL。比较好的一种是带有特制温度计并具有带磨口帽小支管的密度瓶。如图 17-6。

1. 测定方法

（1）密度瓶质量的测定 将全套仪器洗净并烘干冷至室温（注意带温度的塞子不要烘烤），称出精确质量 m_1。

（2）水值的测定 将煮沸 30min 并冷却至 15～18℃ 的蒸馏水（或去离子纯水），装满密度瓶（注意瓶内不要有气泡）立即浸入（20±0.1）℃ 的恒温水浴中。当瓶内温度计达 20℃ 时，保持 20min 不变后，取出密度瓶，用滤纸擦去溢水支管外的水，立即盖上小帽，擦干密度瓶外的水，称出质量 m_2。

（3）样品密度的测定 倒出蒸馏水，密度瓶先用少量酒精，再用乙醚洗涤数次，烘干并

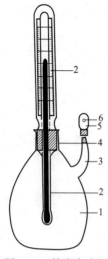

图 17-6 精密密度瓶

1—密度瓶主体；2—温度计（0.1℃分度值）；
3—支管；4—磨口；5—支管磨口帽；6—出气孔

图 17-7 普通密度瓶

冷却或用电吹风吹干。按上法操作测定出被测液体和密度瓶质量 m_3。

2. 计算

样品密度（ρ^{20}）按下式计算。

$$\rho^{20} = [(m_3 - m_1) \times 0.99820]/(m_2 - m_1)$$

式中 m_1——密度瓶的质量，g；

m_2——密度瓶及水的质量，g；

m_3——密度瓶及样品的质量，g；

0.99820——水在 20℃时的密度，g/mL。

如果使用小型的普通密度瓶（不带温度计和支管）如图 17-7，则需要在水浴中另加温度计，其他操作和计算与上述相同。

二、熔点的测定

本测定方法仅限于易碎的固体有机产品及其试剂（药品）的熔点的测定。

1. 方法原理

晶形固体样品在 101.3kPa 的压力下（加热至一定温度时），其从固体状态转变为液体状态的温度，可视为样品的熔点。

2. 仪器及材料

① 高型烧杯 500mL；

② 电磁搅拌器；

③ 温度计 半浸型水银温度计，分度值为 0.1℃；

④ 辅助温度计 分度值为 1℃；

⑤ 毛细管 内径（1.0±0.1）mm，管壁厚度 0.1～0.15mm，长度约 90mm（贴附于温度计露出液面 30mm 为宜），其一端熔封；

⑥ 传温液（载热体） 样品熔点在 80℃以下者采用蒸馏水，样品熔点在 200℃以下者采

用液体石蜡（化学纯），样品熔点在 325℃ 以下者采用 3 份硫酸与 7 份硫酸钾；

⑦ 瓷环　高 40～45mm，外径 50mm，壁厚 5～6mm，沿着瓷环的纵向（上下方向）缠绕电阻丝（$\phi 0.2～0.3mm$），若样品的熔点大于 200℃ 则将瓷环改为玻璃蛇形管（内穿 $\phi 0.5mm$ 电阻丝）；

⑧ 调压变压器；

⑨ 铁架及铁夹子；

⑩ 台灯（能曲折的）；

⑪ 玻璃管　长 800mm，直径 18～20mm；

⑫ 玛瑙研钵；

⑬ 秒表。

3. 仪器的安装

详见图 17-8 熔点测定装置（a）、（b）。先把高型烧杯置于电磁搅拌器上。将缠绕好电阻丝（阻线缠绕之间要有一定间隔，切不得重叠，以防短路）的瓷环，放于烧杯正中，让其瓷环与烧杯底保持 15～20mm 的距离，借助三支玻璃挂钩棒的长短以保证瓷环与烧杯底的距离，挂于烧杯沿上。

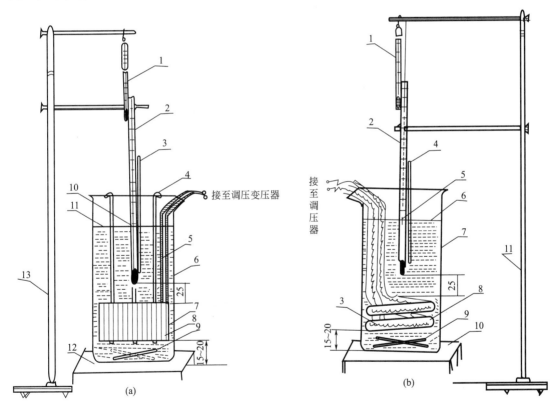

图 17-8　熔点测定装置

（a）1—辅助温度计；2—主温度计；3—盛样品毛细管；4—玻璃挂钩；5—小瓷环；6—烧杯；7—瓷环；8—电阻丝；9—搅拌磁子；10—温度计分浸线；11—传温液之液面；12—电磁搅拌器；13—铁架

（b）1—辅助温度计；2—主温度计；3—电阻丝；4—盛样品毛细管；5—温度计分浸线；6—传温液之液面；7—烧杯；8—玻璃蛇形管；9—搅拌磁子；10—电磁搅拌器；11—铁架

调整温度计水银球与瓷环上端距离约 25mm，并将温度计用铁架的夹子固定于烧杯的中心。然后往烧杯内注入传温液至温度计的半浸线。随后将搅拌磁子投放于烧杯内，待加热时开动电磁搅拌器，搅拌传温液使温度均匀。

若测定样品的熔点在 200℃ 以上，325℃ 以下，应采用硫酸（3 份）与硫酸钾（7 份）的混合传温液，将其瓷环改换为玻璃蛇形管（内穿电阻丝）耐酸腐蚀。采用直径 6mm 耐热玻璃管加工成蛇形盘管，其盘管大小规格如同瓷环，能投放于烧杯中即可，并将蛇形管固定好。

4. 测定方法

① 试样研成粉末，进行干燥。熔点范围低限在 135℃ 以上受热不分解的试样，可采用 105℃ 干燥；熔点在 135℃ 以下的或受热分解的试样，可在五氧化二磷（P_2O_5）干燥器中干燥过夜或用其他适宜的干燥方法干燥。

② 取适量的试样，置于清洁干燥的毛细管中，并轻击管壁后，取一支高约 800mm，内径 18～20mm 的干燥玻璃管直立于瓷板或玻璃板上，将装好试样的毛细管从玻璃管上口投入使其自然落下，反复投掷 5～6 次，使其试样紧密集结于毛细管底，直至试样在毛细管底紧缩至 2～3mm 高。

③ 将温度计放入烧杯中，使温度计水银球的底端与加热器（瓷环或玻璃蛇形管）上表面距离 25mm 为宜。

④ 向烧杯内注入传温液，至传温液加热后的液面浸在温度计规定的高度（分浸型温度计浸至温度计上的分浸线；如用全浸型温度计，其水银球部上端应在传温液液面下至少 20mm）。

⑤ 将传温液加热，使温度缓缓上升至被测试样欲测熔点前 10℃ 时，将装有试样的毛细管浸入传温液中并贴附在温度计上，使样品层面与温度计水银球的中部在同一高度。继续加热，调节（控制）升温速度，使升温速度保持在 (1 ± 0.1)℃/min。在其加热过程中，自始至终必须不停地搅拌传温液，使其温度保持均匀。

⑥ 样品在接近熔点前，借助台灯光线仔细观察，开始局部液化时（即经"发毛""收缩"及"软化"等变化后，而形成的软体柱状物开始出现液化现象时）的温度作为初熔温度；样品全部液化时（固相消失并澄明）的温度，作为全熔温度。

⑦ 测定易分解或易脱水的样品时，可将传温液加热慢一些，待温度上升至较欲测的熔点前 10℃ 时，将装有试样的毛细管浸入传温液中并贴附在温度计上，位置如本测定法 ⑤。继续加热，调节升温速度，控制温度保持每分钟上升为 3℃。加热不停地搅拌使温度保持均匀。样品开始局部液化时（开始产生气泡）的温度，作为初熔温度；样品固相全部消失有时固相消失不明显，应以试样分解或脱水物开始膨胀上升时的温度作为全熔温度。

由于各物质熔融时的情况不一致，某些有机产品无法分辨初熔、全熔时，则可仅记录其发生"突变"时的温度。

5. 计算

若用分浸型温度计，测得的熔点视为该试样的熔点不必校正，若用全浸型温度计，按下式计算（校正）。

$$\Delta t = 0.00016h(t_1 - t_2)$$

式中　Δt——校正值（加到所测熔点温度读数内）；

　　　h——露出传温液液面上的水银柱高度（温度刻度），℃；

t_1——测得熔点，℃；

t_2——辅助温度计测得的液面之上空气的温度，℃；

0.00016——水银在玻璃体内的视膨胀系数。

6. 提示

① 用液体石蜡、硫酸钾（或硫酸氢钾）与硫酸作传温液，必须在通风柜内进行操作。

② 液体石蜡用久了会变褐色，阻碍熔点的观察，可用硅胶（粉）进行脱色。在用硅胶粉前，应将硅胶粉于 160℃ 干燥 4h 后再用。

③ 瓷环，可使用化工厂冷却塔的废弃物。

④ 本测定方法的仪器装置较试管插入烧瓶中的方法更易观察。

⑤ 电阻丝加热升温时，用调压变压器应严加控制不能让其电阻丝发红。

⑥ 发毛是指内容物受热后膨胀发松物面不平整的现象；收缩指内容物发毛后，向中心集聚、紧缩的现象；软化指内容物在收缩同时或在收缩以后变软，再形成软质柱的现象；出汗指内容物在发毛、收缩及软化而成软质柱状物的同时，管壁上有时出现细微液点，但软质物尚无液化的现象。

试样受热后出现的发毛、收缩及软化等变化过程均不做初熔的判断。

在发毛、收缩及软化而形成软质柱状物的同时，有出汗现象，但此时软质柱状物尚无液化现象，可作初熔判断。

在测定过程中，显示有发毛、收缩及软化阶段时间较长者，则反映该试样质量较差。

三、凝固点（结晶点）的测定

在 101.3kPa 压力（一定温度）下，晶体物质由液态变为固态（固体）的温度称为凝固点（结晶点）。

1. 方法原理

将熔化后的晶体试样，徐徐冷却至重新结晶，并以温度回升后的最高点定为凝固点。

2. 仪器及用具材料

① 外套（烧杯）　高 (140±10)mm，直径 (70±5)mm。

② 塞子　ϕ70mm、ϕ40mm 及 ϕ20mm。

③ 夹套试管　高 (130±3)mm，直径 (40±3)mm。

④ 试管　高 (150±10)mm，直径 (20±2)mm。

⑤ 温度计　测凝固点温度计，分度值为 0.1℃（必须经校正的）；辅助温度计，分度值为 1℃；浴内温度计，分度值为 1℃。

⑥ 搅拌器　ϕ1.5～2mm 黄铜丝圆环。

⑦ 浴内介质　a. 冷却浴：在 0℃ 以上用水和冰作冷却剂；0～20℃食盐和冰作冷却剂；−20℃ 以下用酒精和固体干冰作冷却剂。b. 热浴：可用蒸馏水、甘油或凡士林油作加热介质。

3. 仪器安装

详见图 17-9。塞着三孔塞 2 的外套（烧杯）1，分别插入温度计 3 和夹套试管 11 及搅拌器 10，外套内注满传温液（甘油或凡士林油）12；夹套试管 11 内通过夹套试管塞子 9 插入装有样品和温度计 5 及搅拌器 6 的试管 8，温度计 5 的上部附有辅助温度计 4。

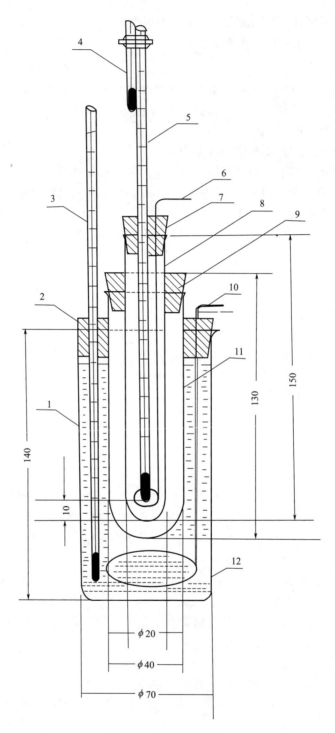

图 17-9 凝固点测定装置

1—外套（烧杯）；2—三孔塞；3—温度计（测浴温度）；4—辅助温度计；
5—凝固点温度计；6,10—搅拌器；7—试管塞；8—试管；
9—夹套试管塞子；11—夹套试管；12—传温浴

4. 测定方法

称取研细的固体试样约 40g，按测定试样水分及挥发分的要求温度干燥后，于干燥器中冷却备用。按图 17-9 示意将干燥后的试样置于试管 8 中（至容积 2/3 处），然后放入预先准备好的超过该试样熔点温度的传温浴 12 内，将试样熔化，并加热至高于试样凝固点约 10℃。再将试管 8 从传温浴 12 中取出，并擦干试管 8 外部的传温液，用插有温度计 5 和搅拌器 6 的试管塞 7 塞紧试管 8 管口。温度计 5 下端的水银球距试管 8 底部应保持 10～15mm 的距离，并与试管 8 壁等距，搅拌器 6 也不得接触温度计 5 和试管 8 的管壁。待试管 8 冷却至低于试样凝固点 3～5℃时，迅速将试管 8 移入冷却浴中，进行冷却，以每分钟不少于 60 次的速度上下移动搅拌器 6，至样品液体不透明时，停止搅拌。注意观察温度计 5，当看到温度上升高达一定数值后，在短时间（1min）内，该温度维持不变，然后再开始下降，读取并记录温度计 5 上升温度的温度（t_1'），以及露出试管塞 7 附在温度计 5 上部辅助温度计 4 的温度（t_2'）。

测试后，将试管 8 内的试样重新熔化，重新测定，取其平均值分别确定为 t_1、t_2。

5. 计算

凝固点 t（℃）按下式计算

$$t = t_1 + \Delta t$$

式中　Δt——校正值，$\Delta t = h(t_1 - t_2) \times 0.00016$；

$\quad\quad h$——露出水银柱的度数（自试管塞 7 上边算起），℃；

$\quad\quad t_1$——凝固点温度计 5 的读数，℃；

$\quad\quad t_2$——露出水银柱的温度（由辅助温度计 4 读数，辅助温度计 4 的水银球应紧靠于温度计 5 于试管塞 7 露出的水银柱的中点），℃；

0.00016——水银在玻璃体内的视膨胀系数。

6. 提示

① 如果两次测定结果的误差大于 0.1℃，则再试验两次，自其最接近的两个结果中，取出平均值作为凝固点。

② 测定凝固点的样品，允许采用其他快速干燥法进行干燥，但必须与本法有同样的准确性。

四、闪点和燃点的测定

闪点又称闪燃点。表示可燃性液体性质的标志之一，是液体表面上的蒸气和周围空气形成的混合物与火焰接触，而初次发生蓝色火焰闪光时的温度。在标准仪器中测定，有开口杯式和闭口杯式两种。一般前者用于测定高闪点液体；后者用于测定低闪点液体。其温度比着火点低些，可燃性液体的闪点和着火点表明其发生爆炸或火灾的可能性的大小，对运输、贮存和使用时安全有极大的关系。

（一）开口式仪器测定闪点和燃点

1. 方法要点

本法适用于测定润滑油及深色石油产品的闪点及燃点。

在本法规定条件下，加热的润滑油及深色石油产品蒸气与周围空气形成混合物，在接触火焰时闪火的温度，称为石油产品开口杯法闪点。

在本法规定条件下，加热的石油产品于接触火焰时，开始燃烧不少于 5s 的温度，称为石油产品的开口杯法燃点。

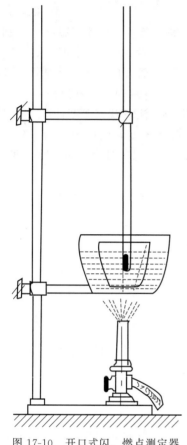

图 17-10　开口式闪、燃点测定器

2. 仪器

如图 17-10 所示，此仪器全套装置由下列基本零件组成。

① 内坩埚　铁制，口部内径（64±1）mm，高（47±1）mm，壁厚 1mm；

② 外坩埚　铁制，口部外径（100±5）mm，高（50±5）mm，壁厚 1.5～2mm；

③ 铁环；

④ 铁支架　高约 500mm；

⑤ 温度计；

⑥ 温度计夹　铁制；

⑦ 酒精喷灯（可用煤气灯或适当的电炉代替）；

⑧ 防护器　白铁皮或钢片制成，高 550～650mm，内涂黑漆，为避免空气流动用装置。

3. 测定步骤

（1）准备工作

① 如所测定的石油产品中含水量大于 0.1% 时，于测定闪点前需脱水。石油产品的脱水，用新煅烧而冷却的食盐、硫酸盐或氯化钙处理。

闪点在 100℃ 以下的石油产品于温度不高于 20℃ 时脱水，对其余的石油产品许可预热至 50～80℃。脱水后取石油产品的上层，用作测定样品。

② 将石油产品闪点测定装置的内坩埚用汽油洗涤后，放在酒精或煤气喷灯或适当的电炉上加热，烘干后，待冷却至 15～25℃，再放于盛有煅烧过的细砂外坩埚中，使砂子离坩埚边缘为 12mm，而内坩埚底与外坩埚间形成一厚为 5～8mm 的砂层。

③ 将所测定的石油产品注入内坩埚，对于具有闪点在 220℃ 以下的石油产品，使液面离坩埚边缘为 12mm；对于闪点高于 220℃ 的石油产品，使液面离坩埚边缘为 18mm。

石油产品的注入量，用量规检查。在注入时，不允许石油产品飞溅或内坩埚液面上的壁部沾油。

④ 将坩埚平稳地放置在支架的环中，再将支架放置于室内空气不很流动的地点，遮蔽室内的光线，使能看清闪火。

⑤ 将温度计垂直地插在盛石油产品的内坩埚中，使水银球位于坩埚的中央，离坩埚底及石油产品的液面约成等距离。再将温度计固定于支架的夹子内。把装好的仪器用防护器（板）围蔽。

（2）闪点的测定

① 用煤气或酒精喷灯或适当的电炉加热外坩埚，使试油温度在开始加热后迅速达到每分钟升高（10±1）℃的升温速度。至达到估计闪点前 40℃ 时，加热速度限制在每分钟升高

$(4\pm1)℃$。

② 当达到估计闪点前 10℃时，沿着坩埚边缘的水平面 $10\sim14mm$ 处，用点火器的火焰慢慢移动，此火焰长度应为 $3\sim4mm$。火焰由坩埚的一边至另一边移动时间为 $2\sim3s$，温度每升高 2℃重复一次这样的点火操作。

③ 于试油部分或全部表面上呈现第一次蓝色火焰时，取此时温度计所示的温度作为闪点。

说明：实际的闪火与点火器火焰的闪光，不应混淆。如呈现不明显的闪火时，必须经 2℃后继续点火证实之。

（3）燃点的测定

① 试油的闪点确定以后，如需测定其燃点，应继续将外坩埚加热，使试油加热的速度为每分钟 4℃。然后在试油温度每升高 2℃时，就用点火器的火焰进行一次点火操作。

② 当试油接触点火器的火焰即行着火并继续不少于 5s 时，取此时温度计所示的温度作为燃点。

4. 准确度
① 两次平行测定的闪点误差　150℃以下，不应超过 4℃；150℃以上，不应超过 8℃。
② 两次平行测定的燃点误差不应超过 6℃。

（二）闭口式仪器测定闪点

1. 方法要点
于测定条件下，加热石油产品的蒸气与周围空气形成混合物，在接触火焰时发生闪火的温度，称为闪点。

2. 仪器
如图 17-11 所示，此仪器全套装置由下列基本部件组成。

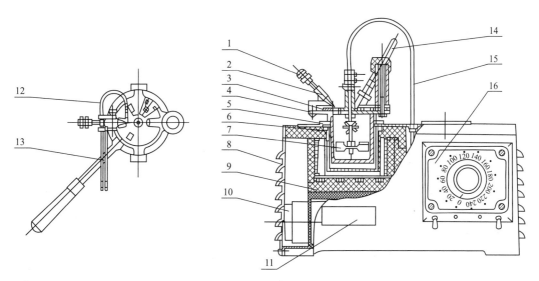

图 17-11　闭口式闪点测定器

1—点火器调节螺丝；2—点火器；3—遮板；4—盖；5—油杯；6—浴套；7—搅拌桨；8—壳体；9—电炉盘；10—电动机；11—铭牌；12—点火管；13—油杯手柄；14—温度计；15—传动软轴；16—开关箱

空气浴　铸铁容器，用喷灯或电炉直接加热（图中浴套的外空位）。

浴套　防护空气浴不受过量的辐射热之用。

油杯　铁制镀铜、镀镍或合金的平底筒状容器，置于空气浴中，油杯借凸出的边缘支在套上。使之不与铸铁空气浴壁的任何部分接触，油杯内部有一环状标线以指示试油的注入液面。内径为（51±1）mm，高（56±1）mm。

盖　此盖与油杯密合，有三个孔，有带两孔的遮板及一插温度计用的管孔，有点火器（煤气的或带灯芯的），有使遮板张开及使火焰向盖孔中心倾斜的弹簧杠杆及有可弯曲传动装置的搅拌器。

3. 测定步骤

（1）准备工作

① 要测定的石油产品中，如含水量超过 0.05%，在测定闪点前，需先脱水。

石油产品的脱水，在低于估计闪点 20℃ 的温度下，用新煅烧并冷却的食盐、硫酸钠或氯化钙进行处理。

脱水后，取石油产品的上层，用作测定样品。

② 油杯，用无铅汽油洗涤后，并彻底吹干。

③ 将制备的样品注入油杯中。在注入前，样品和油杯温度至少低于估计闪点 20℃。将样品注入油杯至环状标线处后，盖上洁净干燥的盖，插入温度计，并将油杯放在加热浴中。测定样品的闪点在 50℃ 以下时，应预先将加热浴冷却到室温（20℃±5℃）。

④ 将预先加过轻质润滑油（缝纫机油、变压器油等）的灯芯或煤气引火点燃，并调整火焰的形状为直径为 3~4mm 的球形。

⑤ 仪器放在室内空气无显著流动并且光线较暗的地方，以便清晰观察闪火。为更好地防止空气流动和光线的影响，在仪器的周围，围上防护器。

⑥ 按检查过的气压计显示值，记录大气压力。

（2）闭口闪点的测定

① 用喷灯或电加热装置（用变阻器调整）加热测定闪点时，依下法进行：

a.在测定闪点 50℃ 以下的石油产品时，从测定开始至终了，要不断搅拌，并且使温度每分钟升高 1℃；

b.在测定闪点由 50~150℃ 的石油产品时，开始加热的速度，为每分钟升高 5~8℃，在测定闪点 150℃ 以上的石油产品时，开始加热的速度为每分钟升高 10~12℃，并适当定时搅拌。

将样品加热到估计闪点以下 30℃ 的温度时，其加热的速度，应使样品温度每分钟升高 2℃，并需不断地搅拌。

② 当温度低于估计闪点 10℃ 时，对于闪点在 50℃ 以下的样品，每经 1℃ 进行点火试验，而对闪点在 50℃ 以上的样品，则每经 2℃ 进行点火试验。但样品在全部测定时间内均用转动搅拌器进行搅拌。仅在点火试验时才停止搅拌。打开盖孔 1s，如不闪火时，则重新搅拌样品，同时对闪点在 50℃ 以下的样品每经 1℃，重复进行点火试验；而对闪点在 50℃ 以上的样品每经 2℃，重复进行点火试验。

③ 取样品表面上方最初呈现蓝色火焰时，按温度计上所示的温度作为闪点。在获得最初闪点后，应继续测定，对闪点在 50℃ 以下的样品每经 1℃，重复进行点火试验；而对闪点在 50℃ 以上的样品每经 2℃，重复进行点火试验。如此时不闪火，则更换样品，重新测定。如第二次测定与第一次测定完全相同，即第二次测定的最初闪点温度与第一次的最初闪点温度相同，同时在最初闪火后隔 1℃（或 2℃）不重复有闪火现象，则认为测定完毕。取此二

次的最初闪火温度的平均值作为该样品的闪点。

4. 准确度

每份样品均须作平行测定。平行测定结果允许误差如下。

闪点在 50℃ 以下，允许误差 ±1℃；

闪点在 50～100℃，允许误差 ±2℃；

闪点在 100℃ 以上，允许误差 ±6℃。

必须用检定过的气压计测出大气压力。然后以平行测定结果的平均值，按下式进行大气压力影响的修正后，作为试样（样品）的闪点。

$$t = t_0 + \Delta t$$

式中　t——样品在 101.3kPa 的大气压力时的闭口闪点，℃；

　　　t_0——实测的闭口杯法闪点，℃；

　　　Δt——大气压力影响的修正值，$\Delta t = 0.25(101.3 - p)$；

　　　p——实际大气压力，kPa。

修正值还可以由表 17-3 查出。

表 17-3　闭口杯法闪点修正值[1]

大气压力/kPa(mmHg)[2]	Δt/℃
83.9～87.7(630～658)	+4
87.8～91.6(659～687)	+3
91.7～95.5(688～716)	+2
95.6～99.3(717～745)	+1
103.3～107.0(775～803)	-1

① 见国家标准 GB/T 261—83 石油产品闪点测定法（闭口杯法）；② 1mmHg=133.322Pa。

五、润滑脂滴点的测定

（一）概要

在严格规定的条件下加热时，润滑脂从滴点测定仪器（图 17-12）的脂杯下口（小孔下端），滴出第一滴或试油柱接触试管底时的温度，称为润滑脂的滴点。

（二）仪器材料

① 测滴点温度计，分度值为 0.1℃（必须经过校定的），并附有套管；

② 玻璃试管，直径 40～45mm，长 180～200mm；

③ 烧杯，800～1000mL 的高型玻璃烧杯；

④ 环形搅拌器（金属或玻璃制）；

⑤ 脂杯；

⑥ 刮勺；

⑦ 秒表；

⑧ 加热器（电热板或电炉）；

⑨ 传温液（蒸馏水或甘油）；

⑩ 冷却剂（碎冰或雪）。

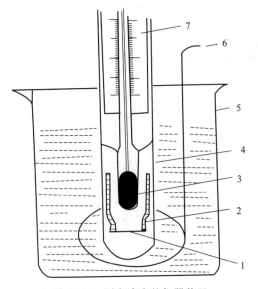

图 17-12　测定滴点的仪器装置

1—脂杯的底口；2—脂杯；3—温度计汞球；
4—试管；5—烧杯；6—搅拌环；7—温度计

（三）测定步骤

1. 准备工作

① 首先用刮勺将试样的表层刮掉不用，然后在不靠近容器壁的几处（不少于三处）取约等量的试样。将试样装于小烧杯中，小心地进行搅拌，不要使试样里面形成空气泡。

② 用刮勺将已经搅拌的试样紧密地装入脂杯里，在装进的试样中，不得压进空气泡，将装满了试样的脂杯仔细地加以揩拭，刮去杯皿口上方多余的试样。然后将脂杯安在温度计的套管里，放置时要使脂杯的上方边缘与套管边缘紧密结合，脂杯下方细孔（口）挤出来的试样用刀刮掉。

③ 测定烃基润滑脂（炮用润滑脂、凡士林）和石蜡脂的滴点时，首先将其熔化，加热至100℃。然后一滴一滴地注入测定容器的脂杯里，脂杯的细孔端放在倒置的内装碎冰的小烧杯底上，装满了的脂杯在小烧杯底上保持20min。然后将装有润滑脂（试样）的脂杯，安在温度计的套管里。挤出来的润滑脂（试样）用刀刮掉。

④ 测定固体烃基产品（提纯地蜡、提纯地蜡-石蜡组成物及提纯地蜡-石蜡混合物）的滴点时，首先将其熔化，加热至100℃，再倒入测定器的脂杯里，脂杯的细孔端置于平放的光滑金属面上，注满后待杯内烃基产品（试样）在金属面上凝固时，立即取下，把多余的试样用刀刮掉。将装有试样的脂杯安在温度计的套管内，用刀把挤出来的试样刮掉，并置于碎冰上冷却20min。

注意，在测定烃基润滑脂、固体烃基和其他润滑脂的滴点时，脂杯均用插入法安在温度计的套管里，不准使用旋入法。

⑤ 在洁净干燥的试管底部放一块白色的圆纸，并使圆纸紧贴着试管底。然后着手安装滴点测定仪器。

2. 测定方法（程序）

① 将装有试样脂杯的温度计插上塞子，安在试管里，并使脂杯的下部边缘与试管底上的圆纸相距25mm。

将试管放进传温液的大烧杯中，用支架上的夹子使之固定成垂直状态，固定时要使试管底与烧杯底相距10～20mm。

测定滴点低于80℃的试油时，在烧杯内注入蒸馏水，测定滴点更高的润滑脂，则注入甘油（传温液）。注入使试管浸入试样中120～150mm（注入传温液是在烧杯内插入带有温度计的试管以后进行的）。

② 对于烧杯中的传温液，在搅拌下用加热器（电炉或其他小型加热器）进行加热，当测定仪器上的温度读数达到预测滴点的20℃以下时，开始控制传温液的升温速度，以每分钟上升1℃为宜。

③ 从测定器脂杯的细孔中滴出第一滴试油或滴下的试油柱与试管底白纸片相接触时的温度，作为该试油的滴点。

（四）计算

若用分浸型温度计测定，测得的滴点视为该试油滴点，不必校正；若用全浸型温度计测定，按下式计算（校正）。

$$\Delta t = 0.00016h(t_1 - t_2)$$

式中　Δt——校正值（加到所测得滴点温度读数内）；

　　　h——露出在传温液面上的水银柱高度（以温度刻度计），℃；

　　　t_1——测得的滴点，℃；

　　　t_2——露出在传温液面上水银柱中部附近空气的温度（以另一支附着的温度计测取），℃；

　0.00016——水银在玻璃体内的视膨胀系数。

（五）准确度

两次平行测定结果间的允许误差应不大于1℃。

六、沸点和馏程（沸程）的测定

（一）沸点的测定

1. 方法要点

当液体的温度升高时，它的蒸气压随之增加，当它的蒸气压与大气压相等时，开始沸腾。液体在一个大气压时的沸腾温度，称之为它的沸点。

每种纯的有机液体（溶剂）都有它的固定沸点。其沸点范围均在 1～3℃。若含有杂质则沸点上升，并且沸点范围会超过 3～5℃。因此，沸点也是衡量有机（溶剂）物质纯度的指标之一。沸点的测定一般可采用下列两种方法。

（1）少量液体样品沸点的测定

① 沸点测定器，如图 17-13 所示；

② 试管，高 200mm，Φ15mm；

③ 温度计，分度值为 0.1℃；

④ 传温液，液体石蜡；

⑤ 加热器。

测定程序：将烧瓶 6、试管 5 及温度计 1 用橡皮塞 2 连接，温度计下端与试管中样品液面相距 20mm，烧瓶中注入约 1/2 体积的液体石蜡。

量取液体样品，注入试管中，其液面略低于烧瓶中液体石蜡的液面。加热，当温度计读数上升到某确定数值并在相当一段时间内保持不变时，此温度即为该物质沸点。

（2）毛细管法液体沸点的测定

仪器：毛细管法液体沸点测定器是由一个直径 1mm，长 90～100mm，一端封闭的毛细管 1 和一个直径 4～5mm，长 80～100mm 的一端封闭的粗玻璃管 2 所组成。

测定程序：取样品 0.25～0.50mL 置于一端封闭的粗玻璃管 2 中，将一端封闭的毛细管

1倒置其内，封闭的一端向上，如图 17-14 所示。将沸点管缚于温度计上，置于热浴（根据被测定物质沸点不同而异）中，缓缓加热，当有一串气泡迅速地由毛细管中连续逸出时，移去热源，气泡逸出速度逐渐减慢，当气泡停止逸出而液体刚要进入毛细管时，此时的温度即为沸点。

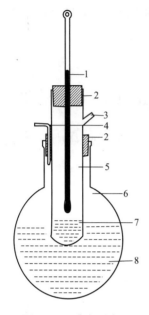

图 17-13　沸点测定器

1—温度计（0.1℃分度值）；2—橡皮塞；3—试管出气口；

4—烧瓶出气口；5—试管（200mm×15mm）；

6—短颈圆底烧瓶（100mL）；7—被测液体；8—液体石蜡

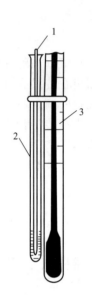

图 17-14　毛细管法沸点测定器

1——端封闭的毛细管；2——端封闭

的粗玻璃管；3—温度计

2. 计算方法

首先要进行对大气压力的校正，因液态物料的沸点随外界压力的变化而改变，所以如果不是在标准大气压力（101.3kPa）下测定的沸点，都必须对测得值进行校正。校正可按下列公式进行。

$$T = t + k(273 + t)(101.3 - p)$$

式中　T——校正沸点，℃；

　　　k——校正系数（缔合性液体，k 值为 0.00075；非缔合性液体，k 值为 0.00090）；

　　　t——实测的沸点温度，℃；

　　　p——测定沸点时的大气压力，kPa。

上述大气压力对沸点影响的校正和对温度计读数的校正，详细内容可参见 GB/T 616—2006 化学试剂沸点测定通用方法。

（二）馏程（沸程）的测定

1. 方法要点

对有机溶剂和石油产品（如发动机燃料、溶剂油和轻质石油等），馏程也是衡量其纯度的主要指标之一。此法是在标准状态下［0℃、101.3kPa（760mmHg）］，对样品进行蒸馏，记录第一滴样品馏出的温度（初馏点）和蒸出不同体积样品的温度，以及对应残留量和损失量状况。各种样品都根据不同的沸程数据，规定了相应的质量标准，可根据测得的数据确定样品的质量。

如某种车用汽油的沸程规格为初馏点不低于 35℃，10％馏出温度不高于 70℃，50％的馏出温度不高于 105℃，90％的馏出温度不高于 165℃，终沸点不高于 180℃，残留量不大于 1.5％，损失量不大于 2.5％。

2. 仪器

馏程测定仪如图 17-15 所示。

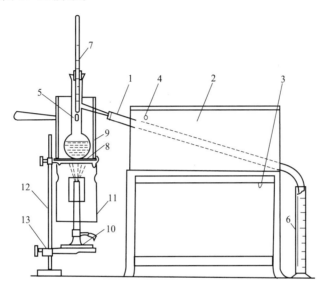

图 17-15　馏程测定仪

1—冷凝管；2—冷凝器；3—进水管；4—排水管；

5—蒸馏烧瓶；6—量筒；7—温度计；8—石棉垫；

9—带手柄的烧瓶罩；10—煤气灯；11—带有观察孔的保温罩；

12—支架；13—托架

3. 测定程序

① 准备工作　首先用缠着铜丝或铅丝的软布擦拭冷凝管内壁，除去上次蒸馏剩下的液体。向冷凝器中通入冷却水至能盖过冷凝管为止（亦可在座架冷凝器的槽内加入碎冰至盖过冷凝管为止）。蒸馏时冷凝器温度须保持在 5℃以下。

用清洁干燥的 100mL 量筒，准确量取 100mL 脱过水的样品，小心注入干燥的蒸馏瓶中，勿使样品流入烧瓶的支管内。安装好温度计，使水银球的上边缘与支管焊接处的下边缘在同一水平。蒸馏前烧瓶中应加入沸石，以防暴沸。

② 测定　装好仪器后，先记录下大气压力，再开始均匀加热，按下列蒸馏速度来调节煤气灯火焰。

开始加热至初馏点　5～10min；

初馏点至馏出 90％　每分钟 4～5mL；

90％至干点（即终馏点）3～5min。

将接收馏出液的量筒内壁与冷凝管下端接触，使馏出液沿量筒内壁流下。第一滴馏出液从冷凝管滴出时的温度即为初馏点。以后，每馏出 10％的馏出物记录一次温度。当量筒内液面达 90mL 时，调整煤气灯，使被蒸馏物在 3～5min 达到干点，即温度计读数上升至最高点又开始有下降趋势时，此时停止加热。5min 后记录下量筒内收集到的馏出物的体积，即回收量。在蒸馏时，所有读数都要求体积准确到 0.5mL，温度准确到 1℃。

停止加热后，先取下烧瓶罩，使烧瓶冷却 5min，然后，从冷凝管卸下烧瓶，取出温度计，再小心将烧瓶中热残渣倒入 10mL 量筒内，冷却到（20℃±3℃），记录下残留物体积，即残留量，准确至 0.1mL。将烧瓶用洗油洗净吹干，待仪器冷却后，再重复测定一次。

$$蒸馏损失量＝100\%－回收量－残留量$$

两次平行测定结果允许误差为：

初馏点	不大于 4℃
中间各点及干点	不大于 2℃
残留物	不大于 0.2mL

4. 计算方法

与测定沸点一样测定沸程（馏程）后，还需考虑进行室温和实验室所处纬度对气压计读数的校正、大气压力对沸程影响的校正，以及对温度计读数的校正。

校正的具体方法可参见 GB 615—2006《化学试剂沸程测定通用方法》。

七、黏度的测定

黏度是液体的黏（滞）性或内摩擦，是一层液体对另一层液体做相对运动的阻力。黏度分绝对黏度、运动黏度、相对黏度及条件黏度四种。黏度随温度变化，故应注明温度，如 η_t。

绝对黏度 η 是使相距 1cm 的 $1cm^2$ 面积的两层液体，相互以 1cm/s 的速度移动而应克服的阻力，单位为 Pa·s。绝对黏度又称为动力黏度。

运动黏度 υ 是在相同温度下液体的绝对黏度 η 与其同一温度下的密度 ρ 之比，单位为 m^2/s，在温度 t 时的运动黏度用 υ_t 表示。

相对黏度 μ 是在 t℃时液体的绝对黏度与另一液体的绝对黏度之比。用以比较的液体通常是水或适当的溶剂。

条件黏度 E 在指定温度下，在指定的黏度计中，一定量液体流出的时间，以 s 为单位；或者将此时间与指定温度下同体积水流出的时间之比。

黏度是测定石油产品质量和高分子化合物平均分子量的重要指标之一。

（一）石油产品运动黏度的测定（毛细管黏度计法）

1. 原理

不同液体自同一直立的毛细管中，在完全湿润管壁的状态流下，其运动黏度 υ 与流出的时间 τ 成正比。

$$\upsilon_1/\upsilon_2＝\tau_1/\tau_2$$

用已知运动黏度的液体（常以 20℃时新蒸馏的蒸馏水为标准液体，其运动黏度为 $1.0067cm^2/s$）作标准，测量其从毛细管黏度计流出的时间；再测量试液自同一黏度计流出的时间，应用上式可以计算出液体的运动黏度。测量时记录各试液的温度。

2. 仪器

① 毛细管黏度计 常用的分为品氏、伏氏两种。如图 17-16 所示。

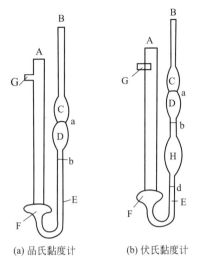

(a) 品氏黏度计   (b) 伏氏黏度计

图 17-16 毛细管黏度计

A—宽管；B—主管；C，H—缓冲球；D—测定球；
E—毛细管；F—储液器；G—支管；a,b,d—刻度线

品氏黏度计一组共有 11 支，每支具有三处扩张部分，各支毛细管的内径（mm）分别为 0.4、0.6、0.8、1.0、1.2、1.5、2.0、2.5、3.0、3.5、4.0。

伏氏黏度计一组共有 9 支，每支具有四处扩张部分，各支毛细管的内径（mm）分别为 0.8、1.0、1.2、1.5、2.0、2.5、3.0、3.5、4.0。这种黏度计可用于测定在 0℃以下测定试液运动黏度。

但在 0℃测定高黏度的润滑油（如航空润滑油、汽车润滑油 18 号等）时，可以让油的流动时间增加到 900s；而在 20℃测定液体燃料时，可以让流动时间减少到 60s。

上述两种黏度计常用于石油产品运动黏度的测定。

测定各种石油产品的运动黏度时，可以依照表 17-4 选用各种不同内径的毛细管黏度计。

表 17-4 不同内径的毛细管黏度计

石油产品名称	在不同温度下测定时选用的毛细管的内径/mm						
	100℃	50℃	20℃	0℃	−20℃	−40℃	−50℃
H-1 煤油	—	—	0.4～0.6	0.6～0.8	0.8～1.0	1.0～1.2	1.0～1.2
柴油	—	—	0.8～1.0	—	—	—	—
凡士林油	—	0.6～0.8	1.0～1.2	1.2～1.5	2.5～3.0	—	—
工业润滑油 12 号（锭子 2 号）	—	0.8～1.0	1.2～1.5	1.5～2.0	—	—	—
工业润滑油 20 号（锭子油 3 号）	—	1.0～1.2	1.5～2.0	2.0～2.5	—	—	—
工业润滑油 45 号（机器油 C）	—	1.2～1.5	—	—	—	—	—
车用机油 6 号	0.6～0.8	1.2～1.5	—	2.5～3.0	—	—	—
车用机油 10 号	0.8～1.0	1.2～1.5	—	3.0～3.5	—	—	—
车用机油 15 号	1.0～1.2	1.5～2.0	2.5～3.0	3.5～4.0	—	—	—

续表

石油产品名称	在不同温度下测定时选用的毛细管的内径/mm						
	100℃	50℃	20℃	0℃	−20℃	−40℃	−50℃
航空润滑油 20 号	1.0～1.2	1.5～2.0	2.5～3.0	3.5～4.0	—	—	—
航空润滑油 22 号	1.0～1.2	2.0～2.5	3.0～3.5	3.5～4.0	—	—	—
航空润滑油 24 号	1.0～1.2	2.0～2.5	3.0～3.5	3.5～4.0	—	—	—

② 恒温器 高度不低于 180mm，容积 2L，有观察窗口，附有自动搅拌和电加热器，常用水、甘油作为恒温液。如无恒温器，可用高度不少于 170mm，容积不少于 1L 的烧杯，其外壁要装有石棉保温层，并在其上设置两个对称小口，以便观察石油产品的流动。

根据测定的条件，要在恒温器或其他容器中注入如表 17-5 的传温质。

表 17-5　传温质

测定的温度/℃	注入恒温器或其他容器中的传温质
50～100	液体石蜡油或甘油
20～50	水(蒸馏水)
0～−20	水与冰混合物或乙醇与固体二氧化碳(干冰)的混合物
0～−50	乙醇与固体二氧化碳的混合物,如无乙醇亦可用汽油代替

③ 水银温度计 最小分度值为 0.1℃。

④ 秒表 最小分度值为 0.2s。

说明：用来测定运动黏度的秒表、温度计及所用的毛细管黏度计，都必须经过国家计量部门检定。

3. 测定方法

取一适当内径的品氏毛细管黏度计（使试液流下时间为 180～300s），用洗液、自来水、蒸馏水、乙醚等依次仔细洗净，然后通干燥的热空气使之干燥。在支管 G 处接一橡胶管，用软木塞塞住宽管 A 管口，倒转黏度计，将主管 B 的管口插入盛标准试液（20℃蒸馏水）的小烧杯中，通过连接支管的橡胶管用吸气球将标准试液吸至标线 b 处（注意试液中不可出现空隙），然后捏紧橡胶管从试液内取出黏度计，倒转过来，并取下橡胶管。

将橡胶管移至主管 B 的管口，将黏度计直立于恒温器中，在黏度计旁边放一支温度计使其水银球与毛细管 E 的中心在同一水平线上。恒温器内温度调至 20℃，在此温度保持 10min 以上。

用吸气球将标准试液吸至标线 a 以上少许（勿使出现空气泡），停止抽吸，使液体自由流下，注意观察液面。当液面至标线 a，启动秒表，液面流至标线 b，按下秒表，记录下由 a 至 b 的时间。重复三次，取算术平均值作为标准液体的流出时间 $\tau_{20}^{标}$。

再取脱水和过滤后的待测样品试液，用同一黏度计依同法操作并求（算）出试液的流出时间 $\tau_{20}^{样}$。

在恒温器中黏度计放置的时间为：如欲在 20℃时测定放置 10min；在 50℃时测定放置 15min；在 100℃时测定放置 20min。

4. 欲测样品运动黏度的计算

① 黏度计常数的计算：

$$K = \upsilon_{20}^{标} / \tau_{20}^{标}$$

式中　K——黏度计常数；

$\upsilon_{20}^{标}$——20℃时水的运动黏度，$1.0067 \times 10^{-4} \text{m}^2/\text{s}$；

$\tau_{20}^{标}$——20℃时水自黏度计流出时间（算术平均值），s。

② 运动黏度的计算：

$$\upsilon_t^{样} = K\tau_{20}^{样}$$

式中　$\upsilon_t^{样}$——测得样品的运动黏度；

　　　$\tau_{20}^{样}$——20℃时样品自黏度计流出时间，s；

　　　K——黏度计常数。

（二）特性黏度法测定高聚物的平均分子量

在塑料、合成橡胶工业中，生产的高分子聚合物，其分子量的大小，对于加工性能的影响很大。由于用途不同，需要生产具有不同分子量的产品。因此，高聚物平均分子量的测定就是一项重要的生产控制指标。

1. 原理

在高分子工业生产中，常用黏度法来测定高聚物的平均分子量。它是将高聚物溶于某一指定的溶剂中，在一定温度下，测定高聚物溶液的黏度，其黏度的大小与分子量密切相关。

在一定温度下，高聚物溶于溶剂后的黏度比纯溶剂的黏度大。高聚物溶液的分子量愈大，其黏度也愈大，即流动速度也愈慢。这样就可以通过测定液体流过一定体积所用的时间来反映溶液黏度的大小。在一定温度条件下，若两种高聚物溶液浓度相同，其中流速小（即流经一定体积的时间愈长）的溶液黏度大，即高聚物的分子量大。根据高聚物溶液的特性黏度与平均分子量的经验公式，通过测定特性黏度，就可以计算出高聚物的平均分子量。

设　在一定温度下，纯溶剂流经一定体积所需时间为 t_0，高聚物溶于此溶剂后，所得高聚物溶液流经相同体积的时间为 t。当称取一定量高聚物溶于一定体积的溶剂后，可计算出此高聚物溶液的浓度 c(g/100mL)。

相对黏度为　$\eta_r = t/t_0$

增比黏度　$\eta_{sp} = (t-t_0)/t_0 = \eta_r - 1$

特性黏度为　$[\eta] = (\eta_{sp}/c)$

根据经验公式

$$[\eta] = 1/c \sqrt{2(\eta sp - \ln\eta r)}$$
$$= 1/c \sqrt{2(\eta sp - 2.303\eta r)}$$

$$[\eta] = KM^a$$

式中，M 为高聚物平均分子量，K、a 为经验常数，随测定温度和所用溶剂而改变。由上式可知：

$$M^a = [\eta]/K$$
$$a\lg M = \lg[\eta] - \lg K$$
$$\lg M = \{\lg[\eta] - \lg K\}/a$$

对某些高聚物，在一定测定条件下的 K 和 a 值如表 17-6 所示。

表 17-6　K 和 a 值

高聚物	溶剂	测定温度/℃	$K \times 10^{-4}$	a	c/(g/100mL)
聚乙烯	四氢萘	130	5.1	0.725	0.1～0.15
聚丙烯	十氢萘	135	1.07	0.80	0.1～0.2
聚氯乙烯	环己酮	25	2024	0.56	0.4～0.5
丁苯橡胶	苯	25	5.4	0.66	0.3

续表

高聚物	溶剂	测定温度/℃	$K \times 10^{-4}$	a	$c/(g/100mL)$
氯丁橡胶	苯	25	1.46	0.73	0.3
顺丁橡胶	苯	30	3.37	0.715	0.3
异戊橡胶	苯	25	5.02	0.67	0.3
乙丙橡胶	环己烷	30	1.62	0.82	0.3
丁基橡胶	四氯化碳	25	10.3	0.70	0.3

2. 仪器

① 黏度计　在高分子化合物分子量测定中常使用（a）奥氏黏度计（毛细管内径为 0.5～0.6mm）和（b）乌氏黏度计（毛细管内径为 0.3～0.4mm、0.4～0.5mm、0.5～0.6mm 三种）如图 17-17 所示。下面以（c）改良式乌氏黏度计的使用为例，借以说明测定方法。仪器中的玻璃砂漏斗可装入聚乙烯样品，并可以从磨口处卸下。

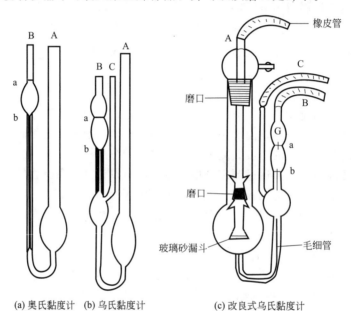

(a) 奥氏黏度计　(b) 乌氏黏度计　(c) 改良式乌氏黏度计

图 17-17　毛细管黏度计

② 恒温槽　玻璃制，可电加热元件加热，由触点温度计和继电器控制温度至±0.1℃。当测定温度低于100℃，可加热水；当测定温度高于100℃，可用液状石蜡油。

③ 秒表　最小分度值为 0.2s。

④ 移液管　10mL。

⑤ 容量瓶　25mL。

⑥ 注射器　50mL。

3. 测定方法

以测定聚乙烯高聚物的平均分子量为例，在浴温 130℃下测定，用四氢萘作溶剂，使用改良式乌氏黏度计。

① 测定溶剂流出的时间 t_0　恒温槽达130℃后，使槽内液状石蜡油液面完全浸没 G 球，然后用移液管吸取溶剂四氢萘 10mL，自 A 管注入改良式乌氏黏度计内（可拆下 A 管上的橡胶管），恒温 5min，将 C 管夹住，用注射器从 B 管将溶剂吸入 G 球，松开 C 管夹子，用秒表测定溶剂流经 a 线至 b 线所需的时间。重复此操作三次，每两次流出时间相差不应大于0.2s，取其算术平均值为 t_0。

② 溶解试样（样品）　用预先从黏度计取下洗净后的玻璃砂芯漏斗，称取 5.5～7.5mg 的待测的聚乙烯样品，然后安装在黏度计内的磨口处，用注射器与 A 管橡胶管相接，反复抽压多次，使样品全溶于 10mL 四氢萘溶剂中（样品也可预先经容量瓶中的溶剂溶解后，再注入黏度计，使之恒温）。

③ 测定高聚物溶液流出时间 t　夹住 C 管，用注射器从 B 管将溶液抽入 G 球内，松开 C 管，测流经 a、b 刻度的时间，如两次相差在 0.2s 以上，说明样品未溶完，需再反复抽压溶解，直到三次测定结果平行为止，其平均值为 t。

④ 黏度计的清洗　将测过的溶液从黏度计倒出，加入 15mL 四氢萘，用洗耳球吸至 G 球中，再压下去，反复将黏度计各部分都洗到，将四氢萘倒出，再加入丙酮洗至干净为止。最后将黏度计放入恒温槽内，用洗耳球向黏度计内压气，使丙酮挥发。黏度计上可卸的玻璃砂芯漏斗，亦用同样方法洗净，卸下放在红外灯下烘干备用。

说明：测定中所用四氢萘及丙酮溶剂，必须事先用玻璃砂芯漏斗过滤，以免机械杂质堵塞黏度计的毛细管，而影响测定。

4. 结果的计算

由样品浓度 c 及测定的 t、t_0 计算 η_r、η_{sp} 和 $[\eta]$，经验公式为：

$$\lg \overline{M} = (\lg[\eta] - \lg 5.1 + 4)/0.725$$

根据此公式就可以求出聚乙烯的平均分子量。

（三）条件黏度的测定　［恩格勒氏黏度计法］

1. 原理

试油（样品）在规定体积内的接受瓶于指定温度下，自恩格勒氏黏度计流出的时间与同体积蒸馏水在 20℃ 流出的时间（即黏度计的水值）之比。温度 t 时的恩氏黏度以符号 E 表示。

2. 仪器

① 恩格勒氏黏度计的构造如图 17-18 所示。试液油筒 1 底部有管 8（试液流出孔管），用以放出液体。此筒置于水浴或油浴圆筒形浴槽 2 中，以调整试验时所需的温度。筒上有盖 3，盖上有孔 4（插入塞棒 6）与孔 5（插入温度计 17），以塞住管 8 的上部管口 7。仪器由黄铜制成，管 8 内衬一内表磨光的铂管 9。油筒 1 内壁离筒底等高处装有三个销子 10，用以规定液面的高度，并可检查水平度。11 为搅拌器，12 为手柄。

仪器装于铁三脚架 13 上，15 为调整水平螺钉。14 为加热用环焰喷灯。16 为接收瓶，此瓶有两种（图 17-19），其一瓶颈刻线为 100mL；其二为宽口而带有两道刻线的接收瓶，这两道刻线应表示 100mL 和 200mL。每种接收瓶的最高刻线至瓶口的容量不小于 60mL。接收瓶的刻线必须在 20℃ 时刻划。刻线的位置应在瓶颈细狭部分的中间。瓶颈的内径是（18±2）mm。

每只接收瓶刻上"100mL"或"200mL""20℃""恩格

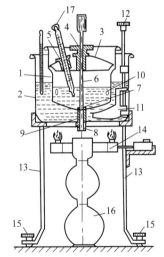

图 17-18　恩格勒氏黏度计

1—油筒；2—浴槽；3—盖；4,5—盖上的孔；6—塞棒；7—管的入口；8—管；9—铂管；10—销子；11—搅拌器；12—搅拌手柄；13—三脚架；14—环焰喷灯；15—调整水平螺钉；16—接收瓶；17—温度计

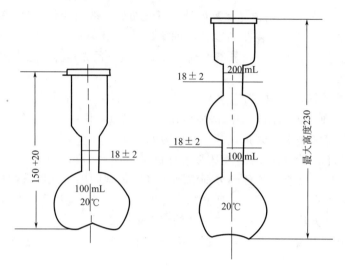

图 17-19　接收瓶（单位：mm）

勒氏黏度计用"等字样。

恩格勒氏黏度计的主要尺寸见表 17-7。

表 17-7　恩格勒氏黏度计的主要尺寸

零件名称	尺寸/mm	公差/mm
(1)内容器		
内径	106.0	±1.00
底部至扩大部分之间的高度	70.0	±1.00
底部突出部分的深度	7.0	±0.10
扩大部分的内径	115.0	±1.00
扩大部分的高度	30.0	±2.00
从销子的水平面至流出管下边缘的距离	52.0	±0.50
(2)流出管		
总长	20.0	±0.10
突出部分的长度	3.0	±0.30
在器底水平面处的内径	2.9	±0.02
下方末端的内径	2.8	±0.02

② 温度计　两支，分度值为 1℃ 刻度及 0.1℃ 刻度各一支。

③ 移液管　5mL。

④ 秒表　分度为 0.2s。

3. 水值的测定

黏度计水值的测定是指在 20℃ 时，200mL 蒸馏水流出的时间，此数值应在 50～52s。测定水值前，黏度计的内容器需要依次用乙醚（或石油醚）、95% 乙醇和蒸馏水洗涤，并用空气吹干。将完好无齿痕的塞棒 6 插入 7 中。油筒 1 中充蒸馏水至销子 10，调整水平螺钉 15，使所有销子的尖端刚刚露出水面，表示黏度计已放平。

调整试液筒内水温略高于 20℃，并用移液管加入少许蒸馏水，使水面比销子稍高；浴槽 2 中加入 21～22℃ 的水，然后将塞棒 6 稍微提起，放出少量水，使之充满出口管，再用移液管吸出少许水，使销子尖端刚刚露出水面。

在管口下放置干燥特备的接收瓶 16。盖上仪器的盖子，并检查温度，应正好是 20℃。然后小心迅速提起塞棒，并同时按动秒表，当瓶中水面达到标线时（看弯月面下缘）按停秒表，读数。平行测量六次，取其平均值称为水值 $T_{20}^{H_2O}$。测定误差不可超过 0.5s，水值每三个月校检一次，如数值超出 $50\sim52s$，此黏度计不宜使用。

4. 测定方法

在每次测定前，该液筒内须用滤过的清洁轻质汽油（或 70 号航空汽油）洗涤，然后通空气使之干燥，出口孔用棒塞紧。

将试液预热至 $52\sim53℃$，注入于油筒 1 中比销子 10 稍高，勿使产生空气泡。在浴槽 2 中注入加热至 $52\sim53℃$ 的水。当试液温度变为正好 50℃，而浴槽水中温度稍高（0.2℃）时，用搅拌器 11 搅拌水。在此温度下放置 5min。温度在全部试验时间内保持不变，如温度降低，则用环焰喷灯 14 加热水浴。

将塞棒 6 提起，使过量试液流入置于出口管下的烧杯中，至销子尖端刚刚露出液面即将棒插入塞紧。盖上仪器盖 3，在出口管下放置好接收瓶 16。待正好 50℃ 时，将塞棒 6 迅速提起，同时按动秒表，当试液到达接收瓶颈上标线时（泡沫不计），按停秒表，读取流出时间。重复两次取平均值。

5. 计算

按下式计算试液的条件黏度。

$$E_{50} = \tau_{50} / T_{20}^{H_2O}$$

式中　　E_{50}——50℃时试液的条件黏度（恩氏黏度）；

$\quad\quad\tau_{50}$——试液流出的时间，s；

$\quad\quad T_{20}^{H_2O}$——20℃时黏度计的水值，s。

6. 精确度

样品三次平行测定条件黏度误差不应超过下列数值。

流出时间/s	允许误差/s
250 以下	1
251～500	3
501～1000	5
大于 1000	10

（四）运动黏度与条件黏度换算表

运动黏度（mm^2/s）与条件黏度换算见表 17-8。

表 17-8　运动黏度与条件黏度换算表

运动黏度/(mm^2/s)	条件黏度	运动黏度/(mm^2/s)	条件黏度	运动黏度/(mm^2/s)	条件黏度	运动黏度/(mm^2/s)	条件黏度	运动黏度/(mm^2/s)	条件黏度	运动黏度/(mm^2/s)	条件黏度
1.00	1.10	2.00	1.10	3.00	1.20	4.00	1.29	5.00	1.39	6.00	1.48
1.10	1.01	2.10	1.11	3.10	1.21	4.10	1.30	5.10	1.40	6.10	1.49
1.20	1.02	2.20	1.12	3.20	1.21	4.20	1.31	5.20	1.41	6.20	1.50
1.30	1.03	2.30	1.13	3.30	1.22	4.30	1.32	5.30	1.42	6.30	1.51
1.40	1.04	2.40	1.14	3.40	1.23	4.40	1.33	5.40	1.42	6.40	1.52
1.50	1.05	2.50	1.15	3.50	1.24	4.50	1.34	5.50	1.43	6.50	1.53
1.60	1.06	2.60	1.16	3.60	1.25	4.60	1.35	5.60	1.44	6.60	1.54
1.70	1.07	2.70	1.17	3.70	1.26	4.70	1.36	5.70	1.45	6.70	1.55
1.80	1.08	2.80	1.18	3.80	1.27	4.80	1.37	5.80	1.46	6.80	1.56
1.90	1.09	2.90	1.19	3.90	1.28	4.90	1.38	5.90	1.47	6.90	1.57

续表

运动黏度/(mm²/s)	条件黏度	运动黏度/(mm²/s)	条件黏度	运动黏度/(mm²/s)	条件黏度	运动黏度/(mm²/s)	条件黏度	运动黏度/(mm²/s)	条件黏度	运动黏度/(mm²/s)	条件黏度
7.00	1.57	11.4	2.00	19.8	2.92	28.2	3.97	36.6	5.05	45.0	6.16
7.10	1.58	11.6	2.01	20.0	2.95	28.4	4.00	36.8	5.08	45.2	6.18
7.20	1.59	11.8	2.03	2.02	2.97	28.6	4.02	37.0	5.11	45.4	6.21
7.30	1.60	12.0	2.05	20.4	2.99	28.8	4.05	37.2	5.13	45.6	6.23
7.40	1.61	12.2	2.07	20.6	3.02	29.0	4.07	37.4	5.16	45.8	6.26
7.50	1.62	12.4	2.09	20.8	3.04	29.2	4.10	37.6	5.18	46.0	6.28
7.60	1.63	12.6	2.11	21.0	3.07	29.4	4.12	37.8	5.21	46.2	6.31
7.70	1.64	12.8	2.13	21.2	3.09	29.6	4.15	38.0	5.24	46.4	6.34
7.80	1.65	13.0	2.15	21.4	3.12	29.8	4.17	38.2	5.26	46.6	6.36
7.90	1.66	13.2	2.17	21.6	3.14	30.0	4.20	38.4	5.29	46.8	6.39
8.00	1.67	13.4	2.19	21.8	3.17	30.2	4.22	38.6	5.31	47.0	6.42
8.10	1.68	13.6	2.21	22.0	3.19	30.4	4.25	38.8	5.34	47.2	6.44
8.20	1.69	13.8	2.24	22.2	3.22	30.6	4.27	39.0	5.37	47.4	6.47
8.30	1.70	14.0	2.26	22.4	3.24	30.8	4.30	39.2	5.39	47.6	6.49
8.40	1.71	14.2	2.28	22.6	3.27	31.0	4.33	39.4	5.42	47.8	6.52
8.50	1.72	14.4	2.30	22.8	3.29	31.2	4.35	39.6	5.44	48.0	6.55
8.60	1.73	14.6	2.33	23.0	3.31	31.4	4.38	39.8	5.47	48.2	6.57
8.70	1.73	14.8	2.35	23.2	3.34	31.6	4.41	40.0	5.50	48.4	6.60
8.80	1.74	15.0	2.37	23.4	3.36	31.8	4.43	40.2	5.52	48.6	6.62
8.90	1.75	15.2	2.39	23.6	3.39	32.0	4.46	40.4	5.54	48.8	6.65
9.00	1.76	15.4	2.42	23.8	3.41	32.2	4.48	40.6	5.57	49.0	6.68
9.10	1.77	15.6	2.44	24.0	3.43	32.4	4.51	40.8	5.60	49.2	6.70
9.20	1.78	15.8	2.46	24.2	3.46	32.6	4.54	41.0	5.63	49.4	6.73
9.30	1.79	16.0	2.48	24.4	3.48	32.8	4.56	41.2	5.65	49.6	6.76
9.40	1.80	16.2	2.51	24.6	3.51	33.0	4.59	41.4	5.68	49.8	6.78
9.50	1.81	16.4	2.53	24.8	3.53	33.2	4.61	41.6	5.70	50.0	6.81
9.60	1.82	16.6	2.55	25.0	3.56	33.4	4.64	41.8	5.73	50.2	6.83
9.70	1.83	16.8	2.58	25.2	3.58	33.6	4.66	42.0	5.76	50.4	6.86
9.80	1.84	17.0	2.60	25.4	3.61	33.8	4.69	42.2	5.78	50.6	6.89
9.90	1.85	17.2	2.62	25.6	3.63	34.0	4.72	42.4	5.81	50.8	6.91
10.0	1.86	17.4	2.65	25.8	3.65	34.2	4.74	42.6	5.84	51.0	6.94
10.1	1.87	17.6	2.67	26.0	3.68	34.4	4.77	42.8	5.86	51.2	6.96
10.2	1.88	17.8	2.69	26.2	3.70	34.6	4.79	43.0	5.89	51.4	6.99
10.3	1.89	18.0	2.72	26.4	3.73	34.8	4.82	43.2	5.92	51.6	7.02
10.4	1.90	18.2	2.74	26.6	3.76	35.0	4.85	43.4	5.95	51.8	7.04
10.5	1.91	18.4	2.76	26.8	3.78	35.2	4.87	43.6	5.97	52.0	7.07
10.6	1.92	18.6	2.79	27.0	3.81	35.4	4.90	43.8	6.00	52.2	7.09
10.7	1.93	18.8	2.81	27.2	3.83	35.6	4.92	44.0	6.02	52.4	7.12
10.8	1.94	19.0	2.83	27.4	3.86	35.8	4.95	44.2	6.05	52.6	7.15
10.9	1.95	19.2	2.86	27.6	3.89	36.0	4.98	44.4	6.08	52.8	7.17
11.0	1.96	19.4	2.88	27.8	3.92	36.2	5.00	44.6	6.10	53.0	7.20
11.2	1.97	19.6	2.90	28.0	3.95	36.4	5.03	44.8	6.13	53.2	7.22

运动黏度/(mm²/s)	条件黏度	运动黏度/(mm²/s)	条件黏度	运动黏度/(mm²/s)	条件黏度	运动黏度/(mm²/s)	条件黏度	运动黏度/(mm²/s)	条件黏度	运动黏度/(mm²/s)	条件黏度
53.4	7.25	59.0	8.00	64.6	8.74	70.2	9.50	79	10.7	107	14.5
53.6	7.28	59.2	8.02	64.8	8.77	70.4	9.53	80	10.8	108	14.6
53.8	7.30	59.4	8.05	65.0	8.80	70.6	9.55	81	10.09	109	14.7
54.0	7.33	59.6	8.08	65.2	8.82	70.8	9.58	82	11.1	110	14.9
54.2	7.35	59.8	8.10	65.4	8.85	71.0	9.61	83	11.2	111	15.0
54.4	7.38	60.0	8.13	65.6	8.87	71.2	9.63	84	11.4	112	15.1
54.6	7.41	60.2	8.15	65.8	8.90	71.4	9.66	85	11.5	113	15.3
54.8	7.44	60.4	8.18	66.0	8.93	71.6	9.69	86	11.6	114	15.4
55.0	7.47	60.6	8.21	66.2	8.95	71.8	9.72	87	11.8	115	15.6
55.2	7.49	60.8	8.23	66.4	8.98	72.0	9.75	88	11.9	116	15.7
55.4	7.52	61.0	8.26	66.6	9.00	72.2	9.77	89	12.0	117	15.8
55.6	7.55	61.2	8.28	66.8	9.03	72.4	9.80	90	12.2	118	16.0
55.8	7.57	61.4	8.31	67.0	9.06	72.6	9.82	91	12.3	119	16.1
56.0	7.60	61.6	8.34	67.2	9.08	72.8	9.85	92	12.4	120	16.2
56.2	7.62	61.8	8.37	67.4	9.11	73.0	9.88	93	12.6		
56.4	7.65	62.0	8.40	67.6	9.14	73.2	9.90	94	12.7		
56.6	7.68	62.2	8.42	67.8	9.17	73.4	9.93	95	12.8		
56.8	7.70	62.4	8.45	68.0	9.20	73.6	9.95	96	13.0		
57.0	7.73	62.6	8.48	68.2	9.22	73.8	9.98	97	13.1		
57.2	7.75	62.8	8.50	68.4	9.25	74.0	10.01	98	13.2		
57.4	7.78	63.0	8.53	68.6	9.28	74.2	10.03	99	13.4		
57.6	7.81	63.2	8.55	68.8	9.31	74.4	10.06	100	13.5		
57.8	7.83	63.4	8.58	69.0	9.34	74.6	10.09	101	13.6		
58.0	7.86	63.6	8.60	69.2	9.36	74.8	10.12	102	13.8		
58.2	7.88	63.8	8.63	69.4	9.39	75.0	10.15	103	13.9		
58.4	7.91	64.0	8.66	69.6	9.42	76	10.3	104	14.1		
58.6	7.94	64.2	8.68	69.8	9.45	77	10.4	105	14.2		
58.8	7.97	64.4	8.71	70.0	9.48	78	10.5	106	14.3		

注：数值更大的运动黏度，需用 $E_t=0.135v_t$ 换算。式中，E_t 为石油产品在温度 t 时的条件黏度；v_t 为石油产品在温度 t 时的运动黏度，mm^2/s。$\gamma_t=7.41E_t$。

八、针入度的测定

标准圆锥体（一般共载重150g，也有规定100g的）于5s内沉入保温在25℃时润滑脂试样中的深度，称为针入度。单位是1/10mm。针入度愈大表示润滑脂愈软，即稠度愈小；反之则表示润滑脂愈硬，即稠度愈大。沥青的针入度测定，不用标准圆锥体而用载重共100g的标准尖针。测定条件与润滑脂相同。

（一）润滑脂针入度的测定

1. 概要
本法适用于润滑脂的稠度指标针入度的鉴定，其单位为1/10mm。

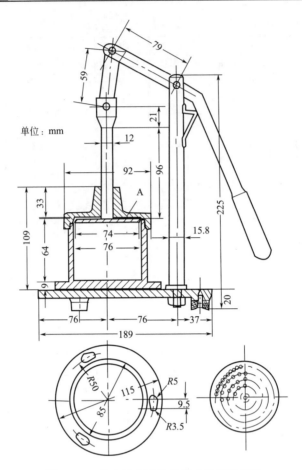

图 17-20　针入度附圆锥体混合器和搅拌架

2. 仪器

① 针入度计，附有圆锥体、混合器和搅拌架（如图 17-20），圆锥体和撞杆的总质量为 (150 ± 0.25) g。

② 正方形金属盒，盒内宽度 (100 ± 5) mm，高度 (70 ± 5) mm，此盒备有一个金属盖。

③ 圆盘形水浴或油浴，直径 200mm，高度 110mm。在距离盘底 30mm 处放置带有四个脚的有孔金属片，其厚度为 2～3mm，用来盛放装着润滑脂的混合器。

④ 温度计，量程范围 0～100℃，分度为 0.1℃。

⑤ 秒表，最小分度值为 0.2s。

⑥ 刮刀。

3. 准备工作

（1）对一般润滑脂进行测定时，将温度与室温相同的试样抹入混合器的金属杯中，要充满杯内容积并在杯口形成凸出 15mm 的球面，润滑脂装好的体积大约多于杯内容量的 15％。涂抹润滑脂时，不要使杯中留有空隙或积存气泡。

润滑脂装满金属杯后，旋上装有带孔圆盘（图 17-20A，直径 74mm，厚度 3mm，孔径 5mm。第一圈直径 64mm，设 30 孔；第二圈直径 51mm，设 23 孔；第三圈直径 38mm，设 16 孔；第四圈直径 25mm，设 10 孔）和拉杆的器盖，就将这混合器放在油浴或水浴中（此时可以用烘箱代替）。然后按润滑脂技术标准中规定的试验温度恒定到 ±0.5℃。当室温与试验温度差在 5℃ 内时，在浴内保持至少 1h；如温差在 5℃ 以上时，则保持至少 2h。浴中的液体应能将杯身和器盖淹没，并高出盖面约 10mm，但不得浸过盖孔。

保温 1h 后，从浴中取出混合器，固定在搅拌架的底座上。然后将混合器的拉杆与搅拌架的杠杆连接，开始搅拌润滑脂。

润滑脂的搅拌是通过摇动手柄进行的，以每分钟摇动 60 次（拉杆上下移动作为一次）的速度摇动 1min，如某些较稠的钠基润滑脂摇动速度达不到每分钟 60 次时，应连续摇动至 60 次为止。

搅拌完毕后，立即卸下混合器的盖，将杯身浸入水浴或油浴，使浴中的液体浸到杯口的螺纹处，但不得浸过杯口的边缘。

（2）对在技术标准中注明针入度不经搅拌的润滑脂进行测定时，将温度与室温相同的试样切成 100mm×100mm×60mm 的小块，放在金属盒中，盖上盒盖，然后将此金属盒浸入浴中（可以用烘箱代替）。在规定的温度下保持 1h 后，卸下盒盖，将金属盒置于水浴或油浴中，浴中液面应接近盒的边缘，但不得浸过边缘。

（3）试验温度为 25℃ 时，金属杯（或金属盒）在浴中保持 15min；试验温度高于 25℃ 时保持 30min。浴中温度应恒定在 ±0.5℃。

说明：室温与试验温度相差超过 25℃ 时，润滑脂在混合器中经过搅拌后，允许不卸下器盖，就将混合器浸入浴中，经过 30min，再将器盖卸开。

4. 测定步骤

（1）将装有金属杯（或金属盒）的水浴或油浴放在针入度计（图 17-21）的平台上，为了消除气泡可用刀轻微翻动样品，然后用刀刮平试样的表面，除去多余的润滑脂。浴中液体规定温度应恒定在 ±0.5℃。

在针入度计撞杆的下端所安装的圆锥体 1 必须清洁干燥。调整圆锥体，使其尖端对着在杯中心的润滑脂表面，要求这尖端与润滑脂刚好接触，同时要防止圆锥体与杯壁发生接触。

调整好的圆锥体之后，推下齿杆 2，使其下端与圆锥体的撞杆顶端互相接触，然后将刻度盘 4 的指针 3 调整到零位。

（2）按紧针入度计的启动按钮 5 的同时开动秒表。使圆锥体 1 自由沉入润滑脂中，经过 5s 就立即放开按钮，使圆锥体停止沉入。圆锥体向润滑脂沉入时，不应接触杯壁或盒壁。

此后，推下齿杆 2 使其下端和圆锥体的撞杆顶端相互接触。此时刻度盘 4 上的指针 3 随齿杆一起移动。

读出刻度盘上指针的读数后，将齿杆和带有圆锥体的撞杆提高。圆锥体要用棉花擦干。

（3）对经过搅拌的润滑脂进行重复试验（测定）之前，先将杯中的润滑脂用刮刀轻微翻动。以除掉气泡，然后将表面刮平，并使圆锥体尖端对着杯中心的

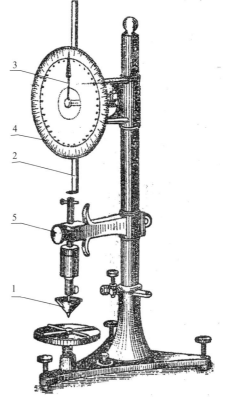

图 17-21 针入度计
1—圆锥体；2—齿杆；3—指针；
4—刻度盘；5—按钮

润滑脂表面。

对不需先经搅拌的润滑脂进行重复试验之前，只需将金属盒稍微移动。

（4）测定至少进行 5 次，并取 5 次符合精确度要求的测定结果计算算术平均值，作试样的针入度。

5. 精确度

（1）5 次测定的结果，最大值和最小值的差数，不应超过全部测定结果算术平均值的 3%。

（2）若测定结果不符合上述允许差数的要求时，应再进行 5 次测定，在这 10 次测定结果中，最大值和最小值的差数不应超过全部测定结果算术平均值的 6%。不符合这样要求的个别测定结果不应采用，只取符合要求的测定结果计算算术平均值，作为试样的针入度。

（二）润滑脂针入度的测定（低温法）

1. 概要

本法适用于低至 −60℃ 的润滑脂针入度的测定。

2. 仪器及试剂

（1）测定低温润滑脂针入度时应使用国家标准规定的仪器，但零件性质须有下列变更：

① 撞杆是用铝或铝合金制的外表磨光彼此紧密连接的杆及圆锥体组成 [图 17-22 （a）]，圆锥体必须用铝合金制成。

杆的上部为一借螺纹拧好盖的中空圆筒，盖的中间有一悬挂重物的小钩。杆的质量为 12g，圆锥体的质量为 4g，二者总质量为 (16±0.02)g。

② 装润滑脂的杯，是由带螺纹的黄铜套管所连接的两个同样的中空半圆筒状黄铜部分组成 [图 17-22 （b）]。

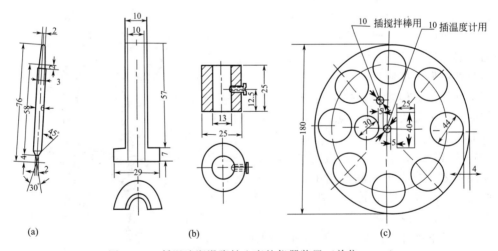

（a）　　　　　　（b）　　　　　　（c）

图 17-22　低温法润滑脂针入度的仪器装置（单位：mm）

③ 润滑脂混合器由可移动的筒状皿与基底组成，该基底在搅拌润滑脂时固定在座架上。皿内径 45mm，外径 50mm，皿上有用螺纹拧上的通过两个拉杆的盖，拉杆在皿内的部分固定有带 20 个孔的圆孔，孔径 5～6mm。皿外的部分安上一个手柄。

（2）冷却用玻璃试管

① 直径约 40mm，长约 90mm，带有折边的试管，此试管指定用作冷却盛有润滑脂的杯。

② 直径约为 25mm，长约 100mm，带有折边的试管，此试管指定用作冷却圆锥体。

（3）冷却混合容器（用玻璃的或金属的）、圆筒状、直径约 180mm，高度不小于 130mm，带有木盖［图 17-22（c）］。

盖上有安放用作冷却润滑脂杯用的试管孔八个，安放用作冷却圆锥体的试管孔一个，此外有加冷却物用的有盖长方孔一个和插温度计及搅拌棒用孔各一个。

（4）测量－35℃以上冷却混合物温度用的水银温度计；或测量－35℃以下的冷却混合物温度用的液体温度计。

（5）冰及水，0℃及0℃以上时，冷却盛润滑脂的杯及圆锥体时使用。

（6）碎冰或雪及食盐，0～－20℃时冷却盛润滑脂的杯及圆锥体时使用。

（7）固体二氧化碳（干冰）或液体空气及变性乙醇、粗乙醇、橡胶用溶剂汽油，－20℃以下时冷却盛润滑脂的杯及圆锥体时应使用。

3. 准备工作

（1）将润滑脂试样装满混合器，不许存在空间，并将盖拧上，然后将混合器杯固定在座架上，并摇动手柄将润滑脂起落搅拌 60 次。

（2）将混合器的皿盖拧下并将其中润滑脂约 4g 移放至两个半杯中，再向每个半杯中用刮刀将润滑脂密实抹入，不许存在空间，此后将两个半杯用套管连接，并用刮刀由杯的侧面及下面将多余的润滑脂刮掉，用同样方法再装满两个杯，并使润滑脂高出 4～5mm。

然后将所有三个杯分别置于直径 40mm 的冷却试管中（可用一根细线拴住脂杯以便取出）；管底垫有包以纱布的棉花垫，将冷却试管用表面皿橡胶塞或软木塞盖上，并置于冷却混合物中。同时将三个洁净干燥的圆锥体放入直径 25mm 的一套试管中，并将冷却试管置于冷却混合物中。

冷却试管置于冷却混合物中 20min 后，取出刮平，再冷却 10min。

（3）试验前撞杆的轴必须固定在针入度计的架上。

4. 测定步骤

（1）冷却终了后，由一个冷却试管中迅速取出一个盛于润滑脂的杯（取杯时须垫以不传热的材料——呢子、石棉等），并将其置于针入度计的座架上。

从另一个冷却试管中用具有骨制尖端的镊子，迅速取出一个圆锥体，插入于撞杆的轴中，该轴安置的高度，须使圆锥体的末端仅触及润滑脂的中央表面，同时必须注意，使撞杆与杯严格垂直，而圆锥体不能触及杯壁。

然后将齿杆的平板放到使其与撞杆盖接触的位置，再用手将指针放在零的位置上。

（2）开动秒表并同时按动针入度计的机钮，使圆锥体向润滑脂中自由落入 5s，然后按停机钮，使圆锥体停止下落。

（3）确定针入度时，将齿杆的平板放置于与撞杆盖的接触位置，此时字盘上的指针借齿杆而移动。指针即指示圆锥体于 5s 内落入润滑脂的深度，以 1/10mm 为单位的读数即为针入度。

（4）测定进行三次，每次以每一杯中的润滑脂试样进行，同时应使用刚由冷却试管中取出的洁净圆锥体。

三次测定的算术平均值作为所试润滑脂针入度测定的结果。

5. 精确度

两次平行测定的差数不应超过其算术平均数 10％。

（三）石油沥青针入度的测定

1. 概要

本法适用于石油沥青针入度的测定，石油沥青的针入度是在一定温度及时间内，在一定的荷重下，标准针垂直穿入试样的深度，单位为 1/10mm。非经另行规定，标准针、针的连杆与附加砝码的共计质量为（100±0.1）g，温度为 25℃，时间为 5s。

2. 仪器

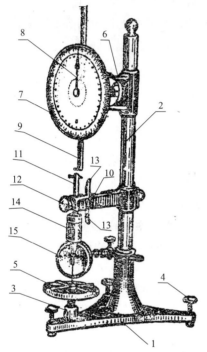

图 17-23　沥青针入度计

1—基台；2—支柱；3—小支柱；4—螺旋；5—旋转圆台；
6，10—肩；7—刻度盘；8—指针；9—齿杆；
11—枢轴；12—按钮；13—突出部门；
14—筒状砝码；15—小镜

① 针入度计形状如图 17-23。针入度计的下部为三脚底座，脚端装有螺丝，用以调整水平，座上附有放置试样圆形平台及垂直固定支柱。柱上附有可以上下滑动的悬臂两个：上臂装有针入度刻度盘；下臂装有操纵机件，以操纵标准针连杆的升降。应用时紧压按钮，杆能自由落下。

垂直固定支柱下端，装有可以自由转动与调节伸长距离的悬臂，臂端装有一面小镜，借以观察针尖与试样表面接触情况。标准针与连接针连杆的合重（质量）为 50g，并另附 50g 及 100g 砝码各一个，供测定不同温度的针入度用。

② 标准钢针经淬火并磨光，形状及尺寸见图 17-24。

③ 盛样皿，金属制，平底筒状，内径（55±1）mm，深（35±1）mm。

④ 水槽，容量不少于 1.5L，深度不少于 80mm。

⑤ 平底保温皿，容量不少于 1L，深度不少于 50mm。

⑥ 温度计，0～50℃，分度为 0.5℃。

⑦ 金属皿或瓷皿，熔化试样用。

⑧ 筛，筛孔 0.6～0.8mm。

⑨ 秒表，分度为 0.2s。

⑩ 砂浴，用煤气灯或电加热。

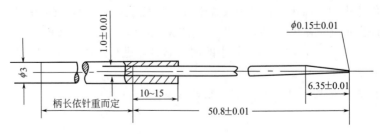

图 17-24　标准钢针（单位：mm）

3. 准备工作

（1）将预先除去水分的试样在砂浴上加热熔化，加热温度不得高于估计软化点100℃，充分搅拌后，过滤并搅拌至空气泡完全消失为止。将试样注入盛样皿内，其深度不少于30mm。放置于15～30℃的空气中冷却1h，冷却时须注意不使灰尘落入。然后将盛样皿浸入（25±0.5）℃的水浴中，恒温1h。浴中水面应高于试样表面25mm以上。

（2）调整针入度计使成水平。

4. 测定步骤

① 盛样皿恒温1h后，取出，放入水温严格控制为25℃的平底保温皿中，试样表面以上的水层高度应不少于10mm，将保温皿放于针入度计的圆形平台上，调节标准针使针尖与试样表面恰好接触。拉下活杆，使与连接标准针的连杆顶端接触，并将刻度盘指针指在"0"上。

② 开动秒表，用手紧压按钮，使标准针自由地穿入沥青中，经过5s，停止按钮，使针停止继续穿入试样。

③ 再拉下活杆与标准针连杆顶端接触。这时刻度盘指针所指读数，即为试样的针入度。

④ 同一试样重复测定至少三次，在每次测定前都应检查并调节保温皿内水温，测定后都应将标准针取下，用浸有溶剂（煤油、苯、汽油或其他溶剂）的布或棉花擦净，再用干布或棉花擦干。每次穿入点相互距离及与盛样皿边缘距离都不得小于10mm。取平行测定三个结果的平均值作为试样的针入度。

5. 精确度

平行测定三个结果的最大值与最小值之差，不得超过下列数值。

针入度值/mm	允许差数/mm
25 以下	2
25～75	3
76～150	5
151～200	10

九、微量水分测定法（卡尔·费休法）

1. 概要

本法适用于醇类、饱和烃、苯、三氯甲烷、吡啶及石油产品中所含微量水分的测定。

本法基于有水时，碘被二氧化硫还原，在吡啶和甲醇存在的情况下，生成三氧化硫和氢碘酸，反应式如下。

$$H_2O + I_2 + SO_2 + 3C_5H_5N \longrightarrow 2C_5H_5N \cdot HI + C_5H_5N \cdot SO_3$$
$$C_5H_5N \cdot SO_3 + CH_3OH \longrightarrow C_5H_5N \cdot HSO_4CH_3 \text{（浅黄色）}$$

采用目测法（溶液由浅黄色变为琥珀色）或"死停"电位法观察终点。本测定方法为"死停"电位法（亦为仲裁方法）。

2. 仪器

见图17-25。

① 玻璃下口瓶，容积70～100mL，具有侧孔（磨口）及带玻璃阀门的下口；

② 自动滴定仪；

③ 铂电极，直径约0.5mm，长约120mm；

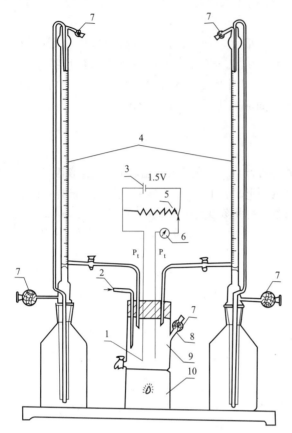

图 17-25 卡尔·费休法水分测定装置

1—铂电极；2—氮气入口管；3—干电池；4—自动滴定仪；
5—可变电阻器；6—微安计；7—硅胶管；8—侧管；
9—玻璃下口瓶；10—电磁搅拌器

④ 电磁搅拌器；

⑤ 直流微安计，灵敏度为 10^{-6} A；

⑥ 干电池，1.5V；

⑦ 可变电阻器，2000Ω。

3. 安装

如图 17-25 所示，将玻璃下口瓶用胶塞与滴定管、铂电极连接，侧孔与具有磨口的硅胶干燥管连接。测定时，样品溶液由侧管加入。用"死停"法确定终点时，将 1.5V 干电池、2000Ω 的可变电阻器、微安计和铂电极按图 17-25 连接。

4. 试剂

① 无水甲醇 取 5g 表面光洁的镁条（或镁屑）及 0.5g 碘，置于圆底烧瓶中，加约 70mL 甲醇，回流至金属镁全部转变成白色絮状的甲醇镁。再加入约 900mL 的甲醇，继续回流 30min，然后进行分馏。在 64～65℃收集无水甲醇。

说明：使用的仪器均应预先干燥，与空气相通处应与硅胶干燥管连接。

② 无水吡啶 将试剂吡啶加适量的氢氧化钠，回流 4h。再进行分馏，在 114～116℃收集无水吡啶。

③ 碘 将升华碘于硫酸干燥器内干燥 48h 以上。

④ 溶液甲 将 450mL 无水甲醇与 450mL 无水吡啶混合，在冰浴中冷却。然后通入经过硫酸干燥的二氧化硫，使增重达 90g。

说明：溶液制备过程中严防水汽浸入。

⑤ 溶液乙 将 30g 碘溶于 1000mL 无水甲醇中。

说明：溶液甲及溶液乙均应分别贮于自动滴定管中，以免转移溶液时吸收水汽。

⑥ 水标准溶液 称取 0.1～0.15g 水，称准至 0.0002g。用无水甲醇准确稀释至 100mL，并作空白试验。

5. 终点的确定

采用目测法时，溶液滴定至由淡黄色转变成琥珀色即为终点。如测定有色物质或终点变化不明显时，应采用"死停"法。

取 10mL 溶液甲，用溶液乙滴定，调整电路中电阻，使过量 1 滴溶液乙（约 0.02mL）产生 25～50μA 的电流。滴定时指针偏转至某一位置，不再发生倒转现象即为终点。

6. 测定步骤

测定前用干燥氮气驱除滴定装置中的水汽。测定应在氮气流中进行。

（1）溶液乙的标定　使用前，现进行标定。

① 空白试验　取 10.00mL 溶液甲及 10.00mL 无水甲醇，在搅拌下用溶液乙滴定至终点，记录消耗的体积。

② 标定　取 10.00mL 溶液甲及 10.00mL 水标准溶液，在搅拌下用溶液乙滴定至终点，记录消耗的体积。

溶液乙对水的滴定度（T）按下式计算。

$$T = G/(V_1 - V_2)$$

式中　V_1——标定时溶液乙的用量，mL；

$\quad\quad V_2$——空白试验时溶液乙的用量，mL；

$\quad\quad G$——10.00mL 水标准溶液中含水的质量，g。

（2）水的测定　取 10mL 溶液甲，以溶液乙滴定至终点，不记录读数，然后迅速加入准确质量的样品（约含 10mg 水），在搅拌下用溶液乙滴定至终点。

样品中水分含量（x）按下式计算。

$$x = (V_1 T/G) \times 100\%$$
$$或\ x = [V_1 T/(v V_2)] \times 100\%$$

式中　V_1——溶液乙的用量，mL；

$\quad\quad V_2$——液体样品的体积，mL；

$\quad\quad T$——溶液乙对水的滴定度，g/mL；

$\quad\quad G$——样品的质量，g；

$\quad\quad v$——液体样品的密度，g/mL。

十、水分测定法（乙酰氯法）

1. 概要

本法适用于乙醚及羰基化合物等有机物水分测定。

2. 试剂

① 乙酰氯溶液（约 1.5mol/L）：量取 118mL 乙酰氯，用甲苯稀释至 1000mL。

注：甲苯必须预先用无水氯化钙脱水后蒸馏制得。

② 0.5mol/L 氢氧化钠标准溶液。

3. 测定步骤

将 200～250mL 干燥的具塞锥形瓶浸于冰浴中，充分冷却。准确地加入 10.00mL 乙酰氯溶液，继续冷却 1～2min，加 2mL 吡啶，振摇，迅速加入准确量的样品溶液（含水量不大于 0.15g），剧烈振摇 1～2min，放置 5min。准确地加入 1.50mL 无水乙醇，再剧烈振摇 1min，放置 10min。加入 25mL 无水乙醇，混匀，放置 5min。加 2～3 滴 1% 酚酞指示剂溶液，用 0.5mol/L 氢氧化钠标准溶液滴定至溶液呈粉红色。同时作空白实验。

4. 计算

样品中水分含量（x）按下式计算：

$$x = [(V_1 - V_2)c \times 0.01802/G] \times 100\%$$
$$或\quad x = [(V_1 - V_2)c \times 0.01802/v V_3] \times 100\%$$

式中　　V_1——氢氧化钠标准溶液的用量，mL；

　　　　V_2——空白试验氢氧化钠标准溶液的用量，mL；

　　　　c——氢氧化钠标准溶液的量浓度，mol/L；

　　　　G——样品的质量，g；

　　　　V_3——液体样品的体积，mL；

　　　　υ——液体样品的密度；

　0.01802——H_2O 质量的换算系数。

十一、石油产品水分的测定

1. 概要

本方法适用于石油产品与无水溶剂混合蒸馏测定其水分含量，用质量分数表示。

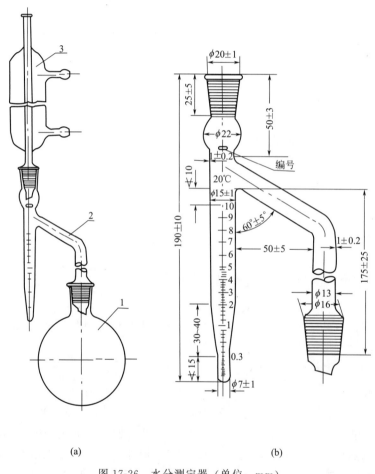

(a)　　　　　　　　　　　　　　　(b)

图 17-26　水分测定器（单位：mm）

1—烧瓶；2—接收器；3—冷凝管

2. 仪器、试剂及材料

① 水分测定器 ［图 17-26 （a）］　包括圆底玻璃烧瓶 1（容量 500mL），接收器 2 ［图 17-26 （b）］ 和直管式冷凝管 3（长度 250～300mm）。

水分测定器的各部分连接处可以用磨口塞或软木塞连接（仲裁试验时必须用磨口塞连

接）。接收器的刻度在 0.3mL 以下设有 10 等分的刻线；0.3～1.0mL 设有 7 等分的刻线；1.0～10mL 每分度为 0.2mL。

② 溶剂　工业溶剂油，直馏汽油在 80℃ 以上的馏分；溶剂在使用前必须脱水过滤。

③ 无釉瓷片、浮石或一端封闭的玻璃毛细管，在使用前必须经过烘干。

3. 测定步骤

① 将装入量不超过瓶内容积 3/4 的试油振动 5min，要混合均匀。黏稠的或含石蜡的石油产品应预先加热 40～50℃，才进行摇匀。

② 向预先洗净并干燥的圆底烧瓶 1，加入摇匀的试油 100g，称准至 0.1g。

用量筒取 100mL 溶剂，注入烧瓶中，将烧瓶中的混合物仔细摇匀后，投入一些无釉的瓷片、浮石或毛细管。

注：1.黏度小的试油可以用量筒量取 100mL，注入烧瓶中，再用这只未经洗涤的量筒量出 100mL 的溶剂。烧瓶中的试油质量，等于试油的密度乘以 100mL。

2.试油的水分超过 10% 时，试油的质量应酌量减少，要求蒸出的水不超过 10mL。

③ 洗净并干燥的接收器 2 要用它的支管紧密安装在烧瓶 1 上，使支管的斜口进入烧瓶 15～20mm。然后在接收器上连接直管式冷凝管 3。冷凝管的内壁要预先用棉花擦干。安装时，冷凝管与接收器的轴心线要互相重合，冷凝管下端的斜口切面要与接收器的支管管口相对。为了避免蒸汽逸出，应在塞子缝隙上涂抹火棉胶。进入冷凝管的水温与室温相差较大时，应在冷凝管的上端用棉花塞住，以免空气中的水蒸气进入冷凝管凝结。

④ 用电炉、酒精喷灯或调成小火焰的煤气灯加热烧瓶，并控制回流速度，使冷凝管的斜口每秒滴下 2～4 滴液体。电炉加热时，应用调压变压器控制回流速度。

⑤ 蒸馏将近完毕时，如果冷凝管内壁沾有水滴，应使烧瓶中的混合物在短时间内进行剧烈沸腾，利用冷凝的溶剂将水滴尽量洗入接收器中。

⑥ 接收器中收集的水体积不再增加，而且溶剂的上层完全透明时，应停止加热。无论如何，回流的时间不应超过 1h，

停止加热后，如果冷凝管内壁仍沾有水滴，应从冷凝管上端第 2 条（仪器及材料）②款规定的溶剂，将水滴冲进接收器。如果溶剂冲洗依然无效，就用金属丝或细玻璃棒带有橡胶或塑料头的一端，将冷凝器内壁的水滴刮进接收器中。

⑦ 烧瓶冷却后，将仪器拆卸，读出接收器中收集水的体积。当接收器中的溶剂呈现浑浊，而且管底收集的水不超过 0.3mL 时，将接收器放入热水中浸 20～30min，使溶剂澄清，在将接收器冷却到室温，再读出管底收集水的体积。

4. 计算

试油的水分含量（质量分数）x 按下式计算：

$$x = \frac{V\rho_{水}}{m_{油}} \times 100\%$$

式中　V——在接收器中收集水的体积，mL；

　　　$\rho_{水}$——水在室温下的密度，g/cm^3；

　　　$m_{油}$——试油的质量，g。

注：水在室温的密度可以视为等于 1g/cm^3，因此用水的体积的数值等于水的质量的数值。所以当试油的质量为（100±1）g 时，在接收器中收集水的体积的数值，可以直接作为试油的水分质量分数测定结果。

试油的水分体积分数 y 按下式计算。

$$y = \frac{V \rho_{油}}{m_{油}} \times 100\%$$

式中　　V——接收器中收集水的体积，mL；

　　　　$\rho_{油}$——注入烧瓶时的试油的密度，g/cm^3；

　　　　$m_{油}$——试油的质量，g。

注：量取 100mL 试油时，在接收器中收集的水体积的数值，可以直接作为试油的水分体积分数测定结果。

5. 精确度

在两次测定中，收集水的体积差数，不应超过接收器的一个刻度。然后用平行测定的两个结果的算术平均值，作为试油的水分。

试油水分少于 0.03%，认为是痕迹。在仪器拆卸后接收器中没有水存在，认为试油无水。

十二、润滑脂水分的测定

1. 概要

本方法适用于润滑脂的水分含量的测定。测定结果以质量分数表示。

2. 仪器、试剂及材料

① 仪器，水分测定器，即石油产品水分测定器。

② 溶剂，初馏点不低于 90℃，干点不高于 150℃ 的直馏汽油，须用无水氯化钙干燥，并在使用前过滤。

③ 油酸或硬脂酸，化学纯。

④ 无水氯化钙。

⑤ 浮石或未上釉的陶瓷片或一端封闭的玻璃毛细管，在试验前必须烘干。

⑥ 刮刀。

3. 测定步骤

用洁净干燥的刮刀在样品瓶的数处取出润滑脂试样，经仔细搅拌后，于工业天平上称取 20～25g，称准至 0.1g，放入预先干燥的烧瓶中，然后注入溶剂 150mL，并向烧瓶放进数块未上釉的陶瓷片或浮石或几根毛细管。

将烧瓶与洁净干燥的接收器支管紧密安装在一起，然后使接收器与预先用棉花擦干内壁的直形冷凝器连接。安装时，冷凝管下端的斜口切面要与接收器的支管管口相对。为了避免蒸汽逸出，应在塞子缝隙上涂抹火棉胶。试验时，冷凝管的上端应用棉花塞上，以免大气中水分在冷凝管内凝结。

用电炉（或其他加热器）徐徐加热，当回流开始后，沿冷凝器终端落入接收器中的冷凝液，应保持每秒为 2～4 滴。

接近操作终了时，如水滴滞留在冷凝管壁，则须短时加强沸腾强度，使冷凝的溶剂将水滴冲入接收器底部，或在操作终了时用带橡胶头的玻璃棒将水刮下。

当接收器中水的体积不再增大及上层溶剂完全变成透明时，即停止蒸馏。蒸馏时间不应超过 1h。待烧瓶稍冷，接收器中的溶剂及水已达到室温后，记录接收器中水的容积。

如接收器中溶剂发生浑浊，则将接收器放在热水中 20～30min，使之澄清并重新冷却。

注：1. 如润滑脂中预期的水分在 10％以上，则试样质量应减少至 10～15g。

2. 仲裁试验时，冷却水的温度与室温的差数，应控制在 ±5℃之内。

3. 在试验过程中，如果出现有成团、暴沸、乳化起泡等现象，使试验无法进行时，允许加入油酸或硬脂酸 5～10g。但此时应将试验样品按测定游离碱（以 NaOH ％表示），换算成测定水分样品量的总碱量，再乘以 0.45 后作为补正值，从刻度管水分读数中减去补正值。如补正后为负数，则认为该试样水分为"无"。

4. 计算

润滑脂中水分含量 x 按下式计算。

$$x = \frac{V\rho_{水}}{m_{脂}} \times 100\%$$

式中　V——接收器中收集水的体积，mL；

　　　$\rho_{水}$——水在室温下的密度，g/cm^3；

　　　$m_{脂}$——试样的质量，g。

5. 精确度

平行测定的差数，应不超过接收器为水占据部分上面的一个刻度，如接收器中水的数量少于 0.03mL 时，则认为痕迹。

十三、折射率的测定

折射率是一项重要的物理常数，表示在两种介质中光速比值的物理量。折射率是有机化合物的重要物理常数之一。折射率的数值可作为液体纯度的标志。

光线从一种透明介质（空气）进入另一种透明介质（水）时，它的传播方向发生改变的现象，叫作光的折射。这种现象的产生是由于光线在各种不同介质中传播的速度不同所造成的。所谓折射率是指光线在空气中（严格地讲应在真空中）传播的速度与在其他介质中传播速度之比值。由于光线在空气中传播的速度最快，因而任何介质的折射率都大于1。折射率通常用 N 表示，其随测量温度及入射光波长的不同而有所变化。通常在字母 n 的右上角注出的数字表示测量时的温度，右下角字母代表入射光的波长。例如水的折射率 $n_D^{20} = 1.3330$，表示在 20℃用钠光灯照射下（钠光谱中 D 线波长为 589.3nm）测得的数值。

通常用阿贝折光仪来测量液体的折射率，这种折光仪仅需几滴液样，测量速度快，准确度高（能测出 5 位有效数字）。因此测量液体的折射率比测量液体的沸点更为可靠。

（一）仪器

阿贝折光仪其结构如图 17-27 所示，其光学系统如图 17-28 所示。

1. 望远系统

光线由反光镜 1 进入进光棱镜 2 和折射棱镜 3，被测液体放在 2 和 3 之间，光线经过阿米西棱镜 4 抵消由于折射棱镜及被测物体所产生的色散而成白光，经物镜 5，将明暗分界线成像于分划板 6 上，经目镜 7 和放大镜 8 放大成像于观察者眼中。

2. 读数系统

光线由小反光镜 14 经过毛玻璃 13，照明度盘 12，经转向棱镜 11 及物镜 10，将刻度成像于划板 9 上，经目镜 7 和放大镜 8 放大成像于观察者眼中。

阿贝折光仪是用白光作光源，由于色散现象，目镜的明暗分界线并不清楚，为了消除色散，在仪器上装有消色补偿器（即图 17-27 中阿米西棱镜手轮 10）。试验时转动消色补偿器，就可以消除色散而得到清楚的明暗分界线［图 17-28（1）］。此时所测得的液体折射率［图 17-28（2）]和应用钠光 D 线所得的液体折射率相同。

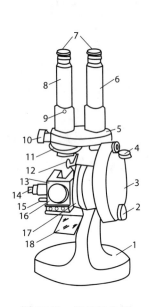

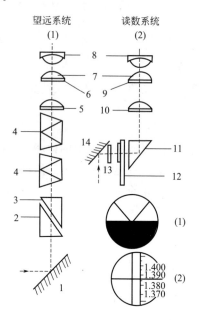

图 17-27　阿贝折光仪

1—底座；2—棱镜转动手轮；3—圆盘组（内有刻度板）；
4—小反光镜；5—支架；6—读数镜筒；7—目镜；
8—望远镜筒；9—示值调节螺钉；10—阿米西棱
镜手轮；11—色散值刻度盘；12—棱镜锁紧手柄；
13—棱镜组；14—温度计座；15—恒温水浴接头；
16—保护罩；17—主轴；18—反光镜

图 17-28　阿贝折光仪光学系统示意及目镜视场示意

1—反光镜；2—进光棱镜；3—折射棱镜；
4—阿米西棱镜；5,10—物镜；6,9—划板；
7—目镜；8—放大镜；11—转向棱镜；
12—照明度盘；13—毛玻璃；14—小反光镜

在阿贝折光仪的望远目镜的金属筒上，有一个供校准仪器用的示值调节螺钉。通常用 20℃ 的水校正仪器（其折射率 $n_D^{20}=1.3330$）。也可用已知折射率的标准玻璃校正。

（二）测定方法

1. 准备和校正

如图 17-27 所示将折光仪置于光线充足的地方，与恒温水浴连接，使折光仪棱镜的温度为 20℃。然后将下棱镜（反光镜 18）打开，向后扭转约 180°。把上棱镜（折射棱镜）和校正用的标准玻璃用丙酮洗净烘干。将一滴 1-溴代苯滴在标准玻璃的光滑面上，然后贴在上棱镜面上，用手指轻压标准玻璃的四角，使棱镜与标准玻璃之间铺有一层均匀的溴代苯。转动反光镜，使光射在标准玻璃的光面上，调节棱镜的转动手轮 2，使目镜望远视野分为明暗两部分，再转动阿米西棱镜手轮 10，消除虹彩并使明暗分界清晰，使明暗分界线对准在十字线上，若有偏差，可调节示值调节螺钉 9，使明暗分界线恰处在十字线上。此时由读数视野读出折射率，在与标准玻璃上所刻数值比较，二者相差不大于±0.0001，校正就结束，也可用纯水校正。

2. 测定

将进光棱镜和折射棱镜用丙酮或乙醚洗净，用擦镜纸擦干或吹干，注入数滴样品，立即闭合棱镜，使样品与棱镜于 20℃ 保持数分钟。然后按前述方法调节，记录读数，读数应准确至小数点后第四位（最后一位为估计数字）。轮流从一边再从另一边将分界线对准在十字线上，重复观察记录读数 3 次，读数间差数不大于 ±0.0003。所得读数平均值即为样品的折射率。

测定完毕后，打开棱镜，用擦镜纸轻轻擦干，在任何情况下，不允许用擦镜纸以外的任何东西接触到棱镜，以免损坏它的光学平面。

十四、涂料的测定

（一）清漆、清油和稀释剂的外观、透明度及沉聚物测定

1. 概要
检测清漆、清油、漆料及稀释剂等是否含有机械杂质和浑浊物及沉聚物的方法，称为外观、透明度和沉聚物的测定。

2. 仪器
（1）无色玻璃试管　内径为（15±1）mm。
（2）无色玻璃离心试管　100mL，刻度精确至 0.5mL。

3. 测定方法
外观和透明度的测定　将试样倒入干燥洁净的试管内，用眼睛在天然散射光线下对光观察。试验应在（25±1）℃ 的温度下进行。

沉聚物的测定　将试样沿玻璃棒注入离心试管中，至 50mL 刻度处，放到恒温处保持（25±1）℃ 静止 24h 后记录沉聚物体积（mL），以此体积的数值乘以 2，即为沉聚物的体积分数。

注：如发现试样温度低于 10℃，产生浑浊时，允许用水浴加热至 50～55℃，保持 5min，然后冷却至（25±1）℃，再保持 5min 后进行外观、透明度和沉聚物的测定。

（二）黏度测定

1. 概要
液体的黏度是液体分子间相互作用而产生阻碍其分子间相对运动能力的量度。油漆的条件黏度，是以一定量的漆，在一定温度下，从规定直径的孔所流出的时间，以秒（s）表示。

2. 仪器及材料
（1）0～50℃ 水银温度计　精确度为 0.1℃。
（2）小搪瓷杯　体积 150mL。
（3）秒表　精确度为 0.2s。
（4）永久磁铁。
（5）乙醚或汽油。
（6）水平仪。
（7）承受瓶（图 17-29）　在 50mL 处有一刻度线，刻度线需经校正。
（8）涂-1 黏度计（图 17-30）　上部为圆柱形，下部为圆锥形的金属容器。内壁的粗糙度 $\sqrt{8}$，并有固定的销钉 3 个，圆锥底端有漏嘴，容器的盖上有两个孔，一孔为插塞棒

用，另一孔为插温度计用，容器固定在一个圆形水浴内。黏度计装置于带有两个调节水平螺钉的架上。

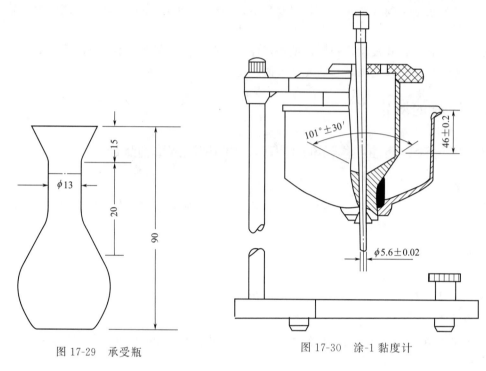

图 17-29　承受瓶

图 17-30　涂-1 黏度计

涂-1 黏度计的基本尺寸：ⅰ. 圆柱体部分　圆柱体内径为（51±0.1）mm，圆柱体由底至钉销高（46±0.2）mm，黏度计锥体内部的角度为 101°±30'；ⅱ. 漏嘴　漏嘴高（14±0.02）mm，漏嘴内径（5.6±0.02）mm。

涂-1 黏度计用于测定涂料的条件黏度。它适用于测定黏度不低于 20s（以本黏度计为标准）的涂料产品以及按产品标准规定必须加温进行测定的黏度较大的涂料产品。

（9）涂-4 黏度计（图 17-31）　为金属或塑料制成（仲裁试验时采用金属黏度计），其内壁的粗糙度 ✓ 8，上部为圆柱形，下部为圆锥形，在锥形部有可以更换的漏嘴，在容器上部有凹的底槽，作多余试样溢出用。黏度计装置在带有两个调节水平螺钉的架上。

涂-4 黏度计的基本尺寸：ⅰ. 黏度计容量为（100±1）mL，漏嘴是用不锈钢制成的，其孔高（40±0.02）mm，孔的内径（4±0.02）mm，黏度计锥体内部的角度为 81°±15'；ⅱ. 涂-4 黏度计用于测定涂料的条件黏度，它适用于测定黏度在 150s 以下的涂料产品（以本黏度计为标准）。

（10）落球黏度计（图 17-32）　由下列各件组成：玻璃管长 350mm，内径为（25±0.25）mm，钢球直径为（8.00±0.05）mm，质量 20.1g，距离两端管口边缘 50mm 处各有一刻度线，两线间距为 250mm，在管的上下端有软木塞子，上

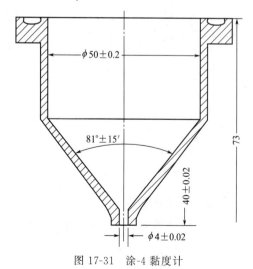

图 17-31　涂-4 黏度计

端软木塞中间有一铁钉，管垂直固定在架上（以铅锤测定）。注：落球黏度计用于测定黏度较高的透明液体之条件黏度。

3. 涂-1 及涂-4 黏度计的校正

将被校正黏度计测得之黏度 t_1，乘以修正系数 k，即为该黏度计测得之实际条件黏度 t。

$$t = kt_1$$

其 k 值的求得有下述两种方法。

（1）标准黏度计法　首先配制五种以上不同黏度的航空润滑油和航空汽油与变压器油的混合油，在 $(25\pm0.2)℃$ 测其在标准黏度及被校正黏度计中流时间，求出两黏度计一系列的时间比值 $k_1,k_2,k_3\cdots\cdots$，其算术平均值即为修正系数 k。

（2）运动黏度法　当缺少标准黏度计时，则 t 值按下列公式计算：

涂-1 黏度计　$t = 0.035n + 1.0$

涂-4 黏度计　$t = 0.223n + 6.0$

式中，n 为在 $(25\pm0.1)℃$ 温度下，按 GB/T 265—1988 测定的航空汽油或航空汽油与变压器油的混合油的绝对黏度（$mPa \cdot s$）。

由此求得一系列的 t 与用被校正黏度计测得一系列 t_1 之比值的算术平均值，即为 k 值。

如修正系数 k 在 $0.95\sim1.05$ 范围外，则黏度计应更换。

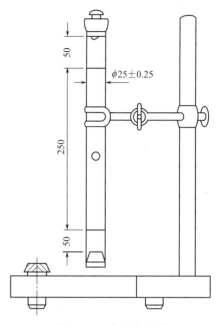

图 17-32　落球黏度计

4. 操作方法

（1）用涂-1 黏度计测定条件黏度　每次测定之前须用纱布蘸溶剂将黏度计内部仔细擦拭干净，然后在空气中干燥或冷风吹干，对光观察黏度计漏嘴应清洁，然后将黏度计置于水浴套内，插入塞棒。

将试样搅拌均匀，必要时用不少于 567 孔/cm^2 的金属筛过滤，调整温度至 $(25\pm1)℃$（或按产品标准规定），倒入黏度计内，调整水平螺钉使三个销钉尖端刚露出液面。为使试样中气泡逸出应静置片刻，盖上盖子并插入温度计，试样保持在 $(25\pm1)℃$（或按产品标准规定）。

在黏度计漏嘴下面放置一个玻璃承受瓶，当试样温度符合要求后，迅速将塞棒提起，试样从漏嘴流出，并滴入承受瓶底时，立即开启秒表。当瓶内试样达到 50mL 刻度时，立即停止秒表，记录流出的时间准确至 0.2s。试样通过黏度计漏嘴流入瓶内 50mL 所需的时间（秒），即为此试样的条件黏度。

两次测定值之差不应大于平均值的 3%。

（2）用涂-4 黏度计测定条件黏度　黏度计的清洁处理及试样的准备如本操作方法（1）涂-1 黏度计所述。调整水平螺钉使黏度计处于水平位置，在黏度计下面放置 150mL 的搪瓷杯，用手指堵住漏嘴孔，将温度调整至 $(25\pm1)℃$ 的试样倒满黏度计中，用玻璃棒将气泡和多余的试样刮入凹槽，然后松开手指使试样流出，同时立即开启秒表，当试样流丝中断时，停止秒表，试样从黏度计流出的全部时间（秒），即为试样的条件黏度。

两次测定值之差不应大于平均值的 3%。

（3）用落球黏度计测定条件黏度　将透明的试样倒入管中，使试样高于刻度线 4cm，钢球也一同放入，塞上带铁钉的软木塞，用永久磁铁放置在带铁钉的软木塞上，将管子颠倒使铁钉吸住钢球，再翻转过来，固定在架上，亦可采用铅锤调节使其垂直。然后将永久磁铁拿走，使钢球自由落下，当钢球通过上刻度线时，立即开启秒表，至钢球顶端落到下刻度线时停止秒表，记录钢球通过两刻度线的时间（秒），即为试样的条件黏度。

测定试样的温度应在（25±1）℃，可用水浴调节温度。

两次测定值之差不应大于平均值的3%。

注：① 黏度计、温度计及秒表定期经校检部门校正。

② 校正黏度计时用20#航空汽油和变压器油。

③ 如测定23s以下的涂料产品应按下面公式换算：

$$t = 0.154n + 11$$

（三）细度测定（刮板法）

1. 概要

本法是用刮板细度计来测定色漆和漆浆内颜料、体质颜料及杂质等颗粒的细度，以微米数表示。

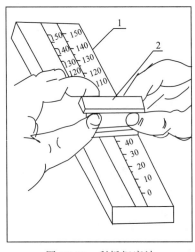

图 17-33　刮板细度计

2. 仪器及材料

（1）刮板细度计（图 17-33）　磨光平板 1 是由工具合金钢制作，板上有一沟槽，长（155±0.5）mm，宽（12±0.2）mm。在 150mm 长度内刻有 0～150μm（或 0～100μm，0～50μm）的表示槽深的等分刻度线，在刻度线上注明微米数。在刮板细度计正面、槽底及反平面平直度允许差 0.003mm/全长，正面的粗糙度应为 $\sqrt{}$ 10，沟槽倾斜度 1∶1000（或 1∶1500、1∶3000），刻度值误差为±0.002mm。刮刀 2 由工具合金钢制作，两刀均磨光，长（60±0.5）mm，宽（42±0.5）mm，刀刃平直度允许误差 0.002mm/全长，刀刃研磨的粗糙度为 $\sqrt{}$ 8。

（2）调漆刀

3. 刮板细度计的使用范围

细度在 30μm 及 30μm 以下时，应用量程为 50μm 的刮板细度计，细度在 30μm 以上时，应用量程为 100μm 或 150μm 的刮板细度计。

注：刮板细度计磨损 3μm 后，必须经计量部门检定校正后方能使用。

4. 操作方法

将符合产品标准黏度指标的试样用调漆刀充分搅匀，然后在细度计的沟槽最深部分滴入试样数滴，以能充满沟槽而略有多余为宜。以双手拇指、食指及中指持刮刀，横置在刮板细度计之上端（在试样边缘处），使刮刀与刮板细度计表面垂直，以适宜的速度，由沟槽深的部分向浅的部分拉过，使漆样充满沟槽，而平板上不留有过多余漆。刮刀拉过后，立即（不超过 5s）横握细度计，并倾斜，使视线与沟槽平面成 15～30°角，对光观察沟槽中颗粒均匀显露处的刻度线，记录下读数，终点判断见图 17-33。

进行两次测定，取其算术平均值作为结果，以微米表示。读数的精确度为 $1\mu m$。

提示：① 测定厚漆细度时，应用符合产品标准的清油调好，再测定。

② 刮板细度计在使用前，必须用溶剂仔细洗净擦干。

（四）固体物质的测定

1. 概要

固体含量是涂料在一定的温度下加热、干燥后剩余物质量与试样质量的比值，以百分数表示。

2. 仪器及材料

（1）红外线加热器　将红外线灯（250W）固定于铁架子上，悬于底台中间，四周围上白铁板，白铁板的一面有小门，底台上铺以石棉，再于石棉上铺一张白铁板。底台的尺寸为 $350mm \times 350mm$，四周白铁板的高度应以能遮住灯光为宜，使用时，应放在通风处。

（2）鼓风恒温烘箱。

（3）白铁皿或培养皿　直径 $50 \sim 80mm$，边高 $8 \sim 10mm$。

（4）表面皿，直径 $90mm$。

（5）天平　感量 $0.01g$。

（6）温度计　$0 \sim 200 ℃$。

（7）坩埚钳。

（8）调压变压器　$0 \sim 250V$、$1000VA$。

3. 红外线及烘箱加热规定

红外线灯装置用调压变压器控制，灯距台面的高度应不少于 $5cm$。在红外线灯接通电源达到温度要求后，再过 $5min$ 进行试验。测定灯下的温度，应将温度计的水银球置于铁板上，位于光圈的中心。

如用烘箱加热，应事先调节好烘箱至所需的温度。

试验温度规定如表 17-9。

表 17-9　试验温度规定

漆　类	红外线灯温度/℃	烘箱温度/℃	漆　类	红外线灯温度/℃	烘箱温度/℃
硝基漆类	95 ± 5	65 ± 2	氨基、醇酸漆类	120 ± 5	120 ± 2
过氯乙烯漆类	100 ± 5	65 ± 2	沥青漆类	140 ± 5	120 ± 2
油脂漆类	140 ± 5	120 ± 2			

注：如产品标准另有规定，则按其规定进行。

4. 操作方法

（1）红外线灯法　称取约 $2g$ 试样（硝基漆及过氯乙烯漆的取样量约为 $5g$），于干燥洁净的白铁皿或培养皿中，称量后，将皿放置于调好温度的灯光中央，不断搅拌；烘至近干，取出皿放入干燥器中冷却至室温，然后称量；再放入灯光下照射 $5min$ 后，取出冷却后称量。重复上述操作至两次称量的质量差不大于 $0.01g$ 止。全部称量精确度至 $0.01g$。

当测定腻子时，可用两块干燥洁净预先在一起称量过的表面皿，将腻子放在一块表面皿上，另一块盖在上面，在天平上准确称量。然后将盖着的表面皿反过来，使两块表面皿互相吻合。轻轻压下，使试样在皿中圆形展开，但试样不得溢出皿外。将皿分开，试样面朝上，置于灯下的光圈中心；加热至近干，取出皿放于干燥器中冷却至室温。称量，再重复上述操作至二次称量的质量差不大于 0.01g 为止。全部称量精确至 0.01g。

（2）烘箱法　称取约 2g 试样（硝基漆和过氯乙烯漆的取样量约为 5g），于干燥洁净的白铁皿或培养皿中，然后置于预先调好温度的鼓风恒温箱中，加热 1.5～2h 取出，放于干燥器中冷却至室温，准确称量。然后再放烘箱内烘约半小时，取出，冷却称量，至两次称量的质量差不大于 0.01g 时为止。全部称量精确至 0.01g。

固体含量 x（%）按下式计算：

$$x = (m_1/m) \times 100\%$$

式中　m_1——干燥后试样的质量，g；

$\quad\quad m$——称取试样的质量，g。

试验结果，取两次平行试验的平均值，两次平行试验之差不大于 1%。

（五）遮盖力测定

1. 概要

遮盖力是指以色漆均匀涂刷于单位面积物体表面上，使其底色不再呈现的最小涂料用量，以 g/m^2 表示。

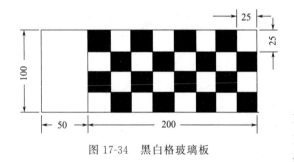

图 17-34　黑白格玻璃板

2. 仪器与材料

（1）漆刷　宽 20～25mm。

（2）玻璃板（mm）　100×250×1.2～2。

（3）天平　感量 0.01g 及 0.001g。

（4）黑白格玻璃板（图 17-34）　将 100mm×250mm 的玻璃板的一端遮住 100mm×50mm（留作实验时手执之用），然后在剩余的 100mm×200mm 的面积上喷一层黑色硝基漆，待干后，用小刀仔细地间隔划去 25mm×25mm 的正方形。再将玻璃板放入水中浸泡片刻，取出晾干，间隔剥去正方形漆膜。然后在其背面再喷上一层白色硝基漆，即成具有 32 正方格之黑白间隔的白玻璃板，再贴上一张白色图画纸，然后喷涂一层硝基胶，即制得牢固的黑白格板。

3. 操作方法

（1）刷涂法　将漆样调至适于涂刷的黏度（稀释剂用量在计算遮盖力时应扣除），然后在感量为 0.01g 天平上称出盛有油漆的杯子和刷子的总质量。用刷子将油漆均匀地涂刷于黑白格板至看不见黑白格为止，将剩下余漆的杯子及刷子称量，求出黑白格板上油漆质量。涂刷时应快速均匀，不允许油漆在板的边缘黏附。

平行测定两次，如两次平行结果之差不大于平均值的 5%，则取其平均值，否则，必须重新试验。

遮盖力 x（g/m^2）按下式计算（以湿漆膜计）：

$$x = \frac{m(100\% - w)}{A} \times 100$$

式中　m——黑白格板完全遮盖时涂漆质量，g；

w——调好厚漆中需加入的清漆质量分数，按规定 $w=25\%$；

A——黑白格板涂漆面积（规定：$10cm\times20cm$），cm^2。

（2）喷涂法　将试样调至适于喷涂的黏度，按"（六）漆膜制备法""4.操作方法""（2）喷涂法"，用喷枪在两块已预先称量的 $80mm\times125mm$ 的玻璃板上，薄薄的分层喷涂，每次喷涂后平放于黑白格板上观察直至完全遮盖。然后把玻璃板背面和边缘的漆擦干净，在 $(65\pm2)℃$ 下烘至恒重。如果两次结果之差不大于平均值的 5%，则取其平均值。否则必须重新试验。

干漆膜的质量乘以 100 即得该试样之遮盖力。

注：① 判断终点时，均在天然散射光线下平放对光观察。

② 刷漆法在感量 0.01g 的天平上称量，喷涂法应在感量 0.001g 天平上称量。

③ 黑白格板应经常保持黑白格分明，用旧时应进行修整。

（六）漆膜制备法

1. 概要

将油漆试样均匀涂布于各种材料（金属、玻璃、木材等）的底板上制成漆膜，以供测定漆膜的性能。

2. 仪器和材料

（1）马口铁板（mm）　$25\times120\times(0.2\sim0.3)$，$50\times120\times(0.2\sim0.3)$。

（2）玻璃板（mm）　$90\times120\times(1.2\sim2.0)$。

（3）薄钢板（mm）　$50\times120\times(0.45\sim0.55)$，$65\times150\times(0.45\sim0.55)$。

（4）硬铝板（mm）　$50\times120\times1$。

（5）木板（mm）　$120\times220\times(5\sim10)$。

（6）钢棒（mm）　直径 15，长 120。

（7）刷子（mm）　宽 $15\sim25$。

（8）喷枪（mm）　喷嘴内径 $0.75\sim2.0$。

（9）腻子刮涂器　由模型板和刮刀器组成，模型板见图 17-35。

底座 1（mm）　$215\times125\times15$；

模框 2（mm）　内框 $145\times60\times1.0$，$145\times60\times0.7$，$145\times60\times0.5$；

刮刀框 3（mm）　内径 $155\times70\times2$；

楔形卡 4；

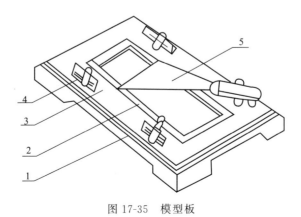

图 17-35　模型板

刮刀 5（mm）　刀口宽 70。

在平滑的底座上有四个楔形卡，以便压紧刮刀框及模框，可按照产品标准要求的厚度选用，即可制得所要求厚度的腻子层。

（10）涂-4 黏度计。

（11）恒温烘箱。

（12）室温干燥箱。

（13）杠杆千分尺或测厚计　精确度为 0.002mm。

3. 底板的表面处理

（1）马口铁板和薄钢板可先用 0 号砂纸打磨除锈及去掉镀锡层（沿纵的方向来回打磨），然后以棉纱擦净，再用脱脂棉（蘸 200 号溶剂汽油或二甲苯）擦净，至不使棉球沾污为止，晾干备用。

（2）玻璃板先用热肥皂水洗涤，再用水冲洗净擦干，涂漆前需用脱脂棉蘸溶剂擦净，晾干后使用。

（3）硬铝板在使用前，用脱脂棉蘸溶剂擦净，晾干后使用。木板表面用 1 号氧化铝纱布磨光，擦去赃物备用。

（4）耐热性试验使用的马口铁板在打磨前，需在 400～500℃下处理 30min，使镀锡层氧化，取出冷却后再按底板的表面处理（1）处理。

4. 操作方法

涂漆前应将试样搅拌均匀，如表面结皮可仔细揭去，必要时可用 900～2300 孔/cm² 筛子过滤，然后按产品标准规定选用下列方法涂刷。

（1）刷涂法　将试样稀释至适当黏度，或按产品标准规定的黏度，用刷子涂刷在规定的底板上，快速均匀，纵横方向涂刷，使之成一层均匀的涂膜，不允许有空白或溢出的现象。涂刷好的样板，平放于室温干燥箱或恒温箱中进行干燥。干燥的条件、时间及干后的漆膜厚度应符合产品标准要求。

（2）喷涂法　将试样稀释至适当的工作黏度［油脂漆为 20～30s，硝基漆为 15～25s（25℃±1℃）涂-4 黏度计测定］，然后在规定底板上喷涂成均匀的漆膜，不得有空白或溢流现象。喷枪与被涂面之间距离不小于 200mm，喷涂方向要与被涂面成适当的角度，空气压力应为 0.196～0.343MPa（空气应过滤除去油、水及污物），喷枪移动速度要均匀。喷涂好的样板平放于室温干燥箱或恒温烘箱中进行干燥，干燥的条件、时间和干后的漆膜厚度均按产品标准的规定。

（3）浸渍法　在浸漆前，调整漆的黏度，使第二次浸漆干燥后，样板每面漆膜的厚度应符合产品标准中的规定。然后以缓慢均匀的速度将样板垂直浸入漆中，停留 30s，随后以同样的速度从漆中取出，放在洁净无灰尘处滴干 10～30min。滴干后将试样垂直悬挂于室温干燥箱或恒温烘箱中进行烘干（干燥的时间、温度和湿度按产品标准的规定）。如产品标准中对第一次涂漆的干燥时间没有规定，则可自行确定，但不可超过产品标准中所规定的指标（控制漆膜的干燥程度，以保证干燥的漆膜不致因第二浸漆而发生流挂、咬起或起皱等现象；制备同一种产品的漆膜须采用相同的干燥条件）。

此后，将样板倒转 180°，按第一次浸漆的方法进行第二浸漆，滴干 10～30min 后，按产品标准所规定的时间、温度和湿度进行干燥。

浸漆的次数及干燥后漆膜的厚度按产品标准中的规定。

（4）浇注法 将预先调至适当黏度并充分搅拌均匀的试样，浇注于以 45°角倾斜的样板上，放置于洁净的空气中 10～30min，使样板上多余的漆流尽，并以同样的角度倾斜放置于室温干燥箱或恒温烘箱中干燥。干燥程度、时间、温度和湿度按"（六）漆膜制备法（六）""4.操作方法""（3）浸渍法"的规定。试样干燥后，倒转 180°按上述方法浇注第二次，其烘干时间、温度和湿度按产品标准规定进行，浇注次数和干燥后漆膜厚度应符合产品标准规定。

（5）腻子制膜法 将样板放于腻子刮涂器底座上，然后将膜框及刮刀框套在上面并卡紧，再用金属刮刀将腻子均匀地刮涂在样板上使成一均匀平滑的腻子层，取下腻子样板平放于室温干燥箱或恒温烘箱中进行干燥，干燥的时间、温度和湿度按产品标准规定。

注：① 当油漆产品黏度较大需进行稀释时，可根据产品的性能或产品标准规定采用适当稀释剂。

② 样板种类及规格，可根据测定方法及产品标准规定选取。

（七）干燥时间测定法

1. 概要

一定厚度的漆膜，在规定干燥条件下，从流体层至表面形成微薄漆膜的时间为表面干燥时间，而实际干燥时间以其全部形成固体漆膜的时间表示。

2. 仪器及材料

（1）马口铁板（mm） 50×120×（0.2～0.3）。

（2）秒表 精确度 0.2s。

（3）室温干燥箱。

（4）杠杆千分尺或测厚计 精确度 0.002mm。

（5）干燥试验器（图 17-36） 质量 200g，底面积 1cm^2。

（6）脱脂棉球 1cm^3 的疏松棉球。

（7）定性滤纸 标重 75g/m^2，20mm×20mm。

（8）保险刀片。

（9）鼓风恒温烘箱。

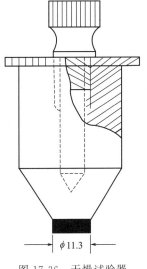

$\phi 11.3$

图 17-36 干燥试验器

3. 操作方法

按漆膜制备法，在上述（1）的马口铁板（或按产品标准规定）上进行喷漆，将已涂漆的样板放入室温干燥箱（气干漆）或恒温烘箱（烘干漆）内按产品标准规定进行干燥。每隔若干时间或达到产品标准规定时间，则选择下列方法测定漆膜是否干燥（产品标准有规定则按产品标准规定）。

（1）表面干燥测定法：a.指触法 以手指轻触涂漆样板，如感到有些发黏，但无漆粘在手上，即认为达到表面干燥；b.吹棉球法 在漆膜表面上轻轻放上一个脱脂棉球，嘴距棉球 10～15cm，顺水平方向轻吹棉球，如能吹走，漆膜面不留有棉丝，即认为达到表面干燥。

（2）实际干燥测定法

① 滤纸法 在漆膜上放一块定性滤纸（滤纸光滑的一面面向漆膜），于滤纸上轻轻放上干燥试验器，并立即开启秒表，经 30s 后，拿掉干燥试验器，将涂漆样板翻转，漆膜向下，滤纸能自由落下，或在背面用握板之手的食指轻敲几下，滤纸能自由地落下，而滤纸的纤维不被粘在漆膜上，即认为漆膜已实际干燥。

对于产品标准中规定漆膜允许稍有黏性的漆，如涂漆样板翻转经食指轻敲后，滤纸仍不能自由落下时，将漆膜样板放在玻璃板上，用镊子夹住预先折起滤纸的一角，沿水平的方向轻拉滤纸，当样板不动，滤纸已被拉下，即使漆膜上轻微地粘有滤纸的纤维时，亦认为漆膜以实际干燥，但应记录漆膜稍有黏性。

② 棉球法　在漆膜表面上放一个棉球，于棉球上轻轻放上干燥试验器，并立即开启秒表，经 30s 后。将干燥试验器和棉球拿掉，如漆膜已实干，则在 5min 后进行观察，漆膜上不应有棉球的痕迹及失光的现象。如漆膜上留有一两根棉丝，用手指能轻轻掸掉的，亦认为漆膜已实际干燥。

③ 刀片法　用保险刀片在样板上能刮起漆膜，且漆膜底层无黏着现象，即认为漆膜已实际干燥。

4. 试验条件

（1）漆膜的实际干燥时间是漆膜制成时（气干漆）或放入恒温烘箱（烘干漆）时起，到漆膜干燥时为止的一段时间为试验的干燥时间。烘干漆必须待涂漆样板冷却（25±1）℃，方可进行测定，冷却时间不计算在干燥时间内。

（2）常温干燥过程应在（25±1）℃，相对湿度（65±5）％的通风明亮房屋中进行。

（3）干燥时间的测定，应距离样板边缘不小于 1cm 的范围内进行。

（4）室温干燥箱不应放置于直接的阳光下。

（5）油脂漆样板不能与硝基漆样板同时放在一个烘箱中进行干燥。

（八）漆膜的硬度测定（摆杆法）

1. 概要

漆膜的硬度是以一定质量的摆，置于被测漆膜上，在规定振幅中摆动衰减的时间与在玻璃板上于同样振幅中摆动衰减的时间比值。

2. 仪器及材料

（1）玻璃板（mm）　90×120×1.2～2.0。

（2）摆杆硬度计（图 17-37）。

a.摆杆与连接片相连，连接片镶有两个钢球作为支点；b.摆杆及其零件质量（120±1）g，摆杆上端至下端的长度是（500±1）mm；c.钢球的规格应符合滚珠的标准的要求；d.刻度尺刻有分度，零点位于刻度尺中部；e.为了减少振动，应将仪器安装在玻璃橱中，并放在坚固的台子上。

（3）秒表　精确度 0.2s。

3. 摆杆硬度计的校正

摆杆硬度计，在每次使用前应进行校正，测定其玻璃值，即测定在未涂漆的玻璃上摆杆从 5°摆动衰减至 2°的时间，仪器的玻璃值应为（440±6）s。如玻璃值不在此规定范围内，应调节重锤的位置，使其符合规定。

4. 操作方法

按涂料测定方法制备漆膜，在上述（1）的玻璃板上制备漆膜。首先旋转螺丝钉，使仪器成水平位置（根据铅锤测定），继将已实干（或按产品标准规定）的涂漆玻璃样板，放置仪器平台上，漆膜朝上，将钢球支点置于漆膜表面，摆杆近于刻度尺的零点。然后移动框与连接片相贴，使摆杆正指在零点上，再将框置于水平，用制动杆将摆杆引到刻度线 5.5°处（不能使钢球位置移动）。然后将制动杆放下，使摆杆自由摆动，当摆至 5°时，立即开启秒表，当摆至 2°时，停止秒表。应在 $(25\pm1)℃$，相对湿度 $(65\pm5)\%$ 的条件下进行试验。

漆膜硬度 x 按下式计算：

$$x = t/t_0$$

式中　t——摆杆在漆膜上从 5°~2°的摆动时间，s；

　　　t_0——玻璃值，s。

注：① 测定玻璃值和测定玻璃硬度的玻璃板，在试验前应仔细用溶剂擦干净。

② 摆杆上的钢球应定期检查，当发现球表面有所损坏时，可稍转动钢球接点。钢球表面如磨至不符合要求时，应更换新球。每次使用前应用乙醚或洁净的汽油擦拭钢球，然后用洁净的纱布擦干。

③ 测定漆膜硬度时，摆杆支点距漆膜边缘应不少于 2cm。

④ 每次测定漆膜硬度都要在漆膜上不同的地方进行，每块样板可测定三次。

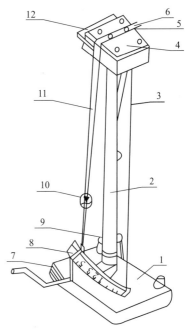

图 17-37　摆杆硬度计

1—底座；2—支杆；3—铅锤；4—平台；
5—钢球；6—连接杆；7—制动杆；
8—刻度尺；9—螺钉；10—重锤；
11—摆杆；12—框

（九）漆膜柔韧性测定

1. 概要

漆膜的柔韧性是以涂漆金属样板在不同直径的轴棒上弯曲，以其弯曲后而不引起漆膜破坏的最小轴棒的直径表示。

2. 仪器及材料

（1）马口铁板（mm）　25×120×0.2~0.3。

（2）柔韧性试验器（图 17-38）　由粗细不同的六个钢制轴棒组成，固定于底座 7 上，底座可用螺丝钉固定在试验台边上。

轴棒的尺寸如下：

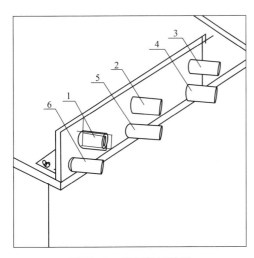

图 17-38　柔韧性试验器

每个轴棒长度为 35mm；

轴棒 1　直径 10mm 及外径 15mm 套管；

轴棒 2　截面 5×10mm，曲率半径为 2.5mm；

轴棒 3　截面 4×10mm，曲率半径为 2mm；

轴棒 4　截面 3×10mm，曲率半径为 1.5mm；

轴棒 5　截面 2×10mm，曲率半径为 1mm；

轴棒 6　截面 1×10mm，曲率半径为 0.5mm。

截面指轴棒的端面结合处截面，为长方形（宽×长）。

（3）四倍放大镜。

3. 操作方法

按涂料测定方法制备漆膜，在上述（1）马口铁板（或按产品标准规定）上制备漆膜。然后按产品规定进行干燥。

以双手将涂漆样板紧压于 $\phi1.5$ 的轴棒上，漆膜朝上，绕棒弯曲，弯曲后双手拇指应对于轴棒中心线，弯曲动作必须在 2～3s 内完成。

如果漆膜在弯曲后以四倍放大镜观察无网纹、裂纹及剥落现象，那么按顺序在轴棒 1～6 上按上述方法进行试验，以通过最小轴棒的直径作为测得该漆膜柔韧性的结果。试验应在温度（25±1）℃，相对湿度（65±5）% 的条件下进行。

一般测定时，可直接按产品标准规定的轴棒进行弯曲。

（十）漆膜冲击强度测定

1. 概要

冲击强度是以重锤的质量与其落在涂漆金属样板上，而不引起漆膜破坏之最大高度的乘积（kg•cm）表示。

2. 仪器及材料

（1）薄钢板（mm）　　50×120×（0.45～0.55）。

（2）四倍放大镜。

（3）校正冲击试验器用的金属环及金属片：

金属环　外径 30mm，内径 10mm，厚（3±0.05）mm

金属片　30×50mm，厚（1±0.05）mm

（4）冲击试验器（图 17-39）。

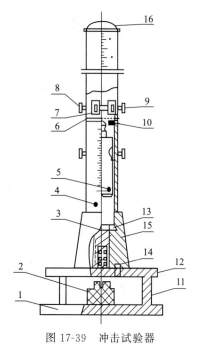

图 17-39　冲击试验器

① 仪器由下列各件组成：座 1，嵌入座中的铁砧 2，冲头 3，滑筒 4，重锤 5 及重锤控制器。其装置由下列部件组成：制动器器身 6，控制销 7，控制销螺钉 8，制动器固定螺钉 9，定位标 10，横梁 12 用两根柱子 11 与座相连，在横梁中心装有压紧螺帽 13，冲头可以在其中移动，用螺丝钉 14，将圆锥 15 连接在横梁上，滑筒之一端旋入锥体中，而另一端则为盖 16，滑筒中的重锤可自由移动。重锤借控制装置固定，并可移动凹缝中的固定螺丝钉，将其维持在任何高度上。滑筒上有刻度，以便读出重锤所处的位置。

② 滑筒上的刻度应等于（50±0.1）cm，分度为 1cm。

③ 重锤质量（1000±1）g，应能自由移动于滑筒中。

④ 冲头上有钢球，规格应符合滚珠标准 8mm 的要求，冲击中心与铁砧凹槽中心对准，冲头进入凹槽的深度为（2±0.1）mm。

⑤ 铁砧凹槽应光滑平整，其直径为（15±0.3）mm，凹槽边缘曲率半径为 2.5～3.0mm。

3. 冲击试验器的校正

将滑筒旋下来，把 3mm 厚的金属环套在冲头的上端，在铁砧表面上平放一块（1±0.05）mm 厚的金属片，用一底部平滑的物体从冲头的上部按下去，调整压紧螺帽使冲头的上端与金属环相平，而下端钢球与金属片刚好接触，则冲头进入铁砧凹槽之深度即为（2±0.1）mm。

此外，钢球表面必须光洁平滑，如发现有不平整现象时，应更换钢球。

4. 操作方法

按涂料测定法制备漆膜，在上述（1）的薄钢板（或按产品标准规定）上制备漆膜。

待漆膜实际干燥后，将涂漆样板放于铁砧上，漆膜朝上，样板受冲击部分边缘不少于 15mm，每个冲击点的边缘相距不少于 15mm，重锤借控制装置维持在 10cm 的高度，按压控制钮，重锤即自由地落于冲头上，提起重锤，取出样板，用四杯放大镜观察。

当漆膜无裂纹、皱皮及剥落现象时，可依次增大重锤高度到 20cm、30cm……，在样板新的部位进行试验，直至该漆膜损坏的临界高度。一般出时可直接按产品标准规定的高度进行试验。试验应在温度（25±1）℃，相对湿度（65±5）%的条件下进行。

漆膜冲击强度以重锤质量与其落于漆膜上，而不引起该处漆膜损坏之最大高度乘积（千克·厘米）表示。

注：如在产品标准中要求用反冲击方法进行试验时，则样板的涂漆表面应向下放置于铁砧上。

（十一）漆膜耐水性测定

1. 概要

漆膜抵抗水作用的性能称为耐水性。

2. 仪器及材料

（1）水槽。

（2）钢棒　直径 15mm，长 120mm。

（3）马口铁板（mm）　50×120×（0.2～0.3）。

3. 操作方法

（1）冷水试验　按涂料测定法制备漆膜，在上述（3）的马口铁板（或按产品标准规定）上制备漆膜。

将已实干的涂漆样板用石蜡和松香（1+1）的混合剂封边，并在背面涂一层石蜡。然后将涂漆样板的一半面积放入温度为（25±1）℃的蒸馏水中浸泡 24h（或按产品标准规定），然后将样板由水中取出，用滤纸吸干水珠，在温度（25±1）℃，相对湿度（65±5）%下观察，如漆膜有剥落起皱等现象为不合格，如有起泡、失光、变色等现象，记录其现象及恢复时间，合格与否按产品标准规定。测定时以两块样板均能符号产品标准规定为合格。

（2）沸水试验　需在沸水中做试验时，按涂漆测定法制备漆膜，再按"（六）漆膜制备法""4. 操作要求""（3）浸渍法"，在钢棒上制备漆膜。

将以实际干燥的涂漆钢棒垂直悬挂到已沸的蒸馏水中，经产品标准规定时间后取出，按上述（1）方法进行观察。

（十二）漆膜耐汽油性测定

1. 概要

漆膜抵抗汽油作用的性能称为耐汽油性。

2. 仪器及材料

（1）马口铁板（mm）　50×120×（0.2～0.3）。

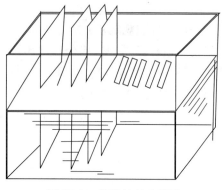

（2）橡胶溶剂油。

（3）装汽油的玻璃槽（图 17-40）。

图 17-40　装汽油的玻璃槽

3. 操作方法

按涂料测定法漆膜制备法，在两块上述（1）的马口铁板（或按标准规定）制备漆膜。将已实干的涂漆样板放在（25±1）℃处，然后将涂漆样板一半面积浸入与样板同温度的汽油中，浸泡的时间按产品标准规定。在试验过程中，汽油不应加盖，使样板未浸部分暴露于空气中，温度应保持在（25±1）℃范围内。待经过规定的浸泡时间后，取出涂漆样板，用滤纸吸干油珠进行检查，漆膜表面不允许起层、皱皮、鼓泡、剥落等现象。如变软、变色、失光则放置 1h 后，观察漆膜恢复程度，以 1cm 宽的白纸条遮住浸泡界线，当浸泡部分与未浸泡部分基本看不出差别，即认为恢复（如产品标准另有规定则按产品标准规定去检查），检查时以两块样板均能符合产品标准规定为合格。

（十三）漆膜耐热性测定

1. 概要

漆膜耐热的稳定性称为漆膜的耐热性。以受热温度和时间表示。

2. 仪器及材料

（1）马口铁板（mm）　50×120×（0.2～0.3）。

（2）薄钢板（mm）　50×120×（0.45～0.55）。

（3）鼓风恒温箱。

（4）高温炉。

3. 操作方法

将上述（2）的薄钢板（或按产品标准规定的样板）三块，按涂料测定方法漆膜制备法制备漆膜。

将两块已实干的涂漆样板，放置于已调节到已规定温度的鼓风恒温箱（或高温炉）内，另一块涂漆样板留作比较，漆膜所耐温度和时间均按产品标准规定。待达到规定时间后，将涂漆样板取出，放冷至室温，然后根据产品标准规定，与预先留下的一块涂漆样板比较，检查其有无起层、皱皮、鼓泡、开裂等现象。检查时以两块样板均能符合产品标准规定为合格。

注：如产品标准规定耐热后要求测定其他项目时，应按该项目测定方法制备漆膜，于受热后按该项目规定进行测定。

（十四）附着力的测定（描划法）

1. 概要

漆膜的附着力系指漆膜与被涂漆的物体表面牢固结合的性能。

2. 仪器及材料

（1）描划法附着力测定仪（图17-41）。

（2）马口铁板（mm）　$50 \times 100 \times (0.2 \sim 0.3)$。

（3）四倍放大镜。

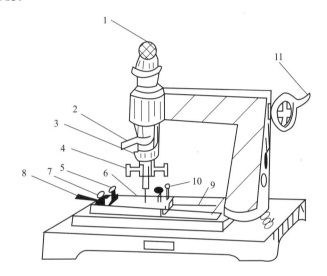

图 17-41　描划法附着力测定仪

1—荷重盘；2—升降棒；3—卡针盘；4—回转半径调整螺丝；

5,8—固定样板调整螺丝；6—试验台；7—半截螺丝；9—试验台螺杆；

10—调整螺丝；11—摇柄

3. 测定仪要点

（1）试验台丝杠螺距为 2.5mm。

（2）针的回转半径调整范围 $0 \sim 5$mm。

（3）试验台丝杠和针的回转数比例为 $1 : 1$。

（4）不放砝码时针的压力为 200g。

（5）砝码的质量为 100g、200g、500g、1000g。

（6）采用留声机唱针作针头。

4. 操作方法

按涂料测定方法漆膜制备法制备样板，以产品标准进行干燥，在温度（25 ± 1）℃，相对湿度（65 ± 5）%条件下测定。先检查针头，如不锐利，必须换上新针，再调整针的回转半径至 5mm，使能划出与标准一致的圆弧曲线。测定时样板漆膜向上，用螺丝固定在试验台上。向后移动升降棒使转针碰到漆膜上，然后以匀速顺时针方向摇转摇柄，转速以 $80 \sim 100$r/min 为宜，转针在漆膜上划出类似圆弧线的图形，图形长（8 ± 1）cm。测毕移动升降棒，使卡针盘提起，以防转针损坏。

5. 漆膜附着力的鉴定

圆滚线的一边标有 1~7 共七个部位，分为七个等级，按次序检查各部位的完整程度，若某一部位的格子有 70％以上完好，则认为该部位是完好的，否则即认为被损坏。第一部位漆膜完好者，则漆膜的附着力最佳，定为一级。第二部位完好者，附着力次之，定为二级。余者类推，共分七级。第七级漆膜附着力最差。各类漆的漆膜质量指标要求都应在 1~3 级范围内。

（十五）挥发性测定

1. 概要

与乙醚比较溶剂的挥发之速度。

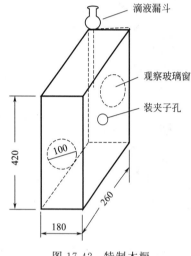

图 17-42　特制木橱

2. 仪器及材料

（1）特制木橱（图 17-42）。

（2）无灰滤纸。

（3）滴液漏斗　50mL。

仪器说明：特制木橱有二孔，一孔在上部，另一孔在边壁上。前、后壁都安置检查玻璃窗，于橱之上孔安一滴液漏斗，于边孔内装有一个旋转自如的夹子，以夹持滤纸。

3. 操作方法

将无灰滤纸用夹子夹住，成水平放置，从滴液漏斗内滴下一滴乙醚于滤纸上，并同时开启秒表。然后转动夹子，将滤纸垂直放置于观察玻璃窗之间，通过玻璃窗之观察，并以秒表测定滴在滤纸上的乙醚消失的时间。此后将滴液漏斗洗净，并装入被试溶剂。溶剂挥发的时间，按测定乙醚同一方法进行。

挥发性 x 按下式计算：

$$x = t_1 / t_2$$

式中　t_1——被试溶剂挥发之时间，s；

　　　t_2——乙醚挥发之时间，s。

注：① 挥发性于（25±1）℃温度下进行测定。

② 滴液漏斗中两种液体高度相等，可保证乙醚及被试溶剂滴速相同。

③ 滤纸应为同一厚度。

（十六）胶凝数测定

1. 概要

用被试溶剂溶化的硝化棉溶液中，逐渐滴入稀释剂，一直到溶液中的硝化棉析出时为止。所用稀释剂与硝化棉溶液质量之比为胶凝数。

2. 仪器及材料

（1）带磨口塞子的三角瓶，容量为 200~250mL。

（2）滴定管。

（3）工业用天平及砝码。

3. 操作方法

称出 1.2g 干的白色硝化棉（黏度为 1.8～2.2°E）溶解于 38.8g 的试样中（称量时用工业天平，精确度 0.1g）。将该溶液用力摇晃，使硝化棉完全溶解。当溶液均匀后，自滴定管滴入汽油（分馏温度为 80～120℃）或用产品标准规定的稀释剂，每次滴加 0.5mL，于每次滴定完后要加以摇晃，当溶液呈现浑浊，且摇晃后并不消失时，即为终点。

胶凝数 x 按下式计算：

$$x = ab/40$$

式中　a——滴定时所用之汽油体积，mL；

b——规定温度下汽油的密度，g/cm^3；

40——试样的质量，g。

（十七）酸价测定

1. 概要

用滴定法测定油漆中游离酸的含量，以中和单位质量油漆中所含游离酸需用苛性钾量的质量（mg/g）表示酸价。

2. 仪器

（1）带塞磨口锥形瓶。

（2）吸管　10mL。

（3）水浴。

3. 操作方法

（1）脱漆剂及溶剂　用吸管将 10mL 试样和 20mL 刚中和好的酒精注入锥形瓶中，以酚酞作指示剂，用 0.04mol/L 苛性钾酒精溶液滴定，至混合液呈现玫瑰色，在 20s 内不消失时为止。

按下列公式计算：

$$K = (aB \times 1000)/(10b)$$

式中　K——酸价，中和单位质量油漆中所含游离酸需用 KOH 的质量，mg/g；

a——滴定所需 KOH 溶液的体积，mL；

B——KOH 溶液浓度，g/mL；

b——试验溶液的密度，g/cm^3；

10——试样体积，mL。

测定普通脱漆剂酸价时，先将它放在水浴加热到 30～40℃，以达到透明状态。将所加的中性酒精溶液亦加热到 30～40℃，然后按上述方法进行试验。

测定贮藏中的脱漆剂和溶剂时，取出的样品应预先放在锥形瓶中，在 40℃ 水浴上加热 30min，以除去溶解在内的气体。

（2）硝基磁漆和硝基清漆　称取 25g 试样和 100g 甲苯或二甲苯，放入带磨口塞子的锥形瓶内，盖紧后将混合液仔细摇匀，再放置 2～3h，然后自甲苯或二甲苯液层中用吸管吸取 10mL 试液，用 0.04mol/L 苛性钾酒精溶液滴定，以酚酞为指示剂，如混合液呈现深浓颜色，则滴定前可先将沉淀过滤除去。

按下列公式计算：

$$K = (aB \times 1000 \times 100)/(25 \times 10b)$$

式中　K——酸价，中和单位质量油漆中所含游离酸需用 KOH 的质量，mg/g；

　　　a——滴定所需 KOH 溶液的体积，mL；

　　　B——KOH 溶液所含浓度，g/mL；

　　　b——试样的甲苯或二甲苯溶液的密度，g/cm^3。

（3）硝基胶（水抽出法）　称取 25g 的硝基胶及 50g 热蒸馏水，放入具有磨口塞的锥形瓶中，盖紧塞子后将混合液仔细摇匀，再放置 2～3h。然后自水层液用吸管吸取 10mL 试液，用 0.04mol/L 苛性钾酒精溶液滴定，以酚酞作指示剂。

按下列公式计算：

$$K = (aB \times 1000 \times 50)/(25 \times 10b)$$

式中　K——酸价，中和单位质量油漆中所含游离酸需用 KOH 的质量，mg/g；

　　　a——滴定所需 KOH 溶液的体积，mL；

　　　B——KOH 溶液的浓度，g/mL；

　　　b——溶解硝基胶所得酸溶液的密度，g/cm^3。

（4）油脂漆　称取试样 1～3g，溶于 50mL 的酒精与苯的中性混合溶液内（混合为 1＋1），加入酚酞指示剂，以 0.04mol/L 苛性钾酒精溶液滴定。

按下列公式计算：

$$K = (aB \times 1000)/C'$$

式中　K——酸价，中和单位质量油漆中所含游离酸需用 KOH 的质量，mg/g；

　　　a——滴定所需 KOH 溶液的体积，mL；

　　　B——KOH 溶液浓度，g/cm^3；

　　　C'——所需试样油漆的质量，g。

（5）沥青漆　将 1～2g 试样加入 50mL 的苯或二甲苯内，必要时可加热使之溶解。然后再加入用 50L 四氯化碳，50mL 中性酒精和 20～30mL 的水成混合液及半角勺食盐（NaCl），经仔细摇匀后，溶液表面有很快形成清亮的一层，溶液经剧烈振动后，加酚酞指示剂，用 0.5mol/L NaOH 溶液滴定，至溶液呈红色能保持 2min 不消失为止。如滴定所需 NaOH 溶液量超过 15mL，则需补加 50mL 的中性酒精，搅匀后继续滴定到呈现红色为止。滴定到终点时混合液中酒精的含量按体积计算，应超过水的两倍。如第一次滴定时超过终点，则可用 0.5mol/L H$_2$SO$_4$ 溶液再滴定，滴定时应很准确地达到终点（在一滴或两滴碱液的限度内）。

计算方法同油脂漆。

注：① 添加四氯化碳的目的，在于能得到相对密度大的溶液层。

② 酒精中加水为了避免和类似酯类的溶剂相混合。

③ 加入食盐是为了防止生成乳浊液。

（6）锌黄底漆　称取 3g 试样，加入 50mL 酒精和苯的中性混合液混合为（1＋4），搅动数次至均匀混合为止，再放置 30min。然后将此混合液装入试管，并在普通离心机上分离 2h，固体物经离心机分离后，即应沉淀，使上部溶液成为带有黄绿色乳白光的近于透明的溶液。从此项溶液中吸取 10mL，用 0.1mol/L 苛性钾酒精溶液进行滴定。

按下列公式计算：

$$K = (aB \times 50 \times 1000)/(10 \times C')$$

式中　K——酸价，中和单位质量油漆中所含游离酸需用 KOH 的质量，mg/g；

　　　　a——滴定所需 KOH 溶液的体积，mL；

　　　　B——KOH 浓度，g/cm^3；

　　　　C'——所取试样的质量，g。

4. 本法用途

本法用来测定脱漆剂、溶剂、硝基清漆、硝基磁漆、油脂漆、沥青漆、硝基胶及锌黄底漆的酸价。

注：在滴定红色磁漆及含有易溶于二甲苯或甲苯类之颜料的色漆中，终点不易判断时，可暂采用滴定漆基或清漆之酸价，作为该漆的酸价标准。

（十八）催干剂的催干性测定

1. 概要

催干剂的催干性能之测定，是取一定量比例的催干剂和精制的亚麻仁油相互混合后，作成之漆膜，在一定时间内达到干燥的性能。

2. 仪器

（1）玻璃板或白铁板（mm）　90×120。

（2）刷子。

（3）量筒　100mL 带磨口塞的（1/10 刻度）。

（4）工业天平　感量 0.01g。

（5）烘箱。

（6）玻璃杯。

3. 操作方法

按产品标准规定的比例，取催干剂与精制亚麻仁油在玻璃杯内相互混合均匀（体积比或质量比）。将配好的混合物静置 2～3h 后，根据漆膜制备法，正确地涂成一层漆膜，于上述（1）上，在温度（25±1）℃（或按产品标准规定之温度）、相对湿度（65±5）％的白昼散射光下进行干燥。

其终点判断按产品标准规定采取压棉球法、指触法或滤纸法。

第十八章 化验室的筹建

　　产品质量已是企业生存与发展的关键，对产品质量监控已成为评价企业信誉的标志。因此，对产品分析检测的严格要求，不仅要有完善的检测手段，还要有良好的检测环境——化验室，才能保证分析检测结果的准确，更好地适应经济发展的需要，增强企业竞争意识，提高产品质量。

　　因此，围绕着企业化验室实际工作的需要，介绍化验室的简单筹建或改建相关事宜，供参考。

一、地点的选择

　　企业的中心化验室（理化室）的地点位置选择当否，直接关系着企业对产品分析检测鉴定结果的准确可靠性。因此，对于一个企业中心化验室的建立，地点位置正确的合理选择有其重要意义，千万不能轻视，其具体情况还要根据企业生产的产品性质及企业的规模而定。对于一个企业（工厂、矿山），特别是那些以化学方法将原料加工成其他更有价值产品或产成品的企业建立的化验室地点的选择更不可忽视。

　　将原料进行化学加工的企业如：

　　冶金工业——由矿石提炼金属；

　　基本化学工业——制取无机和有机产品；

　　石油制工业；

　　发酵工业；

　　水泥工业、石灰制造业；

　　动植物油脂的加工企业。

　　以上行业的中心化验室要选择于尽可能位于企业的中心，因为中心化验室与生产车间密切相关，所以不要离大多数车间太远，应与各车间的距离相差不多。

　　属于机械动力加工企业部门的中心实验室的位置，最好选择在距生产车间、锅炉房、交通要道等稍远一些的地方。于企业区域的边沿某一清净的角落为好。有可能的情况下，也可与企业的生产材料供应部门邻近。

　　无论哪类企业的中心化验（实验）室都应有足够的场地，以满足各项化验室的需要，对于每一类化验的操作均应有单独适宜的区域，各区域间最好具有物理分隔。中心化验室不应靠近逸出有害物及其他化学性质活泼气体（如氯、氮的氧化物、硫的氧化物等）的生产车间，并要远离灰尘、烟雾、噪声和震动源的环境。此外，化验室不应建于交通要道（如过往的汽车、电车、铁路机车等运输车辆）、锅炉房、机械启动的生产车间近旁（车间化验室除外）。化验室最好设在相当宽敞而完全绿化清净的场地，为了保持良好的气象条件，一般建筑物应为南北方向（坐北朝南）。

二、建筑物的要求

根据化验室任务的需要，化验室有贵重的精密仪器和各种化学药品（试剂），其中包括易燃及腐蚀性药品。另在分析操作中常产生有害气体和蒸气等。因此，对化验室的房屋结构，室内设施等有其特殊要求，特别是建设新的化验室或改建原有化验室时都应加以考虑。

在其筹划设计时，应充分地考虑如下内容：仪器和设备的布置，地面加固，防腐，电气工程，照明，空调，给水，排水，防火消防栓，房屋间隔，防噪声，气体管路，通风设施，采暖，电话和网络线路等。

化验室的建筑应当是钢筋混凝土楼板（指楼房）的砖房或钢筋混凝土建筑物，楼板应是耐火或不易燃的建筑材料，隔断和顶棚也要考虑防火性能，多采用水磨石地面，也可采用瓷砖地面，但瓷砖地面缺点是发凉、发硬、易碎、有导电性。窗户要能防尘，室内采光要好，门窗都要朝外开。

建筑物应有足够的高度，以便能够在其中安设通风管道，在地下水位许可的情况下，也可建成半地下室的二层和三层楼房。但建筑物最高不要高于三层楼，因为每增高一层，便需要增添许多通风管道。有地震危险的地区或水位高的地区不适宜采用地下室。化验室的一般高度（二三层）每一层为 4～4.5m（从地板至天棚），带有地下室则地下室的高度为 3～3.5m。

房屋内部平面布置应有过道（中间走廊），宽度为 2.5～3m。化验室的走廊应当是笔直的，不要有拐弯之处，光线要清晰。

化验室各房间的标准宽度为 6m。各房间按其工作性质要求均分布于过道（走廊）的两侧。所有的间壁墙可以是捣固的矿渣混凝土墙，墙厚一般为 10cm，整个建筑物至少应有两个楼梯门安全出口，以防发生意外时，便于人员撤离。

建筑物顶楼所具有的高度，应能安下通风设备，在建筑物的内墙里或沿着内墙设置通风管道。窗户应保证良好的照明，但也不要有过亮的光线。室内的墙壁应当刷白，不能用壁纸裱糊。

除上面要求外，规划设计时还要根据企业的具体规模、产品种类和产品生产过程、产量和产品性质，需要检测的分析项目和其任务量及所用的仪器设备等都要详加考虑。

一般企业中心实验（化验）室大致分为以下几类。

（一）化学分析实验室

在化学分析室中进行样品的化学处理和分析测定，工作中常使用一些小型的电器设备及各种化学试剂，针对这些使用的特点，在化学分析室设计上除了着重考虑建筑物的要求外，还要考虑给水、排水、通风设施、煤气与供电、实验台、试剂架、试剂柜、仪器柜等，以下另加详叙。

1. 给水与排水

在化学分析室内，冷却器、水流抽气泵的给水、水浴器、洗涤器皿、洗手淋浴便所等都要消耗水，还有分析纯水的制取。因此，给水要保证必需的水压、水质和水量。应能满足仪器设备正常运行的需要。实验室供水的阀门应设在实验室内易操作且显著位置。给水分支管道，分别由地面下引至各实验室的所需位置。

排水（下水）管道，应采用耐酸碱腐蚀的材料制作，实验室的下水应排放至工业污水专用管道或指定的排放处。因为实验室洗涤仪器不仅含有酸碱，而且还会含有有毒物质，以免造成二次污染。

各实验室的地面，在合理位置应设有下水"地漏"。

2. 通风设施

化学分析室、仪器分析实验室内经常逸出易燃有害气体、灰尘、黑烟、水蒸气及加热器和发热仪器的热气等。为了保证分析操作人员身体健康，必须建立良好的通风排气条件。

通风方式常有自然通风（调节通风）和机械通风（人工通风）。在自然通风的情况下，室内换气受两个因素的作用：建筑物内外通空气质量的不同和风的作用。在机械通风的情况下，换气靠通风机造成的压力差来进行，通风机一般用电动机带动。

送入室内的空气叫作进入气；从室内排放的空气叫作排出气。因此，通风系统分为进气系统、排气系统和进气排气系统。

根据室内换气的组织原则，通风分为总体通风和局部通风。

总进气通风的装设，应保证通风房间的全部工作地区或工作人员长时间停留的地方有充足的新鲜气流。局部进气通风应在被通风房间内的一定地方产生新鲜的气流。

企业化学实验室应安设总体机械进气通风和总体排气通风或进气排气通风（有时是鼓风排气通风）。进气通风室多设在地下或第一层楼内。而排气通风设在顶楼上（图 18-1）。

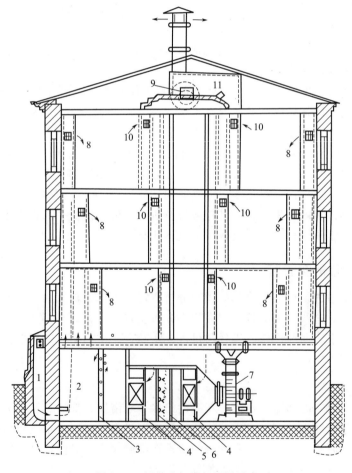

图 18-1　机械进气排气通风示意

1—集气竖道；2—集尘室；3—油滤器；4—空气加热器；5—喷嘴；6—水滴分离器；
7—通风机；8—进气百叶窗；9—排气机；10—排气百叶窗；11—排气室

外界空气经过集气竖道 1 的百叶窗进入集尘室 2，在这里除去大粒灰尘。以后在过滤器或油滤器 3 中除去空气中的小粒灰尘。然后空气经过空气加热器 4，在这里空气经第一次加热、净化后，用喷嘴 5 洒出的水润湿空气。其次经过水滴分离器 6 时，悬浮的水滴即被分离。空气又进入第二列空气加热器补充加热。除去灰尘的湿润而又加热过的进入空气，用通风机 7 沿风道经进气百叶窗 8 送入房间。污浊的空气用排气机 9 排出，该排气机和电动机一并装在建筑物的顶楼上，污浊的空气从室内经排气百叶窗 10 进入排气道，沿着排气道送至排气室 11，然后经竖道排到大气中。

通风系统的效率视化学实验室内通风系统的大小和正确性而定。实验室内装设通风设备时，要安设通风橱（图 18-2）。

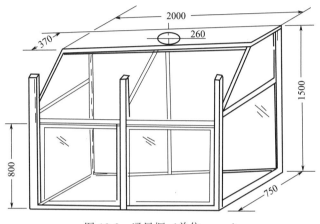

图 18-2　通风橱（单位：mm）

通风橱是实验室常用的一种局部排风设备。橱内有加热源、气源、水源、照明等装置，可采用防火防爆的金属材料制作通风橱，也可采用木质的。内涂防腐涂料，通风管道要能耐酸碱气体腐蚀。

通风橱截面处的空气流速为 0.12～0.15m/s。橱门处约为 0.7～1m/s 时，则通风橱的效率良好。

根据 0.15m/s 的空气流速可以算出普通通风橱的换气数。以 308cm 长、50cm 宽、125cm 高的通风橱为例，其横截面的面积为 1.54m^2。

空气的速度为 15cm/s 时，通风橱每平方米的横截面上每秒流过 0.15m^3（1m^2×0.15m）的空气。在上述的截面下每秒则流过 0.231m^3（1.54m^2×0.15m）或为 831.6m^3/h。

橱的体积为 1.925m^3（即：308cm×50cm×125cm）。由此可知，通风橱每小时的完全换气系数等于 432（即：831.6m^3÷1.925m^3＝432）。

设计通风柜时，如不采用总体通风，而采用局部通风的通风橱设施，风机可装在顶层机房内，并应有减少震动和噪声的装置，排气管应高于屋顶 2m 以上。一台排风机连接一个通风橱较好，不同房间共用一个风机和通风管道易发生交叉污染。通风橱的正确位置是放在室内空气流动较小的地方，不能靠近门窗（图 18-3）。一种效果较好的狭缝式通风橱见图 18-4。通风橱台面一般高 850mm、宽 800mm、橱内净高 1200～1500mm，操作口高度 800mm、橱长 1200～1800mm，条缝处风速 5m/s 以上。挡板后风道宽度等于缝宽的两倍。

设计通风时各房间采用的换气标准如下（供参考）。

气体操作室（硫化氢室等）的换气倍数为 15；

分析室的换气倍数为 7～8;

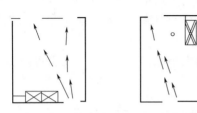

图 18-3　通风橱在室内的正确位置

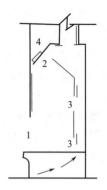

图 18-4　狭缝式通风橱

1—操作口;2—排风口;3—排风狭缝;4—照明灯

实验室和洗涤室的换气倍数为 7～8;

试样室的换气倍数为 10;

试剂（药品）贮存室,渗碳器室及其余房间的换气倍数为 3～5。

3. 煤（燃）气与供电

对于有条件的中心化验室可安装管道煤气。

化验室的供电电源分为照明用电和设备仪器用电。照明用荧光灯;设备仪器用电中,昼夜运行的电器如电冰箱等可单独供电。其余电器设备均由总开关控制。加热的高温炉、烘箱、微波炉等电热设备应设有专用插座、开关及熔断器。在化验室内及走廊上安置应急灯,备夜间突然停电时使用。

4. 实验台

由于各单位条件及工作性质不同,分别介绍以下样式的实验台。图 18-5 及图 18-6 系纯木质制实验台,此外还介绍一种较为实用美观的固定实验台。

这种实验台如图 18-7 所示,长 2530mm、宽 1390mm、高 915mm,所需木材较少,仅

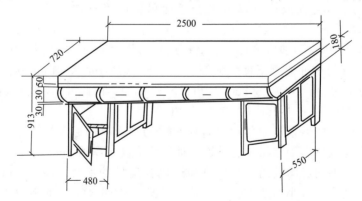

图 18-5　木制化学分析实验台（单位:mm）

技术指标要求

1.材料:干燥红松木材;2.抽屉高为 180mm,在此尺寸的基础上加工抽屉面的圆

弧形、五个抽屉为等距;3.腿为 50mm×50mm 方木,腿距地面高为 100～140mm;4.台面为

50mm 厚无树节的红松板;5.抽屉上抠手为不锈钢;6.表面涂杏黄色耐酸、碱腐蚀的漆;

7.未列尺寸,按加工情况,可由加工者自行决定。

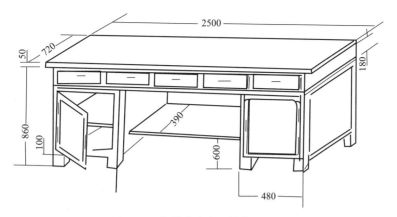

图 18-6　木制试验台（单位：mm）

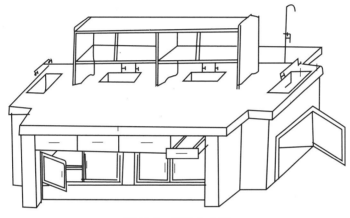

图 18-7　实验台全貌

木柜及药品架用木材制作，台表层均由 153mm×153mm×5mm 白瓷砖铺砌而成，易于保持洁净，且不易受酸碱浸蚀或因受热而损坏，免除木质台面的缺点。

　　如图 18-7 所示，于台面中央部位的药品架（图 18-8）下，有两个宽度等于一块瓷砖深的水槽，正对水槽靠近药品架底板下部，装有水管和水龙头，供施行蒸馏分馏或使用水泵减压吸滤等实验时用水。由于水槽较深较狭，水不致溅出。实验台之两侧各有深宽度合适的水槽，除各装有水龙头二个供洗涤实验用玻璃器皿外，右侧还装有一个高而弯向水槽且出口较细的水管，适用于洗涤滴定管等较长仪器之用。为避免因水槽底孔堵塞和水龙头未关严过夜漏水等原因，以至造成水满至槽顶溢出的事故，可应用家用洗脸瓷盆的原理，安装溢流管如

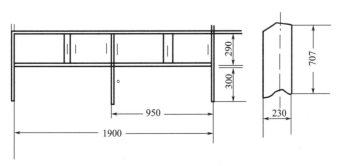

图 18-8　试剂药品架平面（单位：mm）

图 18-9 所示。靠药品架底部除可装设上述水槽外，尚可安装煤气管道、蒸汽管道等。这些管道可由图 18-10 所示空间"丁"的地面穿经台面装接，不致影响台面外观。没条件利用煤气时，加热可利用空间"丁"引出的铁管中的动力线，在药品架下分向架的两侧木板上安设带胶壳的闸头开关或电插座。图 18-8 给出药品架的尺寸，药品架窗门可采用无木柜架厚约5mm 的玻璃制作。直接在架的上下两块木板槽内左右移动，为使移动更为灵活，木槽底面置有薄金属板或涂以石蜡。实验台的两侧留有放置两座位的必需空间，台面离地面高度以适于坐、立实验为度。实验台抽屉下部有放置仪器或其他物件的木柜。柜内有活的木板"乙"（如图 18-10），将空间分为上下两层，柜门可采用向外拉门或左右移动的拉门。图 18-10 中所示"丙"为木柜的活动木板。如需修理空间"丁"中管道时，可将"乙""丙"拆除，修理竣工后，随即钉上，但勿钉死，留露半截钉头，便于以后拆卸。

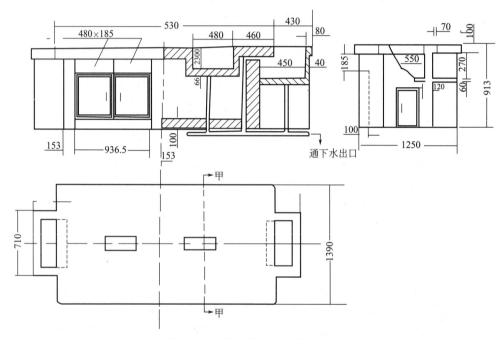

图 18-9　实验台平面（单位：mm）

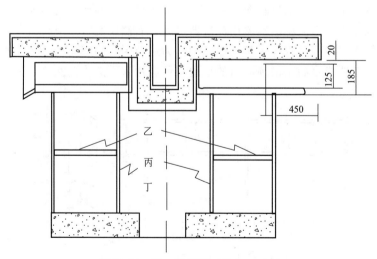

图 18-10　甲—甲剖面（单位：mm）

实验台表层瓷砖与瓷砖的间距为 3mm 左右，最好使用耐酸水泥砌合（或以高标号水泥替代亦可）。

木柜、木抽屉和药品架以漆成奶黄色为宜。

化学试验室内常傍墙修建水泥平台（如图 18-11），这种平台的台面和台边可采用白瓷砖铺砌或采用水磨石面（若采用后者，于水泥和碎石的混合物中掺和少量"上绿粉"可使色调更好）。为充分利用台下空间，可安装一组抽屉或木柜。台面宽度以 670~700mm 为宜，为了使行走方便，台端边可采用其半径等于二分之一台面的半弧形角边（见图 18-12）。药品架常以便于取放的适当高度，以支架支撑固定于墙。如有条件，亦可修建壁橱，墙上离台面约 200~250mm 高度处安装煤气管道或电源。如需要安设水管，建议台面靠墙约 50mm 处设一坡度甚小由浅而深宽 80~100mm，高约 55mm 的水沟引向台之一端的水槽。按照具体使用情况，水槽亦可修建于台中央，为了防止水滴溅至墙上将灰粉剥落，紧靠面的墙上，

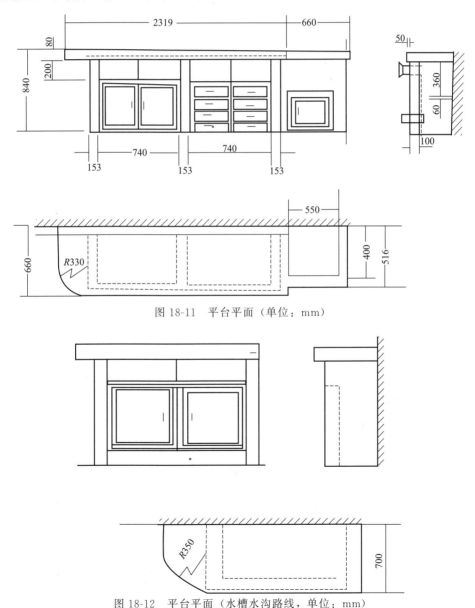

图 18-11 平台平面（单位：mm）

图 18-12 平台平面（水槽水沟路线，单位：mm）

可修砌高度相当于一块瓷砖宽度的一层水泥批档或铺砌一行瓷砖作保护层。

无论设计哪种实验台，都必须设有抽屉，抽屉下面是小柜。通常每个工作位置不少于两个抽屉，里面供放置些小件的实验室常用品（温度计、密度计、秒表等）。有一个抽屉用来放置玻璃物体，另一个用来放置金属物件（两种物件不能放在同一抽屉内）。放置玻璃物件的抽屉底上铺有一层棉花或其他柔软的材料。在实验台的小柜里可放置盛有避光试剂的试剂瓶、器皿，有时也放些小的仪器等。

实验台一般分单面的和双面的，单面的靠墙安放；双面的则一般布置在实验室中间，垂直于外墙，以便由窗口进来的光线由侧面照到工作人员身上。不允许将实验台摆放与外墙平行，因为这样会使工作地点的光线不好，会使房间发暗。

除了实验台，化验室还需要有玻璃仪器柜（图 18-13）及试剂（药品）柜（图 18-14），样式供参考。

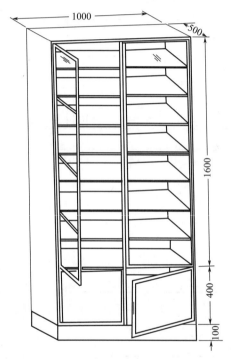

图 18-13　玻璃仪器柜（单位：mm）

（二）精密仪器室

精密仪器室要求具有防火、防震、防电磁干扰、防噪声、防潮、防腐蚀、防尘、防有害气体侵入的功能。室温尽可能保持恒定。为保持一般仪器良好的使用性能，温度应在 $15\sim30℃$，有条件的最好控制在 $18\sim25℃$。湿度在 $60\%\sim70\%$。需要恒温的仪器室可装双层门窗及空调装置。

仪器室可用水磨石地面或防静电地板，不推荐使用地毯，因为地毯易积聚灰尘，还会产生静电。

大型精密仪器室的供电电压应稳定，一般允许电压波动范围为 $\pm10\%$，必要时要配备附属设备（如稳压电源等）。为保证供电不间断，可采用双电源供电。应设计有专用接地线，接地电阻小于 100Ω。

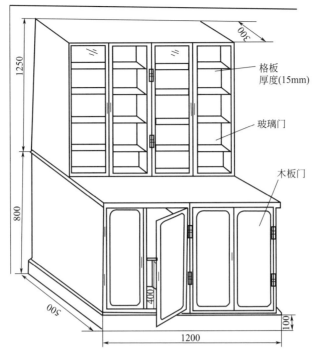

图 18-14　化学试剂（药品）柜（单位：mm）

（柜内涂白色聚氨酯磁漆，柜外涂棕色聚氨酯磁漆）

气相色谱室及原子吸收分析室因要用到高压气钢瓶，最好设在就近室外能建钢瓶室（方向朝北）的位置。放仪器用的实验台与墙距离不小于 50cm，以便于操作与维修。室内要有良好的通风，原子吸收仪器上方设局部排气罩。

微型计算机和微机控制的精密仪器对供电电压和频率有一定要求。为防止电压瞬变、瞬时停电、电压不足等影响仪器工作，可根据需要选用不间断电源（UPS）。

（三）辅助用室

中心化验室分析室一般将所占面积的 50％分配给各辅助用室。

辅助用室包括：化验室辅助工作人员工作室（样品制备室，制剂室、分析实验用水制备室、洗涤室、试剂药品器材贮存室、维修室等）和化验人员进行工作的专用室（天平室、马弗炉室、烘箱室、滴定室、水银室、硫化氢室、易燃或易爆物操作室、图书室等）。

1. 样品制备室

除了气体和液体及微细颗粒或粉末试样外，如矿石、金属、非金属等坚固体试样，均需由样品制备设备按规定的要求进行加工取样。

样品制备室一般包括两个房间，位于第一层楼内，并且尽量靠近门口，于试样收发登记室的旁边。

在一个房间（制样用）内，按分析测试项目要求，制样室设有车床、卧式铣床、磨床、立式钻床、破碎机、研磨机、压碎机、钳工台及其他磨碎试样的机械等设备。机床和机械设备的数量和品种，根据生产的性质来决定。

在另一房间内一般安放缩分试样用的工具，用手缩分试样用的场地和平台；钢研钵、瓷研钵、30～50 目筛孔的化验室用筛子、夹具、虎钳、手锯、电磁铁或普通磁铁、砂轮机、撮铲、瓷勺和刷子等。此房间内必须设有供产生气体和蒸汽样品用的通风橱及洗手和洗涤器皿用的水池。

2. 制剂室

制剂室设在二层楼内（建筑物为两层楼时）。用来制备分析滴定用的标准溶液和一般大量使用的溶液。应设有两个房间。一个是天平间（最好是走廊的北侧，窗户朝北），内安装有万分之一或十万分之一分析天平、工业天平及辅助工作台等；另一个是配制和存放溶液的"配制间"，内安装通风橱、滴定台、存放溶液的架子和台子，放物柜及其泄水池。

在制剂室中必须备有：

容积为 20～25L 的瓷埚，用来在室温下或加热下溶解其他物质；将在普通蒸汽发生器内制得的蒸汽，用玻璃管通到液体内进行加热的装置。

容积为 100～500mL 的布氏瓷漏斗及相应（合适）的抽滤瓶，用来过滤所制取的溶液。

容积为 2～8L 的瓷皿，用来蒸发浓缩过滤的溶液（如中性溶液和弱碱性溶液，若换用搪瓷皿更好）。

小型的瓷制离心机。

3. 天平室

天平室即安装有供实验室用分析天平的房间。天平室内应保证有清洁的空气，相对湿度控制在 50%～70%，温度均匀（最好能维持 15～25℃），没有震动和空气流。分析天平室不应受到日光直射。应分配一个不通行的隔离房间作为天平室，多半在建筑物的朝北或朝东北的位置。天平室至少应有一个内主墙，最好有两个主墙。主墙上装有支架，上面架着分析天平台。分析天平台是厚的大理石或水磨石，也可将天平台子靠近主墙，台面靠墙的接缝及台子的地脚下面均设有防震或减震设施。以免受外界如邻室或下一层房间的马达、机床的启动、关门砰砰声等，引起的这些震动。

天平台的尺寸，高 700mm、宽 500mm、台面厚 60mm，台子的长度视其天平的数量及台子顺墙的长度具体情况而定（图 18-15）。

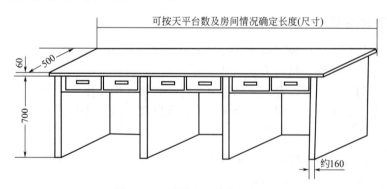

图 18-15　天平台（单位：mm）

在天平室房间内除设有天平台子外，在房屋的中间放置一张木制或水泥（水磨石面）的台子，台面铺设橡胶板供放干燥器等物品用。

4. 分析实验用水制备室

分析实验用水是化验室分析实验工作的主动脉，化验室若没有分析实验用水，就无法进行分析实验工作。

按分析实验工作之需分析实验用水通常是蒸馏水（电蒸馏水器蒸馏和纯蒸气冷却）及离

子交换水（或称去离子水）。此外还有电渗析用水和超级水的制取。

制水房间要耐潮湿，耐蒸气，应有良好的排气条件。给水（供水）要有足够的水压以满足制水设备之需，地面设有地漏，房间地面应铺白瓷砖，房间还要隔绝氨、二氧化碳、硫化氢及其他杂质。

房间面积能贮备一定周转量的分析实验用水的细口瓶（包括空瓶和盛满水的瓶）。

5. 洗涤室

洗涤器皿的房间叫作洗涤室。在洗涤室内应安设专用的洗涤台（图 18-16）或洗涤器皿的特制槽，而不安装普通的泄水盆。洗涤台是一个有凹口的桌子，凹口内安装有一个长方形铅槽 1，槽上有一个与下水道相连接的排水管 2，在洗涤台底部设有木栅，于洗涤台上则安装热水和冷水开关和混合开关，打开这种混合开关便可以得到所需温度的水。在开关上面的架子上放置大瓶蒸馏水或离子交换水，以供最后清洗器皿之用。在洗涤台的两侧放两张桌子，一个用来放脏的器皿；另一个则放置干净的器皿。

房间的墙上挂有带木钉的板子，将清洁的器皿套在木钉上。为了使器皿干燥，必须有干燥箱，箱内设有木钉和格孔板，下面为暖气片。

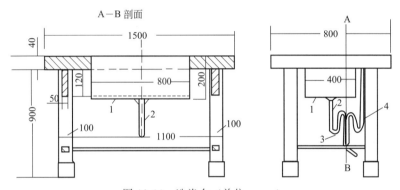

图 18-16　洗涤台（单位：mm）
1—长方形铅槽；2—排水管；3—泄水孔；4—备用泄水管

如果不能单独设立洗涤室时，亦可在分析室的角落里设置一张洗涤台。

6. 玻璃加工室

分析实验工作中，常常需要用各种弯管、三通管等几种玻璃仪器组装在一起，有时要制作一些简单的小型特殊部件和仪器，或者要修补某些损坏不严重的玻璃仪器等。因而在各个科研院所和学校及许多的企业实验室内，都设有玻璃加工室。

玻璃加工室中装有通风橱，玻璃材料放置室，加工（吹制）玻璃工作台和辅助工作台，工作台约长 1500mm，宽 800mm，其高度应按操作者肘部可以方便地支撑在台上考虑。

加工玻璃工作台上装有喷灯（煤气喷灯或酒精喷灯），带有一套塞子的工作台架，玻璃管架，带橡胶管和嘴的龙头，冷却物件用的木架。工作台面铺以石棉。

在辅助工作台上，摆放各种吹玻璃工具和各种形状扩管器。

玻璃加工室中还装有研磨机、淬火炉和分度机。吹制玻璃间的房间应当明亮。

7. 硫化氢（气体）室

所有使用硫化氢及其他强烈气味的气体和有毒气体的操作都应在这个房间进行，也称硫化氢（气体）室。在硫化氢室中进行的操作有：通硫化氢使溶液产生沉淀、氯化、溴化、使用气态氨的操作，在王水内进行溶解等的操作。

在硫化氢室中，所有的操作必须在通风下进行，因此在硫化氢室沿着一面墙全部装有通风橱，而沿着另一面（对面）墙安装泄水盆和器皿与仪器的放置台。进入通风橱的空气流应当稍微比抽出的空气少一些，这时，不足的空气就会来自过道，因而免除了气体进入其他房间的可能。

硫化氢（气体）室应设置在离其他实验室远一些的地方，一般是在建筑物的一端。硫化氢室的入口处设一个外室。

8. 试剂（药品）和器皿（仪器）贮藏室

化验室的各分析室除了有日常小数量的试剂和有限量小型低值易耗的仪器外，按工作需要有计划到试剂和器皿贮藏室去领取。

在试剂和器皿贮藏室内为了更充分地利用有效面积，在其室内设置一些敞开多层的架子，并使架子与外墙垂直摆放。架子之间留有充分过道，宽度约 $700\sim800mm$。有些贵重仪器、试剂及物料等要装入专用柜内保管。

辅助用室仅重点介绍了以上化验常设的辅助用室。还有以下的辅助用室如：水银室、马弗炉烘箱室、量热室、蒸汽热水房、滴定室、易燃物质操作室、有机元素分析室、高压釜操作室、暗室等。根据企业的性质，所要求分析的项目再行另设。

三、化验室常用的仪器

（一）化验室常用的玻璃仪器

在分析工作中，合理选用玻璃仪器，会有利于分析操作正确无误地顺利进行。否则因玻璃仪器选择不当，可能造成工作返工，更有甚者导致分析结果报废。所以玻璃仪器在分析工作中的作用是不可忽视的重要环节。

作为化验人员了解掌握玻璃仪器的性能也很重要，此处简单掌握玻璃仪器的性能。玻璃仪器具有良好的透明度，有着很好的化学稳定性和热稳定性，还有一定的机械强度及良好的绝缘性，但性脆，磕碰易碎，耐强碱性较差。

玻璃的化学成分主要是：SiO_2、CaO、Na_2O、K_2O。还引入 B_2O_3、Al_2O_3、ZnO、BaO 等以使玻璃具有不同的性质和用途。

1. 仪器玻璃的化学组成、性质及用途

仪器玻璃的化学组成、性质及用途见表 18-1。

表 18-1　仪器玻璃的化学组成、性质及用途

玻璃名称	通称	各化学组成的质量分数 $w/\%$						线膨胀系数	耐热急变温度/℃	软化点/℃	主要用途
		SiO_2	Al_2O_3	B_2O_3	R_2O	CaO	ZnO				
特硬玻璃	特硬料	80.7	2.1	12.8	3.8	0.6	—	32×10^{-7}	≥270	820	制作烧器类耐热产品
硬质玻璃	九五料	79.1	2.1	12.5	5.7	0.6	—	$(41\sim42)\times10^{-7}$	≥220	770	制作烧器类及各种玻璃仪器
一般仪器玻璃	管料	74	4.5	4.5	1.2	3.3	1.7	71×10^{-7}	≥140	750	制作滴管吸管及培养皿等
量器玻璃	白料	73	5	4.5	13.2	3.8	0.5	73×10^{-7}	≥120	740	制作量器等

注：1. R_2O 为 Na_2O 及 K_2O。

2. 参见"北京玻璃厂产品样本"。

3. 线膨胀系数是指物体温度升高 1K 时，单位长度上所增加的长度。

2. 常用玻璃仪器名称、规格及用途

常用玻璃仪器名称、规格及用途见表18-2［参见图18-17(一)～(七)］。

表 18-2　常用玻璃仪器名称、规格及用途

名称	规格(容量)/mL	主要用途	使用注意事项
烧杯 图 18-17(1)	10、15、25、50、100、250、400、500、600、1000、2000	配制溶液,溶解处理样品等	加热时应置于石棉网上,使其受热均匀,一般不可干烧,加热时所装溶液不应超过总容积的2/3
三角烧瓶(锥形瓶) 图 18-17(2)	50、100、250、500、1000	加热处理试样和容量分析滴定	除有与烧杯相同的要求外,磨口三角瓶加热时要打开瓶塞,非标准磨口瓶要保持原配塞
碘瓶(碘量瓶) 图 18-17(3)	50、100、250、500、1000	碘量法或其他生成挥发性物质的定量分析	除有与烧杯相同要求外,同三角(磨口)烧瓶
圆(平)底烧瓶 图 18-17(4)	250、500、1000 可配橡胶塞号:5～6、6～7、8～9	加热及蒸馏液体,平底烧瓶又可自制洗瓶	一般避免直接火焰加热,应于隔石棉网或各种加热套,加热浴加热等
圆底蒸馏烧瓶 图 18-17(5)	30、60、125、250、500、1000	蒸馏,也可作少量气体发生反应器	一般避免直接火焰加热,应于隔石棉网或各种加热套,加热浴加热等
凯氏烧瓶 图 18-17(6)	50、100、300、500	消解有机物质	置于石棉网上加热,瓶口方向勿对向自己及他人
洗瓶 图 18-17(7)	250、500、1000	装纯水洗涤仪器或装洗涤液洗涤沉淀	玻璃制的带磨口塞,也可用锥形瓶自己装配,可置石棉网上加热,但聚乙烯制的塑料瓶不可加热
量筒、量杯 图 18-17(8)(9)	5、10、20、25、100、250、500、1000、2000 量出式,量入式	粗略地量取一定体积的液体用	沿壁加入或倒出溶液,不能加热
容量瓶(量瓶) 图 18-17(10)	5、10、25、50、100、200、250、500、1000、2000 量入式,无色、棕色	配制标准体积的标准溶液或被测溶液	磨口塞与瓶要保持原配(用线集上),瓶口不严漏水的不能用。不能直接用火加热,可于水浴上加热
滴定管 图 18-17(11)	5、10、25、50、100 无色、棕色,量出式,酸式、碱式(或聚四氟乙烯活塞)	容量分析滴定操作	活塞要原配,漏水的不能使用。不能加热,不能长期存放碱液,碱滴管不能放与橡胶起反应的标准溶液,洗刷时不能损坏刻线标字
座式(微量)滴定管 图 18-17(13)	1、2、5、10 量出式	微量或半微量分析滴定操作	只有活塞式,其余注意事项同滴定管
自动滴定管 图 18-17(12)	滴定管容量 25,贮液瓶容量 1000 量出式	自动滴定可用于滴定液需隔绝空气的操作	除有与一般的滴定管相同的要求外,要注意成套保管,另外,要配打气用的双连球
移液管(单标线吸量管) 图 18-17(14)	1、2、5、10、15、20、25、50、100 量出式	准确地移取一定量的液体溶液	不能加热,用后洗涤干净
分度(直管)吸量管 图 18-17(15)	0.1、0.2、0.25、0.5、1、2、5、10、15、20、25、50、100 完全流出式、不完全流出式	准确地移取各种不同量的液体溶液	不能加热,用后洗涤干净

续表

名称	规格(容量)/mL	主要用途	使用注意事项
称量瓶 图18-17(17)	容量 瓶高 直径 /mL /mm /mm 扁形 10 25 35 15 25 40 30 30 50 高形 10 40 25 20 50 30	扁形用于测定水分时在烘箱中烘干基准物;高形用于称量基准物及样品	烘干时不可盖紧磨口塞,磨口塞要原配
试剂瓶(细口瓶、广口瓶、下口瓶) 图18-17(18)	30、60、125、250、500、1000、2000、10000、20000 无色、棕色	细口瓶用于存放液体试剂;广口瓶用于装固体试剂;棕色瓶用于存放见光易分解的试剂	不能加热,不能在瓶内配制在操作过程中释放大量热量的溶液;磨口塞要保持原配;不要长期存放碱性溶液,短期存放时应使用橡胶塞
滴瓶 图18-17(19)	30、60、125 无色、棕色	用于装需滴加的试剂	同试剂瓶
漏斗 图18-17(20)	长颈: 口径(mm)50、60、75 管长(mm)150 短颈: 口径(mm)50、60 管长(mm)90、120 锥角均为60°	长颈漏斗用于定量分析、过滤沉淀;短颈用于一般过滤	不可直接用火加热
分液漏斗 图18-17(21)	50、100、250、500、1000 玻璃活塞或聚四氟乙烯活塞	分开两种互不相溶的液体,用于萃取分离和富集;制备反应中加液体(多用球形及滴液漏斗)	磨口旋塞必须原配,旋塞漏水的漏斗不能使用,不可加热
试管 图18-17(22)	普通试管10、20 离心试管5、10、15 带刻度、不带刻度	离心试管可在离心机中借离心作用分离溶液和沉淀	硬质玻璃制的试管可直接在火焰上加热,但不能骤冷。离心试管只能于水浴内加热
比色管 图18-17(23)	10、25、50、100 带刻度、不带刻度 具塞、不具塞	光度分析	不可直接用火加热,非标准磨口塞必须原配,注意保持管壁透明,不可用去污粉刷洗,以免磨伤透光面
吸收管 图18-17(24)	全长(mm):波氏173、233, 多孔滤板吸收管185 滤片1#	吸收气体样品中的被测物质	通过气体的流量要适当,两只串联使用;磨口塞要原配;不可直接用火加热。多孔滤板吸收管吸收效率较高,可单只使用
冷凝管 图18-17(25)	全长(mm)320、370、490 直形、球形、蛇形、空气冷凝管	用于冷却蒸馏出的液体。蛇形管适用于冷凝低沸点液体蒸气;空气冷凝管用于冷凝沸点150℃以上的液体蒸气	不可骤冷骤热;使用时从下口进冷却水,从上口出冷却水
抽气管 图18-17(26)	伽氏、爱氏、改良氏	上端接自来水龙头,侧端接抽滤瓶,射水造成负压,抽滤	不同样式,甚至同一型号产品抽力不一样,尽量选用抽力大的
抽滤瓶 图18-17(27)	250、500、1000、2000	抽滤时接收滤液	属于厚壁容器,能耐负压,不可加热
表面皿 图18-17(28)	直径(mm)45、60、75、90、100、120	盖烧杯及漏斗等	不可直接用火加热,使用时直径要略大于所盖容器

名称	规格(容量)/mL	主要用途	使用注意事项
研钵 图 18-17(29)	厚料制作,内底及杆均匀磨砂 直径(mm)70、90、105	研磨固体试剂及试样等,不能研磨与玻璃起作用的物质	不能撞击,不能烘烤
干燥器 图 18-17(30)	直径(mm)150、180、210、300 等,无色、棕色	保持烘干或灼烧过的物质的干燥,也可用于干燥少量样品	底部放变色硅胶或其他干燥剂,盖的磨口处涂适量的凡士林,不可将红热的物体放入
蒸馏水蒸馏器 图 18-17(31)	500、1000、2000	制取蒸馏水	防止暴沸(加素瓷片),要隔石棉网用火焰均匀加热或用电热套加热
砂芯玻璃漏斗(细菌漏斗) 图 18-17(32)	35、60、140、500 滤板 1#~6#	过滤	必须抽滤,不能骤冷骤热,不能过滤氢氟酸、碱,用毕立即洗净
砂芯玻璃坩埚 图 18-17(33)	10、15、30 滤板 1#~6#	称量分析中烘干需称量的沉淀	同砂芯玻璃漏斗
标准磨口组合仪器 图 18-17(34)	长颈系列:上口内径/磨面长度(mm): $\phi 10/19$、$\phi 14.5/23$、$\phi 19/26$、$\phi 24/29$、$\phi 29/32$	有机化学及有机半微量分析中制备及分离	磨口处无须涂润滑剂,安装时不可受歪斜压力,要按所需装置配套购置

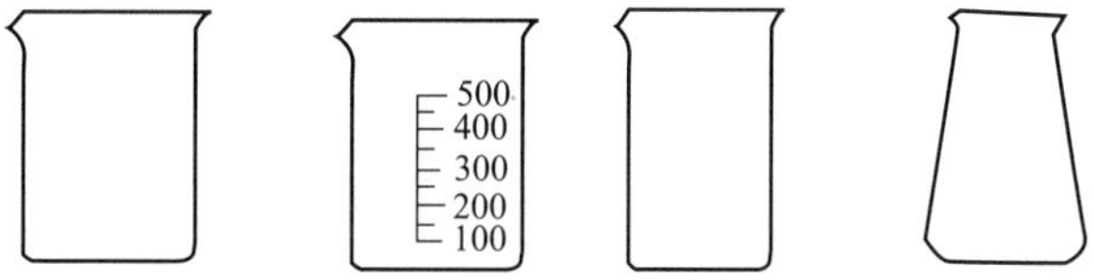

a 普通　　　b 带容积近似值　　　c 高形　　　d 锥形

(1) 烧杯

具塞

(2) 三角烧瓶(锥形瓶)　　　　　　(3) 碘瓶

图 18-17

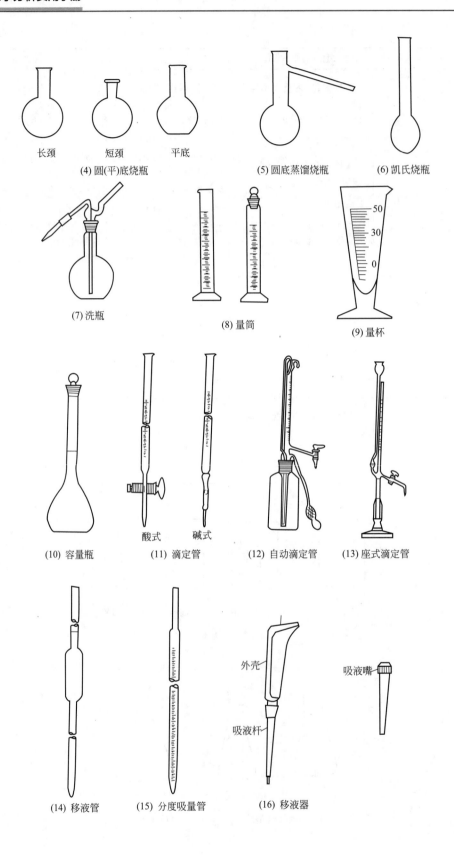

长颈　　短颈　　平底

(4) 圆(平)底烧瓶　　　　　　(5) 圆底蒸馏烧瓶　　　　(6) 凯氏烧瓶

(7) 洗瓶　　　　　　(8) 量筒　　　　　　(9) 量杯

50
30
0

(10) 容量瓶　　(11) 滴定管　　(12) 自动滴定管　　(13) 座式滴定管

酸式　　碱式

外壳
吸液杆
吸液嘴

(14) 移液管　　(15) 分度吸量管　　(16) 移液器

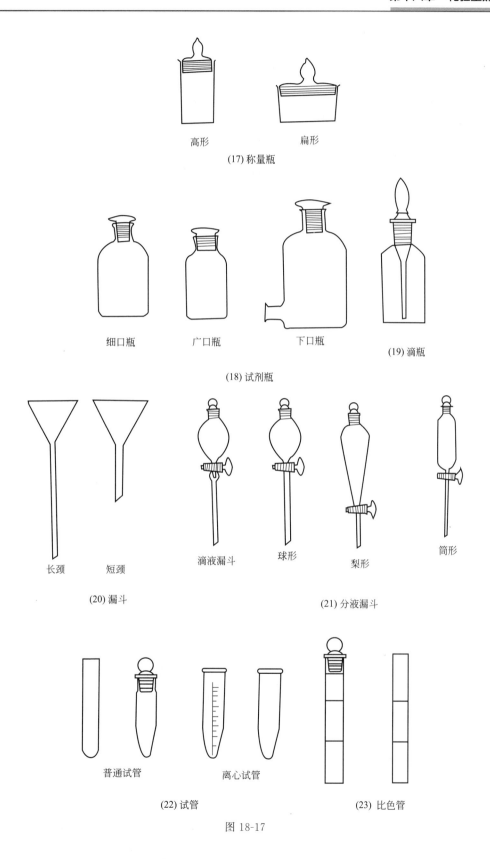

高形　　　　扁形

(17) 称量瓶

细口瓶　　　广口瓶　　　　下口瓶　　　　　(19) 滴瓶

(18) 试剂瓶

长颈　　短颈　　　滴液漏斗　　球形　　　梨形　　　　筒形

(20) 漏斗　　　　　　　　　　　　　　(21) 分液漏斗

普通试管　　　离心试管

(22) 试管　　　　　　　　　　　(23) 比色管

图 18-17

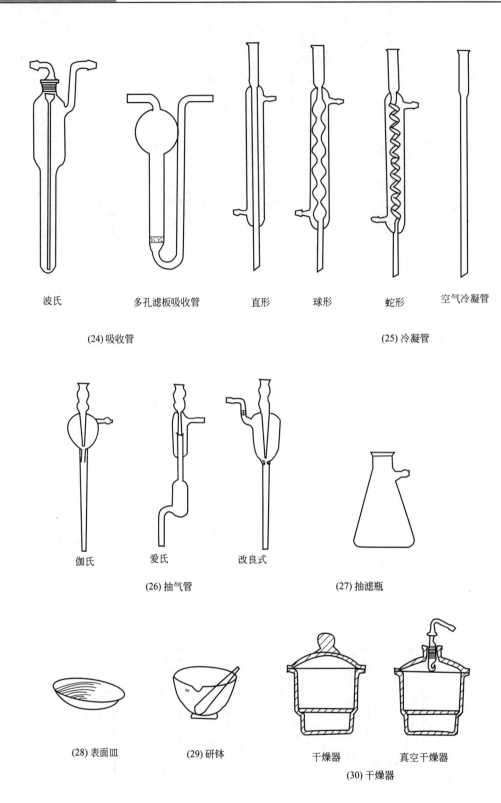

波氏　　　　　多孔滤板吸收管　　　　直形　　球形　　蛇形　　空气冷凝管

(24) 吸收管　　　　　　　　　　　　　　　　　　　　(25) 冷凝管

伽氏　　　　爱氏　　　　改良式

(26) 抽气管　　　　　　　　(27) 抽滤瓶

(28) 表面皿　　　(29) 研钵　　　　干燥器　　　真空干燥器

(30) 干燥器

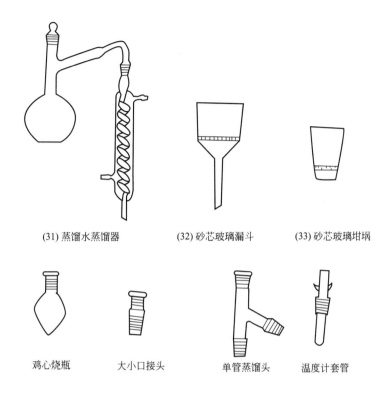

(31) 蒸馏水蒸馏器　　　(32) 砂芯玻璃漏斗　　　(33) 砂芯玻璃坩埚

鸡心烧瓶　　　大小口接头　　　单管蒸馏头　　　温度计套管

(34) 标准磨口组合仪器举例

图 18-17　常用玻璃仪器

3. 成套玻璃仪器装置

详见图 18-18 成套玻璃仪器装置。

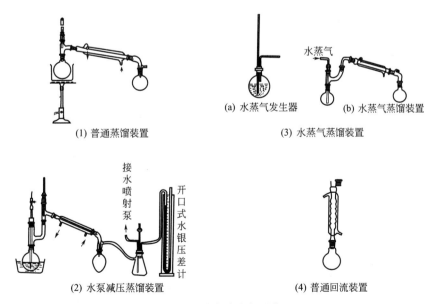

(1) 普通蒸馏装置　　　　(a) 水蒸气发生器　　(b) 水蒸气蒸馏装置

　　　　　　　　　　　　　(3) 水蒸气蒸馏装置

(2) 水泵减压蒸馏装置　　　　(4) 普通回流装置

图 18-18　成套玻璃仪器装置

（二）石英玻璃仪器

石英玻璃的化学成分是二氧化硅。由于原料来源不同，石英玻璃可分为透明石英玻璃和半透明、不透明的熔融石英。透明石英玻璃理化性能优于半透明石英，主要用于制造实验室玻璃仪器及光学仪器等。由于石英玻璃能透过紫外线，在分析仪器中常用来制作紫外范围应用的光学零件。

石英玻璃的线膨胀系数很小（5.5×10^{-7}），仅为特硬玻璃的1/5，因此它耐急冷急热，将透明石英玻璃烧至红热，放到冷水里也不会炸裂。石英玻璃的软化温度为1650℃，由于具有耐高温性能，能在1100℃下使用，还可在1400℃短时间使用。

石英玻璃的纯度很高，二氧化硅含量在99.95％以上，具有相当好的透明度。它的耐酸性能非常好，除氢氟酸和磷酸外，任何浓度的有机酸和无机酸甚至在高温下都极少与石英玻璃作用。因此，石英是痕量分析用的最好材料。在高纯水和高纯试剂的制备中也常采用石英器皿。

石英玻璃不能耐氢氟酸的腐蚀，磷酸在150℃以上也能与其作用，强碱溶液包括碱金属碳酸盐也能腐蚀石英。在常温时腐蚀较慢，温度升高腐蚀加快。因此，石英制品应避免用于上述场合。

在化验室中常用的石英玻璃仪器有烧杯、坩埚、蒸发皿、舟、管、蒸馏水器等。因其价格昂贵，使用和保管要谨慎，应与普通玻璃仪器分开存放保管。

（三）瓷器和非金属材料器皿

瓷制器皿能耐高温，可在高至1200℃的温度下使用，耐酸碱的化学腐蚀性能也较玻璃好，瓷制品比玻璃坚固，且价格也便宜，在实验室中经常要用到。涂有釉的瓷坩埚灼烧后失重甚微，可在重量分析中使用。瓷制品均不耐苛性碱和碳酸钠的腐蚀，尤其不能在其中进行熔融操作。用一些不与瓷作用的物质如MgO、C粉等作为填垫剂时，可部分代替铂制品，在瓷坩埚中用定量滤纸包住碱性熔剂熔融处理硅酸盐试样。

常用瓷制器皿及非金属材料器皿见表18-3。

表18-3　常用瓷制器皿及非金属材料器皿

名称	示意图	规格	一般用途
蒸发皿		涂釉,容量(mL)15、30、60、100、250……	蒸发液体、熔融石蜡,用于标签刷蜡等
瓷坩埚		涂釉,容量(mL)10、15、20、25、30、40……	灼烧沉淀及高温处理试样。高形用于隔绝空气条件下处理试样
研钵		除研磨面外均上釉,直径(mm)60、100、150、200	研磨固体试剂
布氏漏斗		上釉,直径(mm)51、67、85、106……	上铺2层滤纸用抽滤法过滤

续表

名称	示意图	规格	一般用途
玛瑙研钵			研磨硬度大,不允许带进杂质的样品
泥三角			泥三角用于放置灼烧坩埚,使用时放置于铁圈上或三脚架上
燃烧舟		长方形(mm×mm×mm)60×30×15、90×60×17、120×60×18	用于灼烧物质或用于比较液体挥发速度
比色点滴板		有6孔和12孔两种长方形边长(mm×mm)112×92、160×125	用于少量物质间的定性点滴试验。白色点滴板用于产生有色沉淀的反应,黑色点滴板用于产生白色或浅色沉淀的反应

（四）金属器皿和其他用品

金属器皿和其他用品见表18-4（参见图18-19）。

表18-4　金属器皿和其他用品

名　　称	规格	用途及使用注意事项
水浴锅 图18-19(1)	有铜制、铝制水浴锅,还有电热恒温水浴	水浴上的圆圈适用于放置不同规格的蒸发皿。不可烧干,不可作砂浴用
铁架台 图18-19(2)	底座尺寸(杆长及杆径,mm)170×100(450,10)、205×130(500,10)、230×150(600,13)等;铁圈直径(mm)60、80、100、125、150等;铁夹全长240mm,夹程20～60mm,棒长140mm,棒径140mm;直角夹全长80～100mm,可容纳杆径为13～16mm	铁架台用于稳定支持其他仪器,还可代替漏斗架作过滤用,代替滴定管架作滴定用。铁圈可支撑玻璃器皿。铁夹多用作夹持烧瓶,也可用作夹持大试管、锥形瓶、冷凝管和其他仪器,头部套耐热胶管或细石棉绳。直角夹用于夹持铁夹,两端的螺旋,分别用于夹持铁夹和固定在铁架台的杆上
坩埚钳 图18-19(3)	铁制,表面镀铬;不锈钢制,头上套铂;长(mm)250、380、450	主要用于夹持坩埚,也可以钳取蒸发皿等,使用坩埚钳要注意不要沾上腐蚀性液体,且应尖部向上放于台面上
石棉网 图18-19(4)		加热容器时可用石棉网垫在容器与热源之间,使受热均匀,不致造成局部高温,使用时不能与水接触,以防石棉脱落或铁丝锈蚀
滴定台及滴管夹 图18-19(5)	滴定台通常为铝制,座板(mm)320×180,支杆长(mm)500～600,杆径约(mm)10	滴定台用于夹持滴定管进行滴定操作,滴管夹夹持部分应套一段胶管。滴定台也可用铁架台代替
万能夹 图18-19(6)	金属制,头部可自由旋转各种角度	固定烧瓶、冷凝管等玻璃仪器
双顶丝 图18-19(7)	金属制	固定万能夹于铁架台上
铁三脚架 图18-19(8)	金属制	与泥三角、石棉网配套使用,放置被加热器皿
夹子 图18-19(9)	弹簧夹最大通过口径为100mm;螺旋夹最大通过口径为18mm	夹子用于夹闭橡胶导管内的水流或气流。螺旋式可调节松紧程度,以控制管内流量

续表

名　称	规格	用途及使用注意事项
打孔器 图 18-19(10)	打孔器具有一组(常为三管或六管)不同口径的钢管,六管的孔直径为 5～12mm;手摇钻孔器一般有六支钢管,孔直径为 5～16mm	打孔器用于橡胶塞或软木塞上手工打孔,使用时选择适当孔径钢管,转动钻入塞子,用细铁杆清除管内钻孔后残留的塞屑
试管架 图 18-19(11)	试管架有木制和铝制	用于存放各类试管
移液管架 图 18-19(12)	移液管架一般为木制,竖式通常高480mm,圆板直径150mm,圆孔直径为 7～17mm	主要用于存放移液管
比色管架 图 18-19(13)	比色管架一般为木制,底部有白瓷板	比色管架用于放置比色管,作目视比色
洗耳球、橡胶气唧 图 18-19(15)	洗耳球和橡胶气唧用橡胶制成	洗耳球常用在移液管的上端吸取溶液用。橡胶气唧是在化验操作中鼓空气用,常套以网袋作保护
煤气灯 图 18-19(14)	金属制	加热和灼烧用。点火:关小空气进气量,打开煤气开关,及灯的针阀,点火;调节煤气及空气,防止不完全燃烧,空气过小,火焰中有炭粒,呈黄色;回火:煤气过小,空气量过大,需调节后重点火

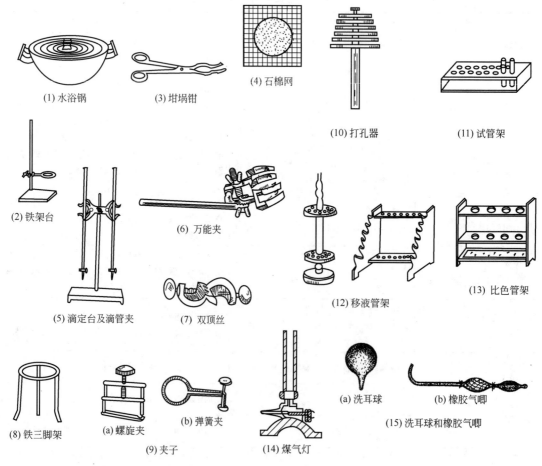

图 18-19　金属器皿和其他物品

（五）化验室常用塑料制品

塑料制品在化验室的应用日益增多，由于塑料具有一些特有的物理和化学性质，在化验室中可以作为玻璃、金属、木材等的代用品。这些塑料耐酸碱的腐蚀性好，比玻璃制品结实且不怕磕碰。下面介绍化验室常用的几种塑料。

1. 聚乙烯和聚丙烯塑料制品

聚乙烯可分为低密度、中密度和高密度聚乙烯三种，其软化点为 $105\sim125℃$。聚乙烯的最高使用温度为 $70℃$，耐一般酸、碱的腐蚀，能被氧化性的酸慢慢侵蚀。常温下不溶于一般的有机溶剂，但与脂肪烃、芳香烃和卤代烃长时间接触能溶胀。

聚丙烯可在 $107\sim121℃$ 连续使用。除强氧化剂外与大多数介质均不起作用。

由于聚乙烯及聚丙烯耐碱和氢氟酸的腐蚀，常用来代替玻璃试剂瓶储存氢氟酸、浓氢氧化钠溶液及一些呈碱性的盐类（如硫化物、硅酸钠等）。但要注意浓硫酸、硝酸、溴、高氯酸可与聚乙烯和聚丙烯作用。

此外，聚氯乙烯所含杂质多，一般不用于贮存纯水和试剂。

在化验工作中使用的塑料制品主要有聚乙烯材质的烧杯、漏斗、量杯、试剂瓶、洗瓶（图 18-20）及化验室用的纯水贮存桶等。

塑料对各种试剂有渗透性，因此，不易洗干净，吸附杂质能力也较强。所以为了避免交叉污染，在使用塑料瓶贮存各类溶液时，最好专液专用。

2. 聚四氟乙烯塑料制品

聚四氟乙烯也是热塑性塑料，色泽白，有蜡状感觉，耐热性好，最高工作温度为 $250℃$。除熔融态钠和液态氟外，能耐一切浓酸、浓碱、强氧化剂的腐蚀，在王水中煮沸也不起变化，在耐腐蚀性上可称为塑料"王"。聚四氟乙烯的电绝缘性好，并能切削加工。

图 18-20　聚乙烯洗瓶

聚四氟乙烯烧杯和坩埚均有产品，可用作氢氟酸处理样品的容器。有不锈钢外罩的聚四氟乙烯坩埚在加压、加热（一般要求不高于 $200℃$）处理矿样和消解生物材料方面得到了应用。聚四氟乙烯使用不可超过最高工作温度（$250℃$），超过此温度即开始分解，在 $415℃$ 以上急骤分解释放出极毒的全氟异丁烯气体。

洗涤塑料器皿时，一般可以用对该塑料无溶解性的溶剂，如乙醇等。如塑料器皿被金属离子或氧化物沾污，可用（1＋3）的盐酸洗涤。

（六）化验室常用坩埚

化验室常用坩埚见表 18-5。

表 18-5　化验室常用坩埚

名称	组成及特性	使用注意事项
刚玉坩埚	Al_2O_3 含量高达 95% 的瓷坩埚，可耐温 $1500\sim1550℃$；规格（mL）5、10、15、20、30、70、150、200 等	不耐 $NaOH$、Na_2CO_3 等的腐蚀
石英坩埚	SiO_2 含量大于 99.95%，膨胀系数很小（$5.5\times10^{-7}℃^{-1}$），耐高温（$1000℃$），除氢氟酸、磷酸外，任何其他酸即使在高温下亦不与之作用，能透过紫外线，宜作紫外区光学零件	应避免与磷酸接触，绝不能与氢氟酸接触，不耐强碱与碱金属碳酸盐腐蚀，价格贵，易碎

续表

名称	组成及特性	使用注意事项
铂坩埚	铂熔点很高(1773.5℃),化学性质稳定,在空气中灼烧不起变化,能耐熔融、碱金属盐、碳酸盐和氢氟酸腐蚀;规格(mL)30、40、50等	在高温下不允许接触下列物质:①固态碱金属氧化物、硝酸盐、氰化物、过氧化物、钡、锂的氢氧化物;②易还原金属及其化合物,如银、汞、铅、锑、锡、铋、铜等;③含碳的硅酸盐、磷、砷、硫及其化合物 加热时不许接触王水、卤素溶液和能产生卤素的溶液,如 $KClO_3$、$KClO_4$、$FeCl_3$ 的盐酸溶液;用煤气灯加热时,只能用氧化焰加热,不能在还原焰中灼烧;灼烧的铂皿不能与其他金属接触,以免铂与其生成合金;不许在铂皿中处理未知试样(价格比石英还昂贵)
银坩埚	熔点(960℃),不受氢氧化钠、氢氧化钾侵蚀,受热后表面易生成 Ag_2O 变黑,易与硫作用生成硫化银,不耐酸腐蚀;规格(mL)30	银坩埚最适用于碱熔法分解样品,使用温度不超过600℃,时间不宜过长,不可熔融硼砂,不能使用碱性硫化物溶剂,不能用酸浸取熔融物,特别是不可接触浓酸
镍坩埚	熔点(1455℃),几乎不与强碱作用,可用氢氧化钠、过氧化钠熔融;在空气中易生成氧化膜;规格(mL)30、50等	镍在熔融过氧化钠时略有腐蚀,但仍可使用多次。镍在高温下会被氧化,故不能用于要求灼烧至质量恒定的操作;新的镍坩埚在使用前需先高温灼烧 2~3min,以除去油污,并使表面氧化,可延长寿命
铁坩埚	易生锈,耐腐蚀性不如镍,但价格便宜;规格(mL)30、50等	熔融过氧化物时,仍可作镍坩埚的代用品
石墨坩埚	结构致密,渗透性小,耐高温(800℃)。化学性质稳定,能耐高氯酸以外的一切强酸,包括王水及中低温度时的强碱的腐蚀,耐过氧化钠和高温熔盐的腐蚀	易清洗、寿命长,可代替一些贵金属坩埚使用

四、分析天平

分析天平是化学分析不可缺少的仪器,供定量分析时衡量之用。随着时代科技的发展,分析天平由摇摆天平、机械加码光学天平、单盘精密天平到如今的电子天平等。现在机械式天平尤其是双盘天平已逐渐为单盘天平和电子天平取代。常用天平的种类简单介绍如下。

1. 托盘天平

托盘天平又称架盘天平或普通药物天平,最小分度值一般为 0.1~2g,最大载荷可达5000g。用于对称量准确度要求不高的实验工作中,如配制各种质量分数、比例浓度的溶液,以及有效数字要求在整数内的物质的量浓度溶液,或用于称取较大量的样品、物料等。

称量时,取两片质量相当的光滑纸,放在天平两边盘上,调节好零点。然后在左边盘上放入欲称量的药品(试剂),在右边盘上放入砝码。加砝码的顺序一般是从大的开始加起,如果偏重再换小的砝码。大砝码应放在托盘中央,小砝码放在大砝码周围。称量完毕后砝码放回砝码盒内,两个天平托盘落在一起放在天平托架的一边,以免天平经常处于摆动状态。称量时不许用手拿取砝码(应当用镊子或带洁净手套),被称量的药品不许直接放在天平盘上。

2. 工业天平

工业天平最小分度值一般在 0.01~0.001g,最大载荷在 200g 以内,不带阻尼系统。用于一般的工业分析称量。

3. 光电分析天平

光电分析天平又称电光分析天平，分度值为 0.0001g（0.1mg），所以又称万分之一天平，最大载荷为 100g 或 200g。目前我国使用较多是 TG-328A（全自动电光分析天平）和 TG-328B（半自动电光分析天平）。TG-328A 全部机械加码，称物盘在右边；TG-328B 部分机械加码，称物盘在左边。以上两种天平从结构上说都是等臂双盘天平。

4. 单盘天平

单盘天平从结构上分有等臂和不等臂单盘两种，不等臂单盘天平是于 20 世纪 40 年代后期发展起来的。单盘天平只有一个放称量物的天平盘。盘和砝码都放在天平梁的同一臂上，另一臂是质量一定的配重砣。这种天平一般都具有机械加码和光学读数装置，称量速度比等臂双盘天平快得多。目前在我国使用较多的是 DT-100 型和 DT-729 C 型单盘天平。

5. 电子天平

电子天平是将质量信号转化为电信号，然后经过放大，数字显示而完成质量的精确计量的。现今出售的用于分析实验的电子天平都是单盘的，双盘的已被淘汰。电子天平有如下的特点。

① 电子天平没有机械天平的宝石或玛瑙刀子，采用数字显示方式代替指针刻度式显示。使用寿命长，性能稳定，灵敏度高，操作迅速简单。

② 电子天平采用电磁力平衡原理（所有功能控制在一条杆上），称量时全量程不用砝码。放上被称物体后，在 5～10s 内即达到平衡，显示读数。称量速度快，精度高。

③ 电子天平有的具有称量范围和读数精度可变的功能，如瑞士梅特勒 AE 240 天平，在 0～205g 称量范围，读数精度为 0.1mg；在 0～41g 称量范围内，读数精度 0.01mg。可一机多用。

④ 分析及半微量电子天平一般具有内部校正功能。天平内部装有标准砝码，使用校准功能时，标准砝码被启用，天平的微处理器将标准砝码的质量值作为校准标准，以获得正确的称量数据。

⑤ 电子天平是高智能化的，可在全量程范围内实现净重、单位转换、零件计数、超载显示、故障报警等。

⑥ 电子天平具有质量电信号输出，这是机械天平无法做到的，它可以连接打印机、计算机，实现称量、记录和计算的自动化，可直接得到符合 ISO 和 GLP 国际标准的技术报告，具有将电子天平与质量保证系统相结合的优势。

⑦ 抗干扰能力强，可在恶劣、振动环境下保持良好的稳定性。

五、化验室常用设备和仪器

化验室所用的分析仪器种类繁多，在这里就不全面地加以介绍了，仅按一般化验室最常用的几种主要设备和仪器概略介绍。

（一）电热仪器

1. 电炉

电炉是化验室里最常用的热源之一。是用来处理分解试样和控制反应升温等的主要设备。一般常用的有圆盘式电炉（温度不可调），万用电炉（温度可调）两种。现今还有全封闭（无明火阻丝）万用电炉。

除了电炉用于加热外，还有中低温加热的电热板也被广泛应用。

2. 高温电炉

高温电炉也叫马弗电炉（简称马弗炉），常用于金属熔融，有机物的灰化，碳化和重量法分析的灼烧等。

高温电炉本身都配有热电偶温度计，用来限制和控制温度。

高温电炉有方形高温炉（马弗炉）和圆桶形高温炉。

3. 电热恒温箱

电热恒温箱分为两类（以下简称为烘箱），一类是低温的（60℃为限）称之为保温箱或培养箱，也叫孵化箱。这类恒温箱多用于生物培养方面的实验用，如培养微生物、生物等；另一类是高温的（以200℃为限）称之为烘干箱或干燥箱。虽然温度可高达200℃，但常用100～150℃。多用于烘焙、干燥、分解、消毒等。

4. 电热恒温水浴

电热恒温水浴一般简称为电水浴锅。用于低温加热实验或易挥发易燃有机溶剂的加热用。

（二）制冷设备——电冰箱

电冰箱是制冷的电气设备，用于化验分析工作中低温保存样品、试剂、菌种和需低温下进行化学反应等工作。

（三）光电比色分析仪器

1. 国产 581-G 型光电比色计

581-G 型光电比色计为单光电池光电比色计，构造比较简单，灵敏度好，是一种操作最方便的光电比色计。

2. 国产 72 型分光光度计

72 型分光光度计与上述单光电池（581-G 型光电比色计）光电比色计相似，但分光光度计的单色光器比滤光片所选择的波长范围小得多。可以认为单色光，其次加设了稳定电压的专门装置（稳压器），微电流检流计也比较精密一些，且单独另设一个装置系统（单色光器）。方便携带运输，72 型分光光度计由稳压器、检流计和单色光器组成完整配套仪器。

3. 国产 72-1 型分光光度计

72-1 型分光光度计较比 72 型分光光度计有了很大改进。它用体积很小的晶体管稳压电源代替了笨重的磁饱和稳压器，用真空光电管代替了光电池作为光电转换元件，真空光电管配合放大线路将微弱光电流放大后，推动指针式微安表，以此代替体积较大而且容易损坏的灵敏光点检流计。该仪器体积小，稳定性和灵敏性都高，而且外形也美观大方。

4. 国产 75-1 型可见紫外分光光度计

在前面所介绍的 581-G 型光电比色计和 72 型分光光度计，工作波段都在 400～800nm 范围内，只能测定物质在可见光区的吸收光谱。而 75-1 型分光光度计工作波段在 200～

1000nm 范围内，可测定物质在紫外区、可见光区及近红外区的吸收光谱，因而它的应用范围更广泛。

（四）浊度分析仪器

水中因含有悬浮质点而产生浑浊现象，通常使用浑浊度仪来测定水的浑浊度。水的浑浊度一般是用度作单位的，以 1L 水中含有 1mg 二氧化硅为 1 度。测定水浑浊度的仪器为"比光式浑浊度仪"。

（五）电化学分析仪器

1. 电导（仪）和电导率

当一对电极插入电解质溶液时，带电的离子在电场的作用下，产生移动，因此电解质溶液具有导电作用，其导电能力的强弱称为导电度，简称电导。溶液的电导等于其电阻的倒数。

$$S = 1/R$$

式中，S 为电导，S；R 为电阻，Ω。

根据欧姆定律，温度一定时，这个电阻值与导体长度即电极间的距离 L（cm）成正比，与导体的截面积即电极的截面积 A（cm^2）成反比。

$$R = \rho L / A$$

式中，ρ 为电阻率。

对于一对固定的电极而言，L 和 A 都是固定不变的，L/A 为一个常数，称为电极常数 Q。

$$S = 1/R = \frac{1}{\rho} \times \frac{1}{Q}$$

式中，$1/\rho$ 称为电导率，常以 K 表示，$K = SQ$。

由上可看出，测定溶液的电导，实际上是通过测定其电阻而得到的。

常用的电导仪为 DDS-11 型电导仪。还有 DDS-11A 型电导仪等。

用于分析上通过测定溶液的电导，可以确定被测组分的含量。如去离子水纯度的测定，氨合成气中 CO、CO_2 含量的测定，钢铁中碳含量的测定等。

2. 酸度计

利用酸度计测定溶液 pH 值，也是一种电位测定法。

它是将玻璃电极和甘汞电极插入被测溶液中，组成一个电化学原电池，其电动势与溶液 pH 值大小有关。酸度计主体是一个精密电位计，用它测量原电池的电动势，并直接用 pH 刻度值表示出来，因而从酸度计上可以直接读出被测定溶液的 pH 值。

目前应用较广的是数显式 pHs-3 系列的精密酸度计。如 pHs-3F 型酸度计。

（六）气相色谱分析仪

气相色谱的分析法是一种新型分离、分析技术。由于它具有分离效能高，分析速度快，灵敏度高等特点，在石油炼制、基本有机原料、高分子化学、医药、原子能、冶金工业中得到了广泛的应用。

气相色谱法常用于以下三个方面。

1. 气体分析

在环境保护中用于测定大气中的痕量有毒杂质；在宇宙科学中测定高空大气的组成；在

化工生产中用于分析原料气、反应后放空尾气、烟道气的组成；在石油化工生产中用于分析石油炼制气、裂解气的组成以及高分子单体（乙烯、丙烯、丁二烯）中的微量杂质。

2. 液体分析

在石油炼制工业中，分析液体产品。催化裂化后的汽油、煤气、铂重整后芳香烃的组成；在有机化工生产中分析醇、醛、酮、酯、醚、胺类的含量；在电气工业中分析变压器油的组成（预测变压器的潜伏故障）。

3. 固体分析

在冶金工业中用于分析金属及合金中的微量气体杂质；在高分子工业中将高聚物热裂解（或用激光裂解），根据裂解产物可判断高聚物的组成。

气相色谱法在原子能工业、医药工业、食品工业、农业化学、生物化学、物理化学领域中也有着广泛的应用。

气相色谱法也有不足之处，首先是从色谱峰不能直接给出定性的结果，它不能用来直接分析未知物，如果没有已知纯物质（标样）的色谱图和它对照，就无法判定某一色谱峰代表何物。因此对成分复杂的样品，定性工作常常是相当麻烦的，若无纯物质的对照，必须用其他方法，如化学分析方法、质谱法、红外吸收光谱法相配合，否则定性工作就无法完成。另外也存在对高含量的样品进行分析时准确度不高，分析无机物和高沸点有机物时的比较困难等不足之处，有待进一步研究加以改进。

由于气相色谱分析仪的应用迅速增长，无论在型号、数量、技术指标及质量等方面近些年来都有了很大的发展。现在常用的气相色谱仪生产厂家、型号及仪器的特点，见表 18-6 及表 18-7。

表 18-6　目前我国主要生产气相色谱的厂家及仪器型号

厂家	仪器型号	仪器的特点
北京北分瑞利分析仪器（集团）公司	SP-3400	仿瓦里安公司 3400 产品，性能同原产品
	SP-3420	国产化的 3400
	SP-3430	专用于分析酒的填充柱气相色谱仪
	SP-3440	专用于分析酒的毛细管气相色谱仪
	SP-3600	毛细管气相色谱仪
北京东四电子技术研究所	GC-4000	实验室用气相色谱仪
四川仪表九厂	SC-200 SC-2000	实验室用气相色谱仪
鲁南瑞虹化工仪器公司	SP-6800 SP-6801	实验室用气相色谱仪
上海科创色谱仪器公司	GC-900	实验室用气相色谱仪
南京分析仪器厂	CX-6800	防爆型箱体结构，用微机进行程序控制直接显示和打印出被测组分浓度值及单位，配 TCD 或 FID 可测气体、蒸气或液体
上海天美科学仪器公司	7890Ⅰ 7890Ⅱ	实验室用气相色谱仪
温岭福立分析仪器公司	GC-9790	实验室用气相色谱仪

表 18-7　国外较驰名的生产气相色谱仪的厂家

厂家	仪器型号	仪器的特点
Agilent Technologies 安捷伦公司	HP-5890-Ⅱ	柱温可达 450℃,有体积 2.5μL 的单丝热导检测器
	HP-6890	HP-6890 是最新一代产品
	HP-4890	单通道简易型(保持 HP-5890 的性能)
	HP-4890D	双通道简易型(保持 HP-5890 的性能)
	HP-6850	单通道最新一代产品
Perkin-Elmer Corp	8600	单通道气路
	8700	双通道气路可同时进样,温度可达 420℃
	Autos SystemVL	柱温可达 500℃,柱有仪器自检功能,结构紧凑,可与离子阱质谱配用
Varian Instrument Group 瓦里安公司	3400、3600	柱温可达 400℃,体积小功能较全
	SC Star	
	SP-3800	最新一代多功能气相色谱仪
日本岛津公司	GC-14A GC-17A	专用于毛细管气相色谱仪的最新产品
Fison Instruments Carlo Erba 卡劳尔巴	(Mega)5000 系列	标准型柱温 420℃,高温型柱温可达 500℃,可与 SFE 及 HPLC 联用
Philips Analytical Chromatography	PU4410	柱温可达 450℃,有多维色谱系统
HNU System Lnc	321 311	柱温可达 300℃,可带电导和远紫外检测器。柱温 200℃ 只带光离子化检测器

（七）高速液相色谱仪

高速液相色谱仪（也称高效液相色谱仪）通常由高压泵、梯度洗提装置、进样器、色谱柱和检测器五个主要部件组成。

高速液相色谱能满意地用于分离、分析与生物医学有关的大分子和离子型物质,以及易变的天然产物及各种高分子化合物和不稳定化合物。但是分析就必须分离,每一种分离方法只适用于一定的分离对象。

（八）分子吸收光谱

由于分子内部存在着三种不同的运动状态（分子转动、分子中原子核间的相对振动及电子的运动）,当处于基态的分子受到连续光照射时,分子将吸收其中相应波长的光。分子吸收光子后,依光子能量的大小,可能发生转动、振动或电子能的跃迁。分子便由基态跃至高能级的激发态。这时通过分光仪器观察,就可以在发亮的背景上看到一条条暗区,如用记录仪记录,则可得到一个个吸收峰,这就是分子吸收光谱。

如果发生分子转动和振动能级的跃迁,则吸收的光波多位于红外区,这时的分子光谱叫作分子的红外吸收光谱;而电子能级的跃迁所吸收的光波,则一般位于紫外及可见光区,这时的分子光谱叫作分子的紫外可见吸收光谱。

1. 红外光谱

红外光谱的红外分光光度计，通常由光学系统（红外辐射源、单色器和检测器）、电子系统与机械系统三大部分组成。

红外光谱法是一种近代物化分析方法。它广泛用于高聚物的研究，可以对原料、药物、单体、聚合物、添加剂等进行定性和定量分析。塑料、涂料、橡胶、合成纤维、胶黏剂等高分子材料均可利用红外光谱法研究。它不仅可以用来研究化学结构，而且也可以用于在动力学、老化机理等方面的研究。

2. 紫外可见光谱

目前常用的紫外可见分光光度计基本上有两类。一类是单光束手动非记录式光电分光光度计；另一类是双光束自动记录式光电分光光度计。

紫外可见分光光度计，主要由光源、单色器、吸收池、检测器和附加装置五部分组成。其主要应用如下。

① 定性分析

a. 推测化合物的分子结构；

b. 检定未知样品；

c. 鉴定化合物的纯度。

② 定量分析　测定样品中的百分含量。

（九）发射光谱

按试料中不同原子的能级跃迁所产生的光谱来研究其化学组成的分析方法叫作发射光谱又称为光谱的化学分析。它的优点：具有分析速度快、选择性好、灵敏度高，而且通用性好等。它的不足之处：主要是不适于分析组成不均匀的样品，定量操作较为烦琐，而且设备费用较贵，还需要适当的工作环境和熟练的操作人员。

它的操作大致分为：采用激发光源使试样激发发光；将光展开成为光谱；拍摄光谱并对谱板进行显影、定影处理；用光谱投影仪，测微光度计等对摄得的光谱进行定性、定量分析。

1. 发射光谱仪

在一定条件下，物质接受外界提供足够大的能量（热能、电能、光能等）后可以发出多种不同波长的光线。这些光线经棱镜、光栅等色散元件作用后，得到按一定波长顺序排列的光带，也就是发射光谱。进行发射光谱分析的仪器就是发射光谱仪。

发射光谱仪是由激发光源、分光装置和检测装置三大部分组成。

发射光谱仪可用来对元素进行定性、半定量和定量分析。

2. 激光显微光谱仪

激光发生器产生的激光束经镀有反射膜的直角转向棱镜进入显微物镜，聚焦后照射到样品上；样品在高温下蒸发，其蒸气通过加有高压的辅助电极时，电极击穿而产生火花放电，样品物质进一步受到激发并发光；经过聚光镜将光引入摄谱仪进行摄谱，即可对样品进行分析。

激光显微光谱分析的特点和应用如下。

① 激光束能聚焦在直径 $10\sim300\mu m$ 的范围内，故可对样品进行微区分析，具体说来，它可用于分析微细颗粒，研究金属、合金各部分之间的成分差异及生物组织病变部分与正常部分之间的差别等。同时，因为激光束光斑小，对样品造成的损伤也很小，几乎接近于无损分析。

② 激光能量高度集中，焦点处温度在万度以上，足以使样品中的所有元素极快地同时蒸发出来，因此基体对分析结果的影响小。

③ 试样不需预先处理，不管是导体、非导体，也不管是否透明，都可以在大气中直接分析，这是比电子探针微区分析方便的地方。因此除了金属、合金外，它对陶瓷、有机物、岩石、生物组织等各类试样均可方便地进行分析。

④ 光谱中的氰带可被消除或大大减弱，这就扩大了光谱分析的应用范围，亦可以使灵敏线处于氰带中的元素（如铟、铊等）分析灵敏度大为提高。

⑤ 分析速度快，样品耗费少，约 $10^{-9}g$ 的试样即可满足分析要求，同时，对大部分元素具有相当高的绝对灵敏度（$10^{-6}\sim10^{-12}g$）。

⑥ 它的主要不足之处是相对灵敏度仅达 $0.1\%\sim0.001\%$，比一般以电弧作光源的分析方法稍低，同时，标准样品无法配制均匀，影响了它在定量分析上的应用。

3. 等离子焰光谱仪

首先了解等离子体光源。等离子体光源是一种光谱分析利用的新型光源。所谓等离子体实际上是一种自由电子、离子、中性原子或分子组成的在总体上呈电中性的气体。与通常的光谱分析用光源（火焰、电弧、火花等）不同，等离子体光源是采用高温等离子体作为分析元素的激励光源，因此具有自己的特点。

等离子体光源分类

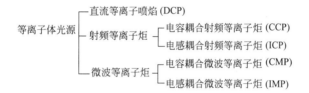

ICP 光谱分析系统

目前，电感耦合射频等离子炬（ICP）是各种等离子光源中灵敏度和准确度最高，国内外公认最有希望的光源。

ICP 光谱系统的工作过程是：试样溶液经雾化器变成细雾在加热室内脱水，水分由冷凝器除去，极细的试样微粒由氩气携带，通过炬管进入等离子炬进行激发；等离子炬的能量由高频发生器提供；试样激发后产生的光经透镜进入光谱仪形成光谱。

4. 光电直读光谱仪

光电直读光谱仪主要包括光源、分光系统和光电测量系统三个部分。

它的应用，试样经光源激发后的光经入射狭缝到色散装置凹面光栅（或棱镜），分光后被聚焦在焦面上形成光谱，焦面上放置若干个出射狭缝，将特定波长的光引出并分别投射到光电倍增管上，于是光信号转变为电信号，由积分系统贮存，当曝光终止时，由测量系统（具有高输入阻抗）逐个测量各积分电容上电压，以电压值的大小来确定元素含量。

近年来，电感耦合射频等离子炬（ICP）已开始用于光电直读分析之光源。

（十）其他仪器

1. 核磁共振谱

核磁共振波谱仪一般由一对电磁铁、射频振荡器、扫描发生器、核磁共振信号接收器及记录仪等部分构成。

核磁共振谱是研究有机化合物化学结构的主要方法之一。它可用于鉴别官能团和区分异构体，在医学、生物学的研究中起着重要作用。

2. 质谱

质谱分析是一种物理分析方法。

质谱仪通常由进样系统、离子源、质量分析器、检测器及真空系统五部分组成。

质谱应用如下。

① 质谱定性分析　质谱可用来确定有机化合物的结构；

② 质谱定量分析　质谱用来测定化合物（混合物）中各组分的含量；

③ 质谱法还可用于同位素丰度和无机物定量测定，也可用于研究分子结构和化学反应动力学。

3. 扫描电镜

目前，用扫描电镜观察透射电子成像的分辨率可达 $50\sim70\text{Å}(1\text{Å}=0.1\text{nm})$，观察二次电子成像的分辨率优于 100Å。把电子显微镜和电子探针微区分析仪器有机地结合在一起，可以同时进行显微组织观察、微区成分分析和晶体分析。再引入电子计算机用于分析过程的控制和定量分析修正，可以使分析精度大大提高。

扫描电镜的应用如下。

① 结晶学分析　应用于柯塞尔花样技术、电子背散射技术和电子通道花样技术。

② 立体分析　利用立体照相术获得立体对照片，以进行立体观察和立体分析。它适用于从断面的微观形貌分析位错亚结构、断裂表面能、应力腐蚀断面的特征角以及断裂力学中的张开位移量等。

③ 成分分析　将扫描电镜与显微探针分析仪组合成综合型仪器，则可进行成分分析。

④ 在金属材料方面的应用　可用于寻找材料发生断裂的原因和起点，研究金属材料脆性断裂的机理，确定合金中析出物和夹杂成分，还可用于研究材料中不同元素之间的扩散现象，以及确定合金析出第二相的性质等。

4. 原子吸收光谱仪

原子吸收光谱仪又叫原子吸收分光光度计。

原子吸收光谱仪由光源（空心阴极灯）、原子化系统、分光系统与检测系统组成。

它具有测定元素多、干扰少、准确度高、选择性强、灵敏度高和速度快等特点。常用于冶金、机械、硅酸盐工业、医药卫生、农业与环境保护等部门，可直接测定金属元素及间接测定非金属等。

5. 热分析仪

热分析仪主要用于测定物质给定温度程序下所发生的热效应及其他物理化学参数变化。

热分析仪主要由温度程序控制器、记录器、放大器及转换器等组成。

热分析仪用来研究一切对热敏感的反应，诸如结晶、熔融、升华、挥发、晶相转变、玻璃化转变等物理变化；以及热分解、热氧化、聚合、固化、硫化、脱水、缩合等化学变化。

6. 火焰光度计

某些元素的化合物在火焰中能被激发而发射出一定波长的光线，其强度与各成分的含量成正比。产生的光线经过滤光片后投射到光电池上，即可测出光的强度，从而求出各成分的含量。

根据被激发光线的强度来测定碱金属与碱土金属等含量的仪器叫火焰光度计。现代的火焰光度计可同时测出钾、钠、锂等几种元素，其样品的测定误差可小于 0.5%。

我国在仪器分析方面发展状况是 20 世纪 60 年代末期使用气相色谱（GC），70 年代中期使用高效液相色谱（HPLC），80 年代中期使用傅里叶变换红外线（HIR）分析。目前发展的毛细管电泳，能够分析非常微量的物质。

第十九章 化验室的安全知识

化验室内经常使用水、电、燃气和各种易燃、易爆、有毒、放射性及腐蚀性化学药品（试剂）等；还要接触玻璃器具、电气、高温设备、压力容器、气瓶和高压气体等。在分析实验操作过程中伴有各种气体蒸气、烟雾、粉尘的产生，一不小心就会产生对人体的伤害，导致中毒，灼伤、割伤、触电及环境污染等事故的发生。

因此，要求化验室的建筑、电气装置、仪器设备等应有合理的设计和布局，绝对不可忽视有关安全设施这一重要环节。并对化验室全体工作人员应有良好的职业安全训练和经常性安全教育，熟悉并掌握有关这方面的安全知识。一旦发生灾害和险情，不致惊慌失措，并能采取相应措施紧急处理，马上进行急救，以保护人身安全和减少经济损失。

一、玻璃器皿

看起来，玻璃器皿在化验分析操作中，好像是一件小事，但不小心谨慎，就会酿成大祸。

玻璃脆而易碎，受热不均或受内部张力影响时，易突然碎裂。在使用时，由于局部的过热，如用无光火焰的内锥接触到烧瓶、烧杯底时，会使其碎裂。蒸馏仪器尤其在蒸馏易燃性液体时，不得漏气且要受热均匀，否则会导致仪器破碎而引起燃烧；切割玻璃管，将玻璃管、温度计插入或拔出软木塞、橡胶塞，以及拉制玻璃管、弯曲玻璃管时，若没有正确掌握技能会误伤手等。

要求：

① 使用玻璃仪器，要轻拿轻放，洗刷时，于铺有橡胶板的专用水池内一件一件地洗涤，决不能将许多玻璃仪器浸泡在一起进行洗刷。

② 蒸馏仪器安装完毕注入物料后，经检查不漏气，方能进行加热，均匀升温。

③ 切割、弯曲玻璃管，戴上线手套或垫上棉布等进行操作，拉制、吹制玻璃制品要戴上防护眼镜。

④ 安装或拆卸成套的玻璃仪器，应从上到下一件一件取下或从下往上一件一件谨慎安装，决不能强行拧压，粗心大意。

⑤ 玻璃仪器，一定要存放于专用仪器柜内，切不可与其他物品混放在一起。

二、电气设备

电气设备在应用过程中若使用不当，一方面可能引起火灾和爆炸，另一方面也能造成人身伤害。运用不导电的可燃性液体和一般可燃性物料时，静电有时会引起出乎意料的火灾和爆炸。

使用电气设备时，应正确谨慎使用，否则可能会产生危险。人体对电流的感应见表19-1。

表 19-1　人体对电流的感应

电流（极限）/mA		人体的感应
交流 60Hz	直流	
1	5	皮肤受感应
6～9	70	肌肉失去控制，手中拿着的电器脱手而去
25	80	呼吸困难心瘫，威胁生命的危险
100	100	心室纤维性颤动

可知电气设备发生极微弱的电震，便有引起严重危险的可能，不能疏忽大意。

要求：

① 使用电气设备时预先检查电器开关、变压器、安全接地线及其电气机械设备各部位是否安全妥善无误。检查无误方能给电运行。

② 维修和更换电气设备部件时，务必先断电，拉下电闸后，方能进行工作。

③ 开动操作电气设备时保持手干燥不潮湿，电气设备周围场所应保持干燥清洁的环境；

④ 更换保险丝要按负荷规定进行，严禁随意加大，更不允许用铜丝或其他金属丝代替；

⑤ 电气开关附近，绝对禁止放置易燃易爆物品。

三、燃气及其设备

化验室常使用燃气进行加热等操作。如果使用和管理不当，可能造成火灾，或泄漏引起人员中毒，因此一定引起操作人员的注意。

① 燃气灯具及燃气管道要经常检查维护，如遇有漏气（漏气时可闻到其气味），应立即停止使用，关闭阀门并让维修人员进行修理。

② 点燃燃气灯时，必须先闭风，次点火，再开燃气，然后调风量。停用时，要先闭风，再闭燃气阀门。使用燃气灯时要防止内焰发生，否则易使连接胶管着火。

③ 室内无人时，不准继续使用燃气灯。使用燃气灯时，燃气灯近旁不得放置易燃物品及抹布、碎纸、塑料碎品等。

④ 连接燃气灯及燃气管接头的胶管，长度不得超过 1.2m，胶管必须露置外面显目位置。

⑤ 用完燃气，必须关闭好阀门，检查无误，闻不到燃气味方可离去。

四、化学试剂（药品）

化学试剂（药品）大部分是有毒害的，按其物理化学性质可分为剧毒、腐蚀、易燃、易爆等，此外还有个别试剂具有放射性。因此对于试剂药品的使用和保管应严加控制。

① 剧毒试剂　氰化物、砷化物、铬酸盐及有剧毒的生物碱等，应设专人负责管理（锁在保险柜内），并建立健全严格的使用保管制度。

② 易燃品　乙醚、丙酮、苯、二硫化碳和其他有机溶剂及其废液等，要远离火源，密闭保管于低温处的棕色玻璃瓶中。

③ 易爆品　苦味酸（三硝基苯酚）、氯酸盐、硝酸盐、高氯酸盐及过氧化氢等，少量可保存于低温处，周围不得有其他易燃物品。应用量较大时应随用随领，不能过多地存放于化验室内。

④ 腐蚀性试剂　强酸（盐酸、硝酸、硫酸）、苛性碱、浓氨水、冰醋酸、浓磷酸等，应

保存于坚固玻璃瓶中（苛性碱存放塑料瓶中），酸、碱应分别存放。

⑤ 放射性化学试剂　氯化铀、氧化铀、硝酸钍、硝酸镧、溴化镭、铈钠复盐、夜光粉、发光剂等。这些物质能够自原子核内部自行放出穿透力很强、而人的感觉器官不能察觉到的射线。具有这种放射性的物质，如放射性同位素、放射性化合物、放射性矿石及夜光粉等，都是放射性危险物。

因此，在化学分析中涉及有关带有放射性物质的操作时，一定要按（α、β、γ）射线的种类与性质的特别规定穿戴好防护用具后方能进行工作。

五、化学毒物及中毒的救治

在化验分析过程中，不仅仅是接触化学试剂药品，在处理分解试样时，一些化学反应会释放出有害气体等毒物。这些侵入人体的少量物质所引起局部刺激或整个机体功能障碍的任何疾病都称为中毒。

按毒物侵入的途径，中毒分为摄入中毒、呼吸中毒和接触中毒。接触中毒和腐蚀性中毒有一定区别，接触中毒是通过皮肤进入皮下组织的，不一定立即引起表皮的灼伤，腐蚀性中毒则是使接触它的那一部分组织立即受到伤害。

毒物的剂量与效应之间的关系称为毒物的毒性，习惯上用半数致死剂量（LD_{50}）或半数致死浓度（LC_{50}）作为衡量急性毒性大小的指标，将毒物的毒性分为剧毒、高毒、中等毒、低毒、微毒五级。上述分级未考虑其慢性毒性及致癌作用，我国国家标准 GBZ 230—2010《职业性接触毒物危害程度分级》将毒物的危害程度分为Ⅰ～Ⅳ级，常见物质列于表19-2 中。表19-3 列出了常见的毒物的中毒症状与救治措施。

表 19-2　职业性接触毒物危害程度分级

级　别	毒　物　名　称
Ⅰ级（极度危害）	汞及其化合物、苯、砷及无机化合物（非致癌的除外）、氯乙烯、铬酸盐与重铬酸盐、黄磷、铍及其化合物、对硫磷、羰基镍、八氟异丁烯、氯甲醚、锰及其化合物、氰化物
Ⅱ级（高度危害）	三硝基甲苯、铅及其化合物、二硫化碳、氯、丙烯腈、四氯化碳、硫化氢、甲醛、苯胺、氟化氢、五氯酚及其钠盐、镉及其化合物、敌百虫、氯丙烯、钒及其化合物、溴甲烷、硫酸二甲酯、金属镍、甲苯二异氰酸酯、环氧氯丙烷、砷化氢、敌敌畏、光气、氯丁二烯、一氧化碳、硝基苯
Ⅲ级（中度危害）	苯乙烯、甲醇、硝酸、硫酸、盐酸、甲苯、二甲苯、三氯乙烯、二甲基甲酰胺、六氟丙烯、苯酚、氢氧化物
Ⅳ级（轻度危害）	溶剂汽油、丙酮、氢氧化钠、四氟乙烯、氨

表 19-3　常见化学毒物中毒症状与救治措施

分类	名称	中毒症状	救治措施
强酸	硫酸、硝酸、盐酸	皮肤接触硫酸局部红肿痛，重者起水疱，呈烫伤症状；硝酸、盐酸的腐蚀性小于硫酸	立即用大量流动清水冲洗，再用2%的碳酸氢钠水溶液冲洗，然后用清水冲洗
		吸入口腔，不仅腐蚀口腔，对咽喉、食道、胃等被强烈烧灼	用水可洗口腔、咽喉、食道、胃，严禁用碳酸氢钠水溶液洗胃，以免产生二氧化碳而增加胃穿孔，可立即服7.5%氢氧化镁悬浊液 60mL，鸡蛋清调水或牛奶200mL；用量大且工作时间长时，要戴好防护口罩、手套、眼镜、工作服等

续表

分类	名称	中毒症状	救治措施
强酸	氢氟酸（包括氟化物）	急性中毒较少见	
		浸入人体，其主要作用于骨骼、神经系统及指甲、皮肤	立即用大量流动清水冲洗，再将伤处浸入：①冰镇的 0.1％～0.133％氯化苄烷铵的水或乙醇溶液；②水冲洗后，用 5％NaHCO₃ 溶液洗，再用甘油二份及 MgO 一份制成的糊剂涂敷或用冰冷的饱和 MgSO₄ 冲洗
		眼睛烧伤	用大量流动清水冲洗后，再淋洗。每次 15min，间隔 15min 取用时，戴好口罩、乳胶手套、眼镜等
强碱	氢氧化钠、氢氧化钾	皮肤接触强烈腐蚀，比酸还严重，化学烧伤	迅速用水、柠檬汁、2％乙酸或 2％硼酸水溶液洗涤
		吞服：口腔、食道、胃黏膜糜烂	禁洗胃或催吐，服稀乙酸或柠檬汁 500mL 或 0.5％盐酸 100～500mL，再服蛋清水、牛奶、淀粉糊、植物油等 应加强个人防护
碱	氨气	皮肤、呼吸道、消化黏膜有腐蚀作用	用大量清水冲洗后，再用 2％乙酸水溶液洗 应加强个人防护
无机物	汞及其化合物	大量吸入汞蒸气或吞食二氧化汞等汞盐，会出现恶心、呕吐、腹痛、腹泻、全身衰弱、尿少或尿闭甚至死亡	可用炭粉彻底洗胃，然后迅速服牛奶 1000mL 加三个鸡蛋清或豆浆等解毒；送医院治疗
		汞蒸气慢性中毒，头晕、头痛、失眠等症状；自主神经功能紊乱，口腔炎、消化道症状及震颤	脱离接触汞的岗位，去医院治疗
		皮肤接触	用大量流动水冲洗后，湿敷 3％～5％硫代硫酸钠溶液，不溶性汞化合物用肥皂和水冲洗 使用汞的化验室，温度不可过高，室内设有良好的通风排气设备，地面光滑无缝，易于冲洗；灌注汞操作台下，宜放有一定深度水的水盘
	砷及其化合物	皮肤接触：皮疹、皮炎、皮肤脱落、毛发脱落、指甲萎缩或变脆、带状疱疹、皮肤过度角质化等	用肥皂和水冲洗，皮肤可涂 2.5％二巯基丙醇油膏
		吞服：恶心、呕吐、腹痛、剧烈腹泻、黄疸、肝硬化、肝脾肿大	立即洗胃、催吐，洗胃服新配制氢氧化铁溶液（12％硫酸亚铁与 20％氧化镁悬液等量混合）及酒石酸锑钾稀的水溶液
		粉尘和气体吸入也会引起上述的慢性中毒	催吐或服鸡蛋清水，牛奶等，导泻，医生处置 应加强个人防护
	铅及其化合物	急性中毒少见	
		慢性中毒较多：对消化、造血、神经、骨骼系统和泌尿、生殖系统危害较大。早期常见头昏、头痛、疲倦、全身无力、四肢肌肉和关节酸痛、食欲减退、便秘、牙龈边缘出蓝黑色铅线等	服维生素 C、牛奶、蛋清、肥皂水、面粉糊水稀释缓解，后用盐水令呕吐，最后令服用兴奋剂（如浓茶或浓咖啡） 穿好工作服，带多层口罩、胶皮手套，及时处理废液，饭前洗手，定期检查身体

续表

分类	名称	中毒症状	救治措施
无机物	氢氰酸及氰化物	中毒重者：呼吸不规则，昏迷，强直性痉挛，大小便失禁，全身反射消失，皮肤黏膜出现鲜红色，血压下降，可迅速发生呼吸障碍而死亡	皮肤表面大量水冲洗，依次用万分之一的高锰酸钾和硫化铵洗涤，或用 0.5% 硫代硫酸钠溶液冲洗
		急性中毒：轻者有黏膜刺激症状，唇舌麻木，头痛，眩晕，下肢无力，胸压痛感恶心，心慌，血压上升，气喘，瞳孔散大，生命相当危险	用亚硝酸戊酯或亚硝酸丙酯、亚硝酸钠、硫代硫酸钠进行解毒（由医生救治） 使用氰化物的操作时要特加小心，必须严格操作，必须带好防护用具手套、防毒面具工作服，工作完毕洗澡，更换所有衣服
	铬酸、重铬酸钾（钠）及铬酐	损害皮肤：出现发痒、红点，愈合极慢；损害黏膜，使之发炎，进而引起溃疡	对铬酸及铬化合物引起的皮炎，可外敷 5%～10% EDTA 二钠油膏或硫代硫酸钠油膏可迅速促进痊愈 应加强个人防护
	磷（黄磷）及磷化物	皮肤黏膜损害时，可引起眼黏膜充血，角膜浑浊，皮肤可被烧伤	眼黏膜损害时，用 2% 小苏打水冲洗多次；皮肤烧伤时，先用 5% 硫酸铜溶液洗净伤处，再用千分之一的高锰酸钾溶液湿敷 贮运黄磷（即白磷）时，必须浸泡水中，以防自燃，操作时戴口罩、手套、眼镜等加以防护
	五氧化二磷	对眼睛及呼吸道有强烈刺激	救治、处理类似磷中毒及对应症的处理
	溴	能直接侵害皮肤或吸入引起中毒	急性中毒立即离开现场，吸入新鲜空气、水蒸气与氨水的混合物，立即去医院治疗
		吸入溴蒸气立即引起咽喉发干疼痛、咳嗽、黏膜发红及各种皮炎	配制饱和溴水或应用时，一定在通风柜中进行，防止皮肤接触
有机化合物	石油烃类（石油产品中的各种饱和或不饱和烃）	吸入高浓度汽油蒸气，出现头痛、头晕、心悸、神志不清等	移至新鲜空气处，重症可给予吸氧
		汽油对皮肤有脂溶性和刺激性，皮肤干燥皲裂，个别人起红斑、水疱	温水清洗
		石油烃能引起呼吸道、造血、神经系统慢性中毒	医生治疗
		某些润滑油和石油残渣长期刺激皮肤可能引起皮癌	涂 5% 炉甘石洗剂 应加强个人防护，通风良好
	苯及其同系物（如甲苯）	吸入蒸气及皮肤渗透	皮肤中毒用清水洗
		急性中毒：头痛、头晕、恶心，重者昏迷抽搐甚至死亡	应立即进行人工呼吸，同时给予氧气吸入
		慢性中毒：损失造血系统和神经系统	全身性中毒：可用 10% 硫代硫酸钠溶液静脉注射，内服或注射维生素 C 应加强个人防护，通风良好

续表

分类	名称	中毒症状	救治措施
有机化合物	三氯甲烷（氯仿）	皮肤接触：干燥、皲裂	涂10%尿素冷霜
		急性中毒：吸入高浓度蒸气，刺激黏膜、流泪、流唾液、眩晕、恶心、麻醉	人工呼吸，输入氧气，医生处置
		慢性中毒：消化不良、体重减轻，肝、心、肾损害	移至新鲜空气处 在通风柜内进行操作
	四氯化碳	接触皮肤因脱脂而干燥、皲裂	用2%小苏打或1%硼酸溶液冲洗皮肤和眼睛
		急性中毒：呼吸道侵入黏膜刺激，中枢神经系统抑制和胃肠道刺激	脱离中毒现场，呼吸新鲜空气，吸氧
		慢性中毒：神经衰弱、症候群、损害肝胃	移至新鲜空气处 应加强个人防护
	乙醚	由呼吸道进入人体，刺激黏膜，引起头痛、头晕、倦怠、麻醉等	应移至清新空气处休息 室内应设有通风排气装置
	丙酮	由呼吸道侵入，刺激黏膜、麻醉、不舒适感觉	移至清新空气处休息 室内应设有通风排气装置
	甲醇	吸入蒸气中毒，也可经皮肤吸收	皮肤污染用水冲洗
		急性：神经衰弱、视力模糊、酸中毒现象 慢性：视力减退、眼球疼痛	溅入眼内立即用2%小苏打水溶液冲洗
		吞服15mL可导致失明，70～100mL致死	误服：立即用3%小苏打水溶液充分洗胃后医生处理 应加强个人防护，通风良好
	芳胺、芳香族硝基化合物	吸入或皮肤渗透 急性中毒致高铁血红蛋白症，溶血性贫血及肝脏损害	皮肤接触用温肥皂水（忌用热水）洗，苯胺可用5%乙酸或70%乙醇洗 应加强个人防护
气体	氮氧化物	呼吸系统急性损害 急性中毒：口腔、咽喉黏膜眼结膜充血，头晕、支气管炎、肺炎、肺水肿 慢性中毒：呼吸道病变	移至新鲜空气处，必要时吸气 在通风柜内进行操作
	二氧化硫、三氧化硫	对上呼吸道及眼结膜有刺激作用，结膜炎、支气管炎、胸痛、胸闷	移至新鲜空气处，必要时吸氧，用2%小苏打水溶液洗 于良好通风下进行操作
	硫化氢	眼结膜、呼吸及中枢系统损害 急性中毒：头晕、头痛甚至抽搐昏迷；久闻不觉其气味更具危险性	移至新鲜空气处，必要时吸氧 生理盐水洗眼睛 于良好通风下进行操作
	氯气	有窒息性刺激眼、咽喉	a.室内通风良好，操作时戴口罩 b.离开现场，重患者要保温、吸氧、注射强心剂 c.眼睛受刺激用2%苏打水冲洗，咽喉疼痛吸入2%苏打水溶液

分类	名称	中毒症状	救治措施
气体	一氧化碳	经呼吸道进入体内,与血色素结合使其丧失运氧能力,引起全身严重缺氧 轻度中毒时头晕、恶心、无力,甚至甚至不清;重度中毒时立即昏迷,呼吸停止而死亡	将中毒者立即抬至空气新鲜处,保暖对停止呼吸者,实施人工呼吸,并给输入氧气注射可拉明等强心剂 戴好防毒面具进行操作

化验室接触毒物造成中毒的时机可能发生在取样、管道破裂或阀门损坏等意外事故中,以及样品溶解通风不良时,有机溶剂萃取、蒸馏等操作中发生意外时。预防中毒的措施主要是:

① 采用毒害较小的分析实验方法,尽量采用低毒化学试剂。

② 化验室应有良好的通风(排气送气)设施,能将有害气体及时排除和送入新鲜空气。

③ 消除二次污染源,即减少有毒蒸气的逸出及有害物质的洒落、泼溅。

④ 应加强个人防护,操作时穿戴好工作服、眼镜、口罩、手套,按需要涂防护油膏及防毒面具等。

六、癌与致癌物质

在人的机体内正常细胞于一定条件下受某些物质的诱导影响,其正常功能受到破坏,失去了对细胞分裂的控制,不受约束地恶性增生,上皮组织生长出来的恶性肿瘤称为癌。

某些物质能在一定条件下诱发癌症而又表现得很明显,因而被称为致癌物质。目前世界各国用某些化学物质对动物致癌做了大量实验,并对人类患各种癌症病例进行统计分析,得出某些化学物质有一定的诱导致癌作用。但到目前为止,致癌机理还不十分清楚。根据某些动物诱癌实验和临床观察统计,肯定以下一些化学物质有较明显的致癌作用:

多环芳香烃,3,4-苯并芘,1,2-苯并蒽,亚硝胺类($O{=}N{-}N\begin{smallmatrix}R^1\\R^2\end{smallmatrix}$),氮芥烷化剂,α-萘胺,β-萘胺,联苯胺,芳胺,砷,镉,铍等。所以在操作这些物质时,必须穿工作服,戴防护手套和防护口罩,以免侵入体内。

七、火灾与易燃物

化验室内发生火灾的原因是多种多样的,除因电线老化、电线失修、用火和电热器时不小心等发生的火灾之外,由于化验室内存在有和使用可燃性气体、易燃性液体、某些氧化剂及某些易氧化物质等,都可能引起火灾。

易燃性液体如二硫化碳、醚、苯和汽油等往往都是失火和爆炸的原因。使用这类物时必须特别谨慎。喷灯的火头,甚至电气开关冒出的火花都可能引起火灾。由于这些液体容易气化,它们的蒸气一旦碰到火便能燃烧,火焰反过来又使液体燃烧,所以火焰很可能蔓延到很远的地方。这些物质的蒸气比空气重得多,而且是下沉性的蒸气,不易向外扩散。

浓硝酸与松节油、香精油、破布、刨花和稻草等有机物质作用都能着火。比如硝酸流出瓶外时，洒到盛有硝酸瓶子箱内的刨花或稻草上而引起失火。

黄磷在空气中能自燃，因而很容易失火。一般都将它保持在水中。往往由于长期贮磷的铁罐生了锈，罐内的水流光后，黄磷自燃而引起火灾。

金属钠和金属钾通常保存于煤油中，如果煤油漏光，它们也会引起火灾。

化验室常用的电热器，如电炉、高温炉、电热板等，不能架设在木台上，否则经过长时间加热，木台逐渐发热而自燃。

氧化性物质的混合物，如硝酸铵或氯酸钾与有机物质的混合物能产生自燃。

下列几种常见的混合物，特别容易引起火灾。

① 活性炭与硝酸铵。

② 被油漆或干性油所沾染的破布。因为破布有很大的表面和高度的绝热性，油在聚合和氧化作用时，放出热，这些条件有利于反应产生的热量累积，造成自燃。

③ 沾染了氧化物质（如氯酸钾）的工作服。

④ 破布与浓硫酸。

⑤ 可燃性物料（木材、纤维织物）与浓硝酸。

⑥ 液体空气或氧与有机物。

⑦ 铝和有机氯化物。如铝粉与氯仿。

此外有些物质一经接触空气，便会立即起火，如磷化氢、引火的金属粉、氢化硅、烷基金属及白磷等。

化验室对于易燃物质应严加保管，室内要求干燥，通风良好，避免日光直射。室内室外要设置各种类型的灭火器材。如砂箱、救火栓、水龙带、各种灭火器等。更重要的是对分析化验人员，特别是新来的人员应进行经常性的安全技术教育，熟悉灭火常识，一旦发生火灾时会应用灭火剂（表 19-4）。

表 19-4　常用物质燃烧时应用的灭火剂

燃烧物质	应用灭火剂	燃烧物质	应用灭火剂
苯胺	泡沫、二氧化碳	火漆	水
乙炔	水蒸气、二氧化碳	磷	砂子、二氧化碳、泡沫、水
丙酮	泡沫、二氧化碳、四氯化碳	赛璐珞	水
硝基化合物	泡沫	纤维素	水
三氯乙烷	泡沫、二氧化碳	橡胶	水
钾　钠　钙　镁	砂	煤油	泡沫、氧化碳、四氯化碳
松香	水、泡沫	漆	泡沫
苯	泡沫、二氧化碳、四氯化碳	蜡	泡沫
重油	喷射水、泡沫	石蜡	喷射水、二氧化碳
润滑剂	喷射水、泡沫	二硫化碳	泡沫、二氧化碳
植物油	喷射水、泡沫	精密仪器	"1211"灭火器（是一种阻燃剂，能加速灭火，不导电，毒性较四氯化碳小）
石油	喷射水、泡沫	电气设备	
松节油	喷射水、泡沫	技术资料	
醚类(高沸点 175℃以上)	水	醇类(高沸点 175℃以上)	水
醚类(低沸点 175℃以下)	泡沫、二氧化碳	醇类(低沸点 175℃以下)	泡沫、二氧化碳

注：在消防中，一般不用四氯化碳（CCl_4）灭火器，因其具有毒性，尤其在碱性场所和空气不流通的场所，只有在万不得已的情况下，才能使用，但使用时应注意防护。

泡沫灭火剂有两种：一种主要成分为硫酸铝、碳酸氢钠、皂粉等经与酸作用生成二氧化碳的泡沫覆盖于燃烧物上隔绝空气而灭火，适用于油类着火的灭火；另一种干式二氧化碳灭火器，用二氧化碳压缩干粉（碳酸氢钠及适量的润滑剂、防潮剂等）喷于燃烧物上而灭火，适用于油类、可燃气体、易燃液体、固体电气设备及精密仪器等的灭火。

八、可能爆炸的物质

许多的化学试剂药品，在使用或存放不当时而存在着燃烧或爆炸的隐患。

氧化物与有机物接触，极易引起爆炸，所以在使用浓硝酸、过氧化氢、氯酸盐、过硫酸盐，特别是高氯酸时，务必谨慎。

氢气、电石气（乙炔）、煤气及汽油蒸气等混有空气的时候，遇到火焰会立即燃烧爆炸。因此，在使用或加热这些气体时，一定要使用先通气使管路里的空气排净达标，然后再点燃的操作方法。

下面列举一些放在一起易发生爆炸物质，以便在存放药品及使用时引起注意。

① 高氯酸与乙醇。
② 钠或钾与水。
③ 铝粉与过硫酸铵和水。
④ 氯酸盐与硫化锑。
⑤ 氯酸盐与磷或氰化物。
⑥ 三氧化铬或高锰酸钾与硫酸、硫黄、甘油或有机物。
⑦ 有机物及铝（合金）在硝酸-亚硝酸盐加热浴里。
⑧ 硝酸铵与锌粉加上一滴水。
⑨ 硫氰化钡与硝酸钠。
⑩ 硝酸钾与乙酸钠。
⑪ 硝酸与噻吩或与碘化氢。
⑫ 硝酸盐与酯类。
⑬ 亚硝酸盐与氰化钾。
⑭ 过氧化物与镁、锌或铝。
⑮ 氯酸盐及高氯酸盐与硫酸。
⑯ 硝酸与锌、镁或其他金属。
⑰ 铁氰化钾、汞氰化钾、卤素与氨。
⑱ 磷与硝酸、硝酸盐、氯酸盐。
⑲ 氧化汞与硫黄。
⑳ 镁及铝与氯酸盐或硝酸盐。
㉑ 硝酸盐与氯化亚锡。
㉒ 镁与磷酸盐、硫酸盐、碳酸盐及许多氧化物。
㉓ 重金属的草酸盐。
㉔ 液态空气或氧气与有机物（液态氮是理想的冷却剂）。
㉕ 铯、电石、活化金属（如雷尼镍等活化镍）与水。
㉖ 三氯化铝、三氯化磷、五氯化磷、磷化钙与水。
㉗ 浓氨与汞。

以上这些化学药品在使用时，尽量减少用量，需要加热时应使用水浴、电热板，绝对不能用明火（电炉子、燃气）加热。

易燃易爆类物品应远离火源，存放于低温处保管，不应与易燃物放在一起。蒸馏液体可燃易爆物品时，充装量绝不准超过蒸馏器体积的 2/3，应先通冷却水后，再通电加热，并要时刻注意仪器和冷凝器的工作是否正常，如需往蒸馏器内补充液体时，必须先停止加热，放冷后再进行补加。易发生爆炸的操作不得对着人进行，必要时操作人员应戴面具罩或使用防护挡板。有条件的化验室，应设置专门的房间作为使用易燃易爆物质的操作室，室内不准点火，所有电器开关都设在室外（设在走廊）。

九、气瓶与高压气体

化验室常用的气体，如氧、氢、氮及氩、乙炔、二氧化碳、氧化亚氮等，都可以通过购置气体钢瓶获得。气体钢瓶压力稳定，纯度较高，使用较为方便，但气瓶属于高压容器，使用时必须严格遵守安全规程，防止事故发生。

气瓶是高压容器，设计压力 $\geq 12MPa$ 的气瓶，采用壁厚 5～8mm 无缝合金钢或优质碳素钢钢管制成的圆柱形容器。气瓶容积不大于 $1m^3$。气瓶装有阀门，阀门紧密地装在颈部的开孔上或装在特殊无颈气瓶的充气和用气管接头上。凡贮存氢或其他可燃气体的气瓶，其阀门侧面的管接头应该是左旋螺纹（即逆时针方向转动）；而贮存氧或其他不可燃性气体的钢瓶，其阀门侧面的管接头应该是右旋螺纹（即顺时针方向转动）。除盛乙炔气瓶阀门外，每个瓶的阀门都应装上安全帽，严密地紧旋在旁侧管的接头上。氧气瓶应涂不含油脂的铅丹或垫金属垫片，严禁使用油脂类涂料涂在气瓶零件与附件上，以防爆炸。每个气瓶筒体上都应装上两个橡胶圈，以防震动后的撞击，气瓶底部装有钢质方形平底的座，便于竖放。

1. 高压气体按化学性质分类

① 可燃气体　如氢、乙炔、丙烷、石油气等。

② 助燃气体　如氧、氧化亚氮。

③ 不燃气体　如氮、二氧化碳等。

④ 惰性气体　如氦、氖、氩等。

⑤ 剧毒气体　如氟、氯等。

根据其化学性质，在使用时严加注意。

2. 高压气瓶的涂色与标志

各种高压气瓶（钢瓶）的瓶体上必须按规定涂上相应的标志色漆，并用规定颜色的色漆写（标明）上气瓶内容物的中文名称，画出横条标志。表 19-5 列出了部分高压气瓶的漆色与标志。

表 19-5　部分高压气瓶的漆色与标志

气瓶名称	外表面漆色	字样	字样颜色	横条颜色
氧	天蓝	氧	黑	—
医用氧	天蓝	医用氧	黑	—
氢	深绿	氢	红	红
氮	黑	氮	黄	棕
灯泡氩	黑	灯泡氩气	天蓝	天蓝
纯氩	灰	纯氩	绿	—
氦	棕	氦	白	—

续表

气瓶名称	外表面漆色	字样	字样颜色	横条颜色
压缩空气	黑	压缩空气	白	—
石油气	灰	石油气	红	—
氖	褐红	氖	白	—
硫化氢	白	硫化氢	红	红
氯	草绿	氯	白	白
光气	草绿	光气	红	红
氨气	黄	氨	黑	—
丁烯	红	丁烯	黄	黑
二氧化硫	黑	二氧化硫	白	黄
二氧化碳	黑	二氧化碳	黄	—
氧化氮	灰	氧化氮	黑	—
氟氯烷	铝白	氟氯烷	黑	—
环丙烷	橙黄	环丙烷	黑	—
乙烯	紫	乙烯	红	—
其他可燃性气	红	(气体名称)	白	—
其他非可燃性气	黑	(气体名称)	黄	—

在每个气瓶肩部都有钢印标记，标明制造厂、气瓶编号、设计压力、制造日期等。

3. 高压气瓶存放及安全使用

① 高压气瓶必须存放在阴凉、干燥、防暴晒、严禁明火远离热源的房间。除不燃性气体外，一律不得进入实验室内。使用中的高压气瓶要直立固定在专用支架上。

② 搬运高压气瓶要轻拿轻放，防止摔掷、敲击、滚滑或剧烈震动，搬运前要戴上瓶的安全帽，以防不慎摔断瓶嘴发生事故。钢瓶必须具有两个橡胶防震圈。乙炔钢瓶严禁横卧滚动。

③ 高压气瓶按规定要求定期作技术检验、耐压试验等。

④ 易起聚合反应的气体钢瓶，如乙烯、乙炔等，应在贮存期限内使用。

⑤ 高压气瓶的减压器要专用，安装时螺扣要上紧，不得漏气。开启高压气瓶时操作者应站在气瓶出口的侧面，动作要慢，以减少气流摩擦，防止产生静电。

⑥ 氧气瓶、可燃性气瓶与明火距离应不小于 10m，如不能达到时，应有可靠的隔热防护措施，并不得小于 5m。

⑦ 高压气瓶内气体不得全部用完，必须留有一定的余压，一般应保持在 0.2～1MPa 的余压，以使其他气体不易进入，备充气单位检验取样所需。

综上所述，不难看出化验室安全的重要性，化验室所有工作人员都不得忽视。

从长远的角度来看，重视安全，绝非浪费，它是能提高工作效率和经济效益的。

十、医务保健室常备急救用品

（一）药品

1. 洗胃用

高锰酸钾　0.01%～0.02%溶液

鞣酸　0.3％～0.5％溶液

氧化镁　2％～3％乳剂

碳酸氢钠（苏打水）　1％～2％溶液

2. 催吐用

肥皂水

硫酸铜　粉剂

阿扑吗啡（apomor phinum）　注射剂

3. 催泻用

硫酸镁　30％～50％溶液

硫酸钠　30％～50％溶液

4. 吸收毒物用

活性炭或骨炭　粉剂

白陶土　粉剂

鞣酸　1％～3％溶液

5. 中枢兴奋剂

可拉明（coraminum）　注射剂

咖啡因（catteinum）　注射剂

山埂菜素（lobelinum）　注射剂

氨水

6. 中枢镇静用

水合氯醛　5％～10％溶液

苯巴比妥钠（luminalum-natrium）　注射剂

莨菪碱（hyoscinum）　注射剂

氯丙嗪（chlorpromazinum）　注射剂

副醛　灌肠或注射剂

7. 解毒用

解磷毒（PAM）　2％注射用

硫代硫酸钠　5％～10％注射用

亚甲蓝　1％注射用

二巯基丙醇（dimercapto-propanolum. B. A. L）　注射剂

亚硝酸戊酯　吸入用

亚硝酸钠　1％～2％注射用

乙二胺四乙酸二钠钙（$CaNa_2EDTA$）　吸入用

8. 中和或缓冲毒物用

生理盐水　口服、洗胃或注射用

葡萄糖　50％注射剂

碳酸氢钠　3％～5％溶液

硼酸　1％～3％溶液

乳酸　2%～5%溶液

9. 止痛用

吗啡　注射剂

可待因（codeinum）　口服或注射剂

阿托品（atropinum）　口服或注射剂

颠茄浸膏或酊剂

普罗卡因（procainum）　0.25%～1%注射用

10. 强心用

樟脑油　注射剂

肾上腺素　1/1000 注射剂

洋地黄　口服或注射剂

毒毛旋花素（strophanthinum）　注射剂

11. 眼、鼻、咽局部用

碳酸氢钠　1%～2%溶液点眼用、含漱用

硼酸　1%～2%溶液点眼、洗眼、含漱用

丁卡因（dicainum）　1%溶液点眼用、点鼻用

皮质酮（cortisonum）　1%溶液点眼用

青霉素　1/1000 点眼、含片

复方安息香酊　喷雾吸入用

12. 皮肤局部用

石蜡油、花生油

防护糊剂（淀粉 14.1%、甘油 12%、白陶土 10%、滑石粉 8%、凡士林 7.5%、明胶 2%、酒精 1.7%、水杨酸 0.3%、水 43.6%）

硼酸、高锰酸钾、生理盐水

磺胺软膏（10%）、硼酸软膏（5%）、白降汞软膏（2.5%）、石炭酸软膏（2%）、鱼石脂软膏

白色洗剂、异极石洗剂、复方硫黄洗剂

（二）器械用品

洗胃导管（各种口径与长度）

开口器

灌肠器

静脉点滴瓶

冰袋、暖水袋

氧气筒、氧碳混合氧筒

洗眼杯

咽喉喷雾器

第二十章 化验室的管理

一、化验人员的管理

1. 工作前的准备

化验员进入化验室前，必须穿戴好工衣、工帽、工鞋及其相关的劳保护具。进入室内首先打开通风或门窗排出室内残存的污染有害气体，并仔细检查室内所有仪器设备及水电等设施有否异常。确认无误后方能进行化验分析操作。

2. 持操作合格证报结果有效

化验员必须持有分析项目的操作合格证，方能上岗进行化验分析操作，所测得的分析结果经他人校对无误可发送结果报告。对于无操作合格证者，所测定的分析结果无效，严禁发送结果报告。

3. 化验员的培训

刚参加工作的化验员，应是具备一定化学基础知识或受过专业培训的人员，入室前要预先进行操作安全和产品质量方面的教育，牢固树立产品质量观念和诚实认真的工作态度。无论文化知识的高低，都必须要在培养人（师傅）的指导帮助下，进行化验基本操作知识的培训和分析项目的学习测定。待操作技能熟练后，经学习人提出书面申请（填写分析项目申请操作批准书，表20-1），通过分析项目的样品抽查，要做不少于20个平行分析结果的测定考核，考核合格后，取得该项目分析操作合格证后，方能上岗独立进行该项目的化验分析操作，所测得分项结果经他人校对无误，可正式发送分析结果报告。

4. 认真贯彻执行分析规程，准确及时报送结果

分析操作者要一丝不苟地认真执行分析规程（操作方法）。对于分析过程每一个操作步骤的细节都不得忽视，一定认真对待。所测得的分析结果数据，经他人进行检查（校对）无误后签字，填写分析结果报告单，交给班组长签字及时报给化验室调度（值班）室，进一步审核，没有任何差错，加盖室主任和化验室章，才算完成一份完整的分析结果报告单。

5. 开展多项目分析操作活动

为充分调动人才的积极性和潜力发挥，应经常开展分析项目的练兵学习活动，培养一人多能（多面手），掌握并取得多项目的操作合格证，贮备实力人才。

6. 技术人员的技能任务

① 负责撰写化验室所承担分析项目的检测分析规程（分析方法），原则上以国标、部标并精选行业（厂家）的经典先进分析方法为前提，结合本企业化验室现有具体实际情况，编制本企业化验室切实可行的分析规程。

表 20-1　分析项目申请操作批准书　　　　　　　　　　编号

<table>
<tr><td rowspan="7">申请者</td><td>姓名</td><td></td><td>性别</td><td></td><td colspan="2">年龄</td><td></td><td>文化程度</td><td></td></tr>
<tr><td colspan="4">样品名称：</td><td colspan="5">分析项目：</td></tr>
<tr><td colspan="4">分析方法：</td><td colspan="5">操练日期：</td></tr>
<tr><td colspan="9">方法原理：</td></tr>
<tr><td rowspan="3">抽查样品结果</td><td colspan="5"></td><td colspan="3">20 次平行测定结果的</td></tr>
<tr><td colspan="5"></td><td colspan="3">最大值：　最小值：</td></tr>
<tr><td colspan="5"></td><td colspan="3">极差：</td></tr>
<tr><td colspan="9" style="text-align:right">平均值：</td></tr>
<tr><td rowspan="3">培养者</td><td>姓名</td><td></td><td colspan="4">参加工作日期　　年　月</td><td colspan="3">本专业(工种)年龄</td></tr>
<tr><td colspan="3">抽查样品的结果</td><td colspan="3">极差：</td><td colspan="3">平均值：</td></tr>
<tr><td colspan="6">对申请者的结论意见：</td><td colspan="3">签字　　年　月　日</td></tr>
<tr><td colspan="4">申请者所在班组负责人的结论意见</td><td colspan="6">签字　　　年　月　日</td></tr>
<tr><td colspan="4">考评(技术)组负责人的最终结论：</td><td colspan="6">签字　　　年　月　日</td></tr>
<tr><td colspan="4">分析项目操作批准日期</td><td colspan="6">化验室(章)　　　年　月　日</td></tr>
</table>

注：从分析项操作批准日期起，所做的分析化验结果正式生效。此批准书应存档。

② 负责组织对分析项目申请操作的考试、考核工作及分析操作合格证签发办理工作。

③ 时刻关注并收集外部同行新的分析检测新情报、新技术等技术资料，改进和提高现有的分析方法。

④ 研究本企业现有生产情况，并寻求和改善生产、提高生产效率及改进产品质量等方面问题。

⑤ 定期或利用公余时间，开展对化验人员的专业技术知识的讲授和组织交流先进分析方法的经验介绍推广，不断提高化验人员操作技术水平和工作效率。

7. 文明整洁操作，遵守职业道德

① 化验员应认真贯彻执行岗位责任制，衣着整洁地进入分析化验室，按分担的工作，有计划地充分利用间断时间，有次序地安排好每一步工作，确保工作效率。

② 每天工作结束时，必须及时将使用完的器具（特别是玻璃仪器）洗涤干净并用纯水再冲洗 2～3 遍，淋干后，放回器具柜内，所用过的试剂（指示剂、溶液等）也同样地放回原处，应摆放整齐。工作台面保持清洁干净。

③ 分析实验室内严禁携带与工作无关的（特别是饮食和香烟等）杂物，不允许在室内吃喝食品。

④ 化验室的废弃物不得随意倒入垃圾箱内。应由负责技术安全的专人定期妥善运往指定的销毁场，在确保人身安全并采取有效措施后进行销毁处理。

二、化验分析原始记录的管理

化验分析原始记录本（以下简称原始记录）是化验室最重要的凭据资料，决不能轻视，一定要设专人严格妥善加以保管。

① 原始记录是化验员记录化验分析过程中所有原始数据和出现问题及异常现象等的即时记录，是发出化验分析结果报告的最基本依据。

② 原始记录的发放领用均要登记上账。并注明：原始记录本的名称、编号、页数、领用人签字。

③ 原始记录的填写，按原始记录格式要求，用钢笔工整、清楚、真实地填写。不允许在记录本上乱七八糟地涂改。

④ 若遇到基准数据写错，在原数据上画一条横线表示消去（作废），再在原数据的上方另写更正的数据，但必须有他人在场证明签字。

⑤ 原始记录在应用过程中应永保完整，不允许丢页（随意撕页），当一本记录用完后，要上缴存档，再重新领用另一本。

⑥ 原始记录的保存期要根据物料的具体详细应用情况和质量保证期限，每年度末经化验室领导召集有关人员研究决定，并做适当的处理。

三、对下属单位的业务管理

有的单位（公司或工厂）规模较庞大，除设有中心化验室（理化室或实验室）外，根据生产需要还分别下设分厂、车间、工段（工序）化验室或分析站。由于部门的作业性质不同，有的还有锅炉用水化验室及有害作业的污水处理化验室等，总称为中心化验室的下属单位。中心化验室的业务管理职责如下。

① 对下属单位负责专业技术基本操作知识的培训或指导协助分析规程的编写及审查工作。

② 组织专业技术讲座、化验分析操作新技术推广和操作经验交流会议，并通知下属各单位，在不影响生产的情况下，可自愿前来参加受益。

③ 对下属单位有责任贯彻统一化验操作标准，提高化验分析结果的准确性。

四、化验药品的管理

根据部门单位生产工作规模和任务量、所需化验分析检测的项目计划，化验室应贮备一定的化学试剂药品，供化验分析的及时取用。但分析实验室不得过多贮存，应按月计划领用，避免长期存放变质。这些化学药品大多数都具有一定的毒性或易燃易爆的性质，如管理不当，容易发生危险事故。因此必须由具有一定的专业知识和高度责任心的专人进行管理。

1. 熟悉掌握常用危险化学药品的分类

无论是保管人员还是化验人员，除应了解化学药品的一般性质外，还必须熟知化学药品的分类。便于保管及安全的应用。

按化学药品的危险特性，我国现将危险化学品分为八类。

① 爆炸品　这类物质受到外界作用（如受到强烈的撞击、摩擦、震动和高温等）下，能发生剧烈的化学反应，瞬时产生大量气体和热量而发生爆炸，一般含有以下结构：O—O（过氧化物）、O—Cl（氯酸或高氯酸化合物）、N—X（氮的卤化物）、N＝O（硝基或亚硝基化合物），N≡N（叠氮或重氮化合物）、N＝C（雷酸盐化合物）和C≡C（炔类化合物）等。

② 压缩气体和液化气体　如乙炔、氢气、氧气、氧化亚氮等均为钢瓶贮存气体。

③ 易燃液体　闭杯闪点等于或低于61℃的液体。

④ 易燃固体　有自燃物品和温湿易燃物品两种。如碱金属的氢化物、碳化钙、白磷等。

⑤ 氧化剂和有机过氧化物　氧化剂又称助燃剂，本身不能燃烧，但受高温和与其他化

学药品（如酸类）作用时，能产生大量的氧气，促使燃烧更加剧。强氧化剂与有机物作用后，可发生爆炸。如硝酸钾、硫黄与木炭（黑火药）。

⑥ 有毒品　经口摄取固体 LD_{50}（半数致死量）$\leqslant 500mg/kg$，液体 $LD_{50} \leqslant 2000mg/kg$，经皮肤接触 24h，$LD_{50} \leqslant 1000mg/kg$；粉尘、烟雾及蒸气吸入 $LD_{50} \leqslant 10mg/kg$ 的固体和液体。

⑦ 放射性物品　放射性比活度大于 $7.4 \times 10^4 Bq/kg$ 的物质。

⑧ 腐蚀品　指能灼伤人体组织及对金属物品造成损坏的固体或液体。

2. 贮藏要求及注意事项

① 大量化学药品要贮存在避免阳光直射的不向阳专设库房内。室内干燥，通风良好（设有百叶窗），并设有排列整齐成行结构牢固的角钢和木板制作的存放化学试剂药品的隔板货架。货架不宜过高，便于站在地面上存取（严禁登高）。放化学药品的隔板上面应铺有平整的橡胶板。

② 这些化学药品均是用玻璃瓶包装的，存放和取出时要轻放，不能太过力，防止破损，并注意安全。

③ 一般化学药品的存放，为了便于管理要分门别类存放。如酸类、碱类、盐类、有机试剂类等，分开摆放在货架上，便于查找和拿取方便。

④ 危险品贮藏更要严加管理，门窗要坚固并包铁皮，上大型锁，窗外安装坚固的铁栅栏。如果各类危险品数量较多，贮藏室的建筑要隔开几个小间，起码也应该设立铁板专橱。危险品的贮藏室最好应坐落在四周不靠建筑物的地方，房屋顶上装有避雷设施。室内也同样要求干燥，通风良好，避免日光直射。室内室外要放置各种类型灭火器材。如砂箱、消火栓、水龙带、各种灭火器等。

危险化学药品的贮藏室要建立专门登记簿，购买和取用消耗时，都要严格进行登记。特别是国家规定的剧毒危险药品，要建立领用申请、审批、领用和发放入等登记签字的制度。

五、化验分析室（内）的试剂管理

这里讲的试剂，是指化验分析所用自己制备的各种浓度的试剂（均为溶液）。

① 有剧毒性的试剂，不管浓度大小应使用多少就制备多少，剩余少量的也要送危险品毒物贮藏室保管或报请领导适当处理掉。如氰化钾、氰化钠、三氧化二砷等。

② 一般试剂要整齐地摆放在有玻璃门的橱柜里。常用的指示剂及标准溶液应放在试验台的试剂架上。

③ 试剂的摆放方法，根据各化验室的条件，有的按瓶子的大小分类摆放视为整齐美观；有的以试剂的性质，如酸类、碱类、盐类等分类排列，寻找方便；比较合理的排列方法是，以化验项目所用成套试剂为一组排列，共同的试剂排列在另一个地方，这样便于工作。后两种排列方法也要按瓶子的大小、高低整齐排列。

④ 试剂瓶上要贴有瓶标（签），有试剂名称、规格、浓度、配制日期等。标签的大小与瓶子大小应相称，一般化验室均有印刷的不同大小规格的标签。瓶的标签应贴在瓶的中间，倒溶液时应朝标签的另一面倒，避免沾湿破损瓶标签。

⑤ 过期失效的试剂要及时处理。过期废旧试剂处理时，不能直接倒入下水道（尤其是强酸等腐蚀性强的物质），应倒在专用废液缸中，废液缸里的废液处理时，应倒在指定的地方。

⑥ 防光的试剂。要用红或黑色的纸将试剂瓶包好，存放在防光的暗橱里，如碘试剂、碘化钾溶液等一定要装在茶色（棕色）瓶中。

⑦ 易燃易爆的试剂应贮于铁柜（壁厚在 1mm 以上）中。严禁在化验分析室内存放大于 20L 的瓶装的易燃液体。易燃易爆药品也不要放在冰箱内（防爆冰箱除外）。

⑧ 互相混合或接触后可以产生剧烈反应、燃烧、爆炸、放出有害（有毒）气体的两种或两种以上的化合物，也称为"不相容化合物"，不能混放。这种化合物多为强氧化性与还原性物质。

⑨ 腐蚀性较强试剂。固体和浓度较大的试剂不宜存放在玻璃瓶中，应存放在塑料或搪瓷的盛器中，以防止因盛器破裂造成事故。

另外，装在自动滴定管里的试剂（溶液），如滴定管是敞口的，要加盖纸筒套或小烧杯等，防止灰尘落入管内。装在小滴瓶里的成组（套）的试剂，可以制作小阶梯试剂架或专用橱，便于成组（套）的试剂一起搬动，而且保持美观整齐。

六、化验分析室的仪器管理

1. 玻璃仪器的管理

常用的玻璃仪器应按仪器的种类整齐地排放在仪器柜中的固定位置处，并应保持清洁和干燥。柜内隔板上面可衬垫干净大张滤纸。杯皿容器最好倒置扣起来防尘，小口径的容器三角瓶、容量瓶等，可以在木柜的隔板上作成孔洞，将它们倒插在孔洞里，既干燥、防尘又稳固。其他各类小型仪器可以按类别放在柜中的格盒式的固定位置。

小型成组（套）常用的玻璃仪器，如 50mL 以下的烧杯、三角瓶、容量瓶、小量筒或量杯、小玻璃勺、玻璃棒等，可以用专用小玻璃橱罩扣在固定的实验台上。

还有，不是所有化验室常用的复式仪器，如索氏脂肪提取器的回流装置、凯氏微量测氮器、减压和常压蒸馏装置、洗气装置等，用完后不必每次都要拆卸存放，只要洗涤干净后安放在不易磕碰的安稳之处即可。

所有的玻璃仪器，要轻拿轻放，避免磕碰，注意使用安全，如一旦出现破损，应自觉填写于仪器损坏登记簿上。

2. 一般分析仪器的管理

一般分析仪器指比较精密的电热、光电、机械等仪器。这类仪器中有的在本书的有些篇章里，将它们的保养和维护以及管理注意事项介绍过了，如分析天平、烘箱、高温炉、电水浴、光电比色计等。其他没有提及的，总的保管维护原则都是一样的，即以达到保持仪器的灵敏性和延长仪器寿命为目的。

通常应该将这类精密仪器按它们的性质、灵敏度的要求、精密程度及使用率的高低等，放置在固定房间的固定位置，不能频繁移动。并需防震，要与机械转动、跳动、摇动等震动性较大的仪器设备分开，避免互相干扰。有的仪器按其形状大小应该制作专门箱、盒、罩、套等加以保护，排列安放的位置应整齐，观看顺眼。

3. 贵重的分析精密仪器的管理

贵重的分析仪器应安放在符合该仪器要求的专门房间，以确保仪器的精度及使用寿命。特别要做好该仪器室的防震、防尘、防腐蚀等工作，室内保持清洁、干燥、恒温、通风良好的环境。

要建立专人管理责任制，建立仪器的技术档案及使用登记本。

大型分析精密仪器建立技术档案的内容如下。

① 名称、规格、型号、产地、制造单位、出厂和购置日期、单价等；

② 说明书、装箱单、零部件装箱清单；

③ 安装、调试、性能鉴定、验收记录、索赔记录；

④ 使用登记本、检修记录（包括灵敏性、故障、修复、校准、调整、大修等情况）。

贵重分析精密仪器的使用要求如下。

① 首先详细阅读该仪器的使用（操作）说明书及其保养注意事项；

② 根据仪器的使用说明，进一步编写使用（操作）规程及保养维护规程；

③ 使用（操作）和维修人员经考核合格方可独立操作使用；

④ 每使用一次都要进行签名登记一次（也包括维修）；

⑤ 对于没有使用（操作）过的人，除预先熟悉该仪器的说明书和使用规程外，初几次使用必须有专人指导，不得自己任意动手。

如果贵重分析仪器出现故障（事故），经一般的维修，又一时调整不了的，应及时向各级领导报告。经领导召集的相关权威人士检查又不能及时恢复正常工作时，要写出该仪器故障出现的详细部位，当时进行的一般维护又调整不了等一切经过和操作、维修人及日期的报告。此报告除了给领导，还应留有一分（复印件）存入该仪器的技术档案里。

确实是化验室修理不了的，应及时再向上级领导报告，除了附该仪器的故障报告，还要提出修复的途径及较妥的方案。但对贵重分析仪器一旦出现故障，不论那一级都不能推脱责任，都要及时向上级反映报告，避免贵重仪器放置时间过久，由于保管不妥善，拖至无法修复的地步，甚至造成报废。

七、化验室的其他物品的管理

这里所说的其他物品,是指除大型玻璃仪器和精密仪器外的，可将这些物品大致分为三类：即低值品、易耗品和材料。材料一般指消耗品，如金属、非金属原材料、试剂等；易耗品指易破损的小型玻璃器皿、元器件等；低值品则指价格不够固定资产标准又不属于材料范围的用品，如电表、工具等。这些物品使用频率高，流动性大，管理上以心中有数、方便用为目的。只要建立必要的账目，在仪器和材料柜中分门别类地存放，对工具、电料等都要养成取用完毕放回原处的习惯。有腐蚀性蒸气的酸类应注意盖严，最好放在通风处，勿与精密仪器置于同一室内。

八、图书文献资料的管理

无论化验室的规模大小,都会或多或少地有些专业方面书籍、刊物和技术情报，特别是专业技术经验介绍交流和外出调研参观学习索取的材料。如果不能妥善保管，不但查阅不方便，而且容易丢失，起不到它们应有的作用。尤其是化验室是产品质量监测部门，有其一定技术性。应该经常注意收集本行业和有关专业技术性的书刊和技术资料，以不断提高和发展本行业的先进操作技术，提高化验分析人员的业务水平。还有一些是工具性质的书籍，如各种有关化学、化工、化学分析等方面的辞典、手册等，都是必备的书籍。以上所有书刊资料，都应该指定专人负责管理，负责购置、登记上账、编号、出借和收回工作。

这些图书文献资料为了便于工作，方便大家，应该建立严格的借阅手续。一般不应该带出室外，如必须带出的书刊、资料，要执行出借登记手续的制度，并按规定时间还回。工具书无特殊情况，不准带出化验室。

借阅保密资料文献等，应有严格的审批手续。保管者和借阅者都应加倍注意防止丢失，一旦丢失要及时报告有关负责人，并及时查找。

图书资料应设置专用柜橱保管，严禁与化学药品存放在一个房间。借阅人员翻看这些图书资料时，勿与有腐蚀性挥发性气体、液体接触，以免损坏，应保持图书资料的完好。

九、化验室污染废液的管理

在化验分析中经常会产生一些有毒的气体、液体和固体，都需要排出。尤其是某些剧毒物质，如果直接排出就有可能污染周围空气和水源，而使环境污染，有损人体健康。所以对于废气和废液及废渣等，要经过合理的处理，才能排出或弃去。

少量有毒气体应在通风橱中进行操作，通过排风设备，排到室外（通风管道出口要有一定高度，使排出的气体在空气中稀释），以免污染室内空气，对化验人员造成直接的危害。如果产生的毒气量大，必须经过吸收处理后排出，如氮、硫、磷等的酸性氧化物气体可用导管通入碱液中使其被吸收后排出。对于某些高浓度的可燃性有机毒物可于燃烧炉中给予充分的氧化，使其完全燃烧成二氧化碳和水。对于某些高浓度的有机溶剂可以通过蒸馏回收。对于某些较浓的废酸、废碱液可经中和后排出，以免腐蚀下水管道。

下面分别介绍几种含毒物的废液的处理方法。

1. 铬酸溶液的再生和处理

铬酸洗液经过多次使用后，Cr^{6+} 逐渐被还原为 Cr^{3+}，同时洗液被稀释，酸度也逐渐降低，氧化能力也会随之降低至不能再使用的地步。此废液可用高锰酸钾氧化，使 Cr^{3+} 被氧化成 Cr^{6+}，恢复其氧化能力而继续使用。

氧化方法：先进行浓缩，在 110～130℃ 下不断搅拌下加热浓缩除去其中的水分，冷却〔因浓硫酸作用于固体高锰酸钾时，即析出深褐色油状的液体——高锰酸酐（Mn_2O_7），如不冷却高锰酸酐会分解成二氧化锰和氧，有爆炸的危险〕至室温，缓缓加入高锰酸钾粉末，每 1000mL 加入 10g 左右，直至溶液呈深褐色或微紫色，边加边搅拌（待先加的高锰酸钾反应消失后再继续加入）直至全部加完。然后直接加热至有 SO_3 沉淀出现，停止加热。稍冷（趁不完全冷）通过玻璃砂漏斗（滤杯）过滤除去沉淀物。冷却后析出红色重铬酸盐沉淀，再加适量硫酸使其溶解即可使用。

使用失效后的废洗液，也可加入废碱液或石灰使其生成 $Cr(OH)_3$ 沉淀，可将此废渣埋于地下。一般认为 Cr^{6+} 比 Cr^{3+} 的毒性大 100 倍。

2. 含酚废液的处理

低浓度含酚水可以加入次氯酸钠或漂白粉使酚分解为二氧化碳和水。如是高浓度酚废液，可通过乙酸丁酯萃取，再用少量 NaOH 反萃取，经调节 pH 值后进行蒸馏回收。

3. 含氰废液的处理

氰化物是剧毒物质，此废液不能任意流失，否则会造成不可挽回的毒害事故，所以对含 CN^- 物质，必须认真进行处理。在少量的氰化物稀溶液中加入 NaOH 调节 pH 值至 10 以上，再加入几克高锰酸钾（以 3% 计）使 CN^- 氧化分解。如 CN^- 含量高可用碱性氯化法处理。先调至 pH 值 10 以上，加入次氯酸钠，其反应如下。

$$NaCN + NaClO \longrightarrow NaOCN + NaCl$$
$$NaOCN + NaClO + H_2O \longrightarrow CO_2 \uparrow + N_2 \uparrow + NaOH + NaCl \cdots\cdots$$

4. 含汞废液的处理

在化验室流失的金属汞必须及时清除（如打碎的压力计或温度计），难以收集的微量汞珠，要撒上硫黄粉，使其化合成毒性较小的硫化汞，以便于清除。对于汞盐的废液应先调节废液的 pH 值到 $8\sim10$；加适当过量的 Na_2S，使其生成 HgO 沉淀，并加 $FeSO_4$（共沉淀剂）与过量的 S^{2-} 生成 FeS 沉淀，将悬浮在水中难以沉降的 HgS 微粒吸附而共沉淀，然后静置，分离。再经离心、过滤；清液含汞量降到 $0.02mg/L$ 以下排放，其残渣可用焙烧法回收汞。硫化汞在高温下氧化分解，$HgS + O_2 \longrightarrow Hg + SO_2 \uparrow$，产生的汞蒸气冷凝、精制，即得纯汞。但操作时应倍加注意，汞蒸气的冷凝回收要在毒气橱中进行。

十、化验室清洁卫生的管理

把化验室的卫生管理好，不仅给化验工作提供良好环境，更重要的是直接牵涉着化验分析结果的准确性，同时又是保证人身安康的条件，因此，无论化验人员、各级领导都不得忽视。

1. 化验分析人员的卫生

对于每一个化验分析人员来说，就应该如同医务工作者一样，在工作前和工作后养成洗手的习惯。因为化验分析工作中，时刻和化学药品、试剂、仪器等打交道。工作前不洗手，往往有污染会增加分析实验结果的误差的可能。特别是洗刷要求比较严格的玻璃仪器，手上的油脂、污垢会带来洗刷仪器的麻烦。使用分析仪器时，油渍、汗渍的污染会导致仪器生锈，也会造成实验误差（如比色杯皿的污染）；工作后洗手，是为了防止有毒的物质在吃饭、饮水时带入口中。

在每次工作结束或暂告一个段落时，仪器、用品要排列整齐，工作台面要擦拭干净，一切废物要及时处理，放入特设的纸篓、废物箱中，切忌随便一丢。

化验分析人员都应该穿白色工作服（白大褂），有条件的单位，可以配备两套，经常更换洗涤清洁。长期接触强酸强碱的化验分析工作，最好穿毛呢或丝绸工作服。

2. 化验室公共场所的卫生

在化验室内应该设置废液缸和废物纸屑篓。破碎的玻璃仪器最好不要与废物一起倒掉，应有回收箱，因为玻璃仪器的玻璃质料是比较好的，应回收积累交给有关部门。

值得强调的是，固体废物或纸屑、料液等不允许往自来水的水盆里倒，以免堵塞下水道。特别是含放射性物质的废水、废物更不要随便乱倒（也不允许倒入下水道），应该按规定要求进行妥善处理。

按工作之要求，每周末应集体进行大扫除一次，将门、窗、橱柜、水盆（槽）、实验工作台、实验架等平日不易注意清理的死角进行彻底擦拭和打扫。保持一个清洁、整齐的工作环境。

附录

附表 1　常用基准（化合）物的干燥条件

化合物名称	化学式	干燥后的组成	干燥条件
硝酸银	$AgNO_3$	$AgNO_3$	于硫酸干燥器中干燥至恒重
三氧化二砷	As_2O_3	As_2O_3	于硫酸干燥器中干燥至恒重
氢氧化钡	$Ba(OH)_2 \cdot 8H_2O$	$Ba(OH)_2 \cdot 8H_2O$	室温(真空)干燥
	$Ba(OH)_2 \cdot 8H_2O$	$Ba(OH)_2 \cdot H_2O$	110℃或硅胶硫酸等作干燥剂
碳酸钙	$CaCO_3$	$CaCO_3$	110℃(2~3h)
	$CaCO_3$	CaO	420℃以上
苯甲酸	C_6H_5COOH	C_6H_5OOH	125~130℃
乙二胺四乙酸二钠	$C_{10}H_{14}O_8N_2Na_2 \cdot 2H_2O$	$C_{10}H_{14}O_8N_2Na_2 \cdot 2H_2O$	室温(真空)干燥
硝酸钙	$Ca(NO_3)_2 \cdot 4H_2O$	$Ca(NO_3)_2$	200~400℃
硫酸镉	$CdSO_4 \cdot 7H_2O$	$CdSO_4$	500~800℃
二氧化铈	CeO_2	CeO_2	250~280℃
硫酸高铈	$Ce(SO_4)_2 \cdot 4H_2O$	$Ce(SO_4)_2 \cdot 4H_2O$	室温(真空)干燥
	$Ce(SO_4)_2 \cdot 4H_2O$	$Ce(SO_4)_2$	150℃
	$Ce(SO_4)_2$	$CeOSO_3$	300℃
硝酸钴	$Co(NO_3)_2 \cdot 6H_2O$	$Co(NO_3)_2 \cdot 6H_2O$	室温(真空)干燥
	$Co(NO_3)_2 \cdot 6H_2O$	$Co(NO_3)_2 \cdot 5H_2O$	硅胶、硫酸等作干燥剂
	$Co(NO_3)_2 \cdot 6H_2O$	CoO	50℃
硫酸钴	$CoSO_4 \cdot 7H_2O$	$CoSO_4 \cdot 7H_2O$	室温(真空)干燥
	$CoSO_4 \cdot 7H_2O$	$CoSO_4$	450~750℃
硫酸铜	$CuSO_4 \cdot 5H_2O$	$CuSO_4 \cdot 5H_2O$	室温(真空)干燥
	$CuSO_4 \cdot 5H_2O$	$CuSO_4$	220~400℃
硼酸	H_3BO_3	H_3BO_3	室温(真空)干燥
	H_3BO_3	HBO_2	70℃以上
	H_3BO_3	$H_2B_4O_7$	140~160℃
草酸	$H_2C_2O_4 \cdot 2H_2O$	$H_2C_2O_4 \cdot 2H_2O$	室温(真空)干燥
	$H_2C_2O_4 \cdot 2H_2O$	$H_2C_2O_4$	硫酸、硅胶等作干燥剂(失水)加热110℃(全部脱水)
	$H_2C_2O_4$	$H_2C_2O_4$	98~99℃(于干燥器中保存)
碘	I_2	I_2	室温(干燥器中存放),硅胶、硫酸等作干燥剂
硫酸铝钾	$KAl(SO_4)_2 \cdot 12H_2O$	$KAl(SO_4)_2 \cdot 12H_2O$	室温(真空)干燥
	$KAl(SO_4)_2 \cdot 12H_2O$	$KAl(SO_4)_2$	260~500℃
碘化钾	KI	KI	500℃以下
碘酸钾	KIO_3	KIO_3	180℃
溴化钾	KBr	KBr	500~700℃
溴酸钾	$KBrO_3$	$KBrO_3$	150℃
氯化钾	KCl	KCl	500~600℃
氰化钾	KCN	KCN	室温(干燥器中)保存
碳酸钾	$K_2CO_3 \cdot 2H_2O$	K_2CO_3	270~300℃
	K_2CO_3	K_2CO_3	300℃

化合物名称	化学式	干燥后的组成	干燥条件
重铬酸钾	$K_2Cr_2O_7$	$K_2Cr_2O_7$	140～150℃
亚铁氰化钾	$K_4Fe(CN)_6 \cdot 3H_2O$	$K_4Fe(CN)_6 \cdot 3H_2O$	室温(真空)干燥,从60℃开始脱水
	$K_4Fe(CN)_6$	$K_4Fe(CN)_6$	室温(干燥器中)保存
碳酸氢钾	$KHCO_3$	K_2CO_3	350～400℃
高锰酸钾	$KMnO_4$	$KMnO_4$	80～100℃
邻苯二甲酸氢钾	$KHC_8H_4O_4$	$KHC_8H_4O_4$	110℃
氢氧化钾	KOH	KOH	室温(干燥器中)保存,P_2O_5作干燥剂
硫氰酸钾	$KSCN$	$KSCN$	室温(干燥器中)保存
氯铂酸钾	K_2PtCl_6	K_2PtCl_6	135℃
硝酸镧	$La(NO_3)_3 \cdot 6H_2O$	$La(NO_3)_3 \cdot 6H_2O$	室温(空气)干燥
硫酸镁	$MgSO_4 \cdot 7H_2O$	$MgSO_4$	250℃
氯化锰	$MnCl_2 \cdot 4H_2O$	$MnCl_2$	200～250℃
硫酸亚铁铵	$FeSO_4 \cdot (NH_4)_2SO_4 \cdot 6H_2O$	$FeSO_4 \cdot (NH_4)_2SO_4 \cdot 6H_2O$	室温(真空)干燥
	$FeSO_4 \cdot (NH_4)_2SO_4 \cdot 6H_2O$	$FeSO_4 \cdot (NH_4)_2SO_4 \cdot H_2O$	150℃
钼酸铵	$(NH_4)_6Mo_7O_{24} \cdot 4H_2O$	$(NH_4)_6Mo_7O_{24} \cdot 4H_2O$	室温(真空)干燥
	$(NH_4)_6Mo_7O_{24} \cdot 4H_2O$	$MoO_3 \cdot NH_3 \cdot H_2O$	150℃
	$(NH_4)_2MoO_4$	$(NH_4)_2MoO_4$	室温(干燥器中)保存
硫酸铵	$(NH_4)_2SO_4$	$(NH_4)_2SO_4$	200℃以下
钒酸铵	NH_4VO_3	NH_4VO_3	30℃以下(干燥器中)保存
亚砷酸钠	$NaAsO_2$	$NaAsO_2$	室温(干燥器中)保存
	Na_3AsO_3	Na_3AsO_3	室温(干燥器中)保存
钼酸钠	$Na_2MoO_4 \cdot 2H_2O$	$Na_2MoO_4 \cdot 2H_2O$	室温(空气)干燥
硝酸钠	$NaNO_3$	$NaNO_3$	300℃以下
碳酸氢钠	$NaHCO_3$	Na_2CO_3	350～400℃
硫代硫酸钠	$Na_2S_2O_3 \cdot 5H_2O$	$Na_2S_2O_3 \cdot 5H_2O$	室温(30℃以下)
	$Na_2S_2O_3 \cdot 5H_2O$	$Na_2S_2O_3$	100℃
钨酸钠	$Na_2WO_4 \cdot 2H_2O$	$Na_2WO_4 \cdot 2H_2O$	室温(空气)干燥
	$Na_2WO_4 \cdot 2H_2O$	Na_2WO_4	100℃
氢氧化钠	$NaOH$	$NaOH$	室温(干燥器中)保存,硅胶、硫酸作干燥剂
碳酸钠	$Na_2CO_3 \cdot 10H_2O$	$Na_2CO_3 \cdot 2H_2O$	270～300℃
	Na_2CO_3	Na_2CO_3	300℃(2～3h)
草酸钠	$Na_2C_2O_4$	$Na_2C_2O_4$	150～200℃
	$Na_2C_2O_4$	Na_2CO_3	270～300℃
硫酸镍	$NiSO_4 \cdot 7H_2O$	$NiSO_4$	500～700℃
乙酸铅	$Pb(CH_3COO)_2 \cdot 2H_2O$	$Pb(CH_3COO)_2 \cdot 2H_2O$	室温(干燥器中)保存
二氧化钛	TiO_2	TiO_2	700℃
氧化镁	MgO	MgO	700℃
锌	Zn	Zn	室温(干燥器中)保存,标定EDTA
硼砂	$Na_2B_4O_7 \cdot 10H_2O$	$Na_2B_4O_7 \cdot 10H_2O$	室温(35℃以下) 在装有NaCl和蔗糖饱和溶液的干燥器中(湿度70%)干燥

附表2　常用各类标准溶液浓度（1L）在不同温度下的补正　　单位：mL/L

温度/℃	0～0.05 各种水溶液	0.1～0.2 各种水溶液	0.5 HCl溶液	0.5 1/2H₂SO₄、HNO₃、NaOH溶液	1 HCl溶液	1 1/2H₂SO₄、HNO₃、NaOH溶液	0.1 KOH乙醇溶液
5	+1.38	+1.7	+1.9	+2.4	+2.3	+3.6	
6	+1.38	+1.7	+1.9	+2.3	+2.2	+3.4	
7	+1.36	+1.6	+1.8	+2.2	+2.2	+3.2	
8	+1.33	+1.6	+1.8	+2.2	+2.1	+3.0	
9	+1.29	+1.5	+1.7	+2.1	+2.0	+2.7	
10	+1.23	+1.5	+1.6	+2.0	+1.9	+2.5	+10.8
11	+1.17	+1.4	+1.5	+1.8	+1.8	+2.3	+9.6
12	+1.10	+1.3	+1.4	+1.7	+1.6	+2.0	+8.5
13	+0.99	+1.1	+1.2	+1.5	+1.4	+1.8	+7.4
14	+0.88	+1.0	+1.1	+1.3	+1.2	+1.6	+6.5
15	+0.77	+0.9	+0.9	+1.1	+1.0	+1.3	+5.2
16	+0.64	+0.7	+0.8	+0.9	+0.8	+1.1	+4.2
17	+0.50	+0.6	+0.6	+0.7	+0.6	+0.8	+3.1
18	+0.34	+0.4	+0.4	+0.5	+0.4	+0.6	+2.1
19	+0.18	+0.2	+0.2	+0.2	+0.2	+0.3	+1.0
20	0.00	0.0	0.0	0.0	0.0	0.0	0.0
21	−0.18	−0.2	−0.2	−0.2	−0.2	−0.3	−1.1
22	−0.38	−0.4	−0.4	−0.5	−0.5	−0.6	−2.2
23	−0.58	−0.6	−0.7	−0.8	−0.7	−0.9	−3.3
24	−0.80	−0.9	−0.9	−1.0	−1.0	−1.2	−4.2
25	−1.03	−1.1	−1.1	−1.3	−1.2	−1.5	−5.3
26	−1.26	−1.4	−1.4	−1.5	−1.4	−1.8	−6.4
27	−1.51	−1.7	−1.7	−1.8	−1.7	−2.1	−7.5
28	−1.76	−2.0	−2.0	−2.1	−2.0	−2.4	−8.5
29	−2.01	−2.3	−2.3	−2.4	−2.3	−2.8	−9.6
30	−2.30	−2.5	−2.5	−2.8	−2.6	−3.2	−10.6
31	−2.58	−2.7	−2.7	−3.1	−2.9	−3.5	−11.6
32	−2.86	−3.0	−3.0	−3.4	−3.2	−3.9	−12.6
33	−3.04	−3.2	−3.3	−3.7	−3.5	−4.2	−13.7
34	−3.47	−3.7	−3.6	−4.1	−3.8	−4.6	−14.8
35	−3.78	−4.0	−4.0	−4.4	−4.1	−5.0	−16.0
36	−4.10	−4.3	−4.3	−4.7	−4.4	−5.3	−17.0

附表 3　不同体积标准溶液的温度补正

温度/℃ \ 体积值/mL 补正值/mL	10	12	14	16	18	20	22	24	26	28	30	32	34	36	38	40	42	44	ω	备注
10	+0.012	+0.015	+0.017	+0.020	+0.022	+0.025	+0.027	+0.030	+0.032	+0.034	+0.037	+0.039	+0.042	+0.044	+0.047	+0.049	+0.052	+0.054	0.9988	
11	0.012	0.014	0.016	0.019	0.021	0.023	0.026	0.028	0.030	0.033	0.035	0.037	0.040	0.042	0.044	0.047	0.049	0.051	0.9988	
12	0.011	0.013	0.015	0.018	0.020	0.022	0.024	0.026	0.029	0.031	0.033	0.035	0.037	0.040	0.042	0.044	0.046	0.048	0.9989	
13	0.010	0.012	0.014	0.016	0.018	0.020	0.022	0.024	0.026	0.028	0.030	0.032	0.034	0.036	0.038	0.040	0.042	0.044	0.9990	
14	0.009	0.011	0.012	0.014	0.016	0.018	0.020	0.021	0.023	0.025	0.026	0.028	0.030	0.032	0.033	0.035	0.037	0.039	0.9991	
15	0.008	0.009	0.011	0.012	0.014	0.015	0.017	0.018	0.020	0.022	0.023	0.025	0.026	0.028	0.029	0.031	0.032	0.034	0.9992	水
16	0.006	0.008	0.009	0.010	0.011	0.013	0.014	0.015	0.016	0.018	0.019	0.020	0.022	0.023	0.024	0.026	0.027	0.028	0.9994	及
17	0.005	0.006	0.007	0.008	0.009	0.010	0.011	0.012	0.013	0.014	0.015	0.016	0.017	0.018	0.019	0.020	0.021	0.022	0.9995	0.05 mol/L
18	0.003	0.004	0.005	0.005	0.006	0.007	0.007	0.008	0.009	0.009	0.010	0.011	0.012	0.012	0.013	0.014	0.014	0.015	0.9997	以
19	+0.002	+0.002	+0.003	+0.003	+0.003	+0.004	+0.004	+0.004	+0.005	+0.005	+0.006	+0.006	+0.006	+0.007	+0.007	+0.007	+0.008	+0.008	0.9998	下
20	0.00	0.00	0.00	0.00	0.00	0.00	0.00	0.00	0.00	0.00	0.00	0.00	0.00	0.00	0.00	0.00	0.00	0.00	1.0000	的
21	-0.002	-0.002	-0.003	-0.003	-0.003	-0.004	-0.004	-0.004	-0.005	-0.005	-0.005	-0.006	-0.006	-0.006	-0.007	-0.007	-0.008	-0.008	1.0002	各
22	0.004	0.005	0.006	0.006	0.007	0.008	0.009	0.010	0.010	0.011	0.011	0.013	0.014	0.014	0.015	0.015	0.017	0.018	1.0004	种
23	0.006	0.007	0.008	0.009	0.010	0.012	0.013	0.014	0.015	0.016	0.017	0.019	0.020	0.021	0.022	0.023	0.024	0.026	1.0006	稀
24	0.008	0.010	0.011	0.013	0.014	0.016	0.018	0.019	0.021	0.022	0.024	0.026	0.027	0.029	0.030	0.032	0.034	0.035	1.0008	溶
25	0.010	0.012	0.014	0.016	0.018	0.021	0.022	0.024	0.026	0.028	0.030	0.032	0.034	0.036	0.038	0.040	0.042	0.044	1.0010	液
26	0.013	0.015	0.018	0.021	0.023	0.026	0.029	0.031	0.034	0.036	0.039	0.042	0.044	0.047	0.049	0.050	0.055	0.057	1.0013	
27	0.015	0.018	0.021	0.024	0.027	0.030	0.033	0.036	0.039	0.042	0.045	0.048	0.051	0.054	0.057	0.060	0.063	0.066	1.0015	
28	0.018	0.021	0.025	0.028	0.032	0.035	0.039	0.042	0.046	0.049	0.053	0.056	0.060	0.063	0.067	0.070	0.074	0.077	1.0018	
29	0.020	0.024	0.028	0.032	0.036	0.040	0.044	0.048	0.052	0.056	0.060	0.064	0.068	0.072	0.076	0.080	0.084	0.088	1.0020	
30	0.023	0.028	0.032	0.037	0.041	0.046	0.051	0.055	0.060	0.064	0.069	0.074	0.078	0.083	0.087	0.092	0.097	0.101	1.0023	
31	0.026	0.031	0.036	0.041	0.046	0.052	0.057	0.062	0.067	0.072	0.077	0.083	0.088	0.093	0.098	0.103	0.108	0.113	1.0026	
32	0.029	0.034	0.040	0.046	0.051	0.057	0.063	0.069	0.074	0.080	0.086	0.092	0.097	0.103	0.109	0.114	0.120	0.126	1.0029	
33	0.030	0.036	0.043	0.049	0.055	0.061	0.067	0.073	0.079	0.085	0.091	0.097	0.103	0.109	0.115	0.122	0.128	0.134	1.0030	
34	0.035	0.042	0.049	0.056	0.062	0.069	0.076	0.083	0.090	0.097	0.104	0.111	0.118	0.126	0.132	0.139	0.146	0.153	1.0035	
35	0.038	0.045	0.053	0.060	0.068	0.076	0.083	0.091	0.098	0.105	0.113	0.121	0.129	0.136	0.144	0.151	0.159	0.166	1.0038	
36	-0.041	-0.049	-0.057	-0.066	-0.074	-0.082	-0.090	-0.098	-0.107	-0.115	-0.123	-0.131	-0.139	-0.148	-0.156	-0.164	-0.172	-0.180	1.0041	

续表

温度/℃ \ 体积/mL（补正值/mL）	10	12	14	16	18	20	22	24	26	28	30	32	34	36	38	40	42	44	ω	备注
10	+0.015	+0.018	+0.021	+0.024	+0.027	+0.030	+0.033	+0.036	+0.039	+0.042	+0.045	+0.048	+0.051	+0.054	+0.057	+0.060	+0.063	+0.066	0.9985	0.1mol/L 及 0.2mol/L 以下 的 各 种 溶 液
11	0.014	0.017	0.020	0.022	0.025	0.028	0.031	0.034	0.036	0.039	0.042	0.045	0.048	0.050	0.053	0.056	0.059	0.062	0.9986	
12	0.013	0.016	0.018	0.021	0.023	0.026	0.029	0.031	0.034	0.036	0.039	0.042	0.044	0.046	0.049	0.052	0.055	0.057	0.9987	
13	0.011	0.013	0.015	0.018	0.020	0.022	0.024	0.026	0.029	0.031	0.033	0.035	0.037	0.040	0.042	0.044	0.046	0.048	0.9989	
14	0.010	0.012	0.014	0.016	0.018	0.020	0.022	0.024	0.026	0.028	0.030	0.032	0.034	0.036	0.038	0.040	0.042	0.044	0.9990	
15	0.009	0.011	0.013	0.014	0.016	0.018	0.020	0.022	0.023	0.025	0.027	0.029	0.031	0.032	0.034	0.036	0.038	0.040	0.9991	
16	0.007	0.008	0.010	0.011	0.013	0.014	0.015	0.017	0.018	0.020	0.021	0.022	0.024	0.025	0.027	0.028	0.029	0.031	0.9993	
17	0.006	0.007	0.007	0.010	0.011	0.012	0.013	0.014	0.016	0.017	0.018	0.019	0.020	0.022	0.023	0.024	0.025	0.026	0.9994	
18	0.004	0.005	0.006	0.006	0.007	0.008	0.009	0.010	0.010	0.011	0.012	0.013	0.014	0.014	0.015	0.016	0.017	0.018	0.9996	
19	+0.002	+0.002	+0.003	+0.003	+0.004	+0.004	+0.004	+0.005	+0.005	+0.006	+0.006	+0.006	+0.007	+0.007	+0.008	+0.008	+0.008	+0.009	0.9998	
20	0.000	0.000	0.000	0.000	0.000	0.000	0.000	0.000	0.000	0.000	0.000	0.000	0.000	0.000	0.000	0.000	0.000	0.000	1.0000	
21	−0.002	−0.002	−0.003	−0.003	−0.004	−0.004	−0.004	−0.005	−0.005	−0.006	−0.006	−0.006	−0.007	−0.007	−0.008	−0.008	−0.008	−0.009	1.0002	
22	0.004	0.005	0.006	0.006	0.007	0.008	0.009	0.010	0.010	0.011	0.012	0.013	0.014	0.014	0.015	0.016	0.017	0.018	1.0004	
23	0.006	0.007	0.008	0.010	0.011	0.012	0.013	0.014	0.016	0.017	0.018	0.019	0.020	0.022	0.023	0.024	0.025	0.026	1.0006	
24	0.009	0.011	0.013	0.014	0.016	0.018	0.020	0.022	0.023	0.025	0.027	0.029	0.031	0.032	0.034	0.036	0.038	0.040	1.0009	
25	0.011	0.013	0.015	0.018	0.020	0.022	0.024	0.026	0.029	0.031	0.033	0.035	0.037	0.040	0.042	0.044	0.046	0.048	1.0011	
26	0.014	0.017	0.020	0.022	0.025	0.028	0.031	0.034	0.036	0.039	0.042	0.045	0.048	0.050	0.053	0.056	0.059	0.062	1.0014	
27	0.017	0.020	0.024	0.027	0.031	0.034	0.037	0.041	0.044	0.048	0.051	0.054	0.058	0.061	0.065	0.068	0.071	0.075	1.0017	
28	0.020	0.024	0.028	0.032	0.036	0.040	0.044	0.048	0.052	0.056	0.060	0.064	0.068	0.072	0.076	0.080	0.084	0.088	1.0020	
29	0.023	0.028	0.032	0.037	0.041	0.046	0.051	0.055	0.060	0.064	0.065	0.074	0.078	0.083	0.087	0.092	0.097	0.101	1.0023	
30	0.025	0.030	0.035	0.040	0.045	0.050	0.055	0.060	0.065	0.070	0.075	0.080	0.085	0.090	0.095	0.100	0.105	0.110	1.0025	
31	0.027	0.032	0.038	0.043	0.049	0.054	0.059	0.065	0.070	0.076	0.081	0.086	0.092	0.097	0.103	0.108	0.113	0.119	1.0027	
32	0.030	0.036	0.042	0.048	0.054	0.060	0.066	0.072	0.078	0.084	0.090	0.096	0.102	0.108	0.114	0.120	0.126	0.132	1.0030	
33	0.032	0.038	0.045	0.051	0.058	0.064	0.070	0.077	0.083	0.090	0.096	0.102	0.109	0.115	0.122	0.128	0.134	0.141	1.0032	
34	0.037	0.044	0.052	0.059	0.067	0.074	0.081	0.089	0.096	0.104	0.111	0.118	0.126	0.133	0.141	0.148	0.155	0.163	1.0037	
35	0.040	0.048	0.056	0.064	0.072	0.080	0.088	0.096	0.104	0.112	0.120	0.128	0.136	0.144	0.152	0.160	0.168	0.176	1.0040	
36	−0.043	−0.052	−0.060	−0.069	−0.077	−0.086	−0.095	−0.103	−0.112	−0.120	−0.129	−0.138	−0.146	−0.155	−0.163	−0.172	−0.181	−0.189	1.0043	

续表

温度/℃ \ 体积/mL	10	12	14	16	18	20	22	24	26	28	30	32	34	36	38	40	42	44	ω	备注
10	+0.020	+0.024	+0.028	+0.032	+0.036	+0.040	+0.044	+0.048	+0.052	+0.056	+0.060	+0.064	+0.068	+0.072	+0.076	+0.080	+0.084	+0.088	0.9980	
11	0.018	0.022	0.025	0.029	0.032	0.036	0.040	0.043	0.047	0.050	0.054	0.058	0.061	0.065	0.068	0.072	0.076	0.079	0.9982	
12	0.017	0.020	0.024	0.027	0.031	0.034	0.037	0.041	0.044	0.048	0.051	0.054	0.058	0.061	0.065	0.068	0.071	0.075	0.9983	
13	0.015	0.018	0.021	0.024	0.027	0.030	0.033	0.036	0.039	0.042	0.045	0.048	0.051	0.054	0.057	0.060	0.063	0.066	0.9985	
14	0.013	0.016	0.018	0.021	0.023	0.026	0.029	0.031	0.034	0.036	0.039	0.042	0.044	0.047	0.049	0.052	0.055	0.057	0.9987	
15	0.011	0.013	0.015	0.018	0.020	0.022	0.024	0.026	0.029	0.031	0.033	0.035	0.037	0.040	0.042	0.044	0.046	0.048	0.9989	
16	0.009	0.011	0.013	0.014	0.016	0.018	0.020	0.022	0.023	0.025	0.027	0.029	0.031	0.032	0.034	0.036	0.038	0.040	0.9991	
17	0.007	0.008	0.010	0.011	0.013	0.014	0.015	0.017	0.018	0.020	0.021	0.022	0.024	0.025	0.027	0.028	0.029	0.031	0.9993	
18	0.005	0.006	0.007	0.008	0.009	0.010	0.011	0.012	0.013	0.014	0.015	0.016	0.017	0.018	0.019	0.020	0.021	0.022	0.9995	
19	+0.002	+0.002	+0.003	+0.003	+0.004	+0.004	+0.004	+0.005	+0.005	+0.006	+0.006	+0.006	+0.007	+0.007	+0.008	+0.008	+0.008	+0.009	0.9998	
20	0.000	0.000	0.000	0.000	0.000	0.000	0.000	0.000	0.000	0.000	0.000	0.000	0.000	0.000	0.000	0.000	0.000	0.000	1.0000	0.5mol/L 的 NaOH、H_2SO_4 及 HNO_3 溶液
21	−0.002	−0.002	−0.003	−0.003	−0.004	−0.004	−0.004	−0.005	−0.005	−0.006	−0.006	−0.006	−0.007	−0.007	−0.008	−0.008	−0.008	−0.009	1.0002	
22	0.005	0.006	0.007	0.008	0.009	0.010	0.011	0.012	0.013	0.014	0.015	0.016	0.017	0.018	0.019	0.020	0.021	0.022	1.0005	
23	0.008	0.010	0.011	0.013	0.014	0.016	0.018	0.019	0.021	0.022	0.024	0.026	0.027	0.029	0.030	0.032	0.034	0.035	1.0008	
24	0.010	0.012	0.014	0.016	0.018	0.020	0.022	0.024	0.026	0.028	0.030	0.032	0.034	0.036	0.038	0.040	0.042	0.044	1.0010	
25	0.013	0.016	0.018	0.021	0.023	0.026	0.029	0.031	0.034	0.036	0.039	0.042	0.044	0.047	0.049	0.052	0.055	0.057	1.0013	
26	0.015	0.018	0.021	0.024	0.027	0.030	0.033	0.036	0.039	0.042	0.045	0.048	0.051	0.054	0.057	0.060	0.063	0.066	1.0015	
27	0.018	0.022	0.025	0.029	0.032	0.036	0.040	0.043	0.047	0.050	0.054	0.058	0.061	0.065	0.068	0.072	0.076	0.079	1.0018	
28	0.021	0.025	0.029	0.034	0.038	0.042	0.046	0.050	0.055	0.059	0.063	0.067	0.071	0.076	0.080	0.084	0.089	0.092	1.0021	
29	0.024	0.029	0.034	0.038	0.043	0.048	0.053	0.058	0.062	0.067	0.072	0.077	0.082	0.086	0.091	0.096	0.101	0.106	1.0024	
30	0.028	0.034	0.039	0.045	0.050	0.056	0.062	0.067	0.073	0.078	0.084	0.090	0.095	0.101	0.106	0.112	0.118	0.123	1.0028	
31	0.031	0.037	0.043	0.050	0.056	0.062	0.068	0.074	0.081	0.087	0.093	0.099	0.105	0.112	0.118	0.124	0.130	0.136	1.0031	
32	0.034	0.041	0.048	0.054	0.061	0.068	0.075	0.082	0.088	0.095	0.102	0.109	0.116	0.122	0.129	0.136	0.143	0.150	1.0034	
33	0.037	0.044	0.052	0.059	0.067	0.074	0.081	0.089	0.096	0.104	0.111	0.118	0.126	0.133	0.141	0.148	0.155	0.163	1.0037	
34	0.041	0.049	0.057	0.066	0.071	0.082	0.090	0.098	0.107	0.115	0.123	0.131	0.139	0.148	0.156	0.164	0.172	0.180	1.0041	
35	0.044	0.053	0.062	0.070	0.079	0.088	0.097	0.106	0.114	0.123	0.132	0.141	0.150	0.158	0.167	0.176	0.185	0.194	1.0044	
36	−0.047	−0.056	−0.066	−0.075	−0.085	−0.094	−0.103	−0.113	−0.122	−0.132	−0.141	−0.150	−0.160	−0.169	−0.179	−0.188	−0.197	−0.207	1.0047	

续表

备注：0.5 mol/L HCl 溶液

温度/℃ \ 体积/mL	10	12	14	16	18	20	22	24	26	28	30	32	34	36	38	40	42	44	ω
10	+0.016	+0.019	+0.022	+0.026	+0.029	+0.032	+0.035	+0.038	+0.042	+0.045	+0.048	+0.051	+0.054	+0.058	+0.061	+0.064	+0.067	+0.070	0.9984
11	0.015	0.018	0.021	0.024	0.027	0.030	0.030	0.036	0.039	0.042	0.045	0.048	0.051	0.054	0.057	0.060	0.063	0.066	0.9985
12	0.014	0.017	0.020	0.022	0.025	0.028	0.031	0.034	0.036	0.039	0.042	0.045	0.048	0.050	0.053	0.056	0.059	0.062	0.9986
13	0.012	0.014	0.017	0.019	0.022	0.024	0.026	0.029	0.031	0.034	0.036	0.038	0.041	0.043	0.046	0.048	0.050	0.053	0.9988
14	0.011	0.013	0.015	0.018	0.020	0.022	0.024	0.026	0.029	0.031	0.033	0.035	0.037	0.040	0.042	0.044	0.046	0.048	0.9989
15	0.009	0.011	0.013	0.014	0.016	0.018	0.020	0.022	0.023	0.025	0.027	0.029	0.031	0.032	0.034	0.036	0.038	0.040	0.9991
16	0.008	0.010	0.011	0.013	0.014	0.016	0.018	0.019	0.021	0.022	0.024	0.026	0.027	0.029	0.030	0.032	0.034	0.035	0.9992
17	0.006	0.007	0.008	0.010	0.011	0.012	0.013	0.014	0.016	0.017	0.018	0.019	0.020	0.022	0.023	0.024	0.025	0.026	0.9994
18	0.004	0.005	0.006	0.006	0.007	0.008	0.009	0.010	0.010	0.011	0.012	0.013	0.014	0.014	0.015	0.016	0.017	0.018	0.9996
19	+0.002	+0.002	+0.003	+0.003	+0.004	+0.004	+0.004	+0.005	+0.005	+0.006	+0.006	+0.006	+0.007	+0.007	+0.008	+0.008	+0.008	+0.009	0.9998
20	0.00	0.00	0.00	0.00	0.00	0.00	0.00	0.00	0.00	0.00	0.00	0.00	0.00	0.00	0.00	0.00	0.00	0.00	1.0000
21	-0.002	-0.002	-0.003	-0.003	-0.004	-0.004	-0.004	-0.005	-0.005	-0.006	-0.006	-0.006	-0.007	-0.007	-0.008	-0.008	-0.008	-0.009	1.0002
22	0.004	0.005	0.006	0.007	0.007	0.009	0.010	0.010	0.011	0.012	0.012	0.013	0.014	0.014	0.015	0.016	0.017	0.018	1.0004
23	0.007	0.008	0.010	0.011	0.013	0.014	0.015	0.017	0.018	0.020	0.021	0.022	0.024	0.025	0.027	0.028	0.029	0.031	1.0007
24	0.009	0.011	0.013	0.014	0.016	0.018	0.020	0.022	0.023	0.025	0.027	0.029	0.031	0.032	0.034	0.036	0.038	0.040	1.0009
25	0.011	0.013	0.015	0.018	0.020	0.022	0.024	0.026	0.029	0.031	0.033	0.035	0.037	0.040	0.042	0.044	0.046	0.048	1.0011
26	0.014	0.017	0.020	0.022	0.025	0.028	0.031	0.034	0.036	0.039	0.042	0.045	0.048	0.050	0.053	0.056	0.059	0.062	1.0014
27	0.017	0.020	0.024	0.027	0.031	0.034	0.037	0.041	0.044	0.045	0.051	0.054	0.058	0.061	0.065	0.068	0.071	0.075	1.0017
28	0.020	0.024	0.028	0.032	0.036	0.040	0.044	0.048	0.052	0.056	0.060	0.064	0.068	0.072	0.076	0.080	0.084	0.088	1.0020
29	0.023	0.028	0.032	0.037	0.041	0.046	0.051	0.055	0.060	0.064	0.069	0.074	0.078	0.083	0.087	0.092	0.097	0.101	1.0023
30	0.025	0.030	0.035	0.040	0.045	0.050	0.055	0.060	0.065	0.070	0.075	0.080	0.085	0.090	0.095	0.100	0.105	0.110	1.0025
31	0.027	0.032	0.038	0.043	0.049	0.054	0.059	0.065	0.070	0.076	0.081	0.086	0.092	0.097	0.103	0.108	0.114	0.119	1.0027
32	0.030	0.036	0.042	0.048	0.054	0.060	0.066	0.072	0.078	0.084	0.090	0.096	0.102	0.108	0.114	0.120	0.126	0.132	1.0030
33	0.033	0.040	0.046	0.053	0.059	0.066	0.073	0.079	0.086	0.089	0.099	0.106	0.112	0.119	0.125	0.132	0.138	0.145	1.0033
34	0.036	0.043	0.050	0.058	0.065	0.072	0.079	0.086	0.094	0.101	0.108	0.115	0.122	0.130	0.137	0.144	0.151	0.158	1.0036
35	0.040	0.048	0.056	0.064	0.072	0.080	0.088	0.096	0.104	0.112	0.120	0.128	0.136	0.144	0.152	0.160	0.158	0.176	1.0040
36	-0.043	-0.052	-0.060	-0.069	-0.077	-0.086	-0.095	-0.103	-0.112	-0.120	-0.129	-0.138	-0.146	-0.155	-0.163	-0.172	-0.181	-0.189	1.0043

续表

温度/℃ ＼ 体积/mL	10	12	14	16	18	20	22	24	26	28	30	32	34	36	38	40	42	44	ω	备注
10	+0.025	+0.030	+0.035	+0.040	+0.045	+0.050	+0.055	+0.060	+0.065	+0.070	+0.075	+0.080	+0.085	+0.090	+0.095	+0.100	+0.105	+0.110	0.9975	
11	0.023	0.028	0.032	0.037	0.041	0.046	0.051	0.055	0.060	0.064	0.069	0.074	0.078	0.083	0.087	0.092	0.097	0.101	0.9977	
12	0.020	0.024	0.028	0.032	0.036	0.040	0.044	0.048	0.052	0.056	0.060	0.064	0.068	0.072	0.076	0.080	0.084	0.088	0.9980	
13	0.018	0.022	0.025	0.029	0.032	0.036	0.040	0.043	0.047	0.050	0.054	0.058	0.061	0.065	0.068	0.072	0.076	0.079	0.9982	
14	0.016	0.019	0.022	0.026	0.029	0.032	0.035	0.038	0.042	0.045	0.048	0.051	0.054	0.058	0.061	0.064	0.067	0.070	0.9984	
15	0.013	0.016	0.018	0.021	0.023	0.026	0.029	0.031	0.034	0.036	0.039	0.042	0.044	0.047	0.049	0.052	0.055	0.057	0.9987	1mol/L 的 NaOH、H_2SO_4 及 HNO_3 溶液
16	0.011	0.013	0.015	0.018	0.020	0.022	0.024	0.026	0.029	0.031	0.033	0.035	0.037	0.040	0.042	0.044	0.046	0.048	0.9989	
17	0.008	0.010	0.011	0.013	0.014	0.016	0.018	0.019	0.021	0.022	0.024	0.026	0.027	0.029	0.030	0.032	0.034	0.035	0.9992	
18	0.006	0.007	0.008	0.010	0.011	0.012	0.013	0.014	0.016	0.017	0.018	0.019	0.020	0.022	0.023	0.024	0.025	0.026	0.9994	
19	+0.003	+0.004	+0.004	+0.005	+0.006	+0.006	+0.007	+0.007	+0.008	+0.008	+0.009	+0.010	+0.010	+0.011	+0.011	+0.012	+0.013	+0.013	0.9997	
20	0.00	0.00	0.00	0.00	0.00	0.00	0.00	0.00	0.00	0.00	0.00	0.00	0.00	0.00	0.00	0.00	0.00	0.00	1.0000	
21	-0.003	-0.004	-0.004	-0.005	-0.005	-0.006	-0.007	-0.007	-0.008	-0.008	-0.009	-0.010	-0.010	-0.011	-0.011	-0.012	-0.013	-0.013	1.0003	
22	0.006	0.007	0.008	0.010	0.011	0.012	0.013	0.014	0.016	0.017	0.018	0.019	0.020	0.022	0.023	0.024	0.025	0.026	1.0006	
23	0.009	0.011	0.013	0.014	0.016	0.018	0.020	0.022	0.023	0.025	0.027	0.029	0.031	0.032	0.034	0.036	0.038	0.040	1.0009	
24	0.012	0.014	0.017	0.019	0.022	0.024	0.026	0.029	0.031	0.034	0.036	0.038	0.041	0.043	0.046	0.048	0.050	0.053	1.0012	
25	0.015	0.018	0.021	0.024	0.027	0.030	0.033	0.036	0.039	0.042	0.045	0.048	0.051	0.054	0.057	0.060	0.063	0.066	1.0015	
26	0.018	0.022	0.025	0.029	0.032	0.036	0.040	0.043	0.047	0.050	0.054	0.058	0.061	0.065	0.068	0.072	0.076	0.079	1.0018	
27	0.021	0.025	0.029	0.034	0.038	0.042	0.046	0.050	0.055	0.059	0.063	0.067	0.071	0.076	0.080	0.084	0.088	0.092	1.0021	
28	0.024	0.029	0.034	0.038	0.043	0.048	0.053	0.058	0.062	0.067	0.072	0.077	0.082	0.086	0.091	0.096	0.101	0.106	1.0024	
29	0.028	0.034	0.039	0.045	0.050	0.056	0.062	0.067	0.073	0.078	0.084	0.090	0.095	0.101	0.106	0.112	0.118	0.123	1.0028	
30	0.032	0.038	0.045	0.051	0.058	0.064	0.070	0.077	0.083	0.090	0.096	0.102	0.105	0.115	0.122	0.128	0.134	0.141	1.0032	
31	0.035	0.042	0.049	0.056	0.063	0.070	0.077	0.084	0.091	0.098	0.105	0.112	0.119	0.126	0.133	0.140	0.147	0.154	1.0035	
32	0.039	0.047	0.055	0.062	0.070	0.078	0.086	0.094	0.101	0.109	0.117	0.125	0.133	0.140	0.148	0.156	0.164	0.172	1.0039	
33	0.042	0.050	0.059	0.067	0.076	0.084	0.092	0.101	0.110	0.118	0.126	0.134	0.143	0.151	0.160	0.168	0.176	0.185	1.0042	
34	0.046	0.055	0.064	0.074	0.083	0.092	0.101	0.110	0.120	0.129	0.138	0.147	0.156	0.166	0.175	0.184	0.193	0.202	1.0046	
35	0.050	0.060	0.070	0.080	0.090	0.100	0.110	0.120	0.130	0.140	0.150	0.160	0.170	0.180	0.190	0.200	0.210	0.220	1.0050	
36	-0.053	-0.064	-0.074	-0.085	-0.095	-0.106	-0.117	-0.127	-0.138	-0.148	-0.159	-0.170	-0.180	-0.191	-0.201	-0.212	-0.223	-0.233	1.0053	

续表

温度/℃ \ 体积/mL	10	12	14	16	18	20	22	24	26	28	30	32	34	36	38	40	42	44	ω	备注
10	+0.019	+0.023	+0.027	+0.030	+0.034	+0.038	+0.042	+0.046	+0.049	+0.053	+0.057	+0.061	+0.065	+0.068	+0.072	+0.076	+0.080	+0.084	0.9981	1mol/L HCl溶液
11	0.018	0.022	0.025	0.029	0.032	0.036	0.040	0.043	0.047	0.050	0.054	0.058	0.061	0.065	0.068	0.072	0.076	0.079	0.9982	
12	0.016	0.019	0.022	0.026	0.029	0.032	0.035	0.038	0.042	0.045	0.048	0.051	0.054	0.058	0.061	0.064	0.067	0.070	0.9984	
13	0.014	0.017	0.020	0.022	0.025	0.028	0.031	0.034	0.036	0.039	0.042	0.045	0.048	0.050	0.053	0.056	0.059	0.062	0.9986	
14	0.012	0.014	0.017	0.019	0.022	0.024	0.026	0.029	0.031	0.034	0.036	0.038	0.041	0.043	0.046	0.048	0.050	0.053	0.9988	
15	0.010	0.012	0.014	0.016	0.018	0.020	0.022	0.024	0.026	0.028	0.030	0.032	0.034	0.036	0.038	0.040	0.042	0.044	0.9990	
16	0.008	0.010	0.011	0.013	0.014	0.016	0.018	0.019	0.021	0.022	0.024	0.026	0.027	0.029	0.030	0.032	0.034	0.035	0.9992	
17	0.006	0.007	0.008	0.010	0.011	0.012	0.013	0.014	0.016	0.017	0.018	0.019	0.020	0.022	0.023	0.024	0.025	0.026	0.9994	
18	0.004	0.005	0.006	0.006	0.007	0.008	0.009	0.010	0.010	0.011	0.012	0.013	0.014	0.014	0.015	0.016	0.017	0.018	0.9996	
19	+0.002	+0.002	+0.003	+0.003	+0.004	+0.004	+0.004	+0.005	+0.005	+0.006	+0.006	+0.006	+0.007	+0.007	+0.008	+0.008	+0.008	+0.009	0.9998	
20	0.00	0.00	0.00	0.00	0.00	0.00	0.00	0.00	0.00	0.00	0.00	0.00	0.00	0.00	0.00	0.00	0.00	0.00	1.0000	
21	-0.002	-0.002	-0.003	-0.003	-0.004	-0.004	-0.005	-0.005	-0.005	-0.006	-0.006	-0.006	-0.007	-0.007	-0.008	-0.008	-0.008	-0.009	1.0002	
22	0.005	0.006	0.007	0.008	0.009	0.010	0.011	0.012	0.013	0.014	0.015	0.016	0.017	0.018	0.019	0.020	0.021	0.022	1.0005	
23	0.007	0.008	0.010	0.011	0.013	0.014	0.015	0.017	0.018	0.020	0.021	0.022	0.024	0.025	0.027	0.028	0.029	0.031	1.0007	
24	0.010	0.012	0.014	0.016	0.018	0.020	0.022	0.024	0.026	0.028	0.030	0.032	0.034	0.036	0.038	0.040	0.042	0.044	1.0010	
25	0.012	0.014	0.017	0.019	0.022	0.024	0.026	0.029	0.031	0.034	0.036	0.038	0.041	0.043	0.046	0.048	0.050	0.053	1.0012	
26	0.014	0.017	0.020	0.022	0.025	0.028	0.031	0.034	0.036	0.039	0.042	0.045	0.048	0.050	0.053	0.056	0.059	0.062	1.0014	
27	0.017	0.020	0.024	0.027	0.031	0.034	0.037	0.041	0.044	0.048	0.051	0.054	0.058	0.061	0.065	0.068	0.071	0.075	1.0017	
28	0.020	0.024	0.028	0.032	0.036	0.040	0.044	0.048	0.052	0.056	0.060	0.064	0.068	0.072	0.076	0.080	0.084	0.088	1.0020	
29	0.023	0.028	0.032	0.037	0.041	0.046	0.051	0.055	0.060	0.064	0.069	0.074	0.078	0.083	0.087	0.092	0.097	0.101	1.0023	
30	0.026	0.031	0.036	0.042	0.047	0.052	0.057	0.062	0.068	0.073	0.078	0.083	0.088	0.094	0.099	0.104	0.109	0.114	1.0026	
31	0.029	0.035	0.041	0.046	0.052	0.058	0.064	0.071	0.075	0.081	0.087	0.093	0.099	0.105	0.111	0.117	0.123	0.129	1.0029	
32	0.032	0.038	0.045	0.051	0.058	0.064	0.070	0.077	0.083	0.089	0.096	0.102	0.109	0.115	0.122	0.125	0.134	0.141	1.0032	
33	0.035	0.042	0.049	0.056	0.063	0.070	0.077	0.084	0.091	0.094	0.105	0.112	0.119	0.126	0.133	0.140	0.147	0.154	1.0035	
34	0.038	0.046	0.053	0.061	0.068	0.076	0.084	0.091	0.099	0.106	0.114	0.122	0.129	0.137	0.144	0.152	0.160	0.167	1.0038	
35	0.041	0.049	0.057	0.066	0.074	0.082	0.090	0.098	0.107	0.115	0.123	0.131	0.139	0.148	0.156	0.164	0.172	0.180	1.0041	
36	-0.044	-0.053	-0.062	-0.070	-0.079	-0.088	-0.097	-0.106	-0.114	-0.123	-0.132	-0.141	-0.150	-0.158	-0.167	-0.176	-0.185	-0.194	1.0044	

注：1. 本表根据附表2数字计算而得，如有错误可以附表2计算校对。
2. 相当容积ω，表示当20℃时恰为1mL的溶液，其温度变为t℃的体积。
3. 表中数字均取至小数点后第三位，使用时可将第三位数值以四舍五入法计算。若使用奇数体积均按奇数计算。
4. 表中补正值均按消耗体积计算。如30℃的43mL的补正值，可取30℃的42mL与44mL的补正值平均而得，即(0.105+0.110)÷2=0.108mL。

附表4　标准溶液标定原始记录

以	基准试剂或标准溶液标定		溶液	
标定日期	年　月　日		室温　　℃	
标定方法	滴定管号码			
标定者	复核者			

标定次数 / 记录项目	1	2	3	4
瓶＋试料/g 或基准溶液体积/mL				
砝码修正值/g 滴定管及室温补正值				
空瓶重/g 或基准溶液补正体积/mL				
试料净重/g 或基准溶液浓度				
标定溶液消耗体积/mL				
滴定管与室温补正值				
补正后的体积/mL				
空白溶液体积/mL				
真实溶液体积/mL				

标定浓度			
	平均值	实际误差	允许误差

计算　平行测定误差(精度)＝(最大值－最小值)/最大值×100％

标准计算公式

备注

附表5　标准溶液有效日期

溶液名称	浓度 c_B/(mol/L)	有效期 /月	溶液名称	浓度 c_B/(mol/L)	有效期 /月
各种酸溶液	各种浓度	3	硫酸亚铁(铵)溶液	1,0.64	20d
氢氧化钠溶液	各种浓度	2	硫酸亚铁(铵)溶液	0.1	用前标定
氢氧化钾-乙醇溶液	0.1,0.5	1	亚硝酸钠溶液	0.1,0.25	2
硫代硫酸钠溶液	0.05,0.1	2	硝酸银溶液	0.1	3
高锰酸钾溶液	0.05,0.1	3	硫氰酸钾(铵)溶液	0.1	3
碘溶液	0.02,0.1	1	亚铁氰化钾(铵)溶液	各种浓度	1
重铬酸钾溶液	0.1	3	EDTA溶液	各种浓度	3
溴酸钾-溴化钾溶液	0.1	3	锌盐溶液	0.025	2
氢氧化钡溶液	0.05	1	硝酸汞溶液	0.1	2
高氯酸溶液	0.1	1	硝酸铅溶液	0.025	2
硫酸镁溶液	0.025	2	盐酸-乙醇溶液	0.1	1
硝酸铋溶液	0.025	1	硫酸铜溶液	0.025	2
甲醇钠溶液	0.1	1	硝酸钍溶液	0.025	1

附表 6　容量滴定中被测物质基本单元的摩尔质量（M_B）表（中和法）

方法	被测定物质化学式	式量	基本单元	摩尔质量/(g/mol)
	Al	26.98	1/3Al	8.993
	Al_2O_3	101.96	$1/6Al_2O_3$	16.993
	B(在甘油中以酚酞为指示剂滴 H_3BO_3)	10.81	B	10.81
	B_2O_3	69.62	$1/2B_2O_3$	34.81
	$Ba(OH)_2$	171.34	$1/2Ba(OH)_2$	85.67
	$Ba(OH)_2 \cdot 8H_2O$	315.48	$1/2Ba(OH)_2 \cdot 8H_2O$	157.74
	$CaCO_3$	100.09	$1/2CaCO_3$	50.045
	CaO	56.08	1/2CaO	28.04
	$Ca(OH)_2$	74.09	$1/2Ca(OH)_2$	37.045
	F(滴定 SiF_4)	18.998	F	18.998
	HCl	36.46	HCl	36.45
	HBr	80.91	HBr	80.91
	HI	127.91	HI	127.91
	HF	20.01	HF	20.01
	HNO_3	63.01	HNO_3	63.01
	H_3PO_4(甲基橙为指示剂滴定 NaOH 反应)	98.00	$1/2H_3PO_4$	49.00
	H_3PO_4(酚酞为指示剂滴定 NaOH 反应)	98.00	H_3PO_4	98.00
	H_3PO_4(硝胺)	98.00	$1/3H_3PO_4$	32.67
	H_2SO_4	98.08	$1/2 H_2SO_4$	49.04
	H_3PO_4(滴定磷钼酸沉淀)	98.00	$1/23H_3PO_4$	4.261
	HCOOH(甲酸)	46.03	HCOOH	46.026
	$C_2H_4O_2$(乙酸)	60.05	CH_3COOH	60.052
	$C_2H_2O_4$	90.04	$1/2H_2C_2O_4$	45.018
	$C_2H_2O_4 \cdot 2H_2O$	126.07	$1/2H_2C_2O_4 \cdot 2H_2O$	63.035
中	$C_4H_6O_4$[琥珀酸(丁二酸)]	118.09	$1/2C_4H_6O_4$	59.044
和	$C_7H_6O_2$(苯甲酸)	122.12	$C_7H_6O_2$	122.12
法	$C_4H_6O_6$(酒石酸)	150.09	$1/2C_4H_6O_6$	75.044
	$C_6H_8O_7$(柠檬酸)	192.13	$1/3C_6H_8O_7$	64.043
	$C_6H_5O_{10} \cdot H_2O$	210.15	$1/3C_6H_5O_{10}$	70.048
	HgO	216.59	1/2HgO	108.295
	K_2CO_3(酚酞)	138.21	K_2CO_3	138.21
	K_2CO_3(甲基橙)	138.21	$1/2K_2CO_3$	69.105
	KOH	56.11	KOH	56.11
	$KHC_4H_4O_6$(酒石酸氢钾)	188.18	$KHC_4H_4O_6$	188.18
	$KHC_8H_4O_4$(邻-苯二甲酸氢钾)	204.23	$KHC_8H_4O_4$	204.23
	MgO	40.31	1/2MgO	20.16
	Mg(滴定 $MgNH_4PO_4$)	24.31	1/2Mg	12.16
	N	14.007	N	14.007
	NH_3	17.03	NH_3	17.032
	$(NH_4)_2SO_4$	132.13	$1/2(NH_4)_2SO_4$	66.070
	Na[用碱滴定 $NaZn(UO_2)_3 \cdot (Ac)_3 \cdot 6H_2O$ 沉淀]	22.99	1/10Na	2.299
	$Na_2B_4O_7 \cdot 10H_2O$	381.37	$1/2Na_2B_4O_7 \cdot 10H_2O$	190.72
	Na_2CO_3(酚酞)	105.99	Na_2CO_3	105.99
	Na_2CO_3(甲基橙)	105.99	$1/2Na_2CO_3$	52.995
	$Na_2CO_3 \cdot 10H_2O$	286.14	$1/2Na_2CO_3 \cdot 10H_2O$	143.07
	$NaHCO_3$	84.01	$NaHCO_3$	84.015
	NaOH	40.00	NaOH	40.00
	P(滴定磷钼酸沉淀)	30.97	1/23P	1.347
	P_2O_5(滴定磷酸沉淀)	141.94	$1/23P_2O_5$	6.171
	SO_3	80.06	$1/2SO_3$	40.03

方法	被测定物质化学式	式量	基本单元	摩尔质量/(g/mol)
氧化还原法	Al(羟基氮萘法)	26.98	$1/12Al$	2.248
	As	74.92	$1/2As$	37.455
	As_2O_3	197.84	$1/4As_2O_3$	49.455
	As_2O_5	229.84	$1/4As_2O_5$	57.455
	Ba(形成 $BaCrO_4$ 沉淀以后)	137.34	$1/3Ba$	45.787
	Br	79.90	Br	79.904
	BrO_3^-	127.90	$1/6BrO_3^-$	21.317
	CN^-(碘量法)	26.02	$1/2CN^-$	13.01
	SCN^-(高锰酸盐法)	58.08	$1/6SCN^-$	9.680
	SCN^-(碘量法)	58.08	$1/8SCN^-$	7.200
	Ca^{2+}(形成 CaC_2O_4 沉淀以后)	40.08	$1/2Ca^{2+}$	20.04
	CaO(形成 CaC_2O_4 沉淀以后)	56.08	$1/2CaO$	28.04
	$CaCO_3$(形成 CaC_2O_4 沉淀以后)	100.09	$1/2CaCO_3$	50.045
	Cd(羟基氮萘法)	112.40	$1/8Cd$	14.05
	Ce	140.12	Ce	140.12
	CeO_2	172.12	CeO_2	172.12
	$Ce(SO_4)_2 \cdot 4H_2O$	404.30	$Ce(SO_4)_2 \cdot 4H_2O$	404.30
	$Ce(NH_4)_4(SO_4)_4 \cdot 2H_2O$	632.56	$Ce(NH_4)_4(SO_4)_4 \cdot 2H_2O$	632.56
	Cl(活性炭)	35.46	Cl	35.457
	Cl_2	70.91	$1/2Cl_2$	35.457
	ClO^-	51.47	$1/2ClO^-$	25.729
	ClO_3^-	83.47	$1/6ClO_3^-$	13.91
	Cr	51.99	$1/3Cr$	17.33
	CrO_4	115.99	$1/3CrO_4$	38.66
	Cr_2O_3	151.99	$1/6Cr_2O_3$	25.37
	Co[形成 $K_3Co(NO_2)_6$]	58.93	$1/11Co$	5.357
	Cu(碘量法)	63.55	Cu	63.55
	Cu(高锰酸盐滴定 CuCNS 法)	63.55	$1/6Cu$	10.592
	Cu(羟基氮萘法)	63.55	$1/8Cu$	7.944
	CuO(碘量法)	79.55	CuO	79.55
	CuO(羟基氮萘法)	79.55	$1/8CuO$	9.944
	Fe	55.85	Fe	55.95
	FeO	71.85	FeO	71.85
	Fe_2O_3	159.69	$1/2Fe_2O_3$	79.845
	$Fe(NH_4)_2(SO_4)_2 \cdot 6H_2O$	392.13	$Fe(NH_4)_2(SO_4)_2 \cdot 6H_2O$	392.13
	$Fe(NH_4)_2(SO_4)_2 \cdot 12H_2O$	500.22	$Fe(NH_4)_2(SO_4)_2 \cdot 12H_2O$	500.22
	$FeSO_4 \cdot 7H_2O$	278.01	$FeSO_4 \cdot 7H_2O$	278.01
	H_2O_2	34.01	$1/2H_2O_2$	17.005
	HCN(碘量法)	27.03	$1/2HCN$	13.515
	HSCN(高锰酸盐法)	59.09	$1/6HSCN$	9.848
	HSCN(碘量法)	59.09	$1/8HSCN$	7.386
	$H_2C_2O_4$	90.04	$1/2H_2C_2O_4$	45.02
	$H_2C_2O_4 \cdot 2H_2O$	126.07	$1/2H_2C_2O_4 \cdot 2H_2O$	63.035
	HNO_2	47.01	$1/2HNO_2$	23.505
	H_2SO_3	82.07	$1/2H_2SO_3$	41.035
	H_2S(碘量法)	34.08	$1/2H_2S$	17.04
	H_2S(溴酸盐及高锰酸盐法)	34.08	$1/8H_2S$	4.26
	I	126.90	I	126.904
	I^-(被亚硝酸盐氧化成 I 后)	126.90	I^-	126.904
	I^-(被溴氧化成 IO_3^- 后)	126.90	$1/6I^-$	21.151
	IO_3	174.90	$1/6IO_3$	29.15
	$KBrO_3$	167.00	$1/6KBrO_3$	27.833
	$KClO_3$	122.55	$1/6KClO_3$	20.425

方法	被测定物质化学式	式量	基本单元	摩尔质量/(g/mol)
	$K_2Cr_2O_7$	294.18	$1/6K_2Cr_2O_7$	49.03
	$K_3Fe(CN)_6$	329.26	$K_3Fe(CN)_6$	329.26
	$K_4Fe(CN)_6$	368.36	$K_4Fe(CN)_6$	368.36
	$K_4Fe(CN)_6 \cdot 3H_2O$	422.41	$K_4Fe(CN)_6 \cdot 3H_2O$	422.41
	$KMnO_4$(酸性下)	158.03	$1/5KMnO_4$	31.606
	$KMnO_4$(碱性下)	158.03	$1/3KMnO_4$	52.677
	KIO_3	214.00	$1/6KIO_3$	35.667
	KNO_2	85.11	$1/2KNO_2$	42.555
	$KH(IO_3)_2$	389.91	$1/12KH(IO_3)_2$	32.493
	K_2CrO_4	194.20	$1/3K_2CrO_4$	64.733
	Mg(羟基氮萘法)	24.30	$1/8Mg$	3.038
	MgO(羟基氮萘法)	40.30	$1/8MgO$	5.037
	Mn(铋酸盐法)	54.94	$1/5Mn$	10.988
	MnO(铋酸盐法)	70.94	$1/5MnO$	14.188
	MnO_2(软锰矿中的经 $FeSO_4 \cdot KMnO_4$ 处理)	86.94	$1/2MnO_2$	43.47
氧化还原法	Mo(碘量法)	95.94	Mo	95.94
	Mo(用锌还原后)	95.94	$1/3Mo$	31.98
	Mo(羟基氮萘法)	95.94	$1/8Mo$	11.992
	MoO_3(用锌还原后)	143.94	$1/3MoO_3$	47.98
	MoO_4^{2-}(用锌还原后)	159.94	$1/3MoO_4^{2-}$	53.326
	NH_2OH	33.01	$1/2NH_2OH$	16.504
	NO_2^-	46.00	$1/2NO_2^-$	23.001
	N_2O_3	76.01	$1/4N_2O_3$	19.002
	$Na_2C_2O_4$	134.00	$1/2Na_2C_2O_4$	67.00
	Na(经溶解和用锌还原后滴定乙酸铀酰锌钠)	22.99	$1/6Na$	3.832
	$NaNO_2$	69.00	$1/2NaNO_2$	34.50
	$Na_2S_2O_3$	158.10	$Na_2S_2O_3$	158.10
	$Na_2S_2O_3 \cdot 5H_2O$	248.17	$Na_2S_2O_3 \cdot 5H_2O$	248.17
	Nb	92.91	$1/2Nb$	46.453
	O(活性的)	16.00	$1/2O$	8.000
	O_3	48.00	$1/2O_3$	24.000
	Pb(形成 PbC_2O_4 沉淀后)	207.2	$1/2Pb$	103.6
	Pb(形成 $PbCrO_4$ 沉淀后)	207.2	$1/3Pb$	69.060
	PbO_2	239.2	$1/2PbO_2$	119.6
	S(碘量法)	32.06	$1/2S$	16.03
	SO_2	64.06	$1/2SO_2$	32.03
	Sb	121.75	$1/2Sb$	60.875
	Sb_2O_3	291.50	$1/4Sb_2O_3$	72.875
	Sn	118.71	$1/2Sn$	59.345
	SnO	134.71	$1/2SnO$	67.345
	Ti	47.87	Ti	47.90
	TiO_2	79.87	TiO_2	79.90
	U	238.03	$1/2U$	119.014
	U_3O_8(溶解后直接滴定)	842.09	$1/2U_3O_8$	421.045
	U_3O_8(经预先还原后)	842.09	$1/6U_3O_8$	140.348
	V(还原至 V^{4+} 后)	50.94	V	50.941
	V(羟基氮萘法)	50.94	$1/8V$	6.368
	V_2O_5(还原至 V^{4+} 后)	181.88	$1/2V_2O_5$	90.94

方法	被测定物质化学式	式量	基本单元	摩尔质量/(g/mol)
沉淀和配合物形成法	Ag	107.87	Ag	107.868
	$AgNO_3$	169.87	$AgNO_3$	169.87
	As（形成 Ag_3AsO_4 沉淀后）	74.92	1/3As	24.974
	AsO_4^{2-}（形成 Ag_3AsO_4 沉淀后）	138.92	$1/3AsO_4$	46.307
	Ba^{2+}（用 K_2CrO_4 直接滴定）	137.34	1/2Ba	68.67
	Br^-	79.90	Br	79.904
	Cl^-	35.45	Cl	35.453
	CN（Mohr Volhard Fajahs 法）	26.02	CN^-	26.02
	CN^-（Liebig 和 Deniges 法）	26.02	2CN	52.036
	CSN^-（Volhard 法）	58.08	CSN^-	58.08
	Cu（形成 CuCNS 沉淀后）	63.55	Cu	63.55
	F（形成 PbClF 沉淀后）	18.998	F	18.998
	HCl	36.46	HCl	36.46
	HBr	80.91	HBr	80.91
	HI	127.91	HI	127.91
	H_3PO_4（Mohr Volhard 法）	98.00	$1/3H_3PO_4$	32.666
	Hg^{2+}（用硫代氰酸盐）	200.59	$1/2Hg^{2+}$	100.295
	$Hg(NO_3)_2 \cdot H_2O$	342.61	$1/2Hg(NO_3)_2 \cdot H_2O$	171.305
	I^-	126.90	I	126.904
	KCl	74.55	KCl	74.55
	KBr	119.00	KBr	119.00
	KI	166.00	KI	166.00
	KSCN	97.18	KSCN	97.18
	KCN（Mohr Volhard Fajahs 法）	65.12	KCN	65.12
	NH_4Cl	53.49	NH_4Cl	53.49
	NH_4SCN	76.12	NH_4SCN	76.12
	NaCl	58.44	NaCl	58.44
	NaBr	102.90	NaBr	102.90
	NaI	149.89	NaI	149.89
	$C_{10}H_{14}O_8N_2 \cdot 2H_2O$（EDTA-$Na_2$）	372.26	$1/2C_{10}H_{14}O_8N_2Na_2 \cdot 2H_2O$	186.13

注：确定中和法摩尔质量时，必须指出，在特殊条件下，由于反应条件不同，选取的物质的基本单元不同，在计算中应代入相应的数值。如磷酸（H_3PO_4）当与碱类物质反应时，由于选用指示剂不同，而有不同的化学计量点。

如以甲基橙为指示剂与氢氧化钠的反应　$H_3PO_4 + 2NaOH =\!=\!= Na_2HPO_4 + 2H_2O$

选取的磷酸基本单元为 $\frac{1}{2}H_3PO_4$，所以计算时应代入的数值为 $M(\frac{1}{2}H_3PO_4) = 97.999/2 = 48.999(g/mol)$

又如以酚酞为指示剂与氢氧化钠的反应　$H_3PO_4 + NaOH =\!=\!= NaH_2PO_4 + H_2O$

选取的磷酸基本单元为 H_3PO_4，则 $M(H_3PO_4) = 97.999$

附表 7　称量分析的化学因数（F）

所求(欲测)物的化学式	最后称量物化学式	化学因数(F)
Ag	$AgCl$	0.7526
	$AgBr$	0.5745
	Ag_2S	0.8706
	AgI	0.4595
$AgNO_3$	$AgCl$	1.1852
	AgI	0.7236
	Ag_2S	1.3710
Al	Al_2O_3	0.5291
	$Al(C_9H_6ON)_3$	0.05874
	$AlPO_4$	0.2212
Al_2O_3	$2Al(C_9H_6ON)_3$	0.1109
	$2AlPO_4$	0.4180
	$AlPO_4$	0.4178
$Al_2(SO_4)_3$	Al_2O_3	3.3562
As	Ag_3AsO_4	0.1619
	As_2S_3	0.6069
	As_2S_5	0.4831
	$Mg_2As_2O_7$	0.4826
	$(NH_4MgAsO_4)_2 \cdot H_2O$	0.5957
	$MgNH_4AsO_4 \cdot 6H_2O$	0.2859
AsO_3	As_2S_3	0.9993
	As_2S_5	0.7927
	$Mg_2As_2O_7$	0.7918
	$(NH_4MgAsO_4)_2 \cdot H_2O$	0.6460
AsO_4	As_2S_3	1.1293
	As_2S_5	0.8959
	$Mg_2As_2O_7$	0.8949
	$(NH_4MgAsO_4)_2 \cdot H_2O$	0.7300
As_2O_3	Ag_3AsO_4	0.4277
	As_2S_3	0.8041
	As_2S_5	0.6379
	$Mg_2As_2O_7$	0.6372
	$Mg_2P_2O_7$	0.8887
	$(NH_4MgAsO_4)_2 \cdot H_2O$	0.5198
As_2S_5	Ag_3AsO_4	0.4669
	As_2S_3	0.9342
	As_2S_5	0.7411
	$Mg_2As_2O_7$	0.7403
	$Mg_2P_2O_7$	1.0324
	$(NH_4MgAsO_4)_2 \cdot H_2O$	0.6039
B_4O_7	B_2O_3	1.1149
B	B_2O_3	0.3107
	KBF_4	0.08593
Ba	$BaCO_3$	0.6960
	$BaCrO_4$	0.5421
	$BaSO_4$	0.5885
	$BaSiF_4$	0.4916

所求(欲测)物的化学式	最后称量物化学式	化学因数(F)
BaO	$BaCO_3$	0.7770
	$BaCrO_4$	0.6053
	$BaSO_4$	0.6570
	$BaSiF_4$	0.5489
Be	BeO	0.3603
	$Be_2P_2O_7$	0.0940
BeO	$Be_2P_2O_7$	0.2607
Bi	Bi_2O_3	0.8970
	$BiOCl$	0.8024
	$Bi(C_9H_6ON)_3$	0.3258
	Bi_2S_3	0.8130
	$(BiO_2)_2Cr_2O_7$	0.6276
	$BiPO_4$	0.6875
Br	$AgBr$	0.4255
	$AgCl$	0.5575
C	CO_2	0.2729
	CaC_2	0.3747
	$CaCO_3$	0.1199
	$BaCO_3$	0.06079
Ca	$CaCO_3$	0.4005
	$CaC_2O_4 \cdot H_2O$	0.2743
	CaF_2	0.5133
	CaO	0.7147
	$CaSO_4$	0.2944
$CaCO_3$	CO_2	2.2743
	CaO	1.7847
	$CaC_2O_4 \cdot H_2O$	0.6850
	$CaSO_4$	0.7351
$CaCl_2$	CaO	1.9292
CaF_2	CaO	1.3923
	$CaSO_4$	0.5735
CaO	CaC_2	0.8749
	CO_2	1.2743
	$CaCN$	0.7001
	$CaCO_3$	0.5603
	$CaC_2O_4 \cdot H_2O$	0.3838
	CaF_2	0.7182
	$CaSO_4$	0.4119
	$CaSO_4 \cdot 2H_2O$	0.3257
$Ca_3(PO_4)_2$	CaO	1.8438
	$Mg_2P_2O_7$	1.3935
$CaSO_4$	CaO	2.4276
	SO_3	1.7005

续表

所求(欲测)物的化学式	最后称量物化学式	化学因数(F)
Cd	Cd(C$_9$H$_6$ON)$_2$	0.2805
	CdO	0.8754
	Cd$_2$P$_2$O$_7$	0.5638
	CdS	0.7781
	CdSO$_4$	0.5392
	CdMoO$_4$	0.4127
CdO	Cd(C$_9$H$_6$ON)$_2$	0.3205
	Cd$_2$P$_2$O$_7$	0.6440
	CdS	0.8888
	CdSO$_4$	0.6160
Cl	Ag	0.3287
	AgCl	0.2477
	NaCl	0.6066
ClO$_3$	AgCl	0.5822
Co	CoHg(CNS)$_4$	0.1198
	Co$_2$P$_2$O$_7$	0.4039
	CoSO$_4$	0.3803
	Co$_3$O$_4$	0.7344
	Co(C$_9$H$_6$ON)$_2$	0.1780
CoO	Co	1.2714
	CoHg(SCN)$_4$	0.1524
	Co$_2$P$_2$O$_7$	0.5136
	CoSO$_4$	0.4835
Cr	BaCrO$_4$	0.2053
	Cr$_2$O$_3$	0.6843
	PbCrO$_4$	0.1609
CrO$_3$	BaCrO$_4$	0.3947
	Cr$_2$O$_3$	1.3157
	PbCrO$_4$	0.3094
Cr$_2$O$_3$	BaCrO$_4$	0.3000
	PbCrO$_4$	0.2352
	Cr	1.4615
Cu	CuCNS	0.5226
	CuO	0.7989
	CuS	0.6648
	Cu$_2$S	0.7986
CuCl$_2$	CuO	1.6901
CuO	Cu	1.2517
	Cu$_2$S	0.9996
CuFeS$_2$	Cu$_2$S	2.3058
Cu$_2$O	CuO	0.8995
CuSO$_4$	CuO	2.0061
CuSO$_4$ · 5H$_2$O	Cu	2.9282
	CuSCN	2.0527
	CuO	3.1583
	Cu$_2$S	3.1371
Er	Er$_2$O$_3$	0.8745

续表

所求(欲测)物的化学式	最后称量物化学式	化学因数(F)
F	CaF_2 $PbClF$ SiF_4	0.4867 0.07261 0.7404
Fe	Fe_2O_3 $FePO_4$ $Fe(C_9H_6ON)_3$	0.6994 0.3701 0.1144
Fe_2O_3	Fe FeO $FePO_4$	1.4297 1.1113 0.5294
FeO	Fe Fe_2O_3	1.2865 0.8998
$Fe(CN)_6$	AgCN	0.2638
$FeCl_3$	Fe Fe_2O_3	2.9045 2.0316
FeS_2	Fe_2O_3	1.5025
$FeSO_4 \cdot 7H_2O$	Fe	4.9779
$Fe_2(SO_4)_3$	Fe_2O_3	2.5040
Ga	$Ga(C_9H_6ON)_3$ Ga_2O_3	0.1388 0.7439
Ge	GeO_2 Mg_2GeO_4	0.6941 0.3919
H	H_2O	0.1119
HBO_2	B_2O_3	1.2588
H_3BO_3	B_2O_3	1.7760
HBr	AgBr	0.4309
HCN	Ag AgCN	0.2505 0.2018
$H_2C_2O_4$	CO_2 CaO	1.0229 1.6055
$H_2C_4H_4O_6$	$CaC_4H_4O_6 \cdot 4H_2O$	0.5768
HCl	AgCl Cl	0.2544 1.0284
HF	CaF_2 $CaSO_4$ SiF_4	0.5126 0.2940 0.7692
$HClO_4$	AgCl	0.7009
$H_3Fe(CN)_6$	AgCN	0.2676
$H_4Fe(CN)_6$	AgCN	0.2688
HI	AgI PdI_2	0.5449 0.7097
HNO_3	$C_{20}H_{16}N_4 \cdot HNO_3$ NO N_2O_5	0.1679 2.1000 1.1668
H_3PO_4	$Mg_2P_2O_7$ P_2O_5	0.8805 1.3807
H_2SO_4	$BaSO_4$	0.4202
H_2SiF_6	CaF_2 $CaSO_4$ K_2SiF_6	0.6151 0.3528 0.6541

所求(欲测)物的化学式	最后称量物化学式	化学因数(F)
Hg	Hg_2Cl_2	0.8498
	HgS	0.8622
$HgCl_2$	HgS	1.1670
I	Ag	1.1766
	AgCl	1.8855
	AgI	0.5406
	PdI_2	0.7041
	TlI_3	0.3831
IO_3	Ag	0.7450
In	$In(C_9H_6ON)_3$	0.2094
	In_2O_3	0.8270
K	KCl	0.5244
	$KClO_4$	0.2822
	$K_2NaCo(NO_2)_6 \cdot H_2O$	0.1722
	K_2O	0.8301
	K_2PtCl_6	0.1608
	K_2SO_4	0.4487
	Pt	0.4005
KCN	HCN	2.4092
KCl	$KClO_4$	0.5381
	K_2PtCl_6	0.3067
	Pt	0.7638
	AgCl	0.5202
$KHCO_3$	CO_2	2.2747
$KHC_4H_4O_6$	$CaC_4H_4O_6 \cdot 4H_2O$	0.7232
KNO_3	N_2O_5	1.8721
K_2O	KCl	0.6317
	$KClO_4$	0.3399
	K_2SO_4	0.5405
K_2SO_4	$BaSO_4$	0.7465
$K_2O \cdot Al_2O_3 \cdot 6SiO_2$	Al_2O_3	5.4591
	KCl	3.7322
	K_2O	5.9085
	K_2SO_4	3.1936
KM_nO_4	Mn	2.8769
La	La_2O_3	0.8527
Li	LiCl	0.1637
	Li_3PO_4	0.1798
	Li_2SO_4	0.1263
Li_2O	LiCl	0.3524
	Li_3PO_4	0.3870
	Li_2SO_4	0.2718
Mg	$Mg(C_9H_6ON)_2$	0.07780
	$Mg(C_9H_6ON)_2 \cdot 2H_2O$	0.06976
	MgO	0.6032
	$Mg_2P_2O_7$	0.2185
	$MgSO_4$	0.2020
	$NH_4MgPO_4 \cdot 6H_2O$	0.09909

续表

所求（欲测）物的化学式	最后称量物化学式	化学因数（F）
$MgCO_3$	MgO $Mg_2P_2O_7$ $NH_4MgPO_4 \cdot 6H_2O$	2.0913 0.7576 0.3436
$MgCl_2$	Cl MgO	1.3429 2.3618
MgO	CO_2 $Mg(C_9H_6ON)_2 \cdot 2H_2O$ $Mg_2P_2O_7$ $MgSO_4$ $NH_4MgPO_4 \cdot 6H_2O$ $Mg(C_9H_6ON)_2$	0.9162 0.1157 0.3623 0.3349 0.1647 0.1290
$MgSO_4$	MgO $Mg_2P_2O_7$ $NH_4MgPO_4 \cdot 6H_2O$	2.9856 1.0816 0.4905
N	NH_4Cl	0.2619
NH_3	NH_4Cl	0.3184
NH_4	NH_4Cl	0.3372
Na	Cl $NaCl$ Na_2O Na_2SO_4 $NaZn(UO_2)_3 \cdot Ac_9 \cdot 6H_2O$	0.6486 0.3934 0.7419 0.3238 0.01495
Na_2CO_3	$NaHCO_3$ $NaOH$	0.6309 1.3249
$NaCl$	$AgCl$ Cl Na_2SO_4	0.4078 1.6486 0.8250
$NaHCO_3$	CO_2 Na_2CO_3	1.9090 1.5851
$NaNO_3$	N_2O_5	1.5740
Na_2O	$NaCl$ Na_2SO_4 $NaZn(UO_2)_3 \cdot Ac_9 \cdot 6H_2O$	0.5303 0.4364 0.02015
$Na_2SO_3 \cdot 7H_2O$	$BaSO_4$	1.0803
Na_2SO_4	$BaSO_4$ SO_3	0.6086 1.7743
Nb	Nb_2O_5	0.6990
Ni	$Ni(C_4H_7O_2N_2)_2$ NiO $Ni_2P_2O_7$ $NiSO_4$	0.2031 0.7858 0.4028 0.3793
NiO	Ni	1.2726
$NiSO_4 \cdot 7H_2O$	NiO	3.7604
O	H_2O	0.8882
Os	$Os(C_{21}H_{22}O_2N_2)_3$	0.1594
P	$H_7[P(Mo_2O_7)_6](C_9H_7ON)_3 \cdot 2H_2O$ $Mg_2P_2O_7$ $(NH_4)_3PO_4 \cdot 12MoO_3$ $P_2O_5 \cdot 24MoO_3$	0.01328 0.2783 0.01639 0.01723

所求（欲测）物的化学式	最后称量物化学式	化学因数（F）
PO$_4$	H$_7$[P(Mo$_2$O$_7$)$_6$](C$_9$H$_7$ON)$_3$·2H$_2$O	0.04071
	Mg$_2$P$_2$O$_7$	0.8534
	P$_2$O$_5$	1.3381
	P$_2$O$_5$·24MoO$_3$	0.05281
P$_2$O$_5$	H$_7$[P(Mo$_2$O$_7$)$_6$](C$_9$H$_7$ON)$_3$·2H$_2$O	0.03043
	Mg$_2$P$_2$O$_7$	0.6377
	P$_2$O$_5$·24MoO$_3$	0.03947
Pb	Pb(C$_9$H$_6$ON)$_2$	0.4182
	PbCl$_2$	0.7450
	PbCrO$_4$	0.6411
	PbMoO$_4$	0.5644
	PbO	0.9283
	PbO$_2$	0.8662
	PbS	0.8660
	PbSO$_3$	0.7213
	PbSO$_4$	0.6833
PbCrO$_4$	Cr$_2$O$_3$	4.2525
	PbMoO$_4$	0.5642
	PbO	1.4480
PbS	PbSO$_4$	0.7890
PbSO$_4$	PbSO$_4$	1.2998
	PbO	1.3587
PbO	PbCl$_2$	0.8026
	PbCrO$_4$	0.6906
	PbMoO$_4$	0.6079
	PbO$_2$	0.9331
	PbSO$_4$	0.7360
	PbS	0.9329
Pt	PtS$_2$	0.7528
S	BaSO$_4$	0.1373
	CuO	0.4029
SO$_2$	BaSO$_4$	0.2744
SO$_3$	BaSO$_4$	0.3430
	CaO	1.4276
	MgO	1.9856
SO$_3$	BaSO$_4$	0.4115
	SO$_3$	1.1998
S$_2$O$_3$	BaSO$_4$	0.2402
Sb	Sb$_2$O$_4$	0.7919
	Sb$_2$S$_3$	0.7169
	Sb$_2$S$_5$	0.6030
Sb$_2$O$_3$	Sb	1.1971
	Sb$_2$O$_4$	0.9480
	Sb$_2$S$_3$	0.8582
	Sb$_2$S$_5$	0.7219
Sb$_2$O$_5$	Sb	1.3285
Sb$_2$S$_3$	Sb	1.3950
	Sb$_2$O$_4$	1.1047
Sb$_2$S$_5$	Sb	1.6583

续表

所求(欲测)物的化学式	最后称量物化学式	化学因数(F)
Sc	Sc_2O_3	0.6527
SeO_2	Se	1.4058
SeO_3	Se	1.6058
SiF_4	CaF_2	0.6065
	$CaSO_4$	0.3479
	K_2SiF_6	0.6450
Si	SiO_2	0.4672
Sn	SnO_2	0.7877
Sr	$SrCO_3$	0.5936
	$SrC_2O_4 \cdot H_2O$	0.4525
	SrO	0.8456
	$SrSO_4$	0.4770
$SrCO_3$	$Sr(NO_3)_2$	0.6975
	$Sr(OH)_2 \cdot 8H_2O$	0.5555
	SrS	1.2334
	SrS_2O_3	0.7391
$SrSO_4$	$BaSO_4$	0.7870
$Sr(OH)_2 \cdot 8H_2O$	$Sr(NO_3)_2$	1.2557
	$Sr(SH)_2$	1.7284
	SrS_2O_3	1.3305
Ta	Ta_2O_5	0.8189
TeO_2	Te	1.2508
TeO_3	Te	1.3762
Th	$Th(C_9H_6ON)_4 \cdot C_9H_7ON$	0.2433
	$Th(NO_3)_4 \cdot 4H_2O$	0.4203
	ThO_2	0.8788
Ti	$Ti(C_9H_6ON)_2$	0.1360
	TiO_2	0.5995
	$Ti_3(PO_4)_4$	0.2744
Tl	Tl_2CrO_4	0.7789
	Tl_2O_3	0.8949
	Tl_2PtCl_6	0.5005
U	$Na_2U_2O_7$	0.7509
	UO_2	0.8815
	$UO_2(C_9H_6ON)_2 \cdot C_9H_7ON$	0.3384
	$(UO_2)_2P_2O_7$	0.6668
	U_3O_8	0.8480
V	$V_2O_3(C_9H_6ON)_4$	0.1403
	V_2O_5	0.5602
W	$WO_2(C_9H_6ON)_2$	0.3648
	WO_3	0.7930
	$BaWO_4$	0.4774
WO_4	WO_3	1.0690
Y	Y_2O_3	0.7875

所求(欲测)物的化学式	最后称量物化学式	化学因数(F)
Zn	$Zn(C_9H_6ON)_2$	0.1849
	$ZnHg(CNS)_4$	0.1312
	$ZnNH_4PO_4$	0.3664
	ZnO	0.8034
	$Zn_2P_2O_7$	0.4291
	ZnS	0.6710
	$ZnSO_4$	0.4050
$ZnCO_3$	ZnO	1.5408
$ZnCl_2$	$AgCl$	0.4757
	Cl	1.9219
	Zn	2.0846
ZnO	Zn	1.2447
	$Zn_2P_2O_7$	0.5341
	ZnS	0.8352
	$ZnSO_4$	0.5041
$ZnSO_4 \cdot 7H_2O$	Zn	3.5334
	ZnS	2.9510
ZnS	ZnO	1.1973
	$Zn_2P_2O_7$	0.6395
	$BaSO_4$	0.4174
Zr	ZrO_2	0.7403
	$Zr_2P_2O_7$	0.3440
ZrO_2	$Zr_2P_2O_7$	0.4646

注：1. F 是被测定物质的基本单元与所称量物质的基本单元之比。

2. 称量分析就是以前所谓的重量分析。

附表8 标准溶液的相当量

（1）高锰酸钾

$c(\frac{1}{5}KMnO_4)=0.1mol/L$ 的 $KMnO_4$ 溶液，质量浓度为 3.1605g/L（每升溶液含 $KMnO_4$ 3.1605g）

(1mL＝)0.005585g	Fe	0.003904g	CaF_2
0.007185g	FeO	0.001900g	F
0.007985g	Fe_2O_3	0.004790g	Ti
0.007718g	Fe_3O_4	0.007990g	TiO_2
0.011997g	FeS_2	0.003198g	Mo
0.011586g	$FeCO_3$	0.004798g	MoO_3
0.001648g	Mn(高锰酸钾氯化法)	0.005336g	MoS_2
0.002128g	MnO	0.001698g	V(锌汞齐还原法)
0.002608g	MnO_2	0.003032g	V_2O_3
0.003448g	$MnCO_3$	0.005095g	V($FeSO_4$、SO_2 还原法)
0.002747g	Mn(草酸法)	0.009035g	V_2O_3
0.003547g	MnO	0.006088g	Sb
0.004347g	MnO_2	0.008493g	Sb_2O_3
0.005748g	$MnCO_3$	0.001734g	Cr
0.001099g	Mn(铋酸钠法)	0.002534g	Cr_2O_3
0.001419g	MnO	0.003732g	$FeO \cdot Cr_2O_3$
0.001739g	MnO_2	0.010361g	Pb
0.002300g	$MnCO_3$	0.011964g	PbS

	0.002004g Ca	0.011904g U	
	0.002804g CaO		
0.010450g Bi		0.007981g TeO_2	
0.011650g Bi_2O_3		0.010220g Tl	
0.012855g Bi_2S_3		0.005303g Th[Th$(C_2O_2)_2$法]	
0.014013g Ce(H_2O_2法)		0.006103g ThO_2	
0.017213g CeO_2		0.006701g $(COONa)_2$	
0.03948g Se		0.006303g $(COOH)_2 \cdot 2H_2O$	
0.005548g SeO_2		0.007106g $(COONH_4)_2 \cdot H_2O$	
0.006381g Te			

（2）重铬酸钾

$c(\frac{1}{6}K_2Cr_2O_7) = 0.1mol/L$ 的 $K_2Cr_2O_7$ 溶液，质量浓度为4.9035g/L。

各种相当量与 $KMnO_4$ 相同，故可参照（1）高锰酸钾，但它比 $KMnO_4$ 有以下优点。
① 可在 HCl 溶液中滴定，不与 HCl 反应；
② 不能氧化有机物；
③ 可以长时间贮存；
④ 能得到基准物质，作为标定用；
⑤ 不能氧化 V^{4+} 至 V^{5+}。

（3）硫酸亚铁及硫酸亚铁铵

0.1mol/L $FeSO_4 \cdot 7H_2O$ 溶液　　　　　　　27.80225g/L

0.1mol/L $Fe(NH_4)_2 \cdot (SO_4)_2 \cdot 6H_2O$ 溶液　39.2156g/L

(1mL＝)0.001734g Cr		0.001419g MnO	
0.002534g Cr_2O_3		0.001739g MnO_2	
0.003732g $FeO \cdot Cr_2O_3$		0.002300g $MnCO_3$	
0.001099g Mn		0.005095g V	
0.009095g V_2O_3			

（4）硫代硫酸钠、碘及碘酸钾

$c(Na_2S_2O_3 \cdot 5H_2O) = 0.1mol/L$ 的 $Na_2S_2O_3 \cdot 5H_2O$ 溶液，质量浓度为 24.8194g/L。

$c(\frac{1}{2}I_2) = 0.1mol/L$ 的 I_2 溶液，质量浓度为 12.69g/L。

$c(\frac{1}{6}KIO_3) = 0.1mol/L$ 的 KIO_3 溶液，质量浓度为 3.5669g/L。

(1mL＝)0.000800g O		0.007781g $BaSO_4$	
0.003546g Cl		0.006579g $BaCO_3$	
0.007992g Br(KI法)		0.005935g Sn	
0.001734g Cr		0.007535g SnO_2	
0.002534g Cr_2O_3		0.003746g As	
0.004904g $K_2Cr_2O_7$		0.004946g As_2O_3	
0.001099g Mn		0.006150g As_2S_3	
0.001739g MnO		0.006088g Sb	
0.003161g $KMnO_4$		0.007289g Sb_2O_3	
0.002747g Mn(氯气发生法)		0.008493g Sb_2O_3	
0.004347g MnO_2		0.004755g Os	
0.006357g Cu		0.006355g OsO_4	
0.007157g Cu_2O		0.005585g Fe	
0.009563g CuS		0.007185g FeO	

0.007960g	Cu$_2$S	0.007985g	Fe$_2$O$_3$
0.018354g	CuFeS$_2$	0.007718g	Fe$_3$O$_4$
0.006907g	Pb	0.011997g	FeS$_2$
0.007976g	PbS	0.011586g	FeCO$_3$
0.004579g	Ba(铬酸钡法)	0.001974g	Se
0.002774g	SeO$_2$	0.004548g	V$_2$O$_5$
0.001069g	S(铬酸钡法)	0.001704g	H$_2$S
0.003269g	H$_2$SO$_4$	0.001701g	H$_2$O$_2$
0.007781g	BaSO$_4$	0.003203g	SO$_2$
0.001603g	S(H$_2$S 发生法)	0.004104g	H$_2$SO$_4$
0.003190g	Te(氯化亚锡法)	0.003567g	KIO$_3$
0.003990g	TeO$_2$	0.002043g	KClO$_3$
0.001022g	Tl	0.002784g	KBrO$_3$
0.005059g	V(KBr 蒸馏法)	0.021196g	Fe(CN)$_6$
0.009095g	V$_2$O$_5$	0.032925g	K$_3$Fe(CN)$_6$
0.002548g	V(KI 蒸馏法)	0.006350g	CaOCl$_2$

（5）硫酸、硝酸及盐酸

$$c\left(\frac{1}{2}H_2SO_4\right)=0.1\text{mol/L} \quad H_2SO_4 \text{ 溶液} \quad 4.9038\text{g/L}$$

0.1mol/L　HNO$_3$ 溶液　6.3016g/L

0.1mol/L　HCl 溶液　3.6465g/L

(1mL=)0.003910g	K	0.002804g	CaO
0.004710g	K$_2$O	0.005005g	CaCO$_3$
0.005611g	KOH	0.001216g	Mg
0.002300g	Na	0.002016g	MgO
0.003100g	Na$_2$O	0.004217g	MgCO$_3$
0.004001g	NaOH	0.004382g	Sr
0.000694g	Li	0.005182g	SrO
0.001494g	Li$_2$O	0.007383g	SrCO$_3$
0.002395g	LiOH	0.006868g	Ba
0.010064g	Na$_2$B$_4$O$_7$	0.007668g	BaO
0.019074g	Na$_2$B$_4$O$_7\cdot$10H$_2$O	0.008569g	Ba(OH)$_2$
0.002004g	Ca	0.009869g	BaCO$_3$

（6）氢氧化钠

0.1mol/L　NaOH 溶液　4.0005g/L

(1mL=)0.006184g	H$_3$BO$_3$	0.001900g	F
0.005032g	Na$_2$B$_4$O$_7$	0.002001g	HF
0.009537g	Na$_2$B$_4$O$_7\cdot$10H$_2$O	0.003904g	CaF$_2$
0.000135g	P	0.011596g	WO$_3$
0.000309g	P$_2$O$_5$	0.001401g	N
0.009196g	W	0.001703g	NH$_3$

（7）硝酸银

0.1mol/L　AgNO$_3$ 溶液　16.9888g/L

(1mL=)0.002935g	Ni	0.004710g	K$_2$O
0.003735g	NiO	0.002300g	Na
0.004538g	NiS	0.005845g	NaCl
0.002497g	As	0.003100g	Na$_2$O

0.003297g	As_2O_3	0.000694g	Li
0.004100g	As_2S_3	0.004240g	LiCl
0.007612g	NH_4CNS	0.001494g	Li_2O
0.009717g	KCNS	0.004382g	Sr
0.013023g	KCN	0.005182g	SrO_2
0.003546g	Cl	0.007383g	$SrCO_3$
0.014334g	AgCl	0.007992g	Br
0.003910g	K	0.001900g	F(PbClF 法)
0.007455g	KCl		

（8）硫氰化钾及硫氰化铵

0.1mol/L　KSCN 溶液　9.7174g/L

0.1mol/L　NH_4SCN 溶液　7.6118g/L

(1mL＝)0.010788g	Ag	0.002497g	As(砷酸钾法)
0.016989g	$AgNO_3$	0.003297g	As_2O_3
0.014334g	AgCl	0.004100g	As_2S_3
0.010031g	Hg	0.007992g	Br
0.011634g	HgS	0.012692g	I

（9）氰化钾

0.1mol/L　KCN 溶液　13.0228g/L

(1mL＝)0.002935g	Ni	0.003979g	Cu_2O
0.003735g	NiO	0.006385g	CuS
0.004538g	NiS	0.004782g	Cu_2S
0.003179g	Cu	0.015176g	$CuFeS_2$

（10）黄血盐（亚铁氰化钾）

$c\left[\dfrac{1}{2}K_4Fe(CN)_6\right]=0.1mol/L$　$K_4Fe(CN)_6 \cdot 3H_2O$ 溶液　21.5351g/L

| (1mL＝)0.005000g | Zn | 0.007452g | ZnS |
| 0.006224g | ZnO | 0.009589g | $ZnCO_3$ |

（11）乙二胺四乙酸二钠（EDTA-二钠）

0.1mol/L　EDTA-Na_2 溶液　33.621g/L

(1mL＝)0.004008g	Ca	0.004032g	MgO
0.005608g	CaO	0.008434g	$MgCO_3$
0.010010g	$CaCO_3$	0.005585g	Fe
0.002697g	Al	0.007185g	FeO
0.0050935g	Al_2O_3	0.007985g	Fe_2O_3
0.002432g	Mg		

以上的各标准溶液皆以 0.1mol/L 表示，如若改变其浓度，可依照上述的量加以增减，并算出其相当量。

附表 9　用已知密度的酸碱配制所需浓度的酸碱溶液（实验室常用酸碱试剂的密度）

密度	HCl	H_2SO_4	HNO_3	NH_4OH	NaOH	KOH
$\rho/(g/mL)$	1.19	1.84	1.42	0.90	固体	固体

① 用上述试剂制备在室温下稀释密度所需的酸碱溶液，可按下表查出。

设 x 为在 100 体积水中所要加入的试剂的体积数（如固体则为质量数），ρ 为该浓度下的密度。

HCl	x	24	41	65	99	151	250				
	ρ	1.04	1.06	1.08	1.10	1.12	1.14				
HNO$_3$	x	23	39	61	94	150	281				
	ρ	1.10	1.15	1.20	1.25	1.30	1.35				
H$_2$SO$_4$	x	15	21	26	36	46	57	70	85	104	128
	ρ	1.15	1.20	1.25	1.30	1.35	1.40	1.45	1.50	1.55	1.60
NH$_4$OH	x	18	45	92	187	483					
	ρ	0.98	0.97	0.94	0.92	0.90					
NaOH	x	4.8	10.0	16.0	22.5	30.0	38	48	60	74	91
	ρ	1.05	1.10	1.15	1.20	1.25	1.30	1.35	1.40	1.45	1.50

② 用上述试剂配制百分数（质量分数）溶液。

配制方法：可用移液管或量筒取下表所列数量（mL）并倒入 1L 容量瓶，用水稀释至 1L。

溶液	密度 ρ /(g/mL)	需要配制的稀释溶液					
		25%	20%	10%	5%	2%	1%
HCl	1.19	635	497	237	115.5	45.5	23.0
H$_2$SO$_4$	1.84	168	130	61	29.0	11.5	6.0
HNO$_3$	1.42	313	244	115	56.0	22.0	11.0
CH$_3$COOH	1.05	248	197	97	48.0	19.0	9.5
NH$_4$OH	0.90	—	814	422	215.0	87.0	44.0

附表 10 常用酸和碱在 20℃ 时的质量分数与其相对密度

质量分数 (w)/%	相对密度 (d)			质量分数 (w)/%	相对密度 (d)				
	KOH	NaOH	NH$_3$		HCl	HNO$_3$	H$_2$SO$_4$	H$_3$PO$_4$	HOAc
1	1.0083	1.0095	0.9939	1.00	1.0032	1.0036	1.0051	1.003	0.9996
2	1.0175	1.0207	0.9895	2.00	1.0083	1.0091	1.0118	1.0092	1.0012
3	1.0267	1.0318	0.9853	3.00	1.0132	1.0146	1.0184	1.0146	1.0025
4	1.0359	1.0428	0.9811	4.00	1.0181	1.0201	1.0250	1.0200	1.0040
5	1.0452	1.0538	0.9770	5.00	1.0230	1.0256	1.0317	1.0254	1.0055
6	1.0544	1.0648	0.9730	6.00	1.0297	1.0312	1.0385	1.0309	1.0069
7	1.0637	1.0758	0.9690	7.00	1.0327	1.0369	1.0453	1.0364	1.0083
8	1.0730	1.0869	0.9651	8.00	1.0376	1.0427	1.0522	1.0420	1.0097
9	1.0824	1.0979	0.9613	9.00	1.0425	1.0485	1.0591	1.0476	1.0111
10	1.0918	1.1089	0.9575	10.00	1.0474	1.0543	1.0661	1.0532	1.0125
11	1.1013		0.9538	11.00	1.0524	1.0602	1.0731	1.0589	1.0139
12	1.1108	1.1309	0.9501	12.00	1.0574	1.0661	1.0802	1.0647	1.0154
13	1.1203		0.9465	13.00	1.0624	1.0721	1.0874	1.0705	1.0168
14	1.1299	1.1530	0.9430	14.00	1.0675	1.0781	1.0947	1.0764	1.0182
15	1.1396		0.9396	15.00	1.0725	1.0842	1.1020	1.0824	1.0195
16	1.1493	1.1751	0.9362	16.00	1.0776	1.0903	1.1094	1.0889	1.0209
17	1.1590		0.9328	17.00	1.0827	1.0964	1.1168	1.0946	1.0223
18	1.1688	1.1972	0.9295	18.00	1.0878	1.1026	1.1243	1.1008	1.0236
19	1.1786		0.9262	19.00	1.0929	1.1088	1.1318	1.1071	1.0250
20	1.1884	1.2191	0.9229	20.00	1.0980	1.1150	1.1394	1.1134	1.0263
21	1.1984		0.9196	21.00	1.1031	1.1213	1.1471	1.1198	1.0276
22	1.2083	1.2411	0.9164	22.00	1.1083	1.1276	1.1548	1.1263	1.0288
23	1.2184		0.9132	23.00	1.1135	1.1340	1.1626	1.1329	1.0301
24	1.2285	1.2629	0.9101	24.00	1.1187	1.1404	1.1703	1.1395	1.0313
25	1.2387		0.9070	25.00	1.1239	1.1469	1.1783	1.1462	1.0326
26	1.2489	1.2848	0.9040	26.00	1.1290	1.1534	1.1862	1.1529	1.0338
27	1.2592		0.9010	27.00	1.1341	1.1600	1.1942	1.1597	1.0349
28	1.2695	1.3064	0.8980	28.00	1.1392	1.1666	1.2023	1.1665	1.0361
29	1.2800		0.8950	29.00	1.1443	1.1733	1.2104	1.1735	1.0372
30	1.2905	1.3279	0.8920	30.00	1.1493	1.1800	1.2185	1.1805	1.0384

质量分数	相对密度（d）			质量分数	相对密度（d）				
（w）/%	KOH	NaOH	NH_3	（w）/%	HCl	HNO_3	H_2SO_4	H_3PO_4	HOAc
31	1.3010			31.00	1.1543	1.1867	1.2267	1.188	1.0395
32	1.3117	1.3490		32.00	1.1593	1.1934	1.2349	1.195	1.0406
33	1.3224			33.00	1.1642	1.2002	1.2432	1.202	1.0417
34	1.3331	1.3696		34.00	1.1691	1.2071	1.2515	1.209	1.0428
35	1.3440			35.00	1.1740	1.2140	1.2599	1.216	1.0438
36	1.3549	1.3900		36.00	1.1789	1.2205	1.2684	1.223	1.0449
37	1.3659			37.00	1.1837	1.2270	1.2729	1.231	1.0459
38	1.3769	1.4101		38.00	1.1885	1.2335	1.2855	1.239	1.0469
39	1.3879			39.00	1.1933	1.2399	1.2941	1.246	1.0479
40	1.3991	1.4300		40.00	1.1980	1.2463	1.3028	1.254	1.0488
41	1.4103			41.00		1.2527	1.3116	1.262	1.0498
42	1.4215	1.4494		42.00		1.2591	1.3205	1.270	1.0507
43	1.4329			43.00		1.2655	1.3294	1.277	1.0516
44	1.4443	1.4685		44.00		1.2719	1.3384	1.285	1.0525
45	1.4558			45.00		1.2783	1.3476	1.293	1.0534
46	1.4673	1.4873		46.00		1.2847	1.3569	1.301	1.0542
47	1.4790			47.00		1.2911	1.3663	1.309	1.0551
48	1.4907	1.5065		48.00		1.2975	1.3758	1.318	1.0559
49	1.5025			49.00		1.3040	1.3854	1.326	1.0567
50	1.5143	1.5253		50.00		1.3100	1.3951	1.335	1.0575
				51.00		1.3160	1.4049	1.344	1.0582
				52.00		1.3219	1.4148	1.352	1.0590
				53.00		1.3278	1.4248	1.361	1.0597
				54.00		1.3336	1.4350	1.370	1.0604
				55.00		1.3393	1.4453	1.379	1.0611
				56.00		1.3449	1.4557	1.388	1.0618
				57.00		1.3505	1.4662	1.397	1.0624
				58.00		1.3560	1.4768	1.407	1.0631
				59.00		1.3614	1.4875	1.416	1.0637
				60.00		1.3667	1.4983	1.426	1.0642
				61.00		1.3719	1.5091	1.436	1.0648
				62.00		1.3769	1.5200	1.445	1.0653
				63.00		1.3818	1.5310	1.455	1.0658
				64.00		1.3866	1.5421	1.465	1.0662
				65.00		1.3913	1.5533	1.475	1.0666
				66.00		1.3959	1.5646	1.485	1.0671
				67.00		1.4004	1.5760	1.495	1.0675
				68.00		1.4048	1.5874	1.505	1.0678
				69.00		1.4091	1.5989	1.515	1.0682
				70.00		1.4134	1.6105	1.526	1.0685
				71.00		1.4176	1.6221	1.536	1.0687
				72.00		1.4218	1.6338	1.547	1.0690
				73.00		1.4258	1.6456	1.557	1.0693
				74.00		1.4298	1.6580	1.568	1.0694
				75.00		1.4337	1.6692	1.579	1.0696

质量分数	相对密度(d)			质量分数	相对密度(d)				
(w)/%	KOH	NaOH	NH_3	(w)/%	HCl	HNO_3	H_2SO_4	H_3PO_4	HOAc
				76.00		1.4375	1.6810	1.589	1.0698
				77.00		1.4413	1.6927	1.600	1.0699
				78.00		1.4450	1.7043	1.611	1.0700
				79.00		1.4486	1.7158	1.622	1.0700
				80.00		1.4521	1.7272	1.633	1.0700
				81.00		1.4555	1.7383	1.644	1.0699
				82.00		1.4589	1.07491	1.655	1.0698
				83.00		1.4622	1.7594	1.667	1.0696
				84.00		1.4655	1.7693	1.678	1.0693
				85.00		1.4686	1.7786	1.689	1.0698
				86.00		1.4716	1.7872	1.700	1.0685
				87.00		1.4745	1.7951	1.712	1.0680
				88.00		1.4773	1.8022	1.732	1.0675
				89.00		1.4800	1.8087	1.734	1.0668
				90.00		1.4826	1.8144	1.746	1.0661
				91.00		1.4850	1.88195		1.0652
				92.00		1.4873	1.8240	1.770	1.0643
				93.00		1.4892	1.8279		1.0632
				94.00		1.4912	1.8312	1.794	1.0619
				95.00		1.4932	1.8337		1.0605
				96.00		1.4952	1.8355	1.819	1.0588
				97.00		1.4974	1.8364		1.0570
				98.00		1.5008	1.8361	1.844	1.0549
				99.00		1.5056	1.8342		1.0524
				100.00		1.5129	1.8305	1.870	1.0498

注：相对密度受其温度的影响较大，必须注明相关的温度。

附表 11 单位的换算

（1）长度

1 米（m）＝10 分米（dm）

$\qquad$＝1×10^2 厘米（cm）

$\qquad$＝1×10^3 毫米（mm）

$\qquad$＝1×10^6 微米（μm）

$\qquad$＝1×10^9 纳米（nm）

（2）体积

1 升（L）＝1×10^{-3} 立方米（m^3）

$\qquad$＝1 立方分米（dm^3）

$\qquad$＝1×10^3 毫升（mL）

（3）质量

1 千克（kg）＝1.0×10^3 克（g）

$\qquad$＝1.0×10^6 毫克（mg）

$\qquad$＝1.0×10^9 微克（μg）

（4）密度

① 密度与相对密度的关系　一般情况下，认为水在 4℃时的密度为 $1g/cm^3$，所以密度与相对密度在数值上相等。

② 波美度与密度（相对密度）的换算　波美度是表示溶液浓度的一种方法，以用波美相对密度计（简称波美计或波美表）浸入溶液中测得的度数表示溶液的浓度，用$°Be'$（Baume' 的缩写）作符号。这种浓度的表示方法广泛用于化学工业制品的生产车间工序控制半成品溶液浓度（与其相对应的质量分数）的检验，即简便又迅速能行之有效的指导生产顺利进行。

波美相对密度系沿用国外标准，其刻度繁杂不一，有美国标准度，荷兰标准度及吉尔拉赫标准度等，换算也十分混乱，中国通常采用的是"合理标度"。下面介绍的为合理标度。

波美相对密度与相对密度（密度）的换算关系

波美重表，用于测定重于水的液体

$$\rho = 144.3/(144.3 - °Be')$$
$$°Be' = 144.3 - (144.3/\rho)$$

波美轻表，用于测定轻于水的液体

$$\rho = 144.3/(144.3 + °Be')$$
$$°Be' = (144.3/\rho) - 144.3$$

依据上述公式，制作的波美相对密度与密度（相对密度）对照表，可以从已知波美度（合理标度）查得相应的密度（15/4℃）。表的左边为波美重表 0～66 $°Be'$ 所对应的密度（相对密度）；表的右边为波美轻表 0～60 $°Be'$ 所对应的密度（相对密度）。对于重表，波美度数越大，其对应的溶液密度越大；对于轻表，波美度数越大，则密度反而越小。表的中间一项为波美度数（重表或轻表上的读数）。

例如，有一溶液由波美重表测得的波美相对密度为 10$°Be'$，则从表中波美度数 10 向左查出其溶液密度（相对密度）为 1.074；若由波美轻表测得的溶液波美相对密度为 10$°Be'$，则由表中波美度数 10 向右查出其溶液密度（相对密度）为 0.935。其余以此类推，详见波美度与密度（相对密度）对照表。

波美度与密度（相对密度）**对照**（以波美"合理"标度常数 144.3 计算）

密度/(g/cm^3)（由波美重表求）	波美度数/Bé	密度/(g/cm^3)（由波美轻表求）	密度/(g/cm^3)（由波美重表求）	波美度数/Bé	密度/(g/cm^3)（由波美轻表求）
1.000	0	1.000	1.116	15	0.906
1.007	1	0.993	1.125	16	0.900
1.014	2	0.986	1.134	17	0.895
1.021	3	0.980	1.143	18	0.889
1.029	4	0.973	1.152	19	0.884
1.036	5	0.967	1.161	20	0.878
1.043	6	0.960	1.170	21	0.873
1.051	7	0.954	1.180	22	0.868
1.059	8	0.947	1.190	23	0.863
1.067	9	0.941	1.200	24	0.857
1.074	10	0.935	1.210	25	0.852
1.083	11	0.929	1.220	26	0.847
1.091	12	0.923	1.230	27	0.842
1.099	13	0.917	1.241	28	0.837
1.107	14	0.912	1.252	29	0.833

密度/(g/cm³)（由波美重表求）	波美度数/Bé	密度/(g/cm³)（由波美轻表求）	密度/(g/cm³)（由波美重表求）	波美度数/Bé	密度/(g/cm³)（由波美轻表求）
1.262	30	0.828	1.530	50	0.743
1.274	31	0.823	1.547	51	0.739
1.285	32	0.818	1.563	52	0.735
1.297	33	0.814	1.581	53	0.731
1.308	34	0.809	1.598	54	0.728
1.320	35	0.805	1.616	55	0.724
1.332	36	0.800	1.634	56	0.720
1.345	37	0.796	1.653	57	0.717
1.357	38	0.792	1.672	58	0.713
1.370	39	0.787	1.692	59	0.710
1.383	40	0.783	1.712	60	0.706
1.379	41	0.779	1.732	61	
1.411	42	0.775	1.753	62	
1.424	43	0.770	1.775	63	
1.439	44	0.766	1.797	64	
1.453	45	0.762	1.820	65	
1.486	46	0.758	1.843	66	
1.483	47	0.754			
1.498	48	0.750			
1.514	49	0.747			

③ 巴克度与密度（相对密度）的关系　除了采用密度计与波美度来表示溶液密度（相对密度）之外，在工业生产中还有用巴克度来表示的。巴克度与密度的换算关系如下。

$$巴克度（°BK）=（密度-1）\times1000$$

$$或密度=（巴克度/1000）+1$$

每 1 波美度约等于 7°BK。

④ 相对密度（d_{15}^{15} 与 d_4^{20}）的换算　相对密度 d_{15}^{15} 与 d_4^{20} 的换算按下式进行。

$$相对密度\ d_{15}^{15}=d_4^{20}+修正值；相对密度\ d_4^{20}=d_{15}^{15}-修正值$$

修正值与相对密度的对应关系见下表。

相对密度 d_{15}^{15} 与 d_4^{20} 的换算修正值

相对密度 d_{15}^{15} 与 d_4^{20}	修正值	相对密度 d_{15}^{15} 与 d_4^{20}	修正值
0.700～0.710	0.0051	0.850～0.860	0.0042
0.710～0.720	0.0050	0.860～0.870	0.0042
0.720～0.730	0.0050	0.870～0.880	0.0041
0.730～0.740	0.0049	0.880～0.890	0.0041
0.740～0.750	0.0049	0.890～0.900	0.0040
0.750～0.760	0.0048	0.900～0.910	0.0040
0.760～0.770	0.0048	0.910～0.920	0.0039
0.770～0.780	0.0047	0.920～0.930	0.0038
0.780～0.790	0.0046	0.930～0.940	0.0038
0.790～0.800	0.0046	0.940～0.950	0.0037
0.800～0.810	0.0045		
0.810～0.820	0.0045		
0.820～0.830	0.0044		
0.830～0.840	0.0044		
0.840～0.850	0.0043		

（5）压力（压强）与应力

$$达因每平方厘米（dyn/cm^2）＝0.1Pa$$
$$巴（bar）＝10^5Pa$$
$$千克力每平方米（kgf/m^2）＝9.80665Pa$$
$$千克力每平方厘米（kgf/cm^2）＝0.0980665MPa$$
$$毫米水柱（mm\ H_2O）＝9.80665Pa$$
$$毫米汞柱（mm\ Hg）＝133.322Pa$$
$$标准大气压（atm）＝101325Pa$$
$$工程大气压（at）(1\ kgf/cm^2)＝98066.5Pa$$

毫巴与毫米汞柱的换算关系见下表。

毫巴与毫米汞柱的换算

毫巴	毫米汞柱	毫巴	毫米汞柱	毫巴	毫米汞柱
1	0.750064	983	737.3129	1016	762.0650
10	7.500640	984	738.0630	1017	762.8151
20	15.001280	985	738.8130	1018	763.5652
30	22.501920	986	739.5631	1019	764.3152
40	30.02560	987	740.3132	1020	765.0653
50	37.5032	988	741.0632	1021	765.8153
60	45.0038	989	741.8133	1022	766.5654
70	52.5545	990	742.5634	1023	767.3155
80	60.0051	991	743.3134	1024	768.0655
90	67.5058	992	744.0635	1025	768.8156
100	75.0064	993	744.8136	1026	769.5657
960	720.0614	994	745.5636	1027	770.3157
961	720.8115	995	746.3137	1028	771.0658
962	721.5616	996	747.0637	1029	771.8159
963	722.3116	997	747.8138	1030	772.5659
964	723.0617	998	748.5639	1031	773.3159
965	723.8118	999	749.3139	1032	774.0661
966	724.5618	1000	750.0640	1033	774.8161
967	725.3119	1001	750.8141	1034	775.5662
968	726.0620	1002	751.5641	1035	776.3162
969	726.8120	1003	752.3142	1036	777.0663
970	727.5621	1004	753.0643	1037	777.8164
971	728.3121	1005	753.8143	1038	778.5664
972	729.0622	1006	754.5644	1039	779.3165
973	729.8123	1007	755.3144	1040	780.0666
974	730.5623	1008	756.0645	1041	780.8166
975	731.3124	1009	756.8146	1042	781.5667
976	732.0623	1010	757.5646	1043	782.3168
977	732.8125	1011	758.3147	1044	783.0668
978	733.5626	1012	759.1648	1045	783.8169
979	734.3127	1013	759.8148	1046	784.5669
980	735.0627	1013.25	760.0023	1047	785.3170
981	735.8128	1014	760.5649	1048	786.0670
982	736.5628	1015	761.3150	1049	786.8171

毫巴	毫米汞柱	毫巴	毫米汞柱	毫巴	毫米汞柱
1050	787.5672	1059	794.3178	1068	801.0678
1051	788.3173	1060	795.0673	1069	801.8178
1052	789.0673	1060	795.8197	1070	802.5679
1053	789.8174	1062	796.5674		
1054	790.5675	1063	797.3175		
1055	791.3175	1064	798.0675		
1056	792.0676	1065	798.8176		
1057	792.8176	1066	799.5676		
1058	793.5677	1067	800.3177		

（6）温度

四种（摄氏、列氏、华氏、开氏）温度单位换算

摄氏温标($^\circ$C)	列氏温标($^\circ$R)	华氏温标($^\circ$F)	开氏温标($^\circ$K)
n	$(4/5)n$	$(9/5)n+32$	$n+273.15$
$(5/4)n$	n	$(9/4)n+32$	$(5/4)n+273.15$
$(5/9)(n-32)$	$(4/9)(n-32)$	n	$(5/9)(n-32)+273.15$
$n-273.15$	$(4/5)(n-273.15)$	$(9/5)(n-273.15)+32$	n

（7）时间

分（min）$=60$s

小时（h）$=3600$s

日（d）$=86400$s （略去了 366 日的闰年）

周$=604800$s

（8）黏度

泊（P）$=10^{-1}$Pa·s

厘泊（cP）$=10^{-3}$Pa·s

泊肃叶（PI）$=1$Pa

① 运动黏度单位换算。

运动黏度单位换算

斯(St)	厘斯(cSt)	平方米每秒(m^2/s)	平方米每时(m^2/h)
1	10^2	10^{-4}	0.3600
10^{-2}	1	10^{-6}	3.6×10^{-3}
10^4	10^6	1	3.6×10^3
2.778	2.778×10^2	2.778×10^{-4}	1
9.2903×10^2	9.2903×10^4	9.2903×10^{-2}	3.3445×10^2
0.2581	25.81	2.581×10^{-5}	9.2903×10^{-2}

② 动力黏度单位换算。

动力黏度单位换算

泊（P）	厘泊（cP）	千克每米秒[kg/（m·s）]	千克每米时 [kg/（m·h）]
1	10^2	0.1	3.60×10^2
10^{-2}	1	10^{-3}	3.600
10	10^3	1	3.6×10^3
2.778×10^{-3}	0.2778	1.778×10^{-4}	1
14.88	1.488×10^3	1.488	5.357×10^3
4.134×10^{-3}	0.4134	4.134×10^{-4}	1.488
1.000	10^2	0.1	3.6×10^2
98.07	9.8707×10^3	9.807	3.532×10^4
4.788×10^2	4.7880×10^4	47.88	1.724×10^5
1.724×10^6	1.724×10^8	1.724×10^5	6.205×10^8

注：1. 动力黏度与运动黏度之间存在如下关系 $\eta=\upsilon\rho$，式中，η 为动力黏度；υ 为运动黏度；ρ 为相同温度下的液体密度。

2. $1P=1g/（cm·s）=0.1Pa·s=0.1N·s/m^2$。

③ 运动黏度（厘泊）与恩氏（条件）黏度的换算。

详见本书第十七章表 17-8。

附表 12　水的密度、容量与温度的关系

温度/℃	密度/（g/mL）	容量/（mL/g）	温度/℃	密度/（g/mL）	容量/（mL/g）
−10	0.99815	1.00180	17	0.99880	1.00120
−9	0.99843	1.00157	18	0.99862	1.00138
−8	0.99869	1.00131	19	0.99843	1.00157
−7	0.99892	1.00108	20	0.99832	1.00177
−6	0.99912	1.00088	21	0.99802	1.00198
−5	0.99930	1.00070	22	0.99780	1.00221
−4	0.99945	1.00055	23	0.99756	1.00224
−3	0.99958	1.00042	24	0.99732	1.00268
−2	0.99970	1.00031	25	0.99707	1.00294
−1	0.99979	1.00021	26	0.99681	1.00320
0	0.99987	1.00013	27	0.99654	1.00347
1	0.99993	1.00007	28	0.99626	1.00375
2	0.99997	1.00003	29	0.99597	1.00405
3	0.99999	1.00001	30	0.99567	1.00435
4	1.00000	1.00000	31	0.99537	1.00466
5	0.99999	1.00001	32	0.99505	1.00497
6	0.99997	1.00003	33	0.99473	1.00530
7	0.99993	1.00007	34	0.99440	1.00563
8	0.99988	1.00012	35	0.99406	1.00598
9	0.99981	1.00019	36	0.99371	1.00633
10	0.99973	1.00027	37	0.99336	1.00669
11	0.99963	1.00037	38	0.99299	1.00706
12	0.99952	1.00048	39	0.99262	1.00743
13	0.99940	1.00060	40	0.99224	1.00782
14	0.99927	1.00073	41	0.99186	1.00821
15	0.99913	1.00087	42	0.99147	1.00861
16	897	1.00103	43	0.99107	1.00901

温度/℃	密度/(g/mL)	容量/(mL/g)	温度/℃	密度/(g/mL)	容量/(mL/g)
44	0.99066	1.00943	55	0.98573	1.01448
45	0.99025	1.00985	60	0.98324	1.01705
46	0.98982	1.01028	65	0.98059	1.01979
47	0.98940	1.01072	70	0.97781	1.02270
48	0.98896	1.01116	75	0.97489	1.02576
49	0.98852	1.01162	80	0.97183	1.02899
50	0.98807	1.01207	85	0.96865	1.03237
51	0.98762	1.01254	90	0.96534	1.03590
52	0.98715	1.01301	95	0.96192	1.03959
53	0.98669	1.01439	100	0.95838	1.04343
54	0.98621	1.01398	110	0.95100	1.05150

注：以 4℃时 1mL 水为单位。

附表 13 pH 试纸与试液

品　　名	说　　明
pH 广范试纸 1～4 pH 广范试纸 4～10 pH 广范试纸 9～14	pH 值 1～4 间隔 1pH 遇酸性呈玫瑰橙色，灵敏度 0.5 pH 值 4～10 间隔 1pH 遇酸性变红，碱性变紫蓝色，灵敏度 0.5 pH 值 9～14 遇碱性性呈不同的粉红及红紫色，灵敏度 0.5
精密试纸 10 精密试纸 20 精密试纸 30 精密试纸 40 精密试纸 50　酸性 精密试纸 60 精密试纸 70 精密试纸 80 精密试纸 90	pH 值 0.0～1.2 显色反应间隔 0.2～0.3pH pH 值 0.8～2.4 显色反应间隔 0.2～0.3pH pH 值 1.3～3.3 显色反应间隔 0.2～0.3pH pH 值 1.4～3.0 显色反应间隔 0.2～0.3pH pH 值 1.7～3.3 显色反应间隔 0.2～0.3pH pH 值 2.7～4.7 显色反应间隔 0.2～0.3pH pH 值 3.9～5.4 显色反应间隔 0.2～0.3pH pH 值 5.0～6.6 显色反应间隔 0.2～0.3pH pH 值 5.2～6.9 显色反应间隔 0.2～0.3pH
精密试纸 100 精密试纸 110 精密试纸 120　中性 精密试纸 130 精密试纸 140	pH 值 5.3～7.0 显色反应间隔 0.2～0.3pH pH 值 6.1～7.4 显色反应间隔 0.2～0.3pH pH 值 6.9～8.4 显色反应间隔 0.2～0.3pH pH 值 7.2～8.8 显色反应间隔 0.2～0.3pH pH 值 7.3～8.8 显色反应间隔 0.2～0.3pH
精密试纸 150 精密试纸 160 精密试纸 170 精密试纸 180　碱性 精密试纸 190 精密试纸 200	pH 值 8.4～9.4 显色反应间隔 0.2～0.3pH pH 值 8.9～10.0 显色反应间隔 0.2～0.3pH pH 值 9.1～10.4 显色反应间隔 0.2～0.3pH pH 值 10.1～12.0 显色反应间隔 0.2～0.3pH pH 值 10.7～14.0 显色反应间隔 0.2～0.3pH pH 值 12.4～14.0 显色反应间隔 0.2～0.3pH
红色石蕊试纸 （普通石蕊试纸）	红色为碱性试纸，遇碱变蓝色或呈浅蓝紫色 蓝色为酸性试纸，遇酸变红色或浅玫瑰色
姜黄试纸	为碱性试纸，遇碱性变棕色（硼酸对它有同样的作用）
酚酞试纸	碱性试纸，碱性介质中呈粉红色
刚果红试纸	酸性试纸，遇酸变蓝，遇碱又变蓝
分析用石蕊试纸	正确度为 0.2pH
消色试纸	在一定的 pH 值上能显特殊的变色反应，容易辨别显色色层

续表

品　　名	说　　明
麝香草酚蓝指示剂液	pH 值 1.2～2.8 显色反应间隔 0.2pH
溴酚蓝指示剂液	pH 值 3.0～4.6 显色反应间隔 0.2pH
甲基红指示剂液	pH 值 4.4～6.0 显色反应间隔 0.2pH
溴麝香草酚蓝指示剂液	pH 值 6.0～7.6 显色反应间隔 0.2pH
酚红指示剂液	pH 值 6.8～8.4 显色反应间隔 0.2pH
麝香草酚蓝指示剂液	pH 值 8.0～9.6 显色反应间隔 0.2pH
麝香草酚指示剂液	pH 值 9.6～10.4 显色反应间隔 0.2pH
益素黄指示剂液	pH 值 10.2～12.0 显色反应间隔 0.2pH
卡明蓝指示剂液	pH 值 12.2～14.0 显色反应间隔 0.2pH
pH 广泛指示剂 1～4	pH 值 1～4,一般酸度的简便试剂,间隔 1pH,遇酸性溶液呈玫瑰色至橙色
pH 广泛指示剂 4～10	pH 值 4～10,一般酸碱度的简便试剂,间隔 1pH,遇酸性溶液变红色,碱性溶液呈蓝绿色
pH 广泛指示剂 9～14	pH 值 9～14,一般碱度的简便试剂,间隔 1pH,
pH 广泛指示剂 1～12	pH 值 1～12,灵敏度 0.5pH
pH 广泛指示剂 1～10	pH 值 1～10,灵敏度 0.5pH

附表 14　常见化合物的俗名或别名

类别	俗名或别名	主要化学成分
硅化合物	石英	SiO_2
	水晶	SiO_2
	打火石、燧石	SiO_2
	玛瑙	SiO_2
	玻璃	SiO_2
	砂子(砂石)	SiO_2
	橄榄石	$MgSiO_4$ 或 $MgFeSiO_4$
	硅锌石(硅锌矿)	Zn_2SiO_4
	透石灰	$CaMg(SiO_3)_2(CaO \cdot MgO \cdot 2SiO_2)$
	正长石	$K_2Al_2Si_6O_{16}(K_2O \cdot Al_2O_3 \cdot 6SiO_2)$
	钠长石	$Na_2Al_2Si_6O_{16}(Na_2O \cdot Al_2O_3 \cdot 6SiO_2)$
	白云石	$H_4K_2Al_6Si_6O_{24}(K_2O \cdot 3Al_2O_3 \cdot 6SiO_2 \cdot 2H_2O)$
	绿柱石	$Be_3Al_2Si_6O_{18}(3BeO \cdot Al_2O_3 \cdot 6SiO_2)$
	石棉、不灰木	$CaMg_3Si_4O_{12}(CaO \cdot 3MgO \cdot 4SiO_2)$
钠化合物	食盐	$NaCl$
	硼砂	$Na_2[B_4O_5(OH)_4] \cdot 10H_2O$
	苏打、纯碱	Na_2CO_3
	小苏打	$NaHCO_3$
	红矾钠	$Na_2Cr_2O_7 \cdot 2H_2O$
	苛性钠、烧碱、火碱	$NaOH$
	钠硝石、智利硝石	$NaNO_3$
	芒硝、朴硝	$Na_2SO_4 \cdot 10H_2O$
	玄明粉、元明粉	Na_2SO_4
	大苏打、海波	$Na_2S_2O_3 \cdot 5H_2O$
	硫化碱	Na_2S
	水玻璃	$Na_2SiO_3 \cdot nH_2O$

类别	俗名或别名	主要化学成分
钾化合物	钾碱、碱砂 黄血盐 赤血盐 苛性钾 灰锰氧 吐酒石 钾硝石、火硝	K_2CO_3 $K_4Fe(CN)_6 \cdot 3H_2O$ $K_3Fe(CN)_6$ KOH $KMnO_4$ $K(SbO)C_4H_4O_6$ KNO_3
钙化合物	电石 白垩 石灰石 大理石 文石、霞石 方解石 萤石、氟石 重石 白云石 钙硝石 熟石灰、消石灰 漂白粉、氯化石灰 生石灰、苛性石灰、煅烧石灰 无水石膏、硬石膏 烧石膏、熟石膏、巴黎石膏 石膏、生石膏	CaC_2 $CaCO_3$ $CaCO_3$ $CaCO_3$ $CaCO_3$ $CaCO_3$ CaF_2 $CaWO_4$ $CaCO_3 \cdot MgCO_3$ $Ca(NO_3)_2 \cdot 4H_2O$ $Ca(OH)_2$ $Ca(OCl) \cdot Cl$ CaO $CaSO_4$ $2CaSO_4 \cdot H_2O$ $CaSO_4 \cdot 2H_2O$
镁化合物	氧镁、白黄土、烧苦土 卤矿、卤盐 泻盐、泻利盐 菱苦土、菱苦土矿 光卤石 滑石	MgO $MgCl_2$ $MgSO_4 \cdot 7H_2O$ $MgCO_3$ $KCl \cdot MgCl_2 \cdot 6H_2O$ $3MgO \cdot 4SiO_2 \cdot H_2O$
铵化合物	硝铵、铵硝石 硫铵 卤砂	NH_4NO_3 $(NH_4)_2SO_4$ NH_4Cl
钡化合物	重晶石 钡石 钡垩石	$BaSO_4$ $BaSO_4$ $BaCO_3$
锶化合物	天青石 锶垩石	$SrSO_4$ $SrCO_3$
铬化合物	铬绿 铬矾 铵铬矾 红矾 铬黄	Cr_2O_3 $Cr_2K_2(SO_4)_4 \cdot 24H_2O$ $Cr_2(NH_4)_2(SO_4)_4 \cdot 24H_2O$ $K_2Cr_2O_7$ $PbCrO_4$

类别	俗名或别名	主要化学成分
铝化合物	矾土	Al_2O_3
	刚玉	Al_2O_3
	铝矾、明矾	$K_2Al_2(SO_4)_4 \cdot 24H_2O$
	铵矾	$(NH_4)_2Al_2(SO_4)_4 \cdot 24H_2O$
	枯矾	$KAl(SO_4)_2$
	明矾石	$K_2SO_4 \cdot Al_2(SO_4)_3 \cdot 2Al_2O_3 \cdot 6H_2O$
	高岭土	$Al_2O_3 \cdot 2SiO_2 \cdot 2H_2O$
	铝胶	Al_2O_3
	红宝石	Al_2O_3
	群青、佛青	$Na_2Al_4Si_6S_4O_{33}$ 或 $Na_xAl_4Si_6S_4O_{23}$
	绿宝石	$3BeO \cdot Al_2O_3 \cdot 6SiO_2$
锰化合物	硫锰矿	MnS
	软锰矿	MnO_2
	黑石子	MnO_2
	黑锰矿	Mn_3O_4
	辉锰矿	Mn_3O_4
铁化合物	铁丹、红土子	Fe_2O_3
	赤铁矿	Fe_2O_3
	磁铁矿	Fe_3O_4
	菱铁矿	$FeCO_3$
	滕氏蓝(盐)	$Fe_3[Fe(CN)_6]_2$
	普鲁士蓝(盐)	$Fe_4[Fe(CN)_6]_3$
	绿矾、青矾	$FeSO_4 \cdot 7H_2O$
	钾铁矾	$K_2Fe_2(SO_4)_4 \cdot 24H_2O$
	钾亚铁矾	$K_2Fe(SO_4)_2 \cdot 6H_2O$
	铁铵矾	$(NH_4)_2Fe_2(SO_4)_4 \cdot 24H_2O$
	毒砂	$FeAsS$
	磁黄铁矿	FeS
	黄铁矿	FeS_2
	棕土、褐土	$Fe_2O_3 + Mn$ 的氧化物
	黄土(颜料)、富铁黄土、赭土	$Fe_2O_3 + SiO_2$
	赭石	$Fe_2O_3 \cdot Al_2O_3$ 和 SiO_2
镍化合物	针镍矿	NiS
	镍矾	$NiSO_4 \cdot 7H_2O$
	镍黄铁矿	$(Ni \cdot Fe)S$ 或 $(Ni \cdot Fe)_9S_8$
锑化合物	锑白	Sb_2O_3 或 Sb_4O_6
	辉锑矿、闪锑矿	Sb_2O_3
	方锑矿	Sb_2O_3
	锑华	Sb_2O_3
锌化合物	锌白	ZnO
	红锌矿	ZnO
	闪锌矿	ZnS
	炉甘石	$ZnCO_3$
	菱锌石	$ZnCO_3$
	锌矾、皓矾、白矾	$ZnSO_4 \cdot 7H_2O$
	锌钡白、立德粉	$ZnS + BaSO_4$

类别	俗名或别名	主要化学成分
汞化合物	甘汞 升汞 三仙丹 朱砂、辰砂、丹砂、米砂 雷汞、雷酸汞	Hg_2Cl_2 $HgCl_2$ HgO HgS $Hg(CNO)_2 \cdot 1/2H_2O$
铜化合物	赤铜矿 方黑铜矿 辉铜矿 孔雀石 铜绿 铜矾、胆矾、蓝矾 黄铜矿	Cu_2O CuO Cu_2S $CuCO_3 \cdot Cu(OH)_2$ $CuCO_3 \cdot Cu(OH)_2$ $CuSO_4 \cdot 5H_2O$ $CuFeS_2$
砷化合物	胂 砒霜、白砒、信石 雄黄、雄精 雌黄	AsH_3 As_2O_3 As_2S_2 或 As_4S_4 As_2S_3
铅化合物	黄丹、密陀僧 铅丹、红丹 方铅矿 铅白	PbO Pb_3O_4 PbS $2PbCO_3 \cdot Pb(OH)_2$
有机化合物	酒精、乙醇、火酒 甘油、丙三醇、洋蜜 沼气、甲烷 电石气、乙炔 电石、二碳化钙、臭煤石 六六六、六氯化苯 滴滴涕、DDT、二二三 福尔马林、甲醛 石炭酸、苯酚 石油醚 火棉胶 玫瑰油、苯乙醇、蔷薇油 甲酸、蚁酸 乙酸、醋酸 氟里昂-11,一氟三氯甲烷 氟里昂-12,二氟二氯甲烷 氟里昂-13,三氟一氯甲烷 氟里昂-14,四氟化碳 氟里昂-22,二氟一氯甲烷 氟里昂-113,三氟三氯乙烷 氟里昂-114,四氟二氯乙烷	C_2H_5OH C_3H_5OH CH_4 C_2H_2 CaC_2 $C_6H_6Cl_6$ $(Cl_2C_6H_4)_2CHCCl_2$ $HCHO$ C_6H_5OH C_5H_{12}(戊烷)和C_6H_{14}(己烷) 硝化纤维(11%～12%N) $C_6H_5 \cdot CH_2 \cdot CH_2OH$ $HCOOH$ CH_3COOH CCl_3F CCl_2F_2 $CClF_3$ CF_4 $CHClF_2$ $CCl_2F \cdot CClF_2$ $CClF_2 \cdot CClF_2$

续表

类别	俗名或别名	主要化学成分
其他	波尔多液、碱式硫酸铜溶液 银粉、铝粉 漂白粉、氯化石灰 干冰、固体二氧化碳 马日夫盐、磷酸铁锰	$Cu(OH)_2 \cdot CuSO_4 + H_2O$ Al $CaOCl_2$ CO_2 $Mn(H_2PO_4)_2 \cdot Fe(H_2PO_4)_2 \cdot 2H_2O$

附表 15　在不同温度下水的离子积常数（$K_w^\ominus$）

温度/℃	$K_w^\ominus$	$-\lg K_w^\ominus$	温度/℃	$K_w^\ominus$	$-\lg K_w^\ominus$
0	1.139×10^{-15}	14.9435	50	5.474×10^{-14}	13.2617
5	1.846×10^{-15}	14.7338	55	7.296×10^{-14}	13.1369
10	2.920×10^{-15}	14.5346	60	9.614×10^{-14}	13.0171
15	4.505×10^{-15}	14.3463	65	1.26×10^{-13}	12.90
20	6.809×10^{-15}	14.1669	70	1.58×10^{-13}	12.80
24	1.000×10^{-14}	14.000	75	2.0×10^{-13}	12.69
25	1.008×10^{-14}	13.9965	80	2.5×10^{-13}	12.60
30	1.469×10^{-14}	13.8330	85	3.1×10^{-13}	12.51
35	2.089×10^{-14}	13.6801	90	3.8×10^{-13}	12.42
40	2.919×10^{-14}	13.5348	95	4.6×10^{-13}	12.34
45	4.018×10^{-14}	13.960	100	5.5×10^{-13}	12.26

附表 16　酸、碱的离解常数表（25℃，$I = 10$）

酸或碱	离解常数 K_a 或 K_b	pK_a 或 pK_b	酸或碱	离解常数 K_a 或 K_b	pK_a 或 pK_b
碳酸 H_2CO_3	$K_{a1} = 4.2 \times 10^{-7}$	6.38	偏硅酸	$K_{a2} = 1.6 \times 10^{-12}$	11.8
	$K_{a2} = 5.6 \times 10^{-11}$	10.25	氨基乙酸盐 $NH_3^+CH_2COOH$	$K_{a1} = 4.5 \times 10^{-3}$	2.35
铬酸 H_2CrO_4	$K_{a1} = 1.8 \times 10^{-1}$	0.74	$NH_3^+CH_2COO^-$	$K_{a2} = 2.5 \times 10^{-10}$	9.60
	$K_{a2} = 3.2 \times 10^{-7}$	6.50	抗坏血酸 $C_6H_8O_6$	$K_{a1} = 5.0 \times 10^{-5}$	4.30
砷酸 H_3AsO_4	$K_{a1} = 6.3 \times 10^{-3}$	2.20		$K_{a2} = 1.5 \times 10^{-10}$	9.82
	$K_{a2} = 1.0 \times 10^{-7}$	7.00	过氧化氢 H_2O_2	$K_a = 1.8 \times 10^{-12}$	11.75
	$K_{a3} = 3.2 \times 10^{-12}$	11.50	次氯酸 $HClO$	$K_a = 3.0 \times 10^{-8}$	7.52
亚硫酸 $H_2SO_3(SO_2 + H_2O)$	$K_{a1} = 1.3 \times 10^{-2}$	1.90	乙二胺四乙酸 H_6Y^{2+}	$K_{a1} = 0.1$	0.9
	$K_{a2} = 6.3 \times 10^{-8}$	7.20	H_5Y^+	$K_{a2} = 3 \times 10^{-2}$	1.6
乙酸 $CH_3COOH(HOAc)$	$K_a = 1.8 \times 10^{-5}$	4.74	H_4Y	$K_{a3} = 1 \times 10^{-2}$	2.0
氢氰酸 HCN	$K_a = 6.2 \times 10^{-10}$	9.21	H_3Y^-	$K_{a4} = 2.1 \times 10^{-3}$	2.67
氢氟酸 HF	$K_a = 6.6 \times 10^{-4}$	3.18	H_2Y^{2-}	$K_{a5} = 6.9 \times 10^{-7}$	6.16
硫化氢 H_2S	$K_{a1} = 1.3 \times 10^{-7}$	6.88	HY^{3-}	$K_{a6} = 5.5 \times 10^{-11}$	10.26
	$K_{a2} = 7.1 \times 10^{-15}$	14.15	氰酸 $HOCN$	$K_a = 1.2 \times 10^{-4}$	3.92
亚硝酸 HNO_2	$K_a = 5.1 \times 10^{-4}$	3.29	硫氰酸 $HSCN$	$K_a = 1.4 \times 10^{-1}$	0.85
草酸 $H_2C_2O_4$	$K_{a1} = 5.9 \times 10^{-2}$	1.23	次碘酸 HIO	$K_a = 2.3 \times 10^{-11}$	10.64
	$K_{a2} = 6.4 \times 10^{-5}$	4.19	高碘酸 HIO_4	$K_{a3} = 2.3 \times 10^{-2}$	1.64
硫酸 H_2SO_4、HSO_4^-	$K_a = 1.0 \times 10^{-2}$	1.99	硫代硫酸 $H_2S_2O_3$	$K_{a1} = 5 \times 10^{-1}$	0.3
磷酸 H_3PO_4	$K_{a1} = 7.6 \times 10^{-3}$	2.12		$K_{a2} = 1 \times 10^{-2}$	2
	$K_{a2} = 6.3 \times 10^{-8}$	7.20	亚硒酸 H_2SeO_3	$K_{a1} = 3.5 \times 10^{-3}$	2.46
	$K_{a3} = 4.4 \times 10^{-13}$	12.36		$K_{a2} = 5.0 \times 10^{-8}$	7.30
酒石酸 $CH(OH)COOH$ $\|$ $CH(OH)COOH$	$K_{a1} = 9.1 \times 10^{-4}$	3.04	碘酸 HIO_3	$K_a = 1.7 \times 10^{-1}$	0.78
	$K_{a2} = 4.3 \times 10^{-5}$	4.37	硅酸 H_2SiO_3	$K_{a1} = 1.0 \times 10^{-9}$	9
柠檬酸 CH_2COOH $\|$ $C(OH)COOH$ $\|$ CH_2COOH	$K_{a1} = 7.4 \times 10^{-4}$	3.13		$K_{a2} = 1.0 \times 10^{-13}$	13
	$K_{a2} = 1.7 \times 10^{-5}$	4.76	丙酸 C_2H_5COOH	$K_a = 1.34 \times 10^{-5}$	4.87
	$K_{a3} = 4.0 \times 10^{-7}$	6.40	水杨酸 $C_7H_6O_3$	$K_{a1} = 1.0 \times 10^{-3}$	3.00
甲酸（蚁酸）$HCOOH$	$K_a = 1.7 \times 10^{-4}$	3.77		$K_{a2} = 4.2 \times 10^{-13}$	12.38
苯甲酸 C_6H_5COOH	$K_a = 6.2 \times 10^{-5}$	4.21	磺基水杨酸 $C_7H_6O_6S$	$K_{a1} = 4.7 \times 10^{-3}$	2.33
邻苯二甲酸 $C_6H_4(COOH)_2$	$K_{a1} = 1.3 \times 10^{-3}$	2.89		$K_{a2} = 4.8 \times 10^{-12}$	11.32
	$K_{a2} = 3.9 \times 10^{-6}$	5.41	甘露醇 $C_6H_{14}O_6$	$K_a = 3 \times 10^{-14}$	13.52
苯酚 C_6H_5OH	$K_a = 1.1 \times 10^{-10}$	9.95	邻菲罗啉 $C_{12}H_8N_2$	$K_a = 1.1 \times 10^{-5}$	4.96
硼酸 H_3BO_3	$K_a = 5.8 \times 10^{-10}$	9.24	苹果酸 $HOOCCH(OH)CH_2COOH$	$K_{a1} = 3.88 \times 10^{-4}$	3.41
一氯乙酸 $CH_2ClCOOH$	$K_a = 1.4 \times 10^{-3}$	2.86		$K_{a2} = 7.8 \times 10^{-6}$	5.11
二氯乙酸 $CHCl_2COOH$	$K_a = 5.0 \times 10^{-2}$	1.30	碘酸 HIO_3	$K_a = 1.7 \times 10^{-1}$	0.78
三氯乙酸 CCl_3COOH	$K_a = 0.23$	0.64	亚碲酸 H_2TeO_3	$K_{a1} = 3.0 \times 10^{-3}$	2.52
乳酸 $CH_3CH(OH)COOH$	$K_a = 1.4 \times 10^{-4}$	3.86		$K_{a2} = 2.0 \times 10^{-8}$	7.70
亚砷酸 $HAsO_2$	$K_a = 6.0 \times 10^{-10}$	9.22	琥珀酸 $HOOCCH_2CH_2COOH$	$K_{a1} = 6.89 \times 10^{-5}$	4.16
亚磷酸 H_2PO_3	$K_{a1} = 5.0 \times 10^{-2}$	1.30		$K_{a2} = 2.47 \times 10^{-6}$	5.61
	$K_{a2} = 2.5 \times 10^{-7}$	6.60			
偏硅酸 H_2SiO_2	$K_{a1} = 1.7 \times 10^{-10}$	9.77			

续表

酸或碱	离解常数 K_a 或 K_b	pK_a 或 pK_b	酸或碱	离解常数 K_a 或 K_b	pK_a 或 pK_b
顺丁烯二酸 HOOCCH=CHCOOH	$K_{a1}=1\times10^{-2}$	2.00	乙胺 $C_2H_5NH_2$	$K_b=5.6\times10^{-4}$	3.25
	$K_{a2}=5.52\times10^{-7}$	6.26	二甲胺 $(CH_3)_2NH$	$K_b=1.2\times10^{-4}$	3.93
苦味酸(三硝基苯酚) $C_6H_3N_3O_7$	$K_a=4.2\times10^{-1}$	0.38	二乙胺 $(C_2H_5)_2NH$	$K_b=1.3\times10^{-3}$	2.89
苦杏仁酸 α-羟基苯乙酸 $C_8H_8O_3$	$K_a=1.4\times10^{-4}$	3.85	乙醇胺 $HOCH_2CH_2NH_2$	$K_b=3.2\times10^{-5}$	4.50
乙酰丙酮 $CH_3COCH_2COCH_3$	$K_{a1}=1.0\times10^{-9}$	9.0	三乙醇胺 $(HOCH_2CH_2)_3N$	$K_b=5.8\times10^{-7}$	6.24
8-羟基喹啉 C_9H_7NO	$K_{a1}=9.6\times10^{-5}$		氢氧化锌 $Zn(OH)_2$	$K_b=4.4\times10^{-5}$	4.36
	$K_{a2}=1.55\times10^{-10}$	9.81	尿素 $CO(NH_2)_2$	$K_b=1.5\times10^{-14}$	13.82
氨水 $NH_3\cdot H_2O$	$K_b=1.8\times10^{-5}$	4.74	硫脲 $CS(NH_2)_2$	$K_b=1.1\times10^{-15}$	14.96
羟胺 NH_2OH	$K_b=9.1\times10^{-9}$	8.04	喹啉 C_9H_7N	$K_b=6.3\times10^{-10}$	9.20
苯胺 $C_6H_5NH_2$	$K_b=3.8\times10^{-10}$	9.42			
乙二胺 $H_2NCH_2CH_2NH_2$	$K_{b1}=8.5\times10^{-5}$	4.07			
	$K_{b2}=7.1\times10^{-8}$	7.15			
六亚甲基四胺 $(CH_2)_6N_4$	$K_b=1.4\times10^{-9}$	8.85			
吡啶 C_5H_5N	$K_b=1.7\times10^{-9}$	8.77			
联胺(肼) H_2NNH_2	$K_{b1}=3.0\times10^{-6}$	5.52			
	$K_{b2}=7.6\times10^{-15}$	14.12			
甲胺 CH_3NH_2	$K_b=4.2\times10^{-4}$	3.38			

注：K_a 为一元弱酸在水中的离解常数；K_b 为一元弱碱在水中的离解常数。

一般用作控制溶液酸度的缓冲溶液，计算 pH 值的准确度要求不高，常用最简式计算。

① 酸性缓冲溶液 $[H^+]=K_a c_{HA}/c_A$，$pH=pK_a+\lg(c_A/c_{HA})$

例如：量取冰 HOAc(浓度为 17mol/L)80mL，加入 160g NaOAc·$3H_2O$，用水稀释至 1L，求此溶液的 pH 值 $[M(NaOAc\cdot 3H_2O)=136.08g/mol；K(HOAc)=1.8\times10^{-5}]$。

解　$c(OAc^-)=160/(136.08\times1)=1.18mol/L，c(HOAc)=(17\times80/1000)mol/L=1.36mol/L$

$pH=pK_a+\lg c_A^-c/c_{HAc}=4.74+\lg1.18/1.36=4.68$

② 碱性缓冲溶液 $[OH^-]=K_b c_B/c_{BH^+}$，$pH=pK_w-pK_b+\lg c_B/c_{BH^+}$

例如：称取 NH_4Cl 50g 溶于水，加入浓氨水（密度为 15mol/L）100mL，用水稀释至 1L，求此溶液的 pH 值 $[M(NH_4Cl)=53.49g/mol；K_b=1.8\times10^{-5}]$

解　$c(NH_4^+)=50/(53.49\times1)=0.94mol/L，c(NH_3)=(15\times300/1000)mol/L=4.50mol/L$

$pH=pK_w-pK_b+\lg(c_{NH_3}/c_{NH_4^+})=14.00-4.74+\lg(4.5/0.94)=9.94$

附表 17 实验室内应用并应用并须慎重处理的物质

序号	主要物质	相互作用的物质	引起或加速作用的因素或物质	结果	附注
1	一氧化氮	空气	火花、火焰	爆炸	
2	二氧化氮	易燃气体和蒸气	火花、火焰	爆炸	
3	碘化氮	—	太阳光	爆炸	甚至在潮湿的状态下也会爆炸
		—	摩擦、轻轻的撞击	爆炸	
4	氯化氮	参阅碘化氮			
5	发烟硝酸	有机物质(松节油、香精油等)	相互作用	发火	
		碘化氢	相互作用	发火	
		硫化氢	相互作用	爆炸	
6	金属铝粉	氧化剂	撞击	爆炸	
7	氨(氨水)	氯、碘	相互作用	爆炸	生成氯化氮或碘化氮
8	亚硝酸铵	—	撞击被加热到 70℃ 的物质	爆炸	
9	硝酸铵	醋酸	加热	爆炸	
		有机物质	加热	爆炸	
10	高锰酸铵	—	撞击	爆炸	
11	乙炔(液体)	—	在 6atm(1atm＝101325Pa)以上液化	爆炸	
		银、汞、铜	振动、摩擦、撞击、加热	爆炸	干法反应
		银、汞、铜	振动、摩擦、撞击、加热到 120℃	爆炸	湿法反应
		氯	阳光下	爆炸	生成后立即爆炸
12	氯化乙炔(液体)	—	—	爆炸	
13	丙酮	过氧化氢	相互作用	爆炸	
	丙酮蒸气	空气	火花、火焰	爆炸	
14	苯	高锰酸、臭氧、氧、高氯酸	相互作用	爆炸	
15	溴	乙腈、碳化钠	火花、火焰	爆炸	
16	溴乙炔	空气	相互作用	发火	
17	溴酸盐	有机物质(糖、谷粉、木塞、虫胶、煤等)	摩擦、撞击、加热	爆炸	
		硫酸、硫、磷、亚硫酸镁、氰化钾、硫氰酸化合物	摩擦、撞击、加热	爆炸	
18	过氧化氢	丙酮、粉尘、金属粉尘、铂黑	相互作用	爆炸	
19	液态空气	有机物质	火花、火焰	爆炸	
20	爆炸气(氢＋氧)	—	火花、火焰、加热到 674～700℃	爆炸	

续表

序号	主要物质	相互作用的物质	引起或加速作用的因素或物质	结果	附注
21	氢	氯	阳光、人为光	爆炸	甚至在暗处
		氟	相互作用	爆炸	当空气中含有 4%～74%（以体积计）时发生爆炸
		氧、空气	海绵状白金、细孔煤、火花	发火	当空气中含有 9%～45%（以体积计）时发生爆炸
22	照明用煤气	空气	海绵状白金	发火	
23	羟胺	—	加热到 100℃ 以上	爆炸	
24	重氮化合物	—	加热、振动	爆炸	
25	经氢还原过的铁（微细粉末）	空气	相互作用	发火	
26	碘	氨	相互作用	爆炸	生成碘化氮
		松节油、香精油	相互作用	发火	
27	碘化氢			参阅碘化氮	
28	碘酸盐	有机物质（糖、毂粉、木塞、虫胶、煤等）	摩擦、捶击、加热	爆炸	
		硫酸、硫、磷、亚硫酸锑、氧化钾、硫代氰酸盐化合物	摩擦、捶击、加热	爆炸	
29	亚硝酸钾	氯化钾	加热到 400℃	爆炸	
		铵盐	加热	爆炸	
30	金属钾	温水	相互作用	发火	
		水、湿物质	相互作用	爆炸	
		二硫化碳	摩擦、加压	发火	
31	氰化钾	亚硝酸钾、氯酸盐	加热到 400℃	爆炸	
32	过氧化钾	苯胺、汽油、甲醛、乙醚、甘油、冰醋酸、煤、纸、布、木材、研细的有机物质、水、硫、磷	相互作用	发火	
33	氧化钙（生石灰）	有机物质（其中包括稻草、干草、木材等）	相互作用	发火	
34	煤油	高锰酸钾	浓硫酸	爆炸	
35	苦味酸			参阅苦味酸	

续表

序号	物质名称		引起或加速作用的因素或物质	结果	附注
	主要物质	相互作用的物质			
36	亚氯酸（液态）	参阅亚氯酸			
37	高氯酸（液态）	参阅高氯酸			
38	火棉胶	氧、臭氧、高锰酸、高氯酸、松节油	相互作用	发火	
39	挥发油（蒸气）	空气	火花、火焰	发火	当空气中含有 2%~5%时发生爆炸
40	甲基镁	空气	火花、火焰	发火	
41	乙基镁	空气	相互作用	发火	
42	高锰酸盐	酒精、乙醚、汽油、煤油、二硫化碳、香精油、燃烧气体和蒸气	浓硫酸	爆炸	
43	油脂	布、纤维物质	自热到 210℃	发火	
44	乙炔亚铜	—	摩擦、撞击、加热到 120℃	爆炸	
45	甲烷	氢	直接阳光下	爆炸	当空气中含有 5.5%~14%（按体积计）时发生爆炸
		空气、氧	火花、火焰	发火	
46	金属钠	水、潮湿物质、二硫化碳	加热到 500℃	发火	参阅金属钾
47	过氧化钠	参阅过氧化钾			
48	亚硝基苯酚	—	加热到 120℃	发火	
49	苦味酸盐	—	振动、摩擦、撞击、加热、火花、火焰	发火	在有苦味酸盐杂质的情况下
50	硫氰酸盐	氯酸盐、硝石	加热到 400℃	发火	
51	硝酸汞	乙醇	加热	发火	生成雷酸汞
52	四乙铅	空气	相互作用	发火	
53	过氧化铝	硫、红磷	相互作用	发火	
54	硝石（硝酸盐）	织物、纤维物质、过氧化钠、氯酸盐	加热到 500~800℃	爆炸	在布被浸透的情况下
55	硫	—	撞击、加热	爆炸	呈硫黄状态
56	硝酸银	乙醇	加热	爆炸	
57	乙炔银	—	摩擦、撞击、加热	爆炸	生成雷酸银
58	草酸银	—	刷热	爆炸	

续表

序号	主要物质	相互作用的物质	引起或加速作用的因素或物质	结果	附注
59	硫化氢	过氧化物、强酸	相互作用	发火	当空气中含有46%左右(按体积计)时发生爆炸
		空气	火花、火焰	发火	
		发烟硫酸	火花、火焰	爆炸	
		过氧化物	相互作用	发火	
60	二硫化碳	硫酸	硫酸	发火	特别是有粉尘存在时
		高锰酸盐	加热到100~150℃	爆炸	
	蒸气状态二硫化碳	—	火花、火焰	爆炸	
		—	压缩蒸气时	爆炸	
61	甲醇(蒸气状态)	空气	火花、火焰	发火	
62	乙醇	高锰酸、高氯酸	火花、火焰	爆炸	
		高锰酸钾	硫酸	爆炸	生成雷酸盐
63	硫化锑	硝酸银、硝酸汞	加热	爆炸	
		氯酸钾	摩擦、撞击	爆炸	
64	一氧化碳	空气	火花、火焰	发火	当空气中含有12.5%~75.0%(按体积计)时发生爆炸
		一氧化二氮、发烟硝酸	相互作用	发火	
65	煤粉	空气	相互作用	发火	将灼烧的煤移入空气时
		高氯酸	相互作用	爆炸	
		空气	火花、火焰	爆炸	呈浮悬粉尘状态时
66	醋酸(冰醋酸)	铬酸钾、过氧化钠	相互作用	爆炸	
67	甲醛	过氧化钠	相互作用	发火	
68	黄磷	氧化剂、过氧化物、强酸、硫	相互作用	爆炸	0.5kg的大块
		氯酸钾	加热	发火	
69	红磷	铬酸钾、过氧化钾、硝石	加热	爆炸	甚至在暗处
		硫、硒、磷、砷	相互作用	发火	
70	氟(液体)	氢	相互作用	爆炸	与砷作用在187℃时就发火
		硫、硒、磷、砷	加热	发火	
71	二氧化氯(液态和气态)	硫、硒、磷、砷、有机物质	相互作用	爆炸	
		—	加热到60℃	爆炸	

续表

序号	主要物质	相互作用的物质	引起或加速作用的因素或物质	结果	附注
72	氯	氢、甲烷、乙炔、乙烯	在阳光或人造光线照射下	爆炸	
		磷、砷以及铋、青铜、铁、以及其他的金属（细碎状态者）、碳化钠、磷化氢、乙醛蒸气	相互作用	发火	
		甲醚、乙醚	相互作用	爆炸	
		氨	相互作用	爆炸	当长时间通氯于氨中则生成氯化氮
73	氯化氮	参阅碘化氮			
74	氯化乙炔（液态）	—		爆炸	生成后立即爆炸
75	亚氯酸（液态）	有机物质	—	爆炸	
76	高氯酸（液态）	醚、二硫化碳、汽油、乙醇、纸、可燃气体和蒸气、煤	长时间的相互作用（二三天）	爆炸	
		有机物质（糖、裂粉、木塞、虫胶、煤、琥珀）	振动、加热、火焰	爆炸	
			摩擦、捶击、加热	爆炸	
77	氯酸盐	氧化钾、硫代氰酸化合物、硫、硫化锑	摩擦、捶击、加热	爆炸	
		硫酸	相互作用	爆炸	
78	铬酸盐	磷、煤油、乙醚、照明煤气、可燃液体的蒸气	浓硫酸	发火	
79	铬酐	有机物质	相互作用	发火	
80	赛璐珞	—	火焰	发火	
	赛璐珞（粉尘状）	空气	在140℃下捶击	爆炸	
81	甲基锌	空气	火花、火焰	爆炸	
		湿空气、水	相互作用	发火	
82	锌粉	空气、氧、酸	火花、火焰	爆炸	
83	乙基锌	空气	—	发火	
84	乙烯（气态）	氯	阳光	爆炸	
		空气、氧	火花、火焰	爆炸	
85	乙醚	氧、臭氧、高氯酸、高锰酸、松节油	相互作用	发火	
	乙醚（蒸气）	氯	相互作用	爆炸	生成爆炸性气体
86	石油醚	高氯酸	浓硫酸	爆炸	
	石油醚（蒸气）	空气	火花、火焰	发火	
87	香精油	碘、发烟硝酸	相互作用	发火	

附表 18　常见化合物的摩尔质量

序号	化合物	$M/(\text{g/mol})$	序号	化合物	$M/(\text{g/mol})$
1	Ag_3AsO_3	446.52	42	CaO	56.08
2	Ag_3AsO_4	462.52	43	$CaCO_3$	100.09
3	$AgBr$	187.77	44	$CaCl_2$	110.99
4	$AgBrO_3$	235.77	45	$CaCl_2 \cdot 6H_2O$	219.08
5	$AgCl$	143.32	46	$CaCrO_4$	156.07
6	$AgCN$	133.89	47	$Ca(NO_3)_2 \cdot 4H_2O$	236.15
7	$AgSCN$	165.95	48	$Ca(OCl)Cl$	126.99
8	Ag_2CrO_4	331.73	49	$Ca(OH)_2$	74.10
9	AgI	234.77	50	$Ca_3(PO_4)_2$	310.18
10	$AgIO_3$	282.77	51	$CaSO_4$	136.14
11	$AgNO_3$	169.87	52	$CaWO_4$	287.93
12	$AlCl_3$	133.34	53	$CdCO_3$	172.42
13	$AlCl_3 \cdot 6H_2O$	241.43	54	$CdCl_2$	183.32
14	$Al(NO_3)_3$	213.00	55	$Cd(CN)_2$	164.45
15	$Al(NO_3)_3 \cdot 9H_2O$	375.13	56	CdS	144.47
16	Al_2O_3	101.96	57	CeO_2	172.12
17	$Al(OH)_3$	78.00	58	$Ce(SO_4)_2$	332.24
18	$Al(SO_4)_4$	342.14	59	$Ce(SO_4)_2 \cdot 4H_2O$	404.30
19	$Al(SO_4)_3 \cdot 18H_2O$	666.41	60	CH_3COO^-	59.05
20	As_2O_3	197.84	61	CN^-	26.02
21	As_2O_5	229.84	62	SCN^-	58.08
22	As_2S_3	264.02	63	$CoCl_2$	129.84
23	$BaCO_3$	197.34	64	$CoCl_2 \cdot 6H_2O$	237.93
24	BaC_2O_4	225.35	65	$Co(NO_3)_2$	182.94
25	$BaCl_2$	208.24	66	$Co(NO_3)_2 \cdot 6H_2O$	291.03
26	$BaCl_2 \cdot 2H_2O$	244.27	67	CoS	90.99
27	$BaCrO_4$	253.32	68	$CoSO_4$	154.99
28	BaF_2	175.33	69	$CoSO_4 \cdot 7H_2O$	281.10
29	BaO	153.33	70	$CO(NH_2)_2$	60.06
30	$Ba(OH)_2$	171.34	71	$CrCl_2$	122.90
31	$Ba(OH)_2 \cdot Bi(NO_3)_3$	566.34	72	$CrCl_3$	158.36
32	$BaSO_4$	233.39	73	$CrCl_3 \cdot 6H_2O$	266.45
33	$BaSO_4 \cdot 4H_2O$	305.39	74	$Cr(NO_3)_3$	238.01
34	$BiCl_3$	315.34	75	Cr_2O_3	151.99
35	$BiOCl$	260.43	76	CrO_4^{2-}	115.99
36	$Bi(NO_3)_3$	395.00	77	$CsCl$	168.36
37	$Bi(NO_3)_3 \cdot 5H_2O$	485.07	78	$CsNO_3$	194.91
38	CO	28.01	79	$CsOH$	149.91
39	CO_2	44.01	80	Cs_2SO_4	361.87
40	CO_3^{2-}	60.01	81	$CuCl$	99.00
41	$C_2O_4^{2-}$	88.02	82	$CuCl_2$	134.45

续表

序号	化合物	$M/(\text{g/mol})$	序号	化合物	$M/(\text{g/mol})$
83	$CuCl_2 \cdot 2H_2O$	170.48	126	HCl	36.46
84	$CuSCN$	121.62	127	HF	20.01
85	CuC_2O_4	151.57	128	HI	127.91
86	CuI	190.45	129	HIO_3	175.91
87	$Cu(NO_3)_2$	187.56	130	HNO_2	47.01
88	$Cu(NO_3)_2 \cdot 3H_2O$	241.60	131	HNO_3	63.01
89	CuO	79.55	132	H_2O	18.015
90	Cu_2O	143.09	133	$2H_2O$	36.03
91	$Cu_2(OH)_2CO_3$	221.12	134	$3H_2O$	54.05
92	CuS	95.61	135	$4H_2O$	72.06
93	$CuSO_4$	159.60	136	$5H_2O$	90.08
94	$CuSO_4 \cdot 5H_2O$	249.68	137	$6H_2O$	108.09
95	$6F^-$	113.99	138	$7H_2O$	126.11
96	$FeCl_2$	126.75	139	$8H_2O$	144.12
97	$FeCl_2 \cdot 4H_2O$	198.81	140	$9H_2O$	162.14
98	$FeCl_3$	162.21	141	$12H_2O$	216.18
99	$FeCl_3 \cdot 6H_2O$	270.30	142	H_2O_2	34.02
100	$Fe(CN)_6^{4-}$	221.95	143	H_3PO_4	98.00
101	$FeNH_2(SO_4)_2 \cdot 12H_2O$	482.18	144	H_2S	34.08
102	$Fe(NO_3)_3$	241.86	145	H_2SO_3	82.07
103	$Fe(NO_3)_3 \cdot 9H_2O$	404.00	146	H_2SO_4	98.07
104	FeO	71.85	147	$Hg(CN)_2$	252.63
105	Fe_2O_3	159.69	148	$HgCl_2$	271.50
106	Fe_3O_4	231.54	149	Hg_2Cl_2	472.09
107	$Fe(OH)_3$	106.87	150	HgI_2	454.40
108	FeS	87.91	151	$Hg_2(NO_3)_2$	525.19
109	FeS_2	119.97	152	$Hg_2(NO_3)_2 \cdot 2H_2O$	561.22
110	Fe_2S_3	207.87	153	$Hg(NO_3)_2$	324.60
111	$FeSO_4$	151.91	154	HgO	216.59
112	$FeSO_4 \cdot 7H_2O$	287.01	155	HgS	232.65
113	$FeSO_4(NH_4)_2SO_4 \cdot 6H_2O$	392.13	156	$HgSO_4$	296.65
114	$GaCl_3$	176.08	157	Hg_2SO_4	497.24
115	Ga_2O_3	187.44	158	$KAl(SO_4)_2 \cdot 12H_2O$	474.38
116	H_3AsO_3	125.94	159	KBr	119.00
117	H_3AsO_4	141.94	160	$KBrO_3$	167.00
118	H_3BO_3	61.83	161	KCl	74.55
119	HBr	80.91	162	$KClO_3$	122.55
120	HCN	27.03	163	$KClO_4$	138.55
121	$HCOOH$	46.03	164	KCN	65.12
122	HCH_3COO	60.05	165	$KSCN$	97.18
123	H_2CO_3	62.03	166	K_2CO_3	138.21
124	$H_2C_2O_4$	90.04	167	$K_2CO_3 \cdot 2H_2O$	174.24
125	$H_2C_2O_4 \cdot 2H_2O$	126.07	168	K_2CrO_4	194.19

序号	化合物	$M/(g/mol)$	序号	化合物	$M/(g/mol)$
169	$K_2Cr_2O_7$	294.18	212	$MnSO_4$	151.00
170	$K_3Fe(CN)_6$	329.25	213	$MnSO_4 \cdot 4H_2O$	223.06
171	$K_4Fe(CN)_6$	368.35	214	MoO_3	143.94
172	$K_4Fe(CN)_6 \cdot 3H_2O$	422.39	215	$12MoO_3$	1727.26
173	$KFe(SO_4)_2 \cdot 12H_2O$	503.24	216	MoS_2	160.06
174	$KHCO_3$	100.12	217	NO	30.01
175	$KHC_2O_4 \cdot H_2O$	146.14	218	NO_2	46.01
176	$KHC_2O_4 \cdot H_2C_2O_4 \cdot 2H_2O$	254.19	219	NO_3	62.01
177	$KHC_4H_4O_6$	188.18	220	NH_3	17.03
178	$KHC_8H_4O_4$	204.22	221	NH_4^+	18.04
179	$KHSO_4$	136.16	222	NH_4CH_3COO	77.08
180	KI	166.00	223	NH_4Cl	53.49
181	KIO_3	214.00	224	$(NH_4)_2CO_3$	96.09
182	$KIO_3 \cdot HIO_3$	389.91	225	$(NH_4)_2C_2O_4$	124.10
183	$KMnO_4$	158.03	226	$(NH_4)_2C_2O_4 \cdot H_2O$	142.11
184	$KNaC_4H_4O_6 \cdot 4H_2O$	282.22	227	NH_4SCN	76.12
185	KNO_2	85.10	228	NH_4HCO_3	79.06
186	KNO_3	101.10	229	$(NH_4)_2MoO_4$	196.01
187	K_2O	94.20	230	NH_4NO_3	80.04
188	KOH	56.11	231	$NH_3 \cdot H_2O$	35.05
189	K_2PtCl_6	486.00	232	$(NH_4)_2HPO_4$	132.06
190	K_2SO_4	174.25	233	$(NH_4)_3PO_2 \cdot 12MoO_3$	1876.35
191	K_2TiF_6	240.09	234	$(NH_4)_2S$	68.14
192	$LiCl$	42.39	235	$(NH_4)_2SO_4$	132.13
193	Li_2CO_3	73.89	236	NH_4VO_3	116.98
194	$LiOH$	23.95	237	Na_3AsO_3	191.89
195	$MgCO_3$	84.31	238	$Na_2B_4O_7$	201.22
196	$MgCl_2$	95.21	239	$Na_2B_4O_7 \cdot 10H_2O$	381.37
197	$MgCl_2 \cdot 6H_2O$	203.30	240	$NaBiO_3$	279.97
198	MgC_2O_4	112.33	241	$NaCN$	49.01
199	$Mg(NO_3)_2 \cdot 6H_2O$	256.41	242	$NaSCN$	81.07
200	$MgNH_4PO_4$	137.32	243	Na_2CO_3	105.99
201	MgO	40.30	244	$Na_2CO_3 \cdot 10H_2O$	286.14
202	$Mg(OH)_2$	58.32	245	$Na_2C_2O_4$	134.00
203	$Mg_2P_2O_7$	222.55	246	$NaCH_3COO$	82.03
204	$MgSO_4 \cdot 7H_2O$	246.47	247	$NaCH_3COO \cdot 3H_2O$	136.08
205	$MnCO_3$	114.95	248	$Na_2C_4H_4O_6$	194.05
206	$MnCl_2 \cdot 4H_2O$	297.71	249	$NaCl$	58.44
207	$Mn(NO_3)_2 \cdot 6H_2O$	287.04	250	$NaClO$	74.44
208	MnO	70.94	251	$NaHCO_3$	84.01
209	MnO_2	86.94	252	$Na_2HPO_4 \cdot 12H_2O$	358.14
210	Mn_3O_4	228.81	253	$Na_2H_2Y \cdot 2H_2O$	372.24
211	MnS	87.00	254	$NaNO_2$	69.00

续表

序号	化合物	$M/(\text{g/mol})$	序号	化合物	$M/(\text{g/mol})$
255	$NaNO_3$	85.00	297	Sb_2O_3	291.50
256	Na_2O	61.98	298	Sb_2S_3	339.68
257	Na_2O_2	77.98	299	$SiCl_4$	169.90
258	$NaOH$	40.00	300	SiF_4	104.08
259	Na_3PO_4	163.94	301	$SiHCl_3$	135.45
260	Na_2S	78.04	302	SiO_2	60.08
261	$Na_2S \cdot 9H_2O$	240.18	303	$SnCl_2$	189.60
262	Na_2SO_3	126.04	304	$SnCl_2 \cdot 2H_2O$	225.63
263	Na_2SO_4	142.04	305	$SnCl_4$	260.50
264	$Na_2S_2O_3$	158.10	306	$SnCl_4 \cdot 5H_2O$	350.58
265	$Na_2S_2O_3 \cdot 5H_2O$	248.17	307	SnO_2	150.69
266	$NiCl_2 \cdot 6H_2O$	237.70	308	SnS	150.75
267	NiO	74.70	309	$SrCO_3$	147.63
268	$Ni(NO_3)_2 \cdot 6H_2O$	290.80	310	SrC_2O_4	175.64
269	NiS	90.76	311	$SrCrO_4$	203.61
270	$NiSO_4$	154.76	312	$Sr(NO_3)_2$	211.63
271	$NiSO_4 \cdot 7H_2O$	280.86	313	$Sr(NO_3)_2 \cdot 4H_2O$	283.69
272	OH^-	17.01	314	$SrSO_4$	184.68
273	$2OH^-$	34.02	315	$Th(NO_3)_4$	480.06
274	$3OH^-$	51.02	316	ThO_2	264.04
275	$4OH^-$	68.03	317	TiO_2	79.90
276	P_2O_5	141.95	318	$TiCl_3$	154.26
277	PO_4^{3-}	94.97	319	$TiCl_4$	189.71
278	$PbCO_3$	237.61	320	$UO_2(C_2H_3O_2)_2 \cdot 2H_2O$	424.15
279	$PbCl_2$	287.11	321	U_3O_8	842.08
280	$PbCrO_4$	323.19	322	V_2O_5	181.11
281	PbC_2O_4	295.22	323	$VO(NO_3)_2$	190.95
282	$Pb(CH_3COO)_2$	325.29	324	WO_3	231.85
283	$Pb(CH_3COO)_2 \cdot 3H_2O$	379.34	325	Y^{4-} (EDTA 离子)	288.21
284	PbI_2	461.01	326	$ZnCO_3$	125.39
285	$Pb(NO_3)_2$	331.21	327	ZnC_2O_4	153.40
286	PbO	223.20	328	$ZnCl_2$	136.29
287	PbO_2	239.20	329	$Zn(C_2H_3O_2)_2$	183.47
288	Pb_3O_4	685.60	330	$Zn(C_2H_3O_2)_2 \cdot 2H_2O$	219.50
289	$Pb_3(PO_4)_2$	811.54	331	$Zn(NO_3)_2$	189.39
290	PbS	239.26	332	$Zn(NO_3)_2 \cdot 6H_2O$	297.48
291	$PbSO_4$	303.26	333	ZnO	81.38
292	SO_2	64.06	334	ZnS	97.44
293	SO_3	80.06	335	$ZnSO_4$	161.44
294	SO_4^{2-}	96.06	336	$ZnSO_4 \cdot 7H_2O$	287.55
295	$SbCl_3$	228.11	337	$ZrOCl_2$	178.13
296	$SbCl_5$	299.02	338	$ZrOCl_2 \cdot 8H_2O$	322.25

附表 19 酒精表的温度与体积分数换算（20℃）

温度表指示度数/℃	酒精表指示度数(体积分数)/%										
	0	0.5	1.0	1.5	2.0	2.5	3.0	3.5	4.0	4.5	5.0
0	0.8	1.3	1.8	2.3	2.8	3.3	3.9	4.4	4.9	5.5	6.0
1	0.8	1.3	1.8	2.4	2.9	3.4	3.9	4.4	5.0	5.5	6.1
2	0.8	1.4	1.9	2.4	2.9	3.4	4.0	4.5	5.0	5.6	6.1
3	0.9	1.4	1.9	2.4	3.0	3.5	4.0	4.5	5.0	5.6	6.1
4	0.9	1.4	1.9	2.4	3.0	3.5	4.0	4.5	5.1	5.6	6.2
5	0.9	1.4	2.0	2.5	3.0	3.5	4.0	4.6	5.1	5.6	6.2
6	0.9	1.4	2.0	2.5	3.0	3.5	4.0	4.6	5.1	5.6	6.2
7	0.9	1.4	1.9	2.4	3.0	3.5	4.0	4.5	5.1	5.6	6.1
8	0.9	1.4	1.9	2.4	2.9	3.4	4.0	4.5	5.0	5.6	6.1
9	0.9	1.4	1.9	2.4	2.9	3.4	4.0	4.5	5.0	5.5	6.0
10	0.8	1.3	1.8	2.4	2.9	3.4	3.9	4.4	5.0	5.5	6.0
11	0.8	1.3	1.8	2.3	2.8	3.3	3.9	4.4	4.9	5.4	6.0
12	0.7	1.2	1.7	2.2	2.8	3.3	3.8	4.3	4.8	5.4	5.9
13	0.7	1.2	1.7	2.2	2.7	3.2	3.7	4.2	4.8	5.3	5.8
14	0.6	1.1	1.6	2.1	2.6	3.1	3.6	4.2	4.7	5.2	5.7
15	0.5	1.0	1.5	2.0	2.5	3.0	3.6	4.1	4.6	5.1	5.6
16	0.4	0.9	1.4	1.9	2.4	2.9	3.4	4.0	4.5	5.0	5.5
17	0.3	0.8	1.3	1.8	2.3	2.8	3.4	3.9	4.4	4.9	5.4
18	0.2	0.7	1.2	1.7	2.2	2.7	3.2	3.7	4.2	4.8	5.3
19	0.1	0.6	1.1	1.6	2.1	2.6	3.1	3.6	4.1	4.6	5.1
20	0.0	0.5	1.0	1.5	2.0	2.5	3.0	3.5	4.0	4.5	5.0
21		0.4	0.9	1.4	1.9	2.4	2.9	3.4	3.9	4.4	4.8
22		0.2	0.7	1.2	1.7	2.2	2.7	3.2	3.7	4.2	4.7
23		0.1	0.6	1.1	1.6	2.1	2.6	3.1	3.6	4.1	4.6
24		0.0	0.4	0.9	1.4	1.9	2.4	2.9	3.4	3.9	4.4
25			0.3	0.8	1.3	1.8	2.3	2.8	3.2	3.7	4.2
26			0.1	0.6	1.1	1.6	2.1	2.6	3.1	3.6	4.0
27			0.0	0.4	1.0	1.4	1.9	2.4	2.9	3.4	3.9
28				0.3	0.8	1.3	1.8	2.2	2.7	3.2	3.7
29				0.2	0.6	1.1	1.6	2.1	2.5	3.0	3.6
30				0.1	0.4	0.9	1.4	1.9	2.4	2.8	3.3
31					2.2	0.7	1.2	1.7	2.2	2.6	3.1
32					0.1	0.6	1.1	1.6	2.1	2.6	3.0
33							0.9	1.4	1.9	2.4	2.8
34							0.8	1.3	1.8	2.2	2.6
35							0.6	1.1	1.6	2.0	2.4
36							0.4	0.9	1.4	1.8	2.3
37							0.3	0.8	1.3	1.7	2.1
38							0.1	0.6	1.1	1.5	1.9
39									1.0	1.4	1.8
40									0.8	1.2	1.6

温度表指示度数/℃	酒精表指示度数（体积分数）/%										
	5.5	6.0	6.5	7.0	7.5	8.0	8.5	9.0	9.5	10.0	10.5
0	6.6	7.2	7.8	8.4	9.0	9.6	10.2	10.8	11.4	12.0	12.7
1	6.6	7.2	7.8	8.4	9.0	9.6	10.2	10.8	11.4	12.0	12.6
2	6.7	7.2	7.8	8.4	9.0	9.6	10.2	10.8	11.4	12.0	12.6
3	6.7	7.3	7.8	8.4	9.0	9.6	10.2	10.8	11.4	12.0	12.6
4	6.7	7.3	7.8	8.4	9.0	9.6	10.2	10.7	11.3	11.9	12.5
5	6.7	7.3	7.8	8.4	9.0	9.6	10.1	10.7	11.3	11.8	12.4
6	6.7	7.3	7.8	8.4	8.9	9.5	10.1	10.6	11.2	11.8	12.4
7	6.7	7.2	7.8	8.4	8.9	9.5	10.0	10.6	11.2	11.7	12.3
8	6.6	7.2	7.7	8.3	8.8	9.4	10.0	10.5	11.1	11.6	12.2
9	6.6	7.1	7.7	8.2	8.8	9.3	9.9	10.4	11.0	11.5	12.1
10	6.5	7.1	7.6	8.2	8.7	9.3	9.8	10.3	10.9	11.4	12.0
11	6.5	7.0	7.6	8.1	8.6	9.2	9.7	10.2	10.8	11.3	11.9
12	6.4	6.9	7.5	8.0	8.5	9.1	9.6	10.1	10.7	11.2	11.8
13	6.3	6.8	7.4	7.9	8.4	9.0	9.5	10.0	10.6	11.1	11.6
14	6.2	6.7	7.3	7.8	8.3	8.9	9.4	9.9	10.4	11.0	11.5
15	6.1	6.6	7.2	7.7	8.2	8.8	9.3	9.8	10.3	10.8	11.3
16	6.0	6.5	7.0	7.6	8.1	8.6	9.1	9.6	10.2	10.7	11.2
17	5.9	6.4	6.9	7.4	8.0	8.5	9.0	9.5	10.0	10.5	11.0
18	5.8	6.3	6.8	7.3	7.8	8.3	8.8	9.3	9.8	10.4	10.9
19	5.6	6.1	6.6	7.2	7.6	8.2	8.7	9.2	9.7	10.2	10.7
20	5.5	6.0	6.5	7.0	7.5	8.0	8.5	9.0	9.5	10.0	10.5
21	5.4	5.8	6.3	6.8	7.3	7.8	8.3	8.8	9.3	9.8	10.3
22	5.2	5.7	6.2	6.7	7.2	7.7	8.2	8.6	9.1	9.6	10.1
23	5.0	5.5	6.0	6.5	7.0	7.5	8.0	8.4	8.9	9.4	9.9
24	4.9	5.4	5.8	6.3	6.8	7.3	7.8	8.3	8.8	9.2	9.7
25	4.7	5.2	5.7	6.2	6.6	7.1	7.6	8.1	8.6	9.0	9.5
26	4.5	5.0	5.5	6.0	6.4	6.9	7.4	7.9	8.3	8.8	9.3
27	4.3	4.8	5.3	5.8	6.3	6.7	7.2	7.7	8.1	8.6	9.1
28	4.2	4.6	5.1	5.6	6.1	6.5	7.0	7.5	7.9	8.4	8.9
29	4.0	4.4	4.9	5.4	5.8	6.3	6.8	7.2	7.7	8.2	8.6
30	3.8	4.2	4.7	5.1	5.6	6.1	6.6	7.0	7.5	7.9	8.4
31	3.6	4.0	4.5	5.0	5.4	5.9	6.4	6.8	7.2	7.7	8.2
32	3.4	3.8	4.3	4.8	5.2	5.7	6.2	6.6	7.0	7.5	8.0
33	3.2	3.7	4.2	4.7	5.1	5.5	6.0	6.4	6.8	7.3	7.8
34	3.0	3.5	4.0	4.5	4.9	5.3	5.8	6.2	6.6	7.1	7.6
35	2.8	3.3	3.8	4.3	4.8	5.2	5.6	6.0	6.4	6.8	7.4
36	2.7	3.1	3.6	4.1	4.6	5.0	5.4	5.8	6.2	6.6	7.1
37	2.5	2.9	3.4	3.9	4.4	4.8	5.2	5.6	6.0	6.4	6.9
38	2.4	2.8	3.3	3.8	4.2	4.6	5.0	5.4	5.8	6.2	6.7
39	2.2	2.6	3.1	3.6	4.0	4.4	4.8	5.2	5.6	6.0	6.5
40	2.0	2.4	2.9	3.4	3.8	4.2	4.6	5.0	5.4	5.8	6.3

温度表指示度数/℃	酒精表指示度数(体积分数)/%										
	11.0	11.5	12.0	12.5	13.0	13.5	14.0	14.5	15.0	15.5	16.0
0	13.3	14.0	14.6	15.3	16.0	16.7	17.5	18.2	19.0	19.7	20.5
1	13.3	13.9	14.6	15.3	15.9	16.6	17.3	18.1	18.8	19.6	20.3
2	13.2	13.9	14.5	15.2	15.9	16.6	17.2	17.9	18.6	19.4	20.1
3	13.2	13.8	14.5	15.1	15.8	16.4	17.1	17.8	18.5	19.2	19.9
4	13.1	13.8	14.4	15.0	15.7	16.3	17.0	17.7	18.3	19.0	19.7
5	13.0	13.7	14.3	14.9	15.6	16.2	16.8	17.5	18.2	18.8	19.5
6	13.0	13.6	14.2	14.8	15.4	16.1	16.7	17.3	18.0	18.6	19.3
7	12.9	13.5	14.1	14.7	15.3	15.9	16.5	17.2	17.8	18.4	19.1
8	12.8	13.4	14.0	14.6	15.2	15.8	16.4	17.0	17.6	18.2	18.9
9	12.7	13.2	13.8	14.4	15.0	15.6	16.2	16.8	17.4	18.0	18.6
10	12.6	13.1	13.7	14.3	14.9	15.4	16.0	16.6	17.2	17.8	18.4
11	12.4	13.0	13.6	14.1	14.7	15.3	15.8	16.4	17.0	17.6	18.2
12	12.3	12.8	13.4	14.0	14.5	15.1	15.7	16.2	16.8	17.4	18.0
13	12.2	12.7	13.2	13.8	14.4	14.9	15.5	16.0	16.6	17.2	17.7
14	12.0	12.5	13.1	13.6	14.2	14.7	15.3	15.8	16.4	16.9	17.5
15	11.9	12.4	12.9	13.5	14.0	14.5	15.1	15.6	16.2	16.7	17.2
16	11.7	12.2	12.8	13.3	13.8	14.3	14.9	15.4	15.9	16.5	17.0
17	11.5	12.1	12.6	13.1	13.6	14.1	14.7	15.2	15.7	16.2	16.8
18	11.4	11.9	12.4	12.9	13.4	13.9	14.4	15.0	15.5	16.0	16.5
19	11.2	11.7	12.2	12.7	13.2	13.7	14.2	14.7	15.2	15.8	16.3
20	11.0	11.5	12.0	12.5	13.0	13.5	14.0	14.5	15.0	15.5	16.0
21	10.8	11.3	11.8	12.3	12.8	13.3	13.8	14.3	14.8	15.2	15.7
22	10.6	11.1	11.6	12.1	12.6	13.1	13.6	14.0	14.5	15.0	15.5
23	10.4	10.9	11.4	11.8	12.3	12.8	13.3	13.8	14.3	14.7	15.2
24	10.2	10.7	11.2	11.6	12.1	12.6	13.1	13.5	14.0	14.5	15.0
25	10.0	10.4	10.9	11.4	11.9	12.4	12.8	13.3	13.8	14.2	14.7
26	9.8	10.2	10.7	11.2	11.7	12.1	12.6	13.0	13.5	14.0	14.4
27	9.5	10.0	10.5	10.9	11.4	11.9	12.3	12.8	13.2	13.7	14.2
28	9.3	9.8	10.3	10.7	11.2	11.6	12.1	12.6	13.0	13.4	13.9
29	9.1	9.5	10.0	10.5	10.9	11.4	11.8	12.3	12.7	13.2	13.6
30	8.9	9.3	9.8	10.2	10.7	11.1	11.6	12.0	12.5	12.9	13.4
31	8.7	9.2	9.6	10.0	10.5	11.0	11.4	11.8	12.2	12.6	13.1
32	8.5	9.0	9.4	9.8	10.2	10.6	11.1	11.6	12.0	12.4	12.9
33	8.3	8.7	9.1	9.6	10.0	10.4	10.9	11.4	11.8	12.2	12.6
34	8.1	8.5	8.9	9.4	9.8	10.2	10.6	11.0	11.5	12.0	12.4
35	7.9	8.3	8.7	9.2	9.6	10.0	10.4	10.8	11.2	11.6	12.1
36		8.0	8.5	8.9	9.3	9.8	10.2	10.6	11.0	11.4	11.8
37	7.4	7.8	8.3	8.7	9.1	9.5	9.9	10.4	10.8	11.2	11.6
38	7.2	7.6	8.0	8.4	8.9	9.3	9.7	10.1	10.5	10.9	11.3
39	7.0	7.4	7.8	8.2	8.6	9.0	9.4	9.8	10.2	10.6	11.1
40	6.8	7.2	7.6	8.0	8.4	8.8	9.2	9.6	10.0	10.4	10.8

温度表指示度数/℃	酒精表指示度数(体积分数)/%										
	16.5	17.0	17.5	18.0	18.5	19.0	19.5	20.0	20.5	21.0	21.5
0	21.3	22.0	22.8	23.6	24.3	25.1	25.8	26.5	27.2	27.9	28.6
1	21.1	21.8	22.6	23.3	24.0	24.7	25.4	26.1	26.8	27.5	28.2
2	20.8	21.6	22.3	23.0	23.7	24.4	25.1	25.8	26.4	27.1	27.8
3	20.6	21.4	22.0	22.7	23.4	24.1	24.8	25.5	26.1	26.8	27.4
4	20.4	21.1	21.8	22.5	23.1	23.8	24.4	25.1	25.7	26.4	27.0
5	20.2	20.9	21.5	22.2	22.8	23.4	24.1	24.7	25.4	26.0	26.6
6	19.9	20.6	21.2	21.9	22.5	23.2	23.8	24.4	25.0	25.6	26.2
7	19.7	20.4	21.0	21.6	22.2	22.8	23.4	24.1	24.7	25.3	25.9
8	19.5	20.1	20.7	21.3	21.9	22.6	23.2	23.8	24.3	24.9	25.5
9	19.2	19.9	20.5	21.1	21.7	22.3	22.8	23.4	24.0	24.6	25.2
10	19.0	19.6	20.2	20.8	21.4	22.0	22.5	23.1	23.7	24.3	24.8
11	18.8	19.4	20.0	20.5	21.1	21.7	22.2	22.8	23.4	23.9	24.5
12	18.5	19.1	19.7	20.2	20.8	21.4	21.9	22.5	23.0	23.6	24.2
13	18.3	18.8	19.4	20.0	20.5	21.1	21.6	22.2	22.7	23.3	23.8
14	18.0	18.6	19.1	19.7	20.2	20.8	21.3	21.9	22.4	23.0	23.5
15	17.8	18.3	18.9	19.4	20.0	20.5	21.0	21.6	22.1	22.6	23.1
16	17.5	18.1	18.6	19.2	19.7	20.2	20.7	21.2	21.8	22.3	22.8
17	17.3	17.8	18.3	18.9	19.4	19.9	20.4	20.9	21.4	22.0	22.5
18	17.0	17.6	18.1	18.6	19.1	19.6	20.1	20.6	21.1	21.6	22.1
19	16.8	17.3	17.8	18.3	18.8	19.3	19.8	20.3	20.8	21.3	21.8
20	16.5	17.0	17.5	18.0	18.5	19.0	19.5	20.0	20.5	21.0	21.5
21	16.2	16.7	17.2	17.7	18.2	18.7	19.2	19.7	20.2	20.7	21.2
22	16.0	16.5	17.0	17.4	17.9	18.4	18.9	19.4	19.9	20.4	20.8
23	15.7	16.2	16.6	17.1	17.6	18.1	18.6	19.0	19.5	20.0	20.5
24	15.4	15.9	16.4	16.9	17.3	17.8	18.3	18.7	19.2	19.7	20.2
25	15.2	15.6	16.1	16.6	17.0	17.5	18.0	18.4	18.9	19.4	19.8
26	14.9	15.4	15.8	16.3	16.7	17.2	17.6	18.1	18.6	19.0	19.5
27	14.6	15.1	15.5	16.0	16.4	16.9	17.3	17.8	18.2	18.7	19.2
28	14.4	14.8	15.2	15.7	16.1	16.6	17.0	17.5	17.9	18.4	18.8
29	14.1	14.5	15.0	15.4	15.8	16.3	16.7	17.2	17.6	18.0	18.5
30	13.8	14.2	14.7	15.1	15.5	16.0	16.4	16.8	17.3	17.7	18.2
31	13.5	13.9	14.4	14.8	15.2	15.7	16.1	16.5	17.0	17.4	17.8
32	13.2	13.6	14.0	14.5	15.0	15.4	15.8	16.2	16.6	17.0	17.4
33	13.0	13.4	13.8	14.2	14.6	15.1	15.4	15.8	16.2	16.7	17.2
34	12.8	13.1	13.5	13.9	14.4	14.8	15.2	15.5	16.0	16.4	16.8
35	12.4	12.8	13.2	13.6	14.0	14.5	14.8	15.2	15.6	16.0	16.4
36	12.2	12.5	13.0	13.4	13.8	14.2	14.6	14.9	15.3	15.7	16.2
37	11.9	12.2	12.6	13.1	13.5	13.9	14.2	14.6	15.0	15.4	15.8
38	11.6	12.0	12.4	12.8	13.2	13.6	13.9	14.2	14.6	15.1	15.5
39	11.4	11.7	12.1	12.5	12.9	13.3	13.6	13.9	14.3	14.7	15.1
40	11.1	11.4	11.8	12.3	12.6	13.0	13.3	13.6	14.0	14.4	14.8

温度表指示度数/℃	酒精表指示度数(体积分数)/%										
	22.0	22.5	23.0	23.5	24.0	24.5	25.0	25.5	26.0	26.5	27.0
0	29.2	29.9	30.6	31.2	31.8	32.4	33.0	33.6	34.2	34.7	35.3
1	28.8	29.5	30.1	30.7	31.4	32.0	32.6	33.1	33.7	34.3	34.9
2	28.4	29.0	29.7	30.3	30.9	31.5	32.2	32.7	33.3	33.8	34.4
3	28.0	28.6	29.3	29.9	30.5	31.1	31.7	32.3	32.9	33.4	34.0
4	27.6	28.2	28.9	29.5	30.1	30.7	31.3	31.8	32.4	33.0	33.5
5	27.2	27.8	28.5	29.1	29.7	30.5	30.8	31.4	32.0	32.6	33.1
6	26.9	27.5	28.1	28.7	29.3	29.8	30.4	31.0	31.6	32.1	32.7
7	26.5	27.1	27.7	28.3	28.9	29.4	30.0	30.6	31.1	31.7	32.2
8	26.1	26.7	27.3	27.9	28.5	29.0	29.6	30.2	30.7	31.3	31.8
9	25.8	26.3	26.9	27.5	28.1	28.6	29.2	29.7	30.3	30.8	31.4
10	25.4	26.0	26.6	27.1	27.7	28.2	28.8	29.3	29.9	30.4	31.0
11	25.0	25.6	26.2	26.7	27.3	27.8	28.4	28.9	29.5	30.0	30.6
12	24.7	25.3	25.8	26.4	26.9	27.4	28.0	28.5	29.1	29.6	30.2
13	24.4	24.9	25.4	26.0	26.5	27.1	27.6	28.2	28.7	29.2	29.7
14	24.0	24.6	25.1	25.6	26.2	26.7	27.2	27.8	28.3	25.8	29.3
15	23.7	24.2	24.7	25.3	25.8	26.3	26.8	27.4	27.9	28.4	28.9
16	23.3	23.8	24.4	24.9	25.4	25.9	26.5	27.0	27.5	28.0	28.5
17	23.0	23.5	24.0	24.5	25.1	25.6	26.1	26.6	27.1	27.6	28.1
18	22.6	23.2	23.7	24.2	24.7	25.2	25.7	26.2	26.7	27.2	27.8
19	22.3	22.8	23.3	23.8	24.4	24.8	25.4	25.9	26.4	26.9	27.4
20	22.0	22.5	23.0	23.5	24.0	24.5	25.0	25.5	26.0	26.5	27.0
21	21.7	22.2	22.6	23.1	23.6	24.1	24.6	25.1	25.6	26.1	26.6
22	21.3	21.8	22.3	22.8	23.3	23.8	24.3	24.8	25.3	25.8	26.2
23	21.0	21.5	22.0	22.4	22.9	23.4	23.9	24.4	24.9	25.4	25.8
24	20.7	21.1	21.6	22.1	22.6	23.1	23.5	24.0	24.5	25.0	25.5
25	20.3	20.8	21.3	21.8	22.2	22.7	23.2	23.7	24.1	24.6	25.1
26	20.0	20.5	20.9	21.4	21.9	22.4	22.8	23.3	23.8	24.2	24.7
27	19.6	20.1	20.6	21.0	21.5	22.0	22.5	22.9	23.4	23.9	24.4
28	19.3	19.8	20.2	20.7	21.2	21.6	22.1	22.6	23.0	23.5	24.0
29	19.0	19.4	19.9	20.4	20.8	21.3	21.8	22.2	22.7	23.2	23.6
30	18.6	19.1	19.6	20.0	20.5	20.9	21.4	21.9	22.3	22.8	23.2
31	18.3	18.8	19.3	19.8	20.0	20.6	21.0	21.4	21.9	20.4	22.8
32	17.9	18.4	18.9	19.4	19.8	20.2	20.7	21.2	21.6	22.0	22.4
33	17.6	18.1	18.6	19.0	19.4	19.8	20.3	20.8	21.2	21.6	22.1
34	17.2	17.7	18.2	18.6	19.1	19.6	20.0	20.4	20.8	21.2	21.7
35	16.9	17.4	17.9	18.4	18.8	19.2	19.6	20.0	20.4	20.8	21.3
36	16.6	17.1	17.6	18.0	18.4	18.8	19.2	19.6	20.1	20.5	20.9
37	16.2	16.7	17.2	17.6	18.0	18.4	18.9	19.3	19.7	20.1	20.5
38	15.9	16.4	16.9	17.3	17.7	18.1	18.5	18.9	19.3	19.8	20.2
39	15.5	16.0	16.5	17.0	17.4	17.8	18.2	18.6	19.0	19.4	19.8
40	15.2	15.7	16.2	16.6	17.0	17.4	17.8	18.2	18.6	19.0	19.4

温度表指示度数/℃	酒精表指示度数(体积分数)/%										
	27.5	28.0	28.5	29.0	29.5	30.0	31	32	33	34	35
0	35.8	36.3	36.8	37.3	37.8	38.3	39.3	40.2	41.2	42.1	43.1
1	35.3	35.9	36.4	36.9	37.4	37.9	38.9	39.8	40.8	41.7	12.7
2	34.9	35.4	36.0	36.5	37.0	37.5	38.4	39.4	40.4	41.3	42.3
3	34.5	35.0	35.5	36.0	36.6	37.1	38.0	39.0	40.0	40.9	41.9
4	34.0	34.8	35.1	35.6	36.1	36.6	37.6	38.6	39.6	40.5	41.5
5	33.6	34.2	34.7	35.2	35.7	36.2	37.2	38.2	39.2	40.1	41.1
6	33.2	33.7	34.2	34.8	35.3	35.8	36.8	37.8	38.8	39.7	40.7
7	32.8	33.3	33.8	34.4	34.9	35.4	36.4	37.3	38.3	39.3	40.3
8	32.4	32.9	33.4	33.9	34.4	35.0	36.0	36.9	37.9	38.9	39.9
9	31.9	32.5	33.0	33.5	34.0	34.5	35.5	36.5	37.5	38.5	39.5
10	31.5	32.0	32.6	33.1	33.6	34.1	35.1	36.1	37.1	38.1	39.1
11	31.1	31.6	32.1	32.7	33.2	33.7	34.7	35.7	36.7	37.7	38.7
12	30.7	31.2	31.7	32.2	32.8	33.3	34.3	35.3	36.3	37.3	38.2
13	30.3	30.8	31.3	31.8	32.3	32.8	33.9	34.9	35.9	36.8	37.8
14	29.9	30.4	30.9	31.4	31.9	32.4	33.5	34.4	35.4	36.4	37.4
15	29.5	30.0	30.5	31.0	31.5	32.0	33.0	34.0	35.0	36.0	37.0
16	29.0	29.6	30.1	30.6	31.1	31.6	32.6	33.6	34.6	35.6	36.6
17	28.6	29.2	29.7	30.2	30.7	31.2	32.2	33.2	34.2	35.2	36.2
18	28.3	28.8	29.3	29.8	30.3	30.8	31.8	32.8	33.8	34.8	35.8
19	27.9	28.4	28.9	29.4	29.9	30.4	31.4	32.4	33.4	34.4	35.4
20	27.5	28.0	28.5	29.0	29.5	30.0	31.0	32.0	33.0	34.0	35.0
21	27.1	27.6	28.1	28.6	29.1	29.6	30.6	31.6	32.6	33.6	34.6
22	26.7	27.2	27.7	28.2	28.7	29.2	30.2	31.2	32.2	33.2	34.2
23	26.3	26.8	27.3	27.8	28.3	28.8	29.8	30.8	31.8	32.8	33.8
24	26.0	26.4	26.9	27.4	27.9	28.4	29.4	30.4	31.4	32.4	33.4
25	25.6	26.1	26.6	27.0	27.5	28.0	29.0	30.0	31.0	32.0	33.0
26	25.2	25.7	26.2	26.6	27.1	27.6	28.6	29.6	30.6	31.6	32.6
27	24.8	25.3	25.8	26.3	26.7	27.2	28.2	29.2	30.2	31.2	32.2
28	24.4	24.9	25.4	25.9	26.4	26.8	27.8	28.8	29.7	30.7	31.7
29	24.1	24.6	25.0	25.5	26.0	26.4	27.4	28.4	29.4	30.3	31.3
30	23.7	24.2	24.6	25.1	25.6	26.1	27.0	28.0	28.9	29.9	30.9
31	23.3	23.8	24.2	24.7	25.2	25.7	26.6	27.6	28.5	29.5	30.5
32	22.9	23.4	23.8	24.3	24.8	25.3	26.2	27.2	28.1	29.1	30.1
33	22.6	23.1	23.5	23.9	24.4	24.9	25.8	26.8	27.7	28.7	29.7
34	22.2	22.7	23.1	23.5	24.0	24.5	25.4	26.4	27.2	28.3	29.3
35	21.8	22.3	22.8	23.2	23.7	24.2	25.0	26.0	26.8	27.8	28.8
36	21.4	21.9	22.4	22.8	23.3	23.8	24.6	25.6	26.4	27.4	28.4
37	21.0	21.5	22.0	22.4	22.9	23.4	24.2	25.2	26.0	27.0	28.0
38	20.7	21.2	21.6	22.0	22.5	23.0	23.8	24.8	25.6	26.6	27.6
39	20.3	20.8	21.2	21.6	22.1	22.6	23.4	24.4	25.2	26.2	27.2
40	19.9	20.4	20.8	21.2	21.7	22.2	23.0	24.0	24.8	25.8	26.8

续表

温度表指示度数/℃	酒精表指示度数(体积分数)/%										
	36	37	38	39	40	41	42	43	44	45	46
0	44.0	45.0	46.0	46.9	47.8	48.8	49.7	50.7	51.6	52.6	53.5
1	43.7	44.6	45.6	46.5	47.5	48.4	49.4	50.3	51.3	52.2	53.2
2	43.3	44.2	45.2	46.1	47.1	48.0	49.0	49.9	50.9	51.8	52.8
3	42.9	43.8	44.8	45.8	46.7	47.7	48.6	49.6	50.5	51.5	52.4
4	42.5	43.4	44.4	45.4	46.3	47.3	48.2	49.2	50.2	51.1	52.1
5	42.1	43.1	44.0	45.0	46.0	46.9	47.9	48.8	49.8	50.8	51.7
6	41.7	42.6	43.6	44.6	45.6	46.5	47.5	48.4	49.4	50.4	51.3
7	41.3	42.3	43.2	44.2	45.2	46.2	47.1	48.1	49.0	50.0	51.0
8	40.9	41.9	42.8	43.8	44.8	45.8	46.7	47.7	48.6	49.6	50.6
9	40.5	41.5	42.4	43.4	44.4	45.4	46.4	47.3	48.3	49.2	50.2
10	40.1	41.0	42.0	43.0	44.0	45.0	46.0	46.9	47.9	48.9	49.8
11	39.6	40.6	41.6	42.6	43.6	44.6	45.6	46.5	47.5	48.5	49.5
12	39.2	40.2	41.2	42.2	43.2	44.2	45.2	46.1	47.1	48.1	49.1
13	38.8	39.8	40.8	41.8	42.8	43.8	44.9	45.8	46.7	47.7	48.7
14	38.4	39.4	40.6	41.4	42.4	43.4	44.4	45.4	46.4	47.5	48.3
15	38.0	39.0	40.0	41.0	42.0	43.0	44.0	45.0	46.0	47.0	47.9
16	37.6	38.6	39.6	40.6	41.6	42.6	43.6	44.6	45.6	46.6	47.6
17	37.2	38.2	39.2	40.2	41.2	42.2	43.2	44.2	45.2	46.2	47.2
18	36.8	37.8	38.8	39.8	40.8	41.8	42.8	43.8	44.8	45.8	46.8
19	36.4	37.4	38.4	39.4	40.4	41.4	42.4	43.4	44.4	45.4	46.4
20	36.0	37.0	38.0	39.0	40.0	41.0	42.0	43.0	44.0	45.0	46.0
21	35.6	36.6	37.6	38.6	39.6	40.6	41.6	42.6	43.6	44.6	45.6
22	35.2	36.2	37.2	38.2	39.2	40.2	41.2	42.2	43.2	44.2	45.2
23	34.8	35.8	36.8	37.8	38.8	39.8	40.8	41.8	42.8	43.8	44.8
24	34.4	35.4	36.4	37.4	38.4	39.4	40.4	41.4	42.4	43.4	44.4
25	34.0	35.0	36.0	37.0	38.0	39.0	40.0	41.0	42.0	43.0	44.1
26	33.6	34.6	35.6	36.6	37.6	38.6	39.6	40.6	41.6	42.7	43.7
27	33.2	34.2	35.2	36.2	37.2	38.2	39.2	40.0	41.2	42.3	43.3
28	32.8	33.8	34.8	35.8	36.8	37.8	38.8	39.8	40.8	41.9	42.9
29	32.3	33.4	34.4	35.4	36.4	37.4	38.4	39.4	40.4	41.5	42.5
30	32.0	33.0	34.0	35.0	36.0	37.0	38.0	39.0	40.1	41.1	42.1
31	31.6	32.6	33.6	34.6	35.6	36.6	37.6	38.6	39.7	40.7	41.7
32	31.2	32.2	33.2	34.2	35.2	36.2	37.2	38.2	39.3	40.3	41.2
33	30.8	31.8	32.8	33.8	34.8	35.8	36.8	37.8	38.9	39.9	40.9
34	30.4	31.4	32.4	33.4	34.4	35.4	36.4	37.4	38.5	39.5	40.5
35	30.0	31.0	32.0	33.0	34.0	35.0	36.0	37.0	38.1	39.1	40.2
36	29.6	30.6	31.6	32.6	33.6	34.6	35.6	36.6	37.7	38.6	39.8
37	29.2	30.2	31.2	32.2	33.2	34.2	35.2	36.2	37.3	38.2	39.4
38	28.8	29.8	30.8	31.8	32.8	33.8	34.8	35.8	36.9	37.8	39.0
39	28.4	29.4	30.4	31.4	32.4	33.4	34.4	35.4	36.5	37.4	38.9
40	28.0	29.0	30.0	31.0	32.0	33.0	34.0	35.0	36.1	37.0	38.2

续表

温度表指示度数/℃	酒精表指示度数(体积分数)/%										
	47	48	49	50	51	52	53	54	55	56	57
0	54.5	55.4	56.4	57.3	58.2	59.2	60.1	61.1	62.0	63.0	63.9
1	54.1	55.0	56.0	57.0	57.9	58.8	59.8	60.7	61.7	62.6	63.6
2	53.8	54.7	55.6	56.6	57.5	58.5	59.4	60.4	61.4	62.3	63.3
3	53.4	54.3	55.3	56.2	57.2	58.2	59.1	60.1	61.0	62.0	62.9
4	53.0	54.0	54.9	55.9	56.8	57.8	58.8	59.7	60.7	61.6	62.6
5	52.7	53.6	54.6	55.5	56.5	57.4	58.4	59.4	60.3	61.3	62.3
6	52.3	53.2	54.2	55.2	56.1	57.1	58.1	59.0	60.0	61.0	61.9
7	51.9	52.9	53.9	54.8	55.8	56.8	57.7	58.7	59.6	60.6	61.6
8	51.6	52.5	53.5	54.5	55.4	56.4	57.4	58.3	59.3	60.3	61.2
9	51.2	52.2	53.1	54.1	55.1	56.0	57.0	58.0	58.9	59.9	60.9
10	50.8	51.8	52.8	53.7	54.7	55.7	56.6	57.6	58.6	59.6	60.5
11	50.4	51.4	52.4	53.4	54.3	55.3	56.3	57.2	58.2	59.2	60.2
12	50.1	51.0	52.0	53.0	54.0	55.0	55.9	56.9	57.9	58.9	59.8
13	49.7	50.7	51.6	52.6	59.6	54.6	55.6	56.5	57.5	58.5	59.5
14	49.3	50.3	51.3	52.2	53.2	54.2	55.2	56.2	57.2	58.2	59.1
15	48.9	49.9	50.9	51.9	52.9	53.9	54.8	55.8	56.8	57.8	58.8
16	48.6	49.5	50.5	51.5	52.5	53.5	54.5	55.5	56.4	57.4	58.4
17	48.2	49.2	50.1	51.1	52.1	53.1	54.1	55.1	56.1	57.1	58.1
18	47.8	48.8	49.8	50.7	51.7	52.7	53.7	54.7	55.7	56.7	57.7
19	47.4	48.4	49.4	50.4	51.4	52.4	53.4	54.4	55.4	56.4	57.4
20	47.0	48.0	49.0	50.0	51.0	52.0	53.0	54.0	55.0	56.0	57.0
21	46.6	47.6	48.6	49.6	50.6	51.6	52.6	53.6	54.6	55.6	56.6
22	46.2	47.2	48.2	49.2	50.2	51.2	52.2	53.3	54.3	55.3	56.3
23	45.8	46.8	47.8	48.9	49.9	50.9	51.9	52.9	53.9	54.9	55.9
24	45.4	46.4	47.5	48.5	49.5	50.5	51.5	52.5	53.5	54.5	55.6
25	45.1	46.1	47.1	48.1	49.1	50.1	51.1	52.2	53.2	54.2	55.2
26	44.7	45.7	46.7	47.7	48.7	49.7	50.8	51.8	52.8	53.8	54.8
27	44.3	45.3	46.3	47.3	48.3	49.4	50.4	51.4	52.4	53.4	54.4
28	43.9	44.9	45.9	47.0	48.0	49.0	50.0	51.0	52.1	53.1	54.1
29	43.5	44.5	45.6	46.6	47.6	48.6	49.6	50.7	51.7	52.7	53.7
30	43.1	44.2	45.2	46.2	47.2	48.2	49.3	50.3	51.3	52.3	53.4
31	42.7	43.8	44.8	45.8	46.8	47.8	48.9	49.9	50.9	51.9	53.0
32	42.3	43.4	44.4	45.4	46.4	47.4	48.5	49.6	50.6	51.6	52.7
33	41.9	43.1	44.1	45.0	46.1	47.1	48.2	49.2	50.2	51.2	52.3
34	41.5	42.7	43.7	44.7	45.7	46.7	47.8	48.8	49.8	50.8	51.9
35	41.2	42.3	43.3	44.3	45.3	46.3	47.4	48.5	49.5	50.5	51.6
36	40.8	41.9	40.9	43.9	44.9	45.9	47.0	48.1	49.1	50.1	51.2
37	40.4	41.5	42.5	43.5	44.5	45.5	46.6	47.7	48.7	49.7	50.8
38	40.0	41.2	42.2	43.1	44.2	45.2	46.3	47.3	48.3	49.3	50.4
39	39.6	40.8	41.8	42.7	43.8	44.8	45.9	47.0	48.0	49.0	50.1
40	39.2	40.4	41.4	42.4	43.4	44.4	45.5	46.6	47.6	48.6	49.7

温度表指示度数/℃	酒精表指示度数（体积分数）/%										
	58	59	60	61	62	63	64	65	66	67	68
0	64.9	65.8	66.8	67.7	68.7	69.6	70.6	71.5	72.5	73.4	74.4
1	64.6	65.5	66.4	67.4	68.4	69.3	70.3	71.2	72.2	73.1	74.1
2	64.2	65.2	66.1	67.1	68.0	69.0	70.0	70.9	71.9	72.8	73.8
3	63.9	64.8	65.8	66.8	67.7	68.7	69.6	70.6	71.6	72.5	73.5
4	63.6	64.5	65.5	66.4	67.4	68.4	69.3	70.3	71.2	72.2	73.2
5	63.2	64.2	65.1	66.1	67.1	68.0	69.0	70.0	70.9	71.9	72.9
6	62.9	63.8	64.8	65.8	66.7	67.7	68.7	69.6	70.6	71.6	72.5
7	62.5	63.5	64.5	65.4	66.4	67.4	68.4	69.3	70.3	71.3	72.2
8	62.2	63.2	64.1	65.1	66.1	67.0	68.0	69.0	70.0	70.9	71.9
9	61.9	62.8	63.8	64.8	65.7	66.7	67.7	68.7	69.6	70.6	71.6
10	61.5	62.5	63.5	64.4	65.4	66.4	67.4	68.3	69.3	70.3	71.3
11	61.2	62.1	63.1	64.1	65.1	66.0	67.0	68.0	69.0	70.0	71.0
12	60.8	61.8	62.8	63.8	64.7	65.7	66.7	67.7	68.7	69.6	70.6
13	60.5	61.4	62.4	63.4	64.4	65.4	66.4	67.4	68.3	69.3	70.3
14	60.1	61.1	62.1	63.1	64.1	65.0	66.0	67.0	68.0	69.0	70.0
15	59.8	60.8	61.7	62.7	63.7	64.7	65.7	66.7	67.7	68.6	69.6
16	59.4	60.4	61.4	62.4	63.4	64.4	65.4	66.3	67.3	68.3	69.3
17	59.1	60.0	61.0	62.0	63.0	64.0	65.0	66.0	67.0	68.0	69.0
18	58.7	59.7	60.7	61.7	62.7	63.7	64.7	65.7	66.7	67.7	68.7
19	58.4	59.4	60.4	61.3	62.3	63.3	64.3	65.3	66.3	67.3	68.3
20	58.0	59.0	60.0	61.0	62.0	63.0	64.0	65.0	66.0	67.0	68.0
21	57.6	58.6	59.6	60.6	61.6	62.6	63.6	64.6	65.7	66.7	67.7
22	57.3	58.3	59.3	60.3	61.3	62.3	63.3	64.3	65.3	66.3	67.3
23	56.9	57.9	58.9	60.0	61.0	62.0	63.0	64.0	65.0	66.0	67.0
24	56.6	57.6	58.6	59.6	60.6	61.6	62.6	63.6	64.6	65.6	66.7
25	56.2	57.2	58.2	59.2	60.3	61.3	62.3	63.3	64.3	65.3	66.3
26	55.8	56.9	57.9	58.9	59.9	60.9	61.9	63.0	64.0	65.0	66.0
27	55.5	56.5	57.5	58.5	59.6	60.6	61.6	62.6	63.6	64.6	65.7
28	55.1	56.1	57.2	58.2	59.2	60.2	61.2	62.3	63.3	64.3	65.3
29	54.8	55.8	56.8	57.8	58.8	59.9	60.9	61.9	62.9	64.0	65.0
30	54.4	55.4	56.4	57.5	58.5	59.5	60.6	61.6	62.6	63.6	64.6
31	54.0	55.0	56.0	57.2	58.1	59.2	60.3	61.3	62.3	63.3	64.3
32	53.7	54.7	55.7	56.8	57.8	58.8	59.9	60.9	61.9	62.9	63.9
33	53.3	54.3	55.3	56.5	57.4	58.5	59.6	60.6	61.6	62.6	63.6
34	53.0	54.0	55.0	56.1	57.1	58.1	59.2	60.2	61.2	62.2	63.2
35	52.6	53.6	54.6	55.8	56.7	57.8	58.9	59.9	60.9	61.9	62.9
36	52.2	53.2	54.2	55.4	56.4	57.4	58.5	59.5	60.5	61.5	62.5
37	51.9	52.9	53.9	55.1	56.0	57.1	58.2	59.2	60.2	61.2	62.2
38	51.5	52.5	53.5	54.7	55.7	56.7	57.9	58.8	59.8	60.8	61.8
39	51.2	52.2	53.2	54.4	55.3	56.4	57.5	58.5	59.5	60.5	61.5
40	50.8	51.8	52.8	54.0	55.0	56.0	57.1	58.1	59.1	60.1	61.1

续表

温度表指示度数/℃	酒精表指示度数(体积分数)/%										
	69	70	71	72	73	74	75	76	77	78	79
0	75.4	76.3	77.3	78.2	79.1	80.1	81.0	82.0	82.9	83.8	84.8
1	75.0	76.0	77.0	77.9	78.8	79.8	80.7	81.7	82.6	83.6	84.5
2	74.7	75.7	76.6	77.6	78.6	79.5	80.4	81.4	82.3	83.3	84.2
3	74.4	75.4	76.4	77.3	78.3	79.2	80.2	81.1	82.1	83.0	84.0
4	74.1	75.1	76.0	77.0	78.0	78.9	79.9	80.8	81.8	82.7	83.7
5	73.8	74.8	75.8	76.7	77.7	78.6	79.6	80.5	81.5	82.4	83.4
6	73.5	74.5	75.9	76.4	77.4	78.3	79.3	80.2	81.2	82.2	83.1
7	73.2	74.2	75.1	76.1	77.2	78.0	79.0	80.0	80.9	81.9	82.8
8	72.9	73.8	74.8	75.8	76.8	77.7	78.7	79.7	80.6	81.6	82.6
9	72.6	73.5	74.5	75.5	76.5	77.4	78.4	79.4	80.3	81.3	82.3
10	72.2	73.2	74.2	75.2	76.2	77.1	78.1	79.1	80.0	81.0	82.0
11	71.9	72.9	73.9	74.9	75.8	76.8	77.8	78.8	79.7	80.7	81.7
12	71.6	72.6	73.6	74.5	75.5	76.5	77.5	78.5	79.4	80.4	81.4
13	71.3	72.3	73.2	74.2	75.2	76.2	77.2	78.2	79.1	80.1	81.1
14	71.0	72.0	72.9	73.9	74.9	75.9	76.9	77.9	78.8	79.8	80.8
15	70.6	71.6	72.6	73.6	74.6	75.6	76.6	77.6	78.5	79.5	80.5
16	70.3	71.3	72.3	73.3	74.3	75.3	76.2	77.2	78.2	79.2	80.2
17	70.0	71.0	72.0	73.0	74.0	74.9	75.9	76.9	77.9	78.9	79.9
18	69.6	70.6	71.6	72.6	73.6	74.6	75.6	76.6	77.6	78.6	79.6
19	69.3	70.3	71.3	72.3	73.3	74.3	75.3	76.3	77.3	78.3	79.3
20	69.0	70.0	71.0	72.0	73.0	74.0	75.0	76.0	77.0	78.0	79.0
21	68.7	69.7	70.7	71.7	72.7	73.7	74.7	75.7	76.7	77.7	78.7
22	68.3	69.3	70.3	71.4	72.4	73.4	74.4	75.4	76.4	77.4	78.4
23	68.0	69.0	70.0	71.0	72.0	73.0	74.1	75.1	76.1	77.1	78.1
24	67.7	68.7	69.7	70.7	71.7	72.7	73.7	74.7	75.8	76.8	77.8
25	67.3	68.4	69.4	70.4	71.4	72.4	73.4	74.4	75.4	76.4	77.5
26	67.0	68.0	69.0	70.0	71.1	72.1	73.1	74.1	75.1	76.1	77.2
27	66.7	67.7	68.7	69.7	70.7	71.8	72.8	73.8	74.8	75.8	76.8
28	66.3	67.4	68.4	69.4	70.4	71.4	72.4	73.5	74.5	75.5	76.5
29	66.0	67.0	68.0	69.1	70.1	71.1	72.1	73.2	74.2	75.2	76.2
30	65.7	66.7	67.7	68.7	69.8	70.8	71.8	72.8	73.8	74.9	75.9
31	65.4	66.4	67.4	68.4	69.5	70.5	71.5	72.5	73.5	74.6	75.6
32	65.0	66.0	67.0	68.0	69.1	70.1	71.2	72.1	73.2	74.2	75.3
33	64.6	65.7	66.7	67.7	68.8	69.8	70.8	71.8	72.8	73.9	75.0
34	64.3	65.3	66.3	67.4	68.4	69.5	70.5	71.5	72.5	73.6	74.7
35	64.0	65.0	66.0	67.0	68.1	69.1	70.2	71.2	72.2	73.2	74.3
36	63.6	64.7	65.7	66.7	67.8	68.8	69.9	70.8	71.9	72.9	74.0
37	63.2	64.3	65.3	66.4	67.4	68.5	69.6	70.5	71.6	72.6	73.7
38	62.9	64.0	65.0	66.0	67.1	68.1	69.2	70.2	71.2	72.3	73.4
39	62.6	63.6	64.6	65.7	66.7	67.8	68.9	69.8	70.9	71.9	73.1
40	62.2	63.3	64.3	65.4	66.4	67.5	68.6	69.5	70.6	71.6	72.8

续表

温度表指示度数/℃	酒精表指示度数(体积分数)/%										
	80	81	82	83	84	85	86	87	88	89	90
0	85.7	86.6	87.5	88.4	89.4	90.2	91.2	92.0	92.9	93.8	94.7
1	85.4	86.4	87.3	88.2	89.1	90.0	91.0	91.8	92.7	93.6	94.5
2	85.2	86.1	87.0	87.9	88.8	89.8	90.7	91.6	92.5	93.4	94.3
3	84.9	85.8	86.8	87.7	88.6	89.5	90.4	91.3	92.2	93.2	94.1
4	84.6	85.4	86.5	87.4	88.4	89.3	90.2	91.1	92.0	92.9	93.8
5	84.3	85.3	86.2	87.2	88.1	89.0	90.0	90.9	91.8	92.7	93.6
6	84.1	85.0	86.0	86.9	87.8	88.8	89.7	90.6	91.6	92.5	93.4
7	83.8	84.8	85.7	86.6	87.6	88.5	89.5	90.4	91.3	92.2	93.2
8	83.5	84.5	85.4	86.4	87.3	88.3	89.2	90.1	91.1	92.0	92.9
9	83.2	84.2	85.2	86.1	87.0	88.0	89.0	89.9	90.8	91.8	92.7
10	83.0	83.9	84.9	85.8	86.8	87.7	88.7	89.6	90.6	91.5	92.5
11	82.7	83.6	84.6	85.6	86.5	87.5	88.4	89.4	90.3	91.3	92.2
12	82.4	83.3	84.3	85.3	86.2	87.2	88.2	89.1	90.1	91.0	92.0
13	82.1	83.1	84.0	85.0	86.0	86.9	87.9	88.9	89.8	90.8	91.7
14	81.8	82.8	83.7	84.7	85.7	86.7	87.6	88.6	89.6	90.5	91.5
15	81.5	82.5	83.4	84.4	85.4	86.4	87.4	88.3	89.3	90.3	91.3
16	81.2	82.2	83.2	84.2	85.1	86.1	87.1	88.1	89.0	90.0	91.0
17	80.9	81.8	82.9	83.9	84.8	85.8	86.8	87.8	88.8	89.8	90.8
18	80.6	81.6	82.6	83.6	84.6	85.6	86.5	87.5	88.5	89.5	90.5
19	80.3	81.3	82.3	83.3	84.3	85.3	86.3	87.3	88.3	89.3	90.3
20	80.0	81.0	82.0	82.9	84.0	85.0	86.0	87.0	88.0	89.0	90.0
21	79.9	80.7	81.7	82.7	83.7	84.7	85.7	86.7	87.7	88.7	89.7
22	79.4	80.4	81.4	82.4	83.4	84.4	85.4	86.4	87.4	88.5	89.5
23	79.1	80.1	81.1	82.1	83.1	84.1	85.1	86.2	87.2	88.2	89.2
24	78.8	79.8	80.8	81.8	82.8	83.8	84.9	85.9	86.9	87.9	89.0
25	78.5	79.5	80.5	81.5	82.5	83.6	84.6	85.6	86.6	87.7	88.7
26	78.2	79.2	80.2	81.2	82.2	83.3	84.3	85.3	86.3	87.4	88.4
27	77.9	78.9	79.9	80.9	81.9	83.0	84.0	85.0	86.1	87.1	88.1
28	77.6	78.6	79.6	80.6	81.6	82.7	83.7	84.7	85.8	86.8	87.9
29	77.2	78.3	79.3	80.3	81.3	82.4	83.4	84.4	85.5	86.5	87.6
30	76.9	78.0	79.0	80.0	81.0	82.1	83.1	84.2	85.2	86.3	87.3
31	76.6	77.7	78.7	79.7	80.7	81.8	82.8	83.9	84.9	86.0	87.0
32	76.3	77.4	78.4	79.4	80.4	81.5	82.5	83.6	84.6	85.7	86.7
33	76.0	77.1	78.1	79.1	80.1	81.2	82.2	83.3	84.3	85.4	86.5
34	75.7	76.8	77.8	78.8	79.8	80.9	81.9	83.0	84.0	85.1	86.2
35	75.4	76.5	77.4	78.4	79.5	80.6	81.6	82.8	83.8	84.8	85.9
36	75.0	76.2	77.1	78.1	79.2	80.3	81.3	82.5	83.5	84.6	85.6
37	74.7	75.9	76.8	77.8	78.9	80.0	81.0	82.2	83.2	84.3	85.3
38	74.4	75.6	76.5	77.5	78.6	79.7	80.7	81.9	82.9	84.0	85.1
39	74.1	75.3	76.2	77.2	78.3	79.4	80.4	81.6	82.6	83.7	84.8
40	73.8	75.0	75.9	76.9	78.0	79.1	80.0	81.3	82.3	83.4	84.5

温度表指示度数/℃	酒精表指示度数（体积分数）/%									
	91	92	93	94	95	96	97	98	99	100
0	95.5	96.4	97.2	98.1	98.9	99.7				
1	95.3	96.2	97.0	97.9	98.7	99.5				
2	95.1	96.0	96.9	97.7	98.5	99.4				
3	94.9	95.8	96.7	97.5	98.4	99.2	100.0			
4	94.7	95.6	96.5	97.3	98.2	99.0	99.8			
5	94.5	95.4	96.3	97.1	98.0	98.9	99.7			
6	94.3	95.2	96.1	97.0	97.8	98.7	99.5			
7	94.1	95.0	95.9	96.8	97.6	98.5	99.4			
8	93.9	94.8	95.7	96.6	97.5	98.3	99.2			
9	93.6	94.5	95.5	96.4	97.3	98.1	99.0	99.9		
10	93.4	94.3	95.2	96.2	97.1	98.0	98.9	99.7		
11	93.2	94.1	95.0	96.0	96.9	97.8	98.7	99.6	100.0	
12	92.9	93.9	94.8	95.7	96.7	97.6	98.5	99.4		
13	92.7	93.6	94.6	95.5	96.5	97.4	98.3	99.2		
14	92.5	93.4	94.4	95.3	96.3	97.2	98.1	99.1		
15	92.2	93.2	94.2	95.1	96.1	97.0	98.0	98.9	99.8	
16	92.0	93.0	93.9	94.9	95.9	96.8	97.8	98.7	99.7	
17	91.7	92.7	93.7	94.7	95.6	96.6	97.6	98.6	99.5	
18	91.5	92.5	93.5	94.4	95.4	96.4	97.4	98.4	99.3	
19	91.2	92.2	93.2	94.2	95.2	96.2	97.2	98.2	99.2	
20	91.0	92.0	93.0	94.0	95.0	96.0	97.0	98.0	99.0	100.0
21	90.7	91.8	92.8	93.8	94.8	95.8	96.8	97.8	98.8	99.8
22	90.5	91.5	92.5	93.5	94.6	95.6	96.6	97.6	98.6	99.7
23	90.2	91.3	92.3	93.3	94.3	95.4	96.4	97.4	98.5	99.5
24	90.0	91.0	92.0	93.1	94.1	95.1	96.2	97.2	98.3	99.3
25	89.7	90.7	91.8	92.8	93.9	94.9	96.0	97.0	98.1	94.1
26	89.4	90.5	91.5	92.6	93.6	94.7	95.8	96.8	97.9	99.0
27	89.2	90.2	91.3	92.3	93.4	94.5	95.5	96.6	97.7	98.8
28	88.9	90.0	91.0	92.1	93.1	94.2	95.3	96.4	97.5	98.6
29	88.6	89.7	90.8	91.8	92.9	94.0	95.1	96.2	97.3	98.4
30	88.4	89.4	90.5	91.6	92.7	93.8	94.8	96.0	97.1	98.3
31	88.1	89.1	90.2	91.4	92.5	93.6	94.6	95.8	96.9	98.1
32	87.9	88.9	90.0	91.1	92.2	93.4	94.4	95.6	96.7	98.0
33	87.6	88.6	89.8	90.9	92.0	93.1	94.1	95.4	96.5	97.8
34	87.4	88.4	89.5	90.6	91.8	92.9	93.9	95.2	96.3	97.6
35	87.1	88.1	89.2	90.4	91.6	92.7	93.7	95.0	96.2	97.4
36	86.8	87.8	89.0	90.2	91.3	92.5	93.5	94.8	96.0	97.3
37	86.6	87.6	88.8	89.9	91.1	92.3	93.3	94.6	95.8	97.1
38	86.3	87.3	88.5	89.7	90.9	92.0	93.0	94.4	95.6	96.9
39	86.1	87.1	88.2	89.4	90.6	91.8	92.8	94.2	95.4	96.8
40	85.8	86.8	88.0	89.2	90.4	91.6	92.6	94.0	95.2	96.6

酒精表（计）的温度与浓度换算表使用说明：

1.用酒精表测得的酒精体积分数只在标准温度（20℃）下才是酒精的实际体积分数，但在实际测量中酒精的温度不可能都是标准温度（20℃）。因此需要将在非标准温度下测得的酒精体积分数换算到标准温度，所获得的度数才是酒精的实际体积分数。

2.本表温度应用范围为0～40℃。

3.使用方法

（1）将预测的酒精盛入玻璃量筒内，酒精内不应含有脏物或浑浊现象。

（2）将擦净的温度表（计）树立于玻璃量筒中（酒精的温度应在0～40℃范围内，否则应升温或降温），然后将30～60（或40～70）的酒精表擦干净徐徐地沉入玻璃量筒中，这时会出现三种情况：

① 液面在分度标尺范围内，这样可准备读数；

② 液面低于分度标尺或酒精表歪斜，这时可将酒精表取出更换0～30（或0～40）规格的酒精表；

③ 液面高于分度标尺或酒精表沉底了，这时可将酒精表取出更换60～100（或70～100）规格的酒精表。

（3）读数

当液面在分度标尺范围内待静置5min后即可读数，读数位置是液面与分度标尺相切的地方，按下缘读取记下酒精表示值，同时读取温度表示值。

（4）查表

在换算表的横向上查找记下酒精表度数，在换算表的纵向上查找温度表度数，两者都查到后，再看酒精表的度数从上往下查，温度表的度数从左往右查，两者相交处的数值，即是欲测量酒精的实际体积分数。

例 在玻璃量筒内用酒精表（计）测得的酒精体积分数为56%，用温度表（计）测得的该酒精的温度为16℃，查表得酒精实际体积分数为57.4%。

附表20　酒精水溶液的密度（20℃）与质量、体积的对照

密度 /(g/cm³)	C_2H_5OH		密度 /(g/cm³)	C_2H_5OH	
	质量/g	体积/mL		质量/g	体积/mL
0.998	0.15	0.2	0.962	24.8	30.3
0.996	1.2	1.5	0.960	26.2	31.8
0.994	2.3	3.0	0.957	28.1	34.0
0.992	3.5	4.4	0.954	29.9	36.1
0.990	4.7	5.9	0.950	32.2	38.8
0.988	5.9	7.4	0.945	35.0	41.3
0.985	7.9	9.9	0.940	37.6	44.8
0.982	10.0	12.5	0.935	40.1	47.5
0.980	11.5	14.2	0.930	42.6	50.2
0.978	13.0	16.0	0.925	44.9	52.7
			0.920	47.3	55.1
0.975	13.3	18.9	0.915	49.5	57.4
0.972	17.6	21.7	0.910	51.8	59.7
0.970	19.1	23.5	0.905	53.9	61.9
0.968	20.6	25.3	0.900	56.2	64.0
0.965	22.8	27.8	0.895	58.3	66.2

密度 /(g/cm³)	C₂H₅OH		密度 /(g/cm³)	C₂H₅OH	
	质量/g	体积/mL		质量/g	体积/mL
0.890	60.5	68.2	0.840	81.4	86.6
0.885	62.7	70.2	0.835	83.4	88.2
0.880	64.8	72.2	0.830	85.4	89.8
0.875	66.9	74.2	0.825	87.3	91.2
0.870	69.0	76.1	0.820	89.2	92.7
0.865	71.1	77.9	0.815	91.1	94.1
0.860	73.2	79.7	0.810	93.0	95.4
0.855	75.3	81.5	0.805	94.4	96.3
0.850	77.3	83.3	0.800	96.5	97.7
0.845	79.4	85.0	0.795	98.2	98.9
			0.791	99.5	99.7

附表 21　酒精水溶液的密度（15℃）与体积、质量的对照

密度 /(g/cm³)	C₂H₅OH		密度 /(g/cm³)	C₂H₅OH	
	体积/mL	质量/g		体积/mL	质量/g
0.9976	1	0.8	0.9598	34	28.1
0.9962	2	1.6	0.9585	35	29.0
0.9947	3	2.4	0.9571	36	29.9
0.9933	4	3.2	0.9567	37	30.7
0.9920	5	4.0	0.9542	38	31.6
0.9906	6	4.6	0.9528	39	32.5
			0.9512	40	33.4
0.9894	7	5.6	0.9497	41	34.3
0.9882	8	6.3	0.9481	42	35.2
0.9870	9	7.4	0.9464	43	36.1
0.9858	10	8.1	0.9448	44	37.0
0.9846	11	8.9	0.9430	45	37.8
0.9835	12	9.7	0.9413	46	38.8
0.9824	13	10.5			
0.9813	14	11.3			
0.9802	15	12.1			
0.9792	16	13.0	0.9395	47	39.7
0.9782	17	13.8	0.9377	48	40.6
0.9772	18	14.6	0.9358	49	41.5
0.9762	19	15.5	0.9339	50	42.5
0.9752	20	16.3	0.9319	51	43.4
0.9742	21	17.1			
0.9732	22	17.9			
0.9722	23	18.8			
0.9712	24	19.6			
0.9701	25	20.5			
0.9691	26	21.3	0.9299	52	44.4
0.9680	27	22.1	0.9279	53	45.3
0.9669	28	23.0	0.9259	54	46.3
0.9658	29	23.8	0.9238	55	47.2
0.9647	30	24.7	0.9217	56	48.2
0.9635	31	25.5			
0.9623	32	26.4			
0.9611	33	27.3			

密度 /(g/cm³)	C₂H₅OH 体积/mL	C₂H₅OH 质量/g	密度 /(g/cm³)	C₂H₅OH 体积/mL	C₂H₅OH 质量/g
0.9196	57	49.2	0.8492	85	79.4
0.9174	58	50.2	0.8462	86	80.7
0.9153	59	51.2	0.8431	87	81.9
0.9131	60	52.2	0.8400	88	83.1
0.9108	61	53.2			
0.9086	62	54.2	0.8368	89	84.4
0.9063	63	55.2	0.8336	90	85.7
0.9040	64	56.2	0.8302	91	87.0
0.9016	65	57.2			
0.8993	66	58.2	0.8268	92	88.3
0.8969	67	59.3	0.8232	93	89.7
0.8945	68	60.3			
0.8920	69	61.4			
0.8896	70	62.4	0.8196	94	91.0
0.8871	71	63.5	0.8158	95	92.4
0.8846	72	64.6	0.8117	96	93.9
0.8821	73	65.7			
0.8795	74	66.8	0.8077	97	95.3
0.8769	75	67.9	0.8033	98	96.8
0.8743	76	69.0			
0.8716	77	70.1			
0.8690	78	71.2	0.7986	99	98.4
0.8663	79	72.4	0.7936	100	100.0
0.8635	80	73.5			
0.8607	81	74.7			
0.8579	82	75.9			
0.8550	83	77.0			
0.8521	84	78.2			

附表 22 原子量（A_r）表

序数	名称	符号	A_r	序数	名称	符号	A_r	序数	名称	符号	A_r
1	氢	H	1.0079	14	硅	Si	28.086	27	钴	Co	58.933
2	氦	He	4.0026	15	磷	P	30.974	28	镍	Ni	58.693
3	锂	Li	6.941	16	硫	S	32.066	29	铜	Cu	63.546
4	铍	Be	9.0122	17	氯	Cl	35.453	30	锌	Zn	65.39
5	硼	B	10.811	18	氩	Ar	39.948	31	镓	Ga	69.723
6	碳	C	12.011	19	钾	K	39.098	32	锗	Ge	72.61
7	氮	N	14.007	20	钙	Ca	40.078	33	砷	As	74.922
8	氧	O	15.999	21	钪	Sc	44.956	34	硒	Se	78.96
9	氟	F	18.998	22	钛	Ti	47.867	35	溴	Br	79.904
10	氖	Ne	20.180	23	钒	V	50.942	36	氪	Kr	83.80
11	钠	Na	22.990	24	铬	Cr	51.996	37	铷	Rb	85.468
12	镁	Mg	24.305	25	锰	Mn	54.938	38	锶	Sr	87.62
13	铝	Al	26.982	26	铁	Fe	55.845	39	钇	Y	88.906

序数	名称	符号	A_r	序数	名称	符号	A_r	序数	名称	符号	A_r
40	锆	Zr	91.224	64	钆	Gd	157.25	88	镭	Ra	226.03
41	铌	Nb	92.906	65	铽	Tb	158.92	89	锕	Ac	227.03
42	钼	Mo	95.94	66	镝	Dy	162.50	90	钍	Th	232.04
43	锝	Tc	(97)	67	钬	Ho	164.93	91	镤	Pa	231.04
44	钌	Ru	101.07	68	铒	Er	167.26	92	铀	U	238.03
45	铑	Rh	102.91	69	铥	Tm	168.93	93	镎	Np	237.05
46	钯	Pd	106.42	70	镱	Yb	173.04	94	钚	Pu	(244)
47	银	Ag	107.87	71	镥	Lu	174.97	95	镅	Am	(243)
48	镉	Cd	112.41	72	铪	Hf	178.49	96	锔	Cm	(247)
49	铟	In	114.82	73	钽	Te	180.95	97	锫	Bk	(247)
50	锡	Sn	118.71	74	钨	W	183.84	98	锎	Cf	(251)
51	锑	Sb	121.76	75	铼	Re	186.21	99	锿	Es	(254)
52	碲	Te	127.60	76	锇	Os	190.23	100	镄	Fm	(257)
53	碘	I	126.90	77	铱	Ir	192.22	101	钔	Md	(258)
54	氙	Xe	131.29	78	铂	Pt	195.08	102	锘	No	(259)
55	铯	Cs	132.91	79	金	Au	196.97	103	铹	Lr	(260)
56	钡	Ba	137.33	80	汞	Hg	200.59	104		Rf	(261)
57	镧	La	138.91	81	铊	Tl	204.38	105		Db	(262)
58	铈	Ce	140.12	82	铅	Pb	207.2	106		Sg	(263)
59	镨	Pr	140.91	83	铋	Bi	208.98	107		Bh	(262)
60	钕	Nd	144.24	84	钋	Po	(209)	108		Hs	
61	钷	Pm	(145)	85	砹	At	(210)	109		Mt	(266)
62	钐	Sm	150.36	86	氡	Rn	(222)				
63	铕	Eu	151.96	87	钫	Fr	(223)				

注：括号内的数字表示稳定的放射性同位素的质量数。

参考文献

［1］孙守田.化验员基本知识.北京：化学工业出版社，1980.

［2］浙江大学分析化学教研组.分析化学习题集.北京：人民教育出版社，1980.

［3］傅景山.测定磷及其化合物的有效试剂——磷钼酸喹啉.东北三省国防科工理化学术交流会文选.1983.

［4］张向宇.实用化学手册.北京：国防工业出版社，1986.

［5］刘珍等.化验员读本（上册）.北京：化学工业出版社，2004.

［6］李启华等.工厂化验员素查手册.北京：化学工业出版社，2005.

［7］刘珍等.化验员读本（下册）.北京：化学工业出版社，2012.